원소 주기율표

금속 / 비금속 / 비활성 기체

주기	1[a] 1A[b] (주족)	2 2A (주족)	3 3B (전이 금속)	4 4B	5 5B	6 6B	7 7B	8	9 8B	10	11 1B	12 2B	13 3A (주족)	14 4A	15 5A	16 6A	17 7A	18 8A
1	1 **H** Hydrogen 1.00794																	2 **He** Helium 4.002602
2	3 **Li** Lithium 6.941	4 **Be** Beryllium 9.012182											5 **B** Boron 10.811	6 **C** Carbon 12.0107	7 **N** Nitrogen 14.00674	8 **O** Oxygen 15.9994	9 **F** Fluorine 18.998403	10 **Ne** Neon 20.1797
3	11 **Na** Sodium 22.989770	12 **Mg** Magnesium 24.3050											13 **Al** Aluminum 26.981538	14 **Si** Silicon 28.0855	15 **P** Phosphorus 30.973762	16 **S** Sulfur 32.066	17 **Cl** Chlorine 35.4527	18 **Ar** Argon 39.948
4	19 **K** Potassium 39.0983	20 **Ca** Calcium 40.078	21 **Sc** Scandium 44.95591	22 **Ti** Titanium 47.867	23 **V** Vanadium 50.9415	24 **Cr** Chromium 51.9961	25 **Mn** Manganese 54.938049	26 **Fe** Iron 55.845	27 **Co** Cobalt 58.933200	28 **Ni** Nickel 58.6934	29 **Cu** Copper 63.546	30 **Zn** Zinc 65.39	31 **Ga** Gallium 69.723	32 **Ge** Germanium 72.61	33 **As** Arsenic 74.92160	34 **Se** Selenium 78.96	35 **Br** Bromine 79.904	36 **Kr** Krypton 83.80
5	37 **Rb** Rubidium 85.4678	38 **Sr** Strontium 87.62	39 **Y** Yttrium 88.90585	40 **Zr** Zirconium 91.224	41 **Nb** Niobium 92.90638	42 **Mo** Molybdenum 95.94	43 **Tc** Technetium [98]	44 **Ru** Ruthenium 101.07	45 **Rh** Rhodium 102.90550	46 **Pd** Palladium 106.42	47 **Ag** Silver 107.8682	48 **Cd** Cadmium 112.411	49 **In** Indium 114.818	50 **Sn** Tin 118.710	51 **Sb** Antimony 121.760	52 **Te** Tellurium 127.60	53 **I** Iodine 126.90447	54 **Xe** Xenon 131.29
6	55 **Cs** Cesium 132.90545	56 **Ba** Barium 137.327	57 ***La** Lanthanum 138.9055	72 **Hf** Hafnium 178.49	73 **Ta** Tantalum 180.9479	74 **W** Tungsten 183.84	75 **Re** Rhenium 186.207	76 **Os** Osmium 190.23	77 **Ir** Iridium 192.217	78 **Pt** Platinum 195.078	79 **Au** Gold 196.96655	80 **Hg** Mercury 200.59	81 **Tl** Thallium 204.3833	82 **Pb** Lead 207.2	83 **Bi** Bismuth 208.98038	84 **Po** Polonium [209]	85 **At** Astatine [210]	86 **Rn** Radon [222]
7	87 **Fr** Francium [223]	88 **Ra** Radium 226.025	89 **†Ac** Actinium 227.028	104 **Rf** Rutherfordium [261]	105 **Db** Dubnium [262]	106 **Sg** Seaborgium [266]	107 **Bh** Bohrium [267]	108 **Hs** Hassium [269]	109 **Mt** Meitnerium [268]	110 **Ds** Darmstadtium [281]	111 **Rg** Roentgenium [272]	112 **Cn** Copernicum [285]	113 **Nh** Nihonium [286]	114 **Fl** Flerovium [289]	115 **Mc** Moscovium [288]	116 **Lv** Livermorium [293]	117 **Ts** Tennessine [294]	118 **Og** Oganesson [294]

*란타넘 계열	58 **Ce** Cerium 140.116	59 **Pr** Praseodymium 140.90765	60 **Nd** Neodymium 144.24	61 **Pm** Promethium [145]	62 **Sm** Samarium 150.36	63 **Eu** Europium 151.964	64 **Gd** Gadolinium 157.25	65 **Tb** Terbium 158.92534	66 **Dy** Dysprosium 162.50	67 **Ho** Holmium 164.93032	68 **Er** Erbium 167.26	69 **Tm** Thulium 168.93421	70 **Yb** Ytterbium 173.04	71 **Lu** Lutetium 174.967
† 악티늄 계열	90 **Th** Thorium 232.0381	91 **Pa** Protactinium 231.03588	92 **U** Uranium 238.0289	93 **Np** Neptunium 237.048	94 **Pu** Plutonium [244]	95 **Am** Americium [243]	96 **Cm** Curium [247]	97 **Bk** Berkelium [247]	98 **Cf** Californium [251]	99 **Es** Einsteinium [252]	100 **Fm** Fermium [257]	101 **Md** Mendelevium [258]	102 **No** Nobelium [259]	103 **Lr** Lawrencium [262]

괄호 안의 원자 질량은 특정 방사성 원소 중 가장 오래 지속되거나 가장 중요한 동위원소의 질량이다.
[a] 위의 숫자(1, 2, 3, ⋯, 18)는 국제 순수·응용 화학 연합(International Union of Pure and Applied Chemistry)에서 권장하는 족 번호이다.
[b] 아래의 라벨(1A, 2A, ⋯, 8A)은 미국에서 일반적으로 사용되는 족 번호로, 이 책에서도 사용된다.
자세한 내용은 WebElements[TM] 웹사이트에서 확인할 수 있다.

탄소-12를 기준으로 한 원자 질량 표

이름	기호	원자 번호	원자 질량	이름	기호	원자 번호	원자 질량
Actinium	Ac	89	227.028	Mendelevium	Md	101	(258)
Aluminum	Al	13	26.9815	Mercury	Hg	80	200.59
Americium	Am	95	(243)	Molybdenum	Mo	42	95.94
Antimony	Sb	51	121.760	Moscovium	Mc	115	(288)
Argon	Ar	18	39.948	Neodymium	Nd	60	144.24
Arsenic	As	33	74.9216	Neon	Ne	10	20.1797
Astatine	At	85	(210)	Neptunium	Np	93	237.048
Barium	Ba	56	137.327	Nickel	Ni	28	58.6934
Berkelium	Bk	97	(247)	Nihonium	Nh	113	(286)
Beryllium	Be	4	9.01218	Niobium	Nb	41	92.9064
Bismuth	Bi	83	208.980	Nitrogen	N	7	14.0067
Bohrium	Bh	107	(267)	Nobelium	No	102	(259)
Boron	B	5	10.811	Oganesson	Og	118	(294)
Bromine	Br	35	79.904	Osmium	Os	76	190.23
Cadmium	Cd	48	112.411	Oxygen	O	8	15.9994
Calcium	Ca	20	40.078	Palladium	Pd	46	106.42
Californium	Cf	98	(251)	Phosphorus	P	15	30.9738
Carbon	C	6	12.0107	Platinum	Pt	78	195.078
Cerium	Ce	58	140.116	Plutonium	Pu	94	(244)
Cesium	Cs	55	132.905	Polonium	Po	84	(209)
Chlorine	Cl	17	35.4527	Potassium	K	19	39.0983
Chromium	Cr	24	51.9961	Praseodymium	Pr	59	140.908
Cobalt	Co	27	58.9332	Promethium	Pm	61	(145)
Copernicium	Cn	112	(285)	Protactinium	Pa	91	231.036
Copper	Cu	29	63.546	Radium	Ra	88	226.025
Curium	Cm	96	(247)	Radon	Rn	86	(222)
Darmstadtium	Ds	110	(281)	Rhenium	Re	75	186.207
Dubnium	Db	105	(262)	Rhodium	Rh	45	102.906
Dysprosium	Dy	66	162.50	Roentgenium	Rg	111	(272)
Einsteinium	Es	99	(252)	Rubidium	Rb	37	85.4678
Erbium	Er	68	167.26	Ruthenium	Ru	44	101.07
Europium	Eu	63	151.964	Rutherfordium	Rf	104	(261)
Fermium	Fm	100	(257)	Samarium	Sm	62	150.36
Flerovium	Fl	114	(289)	Scandium	Sc	21	44.9559
Fluorine	F	9	18.9984	Seaborgium	Sg	106	(266)
Francium	Fr	87	(223)	Selenium	Se	34	78.96
Gadolinium	Gd	64	157.25	Silicon	Si	14	28.0855
Gallium	Ga	31	69.723	Silver	Ag	47	107.868
Germanium	Ge	32	72.61	Sodium	Na	11	22.9898
Gold	Au	79	196.967	Strontium	Sr	38	87.62
Hafnium	Hf	72	178.49	Sulfur	S	16	32.066
Hassium	Hs	108	(269)	Tantalum	Ta	73	180.948
Helium	He	2	4.00260	Technetium	Tc	43	(98)
Holmium	Ho	67	164.930	Tellurium	Te	52	127.60
Hydrogen	H	1	1.00794	Tennessine	Ts	117	(294)
Indium	In	49	114.818	Terbium	Tb	65	158.925
Iodine	I	53	126.904	Thallium	Tl	81	204.383
Iridium	Ir	77	192.217	Thorium	Th	90	232.038
Iron	Fe	26	55.845	Thulium	Tm	69	168.934
Krypton	Kr	36	83.80	Tin	Sn	50	118.710
Lanthanum	La	57	138.906	Titanium	Ti	22	47.867
Lawrencium	Lr	103	(262)	Tungsten	W	74	183.84
Lead	Pb	82	207.2	Uranium	U	92	238.029
Lithium	Li	3	6.941	Vanadium	V	23	50.9415
Livermorium	Lv	116	(293)	Xenon	Xe	54	131.29
Lutetium	Lu	71	174.967	Ytterbium	Yb	70	173.04
Magnesium	Mg	12	24.3050	Yttrium	Y	39	88.9059
Manganese	Mn	25	54.9380	Zinc	Zn	30	65.39
Meitnerium	Mt	109	(268)	Zirconium	Zr	40	91.224

이 표의 원자 질량은 탄소-12를 기준으로 하며, 유효 숫자 여섯 자리까지이지만 일부 원자 질량은 더 정확하게 알려져 있다. 특정 방사성 원소의 경우 (괄호 안의) 숫자는 가장 안정적인 동위원소의 질량수이다.

정품 이북 구매 사이트 안내
• 번역서 이북 구매: 사이플러스(02-332-6171)
• 판매 유통사 이메일 주소: sciplus@sciplus.co.kr
• 원서 이북, 셀프스터디용 MLM 구매: t2-apac.pearson.com
제 15 판
화학의 세계
Hill's CHEMISTRY for Changing Times
John W. Hill • Terry W. McCreary • Marilyn D. Duerst • Rill Ann Reuter 지음
강혁 • 김석만 • 명노승 • 이은경 옮김
Pearson
NO
도서 복제, 스캔
• 저작권자의 허락 없이 도서(PDF 포함)를 복제(복사, 스캔)하여 배포 시 저작권자의 재산권 권리 침해 행위로 간주됩니다.
• 저작권자의 재산권 권리 침해 시 저작권법 제136조(벌칙)에 따라 5년 이하의 징역 또는 5천만 원 이하의 벌금에 처하거나 병과될 수 있습니다.
사이플러스
Science plus

Published by
Pearson Education South Asia Pte Ltd
63 Chulia Street, #15-01
Singapore 049514

Pearson Education offices in Asia: *Bangkok, Beijing, Ho Chi Minh City, Hong Kong, Jakarta, Kuala Lumpur, Manila, Seoul, Singapore, Taipei, Tokyo*

4 3 2 1
29 28 27 26

Authorized translation from the English language edition, entitled 'Hill's Chemistry for Changing Times, 15th edition' by John W. Hill, Terry W. McCreary, Marilyn D. Duerst and Rill A. Reuter, ISBN 9780134878102, published by PEARSON Education, Copyright ©2020.

Cover Photo Credit: Getty Images, Mint Images

발행일: 2025년 12월 1일
공급처: 사이플러스(02-332-6171/sciplus@sciplus.co.kr)
ISBN: 978-981-3352-29-2(93430)
가격: 44,000원

http://pearson.com/asia

역자 서문

이 번역은 우리나라의 화학 비전공 학생들이 더 쉽게 화학을 배울 수 있게 하려는 뜻에서 시작되었다. 원서는 21개 장으로 구성되어 있지만 번역서는 16개 장으로 재편했다. 핵심 개념을 중심으로 흐름을 단순하고 명료하게 정리하여 한 학기 수업에 맞도록 구성하고 예제와 설명은 그대로 살렸다.

15판은 지속가능성과 녹색 화학, 에너지 전환, 신소재, 의약과 건강, 데이터 해석 등 오늘날의 화학에서 중요한 주제를 넓고 깊게 다룬다. 역자들은 이 책을 번역하면서 논리 전개, 정의의 순서, 예제 풀이 단계와 같은 골격을 가능한 한 유지하되, 우리말 문법에 맞게 문장을 가다듬었다. 단위는 SI 체계를 기본으로 쓰고 본문, 표, 그림과 비교하여 수치와 기호를 확인했다. 국내 독자에게 낯선 고유명사와 제도는 원어를 병기하거나 간단한 주석으로 덧붙이기도 했다.

이번 번역 작업은 AI를 이용한 초벌 번역에서 출발했다. 덕분에 반복적인 구문과 표현을 고르게 다듬는 데 도움이 되었다. 그러나 과학 교과서가 요구하는 정확성, 맥락의 적절성, 용어의 일관성은 결국 사람의 몫이었다. 각 장은 해당 분야 전공 역자가 맡아 원문과 초벌본을 문장 단위로 대조하고 수정·감수했다. 특히 개념 정의, 가정과 한계, 수식과 단위, 화학식과 반응식, 안전 관련 경고, 데이터 수치처럼 오류에 민감한 내용은 두 명 이상이 확인했다. 도해의 눈금·범례·단위 표기와 본문이 지시하는 값이 서로 어긋나지 않는지도 점검했다. 요컨대 AI는 도구였고, 최종 결과와 그 책임은 사람에게 있다.

여러 역자가 함께한 번역인 만큼 어투나 용어 선택에 작은 차이가 생길 수 있다. 이를 줄이기 위해 공통 교열 지침을 마련하고, 문체를 교과서 평서형으로 통일했으며, 절과 문단의 길이도 가능한 한 일정하게 유지하려고 노력했다. 전문 용어는 국내 학계와 교육 현장에서 널리 쓰이는 표기를 우선으로 삼았고, 필요한 경우 IUPAC 권장 표기와 국내 표준을 참고하여 용어를 정리했다. 약어는 처음 등장하는 부분에 원어를 병기하고 이후로는 국문으로 표기하는 방식을 따랐다. 서로 다른 번역이 섞이지 않도록 장별 편집 단계에서 검색과 색인 작업을 반복했고, 산화·환원, 엔탈피·엔트로피처럼 서로 짝을 이루는 개념은 설명의 균형이 흐트러지지 않게 맞췄다. 표와 그림의 캡션, 본문 속 상호 교차 참조도 앞뒤가 맞도록 다시 수정했다.

편집 작업도 지난한 과정이었다. 먼저 원문과 초벌본을 나란히 놓고 빠진 곳, 겹친 곳, 뜻이 맞지 않는 곳을 표시한 뒤 용어, 기호, 단위를 한 번에 정리했다. 다음으로 표와 그림을 본문 설명과 대조하고, 각 장 말미의 문제가 본문의 예제와 같은 가정과 조건인지도 확인했다. 마지막으로 색인어와 장·절 제목, 본문에서 언급되는 그림 참조 등을 정리하여 독자가 원하는 개념과 예제를 빠르게 찾을 수 있도록 했다. 21개 장을 16개 장으로 바꾸는 과정에서 설명이 겹치는 부분을 합치고, 반복되는 문장은 흐름을 깨지 않게 축약했다.

아무리 주의를 기울여도 이처럼 분량이 많고 도판이 복잡한 책에는 오탈자나 매끄럽지 않은 문장이 남을 수 있다. 독자가 발견한 오류와 개선을 위한 의견은 앞으로 더 나은 책을 만드는 데 큰 도움이 된다. 피어슨에듀케이션 또는 유통사(사이플러스)로 전달하면 증쇄 시 적극 반영할 것이다. 교과서는 책상 위에서 완성되는 것이 아니라 강의실과 학습의 현장에서 다듬어진다고 믿는다.

이 책의 주요 독자는 화학 비전공 대학생으로 상정했다. 복잡한 수학 전개나 세부 이론에 치우치기보다 개념의 핵심을 분명히 하고 사회·환경·건강·에너지 문제와 연관 지어 왜 배우는지를 드러내는 데 힘을 쏟았다. 본문은 정의를 먼저 밝히고, 곧바로 예와 설명을 이어 맥락을 통해 이해하도록 구성되어 있다. 예제와 문제는 풀이 과정을 단계적으로 보여주어 문제 해결의 생각 순서를 익힐 수 있다. 이 책이 '화학의 언어(기호·식·방정식)를 편하게 읽고 쓰는 법'을 익히고, 데이터를 보고 뜻을 파악하여 논리적으로 판단하는 힘을 기르는 데 도움이 되기를 바란다.

끝으로 분담과 상호 감수, 교정과 재검토에 기꺼이 힘을 보태준 역자들에게 깊이 감사드린다. 기획부터 편집·조판·제작까지 일정과 품질을 흔들림 없이 지켜준 출판사의 노고에도 감사드린다. 독자의 세심한 지적과 조언을 기다리며, 앞으로도 꾸준히 고쳐나가 더 나은 책으로 보답하겠다.

2025년 11월

역자 대표 김석만

저자 서문

1972년에 초판이 출간된 이후 시대가 엄청나게 변했고, 특히 생화학(신경화학, 분자유전학), 환경(지속가능한 실천, 기후 변화), 에너지, 재료, 의약, 건강과 영양의 핵심 분야에서 그 어느 때보다 빠르게 변화하고 있다. 이 책도 그에 맞춰 개정을 거듭하여 15판에 이르렀다. 본문을 전면 수정·보완하고, 녹색 화학을 책 전반에 걸쳐 한층 더 통합했다. 본문 곳곳의 '녹색 화학' 에세이도 최신성에 맞게 업데이트했다. 각 장의 학습목표와 각 장 말미의 문제는 해당 에세이와 체계적으로 연계되어 있다. 15판을 준비하면서 14판 사용자와 검토자의 제안을 수용했을 뿐 아니라, 저자들의 집필·강의·삶의 경험을 반영하고 급변하는 세계의 최신 과학적 성과를 담기 위해 본문을 완전히 개정·업데이트했다.

15판의 특징

- '실험 과제' 활동을 명료화하여 실험의 성공률을 높이고 일상과의 관련성을 강화했다.
- 4장에서는 루이스 구조를 그리는 새롭고 더 명확한 접근을 제시했다.
- 8장에서는 산화수 결정 절차를 크게 단순화했다.
- 9장에 유기 화합물의 일반적 성질, 1~8장에서 다룬 무기 화합물을 분명히 구분해주는 절을 추가했다. 또한 생화학에서 중요한 황 함유 유기 화합물인 싸이올에 관한 내용을 보강했다.
- 13장(생화학)에 3개의 절을 추가했다. 독자의 편의를 위해 탄수화물·지방·단백질의 '식품으로서의 이용'을 분자 구조를 설명한 후에 다루었다.
- '영양, 운동, 건강'을 논리적·응집적으로 통합하여 14장에 수록했다.
- 각 장 말미의 문제에 비판적 사고를 요구하는 '전제-결론형 객관식'을 포함했다(예: 전제는 옳으나 결론은 틀림).

개정 사항

- 거의 모든 예제에 해당 주제와 밀접하게 연관된 복습문제 2개(A, B)를 덧붙였다(B가 대체로 더 도전적이다).
- 각 장 말미의 문제를 25% 이상 전면 개정 또는 교체했다. 또한 화학 관련 시사와 현대적 이슈를 강조하는 문제도 포함했다.
- 홀수 번호(파란색) 문제의 정답을 책 뒷부분에 수록했다. 이는 검토자들이 점검하고 저자의 신중한 재검토를 거쳤다.
- 각 장 말미의 문제는 개념을 다룬다는 취지를 명확히 하여 '개념문제'로 시작하고, 난이도가 더 높은 '심화문제'로 이어진다.
- 다수의 장에서는 지구적 관점을 추가·강화하여 인류가 직면한 과제에 대한 시야를 넓혔다.

강사에게

초판 이후 우리의 지식 기반은 특히 최근 몇 년 사이에 전례 없이 확장되었다. 무엇을 포함하고 무엇을 제외할지 어려운 선택에 직면하게 되었다. 우리는 정보화 시대에 살고 있다. 그러나 정보는 지식이 아니며, 정보가 타당할 수도 있고 그렇지 않을 수도 있다. 그래서 학생이 정보를 평가하도록 돕는 데 초점을 맞추었다. 우리 모두가 언젠가 지혜라는 선물을 얻게 되기를 바란다.

이 책의 핵심 전제는 과학 비전공자를 위한 화학 과목과 과학 전공자를 위한 화학 과목이 분명히 달라야 한다는 점이다. 기본 개념은 지적으로 정직하게 제시하되 난해한 이론이나 엄격한 수학에 초점을 둘 필요는 없고, 현대의 일상적 응용을 풍부하게 포함해야 한다. 책은 보기에도 매력적이고, 이해하기 쉬우며, 흥미롭게 읽을 수 있어야 한다.

미국연방의회에서 심의되는 상당수 법안에는 과학·기술 문제가 포함되지만, 과학자나 공학자가 정계에 진출하는 경우는 드물다. 우리의 건강과 환경에 관한 중요한 결정을 내리는 이들 다수가 과학 훈련을 받지 않았지만, 그들이 과학적 소양을 갖추는 것은 절대적으로 중요하다. 사법 영역의 판결은 종종 과학적 증거에 의존하지만, 과학 지식이 부족한 판사와 배심원이 많다. 비전공자를 위한 화학 과목은 특히 환경 오염, 방사능, 에너지원, 인간 건강 관련 문제에 대한 화학의 실제 응용을 강조해야 한다. 이러한 교양화학을 수강하는 학생들은 미래에 교사, 기업인, 법조인, 입법자, 회계사, 예술가, 언론인, 배심원, 판사가 될 사람들이다.

목표

비전공자를 위한 화학 과목의 주요 목표는 다음과 같다.

- 다양한 전공의 많은 독자를 끌어들인다. 학생이 수강하지 않으면 가르칠 수 없다.
- 독자가 과학 소양을 갖추도록 돕는다. 생산적·창의적·윤리적·참여적 시민이 되려면 과학 지식을 갖추어야 한다.
- 현재적 관심 주제를 활용하여 화학 원리를 설명한다. 현실 세계에서 화학의 중요성을 깨닫게 한다.
- 화학 문제를 개인의 일상과 연관 짓는다. 개인적으로 관련된다고 느낄 때 문제의 의미가 커진다.
- 과학적 방법을 익히게 한다. 과학·기술을 비판적으로 읽어낼 수 있는 판단력을 길러준다(많은 과학 문제가 복잡하고 논쟁적이므로 특히 중요하다).
- 지속가능성과 녹색 화학의 개념을 통해 화학자가 더 안전하고 친환경적인 공정과 제품을 추구함을 보여준다.
- 화학을 '열린 학습 경험'으로 인식하게 한다. 과학에 대한 호기심을 키우고 평생 학습을 이어가게 한다.

다양한 문제

대부분의 장에는 예제와 함께 곧바로 풀어볼 수 있는 복습문제가 제시되어 있다. 각 예제는 특정 유형의 문제 해결 과정을 단계적으로 안내하고, 이어지는 복습문제는 이해를 즉시 점검하도록 돕는다. 많은 예제에는 두 가지 복습문제(A, B)가 따르는데, A는 유사 상황에 예제의 방법을 적용하고, B는 그 방법을 이전에 배운 아이디어와 결합하도록 요구하는 경우가 많다. 다수의 복습문제 B는 실제 화학 지식이 적용되는 맥락에 더 가깝기에, 예제와 각 장 말미의 더 어려운 문제를 잇는 가교 역할을 한다. 복습문제 A와 B는 강사가 예제와 연관된 과제를 손쉽게 배정할 수 있는 틀을 제공한다. 복습문제의 정답은 책 뒷부분에 수록했다.

각 장 말미의 문제(개념문제, 연습문제, 심화문제) 중 홀수 번호(파란색)의 정답도 책 뒷부분에 수록했다. 일부 심화문제는 한층 까다롭고 여러 장의 개념을 요구하며, 또 일부 심화문제는 본문보다 깊게 파고들거나 새로운 아이디어를 제시한다.

학생에게

"거칠고도 소중한 단 한 번뿐인 당신의 삶으로 무엇을 할 계획인가?"

—Mary Oliver(1935~)의 《신작과 선집》 중 〈여름날〉에서

화학의 세계에 오신 것을 환영한다

화학 학습은 자연계에 대한 더 나은 이해, 우리가 직면한 과학적·기술적 질문, 과학 기술 사회의 시민으로서 맞닥뜨릴 선택을 분별하는 힘을 길러주어 독자의 삶을 풍요롭게 할 것이다. 이 과정에서 얻는 역량은 삶의 많은 국면에서 유용하다. 화학을 배운다는 것은 논리적으로, 비판적으로, 창의적으로 사고하는 법을 익히는 일이다. 화학의 언어(기호, 식, 방정식)를 쓰는 법을 배우고, 더 나아가 정보에서 의미를 읽어내는 법을 배운다. 가장 중요한 것은 학습하는 법을 배우는 것이다. 이해의 골격 위에 정리되지 않은 암기는 금세 잊히고 말 것이다.

화학은 우리 삶에 직접적인 영향을 미친다

인체는 어떻게 작동하는가? 아스피린은 어떻게 두통을 완화하고 열을 내리며 심근경색이나 뇌졸중의 위험을 낮추는가? 페니실린은 어떻게 건강한 인체 세포를 해치지 않고 세균을 사멸시키는가? 오존은 유익한가, 위험한가? 우리는 실제로 기후 변화에 직면했는가? 그렇다면 그 심각성은 어느 정도인가? 인간은 기후 변화에 기여하는가? 그렇다면 어느 정도인가? 왜 대부분의 체중 감량 다이어트는 단기적으로는 효과가 있어 보이나 장기적으로는 실패하는가? 왜 우리의 기분은 기쁨과 슬픔을 오가는가?

화학자들은 이러한 질문의 답을 찾아왔고, 우주의 비밀을 푸는 지식을 계속 추구하고 있다. 수수께끼가 풀릴 때 우리의 삶의 방향이 달라진다. 우리는 약물, 살생물제, 식품 첨가물, 비료, 연료, 세제, 화장품, 플라스틱 등 '화학 물질의 세계'에서 살고 있다. 동시에 독성 폐기물, 오염된 공기와 물, 줄어드는 석유 자원이라는 세계에서 살고 있기도 하다. 화학 지식은 이러한 세계의 이점과 위험을 더 잘 이해하게 해주며, 미래에 현명한 결정을 내릴 수 있도록 도와준다.

우리는 화학적으로 의존한다

우리는 태내에서부터 화학 물질에 의존한다. 산소, 물, 포도당, 아미노산, 트라이글리세리드 등 수많은 화학 물질을 지속적으로 공급받아야 한다.

화학은 어디에나 있다. 세계는 화학 시스템이며, 우리 또한 그렇다. 우리 몸은 견고하면서도 섬세한 시스템이며, 끊임없이 일

어나는 무수한 화학 반응이 인체 기능을 가능하게 한다. 학습, 운동, 감정, 체중 증감 같은 사실상 모든 생명 현상은 이러한 반응 덕분에 가능하다. 우리가 섭취하는 모든 것은 몸이 효과적으로 작동하는지를 결정하는 복잡한 과정의 일부이다. 어떤 물질은 섭취 시 신체 기능을 멈추게 하는 반응을 일으킬 수 있고, 또 어떤 물질은 영구적 장애를 야기할 수 있으며, 다른 것들은 삶을 불편하게 만들 수 있다. 올바른 음식의 균형은 신체가 최적의 기능을 하기 위한 반응을 구동하는 화학 물질을 제공한다. 화학을 배우면 신체가 어떻게 작동하는지 더 잘 이해하게 되어 스스로를 적절히 돌볼 수 있을 것이다.

변화하는 시대

"유일한 상수는 변화, 즉 지속되는 변화, 피할 수 없는 변화이며, 이것이 오늘날 사회를 지배하는 요소이다. 이제는 있는 그대로의 세계만이 아니라 앞으로 맞이할 세계까지 고려하지 않고는 어떤 현명한 결정도 더 이상 내릴 수 없다."

— Isaac Asimov(1920~1992)

우리는 인류가 겪어온 가장 큰 문제들에 직면해 있으며, 이러한 딜레마에는 완벽한 해답이 없어 보인다. 때로는 나쁜 대안들 사이에서 최선의 선택을 강요받고, 그 결정은 일시적 처방에 그치기도 한다. 그럼에도 바르게 선택하려면 선택지가 무엇인지 알아야 한다. 실수는 비싼 대가를 치르고, 언제나 바로잡을 수 있는 것도 아니다. 오염은 쉽게 일어나지만 정화하는 데에는 막대한 비용이 든다. 중대한 결정을 내리기 전에 가능한 한 많은 정보를 모으고 신중히 평가해야 실수를 피할 수 있다. 과학은 정보를 수집·평가하는 수단이며, 화학은 모든 과학의 중심에 있다.

화학과 인간의 조건

독자가 '화학 공부는 지루하지 않고 어렵지 않다'는 것을 알기 바란다. 오히려 신체, 마음, 환경 그리고 우리가 사는 세상을 더 잘 이해함으로써 삶을 다방면으로 풍요롭게 해준다. 마지막에는 우주를 이해하려는 탐구가 인간다움의 핵심이라는 사실을 깨닫게 된다. 미국의 교육자 Horace Mann(1796~1859)이 1859년에 안티오크대학 연설에서 제기한 도전 과제를 소개한다. "인류를 위해 어떤 승리를 거두기 전에는 죽음을 부끄러워하라."

추모사

15판은 2017년 8월 7일 림프종으로 별세한 John W. Hill의 뜻을 기리기 위해 헌정되었다. 《Hill's Chemistry for Changing Times》로 바뀐 책 제목도 그에 대한 헌사이다. Hill은 40여 년간 교양 화학 교육을 선도한 교수이자 신사이고 우리의 친구였다.

Hill은 조교수 시절에 머레이주립대학교 안식년 강의로 '소비자 화학'을 맡았고, 흔히 '시인을 위한 화학'이라 폄하되곤 하는 과목을 진심으로 즐기며 가르쳤다. 그는 대다수 학생이 평생 단 한 과목만 듣게 될 과학 수업에서 화학을 빛나게 했고, 탁월했다. 위스콘신대학교(리버폴스)에서 교편을 잡은 초기에 교양 화학을 맡았으나 시중 교과서에 만족하지 못했고, 강의 노트와 수많은 문헌의 탐색·집필이 1972년 초판으로 결실을 맺었다. 초창기 판본 작업은 손으로 원고를 쓰고, 우편으로 교정지를 주고받으며, 도판과 사진을 준비해 표기하는 등 실로 방대했다.

그는 조용하고 겸손했으며, 말장난을 즐겼다. 자신의 작업이 수많은 학생에게 준 영향을 아마 끝내 실감하지 못했을 것이다. 그와 함께 일할 수 있었던 것은 특권이었다.

Terry W. McCreary

1981년 위스콘신대학교(리버폴스)에서 1년 임용 교수직에 지원하면서 만난 Hill은 내가 비전공자 교육에 열정과 적성을 가졌음을 알아보았다. 그 1년은 34년으로 이어졌다. 수십 학기 동안 이 책의 최신판으로 비전공자를 가르치며 지치지 않았다.

우리는 학습의 심화와 교실 시연의 교육 효과에 대해 수없이 토론했다. 그는 농담으로 나를 '마법사 부인'이라고 불렀다. 함께 어린이 과학책도 썼다. Hill은 말수가 적고 인내심이 깊었으며, 유쾌한 과학 문구가 적힌 티셔츠를 수업에 즐겨 입고 왔다. 동료로 함께한 것은 기쁨이자 영광이었다.

Marilyn D. Duerst

이전 판의 서평으로 인연이 시작되었다. 한동안은 우편·전화·이메일로만 교류했지만 대화는 언제나 유익하고 사색을 불러일으켰다. Hill은 정확한 정보를 정확하고 명확하게 제시하려 했고, 단순한 사실 나열이 아니라 그 사실이 어떻게 확립되었는지의 역사적 맥락을 제공하여 학생들이 '왜 우리가 아는 것을 알게 되었는지'를 이해하도록 도왔다.

화학은 그에게 정적인 학문이 아니었다. 새로운 발전과 그 일상의 영향에 촉각을 곤두세웠다. 우리 모두(비전공자까지) 화학의 역할과 관련성을 이해하는 일이 중요하다고 믿었다. 그와 함께 일한 것은 영광이었다.

Rill Ann Reuter

저자 소개

John W. Hill

아칸소대학교에서 박사 학위를 받았다. 유기 화학자로서 50편 이상의 논문을 발표했고, 이 책을 포함해 여러 입문용 화학 교과서를 집필 또는 공동집필했으며, 모두 수 차례 개정되었다. 전국 학회에서 60편 이상을 발표하고, 우수 강의상을 다수 수상했으며, 미국화학회(ACS)에서 활발히 활동했다.

Terry W. McCreary

버지니아공과대학교에서 분석화학 박사 학위를 받았다. 1988년부터 머레이주립대학교에서 일반·분석화학을 가르쳤고, 2008년 리전트 우수 강의상을 수상했다. 켄터키과학아카데미 회원, 《Journal of Pyrotechnics》 기술 편집장을 지냈다. 일반·분석화학에 대한 실험 매뉴얼의 저자이고, 《General Chemistry》(John Hill, Ralph Petrucci, Scott Perry 공저), 고체 로켓 추진제의 준비와 성질을 다룬 《Experimental Composite Propellant》의 저자이다. 트리폴리로켓협회에서 설계·제작·비행에 참여했고(2010년 회장), 원예·기계가공·목공·천문을 즐긴다.

Marilyn D. Duerst

세인트올라프대학교를 졸업하고(화학·수학·독일어 전공, 1963) 캘리포니아대학교(버클리)에서 석사 학위를 받았다(1966). 반세기 넘게 폭넓은 연령층을 가르쳤으나 주로 비전공자·예비·현직 교사를 대상으로 했다. 1981~2015년 동안 위스콘신대학교(리버폴스)에서 재직했으며, 2006년에 우수 강의상 수상했다. 현재 위스콘신대학교(리버폴스)의 저명한 화학 강사이며, 미국화학회 펠로우로 지역·전국 단위의 대중 홍보 활동에 헌신하고 있다. 1999년 John W. Hill과 함께 아동을 대상으로 한 《The Crimecracker Kids and the Bake-shop Break-in》를 저술했다. 조류 관찰가·암석 애호가·자연 사진가로서 모래·광물·원소를 수집하고, 4대륙 여행을 즐기며, 12개 언어를 공부했다.

Rill Ann Reuter

코네티컷대학교 화학과를 졸업하고 예일대학교에서 생화학 석사 학위를 받았다. 예일·프린스턴·매사추세츠 의대 연구실에서 12년간 주로 핵산 연구에 종사했다. 1980년 미네소타로 이주 후 세인트메리즈대학교, 세인트테레사대학교, 위노나주립대학교에서 강의하고 광합성 연구를 수행했으며, 2015년 위노나주립대학교 명예교수로 은퇴했다. 일반화학·비전공·간호 예비 학생을 가르쳤고, 35년간 지역과학박람회에 참여했으며, 미국화학회 회원이다. 역사·정치·고전음악에 깊은 관심을 갖고 있다.

요약 차례

1	화학	1
2	원자	43
3	원자 구조	69
4	화학 결합	103
5	화학에서의 계산	149
6	기체, 액체, 고체와 분자간 힘	181
7	산과 염기	211
8	산화와 환원	241
9	유기 화학	279
10	고분자	325
11	핵화학	357
12	에너지	399
13	생화학	445
14	영양, 체력, 건강	497
15	약물	537
16	가정용 화학 제품	591

차례

1 화학 1

1.1 과학과 기술: 지식의 뿌리 2
1.2 과학: 재현가능, 검증가능, 잠정적, 예측적, 설명가능 4
1.3 과학 및 기술: 위험과 이익 7
1.4 사회 문제 해결: 과학 연구 10
1.5 화학: 물질과 그 변화에 대한 연구 12
1.6 물질의 분류 16
1.7 물질의 측정 19
1.8 밀도 26
1.9 에너지: 열 및 온도 28
1.10 비판적 사고 31

녹색 화학 지속가능한 세상을 위한 화학의 재구상 33

요약 34 | 개념문제 35 | 연습문제 36 | 심화문제 39
비판적 사고 문제 41 | 협업 과제 41

실험 과제 무지개 밀도 기둥 42

2 원자 43

2.1 원자: 고대 그리스인의 아이디어 44
2.2 과학 법칙: 질량 보존과 일정 성분비 46
2.3 John Dalton과 물질의 원자론 49
2.4 몰과 몰질량 52
2.5 Mendeleev와 주기율표 57
2.6 원자와 분자: 실존성과 중요성 59

녹색 화학 원소는 기본이다 61

요약 62 | 개념문제 63 | 연습문제 63 | 심화문제 65
비판적 사고 문제 66 | 협업 과제 67

실험 과제 비닐 봉투 속의 반응: 물질 보존 법칙 시연하기 67

3 원자 구조 69

3.1 전기와 원자 70
3.2 과학에서 뜻밖의 발견: X선과 방사능 74
3.3 방사능의 세 가지 유형 75
3.4 Rutherford의 실험: 원자의 핵 모형 77
3.5 원자핵 78
3.6 전자 배열: Bohr의 모형(궤도) 82
3.7 전자 배열: 양자 모형(궤도 함수/부껍질) 88
3.8 전자 배치와 주기율표 92

녹색 화학 태양 연료에서 얻는 청정 에너지 96

요약 97 | 개념문제 98 | 연습문제 98 | 심화문제 100
비판적 사고 문제 101 | 협업 과제 101

실험 과제 생일 촛불 불꽃 반응 102

4 화학 결합 103

4.1 추론의 기술: 안정적인 전자 배치 104
4.2 루이스(전자 점) 기호 106
4.3 소듐과 염소의 반응 107
4.4 루이스 기호로 이온 결합 화합물 나타내기 110
4.5 이성분 이온 결합 화합물의 화학식과 이름 113
4.6 공유 결합: 공유 전자쌍 117
4.7 불균등 공유: 극성 공유 결합 119

4.8 다원자 분자: 물, 암모니아, 메테인 124

4.9 다원자 이온 125

4.10 루이스 구조를 그리기 위한 지침 128

4.11 분자 모양: VSEPR 이론 133

4.12 모양과 성질: 극성 및 비극성 분자 137

녹색 화학 녹색 화학 및 화학 결합 140

요약 141 | 개념문제 143 | 연습문제 143 | 심화문제 146
비판적 사고 문제 147 | 협업 과제 147

실험 과제 분자 모양: 제발 원자를 먹지 마세요! 148

5 화학에서의 계산 149

5.1 화학적 문장: 화학 반응식 150

5.2 화학 반응식에서 부피 관계 154

5.3 아보가드로수와 몰 156

5.4 몰질량: 몰을 질량으로, 질량을 몰로 변환하기 160

5.5 용액 166

녹색 화학 원자 경제 172

요약 173 | 개념문제 174 | 연습문제 175 | 심화문제 177
비판적 사고 문제 179 | 협업 과제 179

실험 과제 쿠키 반응식 180

6 기체, 액체, 고체와 분자간 힘 181

6.1 고체, 액체, 기체 182

6.2 이온 물질과 분자 물질 비교하기 184

6.3 분자 사이의 힘 185

6.4 용액 안의 힘 190

6.5 기체: 분자 운동론 192

6.6 간단한 기체 법칙 193

6.7 이상 기체 법칙 201

녹색 화학 초임계 유체 203

요약 204 | 개념문제 205 | 연습문제 206 | 심화문제 207
비판적 사고 문제 209 | 협업 과제 209

실험 과제 내 풍선 날리기 210

7 산과 염기 211

7.1 산과 염기: 실험적 정의 212

7.2 산, 염기, 염 214

7.3 산성 및 염기성 무수물 219

7.4 강산, 강염기, 약산, 약염기 221

7.5 중화 224

7.6 pH 척도 225

7.7 완충 용액 및 짝산-짝염기 쌍 229

7.8 산업 및 일상생활에서의 산과 염기 230

녹색 화학 산과 염기-친환경 대안 234

요약 235 | 개념문제 236 | 연습문제 236 | 심화문제 238
비판적 사고 문제 239 | 협업 과제 239

실험 과제 산, 염기, pH 그리고 세상에나! 240

8 산화와 환원 241

8.1 산화와 환원: 네 가지 관점 242

8.2 산화제와 환원제 250

8.3 전기화학: 전지와 배터리 251

8.4 부식과 폭발 258

8.5 산소: 풍부하고 필수적인 산화제 261

8.6 일반적인 환원제 266

8.7 산화, 환원, 생명체 268

녹색 화학 친환경 산화-환원 촉매 269

요약 270 | 개념문제 271 | 연습문제 272 | 심화문제 274
비판적 사고 문제 276 | 협업 과제 276

실험 과제 과일에 불 밝히기 277

9 유기 화학 279

9.1 유기 화학 및 화합물 280
9.2 지방족 탄화수소 282
9.3 방향족 화합물: 벤젠 및 그 유도체 292
9.4 할로젠화 탄화수소: 다양한 용도, 일부 위험성 294
9.5 작용기 및 알킬기 296
9.6 알코올, 페놀, 에터, 싸이올 298
9.7 알데하이드 및 케톤 304
9.8 카복실산 및 에스터 307
9.9 질소함유 화합물: 아민, 아마이드 311

녹색 화학 유기 합성의 예술: 녹색 화학자들이 더 나은 방법을 찾는다 316

요약 317 | 개념문제 319 | 연습문제 319 | 심화문제 322
비판적 사고 문제 323 | 협업 과제 323

실험 과제 포화도를 알아보자! 324

10 고분자 325

10.1 고분자: 작은 것에서 큰 것 만들기 326
10.2 폴리에틸렌: 영국 전투에서 빵 봉지까지 327
10.3 부가 중합: 1+1+1+⋯=1 331
10.4 고무 및 기타 탄성체 336
10.5 축합 고분자 338
10.6 고분자의 성질 344
10.7 플라스틱과 환경적 문제 346

녹색 화학 신제품의 수명주기 영향 평가 350

요약 350 | 개념문제 352 | 연습문제 352 | 심화문제 353
비판적 사고 문제 355 | 협업 과제 355

실험 과제 고분자 탄성 공 356

11 핵화학 357

11.1 자연 방사능 358
11.2 핵반응식 361
11.3 반감기와 방사성 동위원소 연대 측정 366
11.4 인공 변환 370
11.5 방사성 동위원소의 이용 372
11.6 방사선의 투과력 376
11.7 핵 에너지 378
11.8 핵폭탄 382
11.9 핵 에너지의 이용과 결과 387

녹색 화학 원자력은 친환경적일 수 있는가 390

요약 391 | 개념문제 392 | 연습문제 393 | 심화문제 395
비판적 사고 문제 396 | 협업 과제 396

실험 과제 사탕의 짧은 반감기 397

12 에너지 399

12.1 거대한 원자력 발전소, 우리의 태양 400
12.2 에너지와 화학 반응 403
12.3 반응 속도 406
12.4 열역학 법칙 407
12.5 연료와 에너지: 사람, 말, 화석 410
12.6 석탄: 탄소 암석을 대표하는 시대 412
12.7 천연가스 및 석유 416
12.8 편리한 에너지 421
12.9 원자력 에너지 423
12.10 재생 에너지 공급원 428

녹색 화학 에너지는 어디서 얻을 수 있는가 436

요약 436 | 개념문제 438 | 연습문제 438 | 심화문제 441
비판적 사고 문제 442 | 협업 과제 442

실험 과제 어떤 사람은 뜨겁게, 어떤 사람은 시원하게! 443

13 생화학 445

13.1 에너지와 살아 있는 세포 446
13.2 탄수화물: 에너지의 저장고 448
13.3 식이 탄수화물 452
13.4 지방과 기타 지질 455

13.5 지방과 콜레스테롤 457
13.6 단백질: 아미노산의 중합체 462
13.7 단백질의 구조와 기능 467
13.8 식단 속 단백질 473
13.9 핵산: 구조와 기능 474
13.10 RNA: 단백질 합성과 유전 암호 480
13.11 인간 유전체 483

녹색 화학 녹색 화학과 생화학 487

요약 488 | 개념문제 490 | 연습문제 490 | 심화문제 493
비판적 사고 문제 495 | 협업 과제 495

실험 과제 DNA 디저트 496

14 영양, 체력, 건강 497

14.1 칼로리: 양과 질 498
14.2 무기질 501
14.3 비타민 504
14.4 식이섬유, 전해질, 물 508
14.5 식품 첨가물 510
14.6 기아, 단식, 영양실조 519
14.7 체중 감량, 식단, 운동 520
14.8 체력과 근육 524

녹색 화학 식품 폐기물의 미래: 녹색 화학적 관점 530

요약 531 | 개념문제 532 | 연습문제 532 | 심화문제 534
비판적 사고 문제 535 | 협업 과제 535

실험 과제 아침 시리얼로 철분 섭취하기 536

15 약물 537

15.1 자연과 실험실에서 온 약물 538
15.2 진통제: 아스피린에서 옥시코돈까지 540
15.3 약물과 감염성 질환 546
15.4 암과 싸우는 화학 물질 553
15.5 호르몬: 조절자 556
15.6 심장을 위한 약물 562
15.7 약물과 마음 564
15.8 약물과 사회 579

녹색 화학 친환경 의약품 생산 582

요약 583 | 개념문제 585 | 연습문제 585 | 심화문제 587
비판적 사고 문제 588 | 협업 과제 589

실험 과제 속쓰림 완화하기 590

16 가정용 화학 제품 591

16.1 비누로 씻기 592
16.2 합성 세제 597
16.3 세탁 보조제: 섬유유연제 및 표백제 603
16.4 다목적 세척제와 특수 목적 세척제 604
16.5 용매, 페인트, 왁스 608
16.6 화장품: 개인 관리용 화학 제품 610

녹색 화학 가정에서 녹색 화학 실천하기 624

요약 624 | 개념문제 626 | 연습문제 626 | 심화문제 628
비판적 사고 문제 629 | 협업 과제 629

실험 과제 행복한 손 630

용어 사전 631
정답(복습문제, 개념문제, 연습문제, 심화문제, 비판적 사고 문제, 실험문제) 642
사진 및 텍스트 출처 661
찾아보기 664

화학

1

1.1 과학 및 기술: 지식의 뿌리
1.2 과학: 재현가능, 검증가능, 잠정적, 예측적, 설명가능
1.3 과학 및 기술: 위험과 이익
1.4 사회 문제 해결: 과학 연구
1.5 화학: 물질과 그 변화에 대한 연구
1.6 물질의 분류
1.7 물질의 측정
1.8 밀도
1.9 에너지: 열 및 온도
1.10 비판적 사고

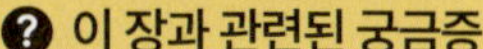

이 장과 관련된 궁금증

1. 화학을 공부해야 하는 이유는 무엇인가?
2. 화학 물질이 우리에게 해로운 것이 사실인가?
3. 과학자는 왜 "더 많은 연구가 필요하다"라고 자주 말하는가?
4. 과학자는 왜 당장 응용할 수 없는 연구에 매달리는가?
5. 우리는 납을 금으로 바꿀 수 있는가?

화학은 실험실뿐만 아니라 모든 곳에 존재한다. 주방이 바로 우리가 음식을 먹는 실험실이라는 사실을 알고 있는가? 옥수수 전분이 볶음 요리를 걸쭉하게 만들고, 빵 반죽이 부풀고, 고기에 맛있는 갈색 크러스트가 생기는 것은 모두 바로 화학 덕분이다! 태양 전지부터 석영 결정에 이르기까지 우리가 생각할 수 있는 모든 천연 및 제조 제품은 화학의 결과물이다.

사계절을 위한 과학 무한한 가능성의 지평을 향한 여정에 함께하자. 우리 삶의 모든 측면에 스며든 연구 분야인 화학을 탐구할 것이다. 주변을 둘러보자. 우리가 먹는 음식, 숨쉬는 공기, 입는 옷, 우리를 보호하는 건물, 타고 다니는 자동차, 건강을 유지하는 데 도움이 되는 의약품 등 눈에 보이는 모든 것이 화학 물질로 만들어져 있다.

우리가 하는 모든 일에는 화학이 관여한다. 샌드위치를 먹을 때, 목욕을 할 때, 음악을 들을 때, 자동차를 운전할 때, 자전거를 탈 때에도 화학을 사용한다. 심지어 잠을 자는 동안에도 우리 몸 전체에서 화학 반응이 끊임없이 일어나고 있다.

화학은 사회 전체에도 영향을 미친다. 건강과 의학의 발전에는 많은 화학이 관여한다. 유전공학, 신약, 영양 개선 등 생명공학의 놀라운 발전에는 엄청난 화학 성분이 포함되어 있다. 환경적 문제를 이해하고 해결하려면 화학에 대한 지식과 응용이 필요하다. 오존층 파괴와 기후 변화라는 전 세계적 문제들은 모두 화학과 관련되어 있다.

▲ 유기농 식품은 화학 물질이 전혀 없는 것은 아니다. 사실, 유기농 식품은 완전히 화학 물질로 이루어져 있다.

그렇다면 화학이란 정확히 무엇일까? 1.5절에서 이 질문에 대해 자세히 살펴보겠다. '화학'이란 무엇인가? 화학이라는 단어가 불길하게 들릴 수도 있지만, 화학은 단순히 모든 물질의 이름일 뿐이다. 금, 물, 염, 당, 공기, 커피, 아이스크림, 컴퓨터, 연필 등 모든 것이 화학 물질이거나 화학 물질로 만들어진다.

물질적인 것들은 변화를 겪는다. 단풍잎이 가을에 노랗게 물들고 빨갛게 변하는 것처럼 이러한 변화는 자연적으로 일어나기도 한다. 촛불을 켜거나 달걀을 요리할 때처럼 우리는 종종 물질을 더 유용하게 만들기 위해 의도적으로 물질을 변화시킨다. 이러한 변화의 대부분은 에너지의 변화를 동반한다. 예를 들어 휘발유를 태우면 그 과정에서 자동차를 추진하는 데 사용할 수 있는 에너지가 방출된다. 화학은 생명을 정의하는 데 도움이 된다. 살아있는 화학 물질 집합과 죽은 유기체의 화학 물질 집합 또는 살아 있지 않은 무생물 표본을 어떻게 구별할 수 있을까? 살아있는 분자 집합은 스스로 복제할 수 있고 주변 환경으로부터 에너지를 수확할 수 있는 방법을 가지고 있다.

우리 몸은 놀라운 화학 공장이다. 우리가 섭취한 음식을 피부, 뼈, 혈액, 근육으로 바꾸고, 모든 활동에 필요한 에너지를 생성한다. 이 놀라운 화학 공장은 우리가 살아있는 한 하루 24시간 쉬지 않고 계속 가동된다. 화학은 매 순간 우리 삶에 영향을 미치며 사회 전반도 변화시킨다. 화학은 우리 문명을 형성한다.

1.1 과학과 기술: 지식의 뿌리

학습 목표 • 과학, 화학, 기술, 연금술을 정의한다.
• 녹색 화학 및 지속가능성 화학의 중요성에 대해 설명한다.

1 화학을 공부해야 하는 이유는 무엇인가?

화학은 많은 학문 영역의 일부이며 우리가 하는 모든 일에 영향을 미친다. 화학에 대한 지식은 현대 생활의 여러 측면을 이해하는 데 도움이 된다.

화학은 과학이지만, 과학이란 무엇인가? **과학**(science)은 본질적으로 주의 깊은 관찰과 실험을 통해 자연 현상에 대한 이해와 설명을 찾는 과정이다. 과학은 우리가 새로운 지식을 얻는 주요 수단이다. 과학은 자연과 우리의 물리적 세계에 대한 지식을 축적하고 그 지식을 설명하는 데 사용하는 이론을 생성한다. **화학**(chemistry)은 물질의 거동과 물질이 다른 물질 및 일부 형태의 에너지와 상호작용하는 방식을 다루는 지식 영역이다.

과학과 기술은 종종 서로 혼동되는 경우가 많다. **기술**(technology)은 실용적인 목적을 위해 지식을 응용하는 것이다. 기술은 과학보다 훨씬 이전인 선사 시대부터 존재했다. 불의 발견은 곧 음식을 조리하고 도자기를 굽고 광석을 제련하여 구리와 같은 금속을 생산하는 데 사용되었다. 발효의 발견은 맥주와 와인 제조로 이어졌다. 이러한 작업은 관련된 과학적 원리를 이해하지 못한 채 이루어졌다.

약 2,500년 전, 그리스 철학자들은 물질의 거동을 설명하기 위한 화학 이론, 즉 합리적인 설명을 세우려 했다. 이러한 철학자들은 일반적으로 실험을 통해 그들의 이론을 검증하지 않았다. 그럼에도 불구하고, 주로 아리스토텔레스에 기인한 자연관은 이후 20세기 동안 서양의 물질 세계의 작용에 대한 사고를 지배했다.

화학의 실험적 뿌리는 기원전 700년경 아랍 세계에서 시작되어 중세 유럽으로 퍼진 기초적 형태의 화학인 **연금술**(alchemy)에 있다. 연금술사들은 값싼 금속을 금으로 바꿀 수 있는 '철학자의 돌'과 영생을 가져다 줄 불로초를 찾았다. 비록 이러한 목표를 달성하지는 못했지만, 연금술사들은 오늘날에도 여전히 사용되는 증류 및 추출과 같은 많은 새로운 화학 물질과 완벽한 기술을 발견했다.

중세 말기에 진정한 화학 과학이 모습을 드러내기 시작했다. 물질의 거동이 실험을 통해 규명되기 시작했으며, 이러한 실험을 통해 생겨난 이론은 점차 초기 철학자들의 권위를 밀어냈다. 1800년대에는 더 많은 과학자가 물질의 거동을 폭넓고 깊이 있게 연구하면서 지식이 사실상 폭발적으로 증가했다. 1950년대와 1960년대 초까지 과학 전반과 특히 화학은 우리 삶에서 관련성이 점점 더 커졌다. 실험실에서 개발된 비료, 합금, 의약품, 플라스틱 등이 일상생활에 접목되었다. 세계 최대 화학 기업 중 하나인 듀폰(DuPont)은 1970년대까지 "화학을 통한 더 나은 삶"이라는 슬로건을 효과적으로 사용했다.

인류 역사의 대부분 동안 사람들은 지구의 자원을 착취하면서 안타깝게도 그 결과에 대해 거의 생각하지 않았다. 생물학자 Rachel Carson(1907~1964)은 일찍이 환경 보호에 대한 경각심을 일깨운 인물이다. 그녀의 저서 《침묵의 봄》(1962)의 핵심 주제는 해충을 통제하기 위해 사용하는 화학 물질이 인류를 포함한 모든 생명을 파괴할 위협이 된다는 것이었다. 살충제 업계와 그 지지자들은 Carson을 선동가라고 강력하게 비난했지만, 일부 과학자들은 Carson을 지지하는 목소리를 높였다. 그러나 1960년대 후반에 이르러 여러 종의 새가 멸종위기종에 처하고 많은 강, 호수, 바다에서 물고기가 사라지자 많은 과학자가 Carson의 입장에 동조하게 되었다. Carson의 견해에 대한 대중의 지지는 압도적이었다.

대중의 관심이 높아짐에 따라 최근 몇 년 동안 화학자들은 **녹색 화학**(green chemistry)의 개념을 발전시켰다. 이는 오염을 사후에 처리하는 것이 아니라, 그 근원에서부터 예방하거나 감소하는 것을 목표로 한 물질과 공정을 사용하는 접근법이다. 이러한 접근 방식은 21세기 첫 10년 동안 **지속가능한 화학**(sustainable chemistry)이라는 개념으로 더욱 확장되었다. 지속가능한 화학은 현 세대의 필요를 충족시키는 동시에 미래 세대의 필요를 훼손하지 않도록 설계된 화학을 의미한다. 지속가능성은 자원을 보존하고, 재생가능한 자원으로부터 환경 친화적인 제품을 생산하는 것을 지향한다.

화학 물질 자체는 좋지도 나쁘지도 않다. 화학 물질을 잘못 사용하면 문제를 일으킬 수 있지만, 올바르게 사용하면 화학 물질은 수많은 생명을 구하고 지구 전체 삶의 질을 향상시켰다. 염소와 오존은 끔찍한 질병을 일으키는 박테리아를 죽이며, 약물과 예방접종은 고통을 덜어준다. 암모니아와 같은 비료는 식량 생산을 늘리고, 석유는 난방, 냉방, 조명, 운송에 필요한 연료를 제공한다. 요컨대 화학은 과거 강력한 통치자들도 구할 수 없었던 생필품과 사치품을 평범한 사람들에게 제공했다. 화학이 없다면 생명 자체가 불가능할 정도로 화학은 우리 삶에 필수적인 존재이다.

▲ Rachel Carson의 《침묵의 봄》은 여러 가지 심각한 환경 문제를 지적한 최초의 저서 중 하나이다.

2 화학 물질이 우리에게 해로운 것이 사실인가?

우리가 보고, 냄새 맡고, 맛보고, 만질 수 있는 모든 것은 화학 물질이거나 화학 물질로 만들어져 있다. 화학 물질은 객관적으로 좋은 것도 나쁜 것도 아니다. 화학 물질은 좋은 용도로 쓰일 수도 있고, 나쁜 용도로 쓰일 수도 있으며, 그 중간 정도의 용도로 쓰일 수도 있다.

자가평가문제

1. 화학을 이해함으로써 가능해진 기술 발전에 해당하지 않는 것은 무엇인가?
   a. 테프론과 같은 붙지 않는 표면으로 코팅된 요리 팬
   b. 납 또는 기타 금속을 금으로 바꾸는 능력
   c. 의약품을 이용한 사람의 수명 연장
   d. 석유 의존도를 낮추기 위한 대체 연료 공급원
2. 연금술에 대한 설명으로 옳은 것은 무엇인가?
   a. 자연에 대한 철학적 사색
   b. 환경적 문제와 관련된 화학
   c. 현대 화학의 선구자
   d. 실용적인 목적을 위한 지식의 응용
3. Rachel Carson은 《침묵의 봄》에서 지구상의 생명체가 어떤 이유로 파괴될 수 있다고 주장하는가?
   a. 보툴리누스 중독
   b. 핵전쟁
   c. 인구 과잉
   d. 살충제
4. 녹색 화학의 목표는 무엇인가?

▲ 한 세기 전만 해도 오염된 식수는 콜레라와 기타 질병 발생의 원인이 되곤 했다. 현대의 정수 처리는 화학 물질을 사용하여 고형 물질을 제거하고 질병을 일으키는 박테리아를 죽여 물을 안전하게 마실 수 있도록 한다.

a. 저렴한 녹색 염료 생산하기
b. 기업에게 큰 부를 제공하기
c. 오염 감소하기
d. 사막을 숲과 초원으로 바꾸기

5. 다음 중 나쁜 화학 물질은 무엇인가?
a. 트리니트로톨루엔(TNT)
b. 사이안화 수소
c. 보툴리누스 독소
d. 앞의 보기 모두 아님

정답: 1. b, 2. c, 3. d, 4. c, 5. d

1.2 과학: 재현가능, 검증가능, 잠정적, 예측적, 설명가능

학습 목표 • 가설, 과학 법칙, 과학 이론, 과학 모형을 정의하고 과학에서 이들의 관계를 설명한다.

과학을 정의했지만, 과학에는 다른 학문과 구별되는 몇 가지 특징이 있다.

과학자들은 종종 현재와 미래에 대해 의견이 일치하지 않지만, 그렇다고 해서 과학이 단순히 추측 게임일 뿐이며 어느 쪽이 맞느냐가 중요한가? 결코 그렇지 않다. 과학은 증거, 관찰, 가설에 대한 실험적 테스트를 기반으로 한다. 그러나 과학은 변함없는 사실들의 집합체가 아니다. 우리는 자연을 우리의 선입견에 억지로 맞출 수 없다. 과학은 오류를 수정하는 데는 능숙하지만, 진리를 확립하는 것은 훨씬 어려운 과제이다. 과학은 아직 끝나지 않은 작업이다. 우리가 과학에서 배운 것들은 수백만 권의 책과 학술지를 가득 채우고 있지만, 우리가 아는 것과 비교했을 때 우리가 아직 모르는 것은 훨씬 더 많다.

과학적 데이터는 재현가능해야 한다

과학자는 주의 깊게 관찰하여 데이터를 수집한다. 데이터는 **재현가능**해야 한다. 한 과학자가 보고한 데이터는 다른 과학자들도 동일하게 관찰할 수 있어야 한다. 이를 위해 정밀한 측정이 필요하며 조건은 철저하게 통제하고 상세히 설명해야 한다. 과학적 연구는 다른 과학자들의 검증을 받기 전까지는 완전히 받아들여지지 않으며, 이 과정을 **동료 검토**라고 한다.

하지만 관찰은 과학의 지적 과정의 시작에 불과하다. 과학적 발견에는 여러 가지 경로가 있으며, 그중 하나가 그림 1.1에 나와 있다. 그러나 일반적인 규칙은 없다. 과학은 발견을 이뤄내는 간단한 과정이 아니다.

과학적 가설 검증가능

과학자들은 단순히 자신이 맞다고 생각하는 것을 주장하지 않는다. 그들은 관찰된 데이터에 대한 잠정적인 설명으로 검증가능한 **가설**(hypotheses; 교육받은 추측, 단수형 가설)을 설정한다. 그리고 실험을 설계하고 수행하여 이러한 가설을 검증한다. 실험은 과학과 예술과 인문학을 구분한다. 인문학에서는 수천 년 전에 논의되었던 동일한 질문에 대해 사람들이 여전히 논쟁(진리란 무엇인가? 아름다움이란 무엇인가?)을 벌인다. 이러한 논쟁이 지속되는 이유는 제안된 답을 객관적으로 검증하고 확인할 수 없기 때문이다.

과학자들은 예술가나 시인처럼 상상력이 풍부하고 창의적인 경우가 많다. 그러나 과학의 기본 원칙들은 검증가능하다. 대부분의 과학적 질문에 답하기 위해 실험을 고안할 수 있다. 아이디어를 검증하여 결과를 확인하거나 거부할 수 있다. 어떤 아이디어는 잠시 동안은 받아들여지지만, 추가 연구를 수행하면 거부될 수도 있다. 예를 들어 오랫동안 운동을 하면 근육이 피로해지고 젖산이 축적되어 근육통이 생긴다고 생각했다. 최근의 연구 결과에 따르면 젖산이 근육의 피로를 지연시키고 근육이 피곤하고 아픈 원인은 근육 세포 내부의 칼슘 이온 누출로 인한

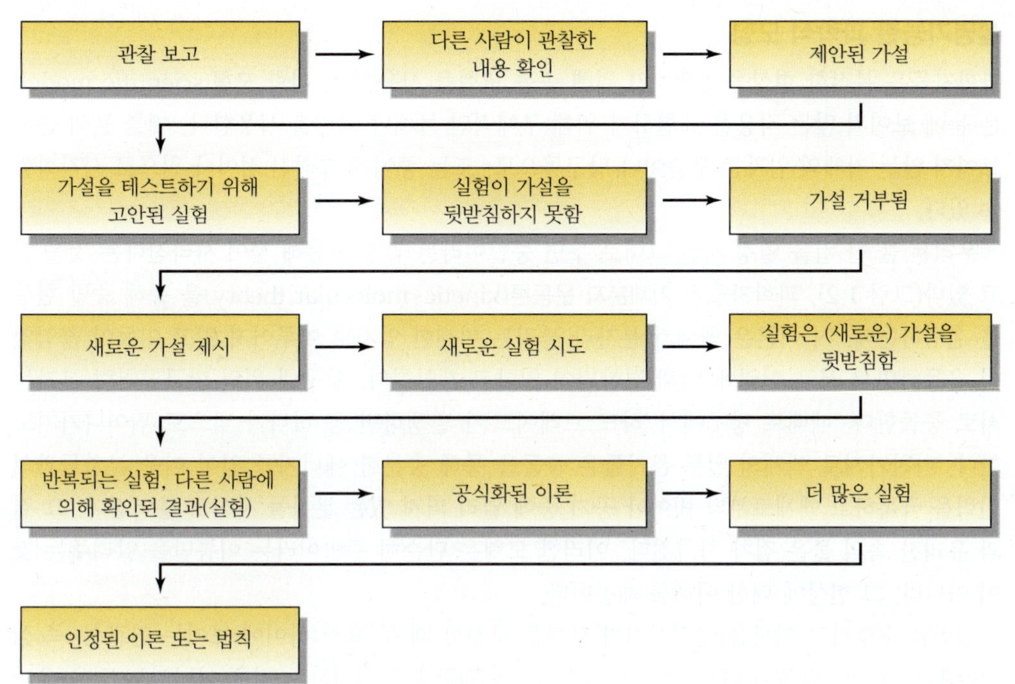

◀ **그림 1.1** 가능한 과학적 작용. '관찰 보고'에서 '이론 또는 법칙으로 받아들여지기'까지는 수년이 걸릴 수 있다. 새로운 객관적인 지식을 얻는 데는 많은 시간과 노력이 필요하다.

수축 약화 등 다른 요인과 관련이 있을 수 있다는 사실이 밝혀졌다. 과학자들은 많은 실험을 통해 확고한 지식의 토대를 구축하여 새로운 세대가 과거를 바탕으로 새로운 지식을 쌓을 수 있도록 했다.

대량의 과학적 데이터는 종종 짧은 언어적 진술이나 수학적 진술로 요약되며, 이를 **과학 법칙**(scientific law)이라고 부른다. 예를 들어 아일랜드 출신의 Robert Boyle(1627~1691)은 기체에 대한 많은 실험을 수행했다. 이러한 실험을 통해 그는 기체에 가해지는 압력이 증가하면 기체의 부피가 감소한다는 보일의 법칙(Boyle's law)을 확립했다. 수학적으로 보일의 법칙은 $PV = k$로 쓸 수 있는데, 여기서 P는 기체에 가해지는 압력, V는 기체의 부피, k는 상수이다. P가 2배가 되면 V는 반으로 줄어든다. 과학 법칙은 보편적이다. 특정 조건하에서는 관측가능한 우주의 모든 곳에 적용된다.

3 과학자는 왜 "더 많은 연구가 필요하다"라고 자주 말하는가?

더 많은 데이터는 과학자들이 가설을 더 잘 정의하고, 더 명확하고, 더 적용할 수 있도록 구체화하는 데 도움이 된다.

과학 이론은 잠정적이고 예측적이다

과학자들은 축적된 지식을 이론이라고 하는 세부적인 설명의 뼈대 위에 정리한다. **과학 이론**(scientific theory)은 어떤 현상에 대한 현재 가장 최선의 설명을 나타낸다. 본질적으로 법칙은 "이렇게 된다"라고 말하는 반면에 이론은 "왜 이렇게 되는가"라고 설명한다.

어떤 사람은 과학이 절대적이라고 생각하지만, 이는 사실과 거리가 멀 수 있다. 이론은 항상 잠정적인 것이다. 이론은 새로운 관찰의 결과로 수정되거나 심지어 폐기되어야 할 수도 있다. 예를 들어 1800년대 초에 제안된 원자 이론은 원자가 더 작은 입자로 구성되어 있다는 사실을 알게 되면서 광범위하게 수정되었다. 과학의 큰 부분을 차지하는 지식은 빠르게 성장하고 있으며 항상 변화하고 있다.

이론은 과학적 지식을 체계화하며 예측 가치에도 유용하다. 이론에 근거한 예측은 원래 연구자와 다른 과학자들에 의해 추가 실험으로 검증된다. 성공적인 예측을 하는 이론은 일반적으로 과학계에서 널리 받아들여진다. 한 분야에서 개발된 이론은 다른 분야에서도 적용되는 경우가 많다.

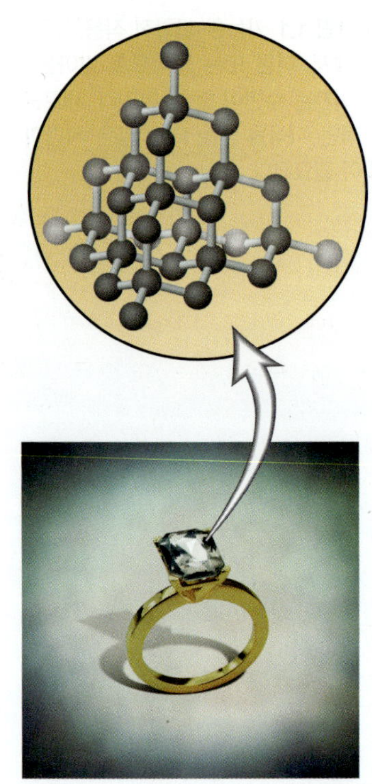

▲ 다이아몬드의 분자 모형은 다이아몬드가 단단한 이유를 설명하는 치밀하고 견고한 구조를 나타낸다.

설명가능한 과학적 모형

과학자들은 복잡한 현상을 설명하기 위해 종종 모형을 사용한다. **과학 모형**(scientific model)은 눈에 보이지 않는 작용을 표현하기 위해 구체적인 물체나 그림을 사용한다. 예를 들어 눈에 보이지 않는 기체의 입자는 구슬이나 당구공으로, 또는 종이에 그려진 점이나 원으로 시각화할 수 있다.

우리는 물 한 컵을 일정 시간 그대로 두면 증발이라는 과정을 통해 물이 사라진다는 것을 알고 있다(그림 1.2). 과학자들은 **기체분자 운동론**(kinetic-molecular theory)을 통해 증발 현상을 설명하는데, 이 이론은 액체가 분자라 불리는 미세한 입자로 이루어져 있고 이들이 끊임없이 운동하면서 서로 인력에 의해 결합되어 있다고 제안한다. 당구대 위의 당구공처럼 분자는 서로 충돌한다. 때때로 당구에서 '하드 브레이크'가 발생하면 공 하나가 밖으로 튀어나가기도 한다. 마찬가지로 액체의 일부 분자들은 충돌을 통해 충분한 에너지를 얻어 이웃 분자들과의 인력을 극복하고 액체로부터 벗어나 공기 중에 널리 퍼져 있는 분자들 사이로 흩어진다. 그 결과 유리잔 속의 물은 점차 사라진다. 이러한 모형은 단순히 증발이라는 이름만을 알려주는 것이 아니라, 그 현상에 대한 이해를 제공한다.

실험을 수행하고 이론을 발전시키며 모형을 구성할 때 두 요소 사이에 보이는 연관성, 즉 **상관관계**가 반드시 한쪽이 다른 쪽을 일으킨다는 **인과관계**를 의미하는 것은 아니라는 점을 유념하는 것이 중요하다. 예를 들어 많은 사람이 금계국이 피는 가을에 알레르기로 고통받는다. 그러나 연구에 따르면 이러한 알레르기의 주요 원인은 돼지풀 꽃가루(ragweed pollen)이다. 돼지풀의 개화와 가을철 알레르기 사이에는 상관관계가 있지만, 돼지풀 꽃가루가 원인은 아니다. 실제 원인은 같은 시기에 개화되는 돼지풀이다.

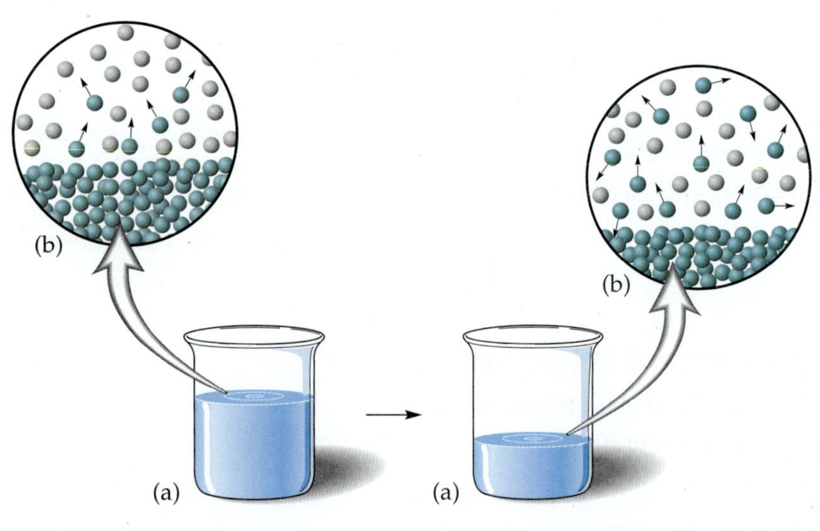

▲ **그림 1.2** 물의 증발. (a) 물이 담긴 용기를 공기 중에 열어 두면 물이 서서히 사라진다. (b) 과학자들은 분자의 운동을 보여주는 모형을 통해 증발을 설명한다.

과학의 한계

어떤 사람은 우리가 직면한 많은 문제를 과학의 방법으로만 접근한다면 많은 문제를 해결할 수 있다고 말한다. 과학자의 절차를 사회적, 정치적, 윤리적, 경제적 문제에 적용할 수 없는 이유는 무엇일까? 그리고 왜 과학자들은 환경적, 사회적, 정치적 문제에 대해 동의하지 않을까?

의견 불일치는 종종 변수를 통제할 수 없기 때문에 발생한다. **변수**(variable)는 실험이 진행되는 동안 변경될 수 있는 어떤 것이다. 예를 들어 실험실에서 압력 변화에 따라 기체의 부피가 어떻게 변하는지를 연구하고 싶다면 온도와 기체의 양과 종류와 같은 인자를 일정하게 유지할 수 있다. 반면에 특정 오염 물질의 낮은 수치가 인구의 건강에 미치는 영향을 확인하고자 한다면 건강에 영향을 미치는 개인의 식단, 습관, 다른 물질에 대한 노출과 같은 변수를 통제하는 것은 거의 불가능할 것이다. 우리는 오염 물질의 건강적 영향에 대해 관찰하고 가설을 세우고 실험을 할 수는 있지만, 결과 해석이 어렵고 이견이 있을 수 있다.

과학이란 무엇인가?

책임감 있는 뉴스 미디어는 일반적으로 우세한 증거가 어디에 있든 사안의 양쪽 측면을 모두 제시하며 공정성을 유지하려고 노력한다. 과학에서는 증거가 한쪽이 단순히 틀렸다는 것을 나타내는 경우가 많다. 과학자들은 평형이 아닌 정확성을 추구한다. 평평한 지구에 대한 아이디어는 (대략적인) 구형 지구에 대한 아이디어와 동등한 신빙성을 부여받지 못한다. 실험적 검증과 동료 검토를 거친 아이디어만 유효한 것으로 간주된다. 아름답고, 우아하고, 심지어 성스러운 아이디어도 실험적 데이터에 의해 무효화될 수 있다. 예를 들어 1543년까지만 해도 태양이 지구 주위를 돈다는 생각은 신성불가침한 것으로 여겨졌다.

과학은 민주적인 과정이 아니다. 다수결의 원칙은 건전한 과학을 무엇으로 규정할지를 결정하지 않는다. 과학은 거짓으로 판명되거나 실험에 의해 검증되지 않은 개념을 받아들이지 않는다.

자가평가문제

1. 가설을 지지하거나 반박하기 위해 과학자는 어떻게 하는가?
   a. 실험 수행 **b.** 기관과 협의
   c. 과학적 법칙 수립 **d.** 과학 이론 공식화
2. "화학적 변화가 일어날 때 질량은 항상 보존된다"라는 진술은 어떤 과학적 지식의 예인가?
   a. 실험 **b.** 가설
   c. 법칙 **d.** 이론
3. 성공적인 이론에 대한 설명으로 옳은 것은 무엇인가?
   a. 예측에 활용될 수 있다.
   b. 결국 과학적 법칙이 된다.
   c. 더 이상 검증의 대상이 아니다.
   d. 영구적으로 사실로 인정된다.
4. 다음 중 가설이 아닌 것은 무엇인가?
   a. 1/4은 니켈보다 무겁다.
   b. 얼음이 물 위에 뜨는 이유는 얼음이 어는 과정에서 기포가 갇히기 때문이다.
   c. 산소는 은과 반응하여 변색을 일으킨다.
   d. 합성 호르몬은 생물체 내에서 자연적으로 생성되는 호르몬과 동일한 효과를 가진다.
5. 다음 중 과학적 연구의 요건은 무엇인가?
   a. 과학자 및 정치인으로 구성된 위원회의 승인을 받아야 한다.
   b. 지구에 도움이 되고 인간의 삶을 개선해야 한다.
   c. 실험적 검증과 동료 검토를 통해 타당성을 확인해야 한다.
   d. 평형을 유지하고 결과의 장단점을 따져봐야 한다.
6. 사회 문제는 해결하기 어렵다. 그 이유는 무엇인가?
   a. 변수 통제
   b. 초자연적 사건 배제
   c. 가설 형성
   d. 이론 공식화

정답: 1.a, 2.c, 3.a, 4.a, 5.c, 6.a

1.3 과학 및 기술: 위험과 이익

학습 목표 • 위험과 이익을 정의하고 각각의 예를 들어 설명한다.
• 이익 및 위험 데이터로부터 바람직성 지수를 추정한다.

대부분의 사람들은 사회가 과학과 기술의 이익을 누리고 있다는 사실을 인식하고 있지만, 모든 기술 발전에는 위험이 따른다는 사실을 깨닫지 못하는 경우가 많다. 이익이 위험보다 큰 시점을 어떻게 판단할 수 있을까? **위험-이익 분석**(risk-benefit analysis)이라고 하는 한 가지 접근 방식에는 바람직성 지수(desirability quotient, DQ)를 추정하는 것이 포함된다.

$$\text{DQ} = \frac{\text{이익}}{\text{위험}}$$

이익(benefit)은 웰빙을 증진하거나 긍정적인 영향을 미치는 모든 것을 의미한다. 이익은 경제적, 사회적, 심리적일 수 있다. **위험**(risk)은 손실이나 부상을 초래할 수 있는 모든 위험을 의미한다. 현대 기술과 관련된 위험 중 일부는 질병, 사망, 경제적 손실, 환경적 악화를 초래했

왜 중요할까?

북유럽 혈통의 대부분 사람들에게 저온 살균 저지방 우유는 건강에 좋은 식품이다. 우유의 이점(이익)은 위험성보다 훨씬 크다. 다른 인종 그룹은 성인 중 유당 불내증 비율이 높고, 우유에 대한 선호도 지수가 훨씬 낮다.

다. 위험과 이익은 한 개인, 그룹, 사회 전체에 관련될 수 있다.

모든 기술 발전에는 이익과 위험이 함께 존재한다. 예를 들어 자동차는 빠르고 편리한 교통수단이라는 이점(이익)을 제공한다. 하지만 자동차 운전은 교통사고로 인한 부상이나 사망이라는 개인적 위험과 공해, 기후변화와 같은 사회적 위험을 수반한다. 자동차를 운전하는 사람들의 수를 고려하면 대부분 사람들이 자동차 운전의 이점(이익)이 위험보다 크다고 생각하는 것은 분명하다.

어떤 제품의 이익과 위험을 평가하는 것은 여러 집단을 고려할 때 더 어렵다. 예를 들어 저온 살균 저지방 우유는 북유럽 출신의 많은 사람에게 안전하고 영양가 있는 음료이다. 이 그룹의 일부 사람들은 우유의 당분인 젖당을 견디지 못한다. 그리고 일부는 우유 단백질에 알레르기가 있다. 그러나 이러한 문제는 북유럽계 사람들에게는 비교적 흔하지 않기 때문에 우유의 이익은 크고, 위험은 작기 때문에 이 그룹에 대한 DQ가 높다. 그러나 다른 인종적 배경을 가진 성인은 종종 유당 불내증인 경우가 많으며, 이들에게 우유는 DQ가 낮다.

다른 기술은 큰 이익을 제공하지만 큰 위험도 존재한다. 이러한 기술의 경우 DQ가 불확실하다. 예를 들어 석탄을 액체 연료로 전환하는 것이 있다. 대부분의 사람들은 액체 연료가 운송, 가정 난방, 산업 분야에서 매우 유익하다고 생각한다. 그러나 석탄 전환에는 탄광 근로자에 대한 위험, 대기 및 수질 오염, 전환 공장 근로자의 독성 화학 물질 노출 등 큰 위험이 있다. 그 결과는 다시 불확실한 DQ와 정치적 논란이다.

위험-이익 분석에는 또 다른 문제가 있다. 일부 기술은 한 집단에게는 이익을 주지만 다른 집단에게는 위험을 초래할 수 있다. 예를 들어 컴퓨터와 기타 가전제품의 금도금과 금선은 소비자에게 더 높은 신뢰성과 더 긴 수명을 제공함으로써 이익을 준다. 그러나 기기를 폐기할 때 금을 회수하려는 소규모 시도는 종종 회수 지역에서 심각한 오염을 초래한다. 이러한 경우 어려운 정치적 결정이 필요하다.

다른 기술은 현재의 이익을 제공하지만 미래의 위험을 초래할 수도 있다. 예를 들어 원자력은 현재 유용한 전기를 제공하지만, 원자력 발전소에서 부적절하게 저장된 폐기물은 수 세기 동안 위험을 초래할 수 있다. 따라서 원자력의 사용은 논란의 여지가 있다.

과학과 기술에는 분명히 위험과 이익이 모두 수반된다. 이익의 결정은 거의 전적으로 사회적 판단이다. 위험 평가에도 사회적, 개인적 결정이 포함되지만 과학적 조사가 큰 도움이 되는 경우가 많다. 많은 기술 발전의 이면에 있는 화학적 원리를 이해하면 자신, 가족, 지역사회, 세계를 위해 보다 정확한 위험-이익 분석을 하는 데 도움이 될 것이다.

예제 1.1 위험-이익 분석

케토로락(ketorolac)은 중등도에서 중증의 통증을 치료하는 데 일부 오피오이드만큼 효과적이라고 알려진 처방용 NSAID(비스테로이드성 항염증제)이다. 그러나 부작용과 뇌졸중 및 심장마비의 가능성 때문에 FDA는 단기간만 사용하도록 권장하고 있다. **(a)** 충수절제술을 받은 24세 남성, **(b)** 고혈압과 관절염의 만성 통증을 앓고 있는 52세 여성의 통증 치료에 케토로락을 사용하는 것에 대한 위험-이익 분석을 수행하라.

풀이

a. 충수 절제술 또는 이와 유사한 시술로 인한 통증은 일반적으로 단기적이며, 젊고 건강한 사람의 경우 단기간에 뇌졸중이나 심장마비가 발생할 가능성은 낮을 수 있다. DQ는 보통에서 높을 가능성이 높다.

b. 관절염과 같은 만성 질환의 통증을 치료하려면 약물을 장기간 사용해야 한다. 또한 환자의 나이와 고혈압은 뇌졸중이나 심장마비를 일으킬 가능성이 훨씬 더 높다. 또한 효과는 떨어지지만 장기적으로 사용하기에 훨씬 안전한 다른 약물도 있다. 이 경우 DQ가 낮다.

› 복습문제 1.1A

클로람페니콜은 강력한 항균제로 다른 약물에 영향을 받지 않는 박테리아를 파괴하는 경우가 많다. 그러나 일부 개인에게는 매우 위험하며 약 3만 명 중 1명에게서 치명적인 재생불량성 빈혈을 일으킬 수 있다. 클로람페니콜을 **(a)** 아픈 농장 동물에게 투여하여 약물의 잔류물이 포함될 수 있는 우유와 고기를 섭취하고, **(b)** 록키산 반점열에 걸린 사람이 사망하거나 영구 장애가 발생할 가능성이 높은 경우의 위험-이익 분석을 수행하라.

› 복습문제 1.1B

탈리도마이드는 1950년대 유럽에서 수면 보조제로 도입된 약물이다. 하지만 기형아 유발 물질(테라토겐)로 밝혀졌고, 임신 중 산모가 복용한 아이들이 사지가 기형인 채로 태어나자 시장에서 퇴출되었다. 최근에는 탈리도마이드가 나병으로 인한 병변과 카포시 육종(에이즈 환자에게서 흔히 진단되는 암의 한 형태)에 효과적인 치료제로 연구되고 있다. **(a)** 25~40세 여성, **(b)** 55~70세 여성에게 나병 치료를 위해 탈리도마이드 처방의 위험-이익 분석을 수행하라.

과학은 통합된 전체이다. 공통된 과학 법칙은 모든 조직과 모든 단계에 적용된다. 과학의 다양한 영역은 서로 상호작용하고 서로를 지원한다. 따라서 화학은 그 자체로 유용할 뿐만 아니

사망 위험

위험에 대한 인식은 우리가 직면하는 실제 위험과 다를 때가 많다. 어떤 사람들은 비행기를 타는 것을 두려워하지만 자동차 여행의 위험은 쉽게 감수한다. 다양한 원인으로 인한 사망할 확률은 표 1.1에 나와 있다.

표 1.1 미국의 대략적인 평생 사망 위험도

행동	생애 위험[a]	세부사항/가정
모든 원인	1 또는 1/1	어떤 이유로든 사망
흡연	0.25 또는 1/4	흡연, 하루에 담배 한 갑
심장 질환	0.20 또는 1/5	심장 마비, 울혈성 심부전
모든 암	0.14 또는 1/7	모든 암
자동차 사고	0.01 또는 1/100	자동차 사고로 사망
집 안에서 사고	0.01 또는 1/100	집 안에서 사고로 사망
자연의 힘	0.0003 또는 1/3360	더위, 추위, 폭풍, 지진 등
땅콩버터(아플라톡신)	0.00060 또는 1/1700	하루에 땅콩버터 4테이블스푼
비행기 사고	0.00005 또는 1/20,000	비행기 사고로 사망
테러 공격	0.00077 또는 1/1300	10년마다 9/11 수준의 테러 한 번[b]
테러 공격	0.000077 또는 1/13,000	10년마다 9/11 수준의 테러 한 번

[a] 특정 연도에 특정 원인으로 사망할 확률은 해당 연도의 사망자 수로 인구를 나누어 계산된다.
[b] 예상치 못한 시나리오

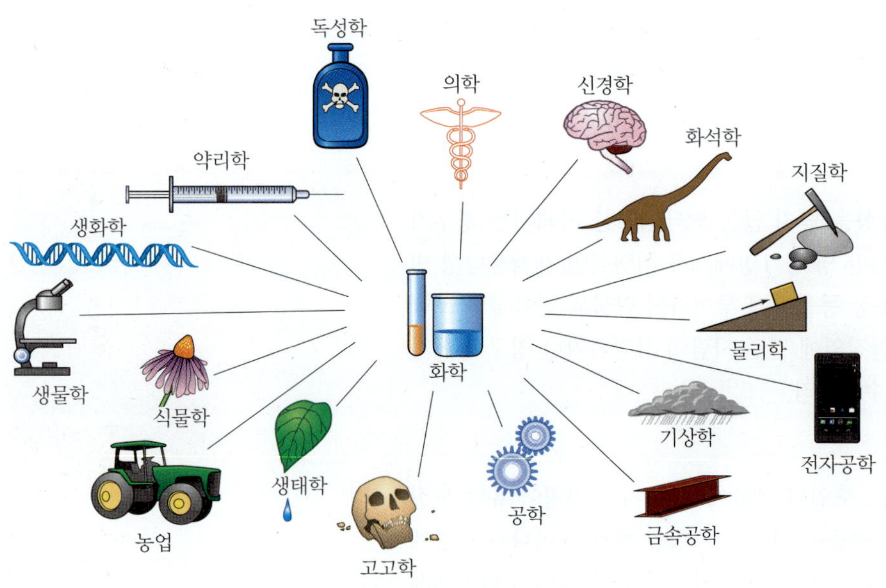

▲ **그림 1.3** 화학은 과학 중에서도 중심적인 역할을 한다.

라 다른 과학 분야의 기초가 되기도 한다. 화학 원리의 응용은 생물학과 의학에 혁명을 일으켰고, 수학에 사용되는 강력한 컴퓨터의 재료를 제공했으며, 신소재 생산과 같은 다른 분야에도 깊은 영향을 미쳤다. 더 나은 건강, 영양, 주거라는 사회적 목표는 화학자의 지식과 기술에 상당 부분 의존하고 있다. 종이, 유리, 금속과 같은 기본 재료의 재활용에는 화학적 과정이 수반된다.

화학은 실제로 중심 과학이다(그림 1.3). 우리 일상생활에서 화학의 영향을 받지 않는 분야는 없다. 많은 현대 소재가 화학자에 의해 개발되었으며, 더 놀라운 소재가 개발되고 있다.

화학은 산업 국가의 경제에도 중요한 역할을 한다. 미국에서는 화학 산업에서 개인 위생용품, 농산물, 플라스틱, 코팅, 비누, 세제 등 수천 가지의 소비재 제품을 생산한다. 의약품 제조에 사용되는 원료의 80%를 생산한다. 미국 화학 산업은 미국 최대 산업 중 하나로, 2016년 매출액이 8,000억 달러 이상이며 미국 전체 수출의 약 10%를 차지한다. 과학자, 엔지니어, 기술자를 포함하여 826,000명 이상의 근로자를 고용하고 있으며 미국 전체 특허의 약 11%를 창출하고 있다. 화학 물질은 매우 위험하다는 일반적인 믿음과는 달리 화학 산업 근로자는 미국 제조업 평균 근로자보다 5배 더 안전하다.

자가평가문제

1. 위험에 대한 우리의 인식은 어떠한가?
   a. 항상 건전한 과학에 기반한다.
   b. 항상 실제 위험보다 높다.
   c. 항상 실제 위험보다 낮다.
   d. 실제 위험과 다른 경우가 많다.

2. 다음 중 사망 위험이 가장 높은 것은 무엇인가(표 1.1 참조)?
   a. 심장 질환 **b.** 땅콩버터
   c. 암 **d.** 자동차 사고

3. 화학을 '중심 과학'이라고 부르는 이유는 무엇인가?
   a. 화학 산업은 주로 미국 중서부에 기반을 두고 있다.
   b. 모든 대학 커리큘럼의 핵심 과정이다.
   c. 다른 과학 분야의 기본이다.
   d. 많은 환경 문제의 원인이 된다.

4. 미국 화학 산업에 대한 설명으로 옳은 것은 무엇인가?
   a. 특허 불안전
   b. 거의 모든 오염의 원인
   c. 많은 소비자 제품의 원천
   d. 미국 경제에 중요하지 않음

정답: 1.d, 2.a, 3.c, 4.c

1.4 사회 문제 해결: 과학 연구

학습 목표 • 기초 연구와 응용 연구를 구분한다.

화학은 오늘날 사회를 형성하는 강력한 힘이다. 화학 연구는 다른 과학 분야에서 중추적인 역할을 할 뿐만 아니라 사회 전체에 지대한 영향을 미친다. 연구에는 **응용 연구**와 **기초 연구**라는 두 가지 범주가 있다. 이 두 가지는 종종 겹치기도 하고, 특정 프로젝트를 어느 한쪽으로 명확히 분류하는 것이 항상 가능한 것은 아니다.

응용 연구

일부 화학자는 오염된 토양, 공기, 물을 검사한다. 다른 화학자들은 식품, 연료, 화장품, 세제, 약품을 분석한다. 또 다른 화학자들은 약물이나 살충제로 사용하기 위해 새로운 물질을 합성하거나 새로운 응용 분야를 위한 플라스틱을 제조한다. 이러한 활동은 산업이나 환경의 특정 문제 해결을 지향하는 작업인 **응용 연구**(applied research)의 예이다.

응용 연구 분야에서 가장 기념비적인 업적은 George Washington Carver의 업적이다. 노예 출신인 Carver는 심슨대학을 다녔고 이후 아이오와 주립대학을 졸업했다. 식물학자이자 농업 화학자였던 Carver는 터스키기연구소에서 가르치고 연구를 수행했다. 그는 땅콩에서 땅콩버터, 손 세정제, 단열 보드에 이르기까지 300개 이상의 제품을 개발했다. 그는 고구마, 피칸, 점토로 다른 새로운 제품도 만들었다. Carver는 또한 남부 농부들에게 농작물을 윤작하고 콩과 식물을 사용하여 면화 작물이 토양에서 제거한 질소를 보충하는 방법을 가르쳤다. 그의 연구는 남부 경제를 활성화하는 데 도움이 되었다.

▲ George Washington Carver(1864~1943). 터스키기연구소의 실험실에서 연구한 과학자이다.

기초 연구: 지식 검색

많은 화학자가 **기초 연구**(basic research), 그 자체로 지식을 탐구하는 일에 종사한다. 일부 화학자는 원자와 분자 구조의 세부 사항을 연구한다. 다른 사람들은 복잡한 화학 반응에 수반되는 복잡한 에너지 변화를 측정한다. 일부는 새로운 화합물을 합성하고 그 성질을 결정한다. 자연의 비밀을 풀고 우주의 질서를 발견하는 순수한 기쁨을 위해 수행되는 기초 연구는 예측가능하고 상업화 가능한 산물이 없다는 특징이 있다.

제품이 없다고 해서 기초 연구가 쓸모없다는 의미는 아니다. 전혀 그렇지 않다! 기초 연구의 결과는 나중에 응용되는 경우가 많지만, 이것이 연구자의 주된 목표는 아니다. 실제로 현대 기술의 대부분은 기초 연구에서 얻은 결과를 기반으로 한다. 예를 들어 1940년대와 1950년대에 Gertrude Elion(1918~1999)과 George Hitchings(1905~1998)는 세포 화학에서 퓨린(purine)이라는 화합물의 역할을 조사했다. 이를 통해 장기 이식을 촉진하고 통풍, 말라리아, 헤르페스, 암, AIDS를 치료하는 신약을 발견할 수 있었다. 1960년대에는 메이저(maser)라는 장치를 이용한 기초 연구가 오늘날의 위성 위치 확인 시스템(GPS)을 개발하는 데 기여했다. 1920년대에는 기초 연구를 통해 특정 원자핵의 성질인 핵 스핀을 발견했다. 이 연구는 오늘날 거의 모든 병원에서 신체 내부 구조를 보기 위해 사용하는 자기공명영상(MRI)의 개발로 이어졌다. 기초 연구를 통해 얻은 사실적 정보의 기반이 없다면 기술 혁신은 우연적이고 더디게 이루어질 것이다.

응용 연구는 주로 새롭고, 더 좋거나, 더 많이 팔릴 수 있는 제품을 개발하여 즉각적인 이익을 추구하는 산업계에서 수행한다. 이러한 연구의 궁극적인 목적은 일반적으로 주주의 이익이다. 기초 연구는 주로 대학과 연구 기관에서 수행된다. 이러한 연구에 대한 대부분의 지원은 연방 및 주정부 및 재단에서 이루어지지만, 일부 대규모 산업체에서도 지원하기도 한다.

4 과학자는 왜 당장 응용할 수 없는 연구에 매달리는가?

기초 연구의 결과는 당장 실용화되지 않을 수도 있다. 하지만 기초 연구는 세상에 대한 이해를 넓히고 미래를 위한 투자라고 할 수 있다. 그리고 기초 연구는 종종 실용적인 응용을 찾기도 한다. 예를 들어 '존 정제(zone refining)'는 20세기 초에 매우 순수한 고체를 생산하기 위해 개발된 방법이다. 집적 회로가 등장하기 전까지는 실용적인 응용이 거의 없었다. 현재 존 정제는 지구상의 모든 전자 장치에 필요한 초순수 실리콘을 생산하는 데 사용된다.

자가평가문제

다음 각 항목을 **(a)** 응용 연구 또는 **(b)** 기초 연구로 분류하라.

1. 한 화학자가 더 빨리 작용하고 더 오래 지속되는 천식 치료제를 개발한다.

2. 한 연구원이 전분 분해에 미치는 다양한 산의 영향을 조사한다.

3. 한 과학자가 해면동물에서 생물학적으로 활성인 화합물을 추출하려고 한다.

4. 과학자들은 젖소의 우유 생산을 개선하기 위해 rBST를 개발한다.

정답: 1. a, 2. b, 3. b, 4. a

왜 중요할까?

Gertrude Elion은 퓨린에 대한 기초 연구로 노벨상을 수상했다. 그녀의 연구는 제약 및 의학 분야에서 많은 응용으로 이어졌다. 현대의 많은 중요한 응용은 기초 연구에서 시작되었다. 1991년 Elion은 여성 최초로 미국 발명가 명예의 전당에 추대되었다.

1.5 화학: 물질과 그 변화에 대한 연구

학습 목표 • 질량과 무게, 물리적 및 화학적 변화, 물리적 및 화학적 성질을 구분한다.

앞서 언급했듯이 화학은 흔히 물질과 그 변화를 연구하는 학문으로 정의된다. 전체 물리적 우주가 물질과 에너지로 구성되어 있기 때문에 화학의 영역은 원자에서 별, 암석에서 살아 있는 유기체에 이르기까지 광범위한다. 이제 물질에 대해 좀 더 자세히 살펴보겠다.

물질(matter)은 모든 물질적 사물을 구성하는 것이다. 공간을 차지하고 질량을 가진 모든 것을 말한다. 과학적으로 **질량**(mass)은 물체의 **관성**을 나타내는 척도로, 물체의 질량이 클수록 관성이 커져 물체의 속도를 바꾸기 어렵다는 뜻이다. 주먹만 한 테니스공이 초속 30미터로 자신을 향해 날아오는 것은 쉽게 막을 수 있지만, 같은 속도로 움직이는 같은 크기의 철분(iron) 대포알은 막기 어렵다. 대포알은 같은 크기의 테니스공보다 질량이 더 크다. 나무, 모래, 물, 공기, 사람 모두 공간을 차지하고 질량을 가지므로 물질이다.

물체의 질량은 위치에 따라 달라지지 않는다. 우주비행사는 달이나 '무중력' 궤도에서 지구와 동일한 질량을 갖는다. 반대로 **무게**(weight)는 힘을 측정한다. 지구에서는 지구와 해당 질량 사이의 인력을 측정한다. 중력이 지구의 6분의 1인 달에서 우주비행사의 몸무게는 지구의 6분의 1에 불과하다(그림 1.4). 무게는 중력에 따라 달라지지만 질량은 그렇지 않다. 그럼에도 불구하고 이 책에서는 두 가지 이유로 '무게'라는 용어를 '질량'이라는 의미로 자주 사용한다. 첫째, "그 학생의 무게는 약 15그램의 설탕이었다"가 아니라 "그 학생은 약 15그램의 설탕을 질량했다"라고 말하는 것이 다소 어색하거나 혼란스러울 수 있기 때문이다. 둘째, 대부분 화학 반응은 지구 표면에서 일정한 중력 하에서 일어나기 때문에 지구상의 어느 곳에서나 무게는 거의 동일하게 유지된다. 이 책에서 무게를 표현할 때는 일반적으로 미국식 단위인 온스와 파운드를 사용하며 그램, 킬로그램 등은 질량을 나타낸다.

▲ **그림 1.4** 우주비행사 Harrison Schmitt의 우주복 무게는 지구에서와 마찬가지로 180파운드에 달하지만, 달의 중력은 지구의 중력의 6분의 1에 불과하기 때문에 우주복과 우주인을 끌어당기는 힘은 매우 약해 이동이 매우 쉽다는 것을 알게 되었다.

Q 캡션의 정보에 근거하여 달에서 Schmitt와 그의 우주복의 무게는 파운드 단위로 얼마인가? 지구에서 Schmitt가 우주복을 입었을 때의 질량은 킬로그램 단위로 얼마나 되는가?

예제 1.2 질량과 무게

수성 행성의 중력은 지구의 8분의 3이다. **(a)** 지구에서 80킬로그램(kg)의 질량을 가진 사람의 수성에서의 질량은 얼마인가? **(b)** 지구에서 몸무게가 160파운드(lb.)인 사람의 수성에서의 무게(파운드)는 얼마인가?

풀이

a. 사람의 질량은 지구(80 kg)와 동일할 것이다. 물질의 양은 변하지 않는다.

b. 수성과 사람 사이의 인력은 지구와 사람 사이의 인력의 8분의 3, 즉 0.375배에 불과하므로 사람의 무게는 0.375×160 lb. $= 60$ lb.에 불과하다.

› 복습문제 1.2A

금성 표면의 중력은 지구 표면의 중력의 0.903배이다. **(a)** 금성에서 1.00 kg의 물체의 질량은 얼마인가? **(b)** 지구에서 몸무게가 198 lb.인 사람이 금성 표면에서 몸무게는 얼마나 되는가(단위는 파운드)?

› 복습문제 1.2B

지구에서 몸무게가 198파운드인 사람은 목성 표면에서 475파운드가 될 것이다. 목성의 중력은 지구의 중력보다 몇 배 더 큰가?

물리적 및 화학적 성질

우리는 화학에 대한 지식을 이용해 물질을 더 유용하게 변화시킬 수 있다. 화학자들은 원유를 휘발유, 플라스틱, 살충제, 의약품, 세제, 기타 수천 가지의 생성물로 바꿀 수 있다. 물질의 변화는 에너지의 변화를 동반한다. 우리는 종종 에너지의 일부를 추출하기 위해 물질을 변화시킨다. 예를 들어 자동차를 움직이기 위해 휘발유를 태워 에너지를 얻는다.

물질의 시료를 구별하기 위해 성질을 비교할 수 있다(그림 1.5). 물질의 **물리적 성질**(physical property)은 물질의 새로운 유형을 형성하지 않고도 관찰하거나 측정할 수 있는 특성 또는 행동이다. 색깔, 냄새, 경도가 물리적 성질이다(표 1.2). **화학적 성질**(chemical property)이 관찰되면 조성이 다른 새로운 종류의 물질이 형성된다. 나무를 태우면 이산화 탄소, 수증기, 재(주로 산화 칼륨)와 같은 새로운 물질이 형성되기 때문에 화학적 변화가 일어난다(표 1.3).

물리적 변화(physical property)가 발생하면 물질의 화학적 성질이나 조성은 변하지 않고 물질의 물리적 외관에 변화가 생긴다. 얼음 조각이 녹아 액체가 될 수 있지만 여전히 물이다. 용융은 물리적 변화이며, 용융이 일어나는 온도(녹는점)는 물리적 성질이다.

화학적 변화(chemical property) 또는 화학 반응은 물질의 화학적 성질이 화학적으로 다른 물질로 변화하는 것을 말한다. 화학적 성질을 나타낼 때 물질은 화학적 변화를 수반한다. 원래의 물질 중 적어도 하나의 물질이 하나 이상의 새로운 물질로 대체된다. 철 금속은 공기 중의 산소와 반응하여 녹(산화철)을 형성한다. 유황이 공기 중에서 연소하면 한 종류의 원자로 조성된 노란색 고체인 유황과 다른 종류의 원자로 조성된 무취의 산소 가스(공기 중)가 결합하여 각

◀ **그림 1.5** 두 원소의 물리적 성질을 비교한 것이다. 구리(왼쪽)는 얇은 호일로 두드려서 만들거나 와이어로 뽑아낼 수 있다. 요오드(오른쪽)는 부서지기 쉬운 회색 결정으로 이루어져 있으며, 두드리면 가루로 부서진다.

Q 사진에서 구리와 요오드의 어떤 추가적인 물리적 특성을 알 수 있는가?

표 1.2 물리적 성질의 몇 가지 예

성질	예
온도	물의 어는점은 0 ℃이고, 끓는점은 100 ℃이다.
질량	니켈의 질량은 5 g이다. 페니의 질량은 2.5 g이다.
색	황은 노란색이고, 브롬은 붉은색이다.
맛	산은 시고, 염기는 쓰다.
냄새	벤질 아세테이트는 자스민 냄새가 나고, 황화 수소는 썩은 달걀 냄새가 난다.
끓는점	물은 100 ℃에서 끓는다. 에틸 알코올은 78.5 ℃에서 끓는다.
경도	다이아몬드는 아주 단단하고, 소듐 금속은 부드럽다.
밀도	물의 밀도는 1.00 g/mL이고, 금의 밀도는 19.3 g/cm^3이다.

표 1.3 화학적 성질의 몇 가지 예

물질	화학적 성질
철	녹(산소와 결합하여 산화철을 형성한다.)
탄소	화상(산소와 결합하여 이산화탄소를 생성한다.)
은	타르니시(황과 결합하여 황화은을 형성한다.)
니트로글리세린	폭발(분해되어 가스 혼합물이 생성된다.)
일산화 탄소	독성이 있음(헤모글로빈과 결합하여 무산소를 유발한다.)
네온	비활성 상태(아무것과도 반응하지 않는다.)

각 유황 원자 1개와 산소 원자 2개를 포함하는 분자로 이루어진 냄새가 나고 숨이 막히는 가스인 이산화 황을 형성한다. **분자**는 하나의 단위로 결합된 원자의 그룹이다. (다음 절에서 원자와 분자에 대해 자세히 알아보겠다.)

어떤 변화가 물리적 변화인지 화학적 변화인지 판단하는 것은 때때로 어렵다. 하지만 변화의 가역성뿐만 아니라 관련된 물질의 조성이나 구조에 어떤 변화가 일어나는지를 기준으로 결정할 수 있다. 물리적 변화는 가역적인 경우가 많지만 화학적 변화는 그렇지 않은 경우가 많다. **구성**은 존재하는 원자의 유형과 상대적인 비율을 말하며, **구조**는 이러한 원자가 서로 또는 공간에 배열되는 것을 말한다. 화학적 변화는 조성이나 구조의 변화를 초래하지만, 물리적 변화는 그렇지 않다. "이것이 화학적 변화인가?"라는 질문에 답하려면 새로운 성질을 가진 새로운 물질이 형성되었는지를 생각하면 된다. 새로운 물질이 형성되었다면 그 변화는 화학적 변화이다.

예제 1.3 화학적 변화와 물리적 변화

다음 각각을 물리적 변화 또는 화학적 변화로 구분하라.

a. 목재 조각을 샌딩하여 매끄럽게 만들어 톱밥을 만든다.
b. 데운 우유에 레몬즙을 넣어 코티지 치즈를 만든다.
c. 녹은 알루미늄을 곰팡이에 부어 굳힌다.
d. 염화 나트륨(식염)은 금속 나트륨과 염소 가스로 분해된다.

풀이

우리는 각각의 변화를 조사하고 구성이나 구조에 변화가 있었는지 여부를 판단한다. 즉 "화학적으로 다른 새로운 물질이 생성되었는가?"라는 질문을 던진다. 그렇다면 화학적 변화이고, 그렇지 않다면 물리적 변화이다.

a. 물리적 변화: 다듬어진 목재와 톱밥은 모두 여전히 목재이며, 화학적으로 샌딩 전의 목재와 동일하다.

b. 화학적 변화: 코티지 치즈와 우유는 구성 성분이 매우 다르다.

c. 물리적 변화: 고체이든 액체이든 알루미늄은 동일한 조성을 가진 동일한 물질이다.

d. 화학적 변화: 새로운 물질인 소듐과 염소가 형성된다.

› 복습문제 1.3A

다음 각각을 물리적 변화 또는 화학적 변화로 구분하라.

a. 빗속에 방치된 강철 렌치는 녹이 슨다.

b. 버터 스틱이 녹는다.

c. 숯불 연탄이 태워진다.

› 복습문제 1.3B

다음 각각을 물리적 변화 또는 화학적 변화로 구분하라.

a. 푸드 프로세서가 쇠고기 로스트를 갈은 소고기로 바꾼다.

b. 팬케이크 반죽을 철판에서 조리한다.

c. 3D 프린터의 플라스틱 필라멘트는 작은 피규어를 만드는 데 사용된다.

자가평가문제

1. 다음 중 물질의 예가 아닌 것은 무엇인가?

a. 메탄 가스 **b.** 스팀
c. 은 **d.** 무지개

2. 다음 중 물질의 예는 무엇인가?

a 햇빛 **b.** 대기 오염
c. 자기장 **d.** 태닝 램프의 자외선

3. 지구에서 화성으로 가져간 2개의 동일한 항목은 어떤 성질을 갖는가?

a. 지구와 동일한 질량과 동일한 무게를 유지한다.
b. 지구와 질량도 무게도 같지 않다.
c. 질량은 같지만 무게는 지구와 같지 않다.
d. 무게는 같지만 질량은 지구와 같지 않다.

4. 다음 중 어떤 종류의 변화가 자료의 성질을 변경하는가?

a. 온도 낮추기 **b.** 물리적
c. 재료 망치질하기 **d.** 화학

5. 뜨거운 불꽃에서 유리관을 구부리는 것은 무엇에 해당하는가?

a. 응용 연구 **b.** 화학적 변화
c. 실험 **d.** 물리적 변화

6. 액체 물에서 고체 얼음을 만드는 것은 무엇에 해당하는가?

a. 물에 에너지 더하기 **b.** 물리적 변화
c. 화학적 변화 **d.** 새로운 물질 만들기

7. 다음 중 화학적 성질은 무엇인가?

a. 요오드 증기는 보라색이다.
b. 구리가 변색된다.
c. 염은 물에 녹는다.
d. 발사 나무는 쉽게 조각할 수 있다.

8. 다음 중 물리적 변화의 예는 무엇인가?

a. 케이크는 밀가루, 베이킹 파우더, 당, 달걀, 쇼트닝, 우유로 구워진다.
b. 냉장고 밖에 밤새 방치한 크림은 시큼해진다.
c. 양털을 깎고 털실은 실로 뽑아낸다.
d. 거미는 파리를 잡아먹고 거미줄을 만든다.

9. 다음 중 화학적 변화의 예는 무엇인가?

a. 달걀을 깨서 에그노그 믹스에 붓는다.
b. 나무를 가지치기하여 일부 가지를 줄인다.
c. 나무는 물을 주고 비료를 주면 더 크게 자란다.
d. 차가운 유리창에 성애가 생긴다.

정답: 1.d, 2.b, 3.c, 4.d, 5.d, 6.b, 7.b, 8.c, 9.c

1.6 물질의 분류

학습 목표 • 물질을 상태에 따라 혼합물, 순물질, 화합물 및/또는 원소로 분류한다.

이 절에서는 물질을 분류하는 여러 가지 방법 중 세 가지를 살펴본다. 먼저 물질의 물리적 형태 또는 상태를 살펴본다.

물질의 상태

물질에는 고체, 액체, 기체라는 세 가지 친숙한 상태가 있다(그림 1.6). 이들은 부피 성질(거시적 관점) 또는 이를 구성하는 입자의 배열(분자 또는 미시적 관점)에 따라 분류할 수 있다. **고체**(solid)는 위치에 관계없이 모양과 부피를 유지한다. **액체**(liquid)는 일정한 부피를 차지하지만 그것이 차지하는 용기의 부분의 모양을 가정한다. 355 mL의 청량음료가 있다면 그 음료가 캔에 있든, 병에 있든, 사고로 인해 바닥에 쏟아졌든 상관없이 355 mL를 가지고 있는데, 이는 액체의 또 다른 성질을 보여주는 예이다. 고체와 달리 액체는 쉽게 흐른다. **기체**(gas)는 모양이나 부피를 유지하지 않는다. 기체는 어떤 용기에 넣어도 완전히 채워지도록 팽창한다. 액체와 마찬가지로 기체는 흐르지만, 액체나 고체와 달리 기체는 쉽게 압축된다. 예를 들어 스쿠버다이빙을 위해 몇 분 동안 숨쉬기 할 수 있는 충분한 공기를 강철 탱크에 압축할 수 있다.

고체, 액체, 기체의 부피 성질은 운동-분자 이론(5장)을 사용하여 설명한다. 고체에서는 입자들이 서로 가깝고 고정된 위치에 있다. 액체에서는 입자들이 서로 가깝지만 자유롭게 움직인다. 기체에서는 입자가 멀리 떨어져 있고 빠르게 무작위로 움직인다.

순물질 및 혼합물

물질은 순수하거나 혼합되어 있을 수 있다(그림 1.7). **순물질**(substance)은 순수한 형태의 물질로, 일정하고 고정된 조성을 가지며 시료마다 변하지 않는다. 순금(24캐럿 금)은 전적으로 금 원자로 조성되어 있으므로 물질이다. 순수한 물의 모든 표본 시료는 수소 원자 2개와 산소 원자 1개로 이루어진 분자로 구성되어 있으므로 물도 순물질이다.

혼합물(mixture)은 두 가지 이상의 물질로 이루어진 조성이 일정하지 않은 물질이다. 혼합

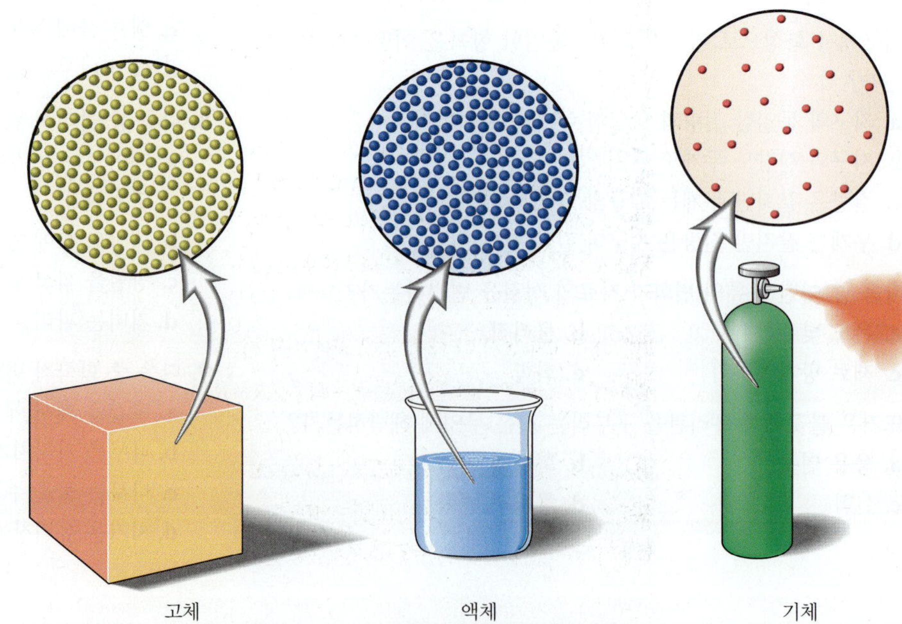

▶ **그림 1.6** 운동-분자 이론은 고체, 액체, 기체의 부피 성질을 설명하는 데 사용할 수 있다. 고체에서는 입자들이 서로 가깝고 고정된 위치에 있다. 액체에서는 입자가 서로 가깝지만 자유롭게 움직일 수 있다. 기체에서는 입자가 멀리 떨어져 있고 빠르게 무작위로 움직인다.

Q 이 그림에 따르면 수증기 1쿼트의 무게가 액체 물 1쿼트보다 훨씬 적은 이유는 무엇인가?

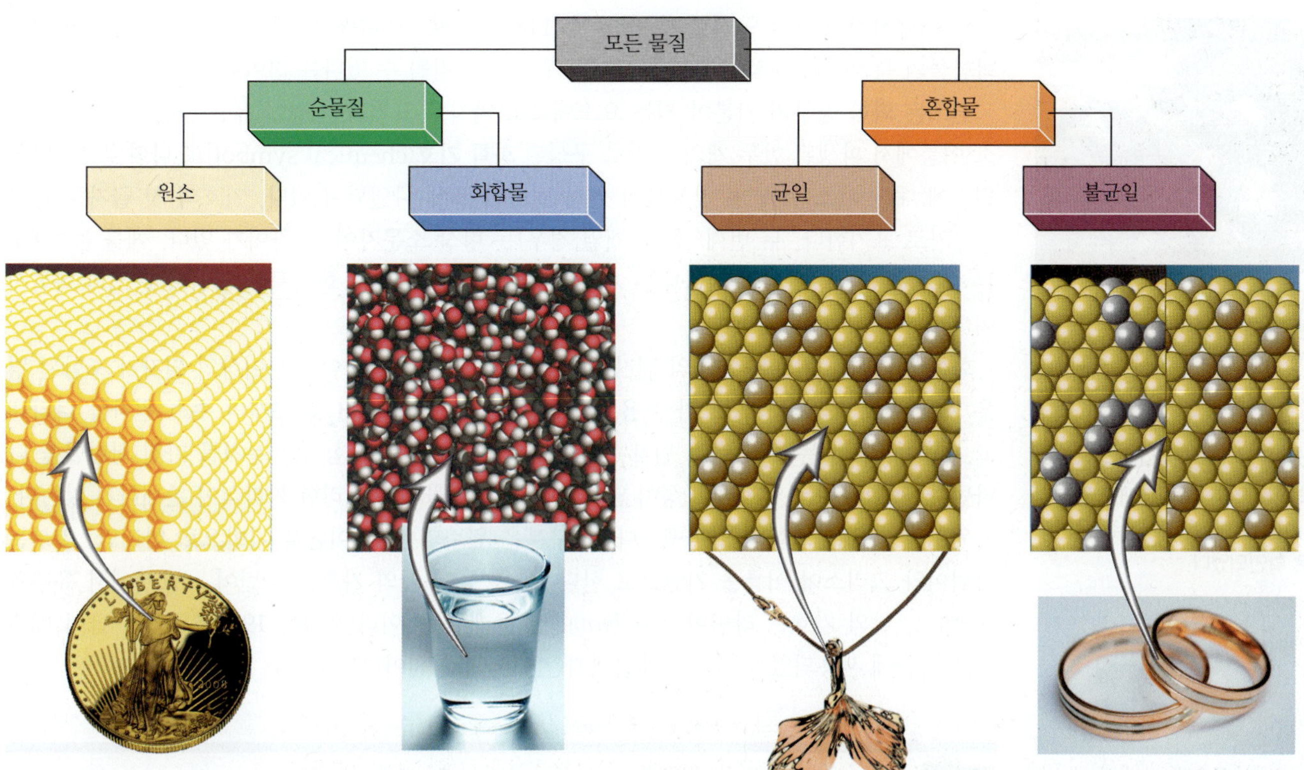

▲ **그림 1.7** 물질을 구성 성분에 따라 분류하는 방식. 왼쪽에서 오른쪽으로: 동전은 순금이고 원소이다. 물은 화합물이다. 펜던트는 금과 구리의 '균일 혼합물'인 로즈 골드로 만들어졌으며, 펜던트의 모든 부분이 동일한 성분을 가지고 있다. 맨 오른쪽의 반지는 로즈 골드와 화이트 골드(금과 은 함유)의 '불균일 혼합물'이다. 로즈 골드와 화이트 골드는 서로 다른 조성을 가진다.

된 물질은 각각의 정체성을 유지한다. 화학적으로 변하지 않고 단순히 섞일 뿐이다. 혼합물은 물리적 변화를 통해 분리할 수 있다. 혼합물은 균일 또는 불균일이 될 수 있다. **균일 혼합물**(homogeneous mixture)의 모든 부분은 동일한 조성(6.4절)과 동일한 외관을 갖는다. 물 속의 염 용액은 균일 혼합물이다. 소금과 물의 비율은 용액마다 다를 수 있지만, 물은 여전히 물이고 소금은 여전히 소금이다. 두 물질은 물리적 방법으로 분리할 수 있다. 예를 들어 물을 끓여서 염을 남길 수 있다.

불균일 혼합물(heterogeneous mixture)의 다른 부분은 조성이 다르다. 땅콩 캔디는 불균일 혼합물이다. 전체적으로 모양이 균일하지 않다. 땅콩과 땅콩을 붙잡고 있는 사탕은 명확히 구분된다. 우리가 매일 접하는 대부분의 사물은 불균일 혼합물이다. 컴퓨터, 책, 펜, 사람만 봐도 그 혼합물의 각 부분이 서로 다른 조성을 가지고 있다는 것을 알 수 있다(예를 들어 머리카락은 피부와 상당히 다르다).

원소 및 화합물

물질은 원소 또는 화합물이다. **원소**(element)는 모든 순물질을 구성하는 기본 물질 중 하나이다. 원소는 어떤 화학적 과정으로도 더 단순한 물질로 분해할 수 없다. 알려진 원소는 118개이며, 이 책에서는 그중 약 1/3에 해당하는 원소만 다룬다. 모든 원소의 목록은 이 책의 맨 앞부분에 나와 있다. 산소, 탄소, 황, 알루미늄, 철은 우리에게 친숙한 원소이다.

5 우리는 납을 금으로 바꿀 수 있는가?

한 원소는 화학 반응에 의해 다른 원소로 바뀔 수 없다. 원소를 포함하는 혼합물이나 화합물에서 원소를 추출할 수는 있지만 원소를 생성하거나 파괴할 수는 없다.

화합물(compound)은 두 가지 이상의 원소가 화학적으로 일정한 비율로 결합된 물질을 말한다. 예를 들어 물은 수소(H)와 산소(O)의 비율이 고정되어 있기 때문에 화합물이다. 산화 알루미늄(사포의 '모래'), 이산화 탄소, 이황화 철(FeS_2, '바보의 금') 등도 화합물이다. 26개의 글

▲ 1960년대까지 주택용과 상업용 건물의 배관에는 납 배관이 사용되었으며, 구리 배관을 연결할 때는 1986년 안전 음용수 법(Safe Drinking Water Act) 시행 전까지 납 기반 땜납이 사용되었다. 납은 부드럽고 다루기 쉽지만, 음용수에 극소량의 납이 포함되어도 인지 기능 장애를 일으킬 수 있으며, 이는 2015년 미시간주 플린트에서 실제로 확인되었다.

자로 단어사전 전체를 구성할 수 있듯이, 118개의 원소로 수천만 개의 화합물이 만들어졌다. 화합물의 특징은 화학적 변화를 통해서만 원소로 분리될 수 있다는 점이다.

원소는 화학 공부의 기본이 되는 요소이므로 약자로 표기하는 것이 유용하다. 각 원소는 원소 이름에서 파생된 한두 개의 문자로 구성된 **화학 기호**(chemical symbol)로 나타낼 수 있다. 원소에 대한 기호는 책 맨 앞부분의 원자 질량의 표에 나열되어 있다. 기호의 첫 글자는 항상 대문자로 표기한다. 두 번째 글자(2개일 경우)는 항상 소문자이다. 차이가 있다. 예를 들어 Co는 금속 원소인 코발트를 나타내는 기호이지만, CO는 유독성 화합물인 일산화 탄소의 화학식이다.

화학식의 화학 기호는 원소의 원자 하나를 나타낸다. 화학식에 2개 이상의 원자가 포함된 경우 기호 뒤에 아래첨자 번호가 사용된다. 예를 들어 화학식(H_2)는 2개의 수소 원자를 나타내고, 화학식(CH_4)는 각각 탄소 원자 1개와 수소 원자 4개를 포함하는 분자를 가진 화합물을 나타낸다. 혼합물에는 일정한 조성이 없기 때문에 혼합물에는 이러한 화학식이 존재하지 않는다.

원소의 기호는 화학의 알파벳이다. 대부분은 원소의 영어 이름을 기반으로 하지만, 일부는 라틴어와 그리스어 이름을 기반으로 한다. 예를 들어 금의 기호는 라틴어 *aurum*에서 유래한 Au이고, 납의 기호는 라틴어 *plumbum*에서 유래한 Pb이다(후자는 1960년대까지 납이 배관 및 부속품에 사용되었기 때문에 배관이라는 단어의 기원이기도 한다).

예제 1.4 원소 및 화합물

다음 중 원소를 나타내는 것은 무엇이고, 화합물을 나타내는 것은 무엇인가?

C Cu HI BN In HBr

풀이

주기율표를 보면 C, Cu, In은 원소를 나타낸다(각각은 단일 기호이다). HI, BN, HBr은 각각 두 원소의 기호로 구성되어 있으며, 화합물을 나타낸다.

› 복습문제 1.4A

다음 중 원소를 나타내는 것은 무엇이고, 화합물을 나타내는 것은 무엇인가?

Hf No CuO NO HF Fm

› 복습문제 1.4B

복습문제 1.4A의 목록에는 몇 개의 다른 원소가 표시되어 있는가?

원자와 분자

원자(atom)는 원소의 가장 작은 특징적인 부분 단위이다. 각 원소는 특정 종류의 원자로 구성된다. 예를 들어 구리는 구리 원자로 구성되어 있고, 금은 금 원자로 구성되어 있다. 모든 구리 원자는 근본적인 면에서 비슷하게 같으며, 금 원자와는 다르다.

대부분 화합물에서 가장 작은 특징적인 부분은 분자이다. **분자**(molecule)는 하나의 단위로 결합된 원자의 그룹이다. 주어진 화합물의 모든 분자는 같은 비율의 원자를 가지고 있다. 예를 들어 모든 물 분자는 H_2O라는 공식으로 표시된 것처럼 2개의 수소 원자와 1개의 산소 원자를 가지고 있다. 원자에 대해서는 2장에서 자세히 설명할 것이며, 이후 많은 장의 초점은 분자에 맞춰져 있다.

자가평가문제

1. 부피는 일정하지만 모양이 일정하지 않은 물질의 상태는 무엇인가?
   a. 기체 b. 화합물 c. 액체 d. 고체
2. 다음 중 혼합물은 무엇인가?
   a. 탄소 b. 구리 c. 은 d. 소다 수
3. 다음 중 원소가 아닌 것은 무엇인가?
   a. 알루미늄 b. 황동 c. 납 d. 황
4. 화합물은 어떤 방법으로 원소로 분리할 수 있는가?
   a. 화학적 방법 b. 기계적 방법 c. 물리적 방법 d. 자석 사용
5. 원소의 가장 작은 부분은 무엇인가?
   a. 원자 b. 소립자 c. 질량 d. 분자
6. 소듐(sodium)의 기호는 무엇인가?
   a. S b. Na c. Sd d. So
7. Ar은 무엇의 기호인가?
   a. 공기 b. 아르곤 c. 알루미늄 d. 비소

정답: 1. c, 2. d, 3. b, 4. a, 5. a, 6. b, 7. b

1.7 물질의 측정

학습 목표 • 관찰에 적절한 측정 단위를 부여하고 변환 단위를 조작한다.

질량, 부피, 시간, 온도와 같은 특성에 대한 정확한 측정은 신뢰할 수 있는 과학적 데이터를 작성하는 데 필수적이다. 이러한 데이터는 모든 과학 관련 분야에서 매우 중요하다. 의학에서는 온도와 혈압 측정이 일상적으로 이루어지며, 현대 의학 진단은 혈액과 소변의 정밀한 화학 분석을 포함한 다양한 측정에 의존한다.

어떤 형태로든 단위의 표준화는 매우 중요하다. 예를 들어 '1파운드'의 의미에 대해 합의하지 않으면 무역이 불가능할 것이다. 1960년 이후 과학자들이 합의한 측정 체계는 1791년 프랑스에서 제정된 미터법을 현대화한 국제 단위계 또는 **SI 단위**(Système International unit, 프랑스식 국제 단위계에서 유래)이다. 대부분의 국가는 일상생활에서 미터법을 사용한다. 미국에서는 이 단위가 주로 과학 실험실에서 사용되지만, 특히 국제적인 요소가 있는 기업에서 상업 분야에 점점 더 많이 사용되고 있다. 1리터 및 2리터 병 음료는 어디에서나 볼 수 있으며, 스포츠 경기에서는 100미터 달리기와 같은 미터법 측정이 자주 사용된다. 그림 1.8은 몇 가지 미터

◀ **그림 1.8** 미터법과 관습적인 측정 단위의 비교. 미터 막대기는 길이가 100센티미터이며 그 아래의 줄자보다 약간 더 길다 (1 m = 1.09 yd).

Q 이 그림에서 대략 1킬로그램은 몇 파운드인가? 인치와 센티미터 또는 쿼트와 리터 중 크기가 더 가까운 두 단위는 무엇인가?

법과 관습 단위를 비교한 것이다.

지수 숫자: 10의 거듭제곱

과학자들은 원자보다 작고 우주만큼 큰 물체를 다룬다. 이러한 물체의 크기를 설명할 때는 보통 지수 표기법을 사용한다. 1.6×10^{-19} 또는 35×10^{6}과 같이 계수와 10의 거듭제곱으로 숫자를 표기할 때는 **지수 표기법**(exponential notation)으로 표기한다. 계수가 1과 10 또는 −1과 −10 사이의 값인 경우 **과학적 표기법**(scientific notation)으로 숫자를 표현한다.

전자의 지름은 약 10^{-15}미터(m), 질량은 약 10^{-30}킬로그램(kg)이다. 다른 극단에서 은하는 일반적으로 지름이 약 10^{23} m이고, 질량은 약 10^{41} kg이다. 이렇게 작거나 이렇게 큰 숫자는 상상하기조차 어렵다. 첨부된 왼쪽 그림은 크기에 대한 몇 가지 관점을 제공한다.

기본 SI 단위를 사용한 측정값은 크기가 어색할 수 있기 때문에 지수 단위를 사용하는 경우가 많다. 그러나 접두사(표 1.5)를 사용하여 기본 단위보다 큰 단위 또는 작은 단위를 나타내는 것이 더 편리할 때도 있다. 다음 예제는 접두사와 10의 거듭제곱이 어떻게 상호변환되는지 보여준다.

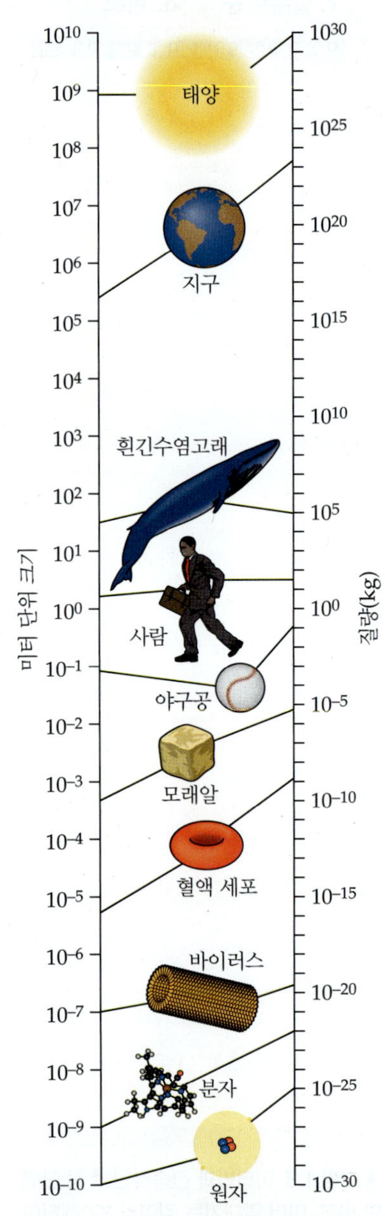

▲ 지수 표기법을 사용하면 매우 큰 물체와 매우 작은 물체를 훨씬 쉽게 비교할 수 있다.

표 1.4 7가지 SI 기본 단위

물리량	단위 이름	단위 기호
길이	미터(meter)[a]	m
질량	킬로그램(kilogram)	kg
시간	초(second)	s
온도	켈빈(kelvin)	K
물질의 양	몰(mole)	mol
전류	암페어(ampere)	A
광도	칸델라(candela)	Cd

[a] 대부분의 국가에서 metre로 표기한다.

예제 1.5 접두사와 10의 거듭제곱

다음 각 측정값을 10의 거듭제곱을 접두사로 대체하는 단위로 변환하라.

a. 2.89×10^{-6} g **b.** 4.30×10^{3} m

풀이

10의 각 거듭제곱을 표 1.5의 적절한 접두사로 대체하는 것이 목표이다. 예를 들어 $10^{-3} = 0.001$은 m(단위)에 해당한다. 단위가 무엇인지는 중요하지 않으며, 여기서는 접두사만 다루겠다.

a. 10^{-6}은 접두사 마이크로-에 해당하며, 즉 $10^{-6} \times$ (단위) = μ(단위)이다. 따라서 2.89 μg이 된다.

b. 10^{3}은 접두사 킬로-에 해당하며, 즉 $10^{3} \times$ (단위) = k(단위)이다. 따라서 4.30 km가 된다.

표 1.5 승인된 숫자 접두사[a]

지수 표현	소수점 표현	접두어	발음	기호
10^{12}	1,000,000,000,000	*tera-*	TER-uh	T
10^{9}	1,000,000,000	*giga-*	GIG-uh	G
10^{6}	1,000,000	*mega-*	MEG-uh	M
10^{3}	1,000	*kilo-*	KIL-oh	k
10^{2}	100	*hecto-*	HEK-toe	h
10^{1}	10	*deka-*	DEK-uh	da
10^{-1}	0.1	*deci-*	DES-ee	d
10^{-2}	0.01	*centi-*	SEN-tee	c
10^{-3}	0.001	*milli-*	MIL-ee	m
10^{-6}	0.000001	*micro-*	MY-kro	μ
10^{-9}	0.000000001	*nano-*	NAN-oh	n
10^{-12}	0.000000000001	*pico-*	PEE-koh	p
10^{-15}	0.000000000000001	*femto-*	FEM-toe	F

[a] 가장 일반적으로 사용되는 접두사는 붉은색, 푸른색으로 표시했다.

〉복습문제 1.5A

다음 각 측정값을 10의 거듭제곱을 접두사로 대체하는 단위로 변환하라.

a. 7.24×10^{3} g **b.** 4.29×10^{-6} m **c.** 7.91×10^{-3} s

〉복습문제 1.5B

다음 각 측정값을 기본 단위와 10의 거듭제곱을 사용하는 측정값으로 변환하라.

a. 3.8 ns **b.** 7.54 mm **c.** 2.9 kA

예제 1.6 접두사와 10의 거듭제곱

다음 각 측정값을 SI 기본 단위로 10진수 및 지수 형식으로 표현하라.

a. 4.12 cm **b.** 947 ms **c.** 3.17 nm

풀이

a. 우리의 목표는 주어진 단위와 SI 기본 단위를 연관시키는 10의 거듭제곱을 찾는 것이다. 따라서 센티(기본 단위) $= 10^{-2} \times$ (기본 단위)이다.

$$4.12 \text{ cm} = 4.12 \text{ centimeter} = 4.12 \times 10^{-2} \text{ m} = 0.0412 \text{ m}$$

b. 밀리초(ms)를 기본 단위 초로 변경하려면 접두사 밀리-를 10^{-3}으로 바꾸고, 지름길로 소수점 이하 자릿수를 음수의 경우 왼쪽으로, 양의 경우 오른쪽으로 이동하면 된다.

$$947 \text{ ms} = 0.947 \text{ s}$$

c. 나노미터(nm)를 기본 단위 미터로 변경하려면 접두사 나노-를 10^{-9}으로 바꾼다. 지수 형식의 답은 3.17×10^{-9} m이고, 소수점 표기로는 0.00000000317이다.

› 복습문제 1.6A

다음 각 측정값을 SI 기본 단위로 변환하라.

a. 7.45 nm **b.** 5.25 μs **c.** 1.415 km **d.** 2.06 mm
e. 6.19×10^6 mm

› 복습문제 1.6B

다음 각 측정값을 SI 기본 단위로 변환하라.

a. 57 km **b.** 11 mA

질량

질량의 SI 기본 단위는 **킬로그램**(kilogram, kg)으로, 약 2.2파운드(lb) 또는 1 L 청량음료의 질량과 비슷하다. 이 기본 단위는 접두사가 이미 포함되어 있다는 점에서 특이하다. 대부분 실험실 작업에 더 편리한 질량 단위는 큰 종이클립의 질량 정도인 그램(g)이다.

$$1\ \text{kg} = 1000\ \text{g} = 10^3\ \text{g}$$

밀리그램(mg)은 일부 약물 복용량이나 음식을 조리할 때 첨가하는 향신료 등 소량의 재료에 적합한 단위이다. 우리가 복용하는 약물이나 비타민은 마이크로그램(μg)과 같이 매우 적은 양이 필요하며, 라벨에는 일반적으로 mcg로 약칭한다.

$$1\ \text{mg} = 10^{-3}\ \text{g} = 0.001\ \text{g} \qquad 1\ \mu\text{g} = 10^{-6}\ \text{g} = 0.000001\ \text{g}$$

화학자들은 이제 나노그램(ng), 피코그램(pg), 심지어 펨토그램(fg) 범위의 질량도 감지할 수 있다.

길이, 면적, 부피

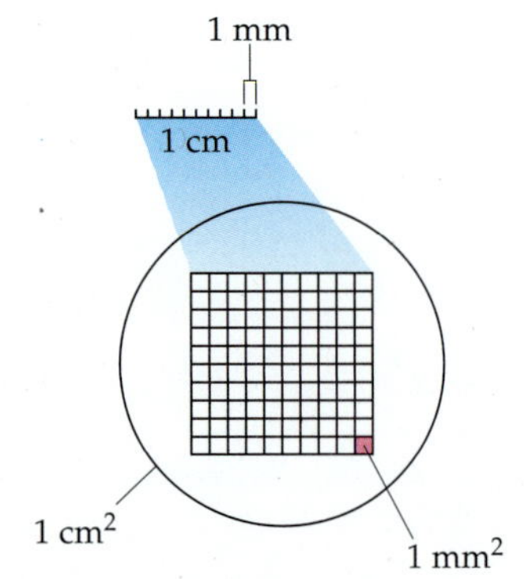

▲ mm^2, cm^2와 같은 면적 단위는 길이 단위에서 파생된 것이다.

Q 1 cm는 몇 mm가 되는가? 1 cm^2는 몇 mm^2가 되는가?

길이의 SI 기본 단위는 1야드(yd)보다 약간 긴 단위인 **미터**(meter, m)이다. 킬로미터(km)는 고속도로를 따라 거리를 측정하는 데 사용된다.

$$1\ \text{km} = 1000\ \text{m}$$

실험실에서는 보통 미터보다 작은 길이가 더 편리하다고 생각한다. 예를 들어 일반적인 계산기 버튼의 너비 정도인 센티미터(cm) 또는 메모장의 뒷면 판지 두께 정도인 밀리미터(mm)를 사용한다.

$$1\ \text{cm} = 0.01\ \text{m} \qquad 1\ \text{mm} = 0.001\ \text{m}$$

원자 및 분자 수준에서의 측정에는 마이크로미터(μm), 나노미터(nm), 피코미터(pm)를 사용한다. 예를 들어 거의 구형에 가까운 헤모글로빈 분자의 지름은 5.5 nm 또는 5500 pm이고, 소듐 원자의 지름은 372 pm이다.

면적과 부피의 단위는 길이의 기본 단위에서 파생된다. 면적의 SI 단위는 제곱미터(m^2)이지만, 실험실 작업에서는 제곱센티미터(cm^2) 또는 제곱밀리미터(mm^2)를 더 편리하게 사용하는 경우가 많다. 1 cm = 10^{-2} m이지만 1 cm^2는 10^{-2} m^2와 같지 않다는 점에 유의하자.

$$1\ \text{cm}^2 = (10^{-2}\ \text{m})^2 = 10^{-4}\ \text{m}^2 \qquad 1\ \text{mm}^2 = (10^3\ \text{m})^2 = 10^{-6}\ \text{m}^2$$

마찬가지로 부피의 SI 단위는 세제곱미터(m^3)이지만, 실험실에서 더 많이 사용되는 단위는 세제곱센티미터(cm^3 또는 cc)와 세제곱데시미터(dm^3)로 두 가지이다. 세제곱센티미터는 정육면체의 부피이고, 세제곱데시미터는 1쿼트(qt)보다 약간 큰 단위이다. 면적과 마찬가지로 1 cm^3는 10^{-2} m^3와 같지 않다.

$$1\ cm^3 = (10^{-2}\ m)^3 = 10^{-6}\ m^3 \qquad 1\ dm^3 = (10^{-1}\ m)^3 = 10^{-3}\ m^3$$

세제곱데시미터는 일반적으로 리터라고 한다. **리터**(liter, L)는 1세제곱데시미터, 즉 1000세제곱센티미터이다.

$$1\ L = 1\ dm^3 = 1000\ cm^3$$

밀리리터(mL) 또는 세제곱센티미터는 실험실에서 자주 사용되는 단위이다. 1밀리리터는 스포이트에서 약 한 방울 정도이다.

$$1\ mL = 1\ cm^3$$

시간

시간 간격을 측정하는 SI 기본 단위는 **초**(second, s)이다. 매우 짧은 주기는 밀리초(ms), 마이크로초(μs), 나노초(ns), 피코초(ps) 등의 SI 접두사를 사용하여 표현한다.

$$1\ ms = 10^{-3}\ s \qquad 1\ \mu s = 10^{-6}\ s \qquad 1\ ns = 10^{-9}\ s \qquad 1\ ps = 10^{-12}\ s$$

반면에 긴 시간 간격은 일반적으로 분(min), 시간(h), 일(d), 년(y)과 같은 전통적인 비 SI 단위로 표현된다.

$$1\ min = 60\ s \qquad 1\ h = 60\ min \qquad 1\ d = 24\ h \qquad 1\ y = 365\ d$$

문제 해결: 추정

많은 화학 문제에는 수치로 답을 구하는 계산이 필요하다. 계산기를 사용하면 항상 답을 알려주지만 답이 정확하지 않을 수도 있다. 잘못된 숫자를 입력했거나 잘못된 함수를 사용했을 수 있다. 답을 추정하는 방법을 배우면 계산된 답이 합리적인지 확인할 수 있다. 다음 예제와 복습문제에서 볼 수 있듯이 때로는 예상 답안으로도 충분할 때가 있다. 답을 추정하는 능력은 화학 수업뿐만 아니라 일상생활에서도 중요할 수 있다. 추정에는 상세한 계산이 필요하지 않다. 대략적인 계산만 하거나 전혀 계산하지 않아도 된다.

예제 1.7 질량, 길이, 면적, 부피

자세한 계산을 하지 않고, 다음 중 전형적인 2세 아동의 **(a)** 질량(몸무게), **(b)** 키가 적당한지 결정하라.

질량: 10 mg	10 g	10 kg	100 g
높이: 85 mm	85 cm	850 cm	8.5 m

풀이

a. 통상적인 단위로 2세 아이의 몸무게는 20~25 lb 정도인데, 1 kg은 2 lb가 조금 넘기 때문에 10 kg이 정답이다.

b. 통상적인 단위로 2세 어린이의 키는 약 30~36 in이다. 1 cm는 0.5 in보다 약간 작기 때문에 답은 그 범위의 2배, 즉 60~72 cm보다 조금 더 커야 한다. 따라서 유일하게 합리적인 답은 85 cm이다.

› 복습문제 1.7A

자세한 계산을 하지 않고, 다음 중 교과서 앞표지에 적합한 면적을 결정하라.

$500\ mm^2 \quad 50\ cm^2 \quad 500\ cm^2 \quad 50\ m^2$

› 복습문제 1.7B

자세한 계산을 하지 않고, 다음 중 교과서에 적합한 부피를 결정하라.

$1600\ mm^3 \quad 16\ cm^3 \quad 1600\ cm^3 \quad 1.6\ m^3$

문제 해결: 단위 변환

문제 풀이의 **단위 변환** 방법을 사용하면 한 미터법 단위에서 다른 미터법 단위로 쉽게 변환할 수 있다. 이 방법에 익숙하지 않다면 일반 단위를 미터법 단위로 변환하는 방법을 공부해야 한다.

측정값의 정확도를 나타내는 방법은 **유효 숫자**(significant figure)이며, 이후 문제와 본문 전체에서 대부분의 계산은 세 자리 숫자를 사용한다.

예제 1.8 단위 변환

다음을 각각 변환하라.

a. 1.83 kg에서 g으로 **b.** 729 μL에서 mL로

풀이

a. 주어진 수량인 1.83 kg으로 시작한다. 접두사 킬로-는 1000을 의미하므로, 1 kg = 1000 g으로 등가된다. 이로부터 단위 kg을 취소하고 단위 g으로 끝낼 수 있는 변환 계수를 형성할 수 있다.

$$1.83\ \cancel{kg} \times \frac{1000\ g}{1\ \cancel{kg}} = 1830\ g$$

b. 여기서는 주어진 양 729 μL를 mL로 환산하는 것으로 시작한다. μL에서 mL로 변경할 인자가 하나도 없으므로 문제에 접근하는 한 가지 방법은 두 가지 변환 인자를 사용하는 것이다. 표 1.5에 따르면 마이크로-는 10^{-6}이고 밀리- 단위는 10^{-3}이다. 즉 1 μL = 10^{-6} L, 1 mL = 10^{-3} L이다. 첫 번째 변환 계수는 μL(시작 단위)을 하단에, L을 상단에 배치한다. 두 번째 인자는 하단에 L이 있고 상단에 mL(원하는 단위)가 있다. μL과 L 모두 무효가 되므로 올바른 단위로 답을 구할 수 있다.

$$729\ \cancel{\mu L} \times \frac{10^{-6}\ \cancel{L}}{1\ \cancel{\mu L}} \times \frac{1\ mL}{10^{-3}\ \cancel{L}} = 0.729\ mL$$

› 복습문제 1.8A

다음을 각각 변환하라.

a. 0.755 m에서 mm **b.** 205.6 mL에서 L

c. 0.206 g에서 μg **d.** 7.38 μA에서 A

› 복습문제 1.8B

다음을 각각 변환하라.

a. 0.409 kg에서 mg　　**b.** 245 ms에서 ns

자가평가문제

1. 다음 중 길이의 SI 단위는 무엇인가?

a. 피트　**b.** 킬로미터　**c.** 파스칼　**d.** 미터

2. 다음 중 질량의 SI 단위는 무엇인가?

a. 드램　**b.** 그램　**c.** 그레인　**d.** 킬로그램

3. 다음 중 10^{-2}를 나타내는 접두사는 무엇인가?

a. 센티(*centi-*)　**b.** 데시(*deci-*)　**c.** 마이크로(*micro-*)　**d.** 밀리(*milli-*)

4. 1인치는 무엇보다 약 250% 더 긴가?

a. 미터　**b.** 센티미터　**c.** 밀리미터　**d.** 데시미터

5. 1 cm^3는 다음 중 무엇과 같은가?

a. dL　**b.** 드램　**c.** L　**d.** mL

6. 1 qt는 다음 중 무엇보다 약간 작은가?

a. dL　**b.** kL　**c.** L　**d.** mL

7. 5.775 cm인 줄의 길이는 밀리미터로 얼마인가?

a. 0.05775 mm　**b.** 0.5775 mm　**c.** 5.775 mm　**d.** 57.75 mm

8. 다음 중 질량이 대략 1 g인 것은 무엇인가?

a. 개미　**b.** 오렌지　**c.** 땅콩　**d.** 수박

9. 의사가 비타민 B_{12}를 1000 μg 복용하라고 권장한다. 이는 다음 중 무엇과 같은가?

a. 1 cg　**b.** 1 dg　**c.** 1 g　**d.** 1 mg

10. 다음 중 두께가 대략 1 cm인 것은 무엇인가?

a. 벽돌　**b.** 휴대전화　**c.** 칼날　**d.** 이 책

11. 다음 중 부피가 대략 250 mL(0.250 L)인 것은 무엇인가?

a. 1컵　**b.** 1갤런　**c.** 1파인트　**d.** 1테이블스푼

정답: 1. d, 2. d, 3. a, 4. b, 5. d, 6. c, 7. d, 8. c, 9. d, 10. b, 11. a

나노세계

2세기 이상 동안 화학자들은 원자를 재배열하여 '피코미터(10^{-12} m)' 범위의 크기를 가진 분자를 만들 수 있었다. 이러한 능력은 약물, 플라스틱, 기타 여러 물질의 설계에 혁명을 가져 왔다. 지난 수십 년 동안 과학자들은 '마이크로미터(10^{-6} m)' 범위의 물질을 다루는 데 엄청난 진전을 이뤘다. 컴퓨터, 휴대폰 등 전자기기의 혁명은 과학자들이 마이크로미터 단위의 포토리소그래피(photolithography)로 컴퓨터 칩을 생산할 수 있게 되면서 촉발되었다.

최근 많은 과학자가 '나노 기술'에 집중하고 있다. 접두사 *nano-*는 10억분의 1(10^{-9})을 의미한다. 나노 기술은 피코미터 크기의 분자와 마이크로미터 크기의 전자장치 사이의 간극을 메워준다. 나노미터 크기의 물체는 수백~수천 개의 원자 또는 분자를 포함하고 있으며, 이러한 물체는 같은 물질의 큰 물체와 다른 성질을 갖는 경우가 많다. 예를 들어 대부분 금은 노란색이지만, 나노미터 크기의 금 입자로 구성된 반지는 빨간색으로 보인다. 흑연(연필심) 형태의 탄소는 매우 약하고 부드럽지만, 탄소 나노튜브는 강철보다 100배 이상 강할 수 있다. 나노튜브는 크기(사람 머리카락 굵기의 1만분의 1에 불과)와 모양(속이 빈 관)으로 인해 나노튜브라고 불리며, 수천 가지의 잠재적 용도가 있지만 제작 비용이 매우 비싸다. 과학자들은 이제 나노미터에서 미터에 이르기까지 모든 규모의 물질을 조작할 수 있게 되어 재료 설계의 범위가 크게 확대되었다. 다음 장에서는 나노 기술의 다양한 실제 응용 중 일부를 살펴보겠다.

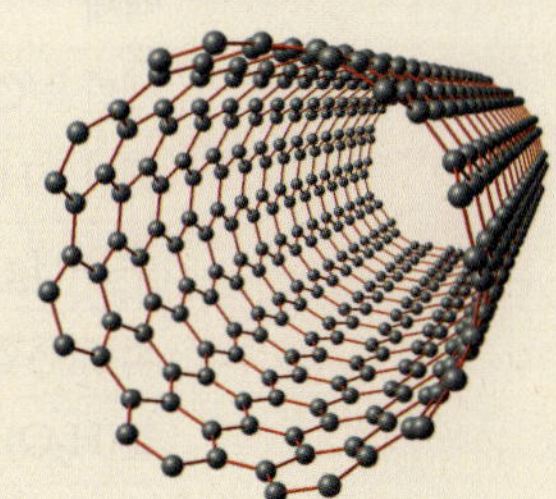

▲ 강철보다 강하고 금보다 비싼 탄소 나노튜브의 분자 구조도

▲ 구리 1 cm^3의 무게는 8.94 g이므로 구리의 밀도는 8.94 g/cm^3이다.

Q 구리 2 cm^3의 질량은 얼마인가? 2 cm^3의 구리의 밀도는 얼마인가?

▲ **그림 1.9** 실온에서 물의 밀도는 약 1.00 g/mL이다. 동전은 물속에 가라앉지만 코르크는 물 위에 뜬다.

Q 동전의 밀도가 1.00 g/mL보다 작거나 같거나 큰가? 코르크의 밀도가 1.00 g/mL보다 작거나 같거나 큰가?

1.8 밀도

학습 목표 • 다른 두 가지 양이 주어지면 물체의 밀도, 질량, 부피를 계산한다.

일상생활에서 우리는 납을 '무겁다' 또는 알루미늄을 '가볍다'고 말할 수 있지만, 이러한 설명은 기껏해야 부정확한 표현이다. 실제로 납은 '크기' 또는 차지하는 공간 때문에 무겁다는 뜻이고, 알루미늄은 가볍다는 뜻이다. 과학자들은 이 중요한 성질을 설명하기 위해 **밀도**라는 용어를 사용한다. 물질의 **밀도**(density, d)는 단위 부피(V)당 질량(m)의 양이다.

$$d = \frac{m}{V}$$

기름과 물처럼 서로 섞이지 않는 물질의 경우에도 밀도라는 개념을 통해 어느 물질이 다른 물질 위에 뜨는지 예측할 수 있다. 결과를 결정하는 것은 각 물질의 질량이 아니라 **단위 부피당 질량**, 즉 밀도이다. 밀도는 이탈리아 샐러드 드레싱 병에서 기름(밀도가 낮은)이 물(밀도가 높은) 위에 뜨는 이유를 설명하는 성질이다. 그림 1.9는 다른 예를 보여준다.

밀도에 대한 방정식을 다시 정리하면 다음과 같다.

$$m = d \times V \text{ 그리고 } V = \frac{m}{d}$$

이 방정식은 계산에 유용하다. 몇 가지 일반적인 물질의 밀도는 표 1.6에 나와 있다. 일반적으로 액체의 경우 밀리리터당 그램(g/mL), 고체의 경우 세제곱센티미터당 그램(g/cm^3)으로 보고된다. 표에 나열된 값은 다음 예제 및 복습문제와 장 마지막에 있는 문제에서 사용된다.

질량, 길이, 면적, 부피와 관련된 문제(예제 1.7)와 마찬가지로 밀도와 관련된 문제(예: 물질의 상대 부피 또는 물질이 물에 뜨는지 가라앉는지 결정할 때)의 답을 추정하는 것으로 충분할 때가 많다. 이러한 추정은 다음 예제와 복습문제에 설명되어 있다. 추정에 자세한 계산이 필요하지 않다는 점에 다시 한 번 유의하자.

표 1.6 특정 온도에서 일부 일반적인 순물질의 밀도

순물질*	밀도	온도
고체		
구리(Cu)	8.94 g/cm^3	25 ℃
금(Au)	19.3 g/cm^3	25 ℃
마그네슘(Mg)	1.738 g/cm^3	20 ℃
얼음(H_2O)	0.917 g/cm^3	0 ℃
액체		
에탄올(CH_3CH_2OH)	0.789 g/mL	20 ℃
헥산($CH_3CH_2CH_2CH_2CH_2CH_3$)	0.660 g/mL	20 ℃
수은(Hg)	13.534 g/mL	25 ℃
소변(혼합물)	1.003~1.030 g/mL	25 ℃
물(H_2O)	0.9998 g/mL	0 ℃
물	1.000 g/mL	4 ℃
물	0.998 g/mL	20 ℃

* 향후 참고할 수 있도록 공식이 제공된다.

예제 1.9 질량, 부피, 밀도

밀도는 자세한 계산을 하지 않고도 풍부한 정보를 제공할 수 있다. 이 예제와 함께 제공되는 복습문제는 계산기를 사용하지 않고도 해결할 수 있다.

골드러시 시대에 광부들은 종종 금과 거의 똑같이 생긴 **황철석**(fool's gold, iron pyrite)을 발견하곤 했는데, 이는 금과 거의 똑같이 생겼다. 그러나 황철석의 밀도는 약 3.3 g/cm^3이다. 표 1.6을 사용하여 금의 밀도를 구하라. 손바닥 크기의 황철석 덩어리를 발견했다면, **(a)** 비슷한 크기의 순금 덩어리와 비교했을 때 질량에 큰 차이가 있는가? **(b)** 만약 황철석 덩어리의 무게가 금 덩어리와 같다면 크기에서 차이가 나는가?

풀이

a. 표 1.6에서 금의 밀도는 19.3 g/mL임을 알 수 있다. 이는 금이 비슷한 크기의 황철석 조각보다 거의 6배 더 무겁다는 것을 의미한다. 이를 통해 광부들은 어떤 광석을 발견했는지 쉽게 식별할 수 있었다.

b. 금의 밀도는 황철석의 약 6배에 달한다. 금은 밀도가 높기 때문에 더 촘촘하게 압축할 수 있고 공간을 덜 차지한다. 질량이 같은 두 광석 시료를 비교하면 금이 황철석의 6분의 1 크기라는 것을 알 수 있다.

› 복습문제 1.9A

납의 밀도는 11.34 g/cm^3이다. 납은 헥산에 뜨거나 가라앉는가? 수은에서는 어떠한가?

› 복습문제 1.9B

원유에 대해 알고 있는 지식에 근거하여 원유 밀도가 0.88 g/mL, 1.25 g/mL, 1.83 g/mL 중 어떤 것이 가장 높을 것 같은가? (힌트: 유용한 정보는 표 1.6을 참조하라.)

예제 1.10 밀도, 질량, 부피

질량과 부피는 밀도를 나타낸다. 156 g의 철분이 20.0 cm^3의 부피를 차지한다면 철분의 밀도는 어떻게 되는가?

풀이

주어진 값은 다음과 같다.

$$m = 156\ \text{g 그리고 } V = 20.0\ \text{cm}^3$$

밀도를 정의하는 방정식을 사용한다.

$$d = \frac{m}{V} = \frac{156\ \text{g}}{20.0\ \text{cm}^3} = 7.80\ \text{g/cm}^3$$

질량(m)
부피(V)
밀도(d)

마찬가지로 밀도와 질량은 부피를, 부피와 밀도는 질량을 나타내는데, 원래 밀도 방정식을 재배열하면 다음과 같다.

$$V = \frac{m}{d} \text{ 또는 } m = dV$$

› 복습문제 1.10A

용액 210 mL의 질량이 234 g인 경우 염 용액의 밀도를 구하라.

› 복습문제 1.10B

10 cm^3 조각의 무게가 17.38 g이라면 어떤 금속일 가능성이 가장 높은가(표 1.6 참조)?

밀도 차이를 직접 실험해 볼 수 있다. 엑스트라 버진 올리브 오일 30~40 mL에 레드 와인 식초 10 mL를 넣어 클래식 프렌치 비네그레트 샐러드 드레싱을 만든다. 염(소금), 후추, 오레가노, 타임, 디종 머스터드, 마늘 등의 조미료를 추가한다. 어떤 재료(기름 또는 식초)가 윗층을 형성하는가? 맛있게 즐기면 된다!

자가평가문제

1. 호수 위에 떠 있는 나무 판자의 밀도는 어떠한가?

a. 공기보다 낮다. **b.** 물보다 낮다.
c. 물보다 높다. **d.** 물과 같다.

2. 조약돌과 납 추는 연못에 떨어뜨리면 둘 다 가라앉는다. 두 물체에 대한 설명으로 옳은 것은 무엇인가?

a. 둘 다 물보다 밀도가 낮다.
b. 둘 다 물보다 밀도가 높다.
c. 서로 다른 밀도를 가진다.
d. 같은 밀도를 가진다.

3. 얼음은 물 위에 뜬다. 얼음의 합리적인 밀도 값은 얼마인가?

a. 0.92 g/cm^3 **b.** 1.08 g/cm^3
c. 1.98 g/cm^3 **d.** 4.90 g/cm^3

4. 금을 찾는 탐광자가 진흙, 자갈, 물이 섞인 혼합물을 팬에 돌리고 바닥에서 금을 찾는다. 그 이유는 무엇인가?

a. 금이 물에 녹아 가라앉는다.
b. 금은 밀도가 높아 가라앉는다.
c. 금은 바위보다 밀도가 낮다.
d. 금은 다른 광물에 의해 밀려난다.

5. 다음 중 수은($d = 13.534$ g/cm^3) 풀에서 가라앉는 금속은 무엇인가?

a. 알루미늄($d = 2.6$ g/cm^3)
b. 철($d = 7.9$ g/cm^3)
c. 납($d = 11.34$ g/cm^3)
d. 우라늄($d = 19.5$ g/cm^3)

6. 바위의 부피가 80.0 cm^3이고 질량이 160.0 g이라면 밀도는 얼마인가?

a. 0.05 g/cm^3 **b.** 0.50 g/cm^3
c. 2.0 g/cm^3 **d.** 20 g/cm^3

정답: 1. b, 2. b, 3. a, 4. b, 5. d, 6. c

1.9 에너지: 열 및 온도

학습 목표 • 열과 온도를 구별한다.
• 온도 눈금이 어떻게 관련되어 있는지 설명한다.

물질이 겪는 물리적 변화와 화학적 변화는 거의 항상 에너지의 변화를 동반한다. **에너지**(energy)는 스스로 일어나지 않는 일을 일어나게 하는 데 필요하다. 에너지는 물질을 물리적으로 또는 화학적으로 변화시키는 능력이다.

과학에서 서로 관련이 있지만 때로는 혼동되기도 하는 두 가지 중요한 개념은 **온도**와 **열**이다. 서로 다른 온도의 두 물체를 접촉시키면 열은 더 뜨거운 물체에서 더 차가운 물체로 흐르

◀ **그림 1.10** 온도와 열은 서로 다른 현상이다. 아기의 욕조와 온수 욕조의 온도는 약 40 ℃로 거의 같지만, 온수 욕조를 그 온도로 데우는 데는 아기의 욕조보다 훨씬 더 많은 열이 필요했다.

며, 두 물체의 온도가 같아질 때까지 진행된다. **열**(heat)은 이동 중인 에너지로, 따뜻한 물체에서 차가운 물체로 흐르는 에너지이다. **온도**(temperature)는 물체가 얼마나 뜨거운지, 차가운지를 나타내는 척도이다. 온도는 열이 흐르는 방향을 알려주며, 열은 자동으로 온도가 높은 영역에서 낮은 영역으로 흐른다. 예를 들어 뜨거운 시험관을 만지면 열이 시험관에서 손으로 흐른다. 시험관이 충분히 뜨거우면 손이 화상을 입게 된다. 그림 1.10은 열과 온도의 차이를 보여준다.

온도의 SI 기본 단위는 **켈빈**(kelvin, K)이다. 실험실 작업에서는 더 익숙한 **섭씨**(celsius, ℃) 눈금을 자주 사용한다. 이 온도 눈금에서 물의 어는점은 섭씨 0도이고 끓는점은 100 ℃이다. 이 두 기준점 사이의 간격은 각각 섭씨 1 ℃씩 100등분으로 나뉜다. 켈빈 눈금은 영점이 가능한 가장 차가운 온도, 즉 절대 영도이기 때문에 **절대 눈금**이라고 불린다. (이 사실은 이론적 고려에 의해 결정되었으며 앞으로 다루겠지만(6장) 실험을 통해 확인되었다.)

켈빈 눈금의 영점인 0 K는 −273.15 ℃로, 흔히 −273 ℃로 반올림한다. 켈빈은 섭씨 1 ℃와 같은 크기이므로 켈빈 눈금에서 물의 어는점은 273 K이다. 켈빈 눈금에는 음의 온도가 없으며, K에 도 부호를 사용하지 않는다. 섭씨에서 켈빈으로 변환하려면 섭씨 온도에 273.15를 더하면 된다.

$$K = {}^\circ C + 273.15$$

예제 1.11 온도 변환

디에틸 에터는 36 ℃에서 끓는다. 켈빈 눈금에서 이 액체의 끓는점은 얼마인가?

풀이

$$K = {}^\circ C + 273.15$$
$$K = 36 + 273.15 = 309\ K$$

› 복습문제 1.11A

켈빈으로 표시되는 에탄올의 끓는점(78 ℃)은 얼마인가?

› 복습문제 1.11B

대기압에서 액체 질소는 −196 ℃에서 끓는다. 이 온도를 켈빈으로 나타내라.

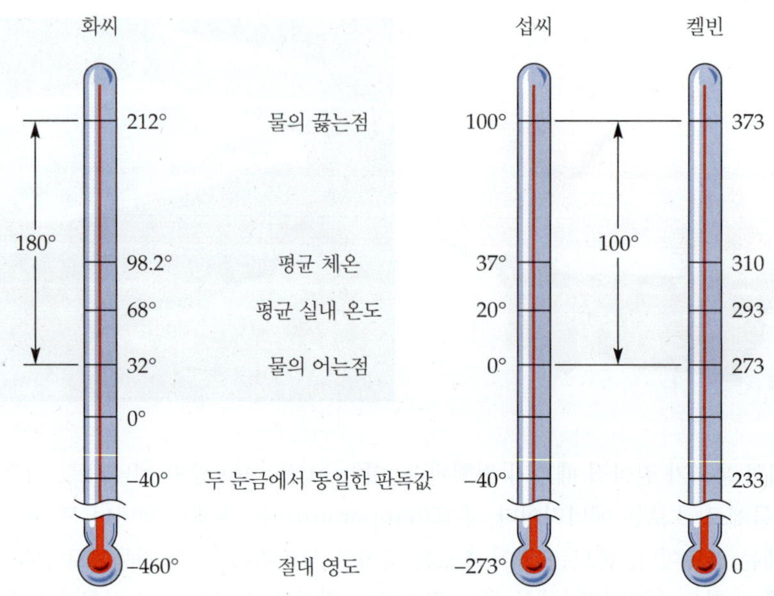

▶ **그림 1.11** 화씨, 섭씨, 켈빈 온도 눈금의 비교

화씨 온도 눈금은 미국에서 널리 사용된다. 그림 1.11은 세 가지 온도 눈금을 비교한 것이다. 화씨 눈금에서는 물의 어는점과 끓는점 사이에 180화씨온도가 있다는 점에 유의하자. 섭씨 눈금에서는 이 두 지점 사이에 100섭씨온도가 있다. 따라서 1섭씨온도는 1.8화씨온도와 같다. 화씨온도와 섭씨온도 간의 변환은 이 관계를 사용한다.

SI에서 유래한 에너지 단위는 **줄**(joule, J)이지만, 일상생활에서는 **칼로리**(calorie, cal)가 더 친숙한 단위이다.

$$1\ \text{cal} = 4.184\ \text{J}$$

칼로리는 물 1 g의 온도를 1 ℃ 올리는 데 필요한 열량이다.

음식의 에너지 함량을 표현하는 데 사용되는 '칼로리'는 실제로 **킬로칼로리**(kilocalorie, kcal)이다.

$$1000\ \text{cal} = 1\ \text{kcal} = 4184\ \text{J}$$

다이어트를 하는 사람은 바나나 스플릿에 1500 cal가 들어 있다는 것을 알고 있을 것이다. 다이어트를 하는 사람이 이것이 실제로 1500 kcal, 즉 1,500,000 cal라는 사실을 알게 된다면 바나나 스플릿을 포기하는 것이 더 쉬울 것이다!

예제 1.12 에너지 변환

휘발유 1.00 g이 연소하면 약 10.3 kcal의 에너지를 생성한다. 이 에너지의 양을 킬로줄(kJ) 단위로 환산하면 얼마인가?

풀이

$$10.3\ \cancel{\text{kcal}} \times \frac{1000\ \cancel{\text{cal}}}{1\ \cancel{\text{kcal}}} \times \frac{4.184\ \cancel{\text{J}}}{1\ \cancel{\text{cal}}} \times \frac{1\ \text{kJ}}{1000\ \cancel{\text{J}}} = 43.1\ \text{kJ}$$

› 복습문제 1.12A

유럽 여성은 매일 평균 7525 kJ의 에너지 함량을 가진 음식을 섭취한다. 이 일일 섭취량은 kcal

(음식 칼로리) 단위로 얼마인가?

› 복습문제 1.12B

얼음 한 개를 녹이는 데 약 12 kJ의 에너지가 필요하다. 12개의 얼음 조각이 담긴 쟁반을 녹이는 데 필요한 에너지(kcal)는 얼마인가?

자가평가문제

1. 열에 대한 설명으로 옳은 것은 무엇인가?
   - **a.** 원소
   - **b.** 뜨거운 물체에서 차가운 물체로의 에너지 흐름
   - **c.** 에너지 강도 측정
   - **d.** 실온보다 높은 온도
2. 온도에 대한 SI 눈금은 무엇으로 알려져 있는가?
   - **a.** 섭씨 눈금
   - **b.** 화씨 눈금
   - **c.** 켈빈 눈금
   - **d.** 리히터 척도
3. 다음 중 물이 끓는 온도는 무엇인가?
   - **a.** 0 ℃
   - **b.** 100 ℉
   - **c.** 273 ℃
   - **d.** 373 K
4. 켈빈 눈금의 온도를 섭씨로 변환하려면 다음 중 무엇을 사용하는가?
   - **a.** 100 더하기
   - **b.** 273 더하기
   - **c.** 100 빼기
   - **d.** 273 빼기
5. 다음 중 에너지의 SI 단위는 무엇인가?
   - **a.** cal
   - **b.** C
   - **c.** J
   - **d.** W

정답: 1. b, 2. c, 3. d, 4. d, 5. c

정상 체온

독일의 의사였던 Carl Wunderlich(1815~1877)는 열이 질병의 증상이라는 것을 처음으로 인식했다. 그는 건강한 사람의 체온을 수천 번 측정하여 평균값을 37 ℃로 보고했다. 이 값이 화씨 눈금으로 변환되면서, 어떤 이유에서인지(부적절하게) 유효 숫자가 하나 더해져서 98.6 ℉가 널리 알려진(그러나 잘못된) 정상 체온으로 알려지게 되었다. 최근 몇 년 동안 수백만 건의 측정 결과, 평균 정상 체온은 실제로 98.2 ℉이며 건강한 사람의 체온은 97.7 ℉에서 99.5 ℉ 사이라는 것이 밝혀졌다.

1.10 비판적 사고

학습 목표 • 비판적 사고를 사용하여 주장과 진술을 평가한다.

과학의 특징 중 하나는 비판적으로 사고하는 능력이다. 즉 진술이나 주장을 합리적이고 객관적인 방식으로 평가하는 능력이다. 예를 들어 다이어트 계획 광고에는 체중을 많이 감량한 사람이 등장한다. 광고 어딘가에 작은 글씨로 "결과는 개인에 따라 다를 수 있다" 또는 "결과는 일반적이지 않다"와 같은 문구를 볼 수 있다. 또한 이러한 광고는 종종 다이어트 계획과 운동을 병행할 것을 권장한다.

이러한 광고가 다이어트 계획에 효과가 있다는 것을 증명할 수 있을까? 비판적 사고를 사용하여 광고의 주장을 평가할 수 있다. **비판적 사고**(critical thinking)는 사실을 수집하고, 평가하고, 논리를 사용하여 결론에 도달한 다음에 결론을 평가하는 것을 포함한다. 비판적으로 생각하는 능력은 학습할 수 있으며, 과학 수업뿐만 아니라 일상생활에서도 도움이 될 것이다. 비판적 사고는 모든 유형의 직업과 모든 종류의 산업에 종사하는 직원에게 중요하다. 여기서는

James Lett가 개발한 접근법을 채택하여 설명한다.[1] 이 접근법은 이후 요약되어 있고, 몇 가지 예가 이어진다.

FLaReS(모음 무시)라는 약어를 사용하여 주장을 검증하는 데 사용되는 네 가지 원칙인 반증가능성, 논리성, 재현성, 충분성을 기억할 수 있다.

- **반증가능성**(falsifiability): 주장이 거짓임을 입증할 수 있는 증거가 있는가? 주장이 거짓임을 증명할 수 있는 증거를 생각할 수 있어야 한다. 위조할 수 없는 가설은 가치가 없다. 과학은 압도적인 증거를 제시할 수는 있지만, 절대적인 의미에서 어떤 것도 진실로 증명할 수는 없다. 과학은 거짓을 증명할 수 있다.
- **논리성**(logical): 주장을 뒷받침하는 증거로 제시되는 모든 주장은 타당해야 한다. 논증은 결론이 전제에서 필연적으로 따르고 전제가 참이면 타당하다. 전제가 거짓이면 타당하지 않으며, 결론이 전제에서 필연적으로 따르지 않는 단 한 가지 예외가 있으면 타당하지 않다.
- **재현성**(replicability): 주장에 대한 증거가 실험 결과를 기반으로 하는 경우, 어떤 주장에 대한 증거가 실험 결과에 근거한다면 그 증거는 이후의 실험이나 시험에서도 반복하여 동일하게 얻어질 수 있어야 한다. 과학 연구는 거의 항상 다른 자격을 갖춘 과학자들에 의해 검토된다. 동료의 검토를 거친 연구는 다른 사람들이 실험을 반복할 수 있는 형태로 출판된다. 때때로 잘못된 과학이 동료평가(peer-review) 과정을 통과하기도 하지만, 이러한 결과는 결국 재현성 검증에서 실패하게 된다. 예를 들어 2005년 5월 과학 학술지 《사이언스》는 모든 환자가 맞춤형 치료를 받을 수 있도록 맞춤형 배아 줄기세포를 개발했다고 주장한 한국의 생명과학자 황우석 박사의 연구를 게재했다. 다른 연구자들은 황우석의 연구 결과를 재현하지 못했고, 그가 의도적으로 결과를 조작했다는 증거가 드러났다. 《사이언스》는 2006년 1월 그 논문을 철회했다. 동료평가를 거치지 않은 매체에 발표된 연구 결과는 과학계에서 거의 또는 전혀 인정받지 못하며, 그러한 결과를 신뢰해서는 안 된다.
- **충분성**(sufficiency): 주장을 뒷받침하는 증거는 그 주장의 진실을 입증하기에 충분해야 하며, (1) 모든 주장에 대한 증거의 부담은 주장자에게 있고, (2) 특별한 주장은 특별한 증거를 요구하며, (3) 권위자나 증언에 근거한 증거는 결코 적절하지 않다는 규정이 있다.

네 가지 FLaReS 테스트를 모두 통과한 주장은 사실일 수 있다. 반면에 거짓으로 판명될 수도 있다. 그러나 FLaReS 테스트 중 하나라도 통과하지 못하면 거짓일 가능성이 높다. FLaReS 방법은 인터넷과 다른 곳에서 찾을 수 있는 무수한 주장을 평가하기 위한 좋은 출발점이다. 다음 예에서는 하나 이상의 FLaReS 원칙을 적용하여 각 주장을 평가한다.

비판적 사고의 예

1.1 한 의사가 환자 자신의 소변으로 만든 백신으로 암을 치료하는 데 큰 성공을 거두었다고 주장한다. 그러나 이 백신은 환자의 면역계가 충분히 강할 때만 효과가 있다. 이 주장은 반증가능한가?

풀이

아니다. 의사는 환자의 면역계가 더 이상 충분히 강하지 않다고 말할 수 있다.

1.2 한 웹사이트에서는 "의료-산업 복합체는 자연 치료가 환자를 치료하기 때문에 자연 치료를 억제한다. 완치된 환자는 더 이상 의사가 필요하지 않으며 의사는 수입을 잃는다"라고 주장한다. 이 주장

[1] Lett은 반증가능성, 논리성, 포괄성, 정직성, 재현성, 충분성이라는 여섯 가지 규칙을 기념하기 위해 약어 FiLCeRS(모음을 무시함)를 사용했다. 출처: Lett, James, "A Field Guide to Critical Thinking," *The Skeptical Inquirer*, Winter 1990, pp. 153~160.

녹색 화학 지속가능한 세상을 위한 화학의 재구상

Jennifer MacKellar and David Constable, ACS Green Chemistry Institute®

원칙 1, 2, 3, 4, 5, 6, 7, 8, 9, 10, 11, 12

학습 목표
- 녹색 화학을 정의한다.
- 녹색 화학이 어떻게 위험을 줄이고 환경 문제를 예방하는지 설명한다.

유명한 자연주의자인 John Muir는 "자연 속의 한 가지를 건드리면 그것이 세상의 다른 모든 것과 연결되어 있음을 알게 된다"라고 말했다. 변화하는 기후와 전례 없는 환경 재앙의 세계에서 우리는 이보다 더 진실한 말은 없다는 것을 깨닫는다. 하지만 현재의 경로를 바꾸기 위해 우리는 무엇을 할 수 있을까? 지속가능한 지구는 어떤 모습일까?

인간 사회가 자연과 조화를 이루며 살아가는 공동체를 상상해보자. 사람들은 자신을 지탱하는 자원을 감소시키지 않으면서도 건강을 누린다. 토지, 물, 공기는 환경의 생태적 가치를 유지하는 방식으로 관리된다. 지속가능한 공동체는 경제, 환경, 사회 문제의 균형이 중요하다는 것을 깨닫고 이를 통해 번영할 수 있다.

20세기에는 의학, 제조, 화학 처리 분야에서 엄청난 기술 발전이 이루어지면서 미국의 삶의 질이 향상되었다. 그러나 이러한 생활 수준은 환경과 사람의 건강에 상당한 타격을 입혔다. 부적절한 화학 물질 사용과 폐기, 전반적인 환경오염은 전 세계 생태계를 크게 훼손하여 미래 세대의 안전을 위협하고 있다. 1962년 Rachel Carson의 《침묵의 봄》이 출간되고 환경 운동이 탄생한 이후, 오염 방지와 환경 보호에 초점을 맞춘 정부 규제가 점점 더 많아지고 있다(1.1절).

하지만 유해 폐기물을 완전히 막을 수 있다면 어떨까? 환경을 파괴하지 않으면서도 우리의 필요와 욕구를 충족하는 화학 물질을 설계할 수 있다면 어떨까? 지속가능성 및 녹색 화학은 간단히 말해 화학과 화학 공학을 바라보는 다른 사고 방식일 뿐이다. 수년에 걸쳐 화학 제품 및 공정의 설계, 개발 및 구현에 대해 생각할 때 사용할 수 있는 다양한 원칙이 제안되었다. 이러한 원칙을 통해 과학자와 엔지니어는 폐기물을 줄이고, 에너지를 절약하고, 유해 물질을 대체할 수 있는 창의적이고 혁신적인 방법을 찾아 경제, 사람, 지구를 보호하고 혜택을 누릴 수 있다.

녹색 화학과 공학적 원리는 제품의 전 과정에 걸쳐 적용되어야 한다는 점에 중요하다. 이는 제품의 수명 종료 또는 최종 폐기를 위한 설계에 이르기까지 보다 지속가능하거나 재생가능한 원료를 사용하는 것을 의미한다. 녹색 화학은 유기화학, 무기화학, 분석화학, 물리화학, 생화학 등 모든 화학 분야에 걸쳐 적용될 수 있다.

전 세계 정부와 과학계는 녹색 화학의 실천이 더 깨끗하고 지속가능한 지구뿐만 아니라 경제적 이익과 긍정적인 사회적 영향도 가져온다는 것을 인식하고 있다. 이러한 혜택은 기업과 정부가 친환경 제품 및 공정 개발을 지원하도록 장려한다. 특히 미국은 1996년부터 매년 대통령 녹색 화학 챌린지(Presidential Green Chemistry Challenge) 시상 프로그램을 통해 녹색 화학 혁신을 인정하고 있다.

베르데자인(Verdezyne, Inc.)은 2016년 헤어 브러시, 칫솔, 코팅, 향수, 자동차 및 항공유용에 사용되는 고성능 나일론 6, 12를 생산할 수 있는 효모를 개발해 대통령 녹색 화학 도전상(Presidential Green Chemistry Challenge Award)을 수상했다. 이들은 온실가스 배출량이 적은 식물성 원료에서 출발했다.

지속가능한 미래를 만들기 위해 친환경적인 관행을 실천하는 것도 중요하지만, 오늘날의 위기에는 혁신적인 사고와 변화의 의지가 필요하다는 점도 고려해야 한다. Albert Einstein은 "문제를 일으킨 것과 같은 수준의 인식으로는 문제를 해결할 수 없다"라는 말을 가장 잘 표현했다. 녹색 화학 분야의 많은 연구 발전에도 불구하고 주류 산업은 아직 친환경적이고 지속가능한 기술을 완전히 수용하지 못하고 있다. 녹색 화학자들은 오늘날의 산업계 리더와 소비자들이 수용할 수 있는 제품을 만들어 혁신을 실험실에서 벗어나 이사회로 가져가기 위해 매우 열심히 노력하고 있다.

지속가능성과 환경적 건강은 우리 모두에게 영향을 미친다. 환경은 연령, 인종, 소득 수준, 문화적 차이를 뛰어넘어 모든 삶에 영향을 미친다. 녹색 화학은 시급한 세계화 과제를 해결하기 위한 해결책 기반 접근 방식이다.

▲ 2013년, 인도네시아 그레식에 위치한 엘리밴스 바이오정유공장에서 특수 화학 제품을 상업적으로 생산하기 시작했다. 바이오정유공장에서 공급 원료는 주로 재생가능한 식물성 기름이다.

은 논리적인가?

풀이

의사가 모든 환자를 치료하는 것은 아니다. 많은 환자가 여전히 아프고 일부는 사망한다.

1.3 많은 '심령술사'는 미래를 예측하는 능력인 예지력이 있다고 주장한다. 이러한 예측은 종종 한 해가 끝날 무렵에 이루어지며 다음 해에 관한 것이다. 이러한 심령술사들의 예지력 주장을 평가하기 위해 모든 FLaReS 검증을 적용하라.

풀이

1. 예측은 반증가능한가? 네. 작성된 예측을 보관했다가 연말에 직접 확인할 수 있다.
2. 예지력이 논리적인가? 심령술사가 정말 미래를 예측할 수 있다면 복권에 당첨되고, 사전 경고를 통해 모든 종류의 재난을 막는 등 일반인보다 훨씬 더 자주 예지력을 발휘해야 한다.
3. 이러한 예측은 재현가능한가? 심령술사들은 종종 "4월과 5월에 토네이도가 오클라호마를 강타할 것이다" 또는 "저명한 정치인이 놀라운 이변으로 의원직을 잃을 것이다"와 같은 광범위하고 일반적인 예측을 하곤 한다(오클라호마에서 토네이도는 그 달에 꽤 흔하게 발생하며, 선거에서 이변이 일어나지 않은 해는 거의 없었다). 심령술사들은 나중에 '적중'에 대한 구체적인 언급을 하면서 '실패'에 대해서는 무시한다.
4. 주장은 충분한가? 아니다. 사전 인식은 적절한 검증을 통해 입증된 적이 없다. 이러한 주장은 매우 이례적이며 특별한 증거가 필요하다. 청구에 대한 입증 책임은 청구인에게 있다.

요약

1.1절: **기술**은 지식의 실용적 응용이며, **과학**은 자연과 물리적 세계에 대한 지식의 축적과 그 지식에 대한 설명이다. 화학의 뿌리는 중세부터 1700년대까지 행해진 화학과 마술의 혼합물인 **연금술**에 있다. **녹색 화학**은 오염을 원천적으로 방지하거나 줄이기 위한 재료와 공정을 사용한다. **지속가능한 화학**은 미래 세대의 필요를 훼손하지 않으면서 현재 세대의 필요를 충족하도록 설계되었다.

1.2절: 과학은 재현가능하고, 검증가능하며, 설명가능하며, 예측적이고, 잠정적인 것이다. 자연에 대한 일련의 확인된 관찰은 그 관찰에 대한 잠정적인 설명인 **가설**로 이어질 수 있다. **과학 법칙**은 많은 양의 데이터를 요약한 간략한 진술이며 보편적으로 진실이다. 법칙은 매우 적고 이론은 많다. 어떤 가설이 실험과 추가 실험을 거치면 **과학 이론**, 즉 현상에 대한 현재 최선의 설명이 될 수 있다. 이론은 항상 잠정적이며 추가 실험을 계속 견디지 못하면 거부될 수 있다. 유효한 이론은 새로운 과학적 사실을 예측하는 데 사용될 수 있다. 과학자들이 사회적, 정치적 이슈에 대해 의견이 일치하지 않는 이유는 부분적으로 실험 중에 변할 수 있는 **변수**, 인자를 통제할 수 없기 때문이다.

1.3절: 과학과 기술은 세상에 많은 이익을 제공했지만, 새로운 위험을 초래하기도 했다. **위험-이익 분석**은 어느 것이 더 중요한지 결정하는 데 도움이 될 수 있다.

1.4절: 대부분의 화학자는 어떤 종류의 연구에 참여한다. **응용 연구**의 목적은 유용한 생성물을 만들거나 특정 문제를 해결하기 위한 것이고, **기초 연구**는 단순히 새로운 지식을 얻거나 근본적인 질문에 답하기 위해 수행된다. 기초 연구는 종종 유용한 제품이나 과정으로 이어지기도 한다.

1.5절: **화학**은 물질과 물질이 변화하는 과정을 연구하는 학문이다. **물질**은 질량이 있고 공간을 차지하는 모든 것을 말한다. **질량**은 물체에 있는 물질의 양을 측정하는 단위이고, **무게**는 물체를 끌어당기는 중력을 나타낸다. 물질의 **물리적 성질**은 새로운 물질을 만들지 않고도 관찰할 수 있다. **화학적 성질**이 관찰되면 새로운 물질이 형성된다. **물리적 변화**는 화학적 구성의 변화를 수반하지 않는다. **화학적 변화**는 그러한 변화를 수반한다.

1.6절: 물질은 물리적 상태에 따라 분류할 수 있다. **고체**는 모양과 부피가 확실하다. **액체**는 부피가 정해져 있지만 용기의 모양을 따른다. **기체**는 용기의 모양과 부피를 모두 따른다. 물질은 또한 구성에 따라 분류할 수 있다. **순물질**은 어떻게 만들어지거나 어디서 발견되든 항상 동일한 구성을 갖는다. **혼합물**은 제조 방법에 따라 다른 조성을 가질 수 있다. 물질은 원소이거나 화합물이다. **원소**는 한 가지 유형의 원자로 구성되며, **원자**는 원소의 가장 작은 특징 입자이다. 원소는 수백 가지가 넘으며, 각 원소는 원소 이름에서 파생된 한두 개의 글자로 구성된 **화학 기호**로 표시된다. **화합물**은 2개 이상의 원소가 화학적으로 일정한 비율로 결합된 것이다. 대부분의 화합물은 하나의 단위로 결합된 원자 그룹인 **분자**로 존재한다.

1.7절: 과학적 측정은 **SI 단위**로 표현되며, 이는 합의된 표준 버전의 미터법을 구성한다. 기본 단위로는 질량의 경우 **킬로그램**(kg), 길이의 경우 **미터**(m)가 있다. 부피의 경우 SI 표준 단위는 아니지만 **리터**(L)가 널리 사용된다. 접두사는 기본 단위를 10의 인자 단위로 더 크게 또는 더

작게 만든다.

1.8절: **밀도**는 '크기 대비 무게'라고 생각할 수 있다. 단위 부피당 질량의 양이다.

$$d = m/V$$

밀도를 변환 인자로 사용할 수 있다. 물의 밀도는 거의 1 g/mL이다.

1.9절: 물질이 물리적 또는 화학적 변화를 겪을 때 **에너지** 변화가 수반된다. 에너지란 이러한 변화를 일으키는 능력이다. **열**은 따뜻한 물체에서 차가운 물체로 이동하는 에너지 흐름이다. **온도**는 물체가 얼마나 뜨거운지, 차가운지를 나타내는 척도이다. 온도의 기본 단위는 **켈빈**(K)이지만, 더 일반적으로 사용되는 것은 **섭씨**(℃) 눈금이다. 섭씨 눈금에서 물은 100 ℃에서 끓고 0 ℃에서 얼어붙는다. 열의 SI 단위는 **줄**(J)이다. 더 친숙한 단위인 **칼로리**(cal)는 물 1 g의 온도를 1 ℃ 올리는 데 필요한 열량이다. 음식 '칼로리'는 실제로 **킬로칼로리**(kcal), 즉 1000칼로리이다.

1.10절: 주장은 비판적 사고를 적용하여 검증할 수 있다. 약어 **FLaReS**는 주장을 검증하는 데 사용되는 네 가지 원칙인 **반증가능성**, **논리성**, **재현성**, **충분성**을 나타낸다.

녹색 화학: 녹색 화학이란 폐기물을 방지하고, 유해하지 않은 화학 물질과 재생가능한 자원을 사용하며, 에너지를 절약하고, 사용 후 분해되는 제품을 만드는 것을 의미한다. 녹색 화학은 화학 물질의 공급원과 최종 목적지, 화학 물질이 사람과 지구에 미치는 영향을 고려한다.

학습 목표	관련 문제
• 과학, 화학, 기술, 연금술을 정의한다. (1.1)	1, 4
• 녹색 화학 및 지속가능한 화학의 중요성에 대해 설명한다. (1.1)	43, 44
• 가설, 과학 법칙, 과학 이론, 과학 모형을 정의하고 과학에서 이들의 관계를 설명한다. (1.2)	2, 3, 71, 72, 74, 75
• 위험과 이익을 정의하고 각각의 예를 들어 설명한다. (1.3)	5
• 이익 및 위험 데이터로부터 바람직성 지수를 추정한다. (1.3)	7, 13~18
• 기초 연구와 응용 연구를 구분한다. (1.4)	8, 9
• 질량과 무게, 물리적 및 화학적 변화, 물리적 및 화학적 성질을 구분한다. (1.5)	29~32
• 물질을 상태에 따라 혼합물, 순물질, 화합물 및/또는 원소로 분류한다. (1.6)	33~44
• 관찰에 적절한 측정 단위를 부여하고 변환 단위를 조작한다. (1.7)	10~12, 19~28, 45~52, 69, 70, 73, 78~80
• 다른 두 가지 양이 주어지면 물체의 밀도, 질량, 부피를 계산한다. (1.8)	53~64, 76, 77, 81~88
• 열과 온도를 구분한다. (1.9)	67, 68
• 온도 눈금이 어떻게 관련되어 있는지 설명한다. (1.9)	65, 66
• 비판적 사고를 사용하여 주장과 진술을 평가한다. (1.10)	6
• 녹색 화학을 정의한다.	95
• 녹색 화학이 어떻게 위험을 줄이고 환경 문제를 예방하는지 설명한다.	96~98

개념문제

1. 과학의 다섯 가지 특징을 말하라. 과학을 다른 학문과 가장 잘 구별하는 특성은 무엇인가?
2. 가설을 뒷받침하기 위해 실험을 해야 하는 이유는 무엇인가?
3. 사회적, 정치적, 윤리적, 경제적 문제를 해결하는 데 항상 과학적 방법을 사용할 수 없는 이유는 무엇인가?
4. 기술은 과학과 어떻게 다른가?
5. 위험-이익 분석이란 무엇인가?
6. **(a)** 이익 평가와 **(b)** 위험 평가에는 어떤 종류의 판단이 포함되는가?
7. DQ란 무엇인가? 높은 DQ는 무엇을 의미하는가? DQ를 추정하기 어려운 경우에 많은 이유는 무엇인가?
8. 실험실에서 일반적으로 사용되는 **(a)** 질량과 **(b)** 길이의 유도 단위는 무엇인가?
9. 부피에 대한 SI 유도 단위는 무엇인가? 실험실에서 가장 자주 사용되는 부피 단위는 무엇인가?
10. 다음은 SI 접두사, 그 기호, 의미에 대한 표이다. 빈칸을 채우라.

접두사	기호	의미
테라-	T	10^{12}
_____	M	_____
센티-	_____	_____
_____	μ	_____
밀리-	_____	_____
_____	_____	10^{-1}
_____	K	_____
나노-	_____	_____

11. 다음 각 연구 프로젝트를 응용 연구 또는 기초 연구로 구분하라.

a. 버지니아 공대의 한 화학자는 석탄 가루가 석탄 화력 발전소로 들어가기 전에 1분 이내에 분석하는 방법을 테스트하고 있다.

b. 퍼듀의 한 엔지니어는 알루미늄을 물과 반응시켜 자동차용 수소를 생성하는 방법을 개발한다.

c. 일리노이대학 어바나-샴페인 캠퍼스 연구원이 고온과 저압에서 원자의 거동을 조사하고 있다.

12. 다음 각 작업을 응용 연구 또는 기초 연구로 구분하라.

a. 한 엔지니어가 노트북 컴퓨터 케이스 제작에 사용될 티타늄 합금의 강도를 측정한다.

b. 한 생화학자가 가재(lobster)의 혈액 세포에서 산소가 어떻게 결합하는지를 알아내기 위해 실험한다.

c. 한 생물학자가 6년 동안 켄터키의 랜드 비트윈 더 레이크 지역에 매년 둥지를 트는 독수리의 수를 조사한다.

연습문제

조언 한마디. 피아노 연주법을 책으로만 읽거나 공연을 관람하는 것만으로는 피아노 연주자가 될 수 없듯이, 문제집을 읽거나 강사가 문제를 푸는 것을 보는 것만으로는 문제를 해결하는 법을 배울 수 없다. 문제는 각 장에서 제시된 아이디어를 이해하고 개념을 종합하는 능력을 향상시키는 데 도움이 될 뿐만 아니라 추정 기술을 연습할 수 있다. 대부분의 문제를 풀 수 있도록 계획을 세우자.

위험-이익 분석

13. 페니실린은 박테리아를 죽여 전염병으로 사망할 수 있는 수천 명의 생명을 구한다. 페니실린은 일부 사람들에게 알레르기 반응을 일으키며, 이런 상태를 치료하지 않으면 사망에 이를 수 있다. 사회 전체의 페니실린 사용에 대한 위험-이익 분석을 수행하라.

14. 아황산 나트륨은 말린 과일, 일부 과일 주스, 와인에 방부제로 첨가되기도 하는 화합물이다. 인구의 약 1%가 아황산염에 민감하다. **(a)** 과일 주스, **(b)** 와인에 아황산염을 사용하는 것을 고려하라. 이러한 용도는 위험-이익 분석에서 어떻게 다를 수 있는가?

15. 오늘날 자동차에 사용되는 페인트는 보통 두 가지 성분으로 구성되어 있으며 혼합 후 몇 시간 후에 굳는다. 한 가지 성분은 아이소시아네이트로, 장기간에 걸쳐 (소량이라도) 호흡할 경우 사람을 민감하게 하여 알레르기 반응을 일으킬 수 있다. **(a)** 자동차 공장 근로자, **(b)** 1965년형 머스탱을 복원하는 애호가가 이 페인트를 사용하는 것에 대한 위험-이익 분석을 수행하라. 이 두 사람의 DQ를 어떻게 높일 수 있는가?

16. 엑스레이는 의학과 치과에서 널리 사용된다. **(a)** 1년에 한 세트의 엑스레이를 촬영하는 치과 환자, **(b)** 매일 세 번씩 엑스레이를 촬영하는 동안 환자와 함께 진료실에 머무는 치과의사에 대한 위험-이익 분석을 수행하라.

17. 항생제 처방이 증가함에 따라 메티실린 내성 황색포도상구균(MRSA) 감염이 더 흔해지고 있다. **(a)** 인후염 치료를 위해 항생제를 일상적으로 사용하는 것에 대한 DQ는 높은가, 낮은가? 답을 간단히 설명하라. **(b)** 이 DQ는 인플루엔자 치료를 위한 항생제 사용에 대한 DQ와 어떻게 다른가(높은가, 낮은가)? 답을 간단히 설명하라.

18. HIV라는 바이러스는 파괴적이고 종종 치명적인 질병인 AIDS를 유발한다. HIV 감염을 치료할 수 있는 여러 가지 약물이 있지만 모두 고가이다. 이러한 약물을 개별적으로 또는 병용하여 사용하면 AIDS로 인한 사망자 수를 크게 줄일 수 있다. 고가의 신약은 특히 임산부로부터 태아로 HIV 바이러스가 전염되는 것을 예방하는 데 있어 HIV/AIDS 환자 치료에 가능성을 보여주고 있다. 이 약을 **(a)** HIV에 감염되었다고 생각되는 남성, **(b)** HIV 양성인 임산부, **(c)** 어머니가 AIDS에 걸린 태아에게 투여할 수 있는 DQ는 얼마인가?

질량 및 무게

19. 휴대전화와 노트북 컴퓨터의 실제 질량은 각각 얼마인가?

100 mg; 100 g 100 g; 100 mg
100 g; 2 kg 1 kg; 2 kg

20. 유럽에서 A2 크기의 종이는 594 mm × 420 mm이다. 미국에서 사용되는 표준 8½ in. × 11 in. 종이보다 더 큰가, 작은가?

21. 다음 중 잘못 짝지어질 가능성이 높은 것은 무엇인가? 틀린 질량에 0을 더하거나 빼서 더 합리적으로 만들어라. **(a)** 큰 종이클립 1000 mg, **(b)** 뿔테 안경 20 g, **(c)** 넓은 거실을 덮는 카펫 10 kg, **(d)** 생수 한 통 1 kg.

22. 달의 표본(X)은 지구의 표본(Y)과 정확히 같은 질량을 가지고 있다. 두 표본의 무게는 같은가? 설명하라.

길이, 면적, 부피

23. 찻잔의 적당한 부피는 얼마인가?

25 mL, 250 mL, 2.5 L, 25 L

24. 땅콩의 부피에 대한 합리적인 근사치는 얼마인가?

0.5 cm^3, 50 cm^3, 500 cm^3, 5 m^3

25. 지구의 바다는 3.50×10^8 mi^3의 물을 포함하고 있으며 면적은 1.40×10^8 mi^2이다. 바닷물의 부피는 세제곱킬로미터 단위로 얼마인가? (힌트: 1.7절의 면적과 부피에 대한 논의를 참조하여 세제곱마일에서 세제곱킬로미터로 변환하라.)

26. 지구의 바다 면적은 평방킬로미터 단위로 얼마인가? 25번 문제를 참조하라.

27. 그림(오른쪽)과 같은 2개의 관이 있다. 알루미늄 관의 외경은 0.998 in.이고 내경은 0.782 in.이다. 자세한 계산을 하지 않고 이런 알루미늄 관의 내경이 26.3 mm인 다른 알루미늄 관 안에 들어갈 수 있는지 결정하라.

28. 27번 문제에서 제시된 종이 관의 내경이 될 수 있는 것은 19.9 mm, 24.9 mm, 18.7 mm 중 무엇인가? 그 이유를 간단히 설명하라.

물리적 및 화학적 성질 및 변화

29. 다음 각 변화를 물리적 또는 화학적 성질로 구분하라.
  a. 일반 유리와 달리 강화 유리는 둥근 조각으로 깨진다.
  b. 빵을 그대로 두면 곰팡이가 생긴다.
  c. 사이안화 수소는 혈액 내 헤모글로빈과 반응하기 때문에 독성이 있다.
  d. ABS 플라스틱 필라멘트는 3D 프린터에서 쉽게 녹는다.

30. 다음 각 변화를 물리적 또는 화학적 성질로 구분하라.
  a. 밀크 초콜릿이 입안에서 녹는다.
  b. 철못은 젖으면 녹이 슨다.
  c. 티타늄 칩은 찬란한 백색광으로 연소된다.
  d. 요거트는 따뜻한 우유에 박테리아 배양균을 넣어 발효시켜 만든다.

31. 다음 각 변화를 물리적 또는 화학적 성질로 구분하라.
  a. 노란색 플라스틱 조각을 녹여 몰드(mold)에 밀어 넣으면 노란색 장난감이 만들어진다.
  b. 식당에서 나오는 폐유는 식용유와 다르게 연소되는 바이오디젤 연료로 전환된다.
  c. 오렌지 주스는 오렌지 주스 농축액 1캔에 물 3캔을 넣어 준비한다.

32. 다음 각 변화를 물리적 또는 화학적 성질로 구분하라.
  a. 수영장에 염소를 첨가하면 박테리아가 죽는다.
  b. 갈색 인쇄는 잉크젯 프린터에서 청록색, 자홍색, 노란색 잉크를 혼합하여 만들어진다.
  c. 당을 물에 녹여 시럽을 만든다.

순물질 및 혼합물

33. 다음 각각을 순물질 또는 혼합물로 구분하라.
  a. 접착 테이프 **b.** 원자 폭탄의 우라늄
  c. 증류수 **d.** 이산화 탄소 가스

34. 다음 각각을 순물질 또는 혼합물로 구분하라.
  a. 산소 **b.** 아황산 소듐
  c. 스모그 **d.** 당근
  e. 순수 밀크 초콜릿 **f.** 토끼 모피

35. 다음 중 균일한 혼합물과 불균일한 혼합물은 무엇인가?
  a. 캐슈넛 **b.** 창 유리
  c. 봉투 **d.** 스카치위스키

36. 다음 중 균일한 혼합물과 불균일한 혼합물은 무엇인가?
  a. 휘발유
  b. 이탈리안 샐러드 드레싱
  c. 라이스 푸딩
  d. 정맥 내 포도당 용액

37. 지구상의 어느 곳에서 얻은 것이든 포도당의 모든 시료는 질량 기준 8부분 산소, 6부분 탄소, 1부분 수소로 구성되어 있다. 포도당은 순물질인가, 혼합물인가? 그 이유를 설명하라.

38. 샴푸 광고에 "인공적으로 아무것도 첨가하지 않은 순수한 샴푸"라고 쓰여 있다. 이 샴푸는 순물질인가, 혼합물인가? 그 이유를 설명하라.

원소 및 화합물

39. 다음 각각을 원소를 나타내는 것과 화합물을 나타내는 것으로 구분하라.
  a. KF **b.** Fe **c.** F **d.** Fr

40. 다음 각각을 원소를 나타내는 것과 화합물을 나타내는 것으로 구분하라.
  a. Li **b.** CO **c.** Cf **d.** CF_4

41. 표를 참조하지 않고 다음 각각의 이름을 쓰라.
  a. C **b.** Mg **c.** He **d.** N

42. 표를 참조하지 않고 다음 각각의 기호를 쓰라.
  a. 산소 **b.** 인 **c.** 칼륨 **d.** 아르곤

43. 1789년 Antoine Lavoisier는 《화학의 기초》(2장)에서 33개의 알려진 원소를 나열했는데, 그중 하나가 바로 중정석(baryte)이었다. 중정석은 원소가 될 수 없음을 가장 잘 보여주는 관찰은 무엇인가?
  a. 중정석은 물에 녹지 않는다.
  b. 중정석은 1580 ℃에서 녹는다.

c. 중정석의 밀도는 4.48 g/cm^3이다.
d. 중정석은 열수 정맥과 온천 주변에서 형성된다.
e. 중정석은 황산과 수산화 바륨이 혼합되면 고체로 형성된다.
f. 중정석은 특정 금속이 산소에서 연소될 때 유일한 생성물로 형성된다.

44. 분젠 버너에서 노란색 액체를 가열한다. 갈색 기체가 방출되고 노란색 액체는 무색이 된다. 다음 중 옳은 것은 무엇인가?
a. 노란색 액체는 화합물이어야 한다.
b. 갈색 가스는 원소여야 한다.
c. 노란색 액체는 혼합물 또는 화합물일 수 있다.
d. 갈색 가스는 화합물이어야 한다.

미터법: 측정 및 단위 변환

45. 10의 에너지를 적절한 SI 접두사로 대체하여 다음 각 측정값의 단위를 변환하라.
a. 4.4×10^{-9} s　b. 8.5×10^{-2} g
c. 3.38×10^{6} m

46. 다음 각 측정값을 SI 기본 단위로 변환하라.
a. 45 mg　b. 125 ns
c. 10.7 μL　d. 12.5346 kg

47. 다음 각 변환을 수행하라.
a. 5.52×10^{4} mL에서 L로　b. 325 mg에서 g으로
c. 27 cm에서 m로　d. 27 mm에서 cm로
e. 78 μs에서 ms로

48. 다음 각 변환을 수행하라.
a. 546 mm에서 m로　b. 65 ns에서 μs로
c. 87.6 mg에서 kg으로　d. 46.3 dm^3에서 L로
e. 181 pm에서 μm로

49. 다음 각 쌍에서 더 큰 단위는 무엇인가?
a. mm 또는 cm　b. kg 또는 g
c. dL 또는 μL

50. 성인의 몸에는 약 7,000,000,000,000,000,000,000,000,000(7옥틸리언)개의 원자가 있다. 이 양을 과학적 표기법으로 나타내라.

51. 책 한 권 1.4 kg의 질량을 **(a)** mg, **(b)** g, **(c)** ng으로 나타내라.

52. **(a)** 352 mL 청량음료와 **(b)** 26 kL 휘발유 탱크의 부피를 리터 단위로 나타내라.

53. 전형적인 4세 아동의 키는 얼마인가?
a. 10 cm　b. 10 mm
c. 100 m　d. 1 m

54. 집파리의 날개 무게는 얼마인가?
a. 10 μg　b. 200 mg　c. 0.5 kg　d. 50 kg

55. 2015년 루카라 다이아몬드 회사는 아프리카 보츠와나에 위치한 광산에서 지금까지 발견된 다이아몬드 중 두 번째로 큰 1111캐럿 다이아몬드(그림 왼쪽)를 발견했다. 그러나 이 다이아몬드는 컷팅되지 않은 3106캐럿으로 컬리넌 다이아몬드의 약 3분의 1 크기에 불과하다. 1905년 남아프리카 프리토리아의 프리미어 광산에서 발견된 컬리넌은 9개의 개별 스톤(그림 오른쪽)으로 절단되었으며, 이 중 상당수가 영국 왕관 보석에 속해 있다. 각 다이아몬드의 질량 단위는 **(a)** g인가, **(b)** ld인가? 1캐럿(ct) = 200 mg이다.

56. 일반적인 잉크젯 프린터 카트리지에는 1.20액량 온스(fl oz.)의 잉크가 들어 있다. 잉크의 부피 단위는 **(a)** mL인가, **(b)** μL인가? 1 fl oz. = 29.6 mL이다.

밀도

일부 문제를 푸는 데 표 1.6이 필요하다.

57. 카놀라유 122 mL의 무게가 112 g이다. 카놀라유의 밀리리터당 밀도(g)는 얼마인가?

58. 질량이 392 g인 나일론 막대의 부피가 341 cm^3이다. 나일론의 밀도는 얼마인가?

59. 지우개의 고무의 밀도가 1.43 g/cm^3이다. 부피가 13.2 cm^3인 지우개의 질량은 얼마인가?

60. 한 학생이 밀도가 1.51 g/mL인 농축 질산 94.1 mL를 측정한다. 산의 질량은 얼마인가?

61. **(a)** 227 g의 헥산(mL), **(b)** 454 g의 얼음 블록(cm^3)의 부피는 얼마인가?

62. **(a)** 475 g의 구리 조각(cm^3), **(b)** 253g의 수은 샘플(mL)의 부피는 얼마인가?

63. 수은과 헥세인 각각 40 mL와 물 80 mL를 그림의 250 mL 비커에 넣는다. 세 액체는 서로 섞이지 않는다. 용기에 담긴 세 액체의 상대적 위치와 수위를 표시하라.

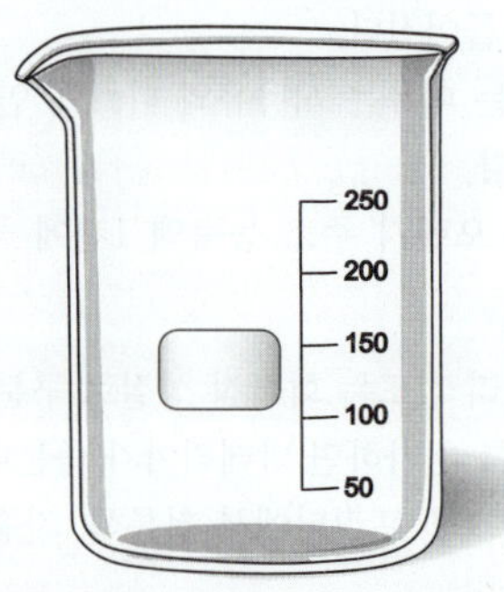

64. 63번 문제의 혼합물에 붉은 단풍나무 조각($d = 0.49$ g/cm^3), 발사나무 조각($d = 0.11$ g/cm^3), 구리 동전, 금 동전, 얼음 조각을 떨어뜨린다. 각 고체는 비커의 어디로 가겠는가?

65. 금속 스탠드의 최대 하중은 450 lb.이다. 무게가 59.5 lb.이고 37.9 L의 바닷물이 채워진 수족관을 지탱할 수 있는가? $d = 1.03$ g/mL이다.

66. E85 연료는 부피 기준으로 에탄올 85%와 휘발유 15%의 혼합물이다. 14.0갤런 탱크에 포함할 수 있는 E85($d = 0.758$ g/mL)의 질량(kg)은 얼마인가?

67. '수정 구슬'은 지름이 148 mm이고 밀도가 3.18 g/cm^{3}인 유리로 만들어졌다. 이 물체의 질량은 얼마인가? (구의 부피는 $4\pi r^3/3$이며, 여기서 r은 반지름이다.)

68. 탈지 우유 종이팩의 바닥은 77 mm × 77 mm이다. 탈지 우유의 밀도는 1.031 g/mL이다. 탈지 우유 0.500 kg을 담으려면 상자의 높이가 얼마나 되어야 하는가?

에너지: 열 및 온도

69. 정자 표본을 냉동하는 데 사용되는 액체 질소의 온도는 77 K이다. 이 온도를 섭씨(℃) 단위로 나타내라.

70. 정상적인 체온은 약 37 ℃이다. 이 온도를 켈빈 단위로 나타내라.

71. 뉴질랜드에서 포장된 오렌지 주스 100 mL 용기에는 부분적으로 "에너지⋯ 161 kJ"이라고 표시되어 있다. 이 값을 킬로칼로리(음식 칼로리) 단위로 변환하라.

72. 피부에서 1.00 g의 땀(물)을 증발시키려면 물은 584칼로리를 흡수해야 한다. 이 값을 킬로줄(kJ) 단위로 변환하라.

 심화문제

73. 다음 각 과학적 가설을 평가하라.
    a. 차 한 잔의 온도를 높이면 그 안에 녹을 수 있는 당의 양이 증가한다.
    b. 생성되는 산소의 양으로 측정하는 광합성 속도가 빛의 파장(색깔)과 관련이 있다면 다른 색깔의 빛은 식물로 하여금 다른 양의 산소를 만들게 할 것이다.
    c. 동물의 신진대사 속도가 온도와 관련이 있다면 주변 온도를 높일 때 동물의 물질대사가 증가하게 된다.
    d. 열심히 명상하면 이 화학 시험에 합격할 수 있을 것이다.

74. 수소 원자의 핵은 지름이 1.75 fm이다. 원자는 핵보다 약 145,000배 더 크다. **(a)** 지수 표기법을 사용하여 각 측정값을 SI 기본 단위로 표현하라. **(b)** 수소 핵의 부피는 fm^3 단위로 얼마인가? 수소 원자의 부피는 nm^3 단위로 얼마인가? 반지름 $r = 4/3\pi r^3$인 구의 부피는 얼마인가?

75. 특정 화학 수업의 길이가 1.00마이크로센추리(μcen)이다. 이 수업의 길이를 분 단위로 나타내라.

76. 영국의 수학자 W.A.H. Rushton이 발명했다고 알려진 아름다움의 단위인 헬렌은 트로이의 헬렌(Christopher Marlowe의 희곡 〈닥터 파우스트〉에서 '천 척의 배를 띄운 얼굴'로 묘사된 인물)을 모티브로 삼았다. 1.00밀리헬렌의 아름다움을 가진 얼굴로 몇 척의 배를 띄울 수 있는가?

77. 영국의 화학자 William Henry는 다양한 온도와 압력에서 물에 흡수되는 기체의 양을 연구했다. 1803년, 그는 일정한 온도에서 용해된 기체의 농도를 액체와 평형 상태인 기체의 분압과 연관시키는 공식($p = k_{H}c$)을 제시했다. 이 관계는 어떤 과학적 법칙을 설명하는가?
    a. 가설 **b.** 법칙 **c.** 관찰 **d.** 이론

78. 한 학생이 새로운 다이어트를 시도할 계획이다. 이 다이어트에서 그는 원하는 것은 무엇이든 먹을 수 있지만, 음식을 먹을 때마다 한 숟가락의 으깬 얼음(약 5 g)을 삼켜야 한다. 그의 추론은 (가) 얼음 1 g을 녹이는 데 약 79칼로리의 열이 필요하고, (나) 얼음을 삼켜 위에서 녹게 하면 같은 양의 음식 에너지를 '소모'하기 때문이다. (가)와 (나) 모두 맞지만, 이 다이어트는 효과가 없다. 그 이유를 설명하라. (힌트: 에너지 단위에 대한 논의는 1.9절을 참조한 다음, 얼음 1킬로그램을 녹이는 데 필요한 음식 칼로리의 에너지 양을 계산하라.)

79. 특정 브랜드의 에폭시 접착제가 도포 전에 두 부피의 액체 에폭시 수지(밀도 2.25 g/mL)와 한 부피의 액체 경화제(밀도 0.94g/mL)를 혼합하여 사용한다. 에폭시 접착제를 부피가 아닌 질량으로 준비하려면 10.0 g의 수지에 몇 g의 경화제를 혼합해야 하는가?

80번, 81번 문제에서 번호가 매겨진 각 문장을 **(a)** 실험, **(b)** 가설, **(c)** 과학 법칙, **(d)** 관찰, **(e)** 이론으로 분류하라. (이 문제들을 풀기 위해 관련 과학을 이해할 필요는 없다.)

80. 1800년대 초, 기체 연구에서 많은 과학적 진보가 이루어졌다. (1) 예를 들어 Joseph Gay-Lussac은 수소와 산소를 반응시켜 수증기를 생성하고, 질소와 산소를 반응시켜 이산화 질소(N_2O) 또는 일산화 질소(NO)를 생성했다. Gay-Lussac은 수소와 산소가 2:1의 부피 비율로 반응하며, 질소와 산소가 생성물에 따라 2:1 또는 1:1의 부피 비율로 반응할 수 있다는 것을 발견했다. (2) 1808년 Gay-Lussac은 모든 기체를 동일한 온도와 압력에서 측정한다면 화학 반응에서 기체의 상대 부피는 작은 정수의 비율로 존재한다는 내용의 논문을 발표했다. (3) 1811년 Amedeo Avogadro는 동일한 온도와 압력에서 측정된 모든 기체의 동일한 부피는 동일한 수의 분자를 포함한다고 제안했다. (4) 세기 중반까지 Rudolf

Clausius, James Clerk Maxwell 등은 분자 운동의 관점에서 기체의 거동을 상세히 합리화했다.

81. 브롬산 칼륨은 밀가루로 만든 반죽에서 첨가물 역할을 한다. 밀가루에는 **글루텐**이라는 단백질이 들어 있다. 단백질은 긴 사슬로 연결된 아미노산 단위로 구성되어 있다. (1) 브롬산 칼륨을 첨가한 반죽은 더 잘 부풀어 올라 더 가볍고 부피가 큰 빵을 만든다. (2) 브롬산 칼륨은 글루텐과 단백질 분자의 티로신(아미노산) 단위를 산화시켜 반죽이 가스를 더 잘 유지할 수 있도록 작용한다. (3) 한 과학자는 브롬산 나트륨이 분리된 티로신 분자를 교차 연결하여 이합체(2개의 소단위로 이루어진 분자)를 형성할 수 있는지 궁금해한다. (4) 그녀는 티로신 용액에 브롬산 나트륨을 첨가한다. (5) 그녀는 침전물(용액에서 떨어지는 고체)이 형성되는 것을 확인한다.

82. 눈금이 표시된 원통의 무게가 88.32 g이고, 약 50 mL의 물을 넣으면 원통과 물의 무게는 137.29 g이다. 다음으로 약 50 mL의 부동액을 넣으면 원통과 내용물의 무게는 192.79 g이고, 현재 원통에는 91.1 mL의 액체가 들어 있는 것으로 확인되었다. 실린더의 내용물의 밀도(g/mL)는 얼마인가? (액체가 섞인 부피가 항상 첨가제가 되는 것은 아니다.)

83. 발사나무 블록($d = 0.11$ g/cm^3)이 7.6 cm × 7.6 cm × 94 cm이다. 이 블록의 질량은 그램 단위로 얼마인가?

84. (1) 1.21 m 체인, (2) 75 in 보드, (3) 3 ft, 5 in. 방울뱀, (4) 야드스틱을 길이가 긴 순서로(가장 짧은 것부터) 배열하라.

85. (1) 5 lb의 감자 한 봉지, (2) 1.65 kg의 양배추, (3) 2500 g의 당을 질량이 증가하는 순서로(가장 가벼운 것부터) 배열하라.

86. 다음 사진 속 인물 중 몸무게가 47.2 kg, 키가 1.53 m인 사람은 누구인가?

87. 부피가 3.29 cm^{3}인 금속 조각을 종이 위에 놓고 무게를 잰다. 결합된 질량은 18.43 g으로 밝혀졌고, 종이 자체의 무게는 1.21 g이다. 금속의 밀도를 계산하라.

88. 10.5 in.(26.7 cm) 철 프라이팬의 질량이 7.00 lb.(3180 g)이다. 부피는 세제곱센티미터 단위로 얼마인가(표 1.6 참조)?

89. 5.79 mg의 금 조각을 망치로 두드려서 44.6 cm^{2}의 면적으로 균일한 두께의 금박을 만들었다. 금박의 두께는 얼마인가(표 1.6 참조)?

90. 원통형 스테인리스 스틸($d = 7.48$ g/cm^3) 막대 한 묶음의 무게는 1850 kg이다. 각 막대의 길이는 6.1 m, 지름(직경)은 25.4 mm이다. 한 묶음에 몇 개의 막대가 들어 있는가? 원통의 부피는 $\pi r^2 h$이며, 여기서 r은 반지름, h는 높이를 나타낸다.

91. 한 변의 길이가 36.1 cm인 금 정육면체의 질량은 미터톤 단위로 얼마인가(1미터톤 = 1000 kg, 표 1.6 참조)?

92. 금색 금속 구슬의 질량이 425 g이고, 구슬의 부피가 48.0 cm^{3}이다. 주어진 밀도와 표 1.6의 밀도를 사용하여 청동($d = 9.87$ g/cm^3), 구리, 금, 니켈($d = 8.86$ g/cm^3)인 금속을 구분하라.

93. 행성의 밀도는 반지름과 추정 질량으로부터 근사치를 구할 수 있다. **(a)** 반지름이 약 7.0×10^4 km이고 질량이 1.9×10^{27} kg인 목성, **(b)** 반지름이 6.4×10^3 km이고 질량이 5.98×10^{24} kg인 지구, **(c)** 반지름이 5.82×10^4 km이고 질량이 5.68×10^{26} kg인 토성의 대략적인 평균 밀도를 세제곱센티미터당 그램으로 계산하라. 구의 부피는 $4\pi r^3/3$이며, 여기서 r은 반지름이다. 각 행성의 밀도는 물의 밀도와 어떻게 비교되는가?

94. 다음 그림은 외계 행성 HAT-P-1에 대한 구상도이다. 이 행성은 지구에서 450광년 떨어진 별의 궤도를 돌고 있다. 이 행성의 질량은 목성의 약 절반이고, 반지름은 목성의 약 1.38배이다(93번 문제 참조). HAT-P-1의 대략적인 평균 밀도를 세제곱센티미터당 그램 단위로 계산하라. 이 밀도는 물의 밀도와 어떻게 비교되는가?

95. 녹색 화학을 정의하라.

96. 녹색 화학의 12가지 원칙 중 6가지를 나열하라.

97. 녹색 화학은 어떻게 위험을 줄이는가? (하나만 선택하라.)
   a. 위험과 노출을 줄여서
   b. 화학 물질 사용을 피해서
   c. 더 높은 단계로 노출을 늘려서
   d. 인적 오류를 줄여서

98. 녹색 화학을 구현하는 기업에서 녹색 화학이 비용을 절감할 수 있는 방법은 무엇인가?
   a. 비용 절감으로
   b. 에너지를 덜 사용해서
   c. 낭비를 줄여서
   d. 앞의 보기 모두

 비판적 사고 문제

이 장에서 습득한 지식과 하나 이상의 FLaReS 원칙을 적용하여 다음 진술과 주장을 평가하라.

1.1 한 대체 의학자가 원자력 발전소는 측정할 수 없을 정도로 낮은 수준의 방사선을 방출하지만, 이 방사선이 갑상샘에 해롭다고 주장한다. 그는 갑상샘 추출물이 문제를 예방할 수 있다고 주장하며 이를 판매한다.

1.2 한 의사가 관절염 환자의 관절을 마사지하는 것만으로 관절염을 치료할 수 있다고 주장한다. 환자의 전폭적인 신뢰만 있다면 1년 안에 관절염을 치료할 수 있다고 한다. 그녀의 환자 중 몇몇은 이 의사가 관절염을 치료했다고 증언했다.

1.3 벨연구소의 독일 물리학자 Jan Hendrik Schön은 2001년에 분자 크기의 트랜지스터를 제작했다고 주장했다. 다른 과학자들은 그의 자료에 불규칙성이 있다고 지적했다. Schön의 실험과 유사한 실험을 시도했지만 비슷한 결과를 얻지 못했다.

1.4 티오메르살(thiomersal)이라는 수은 함유 보존제는 1930년대부터 1999년에 사용이 단계적으로 중단될 때까지 백신의 박테리아 및 곰팡이 오염을 방지하기 위해 사용되었다. 미국에서는 이 백신이 자폐증을 유발한다는 우려가 널리 퍼졌다. 영국에서는 동일한 보존제가 함유된 백신을 사용했지만 그러한 우려는 없었다. 이 우려가 타당한가?

1.5 한 여성이 신약 성경을 외웠다고 주장한다. 그녀는 책의 모든 장을 전적으로 기억에서 인용하겠다고 제안한다.

1.6 모든 태양염 결정체 봉지에는 “화학 물질이나 첨가제 없음”이라는 문구가 적혀 있다.

 협업 과제

파워포인트, 포스터, 기타 프레젠테이션을 준비하여 수업에서 공유하라.

1. 다음 중 하나에 대한 간단한 전기 보고서를 준비하라.

- **a.** Frederick Sanger
- **b.** Rachel Carson
- **c.** Albert Einstein
- **d.** George Washington Carver

다음 과제는 4명이 팀을 이루어 수행하는 것이 가장 좋다.

2. 다음 양식의 복사본을 만들라. 학생 1은 양식의 첫 번째 열에 있는 목록과 두 번째 열에 있는 단어의 정의를 쓴다. 그런 다음 첫 번째 열을 아래로 접어 단어를 숨기고 학생 2에게 시트를 전달한다. 학생 2는 어떤 단어가 정의되었는지 확인하고 세 번째 열에 해당 단어를 배치한다. 그런 다음 학생 2는 두 번째 열을 아래로 접어 숨기고 학생 3에게 시트를 전달한다. 학생 3은 세 번째 열에 단어의 정의를 쓴 다음 세 번째 열을 아래로 접어 학생 1에게 전달한다.

3. 학생 4는 학생 3이 제시한 정의에 해당하는 단어를 쓴다. 마지막 열에 있는 단어와 첫 번째 열에 있는 단어를 비교한다. 두 정의의 차이점에 대해 토론하라. 마지막 열의 단어가 첫 번째 열의 단어와 다른 경우, 그 과정에서 다음 중 무엇이 잘못되었는지 결정하라.

- **a.** 가설
- **b.** 이론
- **c.** 혼합물
- **d.** 순물질

텍스트 항목	학생 1	학생 2	학생 3	학생 4
단어	정의	단어	정의	단어

실험 과제 무지개 밀도 기둥

준비물

- 다크 콘 시럽 1/4컵
- 식기세척액 1/4컵
- 물 1/4컵
- 식물성 기름(오일) 1/4컵
- 소독용 알코올 1/4컵
- 키가 큰 12온스 투명 유리잔 또는 투명 플라스틱컵 1개
- 식용 색소
- 계량컵

물잔에 얼음 조각을 떨어뜨리면 어떻게 될까? 얼음이 떠오른다는 것은 누구나 알고 있지만, 왜 그럴까? 간단한 답은 밀도이다.

물과 얼음은 같은 물질로 만들어졌지만, 밀도가 서로 다르다. 밀도는 어떤 물질의 질량과 부피의 비율을 측정한 값이다. 밀도 방정식(밀도 = 질량/부피)을 기억하자.

이 실험을 위해서는 부엌과 욕실 수납에서 찾을 수 있는 다양한 액체를 찾아야 한다. 어떤 액체의 밀도가 더 높거나 낮은지 알아내는 한 가지 방법은 무게를 재는 것이지만, 이 실험에서는 액체를 겹겹이 쌓아 올려 이러한 일반적인 가정용품의 밀도에 대해 알아보는 것이다.

실험을 시작하기 전에 소독용 알코올 1/4컵에 식용 색소(파란색 또는 녹색) 몇 방울을 넣고 물 1/4컵에 식용 색소(빨간색 또는 주황색)를 넣어 준비한다.

12온스 투명 유리잔을 준비한다(슬림한 유리잔이 가장 좋다). 유리잔의 측면에 시럽이 묻지 않도록 주의하면서 유리잔 바닥 중앙에 시럽을 붓는다. 유리잔의 6분의 1이 채워질 정도로 시럽을 충분히 따르자.

시럽을 넣은 후 유리잔을 살짝 기울여 같은 양의 식기세척액을 유리잔 옆면에 천천히 붓는다. 다음 액체를 천천히 따르도록 주의하자. 유리잔을 살짝 기울이고 유리잔 옆면을 따라 천천히 부으면서 먼저 색이 있는 물, 그다음 식물성 기름, 마지막으로 색이 있는 소독용 알코올을 차례로 넣는다.

실험문제

1. 액체가 분리되어 있는 이유를 설명하라.
2. 액체의 밀도와 유리잔 안에서 위치 사이의 관계를 알아낼 수 있는가?
3. 유리잔의 액체를 저어주고 층이 어떻게 되는지 관찰한다. 층이 섞여 있는가?
4. 몇 분 후에 변화를 느꼈는가? 왜 그런가?
5. 물질의 밀도를 아는 것이 유용한 이유는 무엇인가?

원자

2

2.1 원자: 고대 그리스인의 아이디어

2.2 과학 법칙: 질량 보존과 일정 성분비

2.3 John Dalton과 물질의 원자론

2.4 몰과 몰질량

2.5 Mendeleev와 주기율표

2.6 원자와 분자: 실존성과 중요성

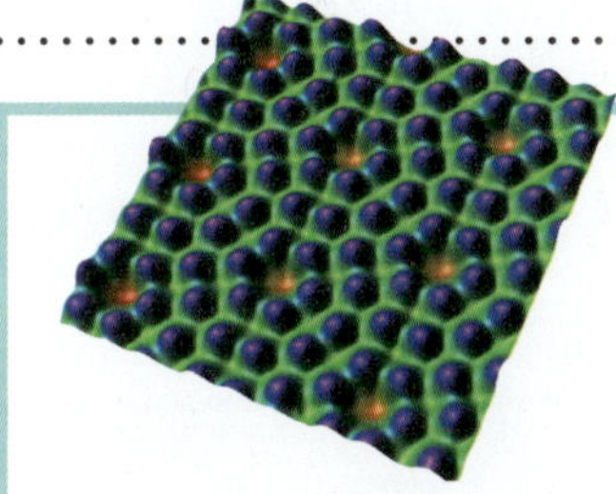

자동차, 냉장고, 프린터, 스마트폰, 태블릿 컴퓨터 등 모든 '첨단 기술' 기기의 중심에는 하나 이상의 집적 회로(IC 또는 칩)와 그 안에 실리콘 웨이퍼가 자리 잡고 있다. 전자기기에 사용되는 실리콘은 매우 순도가 높아야 하는데, 1950년대 초 띠정제가 개발되기 전까지는 이러한 전자기기를 제조할 수 없었다. 실리콘은 한 가지 종류의 원자로 이루어진 '원소'이다. IC를 만들기 위해서는 실리콘 원자 10억 개당 불순물 원자는 1개 정도만 존재해야 한다.

하지만 원자가 존재한다는 것을 어떻게 알 수 있는가? 가색 그림은 최근에 개발된 주사 터널링 현미경(STM)이라는 기술을 이용해 만든 것으로, 개별 실리콘 원자가 육각형으로 배열된 모습을 보여준다. 하지만 과학자들은 이미 200여 년 전에 물질의 거동으로부터 물질의 원자적 성질을 밝혀냈다. 이 장에서는 그 역사 중 일부를 살펴보고 원자의 성질에 대해 알아보겠다.

❓ 이 장과 관련된 궁금증

1. 원자란 무엇이며, 왜 우리는 원자에 관심을 가지는가?
2. 원자가 상상의 산물이 아니라는 것을 어떻게 알 수 있는가?
3. 유해 폐기물을 없애는 것이 어려운 이유는 무엇인가?
4. 빛은 원자로 이루어져 있는가?
5. 원소의 표를 '주기율표'라고 부르는 이유는 무엇인가?
6. 원자와 분자의 차이점은 무엇인가?

진짜인가? 우리는 원자에 관한 이야기를 거의 매일 듣는다. 20세기에 이른바 원자 시대가 시작되었다. '원자력, 원자 에너지, 원자 시계'라는 용어는 이제 일상적인 어휘의 일부가 되었다. 그런데 원자란 도대체 무엇인가?

여러분을 포함한 세상의 모든 물질은 원자로 구성되어 있으며 원자는 물질의 거동을 결정한다. 화학은 물질의 거동을 연구하는 학문이기 때문에, 화학을 공부하는 사람은 모든 것이 어떻게 작동하는지를 파악하기 위해 원자를 이해해야 한다.

그렇다면 화학자들은 원자를 어떻게 정의하는가? 원자는 원소의 가장 작은 부분이면서 그 원소의 성질을 그대로 가지고 있다. 예를 들어 탄소 원자 하나를 실제로 볼 수 있다면 탄소 원자로만 이루어진 다이아몬드 덩어리 전체와 같은 방식으로 거동할 것이다.

원자들이 모두 똑같지는 않다. 각 원소에는 고유한 종류의 원자가 있다. 지구상에는 자연적으로 존재하는 원소가 약 90개 있다. 과학자들은 20개 이상을 더 합성했었다. 우리가 아는 한, 우주 전체는 이 동일한 몇 가지 원소들로 이루어져 있다.

그렇다면 원자는 얼마나 작은가? 사람의 눈으로 감지할 수 있는 가장 작은 물질 조각도 평생 셀 수 있는 것보다 더 많은 원자로 이루어져 있다. 예를 들어 크루거랜드나 캐나다 메이플리프 같은 1온스짜리 금화에는 금 원자가 거의 100,000,000,000,000,000,000,000(= 10^{23})개 들어 있다. 그림 2.1은 이러한 엄청나게 큰 숫자를 보다 쉽게 이해하도록 도와준다.

1 원자란 무엇이며, 왜 우리는 원자에 관심을 가지는가?

원자는 물질의 기본 구성 요소이며 모든 물질의 거동을 제어한다.

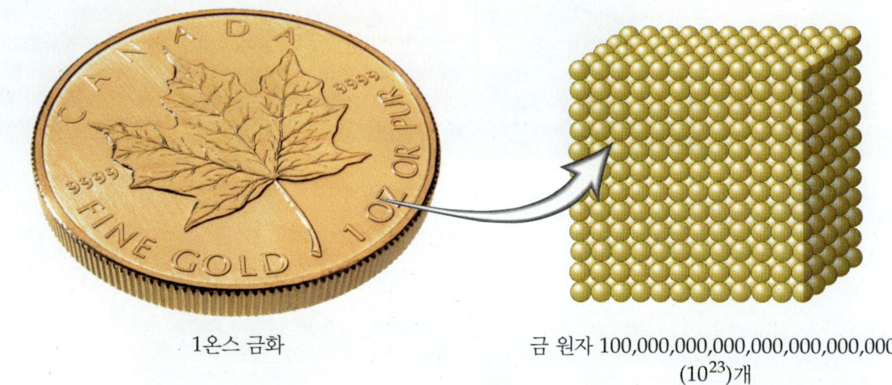

▲ **그림 2.1** 1온스 금화에 들어 있는 금 원자 수만큼의 모래 알갱이가 있다면 해저를 포함한 지구 전체를 모래로 덮고도 남을 것이다.

2.1 원자: 고대 그리스인의 아이디어

학습 목표 • 물질의 특성에 대한 고대 그리스인의 생각을 설명한다.

고대 그리스 철학자들은 지구를 공기, 물, 흙, 불이라는 네 가지 주요 구성 요소, 즉 원소로 나눴다(그림 2.2). 물론 문자 그대로 지구를 나눈 것은 아니다. 이 철학자 중 Leucippus(기원전 5세기)와 그의 제자 Democritus(기원전 약 460~370)가 물 웅덩이를 바라보며 다음과 같은 상상을 했다고 생각해보자. 웅덩이의 물이 여러 방울로 나뉘고, 각 방울이 더 작고 작은 방울로 나뉘고, 결국 보이지 않을 만큼 작아졌다. 물은 무한히 나눌 수 있을까? 결국에는 한 방울 혹은 입자가 남고, 이것을 나누면 더 이상 물이 아닐까?

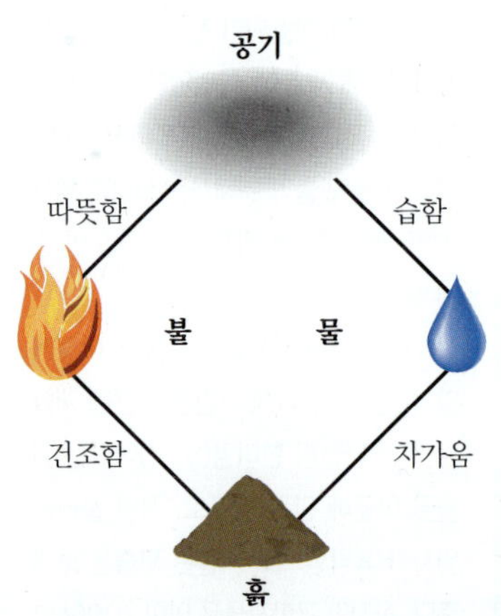

▲ **그림 2.2** 물질에 대한 그리스인의 관점은 네 가지 '원리'로 연결된 네 가지 원소(진한 글씨)만이 존재한다는 것이었다. 중국인들은 흙의 구성 요소를 목재와 금속으로 더 세분화했다.

Leucippus는 궁극적으로 더 이상 나눌 수 없는 작은 물 입자가 있을 것이라고 추론했다. 결국 멀리서 보면 해변의 모래는 연속적으로 보이지만, 자세히 살펴보면 작은 알갱이로 이루어져

◀ **그림 2.3** 모래사장

Q 해변을 멀리서 보면 모래가 무한히 나뉠 수 있게 연속적으로 보인다. 정말 연속적일까? 달리는 차에서 보면 도로 포장이 연속적으로 보이는데, 이런 인식이 맞는 걸까? 물은 가까이서 보더라도 연속적으로 보인다. 정말 연속적일까? 구름은 연속적일까? 공기는 연속적일까?

있다는 것을 알 수 있다(그림 2.3).

Democritus는 Leucippus의 아이디어를 확장했다. 그는 입자를 **아토모스**(atomos, "자를 수 없다"라는 뜻)라고 불렀는데, 여기서 현대의 **원자**라는 이름이 유래했다. Democritus는 각 종류의 원자는 모양과 크기가 서로 다르다고 생각했다(그림 2.4). 그는 다양한 종류의 원자가 혼합된 것이 실제 물질이라고 생각했다.

Democritus에게는 불행한 일이지만, 그리스의 유명한 철학자 Aristotle(기원전 약 384~322)는 물질이 **불연속적**(나눌 수 없는 작은 입자로 구성됨)이 아니라 **연속적**(무한히 나눌 수 있음)이라고 선언했다. 당시 사람들은 어떤 견해가 옳은지 판단할 방법이 없었다. 대부분의 사람들에게는 Aristotle의 연속적인 물질 관점이 더 논리적이고 합리적으로 보였다. 또한 Aristotle는 여러 분야에서 권위자로 여겨졌고, 권위자의 생각은 '아무나'의 생각보다 훨씬 더 쉽게 받아들여졌다. 따라서 이 견해는 잘못된 것이었음에도 불구하고 약 2000년 동안 널리 받아들여졌다.

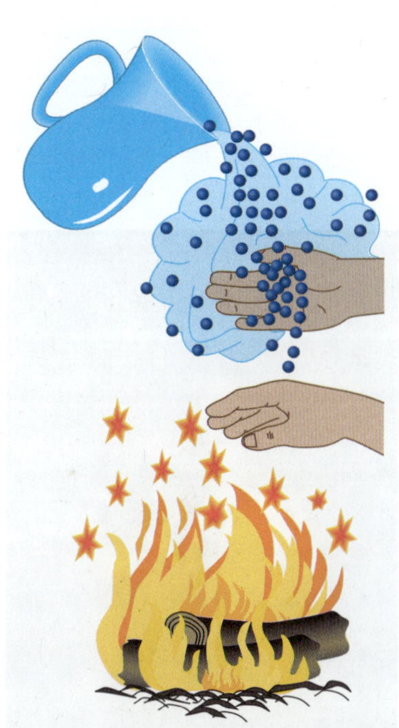

▲ **그림 2.4** Democritus는 물의 '원자'는 매끄럽고 둥근 공이고, 불의 원자는 날카로운 모서리를 가지고 있을 것이라고 상상했다.

자가평가문제

1. **불연속**과 **연속**이라는 특성이 거시적(육안으로 볼 수 있는) 수준에서 물질에 어떻게 적용되는지 생각해보라. 다음 중 연속적인 것으로 가장 잘 설명되는 것은 무엇인가?

a. 커피(음료)
b. 커피 원두 한 봉지
c. 잎 더미
d. 타일 바닥

2. 물질이 원자가 아닌 연속적이라는 견해가 수세기 동안 널리 퍼진 이유는 무엇인가?

a. 실제로 맞아서
b. 이해하기 쉬워서
c. 잘못된 실험으로 검증되어서
d. Democritus가 제안해서

정답: 1. a, 2. b

2.2 과학 법칙: 질량 보존과 일정 성분비

학습 목표
- 질량 보존 법칙과 일정 성분비 법칙의 중요성에 대해 서술한다.
- 화합물의 성분으로부터 원소의 양을 계산한다.

화학 물질에 대한 많은 실용적인 지식은 수 세기에 걸친 연금술사들의 업적에서 비롯되었다. 그러나 1700년대에 시작된 계몽주의 시대까지는 원자와 원자론에 대한 이해에 큰 진전이 없었다. 이 시기에는 다채롭고 열정적이며 대부분 자비로 연구하던 과학 '애호가'들이 기체를 연구하고 정량적 방법을 개발했다. 이런 방법들을 통해 오늘날 우리가 알고 있는 현대 화학이 시작되었다.

특히 Robert Boyle(아일랜드, 1627~1691)로 거슬러 올라갈 필요가 있는데, Boyle은 1661년에 《회의론적 화학자》를 출간했다. Boyle은 기체를 연구한 뒤 원소가 다양한 유형과 크기의 '미립자(원자)'로 구성되어 있고, 이 원자들이 서로 모여 여러 가지 화학 물질을 만들 수 있다고 제안했다. 그는 또한 화합물과 혼합물을 구분했다. Boyle은 어떤 물질이 더 단순한 물질로 분해될 수 있다면 그 물질은 원소가 아니라고 주장했다.

Boyle의 연구는 Joseph Black(프랑스와 스코틀랜드, 1728~1799)의 후속 연구로 이어져, Black은 공기가 단일 물질이 아니라 혼합물이라는 것을 증명했다. 이 개념을 Joseph Priestley(영국, 1733~1804)와 Carl Scheele(스웨덴, 1742~1786)가 이어받아, 두 사람은 거의 같은 시기에 산소를 발견했다. Scheele가 먼저 발견하기는 했지만, Priestley가 Scheele보다 먼저 자신의 발견을 공식적으로 발표했다는 증거가 있다. 이메일과 인터넷이 없던 시절에는 정보의 흐름이 매우 느리기 때문에 정확한 발견 연대를 정하기 어려웠다. Priestley가 특별히 이론에 강하지는 않았지만, 훌륭한 실험가였으며 새로운 기체 9개를 추가로 발견했다는 점은 주목할 만하다.

▲ Lavoisier는 많은 사람이 현대 화학의 아버지로 여긴다. 1788년에 Jacques Louis David가 그린 그림에서 Lavoisier가 아내 Marie와 함께 있는 모습을 볼 수 있다. Marie는 그 자신도 매우 뛰어난 과학자였다.

Priestley와 동시대 인물인 Henry Cavendish(영국, 1731~1810)는 꼼꼼한 사람이었지만 수줍음이 너무 많고 발표가 늦어, 그의 연구는 제대로 인정받지 못했다. 하지만 Cavendish는 정확성에 관심을 기울여 정량적인 방법들을 개발했고, 그 방법으로 물에서 수소와 산소가 2:1의 부피 비율로 존재한다는 것을 2% 이내의 오차로 입증했다.

선행 연구들을 바탕으로, Antoine-Laurent Lavoisier(프랑스, 1743~1794)는 반응 전후에 존재하는 모든 물질의 질량을 최초로 측정하여 물질이 **보존된다**는, 즉 그 양이 일정하게 유지된다는 사실을 발견했다. 그는 또한 이 결과의 의미를 현대적 용어로 올바르게 해석한 최초의 사람이기도 하다. 그래서 Lavoisier를 현대 화학의 아버지라고 부르는 사람들도 있다. 역사적 반전으로, 낮에는 세금 징수원이었던 Lavoisier가 프랑스 혁명 중에 처형당하고 있을 때, Joseph Priestley는 미국으로 망명길에 올라 바다 위에 있었다. 이미 Benjamin Franklin의 친구였던 Priestley는 펜실베니아에 정착했다.

화학은 수많은 동시대 사람들의 집단적 성취였지만 반드시 협력적인 것은 아니었다. 화학의 시대는 오직 개념의 발전과 그 발전을 문서로 소통하는 것에 의해 가능했다. 간단히 말해, 과학자들은 항상 그들보다 앞서 온 사람들의 지식을 바탕으로 지식을 쌓아왔다.

2 원자가 상상의 산물이 아니라는 것을 어떻게 알 수 있는가?

물질에 '가장 작은 입자'가 없다면 질량 보존 법칙, 일정 성분비 법칙, 배수 비율 법칙을 설명하기가 거의 불가능할 것이다. 원자론은 이러한 법칙과 다른 많은 법칙을 간단히 설명한다.

질량 보존 법칙

Lavoisier는 자신의 발견을 **질량 보존 법칙**(law of conservation of mass)으로 요약했는데, 화학 변화 중에 물질은 생성되지도 파괴되지도 않는다는 법칙이다(그림 2.5). 반응 생성물의 총 질량은 항상 반응물(출발 물질)의 총 질량과 같다. 화학 반응에 대해서는 4장부터 더 자세히

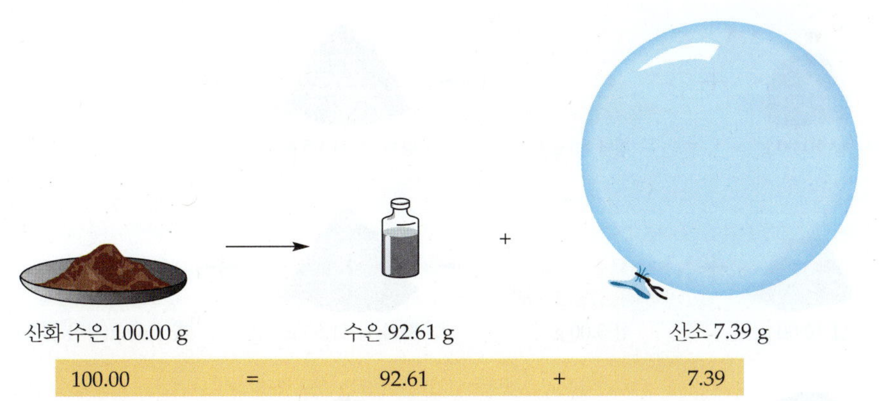

◀ **그림 2.5** 붉은 고체인 산화 수은은 수은(은색 액체)이나 산소(무색 기체)의 성질을 전혀 가지고 있지 않지만, 산화 수은 100.00 g을 가열해서 분해하면 생성물은 수은 92.61 g과 산소 7.39 g이 된다. 이 반응에서 성질은 완전히 바뀌지만 질량에는 변화가 없다.

Q 산화 수은 20.00 g이 분해되면 산소 1.478 g이 생성된다. 생성된 수은의 질량은 얼마인가?

설명하겠다. 지금은 몇 가지 간단한 예와 논의를 통해 질량 보존을 설명한다.

질량 보존 법칙은 많은 화학 계산의 기초가 되는 법칙이다. 무에서 유를 창조할 수 없기 때문에, 원자의 결합 방식을 바꿔야만 새로운 물질을 만들 수 있다. 예를 들어 철광석에서 금속 철을 얻을 수 있는 것은 철광석에 철 원자가 포함되어 있기 때문이다. 또한 물질을 파괴하는 것만으로는 폐기물을 없앨 수 없다. 우리는 폐기물을 어디로 치우거나 그 형태를 더 좋은 것으로 바꿔야 한다. 이처럼 물질을 한 형태에서 다른 형태로 바꾸는 것이 화학의 핵심이다.

일정 성분비 법칙

18세기 말, Lavoisier와 다른 과학자들은 많은 물질이 2개 이상의 원소로 구성된 화합물이라는 사실에 주목했다. 각 화합물은 그것이 어디에서 왔든, 누가 만들었든 관계없이 동일한 비율로 동일한 원소를 가지고 있었다. 이러한 관찰의 보편 타당성을 대부분의 화학자들이 확신하게 된 것은 Joseph Louis Proust(프랑스, 1754~1826)의 공들인 연구 덕분이다. 예를 들어 어떤 일련의 실험에서 Proust는 염기성 탄산 구리라는 화합물이 항상 질량 기준으로 구리 57.48%, 탄소 5.43%, 수소 0.91%, 산소 36.18%로 구성되어 있음을 발견했다. 실험실에서 만든 화합물이든 자연에서 얻은 화합물이든 상관없이 이 구성은 동일했다(그림 2.6).

이 실험과 다른 많은 실험을 요약하기 위해 Proust는 1799년에 새로운 과학 법칙을 정립했다. **일정 성분비 법칙**(law of definite proportions)은 한 화합물은 항상 일정한 비율로는 같은 원소를 포함하고 다른 비율로는 포함하지 않는다는 법칙이다. 이 법칙으로 Cavendish의 실험에서 물의 수소 대 산소의 비율이 2:1이라는 것을 설명할 수 있고, 이것은 이론이 실험 데이터

(a)

(b)

(c)

▲ **그림 2.6** (a) '염기성 탄산 구리'로 알려진 화합물은 화학식이 $Cu_2(OH)_2CO_3$이며 자연에서 '공작석'이라는 광물로 존재한다. (b) 이 화합물은 구리 지붕에 푸른 녹이 생성된다. (c) 이 화합물을 실험실에서 합성할 수도 있다. 어디에서 얻었든 염기성 탄산 구리는 항상 동일한 조성이다. 이 화합물의 분석을 통해 Proust는 일정 성분비 법칙을 정립했다.

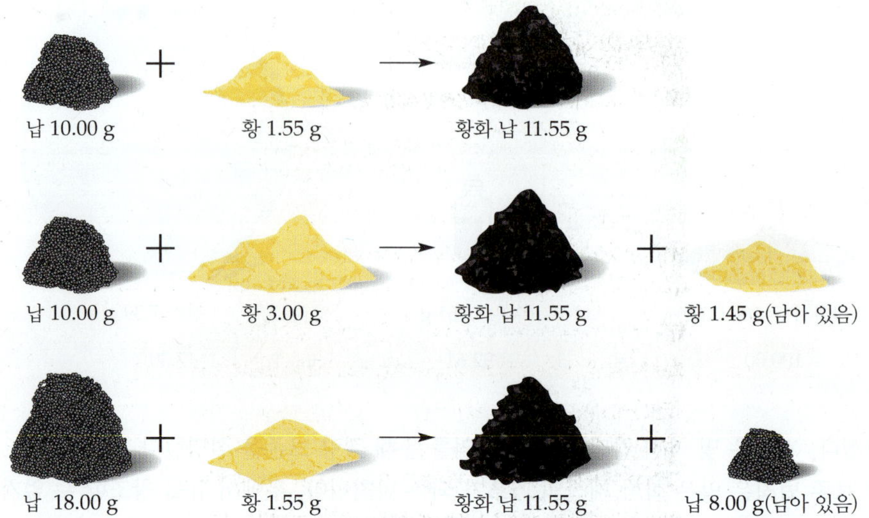

▶ **그림 2.7** Berzelius의 실험이 일정 성분비 법칙을 어떻게 설명하는지 보여주는 예

Q 황 3.10 g과 완전히 반응하는 납의 질량은 얼마인가? 생성되는 황화 납의 질량은 얼마인가?

를 따라잡은 예이다. 앞으로 다루겠지만, 다른 경우에는 실험을 통해 이론을 확인하는 경우도 있다.

Jöns Jakob Berzelius(스웨덴, 1779~1848)는 내과 의사였다(그리고 건강염려증 환자였을 수도 있다). 그는 여가 시간에 그림 2.7에 나온 것과 매우 유사한 실험을 수행했다. 이 실험에서 정해진 양의 납(회색을 띤 부드러운 금속)을 다양한 양의 황(노란색 고체)과 함께 가열하여 황화 납(반짝이는 검은색 고체)을 만들었다. 여분의 황은 이황화 탄소로 씻어 냈는데, 황은 이황화 탄소에 녹지만 황화 납은 녹지 않는다. 납 10.00 g에 황을 최소 1.55 g 사용하는 한, Berzelius는 항상 정확히 황화 납 11.55 g을 얻었다. 1.55 g을 초과하는 황은 반응하지 않고 남았다. 황 1.55 g에 납을 10.00 g 이상 사용한 경우에 황화 납 11.55 g을 얻었고 약간의 납이 남았다.

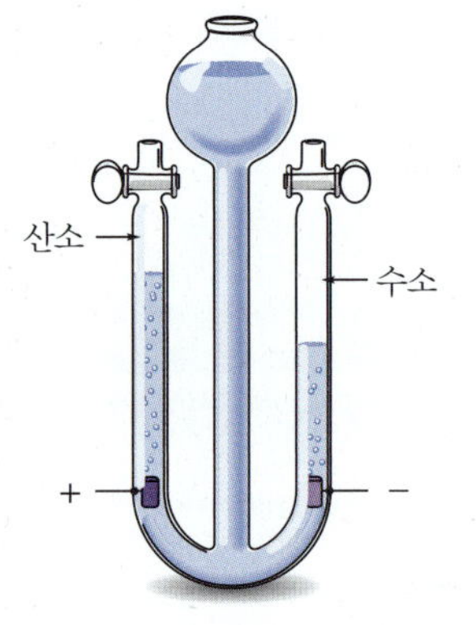

▲ **그림 2.8** 물의 전기분해. 수소와 산소는 항상 2:1의 부피 비율로 생산된다.

Q 전기분해로 24세제곱피트(0.68 m^3)의 수소 기체가 생산된다면 산소 기체는 얼마나 생산되는가?

Cavendish가 물에서 수소와 산소 비율을 2:1로 제시한 것은 부피 비율(그림 2.8과 유사한 장치를 사용)이었고 Berzelius의 실험은 질량 비율이었지만, 둘 다 일정 성분비 법칙을 입증했다. 이 과학 법칙으로 인해 화학이 급속히 발전했고, 고대 그리스의 물이 원소라는 개념은 치명상을 입었다. 또한 면밀히 수집된 방대한 양의 자료가 Dalton의 원자론과 같은 다른 이론을 검증하는 데 사용할 수 있는 지식의 보고가 되었다는 것도 주목할 필요가 있다.

일정 성분비 법칙은 물을 H_2O로 나타내는 것과 같은 화학식(4장)의 기초가 된다. 일정한 성분은 또한 물질이 일정한 성질을 가지고 있다는 것을 의미한다. 순수한 물은 항상 염이나 당을 녹이고, 정상 압력에서 항상 0 ℃에서 얼고 100 ℃에서 끓는다.

자가평가문제

1. 밀폐된 용기에서 화학적 변화가 발생하는 경우 용기와 내용물의 질량은 어떻게 되는가?
   a. 증가한다.
   b. 감소한다.
   c. 변하지 않는다.
   d. 예측할 수 없다.
2. 순수한 형태의 탄소인 다이아몬드를 산소 대기에서 연소시키면 각 탄소 원자는 산소 원자 2개와 결합한다. 다이아몬드 2.000 g(10.00캐럿)을 산소 6.000 g만 있는 밀폐된 용기에서 연소시킨다면 연소 후 용기의 내용물의 질량은 얼마인가?
   a. 2.000 g **b.** 6.000 g
   c. 8.000 g **d.** 불확실
3. 고대 그리스인은 물을 원소라고 생각했다. 1800년 William Nicholson과 Anthony Carlisle은 물을 수소와 산소로 분해했

다. 그들의 실험이 증명한 사실은 무엇인가?

a. 전기는 분해를 일으킨다.
b. 그리스인이 옳았다.
c. 수소와 산소는 원소이다.
d. 물은 원소가 아니다.

4. 짐과 제인은 옷을 좋아하는 부부이다. 그래서 짐은 새 모자를 살 때마다 장갑도 구입하고, 제인은 새 지갑을 살 때마다 신발도 구입한다. 모자와 장갑, 지갑과 신발의 2:1 비율과 유사한 것은 무엇인가?

a. Dalton의 원자론 **b.** Democritus의 원자론
c. 일정 성분비 법칙 **d.** 질량 보존 법칙

5. 물(고체[얼음], 액체, 기체[수증기])의 구성은 항상 질량 기준으로 88.81%의 산소와 11.19%의 수소를 생성한다. 이로부터 설명할 수 있는 것은 무엇인가?

a. Boyle의 기체 법칙 **b.** Democritus의 원자론
c. 일정 성분비 법칙 **d.** 질량 보존 법칙

6. Joseph Louis Gay-Lussac(프랑스, 1778~1850)과 친구인 Alexander von Humboldt(독일, 1769~1859)는 산소와 수소 기체의 혼합물에 전기 스파크를 통과시켜 수증기를 만들어냈다. 그들은 실험에서 항상 산소보다 정확히 2배의 수소가 필요하다는 사실을 발견했다. 이 발견을 가장 잘 설명하는 것은 무엇인가?

a. Boyle의 기체 법칙 **b.** 수익률 감소 법칙
c. 일정 성분비 법칙 **d.** 질량 보존 법칙

7. 탄소 60.0 g이 산소 160.0 g에서 연소하면 이산화 탄소 220.0 g이 생성된다. 탄소 60.0 g이 산소 750.0 g에서 연소되면 생성되는 이산화 탄소의 질량은 얼마인가?

a. 60.0 g **b.** 160.0 g
c. 220.0 g **d.** 810.0 g

정답: 1. c, 2. c, 3. d, 4. c, 5. c, 6. c, 7. c

2.3 John Dalton과 물질의 원자론

학습 목표 • 물질이 원자로 이루어져 있다는 개념이 이론인 이유를 설명한다.
• 원자론이 배수 비율 법칙과 질량 보존 법칙을 어떻게 설명하는지 서술한다.

John Dalton(영국, 1766~1844)이 원자의 개념을 처음 고안한 것은 아니다. 이 영광은 Democritus와 같은 그리스 철학자들에게 돌아간다. 그러나 그리스 철학자들은 실험 데이터에 얽매이지 않았다. 따라서 그들의 원자 모형은 놀랍도록 창의적이면서도 완벽하게 부정확했다. 예를 들어 식초는 뾰족한 원자로 구성되어 있고 올리브유는 매끄러운 원자로 만들어졌다고 믿었다. 앞서 언급한 Boyle과 같은 Dalton 이전의 과학자들도 물질의 입자적 성질에 대해 저술했지만, Dalton이 공헌한 바는 원자의 개념을 일정 성분비 법칙이라는 틀 안에 정립했다는 점이다. 그는 변하지 않는 비율은 물질이 원자로 구성되어 있기 때문이라고 말했다.

▲ John Dalton은 원자론을 개발하는 것 외에도 기체의 거동에 대한 중요한 연구를 수행했다. 그가 과학에 기여한 모든 업적은 그가 색맹이라는 사실에도 불구하고 이루어졌다.

Dalton은 연구를 계속하면서 자신의 이론으로 설명해야 할 또 다른 법칙을 발견했다. Proust는 화합물에는 특정 비율의 원소가 그 비율로만 포함되어 있다고 말한 바 있다. Dalton의 새로운 법칙은 **배수 비율 법칙**(law of multiple proportions, 또는 배수 비례 법칙)인데, 원소들이 두 가지 이상의 비율로 결합할 수도 있으며 각각의 비율은 다른 화합물에 해당한다는 것이다. 예를 들어 탄소는 1.00:2.66(또는 3.00:8.00)의 질량비로 산소와 결합하여 이산화 탄소를 생성하는데, 이 기체는 석탄이나 목재 연소와 호흡의 생성물이다. 그러나 Dalton은 탄소가 1.00:1.33(또는 3.00:4.00)의 질량비로도 산소와 결합하여 일산화 탄소를 생성한다는 사실을 발견했다. 일산화 탄소는 공기 공급이 제한된 상태에서 연료가 연소할 때 발생하는 유독 가스이다. 요컨대 같은 원소가 다른 비율로 결합하면 그들이 생성하는 화합물들은 매우 다른 성질을 갖게 된다. 배수 비율 법칙은 또한 동일한 두 원소로 만든 두 가지(또는 그 이상) 다른 화합물의 경우에 원소의 비율이 일정한 고정된 규칙성을 따른다는 것을 말해주었다.

Dalton은 자신의 **원자론**(atomic theory)을 사용하여 다양한 법칙을 설명했다. 표 2.1에 Dalton의 원자론의 중요한 요점들이 나열되어 있으며, 나중에 살펴볼 몇 가지 현대적 수정 사항들도 포함되어 있다.

3 유해 폐기물을 없애는 것이 어려운 이유는 무엇인가?

화합물 또는 혼합물인 유해 폐기물은 다른 화합물 또는 혼합물로 전환될 수 있지만, 해당 화합물 또는 혼합물의 원소는 여전히 존재하며 유해할 수 있다. 예를 들어 산화 비소가 포함된 살충제는 비소와 산소 원소로 분해될 수 있지만, 비소 원소는 독성이 있고 다른 원소로 분해될 수 없다.

표 2.1 Dalton의 원자론과 수정 사항

Dalton의 원자론	현대적 수정 사항
1. 모든 물질은 원자라고 불리는 매우 작고 파괴되지 않는 입자로 이루어져 있다.	1. Dalton은 원자가 나누어지지 않는다고 가정했지만, 원자는 나누어질 수 있다(3장 참고).
2. 원소는 해당 원소에 고유한 단일 종류의 원자로 이루어져 있다.	2. Dalton은 주어진 원소의 모든 원자가 질량을 포함해 모든 면에서 동일하다고 가정했다. 아원자 수준의 미세한 차이 때문에 이는 틀린 것으로 밝혀졌다.
3. 화합물은 서로 다른 원소의 원자들이 일정한 비율로 결합할 때 생성된다.	3. 수정되지 않음. 오늘날의 화학자들도 Dalton의 이론에 동의한다. 예를 들어 일산화 탄소는 탄소와 산소가 1:1의 비율로, 이산화 탄소는 2:1의 비율로 결합한다.
4. 화학 반응은 원자의 재배열을 수반하지만, 원자를 깨뜨리거나 파괴하거나 새로 만드는 일은 없다.	4. 화학 반응에 대해서는 수정되지 않음(5장 참고). 하지만 핵 반응에서는 성립하지 않는다(11장 참고).

원자론을 이용한 설명

Dalton의 이론은 원소와 화합물의 차이를 명확하게 설명한다. **원소**는 한 종류의 원자로만 구성된다. 예를 들어 인 원소의 시료에는 인 원자만 포함되어 있다. **화합물**은 두 종류 이상의 원자가 화학적으로 일정한 비율로 결합된 것이다(종류가 정확히 무엇을 의미하는지는 3.5절에서 다룰 것이다). 예를 들어 화합물인 물에는 수소 원자와 산소 원자가 2:1의 고정 비율로 모두 포함되어 있다.

이 시점에서 우리는 분자의 개념을 정식으로 도입해야 한다. 가장 간단한 용어로, 분자는 2개 이상의 원자가 고정된 비율로 결합된 것을 말한다. 산소(O_2)나 수소(H_2)와 같이 일부 원소는 자연에 분자로 존재한다. 다른 분자 물질은 화합물인데, 서로 다른 원소의 원자 2개 이상이 결합할 때 생성된다. 물(H_2O)은 산소와 수소 원자가 결합한 것이고, 설탕(슈크로스)은 탄소, 수소, 산소 원자가 12:22:11의 비율로 결합해 $C_{12}H_{22}O_{11}$의 화학식을 가진다. 화학 반응은 단순히 분자의 분해와 생성을 통해 원자를 재배열하는 것이다.

그림 2.9는 원자론을 일정 성분비 법칙에 어떻게 적용할 수 있는지 보여준다. 이 그림은 물이 수소 원자 2개와 산소 원자 1개, 즉 수소와 산소가 2:1이라는 정해진 비율로 결합하여 생성된다는 것을 보여준다. 화살표는 "생성한다" 또는 "만든다"라고 읽는다. 또한 반응하지 않은 산소 원자가 여전히 존재한다는(남았다는) 점에 유의하자. 즉 화살표의 양쪽에 있는 수소와 산소 원자의 전체 개수는 동일하다. 따라서 이 그림은 (화살표로 구분된) 오른쪽과 왼쪽이 모두 같은 질량을 가지므로 원자론이 질량 보존 법칙을 지킨다는 것을 보여준다.

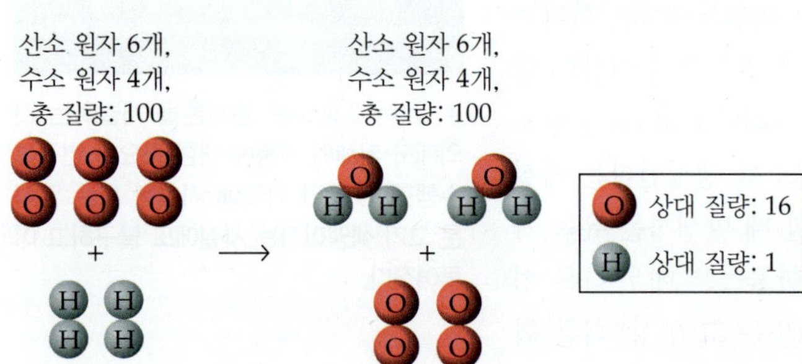

▲ **그림 2.9** 일정 성분비 법칙과 질량 보존 법칙을 Dalton의 원자론으로 해석한 것이다.

Q 이원자 산소(O_2) 분자 10개와 이원자 수소(H_2) 분자 28개가 반응하면 물(H_2O) 분자가 몇 개 생성될 수 있는가? 어떤 원소가 남는가? 남은 원소의 분자는 몇 개인가?

Dalton의 원자론과 이를 일정 성분비 법칙에 적용한 것에서 핵심 부분은 각 원소가 하나의 고유한 무게를 가진 원자로 구성되어 있다는 개념이었다. 현대에 이르러 무게의 개념은 **상대 원자 질량**(relative atomic mass) 또는 간단히 **원자 질량**(atomic mass)으로 대체되었다. 이 책의 앞표지에는 원자 질량의 표가 있다. Dalton의 원자론이 질량 보존 법칙과 일정 성분비 법칙을 어떻게 설명하는지 보여주는 몇 가지 예와 또 다른 예에서도 이 현대의 값을 사용할 것이다.

표 2.2 배수 비율 법칙

화합물	표시[a]	O의 1.000 g당 N의 질량	N의 질량의 비[b]
산화 이질소		1.750 g	(1.750 ÷ 0.4375) = 4.000
일산화 질소		0.8750 g	(0.8750 ÷ 0.4375) = 2.000
이산화 질소		0.4375 g	(0.4375 ÷ 0.4375) = 1.000

[a] = 질소 원자, = 산소 원자
[b] 산소의 일정한 질량과 결합하는 질소의 질량의 비율은 세번째 열의 각 값을 가장 작은 값(0.4375 g)으로 나누어 구할 수 있다.

마지막으로 원자론은 배수 비율 법칙을 설명한다. 예를 들어 탄소 1.00 g이 산소 1.33 g과 결합하여 일산화 탄소를 생성하거나 산소 2.66 g과 결합하여 이산화 탄소를 생성한다. 배수 비율 법칙에 따르면 이 예에서 이산화 탄소 속 산소의 질량(2.66 g)과 일산화 탄소 속 산소의 질량(1.33 g)의 비율은 2.66 g/1.33 g = 2이라는 작은 정수가 된다. 이렇게 되는 이유는 이산화 탄소에서 탄소 1 g당 산소의 질량이 일산화 탄소보다 2배이기 때문이다. 또 이것은 탄소 원자 1개가 산소 원자 1개와 결합하면 일산화 탄소가 되고, 탄소 원자 1개가 산소 원자 2개와 결합하면 이산화 탄소가 되기 때문이다.

현대의 값을 사용하여 산소 원자에는 16.0의 상대 질량을, 탄소 원자에는 12.0의 상대 질량을 할당한다. 탄소 원자 1개가 산소 원자 1개와 결합하면(일산화 탄소) 탄소 12.0 대 산소 16.0, 즉 3.00:4.00의 질량비를 의미한다. 탄소 원자 1개가 산소 원자 2개와 결합하면(이산화 탄소) 탄소 12.0 대 산소 2 × 16.0 = 32.0, 즉 3.00:8.00의 질량비를 가진다. 모든 산소 원자의 평균 질량이 같고 모든 탄소 원자의 평균 질량이 같기 때문에, 이산화 탄소 속의 산소와 일산화 탄소 속의 산소의 비율은 8.00 대 4.00, 즉 2:1이다. 동일한 두 원소로 구성된 다른 화합물에도 동일한 법칙이 적용된다. 표 2.2는 질소와 산소를 포함하는 배수 비율 법칙의 또 다른 예를 보여준다.

왜 중요할까?

탄소(C) 원자 1개와 산소(O) 원자 2개를 가진 분자는 이산화 탄소(CO_2)인데, 우리가 숨을 내쉴 때 내뿜는 기체이자 청량음료의 '탄산'을 제공하는 기체이다. 약 −80 °C로 냉각되면 드라이아이스(그림)가 되어 배송 중 물품을 냉동 보관하는 데 사용된다. 하지만 산소(O) 원자가 하나 더 적은 분자는 치명적인 일산화 탄소, 즉 CO이다. 공기 중 CO가 0.2%만 있어도 사망에 이를 수 있다. 안타깝게도 대부분의 연료는 연소할 때 소량의 CO를 생성하므로, 밀폐된 차고에 자동차 엔진이 작동하는 채로 방치해서는 안 된다.

동위원소: 하나의 원소지만 질량이 다른 원자

3장에서는 위 논의에서 **평균**이라는 단어를 사용한 이유를 설명하는데, Dalton의 원자론 중 일부가 약간의 난관에 부딪혔기 때문이다. 앞서 언급했듯이 원소의 모든 원자가 같다는 Dalton의 두 번째 가정은 수정되었다.

한 원소의 원자는 서로 다른 질량을 가질 수 있으며, 이러한 원자를 **동위원소**(isotope)라고 한다. 예를 들어 대부분의 탄소 원자는 상대 원자 질량이 12(탄소-12)이지만, 탄소 원자의 1.1%는 상대 원자 질량이 13(탄소-13)이다. 원자는 더 작은 입자로 구성되어 있기 때문에 동위원소가 존재한다(3장 참조).

자기평가문제

1. 철에는 세 가지 다른 산화물이 있다. FeO, Fe_3O_4, Fe_2O_3에 고정된 철 질량에 대해 세 가지 산화물의 산소 질량은 6:8:9의 비율이다. 이는 다음 중 무엇을 나타내는가?

a. Avogadro의 법칙
b. 일정 구성 법칙
c. 배수 비율 법칙
d. 서부 법칙

2. Dalton의 원자론 중 현대의 발견으로 인해 수정되어야 했던 부분은 무엇인가?

a. 원자는 화학 반응을 통해 재배열된다.
b. 원자는 화학 반응을 통해 생성되지도 파괴되지도 않는다.
c. 화합물은 원자가 서로 다른 비율로 결합하여 생성된다.

d. 한 원소의 모든 원자는 정확히 같다.

3. 서로 다른 원소의 원자가 고정된 비율로 결합하면 무엇이 되는가?

a. 분자 **b.** 동위원소
c. 이온 **d.** 다원자 이온

4. 다음 중 배수 비율 법칙을 입증하는 데 사용할 수 있는 쌍은 무엇인가?

a. CoO와 Co_2O_3 **b.** MgS와 CaS
c. MgF_2와 CaF_2 **d.** NaCl과 KBr

정답: 1. c, 2. d, 3. a, 4. a

2.4 몰과 몰질량

학습 목표
- 몰이 무엇이며 어떻게 사용되는지 서술한다.
- 순물질의 질량과 몰 사이를 변환한다.

몰과 아보가드로수

몰이라는 현대적 개념을 사용하기 위해 이 시점에서 약간의 정리 작업이 필요하다. 우리는 처음에 원자가 얼마나 작은지 물어보고 놀랍도록 작다는 사실을 이야기했다. 그러나 이제는 훨씬 더 큰 질량, 즉 원소를 그램 단위로 이야기할 필요가 있다. 그 이유는 화학 실험실에서 원자 개수보다 그램 단위로 작업하는 것이 전반적으로 더 편하기 때문이다. 여기서 원소 *x*그램에 원자가 몇 개 있는지에 대한 질문이 나온다. 이 질문에 답하려면 동일한 존재를 극도로 작은 원자 규모와 더 실질적인 거시적 (그램) 눈금에서 모두 측정해야 한다.

현대의 과학 계측기를 이용해 이러한 측정을 할 수 있다. 실제로 현대의 계측기는 다이아몬드에서 탄소 원자 하나가 차지하는 공간을 측정할 수 있다. 대부분의 고체에서 원자가 고도로 정렬되어 있기 때문에 이런 측정이 가능하다. 다이아몬드에서 탄소 원자는 서로 같은 간격으로 떨어져 있다. 치수가 알려진 다이아몬드에 대해 그 다이아몬드에 포함된 탄소 원자의 수를 알 수 있다는 뜻이다. 또한 다이아몬드의 질량을 알면 원자 몇 개가 모여 이 질량을 이루는지도 알 수 있다.

이 방법을 사용하면 질량이 12.011 g인(왜 이 숫자가 사용되는지 잠시 후에 살펴본다) 다이아몬드는 탄소 원자 6.022×10^{23}개를 포함하고 있음을 확인할 수 있다. 원자 6.022×10^{23}개라는 양을 **아보가드로수**(Avogadro's number)라고 하며, 탄소 원자 6.022×10^{23}개는 탄소 1몰과 같다. 이 개념은 모든 원소에 적용되므로 어떤 원소의 원자 6.022×10^{23}개는 해당 원소 1**몰**(mole)과 같다.

아보가드로수는 매우 커서 비유를 통해 상상하는 것이 가장 좋다. 예를 들어 볼링공 1몰의 질량은 지구(1.314×10^{25} lb. 또는 5.972×10^{24} kg)보다 더 무겁다. 동전 1몰을 쌓으면 달에 닿을 것이다. 한 번이 아니라 1조 번 이상이다!

양계업자나 제빵사가 다스(dozen, 12)와 그로스(gross, 144)라는 용어를 사용하는 것처럼 화학자들은 몰이라는 개념을 사용한다. 하지만 화학자들은 12나 144가 아닌 6.022×10^{23}을 사용한다.

4 빛은 원자로 이루어져 있는가?

빛은 물질이 아니며 원자로 구성되어 있지 않다. 빛은 에너지의 한 형태이다. 에너지(화학 에너지, 전기 에너지, 원자력 에너지 포함)는 일을 할 수 있는 능력으로 정의된다. 12장에서 에너지에 대해 자세히 알아보겠다.

몰질량

그렇다면 원자 또는 분자 6.022×10^{23}개의 1몰 무게는 얼마일까? 앞서 설명한 것처럼 답은 원소에 따라(또는 분자의 경우 원소들에 따라) 달라진다. 또한 기준점으로 사용할 원소 하나를 선택해야 한다. 여기서 선택은 쉬웠는데, 바로 탄소였다. 탄소는 매우 흔하고, 지구상의 생명체 존재의 중심이며, 동위원소 구성이 매우 단순하다. 자연에서 발견되는 탄소 원자 100개 중

▲ **그림 2.10** 질량을 몰 및 분자(및 기타 물질의 구성 요소)와 연결하고 다시 되돌리는 과정에서 몰의 중심적인 역할이 강조된다. 원자 또는 분자의 수는 아보가드로수에 의해 몰로 변환된다. 원소 또는 화합물의 질량은 몰질량에 의해 몰로 변환된다. 즉 그림과 같이 몰은 원자(및 분자)의 수와 그 원자(및 분자)의 질량 사이를 이동하는 데 중추적인 역할을 한다.

Q 그림 2.10을 사용하여 헬륨 원자 1.807×10^{24}개의 질량을 구하라. 그림 2.10을 사용하여 다이아몬드 3 g에 들어 있는 탄소 원자의 수를 구하라.

거의 99개가 탄소-12 동위원소이다(동위원소에 대한 자세한 내용은 3장에서 확인할 수 있다). 순수한 탄소-12 동위원소 1몰, 즉 원자 6.022×10^{23}개는 정확히 12.0000그램의 질량을 가지고 있다. 따라서 탄소-12의 **몰질량**(molar mass, 1몰의 질량)은 12.0000그램이다. 시료의 질량과 그 시료에 있는 원자 또는 분자의 수는 몰 개념을 사용하여 서로 연관시킬 수 있다(그림 2.10).

다르게 말하면 원소의 몰질량은 해당 원소의 원자 6.022×10^{23}개의 질량이고, 화합물의 몰질량은 해당 화합물의 분자 6.022×10^{23}개의 질량이다. 탄소-12가 기준으로 사용되기 때문에 다른 모든 원소(및 화합물)의 몰질량은 탄소-12와 관련이 있다. 마찬가지로 모든 원소의 원자 질량은 탄소-12를 기준으로 표현되며, 일반적으로 **원자 질량 단위**(atomic mass unit, amu)로 표현된다.

원소의 몰질량을 찾으려면 주기율표를 참조하면 된다. 원소 기호 아래의 숫자는 해당 원소의 **원자 질량**(atomic mass), 즉 amu 단위로 나타낸 해당 원소의 원자 1개의 질량이다. 원소의 몰질량은 숫자는 같지만, amu 대신 그램(g) 단위이다. 따라서 붕소(B) 원자 1개의 질량은 10.811 amu이고, 붕소 1몰의 질량은 10.811그램이다. 수은 원자(Hg) 1개는 200.59 amu의 질량을 가지고, 수은 원자 1몰은 200.59그램의 질량을 가진다.

이때 몰질량과 분자량에서와 같이 몰과 분자라는 두 영어 단어를 혼동하지 않는 것이 좋다. 단위에 주의하자. 예를 들어 수소 원자의 몰질량은 몰당 1.0079그램이므로 수소 기체(H_2)의 몰질량은 몰당 $2 \times 1.0079 = 2.0158$그램이다. 반면에 수소 기체(H_2)의 분자량, 즉 단일 분자의 질량은 2.0158 amu이다.

문제 풀이: 질량, 원자 비, 몰

Dalton이 측정한 것과 같은 비율 또는 몰을 사용하여 한 물질의 주어진 양과 결합하는 데(또는 주어진 양을 생성하는 데) 필요한 다른 물질의 양을 계산할 수 있다. 어떻게 하는지 배우기 위해 몇 가지 예제를 살펴보자.

예제 2.1 질량비, 원자비, 몰

천연가스의 주성분인 메테인(CH_4)을 분해하여 연료 전지용 수소 기체를 만들 수 있다. 메테인을 분해하면 탄소(C)와 수소(H)가 탄소 질량 3.00에 대해 수소 질량 1.00의 비율로 생성되는 것으로 밝혀졌다. 메테인 90.0 g으로 수소 몇 그램을 만들 수 있는가?

풀이(질량비 사용)

단위가 같기만 하면 파운드, 그램, 킬로그램 등 원하는 단위로 두 원소에 대해 질량 비율을 표현할 수 있다. 그램을 단위로 사용하면 CH_4의 4.00 g이 분해되어 탄소 3.00 g과 수소 1.00 g이 생성된다는 것을 알 수 있다. CH_4의 질량(g)을 H의 질량(g)으로 변환하려면 분자에 1.00 g H, 분모에 4.00 g CH_4가 있는 변환 인자를 사용한다.

주어진 양으로 시작한다.

그램으로 나타낸 변환 인자를 곱한다.

$$90.0\ \text{g}\ \cancel{CH_4} \times \frac{1.00\ \text{g H}}{4.00\ \text{g}\ \cancel{CH_4}} = 22.5\ \text{g H}$$

숫자 단위

풀이(원자 비율 이용)

메테인의 화학식인 CH_4를 보면 탄소 원자 1개당 수소 원자 4개가 존재한다는 것을 알 수 있다. 즉 메테인에서 탄소 대 수소 원자 비율은 항상 1:4이다. 주기율표를 보면 탄소가 수소보다 약 12배 더 질량이 크다는 것을 알 수 있다. 즉 1:4의 원자 비율을 질량 비율로 변환하면 12:4, 즉 3:1이 된다. 따라서 메테인 4.0 g이 분해될 때마다 수소 1.0 g이 생성되며, 위의 식과 같은 변환 인자가 나오게 된다. 위의 질량비 풀이를 구할 때와 동일한 결론에 도달했다는 점에 유의하자.

풀이(몰 사용)

몰은 단순히 원자 또는 분자의 정해진 수(아보가드로수)라는 것을 기억하자. 즉 메테인(CH_4) 1몰에는 탄소 원자 1몰과 수소 원자 4몰이 포함되어 있다. 이제 주기율표를 보면 탄소 1몰의 질량은 12.0107 g(탄소의 몰질량), 수소 1몰의 질량은 1.00794 g이다. 메테인의 경우 탄소 12.0107 g당(1몰) 수소 4.03176 g(4×1.00794 g, 즉 4몰)을 가지고 있다는 것을 알 수 있다. 따라서 우리는 다시 한번 탄소 대 수소 질량비 3:1과 탄소 대 수소의 정확한 원자 비율 1:4에 매우 근접했다. 질량비가 정확하지 않은(2.99390:1.0000) 이유는 질량이 조금씩 다른 동위원소가 존재해서 원소의 평균 질량에 영향을 미치기 때문이다.

› 복습문제 2.1A

포스핀(인화 수소) 기체를 분해하면 10.3:1.00의 질량비로 인과 수소를 얻을 수 있다. 수소의 질량을 1.00으로 했을 때 인의 상대 질량이 31.0이라면 기체에서 인 원자 1개에 결합된 수소 원자의 수는 몇 개인가?

› 복습문제 2.1B

아산화 질소(웃음 가스)를 분해하면 질소 질량 비율 7.00, 산소 질량 비율 4.00을 얻을 수 있다. 아산화 질소를 충분히 분해하여 산소 36.0 g을 얻을 수 있다면 질소는 몇 그램을 얻을 수 있는가?

예제 2.2 질량, 원자, 몰비

다이아몬드는 (흑연과 마찬가지로) 순수한 산소에서 연소시킬 수 있으며, 온도가 충분히 높으면 이 반응은 이산화 탄소(CO_2)만 생성한다. 처음에 과학자들은 다이아몬드가 단순히 사라졌다고 생각했다. 하지만 이 반응은 다이아몬드가 단순히 순수한 형태의 탄소라는 증거를 제공하는 데 있어 결정적인 단계였다. 다이아몬드 10.0000캐럿(2.00000 g)을 충분한 양의 순수한 산소와 함께 완전히 연소시킨다면 얼마나 많은 이산화 탄소(CO_2)가 생성되는가?

풀이(질량비 사용)

다이아몬드는 순수한 형태의 탄소이기 때문에 다이아몬드 2.00000 g은 실제로는 탄소 2.00000 g이다. 반응의 생성물인 이산화 탄소(CO_2)에서는 탄소 원자 1개당 산소 원자 2개가 존재한다. 원소 목록을 보면(주기율표의 원자 질량 참조) 산소 대 탄소의 상대 질량이 15.9994 대 12.0107임을 알 수 있다. 이산화 탄소의 경우 탄소 12.0107 g당 다음의 양만큼 산소가 있다는 뜻이다.

$$2 \times 15.9994 \text{ g O} = 31.9988 \text{ g O}$$

따라서 탄소 2.00000 g에 대해 산소를 다음의 양만큼 갖게 된다.

$$2.00000 \text{ g}\cancel{\text{C}} \times \frac{31.9988 \text{ g O}}{12.0107 \text{ g}\cancel{\text{C}}} = 5.32838 \text{ g O}$$

탄소와 산소의 질량을 더하면 CO_2의 총 질량은 7.32838 g이 된다.

풀이(원자 비율 이용)

다이아몬드를 태울 때 탄소 원자 1개당 산소 원자 2개가 소비된다. 따라서 탄소 대 산소 원자 비율은 1:2가 된다. 주기율표를 보면 산소가 탄소보다 15.9994/12.0107배 더 질량이 크다는 것을 알 수 있다. 즉 1:2 원자비로부터 다음의 질량비를 알 수 있다.

$$1 : 2(15.9994/12.0107) \text{ 즉 } 1 : 2.66419$$

따라서 탄소 2.00000 g에는 2×2.66419, 즉 산소 5.32838g이 필요하며 생성된 CO_2의 총 질량은 7.32838 g이다.

풀이(몰 사용)

다이아몬드를 연소시키면 탄소 1몰이 연소될 때마다 이산화 탄소 1몰이 생성된다. 즉 탄소(C)와 이산화 탄소(CO_2) 사이의 몰비는 1:1이다. 탄소의 몰질량은 12.0107이고, CO_2의 몰질량은 탄소의 몰질량에 산소의 몰질량을 2배를 더한 값이다.

$$12.0107 + (2 \times 15.9994) = 44.0095 \text{ g/mole}$$

10.0000캐럿 다이아몬드는 다음과 같은 양의 탄소를 포함하고 있다.

$$2.00000 \text{ g}/12.0107 \text{ g/mole} = 0.66518 \text{ mole}$$

따라서 이산화 탄소 0.66518몰(이산화 탄소 발생량)의 질량은 다음과 같다.

$$0.66518 \text{ mole} \times 44.0095 \text{ g/mole} = 7.32838 \text{ g}$$

이 예제는 문제를 해결하는 데 있어 여러 가지 방법이 존재한다는 것을 보여준다. 물론 원자, 질량, 몰의 비율을 올바르게 변환하여 적용해야 한다. 결국 제시된 세 가지 서로 다른 풀이는 모두 동일한 답을 제공한다. 과학자들은 종종 자신이 사용하는 방법에 대해 개인적인 선호가 있다.

› 복습문제 2.2A

석회석($CaCO_3$)은 철분, 시멘트, 기타 상품을 제조하는 데 중요한 성분이다. 석회석 1몰을 가열하면 생석회(CaO) 1몰과 이산화 탄소(CO_2) 1몰이 생성된다. 석회석 200 g에서 생석회 몇 그램을 얻을 수 있는가?

› 복습문제 2.2B

석회석 200 g에서 얻을 수 있는 이산화 탄소의 질량은 얼마인가?

Dalton은 실험 결과를 바탕으로 한 추론을 통해 원자론에 도달했고, 약간의 수정을 거쳐 이 이론은 오랜 세월과 첨단 과학 장비의 검증을 견뎌냈다. 1803년 퀘이커의 한 교사에게 이렇게 성공적인 이론을 정립한 것은 대단한 성공이었다. 위의 예에서 볼 수 있듯이 몰의 개념은 Dalton의 원자론을 일반적인 화학 계산에 적용하는 데 큰 도움이 된다는 것을 알 수 있다. 몰의 중요성은 5장(화학 계산)에서 더욱 강조될 것이다.

자가평가문제

1. 일산화 탄소(CO)와 이산화 탄소(CO_2)는 둘 다 탄소와 산소를 포함하고 있다. CO의 시료에 C 36.0321 g과 O 47.9982 g이 포함되어 있다면 C 36.0321 g이 포함된 CO_2에는 O가 몇 그램 존재하는가?

a. 15.9994 **b.** 47.9982

c. 36.0321 **d.** 95.9964

2. Dalton에 따르면 원소는 무엇에 의해 서로 구별되는가?

a. 고체 상태에서의 밀도 **b.** 핵 전하

c. 원자의 모양 **d.** 원자의 무게

3. Dalton은 원자가 파괴되지 않는다고 가정해서 어떤 사실을 설명했는가?

a. 동일한 두 원소가 하나 이상의 화합물을 생성할 수 있다.

b. 어떤 두 원소도 동일한 원자 질량을 갖지 않는다.

c. 질량은 화학 반응에서 보존된다.

d. 핵분열(쪼개짐)은 불가능하다.

4. Dalton은 화학적 변화를 무엇이라고 보았는가?

a. 한 유형에서 다른 유형으로 원자의 변화

b. 원자의 생성과 파괴

c. 원자의 재배열

d. 전자의 전달

5. 하나의 화합물에 존재하는 원자의 종류는 몇 개인가?

a. 최소 2개 **b.** 수백 개

c. 3개 이상 **d.** 화합물의 질량에 따라 다르다.

6. 탄소 1몰에 대한 설명으로 옳지 않은 것은 무엇인가?

a. 여기에는 아보가드로수의 탄소 원자가 포함되어 있다.

b. 탄소의 양이다.

c. 질량은 12.0107 g이다.

d. 탄소 원자 12개로 구성되어 있다.

7. 몰질량에 대한 설명으로 옳지 않은 것은 무엇인가?

a. 탄소-12의 몰질량은 12.0000 g/mole이다.

b. 한 원소의 원자는 6.022×10^{23}개의 질량이다.

c. 한 화합물의 분자는 6.022×10^{23}개의 질량이다.

d. 한 원소의 원자에만 적용할 수 있다.

8~10번 문제는 다음 그림을 참조하라.

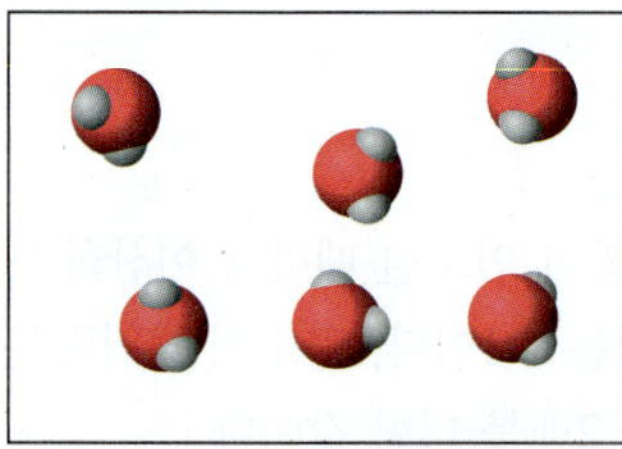

a.

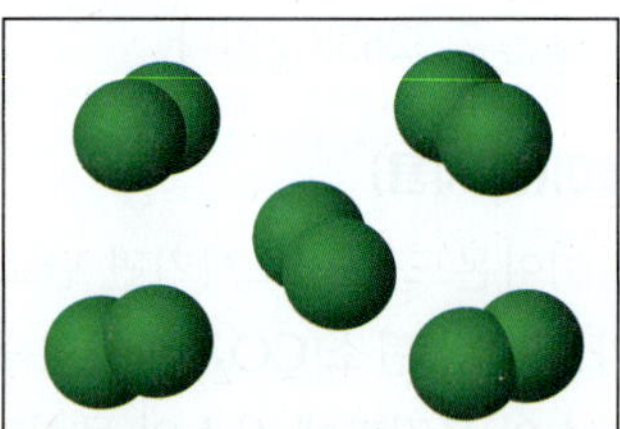

b.

c.

8. 원소를 나타내는 그림은 무엇인가?

9. 단일 화합물을 나타내는 그림은 무엇인가?

10. 혼합물을 나타내는 그림은 무엇인가?

정답: 1.d, 2.d, 3.c, 4.c, 5.a, 6.d, 7.d, 8.b, 9.a, 10.c

2.5 Mendeleev와 주기율표

학습 목표 • 주기율표에서 원소가 어떻게 배열되어 있는지, 그 배열이 왜 중요한지 서술한다.

18세기와 19세기 동안 새로운 원소가 놀라울 정도로 자주 발견되었다. 1830년까지 알려진 원소는 55개였는데, 모두 서로 다른 성질을 가지고 있었으며 뚜렷한 순서를 알 수는 없었다. Dalton은 1808년에 펴낸 《화학 철학의 새로운 체계》에서 상대 원자 질량 표를 만들었다. Dalton의 대략적인 값은 이후 몇 년 동안 개선되었는데, 특히 1828년 54개 원소가 포함된 원자 질량 표를 발표한 Berzelius에 의해 개선되었다. Berzelius의 값은 대부분 현대의 값과 잘 일치한다.

알려진 원소들 사이에서 나타나는 규칙성과 주기성

1816년 초, Johann Wolfgang Döbereiner(독일, 1780~1849)는 원자 질량을 기준으로 원소 간의 삼원소 관계를 발견했다. 삼원소에서 가장 가벼운 원자와 가장 무거운 원자의 평균 질량은 삼원소의 중간 원소의 질량과 같았다. 그가 발견한 삼원소의 예는 Li/Na/K, Ca/Sr/Ba, Cl/Br/I, S/Se/Te이다. 이 삼원소들이 현대 주기율표와 얼마나 잘 어울리는지 교과서 앞표지 안쪽에서 확인할 수 있다. 당시에는 유용했지만, 이러한 유형의 관계는 현대 주기율표에 존재하는 관계로 대체되었다.

사용가능한 원자 질량에서 다음으로 주목할 만한 경향은 이러한 질량이 수소 원자 질량의 8배 간격으로 나누어 있다는 것이다. 이 규칙성은 영국의 화학자인 John Newlands(1837~1898)와 프랑스의 광물학자인 Alexandre-Emile Béguyer de Chancourtois(1820~1886)에 의해 발견되었다. Newlands보다 2년 앞선 1863년에 Béguyer de Chancourtois가 최초로 아이디어를 발표했지만, Newlands의 옥타브 법칙이라고도 불린다.

▲ 러시아의 화학자인 Dmitri Mendeleev는 오늘날 우리가 사용하는 것과 비슷한 주기율표에 당시 알려진 원소 63개를 배열했고, 당대의 위대한 스승 중 한 명으로 꼽힌다. 마땅한 화학 교과서를 찾지 못한 그는 직접 《화학의 원리》라는 책을 저술했다. Mendeleev는 또한 석유의 성질과 기원을 연구하고 그 밖에도 과학에 많은 공헌을 했다. 원소 101은 그를 기리기 위해 멘델레븀(Md)으로 명명되었다.

예제 2.3 주기적 성질 예측하기

Döbereiner의 삼원소인 리튬, 포타슘(칼륨), 소듐(나트륨)을 사용하여 소듐의 원자 질량의 대략적인 값을 예측하는 방법을 밝혀라.

풀이

리튬(Li)의 원자 질량은 6.941 u, 포타슘(K)은 39.0983 u, 둘의 평균은 (6.941 amu + 39.0983 amu) ÷ 2 = 23.020 amu로, 소듐(Na)의 현대 값인 22.9898 amu에 상당히 근접한다.

› 복습문제 2.3A

Döbereiner의 또 다른 삼원소인 염소, 브로민, 아이오딘(요오드)은 염을 생성하는 원소이다. 이 삼원소 중 중간 원소의 상대 원자 질량이 다른 두 원소의 상대 원자 질량의 평균에 가깝다는 것을 밝혀라.

› 복습문제 2.3B

해당 삼원소에서 중간 원소의 원자 질량을 더 정확하게 예측하는 삼원소는 Mg/Ca/Sr 또는 He/Ne/Ar 중 무엇인가?

주기율표: Mendeleev와 Meyer

과학자들이 발견한 규칙성은 Julius Lothar Meyer(독일, 1830~1895)와 Dmitri Ivanovich Mendeleev(러시아, 1834~1907)의 연구로 이어졌다. 두 사람은 화학적 성질을 원자 질량과 연결시켰고, 이를 통해 주기 법칙을 발전시켰다. 1862년 Meyer는 28개 원소의 주기율표를 발표했고, 1869년 Mendeleev는 당시 알려진 63개 원소에 대해(정정된 원자 질량을 포함한) 자신의 첫 번째 주기율표(그림 2.11)를 발표했다. 그러나 Mendeleev는 아직 발견되지 않은 원소가 있을 것으로 예상되는 곳에 대담하게도 공백을 남겼다. 그는 주기율표를 바탕으로 이 원소들의 성질까지 예측했다.

빠져 있던 원소 중 세 가지는 곧 발견되어 스칸듐, 갈륨, 게르마늄으로 명명되었다. 표 2.3에서 볼 수 있듯이 당시 "에카-실리콘"으로 불렸던 게르마늄에 대한 Mendeleev의 예측은 놀라울 정도로 성공적이었다. Mendeleev가 위대한 천재인 이유는 **알려진 사실들을 연결하고 공백을 남겨 미지의 존재를 예측할 수 있는 능력** 때문이다. 그의 주기율표는 뛰어난 예측력 때문에 널리 받아들여졌다. 이것이 Mendeleev가 주기율표를 개발한 공로를 거의 전적으로 인정받는 이유이다.

Mendeleev는 평생 동안 주기율표를 계속 수정하여 결국 은, 금, 기타 여러 금속을 이전에 제안된 순서에서 약간 벗어난 위치에 배치했다. 이렇게 함으로써 화학적 성질이 비슷한 황, 셀레늄, 텔루륨이 같은 열에 나타나게 되었다. 또한 이러한 재배치를 통해 아이오딘은 화학적으로 유사한 염소 및 브로민(브롬)과 같은 열에 배치되었다.

현대 주기율표에는 원소 118개가 포함되어 있다. 가장 최근에 추가된 원소는 118번인데, 2016년 말에 오가네손(oganesson)이라는 이름이 붙었다. 그림 2.12와 같이 주기율표에서 각 원소는 상자로 표시된다. 주기율표와 그 이론적 근거는 3장에서 설명하겠다.

5 원소의 표를 "주기율표"라고 부르는 이유는 무엇인가?

주기율은 어떤 일이 규칙적으로 발생한다는 것을 나타낸다. 원소의 물리적, 화학적 성질은 주기적이다. 즉 표의 주어진 열에 있는 원소들은 이러한 성질 중 많은 부분이 유사하다.

Tabelle II.

Reihen	Gruppe I. — R^2O	Gruppe II. — RO	Gruppe III. — R^2O^3	Gruppe IV. RH^4 RO^2	Gruppe V. RH^3 R^2O^5	Gruppe VI. RH^2 RO^3	Gruppe VII. RH R^2O^7	Gruppe VIII. — RO^4
1	H = 1							
2	Li = 7	Be = 9,4	B = 11	C = 12	N = 14	O = 16	F = 19	
3	Na = 23	Mg = 24	Al = 27,3	Si = 28	P = 31	S = 32	Cl = 35,5	
4	K = 39	Ca = 40	— = 44	Ti = 48	V = 51	Cr = 52	Mn = 55	Fe = 56, Co = 59, Ni = 59, Cu = 63.
5	(Cu = 63)	Zn = 65	— = 68	— = 72	As = 75	Se = 78	Br = 80	
6	Rb = 85	Sr = 87	?Yt = 88	Zr = 90	Nb = 94	Mo = 96	— = 100	Ru = 104, Rh = 104, Pd = 106, Ag = 108.
7	(Ag = 108)	Cd = 112	In = 113	Sn = 118	Sb = 122	Te = 125	J = 127	
8	Cs = 133	Ba = 137	?Di = 138	?Ce = 140	—	—	—	— — — —
9	(—)	—	—	—	—	—	—	
10	—	—	?Er = 178	?La = 180	Ta = 182	W = 184	—	Os = 195, Ir = 197, Pt = 198, Au = 199.
11	(Au = 199)	Hg = 200	Ti = 204	Pb = 207	Bi = 208	—	—	
12	—	—	—	Th = 231	—	U = 240	—	— — — —

der chemischen Elemente.

▲ **그림 2.11** Mendeleev의 주기율표. 1898년 버전에서 그는 텔루륨의 원자량이 아이오딘의 원자량보다 작은 것으로 잘못된 '수정'을 했다.

표 2.3 게르마늄의 성질: 예측 및 관찰

성질	에카-실리콘에 대한 Mendeleev의 예측(1871)	게르마늄에 대한 관찰(1886)
원자 질량	72	72.6
밀도(g/cm^3)	5.5	5.47
색	지저분한 회색	회색빛이 도는 흰색
산화물의 밀도(g/cm^3)	EsO_2: 4.7	GeO_2: 4.703
염화물의 끓는점	$EsCl_4$: 100 ℃ 이하	$GeCl_4$: 86 ℃

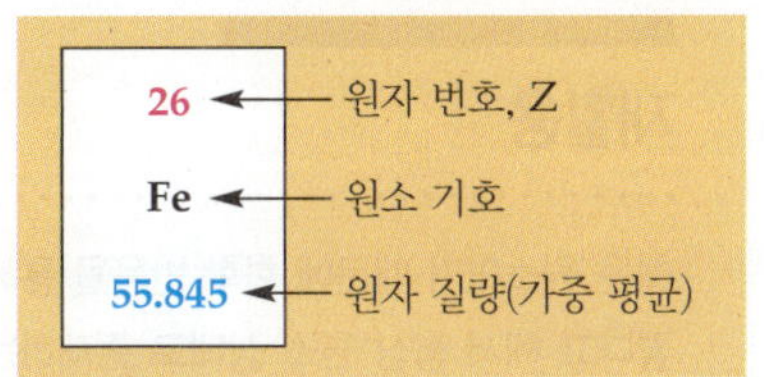

▲ **그림 2.12** 현대 주기율표의 원소 표현

자가평가문제

1. Mendeleev의 주기율표에 대한 설명으로 옳지 않은 것은 무엇인가?

a. 막 발견한 새로운 원소들이 포함되어 있다.

b. 대부분의 원소는 일반적으로 원자 질량이 증가하는 순서대로 배열되어 있다.

c. 예상되는 새로운 원소를 위해 빈틈을 남겼다.

d. 더 무거운 원소 몇 개를 더 가벼운 원소 앞에 배치했다.

2. Meyer와 Mendeleev는 무엇에 따라 주기율표에 원소를 배열했는가?

a. 알파벳 순서 **b.** 화학적 성질

c. 발견된 순서 **d.** 밀도

3. 현대 주기율표의 상대 질량은 어떤 값을 기준으로 하는가?

a. 탄소-12 동위원소 **b.** 수소 원자

c. 자연 발생 산소 **d.** 산소-16 동위원소

4. 오늘날 알려진 원소의 수는 대략 몇 개인가?

a. 12 **b.** 100 **c.** 1000 **d.** 3,000만

정답: 1. a, 2. b, 3. a, 4. b

2.6 원자와 분자: 실존성과 중요성

학습 목표 • 원자와 분자를 구별한다.

원자는 실제로 존재할까? 물론 원자는 개념으로서 실재하며 또 매우 유용한 개념이다. 그리고 오늘날 과학자들은 개별 원자의 컴퓨터 보정 이미지를 관찰할 수 있다. 이러한 사진은 원자가 존재한다는 강력한(아직은 간접적이지만) 증거이다.

원자는 실질적으로 중요할까? 신물질 생산, 오염 제어 기술 등 현대 과학과 기술의 대부분은 원자라는 개념을 기반으로 한다. 우리는 원자가 화학 반응에서 보존된다는 것을 보았다. 따라서 물질, 즉 원자로 만들어진 물건은 재활용할 수 있다. 우리가 어떻게 사용하더라도 원자는 파괴되지 않기 때문이다. 실용적인 관점에서 우리가 물질을 '잃어버리는' 한 가지 방법은 원자를 너무 얇게 퍼뜨려서 원자를 다시 조립하는 데 너무 많은 시간과 에너지가 소요되는 것이다. 재활용에 관한 에세이(다음 쪽)는 이러한 손실의 실제 사례를 설명한다.

Leucippus와 Democritus가 그리스 해변에서 했던 사색으로 돌아가보자. 우리는 물방울을 계속 나누면 궁극적으로 분자라는 작은 입자, 즉 여전히 물을 얻을 수 있다는 것을 알고 있다. **분자**(molecule)는 서로 화학적으로 결합된, 즉 연결된 원자의 집합이다. 분자는 화학식으로 표현된다. 기호 H는 수소 원자를 나타낸다. 화학식 H_2는 수소 원자 2개로 구성된 수소 분자를 나타낸다. 화학식 H_2O는 수소 원자 2개와 산소 원자 1개로 구성된 물 분자를 나타낸다. 물 분자를 나누면 수소 원자 2개와 산소 원자 1개를 얻을 수 있다. 그리고 그것은 더 이상 물이 아니다. 그 원자를 나누면⋯, 하지만 그것은 다음에 다룰 이야기이다(11장 참조).

1895년 방사능이 발견되기 전까지 Dalton은 그의 후계자들과 마찬가지로 원자를 나눌 수 없는 것으로 생각했다. 3장에서는 원자의 개념의 발전에 대해 살펴본다.

6 원자와 분자의 차이점은 무엇인가?

분자는 일정한 비율로 결합된 원자로 이루어져 있다. 탄소 원자는 탄소 원소의 가장 작은 입자이고, 이산화 탄소 분자는 화합물 이산화 탄소의 가장 작은 입자이다. 아마도 알아차렸겠지만, 분자는 원자로 분해할 수 있다.

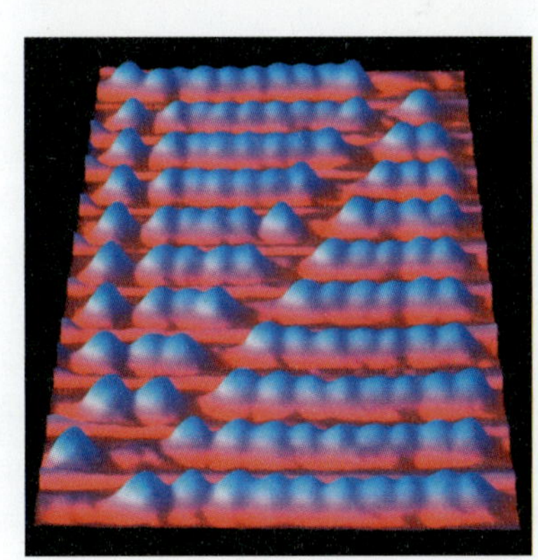

▲ 구리 위에 C_{60}분자로 만든 분자 주판. 주사 터널링 현미경(STM)을 사용하면 표면의 개별 분자와 원자를 조작할 수 있다.

재활용

철은 원소이기 때문에 화학 반응을 통해 생성되거나 파괴될 수 없지만, 그렇다고 해서 항상 원소 상태로 존재하는 것은 아니다. 철을 재활용하는 두 가지 경로를 살펴보자.

1. 철광석인 적철광(Hematite)은 광산에서 채취하여 선철로 변환한 후 강철 캔을 만드는 데 사용된다. 일단 버려지면 캔은 녹슬게 된다. 녹으로부터 철 이온이 천천히 지하수로 녹아 들어 결국 바다로 흘러 들어간다(이온에 대해서는 4장 참고). 이렇게 용해된 이온은 해양 식물에 흡수되어 그 조직에 포함될 수 있다. 그 식물을 먹은 해양 생물에 철 이온이 흡수되어 조직에 포함된다. 원래의 철 원자는 이제 공간적으로 널리 흩어져 있다. 그 일부는 혈액 내 헤모글로빈의 일부가 될 수도 있다. 철은 재활용되었지만 다시는 원래의 선철과 같은 모습이 되지 않을 것이다. 즉 철로 새로운 제품을 만들려면 더 많은 철을 채굴해야 한다. 채굴은 장기적으로 지속 불가능한 관행이다. 또한 철 채굴을 관행으로 발생하는 환경 피해로 인해 화학적으로 친환경 접근법도 아니다.
2. 광산에서 철광석을 채취하여 선철로 만든 다음 강철로 변환한다. 이 강철은 자동차를 만드는 데 사용되며, 자동차는 10년 동안 주행한 후 폐차장으로 보내진다. 그곳에서 압축되어 재활용 공장으로 보내지면 그곳에서 철을 회수하여 새로운 자동차에 다시 사용된다. 철은 광석에서 철이 분리된 후 원소 금속 형태로 보존된다. 이러한 형태의 재활용을 통해 철은 오랫동안 계속 유용하게 사용할 수 있다. 이는 채굴된 철을 계속해서 재사용할 수 있기 때문에 지속가능한 방식이다. 또한 철을 재활용하면 철광 채굴 방식보다 환경에 미치는 스트레스가 훨씬 적기 때문에 화학적으로도 친환경 방식이다.

자가평가문제

1. 물질을 재활용할 수 있는 것은 원자의 어떤 성질 때문인가?
   - **a.** 항상 같은 방식으로 결합하기 때문이다.
   - **b.** 보존되기 때문이다.
   - **c.** 나눌 수 없기 때문이다.
   - **d.** 여러 부분으로 결합하기 때문이다.
2. 분자에 대한 설명으로 옳은 것은 무엇인가?
   - **a.** 같은 원자의 모음이다.
   - **b.** 화학 반응에서 보존된다.
   - **c.** 서로 화학적으로 결합된 원자들의 집합체이다.
   - **d.** 나뉠 수 없다.
3. 재활용에 대한 설명으로 옳은 것은 무엇인가?
   - **a.** 화합물은 절대 변경되지 않는다.
   - **b.** 금 이외의 새로운 원소가 생성될 수 있다.
   - **c.** 원소는 변경되지 않은 상태로 유지된다.
   - **d.** 철만 재활용할 수 있다.

정답: 1. b, 2. c, 3. c

녹색 화학 원소는 기본이다

Lallie C. McKenzie, Chem11 LLC

원칙 3, 7, 10

학습 목표
- 위험하거나 희귀한 것으로 분류될 수 있는 원소를 식별한다.
- 위험한 원소나 희귀한 원소에 의존하는 기술을 녹색 화학이 어떻게 바꿀 수 있는지 설명한다.

이 장에서는 모든 것이 원자로 구성되어 있으며, 원자는 주어진 원소의 특징을 가진 가장 작은 입자라는 것을 배웠다. 우주는 셀 수 없이 많은 화합물과 혼합물로 구성되어 있지만, 기본 구성 요소는 원소이다. 주기율표(2.5절)는 원소를 상대적 질량에 따라 정리하고, 더 중요하게는 예측가능한 화학적 특성에 따라 정리한다.

원소는 녹색 화학과 어떤 관련이 있을까? 화학자들은 제품과 공정을 설계할 때, 자연이나 우리 몸에서 거의 혹은 전혀 사용되지 않는 원소를 포함해서 전체 주기율표를 활용한다. 이때 선택한 원소가 사람의 건강과 환경에 미치는 영향에 대해 생각하는 것이 중요하다. 두 가지 중요한 평가 요소는 고유한 유해성과 자연적 풍부도이다. 유해성은 원소 자체 또는 화합물에 있을 때 달라질 수 있으므로 원소의 형태에 따라 유해성 여부를 결정할 수 있다. 예를 들어 원소 소듐은 물과 반응성이 매우 높지만, 염화 소듐은 우리가 먹는 화합물이다. 또한 질량 보존 법칙(2.2절)에서 배운 것처럼 원소는 생성되거나 파괴될 수 없다. 따라서 지구상에 존재하는 양은 한정되어 있고 부족할 수도 있다.

녹색 화학 원칙 #3, #7, #10은 유해 원소 및 희귀 원소가 포함된 제품 및 공정에 적용된다. 독성 원소 및 화합물이 사람의 건강과 환경에 미치는 영향을 이해하면 더 안전한 대안을 개발하고 이러한 물질의 사용을 줄이거나 제거할 수 있다. 또한 상대적으로 풍부한 원소를 사용하는 새로운 기술을 설계하면 자원 고갈을 방지할 수 있다. 마지막으로, 사용 후 해를 끼칠 수 있거나 희소성이 있는 재료는 재활용하는 것이 중요하다.

녹색 화학을 통해 납, 카드뮴, 수은의 세 가지 유해 원소 사용을 줄였다. 이 원소들은 인체 시스템에 해를 끼치고 어린이의 발달에 부정적인 영향을 미치는 것으로 알려져 있다. 이 원소들이 많은 제품에서 중요하게 사용되지만, 이들에 대한 노출을 제한해야 한다는 필요성이 긴급히 제기되어 더 안전한 대체 물질이 개발되었다. 예를 들어 납은 더 이상 페인트에 들어가지 않으며, 독성이 낮은 화합물이 플라스틱의 납 안정제와 카드뮴 색소를 대체하고, 전자제품에 기존의 땜납 대신 새로운 화학 물질이 사용되고 있다. 배터리의 카드뮴을 금속 수소화물로 대체하면서 카드뮴 사용량이 감소했다. 또한 발광 다이오드(LED) 전구는 백열등보다 약 90% 더 효율적으로 빛을 생산하고 수은이 없다. 석탄 화력 발전소는 수은을 배출하기 때문에 대체 에너지원의 진전으로 수은에 대한 노출을 줄일 수 있다.

현재의 많은 기술은 희소 원소를 사용해야 한다는 한계가 있지만, 녹색 화학으로 새로운 기회를 촉진할 수 있다. 거의 모든 원소가 지각에서 발견되지만, 8가지 원소가 전체의 98% 이상을 차지한다. 실제로 지구 지각의 거의 4분의 3은 규소와 산소 두 가지 원소로 구성되어 있다. 현재 컴퓨터 하드 드라이브, 풍력 터빈, 하이브리드 자동차의 영구 자석에는 희소 원소인 네오디뮴과 디스프로슘이 포함되어 있다. 또한 많은 제품이 세륨, 이트륨, 네오디뮴, 란타넘에 의존하고 있다. 이러한 원소들은 단일 공급원에서 추출되며 다른 물질들과 분리하기 어려울 수 있다. 앞으로 예상되는 성장에 필요한 것보다 현재 공급량은 훨씬 적다. 지구에 풍부한 원소(예: 규소, 철, 알루미늄)를 기반으로 한 접근 방식은 기술을 지원하고 자원을 보호할 수 있다.

녹색 화학은 개별 원소 성분을 쉽게 재활용할 수 있는 물질을 설계하도록 지원한다. 물질의 원자는 재활용을 통해 직접 회수하거나 환경을 통해 확산될 수 있다. 유해 물질은 방출될 경우 건강과 환경에 부정적인 영향을 미칠 수 있기 때문에 원소의 재활용이 우선시되어야 한다. 원료를 재활용하면 희소 원소를 포함한 천연자원에 대한 수요를 줄일 수 있다.

녹색 화학 접근법은 제품 및 공정이 건강 또는 환경적 위험을 초래할 때 특히 중요하다. 유해하고 희귀한 원소를 식별하고 대체함으로써 녹색 기술과 모두를 위한 지속가능한 미래를 달성할 수 있다.

▲ 새로운 기술 덕분에 이처럼 수은 없는 효율적인 전구가 개발되었다. 이러한 제품은 에너지를 절약하고 기존 형광등에 사용되던 독성 원소를 포함하지 않는다.

요약

2.1절: 원자의 개념은 고대 그리스에서 Leucippus와 Democritus에 의해 처음 제안되었다. 그러나 이 아이디어는 물질이 연속적이라는 Aristotle의 견해에 밀려 거의 2000년 동안 거부되었다.

2.2절: **질량 보존 법칙**은 Cavendish, Lavoisier 등 여러 과학자의 정밀한 실험을 통해 확립되었으며, 그들은 화학 반응에서 질량의 변화가 일어나지 않는다는 사실을 발견했다. Boyle은 어떤 원소가 더 단순한 물질로 분해될 수 있다면 그것은 원소가 아니라고 말했다. **일정 성분비 법칙**(또는 일정 조성 법칙)은 주어진 화합물은 항상 정확히 같은 질량 비율로 같은 원소를 포함하고 있다는 법칙이다. 이 법칙은 Proust와 Berzelius의 연구를 기반으로 한다.

2.3절: 1803년 Dalton은 (1) 물질은 원자로 불리는 작은 입자로 이루어져 있다, (2) 같은 원소의 원자는 서로 같다, (3) 서로 다른 원소의 원자가 일정한 비율로 결합하면 화합물이 생성된다, (4) 화학 반응 시 원자는 생성되거나 파괴되지 않고 재배열된다 등 네 가지를 주요 골자로 하는 **원자론**으로 일정 성분비와 질량 보존 법칙을 설명했다.

Dalton은 또한 서로 다른 원소가 두 가지 이상의 서로 다른 비율로 결합할 수 있으며, 각각의 비율은 서로 다른 화합물에 해당한다는 **배수 비율 법칙**을 발견했다. 그의 원자론도 이 새로운 법칙을 설명한다. 이 법칙들은 화합물이나 반응에서 결합하거나 존재하는 원소의 양을 계산하는 데 사용할 수 있다. Dalton의 원자론은 현대 버전과 매우 유사하다. 가장 중요한 변화는 원소의 원자가 반드시 동일하지 않고 질량이 약간 다를 수 있다는 인식이 추가되었다는 점이며, 이러한 원자를 **동위원소**라고 한다.

2.4절: 1**몰**의 물질은 **아보가드로수**, 즉 6.022×10^{23}개의 해당 물질의 입자(원자, 분자, 화합물)로 이루어져 있다. 원자 또는 분자 6.022×10^{23}개의 질량을 **몰질량**이라고 한다. 주기율표에 보고된 원자 질량(**원자 질량 단위, amu**)과 우리가 계산에 사용하는 몰질량(몰당 그램 단위)은 각각 탄소-12의 원자 질량과 몰질량을 기준으로 한 것이다.

2.5절: Berzelius는 1828년에 원자량표를 발표했는데, 그의 값은 현대의 값과 잘 일치한다. 1869년 Mendeleev는 원소들을 체계적으로 배열한 **주기율표**를 발표했는데, 이를 통해 아직 발견되지 않은 원소의 존재와 성질을 예측할 수 있게 되었다. 현대 주기율표에는 각 원소가 원소 기호와 평균 원자 질량과 함께 나열되어 있다.

2.6절: 원자는 화학 반응에서 보존되기 때문에 원자로 이루어진 물질은 항상 재활용할 수 있다. 원자가 환경에 흩어지면 사실상 손실될 수 있다. **분자**는 화학적으로 결합된 원자들의 집합체이다. 원자가 원소의 가장 작은 입자인 것처럼 분자는 대부분의 화합물에서 가장 작은 입자이다.

녹색 화학: 화학자가 제품과 공정을 설계할 때 포함되는 원소가 사람의 건강과 환경에 미칠 수 있는 잠재적 영향을 고려해야 한다. 독성 및 희귀 원소를 식별하고 대체하면 녹색 기술을 개발하고 지속가능성을 촉진시킬 수 있다.

학습 목표	관련 문제
• 물질의 특성에 대한 고대 그리스인의 생각을 설명한다. (2.1)	1~3
• 질량 보존 법칙과 일정 성분비 법칙의 중요성에 대해 서술한다. (2.2)	4~8, 15~28, 47, 48, 56
• 화합물의 성분으로부터 원소의 양을 계산한다. (2.2)	33, 34, 47~50
• 물질이 원자로 이루어져 있다는 개념이 이론인 이유를 설명한다. (2.3)	8
• 원자론이 배수 비율 법칙과 질량 보존 법칙을 어떻게 설명하는지 서술한다. (2.3)	9~11, 29~40, 52, 53
• 몰이 무엇이며 어떻게 사용되는지 서술한다. (2.4)	12, 41~44, 54
• 순물질의 질량과 몰 사이를 변환한다. (2.4)	12, 41~43
• 주기율표에서 원소가 어떻게 배열되어 있는지, 그 배열이 왜 중요한지 서술한다. (2.5)	13, 55
• 원자와 분자를 구별한다. (2.6)	14, 45, 46
• 위험하거나 희귀한 것으로 분류될 수 있는 원소를 식별한다.	57
• 위험한 원소나 희귀한 원소에 의존하는 기술을 녹색 화학이 어떻게 바꿀 수 있는지 설명한다.	58, 59

개념문제

1. 다음 각각을 구별하여 설명하라. **(a)** 물질에 대한 원자적 관점과 연속적 관점, **(b)** 원소에 대한 고대 그리스의 정의와 현대의 정의.
2. Democritus가 원자론에 기여한 바는 무엇인가? 물질이 불연속적이지 않고 연속적이라는 생각이 왜 그렇게 오랫동안 널리 퍼졌는가? 마침내 그 생각을 반박하게 된 발견은 무엇인가?
3. 다음 각 거시적(육안으로 볼 수 있는) 물체를 생각해보자. 어떤 것이 (Democritus의 물질에 대한 설명처럼) 불연속적인 것으로 가장 잘 분류되고, 어떤 것이 (Aristotle의 설명처럼) 연속적인 것으로 가장 잘 분류되는가?
   a. 사람들
   b. 헝겊
   c. 계산기
   d. 밀크 초콜릿
   e. M&M 초코볼
4. Boyle이 현대 화학에 기여한 바를 설명하라.
5. Cavendish는 물이 산소 원자 1개당 수소 원자 2개로 구성되어 있다는 것을 발견했다. 이것이 어떻게 일정 성분비 법칙을 뒷받침하는지 설명하라.
6. Lavoisier가 현대 화학의 발전에 기여한 바를 설명하라.
7. 프룩토오스(과당)는 과일의 종류에 상관없이 항상 탄소 40.0%, 산소 53.3%, 수소 6.7%로 구성되어 있다. 이것은 어떤 법칙을 설명하는가?
8. Dalton의 원자론의 주요 내용을 요약하고, 이를 **(a)** 질량 보존 법칙, **(b)** 일정 성분비 법칙, **(c)** 배수 비율 법칙에 적용하라.
9. 화합물 N_2O, NO, NO_2, N_2O_4은 어떤 법칙을 나타내는가?
10. 배수 비율 법칙에 따르면 다음 각 화합물에서 첫 번째 원소의 일정 질량에 대해 질량들 사이의 관계(비율)는 무엇인가?
    a. ClO_2와 ClO에서 산소의 질량
    b. ClF_3와 ClF에서 플루오린(F)의 질량
    c. P_4O_6와 P_4O_{10}에서 산소의 질량
11. 그림에서 파란색 공은 인 원자를 나타내고 빨간색 공은 산소 원자를 나타낸다. '초기'라고 표시된 상자는 혼합물을 나타낸다. 다른 상자 3개(A, B, C) 중 화학 반응이 일어난 후 그 혼합물을 나타낼 수 없는 것은 무엇인가? 그 이유를 간단히 설명하라.

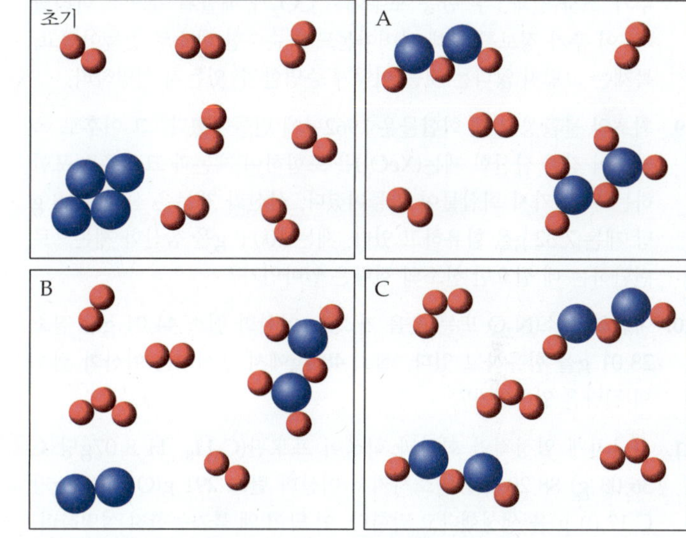

12. **a.** 아보가드로수는 몰의 개념과 어떤 연관성이 있는가?
    b. 산소 원자 1몰에는 원자가 몇 개 있는가?
    c. 카페인 1몰에는 분자가 몇 개 있는가?
    d. 이원자 질소(N_2) 1몰의 질량은 얼마인가?
13. Mendeleev가 주기율표를 구성하고 아직 발견되지 않은 원소의 존재와 성질을 예측할 수 있었던 이유를 주기 법칙을 통해 설명하라.
14. Lavoisier는 알루미나를 원소라고 생각했다. 1825년 덴마크의 화학자인 Hans Christian Oersted(1777~1851)는 염화 알루미늄과 포타슘을 반응시켜 알루미늄 금속을 분리했다. 이후 실험을 통해 알루미늄 금속과 산소를 반응시켜 알루미나가 생성된다는 사실이 밝혀졌다. 이 실험이 증명한 것은 무엇인가?

연습문제

질량 보존 법칙

15. **a.** 밀폐된 용기에 쥐 1마리와 쥐가 3주 동안 살 수 있는 충분한 음식, 물, 산소가 들어 있다면 쥐가 먹고 마시고 운동한 후(호흡은 CO_2 배출) 1주, 2주 후 용기의 질량은 얼마나 될 것이며, 그 이유는 무엇인가?
    b. 쥐가 철창 안에 있고 쥐, 음식, 물의 질량만 고려한다면 **(a)**에서와 같은 답이 나오겠는가? 그 이유는 무엇인가?
16. 철 못이 염산 용액에 녹는다. 못이 사라진다. 철 원자가 파괴되었는가? 그렇다면 어떻게 파괴되었는가? 그렇지 않다면 어디에 있는가?
17. 발포성 제산제 4.00 g을 물 100 mL(100 g)에 녹인다면 제산제가 녹은 후 유리잔과 그 내용물의 질량은 얼마인가? 답변의 근거를 제시하라.
    a. 104 g

b. 204 g
c. 204 g보다 조금 적다.
d. 204 g보다 조금 많다.

18. 다음 두 가지 연소 반응이 어떻게 질량 보존 법칙을 어기는 것처럼 보이는지 설명하라.
a. 다이아몬드를 태우면 남는 질량은 0이다.
b. 목재를 태우고 남은 재의 질량은 나무보다 적다.
추가 조사 결과, 두 반응 모두에서 CO_2가 배출된 것으로 나타났다. 이 추가 정보를 통해 다이아몬드가 순수한 탄소로 만들어졌고, 목재는 그렇지 않다는 것을 어떻게 증명할 수 있는지 설명하라.

19. 최초의 불활성 기체 화합물은 1962년에 만들어졌다. 그 이후로 폭발성이 강한 삼산화 제논(XeO_3)을 포함하여 제논과 크립톤을 포함하는 여러 가지 화합물이 만들어졌다. 삼산화 제논은 산소 2.68 g당 제논 7.32 g을 함유하고 있다. 제논 100.0 g을 삼산화 제논으로 변환하는 데 필요한 산소의 질량은 얼마인가?

20. 아산화 질소(N_2O 또는 웃음 가스)는 아산화 질소 44.01 g당 질소 28.01 g을 함유하고 있다. 질소 48.7g에서 생성되는 아산화 질소의 질량은 얼마인가?

21. 지나치게 열정적인 화학과 학생이 프로판(C_3H_8, H 8.07g당 C 36.03 g) 88.20 g을 연소시켜서 이산화 탄소 291 g(O 32.00 g당 C 12.01 g)을 생성했다고 말한다. 이 답이 왜 불가능한지 설명하라.

22. 한 학생이 아연 분말 2.796 g을 황 2.414 g과 함께 가열하여 황화 아연 4.169 g을 얻고, 반응하지 않은 황 1.041 g을 회수했다. 이 결과가 질량 보존 법칙을 따르는지 계산을 통해 증명하라.

23. 아연 1.00 g과 황 0.80 g을 반응시키면 아연은 모두 소진되고 황화 아연(ZnS) 1.50 g이 생성되고 반응하지 않은 황이 일부 남는다. 반응하지 않은 황의 질량은 얼마인가?
a. 0.20 g
b. 0.30 g
c. 0.50 g
d. 이 정보만으로는 판단이 불가능하다.

24. 한 도시에서 고체 폐기물 처리할 계획을 세워야 한다. 고체 폐기물은 다양한 종류의 물질로 구성되어 있으며, 이 물질들은 화합물과 혼합물 모두 다양한 원소로 구성되어 있다. 폐기물을 처리하는 방법에는 매립지 매립, 소각, 해양 투기 등이 있다. 폐기물을 구성하는 원자를 제거할 수 있는 방법은 무엇인가? 폐기물의 화학적 형태를 즉시 바꿀 수 있는 방법은 무엇인가?

일정 성분비 법칙

25. 물 18.02 g을 전기분해로 분해하면 산소 16.00 g과 수소 2.02 g이 생성된다. 일정 성분비 법칙에 따르면 물 489 g을 전기분해하면 **(a)** 수소와 **(b)** 산소는 그램 단위로 얼마나 생성되는가?

26. 미래의 연료로 물의 분해에서 나오는 수소가 제안되었다(12장). 수소 907 kg을 생산하기 위해 전기분해해야 하는 물의 질량은 킬로그램 단위로 얼마인가(25번 문제 참조)?

27. 공기가 풍부하게 공급되면 질량비로 3.0의 탄소가 8.0의 산소와 반응하여 이산화 탄소가 생성된다. 이 질량비를 사용하여 이산화 탄소 14 kg을 생성하는 데 필요한 탄소의 질량을 계산하라.

28. 다이아몬드를 산소가 포함된 대기 중에 태우면 다이아몬드의 탄소가 이산화 탄소(CO_2)로 전환된다. 다이아몬드 0.4 g(2캐럿)을 태우면 이산화 탄소가 얼마나 생성되는가(27번 문제 참조)?

John Dalton과 물질의 원자론

29. Dalton의 원자론의 요점에 해당하지 않는 것은 무엇인가?
a. 정해진 원소의 모든 원자는 동일하다.
b. 서로 다른 원소의 원자는 크기와 질량이 다르다.
c. 화합물은 일정한 정수 조합으로 원자들이 결합해 생성된다.
d. 서로 다른 두 화합물의 질량이 같으면 원자 개수가 같아야 한다.

30. 그리스인은 물과 기름 원자가 매끄럽고, 불 및 매운맛과 관련된 원자가 날카로운 모서리를 가지고 있는 등 원자의 모양이 서로 다르다고 생각했다. 이 견해는 Dalton의 원자론과 일치하는가? 그 이유를 설명하라.

31. Dalton의 원자론을 사용하여 다이아몬드가 연소될 때 탄소 원자는 어떻게 되는지, 물이 전기분해될 때 산소와 수소원자는 어떻게 되는지 설명하라.

32. Dalton의 원자론에 따르면 원소들이 반응할 때 원자들의 결합은 어떻게 일어나는가?
a. 각 원소 쌍마다 고유하게 간단한 정수 비율로
b. 정확히 1:1 비율로
c. 하나 이상의 간단한 정수 비율로
d. 쌍으로
e. 무작위 비율로

33. 수소와 산소는 약 1:8의 질량비로 결합하여 물을 생성한다. 모든 물 분자가 수소 원자 2개와 산소 원자 1개로 구성되어 있다면 수소 원자의 질량은 산소 원자의 질량보다 몇 배인가?
a. $\frac{1}{16}$배 **b.** $\frac{1}{8}$배
c. 8배 **d.** 16배

34. 원소인 플루오린(불소)과 질소는 57:14의 질량 비율로 결합하여 화합물을 생성한다. 화합물의 모든 분자가 플루오린 원자 3개와 질소 원자 1개로 구성되어 있다면 플루오린 원자 질량의 몇 배가 질소 원자 질량에 해당하는가?
a. $\frac{19}{14}$배 **b.** 3배
c. $\frac{14}{19}$배 **d.** 14배

배수 비율

35. 다음 중 배수 비율 법칙을 설명하는 데 사용할 수 있는 쌍은 무엇인가?
a. CH_4와 CO_2 **b.** H_2O와 HF
c. NO와 NO_2 **d.** ZnO와 ZnS

36. 산소와 루비듐만 포함된 화합물이 Rb 1.00 g당 O 0.187 g을 가지

고 있다. 상대 원자 질량은 O의 경우 16.0이고 Rb의 경우 85.5이다. 루비듐의 다른 산화물에 대해 가능한 O 대 Rb 질량비는 얼마인가?

a. 8.0:85.5 **b.** 16.0:85.5
c. 32.0:85.5 **d.** 16.0:171

37. 화학식이 SnO인 주석 산화물 시료가 주석 0.742 g과 산소 0.100 g으로 구성되어 있다. 주석의 다른 산화물 시료는 주석 0.555 g과 산소 0.150 g으로 구성되어 있다. 두 번째 산화물의 화학식은 무엇인가?

38. 질소의 세 가지 산화물인 X, Y, Z가 있다. 산화물 X의 산소 대 질소 질량비는 2.28:1.00, 산화물 Y의 산소 대 질소 질량비는 1.14:1.00, 산화물 Z의 산소 대 질소 질량비는 0.57:1.00이다. 질소의 질량이 일정할 때, 이들 화합물에서 산소의 질량 비는 정수로 얼마인가?

39. 철은 자연에서 여러 가지 산화물을 생성한다. 뷔스타이트(FeO) 시료에는 Fe 0.558 g와 O 0.160 g이 포함되어 있고, 적철광과 자철광 시료에는 각각 Fe 0.558 g과 O 0.240 g, Fe 3.35 g과 O 1.28 g이 포함되어 있다. 뷔스타이트에 대한 정보가 주어졌을 때, 적철광과 자철광의 철-산소 비율은 얼마인가? 결론이 배수 비율 법칙과 일치하는가? 그 이유를 설명하라.

40. 화합물 V와 W는 수소와 탄소로만 구성되어 있다. 화합물 V는 탄소가 질량 기준으로 80.0%, 수소가 질량 기준으로 20.0%이다. 화합물 W는 탄소가 질량 기준으로 83.3%, 수소가 질량 기준으로 16.7%이다. 탄소 질량이 고정되어 있을 때, 이 화합물들에서 수소의 질량 비율은 얼마인가?

몰 및 몰질량

41. 순수한 다이아몬드는 탄소 원자로만 만들어진다. 0.60 g(3.0캐럿) 다이아몬드에는 몇 몰의 탄소가 들어 있는가? 이 다이아몬드는 탄소 원자 몇 개로 구성되어 있는가?

42. 물 분자는 산소 원자 1개와 수소 원자 2개로 구성되어 있다. 물 1몰의 질량은 얼마인가? 물 1몰에는 산소 원자 몇 개와 수소 원자 몇 개가 있는가?

43. 탄소-12 5몰의 질량은 얼마인가? 탄소 5몰의 질량은 얼마인가?

44. 탄소-12에 대한 수소의 질량은 얼마인가? 탄소에 대한 수소의 질량은 얼마인가?

질량 및 원자 비율

45. 아줄렌이라는 파란색 고체가 순수한 화합물이라고 생각된다. 이 물질의 세 가지 시료를 분석한 결과는 다음 표와 같다. 이 물질은 순수한 화합물일 수 있는가? 설명하라.

	시료의 질량	탄소의 질량	수소의 질량
시료 1	1.000 g	0.937 g	0.0629 g
시료 2	0.244 g	0.229 g	0.0153 g
시료 3	0.100 g	0.094 g	0.0063 g

46. 어떤 무색 액체가 순수한 화합물이라고 생각된다. 이 물질의 세 가지 시료를 분석한 결과는 다음 표와 같다. 그 물질은 순수한 화합물일 수 있는가? 설명하라.

	시료의 질량	탄소의 질량	수소의 질량
시료 1	1.000 g	0.862 g	0.138 g
시료 2	1.549 g	1.295 g	0.254 g
시료 3	0.988 g	0.826 g	0.162 g

심화문제

47. 우라늄과 플루오린의 화합물은 원자력 발전소용 우라늄을 생성하는 데 사용된다. 이 기체를 분해하면 질량비로 플루오린 1당 우라늄 2.09를 얻을 수 있다. 우라늄 원자의 상대 질량이 238이고 플루오린 원자의 상대 질량이 19일 때, 우라늄 원자 1개와 결합하는 플루오린 원자의 수를 계산하라.

48. 한 실험에서 수소 3.06 g이 과량의 산소와 반응하여 물 27.35 g을 생성했다. 두 번째 실험에서는 전류를 흘려 물 시료를 수소 1.45 g과 산소 11.51 g으로 분해했다. 이 결과는 일정 성분비 법칙과 일치하는가? 그 이유를 설명하라.

49. 유황을 순수한 산소 기체에서 완전히 연소시켜 이산화 황을 생성하고 반응하지 않은 산소를 일부 남기는 실험을 두 번 수행했다. 첫 번째 실험에서는 유황 0.312 g을 태워 이산화 황 0.623 g이 생성되었다. 두 번째 실험에서는 유황 1.305 g이 연소되었다. 생성된 이산화 황의 질량은 얼마인가?

50. 그림 2.5를 사용하여 수은 금속 100.0 g을 생성하는 데 필요한 수은 산화물의 질량을 계산하라.

51. 표 2.1을 참조한다. 질소와 산소의 또 다른 화합물이 산소 1.000 g 당 질소 0.5836 g을 함유하고 있다. 이 화합물에서 N의 질량과 이산화 질소에서 N의 질량의 비율을 계산하라. 이 값은 어떤 정수의 비율을 나타내는가?

52. 휘발유는 화학식 C_8H_{18}로 근사할 수 있다. 한 환경 옹호론자가 휘발유 1갤런(약 7파운드)을 태우면 대기 온도를 상승시키는 온실 가스인 이산화 탄소가 약 19 lb. 생성된다고 지적한다. 질량 보존 법칙의 모순으로 보이는 이 현상에 대해 설명하라.

53. 다음 사진과 같은 실험에서 플라스크에 염산 용액 약 15 mL를 넣고 탄산 소듐 약 3 g을 풍선에 넣었다. 그런 다음 탄산 소듐이 플라스크 안의 산에 떨어지지 않도록 주의하면서 풍선의 입구를 플라스크 위에 조심스럽게 늘려 씌웠다. 플라스크를 전자 저울에 올려놓고 내용물과 플라스크의 질량을 측정한 결과 38.61 g으로 나타났다. 탄산 소듐을 천천히 흔들어 산에 집어넣었다. 풍선이 기체로 채워지기 시작했다. 반응이 완료되었을 때, 풍선 속의 기체를 포함한 플라스크와 그 내용물의 질량이 38.61 g이다. 이 실험은 어떤 법칙을 보여주는가? 그 이유를 설명하라.

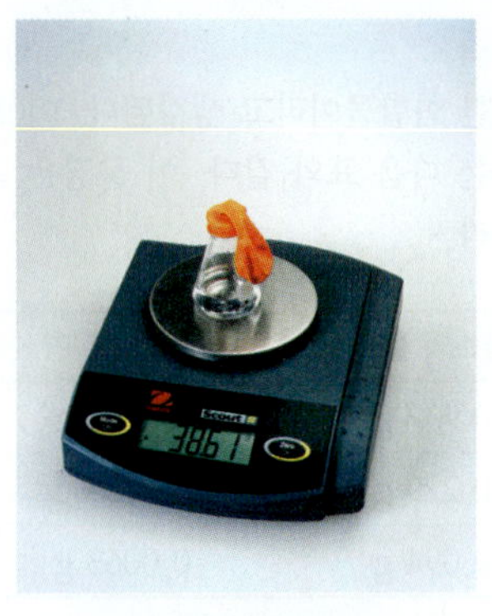

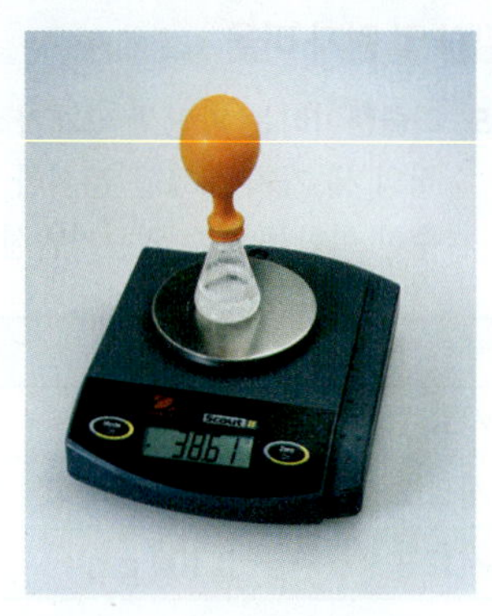

54. Fritz Haber는 질소와 수소 기체를 결합해 현대 농업의 필수 영양소이자 귀중한 화학 물질인 암모니아(NH_3)를 만드는 공정을 발명해 노벨상을 수상했다. 암모니아는 질량 기준으로 82.2%가 질소인 것으로 알려져 있다.

a. 질소 28.0 g과 수소 6.05 g이 밀폐된 시스템에서 결합하면 생성되는 암모니아의 질량은 얼마인가?

b. 수소 47.5 g을 완전히 소비하려면 질소의 질량은 얼마가 필요하고, 생성되는 암모니아의 질량은 얼마인가?

c. 질소 16.0 g과 수소 2.02 g으로 시작하여 수소를 모두 소비하면 질소의 질량은 얼마가 남는가?

55. Döbereiner의 삼원소 관계를 사용하여 다음 각각의 방법으로 Se의 질량을 계산하라.

a. Mendeleev의 주기율표 값을 기반으로(그림 2.11)

b. 이 책의 앞표지 안쪽에 있는 현대 주기율표의 값을 기반으로

56. 시안화 포타슘(KCN)이 함유된 금 가공 폐기물은 산소가 있는 상태에서 매우 높은 온도로 가열하여 위험하지 않게 만들 수 있다. 배터리 생산 과정에서 발생하는 황산 납(II) 또는 $PbSO_4$를 함유한 폐기물은 이러한 처리 방법으로 안전성을 확보할 수 없다. 그 이유를 설명하라.

57. 다음 각 원소가 위험한지, 희귀한지, 아니면 둘 다 아닌지 밝혀라.

a. 규소 **b.** 네오디뮴 **c.** 수은
d. 산소 **e.** 납

58. 녹색 화학이 소비자 제품에서 카드뮴 사용을 줄이는 데 어떻게 도움이 되었는지 두 가지 예를 제시하라.

59. 수은이 든 형광등을 매립하지 않고 재활용하는 것이 중요한 이유는 무엇인가?

비판적 사고 문제

이 장에서 습득한 지식과 하나 이상의 FLaReS 원칙(1장)을 적용하여 다음 진술과 주장을 평가하라.

2.1 공상 과학 영화에서 한 여성이 9개월의 임신을 단 몇 분 만에 진행한다. 이 기간 동안 산모는 영양분을 전혀 섭취하지 못한다. 그녀는 분만 중 사망하고 아이를 살리기 위해 응급 제왕절개를 시행한다. 아이는 단 몇 시간밖에 살지 못하고 급속도로 노화되어 죽는다. 한 학생이 이 영화가 외계인과의 만남에 대한 비밀 정부 기록에 근거한 것이라고 주장한다.

2.2 물을 전기분해하면 물 한 분자에서 항상 산소 원자 1개와 수소 원자 2개가 나온다. 그러나 미화 1,000,000달러를 캐나다 달러로 환전할 때 캐나다 달러의 양은 달라질 수 있다.

2.3 건강식품 매장에 구리 금속으로 만든 팔찌가 많이 진열되어 있다. 어떤 사람들은 그러한 팔찌를 착용하면 관절염이나 류마티스 질환으로부터 착용자를 보호할 수 있다고 주장한다.

2.4 오래된 요리책에 따라 스파게티 소스와 같은 산성 음식을 철 냄비에 조리하면 같은 음식을 알루미늄 냄비에 조리하는 것보다 더 많은 영양소를 섭취할 수 있다고 한다.

2.5 한 회사에서 '물 에너지-산화기'라는 장치를 판매하고 있다. 이 장치는 식수에 많은 에너지를 공급하여 물 속의 산소 질량을 증가시켜 신체에 더 많은 산소를 공급할 수 있다고 주장한다.

2.6 한 신비주의자에 따르면 다이아몬드를 사용하면 유죄인지, 무죄인지 알 수 있다고 한다. 그의 주장에 따르면 유죄인 사람의 손에 쥔 다이아몬드는 흐리게 보이지만, 무죄인 사람이 만지면 그 사람의 선함 때문에 반짝인다고 한다.

 협업 과제

파워포인트, 포스터, 기타 프레젠테이션을 준비하여 수업에서 공유하라.

1. Aristotle, Leucippus, Democritus, Thales, Anaximander, 밀레투스의 Anaximenes, Heraclitus, Empedocles, 또는 기원전 300년 이전의 다른 그리스 철학자 중 한 사람의 업적에 초점을 맞추어 과학 분야의 개념에 초기 그리스인이 기여한 바에 대한 간략한 보고서를 작성하라.
2. 플로지스톤 이론(phlogiston theory)에 대한 간단한 보고서를 작성하라. 이 이론이 무엇인지, 무언가를 태울 때 질량의 변화를 어떻게 설명하는지, 왜 결국 포기되었는지 설명하라.
3. 금속, 종이, 플라스틱, 유리, 음식물 쓰레기, 풀잎 중 하나의 재활용에 대한 에세이를 쓰라. 원소의 성질을 유지하는 재활용 방법과 성질을 바꾸는 재활용 방법을 대조하라.

실험 과제 비닐 봉투 속의 반응: 물질 보존 법칙 시연하기

준비물

- Alka-Seltzer 알약(8)
- 물 1/4컵
- 작은 플라스틱 컵 2개
- 밀봉가능한 비닐 봉투(1)
- 주방 저울

화학 반응에서 기체가 생성되면 물질 보존 법칙을 관찰할 수 있는가?

물질 보존 법칙은 화학 반응 중에 원자가 생성되거나 파괴되지 않는다는 것을 말한다. 이번 실험에서는 Alka-Seltzer 알약(역자주: 미국에서 널리 사용되는 발포 소화제)을 물에 녹이는 실험을 통해 이 법칙을 증명하도록 하겠다.

Alka-Seltzer 알약은 제산제 및 진통제 역할을 하며 아스피린이 진통제로 작용한다. 알약을 물에 녹이면 시트르산과 중탄산 소듐이 용해되어 반응하여 물과 이산화 탄소를 생성한다. 이렇게 생성된 구연산 소듐과 이미 생성된 아스피린을 섭취하면 속쓰림과 통증 완화에 도움을 받을 수 있다. 이 실험에서는 반응에서 원자가 손실되는지 관찰할 수 있으므로 물질 보존 법칙을 관찰하고 있는 것이다.

먼저 작은 플라스틱 컵에 물 1/8컵을 계량한다. 주방 저울을 사용하여 물과 컵의 질량을 기록한다. Alka-Seltzer 알약 4알을 물에 떨어뜨리고 즉시 총 질량을 기록한다(힌트: 그램 단위를 사용). 알약이 물에 녹는 동안 관찰한 내용을 적는다. 혼합물에 대해 어떤 관찰을 할 수 있는가?

반응이 완료된 후 혼합물의 최종 질량을 측정한다. 반응 전과 후의 질량 측정값에 차이가 있는가?

다음 단계로 다시 반응을 진행하되, 이번에는 Alka-Seltzer 알약 4개와 물 1/8컵(다시 작은 플라스틱 컵)을 큰 비닐 봉투에 넣고 알약을 먼저 물 밖에 꺼내어 둔다(알약을 봉투의 한쪽 모서리에서 잡고 있는다). 봉투의 공기를 대부분 빼내고 밀봉한 후, 봉투와 내용물의 질량을 잰다. 그런 다음 알약을 물컵에 넣는다. 반응 전과 후에 봉투와 내용물의 질량을 잰다.

실험문제

1. 봉투에 들어 있는 혼합물과 봉투에 들어 있지 않은 혼합물에 대해 어떤 관찰을 할 수 있는가?
2. 밀봉된 봉투의 혼합물 질량에 변화가 있었는가? 그 이유는 무엇인가?
3. 이 실험은 물질 보존 법칙에 대해 무엇을 알려주는가?

원자 구조

3

3.1 전기와 원자

3.2 과학에서 뜻밖의 발견: X선과 방사능

3.3 방사능의 세 가지 유형

3.4 Rutherford의 실험: 원자의 핵 모형

3.5 원자핵

3.6 전자 배열: Bohr의 모형(궤도)

3.7 전자 배열: 양자 모형(궤도 함수/부껍질)

3.8 전자 배치와 주기율표

엔터테인먼트, 레스토랑, 바, 대도시의 상징인 네온 불빛. 네온으로 채워진 유리관은 전류가 흐르면 특유의 붉은 주황색을 띠게 된다. 관 내부를 형광체로 코팅하거나 다른 기체로 채우면 다른 색이 만들어진다. 왜 네온은 붉은 주황색일까? 이 장의 주제인 원자 구조에 그 해답이 있다.

❓ 이 장과 관련된 궁금증

1. 원자를 볼 수 없다면 원자가 더 작은 입자로 이루어져 있다는 것을 어떻게 알 수 있는가?
2. 과학에서 우연한 발견이 흔한 이유는 무엇인가?
3. 방사능이란 무엇인가?
4. 원자가 대부분 빈 공간이라면 왜 대부분의 고체는 딱딱한가?
5. 대부분의 전구는 백색광을 발산한다. 네온 불빛이 붉은 주황색으로 보이는 이유는 무엇인가?
6. 주기율표에서 '주기'란 무엇인가?

보이지 않는 것의 이미지 원자는 매우 작은 입자이고, 광학 현미경으로도 볼 수 없을 정도로 작다. 과학자들이 개별 원자의 이미지를 얻을 수 있는 것은 사실이지만, 주사 터널링 현미경(STM)과 같은 특수 장비를 사용한다. 그렇더라도 우리는 물질에서 원자의 윤곽과 그 배열만 볼 수 있다. 원자가 그렇게 작다면 그 내부 구조에 대해서는 어떻게 알 수 있을까?

과학자들은 원자의 내부를 직접 관찰한 적은 없지만 간접적으로 많은 정보를 얻을 수 있었다. 독창적인 실험을 설계하고 추론 능력을 발휘하여 원자의 내부에 대한 놀랍도록 상세한 정보를 얻을 수 있다.

원자처럼 작은 입자의 구조에 관심을 갖는 이유는 무엇일까? 그 이유는 원자의 다양한 부분의 배열에 따라 다양한 원자의 성질과 원자가 구성하는 물질의 성질이 정해지기 때문이다. 원자 구조를 이해해야만 원자가 어떻게 결합하여 수백만 가지 물질을 만드는지 알 수 있다. 이러한 지식을 바탕으로 우리는 우리의 필요에 맞도록 더 정확하게 물질을 합성하고 변형할 수 있다.

아마도 여러분에게 더 큰 관심은 원자 구조에 대한 지식이 있어야 화학(그리고 생물학 및 다른 과학)에 대한 이해가 어느 정도라도 가능하다는 사실일 것이다. John Dalton의 시대로 거슬러 올라가 보자.

3.1 전기와 원자

학습 목표 • 원자의 전기적 성질을 설명한다.
• 전기의 성질이 원자의 구조를 어떻게 설명하는지 서술한다.

▲ Michael Faraday는 전기화학 연구 외에도, 염소와 같은 기체를 액화시키는 방법을 고안하고 전기 변압기를 발명하기도 했다.

19세기의 첫 10년동안 과학자들의 원자에 대한 개념이 크게 변화되었다. 그리스인들은 원자를 모래, 물, 바위, 공기 등 모든 것의 가장 작은 입자라고 믿었다. 1803년 원자론을 정립한 Dalton은 원자를 눈에 보이지 않는 원소의 가장 작은 입자로 정의했는데, 이는 원자를 화합물이나 혼합물이 아닌 원소와 연관시킨 새로운 개념이었다. Dalton은 원자를 매우 단단하고 분할할 수 없는 '공'이라고 보았고, 고체는 '단단하다'는 점에서 당시에는 직관적으로 이해가 되는 이론이었다. 그렇다면 전기는 원자와 어떤 관계가 있으며, 전류의 발견으로 원자에 대한 이해가 어떻게 확장되었을까?

정전기는 고대부터 관찰되어 왔지만, 연속적인 전류는 19세기에 들어 탄생했다. 1800년 Alessandro Volta(이탈리아, 1745~1827)는 현대의 배터리와 유사한 전기화학 전지를 발명했다. 이러한 전지의 극을 전선으로 연결하면 전선을 통해 전류가 흐른다. 전류는 전지 내부의 화학 반응에 의해 유지된다. Volta의 발명은 곧 과학과 일상생활의 여러 분야에 적용되었다.

전기분해

역시 1800년에 William Nicholson(영국, 1753~1815)과 Anthony Carlisle(영국, 1768~1840)은 전류를 이용해 (전기분해로) 물을 수소와 산소 기체로 분해했는데, 그리스 시대부터 물이 '원소'로 여겨졌던 만큼 놀라운 발견이었다. 얼마 지나지 않아 영국의 화학자인 Humphry Davy(1778~1829)는 강력한 배터리를 만들어, 그것을 이용해 용융(녹은) 염에 전기를 흘렸다. 데이비는 몇 가지 새로운 원소를 빠르게 발견했다. 1807년, 그는 최초로 전기분해를 이용해 용융 수산화 포타슘으로부터 반응성이 높은 포타슘 금속을 분리했다. 얼마 지나지 않아 그는 용융 수산화 소듐에 전기를 흘려서 소듐 금속을 분리했다. 1년 만에 Davy는 마그네슘, 스트론튬, 바륨, 칼슘 금속도 처음으로 분리했다. 전기화학이라는 과학이 탄생한 것이다! (전기화학에 대해서는 8장에서 더 자세히 살펴보겠다.)

Davy의 제자인 Michael Faraday(영국, 1791~1867)는 이 새로운 과학을 크게 확장했다.

정규 교육을 받지 못한 Faraday는 다른 사람들에게 자문을 구해 오늘날 우리가 여전히 사용하는 많은 용어를 정의했다. 그는 내과의사의 도움을 받아 전기에 의한 화학 반응을 부르는 **전기분해**(electrolysis)라는 용어를 만들었고(그림 3.1), 용융되거나 물에 녹을 때 전기를 전도하는 화합물에 대해 **전해질**(electrolyte)이라는 명칭을 만들었다. 용융 화합물이나 용액에 전류를 전달하기 위해 삽입한 탄소 막대나 금속 판을 **전극**(electrode)이라고 한다. 양전하를 띠는 전극은 **산화 전극**(anode)[역자 주: 산화 전극은 전기분해에서 양전하를 띠므로 양극이라고 부르기도 하지만, 화학 전지에서는 음전하를 띠는 음극이 산화 전극이다. 따라서 화학에서는 양극이나 음극이라는 용어 대신 산화 전극과 환원 전극으로 통일해서 부른다], 음전하를 띠는 전극은 **환원 전극**(cathode)[역자 주: 환원 전극은 전기분해에서 음전하를 띠므로 음극이라고 부르기도 하지만, 화학전지에서는 양전하를 띠는 양극이 환원 전극이다. 따라서 화학에서는 양극이나 음극이라는 용어 대신 산화 전극과 환원 전극으로 통일해서 부른다]이다. 용융 화합물이나 용액을 통해 전류를 전달하는 존재를 이온이라고 한다(4장 참조). **이온**(ion)은 전하를 띠고 있는 원자 또는 원자단이다. 음전하를 띤 이온은 **음이온**(anion)이고, 산화 전극을 향해 이동한다. 양전하를 띤 이온은 **양이온**(cation)이며, 환원 전극을 향해 움직인다.

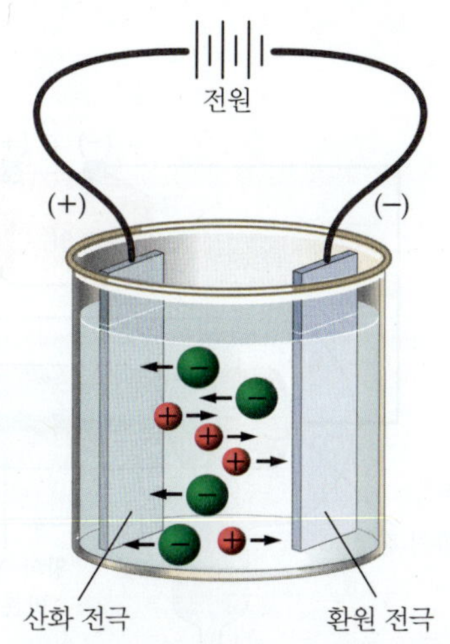

▲ **그림 3.1** 전기분해 장치. 전원(예: 배터리)은 전선을 통해 환원 전극에서 산화 전극으로 전자를 전달한다. 양이온(+)은 환원 전극(−)에 끌리고, 음이온(−)은 산화 전극(+)에 끌린다. 이러한 이온의 이동이 용액을 통한 전기의 흐름이다.

Faraday는 용융 염 뿐만 아니라, 다양한 염의 수용액에 전지의 금속 전극을 삽입했을 때 어떤 일이 일어나는지 연구했다. 금속 구리가 강산에 녹아 푸른색 용액을 형성한다는 사실은 연금술사 시대부터 알려져 있었다. Faraday가 배터리의 전극을 이러한 청색 용액에 넣자 환원 전극 표면에 순수한 금속 구리가 나타났다. 이 관찰과 다른 많은 유사한 연구를 통해, 그는 배터리의 '전하'를 운반하는 (현재 우리가 **전자**라고 부르는) 입자가 원자로 들어가거나 나올 수 있다는 매우 중요한 생각을 하게 되었다. 따라서 그 작은 입자는 원자 안에 있어야 한다. Faraday의 연구로 인해, 19세기 대부분의 과학자들은 원자는 작고 단단한 입자이며, 그 작은 하전 입자들이 원자 외부(또는 내부)에 느슨하게 붙어 있다고 믿었다. 마치 초코칩 쿠키 반죽 속의 초콜릿이나 푸딩 속의 건포도처럼 말이다. 원자 구조에 대한 자세한 정보가 발견되기까지는 수십 년이 걸렸다.

음극선 관

1875년 영국의 화학자인 William Crookes(1832~1919)는 전기가 통할 수 있는 저압 가스방전 관을 만드는 데 성공했다. Crookes의 관은 간판용 네온 관, 초기 텔레비전의 음극선 관, 형광등의 전신이다. 방전 관에는 금속 전극이 밀봉되어 있고, 진공 펌프를 연결하여 대부분의 공기를 제거할 수 있다. Crookes는 강한 전류가 황화 아연을 바른 막에 닿았을 때 녹색 형광 광선을 관찰했다. 이 광선은 산화 전극을 떠나 환원 전극으로 이동하는 것처럼 보였으며, **음극선**(cathode ray)이라고 불렸다.

Thomson의 실험: 질량 대 전하 비

음극선의 성질에 대해 많은 추측이 제기되었고 많은 실험이 수행되었다. 이 광선은 입자 빔일까, 아니면 가시광선처럼 파동 같은 형태의 에너지로 구성되어 있을까? (과학적 해답이 그래야 하듯이) 그 해답은 1897년 영국의 물리학자인 Joseph John Thomson(1856~1940)이 수행한 실험에서 나왔다. 그의 실험이 그림 3.2에 나와 있다. Thomson은 음극선이 전기장에서 굴절된다는 것을 보여주었다(그림 3.2a). 음극선은 양으로 하전된 판에 끌리고 음으로 하전된 판에 반발했다. Thomson은 음극선이 음으로 하전된 입자로 구성되어 있다는 결론을 내렸다. 그의 실험은 또한 전극이 어떤 재료로 만들어졌는지, 관에 어떤 종류의 기체가 들어 있는지 상관없이 그 입자는 동일하다는 것을 보여주었다. 그는 모든 원자에는 이러한 음전하를 띤 입자가 포

1 원자를 볼 수 없다면 원자가 더 작은 입자로 이루어져 있다는 것을 어떻게 알 수 있는가?

전기의 거동과 물질과의 상호작용을 관찰하여 전자와 다른 아원자 입자의 존재를 추론했다. 아원자 입자의 존재와 거동으로 인해 원자가 특정 방식으로 거동하게 된다.

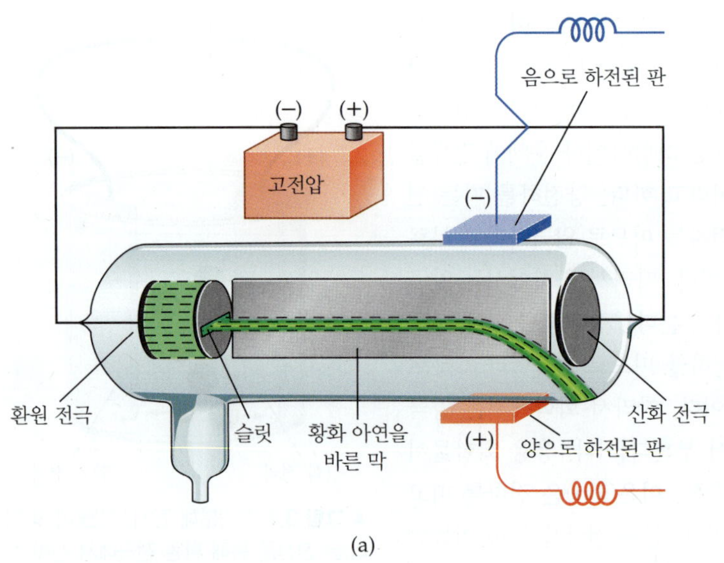

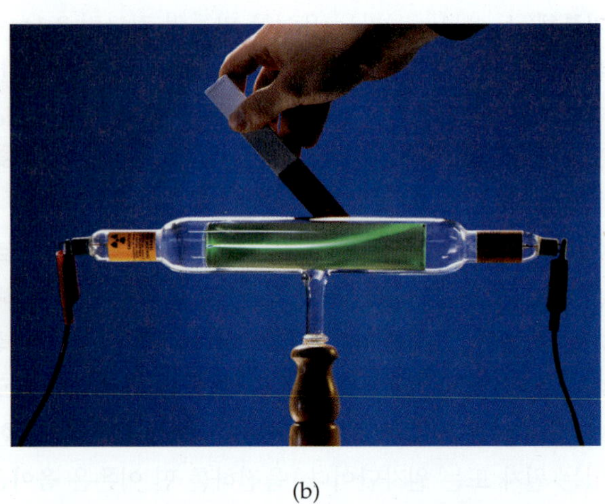

▲ **그림 3.2** 음극선(전자 빔)의 굴절을 보여주는 Thomson의 장치. 음극선은 눈에 보이지 않지만, 황화 아연을 바른 막에 부딪히면 녹색 형광을 내기 때문에 관찰할 수 있다. (a)는 전기장에서 빔의 굴절을 보여준다. 빔이 굴절되는 방향에 주목하자. (b)는 자기장에서의 굴절을 보여준다. 음극선은 어떤 외부 장이 가해지지 않는 한 직선으로 이동한다.

함되어 있다는 결론을 내렸다. Thomson은 이 음전하를 띤 단위를 **전자**(electron)라고 명명했다. 따라서 음극선은 가스방전 관의 환원 전극에서 방출되는 전자 빔이다.

음극선은 전기장뿐만 아니라 자기장에서도 굴절된다(그림 3.2b). 입자의 전하가 클수록 전기장(또는 자기장)에서 더 많이 굴절되고, 입자가 무거울수록 굴절되는 정도가 줄어든다. 세기를 알고 있는 전기장이나 자기장에서 굴절되는 정도를 측정하여, Thomson은 전자의 질량 대 전하 비를 계산할 수 있었다. (질량이나 전하를 따로 측정할 수는 없었다.) 기체에 의한 전기 전도에 관한 연구로 Thomson은 1906년 노벨 물리학상을 수상했다.

Goldstein의 실험: 양전하를 띤 입자

1886년 독일의 과학자 Eugen Goldstein(1850~1930)은 환원 전극에 구멍이 뚫린 가스방전 관으로 실험을 수행했다(그림 3.3). 그는 평소와 같이 전자가 형성되어 산화 전극을 향해 날아가지만, 양전하를 띤 입자들도 형성되어 반대 방향인 환원 전극을 향해 날아간다는 사실을 발견했다. 이 양전하를 띤 입자들 중 일부는 환원 전극의 구멍을 통과했다. 1907년에 이 양전하를 띤 입자들이 자기장에서 굴절되는 현상을 연구한 결과에 따르면 이 입자들의 질량은 관의 기체에 따라 달라지는 것으로 나타났다. 가장 가벼운 입자는 관에 약간의 수소 기체가 있을 때

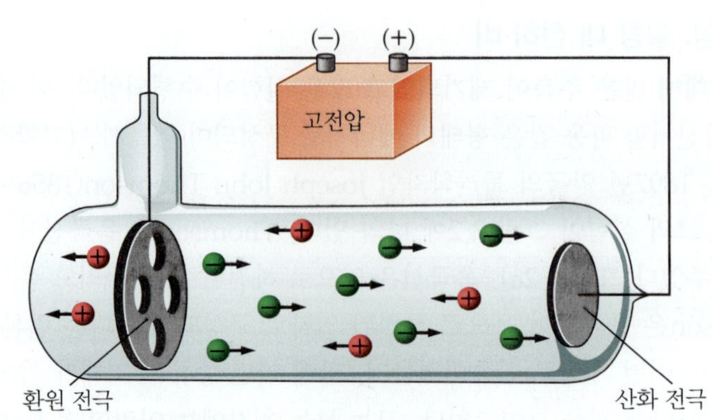

▶ **그림 3.3** Goldstein의 양전하를 띤 입자 연구용 장치. 환원 전극에 구멍이 있는 이 장치는 그림 3.2의 음극선 관을 변형한 것이다. 환원 전극 방향으로 끌어당겨진 양이온 중 일부는 환원 전극의 구멍을 통과한다. 환원 전극의 왼쪽 영역에서 이러한 입자들이 자기장에서 굴절되는 것(표시되지 않음)을 연구할 수 있다.

생성되며, 이는 나중에 전자의 1837배에 달하는 질량을 가진 것이 확인되었다.

Millikan의 기름방울 실험: 전자 전하

전자의 전하량은 1909년 시카고 대학의 물리학자인 Robert A. Millikan(미국, 1868~1953)에 의해 측정되었다. Millikan은 전기장 속에서 전하를 띤 기름방울을 관찰했다. 그의 실험 장치의 모식도가 그림 3.4에 나와 있다. 분무기를 이용해 작은 기름방울을 만든다. X선을 쬐거나 정전기에 의해 기름방울 중 일부가 음전하를 띠게 된다. 어느 방법이든 기름방울은 하나 또는 그 이상의 추가 전자를 얻게 된다.

일부 기름방울은 격실 안으로 들어가고 망원경으로 관찰된다. 격실 바닥에 있는 음전하를 띤 판은 음전하를 띤 기름방울을 밀어내고, 양전하를 띤 판은 끌어당긴다. 각 판의 전하를 조작하고 기름방울의 거동을 관찰하면 각 기름방울의 전하를 측정할 수 있다. Millikan은 두 기름방울 사이의 가장 작은 전하 차이를 개별 전자의 전하로 간주했다. 이 연구로 그는 1923년에 노벨 물리학상을 수상했다.

Millikan의 전하의 값과 Thomson의 질량 대 전하 비의 값으로부터 전자의 질량을 쉽게 계산할 수 있었다. 그 질량은 9.1×10^{-28} g에 불과한 것으로 밝혀졌다. 질량 1 g이 되려면 전자 10^{27}개, 즉 1 뒤에 0이 27개 붙은 10억 × 10억 × 10억 개가 필요하다. 더 중요한 것은 전자의 질량이 가장 가벼운 원자의 질량보다 훨씬 작다는 것이다.

실제로는 전자의 실제 질량과 전하를 거의 사용하지 않는다. 많은 경우에 전자가 전하의 단위로 간주된다. 전하를 위 첨자 마이너스 기호($^{1-}$)로 표시한다. 이온의 전하를 표시할 때는 −를 사용하여 하나의 '여분의' 전자 1개로 인한 순 전하를 나타내고, $^{2-}$를 사용하여 '여분의' 전자 2개로 인한 전하를 나타내는 등의 방식으로 표시한다.

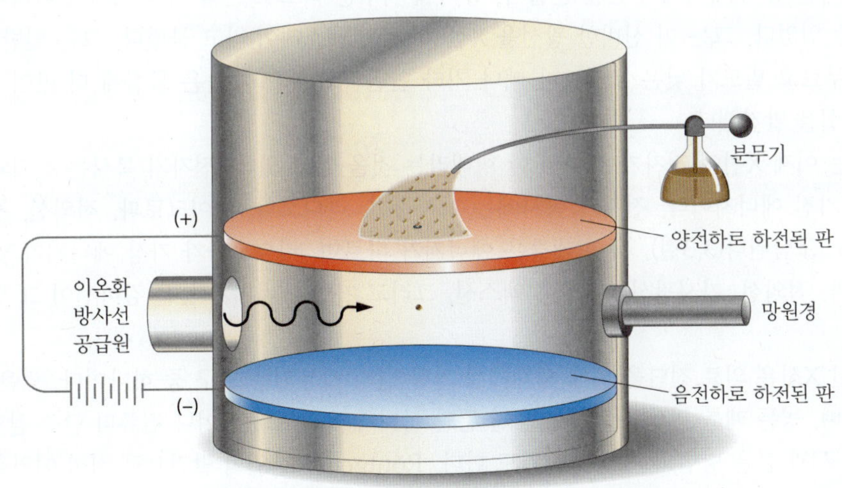

◀ **그림 3.4** Millikan의 기름방울 실험. X선을 쬔 기름방울은 전자를 얻어 음전하를 띠게 된다. 전기장의 전압을 조절하여 중력에 의한 낙하와 균형을 맞출 수 있다. 인가된 전압과 기름방울의 질량으로부터 기름방울의 전하량을 측정할 수 있다. 각 기름방울의 전하량은 전자의 전하량의 정수배이다.

자가평가문제

1. 화학 반응을 일으키기 위해 전기를 사용하는 것을 무엇이라고 하는가?

a. 아노다이징 **b.** 부식
c. 전기분해 **d.** 가수분해

2. 용융 염화 소듐을 전기분해하는 동안 소듐 양이온은 어떤 전극으로 이동하는가?

a. 음전하를 띤 산화 전극
b. 양전하를 띤 산화 전극
c. 음전하를 띤 환원 전극
d. 양전하를 띤 환원 전극

3. 음극선에 대한 설명으로 옳은 것은 무엇인가?
  a. 양전하를 띤 입자로 구성되어 있다.
  b. 질량 1 amu의 입자로 구성되어 있다.
  c. 전기장에 의해 굴절된다.
  d. 원소에 따라 모두 다르다.

4. J. J. Thomson이 측정한 전자의 물리량은 무엇인가?
  a. 원자 번호 **b.** 전하
  c. 질량 **d.** 질량 대 전하 비

5. Millikan은 기름방울 실험에서 어떻게 전자의 전하를 측정했는가?
  a. 가장 작은 기름방울의 지름을 측정하여
  b. 기름방울이 특정 최소 전하 또는 그 전하의 정수배를 가지고 있음을 발견하여
  c. 개별 전자를 분사할 수 있는 분무기를 사용하여
  d. 가장 전하가 작은 방울을 현미경으로 관찰하고 여분의 전자가 하나 있다는 것을 발견하여

정답: 1. c, 2. c, 3. c, 4. d, 5. b

3.2 과학에서 뜻밖의 발견: X선과 방사능

학습 목표 • X선을 발견하고 방사능을 설명하게 된 실험에 대해 서술한다.

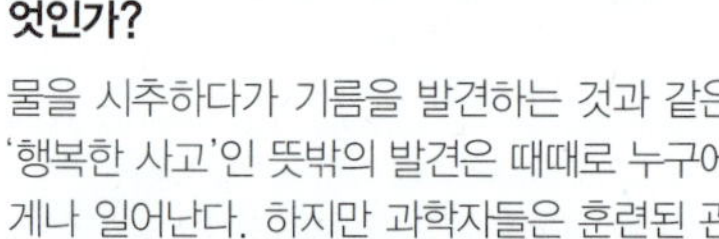

2 과학에서 우연한 발견이 흔한 이유는 무엇인가?

물을 시추하다가 기름을 발견하는 것과 같은 '행복한 사고'인 뜻밖의 발견은 때때로 누구에게나 일어난다. 하지만 과학자들은 훈련된 관찰자이다. 예상치 못한 일이 발생하면 그 이유를 궁금해하고 조사하는 경우가 많다. 훈련받지 않은 사람은 같은 사고가 발생해도 눈치채지 못할 수 있고, 물론 과학자조차도 처음에는 중요한 발견을 놓치는 경우가 있다. 또는 특이한 것을 발견하더라도 그 의미를 파악하지 못할 수도 있다.

19세기 말, 세상을 근본적으로 바꾼 두 가지 뜻밖의 발견을 살펴보자. 원자 구조와도 관련되어 있다.

Röntgen: X선의 발견

1895년 독일의 과학자 Wilhelm Conrad Röntgen(1845~1923)은 암실에서 음극선에 의해 특정 물질에서 생성되는 빛을 연구하고 있었다. 놀랍게도 그는 음극선 관에서 약간 떨어진 곳에 놓인 화학 처리된 종이에서 빛이 나는 것을 발견했다. 심지어 벽으로 관과 종이를 분리했을 때도 종이에서 빛이 났다. 분명히 이 유형의 광선은 벽을 통과할 수 있었다. 그가 방사선 공급원과 빛나는 종이 사이에서 손을 흔들자, 종이에 어두운 색으로 손의 뼈 이미지가 나타나는 것을 볼 수 있었다. 그는 이 신비한 광선을 **X선**(X-ray, 엑스레이)라고 불렀다. 그는 일반적으로 X선이 무르고 밀도가 낮은 조직보다 뼈나 기타 단단하고 밀도가 높은 물질에 더 많이 흡수된다는 사실을 발견했다.

우리는 이제 X선이 전자기 복사의 한 형태라는 것을 알고 있다. 전자기 복사는 전기와 자기 성분을 가진 에너지이다. 전자기 복사에는 가시광선, 라디오파, 마이크로파, 적외선, 자외선, 감마선도 포함된다(3.3절). 각 형태들은 에너지가 다르며, 라디오파가 가장 에너지가 낮고 마이크로파, 적외선, 가시광선, 자외선, 엑스선, 그리고 가장 에너지가 높은 감마선이 그 뒤를 잇는다.

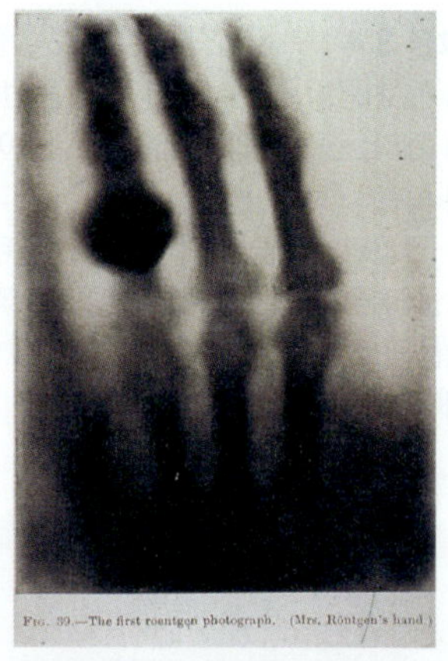

▲ X선은 1895년 Wilhelm Röntgen이 발견한 직후부터 의료 진단에 사용되기 시작했다. 실제로 알려진 최초의 X선 사진은 여기 보이는 것처럼 그의 부인의 손을 찍은 사진이다!

오늘날 X선은 의료 진단을 위해 세계에서 가장 널리 사용되는 도구 중 하나이다. 썩은 치아, 부러진 뼈, 병든 폐를 검사하는 데 사용될 뿐만 아니라 유방 조영법이나 컴퓨터 단층 촬영(CT, 11장 참조)과 같은 방법의 기초가 되기도 한다. Röntgen은 본인의 발견으로 전혀 이익을 얻지 못했다는 것이 얄궂은 일이 되었다. 그는 X선을 '인류에 대한 선물'이라 생각했고, 발견의 어떤 부분도 특허를 신청하지 않았다. 그러나 그는 많은 대중의 찬사를 받았으며 1901년 최초의 노벨 물리학상을 수상했다.

방사능의 발견

어떤 화학 물질은 강한 햇빛에 노출된 후 형광을 나타낸다. 이런 물질은 암실에 옮겨 놓아도 계속 빛을 발한다. 1895년 프랑스의 물리학자인 Antoine Henri Becquerel(1852~1908)은 검은 종이로 싼 사진 필름 위에 형광 화학 물질의 결정 몇 개를 올려놓고, 거기에 강한 햇빛을 쬐

어서 형광을 연구했다. 그 빛이 일반 빛과 같다면 종이를 통과하지 못할 것이다. 반면에 X선과 비슷한 빛이라면 검은 종이를 통과해 필름을 흐리게 만들 것이다.

Becquerel은 우라늄 화합물을 연구하던 중 우연한 기회에 중요한 발견을 했다. 이 화합물은 햇빛 아래 놓으면 형광을 내며 필름을 흐리게 만들었다. 햇빛에 노출시킬 수 없는 흐린 날, 그는 시료를 준비해 서랍에 넣어두었다. 놀랍게도 우라늄 화합물이 햇빛에 노출되지 않았음에도 불구하고 사진 필름이 흐려졌다. 추가 실험을 통해 우라늄 화합물에서 나오는 방사선은 형광과는 무관한 우라늄 원소의 특성이라는 것을 알아냈다.

다른 과학자들도 즉시 이 새로운 방사선을 연구하기 시작했다. Becquerel의 대학원생인 폴란드 출신의 Marie Sklodowska(1867~1934)는 이 현상에 방사능이라는 이름을 붙였다. **방사능**(radioactivity)은 불안정한 특정 원소에서 방사선 또는 실제 입자가 자발적으로 방출되는 것이다. Marie는 나중에 프랑스의 물리학자인 Pierre Curie(1859~1906)와 결혼했다. 두 사람은 함께 방사성 원소인 폴로늄과 라듐을 발견했다.

1906년 남편이 사망한 후에도 Marie Curie는 방사성 물질 연구를 계속하여 1911년 노벨 화학상을 수상했다. 50여 년이 넘도록 그녀는 노벨상을 두 번이나 받은 유일한 사람이었다.

▲ 실험실에서 Marie Sklodowska Curie와 Pierre Curie. 이들은 Antoine Henri Becquerel과 함께 1903년 노벨 물리학상을 공동 수상했다.

자가평가문제

1. Wilhelm Röntgen이 자기 손의 X선 이미지를 보았을 때 빛나는 종이보다 뼈가 더 어둡게 보인 것은 X선의 어떤 성질 때문인가?
   a. 살보다 뼈에 더 많이 흡수된다.
   b. 가시광선보다 에너지가 낮은 방사선이다
   c. 빠르게 움직이는 원자로 구성되어 있다.
   d. 일종의 방사능이다.

2. 방사능을 가진 원소에 대한 설명으로 옳은 것은 무엇인가?
   a. 라디오파를 흡수하고 더 강한 방사선을 방출한다.
   b. 불안정하고 방사선을 방출한다.
   c. 형광을 낸다.
   d. 에너지를 흡수할 때 원자의 분열(쪼개짐)을 겪는다.

정답: 1. a, 2. b

3.3 방사능의 세 가지 유형

학습 목표 • 방사능의 세 가지 주요 종류인 알파, 베타, 감마를 구별한다.

과학자들의 실험을 통해 다양한 방사성 원소에서 세 가지 유형의 방사선이 방출된다는 사실이 곧 밝혀졌다. 초기에 J. J. Thomson(3.1절 참조) 밑에서 일했던 뉴질랜드 출신 Ernest Rutherford(1871~1937)는 세 가지 유형의 방사능에 알파, 베타, 감마라는 이름을 붙였다. 강한 자기장이나 전기장에 통과시켰을 때, 알파 유형이 굴절되는 방식은 이것이 양전하를 띤 입자 빔으로 구성되어 있음을 나타내었다(그림 3.5). 이후 실험을 통해 **알파 입자**(alpha particle, α 입자)는 수소 원자의 4배 질량과 전자 전하의 2배 크기이지만, 부호는 전자와 반대인 전하를 가지고 있다는 사실이 밝혀졌다. 알파 입자는 사실 헬륨 원자의 원자핵(3.4절 참조)과 동일하며, 대개 He^{2+}로 표시한다. 당시까지 과학자들은 단단한 덩어리라고 가정된 원자는 나눌 수 없다고 믿었기 때문에, 이러한 발견은 매우 중요한 의미를 가졌다. 헬륨 원자 크기의 입자가 더 큰 원자에서 방출될 수 있다면 원자는 수많은 더 작은 입자들로 구성되어 있어야 한다. 즉 원자는 더 이상 나눌 수 없는 것으로 여겨지지 않았다.

두 번째 유형의 방사능은 베타 방사선이라고 하며, 음극선과 동일한 음전하를 띤 입자로 구성되어 있는 것으로 나타났다. 따라서 **베타 입자**(beta particle, β 입자)는 전자이다. 비록 원자의 전자보다 훨씬 더 많은 에너지를 가지고 있지만 말이다. **감마선**(gamma ray, γ선)은 자기

3 방사능이란 무엇인가?
방사능은 불안정한 원자핵의 자연 붕괴로 인해 방사선 또는 입자가 방출되는 것이다. 일반적으로 이러한 원자는 중성자가 너무 많거나 너무 적다(3.5절 참조). 방사성 물질에서 방출되는 알파선, 베타선, 감마선 등 방사선에 노출되면 적절한 안전 예방 조치를 취하지 않는 한 일반적으로 위험하다.

▶ **그림 3.5** 전기장에서 방사선의 거동

Q 이 그림에서 알파선이 위로 굴절된 이유는 무엇인가? 베타선은 왜 아래쪽으로 굴절되어 있는가?

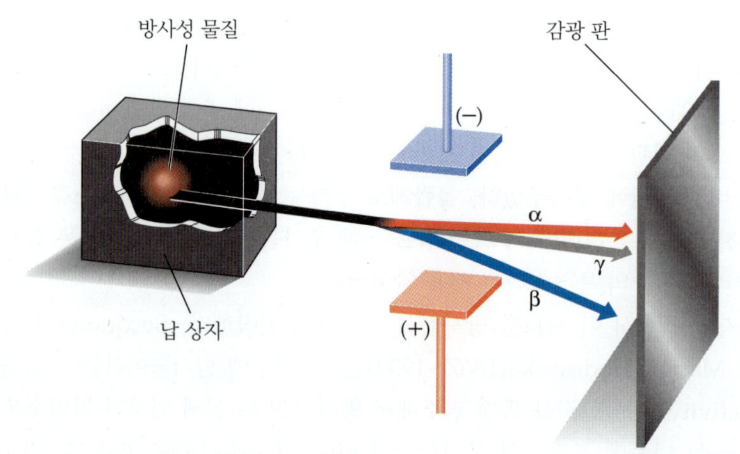

장에 의해 굴절되지 않는다. 전자기 복사의 한 형태이고, 의학에 사용되는 X선과 매우 유사하지만 훨씬 더 에너지가 높고 투과성이 뛰어나다. 세 가지 유형의 방사능은 표 3.1에 요약되어 있다. 질량은 원자 질량 단위(amu)로 표시되어 있다(2.4절 참조). 생물학자들은 원자 질량에 '돌턴(dalton)' 단위를 사용하기도 한다.

19세기 후반의 발견들은 원자에 대한 완전히 새로운 관점의 바탕이 되었고, 이것은 20세기 초에 빠르게 발전했다.

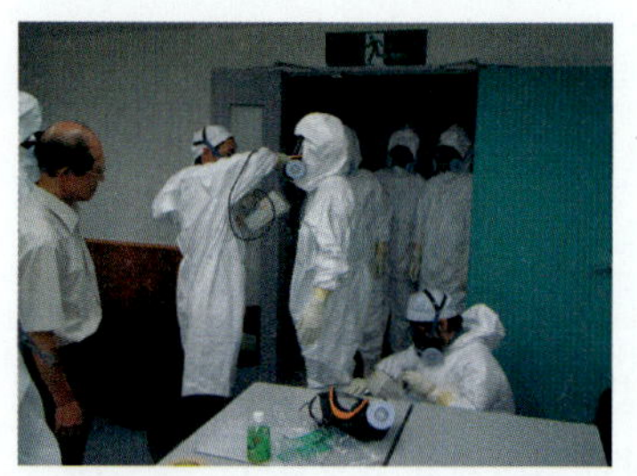

왜 중요할까?

어떤 사람들은 '방사선'이라 표시된 모든 것을 두려워하는데, 이는 과학적으로 근거가 없다. 일상적인 가시광선(빛), 적외선(열), 방사성 원자가 방출하는 세 가지 유형의 방사선을 구분하는 것이 중요하다. 빛과 마찬가지로 소량의 알파선, 베타선, 감마선은 일반적으로 물질에 흡수되어 이후 문제를 일으키지 않는다. 예를 들어 알파 입자는 피부나 공책으로 막을 수 있다. 방사능으로 인한 주요 위험은 방사성 원자가 체내에 섭취되거나 물질이나 조직에 부착 또는 흡수되어 지속적으로 피해를 주는 알파선, 베타선, 감마선을 방출하는 것이다. 2011년 3월 후쿠시마 제1원전 사고 이후, 손상된 원자로에서 대량의 방사성 물질이 방출됐다. 사진은 후쿠시마 원전 작업자들이 옷에 묻은 방사성 입자를 검사하고 있는 모습이다. 사고로 인한 방사성 물질을 청소하는 데는 수십 년이 걸리고 수십억 달러의 비용이 소요될 것으로 예상된다. 감마선이나 자외선을 긍정적으로 사용하면 식품에 있는 유해한 미생물을 죽여 식품을 더 안전하게 만들 수 있다. 이러한 주제는 11장에서 더 자세히 다룬다.

표 3.1 방사능의 유형

이름	그리스 문자	질량(amu)	전하
알파	α	4	2+
베타	β	$\frac{1}{1837}$	1−
감마	γ	0	0

자가평가문제

1. 알파 입자의 질량은 어떠한가?
   - **a.** 전자와 동일
   - **b.** 수소 원자의 4배
   - **c.** 수소 원자와 동일
   - **d.** 베타 입자와 동일
2. 알파 입자의 전하는 전자의 전하(1−로 지정됨)와 비교하면 어떠한가?
   - **a.** 4−
   - **b.** 1−
   - **c.** 1+
   - **d.** 2+
   - **e.** 4+
3. 다음 중 베타 입자는 무엇인가?
   - **a.** 붕소 원자
   - **b.** 전자
   - **c.** 헬륨 핵
   - **d.** 양성자
4. 감마선의 질량은 얼마인가?
   - **a.** −1 amu
   - **b.** 0 amu
   - **c.** 1 amu
   - **d.** 4 amu

정답: 1. b, 2. d, 3. b, 4. b

3.4 Rutherford의 실험: 원자의 핵 모형

학습 목표 • 원자가 전자로 둘러싸인 작은 핵을 가지고 있다고 생각하는 이유를 이해한다.

J. J. Thomson의 원자 개념은 양전하를 띤 전자가 그 질량 안에 흩어져 있는 공 모양의 질량으로, 1900년대 초반까지 지배적인 이론이었다. 하지만 1904년 일본의 과학자 Hantaro Nagaoka(1865~1950)가 음전하를 띤 입자는 양전하를 띤 입자를 투과할 수 없다고 추론하면서 이 모형에 의문을 제기했다. Nagaoka는 토성 주변의 고리처럼 전자가 양전하를 띠고 궤도를 돌고 있다고 제안했지만, 전하를 띤 평평한 고리는 안정적이지 않다는 이유로 1908년에 이 개념을 스스로 부정했다.

Ernest Rutherford의 지도를 받아 두 명의 동료, 즉 독일의 물리학자인 Hans Geiger(1882~1945)와 물리학과 학부생 Ernest Marsden(영국, 1889~1970)은 매우 얇은 금박 막에 방사능 공급원에서 나온 알파 입자를 쏘는 실험을 했다(그림 3.6). 대부분의 알파 입자는 금박을 통과했지만, 일부는 약간 굴절되었고 가끔은 입자가 왔던 방향으로 그대로 되돌아가는 경우도 있었다!

Rutherford는 이 결과를 설명하기 위해 당시 과학계를 뒤흔든 두 가지 중요한 결론을 내렸다(그림 3.7).

1. 원자는 대부분 빈 공간이며, 전자는 원자의 최외각 영역에 존재한다.
2. 원자는 중심에 아주 작은 **핵**(nucleus)이 있으며, 이 핵은 양전하를 띠고 원자의 거의 모든 질량을 차지한다.

Rutherford의 새로운 이론은 그의 관찰과 일치했다. 대부분 빈 공간으로 이루어진 원자에서는 양전하를 띤 알파 입자가 작은 양전하를 띤 원자핵에 부딪혀 튕겨져 나올 확률이 낮기 때문이다. Rutherford는 전자의 질량이 너무 작아서 알파 입자의 '총알'에 맞설 수 없다는 결론

4 원자가 대부분 빈 공간이라면 왜 대부분의 고체는 딱딱한가?

원자 질량의 대부분은 작은 원자핵에 집중되어 있지만, 원자의 최외각에 있는 전자는 궤도를 따라 엄청난 속도로 움직이고 있으며 단순히 특정 지점에 위치하거나 느리게 떠다니는 것이 아니다. 공상 과학 소설이라면 일종의 '역장(force field, 힘의 작용하는 구역)'이라고 부를 수 있는 것이 만들어진다. 금속 조각처럼 단단히 뭉쳐 있어도 원자는 서로를 관통할 수 없다.

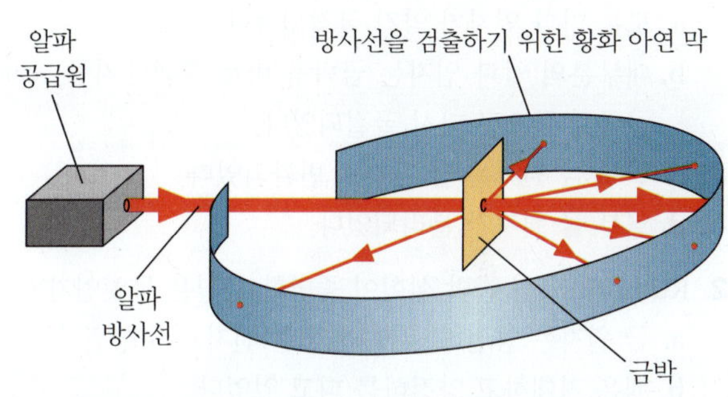

▲ **그림 3.6** Rutherford의 금박 실험. 대부분의 알파 입자는 금박을 바로 통과했지만 가끔씩 입자가 굴절되었다.

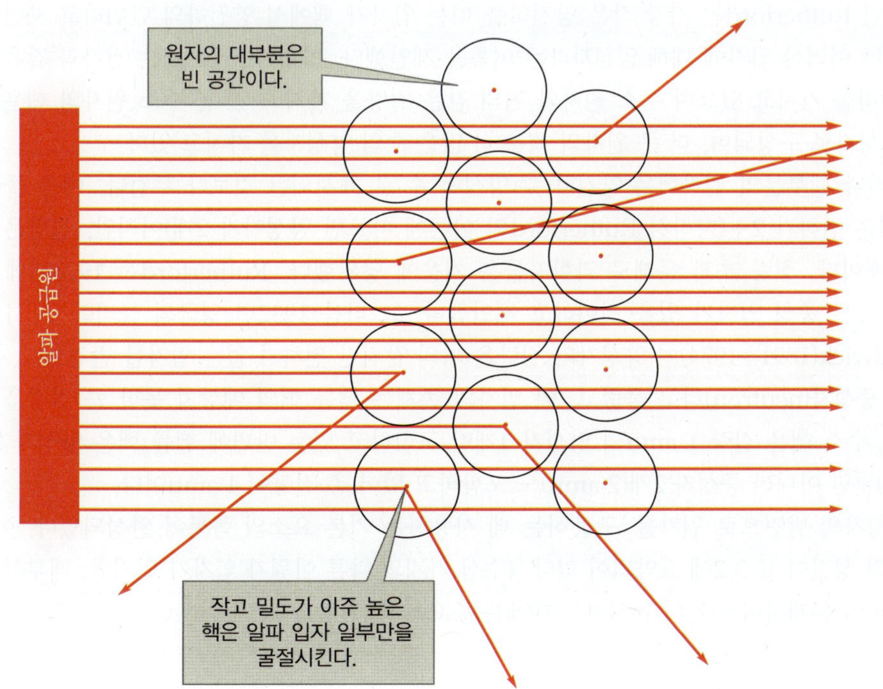

◀ **그림 3.7** Rutherford의 금박 실험 결과를 설명하는 모형. 금 원자는 주로 빈 공간이기 때문에 대부분의 알파 입자는 금박을 바로 통과한다. 그러나 일부 알파 입자는 밀도가 높고 양전하를 띤 원자핵 근처를 지나면서 굴절된다. 때때로 알파 입자는 원자핵과 정면으로 부딪혀서 온 방향으로 다시 튕겨져 나간다.

을 내렸다. 이는 쥐가 돌진하는 하마를 막으려는 것에 비유할 수 있다.

1911년에 발표된 Rutherford의 원자 핵 이론은 혁명적이었다. Rutherford의 모형을 상상하려면 가장 큰 축구 경기장만큼 큰 구를 상상해보자. 구의 중앙에 있는 핵은 완두콩만큼 작지만 무게는 수백만 톤에 달한다. 구를 가로지르며 여기저기 날아다니는 파리 몇 마리는 전자를 나타낸다.

자가평가문제

1. Rutherford의 금박 실험에서 가장 설득력 있는 증거는 무엇인가?
   - **a.** 모든 알파 입자가 약간 굴절되었다.
   - **b.** 대부분의 알파 입자는 금박을 바로 통과했지만, 극히 일부는 공급원 쪽으로 다시 굴절되었다.
   - **c.** 일부 금 원자는 납 원자로 변환되었다.
   - **d.** 일부 금 원자가 분리되었다.
2. Rutherford의 금박 실험이 증명한 사실은 무엇인가?
   - **a.** 금 원자는 양전하 '푸딩'에 있는 전자로 구성된다.
   - **b.** 핵은 거대하고 양전하를 띠고 있었다.
   - **c.** 핵은 작고 양전하를 띠고 있었다.
   - **d.** 일부 금 원자는 알파 입자에 의해 부서졌다.
3. Rutherford는 금박 실험을 통해 원자가 주로 무엇으로 구성되어 있다고 결론 내렸는가?
   - **a.** 전자
   - **b.** 빈 공간
   - **c.** 중성자
   - **d.** 양성자
4. 원자에서 양전하를 띠는 부분은 무엇인가?
   - **a.** 양이온
   - **b.** 핵
   - **c.** 외곽 전자
   - **d.** 광범위한 전자 구름

정답: 1. b, 2. c, 3. b, 4. b

3.5 원자핵

학습 목표 • 원자의 핵을 구성하는 입자를 나열하고 상대 질량과 전하를 구한다.
• 핵 입자를 보고 원소와 동위원소를 알아낸다.

1914년 Rutherford는 가장 작은 양전하를 띠는 입자가 핵에서 양전하의 단위라고 제안했고, 1920년 이러한 입자에 대해 양성자라는 이름을 제안했다. **양성자**(proton)는 전자와 같은 크기의 전하를 가지고 있으며 수소 원자와 거의 같은 질량을 가지고 있다. 수소 원자의 핵은 하나의 양성자로 구성되며, 더 큰 원자의 핵은 더 많은 수의 양성자를 가지고 있다.

그러나 대부분의 원자핵은 양전하 수(양성자 수)로 표시되는 것보다 무겁다. 예를 들어 헬륨 핵은 전하가 2+(따라서 Rutherford의 이론에 따르면 양성자가 2개)이지만, 질량은 수소의 4배이다. 질량 초과 문제로 과학자들은 처음에 당황했다. Rutherford는 1920년에 원자 안에 다른 중성 입자가 있을 것이라고 제안했다. 그 다음 1932년 영국의 물리학자인 James Chadwick(1891~1974)이 양성자와 질량은 거의 같지만 전하가 없는 입자를 발견했다. 이 입자를 **중성자**(neutron)라고 불렀고, 이 입자의 존재는 헬륨 핵의 예상치 못한 큰 질량을 설명했다. 수소 핵은 질량 1 amu의 양성자 1개만 포함하고 있는 반면에 헬륨 핵은 양성자 2개(2 amu)뿐만 아니라 중성자 2개(2 amu)도 포함하고 있어 총 질량이 4 amu이다.

중성자의 발견으로 원자를 '구성'하는 데 사용하는 기본 요소의 목록이 완성되었다. 이러한 입자의 성질이 표 3.2에 요약되어 있다. (수십 가지의 다른 아원자 입자가 있지만, 대부분 순간적으로만 존재하며 여기서 논의하는 데에는 중요하지 않다.)

표 3.2 아원자 입자

입자	기호	질량(u)	전하	원자에서 위치
양성자	p^+	1	1+	핵
중성자	n	1	0	핵
전자	e^-	$\frac{1}{1837}$	1−	핵 밖

원자 번호

어떤 원소의 원자의 핵에 있는 양성자의 수는 그 원소의 **원자 번호**(atomic number, Z)이다. 이 숫자는 원자의 종류, 즉 그 원소의 정체를 결정하고, 주기율표 또는 원소 목록에서 원소가 어디에 있는지를 결정한다. Dalton은 원자의 질량이 원소를 결정한다고 생각했다. 이제 우리는 원소의 정체를 결정하는 것은 질량이 아니라 양성자의 수라는 것을 알고 있다. 예를 들어 양성자 26개를 가진 모든 원자는 원자 번호 $Z = 26$인 철(Fe)의 원자이다. 양성자 50개를 가진 원자는 주석(Sn)의 원자이며 원자 번호 $Z = 50$이다. 중성 원자(전하가 없는 원자)에서는 양성자의 양전하가 전자의 음전하에 의해 정확히 중화된다. 반대 전하 간의 인력은 원자를 결합시키는 데 기여한다.

양성자와 중성자의 질량은 각각 1.0073 amu와 1.0087 amu로 거의 같다. 이 차이는 매우 작아서 보통 무시할 수 있다. 따라서 많은 경우 양성자와 중성자의 질량은 1 amu로 동일하다고 가정할 수 있다. 양성자는 전자의 전하와 크기가 같고 부호는 반대인 전하를 가지고 있다. 양성자의 이 전하를 1+로 표기한다. 전자는 전하가 1−이고 질량은 0.00055 amu이다. 원자의 전자는 전체 질량에 기여하는 바가 너무 작기 때문에 일반적으로 그 질량은 무시된다(0인 것처럼 취급한다). 중성 원자의 경우 전자의 수는 원자핵의 양성자 수와 같다.

동위원소

이제 2.3절에서 언급한 용어인 동위원소를 보다 정확하게 정의할 수 있다. 특정 원소의 원자는 핵에 있는 중성자의 수가 다를 수 있다. 예를 들어 대부분의 수소 원자는 핵에 양성자 하나만을 가지고 중성자는 없다. 하지만 수소 원자 6700개 중 약 1개는 핵에 양성자 하나뿐만 아니라 중성자도 하나 가지고 있다. 더 무거운 수소 원자를 **중수소**(deuterium) 원자라고 한다. 수소의 세 번째 희귀 동위원소는 **삼중수소**(tritium)로, 핵에 중성자 2개와 양성자 1개를 가지고 있다.

중성자가 1개이든, 중성자가 2 개이든, 중성자가 없든 $Z = 1$(양성자 1개)인 원자는 모두 수소 원자이다. 이런 관계, 즉 양성자 수는 같지만 중성자 수가 다른 원자를 **동위원소**(isotope)라고 한다(그림 3.8).

전부는 아니지만 대부분의 원소는 동위원소 형태로 자연계에 존재한다. 예를 들어 주석은 자연계에 10가지 동위원소 형태로 존재한다. 또한 자연계에 존재하지 않는 방사성 동위원소가 15개 있다. 반면 알루미늄은 자연적으로 존재하는 동위원소가 한 가지뿐이다.

동위원소는 보통 일반적인 화학 반응에 거의 또는 전혀 영향을 미치지 않는다. 예를 들어 세 가지 수소 동위원소는 모두 산소와 반응하여 물을 형성한다. 이 동위원소들은 질량이 다르기 때문에 이들과 함께 형성된 화합물은 다른 물리적 특성을 갖지만, 일반적으로 이러한 차이는 미미하다. 두 수소 원자가 모두 중수소인 물을 **중수**(heavy water)라고 하며, 흔히 D_2O로 표시한다. 중수는 100 ℃가 아닌 101.4 ℃에서 끓고, 0 ℃가 아닌 3.8 ℃에서 언다. 그러나 11장에서 살펴볼 것처럼 핵 반응에서는 동위원소가 가장 중요하다.

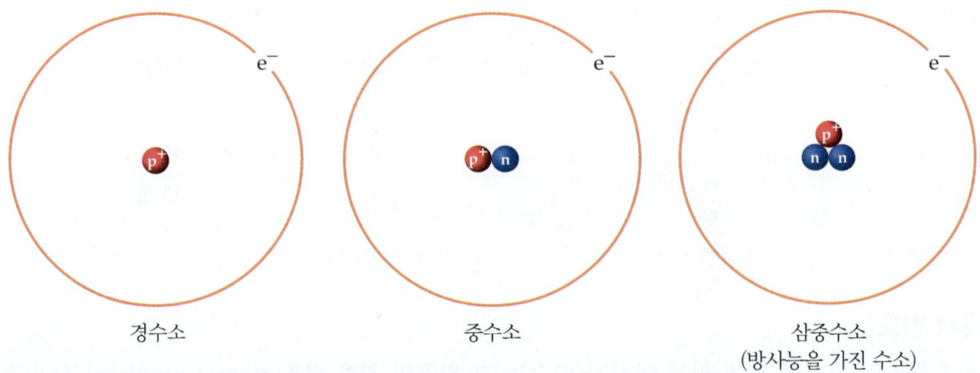

▲ **그림 3.8** 수소의 세 가지 동위원소. 각각 하나의 양성자와 하나의 전자를 가지고 있지만, 핵에 있는 중성자의 수가 다르다.

Q 각 동위원소의 원자 번호와 질량수는 무엇인가? 각각의 질량을 원자량 단위로 가장 가까운 정수로 환산하면 얼마인가?

동위원소 기호

두 가지 주요 핵 입자인 양성자와 중성자를 총칭하여 **핵자**(nucleon)라고 한다. 동위원소는 아래첨자와 위첨자가 있는 기호로 표시된다.

$${}^{A}_{Z}\mathrm{X}$$

이 일반적인 기호에서 Z는 핵의 전하(원자 번호, 즉 양성자의 수)이다. A는 **질량수**(mass number) 또는 **핵자 수**(nucleon number)라고 하는데, 핵 안의 입자 수이기 때문이다[핵자 수는 IUPAC(International Union of Pure and Applied Chemistry)에서 권장하는 용어이다]. amu가 원자 질량 단위를 의미하기 때문에, 원자핵의 질량을 가장 잘 표현할 수 있는 '질량수'라는 용어를 선호한다. 다시 말해서 A는 주어진 원자의 핵에 있는 총 입자 수, 즉 양성자와 중성자를 더한 수이다. 예를 들어 다음 기호를 가진 동위원소를 보자.

$${}^{35}_{17}\mathrm{Cl}$$

이 동위원소에서 양성자는 17개, 핵자는 35개다. 따라서 중성자의 수는 $35 - 17 = 18$이다.

동위원소는 원소의 이름에 접미사로 질량수를 붙여 명명하는 경우가 많다. 세 가지 수소 동위원소는 다음과 같이 표시된다.

$${}^{1}_{1}\mathrm{H} \quad {}^{2}_{1}\mathrm{H} \quad {}^{3}_{1}\mathrm{H}$$

이를 각각 수소-1(때때로 경수소라고도 함), 수소-2(중수소), 수소-3(삼중수소)으로 명명한다.

예제 3.1 중성자 수

${}^{235}_{92}\mathrm{U}$ 핵에는 중성자가 몇 개 있는가?

풀이

질량수 A(양성자 수에 중성자 수를 더한 값)에서 원자 번호 Z(양성자 수)를 빼기만 하면 된다.

$$A - Z = \text{중성자 수}$$

$$235 - 92 = 143$$

$^{235}_{92}U$ 핵에는 중성자가 143개 있다.

› 복습문제 3.1A

$^{39}_{19}K$ 핵에는 중성자가 몇 개 있는가?

› 복습문제 3.1B

어떤 브로민 동위원소가 핵에 중성자 45개를 가지고 있다. 동위원소의 질량수와 이름은 무엇인가?

예제 3.2 동위원소

다음 동위원소 기호를 참조하라. 여기서 문자 X는 각 원소 기호 대신 나타낸 것이다. **(a)** 같은 원소의 동위원소를 나타내는 것은 무엇인가? **(b)** 같은 질량수를 가진 것은 무엇인가? **(c)** 같은 중성자 수를 가진 것은 무엇인가?

$$^{16}_{8}X \quad ^{16}_{7}X \quad ^{14}_{7}X \quad ^{14}_{6}X \quad ^{12}_{6}X$$

풀이

a. 같은 원소의 동위원소는 같은 원자 번호(아래첨자)를 가진다. 따라서 $^{16}_{7}X$와 $^{14}_{7}X$는 질소(N)의 동위원소이고, $^{14}_{6}X$와 $^{12}_{6}X$는 탄소(C)의 동위원소이다.

b. 질량수는 위첨자이므로 $^{16}_{8}X$와 $^{16}_{7}X$는 질량수가 같다. 첫 번째는 산소의 동위원소이고, 두 번째는 질소의 동위원소이다. $^{14}_{7}X$와 $^{14}_{6}X$도 질량수가 동일하다. 첫 번째는 질소의 동위원소이고, 두 번째는 탄소의 동위원소이다.

c. 중성자의 수를 정하기 위해 질량수에서 원자 번호를 뺀다. $^{16}_{8}X$와 $^{14}_{6}X$는 각각 중성자를 8개(16 − 8 = 8, 14 − 6 = 8)를 가지고 있음을 알 수 있다.

› 복습문제 3.2A

다음 중 같은 원소의 동위원소를 나타내는 것은 무엇인가?

$$^{90}_{37}X \quad ^{90}_{35}X \quad ^{88}_{37}X \quad ^{88}_{38}X \quad ^{93}_{38}X$$

› 복습문제 3.2B

복습문제 3.2A에는 서로 다른 원소가 몇 개 있는가? 어떤 원소인가?

3.3절을 읽고 어떤 원자는 왜 방사능을 띠는지 궁금했는가? 어떤 원자는 베타 입자를 방출하고 어떤 원자는 알파 입자를 방출하는 이유는 무엇일까? 중성자와 양성자 비율이 너무 높아 안정성이 떨어지는 원자가 베타 입자를 방출한다. 과도한 중성자 중 하나가 분해되어 고속 전자(베타 입자)를 방출하고 양성자는 원자에 남아 있다. 일반적으로 가장 무거운 원소에서 알파 방출이 발생하며, 헬륨 핵에 해당하는 양성자 2개와 중성자 2개가 동시에 방출된다(11장 참조).

자가평가문제

1. 원자의 세 가지 기본 구성 요소는 무엇인가?
- **a.** 경수소, 중수소, 삼중수소
- **b.** 양성자, 중성자, 이온
- **c.** 양성자, 중성자, 전자
- **d.** 양성자, 중성자, 이온

2. 원소의 정체성은 다음 중 무엇에 의해 결정되는가?
- **a.** 원자량
- **b.** 원자 수
- **c.** 핵자 수
- **d.** 양성자 수

3. 양성자 1개의 질량과 같아지려면 전자가 얼마나 필요한가?
- **a.** 1
- **b.** 18
- **c.** 약 1800
- **d.** 1×10^{27}

4. 다음 중 질량이 거의 같은 입자들은 무엇인가?
- **a.** 전자와 중성자
- **b.** 전자와 양성자
- **c.** 전자, 중성자, 양성자
- **d.** 중성자와 양성자

5. 원자에서 양성자 수가 변하면 무엇이 생성되는가?
- **a.** 화합물
- **b.** 다른 원소의 원자
- **c.** 이온
- **d.** 같은 원소의 다른 동위원소

6. 원자에서 중성자 수가 변하면 무엇이 생성되는가?
- **a.** 화합물
- **b.** 다른 원소의 원자
- **c.** 이온
- **d.** 같은 원소의 다른 동위원소

7. 원자의 양성자 수와 중성자 수를 더한 것은 무엇인가?
- **a.** 원자 질량
- **b.** 원자 번호
- **c.** 동위원소 번호
- **d.** 질량수

8. $^{15}_{7}N$ 핵에서 양성자(p)와 중성자(n)의 개수는 얼마인가?
- **a.** 7 p, 7 n
- **b.** 7 p, 8 n
- **c.** 7 p, 15 n
- **d.** 8 p, 8 n

9. 어떤 중성 원자가 전자 22개와 중성자 48개를 가지고 있다. 이 원자의 원자 번호는 무엇인가?
- **a.** 22
- **b.** 48
- **c.** 26
- **d.** 4

10. 다음 중 중성자를 14개 가지고 있는 원자는 무엇인가?
- **a.** 규소
- **b.** 질소
- **c.** 알루미늄
- **d.** 중성자의 수로 원소를 식별할 수 없다.

11. 다음 중 포타슘-40 동위원소의 기호는 무엇인가?
- **a.** $^{21}_{9}K$
- **b.** $^{39}_{19}K$
- **c.** $^{40}_{19}K$
- **d.** $^{19}_{40}K$

정답: 1. c, 2. d, 3. c, 4. d, 5. b, 6. d, 7. d, 8. b, 9. a, 10. d, 11. c

3.6 전자 배열: Bohr의 모형(궤도)

학습 목표
- 전자가 에너지 준위에서 전이하는 것이 흡수 및 방출과 어떻게 관련되어 있는지 이해한다.
- 주어진 원자의 전자를 에너지 준위(껍질)에 배열한다.

다시 한번 전자에 주목해보자. Rutherford는 원자가 양전하를 띤 작은 원자핵을 가지고 있고 그 바깥에 전자가 있다는 것을 증명했다. 전자가 무작위로 분포되어 있는 것이 아니라 질서정연하게 배열되어 있다는 증거들이 곧 쌓였다. 곧 그 증거를 살펴보겠다. 하지만 그 전에 원자의 전자 배열을 공부하기 위한 배경으로, 색에 관한 화학과 물리학을 잠시 살펴보자.

5 대부분의 전구는 백색광을 발산한다. 네온 불빛이 붉은 주황색으로 보이는 이유는 무엇인가?

백열등의 텅스텐 필라멘트와 같은 고체를 가열하면 빨간색 열 단계를 거쳐 노란색 열 단계로 빠르게 변한다. 마지막으로 모든 가시광선으로 구성된 백색광이 방출된다. 네온과 같은 기체에 전기를 가하면 원자의 10개 전자 중 하나가 더 높은 에너지 준위로 도약한다. 낮은 에너지 준위들 중 하나로 떨어지면 주로 가시광선 스펙트럼에서 빨간색, 주황색, 노란색 부분의 파장을 가진 광자가 방출된다.

불꽃놀이와 불꽃 반응

18세기와 19세기의 화학자들은 불꽃의 색을 사용하여 여러 원소를 식별하는 불꽃 반응을 개발했다(그림 3.9). 소듐 염은 지속적인 노란색 불꽃, 포타슘 염은 일시적인 연보라색 불꽃, 리튬 염은 선명한 빨간색 불꽃을 만들어낸다. 그러나 원자의 구조를 더 잘 이해하기 전까지 과학자들은 각 원소가 독특한 색의 빛을 내는 이유를 설명할 수 없었다.

불꽃놀이는 고대 중국에서 불꽃 반응보다 더 일찍 시작되었다. 화려한 색상의 불꽃놀이는 여전히 전 세계 곳곳에서 명절을 기념하는 행사로 자리 잡고 있다. 불꽃놀이의 색은 특정 원소에 기인한다. 이 장의 시작 부분에는 이러한 불꽃놀이의 숨막히는 사진이 실려 있다. 스트론튬 화합물은 선명한 붉은색을, 바륨 화합물은 녹색을, 소듐 화합물은 노란색을, 구리 염은 파란색이

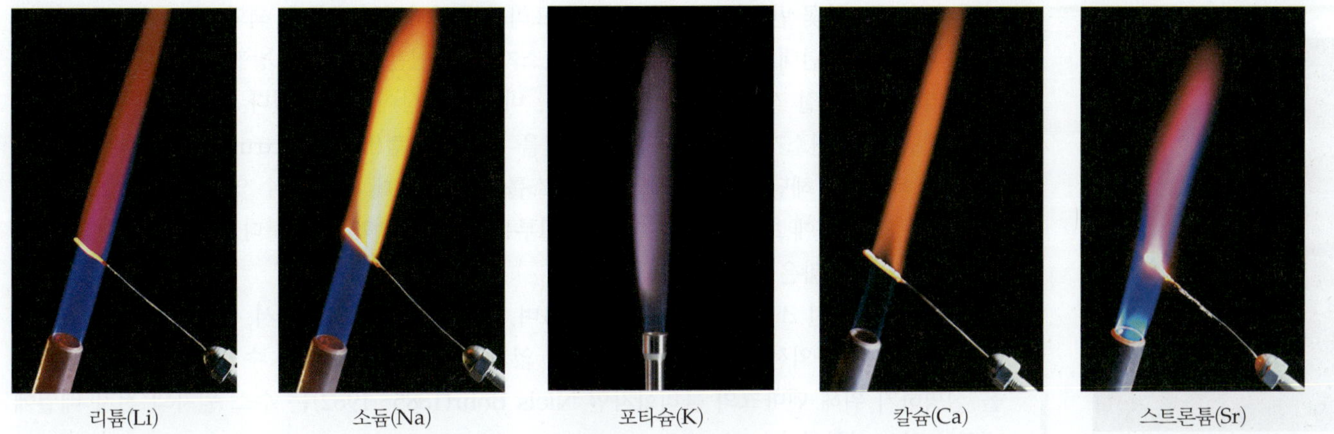

▲ **그림 3.9** 특정 화학 원소는 그 화합물이 불꽃에서 나타내는 특징적인 색으로 식별할 수 있다.

나 보라색을 만들어낸다. 하지만 불꽃놀이와 불꽃 반응의 색은 맨눈으로 보는 것처럼 그렇게 간단하지는 않다.

연속 스펙트럼과 선 스펙트럼

백열등이나 LED 램프의 백색광이 프리즘을 통과하면 대기 현상인 무지개에서 볼 수 있는 것과 같은 순서로 가시광선의 색상 스펙트럼을 만들어낸다(그림 3.10). 빛의 다른 색은 서로 다른 파장(꼭대기에서 꼭대기까지의 거리)에 해당한다. 보라색 빛은 가시광선 스펙트럼에서 가장 짧은 파장을 가지고 있고 빨간색 빛이 가장 길지만, 한 색에서 다음 색으로 이동할 때 급격한 전환이 있는 것은 아니다. 모든 파장이 약 350 nm에서 약 750 nm에 이르는 연속적인 가시 스펙트럼(그림 3.11, 상단)에 들어 있다. 백색광은 단순히 모든 가시광선 스펙트럼 색상의 조합이다.

▲ **그림 3.10** 빗방울을 통과하는 햇빛이 하늘에 무지개를 만드는 것처럼 유리 프리즘은 백색광을 연속적인 스펙트럼, 즉 무지개 색으로 분리한다.

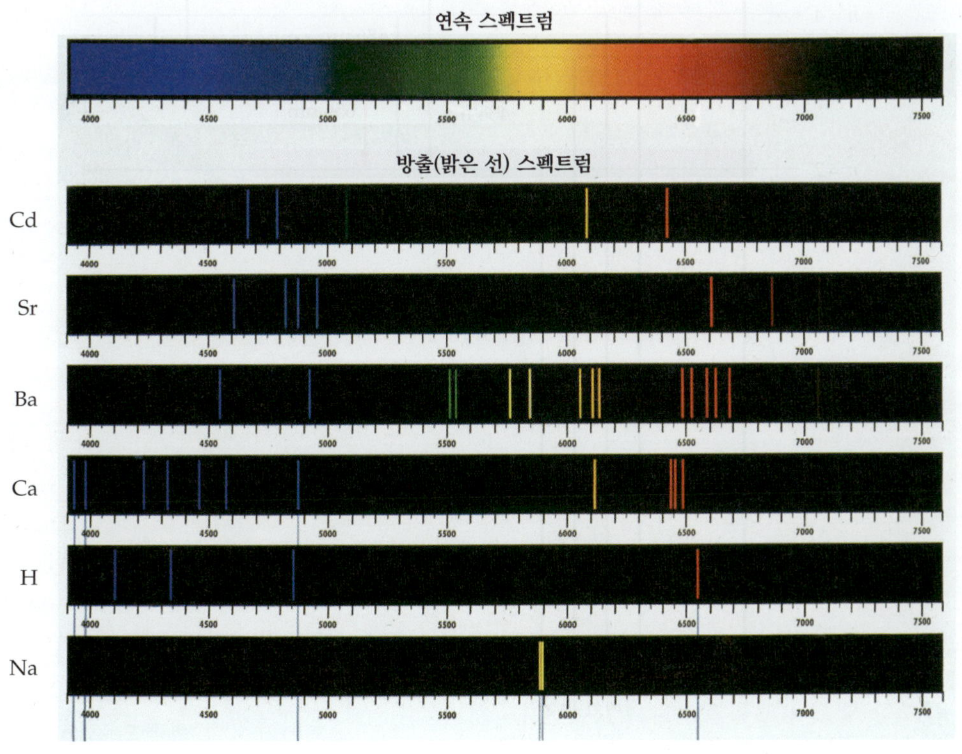

◀ **그림 3.11** 몇 가지 원소의 선 스펙트럼. 들뜬 원자가 방출하는 빛이 색깔 있는 선으로 나타난다. 비교를 위해 상단에 연속 스펙트럼이 표시되어 있다. 숫자는 빛의 파장을 옹스트롬 단위(1 Å = 10^{-8} cm)로 표시한 것인데, 더 일반적으로는 나노미터 단위(1 nm = 10^{-9} m)로 표시한다. 각 원소에는 다른 모든 원소와 다르고 자신만의 고유한 특징적인 선 스펙트럼이 있으며, 이를 통해 원소를 식별할 수 있다.

왜 중요할까?

백열 전구는 사용하는 전기 에너지의 95%가 빛이 아닌 열로 바뀔 정도로 사용 에너지 대비 효율이 매우 낮다. 수은을 함유한 소형 형광 전구가 10여 년 동안 인기를 끌었지만, 최근에는 LED 전구가 전구 시장을 장악하고 있다. 가격은 더 비싸지만 수명이 10~20년으로 길고, 같은 밝기에 비해 에너지 사용량이 훨씬 적다. 이러한 전구를 사용하면 주변을 더 '친환경적'으로 밝히는 방법이 될 것이다.

색깔이 있는 불꽃 반응에서 나오는 빛을 프리즘에 통과시키면 좁은 색의 선만 관찰된다(그림 3.11, 하단) 1800년대 후반에, 특정 기체 원소가 들어 있는 저압 가스방전 관에 고전압을 가하여 프리즘이나 회절 격자를 통해 보았을 때, 비슷한 현상이 관찰되었다. 각 선은 특정 파장의 빛에 해당하며, 원소가 방출하는 선의 패턴을 **선 스펙트럼**(line spectrum)이라고 한다. 원소의 선 스펙트럼은 해당 원소의 특징이며 원소를 식별하는 데 사용할 수 있다. 원자의 스펙트럼에서 모든 선이 눈에 보이는 것은 아니다. 일부는 적외선(약 750 nm보다 긴 파장) 또는 자외선(약 350 nm보다 짧은 파장)이다.

수소의 가시광선 스펙트럼은 매우 단순하며, 가시광선 스펙트럼에서 선 4개로 구성되어 있다(많은 사람이 자외선에 가까운 색을 볼 수 없기 때문에 선 3개만 볼 수 있다). 수소 스펙트럼을 설명하기 위해 덴마크의 물리학자인 Niels Bohr(1885~1962)는 수소 원자의 전자 배열에 대한 모형을 만들었다.

선 스펙트럼에 대한 Bohr의 설명

Bohr는 1913년에 선 스펙트럼에 대한 설명을 발표했다. 그는 전자가 아무 에너지나 가질 수는 없고 특정한 양만 가질 수 있고, 따라서 전자는 특정한 **에너지 준위**(energy level)에만 존재할 수 있다고 제안했다. 전자의 에너지가 **양자화되었다**는 말이다. **양자**(quantum)는 에너지의 작은 단위로, 복사선의 주파수에 따라 그 값이 달라진다.

양자 하나의 에너지를 흡수할 때(예를 들어 그 원소의 원자가 가열되거나 높은 전압이 가해질 때), 전자는 더 높은 에너지 준위로 상승한다(그림 3.12). 전자는 가장 낮고 안정적인 에너지 상태에 있는 것을 선호하기 때문에 들뜬 전자는 빠르게 더 낮은 에너지 준위로 떨어지고, 이 과정에서 높은 에너지 준위와 낮은 에너지 준위의 차이에 해당하는 에너지를 방출한다. 다

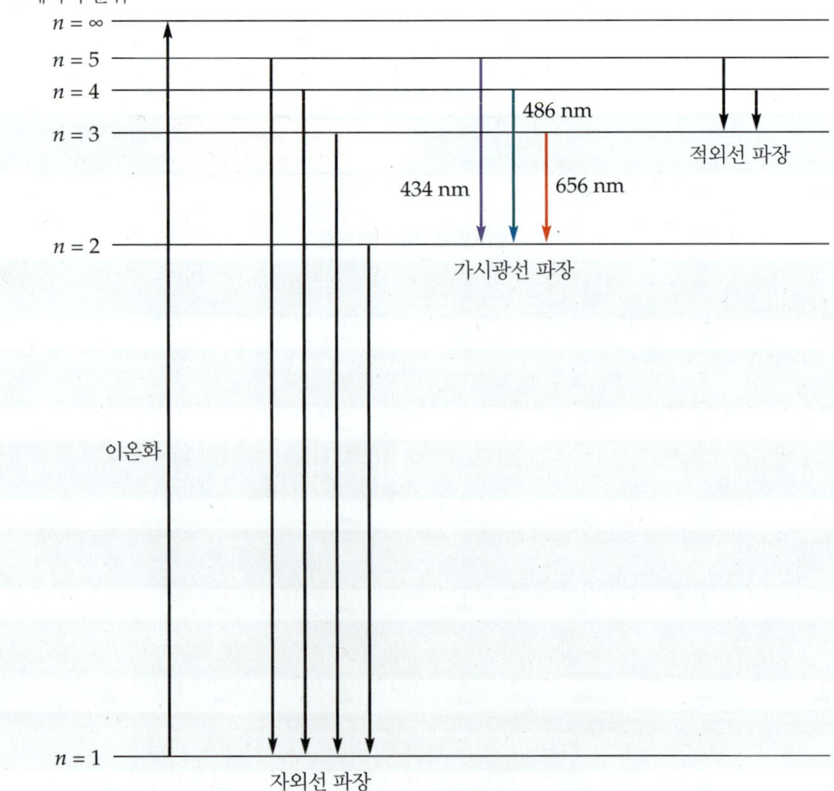

▶ **그림 3.12** 원자의 에너지 준위 사이에서 전자의 전이가 일어나 스펙트럼의 선이 만들어진다. 색이 있는 화살표 3개는 그림 3.11에 있는 수소 스펙트럼의 세 가지 색의 선에 해당한다. 일부 다른 전이는 전자기 스펙트럼의 자외선 및 적외선 영역에서 방출이 일어난다.

Q 에너지 준위 4에서 에너지 준위 2로 떨어지는 것, 에너지 준위 5에서 에너지 준위 4로 떨어지는 것 중 에너지의 변화가 더 큰 전이는 무엇인가? 수소 원자의 전자가 에너지 준위 2에서 에너지 준위 3으로 상승할 때 흡수되는 빛의 색깔은 무엇인가?

양한 전이 과정에서 방출되는 에너지는 선 스펙트럼으로 나타난다. 각 선은 특정한 파장을 가지며, 그 파장은 양자 하나의 에너지에 해당하고, 그 에너지는 높은 에너지 준위와 낮은 에너지 준위 사이의 에너지 차이와 같다. 전자는 한 에너지 준위에서 다른 에너지 준위로 거의 순간적으로 이동하며 중간 단계는 존재하지 않는다.

사다리를 타고 있는 사람의 비유를 생각해보자. 사람은 첫 번째 사다리, 두 번째 사다리, 세 번째 사다리 등에는 서 있을 수 있지만, 사다리 사이에는 서 있을 수 없다. 사람이 한 사다리에서 다른 사다리로 올라갈 때 퍼텐셜 에너지(위치에 따른 에너지)는 일정한 양만큼 변한다. 전자가 한 에너지 준위에서 다른 에너지 준위로 이동할 때 전자의 총 에너지(위치 에너지와 운동 에너지 모두)도 정해진 양, 즉 양자만큼 변화한다. '양자 도약'이라는 일반적인 표현은 그림 3.12에서 제안한 아이디어에서 비롯된 것으로, 전자가 한 에너지 단계에서 다른 에너지 단계로 '도약'할 수 있다. 에너지의 양자는 너무 작아서 일상생활에서는 눈에 띄지 않지만, 에너지가 양자화된다는 사실은 레이저, 집적 회로, LED, 대부분의 현대 기술 작동의 핵심이다.

Bohr의 원자 모형은 3세기 전 독일의 천문학자 Johannes Kepler(1571~1630)가 정립한 행성 운동 법칙을 기반으로 한다. Bohr는 행성이 태양을 공전하는 것처럼 전자가 핵을 중심으로 공전한다고 가정했다(그림 3.13). 서로 다른 에너지 준위는 서로 다른 궤도로 그려졌다. Bohr는 양자화된 전자 에너지 준위를 가진 원자의 행성 모형으로 1922년 노벨 물리학상을 수상했다. 원소 107은 그의 이름을 따서 보륨(Bh)으로 명명되었다.

밝혀진 바에 따르면 원자의 전자는 실제로는 고정된 원형 경로로 원자핵 주위를 움직이지 않는다. 다음 절에서 다루겠지만, 원자의 구조에 대한 현대적 이해는 이와는 다르다. 그러나 Bohr의 모형은 원소가 선 스펙트럼을 생성하는 이유를 설명하는 데 도움이 된다.

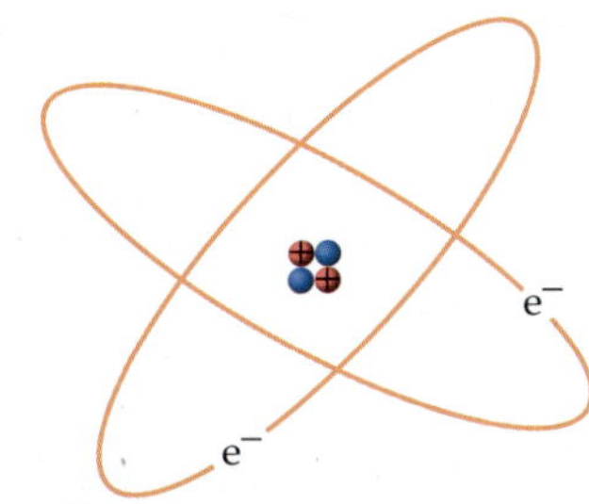

▲ **그림 3.13** Bohr의 원자 모형. 원자 질량의 대부분은 극히 작은 핵에 있다. Bohr는 행성이 태양 주위를 공전하는 것과 같은 방식으로 전자가 핵 주위를 공전한다고 생각했다. 그러나 그림 3.14에서 볼 수 있듯이 실제로는 전자의 움직임은 더 복잡하다.

바닥 상태와 들뜬 상태

수소 원자의 전자는 일반적으로 첫 번째, 즉 가장 낮은 에너지 준위에 있다. 전자는 가능한 (핵에 가장 가까운) 가장 낮은 에너지 준위에 머무르는 경향이 있으며, 원자가 **바닥 상태**(ground state)에 있다고 말한다. 불꽃이나 다른 공급원이 원자에(예를 들어 수소 원자에) 에너지를 공급하고 전자가 가능한 가장 낮은 준위에서 더 높은 준위로 도약하면 원자가 **들뜬 상태**(excited state)에 있다고 한다. 들뜬 상태의 원자는 결국 전자가 다시 낮은 준위 중 하나로 떨어지고 궁극적으로 바닥 상태에 도달함에 따라 양자 하나의 에너지를 대개 **광자**(photon), 즉 빛의 '입자' 형태로 방출한다. 다양한 **전이**(transition)를 보여주는 그림 3.12를 참조하라. 가시광선 영역에서 수소 스펙트럼의 세 가지 주요 색은 세 번째, 네 번째, 다섯 번째 에너지 준위에서 두 번째 에너지 준위로 떨어지는 전자에 의해 만들어진다. 낙하가 클수록 더 많은 에너지가 방출된다. 따라서 다섯 번째에서 두 번째 에너지 준위로 전자 전이가 일어나면 가장 짧은 파장과 가장 높은 에너지를 가진 보라색 선 스펙트럼이 생성된다.

Bohr의 이론은 수소의 선 스펙트럼을 설명하는 데 놀랍도록 성공적이었다. 이 이론은 원자의 에너지 준위라는 중요한 개념을 확립했다.

수소보다 큰 원자는 하나 이상의 전자를 가지고 있으며, Bohr는 원자의 주어진 에너지 준위가 최대 특정 개수의 전자만 가질 수 있다는 추론도 할 수 있었다. 주어진 준위에 있을 수 있는 최대 전자 수는 다음 식으로 주어진다.

$$\text{최대 전자 수} = 2n^2$$

여기서 n은 고려 중인 에너지 준위를 나타낸다. 첫 번째 에너지 준위의 경우 최대 전자 수는 $2 \times 1^2 = 2 \times 1 = 2$이다. 두 번째 에너지 준위의 경우 최대 수는 $2 \times 2^2 = 2 \times 4 = 8$이다.

왜 중요할까?

화석연료가 점점 더 희소해지고 가격이 상승함에 따라 태양 에너지의 중요성이 더욱 커지고 있다. 빛이 태양광 '태양' 전지에 닿으면 광자가 흡수되어 전자가 들뜬 상태가 된다. 들뜬 상태의 전자는 태양광 전지에 의해 포획되어 전류를 생성한다. 과학자들은 더 많은 태양의 광자를 흡수하고 더 효율적으로 광자를 전기 에너지로 변환할 수 있는 새로운 물질을 더 낮은 비용으로 만들기 위해 노력하고 있다.

세 번째 에너지 준위의 경우 최대 수는 $2 \times 3^2 = 2 \times 9 = 18$이다.

다양한 주 에너지 준위를 흔히 **껍질**(shell)이라고 한다. 첫 번째 에너지 준위는 첫 번째 껍질, 두 번째 에너지 준위는 두 번째 껍질 등이다.

예제 3.3 전자 껍질 수용량

다섯 번째 껍질(다섯 번째 에너지 준위)의 최대 전자 수는 얼마인가?

풀이

주어진 껍질의 최대 전자 수는 $2n^2$로 주어진다. $n = 5$인 경우 다음과 같다.

$$2 \times 5^2 = 2 \times 25 = 50\text{개}$$

› 복습문제 3.3A

네 번째 껍질(네 번째 에너지 준위)의 최대 전자 수는 얼마인가?

› 복습문제 3.3B

전자 18개를 가질 수 있는 가장 낮은 에너지 준위는 무엇인가?

원자 만들기: 주껍질

원자를 만든다고 상상해보자. 양성자 하나가 핵에 추가될 때마다 적절한 껍질에 전자를 하나씩 추가한다. 전자가 가장 낮은 에너지 준위(껍질)로 이동한다는 점을 염두에 두어야 한다. 양성자가 1개만 있는 핵을 가진 수소의 경우에 유일한 전자는 첫 번째 껍질로 들어간다. 양성자가 2개 있는 핵을 가진 헬륨은 전자 2개가 모두 첫 번째 껍질로 들어간다. Bohr에 따르면 첫 번째 껍질의 최대 전자 수는 2개이며, 헬륨 원자에서는 그 준위가 가득 차 있다. (핵의 중성자는 이 과정에 관여하지 않기 때문에 무시할 수 있다.)

리튬의 경우 전자 2개는 첫 번째 껍질로 들어가고 세 번째 전자는 두 번째 껍질로 들어가야 한다. 이렇게 전자를 추가하는 과정이 두 번째 껍질에 전자 8개가 가득 찰 때까지 계속되며, 네온 원자에는 전자 10개 중 2개가 첫 번째 껍질에 있고 나머지 8개는 두 번째 껍질에 있게 된다.

소듐 원자는 전자를 11개 가지고 있다. 전자 2개는 첫 번째 껍질에 있고, 8개는 두 번째 껍질에 채워져 있으며, 나머지 전자는 세 번째 껍질에 있다. 첫 11개 원소의 원자에서 **전자 배치**(electron configuration), 즉 전자 배열을 다음과 같이 나타낼 수 있다(리튬과 소듐 사이의 원소는 단순히 두 번째 껍질에 전자를 하나씩 더 추가하면 된다).

원소	첫 번째 껍질	두 번째 껍질	세 번째 껍질
H	1		
He	2		
Li	2	1	
…	…	…	
Ne	2	8	
Na	2	8	1

때로는 주껍질 전자 배치를 축약해 나타내는데, 원소 기호 뒤에 가장 낮은 에너지 준위부터

시작하여 각 껍질의 전자 개수를 쉼표로 구분하여 표기한다. 앞의 표에 나온 색상 따라 소듐의 주껍질 배치는 다음과 같다.

Na 2, 8, 1

아르곤에 도달할 때까지 세 번째 껍질에 전자를 계속 추가할 수 있다. 아르곤의 주껍질 배치는 다음과 같다.

Ar 2, 8, 8

아르곤 다음부터는 세부 사항이 더해지면서 전자 배치 표기법이 고도화된다. 이 표기법은 3.8절에서 더 자세히 설명한다. 한편, 예제 3.4에서는 몇 가지 주껍질 배치를 정하는 방법을 보여준다.

예제 3.4 주껍질 전자 배치

플루오린의 주껍질 전자 배치는 무엇인가?

풀이

플루오린은 기호 F를 가지고 있으며, 전자를 9개 가지고 있다. 이 전자 중 2개는 첫 번째 껍질로 들어가고, 나머지 7개는 두 번째 껍질로 들어간다.

F 2, 7

› 복습문제 3.4A

(a) 붕소와 **(b)** 알루미늄의 주껍질 전자 배치를 쓰라. 이 원소들은 주기율표의 같은 열에 있다. 이들의 최외각 껍질에 있는 전자의 수에 대해 알 수 있는 것은 무엇인가?

› 복습문제 3.4B

(a) 질소와 **(b)** 황의 주껍질 전자 배치를 쓰라. 이 원소들은 주기율표의 같은 열에 있지 않다. 최외각 껍질에 있는 전자의 수가 비슷할 것으로 예상하는가? 왜 그렇게 생각하는가?

자가평가문제

1. 가스방전 관에서 전기가 흐르면 서로 다른 원소가 빛을 방출하여 좁은 선을 형성하는 방식에 대한 설명으로 옳은 것은 무엇인가?

a. 각 특정 원소의 특성에 따라 다르다.
b. 수소 스펙트럼과 동일하다.
c. 관에 존재하는 기체의 양에 의존한다.
d. 모든 원소에 대해 동일하지만 세기가 다르다.

2. 원자의 전자가 높은 에너지 준위에서 낮은 에너지 준위로 이동할 때 전자가 어떻게 거동하는가?

a. 에너지를 흡수한다.
b. 부피를 바꾼다.
c. 전하를 바꾼다.
d. 에너지를 방출한다.

3. 들뜬 상태 원자의 전자에 대한 설명으로 옳은 것은 무엇인가?

a. 전자가 더 높은 에너지 준위로 이동했다.
b. 전자가 제거되었다.
c. 전자가 다른 원자와 결합하여 분자를 만들었다.
d. 전자가 양성자와 결합하여 중성자를 만들었다.

4. 원자 1개에서 첫 번째 껍질에 있는 최대 전자 수는 몇 개인가?

a. 2 **b.** 6
c. 8 **d.** 무제한

5. 원자 1개에서 세 번째 껍질에 있는 최대 전자 수는 몇 개인가?

a. 6 **b.** 8
c. 18 **d.** 32

6. 마그네슘의 주껍질 전자 배치는 어떠한가?

a. 2, 8, 2 **b.** 2, 8, 4

c. 2, 8, 12 **d.** 2, 8, 8, 8, 2

7. 황의 주껍질 전자 배치는 어떠한가?

a. 2, 8 **b.** 2, 8, 6

c. 2, 8, 8, 8, 6 **d.** 2, 8, 8, 8

정답: 1. a, 2. d, 3. a, 4. a, 5. c, 6. a, 7. b

3.7 전자 배열: 양자 모형(궤도 함수/부껍질)

학습 목표
- 에너지의 양자 개념을 궤도 함수와 연관지어 설명한다.
- 주어진 원자의 전자 배치를 부껍질 표기법으로 작성한다.

Bohr의 단순한 행성 원자 모형은 수소 원자의 스펙트럼을 설명했지만, 다른 원소의 스펙트럼은 설명할 수 없었다. 결국 전자를 입자와 파동으로 동시에 취급하는 더 정교한 모형으로 대체되었다. 전자가 파동과 같은 성질을 가져야 한다는 가설은 1924년 프랑스의 젊은 물리학자인 Louis de Broglie(1892~1987)가 처음 제안했다. 전자가 입자라는 Thomson의 증거 때문에 받아들이기 어려웠지만, de Broglie의 가설은 몇 년 만에 실험적으로 검증되었다.

오스트리아의 물리학자인 Erwin Schrödinger(1887~1961)는 1920년대에 고도로 수학적인 양자역학을 이용해 원자 내 전자의 성질을 설명하는 방정식을 개발했다. 다행히 Schrödinger의 정교한 방정식을 이해하지 않고도 그의 결과 중 일부를 활용할 수 있다. 이 방정식의 해는 주어진 공간 영역에서 해당 전자를 찾을 수 있는 확률로 전자의 위치를 표현한다. 이 다양한 형태의 공간 영역들은 **궤도 함수**(orbital, 오비탈)이라고 불리며, Bohr의 모형 행성 궤도를 대체했다.

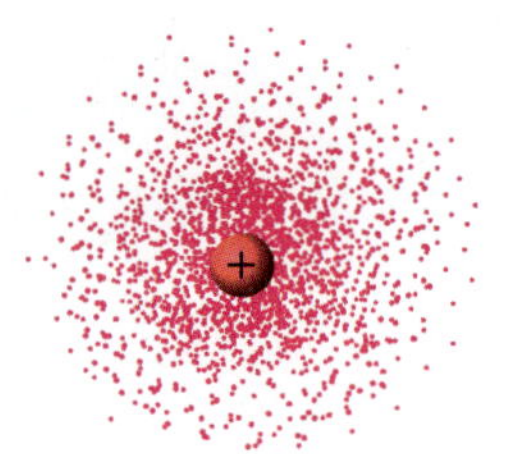

s 궤도 함수

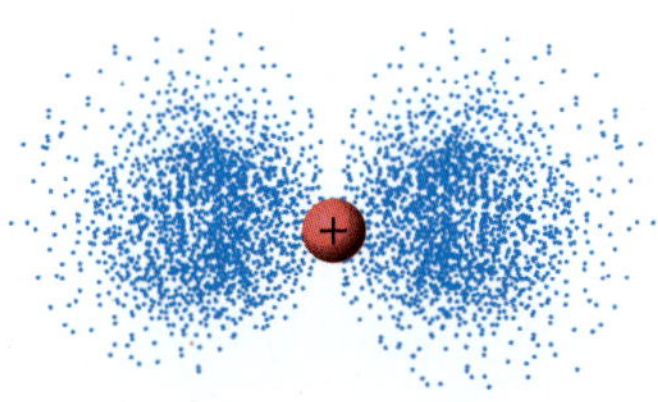

p 궤도 함수

▲ **그림 3.14** 원자 궤도 함수를 전하 구름으로 표현한 현대적인 모형은 Bohr의 모형(그림 3.13)보다 더 정확하다. 전자 구름은 원자핵 주변의 '희미한' 영역이고 여기에 전자가 있을 가능성이 있다. 궤도 함수의 유형에 따라 구름의 일반적인 모양이 정해진다. 그림은 *s*와 *p* 궤도 함수의 대략적인 '모양'을 보여준다.

전자를 촬영할 수 있는 카메라가 있고, 전자가 핵 주위를 지나는 동안 셔터를 열어 두었다고 가정해보자. 현상된 사진은 전자가 어디에 있었는지 기록할 수 있을 것이다. (선풍기로 같은 작업을 하면 빠르게 움직이는 날개의 흐릿한 이미지, 즉 디스크와 유사한 이미지가 나타날 것이다.) 첫 번째 껍질에 있는 전자는 희미한 공처럼 보이고, 흔히 전하 구름 또는 전자 구름이라고 한다(그림 3.14).

과학자들은 각 궤도 함수가 전자를 최대 2개까지 가질 수 있고 일부 껍질은 궤도 함수를 두 종류 이상 가질 수 있다는 것을 깨달았다. 따라서 에너지 흡수(들뜸)와 에너지 방출(발광) 모두에 대해 수소 원자에서 관찰되는 것보다 더 많은 전이가 가능하다. 이 사실은 수소보다 전자가 더 많은 원소의 불꽃 반응(그림 3.9)에서 더 복잡한 선 스펙트럼(그림 3.11)이 생성되는 이유를 부분적으로 설명한다.

고에너지 레이저 빔도 전자를 들뜨게 할 수 있고 얻어낸 스펙트럼을 사용하여 주어진 시료에 존재하는 원소를 식별할 수 있다. 레이저유도 분해 분광법(laser-induced breakdown spectroscopy, LIBS)이라는 현대적 기기 분석법은 레이저 빔을 사용하여 광물 또는 기타 고체 시료 속의 원소를 식별한다. 전자분산 분광법(electron-dispersive spectroscopy, EDS)이 부착된 주사 전자 현미경(SEM)은 고에너지 전자 빔을 사용하여 시료의 가장 작은 얼룩에서 원소 구성을 식별한다.

궤도 함수를 채워 원자 만들기

같은 껍질에 있고 같은 문자로 나타내진 궤도 함수들을 **부껍질**(subshell) 또는 부준위(sublevel)라고 한다. 원자의 첫 번째 전자 껍질은 1*s*라는 하나의 구형 궤도 함수를 가지며, 전자 2개가 들어갈 수 있다. 두 번째 껍질에는 부껍질이 2개 있고, 2*s* 부껍질과 2*p* 부껍질이다.

2s 부껍질은 구형 궤도 함수 하나와 그 안에 전자 2개를 가지고 있다. 2p 부껍질은 3차원에 각각 하나씩 아령 모양의 궤도 함수 3개를 가지고 있다(그림 3.15). 각 2p 궤도 함수는 전자를 2개씩 가질 수 있다. 세 번째 껍질은 부껍질 3개에 궤도 함수 9개가 분포되어 있고, 3s 부껍질에는 구형 3s 궤도 함수 1개, 3p 부껍질에는 아령 모양의 3p 궤도 함수 3개, 3d 부껍질에는 더 복잡한 모양의 3d 궤도 함수 5개가 있다.

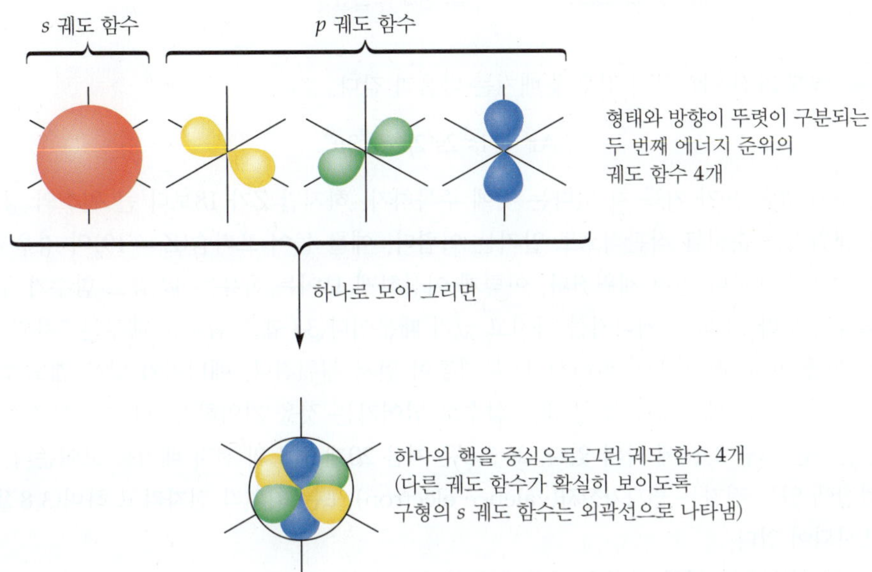

▲ **그림 3.15** 두 번째 주껍질의 전자 궤도 함수. 이 그림에서 원자의 핵은 축의 교차점에 위치한다. Bohr의 모형에서 두 번째 껍질에 배치될 전자 8개는 현재 원자 모형에서 이 궤도 함수 4개에 분포되어 있으며, 각 궤도 함수마다 전자가 2개씩 있다.

▲ 휴대용 LIBS 분석기는 레이저 빔으로 고체 시료의 원자를 들뜨게 하고 그 결과로 나오는 방출을 분석하며, 몇 초 안에 시료에 존재하는 원소를 식별하는 데 사용할 수 있다. 지질학자들은 금속 탐사를 위해 현장에서 이러한 기기를 사용한다.

다양한 원소의 원자에서 전자 배치를 구성할 때, 낮은 부준위(부껍질)가 먼저 채워진다.

수소는 첫 번째 껍질의 s궤도 함수에 전자가 하나만 있다. 전자 배치는 다음과 같다.

$$\text{H} \quad 1s^1$$

헬륨은 전자를 2개 가지고 있으며 전자 배치는 다음과 같다.

$$\text{He} \quad 1s^2$$

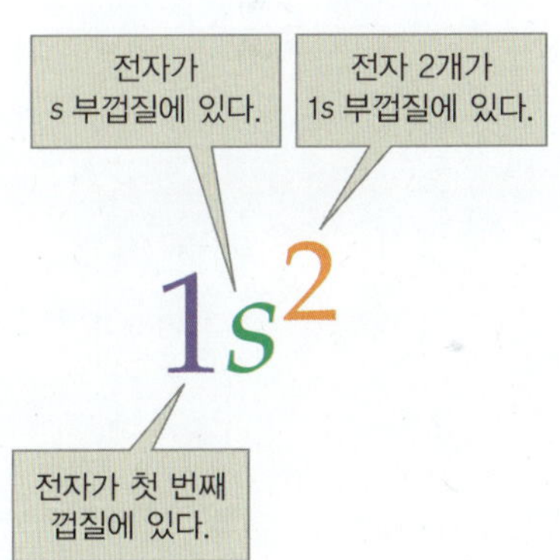

리튬은 전자를 3개 가지고, 첫 번째 껍질에 2개, 두 번째 껍질에 1개가 있다. s 부껍질은 같은 껍질의 p 부껍질보다 에너지가 약간 낮기 때문에 세 번째 전자는 2s 궤도 함수에 들어가며, 리튬의 전자 배치는 다음과 같다.

$$\text{Li} \quad 1s^2 2s^1$$

질소로 건너뛰면 1s와 2s 부껍질을 먼저 채운다. 나머지 전자는 2p 부껍질로 들어가며, 전자 7개는 다음과 같이 배열된다.

$$\text{N} \quad 1s^2 2s^2 2p^3$$

이런 표기의 의미를 복습해보자.

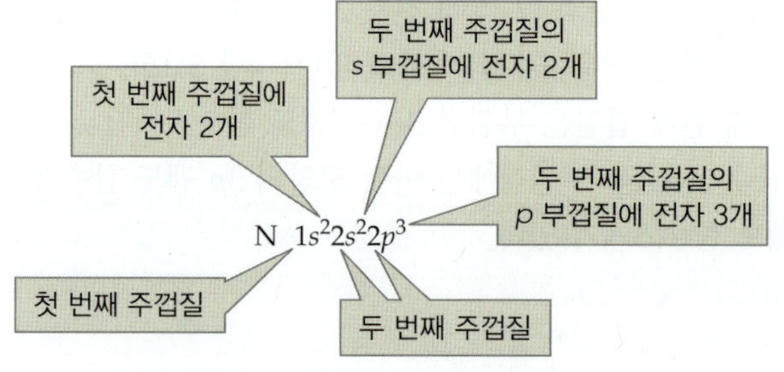

전자를 18개 가진 아르곤의 경우에 배치는 다음과 같다.

$$\mathrm{Ar} \quad 1s^2 2s^2 2p^6 3s^2 3p^6$$

최고 점유 부껍질 $3p$가 가득 차 있다는 것에 주목하자. 하지만 Z가 18보다 큰 원소의 경우 부껍질이 채워지는 순서를 직관적으로 알기는 어렵다. 예를 들어 포타슘($Z = 19$)의 경우 $4s$ 부껍질이 $3d$ 부껍질보다 먼저 채워진다. 이렇게 이상하게 보이는 이유는 $3d$ 궤도 함수가 구형의 $4s$ 궤도 함수보다 더 많은 에너지를 가지고 있기 때문이다($3d$ 궤도 함수는 대부분 3차원 네 잎 클로버, 이중 아령 모양이다). 따라서 $4s$ 부껍질이 먼저 채워진다. 에너지가 낮은 궤도 함수부터 먼저 채운 다음, 에너지가 높은 궤도 함수로 넘어가는 것을 기억하자. 다양한 부껍질이 채워지는 순서는 그림 3.16에 나와 있다. 표 3.3은 처음 20개 원소의 전자 배치를 보여준다. 최외각 주껍질에 있는 전자는 **원자가전자**(valence electron) 또는 최외각 전자라고 하며(3.8절), 색으로 표시되어 있다.

그렇다면 앞으로는 어떤 모형을 사용해야 할까? 가장 중요한 것이 무엇일까? 이 책의 어떤 경우에는 원자의 전자 분포를 설명하기 위해 원자의 주껍질 배치만을 사용한다. 다른 경우에서는 양자역학 모형의 전자 구름이 더 유용하다. Dalton의 모형조차도 특정 현상(예를 들어 기체의 거동)을 설명하는 데 가장 좋은 방법이 되는 경우도 있다. 모형 선택은 항상 어떤 모형이 특정 개념을 이해하는 데 가장 도움이 되는지에 따라 정해진다. 결국 이것이 과학적 모형의 목적이다. 4장에서는 두 가지 주요 화학 결합 유형을 기본적으로 이해하는 데 원자의 주껍질 배치가 도움이 된다는 것을 알게 될 것이다.

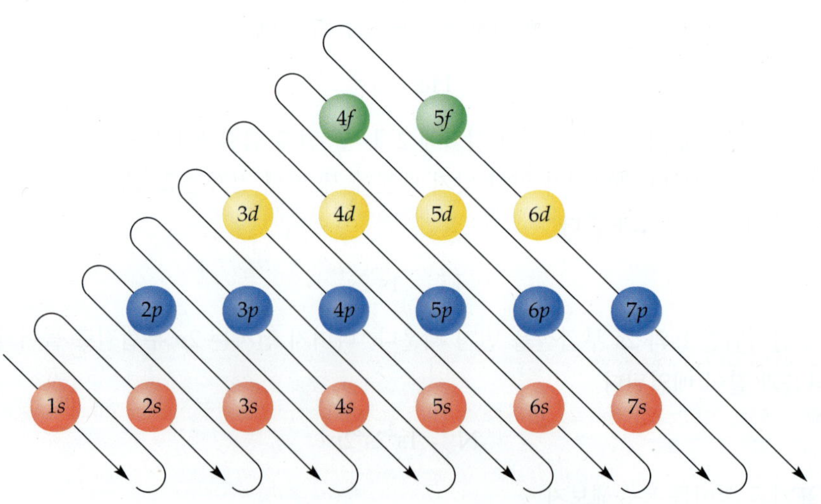

▶ **그림 3.16** 원자의 전자 배치를 정하기 위한 채우기 순서도

표 3.3 처음 20개 원소의 원자의 전자 배치

이름	원자 번호(Z)	전자 배치
수소	1	$1s^1$
헬륨	2	$1s^2$
리튬	3	$1s^22s^1$
베릴륨	4	$1s^22s^2$
붕소	5	$1s^22s^22p^1$
탄소	6	$1s^22s^22p^2$
질소	7	$1s^22s^22p^3$
산소	8	$1s^22s^22p^4$
플루오린	9	$1s^22s^22p^5$
네온	10	$1s^22s^22p^6$
소듐	11	$1s^22s^22p^63s^1$
마그네슘	12	$1s^22s^22p^63s^2$
알루미늄	13	$1s^22s^22p^63s^23p^1$
규소	14	$1s^22s^22p^63s^23p^2$
인	15	$1s^22s^22p^63s^23p^3$
황	16	$1s^22s^22p^63s^23p^4$
염소	17	$1s^22s^22p^63s^23p^5$
아르곤	18	$1s^22s^22p^63s^23p^6$
포타슘	19	$1s^22s^22p^63s^23p^64s^1$
칼슘	20	$1s^22s^22p^63s^23p^64s^2$

예제 3.5 부껍질 표기법

표 3.3을 참조하지 않고, 부껍질 표기법을 사용하여 **(a)** 산소와 **(b)** 황의 전자 배치를 쓰라. 이 두 원소의 전자 배치의 공통점은 무엇인가?

풀이

a. 산소는 전자를 8개 가지고 있다. 가장 낮은 에너지 준위부터 시작하여 부껍질에 배치한다. 2개는 1*s* 궤도 함수로, 2개는 2*s* 궤도 함수로 들어간다. 그러면 전자 4개가 2*p* 부껍질에 배치된다. 전자 배치는 $1s^22s^22p^4$이다.

b. 황 원자는 전자를 16개 가지고 있다. 전자 배치는 $1s^22s^22p^63s^23p^4$이다. 위 첨자의 총합은 16이며 부준위의 최대 용량을 초과하지 않았다.

O와 S는 모두 가장 에너지가 높은 부준위(최외각 부껍질)에 전자가 4개인 전자 배치를 가지고 있다.

› 복습문제 3.5A

표 3.3을 참조하지 않고, 부껍질 표기법을 사용하여 **(a)** 플루오린과 **(b)** 염소의 전자 배치를 쓰라. 이 두 원소의 전자 배치의 공통점은 무엇인가?

› 복습문제 3.5B

그림 3.16을 사용하여 **(a)** 타이타늄(Ti)과 **(b)** 주석(Sn)의 전자 배치를 쓰라.

자가평가문제

1. 1*s* 궤도 함수는 어떤 모양인가?
- **a.** 고리
- **b.** 아령
- **c.** 구형
- **d.** 가변적

2. 원자 궤도 함수의 최대 전자 수는 어떠한가?
- **a.** 주껍질에 따라 다르다.
- **b.** 부껍질에 따라 다르다.
- **c.** 항상 2개이다.
- **d.** 항상 8개이다.

3. 다음 중 에너지가 가장 높은 부껍질은 무엇인가?

a. 2*p*　**b.** 2*s*　**c.** 3*p*　**d.** 3*s*

4. *d* 궤도 함수를 가지는 주껍질의 가장 낮은 번호는 무엇인가?

a. 1　**b.** 2　**c.** 3　**d.** 4

5. 다음 중 에너지가 가장 낮은 부껍질은 무엇인가?

a. 4*d*　**b.** 5*s*　**c.** 5*p*　**d.** 5*d*

6. 다음 중 궤도 함수를 총 3개 가진 부껍질은 무엇인가?

a. *s*　**b.** *p*　**c.** *d*　**d.** *f*

7. 다음 중 3*d* 부껍질이 있는 주껍질의 번호는 무엇인가?

a. 1　**b.** 3　**c.** 5　**d.** 없음

8. 4*p* 부껍질이 수용가능한 최대 전자수는 얼마인가?

a. 3　**b.** 4　**c.** 6　**d.** 10

정답: 1.c, 2.c, 3.c, 4.c, 5.b, 6.b, 7.b, 8.c

3.8 전자 배치와 주기율표

학습 목표 • 원소의 전자 배치가 주기율표에서의 위치와 어떤 관련이 있는지 서술한다.

일반적으로 원소의 물리적, 화학적 성질은 전자 배치와 연관성이 있다. 양성자의 수는 중성 원자의 전자 수와 같기 때문에 주기율표는 원자 번호뿐만 아니라 전자 배치에 대해서도 알려준다. 전자 배치는 원자 간의 결합이 발생하는 이유와 그 방법을 이해하는 데 중요하며, 4장에서 전자 배치를 이용하여 결합 형성을 살펴볼 것이다.

현대의 주기율표(앞표지 안쪽)에는 가로행과 세로열이 있다.

- 각 세로열은 **족**(group)이라고 한다. 같은 족에 속한 원소는 비슷한 화학적 성질을 가지고 있다.
- 주기율표의 가로행을 **주기**(period)라고 한다. 원소의 성질은 주기에 따라 반복적으로 변화한다.

미국에서는 숫자 뒤에 문자 A 또는 B를 붙여 족을 나타낸다.

- A 족의 원소는 **주족 원소**(main-group element)이다.
- B 족의 원소는 **전이 원소**(transition element)이다.

IUPAC에서는 1부터 18까지 족에 번호를 매길 것을 권장한다. 두 가지 체계 모두 표지 안쪽의 주기율표에 표시되어 있지만, 이 책에서는 전통적인 미국 체계를 사용한다. 이 체계를 선호하는 이유는 주족 원소의 최외각 껍질에 있는 전자의 총 개수가 그 열 번호와 같기 때문이다. 이렇게 하면 전자 배치와 열 번호 사이의 관계가 간단해진다.

족의 특징: 외각 전자 배치

가장 바깥에 있는 전자를 **원자가전자**(valence electron) 또는 최외각 전자라고 한다. 이들은 원자에서 가장 중요한 전자이다. 원자가 충돌할 때 서로 가장 가깝게 접촉하는 것은 당연히 원자의 원자가전자이다. 그 전자들이 화학적 변화와 원자간 결합에 관여하여 새로운 화합물을 만든다(4장). 주기율표에서 어떤 원소가 나타나는 주기를 보면 그 원소의 원자가 주껍질을 몇 개 가지고 있는지 알 수 있다. 예를 들어 인은 3주기에 속하므로 인 원자는 주껍질을 3개 가지고 있다. 인의 미국식 족 번호는 5A 족이다. 따라서 원자가전자 5개를 가지고 있다는 결론을 이끌어 낼 수 있다. 이 중 2개는 *s* 궤도 함수에 있고 나머지 3개는 *p* 궤도 함수에 있다. 인 원자의 외부 전자 배치(원자가전자)는 다음과 같이 나타낼 수 있다.

$$\text{P} \quad 3s^2 3p^3$$

원자가전자는 원자의 대부분의 화학적 성질을 결정한다. 주기율표의 같은 족에 속하는 모든 원소는 같은 수의 원자가전자를 가지고 있기 때문에 비슷한 화학적 성질을 가져야 하며, 실제로도 그렇다.

그림 3.17을 보면 부껍질 배치와 주기율표의 족의 연관성을 알 수 있지만, 이 그림은 H와 He는 포함하지 않는다. 이 두 원소는 단순히 1s 족이라고 부를 수 있다. 그림 3.17의 왼쪽에는 첫 번째 2개의 족으로 구성된 s구역이 있다. 이 두 족의 원자에서 마지막으로 추가된 전자는 *s* 궤도 함수로 들어가며, 각각 s^1과 s^2이 된다. 맨 오른쪽은 *p*구역이다. 여기 있는 6개 족은 *p* 부껍질에 들어갈 수 있는 전자 6개에 해당한다. 이 두 구역들 사이에 전이 금속과 내부 전이 금속이 있다. 전이 금속의 10개 족은 *d* 부껍질의 5개 *d* 궤도 함수에 해당하며(*d*구역), 내부 전이 금속은 *f* 부껍질의 7개 *f* 궤도 함수가 채워지는 곳(*f* 구역)에 해당한다.

족

같은 족의 원소는 외부 전자 배치가 비슷하기 때문에 비슷한 성질을 가진다.

1A 족의 금속은 **알칼리 금속**(alkali metal)이라고 하며, ns^1 원자가전자를 1개 가지고 있다. 여기서 *n*은 최외각 주껍질의 번호를 나타낸다. 이들은 물과 격렬하게 반응하여 수소 기체를 생성한다. 이 족의 성질에는 눈에 띄는 경향성이 있다. 예를 들어 리튬은 이 족에서 가장 단단한

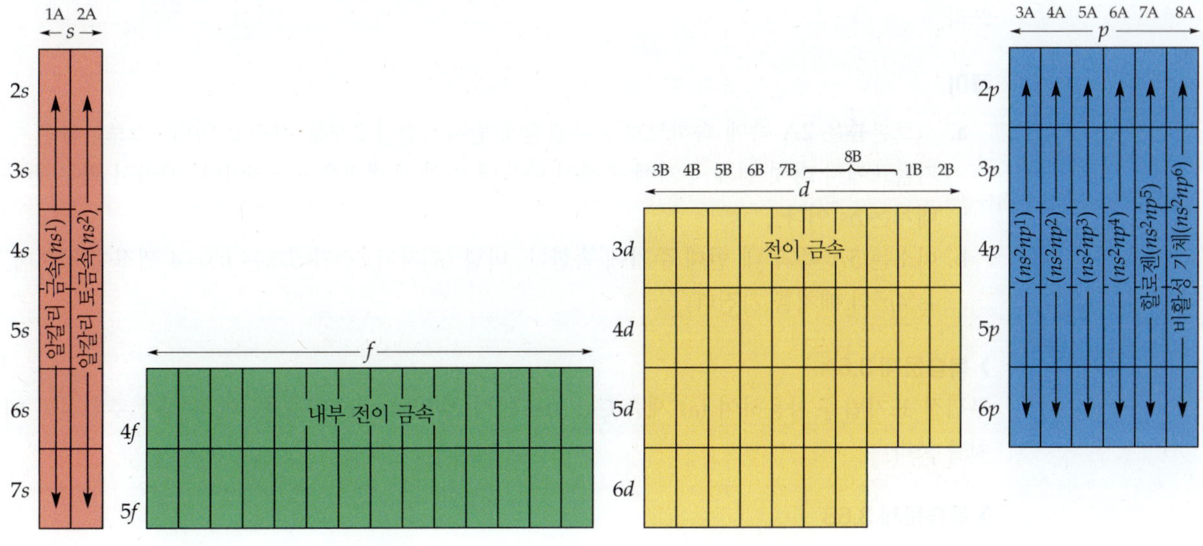

6 주기율표에서 '주기'란 무엇인가?

'주기적'이란 말은 일정한 간격으로 반복된다는 뜻이다. 그림 3.17은 주기율표에 주기적 또는 반복적인 경향이 있는 이유를 보여준다. 같은 열에 있는 원소들은 최외각 껍질에 같은 수의 전자를 가지고 있기 때문에 화학적, 물리적 특성이 비슷하다.

▲ **그림 3.17** 원자가껍질 전자 배치와 주기율표

▲ (위) 알칼리 금속인 리튬은 물과 반응하여 수소 기체를 생성한다. (아래) 또 다른 알칼리 금속인 포타슘은 같은 반응을 일으키지만, 훨씬 더 격렬하게 반응한다.

금속이다. 소듐은 리튬보다 무르고 포타슘은 그보다 더 무르며, 그 아래로 내려갈수록 더 물러진다. 또한 리튬은 물에 대한 반응성이 가장 낮다. 소듐, 포타슘, 루비듐, 세슘은 점진적으로 반응성이 높아진다. 프랑슘은 방사능이 매우 높고 극히 희귀하여, 그 성질이 측정된 적은 거의 없다.

수소는 1A 족에서 특이한 원소이다. 수소는 알칼리 금속이 아니라 전형적인 비금속에 속한다. 이러한 성질을 고려할 때 수소는 아마도 독자적인 족에 속해야 할 것이다.

2A 족 원소는 **알칼리 토금속**(alkaline earth metal)으로 알려져 있다. 이 족에 속하는 금속은 외부 전자 배치가 ns^2이다. 대부분은 상당히 무르고 물과 적당히 반응한다. 베릴륨은 다소 단단하고 물과 반응하지 않는다는 점에서 이 족의 특이한 구성원이다. 다른 족들과 마찬가지로 이 족에서도 성질의 경향성이 있다. 예를 들어 마그네슘, 칼슘, 스트론튬, 바륨, 라듐은 물에 대한 반응성이 점점 더 강해진다.

3A 족은 고유한 족 이름이 없으며 단순히 **붕소군**으로 불린다. 마찬가지로 **탄소군**(4A 족), **질소군**(5A 족), **산소군**(6A 족)이 있으며, 산소군은 예전에는 '광석 형성자'라는 뜻의 **칼코젠군**이라고 불렀다(12장에서는 산소와 황으로 생성되는 다양한 광물에 대해 알아본다). 7A 족 원소는 **할로젠**(halogen)으로, 반응성이 큰 원소들이다. 모두 원자가전자 7개를 가지며 배치는 ns^2np^5이다. 할로젠은 알칼리 금속과 격렬하게 반응하여 **염**(salt)이라고 불리는 결정성 고체를 생성한다(이에 대해서는 4장에서 자세히 설명한다). 할로젠 족에서도 족 아래로 내려갈수록 경향성이 있다. 플루오린은 알칼리 금속에 가장 반응성이 높고, 염소는 그 다음으로 반응성이 높다. 플루오린과 염소는 실온에서 녹색 기체, 브로민은 진한 붉은색 액체, 아이오딘은 회색/보라색 고체이다. 아스타틴은 프랑슘과 마찬가지로 방사능이 강하고 극히 희귀하며, 그 성질이 거의 밝혀지지 않았다. 러시아의 한 실험실에서 극소량의 테네신(Ts, 117번)이 생성되었다.

주기율표에서 맨 오른쪽에 있는 8A 족의 구성원은 원자가전자가 가득 차 있으므로, 화학 반응이 거의 일어나지 않는다. 화학 반응성이 부족하다는 이유로 이들은 **불활성 기체**(noble gas) 또는 영족 기체라고 불린다.

예제 3.6 원자가껍질 전자 배치

부껍질 표기법을 사용하여 **(a)** 스트론튬(Sr)과 **(b)** 비소(As)의 최외각 주껍질의 전자 배치를 쓰라.

풀이

a. 스트론튬은 2A 족에 속하므로 s 부껍질에 원자가전자 2개를 가지고 있다. 스트론튬은 주기율표에서 다섯 번째 주기에 속하기 때문에 바깥 주껍질은 $n = 5$이다. 따라서 외부 전자 배치는 $5s^2$이다.

b. 비소는 5A 족과 네 번째 주기에 속한다. 바깥 (원자가) 전자 5개는 $n = 4$ 껍질에 있으며, $4s^24p^3$의 배치를 가진다.

› 복습문제 3.6A

부껍질 표기법을 사용하여 **(a)** 세슘(Cs), **(b)** 안티모니(Sb), **(c)** 규소(Si)의 최외각 주껍질의 배치를 쓰라.

› 복습문제 3.6B

알루미늄의 원자가전자는 $3s^23p^1$의 배치를 가진다. 주기율표에서 갈륨은 알루미늄 바로 아래에 있고, 인듐은 갈륨 바로 아래에 있다. 이 정보만 사용하여 **(a)** 갈륨과 **(b)** 인듐의 원자가전자의 배치를 쓰라.

▲ (위) 금과 같은 금속은 쉽게 성형할 수 있고 열과 전기가 잘 통한다. (아래) 황과 같은 비금속은 일반적으로 부서지기 쉽고 낮은 온도에서 녹으며, 좋은 절연체가 되는 경우가 많다.

금속과 비금속

주기율표의 원소는 계단 모양 굵은 선으로 두 가지 종류로 나뉜다(앞표지 안쪽 참조). 선의 왼쪽에 있는 것은 금속이다. **금속**(metal)은 특유의 광택을 가지고 있으며 일반적으로 열과 전기를 잘 전도한다. 액체인 수은을 제외한 모든 금속은 실온에서 고체이다. 금속은 일반적으로 **전성**(malleable)이 있어, 망치로 두드려서 얇은 판으로 만들 수 있다. 또한 대부분 **연성**(ductile)이 있어, 길게 늘여 전선으로 만들 수 있다.

계단 모양 선의 오른쪽에 있는 원소는 비금속이다. **비금속**(nonmetal)은 금속 성질이 없다. 몇몇 비금속은 기체이다(예: 산소, 질소, 플루오린, 염소). 다른 것들은 고체이다(예: 탄소, 황, 인, 아이오딘). 브로민은 상온에서 액체인 유일한 비금속 원소이다.

계단식 선의 경계에 있는 원소 중 일부는 **반금속**(semimetal) 또는 **준금속**(metalloid)이라고 불리며, 이들은 금속과 비금속의 성질을 모두 닮은 중간 성질을 가지고 있다. 어떤 원소가 이 범주에 속하는지에 대해서는 합의가 부족하다.

자가평가문제

1. 다음 중 가장 유사한 화학적 성질을 가진 원소 쌍은 무엇인가?
a. Ca와 Cd **b.** Cl과 Br **c.** P와 S **d.** Sb와 Sc

2. 주기율표의 같은 열에 있는 원소는 어떤 성질이 같은가?
a. 핵의 양성자 수 **b.** 총 전자 수
c. 최외각 껍질에 있는 전자 수 **d.** 핵의 중성자 수

3. 다음 중 할로젠의 원자가껍질 전자 배치는 무엇인가?
a. ns^1 **b.** ns^2np^3 **c.** ns^2np^5 **d.** ns^2np^6

4. 알칼리 금속은 어느 족의 구성원인가?
a. 1A **b.** 2A **c.** 3A **d.** 8A

5. 브로민 원자에 있는 원자가전자의 총 개수는 얼마인가?
a. 5 **b.** 7 **c.** 17 **d.** 35

6. 다음 중 가장 유사한 화학적 성질을 나타내는 원소 집합은 무엇인가?
a. Ca, Zn, Kr **b.** Pt, Au, Hg
c. Li, Na, K **d.** N, O, F

7. 바닥 상태에서 4주기 원소의 원자가 가져야 하는 것은 무엇인가?
a. 3*d* 부준위
b. 네 번째 껍질에 있는 전자
c. 원자가전자 4개
d. 4주기의 다른 원소와 유사한 성질

정답: 1. b, 2. c, 3. c, 4. a, 5. b, 6. c, 7. b

녹색 화학 태양 연료에서 얻는 청정 에너지

Scott Cummings, Kenyon College

원칙 1, 6, 7

학습 목표
- 태양 전지에서 태양 에너지가 전기 에너지로 변환되는 것과 태양 에너지가 태양 연료의 화학 결합 에너지로 변환되는 것을 구별한다.
- 물을 원소인 수소와 산소로 분해하려면 왜 에너지가 투입되어야 하는지, 수소와 산소의 반응으로 물을 생성하면 왜 에너지가 방출되는지 설명한다.

태양광과 물로 생산되고, 이산화 탄소를 배출하지 않는 청정연료로 에너지를 공급받는 세상을 상상해보자. 이것은 전 세계 화학자들의 꿈이었는데, 화학자들은 현대 사회에 매우 중요한 화석연료(석유, 석탄, 천연가스)를 언젠가 대체할 수 있는 '태양 연료'를 개발하기 위해 오랜 세월 노력해왔다.

태양광은 무료이며 풍부한 에너지원이다. 한 시간 동안 지구 표면에 도달하는 태양 에너지의 양은 인간이 1년 동안 사용하는 모든 화석연료 에너지의 양과 맞먹는다. 화학자들의 목표는 이 태양광의 극히 일부를 포집해 유용한 형태로 변환할 수 있도록 효율적인 방법을 개발하는 것이다. 물론 가장 일반적인 접근 방식은 실리콘 기반의 광전지로 구성된 태양 전지판을 사용하여 태양 에너지를 전기로 변환하는 것이다. 하지만 태양광은 간헐적이기 때문에 이 태양 전기는 맑은 날에만 사용할 수 있다.

다른 접근 방식은 태양광 에너지를 사용하여 화학 변화를 일으켜서, 태양이 졌을 때에도 저장하고 사용할 수 있는 연료 형태의 화학 에너지로 복사 태양 에너지를 변환하는 것이다. 태양 연료의 한 가지 아이디어는 수소이다. 태양광을 이용해 수소를 만드는 것은 화학의 위대한 도전 중 하나이다.

완전한 수소 에너지 사이클은 태양 에너지를 사용하여 물(H_2O)을 수소(H_2)와 산소(O_2)로 분리한 다음, 수소를 청정연료로 사용하여 열(연소 시) 또는 전기(연료 전지 사용)를 생산한다. 물을 분해하려면 물 분자의 산소(O)와 수소(H) 원자를 묶는 화학 결합을 끊기 위해 에너지를 투입해야 한다. 가장 간단한 방법 중 하나는 전기분해(3.1절)로, 전기 에너지가 필요하다. 태양 전지판을 사용하여 전기를 생산하면 생성된 수소는 태양 연료가 된다. 이 접근 방식은 현재 비용이 많이 들기 때문에, 태양 전지판을 제작할 수 있는 새롭고 저렴한 태양광 재료(플라스틱 포함)를 발견하는 것이 화학 분야에서 많은 연구의 목표이다. 화학자들은 또한 귀금속인 백금(Pt) 대신 풍부한 원소로 전극과 기타 구성 요소를 만드는 방법을 모색하고 있다.

수소 생산에 대한 다른 접근 방식을 위해 화학자들은 녹색 식물에서 영감을 얻고 있다. 식물은 태양으로부터 에너지를 흡수하여 탄수화물이라는 화합물의 화학 결합 형태로 저장한다. 지구상의 생명체를 유지하는 데 광합성이 필수적인데, 이 광합성 반응은 식물의 분자가 태양광을 이용해 물을 분해하는 능력이 있기 때문에 가능하다. 화학자들은 잎의 비밀을 풀고 태양 에너지를 이용해 물에서 수소 연료를 생산하는 '인공 광합성(artificial photosynthesis)'을 개발할 수 있기를 기대하고 있다. 하버드대학 과학자들은 태양광, 이산화 탄소, 물로부터 액체 연료를 만드는 전 과정을 수행하는 시스템을 발명했다. 자연 광합성은 태양 에너지의 약 1%를 식물이 사용하는 탄수화물로 전환하는 반면에 하버드 공정은 태양광 에너지의 10%를 연료로 전환한다.

광합성

이산화 탄소 + 물 + 태양광 ⟶ 탄수화물 + 산소

인공 광합성

물 ⟶ 수소 + 산소

▲ **태양 연료를 만드는 두 가지 방법.** 녹색 식물은 광합성을 통해 탄수화물 연료를 생산한다. 화학자들은 수소 연료를 생산하려고 한다. 두 반응 모두 물과 태양 에너지를 사용한다.

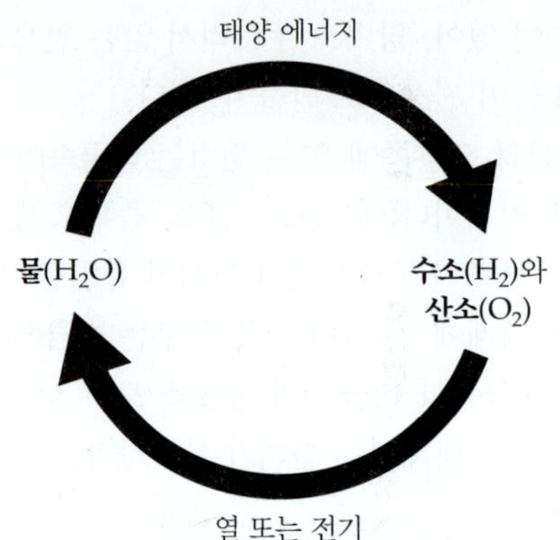

▲ **청정 에너지 주기.** (위) 태양 에너지를 사용하여 물에서 수소와 산소를 생산한다. 수소 연료는 산소와 반응하여 물을 생성하고 열 또는 전기로 에너지를 방출한다.

자연 광합성에서 식물은 태양 에너지를 포집하고 변환하기 위해 다양한 분자를 사용한다. 엽록소 분자는 태양 스펙트럼의 일부를 흡수하여 잎이 녹색을 띠게 한다. 이 과정을 모방하기 위해 화학자들은 태양에서 광자를 포획하는 다채로운 합성 염료를 설계하고 있다. 염료가 빛을 흡수하면 염료의 전자 중 하나가 들뜬 상태의 분자를 생성한다. 문제는 들뜬 에너지가 단순히 광자로 방출되기 전에 그 에너지를 활용하여 물을 분리하는 것이다(3.6절). 식물도 망가니즈(망간), 칼슘, 산소 원자의 복합체를 사용하여 물 분자를 분해하고 산소를 생성한다. 화학자들은 실험실에서 만든 화합물을 사용하여 이 반응을 모방하려는 시도를 활발히 해왔다.

수소와 같은 태양 연료는 녹색 화학 원리들을 구현한다. 수소 연료는 제조에 사용되는 방법만큼만 친환경적이다. 하지만 태양광을 에너지원으로, 물을 화학 원료로 사용하여 생산한다면 이 연료는 깨끗하고 재생가능한 연료가 될 수 있다(원칙 7). 수소는 화석연료와 달리 탄소가 없는 연료로, 태양광을 이용해 생산하면 이산화 탄소 배출을 막을 수 있다(원칙 1). 태양-수소 시스템은 물 분해 반응과 수소 활용을 촉진하는 고효율 화합물에 의존한다(원칙 7). 이러한 물질이 지구에 풍부하고 환경에 해를 끼치지 않는다면, 이 과정은 청정연료 주기를 완성한다.

요약

3.1절: Davy, Faraday 등은 물질이 본질적으로 전기적이라는 것을 보여주었다. 그들은 전기분해, 즉 용융 염에 전기를 통과시켜 화합물을 원소로 분해할 수 있었다. 전기가 통하는 용액 또는 화합물인 **전해질**에 전기를 전달하는 탄소 막대 또는 금속판을 **전극**이라고 한다. 전해질에는 이온이 포함되어 있고, 이온은 전하를 띤 원자 또는 원자단이다. **산화 전극**은 양전극이며, **음이온**(음전하를 띤 이온)이 산화 전극을 향해 이동한다. **환원 전극**은 음전극이고, **양이온**(양전하를 띤 이온)은 환원 전극을 향해 이동한다. 가스방전 관에서 음극선을 이용한 실험을 통해 물질에는 전자라고 불리는 음전하를 띤 입자가 포함되어 있음을 알 수 있었다. Thomson은 전자의 질량 대 전하 비를 측정했다. Goldstein의 실험은 물질에는 양전하를 띤 입자도 포함되어 있다는 것을 보여주었다. Millikan의 기름방울 실험으로 전자의 전하를 측정하고 전자의 질량을 계산할 수 있었다.

3.2절: Röntgen은 음극선을 연구하던 중 우연히 현재 의료 진단에 사용되는 고투과성 방사선인 **X선**을 발견했다. Becquerel은 예기치 않게 특정 불안정한 원소에서 나오는 또 다른 유형의 방사선을 발견했다. Marie Curie는 이 새로운 발견에 **방사능**이라는 이름을 붙이고 이를 광범위하게 연구했다.

3.3절: 방사능은 곧 세 가지 유형 중 하나로 분류되었다. **알파(α) 입자**는 수소 원자의 4배 질량과 전자의 2배 양전하를 가지고 있다. **베타(β) 입자**는 에너지가 큰 전자이다. **감마(γ)선**은 X선과 같은 에너지의 한 형태이지만, 투과성이 더 강하다.

3.4절: Rutherford의 알파 입자와 금박을 이용한 실험에 따르면 금박을 향해 방출된 알파 입자는 대부분 금박을 통과했다. 일부는 굴절되거나 때로는 공급원을 향해 거의 똑바로 반사되기도 했다. 이것은 원자의 모든 양전하와 대부분의 질량이 작은 중심에 있어야 함을 나타내었고, Rutherford는 이것을 **핵**이라고 불렀다.

3.5절: Rutherford는 양전하의 가장 작은 단위를 **양성자**라고 불렀다. 양성자는 수소 원자와 거의 같은 질량을 가지고, 전자의 전하와 크기는 같지만 부호는 반대인 전하를 가지고 있다. 1932년 Chadwick은 양성자와 비슷한 질량을 가지지만 전하가 없는 핵 입자인 중성자를 발견했다. 원자에 있는 양성자의 수를 **원자 번호**(Z)라고 한다. 같은 원소의 원자는 양성자의 수는 같지만 중성자의 수는 다를 수 있는데, 이런 원자를 **동위원소**라고 한다. 한 원소의 서로 다른 동위원소는 화학적으로 거의 동일하다. 양성자와 중성자를 통틀어 **핵자**라고 하며, 핵자의 수를 **질량수** 또는 **핵자 수**라고 한다. 질량수와 원자 번호의 차이는 중성자의 수이다. 원소 X의 동위원소에 대한 일반적인 기호는 ${}^{A}_{Z}X$로 표기되며, 여기서 A는 질량수, Z는 원자 번호이다.

3.6절: 태양이나 백열등에서 나오는 빛은 모든 색을 포함하는 연속 스펙트럼을 생성한다. 가스방전 관에서 나오는 빛은 특정 색상만 포함하는 **선 스펙트럼**을 생성한다. Bohr는 원자의 전자가 특정 불연속적인 에너지 준위에만 존재하고, 그 에너지 준위는 다른 에너지 준위와 양자, 즉 불연속적인 에너지 단위만큼 다르다고 제안하여 선 스펙트럼을 설명했다. 원자의 전자는 더 높은 에너지 상태, 즉 **들뜬 상태**에 있다가 더 낮은 에너지 상태, 즉 **바닥 상태**로 떨어진다. 전자가 낮은 에너지 준위로 이동할 때 방출되는 에너지는 특정 원소의 특징인 선 스펙트럼으로 나타나며, 선은 빛의 특정 파장(색)에 해당한다. Bohr는 또한 원자의 에너지 준위는 전자를 최대 $2n^2$개 가질 수 있다고 추론했는데, 여기서 n은 에너지 준위의 번호, 즉 껍질의 번호이다. 원자의 전자가 차지하는 껍질에 대한 설명은 원자의 **전자 배치**, 즉 전자의 배열을 나타내는 한 가지 방법이다.

3.7절: De Broglie는 전자가 파동 성질을 가지고 있다는 가설을 세웠다. Schrödinger는 각 전자의 위치를 궤도 함수(오비탈)로 설명하는 방정식을 개발했는데, 궤도 함수란 전자가 일반적으로 차지하는 공간의 영역이다. 각 궤도 함수는 전자를 최대 2개씩 가진다. 같은 껍질에 있고 같은 에너지를 가진 궤도 함수들은 부껍질, 즉 부준위를 구성하며, 각 부껍질은 문자로 지정된다. s 궤도 함수는 구형이고, p 궤도 함수는 아령 모양이다. d와 f 궤도 함수는 더 복잡한 모양을 하고 있다. 첫 번째 주껍질은 하나의 s 궤도 함수, 두 번째는 s 궤도 함수 1개와 p 궤도 함수 3개, 세 번째는 s 궤도 함수 1개, p 궤도 함수 3개, d 궤도 함수 5개만 가질 수 있다. 부껍질 표기를 사용하여 전자 배치를 작성할 때는 껍질 번호와 부껍질 문자를 지정하고 그 뒤에 해당 부껍질의 전자 수를 나타내는 위첨자를 붙인다. 껍질과 부껍질의 순서는 도표나 주기율표를 보고 기억할 수 있다.

3.8절: 주기율표의 원소는 수직 방향 **족**과 수평 방향 **주기**로 배열되어 있다. 원자의 최외각 껍질에 있는 전자, 즉 원자가전자(최외각 전자)는 그 원자의 반응성을 결정한다. 한 족에 속하는 원소는 일반적으로 같은 수의 원자가전자를 가지며 성질도 비슷하다. 족은 숫자와 문자 A 또는 B로 지정하며, A 족 원소는 **주족 원소**이다. B 족 원소는 **전이 원소**이다. 1A 족 원소는 **알칼리 금속**이다. 수소를 제외하고는 모두 무르고 녹는점이 낮으며 반응성이 높은 **금속**이다. 2A 족은 **알칼리 토금속**이며, 이들은 상당히 무르고 반응성이 높다. 7A 족 원소인 할로젠은 반응성이 강한 **비금속**이다. 8A 족 원소인 불활성 기체(영족 기체)는 거의 혹은 전혀 반응하지 않는다. 계단 모양 선은 주기율표를 전기와 열을 전도하고 광택, 연성, 연성이 있는 금속과 금속의 성질이 없는 비금속으로 나눈다. 계단 모양 선의 경계에 있는 일부 원소는 금속과 비금속의 중간 성질을 가진 **준금속**이라고 한다.

녹색 화학: 수소는 태양광과 물을 이용해 제조할 수 있고, 사용 시 이산화 탄소를 폐기물로 배출하지 않기 때문에 유망한 청정연료로 꼽힌다. 태양 전지를 이용하면 태양광 에너지를 전기로 변환하여 물을 수소와 산소로 분해할 수 있는데, 물의 분해도 광합성을 모방한 과정을 통해 이뤄질 수 있다. 수소는 연소하여 열을 생산하거나 연료 전지에 사용하여 전기를 생산할 수 있다.

학습 목표	관련 문제
• 원자의 전기적 성질을 설명한다. (3.1)	1, 27
• 전기의 성질이 원자의 구조를 어떻게 설명하는지 서술한다. (3.1)	3, 27, 37, 38
• X선을 발견하고 방사능을 설명하게 된 실험에 대해 서술한다. (3.2)	2
• 방사능의 세 가지 주요 종류인 알파, 베타, 감마를 구별한다. (3.3)	2, 28
• 원자가 전자로 둘러싸인 작은 핵을 가지고 있다고 생각하는 이유를 이해한다. (3.4)	3, 5, 6, 19, 20
• 원자의 핵을 구성하는 입자를 나열하고 상대 질량과 전하를 구한다. (3.5)	13~18
• 핵 입자를 보고 원소와 동위원소를 알아낸다. (3.5)	31~36
• 전자가 에너지 준위에서 전이하는 것이 흡수 및 방출과 어떻게 관련되어 있는지 이해한다. (3.6)	10~12, 43, 44
• 주어진 원자의 전자를 에너지 준위(껍질)에 배열한다. (3.6)	7, 40~44
• 에너지의 양자 개념을 궤도 함수와 연관지어 설명한다. (3.7)	8, 9, 30, 36
• 주어진 원자의 전자 배치를 부껍질 표기법으로 작성한다. (3.7)	45~47, 59, 60
• 원소의 전자 배치가 주기율표에서의 위치와 어떤 관련이 있는지 서술한다. (3.8)	57, 58, 61~63
• 물을 원소인 수소와 산소로 분해하려면 왜 에너지가 투입되어야 하는지, 수소와 산소의 반응으로 물을 생성하면 왜 에너지가 방출되는지 설명한다.	64
• 태양 전지에서 태양 에너지가 전기 에너지로 변환되는 것과 태양 에너지가 태양 연료의 화학 결합 에너지로 변환되는 것을 구별한다.	65~67

개념문제

1. 음극선을 구성하는 아원자 입자는 어떤 유형인가?
2. 방사능이란 무엇인가? 방사능의 발견이 Dalton의 원자 이론과 어떻게 모순되는가?
3. Goldstein의 실험은 Thomson의 실험과 어떻게 달랐으며, 원자에 대한 다른 정보를 어떻게 밝혀냈는가?
4. Dalton의 원자 모형과 원자의 핵 모형을 비교하라.
5. Rutherford가 금박 실험 결과를 분석했을 때 발견한 두 가지 놀라운 결론은 무엇인가?
6. Rutherford의 원자 모형에서 양성자, 중성자, 전자는 각각 어디에서 발견되는가?
7. Bohr의 이론은 원자의 개념을 어떻게 바꾸었는가?
8. 파동 성질을 사용하여 원자 및 아원자 수준에서 입자의 운동을 설명하는 이론은 무엇인가?
9. 양자라는 용어의 의미를 설명하라.
10. 같은 종류의 원자에서 전자가 두 번째 껍질에서 세 번째 껍질로 이동하는 원자, 전자가 첫 번째 껍질에서 세 번째 껍질로 이동하는 원자 중 어느 원자가 더 많은 에너지를 흡수하는가? 그 이유를 설명하라.
11. 원자가 열, 전기, 레이저 빔으로부터 에너지를 흡수할 때 빛과 같은 방사선을 방출하게 되는 전자 전이의 2단계 과정을 설명하라.
12. 수소의 방출 스펙트럼에서 2개 이상의 선이 관찰되는 이유를 설명하라.

연습문제

원자의 구성 요소

13. 원자핵에 양성자를 19개 가진 포타슘의 중성 원자에는 전자가 몇 개 존재하는가?
14. 양성자를 14개 가진 중성 원자는 전자를 몇 개 가지고 있는가? 어떤 원소인가?
15. 주기율표를 사용하여 다음 각 원소의 원자에 들어 있는 양성자의 수를 구하라.
    a. 붕소
    b. 황
    c. 구리
16. 주기율표를 사용하여 다음 각 원소의 원자에 들어 있는 양성자의 수를 구하라.
    a. 마그네슘

b. 알루미늄
c. 아연

17. 15번 문제에 나열된 각 원소의 중성 원자에는 전자가 몇 개 있는가?

18. 16번 문제에 나열된 각 원소의 중성 원자에는 전자가 몇 개 있는가?

19. 주껍질에 정확한 수의 전자가 있고, 각 종류별 핵자의 개수도 정확한 수로 표시된 황-33 원자의 다이어그램을 그려라.

20. 주껍질에 정확한 수의 전자가 있고, 각 종류별 핵자의 개수도 정확한 수로 표시된 염소-37 원자의 다이어그램을 그려라.

21. 원자 번호가 76인 원소의 기호, 이름, 원자량은 무엇인가? 주기율표를 사용할 수 있다.

22. 원자핵에 양성자를 40개 가지고 있는 원소의 기호, 이름, 원자 번호는 무엇인가?

핵 기호와 동위원소

23. 아래 표를 참고하여 다음 각 항목에 대해 답하라.

	원자 A	원자 B	원자 C	원자 D
양성자 수	17	18	18	17
중성자 수	18	17	18	17
전자 수	17	18	18	17

a. 원자 A와 B는 동위원소인가?
b. A와 C는 동위원소인가
c. A와 D는 동위원소인가?
d. A는 어떤 원소인가?
e. B는 어떤 원소인가?

24. 23번 문제의 표를 보고 다음 각 항목에 대해 답하라.
a. 원자 B와 C는 동위원소인가?
b. C와 D는 동위원소인가?
c. C는 어떤 원소인가?
d. D는 어떤 원소인가?

25. 23번 문제에서 어느 원자의 질량이 거의 같은가?

26. 23번 문제에서 나머지와 질량이 다른 원자는 무엇인가?

27. 전하를 띤 원자를 무엇이라고 하는가?
a. 이온
b. 분자
c. 핵
d. 방사능

28. 세 가지 다른 종류의 방사능의 전하와 질량을 설명하라.

29. 질량수가 37개, 원자 번호가 17인 동위원소의 기호와 이름은 무엇인가?

30. 중성자가 30개, 양성자가 25개인 동위원소의 기호와 이름은 무엇인가?

31. 다음 표의 빈칸을 채우라.

원소	질량수	양성자 수	중성자 수
니켈	60		
	108	46	
		7	7
아이오딘			74

32. 양성자 21개와 중성자 24개를 가진 원소가 무엇인지 쓰라. 그 원소의 질량수와 전자의 개수는 얼마인가?

33. 다음 중 원소는 몇 개인가?

$$^{23}_{11}X \quad ^{22}_{10}X \quad ^{11}_{5}X \quad ^{24}_{11}X \quad ^{25}_{12}X$$

34. 다음 중 은의 동위원소는 몇 개인가? (X가 반드시 어떤 특정 원소를 나타내는 것은 아니다.)

$$^{108}_{47}X \quad ^{108}_{48}X \quad ^{110}_{47}X \quad ^{109}_{46}X \quad ^{107}_{47}X$$

35. 원자 번호가 14인 원자의 질량수로 가장 가능성이 높은 것은 얼마인가?

36. 베릴륨 원자는 양성자 4개, 전자 4개, 중성자 5개를 가지고 있다. 원자의 질량수는 얼마인가?

37. 원자가 전자를 3개 잃을 때, 그 이온의 전하량은 얼마인가?

38. 원자가 전자를 2개 얻을 때, 그 이온의 전하량은 얼마인가?

전자 배치의 부껍질 표기법

39. 전자를 최대 8개 가질 수 있는 주 전자 껍질은 무엇인가?

40. 세 번째 주 전자 껍질은 전자를 몇 개 가질 수 있는가?

41. 주기율표를 참고하지 않고, 다음과 같은 전자 배치를 가진 원소의 원자 번호를 각각 구하라.
a. $1s^22s^22p^4$
b. $1s^22s^22p^63s^23p^2$
c. $1s^22s^22p^63s^23p^63d^84s^2$

42. 주기율표를 참고하지 않고, 다음과 같은 전자 배치를 가진 원소의 원자 번호를 각각 구하라.
a. $1s^22s^22p^5$
b. $1s^22s^22p^63s^23p^64s^1$
c. $1s^22s^22p^63s^23p^63d^{10}4s^2$

43. 다음 각 전자 배치가 바닥 상태의 원자를 나타내는지, 들뜬 상태의 원자를 나타내는지, 아니면 옳지 않은지 표시하라. 각각의 이유를 설명하라.
a. $1s^12s^1$
b. $1s^22s^22p^7$
c. $1s^22p^2$

d. $1s^2 2s^2 2p^2$

44. 다음 각 전자 배치가 바닥 상태의 원자를 나타내는지, 들뜬 상태의 원자를 나타내는지, 아니면 옳지 않은지 표시하라. 각각의 이유를 설명하라.
   a. $1s^2 2s^2 3s^2$
   b. $1s^2 2s^2 p^2 3s^1$
   c. $1s^2 2s^2 2p^6 2d^5$
   d. $1s^2 2s^4 2p^2$

45. 8개씩 2줄로 나열된 정사각형 16개로 이루어진 격자를 그리고, 리튬에서 아르곤까지 주기율표의 16개 원소를 나타내라. 각 원소에 대해 **(a)** 주껍질 전자 배치, **(b)** 전자 배치의 부껍질 표기를 밝혀라.

46. F, Cl, Br의 중성 원자의 원자가전자의 전자 배치를 쓰고, 이들 원자가 다른 원자와 반응하는 방식이 비슷할 것 같은 이유를 설명하라.

47. 주기율표만 참고하여 규소(Si)와 저마늄(Ge)의 전자 배치가 어떻게 비슷한지 설명하라. 어떻게 다른가?

48. 주기율표만 참고하여 플루오린(F)과 염소(Cl)의 전자 배치가 어떻게 비슷한지 설명하라. 어떻게 다른가? 브로민(Br)과 아이오딘(I)의 전자 배치가 플루오린 및 염소의 전자 배치와 어떻게 비슷할 것으로 예상하는가?

49. 주기율표를 참고하여 다음 각 원소를 금속 또는 비금속으로 분류하라.
   a. 망가니즈
   b. 스트론튬
   c. 세슘
   d. 아르곤

50. 주기율표를 사용하여 다음 각 원소를 금속, 비금속, 반금속으로 분류하라.
   a. 타이타늄
   b. 비소
   c. 황
   d. 붕소

다음 원소 목록을 사용하여 51~54번 문제에 답하라.

Mg, Cs, Ne, P, Kr, K, Ra, N, Fe, Ca, Mo

51. 어떤 원소가 알칼리 금속인가?

52. 어떤 원소가 비활성 기체인가?

53. 어떤 원소가 전이 금속인가?

54. 원소 중 몇 개가 비금속인가?

 심화문제

55. 한 원소의 원자가 첫 번째 껍질에는 전자 2개, 두 번째 껍질에는 전자 8개, 세 번째 껍질에는 전자 5개를 가지고 있다. 이 정보로부터 원소의 **(a)** 원자 번호, **(b)** 이름, **(c)** 원자 하나에 있는 총 전자 수, **(d)** 총 *s* 전자 수, **(e)** 총 *d* 전자 수를 구하라.

56. 본문의 표를 참고하지 않고 주어진 빈 주기율표에 *s*, *p*, *d* 구역을 색칠하고, 다음 각각에 대해 적절한 위치를 표시하라.
   a. 4주기 비활성 기체
   b. 3주기 알칼리 금속
   c. 4주기 할로젠
   d. 4주기 3B족 금속

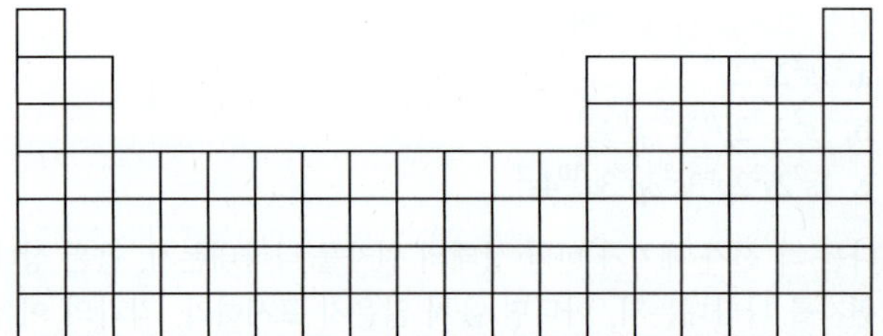

57. 마그네슘 원자의 최외각 껍질에서 전자가 2개 제거되었다고 생각해보자. **(a)** 그러면 그 원자는 어떤 원소의 전자 배치를 가지게 되는가? **(b)** 마그네슘 원자가 그 원소로 바뀌었는가? 왜 그렇게 생각하는가?

58. 비소 원자에 전자가 3개 추가되었다고 생각해보자. **(a)** 이 결과와 일치하는 전자 배치가 되는 원소의 기호를 구하라. **(b)** 비소 원자가 그 원소로 바뀌었는가? 왜 그렇게 생각하는가?

59. 그림 3.16을 참조하여 **(a)** 철(Fe), **(b)** 주석(Sn)의 전자 배치를 쓰라.

60. 그림 3.16을 참조하여 납(Pb)의 전자 배치를 쓰라.

61. 4주기에 있는 인접한 두 원소의 원자들이 바닥 상태에 있다. 원소 A의 원자는 원자가껍질에 오직 *s* 전자만 가지고 있다. 원소 B의 원자는 원자가껍질에 *p* 전자를 최소 1개 가지고 있다. 원소 A와 B는 무엇인가?

62. 5주기에 있는 인접한 두 원소의 원자들이 바닥 상태에 있다. 원소 L의 원자는 원자가껍질에 *s* 전자만 가지고 있다. 원소 M의 원자는 채워지지 않은 껍질에 *d* 전자를 1개 이상 가지고 있다. 원소 L과 M은 무엇인가?

63. 같은 족에서 위아래에 있는 두 원소의 원자가 바닥 상태에 있다. 원소 Q의 원자는 바깥 껍질에 *s* 전자 2개를 가지고 있고, *d* 전자는 없다. 원소 R의 원자는 그 배치에 *d* 전자를 가지고 있다. 원소 Q와 R은 무엇인가?

64. 녹색 화학의 물 분해 반응에 대한 설명으로 옳은 것은 무엇인가?

a. 전기나 열과 같은 에너지를 생산한다.
b. 전기나 태양광과 같은 에너지 입력이 필요하다.
c. 수소보다 두 배 많은 산소를 생산한다.
d. 연료 전지 내부에서 발생한다.

65. 물 분해 반응에서 태양 에너지가 화학 결합 에너지로 변환될 때 생성되는 것은 무엇인가?
a. 수소와 질소
b. 산소와 탄소
c. 수소와 산소
d. 산소와 칼슘

66. 수소와 같은 태양 연료를 사용할 때의 이점에 해당하지 않는 것은 무엇인가?
a. 태양 연료는 간헐적인 태양광 에너지를 저장할 수 있다.
b. 태양 연료는 화석연료를 일부 대체할 수 있다.
c. 수소와 같은 태양 연료를 사용하면 이산화 탄소를 배출하지 않는다.
d. 전기분해에 사용되는 전극은 백금 금속에 의존한다.

67. 광합성은 물(H_2O)과 이산화 탄소(CO_2)를 포도당($C_6H_{12}O_6$)과 산소(O_2)로 전환하는 화학 반응인데, 광합성을 연구하는 가장 중요한 실험 중 하나에서 동위원소가 중요한 역할을 했다. 20세기 초 대부분의 기간 동안 과학자들은 광합성을 하는 식물과 조류가 생산하는 산소는 이들이 흡수한 이산화 탄소로부터 나온다고 생각했다. 이 문제를 연구하기 위해 1940년대 초, 스탠퍼드대학의 화학자들은 산소의 동위원소를 사용하여 광합성 반응의 메커니즘을 연구했다. 연구진은 광합성을 하는 조류를 산소-18이 농축된 물로 배양한 결과, 생성되는 산소에 산소-18이 농축되어 있다는 사실을 발견했다. 이 결과는 광합성으로 생성된 O_2가 CO_2에서 나온다는 가설을 지지하는가, 아니면 반박하는가?

 비판적 사고 문제

이 장에서 습득한 지식과 하나 이상의 FLaReS 원칙(1장)을 적용하여 다음 진술과 주장을 평가하라.

3.1 남미의 한 화학자가 원자 질량이 42인 새로운 원소를 발견했다고 주장한 신문을 읽었다고 가정하자. 극히 희귀한 이 원소는 안데스 산맥에서 채취한 시료에서 발견되었다. 안타깝게도 그 화학자는 분석에 이 시료를 모두 사용했다.

3.2 일부 원주민 부족은 석고 자갈을 공중으로 던져 비를 내리는 의식을 거행한다(석고 광석을 가열하여 수분을 일부 제거하면 석고를 만들 수 있고, 석고는 깁스를 만드는 데 사용되는 재료이다). 기우제가 끝나고 며칠 후에 비가 내리는 경우도 있다.

3.3 일부 과학자들은 다른 행성의 생명체가 탄소가 아닌 규소를 기반으로 할 수 있다고 생각한다. 이 가능성을 평가하라.

3.4 수소와 산소의 단일 동위원소로만 만들어진 물을 판매하는 웹사이트를 발견했다. 이 웹사이트에 따르면 순수한 동위원소로 만든 물만 마시면 하루 종일 더 상쾌한 기분을 느낄 수 있다고 한다.

 협업 과제

파워포인트, 포스터, 기타 프레젠테이션을 준비하여 수업에서 공유하라.

1. 다음 중 한 명에 대해 간단한 전기적 보고서를 작성하라.
a. Humphry Davy
b. Antoine Henri Becquerel
c. Wilhelm Roentgen
d. Marie Curie
e. Robert Millikan
f. Niels Bohr
g. Alessandro Volta
h. Ernest Rutherford
i. Michael Faraday
j. J. J. Thomson

2. 8개씩 2줄로 나열된 정사각형 16개로 이루어진 격자를 그리고, 리튬에서 아르곤까지 주기율표의 16개 원소를 나타내라. 각 원소에 대해 **(a)** 주껍질 전자 배치, **(b)** 전자 배치의 부껍질 표기를 밝혀라.

3. **(a)** 알칼리 금속, **(b)** 알칼리 토금속, **(c)** 할로젠, **(d)** 불활성 기체 중 하나에 대해 간단한 보고서를 작성하라. 공급원과 상업적 용도를 조사하라.

4. 주기율표는 다양한 형태로 만들어졌다. 주기율표의 세 가지 이상의 다른 유형을 보여주는 간단한 보고서를 작성하고, 그 유용성에 대해 논하라.

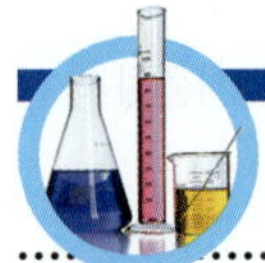

실험 과제 생일 촛불 불꽃 반응

준비물

- 색 불꽃 생일 초(파티 용품점 또는 온라인에서 구매 가능)
- 성냥 또는 라이터
- 고무찰흙 또는 모래를 담은 프라이팬(양초 5개를 일렬로 세울 수 있을 만큼 큰 용기)
- 회절 격자 필름(온라인 과학교육 공급업체를 통해 8.5 in. × 11 in. 또는 12 in. × 6 in. 시트로 구매가능: 225라인/mm 또는 500라인/mm 격자 필름이 가장 효과적이며, 여러 명의 연구자가 사용할 수 있도록 작은 조각으로 잘라 사용할 수 있음)

생일 촛불을 태워 원소를 식별하고 설명하는 능력을 테스트할 수 있다면 어떨까? 해보겠는가?

전통적으로 불꽃 방출 스펙트럼을 만드는 실험실에서는 유해한 금속 염 용액과 분젠 버너를 사용한다. 소량만 사용하더라도 염 용액의 금속 이온이 휘발되어 흡입의 위험이 있다. 분젠 버너보다 훨씬 낮은 온도에서 타고, 금속염 용액을 준비하거나 폐기할 필요가 없는 생일 초를 사용하면 위험을 줄일 수 있다.

목표는 색깔이 다른 생일 양초의 방출 스펙트럼을 비교하고 대조하는 것이다. 백색광은 무지개 전체를 만들어내는 여러 파장의 빛으로 구성되어 있다는 것을 기억하자. 개별 원자가 가열되면 에너지를 흡수하여 낮은 에너지 상태에서 높은 에너지 상태로 전환된다. 전자가 바닥 상태로 돌아오면 이 에너지는 가시광선으로 방출된다. 모든 원소는 고유한 방출 스펙트럼을 가지고 있으며, 이를 식별을 위한 '지문'으로 사용할 수 있다.

이 실험을 하려면 재료를 준비하고 어둡게 할 수 있는 방을 찾는다. 양초 5개를 모래나 고무찰흙에 2~3 cm 간격으로 놓고 0.5 cm 정도 눌러서 고정한다.

작은 데이터 표를 만들어 결과를 기록한다. 예를 들어 빨간색, 보라색, 녹색, 파란색, 주황색과 같이 양초의 순서가 데이터 표의 순서와 일치해야 한다.

성냥이나 라이터를 사용하여 촛불에 불을 붙이고 방을 어둡게 하여 더 잘 관찰하자. 먼저 육안으로 불꽃을 관찰한다. 각 불꽃의 색을 기록한다. 그런 다음, 회절 필름을 불꽃에서 15~30 cm 떨어진 곳에 두고 각 불꽃의 주된 색을 관찰한다. 그 색에 대해 메모한다. 양초를 끈다. 무엇을 보았는가? 육안으로 보이는 색과 각 불꽃이 방출하는 방출 스펙트럼을 어떻게 비교하는가?

관찰한 내용을 확인하려면 http://webmineral.com/help/FlameTest.shtml 와 같은 방출 스펙트럼 웹사이트에서 각 불꽃의 원소를 확인하자. 각 양초에는 어떤 원소가 들어 있는가? 데이터 표에 답을 쓰자.

각각의 촛불을 다시 켜고 새로운 관찰과 이전 관찰을 비교한다. 관찰한 내용을 바탕으로 해당 원소들을 식별한 근거를 설명할 수 있는가? 그 이유는 무엇인가? 브레인스토밍을 통해 이 실험에서 어떤 실수가 있었는지 찾아보자.

실험문제

1. 육안으로 보이는 색상과 각 불꽃이 방출하는 방출 스펙트럼을 어떻게 비교하는가?
2. 불꽃의 색이 다른 이유는 무엇인가?
3. 방출 스펙트럼을 생성하기 위해 원자 내에서 어떤 일이 일어났는지 설명하라.
4. 불꽃 분석에서 오류가 발생할 수 있는 잠재적 원인을 제안하라.
5. 관찰한 내용을 바탕으로 금속을 식별한 근거를 설명하라.

화학 결합

4.1 추론의 기술: 안정적인 전자 배치
4.2 루이스(전자 점) 기호
4.3 소듐과 염소의 반응
4.4 루이스 기호로 이온 결합 화합물 나타내기
4.5 이성분 이온 결합 화합물의 화학식과 이름
4.6 공유 결합: 공유 전자쌍
4.7 불균등 공유: 극성 공유 결합
4.8 다원자 분자: 물, 암모니아, 메테인
4.9 다원자 이온
4.10 루이스 구조를 그리기 위한 지침
4.11 분자 모양: VSEPR 이론
4.12 모양과 성질: 극성 및 비극성 분자

❓ 이 장과 관련된 궁금증

1. 원자는 왜 서로 결합하려 하는가? 왜 원자는 혼자 있는 것이 '행복'하지 않은가?
2. 염화 이온만 존재할 수 있는가?
3. 금속은 반짝이며 전도성이 있고 염은 그렇지 않은데, 어떻게 금속이 염에 들어 있을 수 있는가?
4. 혈액에 철이 있다면 왜 우리는 자성을 띠지 않는가?
5. 수영장의 염소에는 냄새가 나는데, 소금의 염소에는 냄새가 나지 않는 이유는 무엇인가?
6. 산소와 수소는 모두 상온에서 기체인데, 이 둘을 결합한 물은 왜 액체인가?

원자는 화학 결합을 만들어 결합한다. 이러한 결합은 물질의 성질을 상당 부분 결정한다. 여기서 맨 위에는 다이아몬드 형태의 탄소가 있고, 여기서는 흑연(연필심)의 탄소를 보여준다. 다이아몬드는 결합이 사면체 형태로 무한히 배열되어 세계에서 가장 단단한 천연 물질이지만, 흑연은 미끄러운 층으로 형성된다. 모든 형태의 탄소에서 유일한 차이점은 탄소 원자 사이의 결합의 성질과 배열이다.

묶어주는 끈 탄소는 일반적으로 불완전 연소에서 생기는 부드럽고 검은 그을음이나 석탄 덩어리에서 볼 수 있다. 이 그을음을 엄청난 압력 하에서 가열하면 가장 단단한 물질인 다이아몬드를 만들 수 있다. 이 과정에서 그을음 속의 탄소가 다른 원소로 바뀌지 않았는데, 다이아몬드는 왜 그을음과 다른 것일까? 그 답은 탄소 원자를 하나로 묶어주는 결합에 있다. 우리 몸의 약 18.5%는 탄소로 이루어져 있지만, 그을음이나 다이아몬드 형태는 아니다! 우리 몸의 탄소는 주로 산소, 수소, 질소 원자와 무수히 복잡한 방식으로 결합되어 있으며, 탄소가 신체 화학에 참여하는 반응은 상상을 초월한다.

앞서 원자의 구조에 대해 배운 내용을 이용하여 이러한 일이 일어나는 이유를 이해할 수 있다. 원자들을 묶어주는 끈인 화학 결합에 대해 생각해볼 준비가 되었다.

화학 결합(chemical bond)은 분자에서 원자를 서로 붙잡고 이온 결정에서 이온을 서로 붙잡는 힘이다. 수천만 가지라고 알려진 화합물의 방대한 수와 놀라운 다양성은 원자가 다른 여러 유형의 원자와 결합을 형성할 수 있다는 사실에서 기인한다. 또한 화학 결합은 분자의 3차원 형태를 결정한다. 화학 구조와 결합의 몇 가지 중요한 결과는 다음과 같다.

- 물질이 실온에서 고체, 액체, 기체인지 여부
- 교량, 주택, 기타 여러 구조물을 짓는 데 사용되는 재료(및 재료를 고정시키는 접착제)의 강도
- 액체가 휘발유처럼 밀도가 낮고 휘발성이 있는지, 아니면 옥수수 시럽처럼 밀도가 높고 점성이 있는지
- 물질의 광학적 특성(반짝이는 다이아몬드의 외관에 비해 그을음의 '먼지투성이' 또는 칙칙한 외관을 생각해보자)
- 화합물의 맛, 냄새, 약리활성
- 피부, 근육, 뼈, 치아의 구조적 안정성
- 특정 분자의 생체 독성

이 장에서는 다양한 유형의 화학 결합을 살펴보고, 화학 결합을 통해 많은 화합물의 특이하고 흥미로운 성질을 설명할 것이다.

4.1 추론의 기술: 안정적인 전자 배치

학습 목표 • 이온의 전자 수를 알아내고 이온이 알짜 양전하 또는 음전하를 띠는 이유를 설명한다.

원자와 그 구조(2장 및 3장)에 대한 논의를 하면서, 우리는 몇 가지 중요한 원자 개념의 역사적 발전 과정을 따라갔다. 이런 식으로 화학을 계속 살펴보기 위해서는 몇 권의 책이 필요하며, 아마도 원하는 것보다 더 많은 시간을 할애해야 할 것이다. 역사적 접근 방식을 완전히 포기하지는 않겠지만 과학적 노력의 또 다른 중요한 측면을 강조하려고 한다. 그것은 추론이다.

추론의 기술은 이렇게 작동한다.

- **사실**: 헬륨, 네온, 아르곤과 같은 영족 기체는 불활성이며, 화학 반응이 거의 일어나지 않아 '안정적'이다.
- **이론**: 영족 기체의 불활성은 전자 배치로 인한 것이다. 헬륨을 제외한 각 기체는 최외각 껍질에 전자 8개를 가지고 있다.
- **추론**: 전자 8개로 이루어진 팔전자계(octet)는 매우 안정적인 전자 배치임에 틀림없다. 따라서 다른 원소들은 전자 배치를 영족 기체와 같이 바꿔 반응성을 낮추게(안정성을 높이게) 될 것이다.

이 연역적 논증을 설명하기 위해 예를 들어보겠다. 소듐은 전자 11개를 가지고 있으며, 그중 1개는 세 번째 껍질에 있다. 최외각 껍질에 있는 전자를 **원자가전자**(valence electron)라고 하고, 다른 모든 껍질에 있는 전자를 뭉뚱그려 **핵심부 전자**(core electron)라고 한다. 최외각 껍질은 전자 8개를 가질 때 가득 차며, s 궤도 함수에 전자 2개와 p 궤도 함수 3개에 전자 6개를 가지고 있다(첫 번째 껍질은 예외이다. 1s 궤도 함수에 전자 2개만 있다).

소듐 원자에서 원자가전자를 제거하면 나머지 핵심부 전자는 영족 기체 네온의 원자와 동일한 전자 배치, 즉 가득 찬 팔전자계를 가지게 된다. 주껍질 배치(3장)를 사용하면 이를 다음과 같이 나타낼 수 있다.

11p⁺ Na 원자 (11e⁻) → 전자 하나를 잃어버림 → 11p⁺ Na^+ 이온 (10e⁻) | 10p⁺ Ne 원자 (10e⁻)

마찬가지로 염소 원자는 전자를 하나 얻으면 아르곤과 같은 전자 배치를 가지게 된다. 영족 기체와 같은 전자 배치를 가지려는 경향이 강하다(이에 대한 자세한 내용은 4.4절 예제 4.3 다음의 '팔전자 규칙: 8개를 향한 경향'에서 자세히 알아보자).

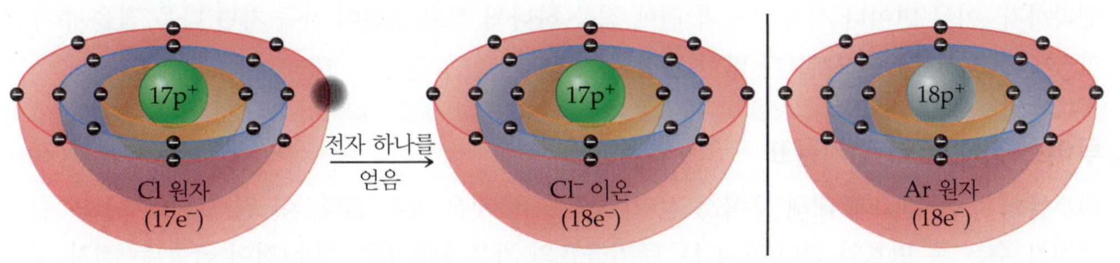

전자를 잃은 소듐 원자는 양전하를 띠게 된다. 양성자는 11개(11+), 전자는 10개(10−)만 있어, 알짜 전하는 1^+가 된다. 이것을 Na^+로 표시하고 **소듐 이온**이라고 한다. 전자를 얻은 염소 원자는 알짜 전하 1^-를 가진다. 양성자 17개(17+)와 전자 18개(18−)를 가지고 있다. Cl^-로 표시하고 **염화 이온**이라고 한다. Na^+와 같이 양전하를 하나 띠는 것은 전자 하나를 잃었음을 나타낸다. 마찬가지로 Cl^-에서와 같이 음전하를 하나 띠는 것은 전자 하나를 얻었음을 나타낸다.

Cl^-와 Ar은 **등전자**(isoelectronic) 관계(즉 같은 전자 배치를 가지고 있음)이지만, 핵이 다르기 때문에 서로 다른 화학 종이라는 점에 유의하자. 마찬가지로 소듐 원자에서 전자가 제거된다고 해서 네온 원자가 되는 것이 아니라, 소듐 이온은 네온과 등전자 관계일 뿐이다.

1 원자는 왜 서로 결합하려 하는가? 왜 원자는 혼자 있는 것이 '행복'하지 않은가?

자연은 '안정성'을 목표로 변화를 일으키는 경향이 있다. 삐걱거리는 블록 더미는 바닥에 놓인 블록보다 덜 안정적이다. 과학자들은 원자의 최외각 껍질에 가득 찬 팔전자계가 매우 안정적이라는 것을 발견했다. 따라서 대부분의 원자는 그 팔전자계를 완성하기 위해 전자를 잃거나, 가져오거나, 공유하는 경향이 있다.

자가평가문제

1. 주기율표에서 특히 안정적인 전자 배열을 특징으로 하는 원소의 족은 무엇인가?

a. 2A **b.** 2B **c.** 8A **d.** 8B

2. 소듐 원자와 소듐 이온의 구조적 차이점은 무엇인가?

a. 소듐 이온은 소듐 원자보다 양성자가 하나 적다.
b. 소듐 이온은 소듐 원자보다 전자가 하나 적다.
c. 소듐 이온은 소듐 원자보다 양성자가 더 많고 전자가 하나 적다.
d. 소듐 이온은 소듐 원자보다 양성자가 하나 많다.

3. 다음 중 등전자 관계인 것은 무엇인가?

a. S^{2-}와 Ar **b.** Al^{3+}와 Ar **c.** Kr과 Cl^- **d.** Ne와 Ar

4. 다음 중 S^{2-}와 등전자성인 양이온은 무엇인가?

a. Na^+ **b.** Rb^+ **c.** Mg^{2+} **d.** Ca^{2+}

정답: 1. c, 2. b, 3. a, 4. d

▲ 전자 점 기호는 이를 발명한 미국의 유명한 화학자인 G. N. Lewis의 이름을 따서 루이스 기호라고 불린다. Lewis는 열역학, 산과 염기, 분광학에 대한 이해에도 중요한 공헌을 했다.

4.2 루이스(전자 점) 기호

학습 목표 • 원자 또는 이온을 나타내는 루이스 기호를 쓴다.

이온을 형성할 때 소듐과 염소 원자의 핵심부(핵과 내부 전자)는 변하지 않는다. 따라서 원소 기호가 원자의 핵심부를 나타내도록 하는 것이 편리한다. 원자가전자는 각 전자당 점 1개로 표시된다. 원자가전자는 결합 형성에 관여하는 전자이기 때문에, 이 방법을 사용하면 원자가전자에만 집중할 수 있다. 이러한 전자 점 기호를 보통 루이스 점 기호 또는 줄여서 **루이스 기호**(Lewis symbol)라고 부르는데, 1916년 Gilbert N. Lewis(미국, 1875~1946)가 처음 제안했다. 루이스 점 기호를 쓸 때는 화학 기호가 네 면(오른쪽, 왼쪽, 위쪽, 아래쪽)을 가지고 있다고 생각하자. 아무 면이나 시작하여 각 면에 점을 하나씩 찍고, 4면이 가득 차면 다음 점을 추가한다. 어느 면이든 점을 2개보다 많이 가질 수는 없다.

루이스 점 기호와 주기율표

대부분의 주족 원소에 대해 루이스 점 기호를 쓰는 것은 매우 쉽다. 이 원소들 대부분의 원자가전자 수는 족 번호와 같다(표 4.1). 주기율표의 가운데에 있는 원소(전이 금속)는 전자 배치가 더 복잡하기 때문에 전자 점 기호로 쉽게 나타낼 수 없다. 이온의 형성을 나타내는 식을 쓸 때 루이스 점 기호를 사용하면 가장 중요한 전자, 즉 원자가전자에 집중할 수 있다. 소듐 이온의 형성은 이전 절에서 그림으로 나타냈지만, 이제는 다음과 같이 나타낼 수 있다.

$$\mathrm{Na}\cdot \longrightarrow \mathrm{Na}^+ + 1\,e^-$$

그리고

$$\cdot\underset{\cdot\cdot}{\ddot{\mathrm{Cl}}}: + 1\,e^- \longrightarrow :\underset{\cdot\cdot}{\ddot{\mathrm{Cl}}}:^-$$

표 4.1 몇몇 주족 원소에 대한 루이스 점 기호

1A 족	2A 족	3A 족	4A 족	5A 족	6A 족	7A 족	비활성 기체
$\mathrm{H}\cdot$							$\mathrm{He}:$
$\mathrm{Li}\cdot$	$\cdot\mathrm{Be}\cdot$	$\cdot\dot{\mathrm{B}}\cdot$	$\cdot\underset{\cdot}{\dot{\mathrm{C}}}\cdot$	$:\underset{\cdot}{\dot{\mathrm{N}}}\cdot$	$:\underset{\cdot}{\ddot{\mathrm{O}}}\cdot$	$:\underset{\cdot\cdot}{\ddot{\mathrm{F}}}\cdot$	$:\underset{\cdot\cdot}{\ddot{\mathrm{Ne}}}:$
$\mathrm{Na}\cdot$	$\cdot\mathrm{Mg}\cdot$	$\cdot\dot{\mathrm{Al}}\cdot$	$\cdot\underset{\cdot}{\dot{\mathrm{Si}}}\cdot$	$:\underset{\cdot}{\dot{\mathrm{P}}}\cdot$	$:\underset{\cdot}{\ddot{\mathrm{S}}}\cdot$	$:\underset{\cdot\cdot}{\ddot{\mathrm{Cl}}}\cdot$	$:\underset{\cdot\cdot}{\ddot{\mathrm{Ar}}}:$
$\mathrm{K}\cdot$	$\cdot\mathrm{Ca}\cdot$				$:\underset{\cdot}{\ddot{\mathrm{Se}}}\cdot$	$:\underset{\cdot\cdot}{\ddot{\mathrm{Br}}}\cdot$	$:\underset{\cdot\cdot}{\ddot{\mathrm{Kr}}}:$
$\mathrm{Rb}\cdot$	$\cdot\mathrm{Sr}\cdot$				$:\underset{\cdot}{\ddot{\mathrm{Te}}}\cdot$	$:\underset{\cdot\cdot}{\ddot{\mathrm{I}}}\cdot$	$:\underset{\cdot\cdot}{\ddot{\mathrm{Xe}}}:$
$\mathrm{Cs}\cdot$	$\cdot\mathrm{Ba}\cdot$						

예제 4.1 루이스 기호 쓰기

표 4.1을 참조하지 않고 주기율표를 사용하여 마그네슘, 산소, 인에 대한 루이스 점 기호를 쓰라. 주기율표가 어떤 점에서 유용한가?

풀이

주기율표에 따르면 마그네슘은 2A 족, 산소는 6A 족, 인은 5A 족에 속한다. 따라서 루이스

점 기호는 점을 각각 2개, 6개, 5개 가지고 있다. 기호는 다음과 같다.

·Mg·　　:Ö·　　:Ṗ·

› 복습문제 4.1A

표 4.1을 참조하지 않고 다음 각 원소에 대한 루이스 기호를 쓰라. 주기율표를 사용할 수 있다.

a. Kr　**b.** Ba　**c.** I　**d.** N　**e.** K　**f.** S

› 복습문제 4.1B

다음 각 이온에 대한 루이스 기호를 쓰라. 양이온은 전자를 잃고 음이온은 전자를 얻었다는 것을 기억하자. 주기율표를 사용할 수 있다.

a. N^{3-}　**b.** Mg^{2+}　**c.** K^{+}　**d.** Br^{-}

자가평가문제

1. 붕소를 나타내는 루이스 점 기호에서 B를 둘러싼 점은 다음 중 몇 개인가?

a. 2　**b.** 3　**c.** 5　**d.** 9

2. Br^{-}의 루이스 점 기호에서 Br을 둘러싼 점은 다음 중 몇 개인가?

a. 1　**b.** 8　**c.** 7　**d.** 9

3. 루이스 점 기호로 옳지 않은 것은 다음 중 무엇인가?

a. ·C·　**b.** :Cl·　**c.** Li:　**d.** :N·

4. 루이스 점 기호로 옳지 않은 것은 다음 중 무엇인가?

a. ·As·　**b.** :O·　**c.** Rb·　**d.** ·Si·

정답: 1. b, 2. b, 3. c, 4. a

4.3 소듐과 염소의 반응

학습 목표
- 이온과 원자를 구별한다.
- 이온 결합을 형성하게 하는 인력의 성질을 서술한다.

소듐(Na)은 반응성이 높은 금속이다. 칼로 자를 수 있을 정도로 무르다. 자른 직후에는 밝은 은빛이지만, 공기 중의 산소와 반응하기 때문에 빠르게 흐린 색이 된다. 공기 중에서 쉽게 반응하기 때문에 보통 산소를 피해 기름에 넣어 보관한다. 소듐은 물과도 격렬하게 반응하는데, 물 분자를 분해하는 발열 반응을 통해 수소 기체와 수산화 소듐 용액을 형성한다. 소듐 금속은 용융되어 동그란 구슬을 형성하고 물 표면을 떠돌아다니면서 반응한다. 다른 모든 알칼리 금속은 3.8절에 나오는 것처럼 물과 격렬하게 반응한다.

염소(Cl_2)는 녹황색 기체로 눈과 코에 매우 자극적이다. 실제로 제1차 세계대전에서 독가스로 사용되기도 했다. 염소는 미생물을 죽이기 때문에 식수나 수영장의 소독제로 흔히 사용된다(실제 첨가되는 물질은 물과 반응하여 염소를 형성하는 화합물인 경우가 많다). 염소 가스가 담긴 플라스크에 소듐 조각을 떨어뜨리면 격렬한 반응이 일어나 아름다운 하얀 염화 소듐 결정이 만들어진다(그림 4.1). 염화 소듐은 식탁에서 음식에 뿌려 먹는 소금인데, 부모 물질인 소듐이나 염소 중 어느 쪽과도 공통된 성질이 없다.

2 염화 이온만 존재할 수 있는가?

염화 이온과 같은 음이온이 형성되려면 다른 원자 또는 원자단이 전자를 잃고 양이온을 형성해야만 한다. 음이온이 존재하려면 같은 시약병 안에 양이온이 반드시 있어야 한다. 둘 중 하나만 따로 존재할 수는 없다.

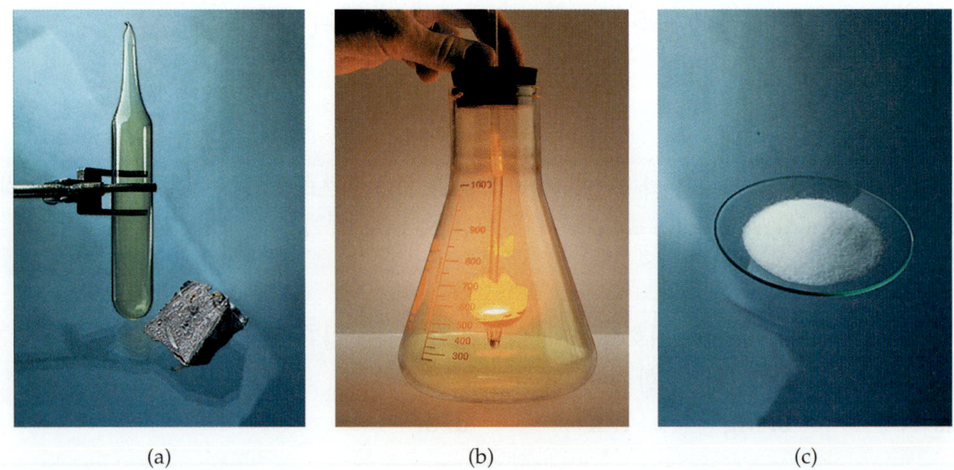

▶ **그림 4.1** (a) 염소(녹색 기체)와 소듐(무른 은빛 금속), (b) 이 두 가지가 격렬하게 반응하여, (c) 흰색 결정성 고체인 염화 소듐(일반 식용 소금)을 형성한다.

Q 염화 소듐을 구성하는 입자(이온 또는 분자)는 어떤 종류인가?

소듐과 염소의 반응: 이론

소듐 원자는 전자 하나를 잃어 가득 찬 원자가껍질을 얻는다. 염소 원자는 전자 하나를 얻어 원자가껍질이 가득 차게 된다. 소듐 원자가 염소 원자와 접촉하면 어떻게 될까? 당연한 대답은, 염소 원자가 소듐 원자에서 전자를 하나 가져온다.

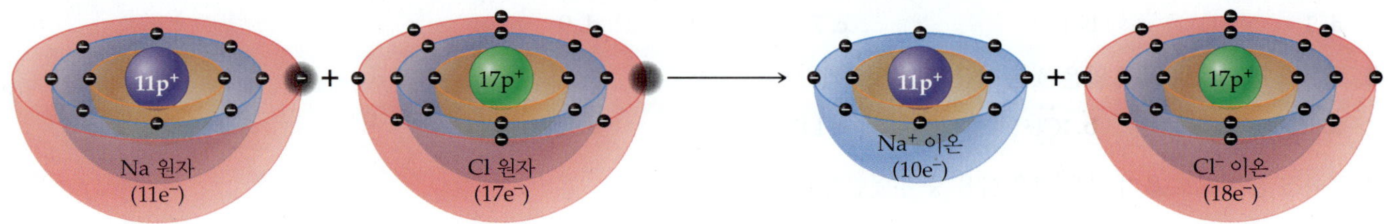

루이스 기호를 사용하면 이 반응은 다음과 같이 쓸 수 있다.

$$\text{Na}\cdot + \cdot\ddot{\underset{\cdot\cdot}{\text{Cl}}}\text{:} \longrightarrow \text{Na}^+\text{:}\ddot{\underset{\cdot\cdot}{\text{Cl}}}\text{:}^-$$

잠깐만! 염소 기체는 Cl_2의 이원자 분자이며 분리된 Cl 원자로 구성되어 있지 않은데(이원자 분자는 공유 결합으로 결합되어 있으며, 이는 나중에 4.6절에서 설명한다), 어떻게 염소 원자 하나가 소듐 원자와 결합하여 NaCl을 형성할 수 있을까? 이원자 염소 분자의 각 염소 원자는 소듐 원자 2개에서 각각 전자 1개를 가져와 전자 껍질을 채우고, 그 결과 Cl^- 이온 2개와 Na^+ 이온 2개가 형성된다. 다음 식에서 전체 화학 반응을 볼 수 있다.

$$Cl_2 + 2\,Na \longrightarrow 2\,Cl^- + 2\,Na^+$$

Cl^-와 Na^+는 염소 및 소듐 원자와 전자 배치가 다르기 때문에, 이들이 형성하는 화합물(염화 소듐)은 부모 원자와 매우 다른 성질을 가진다.

3 금속은 반짝이며 전도성이 있고 염은 그렇지 않은데, 어떻게 금속이 염에 들어 있을 수 있는가?

금속에는 그 원소의 중성 원자들이 들어 있다. 금속 원자가 쌓여 있으면 대개 빛을 반사하여 광택이 난다. 금속에서는 외각 전자가 한 원자에서 다음 원자로 자유롭게 움직여 전류가 전선을 따라 흐를 수 있다. 금속 원자가 비금속 원자와 염을 형성하면 최외각 전자를 비금속 원자에게 빼앗긴다. 양이온과 음이온이 생기고, 이들은 원래 원자와는 완전히 다른 물리적, 화학적 성질을 가진다.

이온 결합

소듐과 염소 원자로부터 생성된 소듐 이온(Na^+)과 염화 이온(Cl^-)은 서로 반대 전하를 띠며 서로 강하게 끌어당긴다. 이 이온들은 3차원 공간에서 질서정연하게 배열된다. 그림 4.2a와 같이 각 소듐 이온은 위, 아래, 앞, 뒤, 왼쪽, 오른쪽에 있는 염화 이온 6개를 끌어당기고, 또 그 염화 이온들에 끌린다. 동시에 각 염화 이온은 (위, 아래, 앞, 뒤, 왼쪽, 오른쪽의) 소듐 이온 6개를 끌어당기고 끌린다. 이 배열이 모든 방향으로 여러 번 반복된다(그림 4.2b). 그 결과 염화

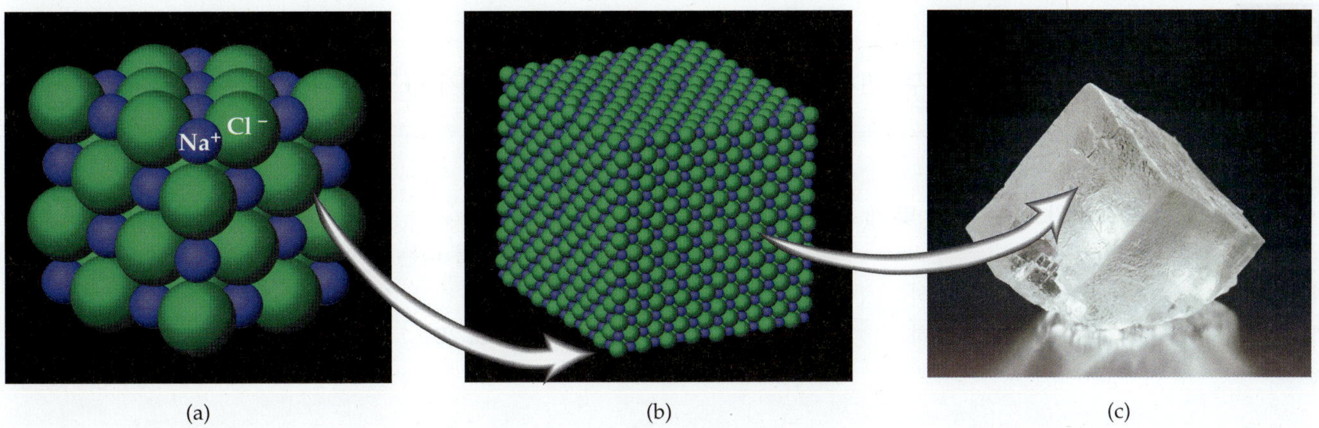

▲ **그림 4.2** 염화 소듐 결정의 분자 수준의 모습과 거시적 모습. (a) 각 Na^+ 이온(남색 구)은 Cl^- 이온(큰 녹색 구) 6개로 둘러싸여 있고, 각 Cl^- 이온은 Na^+ 이온 6개로 둘러싸여 있다. (b) 이 배열이 여러 번 반복된다. (c) Na^+ 이온과 Cl^- 이온이 번갈아가며 고도로 정렬된 패턴은 거시 세계에서 염화 소듐 결정으로 관찰된다.

소듐의 **결정**(crystal)이 만들어진다. 이온들이 미시적으로 질서정연하게 배열된 것이 거시적 형태에 반영되어 정육면체의 소금 결정이 생긴다(그림 4.2c). 아주 작은 소금 알갱이에도 각 이온이 수십억, 수백억 개 존재한다. 결정을 서로 붙잡는 힘, 즉 양이온과 음이온 사이의 인력을 **이온 결합**(ionic bond)이라고 한다.

원자와 이온: 뚜렷하게 다른 점

엔진이 있는 자동차와 없는 자동차가 크게 다르듯이, 이온은 그 이온을 만드는 원자와는 확연히 다르다. 원자와 그 이온의 이름과 기호는 특히 양전하를 띤 이온인 양이온의 경우 매우 비슷해 보이지만, 실제로 그 개체는 매우 다르다(그림 4.3). 안타깝게도 사람들은 '피곤한 혈액'을 보충하기 위해 철분이 필요하고 건강한 치아와 뼈를 위해 칼슘이 필요하다고 이야기하기 때문에 상황이 혼란스러워진다. 실제로 필요한 것은 철(II) 이온(Fe^{2+})과 칼슘 이온(Ca^{2+})이다. 철분을 얻기 위해 쇠로 만든 못을 섭취할 생각은 하지 않을 것이다(일부 농축 시리얼에는 실제로 가루로 된 철이 포함되어 있지만, 금속 철은 위장에서 쉽게 Fe^{2+} 양이온으로 전환된다). 반응성이 높은 칼슘 금속도 먹지 않을 것이다.

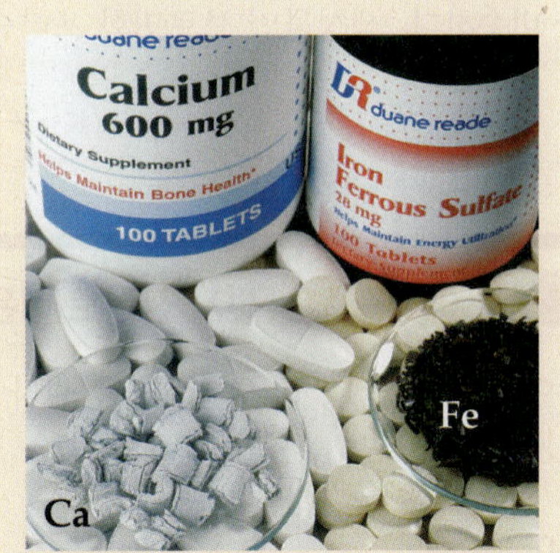

▲ **그림 4.3** 인체에 유용한 철분과 칼슘의 형태는 $FeSO_4$ 및 $CaCO_3$와 같은 이온 결합 화합물의 이온(보통 Fe^{2+} 및 Ca^{2+})이다. 원소 형태(Fe와 Ca)는 이온 결합 화합물에서 발견되는 형태와 화학적으로 매우 다르다.

마찬가지로 소듐(나트륨) 섭취를 줄이라는 경고를 받는다면 의사는 소듐 금속을 너무 많이 섭취하고 있다는 것이 아니라(그렇다면 배탈이 날 것이다), Na^+ 이온(일반적으로 염화 소듐)의 섭취가 너무 많을 수 있다는 것을 염려하는 것이다. 이름은 비슷하지만 원자와 양이온은 화학적으로 매우 다르다. 그렇기 때문에 주의 깊게 구분하고 정확한 용어를 사용하는 것이 중요하다. 다행히 음전하를 띤 음이온을 부를 때는 혼동할 여지가 적다. 앞으로 4.5절에서 살펴보겠지만, 음이온의 이름은 음이온이 나오는 원자의 이름을 기반으로 하되, 염화 이온(chloride)의 -화(-*ide*)와 같은 접미사를 사용하여 다르게 들리도록 만들었다.

자가평가문제

1. 포타슘 이온과 아르곤 원자에서 동일한 것은 무엇인가?

a. 전자 배치 **b.** 알짜 전하
c. 핵 전하 **d.** 성질

2. 염화 이온을 나타내는 루이스 기호에는 점이 몇 개 표시되어 있으며, 이온의 전하는 무엇인가?

a. 5개, 0 **b.** 6개, 양전하
c. 7개, 음전하 **d.** 8개, 음전하

3. 플루오린화 리튬에서 Li^+ 이온과 F^- 이온 사이의 결합은 무엇인가?

a. 공유 결합 **b.** 이온 결합
c. 비극성 결합 **d.** 극성 결합

4. 다음 중 2− 전하를 띠는 안정한 이온을 형성하는 원소 족은 무엇인가?

a. 2A **b.** 2B **c.** 6A **d.** 8A

정답: 1. a, 2. d, 3. b, 4. c

4.4 루이스 기호로 이온 결합 화합물 나타내기

학습 목표
- 일반적인 이온의 기호를 쓰고 전하를 결정한다.
- 팔전자 규칙과 이온의 전하 사이의 관계를 서술한다.

포타슘은 소듐과 같은 계열의 금속으로 성질이 소듐과 유사한데, 포타슘도 염소와 반응한다. 이 반응은 안정적인 백색 결정성 고체인 염화 포타슘(KCl)을 생성하며, 이는 시중에서 '소금 대체재'로 판매되는 제품의 주성분이다.

$$K\cdot + \cdot\underset{\cdot\cdot}{\overset{\cdot\cdot}{Cl}}: \longrightarrow K^+ + :\underset{\cdot\cdot}{\overset{\cdot\cdot}{Cl}}:^-$$

포타슘은 브로민과도 반응하는데, 브로민은 염소와 같은 계열의 적갈색 액체이고 성질이 염소와 비슷하다. 생성물인 브로민화 포타슘(KBr)은 안정적인 백색 결정성 고체이다.

$$K\cdot + \cdot\underset{\cdot\cdot}{\overset{\cdot\cdot}{Br}}: \longrightarrow K^+ + :\underset{\cdot\cdot}{\overset{\cdot\cdot}{Br}}:^-$$

예제 4.2 전자 전달로 이온 형성하기

루이스 점 기호를 사용하여 소듐 원자에서 브로민 원자로 전자가 이동할 때 영족 기체 구성의 이온을 형성하는 과정을 나타내라.

풀이

소듐은 원자가전자가 1개이고, 브로민은 7개이다. 원자가전자 1개를 소듐에서 브로민으로 옮기면 각각 영족 기체 구성이 된다. 브로민화 소듐은 염화 소듐과 유사한 흰색의 고체 화합물이다.

$$Na\cdot + \cdot\underset{\cdot\cdot}{\overset{\cdot\cdot}{Br}}: \longrightarrow Na^+ + :\underset{\cdot\cdot}{\overset{\cdot\cdot}{Br}}:^-$$

› 복습문제 4.2A

루이스 기호를 사용하여 리튬 원자에서 플루오린 원자로 전자가 이동할 때 영족 기체 구성을 가진 이온을 형성하는 과정을 나타내라.

› 복습문제 4.2B

루이스 점 기호를 사용하여 세슘 원자에서 플루오린 원자로 전자가 이동하는 것을 나타내라. 세슘은 이제 영족 기체 배치를 가지고 있는가?

2A 족 금속인 마그네슘은 소듐보다 반응성이 작다. 마그네슘 원자는 6A 족 원소인 산소(무색 이원자 기체 O_2)와 반응하여 산화 마그네슘(MgO)이라는 안정한 백색 결정성 고체를 형성한다.

$$\cdot\mathrm{Mg}\cdot + \cdot\ddot{\underset{\cdot\cdot}{\mathrm{O}}}\!: \longrightarrow \mathrm{Mg}^{2+} + :\ddot{\underset{\cdot\cdot}{\mathrm{O}}}\!:^{2-}$$

마그네슘(Mg) 원자는 전자 2개를 잃어 Mg^{2+} 이온이 되고, 두 번째 껍질이 최외각 껍질이 된다. 반면에 산소 원자는 전자 2개를 얻어 최외각 껍질을 채운다. 이것은 동일한 전자 2개를 주고받는 것이다! Mg^{2+}와 O^{2-} 이온은 모두 Ne 원자와 등전자가 되고 2, 8이라는 동일한 안정적인 주껍질 전자 배치를 가진다.

영족 기체 배치를 이루기 위해 전자 2개가 필요한 산소와 같은 원자와 전자를 각각 하나만 내놓을 수 있는 포타슘 원자가 반응할 수 있다. 이 경우 산소 원자 1개당 포타슘 원자 2개가 필요하다. 생성물은 산화 포타슘(K_2O)이다.

$$\begin{matrix}\mathrm{K}\cdot \\ \mathrm{K}\cdot\end{matrix} + \cdot\ddot{\underset{\cdot\cdot}{\mathrm{O}}}\!: \longrightarrow \begin{matrix}\mathrm{K}^{+} \\ \mathrm{K}^{+}\end{matrix} + :\ddot{\underset{\cdot\cdot}{\mathrm{O}}}\!:^{2-}$$

이 반응을 통해 각 포타슘 원자는 아르곤의 전자 배치를 얻는다. 이전과 마찬가지로 산소는 네온 배치가 된다.

예제 4.3 전자 전달로 이온 형성하기

루이스 기호를 사용하여 마그네슘 원자에서 질소 원자로 전자가 이동할 때 영족 기체 배치의 이온을 형성하는 과정을 나타내라.

풀이

$$\begin{matrix}\cdot\mathrm{Mg}\cdot \\ \cdot\mathrm{Mg}\cdot \\ \cdot\mathrm{Mg}\cdot\end{matrix} + \begin{matrix}\cdot\dot{\underset{\cdot\cdot}{\mathrm{N}}}\cdot \\ \cdot\dot{\underset{\cdot\cdot}{\mathrm{N}}}\cdot\end{matrix} \longrightarrow \begin{matrix}\mathrm{Mg}^{2+} \\ \mathrm{Mg}^{2+} \\ \mathrm{Mg}^{2+}\end{matrix} + \begin{matrix}:\ddot{\underset{\cdot\cdot}{\mathrm{N}}}\!:^{3-} \\ :\ddot{\underset{\cdot\cdot}{\mathrm{N}}}\!:^{3-}\end{matrix}$$

마그네슘 원자 3개는 각각 전자 2개(총 6개)를 잃고, 질소 원자 2개는 각각 전자 3개(총 6개)를 얻는다. 생성물의 총 양전하와 총 음전하가 같다는 것(6+와 6−)을 알 수 있다. 마그네슘은 질소와 반응하여 질화 마그네슘인 Mg_3N_2를 생성한다.

› 복습문제 4.3A

칼슘 금속은 반응성이 매우 높아서 산소와 결합하여 생석회(산화 칼슘)를 형성한다. 루이스 기호를 사용하여 칼슘 원자에서 산소 원자로 전자가 이동할 때 영족 기체 배치를 가진 이온을 형성하는 것을 나타내라.

› 복습문제 4.3B

알루미늄은 반응성이 매우 높은 금속이지만, 대기 중에서 알루미늄의 외부 표면은 반응성이 낮은 산화 알루미늄으로 변환된다. 루이스 기호를 사용하여 알루미늄 원자에서 산소 원자로 전자가 이동할 때 영족 기체 배치를 가진 이온을 형성하는 과정을 나타내라.

왜 중요할까?

전자를 잃어버리는 것을 '산화'라 하고, 전자를 얻는 것을 '환원'이라 한다. 산소 기체에 의한 산화는 유용하기도 하고 파괴적이기도 하다. 산소 기체는 연료를 산화시켜 에너지를 생산하기도 하지만, 철 금속을 산화시켜 우리에게 익숙한 주황색 또는 붉은색 녹(Fe_2O_3)을 만들어 매년 수십억 달러의 피해를 입히기도 한다. 8장에서 산화와 환원의 개념에 대해 자세히 살펴본다.

일반적으로 주기율표의 왼쪽에 있는 1A 족과 2A 족의 금속 원소는 오른쪽에 있는 6A 족과 7A 족의 비금속 원소와 반응하여 이온 결합 화합물을 형성한다. 이러한 생성물은 안정적인 결

▶ **그림 4.4** 몇 가지 간단한 이온의 주기적 관계. 많은 전이 원소(B 족)는 서로 다른 전하를 가진 여러 이온을 형성할 수 있다.

Q 텔루륨(Te)에서 형성된 간단한 이온의 화학식을 쓸 수 있는가? 갈륨(Ga)에서 형성된 간단한 이온의 화학식은 무엇인가?

1A	2A	3B	4B	5B	6B	7B	8B			1B	2B	3A	4A	5A	6A	7A	영족 기체
Li^+														N^{3-}	O^{2-}	F^-	
Na^+	Mg^{2+}											Al^{3+}		P^{3-}	S^{2-}	Cl^-	
K^+	Ca^{2+}						Fe^{2+} Fe^{3+}			Cu^+ Cu^{2+}	Zn^{2+}					Br^-	
Rb^+	Sr^{2+}									Ag^+						I^-	
Cs^+	Ba^{2+}																

정성 고체이다.

팔전자 규칙: 8개를 향한 경향

금속의 각 원자는 외각 껍질에 있는 전자를 잃고 바로 아래에 가득 찬 껍질을 남기는 경향이 있다. 비금속의 각 원자는 원자가껍질(s^2p^6)을 완성하기에, 즉 닫기에 충분한 전자를 가지는 경향을 보인다. 다시 말해, 원자는 원자가껍질에 전자 8개를 가지는 이온이 되려는 경향이 있다. 전자 8개는 헬륨을 제외한 모든 영족 기체의 특징이다. 원자들이 서로 반응할 때, 그들은 대개 자신과 가장 가까운 영족 기체의 매우 안정적인 전자 배치를 얻는 경향이 있다. 따라서 이들은 **팔전자 규칙**(octet rule), 즉 '8의 규칙'을 따른다고 말한다. 헬륨의 경우, 최대 전자 2개가 단일 전자 껍질을 차지할 수 있다. 따라서 수소(금속 수소화물의 경우)나 리튬과 같은 작은 원자는 대개 '2의 규칙' 또는 **이전자 규칙**(duet rule)에 따라 가장 가까운 영족 기체인 헬륨의 전자 배치를 얻는다.

팔전자 규칙에 따라 1A 족 금속의 원자는 전자 1개를 잃어 1+ 이온을 형성하고, 2A 족 금속의 원자는 전자 2개를 잃어 2+ 이온을 만들고, 3A 족 금속의 원자는 전자 3개를 잃어 3+ 이온이 된다. 7A 족 비금속 원자는 전자 1개를 얻어 1− 이온을 형성하고, 6A 족 원자는 전자 2개를 얻어 2− 이온을 만드는 경향이 있다. 일부 5A 족 원자(특히 N과 P)는 전자 3개를 얻어 3− 이온이 되기도 한다. B 족 금속의 원자는 다양한 수의 전자를 잃어 다양한 전하를 가진 양이온을 형성할 수 있다.

이러한 주기적 관계는 그림 4.4에 요약되어 있다.

4 **혈액에 철이 있다면 왜 우리는 자성을 띠지 않는가?**

철 금속은 자성을 띠지만, 혈액의 헤모글로빈과 같은 화합물은 일반적으로 철(II) 또는 철(III) 이온을 포함한다. 이 이온은 화학적, 물리적으로 금속과 다르며 자성을 띠지 않는다.

예제 4.4 전자 전달에 의한 화학식 결정하기

소듐과 황의 반응으로 형성된 화합물의 화학식은 무엇인가?

풀이

소듐은 1A 족에 속하며, 소듐 원자는 원자가전자 1개를 가지고 있다. 황은 6A 족에 속하며, 황 원자는 원자가전자 6개를 가지고 있다.

Na·   ·S̤̈·

황은 아르곤 구성을 이루기 위해 전자 2개가 필요하지만, 소듐은 전자를 1개만 가지고 있다. 따라서 황 원자 1개는 소듐 원자 2개와 반응하여 각각에서 전자를 하나씩 가져와야 한다.

$$\begin{matrix} Na\cdot \\ Na\cdot \end{matrix} + \cdot\ddot{\underset{..}{S}}\cdot \longrightarrow \begin{matrix} Na^+ \\ Na^+ \end{matrix} + :\ddot{\underset{..}{S}}:^{2-}$$

황화 소듐이라고 불리는 화합물의 화학식은 Na_2S이다.

› 복습문제 4.4A

(a) 칼슘과 플루오린, **(b)** 리튬과 산소의 반응으로 형성되는 화합물의 화학식은 무엇인가?

› 복습문제 4.4B

그림 4.4를 사용하여 철(Fe)과 염소로부터 형성될 수 있는 두 화합물의 화학식을 예측하라.

자가평가문제

1. 서로 이온 결합 화합물을 형성할 가능성이 가장 높은 원소의 쌍은 무엇인가?

a. K와 Ca **b.** Rb와 Cl
c. S와 Se **d.** At와 Ne

2. 산소가 간단한 이온을 형성했을 때 갖는 전하는 무엇인가?

a. 6− **b.** 2− **c.** 2+ **d.** 6+

3. 스트론튬이 간단한 이온을 형성했을 때 갖는 전하는 무엇인가?

a. 2− **b.** 2+ **c.** 4+ **d.** 8+

4. 칼슘(Ca)과 인(P)은 반응하여 이온 결합 화합물인 Ca_3P_2를 형성한다. P^{3-}(인화 이온)의 원자가껍질이 갖는 전자의 수는 얼마인가?

a. 2 **b.** 8 **c.** 10 **d.** 16

5. 리튬과 질소에 의해 형성된 이온 결합 화합물의 화학식은 무엇인가?

a. LiN **b.** Li_3N
c. LiN_3 **d.** Li_6N_2

6. 마그네슘과 브로민에 의해 형성된 이온 결합 화합물의 화학식은 무엇인가?

a. MgBr **b.** Mg_2Br
c. $MgBr_2$ **d.** Mg_2Br_3

7. 일반적인 화학 반응에서 형성될 가능성이 높은 이온을 하나만 고르라.

a. S^{6-} **b.** Br^-
c. K^{2+} **d.** Ar^{3-}

정답: 1. b, 2. b, 3. b, 4. b, 5. b, 6. c, 7. b

4.5 이성분 이온 결합 화합물의 화학식과 이름

학습 목표 • 이성분 이온 결합 화합물을 명명하고 화학식을 쓴다.

간단한 양이온의 이름은 부모 원소의 이름에 '이온'이라는 단어만 붙이면 된다. 예를 들어 소듐 원자는 전자 하나를 잃고 소듐 이온(Na^+)이 된다. 마그네슘 원자(Mg)가 전자 2개를 잃으면 마그네슘 이온(Mg^{2+})이 된다. 금속이 둘 이상의 이온을 형성할 때 괄호 안에 로마 숫자로 서로 다른 이온의 전하를 표시한다. 예를 들어 Fe^{2+}는 철(II) 이온이고, Fe^{3+}는 철(III) 이온이다.

간단한 음이온의 이름은 '-화'로 끝나고 '이온'이라는 단어를 추가한다. 예를 들어 염소 원자는 전자를 얻어 염화 이온(Cl^-)이 된다. 산소는 산화 이온, 질소는 질화 이온, 황은 황화 이온으로 바뀐다.

표 4.2에는 원자들이 전자를 얻거나 잃을 때 형성되는 몇몇 이온의 기호와 이름이 나와 있다. 족 번호에서 8을 빼면 표에 있는 음이온의 전하를 계산할 수 있다. 예를 들어 그림 4.4를 사용하면 산화 이온(산소는 6A 족에 있음)의 전하가 6 − 8 = −2임을 알 수 있다. 질화 이온(질소는 5A 족에 있음)의 전하량은 5 − 8 = −3이다.

전하가 반대인 간단한 이온을 결합하여 **이성분(2원소) 이온 결합 화합물**[binary(two-

5 **수영장의 염소에는 냄새가 나는데, 소금의 염소에는 냄새가 나지 않는 이유는 무엇인가?**

수질 관리에 사용되는 염소는 대개 원소 Cl_2인 반면에 소금의 염소는 염화 이온인 Cl^-로 존재한다. 원소는 이온과 화학적으로 매우 다르며 다른 성질을 가지고 있다.

다른 이름의 화합물

식품과 의약품의 라벨을 읽다 보면 익숙하게 들리는 이름도 있고 혼란스럽거나 신비로운 이름도 있다. 예를 들어 Fe^{2+}에 두 가지 이름이 왜 있을까? 철, 구리, 금, 은 등 일부 이름은 수천 년 동안 알려져 온 역사가 오래된 이름이다. 각 이름의 첫 부분은 철을 뜻하는 라틴어 '페룸(ferrum)'과 같이 해당 원소의 라틴어에서 유래했다. '제1'은(어미 *-ous*는) 전하가 작은 이온에, '제2'는(어미 *-ic*은) 전하가 큰 이온에 사용된다. 현대의 시스템은 로마 숫자를 사용하여 이온 전하를 나타낸다. 새로운 체계가 더 논리적이고 적용하기 쉽지만, 특히 일상생활과 일부 생의학 분야에서는 이전 명칭이 여전히 사용되고 있다.

▲ 건강 보조 식품의 라벨은 종종 라틴어에서 유래된 이름을 사용한다.

표 4.2 몇몇 간단한 (단원자) 이온의 기호 및 이름

족	원소	이온의 이름	이온의 기호
1A	수소	수소 이온	H^+
	리튬	리튬 이온	Li^+
	소듐	소듐 이온	Na^+
	포타슘	포타슘 이온	K^+
2A	마그네슘	마그네슘 이온	Mg^{2+}
	칼슘	칼슘 이온	Ca^{2+}
3A	알루미늄	알루미늄 이온	Al^{3+}
5A	질소	질화 이온	N^{3-}
	인	인화 이온	P^{3-}
6A	산소	산화 이온	O^{2-}
	황	황화 이온	S^{2-}
7A	플루오린	플루오린화 이온	F^-
	염소	염화 이온	Cl^-
	브로민	브로민화 이온	Br^-
	아이오딘	아이오딘화 이온	I^-
1B	구리	구리(I) 이온(제1구리 이온)	Cu^+
		구리(II) 이온(제2 구리 이온)	Cu^{2+}
	은	은 이온	Ag^+
2B	아연	아연 이온	Zn^{2+}
8B	철	철(II) 이온(제1철 이온)	Fe^{2+}
		철(III) 이온(제2철 이온)	Fe^{3+}

element) ionic compound]을 형성할 수 있다. 이성분 이온 결합 화합물의 화학식을 올바르게 쓰려면 (1) 전하를 표시하여 각 이온을 쓰고(왼쪽에 양이온을 쓴다), (2) 전하 수를 바꾸고(단, 플러스와 마이너스 기호는 제외), (3) 이 숫자를 원소 기호 바로 뒤에 아래첨자로 쓰고, (4) 바꾸어진 숫자가 원래 원자 비율은 유지되면서 가능한 가장 간단한 비율인지 확인한다. 이 과

정은 다음 예제, 복습문제, 장의 마지막 문제에서 제공하는 연습을 통해 가장 잘 배울 수 있다.

예제 4.5 이온 전하로부터 화학식 결정하기

(a) 염화 칼슘과 **(b)** 산화 알루미늄의 화학식을 쓰라.

풀이

a. 먼저 이온에 대한 기호를 쓴다. (방법을 설명하기 위해 염화 이온의 전하를 '1−'로 명시한다. 이 과정에 익숙하다면 '1'을 생략해도 된다.)

$$Ca^{2+}\ Cl^{1-}$$

전하 수는 (전하를 제외하고) 아래첨자로 교차시킨다.

그런 다음 화학식을 쓴다. 염화 칼슘의 화학식은 다음과 같다.

Ca_1Cl_2 또는 ('1'을 삭제하여) 간단히 $CaCl_2$

b. 이온에 대한 기호를 쓴다.

$$Al^{3+}O^{2-}$$

전하 수를 아래 첨자로 교차시킨다.

산화 알루미늄의 화학식은 다음과 같이 쓴다.

$$Al_2O_3$$

› 복습문제 4.5A

(a) 산화 포타슘과 **(b)** 질화 칼슘의 화학식을 쓰라.

› 복습문제 4.5B

(a) 인화 마그네슘과 **(b)** 인화 알루미늄의 화학식을 쓰라.

방금 설명한 교차 방법이라고 불리는 이 방법은 전자의 이동과 전하 보존을 기반으로 작동한다. Al 원자 2개는 각각 전자 3개를 잃고(총 전자 6개를 잃음), O 원자 3개는 각각 전자 2개를(총 전자 6개를) 얻는다. 잃어버린 전자는 얻은 전자와 같아야 한다. 마찬가지로, Al^{3+} 이온 2개는 양전하 6개(각각 3개)를 가지고 있고, O^{2-} 이온 3개는 음전하 6개(각각 2개)를 가지고 있다. 당연히 그렇지만, Al_2O_3의 알짜 전하는 0이다. 화학식은 원소의 가장 간단한 비율이어야 한다는 것을 항상 기억하자. 주석(IV)과 같이 4+ 전하를 양이온으로 가질 수 있는 원소도 있다. 산화 주석(IV)의 올바른 화학식은 Sn_2O_4가 아니라 SnO_2이다.

산화 알루미늄과 같은 화학물질의 이름을 Al_2O_3와 같은 화학식으로 번역할 수 있으므로 반대로도 번역할 수 있다. 예제 4.6에서 살펴보자.

예제 4.6 이온 결합 화합물 명명법

(a) MgS와 **(b)** $FeCl_3$의 이름은 무엇인가?

풀이

a. 표 4.2에서 MgS는 Mg^{2+}(마그네슘 이온)와 S^{2-}(황화 이온)로 구성되어 있음을 확인할 수 있다. 이름은 간단히 황화 마그네슘이다.

b. 표 4.2에서 $FeCl_3$의 이온들이 다음과 같다는 것을 알 수 있다.

$$Fe^{3+} \quad Cl^-$$

$FeCl_3$의 철 이온이 Fe^{2+}가 아닌 Fe^{3+}인 것을 어떻게 알 수 있을까? 화합물인 $FeCl_3$는 중성이므로 1− 전하를 띠는 Cl^- 이온 3개가 있기 때문에 Fe 이온 하나는 3+ 전하를 가져야 한다. 이 이온의 이름은 철(III) 이온(또는 제2철 이온)과 염화 이온이다. 따라서 화합물은 염화 철(III)(또는 이전 체계에 따르면 염화 제2철)이다.

› 복습문제 4.6A

(a) CaF_2와 **(b)** $CuBr_2$의 이름은 무엇인가?

› 복습문제 4.6B

(a) Li_2S와 **(b)** Fe_2S_3의 이름은 무엇인가?

의학 및 건강 분야의 NaF

플루오린화 소듐은 치아 법랑질을 강화하고 충치를 예방하는 기능과 골다공증 치료에 유용하여 세계보건기구(WHO)의 필수의약품 목록에 등재되어 있다. 많은 브랜드의 치약에 첨가제로 함유되어 있다. 플루오린-18을 포함하는 방사성 NaF는 양전자 방출 단층 촬영(PET) 스캔, 암 진단, 암 전이 여부 또는 치료 효과 확인, 심장 혈류 연구, 알츠하이머병 연구 등에 사용된다.

자가평가문제

1. 바륨과 황의 이성분 이온 결합 화합물의 화학식은 무엇인가?
a. BaS **b.** Ba_2S **c.** BaS_2 **d.** Ba_2S_3

2. 다음 중 옳은 화학식은 무엇인가?
a. ZnCl **b.** Zn_2Cl **c.** $ZnCl_2$ **d.** Zn_2Cl_5

3. 다음 중 옳지 않은 화학식은 무엇인가?
a. $AlCl_3$ **b.** Al_3P_2 **c.** CaS **d.** Cs_2S

4. 다음 중 KCl의 옳은 이름은 무엇인가?
a. 염화 크립톤 **b.** 아염소산 크립톤
c. 염화 포타슘 **d.** 염소 포타슘

5. 다음 중 Al_2S_3의 옳은 이름은 무엇인가?
a. 황화 알루미늄 **b.** 삼아황산 이알루미늄
c. 황화 안티몬 **d.** 삼황화 안티몬

6. 다음 중 LiBr의 옳은 이름은 무엇인가?
a. 리튬화 브로민화 **b.** 리튬화 브로민
c. 브로민 리튬 **d.** 브로민화 리튬

7. 다음 중 ZnI_2의 옳은 이름은 무엇인가?
a. 일지르콘이아이오딘 **b.** 아이오딘화 아연
c. 염화 아연화 **d.** 아이오딘화 지르코늄

정답: 1. a, 2. c, 3. b, 4. c, 5. a, 6. d, 7. b

4.6 공유 결합: 공유 전자쌍

학습 목표 • 공유 결합과 이온 결합의 차이점을 설명한다.
• 공유 결합 화합물을 명명하고 화학식을 쓴다.

2장에서는 일부 원소가 이원자 분자를 형성한다고 설명했다. 이 장의 4.3절에서는 염소 기체가 실제로 이원자 분자로 존재한다고 언급했다. 이제 이원자 분자가 무엇이며, 원자들이 어떻게 서로 결합하여 공유 결합을 형성하는지 이해할 수 있게 되었다.

수소부터 시작해보자. 수소는 이전자 규칙을 따르기 때문에 원자가껍질을 완성하기 위해서는 전자 2개를 가져야 한다. 문제는 각 수소 원자가 전자를 1개만 가지고 있다는 것이다. 하지만 수소 원자 2개가 결합해 전자를 공유하면 각 원자는 전자 2개를 가지는 셈이 되고 완전한 원자가껍질을 갖게 된다. 두 수소 원자 모두 전자에 대해 동일한 인력을 갖기 때문에 이러한 타협을 하게 된다. 이로 인해 두 수소 원자는 한 쌍의 전자를 공유하게 된다. 화살표 오른쪽의 H_2 구조에서 점 2개가 H 원자 사이에 그려져 있는 것에 유의하라.

$$H\cdot + \cdot H \longrightarrow H:H$$

두 수소 원자는 전자를 공유함으로써 이원자 수소 분자를 형성한다. 원자들이 전자를 공유할 때 형성되는 결합을 **공유 결합**(covalent bond)이라고 한다. 한 쌍의 전자를 공유할 때, 이 결합을 **단일 결합**(single bond)이라고 한다.

$$H:H$$

↑ 공유 결합(공유 전자쌍)

공유 결합은 보통 선으로 표시되므로 H_2의 루이스 점 구조는 H—H가 된다. 여기서 선은 결합의 각 원자에서 하나씩 공유되는 한 쌍의 전자를 나타낸다.

다음으로 염소 분자인 Cl_2를 살펴보자. 전자를 기꺼이 내어주는 물질로부터 염소 원자는 여분의 전자 하나를 쉽게 가져온다. 이 경우에 팔전자 규칙이 작용하여 염소 원자의 원자가껍질이 완전히 채워진다. 따라서 염소 원자 2개는 한 쌍의 전자를 공유함으로써 보다 안정적인 배열을 이룰 수 있다.

$$:\ddot{\underset{\cdot\cdot}{Cl}}\cdot + \cdot\ddot{\underset{\cdot\cdot}{Cl}}: \longrightarrow :\ddot{\underset{\cdot\cdot}{Cl}}:\ddot{\underset{\cdot\cdot}{Cl}}:$$

염소 분자에서 공유된 한 쌍의 전자는 공유 결합의 또 다른 예이며, 이 두 전자를 **결합 전자쌍**(bonding pair)이라고 한다. 공유되지 않고 한 원자에 머물러 있는 전자들을 비결합 전자쌍(nonbinding pair) 또는 **고립 전자쌍**(lone pair)이라고 한다.

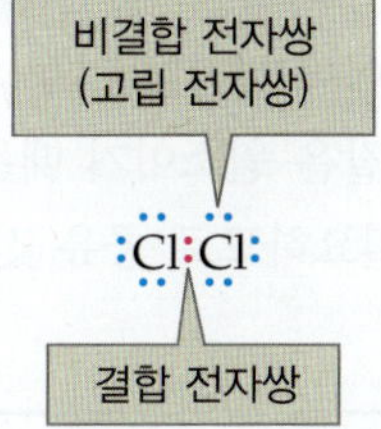

간단히 이원자 수소 분자는 H_2로, 이원자 염소 분자는 Cl_2로 나타낸다. 일반적으로 이원자라는 단어는 삭제되며 4.3절에서 이미 살펴본 것처럼 H_2는 단순히 수소 분자로 부르고, Cl_2는 염소 분자라고 한다. 때때로 공유 결합을 H—H 및 Cl—Cl에서와 같이 결합 원자 사이에 선으로 표시한다.

염소 분자의 각 염소 원자는 주변에 전자 8개를 가지고 있으며, 이는 영족 기체 아르곤의 배열과 유사하다. 따라서 이온 결합으로 연결된 원자들이 전자를 잃거나 받아들임으로써 팔전자 규칙을 따르는 것처럼, 공유 결합에 관련된 원자들은 전자를 공유함으로써 팔전자 규칙을 따른다. 공유 결합의 형성은 한 종류 원소의 이원자 분자에만 국한되지 않는다. 대부분의 공유 결합은 서로 다른 원소의 원자 사이에 형성된다.

다중 결합

경우에 따라 원자는 두 쌍 이상의 전자를 공유할 수 있다. 예를 들어 산소가 있다. 산소 원자는 원자가전자 6개를 가지고 있으며, 전자 2개를 더 찾아서 전자 8개로 원자가껍질을 완성한다. 산소 원자 1개가 다른 산소 원자를 찾으면 각 원자에서 한 쌍씩 두 쌍의 전자를 동등하게 공유하여 이원자 분자를 만든다.

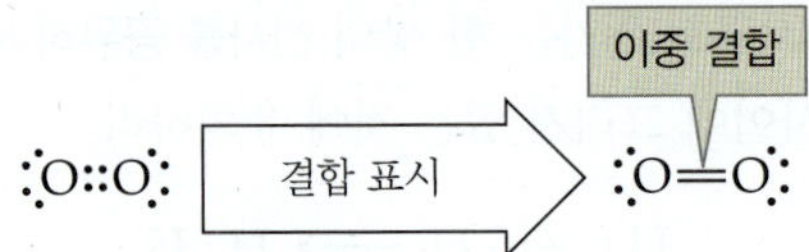

두 원자 사이에 두 쌍의 전자가 공유되어 형성되는 공유 결합을 **이중 결합**(double bond)이라고 하며, 원자 사이에 이중 선으로 표시한다.

원자들이 세 쌍의 전자를 공유하여 두 원자 모두 원자가껍질을 채울 수도 있다. 예를 들어 질소(N_2) 분자에서 각 질소 원자는 세 쌍의 전자를 다른 질소 원자와 동등하게 공유한다.

:N:::N:

원자들은 **삼중 결합**(triple bond)으로 결합되어 있다. 삼중 결합은 원자 2개가 전자 3쌍을 공유하는 공유 결합이다. 즉 으로 나타낸다. 각 질소 원자는 그 주위에 전자 8개를 가지고 있다.

두 원자 사이의 결합 수를 **결합 다중도**(bond multiplicity) 또는 **결합 차수**(bond order)라고 한다. 두 원자 사이의 결합이 많을수록 결합 다중도가 높아진다.

예제 4.7 결합 다중도(두 원자 사이의 결합 수) 예측하기

원자가껍질 전자 배치가 2, 4인 원소의 두 원자 사이의 결합 다중도를 예측하라.

풀이

원자가껍질 전자 배치가 2, 4라는 것은, 각 원자에 원자가전자 총 6개가 있으므로 팔전자 규칙을 만족시키기 위해 전자 2개를 더 얻어야 한다는 것을 의미한다. 이러한 원자 2개는 전자 2개를 추가로 확보해야 하고, 두 원자가 같은 원소이기 때문에 총 전자 4개를 동등하게 공유하게 된다. 각 결합에는 공유 전자 2개가 필요하므로 공유 전자가 4개이면 이중 결합이 (그리고 결합 다중도는 2가) 된다.

자가평가문제

1. 두 원자가 한 쌍의 전자를 공유할 때 형성되는 결합은 무엇인가?

a. 단일 공유 결합 **b.** 이중 공유 결합
c. 삼중 공유 결합 **d.** 이온 결합

2. 7A 족의 두 원자가 결합하여 이원자 분자를 형성할 때 어떤 유형의 결합이 형성되는가?

a. 단일 공유 결합 **b.** 이중 공유 결합
c. 삼중 공유 결합 **d.** 이온 결합

3. 두 원자가 세 쌍의 전자를 공유할 때 형성되는 결합은 무엇인가?

a. 단일 공유 결합 **b.** 이중 공유 결합
c. 삼중 공유 결합 **d.** 이온 결합

4. 산소 원자가 다른 산소 원자와 공유 결합을 형성할 때 가지는 비결합 전자쌍의 개수는 얼마인가?

a. 0 **b.** 1 **c.** 2 **d.** 4

정답: 1. a, 2. a, 3. c, 4. c

4.7 불균등 공유: 극성 공유 결합

학습 목표
- 공유 결합을 극성 또는 비극성으로 분류한다.
- 원소의 전기음성도를 사용하여 결합의 극성을 결정한다.

지금까지 원자들이 원자가껍질을 채우기 위해 두 가지 방식으로 결합하는 것을 살펴보았다. 주기율표의 반대편에 있어서 전자 배치가 상당히 다른 원자들은 한 원자에서 다른 원자로 하나 이상의 전자가 완전히 이동하여 반응하고 이온 결합을 형성한다. 일부 동일한 비금속 원자들(예: 염소 원자 2개 또는 수소 원자 2개)은 한 쌍의 전자를 동등하게 공유하여 공유 결합을 형성한다. 이제 서로 다르지만 이온 결합을 형성할 만큼 다르지는 않은 원자 사이의 결합 형성을 고려해보자.

염화 수소

수소와 염소가 반응하여 **염화 수소**라는 무색 가스를 형성하여 눈을 따갑게 하고 호흡기를 매우 자극한다. 이 반응은 다음과 같이 나타낼 수 있다.

$$\mathrm{H}\cdot + \cdot\ddot{\underset{\cdot\cdot}{\mathrm{Cl}}}\colon \longrightarrow \mathrm{H}\colon\ddot{\underset{\cdot\cdot}{\mathrm{Cl}}}\colon$$

수소 원자와 염소 원자는 각각 전자 하나를 제공하여 원자 사이에 공유 결합을 형성한다는 것을 기억하자. 수소와 염소 모두 영족 기체 배치(가득 찬 원자가껍질)를 이루어 공유 결합을 형성하며, 여기서 수소는 헬륨 배치와 염소는 아르곤 배치를 가진다.

실제로 수소와 염소가 반응하여 염화 수소를 형성할 때는 이원자 수소와 염소로 반응한다. 이 반응은 대개 다음과 같이 간단하고 간편하게 나타낸다.

$$\mathrm{H_2 + Cl_2 \longrightarrow 2\,HCl}$$

단순화된 화학 반응을 쓸 때 염소 원자의 고립 전자쌍과 원자 사이의 결합은 명시적으로 표시되지 않는다.

예제 4.8 동종핵 및 이종핵 공유 결합을 루이스 기호로 나타내기

루이스 기호를 사용하여 **(a)** 두 플루오린 원자 사이, **(b)** 플루오린 원자와 수소 원자 사이의 공유 결합을 나타내라.

풀이

$$:\ddot{\underset{..}{F}}\cdot \; + \; \cdot\ddot{\underset{..}{F}}: \longrightarrow :\ddot{\underset{..}{F}}:\ddot{\underset{..}{F}}: \quad \text{결합쌍}$$

$$H\cdot \; + \; \cdot\ddot{\underset{..}{F}}: \longrightarrow H:\ddot{\underset{..}{F}}: \quad \text{결합쌍}$$

› 복습문제 4.8A

루이스 기호를 사용하여 **(a)** 브로민 원자 2개, **(b)** 플루오린 원자와 염소 원자 사이에 공유 결합이 어떻게 형성되는지 나타내라.

› 복습문제 4.8B

루이스 기호를 사용하여 **(a)** 아이오딘 원자 2개, **(b)** 수소 원자와 아이오딘 원자 사이에 공유 결합이 어떻게 형성되는지 나타내라.

염소 원자가 똑같이 매력적인 염소 원자를 버리고 왜 수소 원자에게 가며, 수소도 같은 일을 하는지 물어볼 수도 있다. 답은 안정성이다. 안정된 것이 있고, 더 안정적인 것이 있다. 염소 분자는 개별 염소 원자 2개보다 더 안정적인 배열을 나타낸다. 그러나 기회가 주어지면 염소 원자는 다른 염소 원자가 아닌 수소 원자와 선택적으로 결합을 형성한다.

염화 수소의 각 분자는 한 쌍의 전자를 공유하는 수소 원자 1개와 염소 원자 1개로 구성된다. 그러나 **공유**가 반드시 '동등한' 공유를 의미하는 것은 아니다. 실제로 염소는 전자쌍을 더 강하게 끌어당겨 두 원자 중에서 '전자 욕심쟁이'가 된다. 그 이유는 염소가 더 **전기음성도**이기 때문이다.

전기음성도

원소의 **전기음성도**(electronegativity)는 다른 원자와 공유하는 전자를 끌어당기는 능력으로 볼 수 있다. 원자의 전기음성도가 높을수록 공유 결합에서 전자를 끌어당기는 경향이 커진다. 주기율표에서 오른쪽에 있는 원소의 원자는 일반적으로 왼쪽에 있는 원소보다 전기음성도가 더 크다. 영족 기체 원소의 원자를 제외하고, 오른쪽에 있는 원소들은 이온을 형성할 때 전자를 얻어 음이온을 형성하는 경향이 있다. 금속은 왼쪽에 있고 전자를 잃어 양이온이 되는 경향이 있다. 같은 족에서 전기음성도는 위쪽이 더 높고 아래쪽이 더 낮은 경향이 있다. 이러한 경향의 한 가지 이유는 원자 크기가 전기음성도와 같은 경향을 따르기 때문인데, 크기는 오른쪽 위가 가장 작고 왼쪽 아래가 가장 크다. 원자의 크기가 작을수록 전자는 양전하를 띤 원자핵에 물리적으로 더 가깝기 때문에 전자를 끌어당기는 힘이 더 강해진다.

미국의 화학자 Linus Pauling(1901~1994)은 가장 전기음성이 강한 원소인 플루오린에 4.0이라는 값을 임의로 부여하여 상대 전기음성도 값의 척도를 고안했다. 그림 4.5에 이 책에서 접하게 될 몇 가지 일반적인 원소에 대한 전기음성도 값이 나와 있다. 주기율표 내에서 전기음성도는 두 가지 추세를 따른다. 같은 주기에서는 왼쪽에서 오른쪽으로 갈수록 전기음성도가 증가하고, 같은 족에서 아래로 내려갈수록 전기음성도가 감소한다.

▲ 염소가 전자 담요를 독차지하고, 수소는 부분적으로 양성을 띠고 있다.

이제 HCl에 대해 자세히 살펴보자. 염소의 전기음성도는 3.0인 반면에 수소의 전기음성도는 2.1이다. 이는 염소가 더 전기음성이라는 뜻이다. 결과적으로 공유된 전자쌍은 염소에 더 가까워져 결합에서 염소 쪽이 수소 쪽보다 더 음성이 된다. 전자쌍을 불균등하게 공유하면 결합에 극성이 생기며, 이 결합을 **극성 공유 결합**(polar covalent bond)이라고 한다. 이에 비해 수소, 염소, 산소, 질소의 이원자 분자에서 보았던 것과 같이 전자쌍이 균등하게 공유되는 결

1A	2A	3B	4B	5B	6B	7B	8B			1B	2B	3A	4A	5A	6A	7A	영족 기체
H 2.1																	
Li 1.0	Be 1.5											B 2.0	C 2.5	N 3.0	O 3.5	F 4.0	
Na 0.9	Mg 1.2											Al 1.5	Si 1.8	P 2.1	S 2.5	Cl 3.0	
K 0.8	Ca 1.0													As 2.0	Se 2.4	Br 2.8	
																I 2.5	

◀ **그림 4.5** 몇 가지 일반적인 원소에 대한 Pauling의 전기음성도 값

합은 **비극성 공유 결합**(nonpolar covalent bond)이다.

극성 공유 결합은 이온 결합이 아니다. 이온 결합에서 한 원자는 전자를 완전히 잃는다. 극성 공유 결합에서 결합의 양극 쪽에 있는 원자(HCl의 수소)는 여전히 결합쌍의 전자를 부분적으로 공유한다(그림 4.6). 이러한 종류의 결합을 이온 결합 또는 비극성 공유 결합과 구별하여 설명하기 위해 다음과 같은 표기를 사용한다.

$$\overset{\delta+}{\text{H}}—\overset{\delta-}{\text{Cl}}$$

원자 사이의 선은 공유된 전자 한쌍, 즉 공유 결합을 나타낸다. δ+와 δ−('델타 플러스' 및 '델타 마이너스'로 읽음)는 결합의 어느 쪽이 부분적으로 양성이고 어느 쪽이 부분적으로 음성인지를 나타낸다('부분적으로'라는 단어를 사용하여 전하와 이온의 전체 전하를 구분한다).

100% 완벽하지는 않지만, 결합한 두 원자의 전기음성도 값을 이용하여 결합의 유형을 예측할 수 있다.

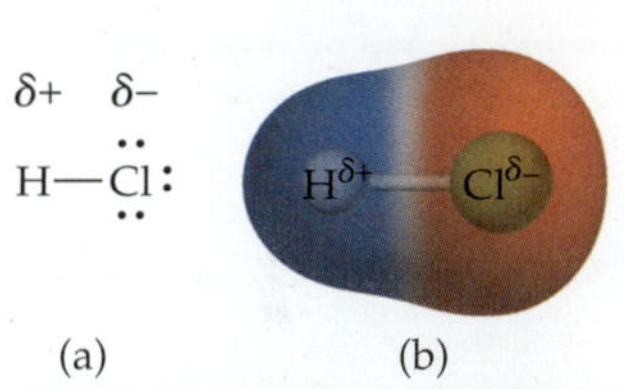

▲ **그림 4.6** 극성 염화 수소 분자. (a) 전자점 식, 즉 기호 δ+와 δ−는 각각 부분 양전하와 부분 음전하를 나타낸다. (b) 정전기 전위 지도, 즉 염화 수소 분자에서 전자 밀도의 불균등한 분포를 나타낸다.

표 4.3 전기음성도 차이에 의한 결합 극성 결정 방법

전기음성도 차이	결합의 유형
< 0.5	비극성 공유 결합
0.5~2.0	극성 공유 결합
> 2.0	이온 결합

예제 4.9 전기음성도를 사용하여 결합 분류하기

그림 4.5와 표 4.3의 데이터를 사용하여 다음 각 원자 쌍 사이의 결합을 비극성 공유 결합, 극성 공유 결합, 이온 결합으로 분류하라.

a. H, H **b.** C, F **c.** C, H **d.** C, O **e.** K, O

풀이

a. H 원자 2개는 정확히 같은 전기음성도를 가진다. 전기음성도 차이는 0이다. 이 결합은 비극성 공유 결합이다.

b. 전기음성도 차이는 4.0 − 2.5 = 1.5이다. 결합은 극성 공유 결합이다.

c. 전기음성도 차이는 2.5 − 2.1 = 0.4이다. 결합은 비극성 공유 결합이다.

d. 전기음성도 차이는 3.5 − 2.5 = 1.0이다. 결합은 극성 공유 결합이다.

e. 전기음성도 차이는 3.5 − 0.8 = 2.7이다. 결합은 이온 결합이다.

› 복습문제 4.9A

그림 4.5와 표 4.3의 데이터를 사용하여 다음 각 원자 쌍 사이의 결합을 비극성 공유 결합, 극성 공유 결합, 이온 결합으로 분류하라.

a. H, Br **b.** Na, O **c.** C, C **d.** B, F

› 복습문제 4.9B

주기율표를 사용하여 다음 각 결합을 비극성 공유 결합 또는 극성 공유 결합으로 분류하라.

a. N—H **b.** C—N **c.** C—O **d.** C=C

› 복습문제 4.9C

다음 각 원자 쌍 사이의 결합을 극성이 증가하는 순서로 나열하라.

a. C, O **b.** N, O **c.** Si, F **d.** As, O

공유 화합물의 이름

표 4.4 공유 결합 화합물에서 원소의 원자 수를 나타내는 접두사

접두사	원자 수
Mono-	1
Di-	2
Tri-	3
Tetra-	4
Penta-	5
Hexa-	6
Hepta-	7
Octa-	8
Nona-	9
Deca-	10

공유 화합물(covalent compound) 또는 **분자 화합물**(molecular compound)은 전자를 전달하지 않고 공유하는 화합물이다. 이러한 화합물은 일반적으로 비금속 원자 2개 이상으로 구성된 분자를 가지고 있다. 많은 공유 화합물은 널리 사용되는 관용명을 가지고 있다. 예를 들어 물(H_2O), 암모니아(NH_3), 메테인(CH_4)이 있다.

그러나 대부분의 이성분 공유 화합물의 이름을 지을 때는 체계적인 규칙이 적용된다. 일(*mono-*), 이(*di-*), 삼(*tri-*) 등 접두사를 사용하여 분자 내 각 원소의 원자 수를 나타낸다. 원자 10개까지 해당 접두사가 표 4.4에 나와 있다. 예를 들어 화합물 N_2O_4는 사산화 이질소(dinitrogen tetroxide)라고 한다(*tetra-* 및 기타 접두사가 다른 모음 앞에 올 때는 발음하기 쉽게 하기 위해 끝 모음을 생략하는 경우가 많다). 화학식에서 첫 번째 원자 앞에는 접두사 일(*mono-*)을 생략하지만, 두 번째 원자 앞에는 포함시킨다(예를 들어 NO는 일산화 질소이다).

화학 물질의 이름이 재미있는 경우도 있다. 일부 화합물은 이상하거나 재미있는 관용명을 가지고 있다. 궁금한가? 염화 퀴륨[Curium(III) chloride]의 관용명은 *curious chloride*이다. 염화 티타늄[Titanium(IV) chloride, $TiCl_4$]은 *titanic chloride*이다. 물도 엄밀히 말하면 일산화 이수소이다. 일반 대중에게는 일산화 이수소 한 잔이 물 한 잔보다 훨씬 더 위험하게 들린다.

예제 4.10 공유 화합물 명명법

(a) $AsCl_3$, **(b)** P_4S_3, **(c)** N_2O_5의 체계적인 이름은 각각 무엇인가?

풀이

a. 비소 원자 1개와 염소 원자 3개로 이루어진 $AsCl_3$는 삼염화 비소이다.

b. 인 원자 4개와 황 원자 3개로 구성된 P_4S_3는 삼황화 인이다.

c. 질소 원자 2개와 산소 원자 5개로 이루어진 N_2O_5는 오산화 이질소이다.

› 복습문제 4.10A

(a) BrF_3, **(b)** BrF_5, **(c)** N_2O, **(d)** NO_2의 이름은 각각 무엇인가?

› 복습문제 4.10B

(a) CO, **(b)** SF_6, **(c)** SO_3, **(d)** Cl_2O_5의 이름은 각각 무엇인가?

예제 4.11 공유 화합물의 화학식

오아이오딘화 삼인(triphosphorus pentaiodide)의 화학식을 쓰라.

풀이

접두사 삼(*tri*-)은 인 원자 3개를 나타내고, 오(*penta*-)는 아이오딘 원자 5개를 나타낸다. 화학식은 P_3I_5이다.

› 복습문제 4.11A

(a) 이산화 탄소와 **(b)** 칠산화 이염소의 화학식을 쓰라.

› 복습문제 4.11B

(a) 삼아이오딘화 질소와 **(b)** 십플루오린화 이황의 화학식을 쓰라.

자가평가문제

1. 다음 중 Br_2의 결합은 무엇인가?
- **a.** 비극성 이중 공유 결합 **b.** 이온 결합
- **c.** 비극성 단일 공유 결합 **d.** 극성 삼중 공유 결합

2. 다음 중 일산화 탄소의 결합은 무엇인가?
- **a.** 극성 이중 공유 결합 **b.** 삼중 이온 결합
- **c.** 비극성 삼중 공유 결합 **d.** 극성 삼중 공유 결합

3. HCl이 형성될 때에 대한 설명으로 옳은 것은 무엇인가?
- **a.** Cl 원자는 H 원자에 원자가전자 1개를 준다.
- **b.** H 원자는 Cl 원자에 원자가전자 1개를 준다.
- **c.** H 원자와 Cl 원자에서 각각 1개씩, 한 쌍의 원자가전자를 공유한다.
- **d.** H 원자에서 0개와 Cl 원자에서 2개, 한 쌍의 원자가전자를 공유한다.

4. 다음 중 가장 극성이 강한 결합은 무엇인가?
- **a.** C—Br **b.** C—Cl **c.** C—F **d.** H—H

5. 다음 중 탄소가 차지하는 전자의 비중이 가장 작은 쌍은 무엇인가?
- **a.** C—C **b.** C—F **c.** C—O **d.** C—N

6. 극성 공유 결합에서 부분 음전하를 가진 원자에 대한 설명으로 옳은 것은 무엇인가?
- **a.** 전기음성도가 더 작다. **b.** 전기음성도가 없다.
- **c.** 전기음성도가 더 크다. **d.** 이온화된다.

7. 두 원자 사이에 이온 결합이 존재하려면 두 원자의 전기음성도의 차이는 어떻게 되어야 하는가?
- **a.** 0에서 0.5 사이 **b.** 0.5에서 2.0 사이
- **c.** 2.0 이상 **d.** 0

8. 다음 중 삼염화 인의 화학식은 무엇인가?
- **a.** KCl_3 **b.** K_3Cl **c.** PCl_3 **d.** P_3Cl

9. 다음 중 육플루오린화 황의 화학식은 무엇인가?
- **a.** S_5F **b.** SF **c.** SF_6 **d.** S_6F_6

10. 다음 중 N_2S_4의 옳은 이름은 무엇인가?
- **a.** 이황화 이질소 **b.** 사황화 이질소
- **c.** 사황산 이질소 **d.** 이질화 사황

11. 다음 중 I_2O_5의 옳은 이름은 무엇인가?
- **a.** 오산화 이아이오딘(diiodine pentoxide)
- **b.** 이아이오도 오산화물(diiodopentoxide)
- **c.** 오산화 이리듐(iridium pentoxide)
- **d.** 오옥소이아이오딘(pentaoxodiiodine)

정답: 1. c, 2. d, 3. c, 4. c, 5. b, 6. c, 7. c, 8. c, 9. c, 10. b, 11. a

4.8 다원자 분자: 물, 암모니아, 메테인

학습 목표 • 일반적인 비금속이 형성하는 결합의 수를 예측한다(HONC 규칙).

전자 8개를 얻으려면 산소 원자는 수소 원자 2개, 질소 원자는 수소 원자 3개, 탄소 원자는 수소 원자 4개와 전자를 공유해야 한다. 일반적으로 비금속은 8에서 자신이 가진 원자가전자 수를 뺀 것과 같은 수의 공유 결합을 형성하는 경향이 있다. 이는 8에서 주기율표의 해당 족 번호를 뺀 것과 같다. 6A 족에 속하는 산소는 대부분의 분자에서 공유 결합 $8 - 6 = 2$개를 생성한다. 황 역시 6A 족에 속하기 때문에 황도 마찬가지이다. 5A 족에 속하는 질소는 대부분의 분자에서 공유 결합 $8 - 5 = 3$개를 형성한다. 탄소는 4A 족에 속하며 대부분의 분자에서 공유 결합 $8 - 4 = 4$개를 만든다. 이 사실은 생체 화합물(13장)을 포함한 많은 유기 화합물(9장)의 핵심이다. 다음과 같은 간단한 지침(HONC 규칙이라고도 함)을 사용하면 많은 분자에 대한 화학식을 쓸 수 있다.

- 수소(H)는 결합 1개를 생성한다.
- 산소(O)는 결합 2개를 생성한다.
- 질소(N)는 결합 3개를 생성한다.
- 탄소(C)는 결합 4개를 생성한다.

물

물은 오랫동안 인류를 매료시켜 왔으며, 지구상의 생명에 필수적인 요소이기 때문에 더욱 그렇다. Nicholson과 Carlisle의 전기분해 실험(3.1절)과 그 이후의 실험을 통해 물의 분자식이 H_2O라는 것이 밝혀졌다. 산소는 팔전자계를 완성하기 위해 전자 2개가 필요하지만, 각 수소는 공유할 수 있는 전자가 1개뿐이다. 따라서 산소가 자신의 팔전자계를 채우려면 수소 원자 2개와 전자를 공유해야 한다. 즉 산소는 수소 1개당 전자를 1쌍, 총 전자 2쌍을 공유해서 팔전자계를 완성한다. 이렇게 해서 원자 수가 2개보다 많은 분자, 즉 **다원자 분자**가 형성된다.

$$\cdot\ddot{O}: + 2\,H\cdot \longrightarrow H:\ddot{\underset{\cdot\cdot}{O}}: \text{ 또는 } H-\ddot{O}:$$
(각 구조에서 O 아래에 H)

이렇게 배열하면 산소 원자의 원자가껍질은 팔전자계가 완성되어 네온 전자 배치를 가진다. 또한 각 수소 원자의 외각 껍질을 완성하여 각 H 원자는 헬륨 전자 배치를 가진다. 수소의 전기음성도(2.1)보다 산소의 전기음성도(3.5)가 더 높기 때문에 형성된 H—O 결합은 **극성 공유 결합**이다.

암모니아

질소 원자는 원자가껍질에 전자 5개를 가지고 있다. 전자 3쌍을 수소 원자 3개와 공유하여 네온 전자 배치를 얻을 수 있다. 그 결과 화합물 암모니아가 탄생한다.

$$\cdot\dot{\underset{\cdot}{N}}\cdot + 3\,H\cdot \longrightarrow H:\ddot{\underset{\cdot\cdot}{N}}:H \text{ 또는 } H-\ddot{N}-H$$
(각 구조에서 N 아래에 H)

암모니아의 결합 배열은 삼각대와 비슷하며(그림 4.10과 요약 참조), 각 다리 말단에 수소 원자가 있고 맨 위 가운데에는 비공유 전자쌍을 가진 질소 원자가 있다(왜 이런 모양인지 4.11절에서 살펴보겠다). N의 전기음성도는 3.0이고, H의 전기음성도는 2.1이므로 N—H 결합 3개는 모두 극성 공유 결합이다.

메테인

탄소 원자는 원자가껍질에 전자 4개를 가지고 있다. 수소 원자 4개와 전자쌍을 공유하여 네온 구성을 이룰 수 있으며, 이를 통해 메테인 화합물을 형성한다.

$$\cdot\dot{\underset{\cdot}{\mathrm{C}}}\cdot + 4\,\mathrm{H}\cdot \longrightarrow \mathrm{H}:\overset{\mathrm{H}}{\underset{\mathrm{H}}{\overset{\cdot\cdot}{\underset{\cdot\cdot}{\mathrm{C}}}}}:\mathrm{H} \quad \text{또는} \quad \mathrm{H}-\overset{\mathrm{H}}{\underset{\mathrm{H}}{\overset{|}{\underset{|}{\mathrm{C}}}}}-\mathrm{H}$$

위 그림과 같이 메테인 분자는 평면으로 보이지만, 4.11절에서 살펴보게 되듯이 실제로는 평면이 아니다. H와 C 사이의 전기음성도 차이는 0.5 미만으로 매우 작기 때문에 C—H 결합은 비극성으로 간주된다.

자가평가문제

1. H 원자 2개가 각각 전자를 O 원자와 공유하여 H_2O를 생성할 때의 결합은 무엇인가?

a. 이원자 결합 **b.** 이온 결합
c. 비극성 공유 결합 **d.** 극성 공유 결합

2. 메테인 분자에 있는 C 원자의 원자가껍질이 가지는 전자의 개수는 몇 개인가?

a. 2 **b.** 5 **c.** 6 **d.** 8

3. 다음 중 수소가 이전자 규칙을 만족하는 분자는 무엇인가?

a. H_2 **b.** H_2O **c.** CH_4 **d.** 모두

정답: 1.d, 2.d, 3.d

4.9 다원자 이온

학습 목표 • 일반적인 다원자 이온을 알아보고, 다원자 이온 화합물을 명명하고, 화학식을 쓸 수 있다.

많은 화합물은 이온 결합과 공유 결합을 모두 포함하고 있다. 일반적으로 가성 소다 또는 잿물로 알려진 수산화 소듐은 소듐 이온(Na^+)과 수산화 이온(OH^-)으로 구성되어 있다. 수산화 이온은 수소 원자에 공유 결합된 산소 원자와 '여분의' 전자를 포함하고 있어 음전하를 띠게 된다. O 원자와 H 원자 모두 원자가껍질이 채워지도록 하는 데 이 여분의 전자가 필요하다.

$$e^- + \cdot\ddot{\underset{\cdot\cdot}{\mathrm{O}}}\cdot + \cdot\mathrm{H} \longrightarrow [:\ddot{\underset{\cdot\cdot}{\mathrm{O}}}:\mathrm{H}]^-$$

'여분의' 전자는 어디에서 왔을까? 여분의 전자는 소듐 원자에서 온 것이고, 소듐 원자는 소듐 이온으로 바뀐다. 수산화 소듐의 화학식은 NaOH이다. 각 소듐 이온에 대해 수산화 이온 1개가 있으므로 NaOH는 중성이다. 소듐 이온과 수산화 이온 사이의 결합은 4.4절에서 이미 살펴본 소듐과 염화 이온 사이의 이온 결합과 마찬가지로 이온 결합이다.

수산화 이온과 같이 대부분의 화학 반응에서 함께 결합된 이온으로 존재하는 원자단이 많이 있다. **다원자 이온**(polyatomic ion)은 공유 결합된 원자 2개 이상을 포함하는 전하를 띤 입자이다. 표 4.5에는 몇 가지 일반적인 다원자 이온이 나열되어 있다. 표 4.2와 표 4.5에 나열된 이온을 결합하면 많은 이온 화합물의 화학식을 결정할 수 있다.

암모늄 이온

탄산수소 이온
(중탄산 이온)

아세트산 이온

질산 이온 아질산 이온

표 4.5 몇 가지 일반적인 다원자 이온

전하	이름	화학식
1+	암모늄 이온	NH_4^+
	하이드로늄 이온	H_3O^+
1−	탄산수소(중탄산) 이온	HCO_3^-
	황산 수소(중황산) 이온	HSO_4^-
	아세트산 이온	$CH_3CO_2^-$ (또는 $C_2H_3O_2^-$)
	아질산 이온	NO_2^-
	질산 이온	NO_3^-
	시안화 이온	CN^-
	수산화 이온	OH^-
	인산 이수소 이온	$H_2PO_4^-$
	과망간산 이온	MnO_4^-
2−	탄산 이온	CO_3^-
	황산 이온	SO_4^{2-}
	크로뮴산 이온	CrO_4^{2-}
	인산 수소 이온	HPO_4^{2-}
	옥살산 이온	$C_2O_4^{2-}$
	이크로뮴산 이온	$Cr_2O_7^{2-}$
3−	인산 이온	PO_4^{3-}

예제 4.12 다원자 이온을 가진 화학식

황화 암모늄의 화학식은 무엇인가?

풀이

암모늄 이온은 표 4.5에 나와 있다. 황 원자(6A 족)에 전자가 2개 추가되면 황화 이온이 된다. 이온은 다음과 같다.

$$NH_4^+ \quad S^{2-}$$

교차하면 다음과 같다.

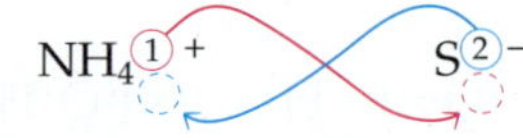

황화 암모늄의 화학식은 $(NH_4)_2S$이다(황화 이온 1개당 암모늄 이온 2개가 있다는 것을 표시하는 데 괄호를 사용했다는 것에 유의하자).

› 복습문제 4.12A

(a) 탄산 칼슘, **(b)** 인산 포타슘, **(c)** 황산 암모늄의 화학식은 각각 무엇인가?

› 복습문제 4.12B

(a) 황화 암모늄의 화학식에는 수소 원자가 몇 개 있고, **(b)** 탄산 칼슘과 인산 포타슘에는 각각 산소 원자가 몇 개 있는가?

예제 4.13 다원자 이온을 가진 화합물 명명법

(a) NaCN, **(b)** $Fe(OH)_2$, **(c)** $FePO_4$의 이름은 각각 무엇인가?

풀이

단원자 이온만 포함된 화합물의 경우와 마찬가지로 음이온-양이온 순서로 명명한다.

a. 양이온은 소듐 이온이고, 음이온은 시안화 이온이다(표 4.5). 이 화합물은 시안화 소듐이다.

b. 양이온은 철 이온이고, 음이온은 수산화 이온이다(표 4.5). 각각 전하가 1−인 수산화 이온이 2개이므로, 철 이온은 2+ 이온[철(II) 또는 제1철 이온]이어야 한다. 화합물은 수산화 철(II) 또는 수산화 제1철이다.

c. 양이온은 또다시 철 이온이고 음이온은 인산 이온이다. 인산 이온은 3−의 전하를 띠고 있다. 이 중성 화합물에는 철 이온이 하나이므로 철 이온은 3+ 전하[철(III) 또는 제2철]를 가져야 한다. 화합물은 인산 철(III) 또는 인산 제2철이다.

› 복습문제 4.13A

(a) $MgCO_3$, **(b)** $Ca_3(PO_4)_2$, **(c)** $NH_4C_2H_3O_2$의 이름은 각각 무엇인가?

› 복습문제 4.13B

(a) $(NH_4)_2SO_4$, **(b)** KH_2PO_4, **(c)** $CuCr_2O_7$의 이름은 각각 무엇인가?

자가평가문제

1. 다음 중 다원자 이온을 포함하는 화합물은 무엇인가?

a. CO_2 **b.** $C_6H_{12}O_6$ **c.** K_2SO_3 **d.** $SrBr_2$

2. 다음 중 인산 암모늄의 화학식은 무엇인가?

a. NH_4PO_3 **b.** $NH_4(PO_4)_2$ **c.** $(NH_4)_2PO_4$ **d.** $(NH_4)_3PO_4$

3. 다음 중 탄산수소 소듐의 화학식은 무엇인가?

a. $NaHCO_3$ **b.** Na_2HCO_3 **c.** NaH_2CO_3 **d.** $NaHCO_4$

4. 다음 중 황산 수소 구리(I)의 화학식은 무엇인가?

a. $CuHSO_4$ **b.** Cu_2HSO_3 **c.** Cu_2HSO_4 **d.** $Cu(HSO_4)_2$

5. 다음 중 중크롬산 암모늄의 화학식은 무엇인가?

a. $NH_4Cr_2O_7$ **b.** NH_4CrO_4 **c.** $(NH_4)_2Cr_2O_7$ **d.** $(NH_4)_2CrO_4$

6. 다음 중 NH_4HCO_3의 옳은 이름은 무엇인가?

a. 아세트산 암모늄 **b.** 탄산 암모늄 **c.** 탄산수소 암모늄 **d.** 시안화 암모늄

7. 시안화 소듐은 다음 과정에 따라 금 추출에 사용할 수 있다.

$$4\ Au + 8\ NaCN + O_2 + 2\ H_2O \longrightarrow 4\ Na[Au(CN)_2] + 4\ NaOH$$

다음 중 다원자 이온을 포함하는 화합물은 무엇인가?

a. NaCN **b.** NaOH **c.** $Na[Au(CN)_2]$ **d.** 모두

정답: 1. c, 2. d, 3. a, 4. a, 5. c, 6. c, 7. d

4.10 루이스 구조를 그리기 위한 지침

학습 목표 • 간단한 분자와 다원자 이온의 루이스 구조를 그린다.
• 자유 라디칼을 식별한다.

지금까지 살펴본 것처럼 대부분 원자에서 최외각 껍질에 전자의 팔전자계(또는 수소의 경우 이전자계)를 남기는 방식으로 전자가 전달되거나 공유된다. 이 절에서는 분자와 다원자 이온의 **루이스 구조**(Lewis structure)를 그리는 방법을 설명한다. 루이스 구조는 분자의 원자들이 어떻게 연결되어 있는지 보여주고 원자의 비공유(고립) 전자쌍도 보여준다. 이러한 배열을 결정하기 위해 많은 방법이 고안되었지만, 이 방법이 가장 사용하기 쉽다고 생각한다. 이 방법은 분자 또는 다원자 이온이 팔전자 규칙을 따를 때만 작동한다(중심 원자의 결합에 전자 4, 6, 10, 12개를 가져서 안정한 화합물이 있다. 베릴륨은 BeH_2에서와 같이 2쌍의 전자로 '행복해' 보이고, 붕소는 BCl_3에서와 같이 3쌍의 전자로 '행복해' 보이며, 인은 PBr_5에서와 같이 5쌍으로 '행복해' 보이며, 황은 때때로 SF_6에서와 같이 6쌍으로 '행복해' 보인다).

루이스 구조를 그리려면 먼저 **골격 구조**, 즉 분자 내 원자의 배열을 결정해야 한다. 한 가지 단서는 '자연은 대칭을 좋아한다'는 것이다. 다음 사항에 유의하자.

- 수소 원자는 단일 결합만 형성하며, 수소 원자의 양쪽에 있는 다른 두 원자와 공유 결합을 할 수 없다. 수소는 탄소, 질소, 산소와 결합하는 경우가 많다.
- 산소는 결합 2개를 생성하는 경향이 있고, 질소는 보통 결합 3개를 생성하며, 탄소는 결합 4개를 생성한다(HONC 규칙을 기억하자).
- 다원자 분자와 이온은 대부분 전기음성도가 더 높은 원자들이 중심 원자를 둘러싸는 형태로 구성된다(수소는 예외이다. 수소는 전기음성도가 더 높은 원소와 결합하더라도 항상 바깥쪽에 있다). 다원자 분자 또는 이온의 중심 원자는 대개 전기음성도가 가장 낮은 원자이다.

다원자 분자 또는 이온의 골격 구조를 선택한 후 다음 단계를 사용하여 루이스 구조를 그릴 수 있다.

1. **사용가능한 총 원자가전자의 수를 결정한다.** 이 총합은 분자 또는 이온에 있는 모든 원자에 대한 원자가전자의 합이다. 또한 다원자 이온의 전하도 고려해야 한다.
   a. 다원자 음이온의 경우, 총 원자가전자 수에 음전하 수를 더한다.
   b. 다원자 양이온의 경우, 총 원자가전자 수에서 양전하 수를 뺀다.
   예:

   N_2O_4는 $[2\times5] + [4\times6] = 34$, 원자가전자 34개를 가지고 있다.
   NO_3^-는 $[1\times5] + [3\times6] + 1 = 24$, 원자가전자 24개를 가지고 있다.
   NH_4^+는 $[1\times5] + [4\times1] - 1 = 8$, 원자가전자 8개를 가지고 있다.

2. **모든 원자가 필요로 하는 총 전자 수를 구한다.** 수소 원자는 전자 2개가 필요하고, 다른 모든 원자는 전자 8개가 필요하다고 가정한다.
3. **필요한 전자 수에서 가지고 있는 전자 수를 빼서 결합 전자의 수를 결정한다.** [필요 − 보유] 이 수를 2로 나누어 원자 사이에 연결할 결합의 수를 구할 수 있다.
4. **고립 전자쌍을 모두 채워 모든 원자가 전자 8개를 갖도록 한다.** 고립 전자쌍이 없는 H 원자는 제외한다.

예제 4.14 루이스 구조 그리기

(a) 이산화 탄소(CO_2), **(b)** 이산화 황(SO_2), **(c)** 암모늄 이온(NH_4^+)에 대한 루이스 구조를 각각 그려라.

풀이

a. 이산화 탄소(CO_2)

1. 자연은 대칭을 좋아하므로 탄소 원자는 산소 원자 2개 사이의 중간에 있어야 한다.

O C O

2. 전자를 몇 개 가지고 있는가? 탄소에서 4개와 산소 원자 2개에서 각각 6개씩, 총 전자 16개가 있다.
3. 각 원자의 팔전자계를 만족시키려면 전자가 몇 개 필요한가? $3 \times 8 = 24$개이다.
4. [필요한 전자 수 − 사용가능한 전자 수] = $[24 - 16] = 8$, 즉 전자 8개를 공유해야 한다. 이렇게 하는 유일한 방법은 탄소와 각 산소 원자 사이에 이중 결합(4전자), 즉 결합을 $8/2 = 4$개 가지는 것이다. 그려보자.

O=C=O

5. 마지막으로 외각 전자를 추가하여 모든 팔전자계가 만족되는지 확인한다. 각 산소는 이미 이중 결합에 4개를 가지고 있으므로 각 산소 원자에 고립 전자쌍을 2개씩 그린다. 탄소 원자는 이미 전자 8개를 가지고 있다.

:Ö=C=Ö:

b. 이산화 황(SO_2)

1. 골격 구조에서 황은 산소 원자 2개 사이의 중간에 있어야 한다.

O S O

2. 전자를 몇 개 가지고 있는가? 황에서 6개와 산소 2개에서 각각 6개씩, 총 전자 18개가 있다($6 \times 3 = 18$개).
3. 각 원자의 팔전자계를 만족시키려면 전자 몇 개가 필요한가? $3 \times 8 = 24$개이다.
4. [필요한 전자 수 − 사용가능한 전자 수] = $[24 - 18] = 6$, 즉 전자 6개를 공유할 수 있다. 이렇게 하는 유일한 방법은 이중 결합 1개(전자 4개)와 단일 결합 1개(전자 2개)를 가지는 것이다. 결합은 $(4 + 2) / 2 = 3$개 있다. 그려보자. 참고로 이중 결합이 왼쪽에 있는지 오른쪽에 있는지는 중요하지 않다.

O=S—O

5. 마지막으로 외각 전자를 추가하여 모든 전자가 충족되는지 확인한다. 왼쪽의 산소는 이중 결합에 4개가 있으므로 산소 원자에 고립 전자쌍 2개를 배치한다. 황 원자는 이미 전자 6개를 가지고 있으므로 원자 위에 고립 전자쌍 하나를 그린다. 오른쪽의 산소는 단일 결합에 전자가 2개뿐이므로 해당 원자에 고립 전자쌍 3개를 추가한다.

:Ö=S̈—Ö:

c. 암모늄 이온(NH_4^+)

1. 골격 구조는 중앙의 질소 원자가 수소 원자 4개로 둘러싸여 있다(H는 다른 두 원자와 결합할 수 없으므로, H를 연이어 놓는 것은 올바르지 않다).

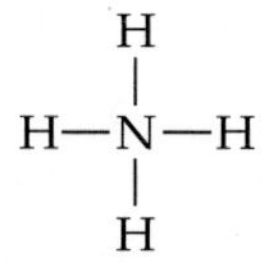

```
     H
     |
 H—N—H
     |
     H
```

2. 사용가능한 전자는 몇 개인가? N에는 5개가 있고 각 H에는 1개가 있다. 하지만 +1 전하를 띠는 이온은 전자 1개를 잃어버렸다. $5 + 4 \times 1 - 1 = 8$개이다.
3. 팔전자계를 만족시키려면 전자 몇 개가 필요한가? 질소는 8개, 이 전자를 만족하는 H 원자는 총 4개가 필요하므로 $8 + (4 \times 2) = 16$개가 필요하다.
4. [필요한 전자 수 − 사용가능한 전자 수] $= 16 - 8 = 8$, 즉 전자 8개를 공유할 수 있다. 이를 위한 유일한 방법은 단일 결합 4개, 즉 $8 / 2 = 4$개를 가지는 것이다. 그려보자. 전체 구조 주위에 대괄호와 그 바깥쪽에 + 전하를 그리는 것을 잊지 말자. 다원자 이온은 이렇게 그려야 한다.

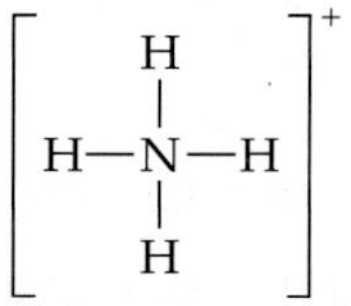

```
⌈     H     ⌉+
|     |     |
| H—N—H |
|     |     |
⌊     H     ⌋
```

› 복습문제 4.14A

(a) 황화 수소(H_2S), **(b)** 이플루오린화 산소(OF_2)에 대한 루이스 구조를 각각 쓰라.

› 복습문제 4.14B

(a) 염화 메틸(CH_3Cl), **(b)** 탄산염 이온$(CO_3)^{2-}$에 대한 루이스 구조를 각각 쓰라.

여기서 사용한 규칙을 사용해 몇몇 원소에 대한 결과를 표 4.6에 요약했다. 최외각(고립쌍) 전자는 표에 그려져 있지 않지만, 루이스 구조를 정확히 나타내기 위해서는 필요하다. 공-막대 모형을 사용하여 분자가 어떻게 보일지 나타낼 수 있다. 나무 공 또는 플라스틱 공을 사용하여 원자를 나타내고, 막대 또는 플라스틱 연결부품을 사용하여 결합을 나타낸다. 이러한 표현을 사용하면 분자 모양이 더 명확하게 드러날 수 있다. 그림 4.7에서 특정 원소가 형성할 수 있는 공유 결합의 수와 주기율표에서의 위치와의 관계를 볼 수 있다.

홀수 전자 분자: 자유 라디칼

일부 분자는 팔전자 규칙을 따르지 않는 원자를 가지고 있다. 예를 들어 영족 기체 원자는 이미 완전한 팔전자계를 가지고 있기 때문에, 영족 기체로 만든 화합물은 분명히 예외가 될 것이다. 이러한 화합물은 드물고 어렵게 형성된다. 일부 베릴륨, 붕소, 황, 인 화합물도 팔전자 규칙을 따르지 않을 수 있다. 삼플루오린화 붕소(BF_3)가 하나의 예인데, 붕소가 결합 3개의 전자 6개를 가지고 만족하는 것처럼 보인다.

최외각 전자의 수가 홀수인 구조를 **자유 라디칼**(free radical)이라고 한다. 원자가전자의 수가 홀수인 분자는 명백히 팔전자 규칙을 만족할 수 없다. 가득 찬 핵심부 껍질과 부껍질은 각 궤도 함수에 전자 2개가 배치되어 쌍을 이룬 전자만 가지고 있기 때문에, 원자가전자만 살펴볼 필요가 있다는 것을 기억하자(3.7절).

표 4.6 몇몇 원소에 대한 공유 결합의 수

루이스 기호	결합 그림	결합의 수	대표적인 분자	공-막대 모형
H·	H—	1	H—H H—Cl	HCl
He:		0	He	He
·C· (4 dots)	—C— (4 bonds)	4	H—C(H)(H)—H H—C(=O)—F	CH_4
·N· (5 dots)	—N— (3 bonds)	3	H—N(H)—H N≡N	NH_3
·O: (6 dots)	—O (2 bonds)	2	H—O—H O=O	H_2O
·F: (7 dots)	—F	1	H—F F—F	F_2
·Cl: (7 dots)	—Cl	1	Cl—Cl H—C(H)(H)—Cl	CH_3Cl

◀ **그림 4.7** 주기율표에서 대표적인 원소의 공유 결합

Q 주기율표에서 원자의 위치와 원자가 형성하는 공유 결합의 개수 사이에는 어떤 관계가 있는가? 주기율표에서 1A 족과 2A 족 원소 대부분이 생략된 이유는 무엇인가?

자유 라디칼의 예로는 원자가전자 5 + 6 = 11개를 가진 일산화 질소(NO), 원자가전자 17개를 가진 이산화 질소(NO_2), 원자가전자 19개를 가진 이산화 염소(ClO_2) 등이 있다. NO, NO_2, ClO_2의 루이스 구조에는 짝짓지 않은 전자를 가진 산소 원자가 1개씩 있다. 원자가 더 전기음성적일수록 팔전자 규칙을 따를 가능성이 높다. 따라서 짝짓지 않은 전자를 가지게 되는 것은 일반적으로 전기음성도가 작은 원자이고, 결과적으로 이 원자는 팔전자 규칙을 만족하지

자유 라디칼의 유용한 응용

Moses Gomberg(1866~1947)는 1900년 미시간대학에서 자유 라디칼을 발견했다. 자유 라디칼은 반응성이 매우 크지만 자연계, 의료계, 산업 응용 등 다양한 분야에서 중요하고 널리 사용된다.

- 일산화 질소(NO)는 인체 심혈관계의 신호 분자로 밝혀졌다. 이 발견으로 미국 과학자 Robert F. Furchgott(1916~2009), Louis J. Ignarro(1941~), Ferid Murad(1936~)가 1998년 노벨 생리의학상을 수상했다. 흥미롭게도 구연산 실데나필(비아그라)의 생리적 효과 중 하나는 혈류에서 소량의 NO가 생산되는 것이다.
- 생명에 필수적인 거대 생체 분자인 단백질이 우리 몸에서 어떻게 기능하는지 알아내기 위해 생화학에서는 작은 라디칼 분자를 사용한다. 이러한 연구에는 약물 설계 및 기타 유망한 치료법에 대한 생의학 연구도 포함된다.
- 수산화 라디칼(·OH)은 체내에서 식품의 산화 과정에서 생성되거나 방사선에 의해 생성된다. 과산화 수소(HOOH) 및 기타 과산화물이 분해되어 ·OH가 생성된다. 이 라디칼은 DNA 및 기타 필수 물질에 혼란을 일으키며, DNA와의 빠른 반응으로 인해 암세포 형성과 관련이 있다. 수산화 라디칼은 대기 오염에도 영향을 미친다. 도시 폐수 및 오염된 토양을 처리하는 데 ·OH 라디칼을 유익하게 응용한다.
- 폴리에틸렌과 폴리염화비닐(PVC)을 포함한 많은 플라스틱은 자유 라디칼을 사용한 반응으로 만들어진다. 액체 폴리에스테르 수지는 자동차를 수선하고 소형 보트나 서핑 보드를 만드는 데 사용된다. 이 수지에 '메틸 에틸 케톤 퍼옥사이드'라는 자유 라디칼 촉매를 첨가하여 단단한 플라스틱으로 전환시킨다.
- 자유 라디칼인 이산화 염소(ClO_2)는 종이, 밀가루, 기타 제품을 표백하는 데 널리 사용된다. 표백하지 않은 밀가루(사진 왼쪽)는 옅은 크림색이고, 표백한 밀가루(사진 오른쪽)는 더 하얗고 소비자에게 더 매력적으로 보인다. 염소 라디칼은 오존 파괴, 특히 남극 오존 구멍의 형성에도 중요한 역할을 한다.

▲ 이산화 염소는 밀가루를 표백하는 데 사용된다. 표백하지 않은 밀가루(왼쪽)와 표백한 밀가루(오른쪽)이다.

못하게 된다.

$$:\dot{\mathrm{N}}::\ddot{\mathrm{O}}: \qquad :\underset{\cdot\cdot}{\ddot{\mathrm{O}}}:\dot{\mathrm{N}}::\ddot{\mathrm{O}}: \qquad :\underset{\cdot\cdot}{\ddot{\mathrm{O}}}:\underset{\cdot\cdot}{\dot{\mathrm{Cl}}}:\underset{\cdot\cdot}{\ddot{\mathrm{O}}}:$$

대부분의 자유 라디칼은 반응성이 매우 강하며 다른 화학종과 반응하기 전에 아주 짧은 시간만 존재한다. 그리고 다른 자유 라디칼과 반응하지 않는 한, 그 반응의 생성물에는 반드시 자유 라디칼이 포함되어야 한다(홀수 + 짝수 = 홀수)! 전자의 수가 홀수인 원자나 분자는 반드시 짝을 이루지 않은 전자가 하나씩 있어야 하므로, 이러한 원자나 분자는 자유 라디칼이다.

질소 산화물은 스모그의 주요 구성 요소이다. 성층권에서 염화플루오린화탄소(chlorofluorocarbon, CFC)가 분해되면서 자유 염소 원자가 발생되어 오존층을 파괴한다. 하지만 어떤 자유 라디칼은 상당히 안정적이며 산업 공정뿐만 아니라 인체에서 중요한 기능을 한다.

자가평가문제

1. CF_4의 루이스 구조에서 고립 전자쌍의 수는 몇 개인가?
   a. 4 **b.** 12 **c.** 14 **d.** 16

2. CF_2Cl_2의 루이스 구조에서 고립 전자쌍의 수는 몇 개인가?
   a. 4 **b.** 12 **c.** 14 **d.** 16

3. H_2O_2의 루이스 구조에서 비공유 전자의 개수는 몇 개인가?
   a. 3 **b.** 8 **c.** 14 **d.** 18

4. SCl_2의 S에서 짝을 짓지 않은 전자의 개수는 몇 개인가?
   a. 4 **b.** 1 **c.** 2 **d.** 3

5. CCl_4의 루이스 구조에 대한 설명으로 옳은 것은 무엇인가?
   a. 고립 전자쌍을 가지지 않는다.
   b. 이중 결합을 1개 가진다.
   c. 이온 결합을 4개 가진다.

d. 비공유 전자를 24개 가진다.

6. 다음 중 이산화 탄소의 루이스 구조는 무엇인가?

a. O—C—O　　b. :O—C—O:

c. :Ö—C—Ö:　　d. :Ö=C=Ö:

7. 다음 중 Cl_2O 분자의 루이스 구조는 무엇인가?

a. :C̈l—C̈l—Ö:　　b. :C̈l=O=C̈l

c. :Ö—C̈l—Ö:　　d. :C̈l—Ö—C̈l:

8. SO_2의 루이스 구조에서 중심 원자의 외각 껍질에 있는 고립 전자쌍의 수는 몇 개인가?

a. 0　　b. 1　　c. 2　　d. 4

9. 다음 중 루이스 구조에 삼중 결합이 없는 화학종은 무엇인가?

a. N_2　　b. CN^-　　c. CO　　d. O_2

10. 다음 중 팔전자 규칙을 따르는 SO_3^{2-} 이온의 루이스 구조는 무엇인가?

a. [:Ö—S—Ö: with S—:Ö:]$^{2-}$　　b. [:Ö—S=Ö: with S—:Ö:]$^{2-}$

c. [:Ö=S=Ö: with S—:Ö:]$^{2-}$　　d. [:Ö—S̈—Ö: with S—:Ö:]$^{2-}$

정답: 1. b, 2. b, 3. b, 4. a, 5. d, 6. d, 7. d, 8. b, 9. d, 10. d

4.11 분자 모양: VSEPR 이론

학습 목표 • 루이스 구조로부터 간단한 분자의 모양을 예측한다.

지금까지 평면으로 나타냈던 다원자 분자와 이온을 2차원(2D) 종이에서 들어 올려 3차원(3D) 형상을 부여할 시간이 왔다. 이 3차원은 분자의 성질을 결정하는 데 중요한 역할을 한다. 예를 들어 휘발유를 구성하는 분자의 모양에 따라 옥탄가가 결정되고(12장), 약물 분자는 적재적소에 적절한 원자를 가져야 효과가 있다(15장).

루이스 구조를 초기 단계로 사용한 다음, **원자가껍질 전자쌍 반발 이론**(valence shell electron pair repulsion theory, VSEPR 이론)을 적용하여 분자에서 중심 원자에 대한 원자의 3차원 배열을 예측할 수 있다. VSEPR 이론을 적용하여 분자의 모양을 예측할 때, 중심 원자의 고립 전자쌍 또는 중심 원자와 다른 원자 사이의 결합(단일, 이중, 삼중 결합 모두)을 지칭하는 용어로 전자단(electron set)이라는 용어를 사용한다. 전자단은 3차원 공간에서 전자 밀도가 높은 영역이라고 볼 수 있다. VSEPR 이론의 기본은 음전하를 띠는 전자단이 3차원 공간에서 서로 최대한 멀리 떨어져 배열됨으로써, 같은 전하를 띠는 입자 간의 반발력이 최소화된다는 것이다. 이를 위해 분자는 몇 가지 간단한 기하학적 배열을 따른다.

중심 원자에 고려해야 할 전자단이 2개만 있는 경우에 전자단들은 선형으로 배열된다(기하학적 표현과 화학적 예는 각각 그림 4.8a와 표 4.7을 참조). 이렇게 배열함으로써 전자단 사이의 각도는 가능한 최대 각도, 즉 $360°/2 = 180°$가 된다. 이 배열은 1차원(1D), 즉 모든 원자가 일렬로 늘어선 배열이다. 이 배열은 중심 원자에 고립 전자쌍이 없거나, 중심 원자에 이중 결합 2개 또는 단일 결합 1개와 삼중 결합 1개가 있을 때 나타난다.

전자단이 3개 있을 때는 2차원으로 확장해야 하고 모든 원자가 한 평면에 배열된다. 원칙적으로는 합이 360°만 되면 전자단 사이의 각도가 모두 다를 수도 있다. 하지만 3개 모두 동일하게 $360°/3 = 120°$가 되면 전자단의 간격이 최대가 되고 전자단 사이의 반발력은 최소가 된다. 이러한 기하학적 배열을 **삼각 평면**이라고 한다(그림 4.8b 및 표 4.7 참조). 중심 원자에 이중 결합 1개와 단일 결합 2개가 있다면 분자 또는 다원자 이온은 삼각 평면형이 된다. 전자단 중 하나가 단지 고립 전자쌍이라면 분자는 굽은 모양이 된다.

비슷한 논리를 사용하면 그림 4.8c의 윗부분에 표시된 것처럼 전자단 4개는 $360°/4 = 90°$ 각도로 분리될 것으로 예상할 수 있다. 그러나 3차원 공간을 탐색해보면 전자단 4개가 109.5°라는 더 큰 각도로 분리될 수 있다. 해당 사면체 구조가 그림 4.8c의 하단에 표시되어 있으며, 표

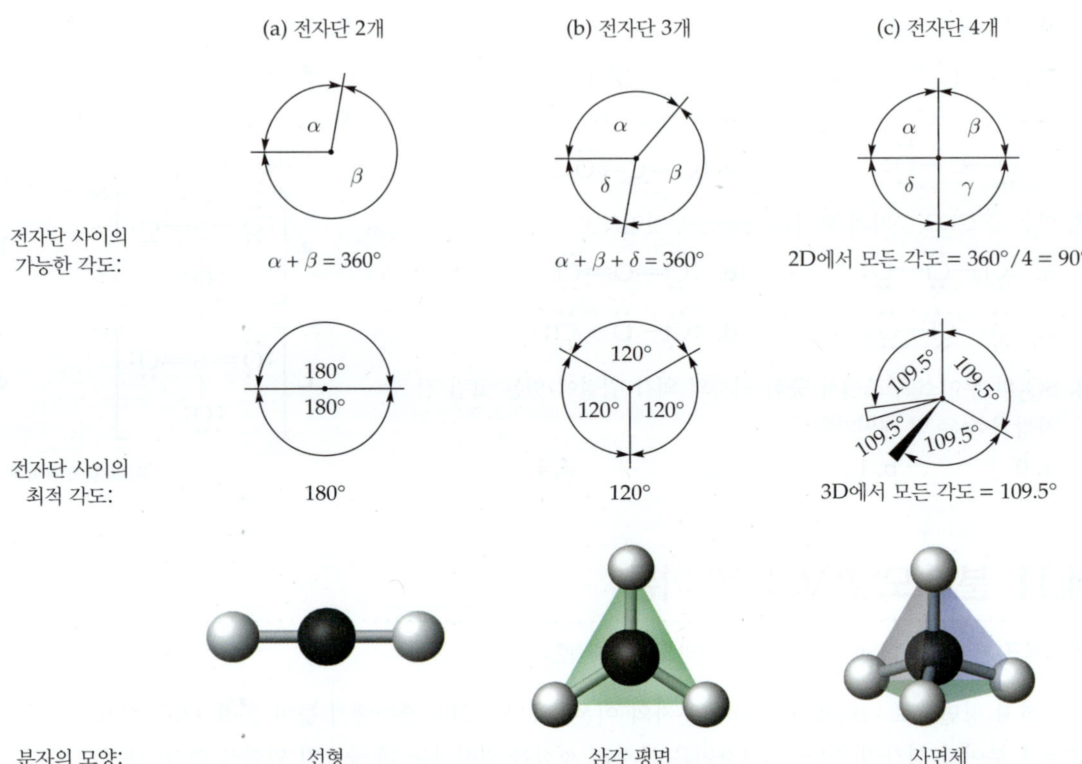

▲ **그림 4.8** 최대 분리와 최소 반발력에 의해 분자에서 전자단의 배열이 결정된다. (a) 선형 분자에서 결합 각도는 180°이다. (b) 삼각 평면 분자에서 결합 각도는 120°이다. (c) 사면체 분자에서 결합 각도는 109.5°이다. 중심 원자에 고립 전자쌍이 없다면 분자의 모양에 대한 이름은 전자단의 세 가지 기본 배열의 이름인 선형, 삼각 평면, 사면체와 같다.

4.7에 몇 가지 화학적 예가 나열되어 있다. 원자 4개가 중심 원자에 결합되어 있으면 분자는 당연히 사면체 모양이 된다. 그러나 그 전자단 중 1개가 단지 고립 전자쌍인 경우에 분자는 암모니아 분자와 같이 '삼각 피라미드' 모양을 가진다. 전자단 중 2개가 고립 전자쌍인 경우에 분자는 물 분자의 경우처럼 '굽은 모양'이다. 그중 전자단 3개가 고립 전자쌍이면 분자는 선형이고, 염화 수소가 이 경우에 해당한다. 따라서 다른 원자와 결합되어 있든 단지 고립 전자쌍이든 전자단의 수와 배열이 분자(또는 다원자 이온)의 모양을 결정하는 결정적 요인이라는 것을 알 수 있다.

다음의 간단한 절차를 따라 많은 분자(및 다원자 이온)의 모양을 결정하고 그려볼 수 있다.

1. 공유 전자쌍(결합쌍)이 선으로 표시된 루이스 구조를 그린다. 점을 사용하여 비공유 전자쌍(고립쌍)을 표시한다.
2. 모양을 결정하려면 중심 원자 주변의 전자단 수를 세어본다. 다중 결합은 전자단 1개로만 계산한다는 점을 기억하자. 예를 들면 다음과 같다.

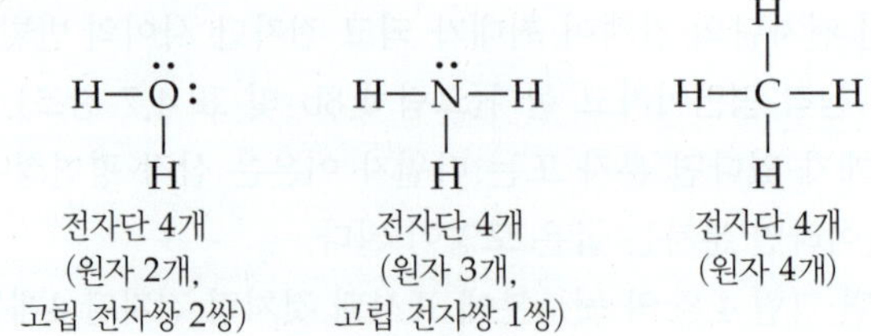

표 4.7 결합과 분자의 모양

결합 원자의 수	고립 전자쌍의 수	전자단의 수	분자 모양	분자의 예	공-막대 모형
2	0	2	선형	$BeCl_2$ $HgCl_2$ CO_2 HCN	$BeCl_2$
3	0	3	삼각 평면	BF_3 $AlBr_3$ CH_2O	BF_3
4	0	4	사면체	CH_4 CBr_4 $SiCl_4$	CH_4
3	1	4	삼각 피라미드	NH_3 PCl_3	NH_3
2	2	4	굽은 모양	H_2O H_2S SCl_2	H_2O
2	1	3	굽은 모양	SO_2 O_3	SO_2

H—C≡N:
전자단 2개
(원자 2개)

:Ö=C=Ö:
전자단 2개
(원자 2개)

H—B(—H)—H
전자단 3개
(원자 3개)

[:Ö—N̈=Ö:]⁻
전자단 3개
(원자 2개, 고립 전자쌍 1쌍)

3. 2단계에서 결정한 전자단의 수를 사용하여 모든 전자단이 결합 전자쌍인 것처럼 생각하고, 이 전자단들을 가능한 한 멀리 배치되도록 모양을 그린다(표 4.7).
4. 고립 전자쌍이 없는 경우에 3단계의 모양이 분자의 모양이 된다. 고립 전자쌍이 있는 경우에 결합쌍은 그대로 두고 고립 전자쌍을 제거한다(이것이 이상하게 보일 수도 있으나, 모든 전자단이 모양을 결정하지만 결합된 원자의 배열만 분자의 모양으로 간주하기 때문이다).
5. 중심 원자에 고립 전자쌍이 존재하면 결합쌍의 전자보다 더 많은 공간이 필요하기 때문에 결합 사이의 각도가 감소한다. 마찬가지로 이중 결합과 삼중 결합은 더 많은 공간을 차지하며 나머지 결합을 밀어낸다. 다소 비틀어지기는 하지만, 대부분의 분자는 예측된 전자단의 배열을 유지한다(표 4.7). 실제 (비틀어진) 각도는 실험적으로 측정해야 하며, 이를 외우거나 알아낼 필요는 없다!

예제 4.15 분자의 모양

(a) H_2CO 분자와 **(b)** SCl_2 분자의 모양은 무엇인가?

풀이

a. 포름알데하이드(H_2CO)

1. H_2CO의 루이스 구조는 다음과 같다.

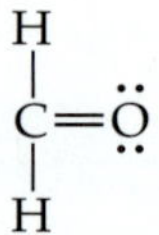

2. C—H 단일 결합 2개와 C=O 이중 결합 1개, 총 3개의 전자단이 있다.
3. 전자단 3개가 가능한 한 멀리 떨어지면 삼각 평면이 된다.

H
C=Ö:
H

4. 모든 전자단은 결합 전자쌍이며, 분자 모양은 전자단의 배열과 동일한 삼각 평면 모형이다.
5. 이중 결합이 존재하기 때문에, 실제 각도는 기준이 되는 이상적인 120° 각도에서 다소 비틀어질 수 있다.

H > 120°
C=Ö:
H

b. 여기서도 SCl_2의 루이스 구조부터 시작하여 규칙을 따른다.

1. SCl_2의 루이스 구조는 다음과 같다.

:S̤̈—C̤̈l:
|
:C̤l:

2. 황 원자에는 전자단 4개가 있다.
3. 중심 원자 주위에 사면체로 배열하면 전자단 4개가 가능한 한 멀리 떨어뜨려진다.

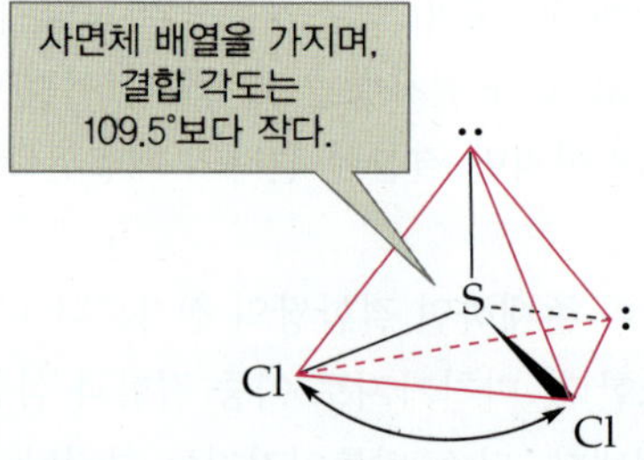

4. 전자단 중 2개는 결합쌍이고 2개는 고립 쌍이다. 분자 모양이 굽어져 있다.
5. 고립 전자쌍 2개는 더 많은 공간을 필요로 하므로 Cl—S—Cl 결합 각도가 이상적인 109.5°에서 103°로 감소한다. 학생들이 이러한 각도 변화를 알아낼 필요는 없다.

› 복습문제 4.15A

(a) PI_3 분자와 **(b)** $SiCl_4$의 모양은 무엇인가?

› 복습문제 4.15B

한 학생이 다음과 같이 여러 분자의 모양을 그렸다. 해당 루이스 구조에서 중심 원자 중 고립 전자쌍을 **(a)** 1쌍과 **(b)** 2쌍 가진 원자는 무엇인가?

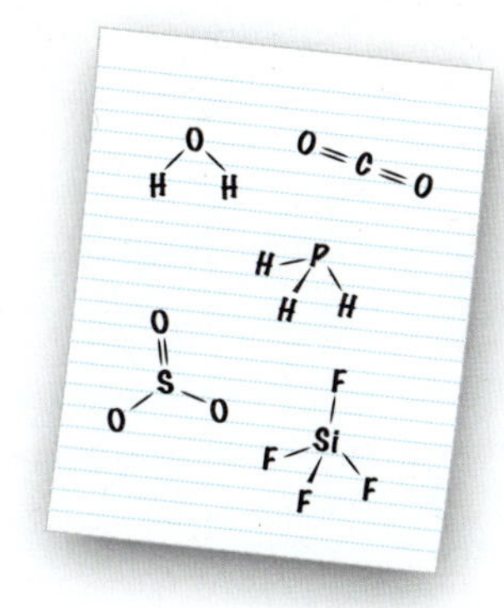

자가평가문제

1. 전자단이 사면체로 배열되었을 때 생길 수 없는 분자 모양은 무엇인가?
   a. 선형 **b.** 굽은 모양 **c.** 삼각 평면
2. 전자단이 삼각 평면으로 배열되었을 때 생길 수 있는 분자 모양은 무엇인가?
   a. 선형 **b.** 굽은 모양
   c. 사면체 **d.** 삼각 피라미드
3. 다음 중 O—S—O 결합 각도가 가장 작은 것은 무엇인가?
   a. SO_2 **b.** SO_3^{2-} **c.** SO_3

왼쪽의 화학식과 오른쪽의 분자 모양을 올바르게 연결하라.

4. CS_2	**a.** 굽은 모양
5. OF_2	**b.** 선형
6. SiF_4	**c.** 삼각 피라미드
7. NH_3	**d.** 사면체

정답: 1. c, 2. b, 3. b, 4. b, 5. a, 6. d, 7. c

4.12 모양과 성질: 극성 및 비극성 분자

학습 목표 • 분자의 모양과 결합의 극성으로부터 간단한 분자를 극성 또는 비극성으로 분류한다.

4.7절에서 극성 및 비극성 결합에 대해 설명했다. 이원자 분자의 경우에 H_2 또는 Cl_2와 같이 결합이 비극성이면 분자도 비극성이고, HCl과 같이 결합이 극성이면 분자도 극성이다. 4.7절에서 극성 결합의 부분 전하를 $\delta+$와 $\delta-$로 표시한 것을 상기하라. 한쪽 말단이 양전하를 가지고 다른 쪽 말단이 음전하를 가지는 분자를 **쌍극자**(dipole)라고 하는데, 쌍극자의 극성은 일반적으로 꼬리 끝에 더하기 기호가 있는 화살표(⟷)로 표시한다. 더하기 기호는 분자에서 부분적인 양전하를 가진 부분을 나타내고, 화살표의 머리는 부분적인 음전하를 가진 부분을 나타낸다.

H − H 그리고 Cl − Cl
비극성

$\overset{\delta+}{H}—\overset{\delta-}{Cl}$ 또는 $\overset{\longleftrightarrow}{H—Cl}$
극성

원자를 3개 이상 가지는 분자의 경우, 분자의 전체 구조뿐만 아니라 개별 결합의 극성을 고려하여 분자 전체의 극성 여부를 결정해야 한다. 자석에 N극과 S극이 있는 것처럼 **극성 분자**(polar molecule)는 양전하와 음전하의 중심이 따로 있다. 녹는점, 끓는점, 용해도 등 화합물의 많은 성질이 분자의 극성에 따라 달라진다.

메테인: 사면체 분자

메테인(CH_4)의 중앙 탄소 원자 주변에는 전자단 4개가 있다. VSEPR 이론을 사용하면 사면체 배열과 결합 각도 109.5°를 예상할 수 있다(그림 4.9a). 실제 결합 각도는 이론에서 예측한 대로 109.5°이다. 전자단 4개는 모두 수소 원자와 공유되므로 동일한 부피를 차지한다. 탄소와

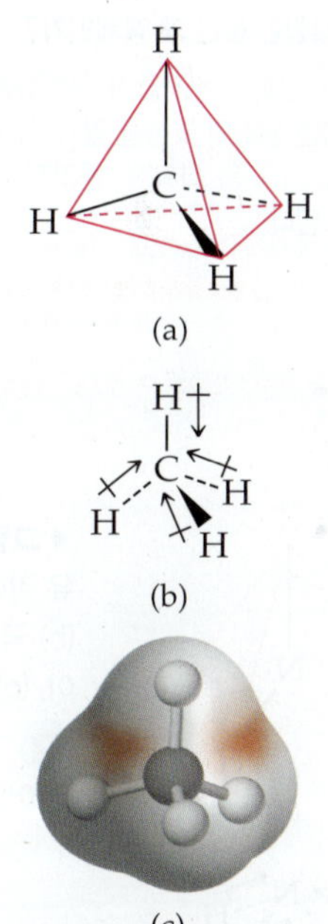

▲ **그림 4.9** 메테인 분자. (a) 검은색 선은 공유 결합, 빨간색 선은 사면체의 윤곽을 나타내며, 모든 결합 각도는 109.5°이다. (b) 약간 극성인 C—H 결합은 서로 상쇄되어, (c) 비극성인 사면체 분자가 된다.

Q 그림 4.6의 정전기 전위 지도와 그림 4.9c의 정전기 전위 지도는 어떻게 다른가?

수소의 전기음성도 차이는 0.4(< 0.5)에 불과하기 때문에, 탄소와 수소의 결합은 실질적으로 비극성이다. 또한 메테인 분자가 대칭 구조이기 때문에 미미한 결합 극성(그림 4.9b)은 결국 상쇄되어, 메테인 분자는 전체적으로 비극성이 된다(그림 4.9c).

암모니아: 삼각 피라미드 분자

암모니아(NH_3)에서 중앙의 질소 원자는 그 주위에 결합 3개와 고립 전자쌍 1개를 가지고 있다. 암모니아의 N—H 결합은 메테인의 C—H 결합보다 극성이 더 크다. 더 중요한 것은 질소 원자의 고립 전자쌍으로 인해 NH_3 분자가 다른 구조를 가지고 있다는 것이다. VSEPR 이론을 이용하면 전자단 4개가 사면체로 배열하여 109.5°의 결합 각도를 가질 것으로 예측할 수 있다(그림 4.10a). 그러나 고립 전자쌍은 결합쌍보다 더 큰 부피를 차지하므로, 결합 전자쌍들을 밀어내어 서로 조금 더 가까워지게 만들고, 그 결과 결합 각도가 약간 감소한다(암모니아의 경우 약 107°이다). 삼각 피라미드 구조는 각 다리의 말단에 수소 원자가 있고, 고립 전자쌍을 가진 질소 원자가 맨 위에 있는 삼각대로 생각할 수 있다. 각 질소-수소 결합은 극성을 띠고 있다(그림 4.10b). 비대칭 구조로 인해 암모니아 분자는 극성을 띠게 된다. 부분 음전하가 질소 원자에 있고 부분 양전하가 수소 원자 3개에 있다(그림 4.10c). 질소 원자에 음전하를 띠는 고립 전자쌍이 존재한다는 것으로부터 N 원자가 분자의 −극이고, +극은 H 원자들로 이루어진다는 것을 알 수 있다.

물: 굽은 분자

물의 O—H 결합은 암모니아의 N—H 결합보다 훨씬 더 극성인데, 이는 산소의 전기음성도가 질소보다 더 높기 때문이다. (주기율표에서 왼쪽에서 오른쪽으로 갈수록 전기음성도가 증가한다는 사실을 기억하자.) 그러나 분자가 극성 결합을 포함하고 있다고 하여 분자 전체가 극성을 띠는 것은 아니다. 물 분자의 원자들이 일직선상에 있다면, 즉 CO_2처럼 선형으로 배열된다면 두 극성 결합은 서로 상쇄되어 분자는 비극성이 될 것이다. 암모니아에서와 같이 물에서도 극성 결합이 상쇄되지 않고 두 분자는 극성 분자의 물리적, 화학적 성질을 가진다.

6 산소와 수소는 모두 상온에서 기체인데, 이 둘을 결합한 물은 왜 액체인가?

서로 다른 원소의 원자들이 결합하여 화합물을 형성하면 원소의 특성을 잃게 된다. 화합물은 물질의 상태 등 화학적, 물리적 특성에 변화를 일으킨다.

VSEPR 이론을 사용하여 물 분자의 쌍극자를 이해할 수 있다. 결합 2개와 고립 전자쌍 2개가 있을 때, 전자단은 사면체 배열을 형성해야 한다(그림 4.11a). 고립 전자쌍을 무시하면 분자

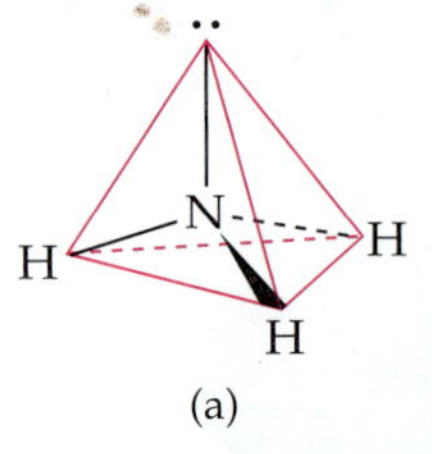

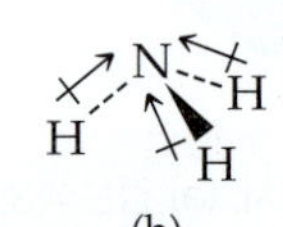

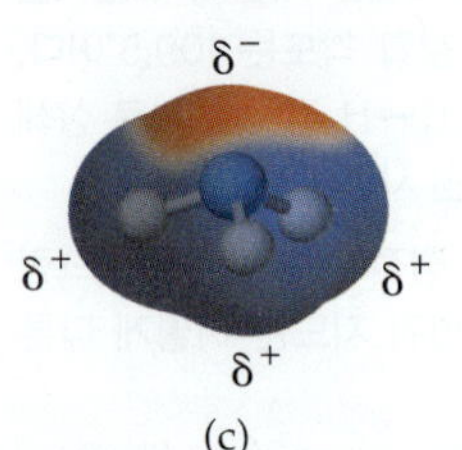

◀ **그림 4.10** 암모니아 분자. (a) 검은색 선은 공유 결합, 빨간색 선은 사면체의 윤곽을 나타낸다. (b) 극성 N—H 결합은 서로 완전히 상쇄되지 않아, (c) 극성인 삼각 피라미드 분자를 형성한다.

Q 그림 4.10c의 정전기 전위 지도는 그림 4.6과 어떻게 유사한가?

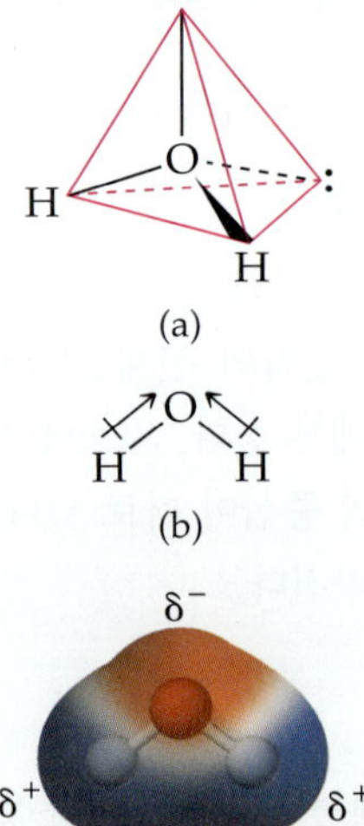

◀ **그림 4.11** 물 분자. (a) 검은색 선은 공유 결합, 빨간색 선은 사면체의 윤곽을 나타낸다. (b) 극성인 O—H 결합은 서로 상쇄되지 않아, (c) 극성인 굽은 분자가 된다.

의 모양은 굽은 모양이며 결합 각도는 (109.5°가 아닌) 약 104.5°가 된다. 암모니아와 마찬가지로, 결합쌍에 비해 두 고립 전자쌍이 차지하는 공간이 더 크기 때문에 실제 각도는 예측 각도보다 약간 작다. 고립 전자쌍이 차지하는 공간이 커지면 결합쌍이 있는 공간이 줄어들어 서로 더 가까워진다. 두 극성 O—H 결합은 서로 상쇄되지 않으므로(그림 4.11b), 굽은 모양의 물 분자는 극성이 된다(그림 4.11c). O 원자에 고립 전자쌍이 있다는 것은 논리적으로 O 원자가 −극이고, H 원자들이 +극임을 암시한다.

화학의 어휘

화학 기호를 배우는 것은 외국어를 배우는 것과 매우 유사하다. 기본적인 '어휘'를 익히고 나면 나머지는 훨씬 쉬워진다. 처음에는 다양한 화학종이나 정의가 아주 비슷하게 들리기 때문에(예: 소듐 원자와 소듐 이온) 어려울 수 있다. 또 어려운 것은 동일한 화학종을 나타내는 방법이 여러 가지 있다는 것이다(그림 4.12).

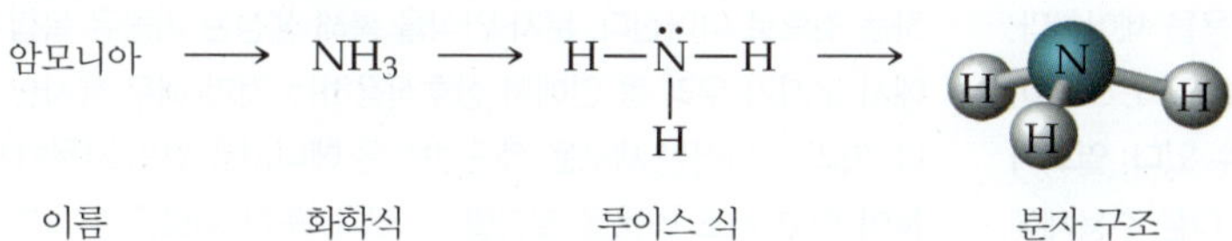

◀ **그림 4.12** 암모니아 분자를 나타내는 몇 가지 방법

1장에서는 화학 원소의 기호를 소개했다. 3장에서는 핵의 구조와 서로 다른 동위원소를 구별하는 기호에 대해 설명했다. 이 장에서는 화학 물질의 이름과 화학식을 다루었다. 원자가전자를 나타내는 전자점을 이용해 루이스 구조와 화학식을 쓰는 방법도 배웠고, VSEPR 이론을 이용하여 수천 가지 분자의 모양을 예측할 수 있다. 다음 장에서는 화학에서 필요한 계산에 대해 알아보자.

예제 4.16 분자의 극성

물 분자들의 배열로 가장 가능성이 높은 것은 무엇인가? 그 이유를 설명하라.

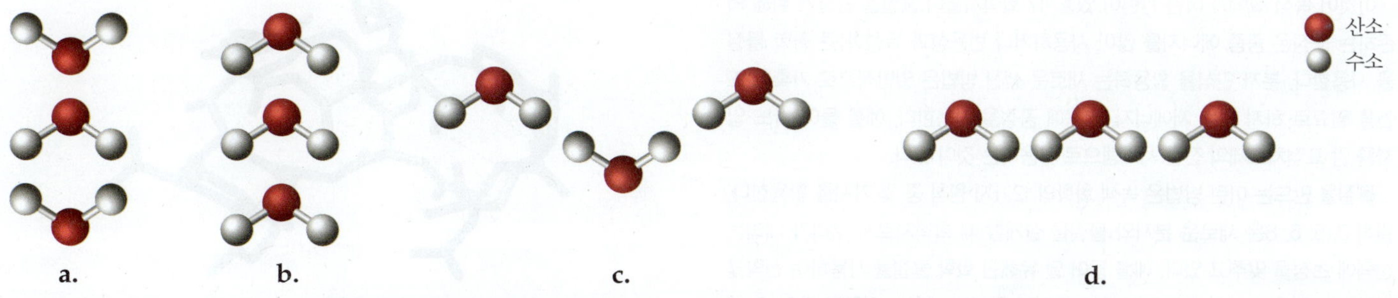

풀이

O 원자와 H 원자 사이에 전기음성도 차이가 있기 때문에, 물 분자 내의 결합은 극성을 가진다. 물 분자가 굽어 있기 때문에, 결합 극성들이 더해져서 물 분자는 극성을 띠게 된다. 물 분자의 한쪽 말단에는 부분적으로 음전하를 띤 산소 원자가 존재하고 다른 쪽 말단에는 부분적으로 양전하를 띤 수소 원자들이 존재한다. 액체에서 물 분자는 한 물 분자의 부분 음전하를 띤 산소 원자가 다른 물 분자의 부분 양전하를 띤 수소 원자와 마주하도록 스스로 배열한다. 매우

녹색 화학 녹색 화학 및 화학 결합

John C. Warner, Warner Babcock Institute for Green Chemistry Amy S. Cannon, Beyond Benign

원칙 3, 5, 6, 8

학습 목표
- 분자 인식의 개념을 서술한다.
- 분자 인식에 기반한 생산 방법을 사용할 때의 녹색 화학의 이점을 설명한다.

이 장에서는 원자들이 서로 결합하여 화합물을 형성하고 이러한 새로운 화합물은 구성 원소와는 매우 다른 성질을 가진다는 것을 배웠다. 분자 화합물(분자)에서 원자는 공유 결합을 형성하여 결합하고, 그 결합으로 인해 분자는 특정 기하학적 모양을 가진다(4.6, 4.7, 4.12절). 각 원자는 분자 내 다른 원자에 대해 특정 위치에 유지된다. 이온 결합 화합물에서 원자는 이온 결합을 통해 서로 붙잡혀 있다(4.3절).

화합물의 분자 모양과 구성은 다른 물질과의 반응성과 상호작용을 제어한다. 화학자가 분자의 구조와 조성을 조작하면 성질이 크게 달라질 수 있다. 모양이 분자 설계에 어떻게 영향을 미치는지 훌륭한 예를 의학에서 볼 수 있다. 열쇠가 자물쇠에 맞는 것처럼, 우리 몸 안에서 생물학적 분자는 효소 및 다른 수용체에 의해 인식되는 특정한 모양을 가지고 있다(13장). 분자와 수용체는 비공유력(분자 간 힘, 6.3절)을 통해 서로 맞물려 복합체를 형성한다.

의약 화학자들은 새로운 의약품과 약물 분자(15장)를 설계하여 생물학적 분자와 유사한 모양을 가지고 우리 몸의 효소나 수용체에 결합할 수 있도록 한다. 그러나 이러한 분자-수용체 복합체는 생물학적 분자와는 다르게 행동해야 한다. 이 결합은 우리 몸에서 반응을 촉발하고 치유를 돕다. 의약 화학자들은 분자의 모양과 분자 사이의 힘을 이용해 생명을 구하거나 삶을 변화시키는 새로운 의약품을 만든다. 원자의 기하학적 배향에 의해 발생하는 분자 간의 상호작용을 **분자 인식**(molecular recognition)이라고 한다. 1987년 노벨 화학상은 이 분야의 선구적인 연구로 Donald J. Cram, Jean-Marie Lehn, Charles J. Pedersen에게 수여되었다. 현재 과학자들은 분자 인식을 이용해 분자 성질을 제어하고 신약뿐만 아니라 새로운 물질을 만드는 방법을 배우고 있다.

이것이 녹색 화학과 어떤 관련이 있을까? 화학자들이 물질을 만들기 위해 의존하는 공정은 종종 에너지를 많이 사용하거나 반응성과 독성이 큰 화학 물질을 사용한다. 분자 인식을 활용하는 새로운 생산 방법은 일반적으로 가혹한 조건을 필요로 하지 않는 저에너지, 무용매 공정을 사용한다. 예를 들어 나노 입자를 암 표적치료제의 전달 시스템으로 사용하는 것이 있다.

물질을 만드는 이런 방법은 녹색 화학의 12가지 원칙 중 몇 가지를 활용한다. 원칙 3, 5, 6, 8은 새로운 분자와 물질을 설계할 때 화학자로서 우리가 내리는 선택에 초점을 맞추고 있다. 예를 들어 덜 유해한 화학 물질을 사용하여 신약을 만든다는 것은 이러한 화합물의 제조 공정이 환경에 미치는 영향을 줄일 수 있다는 것을 의미한다. 그렇게 함으로써 아픈 환자들의 삶을 변화시킬 수 있을 뿐만 아니라 신약을 만드는 노동자들에게 더 안전한 작업장을 제공할 수 있다.

실험실에서 수행되는 전형적인 반응은 용매를 사용하여 분자(용질)를 녹이고(5.5절), 반응시켜 새로운 분자를 형성하게 한다. 많은 용매들이 사람의 건강과 환경에 유해할 수 있다. 분자 인식에 의존하여 새로운 비공유 복합체를 만드는 공정에는 용매가 필요하지 않은 경우가 많다. 따라서 이러한 공정이 환경에 미치는 영향이 크게 줄어든다.

많은 전통적인 공정에서 높은 온도가 필요하며, 이는 곧 에너지를 많이 사용하는 것으로 이어진다. 분자 인식을 통해 생성된 비공유 복합체는 적당한 온도에서 분자가 우리 몸 안에서 상호작용하는 것과 매우 유사한 방식으로 작동한다. 따라서 이러한 새로운 접근 방식은 에너지를 거의 사용하지 않아 환경에 도움이 되고 제조 비용을 절감할 수 있다. 또한 새로운 분자와 물질을 생성하는 많은 과정은 매우 복잡하다.

분자들이 모양과 비공유력에 의해 상호작용하는 방식을 이해함으로써, 이러한 과정의 복잡성을 줄이고 폐기물 발생과 유해 물질에 대한 의존을 피할 수 있다. 화학자들은 분자 모양, 화학 결합의 특성, 분자가 비공유력을 통해 다른 분자와 상호작용하는 방식을 이해함으로써 사회에 도움이 되는 동시에 환경과 사람의 건강에 미치는 영향을 최소화하는 새로운 의약품, 분자, 물질을 설계할 수 있다. 녹색 화학을 통해 화학자들은 이러한 기술을 새로운 혁신 기술과 결합하여 그 과정에서 환경에 해를 끼치지 않는 화학 물질을 설계할 수 있다.

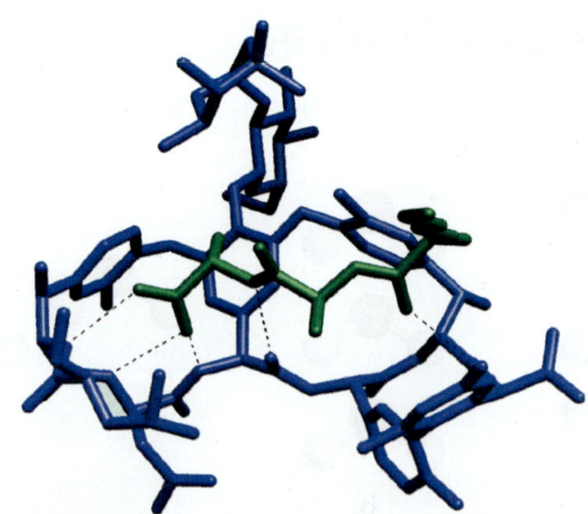

▲ 항생제 반코마이신은 분자 인식을 사용하여 그 기능을 수행한다. 반코마이신은 박테리아의 펩타이드(작은 단백질 사슬)와 강력하고 선택적인 수소 결합을 일으켜 세포벽 형성을 막는다.

이상적이지만 (b)가 정답이다. 물 쌍극자에서 부분 음전하를 가진 산소들은 서로 밀어낸다. 마찬가지로, 물 쌍극자의 부분 양전하를 띤 수소들은 서로 밀어내므로 (a), (c), (d)는 가능성이 매우 낮다.

자가평가문제

1. 다음 중 극성인 분자는 무엇인가?
a. H_2 **b.** CH_4 **c.** CO_2 **d.** NH_3

2. 다음 중 비극성인 분자는 무엇인가?
a. HF **b.** H_2O **c.** CCl_4 **d.** PF_3

3. 다음 중 극성인 분자는 무엇인가?
a. CF_4 **b.** BF_3 **c.** HCN **d.** F_2

4. 다음 중 극성 결합을 가지고 있지만 비극성인 분자는 무엇인가?
a. SiF_4 **b.** Cl_2 **c.** NCl_3 **d.** OF_2

정답: 1. d, 2. c, 3. c, 4. a

요약

4.1절: 최외각 껍질에 있는 전자를 **원자가전자**, 다른 모든 껍질에 있는 전자를 **핵심부 전자**라고 한다. 영족 기체는 원자가전자를 8개 가지고 있기 때문에 불활성이다. 헬륨은 예외이다. 헬륨도 불활성이지만, 원자가전자가 2개이다. 다른 원소의 원자는 전자를 얻거나 잃음으로써 더 안정적으로 되어 영족 기체와 **등전자** 전자 배치를 가지게 된다.

4.2절: 대부분의 주족 원소에 대해 원자가전자 수는 족 번호와 같다. 전자점 기호 또는 **루이스 기호**는 점 하나 또는 쌍을 사용하여 원자 또는 이온의 원자가전자를 나타낸다.

4.3절: 소듐 원소는 염소 원소와 격렬하게 반응하여 염화 소듐, 즉 소금을 생성한다. 이 반응에서 전자는 소듐 원자에서 염소 원자로 옮겨져 이온을 형성한다. 형성된 이온은 서로 반대 전하를 띠고 서로 강하게 끌어당기며, 이 인력으로 인해 **이온 결합**이 형성된다. 양이온과 음이온은 규칙적으로 배열되어 염화 소듐의 **결정**을 형성한다. 원소의 이온은 그 원소의 원자와는 매우 다른 성질을 가지고 있다.

4.4절: 금속 원자는 원자가전자를 잃어 양전하를 띠는 이온이 되는 경향이 있고, 비금속 원자는 전자를 받아들여 음전하를 띠는 이온이 되는 경향이 있다. 두 경우 모두 형성된 이온은 원자가전자 8개를 가지는 경향이 있다. 리튬과 같은 작은 원자는 예외이며 원자가전자 2개를 가진 이온을 형성하는 경향이 있다. 따라서 이온의 형성은 **팔전자 규칙** 또는 **이전자 규칙**을 따른다고 한다. 이온의 기호는 원소의 기호에 전하의 수와 유형(+ 또는 −)을 위첨자로 나타낸다. 일부 원소, 특히 전이 금속은 서로 다른 전하를 가지는 이온을 형성할 수 있다. 이온 결합 화합물의 화학식은 항상 같은 수의 양전하와 같은 수의 음전하를 가진다.

4.5절: **이성분 이온 화합물**은 두 가지 다른 원소를 포함하고 있으며, 금속의 양이온과 비금속의 음이온을 가지고 있다. 이성분 이온 화합물의 화학식은 화합물 내의 이온의 수와 유형을 나타낸다. 이온의 전하 수를 (부호 없이) 교차하여 화학식을 얻을 수 있다. 다음과 같은 경우에 화학식은 Al_2O_3이다.

이성분 이온 화합물의 이름은 '-화'를 붙여 음이온 이름을 먼저 쓴 뒤 양이온 이름을 붙인다. 예를 들어 염화 칼슘, 산화 포타슘, 질화 알루미늄 등이 있다. 서로 다른 전하의 금속 양이온은 로마 숫자로 전하를 나타낸다. Fe^{2+}는 철(II) 이온, Fe^{3+}는 철(III) 이온이다.

4.6절: 비금속 원자들은 1개 이상의 전자쌍을 공유하여 결합할 수 있으며, 이를 **공유 결합**이라고 한다. **단일 결합**은 공유 전자 한 쌍, **이중 결합**은 두 쌍, **삼중 결합**은 세 쌍을 가지고 있다. 공유된 전자쌍을 **결합 전자쌍**이라 하고, 공유되지 않은 전자쌍을 비결합 전자쌍 또는 **고립 전자쌍**이라 한다.

4.7절: 결합 전자쌍은 두 원자가 같을 때는 동등하게 공유되지만, 다를 때는 불균등하게 공유될 수 있다. 원소의 **전기음성도**는 분자에서 결합 전자쌍에 대한 원자의 인력이다. 일반적으로 주기율표의 오른쪽과 위쪽으로 갈수록 전기음성도가 증가하는데, 플루오린이 가장 전기음성도가 높은 원소이다. 공유 결합의 전자가 불균등하게 공유될 때, 전기음성도가 큰 원자는 부분 음전하($\delta-$)를 띠고, 다른 원자는 부분 양전하($\delta+$)를 띠게 되는데, 이 결합을 **극성 공유 결합**이라고 한다. 전기음성도의 차이가 클수록 결합의 극성이 더 크다. 동등하게 공유된 결합 전자쌍은 **비극성 공유 결합**이다. 대부분의 이성분 공유 결합 화합물은 화

학식의 두 번째 원소에 '-화'로 끝나는 이름을 붙인 다음 첫 번째 원소의 이름을 붙여 명명한다. 일, 이, 삼과 같은 접두사를 사용하여 각 원소의 원자 수를 나타낸다.

4.8절: HONC 규칙에 따르면 수소에는 결합 1개, 산소에는 결합 2개, 질소에는 결합 3개, 탄소에는 결합 4개가 있다. 물 분자는 결합쌍(O—H 결합) 2개와 고립 전자쌍 2개, 암모니아 분자는 결합쌍(N—H 결합) 3개와 고립 전자쌍 1개, 메테인 분자는 결합쌍(C—H 결합) 4개를 가지고 있다.

4.9절: **다원자 이온**은 공유 결합된 원자를 3개 이상 가진 하전 입자이다. 다원자 이온을 가진 화합물의 이름과 화학식은 단원자 이온을 가진 화합물과 동일한 방식을 사용한다. 화합물에 다원자 이온이 2개 이상 있는 경우, 다원자 이온의 화학식을 괄호 안에 넣어 표시한다. 다원자 이온의 이름은 *-ate* 또는 *-ite*로 끝나는 경우가 많다.

4.10절: **루이스 구조**는 분자 또는 다원자 이온의 원자 배열, 결합, 고립 전자쌍을 보여준다. 루이스 구조를 그리려면 합리적인 골격 구조를 예측한 후, (1) 이용가능한 총 전자를 결정하고, (2) 모든 원자에 필요한 총 전자를 결정하고, (3) 필요한 전자에서 이용가능한 전자를 빼서 결합의 전자를 결정하고, (4) 결합과 필요한 고립 전자쌍을 채우는 순서로 진행한다. 각 원자에 팔전자계를 완성하기에 전자가 충분하지 않으면 다중 결합이 형성된다(단, 전자가 2개만 필요한 수소는 제외한다). 팔전자 규칙에는 예외가 있다. 전자가 짝을 이루지 않은 원자와 분자를 **자유 라디칼**이라고 한다. 자유 라디칼은 반응성이 강하고 수명이 짧다. 그 예로 NO와 ClO_2가 있다.

4.11절: 분자의 모양은 **VSEPR 이론**으로 예측할 수 있다. 이 이론에서 중심 원자 주변의 전자단(고립 전자쌍 또는 결합한 전자)이 가능한 한 서로 멀리 떨어져 있다고 가정한다. 전자단 2개는 180°, 전자단 3개는 약 120°, 전자단 4개는 약 109° 떨어져 있다. 중심 원자에 고립 전자쌍이 존재하면 분자에서 결합 사이의 각도가 다소 감소한다. 이러한 각도가 정해지면 결합된 원자만을 조사하여 분자의 모양을 결정한다. 간단한 분자는 선형, 굽은 모양, 삼각 평면, 삼각 피라미드, 사면체로 설명되는 모형을 가진다.

4.12절: 극성 결합과 마찬가지로 **극성 분자**는 양전하와 음전하의 중심이 분리되어 있다. 극성 결합을 가진 분자가 그 모양으로 인해 극성 결합이 서로 상쇄되면 비극성이다. 극성 결합이 서로 상쇄되지 않으면 그 분자는 극성이고 **쌍극자**라고 부른다. 물 분자는 극성이다.

녹색 화학: 화학자들은 분자의 모양과 조성을 조작하여 분자와 물질의 성질을 변화시킨다. 이러한 분자와 물질을 만드는 전형적인 방법은 반응성이 높고 독성이 있는 화학 물질과 고에너지 공정을 사용한다. 분자 인식을 활용한 친환경 접근 방식은 에너지 소비가 적고, 용매를 사용하지 않으며, 가혹한 조건이 필요 없는 공정을 사용할 수 있다.

학습 목표	관련 문제
• 이온의 전자 수를 알아내고 이온이 알짜 양전하 또는 음전하를 띠는 이유를 설명한다. (4.1)	1~3
• 원자 또는 이온을 나타내는 루이스 기호를 쓴다. (4.2)	9~12, 15, 82, 83
• 이온과 원자를 구별한다. (4.3)	1~3, 15, 80, 81
• 이온 결합을 형성하게 하는 인력의 성질을 서술한다. (4.3)	53, 54
• 일반적인 이온의 기호를 쓰고 전하를 결정한다. (4.4)	4, 9~12, 16~22
• 팔전자 규칙과 이온의 전하 사이의 관계를 서술한다. (4.4)	4~6, 73, 89, 91
• 이성분 이온 결합 화합물을 명명하고 화학식을 쓴다. (4.5)	13, 14, 23~26, 75
• 공유 결합과 이온 결합의 차이점을 설명한다. (4.6)	7, 53, 54, 78
• 공유 화합물을 명명하고 화학식을 쓴다. (4.6)	31~39, 84
• 공유 결합을 극성 또는 비극성으로 분류한다. (4.7)	31~37, 41, 42, 53~56
• 원소의 전기음성도를 사용하여 결합의 극성을 결정한다. (4.7)	45~56
• 일반적인 비금속이 형성하는 결합의 수를 예측한다(HONC 규칙). (4.8)	8
• 일반적인 다원자 이온을 알아보고, 다원자 이온 결합 화합물을 명명하고 화학식을 쓸 수 있다. (4.9)	27~30, 86
• 간단한 분자와 다원자 이온의 루이스 구조를 그린다. (4.10)	43, 44, 87
• 자유 라디칼을 식별한다. (4.10)	69~72
• 루이스 구조로부터 간단한 분자의 모양을 예측한다. (4.11)	57~60, 76, 89, 90
• 분자의 모양과 결합의 극성으로부터 간단한 분자를 극성 또는 비극성으로 분류한다. (4.12)	61~68, 74
• 분자 인식의 개념을 서술한다.	93~94
• 분자 인식에 기반한 생산 방법을 사용할 때 녹색 화학의 이점을 설명한다.	95~96

개념문제

1. 소듐 금속은 소듐 이온(예: 염화 소듐)과 성질이 어떻게 다른가?
2. 포타슘 금속이 포타슘 이온(예: KBr)보다 훨씬 더 반응성이 높은 이유는 무엇인가?
3. 염소 원자, 염소 분자, 염화 이온의 구조적 차이는 무엇인가? 이들의 성질은 어떻게 다른가?
4. 다음 각 원자로부터 형성된 간단한 이온의 전하량은 각각 얼마인가?
   a. 1A 족 원소 b. 6A 족 원소
   c. 5A 족 원소 d. 2A 족 원소
5. 다음 각 원소가 팔전자계를 완성하려면 전자가 각각 몇 개 필요한가?
   a. 7A 족 원소 b. 6A 족 원소
   c. 5A 족 원소 d. 8A 족 원소
6. 주기율표에서 다음 전하를 가진 이온을 형성하는 원소를 찾을 수 있는 족은 무엇인가?
   a. 2− b. 3+ c. 1+ d. 2+
7. 공유 결합은 이온 결합과 어떻게 다른가?
8. 다음 각 원소는 보통 공유 결합을 각각 몇 개 형성하는가? 주기율표를 참조하라.
   a. H b. Cl c. S d. F
   e. N f. P

연습문제

원소에 대한 루이스 기호

9. 다음 각 원소에 대해 루이스 기호를 쓰라. 주기율표를 사용할 수 있다.
   a. 칼슘
   b. 황
   c. 규소
10. 다음 각 원소에 대해 루이스 기호를 쓰라. 주기율표를 사용할 수 있다.
   a. 인
   b. 플루오린
   c. 붕소
11. 다음 쌍의 각 화학종에 대한 루이스 기호를 쓰라.
   a. Na, Na^{+} b. Cl, Cl^{-}
12. 다음 쌍의 각 화학종에 대한 루이스 기호를 쓰라.
   a. O, O^{2-} b. Mg, Mg^{2+}

이온 화합물의 루이스 구조

13. 다음 각각에 대한 루이스 구조를 쓰라.
   a. 브로민화 포타슘 b. 산화 소듐
   c. 플루오린화 마그네슘 d. 염화 알루미늄
14. 다음 각각에 대한 루이스 구조를 쓰라.
   a. 브로민화 리튬 b. 황화 스트론튬
   c. 산화 포타슘 d. 질화 알루미늄
15. 루이스 점 기호와 관련하여 최외각 전자에 대한 설명으로 옳지 않은 것은 무엇인가?
   a. 산화 마그네슘에서 O^{2-}는 전자 8개를 가지고 있다.
   b. Mg^{2+}는 항상 주위에 전자 1개를 가지고 있다.
   c. 염화 포타슘에서 K^{+}는 주변에 전자가 없다.
   d. 염화 이온을 포함하는 이온 화합물에서 Cl^{-}는 Ar과 등전자성이다.

간단한 이온의 이름과 기호

16. 다음 각 이온의 이름과 기호를 짝지어라.
   a. 질화 이온 b. Fe^{2+}
   c. 구리(I) 이온 d. N^{3-}
   e. 철(II) 이온 f. Cu^{+}
   g. 은 이온 h. Ag^{+}
17. 표 4.2를 참조하지 않고, 다음 각 이온에 대해 이름이 주어진 경우는 기호를, 기호가 주어진 경우는 이름을 쓰라.
   a. 황화 이온 b. K^{+}
   c. Br^{-} d. 플루오린 이온
   e. Ca^{2+} f. 철(III) 이온
18. 4.5절의 시작 단락을 참조하여 다음 각 이온의 이름을 쓰라.
   a. Cr^{2+} b. Cr^{3+} c. Cr^{6+}
19. 4.5절의 시작 단락을 참조하여 다음 각 이온의 이름을 쓰라.
   a. Co^{3+} b. Co^{6+}
20. 4.5절의 시작 단락을 참조하여 다음 각 이온에 대한 기호를 쓰라.
   a. 바나듐(V) 이온 b. 주석(II) 이온
   c. 타이타늄(IV) 이온
21. 4.5절의 시작 단락을 참조하여 다음 각 이온에 대한 기호를 쓰라.
   a. 몰리브데넘(II) 이온 b. 몰리브데넘(IV) 이온
   c. 몰리브데넘(VI) 이온

22. 구리와 철 이온의 경우는 '제1'과 '제2' 접두사를 사용하기도 한다. 어느 접두사가 양전하가 더 큰 이온을 나타내는가?

이성분 이온 화합물의 이름과 화학식

23. 다음 각 이성분 이온 화합물의 이름과 화학식을 짝지어라.
    a. 염화 철(II)
    b. $FeBr_3$
    c. 플루오린화 은
    d. $FeCl_2$
    e. 브로민화 철(III)
    f. Na_2O
    g. 산화 소듐
    h. AgF

24. 다음 각 이성분 이온 화합물의 이름 또는 화학식을 쓰라.
    a. LiBr
    b. 아이오딘화 칼슘
    c. MgS
    d. 염화 알루미늄
    e. NiO
    f. 황화 구리(I)

25. 크롬과 산소로 형성되는 두 가지 일반적인 이성분 이온 화합물이 있다. 그중 하나는 크롬(III) 이온을 포함하고 있고, 다른 하나는 크롬(VI) 이온을 포함하고 있다. 두 화합물의 화학식과 이름을 쓰라.

26. 치약에는 두 가지 이성분 이온 화합물 중 하나가 첨가되는 경우가 많다. 이 화합물 중 하나는 소듐과 플루오린을 포함하고 있고, 다른 하나는 주석(II) 이온과 플루오린을 포함하고 있다. 이 두 화합물의 화학식과 이름을 쓰라.

다원자 이온을 가진 이온 화합물의 이름과 화학식

27. 다음 각 다원자 이온 화합물의 이름과 화학식을 짝지어라.
    a. 질산 암모늄
    b. $FePO_4$
    c. 탄산칼슘
    d. NH_4NO_3
    e. 인산 철(III)
    f. $Ca(CH_3CO_2)_2$
    g. 아세트산 칼슘
    h. $CaCO_3$

28. 다음 각 이름에 맞는 화학식 또는 화학식에 일치하는 이름을 쓰라.
    a. 수산화 포타슘
    b. $MgCO_3$
    c. 시안화 철(III)
    d. $CuSO_4$
    e. 옥살산 철(II)
    f. $Na_2Cr_2O_7$

29. 다음 각 이름에 맞는 화학식 또는 화학식에 일치하는 이름을 쓰라.
    a. $AgNO_3$
    b. 크롬산 소듐
    c. $(NH_4)_2SO_3$
    d. 탄산수소 스트론튬
    e. $Al(MnO_4)_3$
    f. 인산 구리(II)

30. 다음 각 다원자 이온의 화학식과 전하량을 쓰라.
    a. 탄산 이온
    b. 과망간산 이온
    c. 암모늄 이온
    d. 아세트산 이온

분자: 공유 결합

31. 루이스 점 기호를 사용하여 수소 원자와 아이오딘 원자 사이의 전자 공유를 나타내라.

32. 루이스 점 기호를 사용하여 두 브로민 원자 사이에서 전자가 공유되어 브로민 분자(Br_2)를 형성하는 것을 나타내라. 모든 전자쌍을 결합 전자쌍(BP) 또는 고립 전자쌍(LP)으로 표시하라.

33. 루이스 점 기호를 사용하여 인 원자와 수소 원자 사이에서 전자가 공유되어 분자가 생기고 인이 팔전자를 가지는 것을 나타내라.

34. 루이스 점 기호를 사용하여 규소 원자와 수소 원자 사이에서 전자가 공유되어 분자가 생기고 규소가 팔전자를 가지는 것을 나타내라.

35. 루이스 점 기호를 사용하여 탄소 원자와 플루오린 원자 사이에서 전자가 공유되어 분자가 생기고 원자들이 팔전자를 가지는 것을 나타내라.

36. 루이스 점 기호를 사용하여 질소 원자와 브로민 원자 사이에서 전자가 공유되어 분자가 생기고 원자들이 팔전자를 가지는 것을 나타내라.

37. 수소 원자가 다른 원자와 공유 결합을 할 때, 이 수소 원자와 관련된 전자 몇 개가 이러한 결합에 관여하게 되는가? (답을 설명하라.)

공유 화합물의 이름과 화학식

38. 다음 각 이성분 공유 화합물의 이름과 화학식을 짝지어라.
    a. 일산화 이염소
    b. ClO
    c. 일산화 염소
    d. Cl_2O_7
    e. 삼산화 이염소
    f. Cl_2O
    g. 칠산화 이염소
    h. Cl_2O_3

39. 다음 각 공유 화합물의 이름에 맞는 화학식 또는 화학식에 맞는 이름을 쓰라.
    a. 사산화 이질소
    b. 삼염화 브로민
    c. OF_2
    d. 삼아이오딘화 질소
    e. CI_4
    f. N_2O_3

40. 다음 각 공유 화합물의 이름에 맞는 화학식 또는 화학식에 맞는 이름을 쓰라.
    a. 이황화 탄소
    b. 삼플루오린화 염소
    c. PF_5
    d. CBr_4
    e. 삼산화 황
    f. P_4S_3

분자 및 다원자 이온의 루이스 구조

41. 다음 각 공유 분자에 대해 팔전자 규칙을 따르는 루이스 구조를 그려라.
    a. SiH_4
    b. N_2F_4
    c. CH_5N
    d. H_2CO
    e. NOH_3
    f. H_3PO_3

42. 다음 각 공유 분자에 대해 팔전자 규칙을 따르는 루이스 구조를 그려라.
    a. NH_2Cl
    b. C_2H_4
    c. H_2SO_4
    d. C_2N_2
    e. $COCl_2$
    f. SCl_2

43. 다음 각 이온에 대해 팔전자 규칙을 따르는 루이스 구조를 그려라.
    a. ClO^-
    b. HPO_4^{2-}
    c. BrO_3^-

44. 다음 각 이온에 대해 팔전자 규칙을 따르는 루이스 구조를 그려라.
a. CN^- b. ClO_2^- c. HSO_4^{2-}

전기음성도: 극성 공유 결합

45. 원소 A가 원소 B와 공유 결합을 한다면 이 결합이 극성이 되기 위해 A와 B 사이의 전기음성도 차이는 어떠해야 하는가?

46. 원소 X가 원소 Y와 공유 결합을 한다면 이 결합이 비극성이 되기 위해 X와 Y 사이의 전기음성도 차이는 어떠해야 하는가?

47. 다음 각 공유 결합을 극성 또는 비극성 공유 결합으로 분류하라.
a. H—O b. N—F c. Cl—B

48. 다음 각 공유 결합을 극성 또는 비극성 공유 결합으로 분류하라.
a. H—N b. O—Be c. P—F

49. 47번 문제에서 각 극성 결합의 쌍극자의 방향을 ↔ 기호를 사용하여 표시하라.

50. 48번 문제에서 각 극성 결합의 쌍극자의 방향을 ↔ 기호를 사용하여 표시하라.

51. 다음 각 결합에서 부분 전하가 있는 경우 $\delta+$ 및 $\delta-$ 기호를 사용하여 표시하라.
a. Si—O b. F—F c. F—N

52. 다음 각 결합에서 부분 전하가 있는 경우 $\delta+$ 및 $\delta-$ 기호를 사용하여 표시하라.
a. O—H b. C—F c. C=C

결합 분류

53. 다음 각 결합을 이온 결합 또는 공유 결합으로 분류하라. 공유 결합인 경우는 극성 또는 비극성인지 표시하라.
a. K_2O b. BrCl c. CaF_2 d. I_2

54. 다음 각 결합을 이온 결합 또는 공유 결합으로 분류하라. 공유 결합인 경우는 극성 또는 비극성인지 표시하라.
a. Na_2O b. $CaCl_2$ c. NBr_3 d. CS_2

55. 다음 각 결합의 극성 증가 순서에 따라 나열하라.
a. H—F b. N—F c. B—F d. Si—F

56. 다음 각 결합의 극성 감소 순서에 따라 나열하라.
a. Si—Cl b. H—Cl c. P—Cl d. Br—Cl

VSEPR 이론: 분자의 모양

57. VSEPR로 예측하여 다음 각 모양과 분자를 짝지어라.
a. $AlCl_3$ b. 선형
c. CSe_2 d. 삼각 평면
e. SeH_2 f. 굽은 모양
g. SiI_4 h. 사면체

58. VSEPR 이론을 사용하여 다음 각 분자의 모양을 예측하라.
a. 실레인(SiH_4) b. 셀레늄화 수소(H_2Se)
c. 포스핀(PH_3) d. 사플루오린화 규소(SiF_4)

59. VSEPR 이론을 사용하여 다음 각 분자의 모양을 예측하라.
a. 클로로포름($CHCl_3$)
b. 사플루오린화 탄소(CF_4)
c. 이플루오린화 황(SF_2)
d. 황화 수소(H_2S)

60. VSEPR 이론을 사용하여 다음 각 분자의 모양을 예측하라.
a. 삼아이오딘화 질소(NI_3)
b. 이염화이플루오린화 메테인(CCl_2F_2)
c. 황산 이온(SO_4)$^{2-}$
d. 탄산 이온(CO_3)$^{2-}$

극성 및 비극성 분자

61. 플루오린과 베릴륨 원자 사이의 전기음성도 차이가 크더라도 BeF_2는 기체상에서 선형 분자를 형성한다. 이 분자들은 극성인가, 비극성인가? 그 이유를 설명하라.

62. 분자 SF_2가 굽어 있다. 극성인가, 비극성인가? 그 이유를 설명하라.

63. 58번 문제의 분자를 다시 살펴보라. 각각에 대해 결합이 극성인가? 대략적인 결합 각도는 얼마인가? 분자 전체가 극성인가?

64. 59번 문제의 분자를 다시 살펴보라. 각각에 대해 결합이 극성인가? 대략적인 결합 각도는 얼마인가? 분자 전체가 극성인가?

65. SO_2 분자가 극성인 이유는 무엇인가?

66. SO_3 분자가 비극성인 이유는 무엇인가?

67. CH_2Cl_2의 분자가 비극성일 수 있는가? (중심 원자는 C이다.) 그 이유를 설명하라.

68. H_2O는 SCl_2보다 극성이 더 높은가, 낮은가?

팔전자 규칙의 예외인 분자

69. 다음 화학종(원자 또는 분자)에서 자유 라디칼은 무엇인가?
a. Br b. F_2 c. CCl_3

70. 다음 화학종(원자 또는 분자)에서 자유 라디칼은 무엇인가?
a. S b. NO_2 c. N_2O_4

71. 자유 라디칼은 팔전자 규칙을 따르지 않는 분자의 한 종류이다. 또 다른 예외는 3 족의 원소와 베릴륨에서 볼 수 있듯이 전자가 8개 미만인 원자를 포함한다. 일부 공유 분자에서 이러한 원자는 전자를 각각 6개 또는 4개 가질 수 있다. 다음 각 공유 분자에 대한 루이스 구조를 그려라.
a. $AlBr_3$ b. BeH_2 c. BCl_3

72. 팔전자 규칙의 예외에는 원자가전자 8개 이상인 원자를 가진 분자가 포함되며, 가장 전형적으로 10개 또는 12개이다. Si보다 무거운 원자는 원자가껍질을 확장할 수 있으며, 이는 비어 있는 고에너지 궤도 함수에 '여분의' 전자를 수용할 수 있음을 의미한다. 다음 각 분자 또는 이온에 대한 루이스 구조를 그려라.
a. XeF_4 b. I_3^- c. SF_4 d. KrF_2

심화문제

73. 라돈은 왜 화학 결합을 형성하지 않는 경향이 있는가?

74. 기호 $\delta+$ 및 $\delta-$를 사용하여 H_2S 분자의 극성을 나타내라.

75. 포스핀(PH_3) 기체는 저장된 곡식 및 기타 내구성이 강한 농산물을 해충으로부터 보호하기 위한 훈증제로 사용된다. 포스핀은 인화 알루미늄 또는 인화 마그네슘에 물을 첨가하여 사용할 곳에서 생성된다. 이 두 인화물에 대한 화학식을 쓰라.

76. 질소 이온인 NO_2^+와 아질산 이온인 NO_2^-에 대한 루이스 구조를 그려라. 어느 쪽의 결합 각도가 더 작은가?

77. 화학식이 C_2H_6O인 서로 다른 공유 분자 2개가 있다. 두 분자에 대한 루이스 구조를 그려라. (화학식은 같지만 원자의 배열이 다른 두 분자를 '이성질체'라고 한다. 9장 참조)

78. 염화 아이오딘(ICl) 용액은 소독제로 사용된다. 화합물 ICl은 이온 결합, 극성 공유 결합, 비극성 공유 결합 중 무엇인가?

79. 다음과 같은 루이스 기호를 가진 가상의 원소 X, Y, Z가 있다.

:Ẍ·　　:Ÿ·　　:Ż·

a. 주기율표에서 각 원소는 어느 족에 속하는가?
b. X, Y, Z가 수소와 반응하여 형성될 수 있는 가장 간단한 화합물에 대한 루이스 화학식을 쓰라.
c. X가 소듐과 반응할 때와 Y가 소듐과 반응할 때 형성되는 이온에 대한 루이스 구조를 그려라.

80. 포타슘은 물과 격렬하게 반응하고 공기 중에서 자연 발화하는 무른 은빛 금속이다. 의사가 포타슘 보충제를 복용할 것을 권장한다. 금속 포타슘을 복용하겠는가? 복용하지 않는다면 무엇을 복용하겠는가?

81. '아이오딘화 포타슘 분자 몇 개만'이라는 문구에 무엇이 잘못되었는가?

82. 부껍질 표기법을 사용하여 다음 각 원소가 형성하는 가장 안정하고 간단한 이온의 전자 배치를 쓰라.

a. Ca　b. Rb　c. S　d. I
e. N　f. Se

83. 초기 우주에는 수소, 헬륨, 약간의 리튬만이 존재하고, 그중 일부가 이온으로 존재하는 등 화학은 단순했다. 충분한 헬륨 원자와 충분한 H^+ 이온이 떠돌아다니면서, 과학자들은 이들 중 일부가 결합하여 초기 우주에서 최초로 형성된 분자인 HeH^+를 형성한 것으로 추정한다. 지금까지 HeH^+는 외계에서 관측된 적이 없다. HeH^+의 루이스 구조와 그 형성에 대한 화학식을 쓰라.

84. 할로젠(F, Cl, Br, I)은 이성분 분자에서 단일 결합 1개만 형성하는 경향이 있다. 그 이유를 설명하라.

85. 일반 대중을 위한 과학 잡지에 이런 문장이 실려 있다. "이 탄화수소 중 일부는 메테인 기체처럼 가볍고, 탄소 분자 하나가 수소 분자 3개에 붙어 있다"라는 문장을 평가하고 부정확한 부분이 있으면 수정하라.

86. 텅스텐산 소듐은 Na_2WO_4이다. 텅스텐산 알루미늄의 화학식은 무엇인가?

87. 금속 원자가 단원자 이온을 형성할 때 반드시 전자 배치의 마지막 부껍질에서 전자를 잃는 것은 아니다. 대신에 가장 높은 번호의 부껍질에서 전자를 잃는다. 이를 염두에 두고 구리(I) 이온과 바나듐(II) 이온에 대한 전자 배치를 쓰라.

88. 가상의 이온인 Q^{2+}와 ZX_4^{3-}가 형성하는 화합물의 화학식은 무엇인가?

89. 삼각 평면 구조에서 120° 각도가 최적인 이유는 무엇인가?

90. 사면체 구조에서 109.5° 각도가 최적인 이유는 무엇인가?

91. "저마늄(Ge)은 4+ 전하를 띤 이온을 형성할 수 있는데, 이는 저마늄이 주기율표의 4A 열에 있고, 이러한 원소는 전자 4개를 잃는 경향이 있기 때문이다." 이 문장에 대한 설명으로 옳은 것은 무엇인가?

a. 문장은 맞지만, 그 이유는 잘못되었다.
b. 문장은 틀렸지만, 그 이유는 맞다.
c. 문장과 이유 모두 맞다.
d. 문장이나 이유 모두 정확하지 않다.

92. "주석과 납의 이온은 모두 2+와 4+로 존재해야 하는데, 4A 열의 원소는 보통 2개 또는 4개로 다양한 수의 전자를 잃을 수 있기 때문이다." 이 문장에 대한 설명으로 옳은 것은 무엇인가?

a. 문장은 맞지만, 그 이유는 잘못되었다.
b. 문장은 틀렸지만, 그 이유는 맞다.
c. 문장과 이유 모두 맞다.
d. 문장이나 이유 모두 정확하지 않다.

93. 화학자들이 새로운 의약품을 설계할 때 사용하는 설계 기준 두 가지를 제시하라.

94. 원자의 기하학적 배향을 통해 분자가 상호작용하는 방식을 설명하는 과학의 용어를 무엇인가?

95. 분자 인식 접근법이 분자 및 물질을 만드는 친환경적인 방법을 지원할 수 있는 세 가지 방법을 제시하라.

96. 효소와 생물학적 수용체에 대한 이해는 의약 화학자에게 어떻게 도움이 될 수 있는가?

비판적 사고 문제

이 장에서 습득한 지식과 하나 이상의 FLaReS 원칙(1장)을 적용하여 다음 진술과 주장을 평가하라.

4.1 어떤 사람들은 결정(크리스탈)에 특별한 힘이 있다고 믿는다. 크리스탈 치료사들은 석영 결정을 사용하여 사람의 영적 에너지에 평형과 조화를 회복할 수 있다고 주장한다.

4.2 한 기업가가 '연료 향상기' 장치를 판매하고 있다. 이 장치에는 강력한 자석이 포함되어 있으며 자동차의 연료 라인에 설치된다. 발명가는 이 장치가 "탄화수소 연료 분자의 양전하와 음전하를 분리하여 극성을 높이고 산소와 더 쉽게 반응할 수 있게 한다"라고 주장한다.

4.3 염화 소듐(NaCl)은 금속과 비금속이 이온 결합으로 서로 붙어 있는 화합물이다. 한 과학자가 염화 수은(II)($HgCl_2$)을 연구한 결과, 원자들이 공유 결합으로 서로 붙잡혀 있다고 말한다. 과학자는 이 물질의 수용액은 전류를 전도하지 않기 때문에 이온을 거의 포함하지 않는다고 말한다.

4.4 또 다른 과학자는 영족 기체 제논(Xe)에는 이온이 포함되어 있지 않다는 점에 주목하여 제논 원자는 공유 결합으로 서로 결합해 있어야 한다고 주장한다.

4.5 한 웹페이지에서 다음과 같이 주장한다. "50년 전만 해도 물의 수소 결합 각도는 108°였고, 암에 걸린 사람에 대해 들어본 적이 거의 없었다. 오늘날에는 104°에 불과하며, 그 결과 암이 유행하고 있다."

4.6 1960년대에 폴리워터(polywater) 개념이 등장했다. 이 아이디어는 적절한 조건에서 물을 중합체, 즉 물 분자 여러 개가 서로 공유 결합된 큰 분자로 만들 수 있다는 것이었다.

4.7 5가 탄소 원자(결합 5개가 부착된 C 원자)를 포함하는 화합물이 합성되었다고 주장한다. 이 보고는 과학계에서 큰 회의적인 반응을 보였다.

4.8 한 축구 코치는 자기 팀 선수들이 O_2로 포화된 물보다 O로 포화된 물을 마시기 때문에 체력이 더 좋다고 주장한다.

4.9 한 비료 회사가 새로운 형태의 정원 비료를 판매하고 있다. 비료는 얇은 조각으로 만들어져 있고, 표면적이 넓고 물에 잘 녹는 평평한 암모니아 분자를 포함하고 있기 때문에 효과가 더 좋다고 주장한다.

4.10 한 과학자가 HeH^+와 HeH_2를 검출했다고 주장한다.

협업 과제

파워포인트, 포스터, 기타 프레젠테이션을 준비하여 수업에서 공유하라. 1번과 2번은 4명의 학생이 한 조를 이루어 수행하는 것이 가장 좋다.

1. 풍선 20개를 같은 크기로 부풀려 묶은 다음에 풍선 2개를 함께 묶는다. 다음으로 풍선 3개를 묶는다. 풍선 4개, 5개, 6개로 이 과정을 반복한다. (제안: 풍선 2개씩 3세트를 꼬아 풍선 6개 세트를 만드는 등 다양한 방법으로 풍선 세트를 만들 수 있다.) 이 풍선 세트를 사용하여 VSEPR 이론을 어떻게 설명할 수 있는지 밝혀라.
2. 다음 중 한 명에 대해 간단한 약력을 조사하라.
   a. Gilbert N. Lewis
   b. Linus Pauling
3. 전기음성도에 대한 여러 가지 정의와 척도가 있다. 이에 대한 정보를 검색하고 그중 두 가지에 대해 간단한 비교 대조 보고서를 작성하라.

실험 과제 분자 모양: 제발 원자를 먹지 마세요!

준비물

- 젤리 한 봉지
- 이쑤시개

분자는 화학식으로 쓰거나 결합선 형태로 그릴 수 있다. 하지만 분자는 실제로 3차원이다. 생활용품을 이용해 나만의 3D 분자 모형을 만들 수 있을까?

이 실험에서는 VSEPR 이론으로 정의된 기하학적 도형을 시각화하고, 루이스 화학식을 쓰고 분자식을 예측하는 연습을 할 수 있다.

젤리와 이쑤시개를 사용하여 일련의 분자를 만들고 그 구조를 관찰한다.

a. 먼저, 같은 색의 젤리 2개를 이쑤시개 1개로 연결한다. 이 구조를 선형이라고 하며 산소(O_2)와 같은 이원자 분자와 유사하다. 산소 분자를 정확하게 나타내려면 젤리 사이에 이쑤시개 2개가 있어야 한다. 모양을 스케치하고 루이스 구조식을 쓴다.

b. 다음으로, 젤리 2개를 다른 색의 가운데 젤리 하나에 연결한다. 젤리가 한 줄로 이어지도록 한다. 이 구조는 선형이라고도 하며 이산화 탄소(CO_2)와 유사하다. 이산화 탄소를 정확히 나타내려면 가운데 원자의 양쪽에 이쑤시개를 2개씩 꽂아야 한다. 모양을 스케치하고 루이스 화학식을 쓴다.

c. 이제 젤리 3개를 다른 색의 가운데 젤리 하나에 연결한다. 모두 같은 평면에 배치하되 똑같이 펼친다. 이 구조를 삼각 평면이라고 하며 질산 이온(NO_3^-)과 유사하다. 질산 이온을 정확히 나타내려면 가운데 젤리와 바깥쪽 젤리 중 하나 사이에 이쑤시개 2개가 있어야 한다. 3D 모양을 스케치하고 루이스 구조식을 쓴다.

d. 이쑤시개와 젤리 중 1개를 제거한다. 나머지 젤리는 이산화 황(SO_2)과 유사한 '굽은' 또는 '각진' 분자를 정의한다. 모양을 스케치하고 루이스 구조식을 쓴다.

e. 이제 가운데 다른 색의 젤리 1개에 젤리 4개를 연결하여 사면체 모양을 만든다. 이 구조는 메테인(CH_4)과 유사하다. 모양을 스케치하고 루이스 구조식을 쓴다.

f. 젤리 중 1개를 제거한다. 이쑤시개는 구조에 그대로 둔다. 남아 있는 구조를 삼각 피라미드라고 한다. 이 모양은 암모니아 분자(NH_3)의 모양과 동일하다. 3차원 구조를 스케치하고 루이스 구조식을 쓴다.

g. 다른 젤리를 제거한다. 이것은 또 다른 '굽은' 또는 '각진' 구조이다. **(c)**의 구조와는 다르다는 것을 알 수 있다(**(c)**에서는 각도가 120°였지만 이 경우 각도는 사면체 각도인 약 109.5°이다). 이 구조는 물(H_2O)의 구조와 유사하다. 구조를 스케치하고 루이스 구조식을 쓴다.

실험문제

1. SO_2와 H_2O 분자가 굽어지거나 각진 구조를 가지는 이유는 무엇인가? 왜 선형 구조가 아닌가?
2. 젤리와 이쑤시개를 사용하여 사염화 티타늄($TiCl_4$) 분자를 만든다. 루이스 구조식을 쓰고 구조를 예측하라.

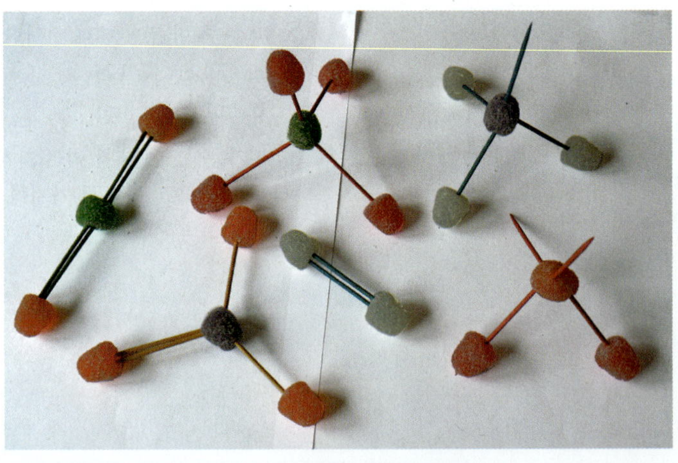

화학에서의 계산

5

5.1 화학적 문장: 화학 반응식

5.2 화학 반응식에서 부피 관계

5.3 아보가드로수와 몰

5.4 몰질량: 몰을 질량으로, 질량을 몰로 변환하기

5.5 용액

연료를 태우는 모든 것에는 산소가 필요하며, 인체도 예외는 아니다. 스쿠버다이버는 등에 메고 있는 공기 공급 장치의 산소에 의존한다. 하지만 다이버에게 얼마나 많은 산소가 필요할까? 화학에 대한 지식을 통해 이 질문에 답할 수 있으며, 다이버의 안전을 도모할 수 있다.

❓ 이 장과 관련된 궁금증

1. 자동차가 휘발유보다 더 많은 오염 물질을 배출하는 이유는 무엇인가?
2. 은 함량 0.925와 은 함량 0.800의 차이는 무엇인가?
3. 2% 우유는 일반 우유 열량의 2%만 함유하고 있는가?
4. 독성 등급(LD_{50})이 100 ppm이라는 것은 무엇을 의미하는가?

질량과 부피의 관계 화학 현상은 세 가지 수준에서 바라보거나 표현할 수 있다.

1. 거시적이고 실체적인 것: 예를 들어 비커에 담긴 노란색 분말 또는 파란색 용액의 시료이다.
2. 입자(원자, 분자, 이온) 및 보이지 않는 것: 예를 들어 황 원자, 이산화 탄소 분자, 염화 이온이다.
3. 기호 및 수학: 예를 들어 S, CO_2, Cl, $d = m/V$이다.

화학 물질을 거시적으로 표현하는 것은 일상생활에서 흔히 볼 수 있다. 셰이커 속의 소금 결정, 보석 속의 금, 상자 속의 베이킹소다, 영양제 속의 비타민 C 등 우리가 흔히 접하는 물질은 실체가 있으므로 쉽게 시각화할 수 있다. 우리는 그것들을 보고 만질 수 있다. 다른 표현들은 앞 장에서 소개했다. 1장에서 밀도에 대한 수식을 알아보았다. 2장과 3장에서는 원자에 대해 논의할 때 기호를 사용했으며, 4장에서는 분자와 이온에 대해 논의할 때 화학식을 사용했다. 이 장에서는 화학적 변화에 대한 기호와 수학적 설명을 고려한다.

화학에서 '계산'이 필요한 이유

화학의 많은 부분은 수학을 거의 또는 전혀 사용하지 않고도 논의하고 이해할 수 있지만, 정량적 측면은 물질의 성질을 밝히는 데 많은 도움을 줄 수 있다. 이 장에서는 화학, 생물학, 의학 등 관련 분야에서 사용되는 몇 가지 기본적인 계산을 살펴볼 것이다. 이러한 유형의 대수는 위의 분야에만 국한되지 않고 비즈니스, 사회과학, 심지어 예술에도 적용될 수 있다. 화학자들은 간단한 산술부터 정교한 미적분학, 복잡한 컴퓨터 알고리즘에 이르기까지 다양한 종류의 수학을 사용하지만, 여기에서 다루는 계산에는 기껏해야 약간의 대수학만을 필요로 한다.

이 장에서 다루는 화학의 한 분야를 '화학량론'이라고 부르는데, 이는 화학에서 매우 중요한 분야이다. 이 이름은 원소를 뜻하는 그리스어인 *stoicheion*과 측정을 뜻하는 *metria*라는 두 단어에서 유래했다. 문자 그대로 화학량론은 원소의 측정을 의미한다. 하지만 이 분야에는 단순히 측정하는 것 이상의 의미가 있다. 돈을 세는 것뿐만 아니라 자금이 어디로 가고 어떻게 사용되는지 설명해야 하는 재무 회계사처럼 화학자는 화학 반응에 관여하는 물질의 양적 변화도 설명해야 한다. 이 장의 뒷부분과 이 책의 다른 부분에서 다루겠지만, Dalton 법칙은 물질의 모든 움직임과 위치를 추적할 것을 요구한다.

5.1 화학적 문장: 화학 반응식

학습 목표 • 균형 화학 반응식과 불균형 화학 반응식을 확인하고, 검사를 통해 반응식의 균형을 맞춘다.

과학을 공부한다는 것은 언어를 공부하는 것과 마찬가지로 특정 언어의 어휘와 문법을 배워야 한다는 것을 의미한다. 초보자가 어떤 언어를 바로 말하는 것은 불가능하다. 화학은 물질에 관한 학문이고 물질이 에너지와 상호작용할 때 일어나는 변화를 연구하는 학문이다. 원소와 화합물을 표현하는 데 사용하는 기호와 화학식은 화학 언어의 문자(기호)와 단어(화학식)를 구성한다. 이를 사용하여 문장(화학 반응식)을 쓸 수 있지만, 화학 언어를 사용하는 규칙을 이해해야 한다. **화학 반응식**(chemical equation)은 기호와 화학식을 사용하여 변화에 관련된 원소와 화합물을 나타낸다.

거시적 수준에서 화학 반응을 말로 설명할 수 있다. 예를 들어 다음과 같다.

탄소는 산소와 반응하여 이산화 탄소를 생성한다.

위의 반응을 기호로 나타낼 수 있다.

$$C + O_2 \longrightarrow CO_2$$

더하기 기호(+)는 탄소와 산소가 어떤 식으로든 더해지거나 결합한다는 것을 나타낸다. 화살표(⟶)는 '생성한다' 또는 '반응하여 생성한다'로 읽는다. 화살표 왼쪽에 있는 물질(이 경우 C와 O_2)은 **반응물**(reactant) 또는 **출발 물질**이다. 화살표 오른쪽에 있는 것(여기서는 CO_2)은 반응의 **생성물**(product)이다. 숫자를 더하는 순서는 합계에 아무런 차이가 없다(대수학에서 배운 덧셈의 교환 법칙은 여기에도 적용된다). 마찬가지로 화학 반응식에서도 모든 반응물은 화살표 왼쪽에, 모든 생성물은 오른쪽에 있는 한 반응물과 생성물을 특정한 순서로 쓸 필요는 없다. 즉 앞의 반응식을 다음과 같이 쓸 수도 있다.

$$O_2 + C \longrightarrow CO_2$$

원자 또는 분자 수준에서 이 화학식은 탄소(C) 원자 1개가 산소(O_2) 분자 1개와 반응하여 이산화 탄소(CO_2) 분자 1개를 생성한다는 것을 의미한다. 화학 물질은 탄소처럼 원소 원자로 존재하는 경우도 있지만, 산소처럼 분자 상태로만 존재하는 경우도 있다는 점에 유의하는 것이 중요하다.

때때로 화학식 바로 뒤에 상태의 첫 글자를 써서 반응물과 생성물의 물리적 상태를 나타내기도 한다. (g)는 기체 상태, (l)은 액체 상태, (s)는 고체 상태의 물질을 나타낸다. 기호 (aq)는 해당 물질이 수용액(물) 상태임을 나타낸다. 상태 기호를 사용하면 위의 반응식은 다음과 같이 쓸 수 있다.

$$C(s) + O_2(g) \longrightarrow CO_2(g)$$

화학 반응식의 균형 맞추기

앞서 설명한 탄소와 산소가 반응하여 이산화 탄소를 생성하는 반응과 같이 어떤 반응은 아주 간단하게 표현할 수 있지만, 다른 많은 화학 반응은 더 많은 생각이 필요하다. 예를 들어 수소는 산소와 반응하여 물을 생성한다. 화학식을 사용하면 반응을 다음과 같이 나타낼 수 있다.

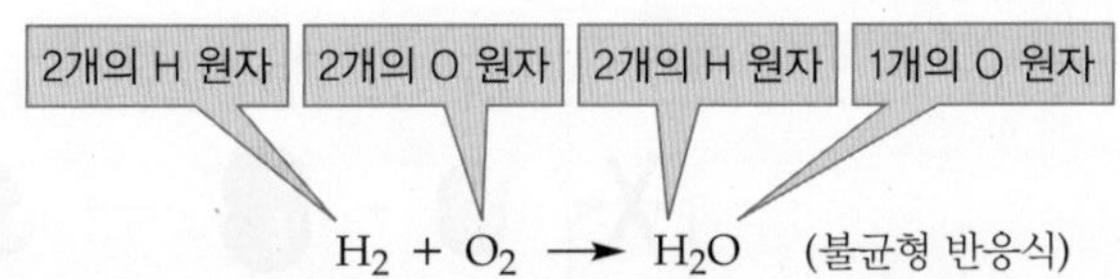

그러나 이 식은 반응물(O_2)에는 2개의 산소 원자가 있지만, 생성물(H_2O)에는 산소 원자가 1개만 있음을 나타낸다. 화학 반응에서 물질은 생성되지도 파괴되지도 않으므로(질량 보존 법칙, 2.2절), 화학 반응을 올바르게 표현하려면 반응식의 **균형**을 맞추어야 한다. 각 기호는 원자 또는 분자 1개 또는 배수를 나타낸다는 의미로 반응식을 해석하고 있으므로 단순히 산소 분자의 절반을 사용하고 있다고 가정할 수 없다. 대신에 전체 입자 간의 관계를 유지해야 한다. 또한 화살표의 양쪽에 각각 다른 유형의 원자가 같은 수로 나타나는지 확인해야 한다. 산소 원자의 균형을 맞추려면 물의 화학식 앞에 계수 2를 넣기만 하면 된다.

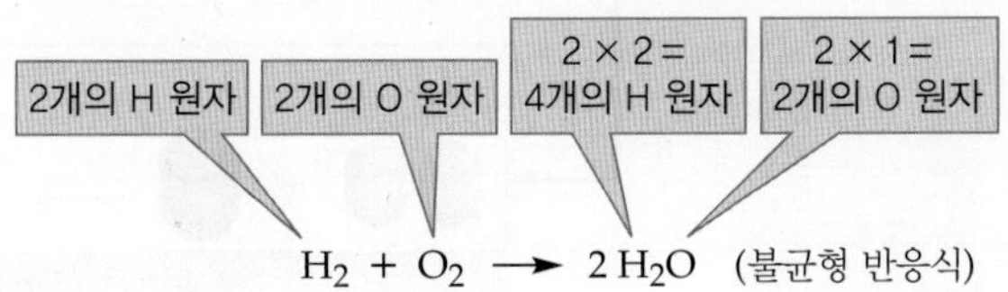

계수 2는 2개의 물 분자가 생성된다는 것을 의미한다. 아래첨자 1과 마찬가지로 계수 1은 화학식 앞에 숫자가 없을 때 1이 있는 것으로 간주한다. 화학식의 모든 값에는 그 앞에 있는 계수가 곱해진다. 앞의 식에서 H_2O 앞에 계수 2를 더하면 생성물 쪽의 산소 원자 수가 총 2개로 늘어날 뿐만 아니라 수소 원자 수도 총 4개로 증가한다.

하지만 반응식은 여전히 균형이 맞지 않는다. 현재 반응식의 오른쪽(생성물)에는 4개의 수소 원자가 있지만, 왼쪽(반응물)에는 2개만 있다. 생성물의 산소 원자 수를 고정했기 때문에 수소 원자 수의 균형이 맞지 않게 된 것이다. 수소의 균형을 맞추려면 H_2 앞에 계수 2를 넣어야 한다.

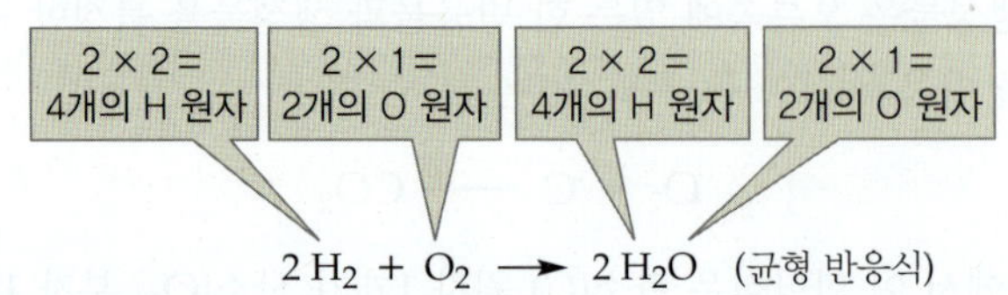

이제 반응식의 양쪽에는 수소 원자 4개와 산소 원자 2개가 있다. 원자는 보존되고, 반응은 균형(그림 5.1)을 이루었으며 질량 보존 법칙은 지켜졌다. 그림 5.2는 화학식의 균형을 맞추는 과정에서 흔히 발생하는 두 가지 함정과 올바른 방법을 보여준다. 잘못된 반응을 나타낼 수 있으므로 반응식의 생성물 쪽에서 단순히 물질을 추가하거나 삭제할 수는 없다. 또한 특정 화학식의 첨자를 변경하면 다른 물질이나 잘못된 화학식이 된다.

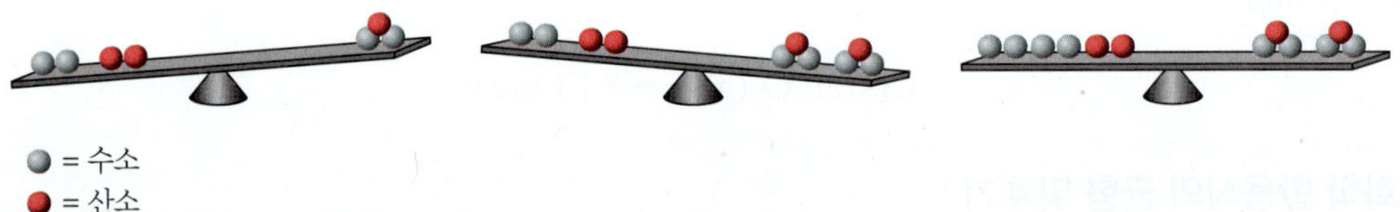

▲ **그림 5.1** 수소와 산소가 반응하여 물을 형성하는 반응식의 균형을 맞추려면 각 원자의 종류가 양쪽에 같은 수로 나타나야 한다(원자는 보존된다). 반응식이 균형을 이루면 양쪽에 4개의 H 원자와 2개의 O 원자가 존재한다.

Q 첫 번째 저울의 왼쪽에서 산소 원자 1개를 제거하여 반응식의 균형을 맞출 수 없는 이유는 무엇인가?

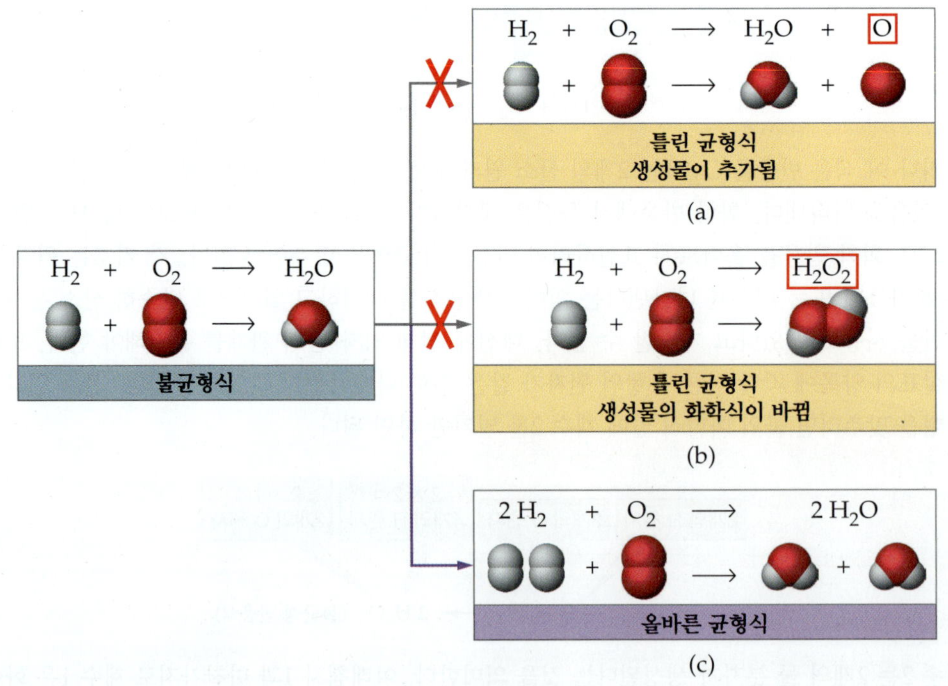

▶ **그림 5.2** 수소와 산소가 반응하여 물을 생성하는 반응식의 균형 맞추기. (a) 오답이다. 생성물에 원자 산소(O)는 없다. 단순히 반응식의 균형을 맞추기 위해 다른 생성물을 도입할 수는 없다. (b) 오답이다. 반응의 생성물은 과산화 수소(H_2O_2)가 아니라 물(H_2O)이다. 단순히 반응식의 균형을 맞추기 위해 화학식을 변경할 수 없다. (c) 정답이다. 반응식은 올바른 화학식을 사용하고 계수를 조정해야만 균형을 맞출 수 있다.

예제 5.1 화학 반응식의 균형 맞추기

자동차의 에어백이 터질 때 일어나는 반응을 나타내는 다음 화학 반응식의 균형을 맞춰라.

$$NaN_3 \longrightarrow Na + N_2$$

풀이

소듐(Na) 원자는 균형을 이루고 있지만, 질소(N) 원자는 그렇지 않다. 이 반응식의 균형을 맞추기 위해 최소공배수 개념을 사용할 수 있다. 왼쪽(반응물 쪽)에는 질소 원자가 3개, 오른쪽(생성물 쪽)에는 질소 원자가 2개 있다. 2와 3의 최소공배수는 6이다. 양쪽에 6개의 질소 원자를 얻으려면 3개의 N_2와 2개의 NaN_3가 필요하다.

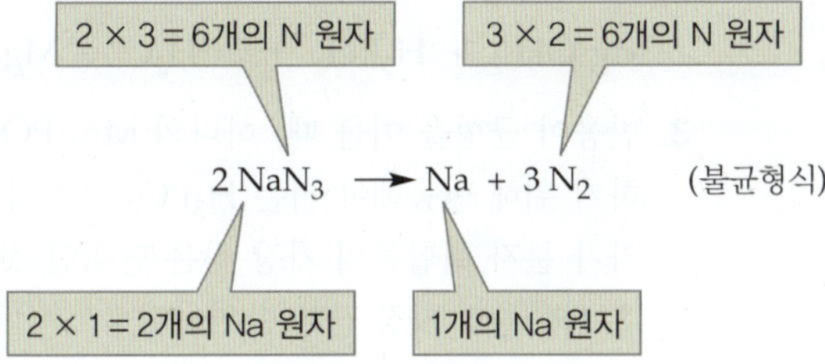

이제 왼쪽에 2개의 소듐 원자가 있다. Na 앞에 계수 2를 놓으면 오른쪽에도 2개의 소듐 원자를 얻을 수 있다.

$$2\,NaN_3 \longrightarrow 2\,Na + 3\,N_2 \quad \text{(균형 반응식)}$$

확인해보면 양쪽에 2개의 Na 원자와 6개의 N 원자가 있다. 반응식은 균형을 이룬다.

› 복습문제 5.1A

수소와 질소를 반응시켜 암모니아를 만드는 Haber 공정은 일반적으로 질소 비료를 산업적으로 생산하는 첫 번째 단계이다.

$$H_2 + N_2 \longrightarrow NH_3$$

반응식의 균형을 맞춰라.

› 복습문제 5.1B

철광석(대부분 Fe_2O_3)은 탄소와의 반응으로 제련하여 철 금속과 이산화 탄소를 생성한다. 반응식의 균형을 맞춰라.

$$Fe_2O_3 + C \longrightarrow CO_2 + Fe$$

▲ 철광석의 제련

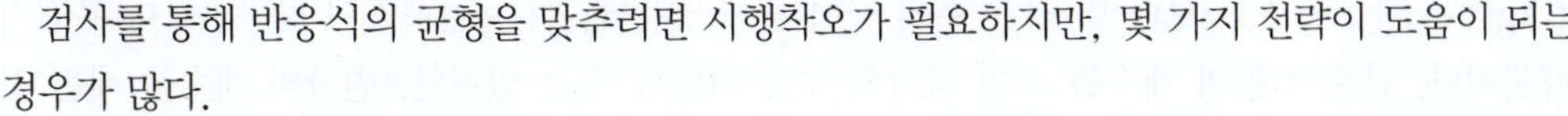

검사를 통해 반응식의 균형을 맞추려면 시행착오가 필요하지만, 몇 가지 전략이 도움이 되는 경우가 많다.

1. 어떤 원소가 반응식의 양쪽에서 하나의 물질에만 존재하는 경우에 해당 원소의 균형을 먼저 맞춘다.
2. 자유 원소(Fe, O_2 등)로 존재하는 반응물 또는 생성물의 균형은 마지막에 맞춘다.
3. 어떤 원소의 균형을 맞추기 위해 화합물에 계수를 추가할 때, 화합물 내 다른 원소의 원자 수 또한 변경된다는 점에 유의해야 한다.

반응식의 균형을 맞추는 가장 중요한 단계는 얻은 결과가 실제로 균형을 이루는지 확인하는 것이다. 각 원소에 대해 반응식의 양쪽에 같은 수의 원자가 나타나야 한다는 점을 기억한다.

아주 간단한 반응을 고려함으로써 반응식의 균형을 맞추는 작업이 쉽게 보이도록 만들었다. 이 시점에서는 복잡한 반응식의 균형을 맞추는 것보다 원리를 이해하는 것이 더 중요하다. 균형 반응식의 의미를 알고 간단한 반응식의 균형을 맞출 수 있어야 한다. 균형 반응식에 포함된 정보를 이해하는 것이 중요하다.

자가평가문제

1. 다음 중 균형이 맞는 반응식은 무엇인가? (반응식의 균형을 맞출 필요는 없다. 균형이 맞는지 판단하기만 하면 된다.)

I. $Mg + 2\,H_2O \longrightarrow Mg(OH)_2 + H_2$

II. $4\,LiH + AlCl_3 \longrightarrow 2\,LiAlH_4 + 2\,LiCl$

III. $2\,KOH + CO_2 \longrightarrow K_2CO_3 + H_2O$

IV. $2\,Sn + 2\,H_2SO_4 \longrightarrow 2\,SnSO_4 + SO_2 + 2\,H_2O$

a. I과 II **b.** I과 III
c. II와 III **d.** II와 IV

2. 포스핀과 산소 기체가 반응하여 십산화 사인 및 물을 생성하는 반응식을 생각해보자.

$$PH_3 + O_2 \longrightarrow P_4O_{10} + H_2O \quad \text{(불균형식)}$$

반응식이 균형을 이룰 때, 생성된 P_4O_{10} 분자 하나당 생성되는 물 분자의 개수는 몇 개인가?

a. 1 **b.** 4 **c.** 6 **d.** 12

3~5번 문제는 수산화 마그네슘[$Mg(OH)_2$]과 인산(H_3PO_4)의 반응에 대한 다음 식을 참조하라.

$$Mg(OH)_2 + H_3PO_4 \longrightarrow H_2O + Mg_3(PO_4)_2 \quad \text{(불균형식)}$$

3. 반응이 균형을 이룰 때, 하나의 $Mg_3(PO_4)_2$ 화학식 단위를 생성하기 위해 반응해야 하는 H_3PO_4 분자의 개수는 몇 개인가? (분자가 분자 화합물의 가장 작은 단위인 것처럼 화학식 단위는 이온 화합물의 가장 작은 단위이다.)

a. 1 **b.** 2 **c.** 3 **d.** 6

4. 반응식이 균형을 이룰 때, 반응하는 H_3PO_4 분자 하나당 생성되는 H_2O 분자의 개수는 몇 개인가?

a. 1 **b.** 2 **c.** 3 **d.** 6

5. 반응식이 균형을 이룰 때, 6개의 H_3PO_4 분자와 반응하기 위해 필요한 $Mg(OH)_2$ 화학식 단위는 얼마인가?

a. 1 **b.** 1.5 **c.** 6 **d.** 9

정답: 1. b, 2. c, 3. b, 4. c, 5. d

5.2 화학 반응식에서 부피 관계

학습 목표 • 반응에 대한 균형 반응식을 사용하여 반응하는 기체의 부피를 결정한다.

화학 반응을 다룰 때 어려운 점 중 하나는 단지 몇 개의 원자 또는 분자 사이에서는 반응이 거의 일어나지 않는다는 것이다. 실제 세계에서 화학자들은 수십억 개의 원자를 포함하는 많은 양의 물질을 다루고 있다.

John Dalton은 서로 다른 원소의 원자는 서로 다른 질량을 가지고 있다고 가정했다. 따라서 같은 질량을 가진 서로 다른 원소는 서로 다른 수의 원자를 포함해야 한다. 비유하자면 골프공 1 kg에는 탁구공 1 kg보다 더 적은 수의 공이 들어 있는데, 이는 골프공이 탁구공보다 무겁기 때문이다. 단순히 공의 개수를 세어 각각의 수를 파악할 수는 있지만, 원자의 개수를 세는 것은 불가능하다. 눈에 보이는 가장 작은 물질 입자는 10번의 생애 동안 셀 수 있는 것보다 더 많은 원자를 포함하고 있다! 그러나 이 장에서 배우게 될 것처럼 물질에 들어 있는 원자 수를 결정하는 다른 방법도 있다.

아이러니하게도, 관찰하기가 역시 어려운 기체에 대한 연구를 통해 화학 반응에 관여하는 원자를 설명하는 방법에 대한 이해가 발전했다. 1700년대에 이루어진 이러한 연구를 통해 기체의 흥미로운 성질과 거동이 밝혀졌다(이러한 거동은 6장에서 살펴본다).

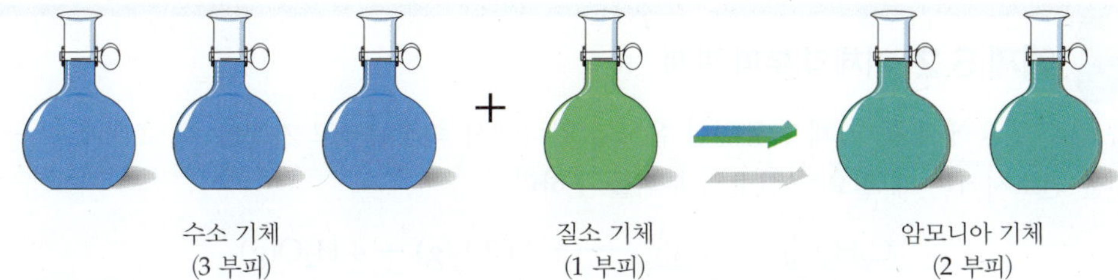

▲ **그림 5.3** Gay-Lussac의 기체 반응 법칙. 같은 온도와 압력에서 측정했을 때 3 부피의 수소 기체가 1 부피의 질소 기체와 반응하여 2 부피의 암모니아 기체를 생성한다는 법칙이다.

Q 2 $SO_2(g) + O_2(g) \longrightarrow 2\ SO_3(g)$ 반응에 대해 그림 5.3과 유사한 그림을 그려라.

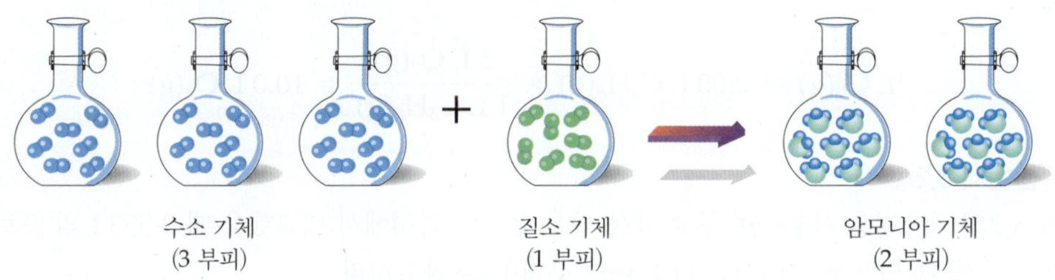

▲ **그림 5.4** Gay-Lussac의 기체 반응 법칙에 대한 Avogadro의 설명. 부피가 같은 기체는 모두 같은 수의 분자를 포함하고 있다.

Q 2 $NO(g) + O_2(g) \longrightarrow 2\ NO_2(g)$ 반응에 대해 그림 5.4와 유사한 그림을 그려라.

여기서는 기체를 이용하여 화학 반응식이 어떻게 균형을 이룰 수 있는지를 밝혀낸 역사적인 실험에 초점을 맞추고자 한다. 프랑스 과학자 Joseph Louis Gay-Lussac(1778~1850)은 원자를 정량화할 수 있는 접근법으로 이어진 실험을 수행했다. 1808년, 그는 기체를 이용해 수행한 몇 가지 화학 반응의 결과를 발표하고, 이 실험을 새로운 법칙으로 요약했다. **기체 반응 법칙**(law of combining volumes)은 모든 측정이 동일한 온도와 압력에서 이루어질 때 기체 반응물과 생성물의 부피는 작은 정수의 비율로 이루어진다는 것을 나타낸다.

이러한 실험 중 하나가 그림 5.3에 설명되어 있다. 수소 기체는 질소 기체와 반응하여 암모니아 기체를 생성한다. 실제로는 수소 3 부피가 질소 1 부피와 결합하여 암모니아 2 부피를 생성한다. 작은 정수 비율은 3:1:2이다.

Gay-Lussac은 기체 상태의 반응물과 생성물의 부피와 분자 수 사이에는 직접적인 관계가 있을 것이라고 생각했다. 1811년 이탈리아의 수학자이자 과학자인 Amedeo Avogadro(1776~1856)가 처음으로 기체 반응 법칙을 설명했다. 이 법칙의 결과는 동일한 온도와 압력에서 측정할 때 동일한 부피의 기체는 모두 동일한 수의 분자를 포함한다는 것이다(그림 5.4).

▲ Amedeo Avogadro. 그의 이름을 딴 무기질 아보가드라이트(avogadrite)는 지각에 존재하는 몇 안 되는 세슘 공급원 중 하나이다.

그러면 수소와 질소가 결합하여 암모니아를 생성하는 반응식은 다음과 같다.

$$3\ H_2(g) + N_2(g) \longrightarrow 2\ NH_3(g)$$

분자 계수는 그림 5.3의 기체 부피의 결합 비율, 즉 3:1:2와 관련이 있다. 이 반응식은 3개의 H_2 분자가 1개의 N_2 분자와 반응하여 2개의 NH_3 분자를 생성하는 것을 나타낸다. 그러면 균형 반응식은 반응의 크기에 따라 확장할 수 있는 동등한 비율을 제공한다. 3백만 개의 H_2 분자가 있는 경우에 2백만 개의 NH_3 분자를 생산하려면 1백만 개의 N_2 분자가 필요하다. 이 반응식에 따르면 수소 3 부피가 질소 1 부피와 반응하여 암모니아 2 부피를 생성하는데, 그 이유는 같은 부피의 수소와 질소에는 같은 수의 분자가 포함되어 있기 때문이다.

예제 5.2 기체의 부피 관계

다음 연소 반응에서 두 기체가 동일한 온도와 압력에서 측정된다고 가정할 때, 2.00 L의 프로페인을 연소시키는 데 필요한 산소의 부피를 구하라.

$$C_3H_8(g) + 5\,O_2(g) \longrightarrow 3\,CO_2(g) + 4\,H_2O(g)$$

풀이

균형 화학 반응식을 보면 계수는 1 부피의 $C_3H_8(g)$에 5 부피의 O_2 기체가 필요하다는 것을 나타낸다. 따라서 필요한 산소의 부피를 구하기 위해 5 L $O_2(g)$/1 L $C_3H_8(g)$을 환산 계수로 사용한다.

$$?\text{L } O_2(g) = 2.00 \text{ L } \cancel{C_3H_8(g)} \times \frac{5 \text{ L } O_2(g)}{1 \text{ L } \cancel{C_3H_8(g)}} = 10.0 \text{ L } O_2(g)$$

› 복습문제 5.2A

예제 5.2의 반응식을 사용하여 두 기체를 같은 온도와 압력에서 비교했을 때 0.553 L의 프로페인이 연소될 때 발생하는 이산화 탄소(g)의 부피(L)를 계산하라.

› 복습문제 5.2B

프로페인과 산소를 같은 온도와 압력에서 각각 4.00 L씩 결합하면 반응 후 어떤 기체가 남는가? 남는 기체의 부피는 얼마인가?

자가평가문제

1. $2\,H_2(g) + O_2(g) \longrightarrow 2\,H_2O(g)$ 반응에서 모든 물질이 동일한 온도와 압력에 있을 때 H_2, O_2, H_2O의 부피 비율은 얼마인가?

a. 1:0:1 **b.** 1:1:1 **c.** 2:0:2 **d.** 2:1:2

2. 다음 식과 같은 반응에서 75개의 O_2 분자가 반응하면 생성되는 CO_2 분자의 개수는 몇 개인가?

$$2\,C_8H_{18}(l) + 25\,O_2(g) \longrightarrow 16\,CO_2(g) + 18\,H_2O(l)$$

a. 50 **b.** 100 **c.** 48 **d.** 32

3. $N_2(g) + 3\,H_2(g) \longrightarrow 2\,NH_3(g)$의 반응에서 모든 물질이 동일한 온도와 압력에 있을 때 질소 4.50 L가 과량의 수소와 반응하면 생성되는 암모니아의 양은 얼마인가?

a. 3.00 L **b.** 9.00 L **c.** 6.75 L **d.** 4.50 L

정답: 1. d, 2. c, 3. b

5.3 아보가드로수와 몰

학습 목표 • 물질의 화학식량, 분자량, 몰질량을 계산한다.
• 아보가드로수를 사용하여 어떤 물질의 질량에 포함된 여러 유형의 입자의 수를 구한다.

앞서 설명한 것처럼, 같은 온도와 압력에서 같은 부피의 기체는 같은 수의 분자를 포함한다. 즉 부피가 같은 서로 다른 기체의 무게를 재면 기체의 무게가 같지 않다는 것을 의미한다. 기체들의 질량 비율은 분자 자체의 질량 비율과 같아야 한다. 그러나 이 관계를 어떤 방식으로든 고체와 액체에도 확장하고자 한다.

아보가드로수: 6.02×10^{23}

Avogadro는 주어진 기체 부피에 몇 개의 분자가 있는지 알 방법이 없었다. Avogadro 시대 이후 과학자들은 다양한 무게의 물질 시료에 포함된 원자 수를 측정했다. 원자는 매우 작기 때문에 아주 작은 시료에서도 이 숫자는 매우 크다. 탄소-12 원자의 질량은 정확히 12 원자 질량 단위(amu)인데(2.4절), 이는 탄소-12 원자가 원자량의 표준으로 설정했기 때문이다. 12 g의 탄소-12 시료에 들어 있는 탄소-12 원자의 수를 **아보가드로수**(Avogadro's number)라고 하며, 실험적으로 6.0221367×10^{23}으로 결정되었다. 일반적으로 이 숫자는 유효 숫자 3개로 반올림하여 6.02×10^{23}으로 나타낸다.

몰: '달걀 1다스와 설탕 1몰 주세요'

양말은 한 켤레(양말 2개), 달걀은 한 다스(달걀 12개), 연필은 한 묶음(연필 12개 또는 144개), 종이는 한 림(종이 500장) 단위로 구매한다. 이러한 양적 용어를 일정한 척도로 사용하는 것에 익숙해져 있다. 달걀을 세든 오렌지를 세든 12개는 같은 수이다. 하지만 달걀 12개와 오렌지 12개의 무게는 같지 않다. 오렌지의 무게가 달걀의 5배라면 오렌지 10개는 달걀 10개보다 5배 더 무거울 것이다. 또한 이러한 품목을 대량으로 구매해야 할 때도 쉽게 구매할 수 있다. 종이 2000장을 일일이 세어 봐야 한다면 아무도 사려고 하지 않겠지만, 4묶음의 종이를 사기는 쉽다. 마찬가지로 제빵사는 수백 개의 케이크를 만들어야 할 수도 있으므로 수 다스의 달걀이 필요할 수 있으며, 1다스 또는 1그로스(144개) 단위로 살 수 있다.

그러나 이러한 품목의 판매자는 조각으로 판매하기를 원하지 않기 때문에 사무실의 직원이 연필 500개를 사고 싶어도 일반적으로 정확히 같은 개수를 구매하지는 않는다. 대신 연필을 총 4그로스(576개)를 구매해야 하고 잉여분이 생기게 된다. 마찬가지로 화학 반응식에 사용되는 정수 비율 때문에 과량의 화학 성분을 다뤄야 할 때도 있다.

사무실에서 종이를 림 단위로, 연필을 그로스 단위로 구매하듯이 화학자는 원자와 분자를 몰 단위로 센다. 탄소 원자 1개는 너무 작아서 보이지도 않고 무게도 측정할 수 없지만, 탄소 원자 1몰은 큰 숟가락을 가득 채우고 무게는 12 g이다. 탄소 1몰과 티타늄 1몰은 각각 같은 수의 원자를 포함하고 있다. 그러나 티타늄 원자는 탄소 원자의 4배의 질량을 가지므로 티타늄 1몰은 탄소 1몰의 4배의 질량을 가진다.

몰(mole, mol)은 정확히 12 g의 탄소-12에 들어 있는 원자의 수와 같은 수의 기본 단위가 들어 있는 물질의 양을 말한다. 이 수치는 아보가드로수인 6.02×10^{23}이다. 기본 단위는 원자(S 또는 Ca), 분자(O_2 또는 CO_2), 이온(K^+ 또는 $SO_4{}^{2-}$), 기타 모든 종류의 화학식 단위일 수 있다. 예를 들어 NaCl 1몰은 6.02×10^{23} NaCl 화학식 단위로, 이는 6.02×10^{23}개의 Na^+ 이온과 6.02×10^{23}개의 Cl^- 이온을 포함하고 있음을 의미한다. 원자, 분자, 이온은 매우 작아서 그 수가 엄청나게 많을 수밖에 없고, 보고 다룰 수 있는 양의 물질을 만들기 위해서는 엄청난 수의 원자와 분자가 필요하다. 그림 5.5의 비교를 통해 숫자의 크기를 어느 정도 짐작할 수 있다.

화학식량

각 원소는 특정한 원자량을 가지고 있다. 화합물은 2개 이상의 원소로 구성되어 있기 때문에 화합물의 질량은 원자량의 조합이다. 어떤 물질의 경우 **화학식량**(formula mass)은 화학식에

▶ **그림 5.5** 아보가드로수는 너무 커서 과학자조차도 제대로 이해하기 어렵지만, 이러한 비교가 도움이 될 수 있다.

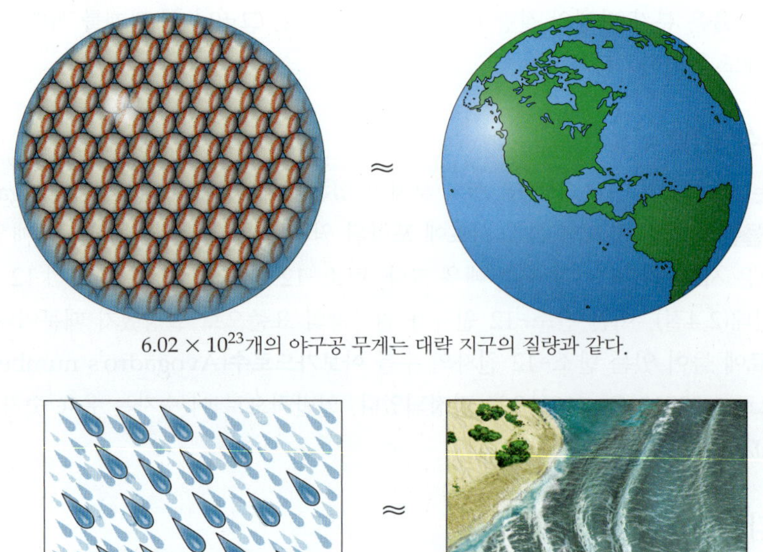

6.02×10^{23}개의 야구공 무게는 대략 지구의 질량과 같다.

6.02×10^{23}개의 물방울은 대략 지구에 있는 바닷물의 양과 같다.

표시된 원자의 질량을 합한 값이다. 화학식이 분자를 나타내는 경우에 화학식량 대신 종종 **분자량**(molecular mass)이라는 용어를 사용한다. 예를 들어 화학식 CO_2는 이산화 탄소 분자 1개당 탄소 원자 1개와 산소 원자 2개를 나타내므로 이산화 탄소의 화학식(또는 분자) 질량은 탄소 원자량에 산소 원자량의 2배를 더한 값이다.

$$CO_2\text{의 화학식량} = 1 \times \text{C의 원자량} + 2 \times \text{O의 원자량}$$
$$= (1 \times 12.0 \text{ amu}) + (2 \times 16.0 \text{ amu}) = 44.0 \text{ amu}$$

예제 5.3 분자량 계산하기

(a) 석탄을 태우는 발전소에서 흔히 발생하는 황갈색 기체인 이산화 황(SO_2)의 분자량과 **(b)** 가정에서 정원사가 흔히 사용하는 비료인 황산 암모늄[$(NH_4)_2SO_4$]의 화학식량을 계산하라.

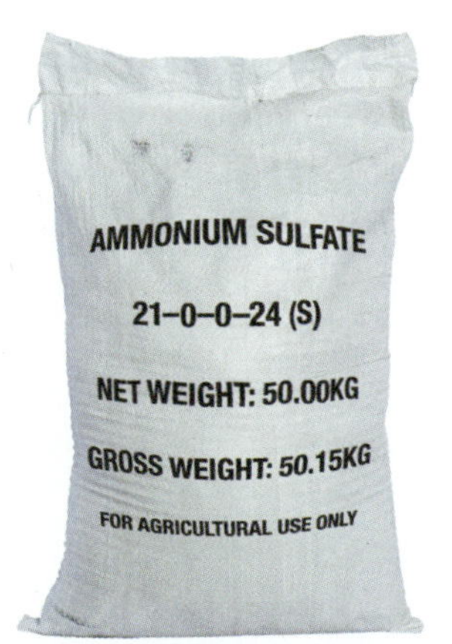

▲ 황산 암모늄 비료 한 봉지

풀이

a. 분자식 SO_2에서 시작한다. 그런 다음 분자량을 결정하기 위해 황의 원자량에 산소 원자량의 2배를 더하기만 하면 된다.

$$1 \times \text{S의 원자량} = 1 \times 32.1 \text{ amu} = 32.1 \text{ amu}$$
$$2 \times \text{O의 원자량} = 2 \times 16.0 \text{ amu} = 32.0 \text{ amu}$$
$$SO_2\text{의 화학식량} = 64.1 \text{ amu}$$

b. 화학식 $(NH_4)_2SO_4$는 질소 원자 2개, 수소 원자 8개, 황 원자 1개, 산소 원자 4개를 나타낸다. 원자량을 모두 더하면 다음과 같다.

$$(2 \times 14.0 \text{ amu}) + (8 \times 1.01 \text{ amu}) + (1 \times 32.1 \text{ amu}) + (4 \times 16.0 \text{ amu})$$
$$= 132.2 \text{ amu}$$

› 복습문제 5.3A

(a) 자동차 에어백에 사용되는 질화 소듐(NaN_3), **(b)** 식품 방부제로 사용되는 프로필렌 글리콜($C_3H_8O_2$)의 화학식량을 계산하라.

› 복습문제 5.3B

(a) 소독용 알코올로 더 잘 알려진 이소프로필 알코올[$(CH_3)_2CHOH$], **(b)** 제빵 제품 및 팬케이크 믹스의 발효제로 사용되는 인산이수소 칼슘[$Ca(H_2PO_4)_2$]의 화학식량을 계산하라.

화학식량에서 화합물의 백분율 조성 계산하기

화학식은 원자의 비율과 질량의 비율을 나타낸다. 이 관계를 통해 질량을 입자의 수와 연관시키고 다양한 응용에 의미 있는 방식으로 정보를 표현할 수 있다. 예를 들어 1.00몰 CO_2의 질량은 44.0 g이며, 이 중 12.0 g은 탄소이고 32.0 g은 산소이다. CO_2의 조성은 탄소와 산소의 질량 백분율로 표현할 수 있다.

$$\text{C의 질량 \%} = \frac{\text{C의 질량}}{\text{CO}_2\text{의 질량}} \times 100\% = \frac{12.0\text{ g}}{44.0\text{ g}} \times 100\% = 27.3\%$$

비슷한 방법으로 산소의 질량 백분율을 구할 수도 있지만, CO_2에는 탄소 외에 산소만 있으므로 빼기를 통해 질량 백분율을 구하기가 더 쉽다.

$$100\% - 27.3\% = 72.7\%\text{ 산소}$$

조성 백분율이라는 개념은 여러 응용에 유용하다. 소듐 섭취 제한량은 일반적으로 Na^+의 밀리그램으로 표시된다. 소듐은 주로 염화 소듐의 형태로 섭취된다. 미국심장협회(AHA)는 하루 최대 소듐 섭취량을 2400 mg Na^+로 권장한다. 예제 5.4는 이 양을 식탁용 소금 한 티스푼에 들어 있는 NaCl과 어떻게 연관시킬 수 있는지 보여준다.

예제 5.4 화학식에서 조성 백분율 계산하기

1티스푼(6.0 g)의 NaCl에 들어 있는 Na^+의 질량을 구하라. 이 양을 AHA에서 권장하는 하루 최대 섭취량인 2400 mg Na^+와 비교하라.

풀이

염화 소듐 1몰에는 1몰(23.0 g)의 Na^+와 1몰(35.5g)의 Cl^-가 있다. Na^+의 질량 백분율은 다음과 같다.

$$\text{Na의 질량 \%} = \frac{\text{Na의 질량}}{\text{NaCl의 질량}} \times 100\% = \frac{23.0\text{ g}}{58.5\text{ g}} \times 100\% = 39.3\%$$

따라서 100 g의 NaCl에는 39.3 g의 Na^+가 들어 있다. 1티스푼(6.0 g)의 NaCl에 들어 있는 양은 다음과 같다.

$$6.0\text{ g } \cancel{\text{NaCl}} \times \frac{39.3\text{ g Na}^+}{100\text{ g } \cancel{\text{NaCl}}} = 2.4\text{ g Na}^+$$

이는 하루 최대 권장량인 2400 mg Na^+과 같다.

› 복습문제 5.4A

$(NH_4)_2S$에서 질소의 질량 백분율을 계산하라.

› 복습문제 5.4B

질소는 식물 성장에 중요한 원소이므로 비료에는 질소 함유량이 표시되어 있다. 황산 암모늄 $(NH_4)_2SO_4$의 1파운드와 질산 암모늄 NH_4NO_3의 1파운드 중 어느 것이 더 많은 질소를 포함하는가? (힌트: 각각 1파운드에 들어 있는 질소의 양을 찾을 필요는 없다. 질소의 백분율로 같은 것을 알 수 있다.)

많은 환경 오염 물질은 실제 오염 물질이 화합물 또는 화합물의 혼합물인 경우에도 원소로 보고된다. 예를 들어 지하수의 질산 이온(NO_3^-)은 질소 백만분율(ppm)로 보고되고, 이산화 탄소 배출량은 탄소 톤(t)으로 보고되는 경우가 많다. 질량 백분율 개념은 이렇게 보고된 양을 이해하는 데 유용하다.

자가평가문제

1. 정확히 16 g의 산소-16에 들어 있는 산소-16 원자의 개수는 몇 개인가?
   a. 1 **b.** 16 **c.** 256 **d.** 6.02×10^{23}
2. 탄소-12 원자 1몰의 질량은 얼마인가?
   a. 12 g **b.** 12.011 g **c.** 12 amu **d.** 12.011 amu
3. 다음 중 분자량이 가장 작은 것은 무엇인가?
   a. CH_4 **b.** HCl **c.** H_2O **d.** PH_3
4. 1몰 $Cr(SO_4)_3$에 들어 있는 황 원자의 몰수는 얼마인가?
   a. 1몰 **b.** 3몰 **c.** 15몰 **d.** 6.02×10^{23}몰
5. 2.00몰의 물 H_2O에 존재하는 수소 원자의 몰수는 얼마인가?
   a. 2.00몰 **b.** 4.00몰 **c.** 6.00몰 **d.** 8.00몰
6. 염화 소듐의 질량 백분율 조성은 어떠한가?
   a. 약 40% Na^+와 60% Cl^- **b.** 50% Na^+와 50% Cl^-
   c. 약 60% Na^+와 40% Cl^- **d.** 23.0% Na^+와 35.5% Cl^-

정답: 1. d 2. a 3. a 4. b 5. b 6. a

5.4 몰질량: 몰을 질량으로, 질량을 몰로 변환하기

학습 목표
- 물질의 질량을 몰로, 몰을 질량으로 변환한다.
- 한 반응물 또는 생성물의 질량 또는 몰수를 다른 반응물 또는 생성물의 질량 또는 몰수로부터 계산한다.

지금쯤이면 몰과 질량 관계의 유용성을 알 수 있을 것이다. 물질의 질량을 측정하고 그 값을 입자의 수로 변환할 수 있다는 것은, 화학식을 같은 부피의 기체 또는 같은 수의 개별 분자 사이의 반응에 대한 지침으로만이 아니라 더 넓은 의미로 사용될 수 있음을 의미한다. 또한 주어진 물질의 양에 따라 반응식을 확장할 수도 있다. 반응식을 적용하는 방법만 알면 된다.

물질의 **몰질량**(molar mass)은 이름 그대로 그 물질 1몰의 질량이다. 아보가드로수에 따라 물질의 몰질량은 원자량, 분자량, 화학식량과 수치적으로 같지만 몰질량은 몰당 그램(g/mol) 단위로 표현한다. 소듐의 원자량은 23.0 amu이고, 몰질량은 23.0 g/mol이다. 이산화 탄소의 분자량은 44.0 amu이고 몰질량은 44.0 g/mol이다. 황산 암모늄의 화학식량은 132.2 amu이고 몰질량은 132.2 g/mol이다. 이러한 사실을 몰의 정의와 함께 사용하여 다음과 같은 관계를 쓸 수 있다.

$$1 \text{ mol Na} = 23.0 \text{ g Na} = 6.02 \times 10^{23} \text{ 원자}$$
$$1 \text{ mol } CO_2 = 44.0 \text{ g } CO_2 = 6.02 \times 10^{23}\ CO_2 \text{ 분자}$$
$$1 \text{ mol } (NH_4)_2SO_4 = 132.2 \text{ g } (NH_4)_2SO_4 = 6.02 \times 10^{23}\ (NH_4)_2SO_4 \text{ 화학식 단위}$$

이러한 관계는 다음 예제에서 볼 수 있듯이 g 단위의 질량과 몰 단위의 양을 변환하는 데 필요한 환산 계수를 제공한다. 이러한 환산 계수는 등식을 나타내므로 필요에 따라 단위가 적절하게 상쇄되도록 식에서 이를 거꾸로 할 수도 있다(예제 5.5b 참조)는 점에 유의해야 한다.

예제 5.5 몰과 질량 사이의 환산

(a) 0.400 mol CH_4는 몇 g인가? **(b)** 62.5 g의 소듐 금속 조각에 들어 있는 Na의 몰수를 계산하라.

풀이

a. CH_4의 분자량은 $(1 \times 12.0 \text{ amu}) + (4 \times 1.0 \text{ amu}) = 16.0 \text{ amu}$이다. 따라서 CH_4의 몰질량은 16.0 g/mol이다. 이 몰질량을 환산 계수로 사용하면 다음과 같다.

$$? \text{ g } CH_4 = 0.400 \text{ mol } CH_4 \times \frac{16.0 \text{ g } CH_4}{1 \text{ mol } CH_4} = 6.4 \text{ g } CH_4$$

b. Na의 몰질량은 23.0 g/mol이다. 질량을 몰로 변환하려면 몰질량의 역을 환산 계수(1 mol Na/23.0 g Na)로 사용하여 질량 단위를 상쇄해야 한다. 그램 단위로 시작하면 환산 계수의 분모에 그램이 있어야 한다.

$$? \text{ mol Na} = 62.5 \text{ g Na} \times \frac{1 \text{ mol Na}}{23.0 \text{ g Na}} = 2.72 \text{ mol Na}$$

› 복습문제 5.5A

(a) 0.0728 mol 탄소, **(b)** 55.5 mol H_2O, **(c)** 0.0728 mol $Ca(HSO_4)_2$의 질량을 그램 단위로 계산하라.

› 복습문제 5.5B

(a) 3.71 g Fe, **(b)** 165 g C_5H_{12}, **(c)** 0.100g $Mg(NO_3)_2$의 양을 몰 단위로 계산하라.

그림 5.6은 여러 가지 물질의 1몰 시료를 보여준다. 각 용기에는 해당 물질이 화학식 단위로 아보가드로수 만큼 들어 있다. 즉 가장 큰 접시에는 풍선 안에 들어 있는 헬륨 원자 수만큼의 설탕 분자가 들어 있다.

화학 반응식에서 몰과 질량의 관계

이제 이 중요한 아이디어를 하나로 모을 차례이다. 균형 반응식의 기본을 배웠고, 몰/질량 환산의 중요성을 배웠다. 이제 이것들을 실제 상황에 적용할 수 있다.

화학자, 다른 과학자, 엔지니어는 종종 "1.0톤의 Fe_2O_3에서 얼마나 많은 철을 얻을 수 있을까?" 또는 "1000 g의 프로페인을 연소하면 얼마나 많은 이산화 탄소가 생성될까?"와 같은 질문에 직면하게 된다. 동일한 반응에서 한 물질의 질량으로부터 다른 물질의 질량을 직접 계산하는 간단한 방법은 없다. 화학 반응은 원자와 분자가 관여하기 때문에 반응의 양은 원자, 이

▶ **그림 5.6** 여러 가지 친숙한 물질이 1몰씩 들어 있다. 테이블의 왼쪽부터 오른쪽으로 설탕, 소금, 탄소, 구리가 있다. 그 뒤에 있는 풍선에는 헬륨이 들어 있다. 각 용기에는 해당 물질이 기본 단위로 아보가드로수만큼 들어 있다. 시료에는 설탕 분자, NaCl 화학식 단위, 탄소와 구리와 헬륨 원자가 6.02×10^{23}개씩 들어 있다.

Q 소금 한 접시에는 몇 개의 Na^+ 이온과 몇 개의 Cl^- 이온이 들어 있는가? 풍선에 산소 기체(O_2)가 가득 차 있다면 그 안에 들어 있는 산소 원자는 몇 개인가?

온, 분자의 몰 단위로 계산된다. 이러한 계산을 하려면 예제 5.5에서와 같이 물질의 그램을 몰로 변환해야 한다. 또한 몰 사이의 관계를 결정하기 위해 균형 반응식을 작성해야 한다.

이런 유형의 문제는 항상 화학 반응식으로 시작한다. 균형 화학 반응식은 처음 보는 미지의 반응식을 풀기 위해 따르는 비결 또는 지침이다. 화학 반응식은 원자와 분자의 비율뿐만 아니라 몰의 비율도 제공한다는 것을 기억하자. 예를 들어 다음과 같은 반응식이 있다고 하자.

$$C + O_2 \longrightarrow CO_2$$

C 원자 1개가 O_2 분자 1개(원자 2개)와 반응하여 CO_2 분자 1개(C 원자 1개, O 원자 2개)를 생성한다는 것을 알려줄 뿐만 아니라, 1몰의 탄소(6.02×10^{23}개의 원자)가 1몰의 산소(6.02×10^{23}개의 분자)와 반응하여 1몰의 이산화 탄소(6.02×10^{23}개의 분자)를 생성한다는 것도 알려준다. 물질의 그램 단위 몰질량은 원자 질량 단위로 나타낸 물질의 화학식량과 수치적으로 같으므로, 이 반응식을 통해 12.0 g(1몰) C가 32.0 g(1몰) O_2와 반응하여 44.0 g(1몰) CO_2를 생성한다는 것도 (간접적으로) 알 수 있다(그림 5.7).

중요한 작업은 질량의 비율을 유지하는 것이다. 비율이 고정되어 있으면 항상 결과를 예측할 수 있다. 앞의 반응에서 산소와 탄소의 질량비는 32.0:12.0인데, 이 값을 4로 나누면 8.0:3.0

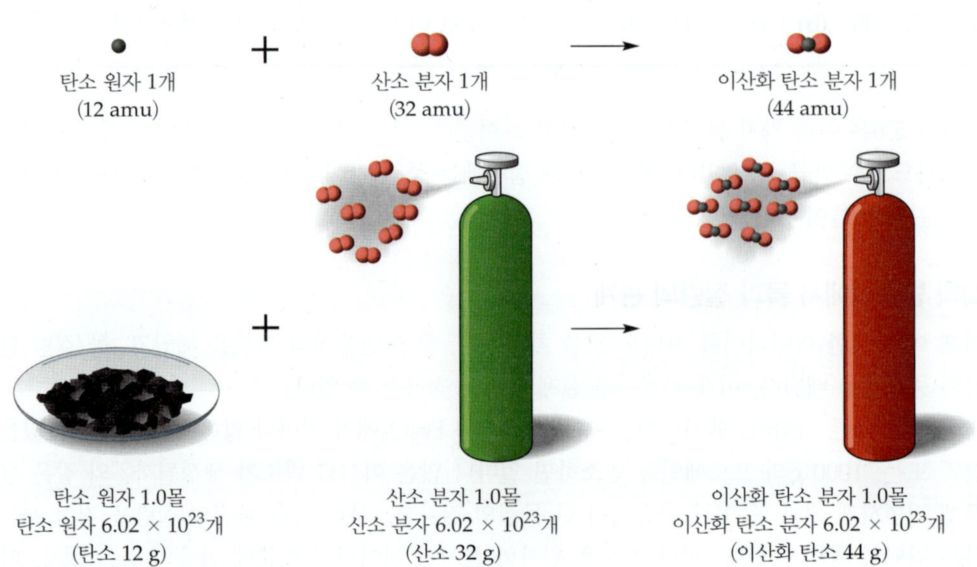

▶ **그림 5.7** 원자 1개 또는 분자 1개의 무게는 측정할 수 없지만, 이 작은 입자들을 같은 수만큼 모은 것의 무게는 측정할 수 있다.

으로 단순화할 수 있다. 마찬가지로 생성물도 4배만큼 줄어든다. 따라서 8.0 g O와 3.0 g C는 11.0 g CO_2를 생성하게 된다. 실제로 주어진 양의 탄소와 반응하는 데 필요한 산소의 양을 계산하려면 탄소의 양에 32.0:12.0의 인자를 곱하기만 하면 된다. 다음 예제는 이러한 관계를 설명한다.

예제 5.6 분자, 몰, 질량 관계

내연기관 자동차에서 배출되는 대기오염 물질인 일산화 질소(산화 질소)는 산소와 결합하여 호흡기와 눈을 자극하는 황갈색 기체인 이산화 질소를 생성한다. 그 반응식은 다음과 같다.

$$2\,NO + O_2 \longrightarrow 2\,NO_2$$

이 반응식이 나타내는 분자, 몰, 질량 관계를 설명하라.

풀이

분자와 몰의 관계는 계산할 필요 없이 반응식에서 직접 구할 수 있다. 질량 관계는 약간의 간단한 계산이 필요하다.

분자: 2개의 NO 분자가 1개의 O_2 분자와 반응하여 2개의 NO_2 분자를 생성한다.
몰: 2몰의 NO가 1몰의 O_2와 반응하여 2몰의 NO_2를 생성한다.
질량: 60.0 g NO(2 mol NO $\times$ 30.0 g/mol)는 32.0 g O_2(1 mol O_2 $\times$ 32.0 g/mol)와 반응하여 92.0 g NO_2(2 mol NO_2 $\times$ 46.0 g/mol)를 형성한다.

› 복습문제 5.6A

썩은 달걀 냄새가 나는 기체인 황화 수소는 공기 중에서 연소하여 다음 식에 따라 이산화 황과 물을 생성한다.

$$2\,H_2S + 3\,O_2 \longrightarrow 2\,SO_2 + 2\,H_2O$$

이 반응식이 나타내는 분자, 몰, 질량 관계를 설명하라.

› 복습문제 5.6B

복습문제 5.6A의 반응식에서 보존되는 것은 다음 중 무엇인가? 즉 반응물의 총합이 생성물의 총합과 같은 것은 다음 중 무엇인가?

a. 원자 수 **b.** 분자 수 **c.** 몰수 **d.** 질량(g)

왜 중요할까?

연소 중인 탄소와 완전히 반응할 만큼 충분한 산소 기체가 없으면 탄소 중 일부가 불완전하게 산화되어 치명적인 일산화 탄소가 생성된다. 미국에서는 매년 400명 이상의 사망자가 의도하지 않은 일산화 탄소 중독으로 인해 발생한다. 이 중 상당수는 실내에서 사용하는 벽난로와 장작 난로 등의 열원을 환기가 충분하지 않은 상태에서 사용하기 때문에 발생한다.

화학 반응식에서 몰 관계

이 장의 앞부분에서 언급했듯이 화학 반응에서 반응물과 생성물 사이의 정량적 관계를 **화학량론**(stoichiometry)이라고 한다. 반응물과 생성물의 몰 비율은 균형 화학 반응식의 계수에 의해 주어진다. 라이터의 일반적인 연료인 뷰테인의 연소를 생각해보자.

$$2\,C_4H_{10} + 13\,O_2 \longrightarrow 8\,CO_2 + 10\,H_2O$$

균형 반응식의 계수를 통해 다음과 같은 설명을 할 수 있다.

- 2몰의 C_4H_{10}은 13몰의 O_2와 반응한다.
- 2몰의 C_4H_{10}가 반응할 때마다 8몰의 CO_2가 생성된다.

• 8몰의 CO_2가 생성될 때마다 10몰의 H_2O가 생성된다.

이러한 설명을 화학량론 인자라는 환산 인자로 바꿀 수 있다. **화학량론 인자**(stoichiometric factor)는 화학 반응에 관여하는 두 물질의 양을 몰 단위로 나타내는 환산 인자이다. 화학량론 인자는 반응에 대한 균형 반응식의 계수에서 비롯되므로 작은 정수를 포함한다는 점에 유의해야 한다. 다음의 예제에서는 화학량론 인자를 색으로 표시했다.

예제 5.7 몰 관계

0.105몰의 프로페인이 충분한 양의 산소에서 연소할 때, 소비되는 산소의 몰수는 얼마인가?

$$C_3H_8 + 5\,O_2 \longrightarrow 3\,CO_2 + 4\,H_2O$$

풀이

균형 반응식에 따르면 1몰의 C_3H_8을 연소하려면 5몰의 O_2가 필요하다. 이 관계로부터 산소와 프로페인의 몰을 연관시키는 환산 인자를 만들 수 있다. 가능한 환산 인자는 다음과 같다.

$$\frac{1\text{ mol } C_3H_8}{5\text{ mol } O_2} \quad \text{그리고} \quad \frac{5\text{ mol } O_2}{1\text{ mol } C_3H_8}$$

어느 것을 사용해야 할까? 0.105몰의 C_3H_8로 문제를 시작했기 때문에 오른쪽의 인자가 필요하며, 이를 통해 'mol C_3H_8'은 상쇄되고 필요한 단위(산소 기체의 몰)로 답을 구할 수 있다.

$$?\text{ mol } O_2 = 0.105\text{ mol } C_3H_8 \times \frac{5\text{ mol } O_2}{1\text{ mol } C_3H_8} = 0.525\text{ mol } O_2$$

› 복습문제 5.7A

예제 5.7에 제시된 프로페인의 연소를 고려해보자. **(a)** 1.250몰의 C_3H_8이 연소할 때 몇 몰의 CO_2가 생성되는가? **(b)** 0.059몰의 O_2가 소비될 때 몇 몰의 CO_2가 생성되는가?

› 복습문제 5.7B

예제 5.7에서 프로페인 연소의 경우에 25.0몰의 O_2와 12.0몰의 프로페인이 결합한다고 가정한다. 반응 후, 어떤 반응물이 다 소모되고 다른 반응물은 몇 몰이 남게 되는가? (힌트: 주어진 양의 산소와 반응할 프로페인의 몰수를 계산한 다음에 주어진 양의 프로페인과 반응할 산소의 몰수를 계산하라. 어떤 반응물이 다 소모되는가?)

화학 반응식에서의 질량 관계

화학 반응식은 화학량론적인 관계를 몰 단위로 정의하지만, 실험실에서 몰을 직접 측정할 수 없으므로 문제에서 몰 단위로 주어지는 경우는 거의 없다. 일반적으로 한 물질의 질량(그램 단위)이 주어지고 반응하거나 생성될 수 있는 다른 물질의 질량을 계산하는 문제가 주어진다. 이러한 계산에는 여러 단계가 포함된다.

1. 반응에 대한 균형 화학 반응식을 쓴다.
2. 계산에 관련된 물질의 몰질량을 결정한다.
3. 주어진 양을 적고 몰질량을 사용하여 이 양을 몰로 변환한다.
4. 균형 화학 반응식의 계수(화학량론적 관계)를 사용하여 주어진 물질의 몰을 원하는 물질

A의 질량(그램) → $\frac{\text{mol A}}{\text{g A}}$ (몰질량 전환 인자) → A의 양(몰) → $\frac{\text{mol B}}{\text{mol A}}$ (균형 반응식의 계수) → B의 양(몰) → $\frac{\text{g B}}{\text{mol B}}$ (몰질량 전환 인자) → B의 질량(그램)

▲ **그림 5.8** 화학 반응식을 사용하여 식에 있는 어떤 두 물질의 몰수를 연관시킬 수 있다. 이러한 물질은 반응물과 생성물, 2개의 반응물 또는 2개의 생성물일 수 있다. 한 물질의 질량을 같은 반응에 관여하는 다른 물질의 질량과 직접적으로 연관시킬 수는 없다. 질량 관계를 구하려면 각 물질의 질량을 몰로 변환하고, 화학량론 인자를 통해 한 물질의 몰을 다른 물질의 몰과 연관시킨 다음 두 번째 물질의 몰을 그 질량으로 변환해야 한다.

의 몰로 변환한다.

5. 몰질량을 사용하여 원하는 물질의 몰을 원하는 물질의 그램으로 변환한다.

반응식에서 어떤 물질의 양을 알면 다른 모든 물질의 양을 결정할 수 있다. 변환 과정은 그림 5.8에 나타냈다. 예제와 복습문제를 통해 학습하는 것이 가장 좋다.

예제 5.8 질량 관계

이산화 탄소를 생성할 때 5.00 g의 탄소와 반응하는 데 필요한 산소의 질량을 계산하라.

풀이

1단계: 균형 반응식은 다음과 같다.

$$\mathrm{C + O_2 \longrightarrow CO_2}$$

2단계: C의 몰질량은 12.0 g/mol이고, O_2의 몰질량은 $2 \times 16.0 = 32.0$ g/mol이다.

3단계: 주어진 탄소의 질량을 몰 단위의 양으로 변환한다.

$$5.0\ \mathrm{g\,C} \times \frac{1\ \mathrm{mol\,C}}{12.0\ \mathrm{g\,C}} = 0.417\ \mathrm{mol\,C}$$

4단계: 균형 반응식의 계수를 사용하여 산소의 양과 탄소의 양을 연관시키는 화학량론 인자(분홍색)를 설정한다.

$$0.417\ \mathrm{mol\,C} \times \frac{1\ \mathrm{mol\,O_2}}{1\ \mathrm{mol\,C}} = 0.417\ \mathrm{mol\,O_2}$$

5단계: 산소의 몰수를 그램으로 변환한다.

$$0.417\ \mathrm{mol\,O_2} \times \frac{32.0\ \mathrm{g\,O_2}}{1\ \mathrm{mol\,O_2}} = 13.3\ \mathrm{g\,O_2}$$

다섯 단계를 한 단계로 결합할 수도 있다. 환산 인자의 분모에 있는 단위는 각각 이전 항의 분자에 있는 단위를 상쇄하도록 선택된다.

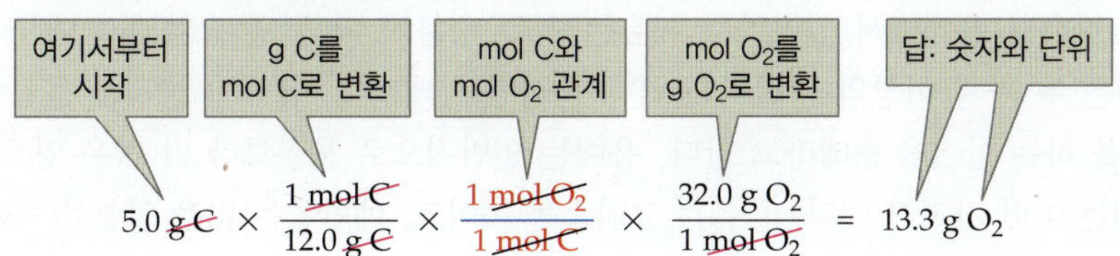

› 복습문제 5.8A

1.505 g의 질소 기체(N_2)와 반응하여 이산화 질소를 생성하는 데 필요한 산소 기체(O_2)의 질

1 자동차가 휘발유보다 더 많은 오염 물질을 배출하는 이유는 무엇인가?

탄소 1몰(12 g)은 대기 중의 산소와 결합하여 이산화 탄소 1몰(44 g)을 생성한다. 휘발유는 대부분 탄소로 이루어져 있으므로 생성된 이산화 탄소의 질량은 연소된 휘발유의 질량보다 크다. 이산화 탄소는 주요 온실 기체이다.

량을 계산하라. (힌트: 균형 반응식을 먼저 쓰라.)

› 복습문제 5.8B

(a) 메테인(CH_4)과 **(b)** 펜테인(C_5H_{12}) 각각 355 g이 산소 기체에서 연소할 때 생성되는 이산화 탄소의 질량을 계산하라. (힌트: 예제 5.7의 반응이 반응식의 균형을 맞추는 데 도움이 될 수 있다.)

자가평가문제

1. 4.65 mol H_2SO_4의 질량은 얼마인가?

a. 314 g **b.** 456 g **c.** 466 g **d.** 564 g

2. 다음 중 10.0 g의 시료에 가장 많은 몰수가 포함된 것은 무엇인가?

a. Co **b.** F **c.** Se **d.** P

3. 1 lb(453.6 g)의 CO_2에 들어 있는 CO_2의 몰수는 얼마인가?

a. 0.0969몰 **b.** 9.20몰 **c.** 10.3몰 **d.** 14.2몰

4. 7.80 g의 벤젠 시료에 들어 있는 벤젠(C_6H_6)의 몰수는 얼마인가?

a. 0.100몰 **b.** 1.00몰 **c.** 7.81몰 **d.** 610몰

5~7번 문제는 반응식 $2\ H_2 + O_2 \longrightarrow 2\ H_2O$을 참조하라.

5. 몰 단위로 반응식이 의미하는 것은 무엇인가?

a. 2 mol H는 1 mol O와 반응하여 2 mol H_2O를 생성한다.
b. 4 mol H는 2 mol O와 반응하여 4 mol H_2O를 생성한다.
c. 2 mol H_2는 1 mol O_2와 반응하여 2 mol H_2O를 생성한다.
d. 2 mol O_2는 1 mol H_2와 반응하여 2 mol H_2O를 생성한다.

6. 0.500 mol H_2에서 생성될 수 있는 물의 몰수는 얼마인가?

a. 0.500몰 **b.** 1.00몰 **c.** 2.00몰 **d.** 4.00몰

7. 0.222 mol H_2O를 생성하는 데 필요한 산소(O_2)의 몰수는 얼마인가?

a. 0.111몰 **b.** 0.222몰 **c.** 0.444몰 **d.** 1.00몰

정답: 1. b, 2. b, 3. c, 4. a, 5. c, 6. a, 7. a

5.5 용액

학습 목표
- 용액에서 용질의 농도(몰농도, 부피 백분율, 질량 백분율)를 계산한다.
- 농도와 다른 양이 주어졌을 때 용질 또는 용액의 양을 계산한다.

많은 화학 반응이 용액에서 일어나는 이유는 화학 성분이 더 쉽게 교환되기 때문이다. **용액**(solution)은 두 가지 이상의 물질이 균일하게 섞인 상태이다. 용해된 물질을 **용질**이라 하고, 용해 작용을 하는 물질을 **용매**라고 한다. 용매는 일반적으로 용질보다 더 많은 양으로 존재한다. 용매에는 여러 가지가 있다. 등유는 그리스를 녹이고, 에탄올은 많은 약물을 녹이며, 바나나 기름의 성분인 이소펜틸 아세테이트는 모형 비행기 접착제의 용매이다.

물은 의심할 여지 없이 가장 친숙한 용매로 설탕, 소금, 에탄올과 같은 많은 일반적인 물질을 녹인다. 여기서는 물이 용매인 **수용액**(aqueous solution, aq)에 초점을 맞춰 용질과 용매

의 관계를 보다 정량적으로 살펴본다.

▲ 소독용 알코올은 물-이소프로필 알코올 용액으로, 일반적으로 이소프로필 알코올[$(CH_3)_2CHOH$]이 부피의 70%를 차지한다.

용액의 농도

설탕이나 소금과 같은 일부 물질은 물에 가용성이라고 말한다. 물론 일정량의 물에 녹일 수 있는 설탕이나 소금의 양에는 한계가 있다. 그런데도 상당한 양이 녹기 때문에 물에 녹는다고 말하는 것이 편리하다. 구리 동전이나 유리(이산화 규소)와 같은 다른 물질은 물에 대한 용해도가 0에 가까워서 불용성으로 간주한다. 가용성 및 불용성과 같은 용어는 유용하지만 정확하지 않으므로 주의해서 사용해야 한다.

대략 추정되지만 때때로 유용한 다른 두 가지 용어는 '묽은'과 '진한'이다. **묽은 용액**(dilute solution)은 많은 양의 용매에 상대적으로 적은 양의 용질이 들어 있는 용액이다. 예를 들어 차 한 잔에 설탕을 조금 넣으면 단맛이 거의 없는 묽은 설탕 용액이 된다. **진한 용액**(concentrated solution)은 소량의 용매에 비교적 많은 양의 용질이 녹아 있는 용액이다. 팬케이크 시럽은 상대적으로 적은 양의 물에 많은 양의 설탕 용질이 녹아 있는 진한 용액으로 매우 달콤하다.

과학적 작업에는 일반적으로 '차 한 잔에 설탕 조금'보다 더 정확한 농도 단위가 필요하다. 또한 물질은 몰비에 따라 화학 반응을 일으키기 때문에 정량적인 작업에는 종종 몰 단위가 필요하다.

몰농도

화학자들이 자주 사용하는 농도 단위는 **몰농도**이다. 용액을 포함하는 반응의 경우, 일반적으로 용질의 양은 몰, 용액의 양은 리터 또는 밀리리터로 측정한다. **몰농도**(molarity, M)는 용액 1리터에 들어 있는 용질의 몰수이다.

$$\text{몰농도(M)} = \frac{\text{용질의 양(몰)}}{\text{용액의 양(리터)}}$$

예를 들어 '1.75 M NaCl'은 "1.75몰 염화 소듐"으로 읽는다. 몰농도와 몰을 혼동하지 않도록 주의해야 한다. 몰농도 식에는 몰이 포함되지만, 예제 5.9에서 볼 수 있듯이 몰농도가 몰과 같다는 의미는 아니다.

예제 5.9 용액의 농도: 몰농도와 몰

3.50 mol NaCl을 충분한 물에 녹여 만든 용액 2.00 L의 몰농도를 계산하라.

풀이

$$\text{몰농도(M)} = \frac{\text{용질의 양(몰)}}{\text{용액의 양(리터)}} = \frac{3.50\ \text{mol NaCl}}{\text{용액 } 2.00\ \text{L}} = 1.75\ \text{M NaCl}$$

› 복습문제 5.9A

5.95 L의 용액에 0.0400 mol NH_3가 들어 있는 용액의 몰농도를 계산하라.

› 복습문제 5.9B

0.850 mol H_2SO_4를 충분한 물에 녹여 만든 용액 775 mL의 몰농도를 계산하라.

일반적으로 용액을 준비할 때는 용질의 **무게**를 측정해야 한다. 저울에는 몰 단위가 표시되지 않으므로 예제 5.10과 같이 주어진 질량을 물질의 몰 질량으로 나눈다.

예제 5.10 몰농도와 질량

탄산수소 포타슘 333 g을 충분한 물에 녹여 만든 용액 10.0 L의 몰농도는 얼마인가?

풀이

먼저 $KHCO_3$의 질량(g)을 $KHCO_3$의 몰로 변환해야 한다.

$$333\ \text{g}\ \cancel{KHCO_3} \times \frac{1\ \text{mol}\ KHCO_3}{100.1\ \text{g}\ \cancel{KHCO_3}} = 3.33\ \text{mol}\ KHCO_3$$

그런 다음, 이 값을 몰농도를 정의하는 식의 분자로 사용한다. 용액의 부피인 10.0 L가 분모이다.

$$\text{몰농도} = \frac{3.33\ \text{mol}\ KHCO_3}{\text{용액}\ 10.0\ \text{L}} = 0.333\ \text{M}\ KHCO_3$$

› 복습문제 5.10A

(a) 용액 2.00 L에 들어 있는 18.0 g의 H_3PO_4와 **(b)** 용액 2.39 L에 들어 있는 3.00 g의 KCl의 몰농도를 계산하라.

› 복습문제 5.10B

용액 1752 mL에 0.309 g의 HF가 들어 있는 용액의 몰농도를 계산하라. HF는 유리를 식각하는 데 사용된다.

왜 중요할까?

음료의 에탄올 함량은 거의 항상 '부피'로 표시된다(복습문제 5.13A 참조). 이는 부분적으로 마케팅 전략의 일환일 수도 있다. 에탄올은 물보다 밀도가 약 20% 낮으므로 "부피비로 알코올 12%"라고 표시된 음료는 질량비로 약 10%의 에탄올만 함유한 것이다. 부피 비율이 높을수록 구매자는 "가격 대비 더 많은 것을 얻고 있다"라고 생각할 수 있다.

종종 특정 몰농도의 용액을 주어진 부피만큼 준비하는 데 필요한 용질의 **질량**을 알아야 할 때가 있다. 이러한 계산에서 몰농도를 용질의 몰수와 용액의 부피(L) 사이의 환산 인자로 사용할 수 있다. 예를 들어 예제 5.11에서 '0.15 M NaCl'이라는 표현은 용액 1리터당 0.15 몰의 NaCl을 의미하며, 다음과 같은 환산 계수로 표현된다.

$$\frac{0.15\ \text{mol KaCl}}{\text{용액}\ 1\ \text{L}}$$

예제 5.11 용액 만들기: 몰농도

일반적인 시판 식염수(약 0.15 M NaCl)를 0.500 L 만드는 데 필요한 NaCl의 질량(그램)은 얼마인가?

풀이

먼저 몰농도를 변환 인자로 사용하여 NaCl의 몰수를 계산한다.

$$\cancel{\text{용액}}\ 0.500\ \text{L} \times \frac{0.15\ \text{mol NaCl}}{\cancel{\text{용액}}\ 1\ \text{L}} = 0.075\ \text{mol Nacl}$$

그런 다음 몰질량을 사용하여 NaCl의 질량(g)을 계산한다.

$$0.075\ \text{mol NaCl} \times \frac{58.5\ \text{g NaCl}}{1\ \text{mol NaCl}} = 4.4\ \text{g NaCl}$$

› 복습문제 5.11A

(a) 4.00 M KOH 용액 1.500 L와 **(b)** 1.00 M KOH 용액 200.0 mL를 만들기 위해 필요한 수산화 포타슘의 질량(g)은 얼마인가?

› 복습문제 5.11B

19.1 M NaOH 용액 12.5 L를 만드는 데 필요한 수산화 소듐의 질량(kg)은 얼마인가?

종종 알려진 몰농도의 용액을 시중에서 구할 수 있다. 예를 들어 진한 염산은 12 M이다. 특정 몰수의 용질을 포함하는 용액의 부피를 어떻게 결정할 수 있을까? 12 M HCl은 12몰의 염산이 1리터의 용액과 같다는 것을 의미하므로 두 가지 환산 인자를 쓸 수 있다.

$$\frac{12\ \text{mol HCl}}{\text{용액}\ 1\ \text{L}} \quad \text{또는} \quad \frac{\text{용액}\ 1\ \text{L}}{12\ \text{mol HCl}}$$

두 번째 환산 인자는 HCl의 몰수를 HCl의 부피로 바꾼다.

② 은 함량 0.925와 은 함량 0.800의 차이는 무엇인가?

은의 순도는 십진수로 표시되며, '1'은 순수한 은을 나타낸다. 순도가 0.925보다 큰 은을 '표준 은(sterling silver)'이라고 한다. 표준 은은 합금 1.000 g당 최소 0.925 g의 은 원자가 있으며, 0.800 은은 합금 1.000 g당 0.800 g의 은 원자가 있다. 은 합금으로 만든 제품은 은 도금 제품과는 다르다.

예제 5.12 몰농도와 부피에서 몰수 계산하기

진한 염산(HCl)의 농도는 12.0 M이다. 0.425몰의 HCl을 얻는 데 필요한 이 용액의 부피(mL)를 계산하라.

풀이

$$0.425\ \text{mol HCl} \times \frac{\text{용액}\ 1\ \text{L}}{12\ \text{mol HCl}} = \text{용액}\ 0.0354\ \text{L}$$

이 경우 용액 0.0354 L(35.4 mL)에는 0.425몰의 용질이 포함되어 있다. 몰농도는 용액 1 L당 몰수이지 용매 1 L당 몰수가 아니라는 점을 기억하자.

› 복습문제 5.12A

0.445몰의 아세트산을 얻는 데 필요한 18.0 M 아세트산($HC_2H_3O_2$) 용액의 부피(mL)를 계산하라.

› 복습문제 5.12B

2.00×10^{-5} M의 HNO_3를 포함하고 있는 산성비 500 mL에 들어 있는 HNO_3의 질량(g)을 구하라.

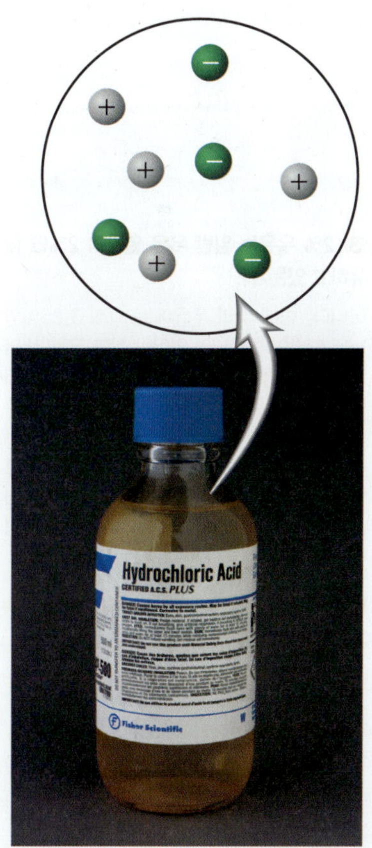

▲ '시약 등급'의 진한 염산은 물에 HCl(H^+ 및 Cl^- 이온)이 질량비로 38% 들어 있는 용액이다.

백분율 농도

의학 및 약학 분야를 비롯한 많은 실제 응용 분야에서 용액 농도는 종종 백분율로 표현된다. 측정하는 것이 질량인지 부피인지에 따라 백분율을 표현하는 방법은 여러 가지가 있다. 용질과 용매가 모두 액체인 경우에 액체 부피를 쉽게 측정할 수 있으므로 **부피 백분율**(percent by volume)을 사용하는 경우가 많다.

$$\text{부피 백분율} = \frac{\text{용질의 부피}}{\text{용액의 부피}} \times 100\%$$

부피 백분율을 계산할 때, 용질과 용액 모두 동일한 단위를 사용하기만 하면 어떤 부피 단위로든 표현할 수 있다. 예를 들어 두 부피를 모두 mL 또는 ft^3 또는 갤런으로 표현할 수 있다. 의약용 에탄올(CH_3CH_2OH)은 부피로 95%이다. 즉 수용액 100 mL당 95 mL의 CH_3CH_2OH로 구성된다.

예제 5.13 부피 백분율

전기톱 및 잔디 깎는 기계와 같은 장비에 일반적으로 사용되는 2기통 엔진은 120 mL의 오일을 충분한 양의 휘발유에 섞어서 4.00 L로 만든 혼합 연료이다. 이 혼합물에서 오일의 부피 백분율을 계산하라.

풀이

$$\text{부피 백분율} = \frac{\text{오일 } 120\text{ mL}}{\text{용액 } 4000\text{ mL}} \times 100\% = 3.0\%$$

› 복습문제 5.13A

90.0 mL의 물이 들어 있는 에탄올-물 용액 845 mL에서 에탄올의 부피 백분율은 얼마인가?

› 복습문제 5.13B

35.5 mL의 톨루엔($C_6H_5CH_3$)과 80.0 mL의 벤젠(C_6H_6)을 혼합하여 만든 용액에서 톨루엔의 부피 백분율은 얼마인가? (부피는 가산성이 있다고 가정한다.[1])

3 2% 우유는 일반 우유 열량의 2%만 함유하고 있는가?

아니다. 법에 따라 우유에는 최소 3.25%의 버터 지방이 함유되어 있어야 한다. 일부 버터 지방을 제거하여 2% 우유를 만들면 버터 지방의 질량 백분율이 2%가 된다. 우유의 당(주로 젖당)과 단백질도 에너지를 제공하기 때문에 2% 우유는 우유 열량의 약 75%를 가지고 있다. 반면 탈지분유는 지방이 최대 0.2%이고 우유 열량의 60% 수준이다. 세 가지 유형의 우유 모두 칼슘과 단백질 함량은 같다.

대부분의 상업용 용액에는 **질량 백분율**(percent by mass) 농도가 표시되어 있다. 예를 들어 황산은 축 전지에 사용하는 35.7% H_2SO_4, 인산염 비료 제조용 77.7% H_2SO_4, 철강 산세(pickling steel)용 93.2% H_2SO_4과 같이 여러 농도로 판매된다. 각 %는 질량 기준이다. 즉 황산 용액 100 g당 35.7 g의 H_2SO_4 등이다.

$$\text{질량 백분율} = \frac{\text{용질의 질량}}{\text{용액의 질량}} \times 100\%$$

부피 백분율과 마찬가지로, 용질과 용액의 질량도 같은 단위를 사용하기만 하면 어떤 질량 단위로든 표현할 수 있다.

예제 5.14 질량 백분율

25.5 g NaCl이 물 425 g에 용해된 용액의 질량 백분율을 계산하라.

풀이

위의 질량 백분율 식에 위의 값들을 대입한다. 용액의 질량은 NaCl과 물의 질량을 합한 값이

[1] 질량은 항상 가산성을 가지고 있다. 즉 설탕 50 g에 소금 50 g을 더하면 혼합물 100 g이 된다. 그러나 액체의 부피가 항상 가산성을 갖는 것은 아니다. 예를 들어 메탄올(가정용품 상점의 페인트 근처에 진열되어 있는 목재 알코올)과 물을 각각 50 mL씩 조심스럽게 계량하여 함께 섞으면 용액의 부피는 100 mL 미만이 된다. 이는 분자간 힘의 차이 때문이다(6.3절).

라는 점을 기억하자.

$$\text{질량 백분율} = \frac{25.5\ \text{g NaCl}}{\text{용액}\ (25.5 + 425)\ \text{g}} \times 100\% = 5.66\%\ \text{NaCl}$$

› 복습문제 5.14A

가정용 과산화 수소 용액에는 일반적으로 물에 H_2O_2가 질량 백분율로 3.0% 들어 있다. 물 425 g에 8.95 g의 H_2O_2가 녹아 있는 용액의 질량 백분율은 얼마인가?

› 복습문제 5.14B

수산화 소듐(NaOH, 잿물)은 비누를 만드는 데 사용되며 물에 매우 잘 녹는다. 물 1025 g에 NaOH 1.00 kg이 들어 있는 용액에서 NaOH의 질량 백분율은 얼마인가?

예제 5.15 용액 만들기 질량 백분율

$NaNO_3$의 질량 백분율이 4.85%인 수용액 430 g을 만드는 방법을 설명하라.

풀이

먼저 용질의 질량을 구하기 위해 질량 백분율의 식을 다시 정리한다.

$$\text{용질의 질량} = \frac{(\text{질량 백분율} \times \text{용액의 질량})}{100\%}$$

대입하면

$$\frac{4.85\% \times 430\ \text{g}}{100\%} = 20.9\ \text{g}$$

20.9 g $NaNO_3$을 달아서 용액의 무게가 430 g이 될 때까지 충분한 양의 물을 넣는다.

› 복습문제 5.15A

질량으로 4.50%의 포도당 수용액 250 g을 만드는 방법을 설명하라.

› 복습문제 5.15B

질량으로 0.89%의 염화 소듐이 들어 있는 일반적으로 사용되는 정맥 주사(IV) 용액인 등장성 식염수 1.25 kg을 만드는 방법을 설명하라.

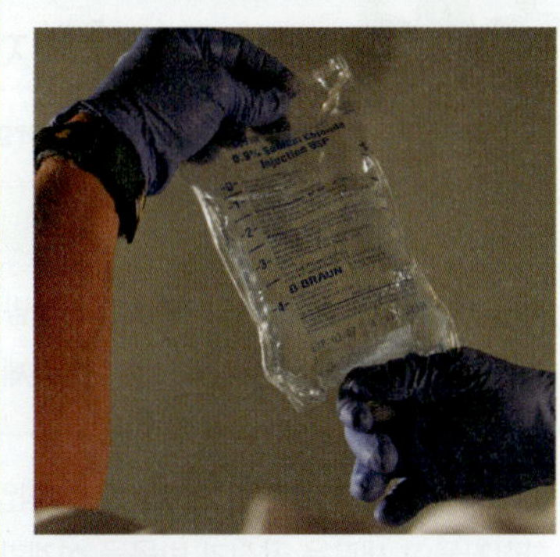

왜 중요할까?

등장액, 즉 '정상' 정맥 내 용액은 혈액 세포의 손상을 방지하기 위해 적절한 농도의 용질을 함유하고 있어야 한다. 농도가 높으면 삼투현상에 의해 수분이 세포에서 빠져나가면서 혈액 세포가 쪼그라들게 된다(수축). 농도가 낮으면 세포가 부풀어 오르고 심지어 터질 수도 있다(용혈).

백분율 농도의 경우에 필요한 용질의 질량이나 부피는 용질이 무엇인지에 따라 달라지지 않는다는 점에 유의해야 한다. 질량 백분율 10% NaOH 용액에는 용액 100 g당 10 g의 NaOH가 들어 있다. 마찬가지로, 10% HCl, 10% $(NH_4)_2SO_4$, 10% $C_{110}H_{190}N_3O_2Br$은 각각 용액 100 g당 10 g의 지정된 용질을 포함한다. 그러나 몰농도 용액은 지정된 몰농도 용액에 들어 있는 용질의 질량이 용질에 따라 달라진다. 0.10 M 용액의 1 L에는 4.0 g(0.10 mol)의 NaOH, 3.7 g(0.10 mol)의 HCl, 13.2 g(0.10 mol)의 $(NH_4)_2SO_4$, 166 g(0.10 mol)의 $C_{110}H_{190}N_3O_2Br$이 필요하다.

4 독성 등급(LD_{50})이 100 ppm이라는 것은 무엇을 의미하는가?

LD_{50}은 중간 치사량, 즉 시험 대상 개체의 50%를 사망에 이르게 하는 물질의 용량을 의미한다. 100 ppm(또는 백만 분의 1)이라는 수치는 해당 독성 물질이 실험 생물체의 체중 1 kg당 100 mg만 있어도 된다는 의미이다.

녹색 화학 원자 경제

Margaret Kerr, Worcester State University

원칙 1, 2

학습 목표
- 원자 경제의 개념이 오염 방지와 환경 보호에 어떻게 적용될 수 있는지 설명한다.
- 화학 반응에 대해 원자 경제를 계산한다.

미래의 자신을 상상해보자. 여러분의 직업은 환경 보호와 관련이 있으며, 실무 화학자들이 새로운 공정과 반응을 설계할 때 필요한 정보를 제공해야 한다. 폐기물 관리는 가장 큰 관심사 중 하나이다. 일반적으로 폐기물은 원하는 상품을 생산한 후에야 해결되지만, 친환경적인 접근 방식은 처음부터 폐기물을 최소화하는 것을 의미할 수 있다는 것을 알고 있다. 이 업무에서 어떤 방법을 사용할 수 있을까? 어떤 주제가 중요할까? 화학자들은 어떻게 환경을 보호하면서 동시에 새로운 제품을 제공할 수 있을까?

폐기물 관리에 대한 친환경적 접근 방식에는 폐기물로 버려지지 않고 원하는 제품에 보존되는 원자 수를 계산하는 원자 경제 개념이 내재되어 있다. 원자 경제는 관심 있는 반응의 '친환경성'(또는 부족함)을 결정하는 데 도움이 되는 '녹색 화학 지표'의 한 예이다. 1998년 스탠포드대학의 Barry Trost는 이 개념을 개발한 공로로 대통령 녹색 화학 도전상을 수상했다. 화학자들은 원하는 생성물의 일부가 되지 않고 폐기물로 들어가는 원자 수를 계산함으로써 반응을 실행하기도 전에 반응에 사용되는 화학 물질이 생성할 최소 폐기물의 양을 정확하게 결정할 수 있다.

이제 화학 반응식을 쓰고 균형을 맞추는 방법을 배웠으며(5.1절), 몰질량을 계산하고 질량을 몰로 변환하고 주어진 양의 반응물에서 생성되는 생성물의 양을 결정할 수도 있게 되었다(5.3절 및 5.4절). 반응의 효율을 계산하는 다른 방법으로는 전통적으로 '이론적 수득량', '실험적 수득량', '수득 백분율'을 사용하여 표현해왔다. 이론적 수득량은 사용된 반응물의 양으로 생성할 수 있는 원하는 생성물의 최대량이다. 실험실 조건에서는 일반적으로 반응의 이론적 수득량을 얻을 수 없다. 실제로 얻어진 원하는 생성물의 양을 실험적 수득량이라고 한다. 화학자들은 종종 실험 결과를 수득 백분율로 표현하는데, 이는 단순히 실험적 수득량을 이론적 수득량으로 나눈 다음 100%를 곱한 값이다.

$$\text{수득 백분율} = \frac{\text{실험적 수득량}}{\text{이론적 수득량}} \times 100\%$$

반응의 수득률이 100%라고 보고하는 것은 좋아 보이지만, 수득 백분율은 원하는 생성물만을 고려한다. 생성되는 다른 물질(예를 들어 부산물)은 수득률에 포함되지 않는다. 부산물은 종종 화학 폐기물 흐름의 일부가 된다. 일부 반응은 원하는 생성물보다 더 많은 부산물을 생성한다.

원자 경제는 반응 효율을 측정하는 더 좋은 방법이다. 원자 경제 백분율(% A.E.)은 반응 혼합물에서 실제로 원하는 생성물의 일부가 되는 원자의 비율을 측정한다. 생성물에 포함되지 않는 반응물 원자는 폐기물로 간주된다. 다음 식에 의해 주어진 %A.E.는 원하는 생성물의 수득률 100%에 대한 이론적 최대 원자 경제이다.

$$\%\text{ A.E.} = \frac{\text{원하는 생성물의 몰질량}}{\text{모든 반응물의 몰질량}} \times 100\%$$

반응의 수득률이 100%에 가까워도 원자 경제는 좋지 않을 수 있다.

플라스틱 산업에서 중요한 화학 원료인 뷰텐(C_4H_8)을 만드는 방법에는 다음 두 가지가 있다. 첫째, 뷰틸브로마이드(C_4H_9Br)와 수산화 소듐(NaOH)을 사용하여 뷰텐을 만들 수 있다.

$$C_4H_9Br + NaOH \longrightarrow C_4H_8 + H_2O + NaBr$$

이 반응에서는 뷰틸브로마이드에서 Br 원자와 H 원자가 제거되어 최종 생성물이 만들어진다. 일반적으로 이와 같은 반응에서는 하나의 생성물만 필요하고 다른 생성물은 모두 사용하지 않는다.

이 반응에 대한 원자 경제를 계산할 수 있다.

$$\%\text{ A.E.} = \frac{C_4H_8\text{ 몰질량}}{(C_4H_9Br\text{ 몰질량} + NaOH\text{ 몰질량})} \times 100\%$$

$$\%\text{ A.E.} = \frac{56.11\text{ g/mol}}{137.02\text{ g/mol} + 40.00\text{ g/mol}} \times 100\% = 31.7\%$$

이러한 제거 반응은 항상 부산물이 존재하기 때문에 100% 원자 경제를 갖지 못한다. 그 결과 일부 원자는 폐기물 흐름으로 들어가게 된다.

뷰텐은 뷰타인(C_4H_6)과 수소 기체(H_2)를 사용하여 만들 수도 있다.

$$C_4H_6 + H_2 \longrightarrow C_4H_8$$

이 반응에서는 두 반응물의 모든 원자가 원하는 생성물에 나타나고 폐기물 흐름으로 들어가는 원자는 하나도 없다. 원자 경제 백분율은 100%이다.

$$\%\text{ A.E.} = \frac{C_4H_8\text{ 몰질량}}{C_4H_6\text{ 몰질량} + H_2\text{ 몰질량}} \times 100\%$$

$$\%\text{ A.E.} = \frac{56.11\text{ g/mol}}{54.09\text{ g/mol} + 2.02\text{ g/mol}} \times 100\% = 100\%$$

원자 경제 개념은 낭비를 예측할 수 있는 방법을 제공하기 때문에 낭비를 제거하거나 최소화하는 혁신적인 설계 공정으로 이어질 수 있다. 반응의 시작 단계에서부터 폐기물에 집중함으로써 마지막 단계에서 청소 작업을 줄이거나 없앨 수 있다.

자가평가문제

1. 물 85.0 g과 설탕 5.0 g($C_{12}H_{22}O_{11}$)의 용액에 대한 설명으로 옳은 것은 무엇인가?

a. 용질은 설탕이고 용액은 용매이다.
b. 용질은 설탕이고 용매는 물이다.
c. 용질은 물이고 용매는 설탕이다.
d. 물과 설탕 모두 용질이다.

2. 용액 62.5 mL에 0.500 mol의 수산화 소듐이 들어 있는 용액의 몰농도는 얼마인가?

a. 0.00200 M **b.** 0.200 M **c.** 2.00 M **d.** 8.00 M

3. 0.600 M 설탕 용액 2.00 L를 만드는 데 필요한 설탕의 몰수는 얼마인가?

a. 1.20몰 **b.** 2.40몰 **c.** 24.0몰 **d.** 6.67몰

4. 0.800 M NaCl 용액 2.500 L을 만드는 데 필요한 NaCl의 g은 얼마인가?

a. 2.00 g **b.** 4.00 g **c.** 58.5 g **d.** 117 g

5. 1.80 mol HCl이 들어 있는 6.00 M HCl 용액의 부피는 얼마인가?

a. 250 mL **b.** 300 mL **c.** 900 mL **d.** 9.00 L

6. 충분한 양의 물에 순수 에탄올 50.0 mL를 첨가하여 용액 250 mL를 만들었다. 이 용액에서 에탄올의 부피 백분율은 얼마인가?

a. 16.7% **b.** 20.0% **c.** 25.0% **d.** 80.0%

7. 어떤 용액에 설탕 15.0 g과 물 60.0 g이 들어 있다. 이 용액에서 설탕의 질량 백분율은 얼마인가?

a. 15.0% **b.** 20.0% **c.** 25.0% **d.** 80.0%

8. 4.00 M NaCl 용액 100.0 mL를 만들려면 23.4 g의 NaCl에 더해야 하는 물은 얼마인가?

a. 76.6 mL
b. 76.6 g
c. 100.0 mL
d. 100.0 mL 용액을 만들 만큼 충분히

정답: 1. b, 2. d, 3. a, 4. d, 5. b, 6. b, 7. b, 8. d

요약

5.1절: 화학 반응식은 단어 대신 기호와 공식을 사용하여 화학 변화를 간단히 나타낸 것이다(예를 들어 $C + O_2 \longrightarrow CO_2$). 화살표 왼쪽에 있는 물질은 출발 물질 또는 **반응물**이고, 화살표 오른쪽에 있는 물질은 **생성물** 또는 반응이 생성하는 물질이다. 물리적 상태는 (s), (l), (g)로 표시할 수 있다. 화학 반응식은 양쪽에 같은 수와 유형의 원자를 배치하여 균형을 이루어야 한다. 반응식은 각 반응물 또는 생성물 앞에 계수를 배치하여 균형을 맞춘다. 균형 반응식 $2\ NaN_3 \longrightarrow 2\ Na + 3\ N_2$는 2개의 NaN_3 화학식 단위가 반응하여 2개의 Na 원자와 3개의 N_2 분자를 생성한다는 의미이다.

5.2절: Gay-Lussac은 실험을 통해 **기체 반응 법칙**을 발견했다. 주어진 온도와 압력에서 기체 반응물과 생성물의 부피는 1:1, 2:1, 4:3과 같은 작은 정수 비율로 존재한다. **Avogadro 법칙**은 일정 온도와 압력에서 부피가 같은 모든 기체는 같은 수의 분자를 포함하고 있다는 법칙이다.

5.3절: 아보가드로수는 정확히 12 g의 ^{12}C에 들어 있는 ^{12}C 원자의 수, 즉 6.02×10^{23} 원자로 정의된다. **몰**은 물질에 따라 원자, 분자, 화학식 단위 등 아보가드로수 만큼의 기본 단위가 포함된 물질의 양을 말한다. **화학식량**은 물질의 화학식에 있는 원자들의 질량을 합한 값이다. 화학식이 분자를 나타내는 경우 종종 **분자량**이라는 용어를 사용한다. 화학식은 질량비뿐만 아니라 원자비도 나타내며, 이 화학식으로부터 화합물의 질량별 조성을 계산할 수 있다.

5.4절: 몰질량은 물질 1몰의 질량이다. 몰질량의 숫자 부분은 화학식량, 분자량, 원자량과 동일하지만 몰질량의 단위는 몰당 그램(g/mol)이다. 이 단위는 물질의 질량(g)을 몰로 변환하거나 그 반대로 변환할 때 사용된다. 균형 화학식은 원자와 분자 또는 몰 단위로 나타낼 수 있다. **화**

학량론 또는 화학 반응의 질량 관계는 **화학량론 인자**를 사용하여 구할 수 있으며, 이는 한 물질의 몰과 다른 물질의 몰을 연관시킨다. 화학량론 인자는 균형 반응식에서 직접 구할 수 있다. 화학 반응에서 질량 관계를 평가하기 위해 몰농도와 화학량론 인자는 모두 환산 인자로 사용된다.

5.5절: 용액은 두 가지 이상의 물질이 균일하게 섞인 혼합물로, 대개 용매에 용해된 용질로 구성된다. 물질의 상당량이 용매에 녹으면 그 물질은 용매에 가용성이다. 용매에 크게 용해되지 않는 물질은 해당 용매에 불용성이다. **수용액**(aq)은 용매로 물을 사용한다. **진한 용액**은 용매에 비해 상대적으로 많은 양의 용질을 가지고 있고, **묽은 용액**은 많은 양의 용매에 적은 양의 용질만 가지고 있다. 농도의 정량적 단위 중 하나는 **몰농도**(M)인데, 이는 용액 1 L당 용해된 용질의 몰수이다.

$$\text{몰농도(M)} = \frac{\text{용질의 몰수}}{\text{용액의 리터}}$$

백분율을 사용하여 농도를 표현하는 여러 가지 방법이 있다. 두 가지 중요한 방법은 **부피 백분율**과 **질량 백분율**이다.

$$\text{부피 백분율} = \frac{\text{용질의 부피}}{\text{용액의 부피}} \times 100\%$$

$$\text{질량 백분율} = \frac{\text{용질의 질량}}{\text{용액의 질량}} \times 100\%$$

각 농도 단위에 대해 식의 세 항 중 2개를 알고 있으면 세 번째 항을 풀 수 있다.

녹색 화학: 원자 경제는 녹색 화학 및 폐기물 방지의 중요한 요소이다. 화학자는 사용되는 원자 수를 최대화하기 위해 전략적으로 반응을 설계함으로써 폐기물 생산을 줄일 수 있다.

학습 목표	관련 문제
• 균형 화학 반응식과 불균형 화학 반응식을 확인하고, 검사를 통해 반응식의 균형을 맞춘다. (5.1)	4, 11~16, 51~53, 62
• 반응에 대한 균형 반응식을 사용하여 반응하는 기체의 부피를 결정한다. (5.2)	17~22, 55
• 물질의 화학식량, 분자량, 몰질량을 계산한다. (5.3)	2, 3, 27~34
• 아보가드로수를 사용하여 어떤 물질의 질량에 포함된 여러 유형의 입자의 수를 구한다. (5.3)	23~26
• 물질의 질량을 몰로, 몰을 질량으로 변환한다. (5.4)	29~34, 71
• 한 반응물 또는 생성물의 질량 또는 몰수를 다른 반응물 또는 생성물의 질량 또는 몰수로부터 계산한다. (5.4)	35~38, 54, 56~58, 62, 69
• 용액에서 용질의 농도(몰농도, 부피 백분율, 질량 백분율)를 계산한다. (5.5)	39, 40, 45, 46, 60, 61
• 농도와 다른 양이 주어졌을 때 용질 또는 용액의 양을 계산한다. (5.5)	41~44, 47~50, 59, 64, 65
• 원자 경제의 개념이 오염 방지와 환경 보호에 어떻게 적용될 수 있는지 설명한다.	75
• 화학 반응에 대해 원자 경제를 계산한다.	73~77

개념문제

1. 다음 각 항목을 정의하거나 설명하라.
   a. 화학식 단위
   b. 화학식량
   c. 몰
   d. 아보가드로수
   e. 몰질량
   f. (기체의) 몰부피
2. 염소의 원자량과 염소 기체의 화학식량의 차이를 설명하라.
3. 한 꼬집(예: 소금 한 꼬집), 한 줌, 양동이 한 가득, 트럭 한 대 분량 중에 설탕이나 소금과 같은 전형적인 물질의 몰의 양을 가장 잘 나타내는 것은 무엇인가?
4. 질량 보존 법칙을 참고하여 균형 화학 반응식을 사용해야 하는 이유를 설명하라.
5. 다음 각 용어를 정의하거나 예를 들어 설명하라.
   a. 용액
   b. 용매
   c. 용질
   d. 수용액
6. 다음 각 용어를 정의하거나 예를 들어 설명하라.
   a. 진한 용액
   b. 묽은 용액
   c. 가용성
   d. 불용성

연습문제

화학식 해석하기

7. 다음 화학식에는 각각 몇 개의 산소 원자가 포함되어 있는가?
- **a.** $Al(H_2PO_4)_3$
- **b.** $HOC_6H_4COOCH_3$
- **c.** $(BiO)_2SO_4$

8. 다음 화학식에는 각각 몇 개의 탄소 원자가 포함되어 있는가?
- **a.** $Fe_2(C_2O_4)_3$
- **b.** $Al(CH_3COO)_3$
- **c.** $(CH_3)_3CCH(CH_3)_2$

9. $3(NH_4)_2HPO_4$에는 N, P, H, O 원자가 몇 개씩 포함되어 있는가?

10. $4\ Fe(HOOCCH_2COO)_3$에는 Fe, C, H, O 원자가 몇 개씩 포함되어 있는가?

화학 반응식 해석하기

11. 다음 반응식에 대해 **(a)** 분자 수준에서 그 의미를 설명하라. **(b)** 몰의 관점에서 해석하라. **(c)** 반응식이 나타내는 질량 관계를 설명하라.

$$2\,H_2O_2 \longrightarrow 2\,H_2O + O_2$$

12. 다음 각 화학 반응식을 몰 단위로 나타내라.
- **a.** $2\,Mg + O_2 \longrightarrow 2\,MgO$
- **b.** $2\,C_2H_6 + 7\,O_2 \longrightarrow 4\,CO_2 + 6\,H_2O$

화학 반응식의 균형 맞추기

13. 다음 각 반응식의 균형을 맞춰라.
- **a.** $Li + O_2 \longrightarrow Li_2O$
- **b.** $Mg + Co_2O_3 \longrightarrow MgO + Co$
- **c.** $Zr + H_2S \longrightarrow ZrS_2 + H_2$

14. 다음 각 반응식의 균형을 맞춰라.
- **a.** $K + O_2 \longrightarrow K_2O_2$
- **b.** $FeCl_2 + Na_2SiO_3 \longrightarrow NaCl + FeSiO_3$
- **c.** $F_2 + AlCl_3 \longrightarrow AlF_3 + Cl_2$

15. 다음 각 과정에 대한 균형 반응식을 쓰라.
- **a.** 질소 기체와 산소 기체가 반응하여 사산화 이질소(N_2O_4)를 생성한다.
- **b.** 오존(O_3)은 탄소와 반응하여 이산화 삼탄소(C_3O_2)를 생성한다.
- **c.** 산화 우라늄(VI)은 플루오린화 수소(HF)와 반응하여 플루오린화 우라늄(VI)과 물을 생성한다.

16. 다음 각 과정에 대한 균형 반응식을 쓰라.
- **a.** 알루미늄 금속은 산소 기체와 반응하여 산화 알루미늄을 생성한다.
- **b.** 탄산 칼슘(많은 제산제의 활성 성분)은 위산(HCl)과 반응하여 염화 칼슘, 물, 이산화 탄소를 생성한다.
- **c.** 헥세인(C_6H_{14})은 산소 기체에서 연소하여 이산화 탄소와 물을 생성한다.

화학 반응식에서 부피 관계

17. 3개의 풍선에 각각 같은 부피의 이산화 탄소, 염소 기체, 질소 기체가 채워져 있다. **(a)** 어느 것이 가장 많은 분자를 포함하고 있는가? **(b)** 어느 것의 질량이 가장 큰가?

18. 3개의 풍선에 각각 같은 질량의 네온, 크립톤, 아르곤 기체가 채워져 있다. 어느 풍선이 가장 큰가?

19. 펜테인(C_5H_{12})의 연소를 나타내는 다음 반응식을 생각해보자.

$$C_5H_{12}(g) + 8\,O_2(g) \longrightarrow 5\,CO_2(g) + 6\,H_2O(g)$$

- **a.** 20.6 L의 펜테인 증기가 연소될 때 생성되는 이산화 탄소의 부피(L)는 얼마인가? 두 기체는 동일한 조건에서 측정한다고 가정한다.
- **b.** 펜테인 증기가 58.4 mL의 산소 기체와 반응하는 데 필요한 펜테인 증기의 부피(mL)는 얼마인가? 두 기체는 동일한 조건에서 측정한다고 가정한다.

20. 다음은 암모니아의 연소를 나타내는 반응식이다.

$$4\,NH_3(g) + 3\,O_2(g) \longrightarrow 2\,N_2(g) + 6\,H_2O(g)$$

- **a.** 3.58×10^4 L의 암모니아가 연소될 때 생성되는 질소 기체의 부피(L)는 얼마인가? 두 기체는 동일한 조건에서 측정한다고 가정한다.
- **b.** 6.42 L의 수증기를 생성하는 데 필요한 산소 기체의 부피(L)는 얼마인가? 두 기체는 동일한 조건에서 측정한다고 가정한다.

21. 두 기체가 동일한 조건에서 측정된다고 가정하고, 19번 문제의 반응식을 사용하여 반응하는 펜테인 증기의 부피 대 생성되는 이산화 탄소의 부피 비율을 구하라.

22. 두 기체가 동일한 조건에서 측정된다고 가정하고, 20번 문제의 반응식을 사용하여 생성된 수증기의 부피 대 반응하는 암모니아의 부피 비율을 구하라.

아보가드로수

23. 1.00몰의 백린(P_4)에는 **(a)** 몇 개의 인 분자와 **(b)** 몇 개의 인 원자가 있는가?

24. 2.00몰의 Al_2S_3에는 **(a)** 몇 개의 알루미늄 이온과 **(b)** 몇 개의 황화 이온이 있는가?

25. 다음 문장을 올바르게 완성하기 위해 빈칸에 들어갈 말은 무엇인가?

브로민(Br_2) 기체 1 mol은 _______.

- **a.** 질량이 79.9 g이다.

b. 6.02×10^{23}개의 Br 원자를 포함하고 있다.
c. 12.04×10^{23}개의 Br 원자를 포함하고 있다.
d. 질량이 6.02×10^{23} g이다.

26. **(a)** 7.00 mol $Ba(NO_3)_2$에는 몇 mol의 바륨 이온과 몇 몰의 질산 이온이 있는가? **(b)** 7.00 $Ba(NO_3)_2$에는 몇 mol의 질소 원자와 몇 mol의 산소 원자가 있는가?

화학식량과 몰질량

원자량은 소수점 첫째 자리에서 반올림할 수 있다.

27. 다음 각 화합물의 몰질량을 계산하라.
a. $CuSO_4$
b. $Sr(ClO_4)_2$
c. $Cd(BrO_3)_2$
d. $(CH_3)_2CHCH_2OH$

28. 다음 각 화합물의 몰질량을 계산하라.
a. Na_3PO_4
b. $(NH_4)_2SO_3$
c. $Cr_2(Cr_2O_7)_3$
d. $(CH_3)_3CCOCH(C_2H_5)_2$

29. 다음 각각의 질량(g)을 계산하라.
a. 3.15 mol $AgNO_3$
b. 0.0901 mol $CaCl_2$
c. 11.86 mol H_2S

30. 다음 각각의 질량(kg)을 계산하라.
a. 194 mol $TiCl_4$
b. 2.25×10^7 mol Fe_3O_4
c. 24.8 mol $Fe_3[Fe(CN)_6]_2$

31. 다음 각각의 양을 몰 단위로 계산하라.
a. 77.3 g Sb_2S_3
b. 321 g MoO_3
c. 908 g $AlPO_4$

32. 다음 각각의 양을 몰 단위로 계산하라.
a. 16.3 g SF_6
b. 25.4 g $Pb(C_2H_3O_2)_2$
c. 15.6 g $SrCO_3$

33. **(a)** $NaNO_3$와 **(b)** NH_4Cl에서 N의 질량 백분율을 계산하라.

34. 포도당($C_6H_{12}O_6$)에서 C, H, O의 질량 백분율을 계산하라.

화학 반응식에서 몰과 질량 관계

35. 다음은 이소프로판올(C_2H_5OH, 소독용 알코올)의 연소 반응이다.

$$2\,C_3H_7OH + 9\,O_2 \longrightarrow 6\,CO_2 + 8\,H_2O$$

a. 이소프로판올 0.845 mol이 연소하면 몇 mol의 이산화 탄소가 발생하는가?
b. 이소프로판올 2.54 mol을 연소시키려면 몇 mol의 산소 기체가 필요하는가?

36. 일부 호흡 장치에서는 과산화 포타슘과 내뿜는 이산화 탄소가 반응하여 숨 쉬는 데 필요한 산소를 생성한다.

$$4\,KO_2 + 2\,CO_2 \longrightarrow 2\,K_2CO_3 + 3\,O_2$$

a. 2.81 mol KO_2가 반응하면 몇 몰의 산소 기체가 생성되는가?
b. 8.12 mol 산소 기체가 생산될 때 몇 mol의 CO_2가 소비되는가?

37. **(a)** 250 g H_2로부터 생성될 수 있는 암모니아의 질량(g)은 얼마인가? **(b)** 923 g N_2와 완전히 반응하는 데 필요한 수소의 질량(g)은 얼마인가?

$$N_2 + H_2 \longrightarrow NH_3 \quad \text{(불균형식)}$$

38. 톨루엔(C_7H_8)과 질산(HNO_3)은 굴착 및 철거에 사용되는 폭약인 트리나이트로톨루엔(TNT, $C_7H_5N_3O_6$)의 생산에 사용된다.

$$C_7H_8 + HNO_3 \longrightarrow C_7H_5N_3O_6 + H_2O \quad \text{(불균형식)}$$

a. 454 g C_7H_8과 반응하는 데 필요한 질산의 질량(g)은 얼마인가?
b. 829 g C_7H_8로 만들 수 있는 TNT의 질량(g)은 얼마인가?

용액의 몰농도

39. 다음 각 용액의 몰농도를 계산하라.
a. 9.66 mol $LiNO_3$이 들어 있는 용액 8.83 L
b. 0.575 mol $FeCl_3$이 들어 있는 용액 955 mL

40. 다음 각 용액의 몰농도를 계산하라.
a. 8.82 mol H_2SO_4이 들어 있는 용액 7.50 L
b. 1.22 mol C_2H_5OH이 들어 있는 용액 96.3 mL

41. **(a)** 0.288 M HCl 2.25 L를 만드는 데 필요한 용질의 양(g)은 얼마인가? **(b)** 0.375 M K_2CrO_4 175 mL를 만드는 데 필요한 용질의 양(g)은 얼마인가?

42. **(a)** 0.167 M $K_2Cr_2O_7$ 0.250 L를 만드는 데 필요한 용질의 양(g)은 얼마인가? **(b)** 0.0200 M $KMnO_4$ 625 mL를 제조하는 데 필요한 용질의 질량(g)은 얼마인가?

43. **(a)** 2.50 mol NaOH가 들어 있는 6.00 M NaOH의 부피(L)는 얼마인가? **(b)** 8.10 g KH_2AsO_4가 들어 있는 0.0500 M KH_2AsO_4의 부피(L)는 얼마인가?

44. **(a)** 2.50 M NaOH가 들어 있는 0.250 M NaOH의 부피(L)는 얼마인가? **(b)** 0.225 g $H_2C_2O_4$가 들어 있는 4.25 M $H_2C_2O_4$의 부피(L)는 얼마인가?

용액의 백분율 농도

45. **(a)** 과산화 수소-물 용액 514 mL에 과산화 수소 18.9 mL가 들어 있는 용액의 부피 백분율은 얼마인가? **(b)** 에틸렌 글리콜-물 용액 7.55 L에 에틸렌 글리콜 3.81 L가 들어 있는 용액의 부피 백분율은 얼마인가?

46. **(a)** 에탄올-물 용액 725 mL에 물 35.0 mL가 들어 있는 용액의

부피 백분율은 얼마인가? **(b)** 아세톤-물 용액 1550 mL에 아세톤 78.9 mL가 들어 있는 용액의 부피 백분율은 얼마인가?

47. 질량 백분율 농도가 8.2%인 NaCl 수용액 3375 g을 만드는 방법을 설명하라.

48. 질량 백분율 농도가 16.3%인 KOH 수용액 2.44 kg을 만드는 방법을 설명하라.

49. 부피 백분율 농도가 2.00%인 아세트산 수용액 2.00 L를 만드는 방법을 설명하라.

50. 부피 백분율 농도가 30.0%인 이소프로필 알코올 수용액 600.0 mL를 만드는 방법을 설명하라.

심화문제

51. 마그네슘과 알루미늄은 모두 수용액에서 수소 이온과 반응하여 수소를 생성한다. 다음 반응식 중 하나만 이 반응을 바르게 설명하는 이유는 무엇인가?

$$Mg(s) + 2\,H^+(aq) \longrightarrow Mg^{2+}(aq) + H_2(g)$$
$$Al(s) + 2\,H^+(aq) \longrightarrow Al^{3+}(aq) + H_2(g)$$

52. 염소산 포타슘이 염화 포타슘과 산소 기체로 분해되는 반응을 바르게 나타낸 것은 다음 중 무엇인가?

a. $KClO_3(s) \longrightarrow KClO_3(s) + O_2(g) + O(g)$
b. $2\,KClO_3(s) \longrightarrow 2\,KCl(s) + 3\,O_2(g)$
c. $KClO_3(s) \longrightarrow KClO(s) + O_2(g)$
d. $KClO_3(s) \longrightarrow KCl(s) + O_3(g)$

53. **(a)** 고체 산화 철(II)과 알루미늄 금속이 반응하여 액체 철 금속과 고체 산화 알루미늄을 생성하는 균형 화학 반응식을 쓰라. **(b)** 황화 포타슘 수용액이 질산 구리(II) 수용액과 반응하여 질산 포타슘 수용액과 고체 황화 구리(II)를 생성하는 균형 화학 반응식을 쓰라.

54. 1774년 Joseph Priestley는 '적색 수은 금속회[산화 수은(II)]'를 열로 가열하여 산소를 발견했다. 금속회는 구성 원소들로 분해되었다. 반응식은 다음과 같다.

$$HgO \longrightarrow Hg + O_2 \quad (\text{불균형식})$$

18.0 g의 HgO가 분해될 때 생성되는 산소의 질량은 얼마인가?

55. 같은 온도와 압력에서의 1.00 mol $H_2(g)$, 2.00 mol He(g), 0.50 mol $C_2H_2(g)$를 고려하자. **(a)** 세 시료는 원자의 수가 모두 같은가? **(b)** 질량이 가장 큰 것은 무엇인가?

56. 순수한 철 50.0 g과 과량의 산소로 만들 수 있는 자성 산화 철(Fe_3O_4)의 질량(g)은 얼마인가? 반응식은 다음과 같다.

$$Fe + O_2 \longrightarrow Fe_3O_4 \quad (\text{불균형식})$$

57. 석회석(탄산 칼슘)은 900 ℃ 이상으로 가열하면 생석회(시멘트 제조에 사용되는 산화 칼슘)와 이산화 탄소로 분해된다. 2.5×10^5 g의 석회석에서 생산할 수 있는 생석회의 질량(g)은 얼마인가?

58. 암모니아가 산소와 반응하면 질산(HNO_3)과 물이 생성된다. 549 g의 암모니아로 만들 수 있는 질산의 질량(g)은 얼마인가?

59. 약국에서 판매되는 과산화수소 용액은 질량비로 3.0%의 H_2O_2가 물에 녹아 있다. 이 용액의 전형적인 16온스 병에는 몇 몰의 과산화수소가 들어 있는가(1온스 = 29.6 mL, 밀도 = 1.00 g/mL)?

60. **(a)** 100.0g의 물에 2.59 g의 NaOH를 녹인 용액에서 NaOH의 질량 백분율은 얼마인가? **(b)** 50.0 g의 물에 5.25 mL의 에탄올(밀도 = 0.789 g/mL)을 녹인 용액에서 에탄올의 질량 백분율은 얼마인가?

61. **(a)** 18.0 mL의 물이 들어 있는 에탄올-물 용액 355 mL에서 에탄올의 부피 백분율은 얼마인가? **(b)** 4.000 mL의 아세톤이 들어 있는 아세톤-물 용액 1.55 L에서 아세톤의 부피 백분율은 얼마인가?

62. 웃음 가스[일산화 이질소(N_2O) 또는 아산화 질소라고도 함]는 질산 암모늄을 매우 조심스럽게 가열하여 만들 수 있다(부주의하게 가열하면 폭발이 일어나는데, 이는 매우 나쁜 실험 기술이다). 또 다른 생성물은 물이다.

a. 이 과정에 대한 균형 반응식을 쓰라.
b. N_2O의 루이스 구조를 그려라. (힌트: 질소가 중심 원자이다.)
c. 질산 암모늄 150.0 g으로 만들 수 있는 N_2O의 질량(g)은 얼마인가?

63. 표 1.6에는 SI 기본 단위와 함께 사용되는 몇 가지 접두어가 나열되어 있다. 1990년대에는 첨단 실험에서 물질의 양이 점점 더 줄어듦에 따라 몇 가지 새로운 접두어가 권장되었다.

제타- (Z, 10^{21}) 요타- (Y, 10^{24})
젭토- (z, 10^{-21}) 욕토- (y, 10^{-24})

a. 1.50 ymol 우라늄 질량을 욕토그램 단위로 쓰라.
b. 1.20 zmol의 우라늄에는 몇 개의 원자가 있는가?

64. 31.7 g의 옥살산($H_2C_2O_4$)이 포함된 0.859 M 옥살산의 부피는 얼마인가?

65. 음주 측정에서 혈중 알코올 농도는 부피 백분율로 표시된다. 혈중 알코올 농도가 부피비로 0.080%라는 것은 혈액 100 mL당 0.080 mL의 에탄올이 있다는 것을 의미하며, 중독의 증거로 간주된다. 사람의 총 혈액량이 5.0 L인 경우에 혈중 알코올 농도가 부피비로 0.165%가 되는 혈액 내 알코올의 부피는 얼마인가?

66. 미국 내 많은 약국에서 판매되는 동종요법 '치료제'는 치료 중인 질병의 증상을 유발하는 물질로 시작하는 희석 과정을 통해 제조된다. 일부 동종요법에서는 각 단계에서 물질을 10배씩 희석하는 희석 척도(X)를 사용한다. 예를 들어 6X의 경우 원래 물질을 10배씩 6번에 걸쳐 희석되어 총 10^6배 묽어진다(많은 동종요법 제제는 이보다 훨씬 더 많이 희석되며, 일부는 100배 희석을 의미하는 C 척

도를 사용한다).

a. 원래 물질이 1.00 M 용액 형태라면 24X 약제의 욕토몰 농도는 얼마인가? (초기 농도가 1 M인 용액은 거의 없으며, 대부분은 훨씬 덜 진하다.)

b. 24X '치료제' 10.0 L(약 2.4갤런)에는 원래 물질 분자가 몇 개 남아 있는가? (참고로 바닷물 10 L에는 약 400조 개의 금 원자가 있다.)

c. 이는 그러한 '치료제'의 효과에 대해 무엇을 시사하는가?

67. 다음 문장을 평가하라. "물 한 컵에는 지구의 모든 바닷물을 컵에 담았을 때 컵의 수보다 더 많은 분자가 들어 있다." (1컵 $= 236$ mL $= 236$ cm^3) 바다의 부피는 3.50×10^8 세제곱마일을 사용하라.

68. 5만 년 전 네안데르탈인이 500 mL의 소변을 바다에 배출했다면 오늘날 우리가 마시는 500 mL의 물에는 그 소변에서 유래한 분자가 몇 개나 있겠는가? 67번 문제를 참조하고, 5만 년 동안 지구의 물이 완전히 섞였다고 가정한다.

69. 약 50,000 kg의 황산(H_2SO_4)을 싣고 가던 트럭이 사고를 당해 산이 유출되었다. 황산과 반응하여 중화시키기 위해 필요한 탄산수소 소듐($NaHCO_3$)의 질량은 얼마인가? 반응의 생성물은 황산 소듐(Na_2SO_4), 물, 이산화 탄소이다.

70. 69번 문제를 참고하여 산을 중화시키는 데 필요한 탄산 소듐(Na_2CO_3)의 질량을 구하라(반응의 생성물은 같다).

71. 물 2.00 L에 들어 있는 H_2O의 몰수는 얼마인가(d $= 1.00$ g/mL)?

72. 일반적인 스포츠 음료 1 L에는 소듐 425 mg, 포타슘 114 mg, 당류 53 g이 함유되어 있으며 190칼로리를 제공한다. 소듐 이온의 공급원은 염화 소듐이고, 포타슘 이온의 공급원은 인산 수소 포타슘(K_2HPO_4), 유일한 당 공급원은 설탕($C_{12}H_{22}O_{11}$)이라면 스포츠 음료 1 L에 들어 있는 염화 소듐, 인산 수소 포타슘, 설탕의 몰농도를 계산하라. (힌트: 염화 소듐 1몰에는 소듐 이온 1몰이 들어 있고, 인산수소 포타슘 1몰에는 포타슘 이온 2몰이 들어 있다.)

73. 한 강사가 일반 화학 3개 과목을 수강하는 학생 72명을 위한 실험을 위해 1.25 M 질산 은($AgNO_3$) 용액 25 mL를 준비해 달라고 한다. 질산 은은 현재 100 g에 85달러이다. 화학과에서 이 용액을 준비하는 데 얼마의 비용(달러)이 드는가?

74. 에어백에서 질소 기체를 생성하는 질화 소듐의 반응에 대한 다음 반응식을 고려해보자. **(a)** N_2의 생산에 필요한 원자 경제는 무엇인가? **(b)** 5.74 g의 NaN_3가 반응할 때 생성되는 N_2의 질량(그램)은 얼마인가?

$$2\,NaN_3 \longrightarrow 2\,Na + 3\,N_2$$

75. 에탄올(C_2H_5OH)은 매우 중요한 화학 물질이다. 산업용 용매, 휘발유 첨가제, 대체 연료로 널리 사용될 뿐만 아니라 알코올 음료에 들어 있는 알코올로 잘 알려져 있다. 에탄올의 일반적인 이름은 '곡물 알코올'인데, 이는 옥수수, 밀, 보리 등의 곡식에 있는 포도당($C_6H_{12}O_6$)과 다른 당이 발효되어 형성되기 때문이다.

$$C_6H_{12}O_6 \longrightarrow C_2H_5OH + CO_2$$

이 반응은 수 세기 동안 수행되어왔으며 가장 오래된 제조 공정 중 하나이다. 보다 최근의 개발에서는 석유에서 발견되는 에틸렌을 물과 반응시켜 에탄올을 제조할 수 있다.

$$C_2H_4 \longrightarrow H_2O + C_2H_5OH$$

a. 위의 두 반응 각각에 대한 균형 반응식을 작성하라.

b. 두 반응 각각에 대해 (에탄올 생성물의) %A.E.를 계산하라.

c. **(b)**의 계산을 하지 않고도 어떤 반응이 더 높은 원자 경제를 갖는지 확인할 수 있는 방법을 설명하라.

d. 두 가지 방법 중 어느 것이 지속가능한가? 그 이유를 설명하라.

e. **(b)**와 **(d)**의 결과를 감안할 때, 두 가지 방법 중 에탄올을 제조하는 데 전반적으로 더 적합한 방법을 선택하라. 그 이유를 설명하라.

76. 탄화 수소의 연소로 생성되는 이산화 탄소(CO_2)는 온실 기체로 알려져 있다. 다음 연소 반응식을 고려해보자.

$$C_5H_{12} + O_2 \longrightarrow CO_2 + H_2O \quad \text{(불균형식)}$$

a. 목표 생성물인 이산화 탄소를 기준으로 한 원자 경제 백분율은 얼마인가?

b. 12.0 g C_5H_{12}가 연소되면 몇 그램의 CO_2가 형성되는가?

c. 반응이 끝날 때 15.2 g의 이산화 탄소가 생성된다면 이 반응의 수득률은 몇 퍼센트인가? (힌트: 이 계산을 위해 원자 경제 에세이의 정보를 사용하라.)

77. 다음 각 반응의 균형을 맞추고 밑줄 친 분자를 원하는 생성물로 하여 원자 경제 백분율을 계산하라.

a. $CuCl(aq) + Na_2CO_3(aq) \longrightarrow \underline{CuCO_3}(s) + NaCl(aq)$

b. $NH_3(g) + O_2(g) \longrightarrow \underline{NO}(g) + H_2O(g)$

c. $KMnO_4(aq) + KOH(aq) + KI(aq) \longrightarrow \underline{K_2MnO_4}(aq) + KIO_3(aq) + H_2O(l)$

비판적 사고 문제

이 장에서 습득한 지식과 하나 이상의 FLaReS 원칙(1장)을 적용하여 다음 진술과 주장을 평가하라.

5.1 누군가 아보가드로수의 새로운 값을 확립했다고 주장하는 논문을 발표했다고 가정해보자. 저자는 매우 주의 깊게 실험실에서 측정한 결과, 아보가드로수의 진정한 값은 3.0187×10^{23}이라고 말한다. 이 주장이 믿을 만하다고 생각하는가? 저자의 주장에 대해 어떤 질문을 하고 싶은가?

5.2 한 화학 교사가 학생들에게 "염소 분자 1몰의 질량은 몇 그램입니까?"라고 물었다. 한 학생은 35라고 답했고, 다른 학생은 70이라고 답했으며, 다른 몇몇 학생은 36, 37, 72, 74라고 답했다. 선생님은 이 모든 답이 정답이라고 말했다. 선생님의 말을 믿을 수 있는가?

5.3 불꽃놀이 관련 웹사이트에서는 다음 식에 따라 탄산 포타슘(138 g/mol)과 질산 암모늄(80 g/mol)을 사용하여 질산 포타슘(KNO_3, 몰질량 = 101 g/mol)을 제조하는 방법을 제공한다.

$$K_2CO_3 + 2\,NH_4NO_3 \longrightarrow 2\,KNO_3 + CO_2 + H_2O + NH_3$$

지침에는 다음과 같이 명시되어 있다. "탄산 포타슘 1킬로그램과 질산 암모늄 2킬로그램을 섞는다. 이산화 탄소와 암모니아는 기체로 빠져나가고 물은 증발하여 순수한 질산 포타슘 2킬로그램이 남는다"라고 쓰여 있다. 이 장에서 배운 내용을 사용하여 이 진술을 평가하라.

5.4 한 연료 전지 제조업체는 납, 니켈, 카드뮴과 같은 금속을 사용하는 배터리에 비해 자신의 수소 연료 전지가 전기 자동차에 사용되는 충전식 배터리보다 가볍다고 주장하며, 원자량이 적은 수소를 연료로 사용하기 때문에 연료 전지가 더 가볍다고 주장한다.

5.5 66번 문제를 풀고 난 후, 동종요법이 유효한 대체 의학 치료법이라는 주장을 평가하라.

협업 과제

파워포인트, 포스터, 기타 프레젠테이션을 준비하여 수업에서 공유하라.

1. Amedeo Avogadro에 대한 간단한 전기 보고서를 준비한다.
2. 많은 과학자의 견해에 따르면 수소는 청정 에너지의 공급원으로서 큰 가능성이다. 2008년 미국국립연구위원회의 보고서에 따르면 2023년까지 매년 약 40억 달러의 정부 보조금을 지원하면 수소 자동차가 석유 자동차에 비해 경쟁력을 갖출 수 있다고 한다. 웹을 검색하여 수소를 연료로 사용하기 위한 제안들을 살펴본다. 찾은 내용을 요약하고, 수소가 깨끗하고 재생가능한 공급원으로 간주되는 이유를 적절한 균형 반응식을 사용하여 설명하라. 연료로서의 수소에 대한 자세한 논의는 12장에서 찾을 수 있다.

실험 과제 쿠키 반응식

준비물

- 시각적으로 다른 네 가지 종류의 샌드위치 쿠키(초콜릿, 바닐라, 초코칩, 땅콩버터)
- 버터 나이프
- 냅킨

잠깐, 잠깐, 분자를 먹지 마라…아직!

물질 보존 법칙에 따르면 물질은 화학 반응 중에 생성되지도 파괴되지도 않는다. 원자는 서로 다르게 결합될 수 있지만, 반응물에 있는 원자의 수와 질량은 생성물에 있는 원자의 수와 질량과 같아야 한다.

쿠키를 조작물로 사용하여 화학 반응식 쓰기를 연습해보자. 화학 반응식은 기호와 공식을 사용하여 변화하는 원소와 화합물을 표현한다는 것을 기억하자. 반응식의 왼쪽에 있는 원소는 무엇이든 반응식의 오른쪽에 있는 최종 생성물에 들어간다. 조합은 다를 수 있지만, 왼쪽의 양은 오른쪽의 양과 같아야 한다. "들어간 것은 반드시 나와야 한다."

먼저 각 쿠키를 비틀어 분리한다. 칼을 사용하여 각 쿠키 유형별로 여러 개의 쿠키 부분에서 속을 분리한다. 원하는 경우 원자를 서로 다른 조합으로 '결합'할 수 있도록 속을 따로 보관한다.

쿠키 조각을 사용하여 다음 반응에서 반응물을 구성한다. 핵심을 따라 쿠키를 원소와 일치시키자. 이제 '분자'를 분해하여 생성물로 다시 조립한다. 몇 개의 '원자'로 시작하는가? 몇 개의 원자로 끝나는가? 몇 개의 분자로 시작해서 몇 개의 분자로 끝나는가?

$$Fe_2O_3 + C \longrightarrow CO_2 + Fe$$

Key
Cookie #1 = Fe
Cookie #2 = C
Cookie #3 = O

$$CH_4 + 2\,O_2 \longrightarrow CO_2 + 2\,H_2O$$

Key
Cookie #1 = H
Cookie #2 = C
Cookie #3 = O

쿠키 조각을 사용하여 다음 반응식에서 두 가지 반응물을 구성한다. 이제 반응물을 분리하여 생성물을 구성해보자. 마지막으로 반응식의 균형을 맞춘 다음 반응물과 생성물의 구성을 반복한다.

$$NaOH + HCl \longrightarrow NaCl + H_2O$$

Key
Cookie #1 = H
Cookie #2 = Na
Cookie #3 = O
Cookie #4 = Cl

실험문제

1. 위의 세 가지 균형 반응식에서 원자는 보존되는가? 분자는 보존되는가?
2. 반응식의 균형이 중요한 이유는 무엇인가?

기체, 액체, 고체와 분자간 힘

6.1 고체, 액체, 기체

6.2 이온 물질과 분자 물질 비교하기

6.3 분자 사이의 힘

6.4 용액 안의 힘

6.5 기체: 분자 운동론

6.6 간단한 기체 법칙

6.7 이상 기체 법칙

물은 특이한 성질을 많이 가지고 있으며, 일반적인 조건에서도 고체, 액체, 기체로 존재할 수 있다. 흥미롭게도 선수의 머리에서 올라오는 '수증기'는 사실 수십억 개의 미세한 액체 물방울이다. 기체 상태의 물인 수증기는 눈에 보이지 않는다. 고체 물과 액체 물은 모두 우수한 냉각제이며, 액체 물은 많은 이온 결합 물질과 공유 결합 물질을 용해한다. 이런 성질은 주로 물의 '분자간 힘'에 기인한다. 이 장에서는 이런 힘에 대해 알아보자.

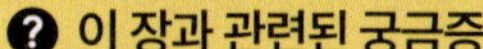

❓ 이 장과 관련된 궁금증

1. '슬라임'은 왜 그렇게 이상한 성질을 가지고 있는가?
2. 엔진 오일 통에 적힌 '5W30'은 무슨 뜻인가?
3. 기름과 물이 섞이지 않는 이유는 무엇인가?
4. 크리미한 이탈리안 드레싱이 일반 이탈리안 드레싱처럼 분리되지 않는 이유는 무엇인가?
5. 얼마나 차가울 수 있고, 얼마나 뜨거울 수 있는가?
6. 타이어가 차가울 때 타이어 공기압을 측정하는 것을 권장하는 이유는 무엇인가?

물질의 세 가지 상태 1장에서 기체, 액체, 고체에 대해 설명했다. 세 가지 상태 모두로 접할 수 있는 물질 중 가장 익숙한 것이 물이다. 물은 지구에서 가장 흔한 액체로, 고체(얼음)로, 기체(수증기)로 존재한다. 다른 많은 물질들이 조건에 따라 이 세 가지 상태로 존재할 수 있다. 이런 조건들에 대해 이해하는 것이 물질을 이해하는 데 중요하다. 물질이 나타내는 상태는 물질의 물리적 특성, 압력, 특히 온도에 따라 달라진다. 아주 추울 때 물은 고체 얼음으로 존재한다. 따뜻할 때는 물이 액체로 존재한다. 더 높은 온도에서는 물이 끓어 증기가 된다.

4장에서는 분자 안에서 원자를 서로 결합시키는 화학 결합이라는 힘에 대해 설명했다. 화학 결합은 **분자내 힘**(intramolecular force)으로, 구조나 극성과 같은 분자의 특성을 결정한다. 분자들 사이의 힘, 즉 **분자간 힘**(intermolecular force)은 액체와 고체의 거시적인 물리적 특성을 결정한다. 분자간 힘은 물질에서 발견되는

▲ 대부분의 고체는 매우 규칙적으로 배열된 입자들로 이루어져 있다. 유리는 예외이다. 유리의 원자는 무작위로 배열되어 있다.

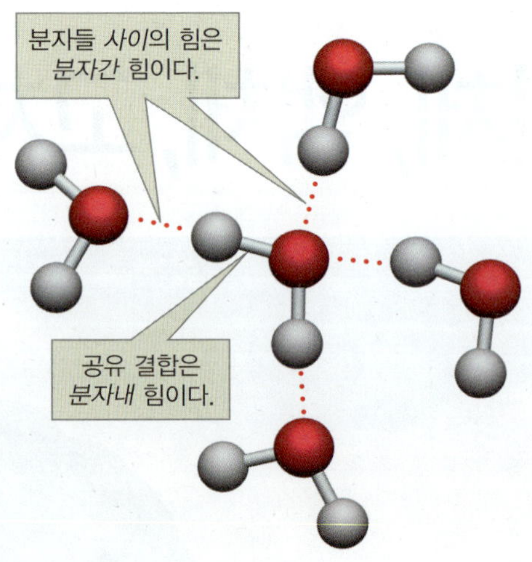

▶ **그림 6.1** 분자내 힘과 분자간 힘. 회색 '막대'는 물 *분자의* 공유 결합, 즉 분자내 힘 또는 한 쌍의 공유된 전자를 나타낸다. 빨간색 점선은 물 *분자* 사이의 힘, 즉 분자간 힘을 나타낸다.

결합의 종류와도 관련이 있다. 그림 6.1은 분자간 힘과 분자내 힘을 비교한 것이다.

분자간 힘은 끌어당기는 힘이다. 고체와 액체에서 분자는 서로 가까이 머무른다. 이런 힘이 존재하지 않는다면 액체나 고체는 존재하지 않고, 모든 것이 기체 상태로 존재할 것이다.

분자의 모양, 크기, 극성은 분자가 서로 상호작용하는 방식을 결정한다. 물질의 물리적 상태는 분자 또는 이온을 결합시키는 분자간 힘의 세기와 그것들을 분리시키려는 열 에너지(온도)의 상대적인 크기에 따라 달라진다.

6.1 고체, 액체, 기체

학습 목표 • 고체, 액체, 기체의 다양한 성질이 원자, 분자, 이온의 운동과 간격에 어떻게 관련되어 있는지 설명한다.

그림 6.2a에서 볼 수 있듯이 대부분의 고체는 원자, 분자, 이온이 서로 밀접하게 접촉하며 매우 규칙적으로 배열되어 있다. 이 때문에 고체를 압축하기는 어렵다. 이런 입자의 움직임은 주로 진동이다. 식염(염화 소듐)은 전형적인 결정성 고체이다. 이 고체에서는 이온 결합이 Na^+와 Cl^- 이온을 제자리에 고정시키고 규칙적인 배열을 유지한다(그림 4.2 참조).

액체에서는 입자들이 여전히 밀착되어 있지만 무작위로 배열되어 있고 자유롭게 움직인다(그림 6.2b). 액체는 고체와 마찬가지로 압축하기는 어렵지만, 흐를 수 있고 용기와 같은 모양이 될 수 있다. 분자 수준에서 액체를 더 잘 이해하려면 구슬 상자를 계속 흔들고 있다고 생각해보자. 구슬은 앞뒤로 움직이며 서로 굴러간다. 구슬과 같은 액체의 입자는 고체의 입자처럼 단단하게 제자리에 고정되어 있지 않다. 그럼에도 불구하고 액체 속 입자들을 서로 끌어당기는

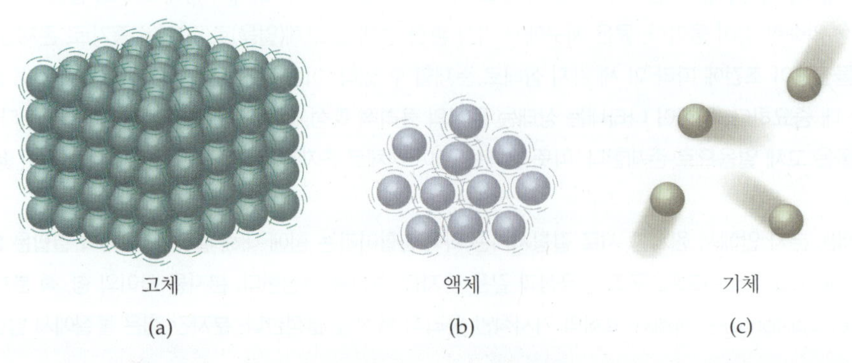

▶ **그림 6.2** 물질의 세 가지 상태. (a) 대부분의 고체에는 고정된 위치에서 진동하는 분자(또는 원자)가 있다. (b) 액체에서는 분자들이 여전히 서로 가까이 있지만 붐비는 방 안의 사람들처럼 자유롭게 움직인다. (c) 기체의 분자들은 간격이 넓고 자유롭게 무작위로 움직인다.

힘이 있어야 한다. 그렇지 않으면 입자들이 서로 가까이 붙어 있지 않을 것이다.

기체에서 입자는 비교적 멀리 떨어져 있으며 임의의 방향으로 매우 빠르게 움직인다(그림 6.2c). 이 상태에서는 원자 또는 분자가 서로 상호작용을 하지 않는다. 기체에 대해서는 6.5절에서 자세히 살펴보겠다.

대부분의 고체는 액체로 바뀔 수 있다. 즉 녹을 수 있다. 고체를 가열하면 열 에너지가 고체의 입자에 흡수된다. 이 에너지로 인해 입자는 더 격렬하게 진동하게 되고, 마침내 입자를 규칙적인 배열로 유지하는 힘을 극복하여 고체는 액체가 된다. 이 현상이 일어나는 온도가 바로 고체의 **녹는점**(melting point)이다. 녹는점이 높다는 것은 고체를 서로 붙잡는 힘이 매우 강하다는 것을 나타낸다.

많은 액체는 **증발**(vaporization, 기화)이라는 과정을 통해 기체로 변할 수 있다. 다시 말하지만, 이런 변화가 나타나려면 충분한 열이 필요하다. 액체 입자에 에너지가 흡수되어 그 결과 점점 더 빠르게 움직이게 된다. 마침내 점점 더 격렬해지는 이 운동이 액체 입자를 서로 가깝게 붙잡는 인력을 극복하고, 입자가 액체를 떠난다. 액체는 기체가 된다. 빠져나가는 증기의 압력이 외부 압력과 같아지는 온도가 액체의 **끓는점**(boiling point)이다.

기체에서 에너지를 제거하고 입자의 속도를 늦추면 변화의 순서를 뒤집을 수 있다. 기체는 **응축**(condensation)이라는 과정을 통해 액체로 변하고, 액체는 **얼림**(freezing, 냉동)이라는 과정을 통해 고체로 변한다. 그림 6.3은 에너지가 시료에 추가되거나 제거될 때 발생하는 상태 변화를 도표로 보여준다. 일부 물질은 고체 상태에서 기체 상태로 바로 이동하는데, 이를 **승화**(sublimation)라고 한다. 예를 들어 냉동실에 오랫동안 방치된 얼음 조각은 줄어들고, 서랍이나 옷장 속에 있던 고체 좀약은 서서히 사라진다. 각각의 경우 고체가 승화 과정을 거친다. 그리고 때로는 수증기가 잔디에 서리를 형성할 때처럼 기체가 고체 상태로 직접 이동할 수 있다. 이 과정을 **증착**(deposition)이라고 한다.

1 '슬라임'은 왜 그렇게 이상한 성질을 가지고 있는가?

'슬라임'은 물풀과 붕사로 집에서 쉽게 만들 수 있는데, 이상한 성질을 가지고 있다. 슬라임은 자체 무게에 의해 처지고 매우 느린 액체처럼 흐른다. 그 이유는 바로 고체가 아니라 느리게 흐르는 액체이기 때문이다. 붕사는 물풀과 반응하여 크고 유연한 분자를 형성하며, 이 분자는 규칙적인 배열을 쉽게 형성하지 않는다. 분자가 너무 얽혀 있어서 슬라임은 매우 천천히 흐른다.

온도 증가
끓는점
어는점
고체 가열
고체 냉각
녹음
얼림
액체 가열
액체 냉각
증발
응축
기체 가열
기체 냉각
시료의 에너지 함량 증가

◀ **그림 6.3** 가열 또는 냉각에 따른 물질의 상태 변화. 일반적인 생각과는 달리 순수한 물질의 녹는점과 어는점은 정확히 같은 온도이다. 녹는점에 도달하면 열을 더 가해도 온도가 올라가지 않고, 대신 더 많은 고체가 녹게 된다. 모든 고체가 녹은 후에는 열을 가하면 온도가 상승한다. 마찬가지로 끓는점과 응축점도 같은 온도이다.

▲ 승화의 반대는 '증착'이다. 증착은 추운 아침에 일어난다. 수증기가 울타리에 직접 증착되어 고체인 서리가 된다.

자가평가문제

1. 다음 중 분자 사이의 간격이 가장 먼 상태는 무엇인가?
   a. 이온성 고체 **b.** 공유 고체 **c.** 액체 **d.** 기체
2. 액체에 대한 설명으로 옳은 것은 무엇인가?
   a. 압축하기 어렵고 모양이 일정하지 않다.
   b. 압축이 어렵고 부피가 일정하지 않다.
   c. 압축하기 쉽고 일정한 모양을 가진다.
   d. 압축하기 쉽고 일정한 부피를 가진다.
3. 액체가 기체로 변하는 과정을 무엇이라고 하는가?
   a. 응축 **b.** 승화 **c.** 가스화 **d.** 증발
4. 액체가 고체로 변하는 과정을 무엇이라고 하는가?
   a. 응축 **b.** 얼림 **c.** 융합 **d.** 녹음
5. 고체가 기체로 직접 변하는 과정을 무엇이라고 하는가?
   a. 증발 **b.** 증착 **c.** 승화 **d.** 기화

정답: 1. d, 2. a, 3. d, 4. b, 5. c

6.2 이온 물질과 분자 물질 비교하기

학습 목표 • 이온 물질과 분자 물질의 몇 가지 차이점을 파악하고, 이런 차이점이 존재하는 이유를 설명한다.

그림 6.1이 분자간 힘을 보여준다는 것을 다시 생각해보자. 염화 소듐(그림 4.2 참조)과 같은 이온성 물질은 분자가 아닌 이온으로 구성되어 있으므로 분자간 힘이라는 용어는 실제로 적용되지 않는다. 그럼에도 불구하고 이온 사이에는 인력이 존재하며, 우리는 이를 분자 사이의 힘과 비교할 수 있다. 먼저 이온 물질과 분자 물질의 몇 가지 차이점을 살펴보자.

- $NaCl$, KBr, $CaCO_3$, NH_4NO_3와 같은 거의 모든 이온 화합물은 실온에서 고체이다. 일부 분자 물질은 실온에서 액체 또는 기체이지만, 많은 분자 물질이 고체이다. 에테인(CH_3CH_3), 황화 수소(H_2S), 염소(Cl_2)는 기체이다. 에탄올(CH_3CH_2OH), 브로민(Br_2), 삼염화 인(PCl_3)은 액체이다. 황(S_8), 포도당($C_6H_{12}O_6$), 아이오딘(I_2)은 고체이다.
- 이온 화합물은 일반적으로 분자 화합물보다 녹는점과 끓는점이 훨씬 높다. 이온 화합물의 강한 이온 결합을 극복하려면 높은 온도가 필요하다(4.3절). 분자 사이의 훨씬 약한 인력을 극복하기 위해서는 더 적은 에너지가 필요하다(6.3절). 예를 들어 염화 소듐($NaCl$)은 801 ℃까지 가열해야 녹지만, 분자 화합물인 에테인(CH_3CH_3)은 −184 ℃에서 녹는다.
- 일반적인 이온 결합 화합물 1몰을 녹이는 데는 일반적인 분자 화합물 1몰을 녹이는 것보다 대략 10배에서 100배의 에너지가 필요하다. 염화 소듐 1몰을 녹이는 데는 거의 30 kJ이 필요하지만, 에테인 1몰을 녹이는 데는 약 3 kJ만 필요하다.
- 우리에게 친숙한 많은 이온 화합물은 물에 용해되어 전기를 전도하는 용액을 형성한다. 해리된 이온은 용액을 통해 전류를 전달한다. 대부분의 분자 화합물은 심지어 물에 용해되는 화합물도 이온으로 해리되지 않으므로 전도성 용액을 형성하지 않는다. 그림 6.4에서 볼 수 있듯이 (이온성) 염화 소듐 용액은 전기를 전도하지만, 메탄올(CH_3OH, 분자성) 용액은 전도하지 않는다.
- 고체로서 대부분의 이온 화합물은 결정성이고 단단하며 종종 매우 부서지기 쉽다. 고체 분

왜 중요할까?

소금 램프는 커다란 염화 소듐 조각에 전구를 장착한 것이다. 일부 판매업체는 램프에서 나오는 열이 소금에서 음이온을 방출시킨다고 주장한다. 그러나 염화 소듐과 같은 이온 화합물은 녹는점과 끓는점이 매우 높고, 이는 일반 전구의 온도보다 훨씬 높다. 이런 램프에서 이온은 거의 나오지 않으며, 그러한 이온이 유익하다는 확실한 증거도 없다.

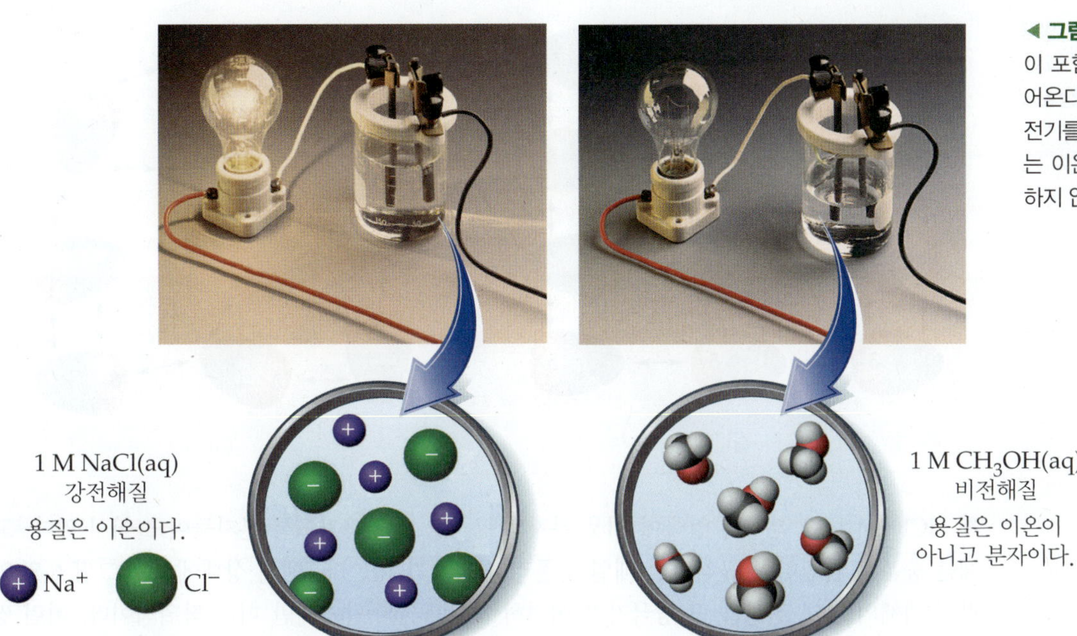

◀ **그림 6.4** (왼쪽) 염화 소듐 용액에 이온이 포함되어 있기 때문에 전구에 불이 들어온다. 이온은 전류를 전달하고 용액은 전기를 전도한다. (오른쪽) 메탄올 용액에는 이온이 포함되어 있지 않아 전기가 통하지 않는다.

자 화합물은 일반적으로 이온 화합물보다 훨씬 무르다.

다음으로 고체와 액체의 입자를 서로 붙잡고 있는 다른 상호작용을 살펴보자.

왜 중요할까?

순수한 물은 물 분자 1,000만 개당 1개 정도로 극미량의 이온만을 포함하고 있기 때문에 좋은 절연체이다. 물의 전기 저항이 순도를 결정하는 데 사용될 정도로 전기를 거의 전도하지 않는다. 토스터기가 목욕 장난감으로 좋지 않은 이유는 일상에서 접하는 물에는 용해된 고체에서 나오는 이온이 충분하여 전기가 잘 통하기 때문이다.

자가평가문제

1. 다음 중 분자간 힘을 나타내는 입자로 구성되어 있지 않은 것은 무엇인가?

a. HCN **b.** HF **c.** NaBr **d.** CH_4

2. 다음 중 고체를 녹이는 데 가장 많은 에너지가 필요할 것으로 예상되는 것은 무엇인가?

a. $C_6H_{12}O_6$ **b.** N_2O **c.** KBr **d.** Kr

정답: 1. c, 2. c

6.3 분자 사이의 힘

학습 목표
- 분자 사이의 힘을 쌍극자-쌍극자 힘, 분산력, 수소 결합으로 분류한다.
- 분자간 힘이 녹는점과 끓는점에 미치는 영향을 설명한다.

앞서 언급했듯이 물이나 이산화 탄소와 같은 많은 물질들은 이온으로 구성되지 않고 분자 화합물로 이루어져 있다. 분자 화합물의 특징은 공유 결합이다. 예를 들어 염화 수소 분자에서 공유 결합은 수소와 염소 원자들을 서로 붙잡아준다. 이 원자들은 한 쌍의 전자를 공유한다. 그렇다면 염화 수소 분자가 다른 염화 수소 분자와 상호작용하는 이유는 무엇일까? 이 절에서는 몇 가지 유형의 분자간 힘, 즉 분자 사이의 힘에 대해 살펴본다.

쌍극자-쌍극자 힘

염화 수소 분자는 양극과 음극이 있는 분자인 **쌍극자**라는 것을 기억하자(그림 4.6 참조). 두 쌍극자의 반대 전하를 띤 극이 가까이 있으면 서로 끌어당긴다. 그림 6.5a에서 볼 수 있듯이, 고

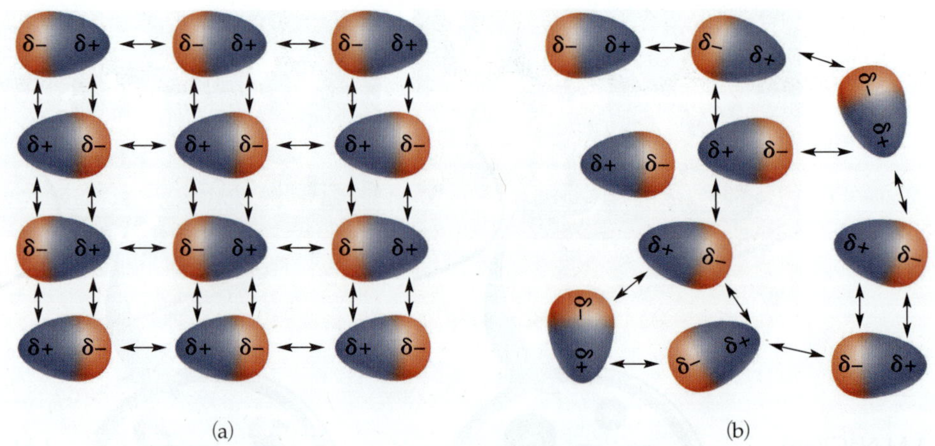

▶ **그림 6.5** (a) 고체와 (b) 액체에서 쌍극자-쌍극자 힘을 이상적으로 표현한 그림. 실제 액체나 고체에서는 입자 간의 상호작용이 더 복잡하다.

체 HCl에서는 한 분자의 양극이 이웃 분자의 음극을 끌어당기도록 분자들이 늘어서 있다. 고체를 충분히 가열하면 규칙적인 배열이 풀리고 고체가 녹는다. 액체 상태에서는 그림 6.5b와 같이 액체의 반대 전하를 띤 쌍극자가 여전히 서로를 끌어당기지만 더 무작위적이다. 이런 **쌍극자-쌍극자 힘**(dipole-dipole force)은 두 극성 분자 사이에서 발생한다. 일반적으로 이런 힘은 이온 결합보다 훨씬 약하지만, 비슷한 크기의 비극성 분자 사이의 힘보다는 강하다. 분자의 극성이 강할수록 쌍극자-쌍극자 힘은 더 강해진다.

분산력

이온 또는 극성 분자가 서로 어떻게 끌어당기는지는 쉽게 이해할 수 있다. 결국 반대 전하가 서로 끌어당기는 것이다. 하지만 비극성 물질이 액체와 고체 상태로 존재할 수 있다는 사실은 어떻게 설명할 수 있을까? 수소(H_2)도 온도가 충분히 낮으면 액체나 고체로 존재할 수 있다(녹는점은 −259 ℃이다). 액체와 고체 상태의 비극성 분자를 서로 가깝게 붙잡고 있으려면 어떤 힘이 있어야 한다.

그림 6.6a는 공유 결합의 전자들이 결합을 공유하는 두 원자 사이에 균등하게 분포되어 있는 것처럼 보여준다. 그러나 전자는 고정되어 있지 않고 계속 움직인다는 것을 기억하자. 공유 결합 내에서 전자는 핵 주위를 이동하고 있다. 평균적으로 비극성 결합의 두 전자는 두 핵 주위에 고르게 분포되어 있다. 그러나 특정 순간에 분자의 한쪽 말단에 다른쪽 말단보다 더 많은 전자가 있을 수 있으며(그림 6.6b), 이로 인해 해당 말단에서 일시적으로 음전하가 생길 수 있다. 이로 인해 그림 6.6c처럼 양전하를 띠는 반대쪽 말단으로 인접한 분자의 전자가 이동하게 된다. 따라서 한 분자의 전자가 부족한 말단과 인접 분자의 전자가 풍부한 말단 사이에 인력이

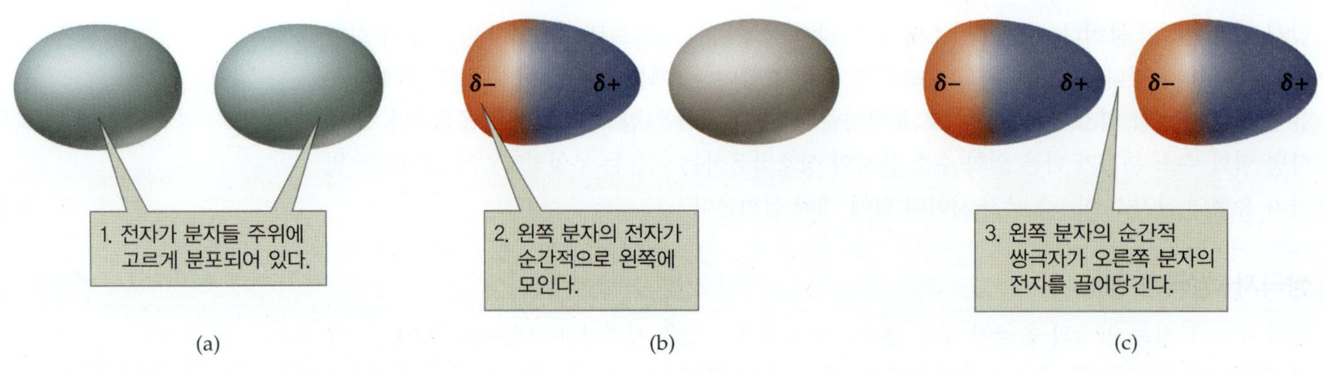

▲ **그림 6.6** 분산력의 기본이 되는 메커니즘

생긴다. 이 인력은 전자가 균등하게 재분배되기 전까지 잠시 동안만 지속된다.

이런 순간적이고 약한 분자간의 인력을 **분산력**(dispersion force)이라고 한다. 전자는 끊임없이 움직이기 때문에 분산력은 쌍극자가 끊임없이 이동하는 쌍극자-쌍극자 힘으로 생각할 수 있다. 일반적으로 분자가 클수록 분산력이 강해지는데, 이는 이런 순간적인 쌍극자 힘을 일으킬 수 있는 전자가 더 많기 때문이다. 분산력은 극성, 비극성, 이온성 등 전자를 포함하는 두 입자 사이에는 모두 존재한다. 그러나 비극성 분자 사이에 존재하는 유일한 힘이다.

2 엔진 오일 통에 적힌 '5W30'은 무슨 뜻인가?

합성 오일이든 원유에서 추출한 오일이든 엔진 오일은 오일 분자간 힘의 세기에 따라 적절한 점도 또는 농도를 가져야 엔진을 제대로 윤활할 수 있다. 엔진이 뜨거워질수록 높은 온도로 인해 기름이 더 쉽게 흐르기 때문에 더 진한 오일(점도 30)이 필요하다. 하지만 추운 겨울 아침, 특히 처음 시동을 걸었을 때는 엔진이 제대로 작동하기 위해 더 묽은 오일(점도 5)이 필요하다. '5W30'이라고 표시된 오일은 차갑거나 뜨거울 때 분자간 힘이 거의 같은 오일이고, 여름과 겨울에 모두 사용할 수 있다.

수소 결합

특정 극성 분자는 일반적인 쌍극자-쌍극자 상호작용에서 예상되는 것보다 더 강한 인력을 나타낸다. 이런 힘은 수소 결합이라는 특별한 이름을 붙일 만큼 강하다. 이 이름은 상호작용하는 두 원자 중 하나만 강조하기 때문에 약간 오해의 소지가 있다. 또한 수소 결합은 결합이 전혀 아니고 수소 결합에서는 전자가 공유되지 않기 때문에, 오해의 소지가 있다. 수소를 포함하는 모든 화합물이 이런 종류의 인력을 나타내는 것은 아니다. 대부분의 경우 수소 원자가 질소, 산소, 플루오린과 같은 작고 매우 전기음성도가 높은 원자에 붙어 있어야 한다. 이런 원자는 전기음성도가 커서 수소의 부분 양전하를 크게 만든다. 이 수소가 다른 극성 분자에 있는 질소, 산소, 플루오린 원자에 가까이 오면 수소 결합이 형성된다. 양전하를 띤 수소는 음전하를 띤 N, O, F에 강하게 끌린다.

예를 들어 플루오린화 수소(HF)에서 수소-플루오린 결합은 플루오린 말단이 음성이고 수소 말단이 양성인 강한 극성을 띠고 있다. 수소와 플루오린은 모두 작은 원자이므로 한 분자의 플루오린 말단에 있는 전자가 다른 분자의 수소 말단에 매우 가깝게 접근할 수 있다. 이런 비정상적으로 강한 상호작용이 바로 **수소 결합**(hydrogen bond)이다. 수소 결합은 다른 분자간 힘보다 훨씬 더 강하다는 점을 강조하기 위해 점선을 사용해 명시적으로 표시하기도 한다(그림 6.7).

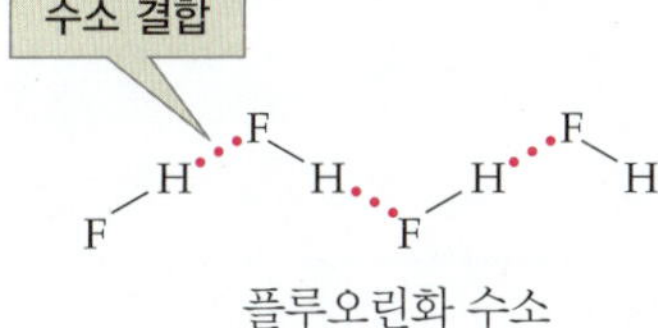

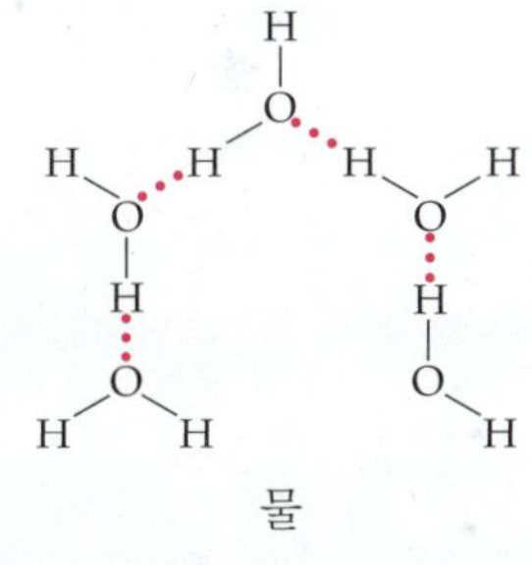

▲ **그림 6.7** 플루오린화 수소와 물에서 수소 결합. 그림 6.1도 참조하라.

물은 분자가 작은 화합물로서는 녹는점(0 ℃)과 끓는점(100 ℃)이 모두 비정상적으로 높다. 이런 비정상적인 값은 물 분자가 수소 결합을 만들 수 있기 때문이다. 그러나 녹고 끓는 동안에는 물 분자 사이의 수소 결합만 끊어진다는 것을 기억하자. 각 물 분자의 수소 원자와 산소 원자 사이의 공유 결합은 그대로 유지된다. 상태 변화가 있어도 화학적 변화는 일어나지 않는데, 이는 공유 결합이 수소 결합보다 훨씬 강하기 때문이다.

수소 결합은 생물학적 분자에서도 중요한 역할을 한다. 수소 결합의 존재 여부와 세기에 따라 단백질과 효소의 3차원 구조와 DNA의 배열(13장)이 달라진다.

두 분자 사이에 존재하는 분자간 힘의 일차적인 분류는 먼저 "분자가 극성인가?"라는 질문을 통해 판단할 수 있다. (일반적으로 극성을 결정하려면 루이스 구조를 그리고 분자 모양을 결정해야 한다.) 만약 극성이 없다면 존재할 수 있는 힘의 종류는 분산력뿐이다. 극성 분자의 경우 수소 결합이 일어날 수 있는지 여부를 결정한다. 예를 들어 한 분자의 N, O, F에 공유 결합된 H와 이웃 분자의 극성 공유 결합에 있는 N, O, F가 있는가 하는 것이다. 수소 결합이 일어날 수 있으면 일어난다. 그렇지 않으면 극성 분자 사이에 쌍극자-쌍극자 힘이 존재한다. 이 과정은 예제 6.1에 설명되어 있다.

예제 6.1 분자간 힘 결정하기

다음 각 분자들 사이에 존재하는 주요한 힘의 종류는 무엇인가?

a. NH_2Cl 분자들
b. CF_4 분자들
c. H_2O 분자와 H_2S 분자

풀이

a. NH_2Cl 분자는 삼각 피라미드형이며 극성이라는 점에서 NH_3 분자와 유사하다. 또한 수소 결합을 위한 요건도 갖추고 있다. 한 분자에서 N과 공유 결합한 H가 있고, 이웃 분자의 극성 공유 결합(NH 결합)에 N이 있다. 따라서 가장 큰 힘은 수소 결합이다.
b. CF_4 분자는 전기음성도가 매우 큰 플루오린 원자를 포함하고 있지만, 플루오린 원자가 CH_4와 유사하게 탄소 원자 주위에 대칭으로 배열되어 있기 때문에 비극성이다. 따라서 CF_4 분자 사이에 존재하는 유일한 힘은 분산력이다.
c. H_2O와 H_2S는 모두 극성 결합을 가진 굽은 분자이므로 둘 다 극성이다. 물 분자는 산소와 공유 결합한 수소 원자를 가지고 있다. 그러나 H_2S는 극성 결합에 N, O, F 원자가 포함되어 있지 않다. 따라서 여기서 주된 힘은 쌍극자-쌍극자 힘이다.

› 복습문제 6.1A

(a) SiH_4 분자들, **(b)** SF_2 분자들 사이의 주요한 힘의 종류는 무엇인가?

› 복습문제 6.1B

H_3CCHO 분자(H와 O가 C에 결합된 분자)와 물 분자 사이의 주요한 힘의 종류는 무엇인가?

분자간 힘의 세기

비슷한 크기와 모양의 분자일 때, 그림 6.8에 표시된 것처럼 분자간 힘은 분산력(일반적으로 가장 약한 힘)에서 쌍극자-쌍극자 힘, 수소 결합(가장 강한 힘)에 이르기까지 그 세기가 다양하다. 분자 사이의 인력이 강할수록 녹는점과 끓는점이 높아진다. 녹는다는 것은 분자 사이의 힘을 약화시키는 것이고, 끓는다는 것은 분자를 서로 완전히 분리시키는 것이다. 따라서 분자간 힘이 강할수록 화합물이 녹거나 끓기 위해서는 더 높은 온도로 더 많은 에너지가 가해져야 한다. 이런 효과는 그림 6.9에서 볼 수 있다. 모두 비극성인 4A 족 화합물(CH_4—SnH_4)의 끓는점은 족의 아래로 내려갈수록 질량에 따라 증가한다. 5A, 6A, 7A 족 화합물에서도 질량에 대한 경향이 동일하게 나타난다. 그러나 이들 분자는 극성을 띠기 때문에 이들 화합물의 끓는

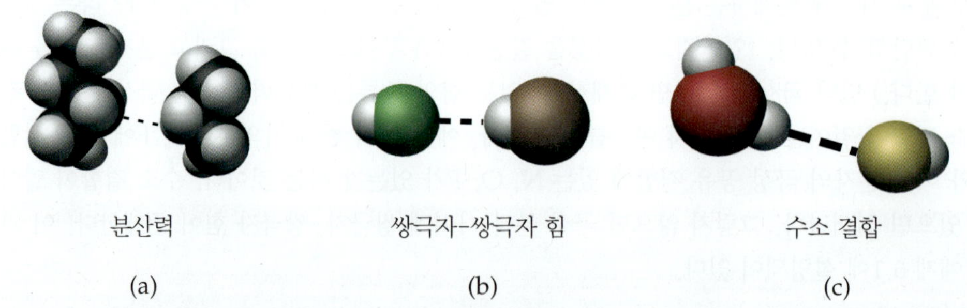

▲ **그림 6.8** 세 가지 중요한 분자간 힘에 대한 요약. (a) 분산력은 뷰테인과 프로페인 등 어떤 두 입자 사이에도 존재한다. 일반적으로 약하며 세기는 입자의 크기와 모양에 따라 달라진다. (b) 쌍극자-쌍극자 힘은 HCl이나 HBr과 같은 극성 분자 사이에 발생한다. 서로 반대되는 부분 전하가 서로 끌어당긴다. 그 힘은 극성에 따라 달라진다. (c) 수소 결합(예: HF와 H_2O 사이의 수소 결합)은 특별하고 강한 유형의 쌍극자-쌍극자 힘이다. 수소 결합은 O, N, F에 결합된 수소 원자가 인접한 극성 결합 또는 분자의 O, N, F에 끌릴 때 생긴다.

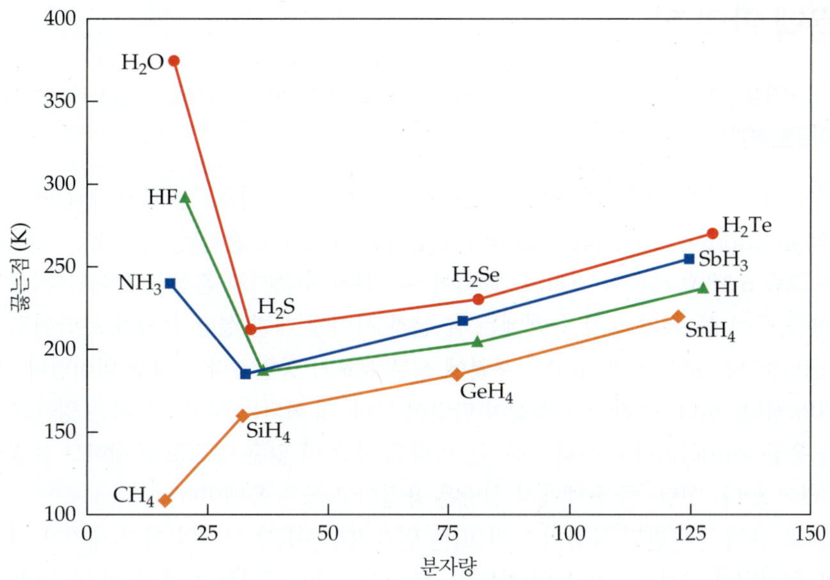

◀ **그림 6.9** 각 색은 주기율표의 주어진 족의 원소와 수소로 이루어진 공유 화합물의 끓는점을 나타낸다. 물, 플루오린화 수소, 암모니아의 끓는점은 이론에서 예측하는 것보다 훨씬 높은데, 이 세 가지 화합물에서는 분자들끼리 수소 결합을 할 수 있기 때문이다. 메테인(CH_4)은 다른 세 가지 화합물보다 끓는점이 훨씬 낮은데, 그 이유는 메테인 분자들끼리 수소 결합을 할 수 없기 때문이다.

점 추세선은 4A 족 화합물의 선보다 위에 자리한다. 이런 화합물에는 쌍극자-쌍극자 힘이 존재하여 4A 족의 비슷한 화합물보다 끓는점이 더 높다.

그림 6.9의 세 가지 화합물은 이런 경향을 따르지 않는다. H_2O, HF, NH_3는 3주기의 해당 화합물보다 끓는점이 훨씬 높다. 이 세 가지 화합물에서는 같은 화합물의 분자들끼리 수소 결합을 형성할 수 있다. 실제로 물의 수소 결합은 매우 강해서 끓는점을 거의 200 ℃로 올릴 수 있다!

자가평가문제

1. 비슷한 분자량의 다른 물질에 비해 액체 물의 끓는점이 높은 것을 설명하는 데 가장 중요한 분자간 힘은 무엇인가?

a. 분산력 **b.** 쌍극성 인력
c. 수소 결합 **d.** 이온 결합

2. 다음 중 가장 강력한 상호작용은 무엇인가?

a. 공유 결합 **b.** 쌍극자-쌍극자 힘
c. 분산력 **d.** 수소 결합

3. 에탄올(CH_3CH_2OH)에서 이웃하는 분자 사이의 인력은 무엇인가?

a. 공유 결합과 분산력뿐이다.
b. 쌍극자-쌍극자 힘과 수소 결합뿐이다.
c. 공유 결합뿐이다.
d. 수소 결합, 쌍극자-쌍극자 힘, 분산력뿐이다.

4. 비커에 담긴 액체 물의 분자를 서로 붙잡는 힘은 무엇인가?

a. 공유 결합 **b.** 분자내 힘
c. 분자간 힘 **d.** 이온 결합

5. CH_3OH, H_2, HF, H_2O 중에서 수소 결합을 형성할 수 있는 분자는 무엇인가?

a. H_2뿐이다.
b. H_2O뿐이다.
c. CH_3OH, HF, H_2O
d. 네 가지 모두

6. 다음 중 수소 결합을 형성하지 않는 분자는 무엇인가?

a. 암모니아(NH_3)
b. 클로로포름($CHCl_3$)
c. 메틸 알코올(CH_3OH)
d. 에틸렌 글리콜($HOCH_2CH_2OH$)

정답: 1. c, 2. a, 3. d, 4. c, 5. c, 6. b

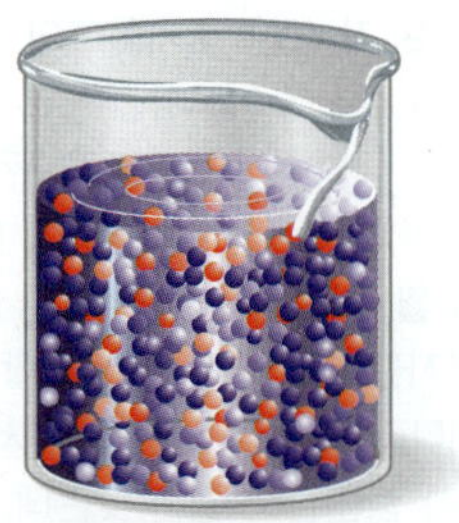

▲ **그림 6.10** 용액에서 용질 분자(주황색 구)는 용매 분자(보라색 구) 사이에 무작위로 분포되어 있다.

3 기름과 물이 섞이지 않는 이유는 무엇인가?

기름 분자는 비극성이고 물 분자는 매우 극성이다. 기름과 물 분자 사이의 약한 힘은 물 분자 사이의 강한 힘을 이겨낼 만큼 강하지 않다. 따라서 기름과 물은 섞이지 않는다.

4 크리미한 이탈리안 드레싱이 일반 이탈리안 드레싱처럼 분리되지 않는 이유는 무엇인가?

두 종류의 드레싱 모두 기름과 식초를 포함하고 있다. 그러나 크리미 드레싱에는 (달걀 노른자 또는 기타 공급원에서 온) 단백질이 섞여 있다. 단백질 분자는 비누 분자처럼 극성 부분과 비극성 부분을 모두 가지고 있어 식초 속에 작은 기름방울을 떠 있게 유지시킨다.

6.4 용액 안의 힘

학습 목표 • 비극성 용질은 비극성 용매에 용해되는 경향이 있고, 극성 및 이온성 용질은 극성 용매에 용해되는 경향이 있는 이유를 설명한다.

분자간 힘에 대한 설명을 마무리하기 위해 용액에서 일어나는 상호작용에 대해 간단히 살펴보겠다. **용액**(solution)은 2개 이상의 물질이 밀접하고 균일하게 혼합된 것이다. 여기서 **밀접하다**는 것은 그림 6.10에 제시된 것처럼 개별 이온과 분자 수준까지 혼합이 일어난다는 것을 의미한다. 예를 들어 물 속의 설탕 용액에는 물 분자 사이에 개별 설탕 분자가 무작위로 분포되어 있다. **균일하다**는 것은 용액의 모든 부분에 성분 분포가 동일하다는 것을 의미한다. 설탕 용액은 용액의 상단, 하단, 중간에서 똑같이 단맛이 난다. 용해되는 물질, 즉 적은 양으로 존재하는 물질을 **용질**(solute)이라고 한다. 녹이는 역할을 하고 더 많은 양으로 존재하는 물질을 **용매**(solvent)라고 한다. 설탕-물 용액에서 설탕은 용질이고 물은 용매이다.

일반적으로 용액은 관련된 물질의 분자(또는 원자 또는 이온) 사이의 힘의 세기가 비슷할 때 가장 쉽게 형성된다. "끼리끼리 녹인다(Like dissolves like)"라는 오래된 화학 격언이 있다. 비극성 용질은 비극성 용매에 가장 잘 녹는다. 예를 들어 둘 다 비극성인 기름과 휘발유는 섞이지만(그림 6.11a), 기름과 식초는 섞이지 않는다(그림 6.11b). 식초는 대부분 물이며, 물 분자 사이의 강한 수소 결합으로 인해 (훨씬 약한 분산력만 가진) 비극성 기름 분자가 자유롭게 섞이지 못한다. 반면에 에틸 알코올 분자와 물 분자는 모두 수소 결합을 형성할 수 있다. 따라서 에틸 알코올은 물에 쉽게 용해된다(그림 6.11c). 일반적으로, 용질과 용매 사이의 인력이 순수 용질 사이와 순수 용매 사이에 작용하는 인력과 적어도 거의 비슷할 때, 용질이 용해된다.

그렇다면 소금은 왜 물에 녹을까? 이온성 고체는 강한 이온 결합에 의해 서로 결합되어 있다. 이온성 고체를 녹이고 이런 결합을 끊으려면 높은 온도가 필요하다는 것을 이미 살펴봤다. 하지만 염화 소듐을 상온의 물에 단순히 넣기만 해도 소금이 녹는다. 그리고 이런 고체가 용해되면 그 결합이 끊어진다. 이 두 과정의 차이는 무차별적인 힘과 설득의 차이이다. 녹는 과정에서는 단순히 결정을 분해하기에 충분한 에너지(열)를 투입한다. 용해 과정에서는 결정에서 이온이 상호작용하는 것을 대신할 만한 매력적인 대안을 제공한다.

소금 결정이 용해되면 먼저 물 분자가 결정을 둘러싸게 된다. 반대 전하가 서로 끌어당기므로 그림 6.12와 같이 쌍극자의 양극(수소)은 음이온을 향한다. 쌍극자의 음극(산소)은 양이온을 향한다. 쌍극자와 이온 사이의 인력은 두 이온 사이의 인력만큼 강하지는 않지만, 여러 물 분자가 각 이온을 둘러싸고 있고, 결정이 용해되면서 형성되는 많은 **이온-쌍극자** 상호작용이

(a)

(b)

(c)

▶ **그림 6.11** (a) 2행정 엔진이 장착된 잔디 깎는 기계에 비극성 휘발유와 비극성 윤활유의 용액으로 연료 공급과 윤활을 한다. (b) 샐러드 드레싱에는 극성 식초와 비극성 올리브 오일이 혼합되어 있다. 그러나 두 액체는 용액을 형성하지 않고 가만히 두면 분리된다. (c) 와인은 극성 에틸 알코올이 극성 물에 녹아 있는 용액이다.

Q 극성과 비극성 물질의 혼합물에는 어떤 것들이 있는가?

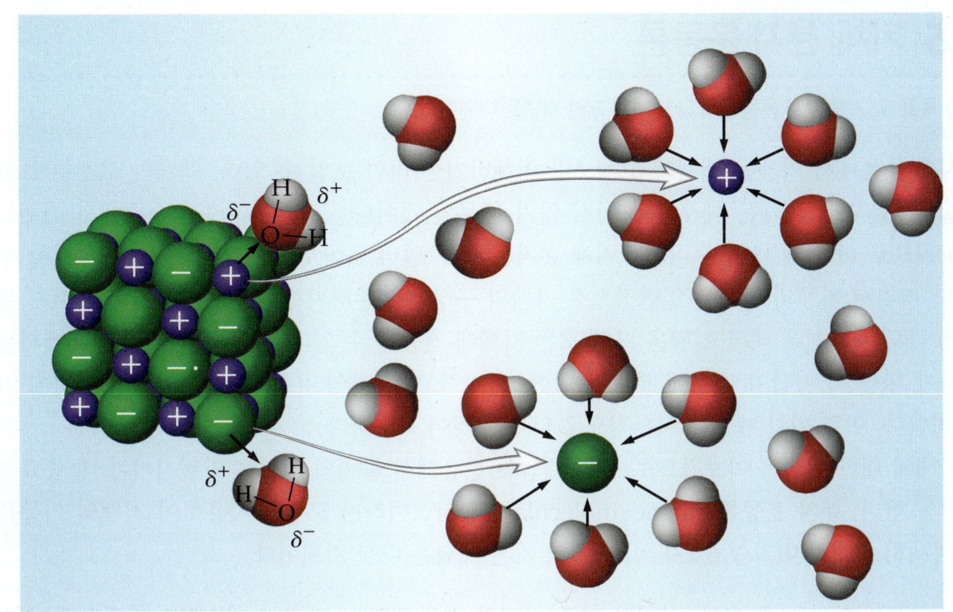

◀ **그림 6.12** 극성이 있는 용매(물)에 용해된 이온성 고체(염화 소듐). 물 분자의 수소 말단은 음전하를 띤 염화 이온을 둘러싸고 있고, 물 분자의 산소 말단은 양전하를 띤 소듐 이온을 둘러싸고 있다.

이온 결합을 극복한다.

이온성 고체에서 양이온과 음이온은 규칙적인 결정 배열로 서로 강하게 결합되어 있다. 용액에서 양이온과 음이온은 각각 용매 분자로 둘러싸여 어느 정도 독립적으로 움직인다. 우리 몸 안의 물을 포함해서 물은 많은 이온 결합 화합물을 위한 훌륭한 용매이다. 또한 물은 자신과 같은 극성 공유 결합을 가진 많은 분자를 용해한다. 이런 용해도 원리를 통해 영양분이 (대부분 물인 혈액에 용해되어) 우리 몸의 세포에 도달하는 방법과 수많은 종류의 오염 물질이 물 공급원에 유입되는 방법을 이해할 수 있다.

자가평가문제

1. 용액은 어떤 혼합물인가?

a. 불균일 혼합물 **b.** 균일 혼합물
c. 상동 혼합물 **d.** 습윤성 혼합물

2. 다음 중 용액을 형성할 가능성이 가장 낮은 물질의 쌍은 무엇인가?

a. 비극성 용매와 이온 화합물
b. 극성 용매와 이온 화합물
c. 비극성 용매와 비극성 화합물
d. 극성 용매와 극성 화합물

3. 아이오딘의 정성 분석에서 양성 판정은 헥세인(C_6H_{14})에 녹은 I_2 용액의 보라색이다. 비극성 I_2가 비극성 C_6H_{14}에 녹아 있는 용액에서 가장 중요한 용질-용매 상호작용의 유형은 무엇인가?

a. 쌍극자-쌍극자 힘
b. 분산력
c. 이온-쌍극자 상호작용
d. 수소 결합

4. 물 속의 염화 칼슘($CaCl_2$) 용액에서 가장 중요한 용질-용매 상호작용의 유형은 무엇인가?

a. 쌍극자-쌍극자 힘
b. 이온-쌍극자 상호작용
c. 이온 결합
d. 분산력

5. 물 속의 아세트산(CH_3COOH) 용액에서 가장 중요한 용질-용매 상호작용의 유형은 무엇인가?

a. 쌍극자-쌍극자 힘 **b.** 쌍극자-수소 결합
c. 수소 결합 **d.** 분산력

6. 다음 중 휘발유의 성분인 옥테인(C_8H_{18})에 녹을 가능성이 가장 높은 용질은 무엇인가?

a. $CH_3(CH_2)_4CH_3$ **b.** $CaCl_2$
c. KCl **d.** MgO

정답: 1. b, 2. a, 3. b, 4. b, 5. c, 6. a

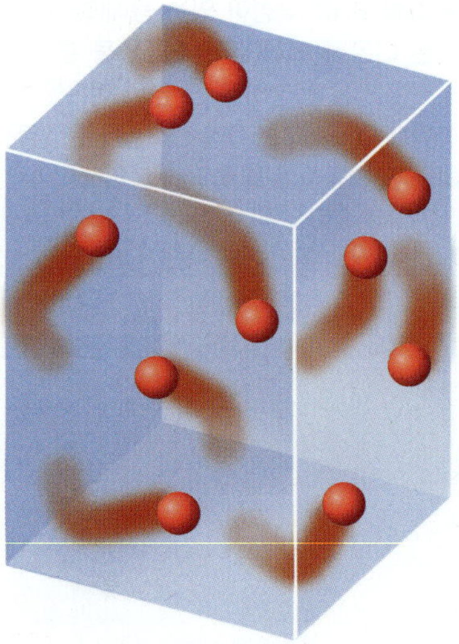

▲ **그림 6.13** 분자 운동론에 따르면 기체의 입자(분자 또는 원자)는 일정하고 무작위적인 운동을 한다. 이들은 직선으로 움직이며 서로 충돌하고 용기의 벽과 충돌한다.

6.5 기체: 분자 운동론

학습 목표 • 기체 분자 운동론의 다섯 가지 기본 개념을 나열한다.

거시적 수준에서 기체는 액체와 고체보다 이해하기 어려워 보일 수 있다. 액체와 고체는 보고 느낄 수 있지만, 기체는 대부분 보이지 않기 때문일 것이다. 그러나 미시적 수준에서 기체는 수학적으로 더 쉽게 다룰 수 있다. 기체 분자는 너무 멀리 떨어져 있어 분자간 힘을 무시할 수 있다. 따라서 기체의 거동은 일반적으로 기체의 구성에 의존하지 않으므로, 이 장의 나머지 부분에 나오는 기체에 대한 설명은 거의 모든 기체에 적용될 수 있다. 반면에 액체와 고체에서는 분자가 훨씬 더 가깝기 때문에 분자간 힘이 더 강하고, 분자의 유형과 분자 사이의 거리에 따라 변한다. 이런 변화 때문에 이론적으로 다루는 것이 복잡하다.

기체에 대한 실험은 아보가드로 수의 개념과 반응에서 몰비의 개념을 발전시키는 데 중요한 역할을 했다. **분자 운동론**(kinetic-molecular theory)이라는 모형을 사용하여 기체의 거동을 더 자세히 살펴보자(그림 6.13). 이 이론의 기본 개념은 다섯 가지이다.

1. 기체의 입자(보통 **분자**, 하지만 영족 기체의 경우 **원자**)는 빠르고 지속적으로 운동하며 직선으로 움직인다.
2. 기체의 입자는 기체 사이의 거리에 비해 매우 작다.
3. 기체의 입자는 매우 멀리 떨어져 있기 때문에 입자 간 상호작용이 거의 없다.
4. 기체의 입자는 서로 충돌한다. 이런 충돌에서 에너지가 **보존**되며, 한 입자가 잃은 에너지는 다른 입자가 얻는다.
5. 온도는 기체 입자의 평균 운동 에너지의 척도이다.

6.3절에서는 고체와 액체에서 분자간 힘이 어떻게 분자를 서로 붙잡는지 설명했다. 기체에서는 입자들이 비교적 멀리 떨어져 무작위로 움직인다. 이런 입자들은 서로 충돌할 수 있지만 상호작용은 거의 일어나지 않는다. 분자 운동론을 사용하여 다음 절에 제시된 기체 법칙을 설명할 수 있다.

자가평가문제

1. 다음 중 기체 분자 운동론의 개념에 해당하지 않는 것은 무엇인가?
- **a.** 기체의 입자는 끊임없이 움직인다.
- **b.** 기체의 압력과 부피는 반비례 관계에 있다.
- **c.** 온도는 기체 입자의 평균 운동 에너지의 척도이다.
- **d.** 입자의 크기는 입자 사이의 거리에 비해 매우 작다.

2. 기체 분자 운동론에 따라 기체 입자에 대한 설명으로 옳은 것은 무엇인가?
- **a.** 다른 기체 입자와 충돌해도 운동 에너지의 손실이 없다.
- **b.** 용기 벽에 달라붙는다.
- **c.** 차지하는 부피에 비해 매우 작다.
- **d.** 두 입자가 서로 가까이 있을 때 반발한다.

3. 기체 입자 간의 충돌에서 총 에너지에 대한 설명으로 옳은 것은 무엇인가?

a. 약간 감소 **b.** 상당히 감소 **c.** 약간 증가 **d.** 동일하게 유지

정답: 1. b, 2. c, 3. d

6.6 간단한 기체 법칙

학습 목표 • 네 가지 간단한 기체 법칙의 이름과 수식을 쓴다.
• 기체 법칙을 사용하여 다른 변수의 값이 주어졌을 때 나머지 변수의 값을 구한다.

기체의 거동은 기체 법칙이라는 수학적 관계로 설명할 수 있다. 이 식들은 기체 시료의 몰수 (n), 부피(V), 온도(T), 압력(P)의 네 가지 변수를 사용하여 기체의 성질을 나타낸다. 이런 변수들은 간단한 법칙을 통해 연관되어 있고, 한 변수(예: P)가 변하고 다른 두 변수(예: n과 T)가 일정하게 유지될 때 나머지 변수(예: V)가 어떻게 변하는지를 보여준다.

Boyle의 법칙: 압력과 부피

최초의 기체 법칙은 1662년 영국의 화학자이자 물리학자인 Robert Boyle (1627~1691)에 의해 발견되었다. 이 법칙은 기체의 압력과 부피 사이의 관계를 설명한다. **Boyle의 법칙**(Boyle's law)에 따르면 주어진 양의 기체에 대해 일정한 온도에서, 기체의 부피는 압력에 반비례한다. 즉 밀폐된 기체 용기의 압력이 증가하면 부피가 감소하고, 압력이 감소하면 부피가 증가한다.

자전거 펌프는 Boyle의 법칙을 보여준다. 손잡이를 아래로 누르면 펌프의 공기 부피가 줄어든다. 공기의 압력이 증가하여 더 높은 압력의 공기가 자전거 타이어로 유입된다.

분자 운동론에 의해 묘사된 방식으로 기체를 생각해보자. 기체가 특정 압력을 나타내는 이유는 기체의 분자들이 일정한 빈도와 속력으로 용기 벽에 부딪히기 때문이다. 기체의 양이 고정된 상태에서 용기의 부피가 증가하면 단위 부피당 분자의 수가 감소한다(그림 6.14). 분자가 용기 벽의 단위 면적에 부딪히는 빈도가 감소하고 기체 압력도 감소한다. 따라서 기체의 부피가 증가하면 기체의 압력도 감소한다.

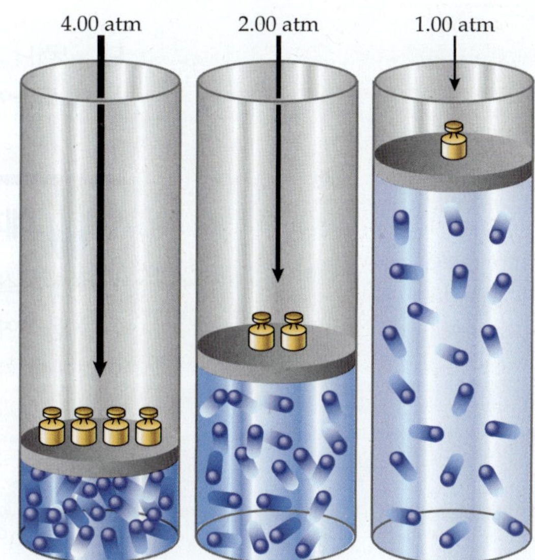

▲ **그림 6.14** 분자 운동론과 Boyle의 법칙. 압력이 4.00 atm에서 2.00 atm으로, 다시 1.00 atm으로 낮아지면 기체의 부피는 2배가 되었다가 다시 2배가 된다.

Q 압력을 0.500 atm으로 변경하면 기체의 부피는 어떻게 되는가?

일정한 온도에서 주어진 양의 기체에 대해 Boyle의 법칙은 다음과 같은 수식으로 표현된다.

$$V \propto \frac{1}{P}$$

여기서 기호 ∝는 '비례한다'는 의미이다. 이 관계는 비례 상수 a를 사용하여 다음 식으로 쓸 수 있다.

$$V = \frac{a}{P}$$

식의 양변에 P를 곱하면 다음과 같은 식을 얻는다.

$$PV = a \text{ (기체의 온도와 양이 일정할 때)}$$

Boyle의 법칙을 다른 방식으로 표현하면 일정한 온도에서 주어진 양의 기체에 대해 압력과 부피의 곱은 상수라는 것이다. 이것은 많은 실험 데이터를 우아하고 정확하게 요약하는 방법이다. $P \times V$ 곱이 일정할 때, V가 증가하면 P는 감소해야 하고, 그 반대의 경우도 마찬가지이다. 이 관계는 그림 6.15에 압력-부피 그래프로 설명되어 있다.

Boyle의 법칙은 여러 가지 실제적 응용이 있는데, 몇 가지 예를 통해 가장 잘 소개할 수 있다. 예제 6.2에서는 답을 추정하는 방법을 살펴본다. 때로는 추정치만으로도 충분할 때가 있

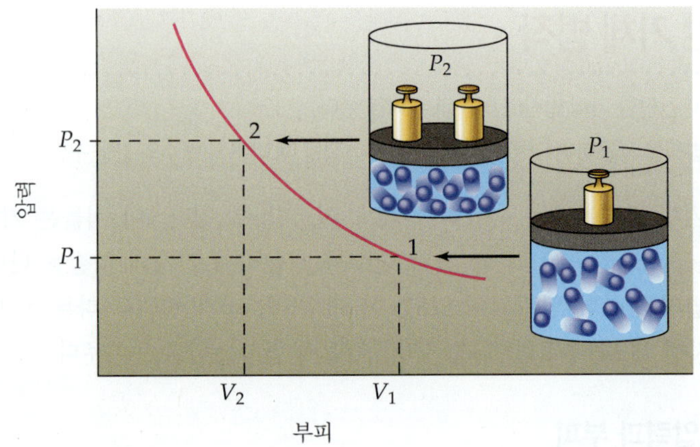

▶ **그림 6.15** 그래프로 나타낸 Boyle의 법칙. 압력이 증가하면 기체의 부피는 감소한다. 압력이 2배가 되면($P_2 = 2 \times P_1$) 기체의 부피는 원래 값의 절반으로 감소한다($V_2 = 1/2 \times V_1$). 압력-부피의 곱은 상수이다($PV = a$).

Q 압력이 4배가 되면 기체의 부피는 어떻게 되는가?

다. 그러나 정량적인 답이 필요한 경우에도, 추정을 해보면 우리가 얻은 답이 타당한지 판단하는 데 도움이 된다.

예제 6.2 Boyle의 법칙: 압력-부피 관계

기체가 피스톤이 장착된 실린더에 담겨 있다. 기체의 부피는 0.524 atm에서 2.00 L이다. 피스톤을 움직여 압력을 5.15 atm으로 높인다. 다음 중 기체의 온도가 동일하게 유지될 때, 늘어난 압력에서 기체의 부피에 대해 타당한 값은 얼마인가?

0.20 L 0.4 L 1.00 L 16.0 L

풀이

0.524 atm에서 5.15 atm으로 압력이 거의 10배 증가한다. 부피는 초깃값의 약 10분의 1로 감소해야 한다. 따라서 0.20 L의 부피로 추정된다(계산된 값은 0.203 L이다).

› 복습문제 6.2A

대형 동물 주사에 사용되는 주사기의 부피가 100 mL이다. 주사기 안 공기의 압력은 1.02 atm이다. 손가락으로 끝을 막고 피스톤에 3.3 atm의 압력을 가했을 때, 부피에 대해 타당한 값은 얼마인가?

0.030 mL 0.30 mL 3.0 mL 30 mL

› 복습문제 6.2B

아르곤 기체가 1208 mmHg 압력의 10.2 L 탱크에 담겨 있다(mmHg는 압력의 단위이다. 760 mmHg = 1 atm). 이 아르곤을 일정한 온도에서 30.0 L 탱크로 옮길 때의 압력에 대해 타당한 값은 얼마인가?

300 mmHg 400 mmHg 3600 mmHg 12,000 mmHg

예제 6.3은 Boyle의 법칙을 사용한 정량적 계산을 보여준다. 일정한 온도에서 갇혀 있는 기체 시료가 주어졌을 때, 초기 압력(P_1)에 초기 부피(V_1)를 곱한 값은 최종 압력(P_2)에 최종 부피(V_2)를 곱한 값과 같다.

따라서 Boyle의 법칙은 다음과 같은 식으로 표현할 수 있다.

$$P_1V_1 = a = P_2V_2$$

예제 6.3 Boyle의 법칙: 압력-부피 관계

산소 통의 부피가 2.25 L이고, 통의 압력은 20 ℃에서 1470 psi이다. 온도 변화가 없다고 가정할 때, 표준 대기압(14.7 psi)에서 산소가 차지하는 부피는 얼마인가?

풀이

먼저 초기 조건과 최종 조건을 구별하는 것이 도움이 된다.

초기	최종	변화
$P_1 = 1470$ psi	$P_2 = 14.7$ psi	↓
$V_1 = 2.25$ L	$V_2 = ?$	↑

압력이 감소한다.
따라서 부피는 증가한다.

다음으로 원하는 부피 또는 압력에 대해 식 $P_1V_1 = P_2V_2$을 정리한다. 이 경우 V_2에 대해 정리한다. 마지막으로 주어진 값을 P_1, V_1, P_2에 대입한다.

$$V_2 = \frac{P_1V_1}{P_2}$$

$$V_2 = \frac{1470\ \text{psi} \times 2.25\ \text{L}}{14.7\ \text{psi}} = 225\ \text{L}$$

압력의 단위가 어떻게 상쇄되는지 주목하자. 계산 전반에 걸쳐 동일한 단위를 사용하기만 하면 압력과 부피에 어떤 단위를 사용하든 상관없다. 최종 압력(14.7 psi)이 초기 압력(1470 psi)보다 작기 때문에, 최종 부피(225 L)가 초기 부피(2.25 L)보다 클 것으로 예상할 수 있고, 실제로도 그렇다는 것을 알 수 있다.

› 복습문제 6.3A

98.7 atm과 0 ℃에서 공기 시료의 부피가 73.3 mL이다. 4.02 atm과 0 ℃에서 공기가 차지하는 부피는 얼마인가?

› 복습문제 6.3B

어떤 헬륨 시료가 988 mmHg과 25 ℃에서 535 mL를 차지한다. 시료를 25 ℃에서 1.05 L 플라스크로 옮기면 플라스크의 기체 압력은 얼마인가?

Charles의 법칙: 온도와 부피

열기구의 선구자인 프랑스 물리학자 Jacques Charles(1746~1823)은 1787년에 기체의 부피와 온도 사이의 관계를 연구했다. 그는 일정한 질량의 기체가 일정한 압력에서 냉각되면 부피가 감소한다는 사실을 발견했다. 기체가 가열되면 부피가 증가한다. 온도와 부피는 동시에 증가하고 동시에 감소한다. 그러나 이 관계는 조금 더 복잡한 면이 있다. 기체 1.00 L를 일정한 압력에서 100 ℃에서 200 ℃로 가열하면 부피는 증가하지만, 2.00 L가 아니라 1.27 L까지만 증가한다. 온도와 부피의 관계는 언뜻 보기에 간단하지 않다는 것을 알 수 있다.

대부분의 측정과 수량에서 '0'은 '없음'을 의미한다. 0 atm은 측정가능한 압력이 없음을 의미하며, 0 atm보다 더 낮은 압력은 존재할 수 없다. 반면 0 ℃는 가능한 최저 온도를 의미하는 것이 아니라 물의 어는점을 의미할 뿐이다. 섭씨 눈금은 절대적인 척도가 아닌 상대적인 척도이기 때문에 0 ℃ 이하의 온도는 흔히 접할 수 있다. 그렇다면 실제로 0도, 즉 '온도가 없다'는 의미의 온도가 존재할까?

5 얼마나 차가울 수 있고, 얼마나 뜨거울 수 있는가?

양자역학(3.7절)에 따르면 모든 원자는 항상 조금씩이라도 계속 움직여야 한다. 0 K(절대영도, −273.15 ℃)에서 원자의 움직임은 실질적으로 존재하지 않는다. 원자는 이보다 더 느리게 움직일 수 없기 때문에 더 낮은 온도는 불가능하다. 이론적으로 원자가 가질 수 있는 운동 에너지의 양에는 상한선이 없다. 그러나 이렇게 높은 값에서는 온도가 더 이상 큰 의미를 갖지 못한다.

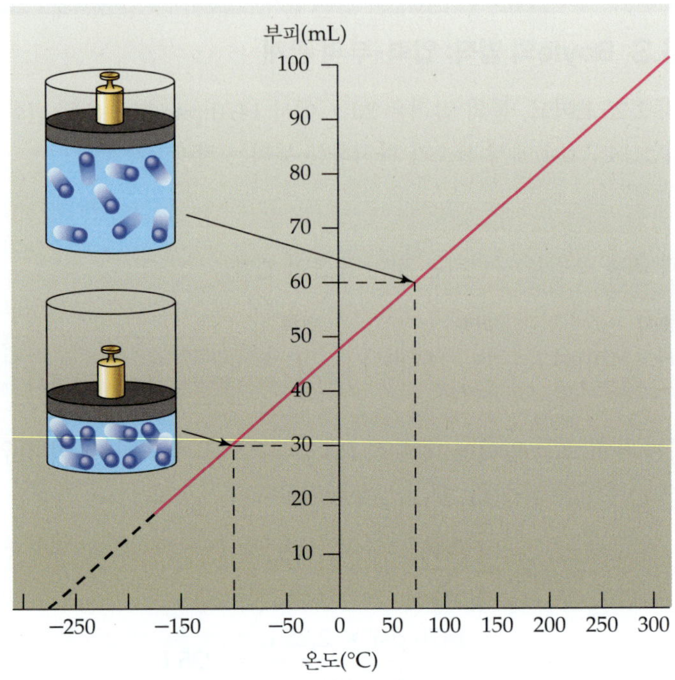

▶ **그림 6.16** Charles의 법칙은 일정한 압력에서 기체의 부피와 온도의 관계를 나타낸다. 그림에서 기체가 약 70 ℃일 때 부피는 60 mL이다. 온도가 약 70 ℃에서 −100 ℃로 낮아지면 부피는 30.0 mL로 작아진다. 온도가 낮아질수록 부피는 계속 감소한다. 외삽된 선(점선)은 약 −273 ℃에서 온도 축과 교차(부피가 0에 해당)한다.

Q −150 ℃의 온도에서 기체의 대략적인 부피는 얼마인가?

Charles은 온도가 1 ℃ 올라갈 때마다 기체의 부피가 0 ℃에서 부피의 $\frac{1}{273}$만큼 증가한다는 사실을 알아냈다. 온도에 대한 부피의 그래프는 직선이다(그림 6.16). 이 선을 기체의 부피가 0이 되는 온도까지 외삽(연장)할 수 있다. 이 온도는 −273.15 ℃이다. 1848년 스코틀랜드계 아일랜드 물리학자 William Thomson(켈빈 경, 1824~1907)은 이 온도를 절대 온도 척도에서 영점으로 삼았는데, 이를 켈빈 척도라고 부른다(다른 절대 온도 척도도 있지만, 켈빈 척도가 가장 일반적으로 사용된다). 1장에서 언급했듯이 이 온도 척도의 단위는 켈빈(K)이다.

Charles의 법칙(Charles's law)은 일정한 압력에서 일정량의 기체의 부피는 절대 온도에 정비례한다는 법칙이다. 수학적으로 이 관계는 다음과 같이 표현된다.

$$V = kT \quad \text{또는} \quad \frac{V}{T} = k$$

여기서 k는 비례 상수이다. V/T를 일정한 값으로 유지할 때, 온도가 증가하면 부피도 증가해야 한다. 온도가 감소하면 부피도 그에 따라 감소해야 한다(그림 6.17).

(a)

(b)

▶ **그림 6.17** Charles의 법칙을 극적으로 보여주는 예. (a) 액체 질소(끓는점 −196 ℃)는 풍선과 그 내용물을 실온보다 훨씬 낮은 온도로 냉각시킨다. (b) 풍선이 다시 실온으로 따뜻해지면 공기의 부피가 그에 비례하여 증가한다(약 4배).

일정한 압력에서 갇혀 있는 기체 시료에 대해 초기 부피(V_1)를 초기 절대 온도(T_1)로 나눈 값은 최종 부피(V_2)를 최종 절대 온도(T_2)로 나눈 값과 같다. 따라서 다음 식을 사용하여 Charles의 법칙과 관련된 문제를 풀 수 있다.

$$\frac{V_1}{T_1} = \frac{V_2}{T_2}$$

분자 운동 모형은 기체의 부피와 온도의 관계를 쉽게 설명한다. 기체를 가열하면 기체 분자가 에너지를 흡수하여 더 빨리 움직인다. 이렇게 빨라진 분자는 더 세게 더 자주 용기의 벽에 부딪힌다. 압력을 동일하게 유지하려면 용기의 부피가 커져야 증가된 분자 운동이 더 넓은 공간에 분포될 수 있다.

예제 6.4 Charles의 법칙: 온도-부피 관계

27 ℃의 방에서 풍선의 부피가 2.00 L이다. **(a)** 온도가 47 ℃인 사우나와 **(b)** −23 ℃인 실외에서 풍선의 부피는 얼마인가? 두 경우 모두 압력의 변화가 없다고 가정한다.

풀이

먼저, 가장 중요한 것은 모든 온도를 켈빈 척도로 변환한다.

$$T(\text{K}) = t(°\text{C}) + 273$$

각 경우의 초기 온도(T_1)는 27 + 273 = 300 K이고, 최종 온도는 **(a)** 47 + 273 = 320 K와 **(b)** −23 + 273 = 250 K이다.

a. 먼저 초기와 최종 조건을 구별한다.

초기 조건	최종 조건	변화
$T_1 = 300$ K	$T_2 = 320$ K	⇑
$V_1 = 2.00$ L	$V_2 = ?$	⇑

다음 식을 푼다.

$$\frac{V_1}{T_1} = \frac{V_2}{T_2}$$

V_2에 대해 정리하면 다음과 같다.

$$V_2 = \frac{V_1 T_2}{T_1}$$

알려진 값을 대입하면 다음과 같다.

$$V_2 = \frac{2.00\ \text{L} \times 320\ \cancel{\text{K}}}{300\ \cancel{\text{K}}} = 2.13\ \text{L}$$

예상대로 온도가 높아지면 부피도 증가해야 한다.

b. **(a)**와 초기 조건은 같지만 최종 조건은 다르다.

초기 조건	최종 조건	변화
$T_1 = 300$ K	$T_2 = 250$ K	⇓
$V_1 = 2.00$ L	$V_2 = ?$	⇓

다시 Charles의 법칙을 사용하여 V_2에 대해 식을 정리하고 알려진 양을 대입한다.

$$V_2 = \frac{V_1 T_2}{T_1}$$

$$V_2 = \frac{2.00\text{ L} \times 250\text{ K}}{300\text{ K}} = 1.67\text{ L}$$

예상대로 온도가 낮아지기 때문에 부피가 감소한다.

› 복습문제 6.4A

에테인 기체 시료가 25 ℃에서 16.8 L의 부피를 차지한다. 109 ℃에서 이 시료가 차지하는 부피는 얼마인가? (압력의 변화가 없다고 가정한다.)

› 복습문제 6.4B

복습문제 6.3A에서 에테인의 초기 부피는 섭씨 몇 도에서 0.750 L을 차지하는가? (압력의 변화가 없다고 가정한다.)

압력과 부피의 관계를 설명하는 Boyle의 법칙과 부피와 온도의 관계를 설명하는 Charles의 법칙 외에도 온도와 압력에 관한 또 다른 간단한 기체 법칙인 Gay-Lussac의 법칙이 있다. **Gay-Lussac의 법칙**(Gay-Lussac's law)은 일정한 부피에서 일정량의 기체의 압력은 절대 온도에 정비례한다는 법칙이다. 다시 말해 다음과 같다.

$$P = kT \quad \text{또는} \quad \frac{P_1}{T_1} = \frac{P_2}{T_2}$$

예제 6.5 Gay-Lussac의 법칙: 온도와 압력 관계

27 ℃에서 6.00 atm의 기체를 담은 20.0 L 통을 77 ℃까지 가열하면 기체의 압력은 얼마인가?

풀이

통의 부피는 변하지 않는다. Gay-Lussac의 법칙은 다음과 같이 표현할 수 있다.

$$\frac{P_1}{T_1} = \frac{P_2}{T_2}$$

기체 법칙을 다룰 때는 먼저 모든 온도를 켈빈 척도로 변환한다.

초기 온도(T_1)는 (27 + 273) = 300 K이고, 최종 온도는 (77 + 273) = 350 K이다.

먼저 초기와 최종 조건을 구별하는 것부터 시작한다.

초기 조건	최종 조건	변화
$t_1 = 27$ ℃	$t_2 = 77$ ℃	⇑
$T_1 = 300$ K	$T_2 = 350$ K	⇑
$P_1 = 6.00$ atm	$P_2 = ?$	⇑

Gay-Lussac 식을 P_2에 대해 정리한다.

$$P_2 = \frac{P_1 T_2}{T_1}$$

$$P_2 = \frac{6.00 \text{ atm} \times 350 \text{ K}}{300 \text{ K}} = 7.00 \text{ atm}$$

› 복습문제 6.5A

페인트볼에 사용하는 CO_2 가스통이 35 ℃에서 124 psi로 채워져 있다. 온도가 5 ℃로 떨어지면 가스통 압력은 얼마인가?

› 복습문제 6.5B

23 ℃에서 기상 풍선의 압력이 1.00 atm이다. 풍선의 부피가 변하지 않는다면 풍선의 압력은 어느 온도에서 0.600 atm에 도달하는가?

몰부피

5.2절에서 서로 다른 기체의 분자가 같은 개수만큼 있으면 같은 온도와 같은 압력에서 같은 부피를 차지한다는 것을 살펴봤다. 따라서 온도와 압력이 일정할 때 기체의 양(분자 수 또는 몰수)은 기체의 부피와 직접적으로 관련이 있다. 이 관계에 내포된 간단한 기체 법칙을 **Avogadro의 법칙**(Avogadro's law)이라고 한다. 일정한 온도와 압력에서 기체의 부피는 기체의 양(즉 기체의 몰수 또는 기체의 분자 수)에 정비례한다. 일정한 온도와 압력에서 기체의 몰수를 2배로 늘리면 기체의 부피는 2배가 된다. 수학적으로 Avogadro의 법칙은 다음과 같이 표현할 수 있다.

$$V \propto n \quad \text{또는} \quad V = cn \ (\text{여기서 } c\text{는 상수})$$

기체 1몰에는 아보가드로 수만큼의 분자(또는 영족 기체인 경우 원자)가 포함되어 있다. 또한 아보가드로 수만큼의 분자로 구성된 기체 시료는 개별 분자의 크기나 질량에 관계없이 (주어진 온도와 압력에서) 동일한 부피를 차지한다. 기체 1몰이 차지하는 부피를 기체의 **몰부피**(molar volume)라고 한다.

기체의 부피는 온도나 압력에 따라 변화하기 때문에, 기준을 삼기 위해 특정 조건이 표준으로 정해져 있다. 표준 압력은 해수면에서의 정상 대기압인 1 atm이다. 표준 온도는 물의 어는 점인 0 ℃이다. **표준 온도와 압력**(standard temperature and pressure, STP)에서 기체 1몰의 부피는 약 22.4 L로, 5갤런 물병(그림 6.18)보다 약간 더 크다. 이를 기체의 **표준 몰부피**라고 한다. 0 ℃의 온도와 1 atm의 압력에서 22.4 L 용기는 N_2 1 mol (28.0 g), O_2 1 mol (32.0 g), CO_2 1 mol (44.0 g) 등을 담을 수 있다.

STP에서 기체의 밀도(g/L)를 쉽게 계산할 수 있다. 기체의 몰질량(g/mol)으로 시작하여, 기체 1몰 = 22.4 L라는 변환 인자를 사용한다. 변환 인자를 역수로 사용하여, 밀도에서 몰질량을 계산하는 데에도 사용할 수 있다. 이 관계는 STP에서만 유효하다는 점에 유의하자.

▲ **그림 6.18** 이러한 생수통의 '빈' 통은 실제로 비어 있지 않다. 5갤런의 공기가 들어 있으며, 이는 STP에서 기체 1 mol의 부피인 22.4 L에 약간 못 미치는 양이다.

Q STP에서 생수통은 C_2H_6 분자를 몇 개 담을 수 있는가?

예제 6.6 STP에서 기체의 밀도

STP에서 **(a)** 질소 기체와 **(b)** 메테인(CH_4) 기체의 밀도를 계산하라.

6 타이어가 차가울 때 타이어 공기압을 측정하는 것을 권장하는 이유는 무엇인가?

타이어 공기압은 타이어의 부피가 거의 일정하기 때문에 타이어가 차가울 때 측정한다. Gay-Lussac의 법칙에 따르면 도로와의 마찰로 인해 온도가 상승하면 압력도 증가한다. 장거리 주행 직후 타이어 공기압을 조정하면 다음날 아침 타이어가 무르고 공기압이 부족할 수 있다. 공기 온도도 타이어 공기압에 영향을 미친다. 따라서 기온이 크게 변할 때마다 차량의 타이어 공기압을 확인하는 것이 좋다.

풀이

a. N_2 기체의 몰질량은 28.0 g/mol이다. 몰 단위를 없애기 위해 변환 인자 1 mol N_2 = 22.4 L를 곱한다.

$$\frac{28.0 \text{ g } N_2}{1 \text{ mol } N_2} \times \frac{1 \text{ mol } N_2}{22.4 \text{ L } N_2} = 1.25 \text{ g/L}$$

b. CH_4 기체의 몰질량은 (1×12.0) g/mol + (4×1.01) g/mol = 16.0 g/mol이다. 다시 변환 인자 1 mol CH_4 = 22.4 L를 사용한다.

$$\frac{16.0 \text{ g } CH_4}{1 \text{ mol } CH_4} \times \frac{1 \text{ mol } CH_4}{22.4 \text{ L } CH_4} = 0.714 \text{ g/L}$$

› 복습문제 6.6A

STP에서 제논 기체의 밀도를 계산하라.

› 복습문제 6.6B

STP에서 공기의 밀도를 추정하고(공기가 78% N_2, 22% O_2이라고 가정), 이 값을 복습문제 6.6A에서 제논에 대해 계산한 값과 비교하라.

자가평가문제

1. 다음 중 기체 압력의 원인은 무엇인가?
   a. 서로 충돌하는 기체 분자
   b. 용기 벽과 충돌하는 기체 분자
   c. 기체 분자가 응축하여 액체 형성
   d. 기압계를 사용한 측정

2. Boyle의 법칙에 따르면 기체의 압력은 무엇에 반비례하는가?
   a. 양 **b.** 질량 **c.** 온도 **d.** 부피

3. 어떤 기체 시료가 2.00 atm에서 6.00 L를 차지한다. 온도가 일정하게 유지된다면 부피가 1.50 L가 되는 압력은 얼마인가?
   a. 0.500 atm **b.** 8.00 atm **c.** 9.00 atm **d.** 12.0 atm

4. 어떤 실험에서 일정한 압력에서 온도를 변화시키면 기체의 부피가 반으로 줄어든다. 최종 온도와 초기 온도의 관계는 어떠한가?
   a. 섭씨 온도가 2배가 된다.
   b. 섭씨 온도가 절반으로 줄어든다.
   c. 켈빈 온도가 2배가 된다.
   d. 켈빈 온도가 절반으로 줄어든다.

5. 한 1.00 L 플라스크(플라스크 A)에 NO 기체가 들어 있고, 다른 1.00 L 플라스크(플라스크 B)에 NO_2 기체가 들어 있으며, 모두 STP이다. 플라스크 A에 들어 있는 기체에 대한 설명으로 옳은 것은 무엇인가?
   a. 플라스크 B보다 질량이 적고 분자 수가 적다.
   b. 플라스크 B보다 질량은 적지만 분자 수는 동일하다.
   c. 플라스크 B보다 질량은 적지만 분자 수는 더 많다.
   d. 플라스크 B보다 질량이 더 많고 분자 수도 더 많다.

6. STP에서 5.60 L의 기체의 양(mol)은 얼마인가?
   a. 0.250몰 **b.** 0.500몰 **c.** 4.00몰 **d.** 125몰

정답: 1. b, 2. d, 3. b, 4. d, 5. b, 6. a

6.7 이상 기체 법칙

학습 목표 • 이상 기체 법칙을 서술하고, 이 법칙을 사용하여 다른 값들이 주어지면 나머지 하나의 값을 계산한다.

Boyle의 법칙, Charles의 법칙, Gay-Lussac의 법칙, Avogadro의 법칙은 네 가지 변수(P, V, n, T) 중 두 가지 변수가 일정할 때 유용하다. 그러나 온도, 압력, 부피가 동시에 변하는 경우가 종종 있다. 이런 경우 간단한 기체 법칙을 **통합 기체 법칙**(combined gas law)이라는 하나의 관계로 합칠 수 있다. 수학적으로 이 법칙은 다음과 같이 쓴다.

$$\frac{PV}{T} = k \text{ 또는 } PV = kT$$

여기서 k는 상수이다. 두 가지 다른 조건에서 동일한 기체 시료를 비교하기 위해 통합 기체 법칙을 다음과 같이 쓸 수 있다.

$$\frac{P_1V_1}{T_1} = \frac{P_2V_2}{T_2}$$

통합 기체 법칙은 양쪽에서 일정한 변수 P, V, T를 상쇄하여 Boyle의 법칙, Charles의 법칙, Gay-Lussac의 법칙 대신 사용할 수도 있다. 기체의 양(n)도 변할 수 있으므로, 이 변수를 포함하면 네 가지 변수를 모두 포함하는 **이상 기체 법칙**(ideal gas law)이라는 식이 된다.

$$\frac{PV}{nT} = R \text{ 또는 } PV = nRT$$

이 식에서 R은 기체 상수이고, 273 K(0 ℃)와 1 atm에서 기체 1 mol이 22.4 L를 차지한다는 사실로부터 계산할 수 있다(6.6절). P가 atm 단위, V가 L 단위, T가 K 단위인 경우에 R은 다음과 같다.

$$R = 0.0821 \frac{\text{L} \cdot \text{atm}}{\text{mol} \cdot \text{K}}$$

이 식은 단위가 atm, L, K인 경우에만 유효하다. 그렇지 않은 경우에는 식을 적용하기 전에 먼저 해당 단위로 변환해야 한다. 이상 기체 식을 사용하면 네 가지 변수(P, V, n, T) 중 세 가지 값을 알고 있는 경우에 나머지 한 변수의 값을 계산할 수 있다.

예제 6.7 통합 기체 법칙

수중 인양에 사용되는 풍선이 수심 200 ft에서 50.0 L로 부풀려졌고, 이때 압력이 6.89 atm, 온도는 3 ℃이다. 풍선이 수면(22 ℃, 0.988 atm)으로 떠올랐다. 떠오른 후 풍선의 부피는 얼마인가?

풀이

먼저 통합 기체 법칙을 V_2에 대해 정리한다.

$$\frac{P_1V_1}{T_1} = \frac{P_2V_2}{T_2}$$

$$V_2 = \frac{P_1V_1T_2}{T_1P_2}$$

$T_1 = 3 + 273 = 276$ K, $T_2 = 22 + 273 = 295$ K이다.

$$V_2 = \frac{6.89 \text{ atm} \times 50.0 \text{ L} \times 295 \text{ K}}{276 \text{ K} \times 0.988 \text{ atm}} = 373 \text{ L}$$

› 복습문제 6.7A

초기에 22.0 ℃, 압력 760 mmHg인 425 mL의 기체 시료를 30.0 ℃, 압력 360 mmHg로 변경하면 최종 부피는 얼마인가?

› 복습문제 6.7B

초기에 28.0 ℃, 압력 823 mmHg인 2.34 L의 기체 시료를 44.0 ℃, 부피 4.76 L로 변경하면 최종 압력은 얼마인가?

예제 6.8 이상 기체 법칙

이상 기체 법칙을 사용하여 **(a)** 244 K, 1.00 atm에서 N_2 기체 1.00 mol이 차지하는 부피와 **(b)** 303 K에서 15.0 L 용기에 O_2 기체 0.500 mol이 가하는 압력을 계산하라.

풀이

a. 이상 기체 식을 V에 대해 정리하고 알려진 양을 대입한다. 이상 기체 법칙을 사용할 때는 항상 부피는 L, 압력은 atm, 온도는 K로 표현하는 것이 중요하다.

$$V = \frac{nRT}{P}$$

$$V = \frac{1.00 \text{ mol}}{1.00 \text{ atm}} \times \frac{0.0821 \text{ L} \cdot \text{atm}}{\text{mol} \cdot \text{K}} \times 244 \text{ K} = 20.0 \text{ L}$$

b. 여기서는 이상 기체 식을 P에 대해 정리하고 알려진 양을 대입한다.

$$P = \frac{nRT}{V}$$

$$P = \frac{0.500 \text{ mol}}{15.0 \text{ L}} \times \frac{0.0821 \text{ L} \cdot \text{atm}}{\text{mol} \cdot \text{K}} \times 303 \text{ K} = 0.829 \text{ atm}$$

› 복습문제 6.8A

(a) 313 K에서 22.0 L 용기에 O_2 기체 0.0450 mol이 가하는 압력과 **(b)** 298 K와 0.980 atm에서 N_2 기체 0.400 mol이 차지하는 부피를 구하라.

› 복습문제 6.8B

25 ℃, 1.03 atm에서 N_2 기체 132 g이 차지하는 부피를 구하라.

표 6.1에 기체 법칙이 요약되어 있다.

녹색 화학 초임계 유체

Doug Raynie, South Dakota State University

원칙 3, 5

학습 목표
- 화학 반응과 공정을 설계할 때 녹색 화학 원리 3을 어떻게 고려해야 하는지 설명한다.
- 녹색 화학 공정에 초임계 유체를 적용할 수 있도록 하는 성질을 파악한다.

많은 화학 반응은 용액에서 일어나며(5.5절), 대부분의 화학 공정은 어느 단계에서 성분을 분리해야 한다. 물은 많은 물질을 녹이는 훌륭한 용매이지만, 일부 물질은 일반적인 조건에서 물에 녹지 않는다(6.4절). 화학자들은 전통적으로 벤젠(C_6H_6)이나 염화 메틸렌(CH_2Cl_2)과 같은 유기 용매를 사용하여 비극성 및 약한 극성 물질을 용해했는데, 벤젠은 발암성 방향족 탄화수소이고(9.2절), 염화 메틸렌은 독성 염화 탄화수소이다(9.3절). 쉽게 재활용할 수 있는 무독성, 온화한 용매가 있다면 더할 나위 없이 좋지 않을까?

물질의 상태와 상태 변화(6.1절), 특히 액체에서 기체로 변화하는 것에 대해 다시 한번 살펴보자. 압력솥을 사용하거나 산에서 배낭여행을 하면서 음식을 조리해 본 적이 있는가? 사용해 본 적이 있다면 압력에 따라 끓는점이 변한다는 사실을 알고 있을 것이다. 압력솥에서는 압력을 높여 더 높은 온도에서 요리를 할 수 있다. 기압이 낮은 산에서는 물이 더 낮은 온도에서 끓기 때문에 식사를 준비하는 데 시간이 더 오래 걸린다. 이 거동은 상 도표라는 다음 그래프에 나와 있다.

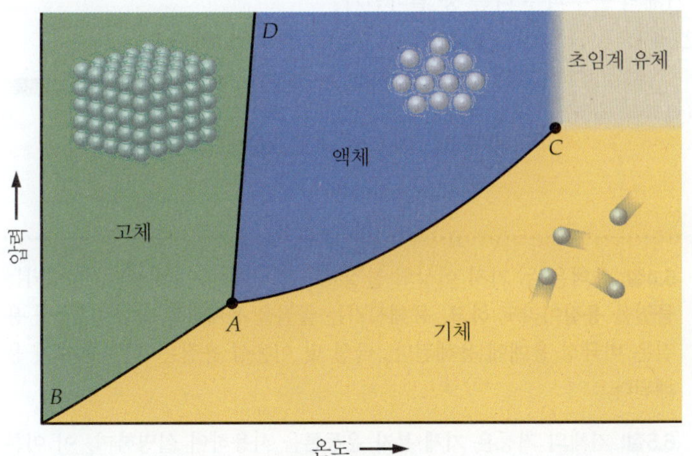

▲ 상 도표는 주어진 온도와 압력에서 물질의 물리적 상태를 보여준다. 온도와 압력이 증가함에 따라 그래프에 표시된 물질은 고체에서 액체 또는 기체로 변한다. 특정 온도와 압력(임계점 *C*) 이상에서는 물질이 기체도 액체도 아닌 초임계 유체가 된다.

곡선 *AC*는 위쪽으로 기울어져 있고, 압력이 증가함에 따라 끓는점이 증가한다는 것을 보여준다. *AC* 선이 영원히 계속되는 것은 아니다. 결국 열을 계속 가하면 물질은 임계점이라고 하는 점 *C*에 도달하게 된다. 임계점 위에서는 물질이 기체도 액체도 아닌 '초임계 유체(supercritical fluid)'라는 일종의 혼성으로 존재하게 된다. 초임계 유체는 기체와 액체의 성질을 모두 가지고 있다고 생각할 수 있다. 가장 중요한 것은 액체처럼 물체를 녹일 수 있지만, 기체처럼 빠르게 흐른다는 점이다. 온도나 압력을 변화시킴으로써 이런 성질을 변화시켜 유체를 더 액체처럼 만들거나 기체처럼 만들 수 있다.

가장 일반적으로 사용되는 초임계 유체는 저렴하고 사용하기 편리하며 불연성, 무독성 물질인 초임계 이산화 탄소($scCO_2$)이다. 이산화 탄소는 31 ℃ 이상의 온도와 73 atm 이상의 압력에서 초임계 유체가 된다. 용매로서 이산화 탄소(비극성)는 물(극성)을 보완하며, 성질과 용도가 다른 두 가지 환경 친화적 용매를 제공한다. 이런 초임계 유체는 개별적으로 또는 결합하여 광범위한 화합물을 용해할 수 있다. 또한 초임계 유체는 기체처럼 흐를 수 있기 때문에 종종 공정을 더 빠르게 진행할 수 있다.

초임계수와 $scCO_2$는 미국식품의약국에서 '일반적으로 안전한 것으로 간주'하고 있으며 식품 산업에서 자주 사용된다(14장 참조). 예를 들어 커피는 때때로 $scCO_2$ 추출을 사용하여 카페인을 제거한다. 추출 후, $scCO_2$는 감압되어 기체 상태로 되돌아가고 카페인은 남게 된다. 기체 상태의 CO_2는 냉각하고 압축하여 액체 형태로 되돌려 다시 사용한다. 증류를 통해 커피에서 독성 염화 메틸렌을 제거해야 했던 기존 방식보다 이 공정은 훨씬 친환경적이다.

향료와 향은 종종 $scCO_2$를 사용하여 분리된다. 화장품 산업에서는 $scCO_2$를 사용하여 팜유나 호호바 오일과 같은 기름을 식물 원료로부터 분리한다. 초임계 유체는 전자기기 및 의료기기의 정밀 부품을 세척하거나 탈지하는 데 사용된다. 보다 특수한 경우에는 초임계 유체 용매를 사용하여 화학 반응을 수행한다. 초임계 유체 사용의 가장 큰 단점은 이런 공정에 필요한 온도와 고압을 제어하기 위해 특수 장비가 필요하다는 것이다. 나노 입자 또는 나노 크기의 구조를 가진 매우 강력한 단열재인 저밀도 에어로젤과 같은 특수 물질의 생성도 $scCO_2$에서 더 용이하다.

대부분의 화학 공정에서 관심 있는 화합물을 다른 물질과의 혼합물로부터 분리하기 위해 그 화합물을 별도의 상에 용해시키는 과정이 필요하다. 물과 이산화 탄소는 광범위한 화합물을 용해하는 저렴하고 안전한 용매이며, 보다 안전한 반응 조건과 독성이 적은 용매를 사용하도록 촉구하는 녹색 화학 원칙 5의 훌륭한 응용이다.

표 6.1 기체 법칙

법칙	설명	관계식
Boyle의 법칙	일정 온도에서 주어진 양의 기체의 부피와 압력은 반비례한다.	$PV = k$ 또는 $P_1V_1 = P_2V_2$ (k는 상수)
Charles의 법칙	일정 압력에서 정해진 양의 기체의 부피는 절대 온도에 정비례한다.	$\frac{V}{T} = k$ 또는 $\frac{V_1}{T_1} = \frac{V_2}{T_2}$ (k는 상수)
Gay-Lussac의 법칙	일정 부피에서 정해진 양의 기체의 압력은 절대 온도에 정비례한다.	$\frac{P}{T} = k$ 또는 $\frac{P_1}{T_1} = \frac{P_2}{T_2}$ (k는 상수)
Avogadro의 법칙	일정 온도와 압력에서 기체의 부피는 기체의 양에 정비례한다(즉 기체의 몰수 n 또는 기체 분자의 개수에 정비례한다).	$\frac{V}{n} = k$ 또는 $\frac{V_1}{n_1} = \frac{V_2}{n_2}$ (k는 상수)
통합 기체 법칙		$\frac{PV}{T} = k$ 또는 $\frac{P_1V_1}{T_1} = \frac{P_2V_2}{T_2}$ (k는 상수)
이상 기체 법칙		$\frac{PV}{nT} = k$ 또는 $PV = nRT$ (R은 기체 상수)

자가평가문제

1. 이상 기체 식 $PV = nRT$에서 변수 n이 나타내는 것은 무엇인가?
   a. 상수 **b.** 원자 수 **c.** 몰수 **d.** 주양자 수
2. STP에서 이상 기체 1.00 mol의 부피는 22.4 L이다. 20 ℃, 1.50 atm에서 이상 기체 1.00 mol이 차지하는 부피는 얼마인가?
   a. 13.9 L **b.** 22.4 L **c.** 16.0 L **d.** 672 L
3. 2.00 atm, 546 K에서 이상 기체의 몰부피는 다음 중 얼마인가?
   a. 5.60 L **b.** 22.4 L **c.** 44.8 L **d.** 89.6 L

정답: 1. c, 2. c, 3. b

요약

6.1절: 물질이 녹거나 증발하면 입자(분자, 원자, 이온)를 서로 가깝게 붙잡는 힘을 극복한다. 고체의 **녹는점**은 입자를 규칙적인 배열로 묶어 두는 힘을 극복하는 온도이다. **얼림**은 그 반대 과정으로, 액체가 고체로 변하는 것이다. **증발**은 액체가 기체로 변하는 것이고, 그 반대 과정을 **응축**이라고 한다. 액체를 떠나는 증기가 주변의 공기와 같은 압력이 되는 온도를 **끓는점**이라고 한다. 일부 물질은 고체에서 기체 상태로 직접 전환되는 **승화** 과정을 거치고, 그 반대 과정은 **증착**이다.

6.2절: 이온 고체는 이온을 서로 붙잡는 힘이 매우 강하기 때문에 대부분 이온 화합물은 분자 화합물보다 녹는점과 끓는점이 더 높다.

6.3절: 극성 분자는 한 쌍극자의 양극 말단이 다른 쌍극자의 음극 말단을 끌어당기는 **쌍극자-쌍극자 힘**을 나타낸다. 비극성 분자는 분자 내 전자들의 움직임으로 인해 순간적인 작은 쌍극자가 형성되며, 이로 인해 **분산력**이 나타난다. 분산력은 일반적으로 약하다. 특히 강한 유형의 힘인 **수소 결합**은 N, O, F에 부착된 수소 원자가 다른 N, O, F 원자에 끌릴 때 발생한다. 일반적으로 대부분의 분산력보다 쌍극자-쌍극자 힘이 강하며, 수소 결합은 이보다 훨씬 더 강하다.

6.4절: **용액**은 두 가지 이상의 물질이 균일하게 섞인 것이다. 용해되는 물질을 **용질**이라고 하고, 용해시키는 물질을 **용매**라고 한다. 비극성 용질은 비극성 용매에 용해된다. 극성 및 이온성 용질은 극성 용매에 용해된다.

6.5절: 기체의 거동은 **기체 분자 운동론**을 사용하여 설명하며, 이 이론은 기체 입자를 다음과 같이 기술한다. (1) 기체 입자들은 빠르고 지속적으로 직선으로 움직인다. (2) 기체 입자들은 멀리 떨어져 있다. (3) 기체 입자들 사이에는 상호작용이 거의 없다. (4) 기체 입자들이 충돌할 때 에너지가 보존된다. (5) 온도는 기체 입자들의 평균 운동 에너지의 척도이다.

6.6절: **Boyle의 법칙**은 일정한 양의 기체의 부피가 일정한 온도에서 압력에 반비례한다는 법칙, 즉 $P_1V_1 = P_2V_2$이다. **Charles의 법칙**은 일정한 양의 기체의 부피가 일정한 압력에서 절대 (켈빈) 온도에 비례한다는 법칙, 즉 $V_1/T_1 = V_2/T_2$이다. **Gay-Lussac의 법칙**은 일정한 양의 기체의 압력이 일정한 부피에서 절대 (켈빈) 온도에 비례한다는 법칙, 즉 $P_1/T_1 = P_2/T_2$이다. **Avogadro의 법칙**은 일정한 온도와 압력에

서 기체의 부피가 기체의 몰수에 비례한다는 법칙, 즉 $V_1/n_1 = V_2/n_2$이다. 어떤 기체의 **몰부피**는 기체 1몰이 차지하는 부피이다. **표준 온도와 압력(STP)**으로 알려진 0 ℃와 1 atm에서 모든 기체의 몰부피는 22.4 L이다. 몰부피를 사용하여 기체의 몰수를 부피로 변환하거나 그 반대로 변환할 수 있다.

6.7절: 간단한 기체 법칙은 **통합 기체 법칙**이라는 하나의 관계로 통합할 수 있다. **이상 기체 법칙**은 압력(P), 부피(V), 몰수(n), 절대 온도(T) 사이의 관계 $PV = nRT$를 보여준다. 압력은 atm, 부피는 L, 기체의 양 n은 mol, 온도는 K로 나타낼 때, 상수 R의 값은 0.0821 L·atm/(mol·K)이다.

녹색 화학: 기체, 액체, 고체에 익숙하지만, 더 높은 온도와 압력에서 물질의 네 번째 상인 **초임계 유체**가 존재한다. 초임계 유체는 액체와 비슷한 용해도 성질을 가지지만 기체처럼 흐른다. 이런 유체 중 가장 일반적인 초임계 유체인 이산화 탄소는 환경 친화적인 용매로 간주되며 실험실과 산업 공정에서 독성이 강한 용매를 대체하고 있다.

학습 목표	관련 문제
• 고체, 액체, 기체의 다양한 성질이 원자, 분자, 이온의 운동과 간격에 어떻게 관련되어 있는지 설명한다. (6.1)	1~4
• 이온 물질과 분자 물질의 몇 가지 차이점을 파악하고, 이런 차이점이 존재하는 이유를 설명한다. (6.2)	8, 9
• 분자 사이의 힘을 쌍극자-쌍극자 힘, 분산력, 수소 결합으로 분류한다. (6.3)	5, 10~15
• 분자간 힘이 녹는점과 끓는점에 미치는 영향을 설명한다. (6.3)	6, 13
• 비극성 용질은 비극성 용매에 용해되는 경향이 있고, 극성 및 이온성 용질은 극성 용매에 용해되는 경향이 있는 이유를 설명한다. (6.4)	14, 15
• 기체 분자 운동론의 다섯 가지 기본 개념을 나열한다. (6.5)	51, 52
• 네 가지 간단한 기체 법칙의 이름과 수식을 쓴다. (6.6)	7, 54
• 기체 법칙을 사용하여 다른 변수들의 값이 주어졌을 때 나머지 변수의 값을 구한다. (6.6)	16~38, 54~64
• 이상 기체 법칙을 서술하고, 이 법칙을 사용하여 다른 값들이 주어지면 나머지 하나의 값을 계산한다. (6.7)	39~50, 67
• 화학 반응과 공정을 설계할 때 녹색 화학 원리 3을 어떻게 고려해야 하는지 설명한다.	68, 69
• 녹색 화학 공정에 초임계 유체를 적용할 수 있도록 하는 성질을 파악한다.	70, 71

개념문제

1. 액체와 고체는 어떤 점에서 비슷하고, 어떤 점에서 다른가?
2. 다음 각 용어를 정의하라.
   a. 녹음
   b. 증발
   c. 응축
   d. 얼림
3. 2번 문제에서 해당 작용을 나타내는 올바른 용어를 각 화살표에 표시하라.

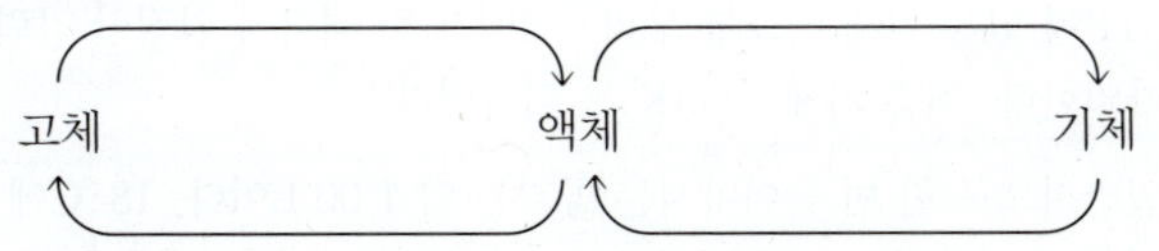

4. 상태 변화를 겪는 물질이 에너지를 흡수하는 과정은 주어진 두 과정 중 어느 것인가?
   a. 녹음 또는 얼림
   b. 응축 또는 증발
5. 액체 상태와 고체 상태의 물질 입자들 사이의 상호작용 유형 네 가지를 가장 약한 것부터 가장 강한 것까지 나열하라. 각 유형에 대한 예를 제시하라.
6. 어떤 분자간 힘 또는 분자간 힘의 조합으로 인해 어떤 결과가 나오겠는가?
   a. 가장 높은 녹는점
   b. 가장 낮은 끓는점
7. 통합 기체 법칙에서 기체의 부피는 압력에 정비례하는가, 반비례하는가? 부피는 절대 온도에 정비례하는가, 반비례하는가?

연습문제

분자간 힘

8. 다음 각 물질에서 어떤 유형의 분자간 상호작용이 우세한가?
   a. HBr
   b. SiF_4
   c. NH_2OH

9. N_2, NBr_3, NaBr 중에서 이온 결합이 있는 것은 무엇인가?

10. 다음 중 중요한 분자간 힘이 수소 결합인 것은 무엇인가?

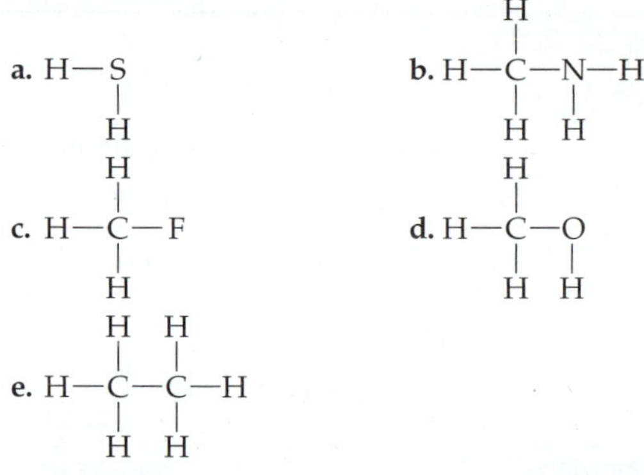

11. F_2, H_2S, CF_4 중에서 분자간 힘의 유형이 분산력뿐인 것은 무엇인가?

12. Br_2, HBr, NaBr 중에서 중요한 분자간 힘이 쌍극자-쌍극자 힘인 물질은 무엇인가?

13. 8번 문제의 물질들을 예상 녹는점이 가장 낮은 것부터 가장 높은 것까지 순서대로 나열하라.

14. 헥세인(C_6H_{14})은 비극성 용매이다. KNO_3가 헥세인에 용해될 것으로 예상하는가? 그 이유를 설명하라.

15. 물에 녹을 것으로 예상되는 것과 사염화 탄소(CCl_4)에 녹을 것으로 예상되는 것은 무엇인가?
    a. CF_4
    b. HF
    c. C_6H_{12}
    d. $(NH_4)_2S$

Boyle의 법칙

16. 헬륨의 시료가 719 mmHg에서 1820 mL를 차지한다. 온도가 일정하다고 가정하고 **(a)** 752 mmHg에서 헬륨의 부피와 **(a)** 부피가 345 mL로 변경될 때의 압력(mmHg)을 구하라.

17. 심해 다이버들이 사용하는 감압실의 부피가 10.1 m^3이고 내부 압력 4.25 atm에서 작동한다. 온도 변화가 없다고 가정할 때, 1.00 atm에서 감압실의 공기가 차지하는 부피(m^3)는 얼마인가?

18. 호흡기 치료에 사용되는 산소가 60.0 L 용량의 가스통에 150 atm의 압력으로 실온에 저장되어 있다.
    a. 0.925 atm에서 산소가 차지하는 부피는 얼마인가? 온도 변화가 없다고 가정한다.
    b. 환자에게 공급되는 산소 유량을 상온, 0.925 atm에서 6.00 L/min으로 조정하면 가스 탱크는 얼마나 오래 지속되는가?

19. 수중 연구에 사용되는 서식지인 Sealab II의 부피는 2.2×10^4 L이며, 사용 시 질소, 산소, 헬륨이 혼합된 5.4×10^3 mmHg의 내부 압력으로 유지되고 있다. 0.945 atm으로 Sealab II를 채우려면 기체 혼합물의 부피(L)는 얼마여야 하는가?

Sealab II

20. 어떤 기체 시료의 부피가 764 mmHg의 압력에서 0.954 L이다. 부피를 477 mL로 변경하면 기체의 압력은 얼마인가? 기체의 양과 온도가 일정하게 유지된다고 가정한다.

21. 0.994 atm의 압력에서 공기로 채워진 풍선의 부피가 1.88 L이다. 압력을 0.497 atm으로 변경하면 풍선의 부피는 얼마인가? 기체의 양과 온도가 일정하게 유지된다고 가정한다.

Charles의 법칙

22. 풍선에 헬륨이 채워져 있다. 26 ℃에서 부피는 5.90 L이다. 압력 변화가 없다고 가정할 때 78 ℃에서 풍선의 부피는 얼마인가?

23. 100 ℃에서 어떤 기체의 부피가 2894 mL이다. 압력에 변화가 없다고 가정할 때 19 ℃에서 부피는 얼마인가?

24. STP에 있는 기체 시료를 부피가 3배가 될 때까지 일정한 압력에서 가열한다. 최종 기체 온도(K)는 얼마인가?

25. 일반적으로 한 번 들이마시는 공기는 약 1.00 L이다. 18 ℃에서 공기를 흡입하여 37 ℃로 가열하면 공기의 부피는 얼마가 되는가? 기체의 압력과 양이 일정하게 유지된다고 가정한다.

26. 일반적으로 한 번 들이마시는 공기는 약 1.00 L이다. −10 ℃에서 공기를 흡입하여 37 ℃로 가열하면 공기의 부피는 얼마가 되는가? 기체의 압력과 양이 일정하게 유지된다고 가정한다.

27. 305 ℃, 1.20 atm에서 567 mL의 기체 시료를 부피가 425 mL가

될 때까지 일정한 압력에서 냉각한다. 최종 기체 온도(℃)는 얼마인가?

28. 자동차 실린더의 공기/휘발유 증기 혼합물의 초기 온도가 119 ℃이고 부피는 8.34 cm^3이다. 압력과 양을 일정하게 유지한 상태에서 혼합물을 611 ℃까지 가열하면 기체의 최종 부피(cm^3)는 얼마인가?

Gay-Lussac의 법칙

29. 플라스크에 24 ℃, 1.18 atm의 아르곤 기체가 채워져 있다. 액체 질소 온도인 77 K로 냉각되었을 때 압력(atm)은 얼마인가?

30. 네온 가스통의 압력이 25 ℃에서 3.44 atm이다. 100℃의 압력(atm)은 얼마인가?

31. 2.03 atm, 17 ℃의 프레온 가스(CCl_2F_2)가 들어 있는 캔을 752 ℃의 불 속에 던져 넣는다. 이 캔은 5.0 atm의 압력을 견딜 수 있다. 캔이 터지는가?

32. 752 mmHg, 22 ℃의 크립톤 기체로 채워진 플라스크를 드라이아이스 안에서 압력이 500 mmHg가 될 때까지 냉각시킨다. 최종 온도(℃)는 얼마인가?

몰부피 및 기체 밀도

33. STP에서 다음 각 기체 시료의 부피는 얼마인가?
- **a.** 1.00 mol C_2N_2
- **b.** 8.12 mol SF_6
- **c.** 0.197 mol H_2

34. 33번 문제에 나오는 각 기체의 몰부피당 질량(g)은 얼마인가?

35. STP에서 제논(Xe) 기체의 밀도(g/L)를 계산하라.

36. STP에서 이산화 탄소(CO_2) 기체의 밀도(g/L)를 계산하라.

37. **(a)** STP에서 밀도가 2.12 g/L인 기체와 **(b)** STP에서 증기의 밀도가 2.97 g/L인 미지의 액체의 몰질량을 계산하라.

38. **(a)** STP에서 밀도가 1.98 g/L인 기체와 **(b)** STP에서 3.33 L의 증기의 질량이 10.88 g인 미지의 액체의 몰질량을 계산하라.

이상 기체 법칙

39. 다음 각 조건에서 일정한 양의 기체의 부피는 증가하는가, 감소하는가, 변하지 않고 유지되는가?
- **a.** 일정한 온도에서의 압력 증가
- **b.** 일정한 압력에서 온도 감소
- **c.** 압력 감소와 함께 온도 상승

40. 다음 각 조건에서 일정한 양의 기체의 압력은 증가하는가, 감소하는가, 변하지 않고 유지되는가?
- **a.** 일정한 부피에서 온도 상승
- **b.** 일정한 온도에서 부피 감소
- **c.** 부피 감소와 함께 온도 상승

41. 기체 분자 운동론에 따르면 **(a)** 기체의 입자가 평균적으로 더 천천히 움직이기 시작하면 온도에 어떤 변화가 일어나고, **(b)** 기체의 입자가 용기의 벽에 덜 자주 부딪히면 압력에 어떤 변화가 일어나는가?

42. 다음 각각에 대해 주어진 기체가 두 용기에서 밀도가 같은가, 다른가? 밀도가 다르다면 어느 용기의 밀도가 더 큰가?
- **a.** 용기 A와 용기 B의 부피와 온도가 같지만, 용기 A의 기체의 압력이 더 높다.
- **b.** 용기 A와 용기 B의 압력과 온도가 같지만, 용기 A의 부피가 용기 B의 부피보다 더 크다.
- **c.** 용기 A와 용기 B의 압력과 부피가 같지만, 용기 A의 기체의 온도가 더 높다.

43. **(a)** 31 ℃, 0.870 atm에서 0.00600 mol 기체의 부피(L)와 (b) 37 ℃에서 0.265 L 플라스크에 들어 있는 0.0108 mol CH_4의 압력(atm)을 계산하라.

44. **(a)** 62 ℃, 1.38 atm에서 $H_2S(g)$의 부피(L)와 **(b)** 29 ℃에서 3.96 L 탱크의 4.64 mol CO(g)의 압력(atm)을 계산하라.

45. 0.918 atm, 25 ℃에서 Kr(g) 기체 0.555 L의 양(mol)은 얼마인가?

46. 0.944 atm, 17 ℃에서 프레온 가스(CCl_2F_2) 185 mL의 질량(g)은 얼마인가?

47. 298 K, 압력 0.154 atm에서 660 mL의 시료에 있는 기체의 양(mol)은 얼마인가?

48. 0.555 atm에서 0.334몰 제논 기체 시료의 부피는 20.0 L이다. 기체의 온도(℃)는 얼마인가?

49. 7.32 atm, 285 K에서 기체 4.55 mol의 부피는 얼마인가?

50. CO_2 가스통을 사용하여 18 ℃, 1.04 atm에서 67 L로 팽창하는 자동차 에어백이 있다. 가스통에 들어 있는 CO_2의 질량은 얼마인가?

심화문제

51. 기체 분자 운동론의 다섯 가지 기본 가설은 무엇인가? 기체가 압축될 수 있는 이유를 가장 잘 설명하는 가설은 무엇인가?

52. 기체 분자 운동론의 가설 중 대부분의 기체를 설명하는 데 동일한 기체 법칙을 사용할 수 있는 이유를 설명하는 것은 무엇인가?

53. 17 ℃, 743 mmHg에서 에테인 $C_2H_6(g)$의 밀도를 계산하라. (힌트: 밀도는 질량/부피이다. 이 조건에서 에테인 1 mol의 질량과 부피를 구한다.)

54. 일정 온도에서 압력 변화에 따라 기체 시료의 부피를 그래프로 나

타내면 쌍곡선이 된다(그림 6.14 참조). 온도 변화에 따라 기체 시료의 부피를 그래프로 나타내면 직선이 된다(그림 6.15 참조). 기체의 몰수 변화에 따라 기체의 부피 그래프의 모양은 어떻게 되는가? (힌트: 부피는 압력에 반비례하는 반면에 부피는 켈빈 온도에 정비례한다.)

55. STP에서 0.75 mol H_2와 같은 부피를 차지하는 He(g)의 질량은 얼마인가? (힌트: STP에서 H_2의 부피를 구할 필요는 없다.)

56. 밀도에 따라 물질이 물에 뜨는지 여부가 결정된다(1장 참조). 공기 중에 떠 있을 때도 마찬가지이다. 공기의 평균 몰질량은 약 28.6 g/mol이다. CH_4, Cl_2, C_4H_{10} 중 공중에 떠 있는 풍선을 채우는 데 사용할 수 있는 기체는 무엇인가? 밀도를 계산하지 않고도 이 질문에 답할 수 있는 방법을 설명하라.

57. 그림 6.17을 다시 보라. 20 ℃에서 풍선의 부피가 1.50 L인 경우에 풍선 안의 공기가 액체 질소의 온도에 도달한다고 가정할 때 그림 6.17a의 최종 부피는 얼마인가? 고무의 늘어나는 힘은 무시해도 된다.

58. 758 mmHg, 21 ℃에서 X, Y, Z로 표시한 2.00 L 플라스크 3개에 네온(플라스크 X), 아르곤(플라스크 Y), 크립톤(플라스크 Z)이 들어 있다. **(a)** 어느 플라스크에 가장 많은 기체 원자가 들어 있는가? **(b)** 어느 플라스크에서 기체의 밀도가 가장 큰가? **(c)** 플라스크 X가 가열되고 플라스크 Y가 냉각되면 세 플라스크 중 어느 플라스크의 압력이 가장 높은가? **(d)** 플라스크 X의 온도를 낮추고 플라스크 Z의 온도를 높이면 세 플라스크 중 어느 플라스크에 가장 많은 양(mol)의 기체가 들어 있는가?

59. 미지의 기체 14.4 g의 시료의 부피가 760 mmHg, 25 ℃에서 8.00 L이다. 기체의 몰질량은 얼마인가?

60. 농구공을 25 ℃에서 1.32 atm 압력으로 부풀린 다음 온도가 10 ℃인 실외로 가져가면 공 안의 최종 압력은 얼마인가?

61. 4.61 m × 9.48 m × 2.63 m인 방이 있다. 이 방에 가득 찬 CO_2(g)의 질량(kg)은 얼마인가?

62. 750 mmHg, 27 ℃에서 기체의 밀도가 2.32 g/L이다. 기체는 CO_2, Kr, H_2S, C_4H_{10} 중 무엇인가?

63. 대기 중 공기의 밀도(단위 부피당 질량)는 대기압에 비례한다. 해수면에서의 평균 대기압은 760 mmHg이다. 주어진 양의 기체의 압력과 부피의 관계를 보여주는 Boyle의 법칙에 따르면 밀도는 대기중의 고도에 따라 감소한다. 고도가 높아지면 특정 지점 위에 있는 공기의 질량이 적어지므로 압력이 덜 가해진다. 대기 질량의 약 절반은 고도 약 5.5 km 아래에, 질량의 약 95 %는 25 km 아래에, 99 %는 30 km 아래에 있다. **(a)** 5.5 km, **(b)** 25 km, **(c)** 30 km의 대략적인 압력은 얼마인가?

64. 1.00 L H_2O(l)의 전기분해에서 생성되는 수소 기체의 부피(L)는 STP에서 얼마인가? (힌트: 1.00 L H_2O의 질량은 1.00 kg이다.)

65. 기체의 부피가 증가하지 않는 과정은 다음 중 무엇인가?

a. 온도 상승
b. 압력 증가
c. 온도 감소
d. 켈빈 온도가 절반으로 감소하면서 압력이 3배 증가

66. 다음 문장을 올바르게 완성하기 위해 빈칸에 들어갈 말은 무엇인가?

0 ℃, 0.500 atm에서 4.48 L NH_3(g)는 ________.

a. 0.20 mol NH_3를 포함한다.
b. 질량이 3.40 g이다.
c. 분자 6.02×10^{22}개를 포함한다.
d. NH_3 0.40 mol을 포함한다.

67. 상온에서 기체인 뷰테인(C_4H_{10})을 액체로 압축하여 담배 라이터와 캠핑용 스토브의 연료로 사용한다. 라이터에 담긴 액체 뷰테인 (20℃에서 $d = 0.601$ g/mL) 5.00 mL가 증발할 때 STP에서 기체가 차지하는 부피는 얼마인가?

68. 우주 마이크로파 배경(CMB)이라고 불리는 복사선은 빅뱅 후 약 30만 년 후에 형성되었다. CMB 방사선은 우주를 가득 채우고 있으며 모든 방향에서 감지할 수 있다. 빅뱅 당시 우주의 온도(따라서 복사선의 온도)는 약 3000 K였고, 그 이후 우주는 1000배 팽창했다. 오늘날 방사선의 온도(K)는 얼마인가?

69. 화학 공정을 위한 용매를 선택할 때 고려해야 하는 성질은 무엇인가?

a. 용질과 용매 극성
b. 용질의 분리 용이성
c. 인화성
d. 독성
e. 위의 모든 항목

70. 대통령 녹색 화학 챌린지상의 많은 수상작은 액체 또는 초임계 이산화 탄소의 사용과 관련이 있다. $scCO_2$의 어떤 성질이 녹색 화학 공정에서의 사용을 뒷받침하는가?

71. 산업 공정에서 이전에 사용되다가 이산화 탄소로 대체된 용매의 예를 두 가지 제시하라.

72. 녹색 화학 원칙 3과 5 외에도 $scCO_2$와 같은 친환경 용매의 사용은 녹색 화학에 어떤 영향을 미칠 수 있는가?

 비판적 사고 문제

이 장에서 습득한 지식과 하나 이상의 FLaReS 원칙(1장)을 적용하여 다음 진술과 주장을 평가하라.

6.1 일부 타이어 매장에서는 순수하고 건조한 질소로 자동차 타이어를 채우는 것이 일반 공기를 사용하는 것보다 훨씬 낫다고 주장한다. 그들은 다음과 같은 주장을 한다. **(1)** N_2로 채워진 타이어 내부의 압력은 온도 변화에 따라 오르거나 내리지 않는다. **(2)** N_2 분자가 더 크기 때문에 질소는 공기보다 타이어에서 훨씬 더 천천히 누출된다. **(3)** 질소는 반응성이 낮고 공기 중의 수분과 산소가 부식을 일으켜 타이어 수명을 25%에서 30%까지 단축시킨다.

6.2 한 연구자가 도마뱀이 벽과 천장을 걸을 수 있는 이유를 발견했다고 주장한다. 그의 주장에 따르면 도마뱀의 발에는 벽이나 천장 표면에 충분히 가까워 분자간 힘이 도마뱀을 표면에 붙잡을 수 있도록 미세한 털 모양의 돌출부가 많다.

6.3 한 소규모 양조장에서 '수소 맥주'를 준비했다고 주장한다. 이 맥주는 CO_2 기체 대신 H_2 기체로 '탄산 처리'된 것으로 알려졌다. 양조장의 한 화학자는 H_2 기체 분자가 맥주 속의 물 분자와 수소 결합을 일으켜 더 많은 기체가 맥주에 녹을 수 있다고 주장한다.

6.4 고급 화학 과목을 수강하는 한 학생이 미지의 액체에서 증기의 밀도를 구하는 과제를 받았다. 학생은 밀도가 0.053 g/L이라고 주장한다.

 협업 과제

파워포인트, 포스터, 기타 프레젠테이션을 준비하여 수업에서 공유하라.

1. 메테인(CH_4), 에테인(CH_3CH_3), 프로페인($CH_3CH_2CH_3$), 뷰테인($CH_3CH_2CH_2CH_3$), 펜테인($CH_3CH_2CH_2CH_2CH_3$)의 일련의 화합물을 생각해보자(표 9.3 참조). 각 화합물에 대해 **(a)** 그 분자가 극성인가, 비극성인가? **(b)** 액체 상태에서 우세한 분자간 힘의 유형을 나타내라. **(c)** 몰질량을 계산하라. **(d)** 각 끓는점을 섭씨 온도에서 켈빈으로 변환하라. **(e)** 끓는점(K) 대 몰질량의 그래프를 그려라. **(f)** 몰질량과 끓는점 사이에 뚜렷한 관계가 있는가?

2. 메테인(CH_4), 플루오로메테인(CH_3F), 클로로메테인(CH_3Cl), 브로모메테인(CH_3Br), 아이오도메테인(CH_3I)의 일련의 화합물을 생각해보자. 이런 화합물에 대해 1번 과제의 **(a)**부터 **(e)**까지를 반복한다. 끓는점은 'CRC 핸드북'이나 'Merck 인덱스'와 같은 인쇄된 참고문헌이나 미국국립표준기술연구소(NIST)와 같은 웹사이트에서 찾을 수 있다. 몰질량과 끓는점 사이에 뚜렷한 관계가 있는가? 이 화합물의 그래프가 1번 과제의 그래프와 어떻게 다른가? 그 이유를 제시하라.

3. 대부분의 이온 화합물은 고체이지만, 최근에는 이온성 액체가 만들어져 많은 용도로 사용되고 있다. 웹에서 이온성 액체에 대한 정보를 검색하라. 고체가 아닌 액체인 이유에 대해 특히 알아보고, 현재 사용되고 있는 용도와 잠재적인 응용 분야에 대해 보고서를 작성하라.

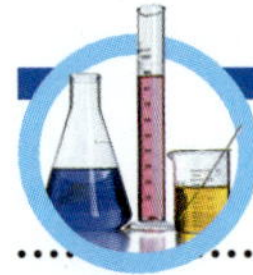

실험 과제 내 풍선 날리기

준비물

- 작은 풍선 1개
- 풍선을 담을 수 있을 만큼 큰 뚜껑이 있는 용기 1개(예: 냄비와 뚜껑)
- 따뜻한 물
- 얼음
- 줄자 또는 줄과 자(힌트: 줄을 사용하여 풍선의 둘레를 측정한 다음 자를 사용하여 길이를 측정하라.)

이 실험에서는 작은 풍선을 부풀려 가열과 냉각에 따른 기체의 부피를 관찰한다. 이 실험에서는 Charles의 법칙에 대한 지식을 적용하게 될 것이다.

먼저 풍선을 부풀리고 공기가 빠져나가지 않도록 묶는다. 풍선의 둘레(풍선 바깥쪽을 둘러싼 거리)를 측정하고 기록한다.

다음으로 따뜻한 수돗물이 담긴 용기에 풍선을 넣는다. 용기에 풍선의 대부분을 덮을 수 있을 만큼의 물이 들어 있는지 확인하되, 물이 쏟아질 정도로 많은 양은 넣지 않는다. 이제 용기를 덮고 풍선이 물의 온도로 데워질 때까지(약 5분) 기다린다.

용기에서 풍선을 꺼내 뜨거운 풍선의 둘레를 측정하고 기록한다. 풍선을 실온으로 약 2~3분간 식힌다. 풍선이 식는 동안 용기에서 따뜻한 물을 버리고 얼음물로 채운다.

그런 다음 풍선을 얼음물이 담긴 용기에 넣고 용기를 뚜껑으로 덮는다. 풍선을 약 5분간 식힌다. 용기에서 풍선을 꺼내고 차가운 풍선의 둘레를 측정하고 기록한다. 차가울 때와 따뜻할 때 풍선의 크기가 어떻게 달라지는가? 이제 차가운 풍선이 따뜻해지고 있을 때 손을 올려보자. 풍선에 대해 어떤 점이 눈에 띄는가?

실험문제

1. 열을 가한 후 풍선 둘레의 전체적인 변화는 어떠한가?
2. 냉각 후 풍선 둘레의 전체적인 변화는 어떠한가?
3. 풍선을 가열하고 식힐 때 풍선의 크기가 달라지는 이유는 무엇인가?
4. 기체의 온도와 부피의 상호의존성에 대해 어떤 결론을 내릴 수 있는가?
5. 풍선처럼 팽창하거나 수축하지 않는 딱딱한 용기가 있다면 어떻게 되는가? 열을 가하거나 식히면 압력이 올라가거나 내려갈 것으로 예상하는가?

산과 염기

7

7.1 산과 염기: 실험적 정의
7.2 산, 염기, 염
7.3 산성 및 염기성 무수물
7.4 강산, 강염기, 약산, 약염기
7.5 중화
7.6 pH 척도
7.7 완충 용액 및 짝산-짝염기 쌍
7.8 산업 및 일상생활에서의 산과 염기

산과 염기라고 불리는 화학 물질은 우리 주변 곳곳에 존재한다. 산은 철강 생산과 금속 도금, 화학 분석에 사용된다. 심지어 우리가 먹는 음식에서도 산이 발견된다. 팬케이크나 머핀이 부풀어 오르는 것은 재료에 들어 있는 산과 염기 때문이고, 과일의 시큼한 맛은 과육에 들어 있는 다양한 산에서 비롯된다. 위에 산이 너무 많으면 제산제(염기)로 완화할 수 있다.

❓ 이 장과 관련된 궁금증

1. 모든 산은 부식성이 있는가?
2. 아미노산이란 무엇인가?
3. 잿물은 산이 아닌데 왜 위험한가?
4. 'pH 균형 샴푸'란 무엇을 의미하는가?

양성자를 전달해줘 신맛이 나는 사탕을 좋아하는가? 표백제가 피부에 닿았을 때 미끄러운 느낌을 받은 적이 있는가? 우리가 일상에서 흔히 접하는 산의 예로는 신맛이 나는 사탕에 들어 있는 구연산, 사과산, 주석산 등이 있고, 염기의 예로는 표백제의 하이포아염소산 소듐이 있다. 우리에게 친숙한 산으로는 식초(아세트산), 비타민 C(아스코르브산), 배터리의 산(황산) 등이 있다. 배수구 세정제(수산화 소듐), 베이킹소다(탄산수소 소듐), 유리창 세정제(암모니아) 등 친숙한 염기도 있다.

'산성 소화불량'에서 '산성비'에 이르기까지 뉴스와 광고에 산이라는 단어가 자주 등장한다. 대기 및 수질 오염은 종종 산과 염기와 관련이 있다. 예를 들어 산성비는 심각한 환경 문제이다. 건조한 지역에서는 알칼리성(염기성) 물을 마실 수 없는 일도 있다.

감각이 산-염기 화학과 관련된 네 가지 맛을 인식한다는 사실을 알고 있는가? 산은 신맛, 염기는 쓴맛, **염**(salts, 산이 염기와 반응할 때 생기는 이온 화합물)은 짠맛이 난다. 단맛은 더 복잡하다. 단맛을 내기 위해서는 화합물에 산성 부분과 염기성 부분이 있어야 하고, 미뢰의 단맛 수용체에 딱 맞는 기하학적 구조가 있어야 한다.

이 장에서는 산과 염기의 화학에 대해 설명한다. 우리는 매일 산과 염기를 사용한다. 우리 몸은 지속적으로 이들을 처리한다. 우리가 섭취한 단백질은 아미노산으로 분해된 다음 우리 몸에 필요한 단백질로 재조립되고 나머지는 연료로 사용된다. 위산은 음식물의 소화를 돕는다. 아민이라는 염기성 화합물은 생선의 '비린내'를 유발하는데, 산성인 맥아 식초나 레몬즙으로 아민을 부분적으로 중화시키면 생선의 맛이 더 좋아진다. 살아가는 동안 산과 염기에 대해 듣고 읽게 될 것이다. 여기서 배운 내용은 이 중요한 화합물의 종류를 더 잘 이해하는 데 도움이 될 수 있다.

7.1 산과 염기: 실험적 정의

학습 목표
- 화학적, 물리적 성질을 사용하여 산과 염기를 구별한다.
- 산-염기 지시약의 작동 원리를 설명한다.

산과 염기는 화학적으로 반대되는 물질이므로, 그 성질은 상당히 다르거나 반대이다. 이러한 성질 중 몇 가지를 나열하는 것부터 시작하자.

산은 다음과 같은 화합물이다.

- 신맛
- 리트머스 종이의 염료를 붉은색으로 변화시킨다.
- 아연 및 철과 같은 활성 금속을 용해하여 수소 기체를 생성한다.
- 염기와 반응하여 물과 염을 생성한다.

안전 경고

모든 산은 신맛이 나고 모든 염기는 쓴맛이 나지만, 미각 검사는 물질이 산인지 염기인지 판단하는 적절한 방법이 아니다. 일부 산과 염기는 독성이 있으며, 일부 산은 많이 희석하지 않으면 부식성이 강하다. **실험실 화학 물질을 절대 맛봐서는 안 된다.** 너무 많은 화학 물질이 독성이 있고 오염되었을 수도 있다.

염기는 다음과 같은 화합물이다.

- 쓴맛
- 리트머스 종이의 염료를 푸른색으로 변화시킨다.
- 피부에 미끄러운 느낌을 준다.
- 산과 반응하여 물과 염을 생성한다.

식초와 레몬 주스 같은 산성 식품은 신맛으로 식별할 수 있다. 식초는 물에 아세트산(약 5%)을 녹인 용액이다. 레몬, 라임, 기타 감귤류 과일에는 구연산이 함유되어 있다. 젖산은 요거트에 시큼한 맛을 내고, 인산은 탄산음료에 신맛을 내기 위해 첨가되는 경우가 많다. 반면에 토닉 워터의 쓴맛은 부분적으로 염기인 퀴닌에서 비롯된다. 그림 7.1은 몇 가지 일반적인 산과 염기(그리고 염)를 보여준다.

리트머스 검사는 물질이 산인지 또는 염기인지 식별하는 일반적인 방법이다. 리트머스(그림

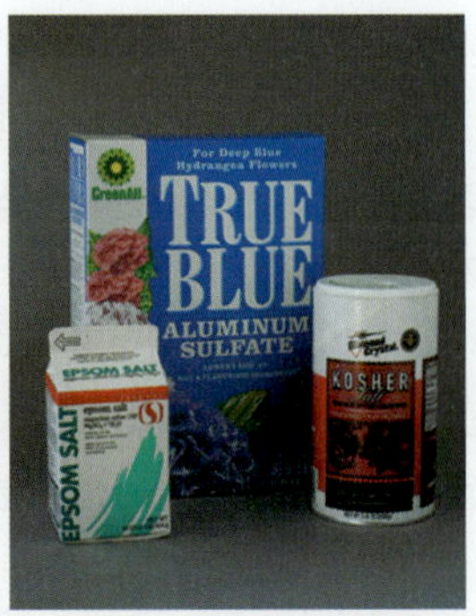

▶ **그림 7.1** 몇 가지 일반적인 산(왼쪽), 염기(가운데), 염(오른쪽). 산, 염기, 염은 친숙한 많은 소비재의 구성 성분이다.

Q 세 가지 종류의 화합물은 리트머스 종이의 염료에 어떤 영향을 미치는가(그림 7.2 참조)?

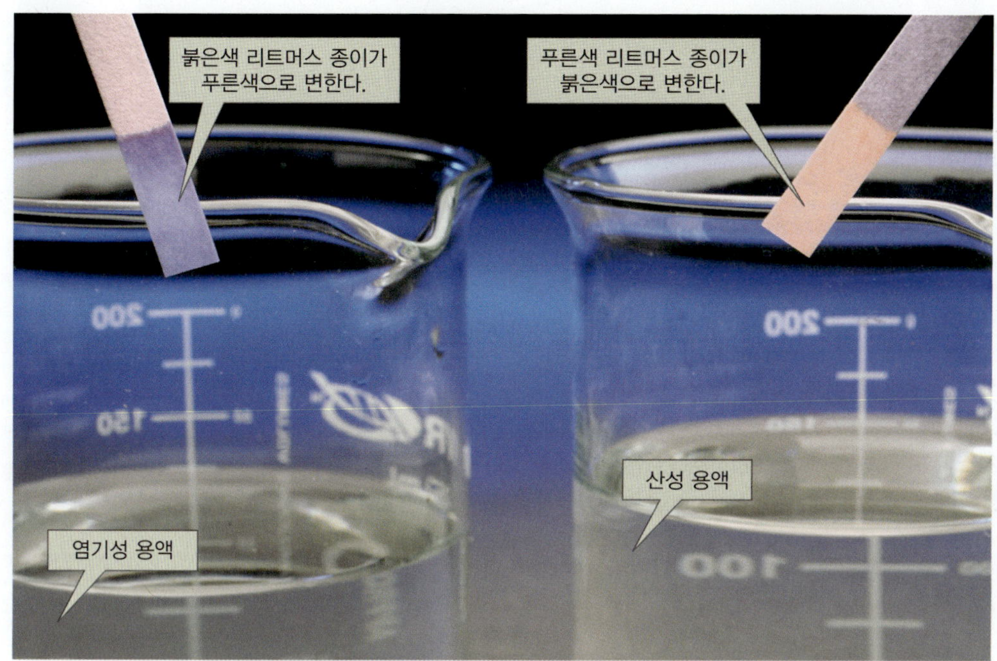

▲ **그림 7.2** 리트머스 염료(곰팡이류에서 추출한)가 스며들어 있는 종이는 산과 염기를 구별하는 데 자주 사용된다. 왼쪽의 시료는 리트머스가 푸른색으로 변하므로 염기성이다. 오른쪽의 시료는 리트머스가 붉은색으로 변하므로 산이다.

왜 중요할까?

수국은 재배하는 토양의 산도에 따라 다른 색을 보이는 여러 종류의 꽃 중 하나이다. 일부 품종은 약산성 토양에 심으면 파란색(위)을, 염기성 토양에 심으면 분홍색(아래)을 띤다.

7.2)는 **산-염기 지시약**(acid-base indicator)으로, 산에서는 염기와는 다른 색을 띠는 화합물이다. 푸른색 리트머스 종이를 용액에 담갔을 때 분홍색으로 변하면 그 용액이 산성임을 의미한다. 용액에 담갔을 때 푸른색으로 변하는 붉은색 리트머스는 용액이 염기성임을 나타낸다(중성 리트머스는 적자색이다). 포도 주스, 붉은 양배추, 블루베리, 꽃잎에 색을 내는 물질 등 많은 물질이 산-염기 지시약이다.

자가평가문제

1. 다음 중 산의 성질이 아닌 것은 무엇인가?
- **a.** 피부에 미끄러운 느낌이 든다.
- **b.** 아연과 반응하여 수소 기체를 형성한다.
- **c.** 신맛이 난다.
- **d.** 리트머스를 붉은색으로 변화시킨다.

2. 다음 중 염기의 성질이 아닌 것은 무엇인가?
- **a.** 피부에 미끄러운 느낌이 든다.
- **b.** 염과 반응하여 산을 생성한다.
- **c.** 쓴 맛이 난다.
- **d.** 리트머스를 푸른색으로 변화시킨다.

3. 산과 염기가 혼합될 때 일반적으로 어떤 일이 일어나는가?
- **a.** 새로운 산과 염이 생성된다.
- **b.** 새로운 염기와 염이 생성된다.
- **c.** 아무런 반응이 발생하지 않는다.
- **d.** 물과 염이 생성된다.

▲ 붉은 양배추로 나만의 지시약 염료를 만들 수 있다. 7장의 실험 과제를 참조하라. 지시약이 들어 있는 다른 식물 재료로는 블랙베리, 블랙 라즈베리, 붉은 무 껍질, 붉은 장미 꽃잎, 강황 등이 있다.

4. 다음 중 젖산이 포함된 일반적인 물질은 무엇인가?

a. 올리브 오일 b. 비누
c. 식초 d. 요거트

5. 다음 중 자몽의 신맛을 내는 것은 무엇인가?

a. 아세트산 b. 암모니아
c. 염화 소듐 d. 구연산

정답: 1. a, 2. b, 3. d, 4. d, 5. d

▲ 스웨덴의 화학자 Svante Arrhenius는 물속의 산, 염기, 염이 이온으로 구성되어 있다는 이론을 제안했다. 또한 그는 대기 중의 이산화 탄소를 온실 효과와 처음으로 연관시켰다.

7.2 산, 염기, 염

학습 목표 • Arrhenius와 Brønsted-Lowry 산과 염기를 구별한다.
• 중화 반응 또는 이온화 반응에 대한 균형 반응식을 작성한다.

산과 염기에는 특징적인 성질이 있다. 하지만 왜 이러한 성질을 가질까? 이를 설명하기 위해 여러 가지 이론을 사용한다.

Arrhenius 이론

스웨덴의 화학자 Svante Arrhenius(1859~1927)는 1887년에 산과 염기에 대한 최초의 성공적인 이론을 개발했다. Arrhenius의 개념에 따르면 **산**(acid)은 물속에서 수소 이온(H^+)과 음이온을 형성하는 물질이다(수소 이온은 유일한 전자가 제거된 수소 원자이기 때문에 H^+을 양성자라고도 한다). 산은 이온화된다고 한다. 예를 들어 질산은 물에서 이온화된다.

$$HNO_3(aq) \longrightarrow H^+(aq) + NO_3^-(aq)$$

물에서 산의 성질은 H^+의 성질이다. 리트머스 종이를 붉게 변하게 하고, 신맛이 나며, 염기 및 활성 금속과 반응하는 것은 바로 수소 이온이다. 표 7.1에는 몇 가지 일반적인 산이 나열되어 있다. 각 화학식에는 하나 이상의 수소 원자가 포함되어 있다. 화학자들은 종종 화학식에서 H 원자를 앞에 써서 산을 나타낸다. HCl, H_2SO_4, HNO_3는 산이지만, NH_3와 CH_4는 산이 아니다. 화학식 $HC_2H_3O_2$(아세트산)는 이 화합물이 수용액에 있을 때 1개의 H 원자는 이온화되고, 3개의 H 원자는 그렇지 않음을 나타낸다.

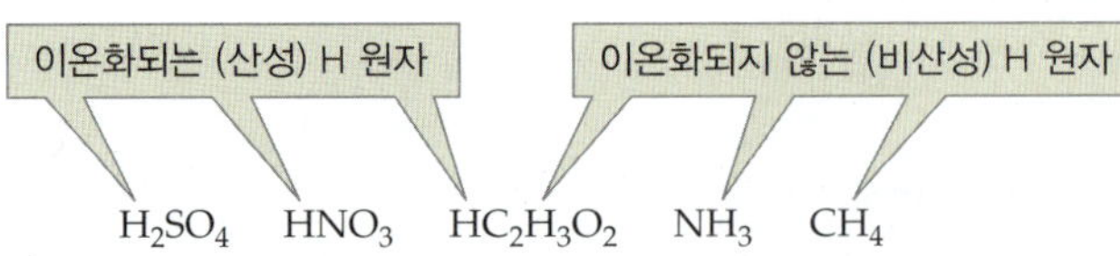

1 모든 산은 부식성이 있는가?

표 7.1을 보면 산이 반드시 '부식성이 있음'을 의미하지는 않는다는 것을 알 수 있다. 많은 산은 우리가 먹는 음식에 포함될 만큼 무해하며, 일부는 생명에 필수적이다.

표 7.1 몇 가지 일반적인 산

이름	화학식	산의 세기	일반적인 용도/특징
황산	H_2SO_4	강함	배터리 산; 광석 가공, 비료 제조; 정유
염산	HCl	강함	금속 및 벽돌 청소, 보일러의 물때 제거하기
인산	H_3PO_4	중간	콜라에 사용됨, 녹 제거제에 사용됨
젖산	$CH_3CHOHCOOH$	약함	요구르트; 산미료(맛을 높이기 위한 식품 첨가물); 로션 첨가물
아세트산	CH_3COOH	약함	식초; 산성제
붕산	H_3BO_3	매우 약함	소독용 안약; 바퀴벌레 독
시안화수소산	HCN	매우 약함	플라스틱 제조; 매우 유독함

표 7.2 몇 가지 일반적인 염기

이름	화학식	염기의 세기	일반적인 용도/특징
수산화 소듐	NaOH	강함	산 중화; 비누 만들기
수산화 포타슘	KOH	강함	액체 비누 제조; 바이오디젤 연료
수산화 리튬	LiOH	강함	알칼리성 축전지
수산화 칼슘	$Ca(OH)_2$	강함[a]	석고; 시멘트; 토양 중화제
수산화 마그네슘	$Mg(OH)_2$	강함[a]	제산제; 완하제
암모니아	NH_3	약함	비료; 가정용 클렌저

[a] 이러한 염기는 강염기로 분류되지만, 물에 잘 녹지 않는다. 수산화 칼슘은 약간만 용해되고, 수산화 마그네슘은 더욱 용해되지 않으므로 $Mg(OH)_2$ 1그램을 녹이는 데 20갤런 이상의 물이 필요하다.

Arrhenius **염기**(base)는 수용액에서 수산화 이온(OH^-)을 생성하는 물질이다. 일부 염기는 수산화 소듐(NaOH) 및 수산화 칼슘[$Ca(OH)_2$]과 같이 OH^-를 함유하는 이온성 고체이다. 이러한 화합물은 고체가 물에 용해될 때 단순히 수산화 이온을 용액으로 방출한다.

다른 염기는 물에 넣으면 이온화되어 OH^-를 생성하는 암모니아와 같은 분자 물질이다(7.4절 참조).

H_2O가 반응물이 아니라 용매임을 나타내기 위해 화살표 위에 적는다.

$$NaOH(s) \xrightarrow{H_2O} Na^+(aq) + OH^-(aq)$$

▲ 미용사가 사용하는 많은 피부 각질 제거제에는 글리콜산이나 젖산과 같은 알파-하이드록시산이 들어 있다.

표 7.2에는 몇 가지 일반적인 염기가 나열되어 있다. 이들 대부분은 Na^+ 또는 Ca^{2+}와 같은 양전하를 띤 금속 이온과 음전하를 띤 수산화 이온을 포함하는 이온 화합물이다. 이러한 화합물이 물에 용해되면 모두 OH^- 이온을 제공하므로 모두 염기이다. 산의 성질이 수소 이온의 성질인 것과 마찬가지로, 염기의 성질은 수산화 이온의 성질이다.

Arrhenius는 산과 염기 사이의 본질적인 반응을 H^+와 OH^-가 결합하여 물을 생성하는 **중화**(neutralization)라고 제안했다. 원래 OH^-와 결합되어 있던 양이온은 H^+와 결합되어 있던 음이온과 결합하여 **염**(salt, 산-염기 반응에서 생성되는 이온 화합물)을 생성한다.

$$\text{산} + \text{염기} \longrightarrow \text{염} + \text{물}$$

예제 7.1 산과 염기의 이온화

물에서 **(a)** 황산(H_2SO_4)과 **(b)** 고체 수산화 포타슘(KOH)의 이온화를 나타내는 반응식을 쓰라.

풀이

a. H_2SO_4 분자는 이온화되어 2개의 수소 이온과 1개의 황산 이온을 형성한다. 이 반응은 물에서 일어나기 때문에 '(aq)'라는 기호를 사용하여 관련 물질이 수용액에 있음을 나타낼 수 있다.

$$H_2SO_4(aq) \longrightarrow 2\,H^+(aq) + SO_4^{2-}(aq)$$

b. 이온성 고체인 수산화 포타슘(KOH)은 물에 녹기만 하면 $K^+(aq)$ 이온과 $OH^-(aq)$ 이온으로 분리된다.

$$KOH(s) \xrightarrow{H_2O} K^+(aq) + OH^-(aq)$$

> 복습문제 7.1A

물에서 **(a)** HI(아이오딘화 수소산)와 **(b)** 고체 수산화 칼슘의 이온화를 나타내는 반응식을 쓰라.

> 복습문제 7.1B

역사적으로 카르복실기(—COOH기를 포함하는 화합물, 9장 참조)의 화학식은 이온화가 가능한 수소를 마지막에 붙여서 쓰는 경우가 많다. 예를 들어 아세트산의 화학식을 $HC_2H_3O_2$로 쓰는 대신 CH_3COOH로 쓸 수 있다. 물에서 CH_3COOH의 이온화를 나타내는 반응식을 쓰라.

2 아미노산이란 무엇인가?

아미노산은 산성인 카르복실기(—COOH)와 염기성인 —NH_2(아미노기, 9.8절 및 9.9절 참조)를 모두 포함하는 분자이다. 아미노산은 서로 연결되어 생체 조직에서 단백질을 형성한다.

Arrhenius 이론의 한계

Arrhenius 이론은 여러 가지 면에서 한계가 있다.

- 수용액에 단순한 자유 양성자는 존재하지 않는다. H^+ 이온은 양전하 밀도가 매우 높기 때문에 H_2O 분자의 O 원자에 있는 고립 전자쌍에 즉시 끌려서 하이드로늄 이온(H_3O^+)을 형성한다.

$$\mathrm{H:\ddot{O}:H} \;(\text{물}) + H^+ \longrightarrow \left[\mathrm{H:\ddot{O}:H}\right]^+ \;(\text{하이드로늄 이온})$$

물 하이드로늄 이온

- 암모니아 및 관련 화합물의 염기성을 설명하지 않는다. 암모니아에는 수산화 이온이 없기 때문에 표 7.2에 포함되지 말아야 할 것으로 보인다.
- 수용액에서의 반응에만 적용된다.

Arrhenius 이론은 그 한계 내에서 여전히 유용하지만, 최신 데이터에 기반한 더 광범위하고 유용한 이론으로 대체되었다.

Brønsted-Lowry 산-염기 이론

Arrhenius 이론의 단점은 1923년 덴마크의 J. N. Brønsted(1879~1947)와 영국의 T. M. Lowry(1874~1936)가 독자적으로 연구한 이론에 의해 크게 극복되었다. Brønsted-Lowry 이론(흔히 Brønsted 이론이라고도 함)에서는 다음과 같이 설명한다.

- 산은 양성자(H^+) 주개이다.
- 염기는 양성자 받개이다.

이 이론은 염화 수소의 이온화를 다음과 같이 설명한다.

$$HCl(aq) + H_2O \longrightarrow H_3O^+(aq) + Cl^-(aq)$$

이 반응에서 물은 반응물이다. 산 분자는 물 분자에 수소 이온(양성자)을 주므로 산(HCl)은 양성자 주개로 작용한다. 물은 양성자 받개 역할을 한다. 물은 그 자체로 중성인 것으로 생각하기 때문에 혼란스러울 수 있다. 그러나 물이 양성자와 상호작용할 때 물은 Brønsted 염기로 작용한다.

$$H:\ddot{\underset{..}{Cl}}: + H:\ddot{\underset{\underset{H}{..}}{O}}: \longrightarrow \left[H:\ddot{\underset{\underset{H}{..}}{\overset{H}{O}}}: \right]^+ + :\ddot{\underset{..}{Cl}}:^-$$

산
(양성자 주개)

염산

HCl 분자는 물 분자에 양성자를 제공하여 하이드로늄 이온과 염화 이온을 생성하고 **염산**이라는 용액을 형성한다. 다른 산도 비슷하게 반응한다. 이들은 물 분자에 수소 이온을 제공하여 하이드로늄 이온을 생성한다. HA가 어떤 산을 나타내도록 하면 반응식은 다음과 같다.

$$HA(aq) + H_2O \longrightarrow H_3O^+(aq) + A^-(aq)$$

물이 아닌 용매에서도 일부 화합물은 여전히 산으로 작용하여 용매 분자에 H^+ 이온을 전달할 수 있다.

물에서 H^+ 이온은 여러 개의 H_2O 분자와 연관되어 있다. 예를 들어 $H(H_2O)_4{}^+$ 또는 $H_9O_4{}^+$ 이온에는 4개의 H_2O 분자가 관련되어 있다. 많은 목적으로 우리는 단순히 H^+를 사용하고 관련된 물 분자는 무시한다. 그러나 H^+라는 표기는 실제 상황을 단순화한 것이며, 물속의 양성자는 항상 물 분자와 연관되어 있다는 점을 명심해야 한다.

예제 7.2 Brønsted-Lowry 산

물과 Brønsted 산 HNO_3의 반응을 나타내는 반응식을 쓰라. 반응에서 물의 역할은 무엇인가?

풀이

Brønsted 산으로서, HNO_3는 물 분자에 양성자를 제공하여 하이드로늄 이온과 질산 이온을 생성한다.

$$HNO_3(aq) + H_2O \longrightarrow H_3O^+(aq) + NO_3{}^-(aq)$$

이 반응에서 물은 Brønsted 염기 역할을 하며, HNO_3로부터 양성자를 받아들인다.

› 복습문제 7.2A

물과 Brønsted 산 HBr의 반응을 나타내는 반응식을 쓰라.

› 복습문제 7.2B

메탄올(CH_3OH)과 Brønsted 산 $HClO_4$의 반응을 나타내는 반응식을 쓰라.

암모니아(NH_3)와 같은 염기가 물에 녹을 때 OH^-는 어디에서 오는 것일까? Arrhenius 이론은 이 질문에 대한 답이 불충분했지만, Brønsted 이론은 암모니아가 물에서 염기 역할을 하는 과정을 설명한다. 암모니아는 실온에서 기체이다. 물에 녹으면 다음 식과 같이 일부 암모니아 분자가 반응한다.

$$NH_3(aq) + H_2O \longrightarrow NH_4{}^+(aq) + OH^-(aq)$$

암모니아 분자는 물 분자에서 양성자를 받아들이고, NH_3는 Brønsted 염기로 작용한다. (암모니아의 N 원자는 양성자와 공유할 수 있는 고립 전자쌍을 가지고 있다는 것을 기억해야 한다.) 물 분자는 양성자 주개, 즉 산으로 작용한다. 암모니아 분자는 양성자를 받아들이고 암모늄 이온이 된다. 양성자가 물 분자를 떠날 때, 양성자는 O 원자와 공유했던 전자쌍을 남긴다. 물 분자는 음전하를 띤 수산화 이온이 된다.

일반적으로 **염기는 양성자 받개이다**(그림 7.3). 이 정의에는 수산화 이온뿐만 아니라 암모니

▶ **그림 7.3** Brønsted-Lowry 산은 양성자 주개이다. 염기는 양성자 받개이다.

Q 산을 HA로, 염기를 B^-로 나타내는 반응식을 쓸 수 있는가?

왜 중요할까?

많은 염을 제빙제로 사용할 수 있다. 염화 소듐은 저렴하고 효과적이지만, 생성되는 용액은 자동차를 부식시키고 일부 식물에 해를 끼친다. 염화 포타슘은 NaCl보다 낮은 온도에서 작동하지만, 수생 생물에 위험하다. 염화 칼슘은 NaCl보다 더 비싸지만 훨씬 효과적이며, 칼슘 이온은 식물에서 사용되지만 $CaCl_2$는 NaCl보다 부식성이 더 강하다. 빙판길에 뿌리는 염은 항상 비용, 효과, 가용성, 환경에 미치는 영향을 절충한 결과이다.

아 및 아민(암모니아에서 파생된 CH_3NH_2와 같은 유기 화합물, 이에 대한 자세한 내용은 9.8절 참조)과 같은 중성 분자가 포함된다. 또한 산화 이온(O^{2-}), 탄산 이온(CO_3^{2-}), 탄산수소 이온(HCO_3^-) 이온과 같은 다른 음이온들도 포함된다. 산을 양성자 주개로, 염기를 양성자 받개로 생각하면 산과 염기에 대한 개념이 크게 확장된다.

염

산과 염기의 중화 반응으로 생성되는 염은 양이온과 음이온으로 구성된 이온 화합물이다. 이러한 이온은 소듐 이온(Na^+)이나 염화 이온(Cl^-)과 같은 단순 이온이거나 암모늄 이온(NH_4^+), 황산 이온(SO_4^{2-}), 아세트산 이온(CH_3COO^-)과 같은 다원자 이온이 될 수도 있다. 일반 식탁용 소금인 염화 소듐이 가장 친숙한 염이지만 다양한 염이 존재한다.

물에 녹으면 전기를 전도하는 염을 **전해질**이라고 한다. 다양한 전해질은 특정 양으로 존재할 때 신경 전도, 심장 박동, 체액 균형 등 많은 신체 기능에 중요한 역할을 한다. 의료용 혈액 검사에서는 종종 Na^+, K^+, Cl^-, HCO_3^-, 기타 전해질 이온의 수치를 확인한다(14.4절 참조). 전해질 함유를 자랑하는 스포츠 음료는 감미료 및 향료와 함께 인산 포타슘, 염화 소듐, 기타 염류의 용액일 뿐이다.

친숙한 용도로 사용되는 일반적인 염이 많이 있다. 염화 소듐과 염화 칼슘은 겨울철 도로와 보도의 얼음을 녹이는 데 사용된다. 황산 구리(II)는 하수관의 나무뿌리를 죽이는 데 사용된다. 이 밖에도 식이 무기질(14.2절), 비료 등 여러 가지 사례를 이후 장에서 만나게 될 것이다. 표 7.3에는 의학에서 사용되는 몇 가지 염이 나와 있다.

표 7.3 현재 또는 과거에 의학에서 사용되었던 일부 염

이름	화학식	용도
질산 은	$AgNO_3$	살균제, 소독제
플루오린화 주석(II)	SnF_2	충치 예방을 위한 치약 첨가제
황산 칼슘	$2\ CaSO_4 \cdot H_2O^a$	깁스용 석고
황산 마그네슘	$MgSO_4 \cdot 7\ H_2O^a$	완하제; 족욕
과망가니즈산 포타슘	$KMnO_4$	화상 치료제; 소독제
황산 철(II)	$FeSO_4$	철분 결핍(무혈증)에 처방
황산 아연	$ZnSO_4$	피부 치료(습진)
황산 바륨	$BaSO_4$	위장관 X-선 촬영을 위한 '위장 조영제 성분'을 제공
염화 수은(I)	Hg_2Cl_2	완하제; 더 이상 사용되지 않음

[a] 이 화합물들은 수화물이며, 화합물의 필수적인 부분으로 물 분자가 일정한 비율로 결합되었다.

자가평가문제

각 화학식과 화합물의 용도를 연결하라.

1. CH_3COOH	**a.** 배터리산
2. H_3BO_3	**b.** 비누 제조
3. HCl	**c.** 소독용 눈 세척제
4. H_2SO_4	**d.** 보일러 물 때 제거제
5. NaOH	**e.** 식초

6. HBr이 물에 녹을 때 일어나는 일을 가장 잘 나타내는 반응식은 무엇인가?

a. $2\ HBr \xrightarrow{H_2O} Br_2 + H_2$

b. $HBr(g) \xrightarrow{H_2O} H(aq) + Br(aq)$

c. $HBr(g) \xrightarrow{H_2O} H^+(aq) + Br^-(aq)$

d. $HBr(g) + H_2O \longrightarrow Br^-(aq) + H_3O^+(aq)$

각 용어와 올바른 정의를 연결하라.

7. Arrhenius 산	**a.** 양성자 받개
8. Arrhenius 염기	**b.** 양성자 주개
9. Brønsted 산	**c.** 물에서 H^+ 생성
10. Brønsted 염기	**d.** 물에서 OH^- 생성

정답: 1. e, 2. c, 3. d, 4. a, 5. b, 6. d, 7. c, 8. d, 9. b, 10. a

7.3 산성 및 염기성 무수물

학습 목표 • 산성 무수물과 염기성 무수물을 구별하고 물과의 반응을 나타내는 반응식을 쓴다.

특정한 금속 및 비금속 산화물은 산이나 염기를 생성하거나 중화시키는 능력으로 잘 알려져 있다. 예를 들어 이산화 질소(NO_2)와 이산화 황(SO_2)은 산성비를 생성하는 것으로 악명이 높다. 산화 칼슘(CaO, 생석회)은 산성 토양을 중화시키는 데 널리 사용된다. Brønsted 관점에서 보면 많은 금속 산화물은 산화 이온이 양성자를 받아들일 수 있기 때문에 직접 염기로 작용한다. 이러한 금속 산화물은 또한 물과 반응하여 Arrhenius의 의미에서 염기인 금속 수산화물을 형성한다. 그리고 많은 비금속 산화물은 물과 반응하여 산을 생성한다.

비금속 산화물: 산성 무수물

많은 산은 비금속 산화물과 물을 반응시켜 만들어진다. 예를 들어 삼산화 황은 물과 반응하여 황산을 생성한다.

$$SO_3 + H_2O \longrightarrow H_2SO_4$$

마찬가지로 이산화 탄소는 물과 반응하여 탄산을 생성한다.

$$CO_2 + H_2O \longrightarrow H_2CO_3$$

일반적으로 비금속 산화물은 물과 반응하여 산을 생성한다.

$$\text{비금속 산화물} + H_2O \longrightarrow \text{산}$$

이러한 방식으로 작용하는 비금속 산화물을 **산성 무수물**(acidc anhydride)이라고 한다. 무수물은 '물이 없음'을 뜻한다. 이러한 반응은 빗물이 산성인 이유를 설명한다(7.8절 참조).

예제 7.3 산성 무수물

이산화 황이 물과 반응할 때 생성되는 산의 화학식을 쓰라.

왜 중요할까?

소석회는 저렴하고 값싼 원료로 쉽게 만들 수 있으며 독성이 낮다. 이러한 성질 덕분에 산을 중화시키는 데 가장 널리 사용되는 염기이다. 소석회는 벽돌공의 모르타르, 석고, 접착제, 심지어 피클과 옥수수 토르티야 등 다양한 재료의 재료로 사용된다. Mark Twain의 《톰 소여의 모험》에서 유명해진 흰색 도료는 소석회와 물을 섞어 만든 단순한 혼합물이다. 여기서는 어린 나무의 부드러운 나무껍질을 보호하기 위해 동일한 흰색 도료가 사용되고 있다.

풀이

산의 화학식 H_2SO_3는 SO_2에 물의 H 원자 2개와 O 원자 1개를 더해 얻어진다. 반응식은 다음과 같다.

$$SO_2 + H_2O \longrightarrow H_2SO_3$$

› 복습문제 7.3A

이산화 셀레늄(SeO_2)이 물과 반응할 때 생성되는 산의 화학식을 쓰라.

› 복습문제 7.3B

오산화 이질소(N_2O_5)가 물과 반응할 때 생성되는 산의 화학식을 쓰라. (힌트: 2개의 산 분자가 생성된다.)

금속 산화물: 염기성 무수물

비금속 산화물로 산을 만들 수 있듯이 많은 일반적인 수산화 염기는 금속 산화물로 만들 수 있다. 예를 들어 산화 칼슘은 물과 반응하여 수산화 칼슘(소석회)을 생성한다.

$$CaO + H_2O \longrightarrow Ca(OH)_2$$

또 다른 예는 리튬 산화물과 물의 반응으로 수산화 리튬을 생성하는 것이다.

$$Li_2O + H_2O \longrightarrow 2\ LiOH$$

일반적으로 금속 산화물은 물과 반응하여 염기를 형성한다(그림 7.4). 이러한 금속 산화물은 **염기성 무수물**(basic anhydride)이라고 한다.

$$\text{금속 산화물} + H_2O \longrightarrow \text{염기}$$

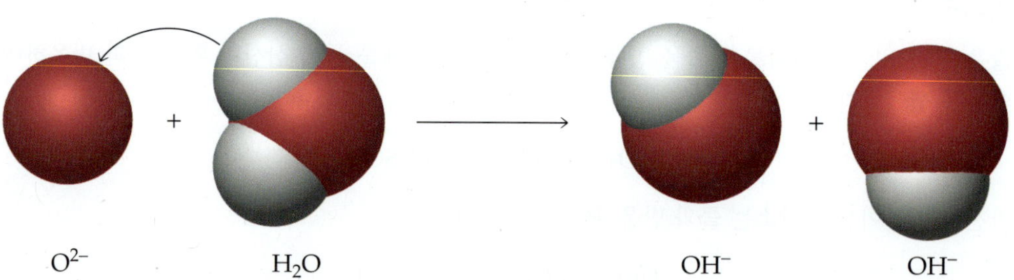

▶ **그림 7.4** 금속 산화물은 산화 이온이 물과 반응하여 2개의 수산화 이온을 생성하기 때문에 염기성이다.

Q 고체 산화 소듐(Na_2O)이 물과 반응하여 수산화 소듐을 생성하는 과정을 나타내는 반응식을 쓸 수 있는가?

예제 7.4 염기성 무수물

산화 바륨(BaO)에 물을 첨가하여 생성된 염기의 화학식을 쓰라.

풀이

다시 물 분자의 원자를 BaO에 추가한다. 바륨 이온은 2+ 전하를 띠기 때문에 염기의 화학식에는 2개의 수산화 이온(1−) 이온이 있다.

$$BaO + H_2O \longrightarrow Ba(OH)_2$$

› 복습문제 7.4A

산화 스트론튬(SrO)에 물을 첨가하여 생성된 염기의 화학식을 쓰라.

› 복습문제 7.4B

산화 포타슘(K_2O)에 물을 첨가하면 어떤 염기가 생성되는가? (힌트: 2몰의 염기가 생성된다.)

자가평가문제

1. 셀렌산(H_2SeO_4)은 열을 가하면 금을 녹일 수 있는 부식성이 매우 강한 산이다. 이 산은 물에 매우 잘 녹는다. 다음 중 셀렌산의 무수물은 무엇인가?
   a. SeO **b.** SeO_2 **c.** SeO_3 **d.** SeO_4
2. 수산화 아연[$Zn(OH)_2$]은 수술용 드레싱의 흡수제로 사용된다. 다음 중 수산화 아연의 무수물은 무엇인가?
   a. ZnO **b.** ZnOH **c.** ZnO_2 **d.** ZnH_2

정답: 1. c, 2. a

7.4 강산, 강염기, 약산, 약염기

학습 목표 • 강산, 강염기, 약산, 약염기를 정의하고 구별한다.

가장 중요한 산-염기 반응 중 하나는 2개의 물 분자 사이에서 일어난다. 그림 7.5에서 볼 수 있듯이 한 물 분자에서 다른 물 분자로 양성자가 이동하는 것이 가능하다.

$$2\,H_2O(l) \longrightarrow H_3O^+(aq) + OH^-(aq)$$

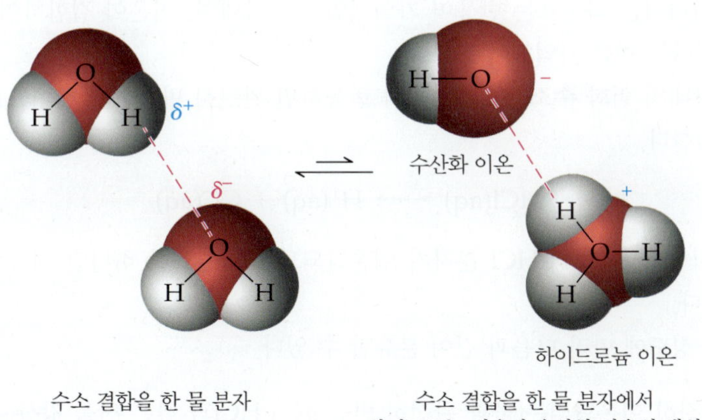

◀ **그림 7.5** 물 분자는 양성자를 다른 물 분자에 전달하여 수산화 이온과 하이드로늄 이온을 만들 수 있다. 하이드로늄 이온은 다시 양성자를 수산화 이온에 제공하여 2개의 물 분자를 만들 수 있다. 두 반응은 지속적으로 일어나며 반응물과 생성물은 평형을 이룬다.

이것은 중화 반응의 반대 반응이다.

$$H_3O^+(aq) + OH^-(aq) \longrightarrow 2\,H_2O(l)$$

두 반응은 항상 동시에 발생한다. 따라서 두 반응을 모두 쓰는 대신 양쪽을 가리키는 화살표를 사용하여 순방향 반응과 역방향 반응이 모두 발생하는 것을 나타낸다.

정반응과 역반응 모두 같은 속도로 일어난다.

$$2\,H_2O(l) \rightleftharpoons H_3O^+(aq) + OH^-(aq)$$

화학자들은 이중 화살표가 있는 이 반응식을 “물은 하이드로늄 이온과 수산화 이온과 ‘평형 상태’에 있다”라고 말한다. 물이 새는 배를 생각해보면 물이 새는 속도와 같은 속도로 배에서 물을 빼내면 배 안의 물의 높이는 변하지 않는다. 마찬가지로 화학계가 평형 상태일 때는 ‘정반응’과 ‘역반응’의 화학 반응이 모두 일어나지만, 같은 속도로 일어나기 때문에 반응물과 생성물의 농도는 동일하게 유지된다. 일부 평형에서는 많은 생성물이 생성된다. 다른 평형에서는 물의 해리처럼 생성물이 거의 생성되지 않는다. 중성 물에서 주어진 시간에 5억 개의 물 분자 중 약 1개만이 수산화 이온과 하이드로늄 이온으로 해리된다. 이 반응에서 물 분자 중 하나는 양성자를 제공하는 산의 역할을 하고, 다른 하나는 양성자를 받아들여 염기의 역할을 한다. 물과 같이 양성자를 제공하거나 양성자를 받아들일 수 있는 물질을 **양쪽성**(amphiprotic)이라고 한다(문제 71 참조).

물의 자동 이온화를 다음과 같이 표현할 수도 있다.

$$H_2O(l) \rightleftharpoons H^+(aq) + OH^-(aq)$$

이 반응식은 물 분자의 해리에 초점을 맞추고 있으며, (aq)는 수용액을 나타내는 데 사용된다. 앞서 언급했듯이, 자유로운 수소 이온은 수용액에 존재하지 않는다. 그러나 우리는 종종 하이드로늄 이온을 더 간단한 화학식 H^+로 표현한다.

많은 산이 유사한 평형에 참여한다. 유독성 기체인 시안화 수소(HCN)는 물에서 이온화되어 수소 이온과 시안화 이온을 생성한다. HCN도 약간만 이온화된다. 물 1 L에 1몰의 HCN이 있는 용액에서는 4만 개 중 1개의 HCN 분자만 이온화하여 수소 이온을 생성한다. 나머지는 용해된 HCN 분자로 남아 있게 된다.

$$HCN(aq) \rightleftharpoons H^+(aq) + CN^-(aq)$$

반대 방향을 가리키는 화살표는 반응이 가역적임을 나타내며, 이온이 결합하여 HCN 분자를 형성할 수도 있다는 것을 기억해야 한다.

반면 기체 상태의 염화 수소(HCl)는 물과 반응하면 완전히 반응하여 하이드로늄 이온과 염화 이온을 생성한다.

$$HCl(aq) \longrightarrow H^+(aq) + Cl^-(aq)$$

이 경우에는 사실상 100%의 HCl 분자가 이온화되므로 화살표를 하나만 사용했다. 역반응은 일어나지 않는다.

산은 이온화 정도에 따라 다음과 같이 분류할 수 있다.

- 물에서 완전히 이온화되는(물과 완전히 반응하는) HCl과 같은 산을 **강산**(strong acid)이라고 한다.
- 물에서 약간만 이온화되는 HCN과 같은 산은 **약산**(weak acid)이다.

강산은 몇 가지뿐이다. 표 7.1에 나열된 처음 두 산(황산과 염산)이 가장 흔한 산이다. 다른 강산으로는 질산(HNO_3), 브로민화수소산(HBr), 아이오딘화수소산(HI), 과염소산($HClO_4$)이 있다. 그 외의 거의 모든 산은 약산이다.

염기 또한 강하거나 약한 것으로 분류된다.

- **강염기**(strong base)는 물에서 완전히 이온화된다.
- **약염기**(weak base)는 물에서 약간만 이온화된다.

강하다라는 단어는 용액에 포함된 산이나 염기의 양을 의미하지 않는다. 5.5절에서 언급했듯이, 주어진 용액 부피에 강하든 약하든 비교적 많은 양의 산 또는 염기가 용질로 들어 있는 용액을 진한 용액이라고 한다. 같은 부피의 용액에 용질이 조금만 들어 있는 용액은 묽은 용액이라고 한다.

강하다라고 해서 반드시 부식성이 있거나 위험한 것은 아니다. 사실 모든 강산과 대부분의 강염기는 어느 정도 부식성이 있고 위험하지만, 더 부식성이 강하고 더 위험한 약산도 있다. 예를 들어 팔에 염산이 튀어도 즉시 씻어내면 피부가 붉게 변하는 것 이상은 일어나지 않을 것이다. 반면에 플루오린화 수소산[HF(aq)]이 튀면 즉각적인 치료가 필요하며 생명을 위협하는 상황이 될 수 있다. 앞서 언급한 6가지 강산은 유리병에 안전하게 보관할 수 있지만, 플루오린화 수소산은 유리를 포함한 대부분의 재료를 녹이기 때문에 테플론과 같은 특정 플라스틱으로 만들어지거나 코팅된 병에 보관해야 한다.

아마도 가장 친숙한 강염기는 흔히 잿물이라고 불리는 수산화 소듐(NaOH)이다. 이 염기는 고체 상태에서도 소듐 이온과 수산화 이온으로 존재한다. 다른 강염기에는 수산화 포타슘(KOH)과 다른 모든 1A 족 금속의 수산화물이 포함된다. $Be(OH)_2$를 제외한 2A 족 금속의 수산화물도 강염기이다. 그러나 $Ca(OH)_2$는 물에 약간만 용해되고, $Mg(OH)_2$는 거의 용해되지 않는다. 따라서 $Ca(OH)_2$ 또는 $Mg(OH)_2$ 용액에서 수산화 이온의 농도는 그다지 높지 않다.

가장 친숙한 약염기는 암모니아(NH_3)이다. 암모니아는 물과 약간 반응하여 암모늄 이온(NH_4^+)과 수산화 이온을 생성한다(그림 7.6).

$$NH_3 + H_2O \rightleftharpoons NH_4^+ + OH^-$$

HCl과의 반응(7.2절의 'Brønsted Lowry 산-염기 이론' 내용)에서 물은 염기(양성자 받개)로 작용한다. NH_3와의 반응에서 물은 산(양성자 주개)으로 작용한다.

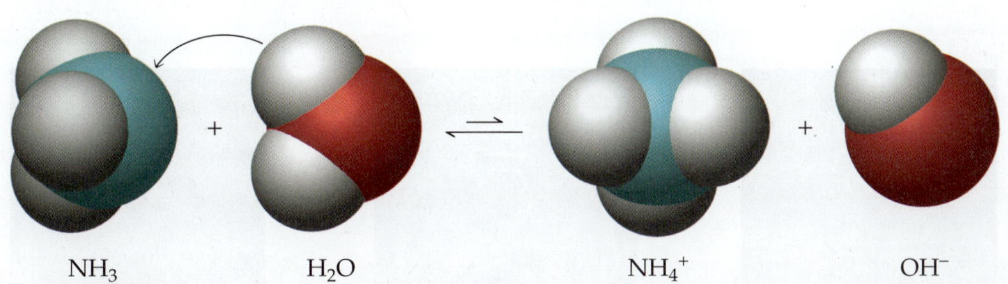

▲ **그림 7.6** 암모니아는 물에서 양성자를 받아들이기 때문에 염기이다. 암모니아 수용액에는 암모늄 이온과 수산화 이온이 포함되어 있다. 그러나 암모니아 분자 중 극히 일부만 반응하고 대부분은 변하지 않는다. 따라서 암모니아는 약염기이다.

Q 아민은 암모니아와 관련이 있으며, 아민에서는 NH_3의 하나 이상의 H 원자가 탄소를 함유하고 있는 그룹으로 대체된다. 아민은 암모니아와 같은 방식으로 반응한다. 아민 CH_3NH_2가 물과 어떻게 반응하는지를 보여주는 반응식을 쓸 수 있는가? 생성물 중 하나는 수산화 이온이다.

3 잿물은 산이 아닌데 왜 위험한가?

잿물은 고체 수산화 소듐이다. 수분과 접촉하면 Na^+ 이온과 OH^- 이온이 방출된다. 수산화 이온은 수소 이온과는 다르지만 다양한 화학 반응에서 부식성을 띠며, 눈에 들어가면 일부 단백질을 변성시켜 실명시킬 수 있다.

자가평가문제

다음 각 산과 염기를 **(a)** 강산, **(b)** 강염기, **(c)** 약산, **(d)** 약염기로 분류하라(주어진 분류에 2개 이상의 물질이 들어갈 수 있다).

1. $Ca(OH)_2$

2. HCN

3. HF

4. HNO_3

5. NH_3

6. KOH

7. CH_3NH_2

8. 아세트산이 물과 반응하여 생성되는 것은 무엇인가?

a. $CH_3COO^- + H_2O$
b. $CH_3COOH + OH^-$
c. $CH_3COO^- + H_3O^+$
d. $CH_3COO^+ + OH^-$

9. 암모니아가 물과 반응하여 생성되는 것은 무엇인가?

a. $NH_3 + H_2O$
b. $NH_4^+ + OH^-$
c. $NH_2^- + H_3O^+$
d. $NH_3 + OH^-$

정답: 1. b, 2. c, 3. c, 4. a, 5. d, 6. b, 7. d, 8. c, 9. b

7.5 중화

학습 목표 • 중화 반응에서 반응물을 구별하고 생성물을 예측한다.

산과 염기가 반응할 때 생성물은 물과 염이다. 수소 이온(산)이 들어 있는 용액과 정확히 같은 양의 수산화 이온(염기)이 들어 있는 다른 용액을 섞으면 생성물은 리트머스 색깔을 변하게 하지 않고 아연이나 철분을 녹이거나 피부에 미끄러운 느낌이 들게 하지도 않는다. 더 이상 산성이나 염기성이 아니다. 중성이다. 앞서 언급했듯이 산과 염기의 반응을 중화라고 한다(그림 7.7).

$$H^+ + OH^- \longrightarrow H_2O$$

수산화 소듐이 염산에 의해 중화되면 생성물은 물과 염화 소듐(일반 식탁용 소금)이다.

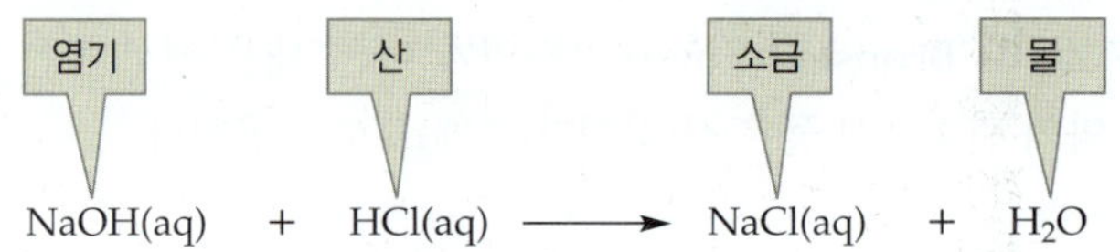

(a)

(b)

(c)

▲ **그림 7.7** 용액 속의 산(또는 염기)의 양은 신중한 중화에 의해 결정된다. (a) 식초 5.00 mL, 물 약간, 페놀프탈레인(산-염기 지시약) 몇 방울을 플라스크에 넣는다. (b) 뷰렛(용액의 부피를 정밀하게 측정하는 장치)으로 0.1000 M NaOH 용액을 플라스크에 천천히 넣는다. (c) 산이 과량으로 있는 한 용액은 무색이다. 산이 중화되고 염기가 조금이라도 과량으로 존재하면 페놀프탈레인 지시약이 분홍색으로 변한다.

Q 식초의 산인 아세트산(CH_3COOH)과 NaOH 수용액 사이의 반응에 대한 반응식을 쓸 수 있는가?

예제 7.5 중화 반응

질산 포타슘은 흑색 화약과 일부 비료의 성분으로, 중세 후기부터 19세기까지 소변 침전을 통해 얻어졌다. 일반적으로 초석이라고 불리며, 질산과 수산화 포타슘의 반응으로 제조할 수 있다. 이 중화 반응의 반응식을 쓰라.

풀이

염기의 OH^-와 산의 H^+가 결합하여 물을 생성한다. 염기의 양이온(K^+)과 산의 음이온(NO_3^-)은 염(질산 포타슘, KNO_3)의 용액을 생성한다.

$$KOH(aq) + HNO_3(aq) \longrightarrow KNO_3(aq) + H_2O(l)$$

› 복습문제 7.5A

조리대에 흘린 잿물 수용액(수산화 소듐 수용액)은 식초(아세트산 수용액, 표 7.1 참조)로 중화시킬 수 있다. 중화 반응에 대한 반응식을 쓰라.

› 복습문제 7.5B

변기 세정제에는 염산이 포함되어 있다. 실수로 섭취했을 때 응급 처치법은 티스푼의 마그네시아 우유(수산화 마그네슘)이다. 수산화 마그네슘과 염산의 중화 반응에 대한 반응식을 쓰라. (힌트: 반응식의 균형을 맞추기 전에 반응물과 염에 대한 올바른 화학식을 써야 한다.)

자가평가문제

1. 같은 양의 산과 염기를 혼합하면 어떤 일이 발생하는가?
- **a.** 산이 더 진해진다.
- **b.** 염기가 더 진해진다.
- **c.** 반응이 일어나지 않는다.
- **d.** 서로를 중화시킨다.

2. 수산화 소듐 1.5몰을 중화하는 데 필요한 염산은 얼마인가?
a. 1.0몰 **b.** 1.5몰 **c.** 3.0몰 **d.** 4.5몰

3. 수산화 칼슘 2.4몰을 중화하는 데 필요한 염산은 얼마인가?
a. 1.2몰 **b.** 2.4몰 **c.** 3.6몰 **d.** 4.8몰

4. 인산 2.0몰을 중화하는 데 필요한 수산화 스트론튬은 얼마인가? 먼저 균형 화학 반응식을 쓰라.
a. 1.0몰 **b.** 2.0몰 **c.** 3.0몰 **d.** 6.0몰

정답: 1. d, 2. b, 3. d, 4. c

7.6 pH 척도

학습 목표
- 용액의 pH와 산도 또는 염기도 사이의 관계를 설명한다.
- pH 값에서 수소 이온의 몰농도 $[H^+]$를 구하거나, $[H^+]$로부터 pH 값을 구한다.

용액에서 이온의 농도는 리터당 몰수(몰농도, 5.5절 참조)로 표시된다. 예를 들어 염화 수소는 물에서 완전히 이온화되므로 1몰 용액의 염산(1 M HCl)에는 용액 1리터당 1몰의 H^+ 이온이 포함되어 있다. 마찬가지로, 3 M HCl 1 L에는 3몰의 H^+ 이온이 포함되어 있고 0.00100 M HCl 0.500 L에는 $0.500\ L \times 0.00100\ mol/L = 0.000500\ mol$의 H^+ 이온이 포함되어 있다.

특정 용액의 산도는 수소 이온의 리터당 몰 단위로 나타낼 수 있다. 0.001 M HCl 용액의 수소 이온의 농도는 $1 \times 10^{-3}\ mol/L$이다. 그러나 지수 표기는 그다지 편리하지 않다. 흔히 이 용액의 산도는 단순히 pH 3으로 나타낸다.

일반적으로 용액의 산도 또는 염기도를 설명하기 위해 1909년 덴마크의 생화학자 S. P. L. Sørensen(1868~1939)이 처음 제안한 **pH** 척도를 사용한다. pH 척도의 숫자는 수소 이온 농도와 직접적으로 관련이 있다. 7.4절에서 우리는 순수한 물에서 주어진 시간에 5억 개의 물 분자 중 약 1개가 H^+ 이온과 OH^- 이온으로 나뉘는 과정을 살펴봤다. 이것은 순수한 물에서 수소 이온과 수산화 이온의 농도가 각각 0.0000001 mol/L, 즉 1×10^{-7} M이라는 것을 의미한다. 왜 7이 순수한 물의 pH인지 알 수 있을까? 그것은 단순히 H^+의 몰농도의 10의 거듭제

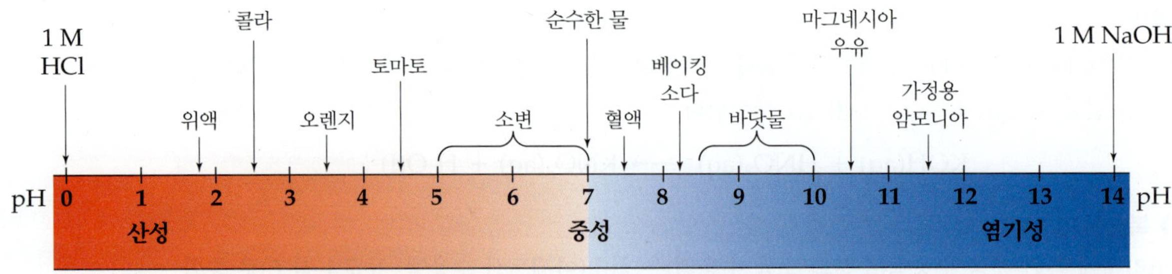

▲ **그림 7.8** pH 척도. pH가 1 단위로 변화하면 수소 이온 농도는 10배 변한다는 것을 의미한다.

Q 토마토는 오렌지보다 더 산성인가 아니면 덜 산성인가? 산도가 몇 배 정도 더 높거나 낮은가?

표 7.4 pH와 H^+ 이온 농도 사이의 관계

H^+의 농도(mol/L)	pH
1×10^{-0}	0
1×10^{-1}	1
1×10^{-2}	2
1×10^{-3}	3
1×10^{-4}	4
1×10^{-5}	5
1×10^{-6}	6
1×10^{-7}	7
1×10^{-8}	8
1×10^{-9}	9
1×10^{-10}	10
1×10^{-11}	11
1×10^{-12}	12
1×10^{-13}	13
1×10^{-14}	14

표 7.5 몇 가지 일반적인 용액의 대략적인 pH 값

용액	pH
염산(4%)	0
위액	1.6~1.8
청량 음료	2.0~4.0
레몬 주스	2.1
식초(4%)	2.5
소변	5.5~7.0
빗물[a]	5.6
침	6.2~7.4
우유	6.3~6.6
순수한 물	7.0
혈액	7.4
신선한 달걀 흰자	7.6~8.0
쓸개즙	7.8~8.6
마그네시아 우유	10.5
세탁용 소다	12.0
수산화 소듐(4%)	13.0

[a] 대기 중 이산화 탄소로 포화되었지만, 오염되지 않았다.

곱에서 음의 부호를 제거한 수이다. (pH의 H는 '수소'를, p는 '힘'을 의미한다.) 따라서 pH는 수소 이온의 몰농도의 음의 로그로 정의된다(표 7.4).

$$\mathrm{pH} = -\log[\mathrm{H^+}]$$

H^+ 주위의 대괄호는 '몰농도'를 의미한다. pH와 $[H^+]$의 관계는 식을 $[H^+] = 10^{-pH}$의 형식으로 작성하면 더 쉽게 알 수 있다.

대부분의 용액은 0~14 범위의 pH를 갖는다. 이 척도에서 중성점은 7이며, 7보다 낮은 값은 산도가 증가하고 7보다 높은 값은 염기도가 증가함을 나타낸다. 따라서 pH 6은 약산성인 반면에 pH 12는 매우 염기성이다(그림 7.8). pH는 산도 척도이지만, 산도가 올라가면 그 값이 내려간다는 점에 유의해야 한다. 이 관계는 역관계일 뿐만 아니라 로그 관계이기도 하다. pH가 1 감소하면 산도가 10배 증가하며, pH가 2 감소하면 산도는 100배 증가한다. 이 관계가 처음에는 이상하게 보일 수 있지만, pH 척도를 이해하고 나면 그 편리함에 감사하게 될 것이다.

표 7.4에는 수소 이온 농도와 pH의 관계가 요약되어 있다. pH 4는 수소 이온 농도가 1×10^{-4} mol/L, 즉 0.0001 M을 의미하며, 수소 이온 농도가 0.01 M, 즉 1×10^{-2} M이면 pH는 2이다. 다양한 일반적인 용액의 전형적인 pH 값은 표 7.5에 나와 있다.

▲ pH 미터는 pH를 빠르고 정확하게 측정하는 장치이다.

Q 비커의 용액이 가정용 암모니아보다 더 염기성인가, 아니면 덜 염기성인가(그림 7.8 참조)?

예제 7.6 수소 이온 농도로부터 pH 계산하기

수소 이온 농도가 1×10^{-5} M인 용액의 pH는 얼마인가?

풀이

수소 이온 농도는 1×10^{-5} M이다. 지수는 −5이고, pH는 이 지수의 음수이다. −(−5), 즉 5이다.

› 복습문제 7.6A

수소 이온 농도가 1×10^{-9} M인 용액의 pH는 얼마인가?

› 복습문제 7.6B

0.010 M HNO_3 용액의 pH는 얼마인가? (힌트: HNO_3는 강산이다.)

예제 7.7 pH에서 수소 이온 농도 구하기

pH가 4인 용액의 수소 이온 농도는 얼마인가?

풀이

pH 값이 4라는 것은 10의 지수가 −4임을 의미한다. 따라서 수소 이온 농도는 1×10^{-4} M이다.

› 복습문제 7.7A

pH가 2인 용액의 수소 이온 농도는 얼마인가?

› 복습문제 7.7B

pH가 3인 HI 용액의 농도는 얼마인가? (힌트: HI는 강산이다.)

4 'pH 균형 샴푸'란 무엇을 의미하는가?

pH가 너무 높거나 너무 낮은 샴푸는 모발(그리고 아마도 피부도)을 손상시킬 수 있다. 대부분 샴푸는 중성(pH 7) 또는 약염기성으로 제조된다. 샴푸에 대한 자세한 내용은 20.6절을 참조하라.

예제 7.8 수소 이온 농도로부터 pH 추정하기

H^+의 농도가 8×10^{-4} M인 용액에 대한 적절한 pH는 얼마인가?

a. 2.9 **b.** 3.1 **c.** 4.2 **d.** 4.8

풀이

$[H^+]$는 1×10^{-4} M보다 크므로 pH는 4보다 작아야 한다. 따라서 **(c)**와 **(d)**는 제외된다. $[H^+]$는 10×10^{-4}(또는 1×10^{-3} M)보다 작으므로 pH는 3보다 커야 한다. 따라서 **(a)**는 제외된다. 유일하게 합리적인 답은 3과 4 사이의 값인 **(b)**이다.

계산기를 사용하면 실제 pH를 계산할 수 있다. 대부분의 그래프 계산기에서는 log(8×10^{-4})를 입력한 다음 '=' 또는 'Enter' 키를 누른다. 그러면 8×10^{-4}의 로그에 대해 −3.1의 값이 나온다. pH는 H^+ 농도의 음의 로그이므로 pH 값은 3.1이다.

› 복습문제 7.8A

H^+의 농도가 2×10^{-10} M인 용액의 적절한 pH는 얼마인가?

a. 2.0 **b.** 8.7 **c.** 9.7 **d.** 10.2

› 복습문제 7.8B

3.6×10^{-3} M HI의 pH는 얼마인가? (힌트: 예제 7.8의 풀이를 참조하고, HI가 강산임을 기억하라.)

중성 용액에서 수소 이온과 수산화 이온의 농도는 모두 1×10^{-7} M이다. 이 둘을 곱하면 1×10^{-14}가 된다. 25 ℃의 수용액에서 $[H^+] \times [OH^-]$는 항상 1×10^{-14}와 같다는 것이 밝

혀졌다. 따라서 수소 이온 농도가 1×10^{-7} M보다 크면 수산화 이온의 농도는 1×10^{-7} M보다 작아야 한다. 예를 들어 pH가 4인 용액의 H^+ 이온 농도는 1×10^{-4} M이지만, OH^- 이온의 농도는 1×10^{-10} M에 불과하다. 반면에 염기성 용액은 1×10^{-7} M 이상의 OH^- 이온을 가지고 있으므로 1×10^{-7} M 미만의 H^+ 이온을 가져야 한다. 따라서 1×10^{-2} M의 OH^- 이온이 있는 염기성 용액은 1×10^{-12} M의 H^+ 이온과 12의 pH를 가져야 한다. 따라서 pH가 7보다 크면 용액이 염기성이라는 뜻이다.

예제 7.9 산과 염기의 수소 이온 및 수산화 이온

다음 세 가지 수용액을 각각 산성, 염기성, 중성으로 분류하라. (물 분자는 나타내지 않았다.)

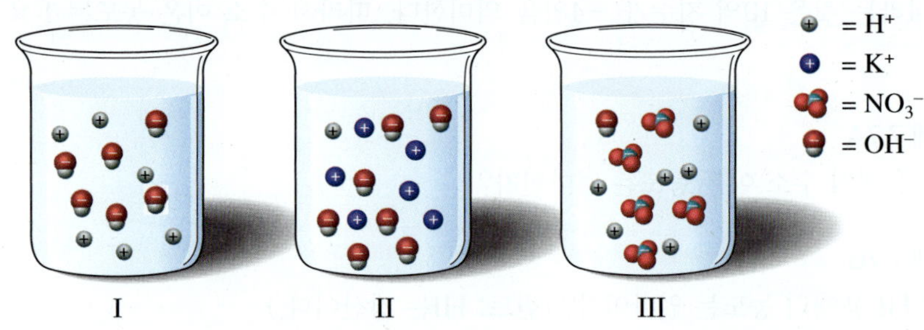

풀이

비커 I에는 같은 수의 OH^- 이온과 H^+ 이온이 각각 6개씩 들어 있으므로 용액은 중성이다. 비커 II는 OH^- 이온(7개)이 H^+ 이온(1개)보다 더 많으므로 용액은 염기성이다. 비커 III에는 6개의 H^+ 이온과 1개의 OH^- 이온이 포함되어 있으므로 용액은 산성이다.

› 복습문제 7.9A

비커 III에 용해된 화합물의 화학식은 무엇인가? 비커 II에 용해된 화합물의 화학식은 무엇인가?

› 복습문제 7.9B

질산 칼슘 수용액을 나타내기 위해 한 학생이 3개의 Ca_2^+ 이온과 5개의 H^+ 이온이 들어 있는 비커를 그렸다. 이 학생은 몇 개의 OH^- 이온과 몇 개의 NO_3^- 이온을 그려야 하는가?

자가평가문제

1. 0.0010 M HNO_3 용액의 수소 이온 농도 $[H^+]$는 얼마인가?
   a. 1.0×10^{-4} M **b.** 1.0×10^{-3} M **c.** 1.0×10^{-2} M **d.** 10 M
2. 수소 이온 농도가 1.0×10^{-11} M인 용액의 pH는 얼마인가?
   a. 1.0 **b.** 3 **c.** 10 **d.** 11
3. 수산화 이온의 농도가 1.0×10^{-5} M인 용액의 pH는 얼마인가?
   a. 1.0 **b.** 5 **c.** 9 **d.** 14
4. pH가 8인 수영장 물의 수소 이온 농도는 얼마인가?
   a. 8.0 M **b.** 8.0×10^{-8} M **c.** 1.0×10^{-8} M **d.** 1.0×10^{8} M
5. 순수한 물의 pH는 얼마인가?
   a. 0 **b.** 1 **c.** 7 **d.** 10 **e.** 14
6. 0.015 M HCl에 대한 적절한 pH는 얼마인가?
   a. 0.015 **b.** 1.82 **c.** 8.24 **d.** 12.18

7. 0.015 M NaOH에 적합한 pH는 얼마인가?

a. 0.015 **b.** 1.82 **c.** 8.24 **d.** 12.18

8. 생리적 pH(7.4)는 혈액의 평균 pH이다. 생리적 pH에서 용액의 적정 수소 이온 농도는 얼마인가?

a. -7.4 M **b.** 0.6 M

c. 6×10^{-7} M **d.** 1×10^{-8} M

e. 4×10^{-8} M

정답: 1. b, 2. d, 3. c, 4. c, 5. c, 6. b, 7. d, 8. e

7.7 완충 용액 및 짝산-짝염기 쌍

학습 목표 • 산의 짝염기 또는 염기의 짝산에 대한 화학식을 쓴다.
• 완충 용액의 작용을 설명한다.

Brønsted 이론에서 **짝산-짝염기 쌍**(conjugate acid-base pair)은 양성자(H^+) 하나가 다른 한 쌍의 화합물 또는 이온이다. 예를 들어 HF와 F^-, NH_3와 $NH_4{}^+$는 짝산-짝염기 쌍이다. 염기(예: NH_3)가 양성자를 받아들이면 $NH_4{}^+$는 이제 제공할 수 있는 '여분의' 양성자를 가지게 되므로 산인 $NH_4{}^+$가 된다. 마찬가지로 산(예: HF)이 양성자를 제공하면 남은 것(F^-)은 염기(HF의 짝염기)가 되는데, 이는 F^-가 이제 양성자를 받아들일 수 있기 때문이다.

예제 7.10 짝산-짝염기 쌍

(a) HBr과 **(b)** H_3PO_4의 짝염기는 무엇인가? **(c)** OH^-와 **(d)** $HSO_4{}^-$의 짝산은 무엇인가?

풀이

a. HBr에서 양성자를 제거하면 Br^-가 남는다. 따라서 HBr의 짝염기는 Br^-이다.

b. H_3PO_4에서 양성자를 제거하면 $H_2PO_4{}^-$가 남는다. 따라서 H_3PO_4의 짝염기는 $H_2PO_4{}^-$이다.

c. OH^-에 양성자를 더하면 H_2O가 된다. 따라서 OH^-의 짝산은 H_2O이다.

d. $HSO_4{}^-$에 양성자를 더하면 H_2SO_4가 된다. 따라서 $HSO_4{}^-$의 짝산은 H_2SO_4이다.

› 복습문제 7.10A

(a) $SO_4{}^{2-}$와 **(b)** $HCO_3{}^-$의 짝산은 무엇인가?

› 복습문제 7.10B

(a) HCN과 **(b)** NH_3의 짝염기는 무엇인가?

완충 용액

완충 용액(buffer solution)은 소량의 강산이나 강염기를 첨가해도 거의 일정한 pH를 유지한다. 완충 용액은 산업, 실험실, 생물체에서 중요한 응용이 많은데, 그 이유는 일부 화학 반응이 산을 소비하고, 다른 화학 반응이 산을 생성하며, 많은 화학 반응이 산에 의해 촉매되기 때문이다. (촉매는 반응을 가속화하는 물질 또는 혼합물이며 반응이 완료된 후에도 변함없이 회수할 수 있다. 촉매에 대한 자세한 내용은 8.6절에서 확인하라.) 완충 용액은 약산과 그 짝염기(예: $HC_2H_3O_2$와 $C_2H_3O_2{}^-$) 또는 약염기와 그 짝산(예: NH_3와 $NH_4{}^+$)으로 구성된다.

아세트산의 이온화 반응식을 알아보자. 이중 화살표는 산이 약간 이온화되는 것을 나타낸다.

$$HC_2H_3O_2(aq) \rightleftharpoons H^+(aq) + C_2H_3O_2{}^-(aq)$$

아세트산 용액에 아세트산 소듐을 첨가하면 아세트산 소듐은 Na^+ 이온과 $C_2H_3O_2^-$ 이온으로 완전히 해리된다. 따라서 아세트산의 짝염기, 즉 아세트산 이온을 첨가하여 완충 용액을 형성하게 된다. 이 용액에 약간의 강염기(OH^-)를 첨가하면 약산과 반응하여 약한 짝염기를 약간 생성한다.

$$OH^- + HC_2H_3O_2 \longrightarrow H_2O + C_2H_3O_2^-$$

용액에 더는 강염기가 들어 있지 않은 것이 보이는가? 대신 강염기를 첨가하기 전보다 약염기가 조금 더 많고 약산은 조금 더 적다. pH는 거의 일정하게 유지된다. 마찬가지로, 약간의 강산(H^+)이 첨가되면 약염기와 반응하여 약한 짝산을 생성한다.

$$H^+ + C_2H_3O_2^- \longrightarrow HC_2H_3O_2$$

강산이 소비되고 약간의 약산이 형성되며 용액 pH는 약간만 감소한다. 완충 용액의 이러한 거동은 강산이나 강염기를 첨가하면 pH가 크게 변하는 완충되지 않은 용액의 거동과는 크게 대조된다.

완충 용액의 작용에 대한 극적이고 필수적인 예는 우리 혈액에서 찾을 수 있다. 혈액은 7.4에 매우 가까운 pH를 유지해야 하며, 그렇지 않으면 폐에서 세포로 산소를 운반할 수 없다. 혈액의 산-염기 균형을 유지하는 데 가장 중요한 완충제는 탄산-탄산수소 이온(H_2CO_3/HCO_3^-) 완충 용액이다.

자가평가문제

1. 다음 중 짝산-짝염기 쌍은 무엇인가?

a. CH_3COOH와 OH^- **b.** HCN과 CN^-
c. HCN과 OH^- **d.** HCl과 OH^-

2. 다음 중 짝산-짝염기 쌍이 아닌 것은 무엇인가?

a. CH_3COO^-와 CH_3COOH **b.** F^-와 HF
c. H_2O와 H_3O^+ **d.** NH_3와 H_3O^+

3. 포름산(HCOOH)과 포름산 소듐(HCOONa)으로 완충 용액을 만들었다. 여기에 산을 첨가하면 무엇이 반응하는가?

a. $HCOO^-$ **b.** $HCOOH$
c. Na^+ **d.** OH^-

4. 다음 중 완충 용액을 생성할 수 있는 쌍은 무엇인가?

a. C_6H_5COOH와 C_6H_5COONa **b.** HCl과 $NaCl$
c. $NaCl$과 $NaOH$ **d.** NH_3와 H_3BO_3

정답: 1. b, 2. d, 3. a, 4. a

7.8 산업 및 일상생활에서의 산과 염기

학습 목표 • 산과 염기의 일상적인 용도와 이것들이 일상생활에 어떤 영향을 미치는지 설명한다.

산과 염기는 우리 몸, 의학, 가정, 산업에서 중요한 역할을 하며 여러모로 유용한 제품이다. 하지만 산업 부산물로서 환경에 피해를 줄 수 있다. 산과 염기는 사용 시 주의가 필요하며 오용하면 사람의 건강에 위험할 수 있다.

제산제: 염기성 치료제

위는 음식물 소화를 돕기 위해 염산을 분비한다. 때때로 과식이나 정서적 스트레스는 위산과다를 유발한다(너무 많은 산이 분비되는 것). 미국에서는 이 상태를 치료하기 위해 수백 가지 브랜드의 제산제(그림 7.9)가 판매되고 있다. 브랜드 이름은 많지만 제산제 성분은 몇 가지에 불과하며, 모두 염기로 이루어져 있다. 일반적인 성분은 탄산수소 소듐, 탄산 칼슘, 수산화 알루미늄, 탄산 마그네슘, 수산화 마그네슘이다.

흔히 베이킹 소다라고 불리는 탄산수소 소듐($NaHCO_3$)은 최초의 제산제 중 하나이며 여전히 가끔 사용된다. 이것은 속쓰림 완화를 위한 Alka-Seltzer의 주요 제산제이다. 탄산수소 이온은 위에서 산과 반응하여 탄산을 형성한 다음에 이산화 탄소와 물로 분해된다.

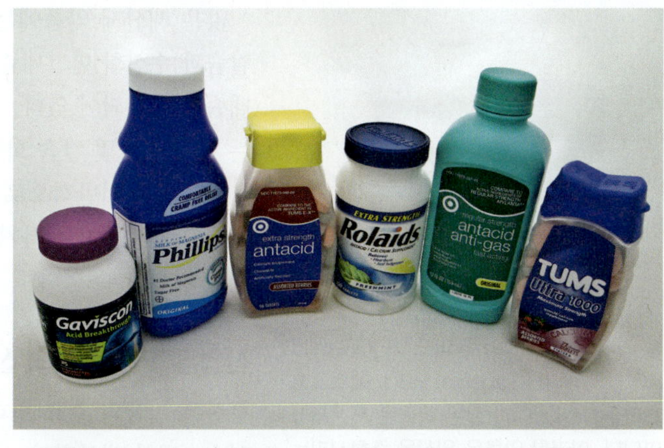

▲ **그림 7.9** 대부분의 일반적인 산-염기 반응은 거의 즉각적으로 일어나기 때문에 어떤 제산제가 '빠르게 작용한다'라는 주장은 거의 의미가 없다. 일부 정제는 다른 정제보다 조금 더 천천히 용해될 수 있다. 제산제를 씹으면 작용 속도를 높일 수 있다.

$$HCO_3^-(aq) + H^+(aq) \longrightarrow H_2CO_3(aq)$$

$$H_2CO_3(aq) \longrightarrow CO_2(g) + H_2O(l)$$

탄산수소염이 들어 있는 제산제가 유발하는 트림의 주원인은 $CO_2(g)$이다. 탄산수소 소듐을 과도하게 사용하면 혈액을 너무 알칼리성으로 만들 수 있으며, 이는 **알칼리증**(alkalosis)이라고 불리는 상태이다. 또한 소듐 이온이 함유된 제산제는 고혈압 환자의 혈압을 높일 수 있다.

아스피린이 들어 있지 않은 'Alka-Seltzer'를 직접 만들 수 있다. 오렌지 주스 한 잔에 베이킹 소다 반 티스푼을 넣으면 된다. (이 반응에서 산은 무엇이고 염기는 무엇인가?)

제산제의 또 다른 성분인 탄산 칼슘($CaCO_3$)이 소량으로는 안전하지만, 정기적으로 사용하면 변비를 유발할 수 있다. 또한 탄산 칼슘을 다량 복용하면 몇 시간 후에 오히려 산 분비가 증가할 수 있다. Tums와 많은 시중 제산제 브랜드에는 탄산 칼슘이 유일한 활성 성분으로 함유되어 있다.

수산화 알루미늄[$Al(OH)_3$]은 탄산 칼슘과 마찬가지로 변비를 유발할 수 있다. 또한 알루미늄 이온이 함유된 제산제는 체내 필수 인산 이온을 고갈시킬 수 있다는 우려도 있다. 수산화 알루미늄은 Amphojel의 활성 성분이다.

물에 수산화 마그네슘[$Mg(OH)_2$]을 현탁한 것을 마그네시아 우유로 판매한다. 탄산 마그네슘($MgCO_3$)도 제산제로 사용된다. 이러한 마그네슘 화합물은 소량으로는 제산제 역할을 하지만 다량에서는 설사제 역할을 한다.

위산이 위를 녹이지 않는 이유

강한 산이 피부를 부식시킨다는 것을 알고 있다. 표 7.1을 다시 보면 위에 들어 있는 위액은 매우 산성이라는 것을 알 수 있다. 위액은 약 0.5%의 염산을 함유한 용액이다. 위산은 왜 위벽을 파괴하지 않을까? 위 안을 감싸고 있는 세포는 '뮤신'이라는 당-단백질 복합체와 다른 물질이 물에 섞여 점성이 있는 용액인 점액층에 의해 보호되고 있다. 점액은 물리적 장벽 역할을 하지만 그 역할은 그보다 더 광범위하다. 뮤신은 위를 감싸고 있는 세포에서 나오는 탄산수소 이온과 위 내부에서 나오는 염산을 흡수하는 스펀지 같은 역할을 한다. 탄산수소 이온은 점액 내의 산을 중화시킨다.

예전에는 위산이 너무 많은 것이 궤양의 원인이라고 생각했지만, 최근에는 위산이 궤양 형성에 미미한 역할만 하는 것으로 알려져 있다. 연구에 따르면 대부분의 궤양은 헬리코박터 파일로리(*H. pylori*)라는 박테리아에 감염되어 점액을 손상시키고 위벽의 세포가 강한 위산에 노출되어 발생하는 것으로 밝혀졌다. 아스피린과 알코올과 같은 다른 약제들도 궤양 발생의 인자가 될 수 있다. 치료에는 일반적으로 헬리코박터 파일로리를 죽이는 항생제가 포함된다.

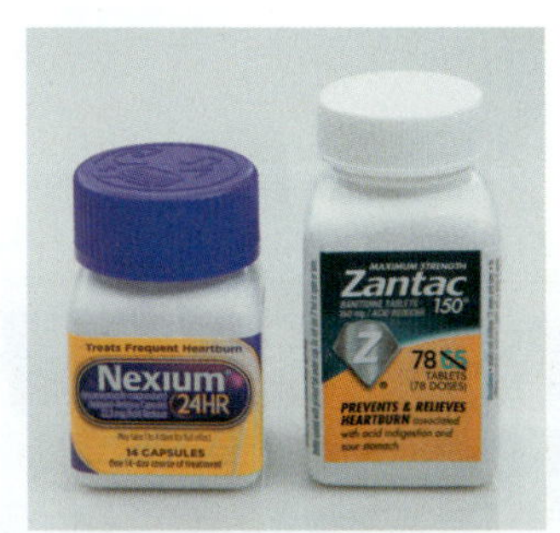

▲ 라니티딘(Zantac®), 파모티딘((Pepcid AC®), 시메티딘(Tagamet HB®), 에스오메프라졸(Nexium®)과 같은 약물은 제산제가 아니다. 이러한 약물은 위산을 중화시키는 대신 위 내벽의 세포에 작용하여 생성되는 산의 양을 줄인다.

많은 제산제 약품에는 여러 가지 제산제가 혼합되어 있다. Rolaid®와 Mylanta®에는 탄산 칼슘과 수산화 마그네슘이 함유되어 있다. Maalox® 액상에는 수산화 알루미늄과 수산화 마그네슘이 함유되어 있다. 이 제품들은 설사를 유발하는 마그네슘 화합물의 경향과 변비를 유발하는 알루미늄 및 칼슘 화합물의 경향 사이에서 균형을 맞춘다.

제산제는 일반적으로 가끔 복용해도 안전하지만, 다른 약물과 상호작용을 일으킬 수 있다. 소화불량 증상이 심하거나 반복적으로 나타나는 사람은 의사와 상담해야 한다. 자가 치료는 때때로 위험할 수 있다.

산업 및 가정에서의 산과 염기

황산은 미국의 주요 화학 제품(연평균 생산량 약 400억 kg)이며, 전 세계적으로는 연간 2,000억 kg 이상 생산된다. 대부분은 비료 및 기타 산업용 화학 물질을 만드는 데 사용된다. 가정에서는 자동차 배터리와 일부 특수 배수구 세정제 등에 황산을 사용한다.

염산은 산업에서 금속의 녹을 제거하고, 건축에서는 벽돌에서 과도한 모르타르를 제거하고 도장을 위해 콘크리트를 에칭하는 데 사용되며, 가정에서는 설비와 변기의 석회 침전물을 제거하는 데 사용된다. 가정에서 사용되는 제품은 종종 염산의 옛 이름인 **뮤리아트산**(muriatic acid)이라고 불린다. 진한 용액(약 38% 염산)은 심한 화상을 유발하지만, 묽은 용액은 조심스럽게 다루면 가정에서 안전하게 사용할 수 있다. 염산의 연간 생산량은 미국에서 40억 kg 이상이고, 전 세계적으로는 약 200억 kg이다.

석회(CaO)는 가장 저렴하고 가장 널리 사용되는 상업용 염기이다. 석회석($CaCO_3$)을 가열하여 CO_2를 제거하여 만든다.

$$CaCO_3(s) + 열 \longrightarrow CaO(s) + CO_2(g)$$

산화 칼슘의 연간 생산량은 미국에서 약 220억 kg이고, 전 세계적으로는 약 2,300억 kg이다. 산화 칼슘은 부식성이 매우 강하다. 물을 첨가하면 수산화 칼슘[$Ca(OH)_2$, 소석회]이 생성되며, 이는 일반적으로 취급하기에 더 안전하다. 소석회는 농업과 모르타르 및 시멘트 제조에 사용된다.

수산화 소듐(NaOH, 잿물)은 가정에서 가장 자주 사용되는 강력한 염기이다. 오븐 청소용 *Easy Off*, 배수구 막힘 제거용 *Drano*와 같은 제품, 상업용 및 수제 비누를 만드는 데 사용된다. 연간 수산화 소듐의 미국 내 생산량은 약 90억 kg이다.

암모니아(NH_3)는 주로 비료로 사용하기 위해 대량으로 생산된다. 미국의 연간 생산량은 거의 110억 kg에 달한다. 암모니아는 가정에서 다양한 청소 제품에 사용된다(16장).

왜 중요할까?

적절한 pH는 비료만큼이나 식물 성장에 중요하다. '신맛'이 나거나 너무 산성인 토양은 소석회(수산화 칼슘)를 첨가하여 '단맛'을 더해준다. 블루베리와 감귤류와 같은 일부 식물은 산성 토양을 필요로 하며, 식물이 자라는 토양에 주기적으로 약간의 산을 첨가해야 할 수도 있다.

건강과 질병에서 산과 염기

산과 염기를 오용하면 사람의 건강에 해로울 수 있다. 진한 강산과 염기는 부식성 독극물로 심각한 화학 화상을 입힐 수 있다. 화학 물질이 제거되면 이러한 부상은 열로 인한 화상과 유사하며 종종 같은 방식으로 치료된다. 황산은 강산일 뿐만 아니라 세포의 물과 반응할 수 있는 강력한 탈수제이기도 한다.

희석된 용액에서도 강산과 염기는 요리할 때와 마찬가지로 살아있는 세포의 단백질 분자를 분해하거나 **변성**(denature)시킨다. 일반적으로 이러한 조각들은 원래 단백질의 기능을 수행할 수 없다. 산이나 염기에 지속적으로 노출되면 조직이 완전히 파괴될 때까지 이러한 파편화가 계속된다.

산과 염기는 미묘한 방식으로 사람의 건강에 영향을 미친다. 혈액, 기타 체액 및 세포에서

산성비

이산화 탄소는 탄산의 무수물이다(7.3절). 공기 중에서 떨어지는 빗방울은 CO_2를 흡수하고, 빗방울 속에서 H_2CO_3로 전환된다. 따라서 빗물은 약산인 탄산의 묽은 용액이다. 이산화 탄소로 포화된 비는 pH가 5.6으로 매우 약산성이다. 전 세계 많은 지역, 특히 산업 중심지에서 바람이 많이 부는 지역에서는 빗물의 산성도가 3 이하로 훨씬 더 낮다. pH가 5.6 미만인 비를 산성비라고 한다.

산성비는 공기 중의 산성 오염 물질로 인해 발생한다. 여러 대기 오염 물질은 산성 무수물이다. 이산화 황(SO_2)과 삼산화 황(SO_3)은 주로 발전소나 금속 제련소에서 황의 함량이 높은 석탄이 연소할 때 발생하고, 이산화 질소(NO_2)와 일산화 질소(NO)는 자동차 배기가스에서 나온다.

일부 산성비는 화산 폭발과 번개와 같은 자연 오염 물질로 인해 발생한다. 화산은 황산화물과 황산을 내뿜고, 번개는 공기 중의 질소, 산소, 물에서 질소 산화물과 질산을 생성한다.

산성비는 대기 오염 및 수질 오염과 관련된 중요한 환경 문제이다. 산성비는 식물과 동물의 생명에 심각한 영향을 미칠 수 있다.

산과 염기 사이의 섬세한 균형이 유지되어야 한다. 혈액의 산도가 너무 많이 변하면 혈액은 산소를 운반하는 능력을 잃게 된다. 살아 있는 세포에서 단백질은 최적의 pH에서만 제대로 기능한다. pH가 어느 한 방향으로 너무 많이 변하면 단백질이 제 기능을 수행하지 못한다. 다행히도 우리 몸에는 적절한 산-염기 균형을 유지하기 위한 복잡하지만, 효율적인 메커니즘이 있다(7.7절).

자가평가문제

1. 다음 중 제산제의 일반적인 성분은 무엇인가?

a. $CaCO_3$ **b.** $Ca(OH)_2$ **c.** HCl **d.** KOH

2. 위산이 과다한 사람이 제산제를 복용하면 위의 pH가 어떻게 변하는가?

a. 낮은 값에서 7에 가까운 값으로 변한다.
b. 7에서 훨씬 더 큰 값으로 변한다.
c. 낮은 값에서 더 낮은 값으로 변한다.
d. 높은 값에서 낮은 값으로 변한다.

3. 다음 중 미국 산업의 주요 화학 제품은 무엇인가?

a. 암모니아 **b.** 석회 **c.** 플라스틱 **d.** 황산

4. 다음 중 자동차 배터리에 사용되는 산은 무엇인가?

a. 시트르산 **b.** 염산 **c.** 질산 **d.** 황산

5. 다음 중 비누 제조에 자주 사용되는 염기는 무엇인가?

a. $Ca(OH)_2$ **b.** KOH **c.** NaOH **d.** NH_3

정답: 1. a, 2. a, 3. d, 4. d, 5. c

녹색 화학 산과 염기-친환경 대안

Irvin J. Levy, Gordon College, Wenham, MA

원칙 1, 3, 7, 12

학습 목표
- 물속의 이산화 탄소가 유용하고 안전한 산의 공급원임을 인식한다.
- 산과 염기를 사용할 때 친환경적인 반응 조건을 위한 대체 선택 사항에 대해 설명한다.

산과 염기는 가장 일반적인 유형의 화학 물질 중 하나이다. 우리는 어디에서나 산과 염기를 찾을 수 있다. 기술적인 용어로 산과 염기를 구분하지 못할 수도 있지만, 우리는 생활의 모든 순간에 산과 염기를 접하고 있다. 예를 들어 건강한 사람의 혈액은 알칼리성이라고도 하는 아주 약간 염기성(pH 7.4)인 반면에 위는 다소 산성(pH 2~3)이다(7.6절). 산과 염기는 또한 많은 식품 재료에서 발견된다. 예를 들어 식초와 오렌지 주스는 약산성 용액이고, 베이킹 소다는 알칼리성 고체이다.

산과 염기는 중요한 화학 물질이지만, 진한 용액은 위험할 수 있다. 일부 산업 공정에서는 대량의 강염기성 또는 산성 폐기물이 발생한다. 이러한 폐기물을 처리하지 않으면 의도하지 않은 노출이 발생했을 때 사람의 건강과 환경에 위험할 수 있다. 산성 및 알칼리성 폐기물의 적절한 처리를 위해서는 중화가 필요하다. 산과 염기는 또한 많은 화학 반응에 사용되므로 대량으로 운반, 보관, 사용해야 한다. 이러한 부식성 물질은 취급하는 장비와 보관 용기에 해를 끼칠 수 있으며, 잠재적으로 작업하는 사람에게도 해를 끼칠 수 있다. 이후에 설명하는 바와 같이 산과 염기를 포함하는 화학 공정은 친환경적인 대안을 개발할 수 있는 기회를 제공한다.

한 가지 예로 염화 소듐 수용액을 염소 및 수산화 소듐을 포함한 중요한 화학 물질로 전환하는 것을 들 수 있다. 이 공정은 매년 수백만 톤의 유용한 화학 물질을 생산하지만, 막대한 양의 알칼리성 폐기물을 발생시킨다. 폐기물을 안전하게 처리하려면 산을 첨가하여 pH를 6에서 9 사이로 낮춰야 한다. 일반적으로 염산 또는 황산과 같은 무기산을 폐기물 흐름에 첨가하여 폐기물을 중화한다(7.5절). 하지만 이 방법에는 몇 가지 단점이 있다.

첫째, 첨가되는 산의 양이 상당하며 이는 화학 물질의 낭비적인 사용을 의미한다. 또한 그 양을 매우 신중하게 제어해야 하며, 그렇지 않으면 폐기물을 '과도하게 중화'시킬 수 있다(7.5절). 이렇게 하면 유해 알칼리성 폐기물이 유해 산성 폐기물로 전환되어 도움이 되지 않는다. 둘째, 중화 산이 알칼리성 폐기물과 결합할 때 생성되는 원치 않는 생성물이 또 다른 문제를 일으킬 수 있다. 셋째, 그리고 어쩌면 가장 중요한 것은 무기산은 생산, 운송, 보관 및 최종 현장의 사용 과정에서 위협이 되는 유해 물질이라는 점이다. 이러한 폐기물을 보다 친환경적으로 처리할 수 있는 방법이 반드시 존재해야 한다.

실제로 기업들은 알칼리성 폐기물을 훨씬 더 친환경적인 물질인 이산화 탄소(CO_2)를 사용하여 중화하기 시작했다. CO_2는 화석 연료를 태울 때 방출되는 많은 양이 지구 기후 변화에 영향을 미치기 때문에 종종 환경에 위험한 물질로 여겨진다. 그러나 이미 대기 중에 존재하는 CO_2에는 좋은 용도가 많이 있다. 예를 들어 이산화 탄소가 물에 녹으면 약산성 용액이 형성되기 때문에, CO_2를 알칼리성 폐기물 흐름에 불어넣기만 해도 중화가 가능하다. 실제 사용 시 용액의 pH를 7 이하로 낮추지 않으며, 과량의 CO_2는 물에서 거품으로 빠져나가기 때문에 CO_2로 용액을 '과잉중화'할 수 없다. 이 방법은 무기산을 대체하고, 폐기물을 방지하며, 재생가능한 자원에 의존하고, 더 안전한 화학 물질로 동일한 결과를 얻을 수 있다(원칙 1, 3, 7, 12).

화학은 매우 활발한 분야이며 녹색 화학의 원리는 화학자들에게 인간의 건강과 환경에 더 안전하고, 비용 효율적이며, 더 유해한 대안과 동등하거나 더 나은 효과를 내는 방법을 개발할 수 있는 많은 기회를 상기시켜 준다. 한 가지 연구 분야는 화학 공정에서 산을 자연적으로 발생하는 더 안전한 물질로 대체하는 것이다. 예를 들어 알코올(탄소에 OH기가 결합된 분자)을 다른 화학 물질로 전환하는 일반적인 화학 반응에는 고농도의 매우 강한 무기산과 높은 온도가 필요하다.

$$\text{H-C(-)(-)-C(-)(OH)-} \xrightarrow[\text{고온}]{\text{강산}} \text{>C=C<} + H_2O$$

최근에는 이러한 화학적 전환에 사용되는 황산과 인산을 훨씬 더 안전한 물질인 몬모릴로나이트(montmorillonite)라는 점토의 일종으로 대체할 수 있다는 사실이 밝혀졌다. 점토 촉매는 화학 산업에서 많은 용도를 찾고 있으며 이러한 공정의 안전성을 크게 향상시킨다.

수십 년 동안 화학 산업에서 사용되어 온 많은 방법이 최근 다시 활발한 연구 분야가 되고 있다. 화학자들은 녹색 화학의 기본 원리를 활용하여 더 안전한 물질과 방법을 개발하는 데 전념하고 있다. 이것이야말로 정말 '기본적인' 아이디어라고 할 수 있다(그리고 산성도!).

요약

7.1절: 산은 신맛이 나고, 리트머스 종이를 붉은색으로 변하게 하며, 활성 금속과 반응하여 수소를 생성한다. 염기는 쓴맛이 나고, 리트머스 종이를 청색으로 변하게 하며, 피부에 미끄러운 느낌을 준다. 산과 염기는 반응하여 **염**과 물을 생성한다. 리트머스 종이와 같은 **산-염기 지시약**은 산과 염기의 색이 달라 용액이 산성인지 염기성인지를 판별하는 데 사용된다.

7.2절: Arrhenius 산은 수용액에서 양성자라고도 하는 수소 이온(H^+)을 생성하고, Arrhenius 염기는 수산화 이온(OH^-)을 생성한다. **중화**는 H^+와 OH^-가 반응하여 물을 생성하는 것이다. H^+ 이온과 OH^- 이온이 관련된 음이온과 양이온이 결합하여 이온성 염을 생성한다. 보다 일반적인 Brønsted 산-염기 이론에서 **산**은 양성자 주개이고, **염기**는 양성자 받개이다. Brønsted 산이 물에 녹으면 H_2O 분자가 H^+를 끌어당겨 하이드로늄 이온(H_3O^+)을 형성한다. 물속의 Brønsted 염기는 물 분자에서 양성자를 받아들여 OH^-를 형성한다.

7.3절: 일부 비금속 산화물(예: CO_2 및 SO_3)은 **산성 무수물**이며, 물과 반응하여 산을 형성한다. 일부 금속 산화물(예: Li_2O 및 CaO)은 **염기성 무수물**이며, 물과 반응하여 염기를 형성한다. **양쪽성** 물질은 산 또는 염기로 작용할 수 있다.

7.4절: **강산**은 물에서 완전히 이온화되어 H^+ 이온과 음이온을 형성하는 산이다. **약산**은 물속에서 약간만 이온화되며 대부분 온전한 분자로 존재한다. 일반적인 강산은 황산, 염산, 질산이다. 마찬가지로, **강염기**는 물에서 완전히 이온화되고, **약염기**는 약간만 이온화된다. 수산화 소듐과 수산화 칼륨은 일반적인 강염기이다.

7.5절: 산과 염기 사이의 반응을 중화라고 한다. 수용액에서는 종종 H^+와 OH^-가 반응하여 물을 형성한다. 다른 음이온과 양이온은 이온성 염을 형성한다.

7.6절: **pH** 척도는 산성 또는 염기성의 정도를 나타내며, pH는 $pH = -\log[H^+]$로 정의되며, 여기서 $[H^+]$는 수소 이온의 몰농도이다. pH 7($[H^+] = 1 \times 10^{-7}$ M)은 중성이며, 7보다 낮은 pH 값은 산성이 증가하는 것을, 7보다 큰 pH 값은 염기성이 증가하는 것을 나타낸다. pH가 1단위 변화하면 $[H^+]$가 10배 변화하는 것을 나타낸다.

7.7절: 양성자(H^+) 하나가 다른 한 쌍의 화합물 또는 이온을 **짝산-짝염기 쌍**이라고 한다. **완충 용액**은 약산과 그 짝염기 또는 약염기와 그 짝산의 혼합물이다. 완충 용액은 소량의 강산 또는 강염기를 첨가해도 거의 일정한 pH를 유지한다.

7.8절: 제산제는 탄산수소 소듐, 수산화 마그네슘, 수산화 알루미늄, 탄산 칼슘과 같은 염기로, 위산과다를 완화하기 위해 복용하는 약이다. 일부 제산제를 과도하게 사용하면 혈액을 너무 알칼리성(염기성)으로 만들 수 있는데, 이를 **알칼리증**이라고 한다. 황산은 미국에서 가장 많이 생산되는 화학 물질로 비료 및 기타 산업용 화학 물질을 만드는 데 사용된다. 염산은 녹 제거와 모르타르 및 콘크리트 에칭에 사용된다. 석회(산화 칼슘)는 석회석으로 만들어지며 가장 저렴하고 가장 널리 사용되는 염기이다. 석고와 시멘트의 성분이며 농업에 사용된다. 수산화 소듐은 비누뿐만 아니라 많은 산업 제품을 만드는 데 사용된다. 암모니아는 주로 비료로 사용하기 위해 생산되는 약한 염기이다. **산성비**는 pH가 5.6보다 낮은 비이다. 산성비는 자연적으로 발생하는 황산화물과 질소 산화물, 산업 대기오염, 자동차 배기가스 등이 원인이다. 산성비는 식물과 동물의 생명에 심각한 영향을 미칠 수 있다. 진한 강산과 염기는 부식성 독극물로 심각한 화상을 유발하고 단백질을 **변성**(파괴)할 수 있다. 살아 있는 세포는 단백질의 적절한 기능에 필요한 최적의 pH를 가지고 있다.

녹색 화학: 산은 염기성 폐기물을 중화하거나 화학 반응을 촉진하는 등 다양한 용도로 사용할 수 있다. 녹색 화학의 12가지 원칙은 화학 공정에서 한때 표준 선택으로 간주되었던 것보다 더 안전한 산과 염기를 선택하는 데 지침이 될 수 있다. 유해한 무기산을 물에 녹은 이산화 탄소와 몬모릴로나이트 점토로 대체하는 것이 두 가지 예이다.

학습 목표	관련 문제
• 화학적, 물리적 성질을 사용하여 산과 염기를 구별한다. (7.1)	1, 2, 57
• 산-염기 지시약의 작동 원리를 설명한다. (7.1)	3, 58
• Arrhenius와 Brønsted-Lowry 산과 염기를 구별한다. (7.2)	4~6, 13~28, 59
• 중화 반응 또는 이온화 반응에 대한 균형 반응식을 작성한다. (7.2)	7, 39~42, 60~62
• 산성 무수물과 염기성 무수물을 구별하고 물과의 반응을 나타내는 반응식을 쓴다. (7.3)	8, 29, 30
• 강산, 강염기, 약산, 약염기를 정의하고 구별한다. (7.4)	9~11, 31~38
• 중화 반응에서 반응물을 구별하고 생성물을 예측한다. (7.5)	43~46
• 용액의 pH와 산도 또는 염기도 사이의 관계를 설명한다. (7.6)	43, 44
• pH 값에서 수소 이온의 몰농도 $[H^+]$를 구하거나, $[H^+]$로부터 pH 값을 구한다. (7.6)	45~52, 63~65
• 산의 짝염기 또는 염기의 짝산에 대한 화학식을 쓴다. (7.7)	53, 54
• 완충 용액의 작용을 설명한다. (7.7)	66, 67

• 산과 염기의 일상적인 용도와 이것들이 일상생활에 어떤 영향을 미치는지 설명한다. (7.8)	12, 55, 56, 68~71
• 물속의 이산화 탄소가 유용하고 안전한 산의 공급원임을 인식한다.	72~74
• 산과 염기를 사용할 때 친환경적인 반응 조건을 위한 대체 선택 사항에 대해 설명한다.	73, 75

개념문제

1. 다음 각 용어를 정의하고 예를 들어 설명하라.
- **a.** 산
- **b.** 염기
- **c.** 염

2. **(a)** 산성 용액과 **(b)** 염기성 용액의 일반적인 성질 네 가지를 나열하라.

3. 중화된 용액이 리트머스 종이의 색깔에 미치는 영향과 철분 또는 아연에 미치는 작용을 설명하라.

4. H 원자를 포함하지 않는 물질이 Brønsted-Lowry 산이 될 수 있는가? Brønsted-Lowry 염기에 반드시 있어야 하는 특징적인 원자가 있는가?

5. 산-염기 화학에서 양성자가 의미하는 것은 무엇인가? 핵 양성자(3장)와 어떻게 다른가?

6. Arrhenius 이론에 따르면 모든 산에는 한 가지 공통 원소가 있다. 그 원소는 무엇인가? 그 원소를 포함하는 모든 화합물은 산인가? 그 이유를 설명하라.

7. 산 또는 염기의 중화에 대해 설명하라.

8. 산성 무수물이란 무엇인가? 염기성 무수물은 무엇인가? 무수물이란 단어의 뜻은 무엇인가?

9. 강염기와 약염기는 수산화 이온의 특징적인 성질을 가지고 있다. 강염기와 약염기는 어떻게 다른가?

10. 수산화 마그네슘은 고체 상태에서도 완전한 이온 상태이지만, 제산제로서 복용할 수 있다. 수산화 소듐을 복용하면 다칠 수 있지만, 수산화 마그네슘은 복용해도 다치지 않는 이유를 설명하라.

11. 강산과 강염기가 피부에 미치는 영향은 무엇인가?

12. 알칼리증이란 무엇인가? 어떤 제산제 성분을 과다 복용하면 알칼리증을 유발할 수 있는가?

연습문제

산과 염기: Arrhenius 이론

13. 물에서 **(a)** 브로민화 수소산이 Arrhenius 산으로, **(b)** 수산화 세슘이 Arrhenius 염기로 작용하는 반응식을 쓰라.

14. 물에서 **(a)** 아질산(HNO_2)이 Arrhenius 산으로, **(b)** 수산화 스트론튬이 Arrhenius 염기로 작용하는 반응식을 쓰라. (이온의 전하를 정확하게 나타내야 한다.)

15. 특정 Arrhenius 산을 물에 녹였을 때의 생성물 중 하나는 하이포아염소산 이온(ClO^-)이다. Arrhenius 산의 화학식을 쓰라.

16. 특정 Arrhenius 염기가 물과 반응하여 인산 수소 이온을 생성한다. 이 반응의 반응식을 쓰라. (이온의 전하를 정확하게 나타내야 한다.)

산과 염기: Brønsted-Lowry 산-염기 이론

17. Brønsted-Lowry의 정의를 사용하여 각 반응식의 첫 번째 화합물이 산인지, 염기인지 구분하라.
- **a.** $CH_3NH_2 + H_2O \longrightarrow CH_3NH_3^+ + OH^-$
- **b.** $H_2O_2 + H_2O \longrightarrow H_3O^+ + HO_2^-$
- **c.** $NH_2Cl + H_2O \longrightarrow NH_3Cl^+ + OH^-$

18. Brønsted-Lowry의 정의를 사용하여 각 반응식의 첫 번째 화합물이 산인지, 염기인지 구분하라. (힌트: 반응에서 생성되는 것은 무엇인가?)
- **a.** $(CH_3)_2NH + H_2O \longrightarrow (CH_3)_2NH_2^+ + OH^-$
- **b.** $C_6H_5NH_2 + H_2O \longrightarrow C_6H_5NH_3^+ + OH^-$
- **c.** $C_6H_5CH_2NH_2 + H_2O \longrightarrow C_6H_5CH_2NH_3^+ + OH^-$

19. 물에서 **(a)** 포름산(HCOOH)이 Brønsted-Lowry 산으로, **(b)** 피리딘(C_5H_5N)이 Brønsted-Lowry 염기로 작용하는 반응식을 쓰라.

20. 물에서 **(a)** 하이포아염소산(HOCl)이 Brønsted-Lowry 산으로, **(b)** 디에틸아민[$(CH_3CH_2)_2NH$]이 Brønsted-Lowry 염기로 작용하는 반응식을 쓰라.

21. 암모니아가 물에서 Brønsted-Lowry 염기로 작용하는 것을 보여주는 반응식을 쓰라.

22. 하이드록실아민($HONH_2$)은 OH기를 포함하지만, NH_2^+ 및 OH^- 이온으로 해리되지 않는다. 그러나 Brønsted-Lowry 염기이다. 하이드록실아민이 물에서 Brønsted-Lowry 염기로 작용하는 것을 보여주는 반응식을 쓰라.

산과 염기: 이름과 화학식

23. 다음 각 산과 염기에 대해 화학식은 이름을, 이름은 화학식을 쓰라.

a. HCl
b. 수산화 스트론튬
c. KOH
d. 붕산

24. 다음 각 산과 염기에 대해 화학식은 이름을, 이름은 화학식을 쓰라.

a. 수산화 루비듐
b. $Al(OH)_3$
c. 시안화수소산
d. HNO_3

25. 다음 각 이름을 쓰고, 산 또는 염기로 분류하라.

a. H_3PO_4
b. CsOH
c. H_2CO_3

26. 다음 각 이름을 쓰고, 산 또는 염기로 분류하라.

a. $Mg(OH)_2$
b. NH_3
c. CH_3COOH

27. 산의 이름이 '-산'으로 끝나면 이름이 '아-'로 시작되는 관련 산이 있는 경우가 많다. '아-'산의 화학식은 '-산'의 화학식보다 산소 원자가 하나 더 적다. 이 정보를 사용하여 **(a)** 아질산과 **(b)** 아인산의 화학식을 쓰라.

28. 27번 문제와 표 7.1을 참조하라. 텔루륨은 황과 같은 그룹에 속한다. 이 정보를 사용하여 **(a)** 텔루르산과 **(b)** 아텔루르산의 화학식을 쓰라.

산성 및 염기성 무수물

29. **(a)** 이산화 셀레늄이 물과 반응할 때, **(b)** 산화 스트론튬이 물과 반응할 때 생성되는 화합물의 화학식을 쓰라. 각각의 경우에 생성물은 산인가, 염기인가?

30. **(a)** 산화 세슘이 물과 반응할 때, **(b)** 십산화 사인이 물과 반응할 때 생성되는 화합물의 화학식을 쓰라. (힌트: 여섯 분자의 물이 반응하여 네 분자의 생성물이 생성된다.) 각각의 경우에 생성물은 산인가, 염기인가?

강산과 약산, 강염기와 약염기

31. 물 1 L에 1.0 몰의 아이오딘화 수소(HI) 기체를 녹이면 생성되는 용액에는 1.0몰의 하이드로늄 이온과 1.0몰의 아이오딘화 이온이 들어 있다. HI를 강산, 약산, 약염기, 강염기로 분류하라.

32. 수산화 탈륨(TlOH)은 수용성 이온 화합물이다. TlOH를 강산, 약산, 약염기, 강염기로 분류하라.

33. 1.300몰의 메틸아민(CH_3NH_2) 기체를 물 1.00 L에 첨가하여 만든 용액에는 메틸암모늄 이온($CH_3NH_3^+$)과 수산화 이온(OH^-)이 각각 0.00936몰 들어 있고, CH_3NH_2 분자가 1.291몰 포함되어 있다. CH_3NH_2를 강산, 약산, 약염기, 강염기로 분류하라.

34. 물 1.00 L에 HOCN 1.000몰을 첨가하여 만든 용액에는 H^+ 이온과 OCN^- 이온이 각각 0.055몰 들어 있고, 0.945몰의 HOCN 분자가 포함되어 있다. HOCN을 강산, 약산, 약염기, 강염기로 분류하라.

35. 다음 각 물질을 강산, 약산, 강염기, 약염기, 염으로 분류하라.

a. LiOH
b. HBr
c. HNO_2
d. $CuSO_4$

36. 다음 각 물질을 강산, 약산, 강염기, 약염기, 염으로 분류하라.

a. K_3PO_4
b. $CaBr_2$
c. $Mg(OH)_2$
d. NH_4Cl

37. 다음 수용액을 H^+ 이온의 농도가 높은 것부터 낮은 순으로 나열하라. 0.20 M NH_3, 0.10 M HClO, 0.10 M $HClO_4$.

38. 농도가 각각 0.10 M인 포름산(HCOOH), 암모니아, 질산, 수산화 리튬의 용액을 pH가 증가하는 순서대로 나열하라.

중화

39. **(a)** 수산화 은(AgOH)과 염산의 반응, **(b)** 수산화 루비듐과 질산의 반응에 대한 반응식을 쓰라.

40. **(a)** 수산화 바륨 1몰과 하이드로브로민산 2몰의 반응, **(b)** 과염소산 3몰과 수산화 알루미늄 1몰의 반응에 대한 반응식을 쓰라.

41. 아황산(H_2SO_3) 1몰과 수산화 마그네슘 1몰의 반응에 대한 반응식을 쓰라.

42. 인산 2몰과 수산화 칼슘 3몰의 반응에 대한 반응식을 쓰라.

pH 척도

43. 다음 각 pH 값이 산성, 염기성, 중성 용액인지 밝혀라.

a. 3 **b.** 11.4 **c.** 0.8 **d.** 9.6

44. 라임 주스는 상당히 신맛이 난다. 라임 주스에 적합한 pH는 얼마인가?

a. 13 **b.** 7.4 **c.** 2.2 **d.** 6.5

45. 수소 이온의 농도가 1.0×10^{-8} M인 용액의 pH는 얼마인가?

46. 수소 이온의 농도가 1.0×10^{-2} M인 용액의 pH는 얼마인가?

47. 수산화 이온의 농도가 1.0×10^{-3} M인 용액의 pH는 얼마인가?

48. 수산화 이온의 농도가 1.0×10^{-10} M인 용액의 pH는 얼마인가?

49. pH가 6인 용액의 수소 이온 농도는 얼마인가?

50. pH가 11인 용액의 수소 이온 농도는 얼마인가?

51. 블랙커피의 수소 이온 농도는 1.0×10^{-5} M에서 1.0×10^{-6} M 사이이다. 블랙커피의 pH 범위를 나타내는 두 정수는 얼마인가?

52. 창문 청소용 스프레이의 pH는 10에서 11 사이이다. 1.0×10^{-x} M에서 수소 이온의 농도 범위를 나타내는 x의 두 정숫값은 얼마인가?

짝산-짝염기 쌍

53. 다음 수용액 반응에서 **(a)** 반응물 중 산과 염기가 무엇인지 밝히고, **(b)** 산의 짝염기, **(c)** 염기의 짝산을 밝혀라.

$$NH_2OH + HCl \longrightarrow NH_3OH^+ + Cl^-$$

54. 다음 수용액 반응에서 **(a)** 반응물 중 산과 염기가 무엇인지 밝히고, **(b)** 산의 짝염기, **(c)** 염기의 짝산을 밝혀라.

$$HCO_3^- + HCOOH \longrightarrow HCOO^- + H_2CO_3$$

제산제

55. Mylanta 액체에는 티스푼당 200 mg의 $Al(OH)_3$와 200 mg의 $Mg(OH)_2$가 들어 있다. 이 물질들 각각에 의한 위산[HCl(aq)로 표시]의 중화 반응식을 쓰라.

56. 다음 각각의 화합물에서 Brønsted-Lowry 염기는 무엇인가? 제산제의 성분은 무엇인가?

a. $NaHCO_3$
b. $Mg(OH)_2$
c. $MgCO_3$
d. $CaCO_3$

심화문제

57. 대부분의 비누는 쓴맛이 있다. 이것은 비누의 pH에 대해 무엇을 의미하는가?

58. 그림(왼쪽)에서 용액의 용질이 될 수 있는 것은 무엇인가?

a. HNO_2 **b.** KOH **c.** NH_3
d. CH_3NH_2 **e.** CF_3COOH

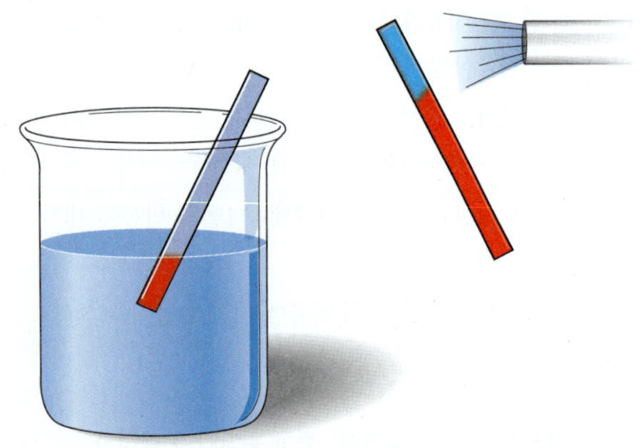

59. 그림(오른쪽)의 관에서 나오는 기체로 가능한 것은 무엇인가?

a. N_2 **b.** CO_2 **c.** NH_3 **d.** SO_2

60. Arrhenius 이론에 따르면 OH를 포함하는 모든 화합물은 염기인가? 설명하라.

61. 황동 수도꼭지의 석회 침전물은 대부분 $CaCO_3$이다. 이 침전물은 수도꼭지를 염산에 담가서 제거할 수 있다. 이 반응에 대한 반응식을 쓰라.

62. 아이오딘화 스트론튬은 고체 탄산 스트론튬($SrCO_3$)과 산의 반응으로 만들 수 있다. 어떤 산인지 밝히고 이 반응의 균형 반응식을 쓰라.

63. 황화물 무기질이 포함된 암석에 우물을 뚫으면 일부 무기질이 우물물에 녹아 썩은 달걀 냄새가 나는 '유황수'가 나올 수 있다. 이 우물의 물은 약간 미끌미끌하고, HS^- 이온을 함유하고 있으며, 리트머스 종이를 푸른색으로 변화시킨다. 이 정보로부터 HS^- 이온과 물의 반응을 나타내는 반응식을 쓰라.

64. pH가 $[H^+]$와 관련된 것처럼 pOH는 $[OH^-]$와 관련되어 있다. **(a)** 수산화 이온의 농도가 1.0×10^{-2} M인 용액의 pOH는 얼마인가? **(b)** 0.1 M KOH 용액의 pOH는 얼마인가? **(c)** 0.001 M HCl 용액의 pOH는 얼마인가?

65. 농도가 각각 0.1 M인 **(a)** 아세트산($HC_2H_3O_2$), **(b)** 암모니아(NH_3), **(c)** 질산(HNO_3), **(d)** 염화 소듐(NaCl), **(e)** 수산화 소듐(NaOH) 용액을 pH가 가장 높은 것부터 낮은 순서대로 나열하라.

66. 0.050 M $Ba(OH)_2$ 용액의 pH를 계산하라.

67. 사람의 혈액에는 pH 변화를 최소화하는 완충 용액이 포함되어 있다. 혈액 완충 용액 중 하나가 인산수소 이온 HPO_4^{2-}이다. 물과 마찬가지로 HPO_4^{2-}는 양쪽성이다. 즉 Brønsted-Lowry 산 또는 Brønsted-Lowry 염기로 작용할 수 있다. HPO_4^{2-}를 산과 염기로 사용하여 물과의 반응을 나타내는 반응식을 쓰라.

68. 아세트산 암모늄과 암모니아 용액, 수산화 소듐과 아세트산 소듐 용액 중 더 좋은 완충 용액은 무엇인가? 왜 그런가?

69. 세 가지 종류의 Tums에는 탄산 칼슘이 유일한 활성 성분으로 함유되어 있다. 일반 Tums 정제는 500 mg, Tums E-X는 750 mg, Tums ULTRA는 1000 mg이다. Tums E-X 2개를 섭취했을 때와 같은 양의 탄산 칼슘을 얻기 위해서는 일반 Tums를 몇 알 먹어야 하는가? Tums ULTRA 2개를 섭취했을 때와 같은 양의 탄산 칼슘을 얻기 위해 일반 Tums를 몇 알 먹어야 하는가?

70. 제산제 Basaljel의 활성 성분은 고체 탄산 알루미늄 젤이다. 알루미늄 탄산염이 위산(HCl 수용액)에 의해 중화되는 반응식을 쓰라.

71. 액체 암모니아, 즉 $NH_3(l)$은 어떤 특별한 반응의 용매로 사용된

다. 물과 마찬가지로 액체 암모니아도 아주 작은 범위에서 자체 양성자화할 수 있다. 한 암모니아 분자와 다른 암모니아 분자 사이의 Brønsted-Lowry 반응을 나타내는 반응식을 쓰라.

72. 황산은 원소 황에서 3단계 과정을 거쳐 생산된다. (1) 황을 연소시켜 이산화 황을 생성한다. (2) 이산화 황은 산소와 바나듐(V) 산화물 촉매를 사용하여 삼산화 황으로 산화된다. (3) 마지막으로 삼산화 황을 물과 반응시켜 98%의 황산을 생성한다. 세 가지 반응에 대한 반응식을 쓰라.

73. 수산화 소듐 1몰과 아세트산 2몰을 혼합하여 완충 용액을 만들 수 있다. 이 완충 용액에서 짝산-짝염기 쌍은 무엇인가? 설명하라.

74. 이산화 탄소가 물과 섞이면 탄산이라는 약산이 형성된다. 이산화 탄소는 물의 pH를 낮추는가, 높이는가, 아니면 그대로 유지하는가?

75. 어떤 회사가 배출하는 폐기물 1 L를 중화하기 위해 1 mL의 진한 염산이 필요하다고 가정하자. 만약 이 회사가 연간 100만 L의 폐기물을 중화하기 위해 진한 염산 대신 CO_2를 사용하기로 한다면 이 선택으로 연간 몇 L의 진한 염산을 대체할 수 있는가?

76. 탄산수(CO_2가 용해된 순수한 물)는 약간 신맛이 난다. 이 힌트는 탄산수의 pH에 대해 무엇을 의미하는가?

77. 에스터라는 중요한 유형의 화학 물질은 강한 무기산의 존재하에 두 가지 화학 물질을 가열하여 제조할 수 있다. 이 반응에는 물이 사용되지 않는다. 강산보다 더 친환경적인 대안을 제시하라.

 비판적 사고 문제

이 장에서 습득한 지식과 하나 이상의 FLaReS 원칙(1장)을 적용하여 다음 진술과 주장을 평가하라.

7.1 한 텔레비전 광고는 제산제인 Maalox가 위산을 더 빨리 중화시켜 위산 방출을 억제하는 약물인 Pepcid AC보다 속 쓰림을 더 빨리 완화한다고 주장했다. 이 주장을 설명하기 위해 산이 담긴 2개의 플라스크를 보여주었다. 한 플라스크에서는 Maalox가 산을 빠르게 중화시켰다. 다른 플라스크에서는 Pepcid AC가 산을 중화시키지 못했다.

7.2 법정 소송에서 증언하는 증인이 다음과 같이 진술한다. "우리 공장의 유출수가 하천을 오염시킨 것처럼 보였지만, 오염 전 하천의 pH는 6.4였고 오염 후에는 5.4였다. 따라서 하천은 이전보다 약간 더 산성이 되었다."

7.3 자메이카의 생선 요리법에서는 생선에 라임즙을 몇 개 넣어야 하지만, 생선을 익히는 데 열을 사용하지 않는다. 조리법에는 라임주스가 생선을 '익히는' 효과가 있다고 명시된다.

7.4 유리 세정제에 들어 있는 식초가 수돗물에 의해 안경에 남은 얼룩을 제거할 수 있다는 광고가 있다. 이 얼룩은 대부분 탄산 칼슘 침전물이다.

7.5 바이오디젤 제조에 관한 한 웹페이지에서는 반응을 시작하기 전에 폐유에 있는 수분을 제거해야 한다고 주장한다.

 협업 과제

파워포인트, 포스터, 기타 프레젠테이션을 준비하여 수업에서 공유하라.

1. 다음 산 또는 염기 중 하나에 대한 간략한 보고서를 준비한다. 공급원(가능한 경우 산 또는 염기의 현지 공급원 포함) 및 상업적 용도를 기재한다.

a. 암모니아
b. 염산
c. 인산
d. 질산
e. 수산화 소듐
f. 황산

2. 최소 5가지 제산제의 라벨을 살펴본다. 각각의 성분 목록을 작성한다. 웹이나 'Merck 인덱스'와 같은 참고서적에서 각 성분의 성질(의학적 용도, 부작용, 독성 등)을 찾아본다.

3. 변기 세정제 5개와 배수구 세정제 5개 이상의 라벨을 살펴본다. 각각의 성분 목록을 작성한다. 웹이나 'Merck 인덱스'와 같은 참고서적에서 각 성분의 화학식과 성질을 찾아본다. 어떤 성분이 산이고, 어떤 성분이 염기인가?

실험 과제 산, 염기, pH 그리고 세상에나!

준비물

- 붉은 양배추
- 물
- 용기(양배추 주스 표시기용)
- 계량컵
- 레몬 주스
- 식초
- 암모니아
- 오렌지 주스
- 붕사 용액(물 1/4컵에 1티스푼): 대부분이 녹을 때까지 저어준다.
- 베이킹 소다 용액(물 1/4컵에 1티스푼): 대부분이 녹을 때까지 저어준다.
- 마그네시아 우유
- 클리어 샴푸
- Seltzer 워터
- 투명 플라스틱 컵 10개
- 큰 스푼 또는 드롭퍼

매일 사용하는 모든 제품을 생각해보자. 우리가 사용하는 모든 제품은 중성의 pH일까? 산성인지 염기성인지 어떻게 검사할 수 있을까?

pH 척도를 사용하여 어떤 물질이 얼마나 산성 또는 염기성인지 순위를 매길 수 있다. 용액에 있는 수소 이온(H^+) 또는 수산화 이온(OH^-)의 수는 용액이 얼마나 산성인지 또는 염기성(알칼리성)인지에 영향을 준다. pH는 물속의 여분의 수소 이온 또는 수산화 이온과 결합할 때 색이 변하는 화학 물질을 사용하여 측정한다. 따라서 용액이 산성일수록 수소 이온이 많아져 색이 더 많이 변한다. 염기성(알칼리성)의 수산화 이온이 많을수록 용액은 더 염기성(알칼리성)이 되고 색이 더 많이 변한다.

이 실험에서는 붉은 양배추의 천연 지시약을 사용하여 지역 식료품점이나 약국에서 찾을 수 있는 다양한 물질의 pH를 검사할 것이다. 붉은 양배추와 다른 많은 채소, 과일, 꽃잎의 붉은 색을 담당하는 화학 물질은 안토시아닌 계열에 속한다. 지금까지 300종 이상의 안토시아닌이 발견되었다. 또한 강력한 항산화 물질로 인체 건강에 매우 유익한 것으로 밝혀졌다. 붉은 양배추 지시약에는 자체 pH 색상 변화표가 있다.

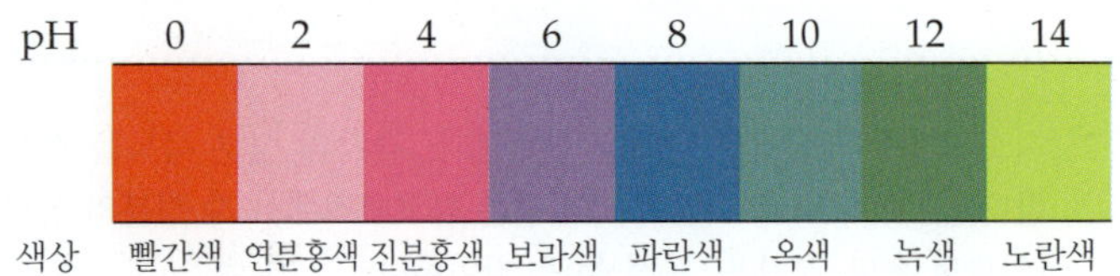

▲ 붉은 양배추 색상은 pH 표에 따라 변한다.

붉은 양배추에서 지시약을 준비하자.

- 먼저 붉은 양배추 머리에서 잎을 떼어내고 2컵 분량의 붉은 양배추를 잘게 다진다(믹서기를 사용해도 된다).
- 그 사이에 물 8컵을 끓인다.
- 다진 양배추 잎을 냄비에 넣고 불을 낮춘 후 20분간 끓인다.
- 혼합물을 거름망을 통해 큰 용기에 붓는다. 액체를 실온으로 식히고 양배추 즙을 지시약으로 사용한다.

양배추즙 지시약을 준비하고 준비물을 다 모았다면 실험을 할 준비가 된 것이다. 투명한 플라스틱 컵 10개를 준비하고 지시약 즙을 반 정도 채운다. 각 가정용품 액체 한 숟가락을 지시약 즙에 넣고 저어준다. 한 컵에는 붉은 양배추 지시약만 넣고 다른 컵에는 수돗물을 넣는다. 이렇게 하면 10개의 시료를 검사할 수 있다. 관찰한 내용을 반드시 기록하자.

지시약의 색이 변하는가? 데이터 표를 만들어 검사한 화학 물질, 색상 변화, pH를 추적하자. 완료되면 가장 산성인 컵부터 가장 염기성인 컵까지 나열한다.

실험문제

1. 생성물의 pH가 놀라웠는가?
2. 어떤 물질이 산성인가?
3. 어떤 물질이 염기성인가?
4. 특히 산성인 용액을 중화하려면 어떻게 해야 하는가?
5. pH 측정값이 실제 pH와 일치하지 않는 이유는 무엇인가?

8 산화와 환원

8.1 산화와 환원: 네 가지 관점
8.2 산화제와 환원제
8.3 전기화학: 전지와 배터리
8.4 부식과 폭발
8.5 산소: 풍부하고 필수적인 산화제
8.6 일반적인 환원제
8.7 산화, 환원, 생명체

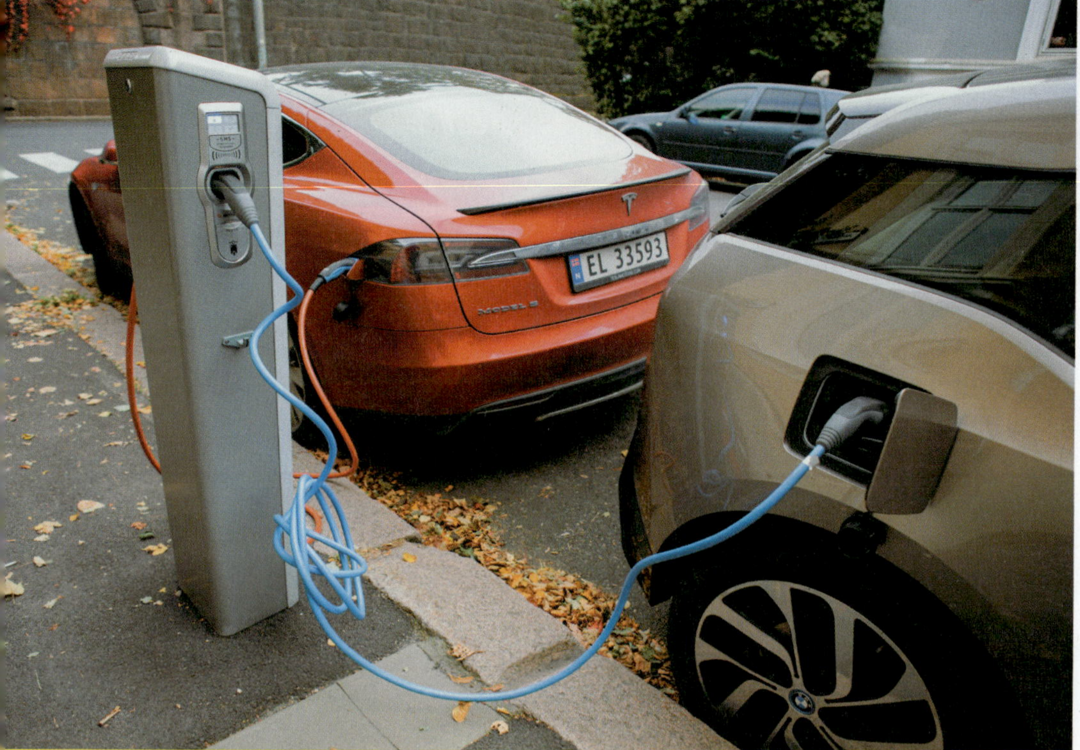

테슬라와 같은 플러그인 전기 자동차는 탄소 배출 제로 차량으로 큰 관심을 받고 있다. 이들의 충전과 방전 주기는 산화-환원 반응이 우리 삶에 영향을 미치는 수천 가지 방법 중 한 가지 예에 불과하다.

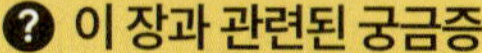

? 이 장과 관련된 궁금증

1. 구리 지붕이 녹색인 이유는 무엇인가?
2. 전기뱀장어는 어떻게 전기를 만드는가?
3. 배터리가 방전되는 이유는 무엇인가?
4. 어떤 배터리는 충전이 가능하지만 어떤 배터리는 충전이 불가능한 이유는 무엇인가?
5. 주변에서 '녹이 슨 배'를 더는 볼 수 없는 이유는 무엇인가?

연소와 불연소 햇빛을 음식으로 변환하는 것부터 조리법을 보기 위해 스마트폰을 충전하는 것, 음식을 조리하는 것, 다음 조리법을 찾기 위해 음식의 신진대사를 통해 에너지를 얻는 것, 산소를 들이마시고 이산화 탄소를 배출하는 단순한 행위에 이르기까지 우리는 산화-환원 반응(reduction-oxidation reaction, redox reaction)이라는 중요한 반응에 의존하고 있다. 이러한 반응은 매우 다양하다. 숯이 타거나, 철이 녹슬거나, 표백제가 얼룩을 제거하거나, 하이브리드 자동차 배터리가 충전되거나 방전된다. 공해 정화, 폐수 처리, 당뇨병 환자의 혈당 수치 측정 등에도 산화-환원 반응이 활용되고 있다. 전기뱀장어가 600 V의 충격을 발생시키는 것도 산화-환원 작용에 의한 것이다.

산화와 환원은 항상 함께 일어난다. 이들은 산화-환원 반응이라는 하나의 과정에서 반대 방향을 나타낸다. 한 물질이 산화되면 다른 물질이 환원된다. 즉 하나는 다른 하나 없이는 존재할 수 없다(그림 8.1). 그러나 때때로 과정의 일부, 즉 산화 부분 또는 환원 부분만 논의하는 것이 편리할 때가 있다.

환원된 형태의 물질(음식, 석탄, 휘발유)은 에너지 함량이 높다. 산화된 형태인 이산화 탄소와 물은 에너지

▲ **그림 8.1** 산화와 환원은 항상 함께 일어난다. 왼쪽 사진은 다이크로뮴산 암모늄 화산이라고 불리는 반응이다. 이 반응에서 암모늄 이온(NH_4^+)의 질소는 산화되고 다이크로뮴산 이온($Cr_2O_7^{2-}$)의 크로뮴은 환원된다. 상당한 열과 빛이 발생한다. 반응식은 $(NH_4)_2Cr_2O_7 \longrightarrow Cr_2O_3 + N_2 + 4\ H_2O$이다. 물은 수증기로 날아가고 질소 기체는 빠져나가 순수한 Cr_2O_3가 눈에 보이는 생성물(오른쪽 사진)로 남는다.

가 낮다. 식품과 화석연료는 산화될 때 에너지를 방출한다. 이 장에서는 우리를 살아 있게 하고 문명을 유지하는 화학 반응을 더 잘 이해하기 위해 산화 과정과 환원 과정을 자세히 살펴본다.

8.1 산화와 환원: 네 가지 관점

학습 목표 • 산화-환원 반응을 확인한다.
• 산화-환원 반응 내의 특정 변화를 산화 또는 환원으로 분류한다.

가장 중요한 산화-환원 반응 중 하나는 연소, 즉 물질이 산소에서 연소하는 것이다. **산화**(oxidation)라는 용어는 연소 과정에서 산소가 추가되는 것을 관찰한 데서 유래했다. 그 반대 과정은 산소를 제거해야 하므로 **환원**(reduction)이라고 불렀다.

원래 산화라는 용어는 산소와의 결합을 포함하는 반응으로 제한되었다. 화학자들은 염소나 다른 활성 비금속과의 결합이 산소와의 결합과 매우 유사하다는 사실을 깨닫게 되면서, 이러한 다른 물질과 관련된 반응을 포함하도록 산화의 정의를 넓혔다.

가장 간단한 연소 반응인 수소의 연소(산소 존재하)를 통해 물을 만드는 과정을 살펴보자.

$$2\ H_2 + O_2 \longrightarrow 2\ H_2O$$

이 반응에서 수소에 산소가 첨가되어 수소를 산화시킨다. 동시에 산소는 환원된다. 산화가 일어날 때마다 환원도 정확히 같은 양으로 일어나야 하며, 그 반대의 경우도 마찬가지이다.

산화와 환원은 화학적으로 반대되는 개념이자 항상 함께 하는 개념이기 때문에 두 개념의 정의는 서로 연결되어 있다. 산화와 환원을 네 가지 서로 다른 방식으로 볼 수 있다(그림 8.2). 곧 다루겠지만, 이 네 가지 방법은 일반적으로 서로 일치하며 우리는 가장 편리한 방법을 사용하는 경향이 있다.

1. 산소를 얻거나 잃는 산화-환원

산화 환원에 대한 첫 번째 관점은 역사적으로 사용된 관점이다. 산화는 산소 원자를 얻는 것으로, 환원은 산소 원자를 잃는 것으로 정의된다. 예를 들어 자동차 엔진과 같은 고온에서는 일반적으로 반응성이 매우 낮은 질소가 산소와 결합하여 일산화 질소를 생성한다.

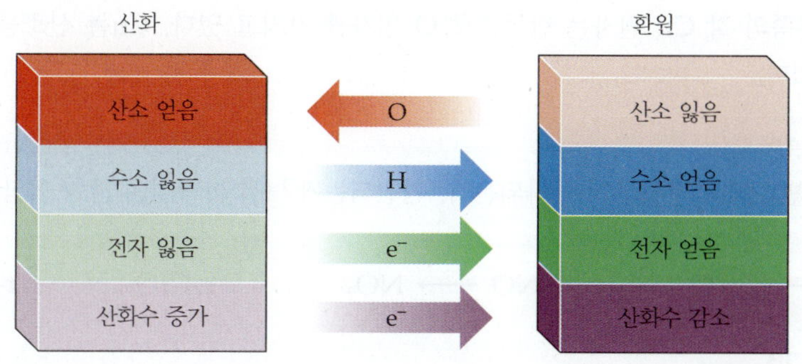

◀ **그림 8.2** 산화와 환원에 대한 네 가지 다른 관점

$$N_2 + O_2 \longrightarrow 2\,NO$$

질소는 산소 원자를 얻는다. N_2 분자에는 O 원자가 없고, NO 분자 1개에는 O 원자가 1개 들어 있다. 따라서 질소는 산화된다.

이제 메테인이 연소되어 이산화 탄소와 물을 형성할 때 어떤 일이 일어나는지 생각해보자. 탄소와 수소는 모두 산소 원자를 얻으므로 두 원소 모두 산화된다.

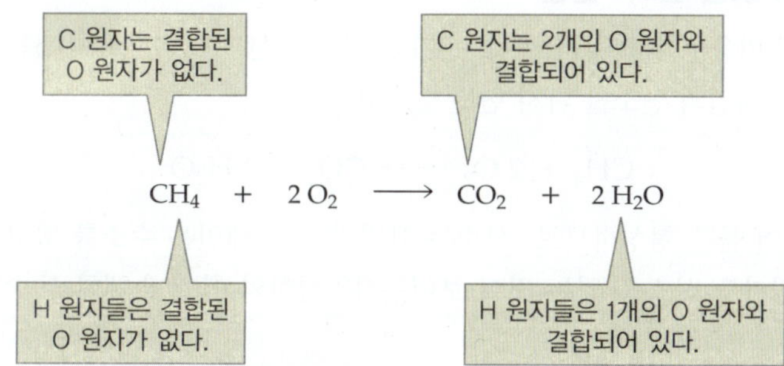

이산화 납을 고온에서 가열하면 다음과 같이 분해된다.

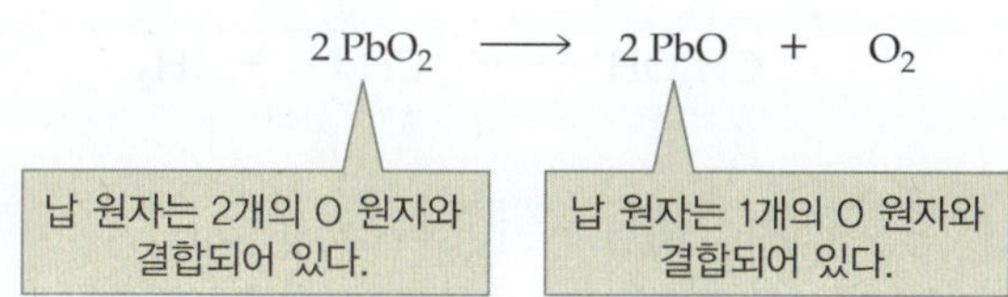

이산화 납은 산소를 잃고, 환원된다.

예제 8.1 산화-환원 과정: 산소 원자를 얻거나 잃는 것

다음 각각의 변화에서 반응물이 산화되는가, 환원되는가? (각 화학식은 균형 화학 반응식이 아니다.)

a. $Pb \longrightarrow PbO_2$ **b.** $SnO_2 \longrightarrow SnO$

c. $KClO_3 \longrightarrow KCl$ **d.** $Cu_2O \longrightarrow 2\,CuO$

풀이

a. 납은 산소 원자를 얻고(왼쪽에는 없고, 오른쪽에는 2개) 산화된다.

b. 주석은 산소 원자를 잃고(왼쪽에 2개, 오른쪽에 1개) 환원된다.

c. 왼쪽에는 3개의 O 원자가 있고 오른쪽에는 없다. 화합물은 산소를 잃고 환원된다.

d. 왼쪽의 구리 원자 2개는 하나의 산소 원자를 공유한다. 즉 각각 산소 원자의 절반을 갖는

다. 오른쪽의 각 Cu 원자는 단독으로 O 원자를 가지고 있다. Cu는 산소를 얻었으므로 산화되었다.

› 복습문제 8.1A

다음 각각의 변화에서 반응물이 산화되는가, 환원되는가? (각 화학식은 균형 화학 반응식이 아니다.)

a. $3\ Fe \longrightarrow Fe_3O_4$ **b.** $NO \longrightarrow NO_2$ **c.** $CrO_3 \longrightarrow Cr_2O_3$

› 복습문제 8.1B

다음 각각의 변화에서 반응물이 산화되는가, 환원되는가? (각 화학식은 균형 화학 반응식이 아니다.)

a. $SO_2 \longrightarrow SO_3$ **b.** $NaBrO \longrightarrow NaBr$

c. $CH_3CH_2OH \longrightarrow CH_3CH_2COOH$

2. 수소를 얻거나 잃는 산화-환원

수소가 산화-환원 반응에 관여할 때 수소 원자를 잃으면 **산화**로, 수소 원자를 얻으면 **환원**으로 정의할 수 있다. 메테인의 연소를 다시 한번 살펴보자.

$$CH_4 + 2\ O_2 \longrightarrow CO_2 + 2\ H_2O$$

산소는 수소를 얻어 물을 형성하므로, 산소는 환원된다. 메테인은 수소를 잃고 산화된다. CH_4의 탄소와 수소 원자도 산소를 얻는 것이 보이는가? 산화와 환원에 대한 두 가지 관점은 서로 일치한다.

이 관점은 산소 기체가 포함되지 않았을 때 특히 유용하다. 예를 들어 메틸 알코올(CH_3OH)은 뜨거운 구리 거즈 위를 통과하면 폼알데하이드와 수소 기체를 생성한다.

$$CH_3OH \longrightarrow CH_2O + H_2$$

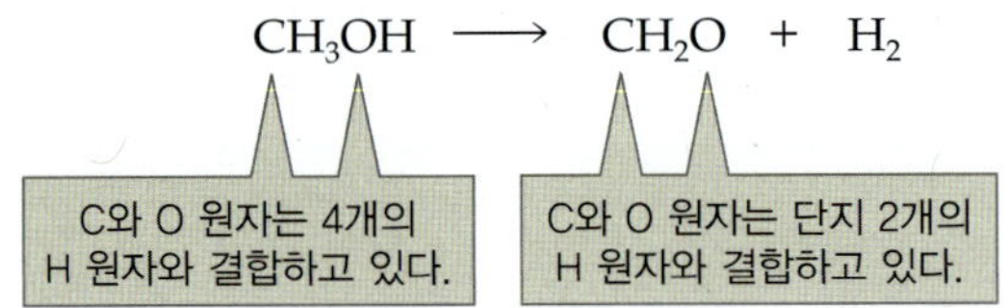

메틸 알코올은 수소를 잃기 때문에 이 반응에서 산화된다.

수소 기체와 염소 기체의 혼합물은 점화되면 폭발적으로 반응한다.

$$H_2 + Cl_2 \longrightarrow 2\ HCl$$

염소 원자 하나가 수소 원자 하나를 얻으면 염소가 환원되기 때문에 수소는 산화되어야 한다.

생화학자들은 종종 수소 원자의 증가 또는 감소가 산화-환원 과정을 살펴보는 데 유용한 방법이라고 생각한다. 예를 들어 다양한 생화학적 산화-환원 반응에서 NAD^+라는 물질은 NADH로 바뀐다. 실제 분자는 다소 복잡하지만, 에틸 알코올이 알코올의 물질대사의 한 단계인 아세트알데하이드로 산화되는 반응식을 다음과 같이 쓸 수 있다.

$$CH_3CH_2OH + NAD^+ \longrightarrow CH_3CHO + NADH + H^+$$

에틸 알코올은 산화(수소를 잃음)되고 NAD^+는 환원(수소를 얻음)되는 것을 알 수 있다.

예제 8.2 산화-환원 과정: 수소 원자를 얻거나 잃는 것

다음 각각의 변화에서 반응물이 산화되는가, 환원되는가? (각 화학식은 균형 화학 반응식이 아니다.)

a. $C_2H_6O \longrightarrow C_2H_4O$ **b.** $C_2H_2 \longrightarrow C_2H_6$

풀이

a. 왼쪽의 반응물에는 6개의 H 원자가 있고 오른쪽의 생성물에는 4개만 있다. 반응물은 H 원자를 잃고 산화되었다.

b. 왼쪽의 반응물에는 H 원자가 2개, 오른쪽의 생성물에는 6개가 있다. 반응물은 H 원자를 얻고 환원되었다.

› 복습문제 8.2A

다음 각각의 변화에서 반응물이 산화되는가, 환원되는가? (각 화학식은 균형 화학 반응식이 아니다.)

a. $C_6H_{12} \longrightarrow C_6H_6$ **b.** $2\ CH_3SH \longrightarrow CH_3SCH_3$

› 복습문제 8.2B

다음 각각의 변화에서 반응물이 산화되는가, 환원되는가? (각 화학식은 균형 화학 반응식이 아니다.)

a. $C_3H_6O \longrightarrow C_3H_8O$ **b.** $C_3H_6 \longrightarrow C_3H_4$

3. 산화-환원 반응에서 전자를 얻거나 잃는 것

산화와 환원에 대한 세 번째 관점은 전자를 얻거나 잃는 것과 관련이 있다. (사실, 전자 이동은 모든 산화-환원 반응에서 발생하지만, 산화-환원에 대한 다른 관점이 더 편리할 때도 있다.) 산화는 전자를 잃는 것으로 정의되며, 산화된 화학종은 양의 전하가 증가한다. 반면에 환원은 전자를 얻는 것이며 환원된 화학종은 음의 전하가 증가한다. 예를 들어 마그네슘 금속 조각을 공기 중에 점화시킨 다음 염소 기체가 담긴 용기에 넣으면 계속 연소할 수 있다. 염화 마그네슘의 흰색 분말 '그을음'이 형성되며, 각 마그네슘 이온마다 2개의 염화 이온이 존재한다.

$$Mg + Cl_2 \longrightarrow Mg^{2+} + 2\ Cl^-$$

마그네슘 원자가 전자 2개를 잃기 때문에 마그네슘 금속은 산화된다. 각 염소 원자는 1개의 전자를 얻으므로 염소는 환원된다.

산화/환원과 전자를 얻고/잃는 관계를 기억하는 데 널리 사용되는 두 가지 방법을 오른쪽 여백에 실었다.

LEO the lion says GER
Loss of
Electrons is
Oxidation
Gain of
Electrons is
Reduction

OIL RIG
Oxidation
Is
Loss of electrons
Reduction
Is
Gain of electrons

예제 8.3 산화-환원 과정: 전자를 잃거나 얻는 것

다음 각각의 변화에서 반응물이 산화되는가, 환원되는가? (각 화학식은 균형 화학 반응식이 아니다.)

a. $Zn \longrightarrow Zn^{2+}$ **b.** $Fe^{3+} \longrightarrow Fe^{2+}$

c. $S^{2-} \longrightarrow S$ **d.** $F_2 \longrightarrow 2\ F^-$

풀이

a. 2+ 이온을 생성할 때 Zn 원자는 2개의 전자를 잃는다. 즉 $Zn \longrightarrow Zn^{2+} + 2\,e^-$이다. 따라서 아연은 산화되었다.

b. 3+ 이온에서 2+ 이온으로 바뀌기 위해 Fe^{3+}는 전자 하나를 얻었다. 즉 $Fe^{3+} + e^- \longrightarrow Fe^{2+}$이다. 이것은 각 Fe(III) 이온이 환원되었다는 것을 의미한다.

c. S^{2-} 이온이 전하를 띠지 않는 원자로 바뀌려면 S는 2개의 전자를 잃는다. 즉 $S^{2-} \longrightarrow S + 2\,e^-$이다. 따라서 황화 이온은 산화되었다.

d. 여기서 2개의 F^- 이온은 중성의 이원자 분자인 F_2에서 생성되므로 F_2의 각 플루오린 원자는 전자를 얻었다. 즉 $F_2 + 2\,e^- \longrightarrow 2\,F^-$이다. 따라서 원소 플루오린은 환원되었다.

산화-환원 반응에서는 올바른 용어를 사용하도록 주의해야 한다. **(c)**에서 단순히 '황이 산화되었다'라고 하면 원소 황(S)이 하나 이상의 전자를 잃고 양이온으로 바뀌었다는 뜻이 되므로, '황이 산화되었다'라고 하는 것은 틀린 표현이다. '황화 이온이 산화되었다'가 S^{2-}에 대한 올바른 표현이다.

› 복습문제 8.3A

다음 각각의 변화에서 반응물이 산화되는가, 환원되는가? (각 화학식은 균형 화학 반응식이 아니다.)

a. $Co^{2+} \longrightarrow Co^{3+}$ **b.** $Hg^{2+} \longrightarrow Hg$ **c.** $H_2 \longrightarrow 2\,H^+$

› 복습문제 8.3B

다음 각각의 변화에서 반응물이 산화되는가, 환원되는가? (각 화학식은 균형 화학 반응식이 아니다.)

a. $Cr^{6+} \longrightarrow Cr^{3+}$ **b.** $2\,Cl^- \longrightarrow Cl_2$ **c.** $I_3^- \longrightarrow 3\,I^-$

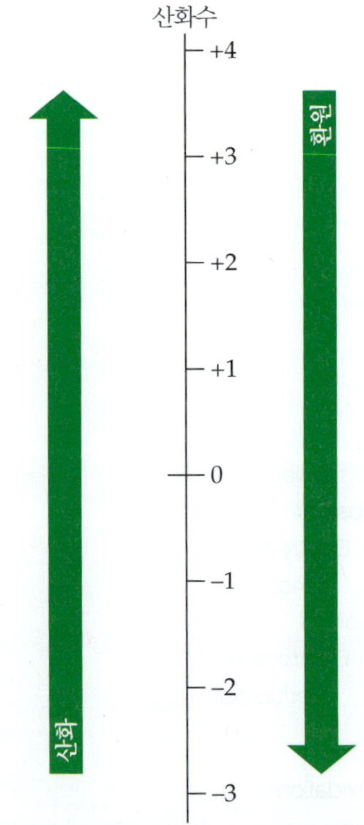

▲ **그림 8.3** 산화수가 증가한다는 것은 전자를 잃는 것을 의미하므로 산화이다. 산화수가 감소한다는 것은 전자를 얻는 것을 의미하므로 환원이다.

4. 산화-환원 반응과 산화수

이 단계에서 산화수(또는 산화 상태)의 개념과 그 응용을 소개하는 것이 유용할 것이다. **산화수**(oxidation number)는 '모든 결합이 이온 결합일 경우 화학식에서 원자가 가질 수 있는 전하'라고 생각할 수 있는 가상의 값이다. 산화와 환원에 대한 이 네 번째 관점은 산화수의 증가 또는 감소와 관련된 것이다(그림 8.3).

산화수가 증가하면 하나 이상의 전자를 잃게 됨에 따라 (이온의) 실제 전하 또는 (원자의) 겉보기 전하가 더 양의 값이 되거나 덜 음의 값이 된다. 환원은 그 반대이다. 1개 이상의 전자(또는 전자들)를 얻은 결과로 원자의 전하가 덜 양의 값이 되거나 더 음의 값이 된다.

일반적으로 다음과 같은 규칙에 따라 정확한 산화수를 산출할 수 있다.

규칙 1. 원소 형태의 원자는 산화수가 0이다. Ag, N_2, Fe, S은 모두 산화수가 0이다.

규칙 2. 단원자 이온은 전하와 같은 산화수를 갖는다. $K^+ = +1$, $Br^- = -1$, $Cu^{2+} = +2$이다. TiF_4에서 타이타늄은 4+ 이온이므로 산화수는 +4이다. 플루오린은 1− 이온이므로 산화수는 −1이다.

규칙 3. 화합물에서 수소와 산소는 각각 +1과 −2의 산화수를 갖는다. 예를 들어 $HClO_4$에서 H의 산화수는 +1이다. 산소의 산화수는 −2이다. (예외: H_2O_2와 같은 과산화물에서 산소의 산화수는 −1이고, CaH_2와 NaH 같은 금속 수화물에서 수소의 산화수는 −1이다).

규칙 4. 분자 내 원자의 산화수 합은 0이다. 다원자 이온에 포함된 원자의 산화수의 합은 이온의 전하와 같다. 즉 $HClO_4$(규칙 3)에서 Cl의 산화수는 +7이다.

관례에 따라 이온의 전하 부호는 숫자 뒤에 붙고 산화수 부호는 숫자 앞에 붙는다. 따라서 철(II) 이온은 Fe^{+2}가 아닌 Fe^{2+}로 표기하고, 산화수는 2+가 아닌 +2로 표기한다.

예제 8.4 분자와 다원자 이온의 산화수 결정하기

다음 각 분자와 이온에서 원자의 산화수를 구하라.

a. SO_2 **b.** HNO_2 **c.** NH_3^- **d.** $Cr_2O_7^{2-}$

풀이

분자나 다원자 이온의 산화수를 구하는 것은 간단한 식을 세우고, 앞의 네 가지 규칙을 사용하여 알려진 것을 구하고, 미지의 것을 푸는 문제이다.

a. 우리가 아는 것은 다음과 같다. 규칙 4는 S의 산화수와 2개의 O의 산화수의 합은 0이라는 것이다. 규칙 3은 각 O의 산화수가 −2이므로 2개의 O는 $2 \times (-2)$ 또는 −4와 같다는 것을 알려준다. 따라서 황의 산화수를 구하려면 $S + (-4) = 0$, 즉 S는 +4라는 식으로 풀면 된다.

b. HNO_2의 경우에 세 원소의 산화수 합은 다시 0이다. 규칙 3에 따르면 H는 +1이고 각 O는 −2이다. N의 산화수를 구하려면 $(+1) + N + [2 \times (-2)] = 0$을 풀면 N에 대해 +3이 된다.

c. NO_3^-의 경우에 산화수의 합은 전하와 같은 −1이다. 산소의 산화수는 −2이다. 풀어야 할 식은 $N + [3 \times (-2)] = -1$이 되고, N에 대해 +5가 된다. 이 문제와 **(b)**에서 질소(및 다른 많은 원소)의 산화수 값은 다양할 수 있다는 점에 유의해야 한다.

d. $Cr_2O_7^{2-}$의 산화수 합은 전하와 같은 −2다. 산소는 산화수가 −2다. 크로뮴 원자가 2개이므로 풀어야 할 식은 $(2 \times Cr) + [7 \times (-2)] = -2$가 되고, Cr의 경우 +6이 된다.

› 복습문제 8.4A

다음 각 탄소의 산화수를 구하라.

a. CO **b.** C_2H_6 **c.** H_2CO

› 복습문제 8.4B

다음 각 염소 원자의 산화수를 구하라.

a. Cl_2 **b.** HCl **c.** ClO_3^- **d.** Cl_2O_3

예제 8.5 산화-환원 과정: 반응에 적용되는 산화수

다음 변화에서 반응물이 산화되는가, 환원되는가? (화학식은 균형 화학 반응식이 아니다.)

$$C_2H_6O \longrightarrow C_2H_4O$$

앞의 예제 8.2a에서 수소 제거의 관점에서 이 사례를 살펴본 바 있다. 하지만 이번에는 산화수 측면에서 살펴본다.

풀이

C_2H_6O: 이 분자는 전하가 없으므로 모든 원자의 산화수 합은 0이어야 한다. 수소 원자 6개는 각각 산화수가 +1이므로 합이 +6이고, 산소는 산화수가 −2이므로 수소와 산소의 산화수 합은 $+6 + (-2) = +4$이다. 즉 탄소 원자의 산화수 합은 −4가 되어야 한다. 탄소 원자는 두 개이므로 각 탄소는 산화수가 −2여야 한다.

C_2H_4O: 이번에도 분자는 전하가 없으므로 모든 산화수의 합은 0이어야 한다. 4개의 수소 원자의 산화수는 각각 +1, 총 +4이고, 산소 원자의 산화수는 −2이므로 수소와 산소의 산화수의 합은 $+4 + (-2) = +2$이다. 즉 두 탄소 원자의 산화수 합은 −2가 되어야 하므로 두 탄소 원자는 각각 −1의 산화수를 가져야 한다.

이는 각 탄소의 산화수가 −2에서 −1로 덜 음의 값으로 바뀌었고 전자를 잃었다는 것을 의미한다. 따라서 탄소는 산화되었다.

› 복습문제 8.5A

다음 각각의 변화에서 반응물이 산화되는가, 환원되는가? (각 화학식은 균형 화학 반응식이 아니다.)

a. $C_2H_2 \longrightarrow CO_2$ **b.** $MnO_4^- \longrightarrow Mn^{2+}$ **c.** $C_2Cl_4 \longrightarrow C_2Cl_6$

› 복습문제 8.5B

다음 각각의 변화에서 반응물이 산화되는가, 환원되는가? (각 화학식은 균형 화학 반응식이 아니다.)

a. $ClO_3^- \longrightarrow Cl^-$ **b.** $Br_2 \longrightarrow 2\ BrO_3^-$ **c.** $S_2O_8^{2-} \longrightarrow 2\ SO_4^{2-}$

1 구리 지붕이 녹색인 이유는 무엇인가?

구리는 다용도 지붕 재료로, 외관뿐만 아니라 경제적인 열전도 특성으로 높은 평가를 받고 있다. 구리 지붕의 흥미로운 측면 중 하나는 녹색으로 변한다는 것이다. 이 코팅의 이름은 녹청(patina)이다. 이러한 구리 외관의 변화는 여러 가지 화학 반응으로 인해 발생한다. 이러한 반응 중 첫 번째는 Cu가 산소에 의해 Cu^+로 산화되는 것이다.

$$4\ Cu + O_2 \longrightarrow 2\ Cu_2O$$

그런 다음 구리(I)는 추가로 산화되어 Cu^{2+}로 변하여 검은색 CuO와 CuS를 형성한다. 수분의 도움을 받아 공기 중에 존재하는 이산화황 및 이산화 탄소와 추가로 반응하면 아주라이트[파란색, $Cu_3(CO_3)_2(OH)_2$], 브로찬타이트[녹색, $Cu_4SO_4(OH)_6$], 말라카이트[녹색, $Cu_2CO_3(OH)_2$]가 생성된다. 이 세 가지 무기질이 결합하여 녹청에 독특한 녹색을 부여한다.

네 가지 관점 중 어느 것을 사용해야 하는가

산화와 환원을 바라보는 방식이 다른 이유는 무엇일까? 산소를 얻는 것으로서의 산화는 역사적이고 구체적이지만, 전자를 기준으로 한 정의는 더 광범위하게 적용된다. 어느 것을 사용해야 할까? 일반적으로 두 정의는 서로 일치하므로 가장 편리한 정의를 사용한다.

몇 가지 반응을 살펴보고 어떤 접근 방식을 사용할지 결정하는 방법을 알아보자. 다음 반응은 독성이 강한 $Cr_2O_7^{2-}$를 독성이 훨씬 덜한 Cr^{3+}로 바꾸기 때문에 환경적으로 매우 중요한 반응이다.

$$Cr_2O_7^{2-}(aq) + 3\ Sn^{2+}(aq) + 14\ H^+(aq) \longrightarrow 2\ Cr^{3+}(aq) + 3\ Sn^{4+}(aq) + 7\ H_2O(l)$$

이 경우에 주석은 단원자 이온으로 존재하기 때문에 산화수 접근법이 가장 쉬울 것이다. Sn^{2+}의 산화수는 +2이고, Sn^{4+}의 산화수는 +4이므로 주석(II)은 주석(IV)으로 산화된다. 크로뮴 생성물은 Cr^{3+}이므로 산화수는 +3이다. $Cr_2O_7^{2-}$에서 크로뮴의 산화수는 +6임을 알 수 있으므로 크로뮴은 +6에서 +3으로 환원된다. (이 경우 답을 추론할 수 있다. 이미 주석이 산화되었다는 것을 확인했다. 반응식의 산소와 수소는 산화수가 변하지 않았다. 따라서 남은 유일한 원소인 크로뮴은 환원되어야 한다.)

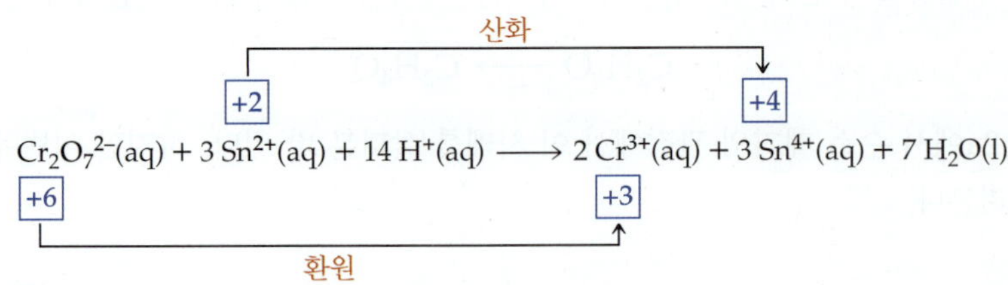

다음과 같은 탄소의 연소 반응을 생각해보자.

$$C + O_2 \longrightarrow CO_2$$

탄소가 산소 원자를 얻음으로써 산화되었다고 생각하는 것이 가장 편리하다. 다른 유일한 반응물은 산소 기체이므로 환원되어야 한다. 마찬가지로 다음과 같은 반응이라고 하자.

$$CH_2O + H_2 \longrightarrow CH_4O$$

반응물인 CH_2O가 수소 원자를 얻음으로써 환원되는 것을 쉽게 알 수 있다. 마지막으로 다음과 같은 반응이라고 하자.

$$3\,Sn^{2+} + 2\,Bi^{3+} \longrightarrow 3\,Sn^{4+} + 2\,Bi$$

주석은 전자를 잃기 때문에 산화되어 산화수가 +2에서 +4로 증가하는 것이 분명하다. 마찬가지로 비스무트는 전자를 얻어서 산화수가 +3에서 0으로 감소하기 때문에 환원되는 것을 알 수 있다.

산화-환원 반응을 산소 및 수소를 얻거나 잃는다는 프리즘을 통해 보는 것은 유기 화학과 생화학(9장, 13장) 및 일부 간단한 반응에 유용하다. 그러나 모든 산화-환원 과정, 특히 산소 또는 수소 함유 화학종을 포함하지 않는 반응에 보편적으로 적용할 수 있는 것은 전자를 얻었는지, 잃었는지를 분석하는 것이다. 산화수 접근법은 우리 몸의 산소 수송에서부터 휴대전화나 포도당 측정기와 같은 거의 모든 고성능 전자기기에 전원을 공급하는 것에 이르기까지의 산화환원 과정을 분석하고 연구하기 위해 선택되는 방법이다.

자가평가문제

1. 다음 중 산화에 해당하지 않는 것은 무엇인가?

a. 전자를 얻는다. **b.** 전자를 잃는다.
c. 수소 원자를 잃는다. **d.** 산소를 얻는다.

2. 다음 중 질소의 산화를 나타내는 (불균형) 반응식은 무엇인가?

a. $NH_3 \longrightarrow NH_4^+$ **b.** $N_2O_4 \longrightarrow NI_3$
c. $NO_3^- \longrightarrow NO$ **d.** $NO_2 \longrightarrow N_2O_5$

3. CrO_4^{2-}가 반응하여 Cr^{3+}를 형성할 때 CrO_4^{2-}의 크로뮴에 일어나는 변화는 무엇인가?

a. 환원: 전자를 잃는다.
b. 환원: 산소를 잃는다.
c. 산화: 산화수가 증가한다.
d. 산화: 양전하가 증가한다.

4. 다음 중 몰리브데넘 이온의 환원을 가장 잘 나타내는 반응식은 무엇인가?

a. $MoO_2 + H_2O \longrightarrow H_2MoO_3$
b. $MoO_2 + 4\,H_2 \longrightarrow Mo + 2\,H_2O$
c. $2\,MoO_2 + O_2 \longrightarrow 2\,MoO_3$
d. $MoO_2 + 4\,H^+ \longrightarrow Mo^{4+} + 2\,H_2O$

5. 다음 반응에서 Cl_2에 어떤 변화가 일어나는가?

$$3\,Cl_2 + 2\,Al \longrightarrow 2\,AlCl_3$$

a. 산화도 되고 환원도 되었다.
b. 산화도 환원도 되지 않았다.
c. 산화만 되었다.
d. 환원만 되었다.

6. 다음 반응에서 Mn에 어떤 변화가 일어나는가?

$$Mn \longrightarrow Mn^{2+}$$

a. 전자를 얻고 산화되었다.
b. 전자를 얻고 환원되었다.
c. 전자를 잃고 산화되었다.
d. 전자를 잃고 환원되었다.

7. 원소가 산화될 때 그 산화수는 어떻게 되는가?

a. 전자를 얻음에 따라 감소한다.
b. 전자를 잃음에 따라 감소한다.
c. 전자를 얻음에 따라 증가한다.
d. 전자를 잃음에 따라 증가한다.

8. Na_2O에서 각 소듐과 산소 원자의 산화수는 얼마인가?

a. 0, 0 **b.** +1, +1 **c.** +1, −2 **d.** +1, −1

9. $KMnO_4$에서 망가니즈의 산화수는 얼마인가?

a. +7 **b.** +8 **c.** +1 **d.** +6

10. 산화수 부여에 대한 설명으로 옳은 것은 무엇인가?

a. 알칼리 금속은 +1 또는 −1의 산화수를 가질 수 있다.

b. 할로젠 원소들은 절대 −1의 산화수를 가질 수 없다.

c. 산소는 항상 산화수가 −2여야 한다.

d. 이온 화합물에서 알칼리 토금속의 산화수는 항상 +2이다.

11. 인의 산화수가 +5이고 각 산소 원자의 산화수가 −2인 PO_4^{n-} 이온의 전하는 얼마인가?

a. 0 **b.** 1− **c.** 2− **d.** 3−

정답: 1. a, 2. d, 3. b, 4. b, 5. d, 6. c, 7. d, 8. c, 9. a, 10. d, 11. d

8.2 산화제와 환원제

학습 목표 • 산화-환원 반응에서 산화제와 환원제를 구별한다.

한 반응물이 전체 산화-환원 반응에 어떤 영향을 미치는지 보기 위해서는 한 번에 하나의 반응물에 주의를 집중하는 것이 편리할 때가 많다. **산화제**(oxidizing agent)는 다른 반응물을 산화되게 하는 반응물이고, **환원제**(reducing agent)는 다른 반응물을 환원되게 하는 반응물이다. (비유하자면 돈을 빌려주는 사람은 돈을 받는 것이 아니라 다른 사람이 돈을 받게 하는 것이다.) 다르게 표현하면 환원제는 산화되는 물질이고, 산화제는 환원되는 물질이다. 예를 들어 다음과 같은 반응이라고 하자.

$$\underset{+2 \xrightarrow{\text{환원}} 0}{} \qquad CuO + H_2 \longrightarrow Cu + H_2O \qquad \underset{0 \xrightarrow{\text{산화}} +1}{}$$

산화 구리(II)의 구리가 환원되고 수소가 산화되는 것을 알 수 있다. CuO가 H_2의 산화를 일으켰으므로 CuO가 산화제이다. 반면에 H_2는 CuO의 환원을 일으켰으므로 H_2가 환원제이다. 각각의 산화-환원 반응에는 반응물에 산화제와 환원제가 있다.

예제 8.6 산화제와 환원제

다음 각 반응에서 산화제와 환원제를 찾아라.

a. $2\,C + O_2 \longrightarrow 2\,CO$

b. $N_2 + 3\,H_2 \longrightarrow 2\,NH_3$

c. $3\,Mg + N_2 \longrightarrow Mg_3N_2$

d. $2\,H_2S + 8\,NO_3^- \longrightarrow SO_4^{2-} + 4\,N_2 + 4\,H_2O + 2\,H^+$

풀이

산화와 환원의 다양한 정의를 적용하여 답을 확인할 수 있다.

a. C는 산소를 얻고 산화되므로 환원제가 되어야 한다. 따라서 O_2가 산화제이다.

b. N_2는 수소를 얻고 환원되므로 산화제이다. 따라서 H_2가 환원제이다.

c. 마그네슘이 2개의 전자를 잃게 되면 마그네슘의 산화수는 0에서 +2로 증가한다. 즉 마그네슘은 산화되어 환원제가 된다. 그 결과 질소 원자의 산화수가 0에서 −3으로 감소하면서 전자를 얻는 N_2가 산화제이다. 이 경우 산소를 얻거나 수소를 잃는 것과 같은 산화의 정의는 통하지 않았을 것이다! 이 반응에는 이 두 원소가 모두 존재하지 않는다.

d. H_2S의 S는 8개의 전자를 잃고 산화되어 산화수가 −2에서 +6으로 증가하므로 H_2S가 환원제이다. NO_3^-에서 질소 원자의 산화수는 +5에서 0으로 감소하여 N은 환원된다. 결

과적으로 NO_3^-는 산화제이다.

› 복습문제 8.6A

다음 각 반응에서 산화제와 환원제를 찾아라.

a. $Mg + F_2 \longrightarrow MgF_2$ **b.** $4\,H_2 + Fe_3O_4 \longrightarrow 3\,Fe + 4\,H_2O$

c. $Ce^{4+} + Ni^{2+} \longrightarrow Ce^{3+} + Ni^{3+}$

› 복습문제 8.6B

다음 각 반응에서 산화제와 환원제를 찾아라.

a. $Se + O_2 \longrightarrow SeO_2$ **b.** $2\,K + Br_2 \longrightarrow 2\,K^+ + 2\,Br^-$

c. $4\,Fe + 3\,O_2 \longrightarrow 2\,Fe_2O_3$

자가평가문제

1. 다음 중 환원제는 무엇인가?

a. 전자를 얻는 것이다.
b. 양성자를 얻는 것이다.
c. 전자를 잃는 것이다
d. 양성자를 잃는 것이다.

2. 어떤 원자가 2개의 전자를 얻었다. 이 원자는 무엇인가?

a. 산화제 **b.** 환원제
c. 산화됨 **d.** 이중 환원제

3. 화합물에서 원자의 산화수가 +2에서 +4로 증가했다. 이 화합물은 무엇인가?

a. 환원제 **b.** 산화제
c. 전자를 얻음 **d.** 양성자를 얻음

4. 다음 반응에서 산화제로 작용하는 물질은 무엇인가?

$$Cu(s) + 2\,Ag^+(aq) \longrightarrow Cu^{2+}(aq) + 2\,Ag(s)$$

a. Ag **b.** Ag^+ **c.** Cu **d.** Cu^{2+}

5. 다음 반응에서 환원제로 작용하는 물질은 무엇인가?

$$Al(s) + Cr^{3+}(aq) \longrightarrow Al^{3+}(aq) + Cr(s)$$

a. Al(s) **b.** $Al^{3+}(aq)$ **c.** $Cr^{3+}(aq)$ **d.** Cr(s)

6. 다음 반응에서 산화제로 작용하는 물질은 무엇인가?

$$Zn(s) + 2\,Tl^+(aq) \longrightarrow Zn^{2+}(aq) + 2\,Tl(s)$$

a. Tl(s) **b.** $Tl^+(aq)$ **c.** Zn(s) **d.** $Zn^2(aq)$

7. 다음 반응에서 환원제로 작용하는 물질은 무엇인가?

$$12\,H^+(aq) + 2\,IO_3^-(aq) + 10\,Fe^{2+}(aq) \longrightarrow 10\,Fe^{3+}(aq) + I_2(s) + 6\,H_2O(l)$$

a. $Fe^{2+}(aq)$ **b.** $H^+(aq)$ **c.** $I_2(s)$ **d.** $IO_3^-(aq)$

정답: 1. c, 2. a, 3. a, 4. b, 5. a, 6. b, 7. a

8.3 전기화학: 전지와 배터리

학습 목표
- 산화-환원 반응식의 균형을 맞춘다.
- 전기화학 전지의 반쪽 반응을 구별하고 쓴다.

3장에서 전기는 전기분해 과정에서 화학적 변화를 일으킬 수 있다는 것을 살펴봤다. 예를 들어 물에 전류를 흐르게 하면 수소와 산소 기체가 생성된다. 8.1절과 8.2절에서는 산화-환원 반응에 전자의 이동이 수반된다는 것을 살펴봤다. 이러한 전자 이동을 활용하여 전기를 생산할 수 있다. 전선에 흐르는 전류는 단순히 전자의 흐름이다.

이런 자연 현상에 관한 연구는 오랜 역사를 가지고 있다. 이 모든 것은 근육이 어떻게 작동하는지 이해하고자 하는 열망에서 시작되었다. 해부학을 가르치던 이탈리아 과학자 Luigi Galvani(1737~1798)는 놋쇠 갈고리에 매달린 절단된 개구리 다리가 철제 레일을 따라 끌고 가거나 가까이에서 번개가 치면 경련을 일으킨다는 것을 발견했다(전해지는 이야기에 의하면).

그는 전기가 개구리의 다리에서 나온다는 결론을 내렸다.

뛰어난 실험 물리학 교수였던, 또 다른 이탈리아 과학자 Alessandro Volta(1745~1827)는 Galvani의 결론에 동의하지 않았다. 대신 Volta는 소금물(바닷물) 용액을 통해 여러 금속을 연결하는 여러 실험을 수행했다. 그는 혀(당시로써는 최고의 감지기)를 사용해 전기가 발생하는지, 발생한다면 얼마나 많은 양이 발생하는지 감지했다. 그는 은과 아연의 조합을 실험해보기로 했다. 그는 장치를 최대한 휴대하기 쉽게 만들고, 그 과정에서 자신의 아이디어를 입증하기 위해 소금물에 적신 판지로 분리한 은과 아연 디스크를 번갈아 쌓아 올렸다. 이것이 최초의 배터리였으며, 오늘날 거의 모든 휴대용 전자기기에 사용되는 기술과 매우 유사하다. 소금물은 전기를 전도할 수 있는 용액, 즉 최초의 전해질이었다. 이 모든 것은 근육이 움직이는 이유에 대한 근본적인 질문에서 비롯되었다.

구리선 코일을 질산은 용액에 담그면(그림 8.4a) 구리 원자는 외각 전자를 은 이온에 제공한다(질산 이온은 변하지 않으므로 반응식에서 생략할 수 있다). 구리 금속은 용해되어 용액을 파란색으로 변하게 하는 구리(II) 이온이 되어 용액으로 들어간다. 은 이온은 용액에서 아름다운 금속 은 바늘 모양으로 나온다(그림 8.4b). 구리는 산화되고 은 이온은 환원된다.

자, 이제 전기를 어떻게 활용할 수 있을까? 반응은 전자의 이동만을 포함하기 때문에 은 이온은 구리 금속과 분리된 상태에서도 이 반응이 일어날 수 있다. 구리 금속과 구리(II) 이온을 한쪽 칸에, 은 금속과 은 이온을 인접한 다른 칸에 넣고 전선으로 연결하면 된다. 산화로 인해 방출된 전자는 전선을 통해 구리 쪽에서 은 쪽으로 흐르게 되고 여기에서는 동시에 일어나는 환원 과정에 의해 전자가 흡수된다. 이 전자의 흐름이 바로 전류이며, 이 전류는 모터를 작동시키거나 램프를 켜는 데 사용될 수 있다.

그림 8.5에 표시된 **전기화학 전지**(electrochemical cell)에는 2개의 분리된 칸이 있다. 한 칸에는 황산 구리(II)의 파란색 용액에 구리 금속이 담겨 있고, 다른 칸에는 질산은의 무색 용액에 은 금속이 들어 있다. 구리 원자는 은 원자보다 전자를 훨씬 더 쉽게 방출하므로 전자는 구리 칸에서 은 쪽으로 흐른다. 구리 원자가 전자를 방출하여 Cu^{2+} 이온을 생성함에 따라 구리 막대는 서서히 녹는다. 전자는 전선을 통해 은이 들어 있는 칸으로 이동하고, 은 이온이 전자를 흡수하여 은 원자가 되면서 은 막대의 질량이 증가한다.

(a) (b)

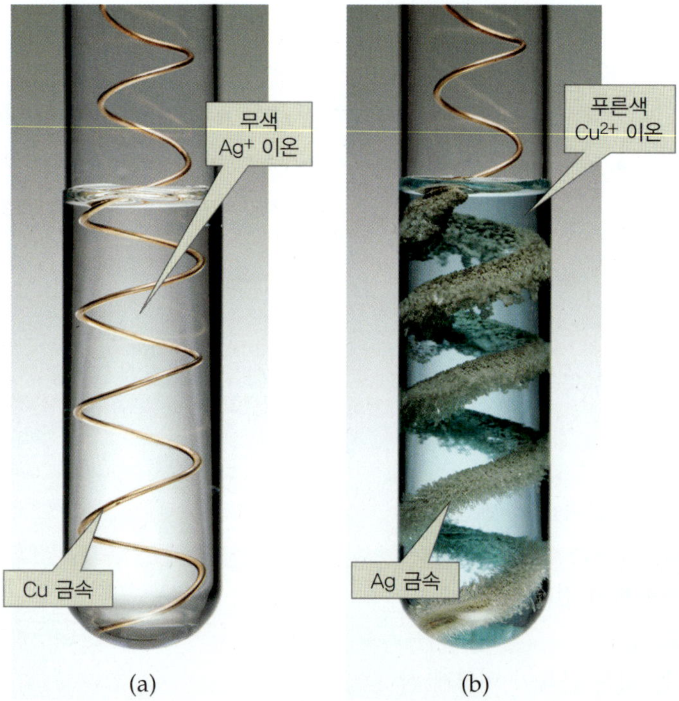

▲ **그림 8.4** (a) 구리선 코일을 투명한 Ag^+ 이온 용액에 담근다. (b) 반응이 진행됨에 따라 활성도가 높은 구리가 용액에서 활성도가 낮은 은을 대체하여 바늘 모양의 금속의 은 결정과 파란색의 Cu^{2+} 이온 용액을 생성한다. 반응식은 $2\,Ag^+(aq) + Cu(s) \longrightarrow 2\,Ag(s) + Cu^{2+}(aq)$이다.

하지만! 구리 쪽에서 은 쪽으로 전자가 흐르면서 구리 쪽은 양전하가 더 커지고, 은 쪽은 음전하가 더 커지게 되지 않을까? 이때 질산은 용액에 원래 존재하는 질산 음이온이 작용한다. 모든 전기화학 전지에서 전자의 이동은 반대 방향으로 이동하는 음이온에 의해 균형을 이루게 된다. 이 음이온의 이동이 일어나기 위해서는 전선이 전자의 이동을 허용하는 것처럼 전기화학 전지의 양쪽(또는 반쪽)이 음이온의 이동을 허용하는 무언가에 의해 연결되어야 한다. 이 장벽은 일반적으로 **염다리**라고 불리며 다양한 형태를 취할 수 있지만, 항상 이온이 존재하고 운반될 수 있는 매체(전해질)가 들어 있다. Volta의 전기화학 전지(배터리)에서 염다리는 소금물에 적신 판지 디스크였다. 그림 8.5의 전기화학 전지에서 각 구리 원자는 2개의 전자를 내놓고, 2개의 은 이온은 각각 1개의 전자를 받으며, 2개의 질산 이온은 염다리를 통해 오른쪽 칸에서 왼쪽 칸으로 이동한다.

전자가 전달되는 2개의 금속 조각을 **전극**(electrode)이라고 한다. 산화가 일어나는 전극을 **산화 전극**(anode)이라고 한다. 환원이 일어나는 전극은 **환원 전극**(cathode)이다. 예를 들어 그림 8.5에서 구리는 전자를 잃고 산화되므로 구리 막대가 산화 전극이다. 은 이온은 전자를 얻고 환원되므로 은 막대가 환원 전극이다.

전기화학 반응은 종종 2개의 반쪽 반응으로 표현된다. 다음 그림은 구리-은 전지에 대한 2개의 반쪽 반응과 이를 더하여 전체 전지 반응을 나타낸 것이다.

산화: $$Cu(s) \longrightarrow Cu^{2+}(aq) + \cancel{2\,e^-}$$

환원: $$2\,Ag^+(aq) + \cancel{2\,e^-} \longrightarrow 2\,Ag(s)$$

전체 반응: $$Cu(s) + 2\,Ag^+(aq) \longrightarrow Cu^{2+}(aq) + 2\,Ag(s)$$

두 반쪽 반응을 더하면 전자가 상쇄된다는 점에 유의한다.

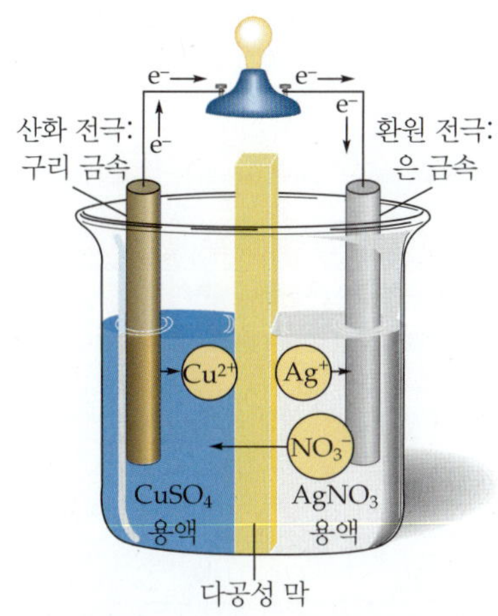

▲ **그림 8.5** 간단한 전기화학 전지. 반쪽 반응은 다음과 같다.

산화(산화 전극):

$$Cu(s) \longrightarrow Cu^{2+}(aq) + 2\,e^-$$

환원(환원 전극):

$$Ag^+(aq) + e^- \longrightarrow Ag(s)$$

Q 전체 반응의 균형 반응식에서 Ag^+와 Ag(s)는 모두 계수 2를 가져야 한다. 왜 그런가?

예제 8.7 산화 반쪽 반응과 환원 반쪽 반응

다음 반응을 2개의 반쪽 반응으로 나타내고, 산화 반쪽 반응과 환원 반쪽 반응을 표시하라.

$$Sn^{2+} + SO_4^{2-} + 2\,H^+ \longrightarrow Sn^{4+} + SO_3^{2-} + H_2O$$

풀이

주석은 2개의 전자를 잃음으로써 Sn^{2+}에서 Sn^{4+}로 산화된다. 따라서 산화 반쪽 반응은 다음과 같다.

산화: $$Sn^{2+} \longrightarrow Sn^{4+} + 2\,e^-$$

환원 반쪽 반응은 황이 포함된 이온이며, 황 원자는 2개의 전자를 얻는다. 따라서 환원 반쪽 반응은 다음과 같다.

환원: $$SO_4^{2-} + 2\,H^+ + 2\,e^- \longrightarrow SO_3^{2-} + H_2O$$

환원 반쪽 반응에서 모든 원자의 균형을 맞추기 위해서는 수소 이온과 물이 관여해야 한다는 점에 유의하자. 이것은 드문 일이 아니다. 물은 반응이 일어나는 매질을 제공하며 풍부하게 존재한다. 반면 수소 이온은 용액을 더 산성으로 만들기 위해 용액에 첨가되어야 한다. 산화-환원 반응이 일어날 수 있도록 반응에 필요한 pH를 공급하는 개념은 7장에서 산-염기 화학에 대해 살펴본 것의 연장선에 있다.

› 복습문제 8.7A

다음 반응을 2개의 반쪽 반응으로 나타내고, 산화 반쪽 반응과 환원 반쪽 반응을 표시하라.

$$2\,Co + 3\,S \longrightarrow 2\,Co^{3+} + 3\,S^{2-}$$

› 복습문제 8.7B

다음 반응을 2개의 반쪽 반응으로 나타내고, 산화 반쪽 반응과 환원 반쪽 반응을 표시하라.

$$Mg + ZnCl_2 \longrightarrow Zn + MgCl_2$$

2 전기뱀장어는 어떻게 전기를 만드는가?

전기뱀장어는 동전처럼 쌓인 수천 개의 특수 세포를 이용해 전기를 생산한다. 세포막의 소듐 구멍은 닫혀 있고, 포타슘 이온은 막을 통과하면서 농도 기울기(점진적인 변화)를 만들어낸다. 뱀장어는 이 구멍을 열어 충격을 발생시켜 세포당 약 120 mV를 생성한다. 따라서 5000개의 세포를 쌓으면 약 600 V가 발생하는데, 이는 말을 넘어뜨릴 수 있을 만큼 충분히 큰 전압이다.

일반적인 반응식의 균형을 맞출 때는 양쪽에 같은 수와 유형의 원자가 있는지 확인한다. 산화-환원 반응식의 경우에는 양쪽의 총 전하를 같게 만드는 데에도 주의해야 한다. 즉 예제 8.8에서와 같이 산화제가 잃는 전자 수와 환원제가 얻는 전자 수가 같아야 한다.

예제 8.8 산화-환원 반응식의 균형 맞추기

다음 반쪽 반응의 균형을 맞추고, 전체 반응이 균형을 이루도록 결합하라.

$$Sn^{2+} \longrightarrow Sn^{4+}$$
$$Bi^{3+} \longrightarrow Bi$$

풀이

원자는 두 반쪽 반응 모두에서 균형을 이루지만 전하는 그렇지 않다. 첫 번째 반쪽 반응에서 전하의 균형을 맞추기 위해 오른쪽에 2개의 전자를 추가한다.

$$Sn^{2+} \longrightarrow Sn^{4+} + 2\,e^-$$

두 번째 반쪽 반응은 왼쪽에 3개의 전자가 필요하다.

$$Bi^{3+} + 3\,e^- \longrightarrow Bi$$

그러나 이 두 가지를 결합하려면 먼저 잃은 전자의 수와 얻은 전자의 수를 동일하게 만들어야 한다. 산화되는 물질이 잃은 전자는 환원되는 물질이 얻어야 한다. 잃은 전자의 수와 얻은 전자의 수를 같게 만들기 위해 첫 번째 반쪽 반응에 3을 곱하고 두 번째 반응에 2를 곱한다.

$$3 \times (Sn^{2+} \longrightarrow Sn^{4+} + 2e^-) = 3\,Sn^{2+} \longrightarrow 3\,Sn^{4+} + \cancel{6\,e^-}$$
$$2 \times (Bi^{3+} + 3e^- \longrightarrow Bi) = 2\,Bi^{3+} + \cancel{6\,e^-} \longrightarrow 2\,Bi$$
$$= 3\,Sn^{2+} + 2\,Bi^{3+} \longrightarrow 3\,Sn^{4+} + 2\,Bi$$

전체 반응에서 원자와 전하 모두 균형을 이룬다는 점에 유의한다.

› 복습문제 8.8A

다음 반쪽 반응의 균형을 맞추고, 전체 반응이 균형을 이루도록 결합하라.

$$Zn(s) \longrightarrow Zn^{2+}$$
$$2\,H^+ \longrightarrow H_2(g)$$

› 복습문제 8.8B

다음 반쪽 반응의 균형을 맞추고, 전체 반응이 균형을 이루도록 결합하라.

$$Pb \longrightarrow Pb^{2+}$$
$$Ag(NH_3)_2^+ \longrightarrow Ag + 2\,NH_3$$

건전지

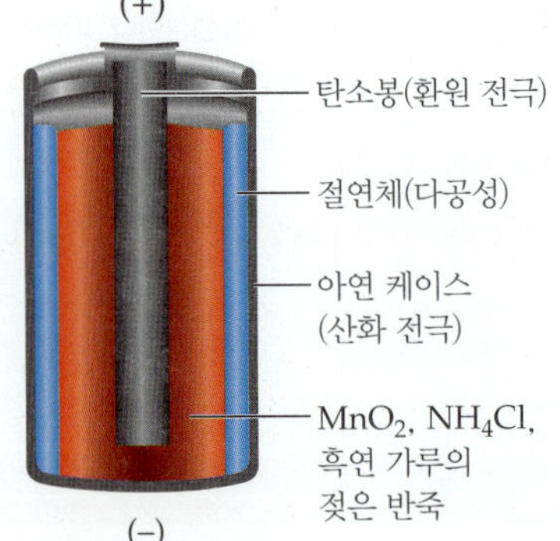

▲ 그림 8.6 아연-탄소 전지의 단면도

친숙한 건전지(그림 8.6)는 많은 손전등, 장난감, 리모컨에 사용된다. 원통형 아연 케이스가 산화 전극 역할을 하고, 환원 전극은 전지의 중앙에 있는 탄소 막대이다. 환원 전극과 산화 전극 사이의 공간에는 흑연 분말(탄소), 산화 망가니즈(IV)(MnO_2), 염화 암모늄(NH_4Cl)이 섞인 축축한 반죽이 들어 있고, 이 반죽은 탄소 환원 전극과 접촉하고 있다. 이 반죽은 다공성의 절연

광변색 유리

광변색 렌즈가 있는 안경은 밝은 빛에 노출되면 어두워지므로 선글라스가 필요 없다. 이러한 반응은 산화-환원 반응의 결과이다. 일반 유리는 복잡한 규산염 매트릭스로 가시광선에 투명하다. 광변색 렌즈는 염화 은(AgCl)과 염화 구리(I)(CuCl) 결정이 유리에 균일하게 코팅되어 있다. 염화 은은 빛에 의해 쉽게 산화와 환원이 일어난다. 먼저 빛이 염화 이온에서 전자를 제거한다.

$$\text{산화: } Cl^- \longrightarrow Cl + e^-$$

전자는 은 이온을 은 원자로 환원시킨다.

$$\text{환원: } Ag^+ + e^- \longrightarrow Ag$$

은 원자 클러스터가 빛의 투과를 차단하여 렌즈를 어둡게 만든다. 이 과정은 매우 빠르게 진행된다. 어두워지는 정도는 빛의 강도에 따라 달라진다.

안경에 사용하기 위해서는 광변색 과정이 가역적이어야 한다. 어두워지는 과정의 역반응은 염화 구리(I)에 의해 일어난다. 렌즈가 빛으로부터 제거되면 빛에 노출되어 형성된 염소 원자는 구리(I) 이온에 의해 환원되고, 구리(I) 이온은 구리(II) 이온으로 산화된다.

$$Cl + Cu^+ \longrightarrow Cu^{2+} + Cl^-$$

그런 다음 구리(II) 이온이 은 원자를 산화시킨다.

$$Cu^{2+} + Ag \longrightarrow Cu^+ + Ag^+$$

그 결과 은과 염소 원자가 원래의 산화 및 환원 상태로 전환되고, 렌즈는 다시 투명해진다. 이 반응은 온도에 따라 달라지는데, 온도가 높을수록 어두워지는 효과가 떨어진다. 이 기술은 일반적으로 일반 안경을 선글라스로 변환하는 데 사용되지만, 최근 선글라스 제조사들은 빛의 세기에 따라 선글라스의 색조를 조절하는 데도 이 기술을 적용하기 시작했다.

▲ 광변색 유리는 빛이 있으면 어두워진다.

체에 의해 아연 산화 전극(케이스)과 분리되어 있다. 산화 전극에서의 반응은 아연 실린더가 아연 이온으로 산화되는 것이다.

$$\text{산화(산화 전극): } Zn(s) \longrightarrow Zn^{2+} + 2\,e^-$$

환원 전극에서의 반응은 산화 망가니즈(IV)의 환원을 포함하고 있다.

$$\text{환원(환원 전극): } 2\,MnO_2(s) + H_2O(l) + 2\,e^- \longrightarrow Mn_2O_3(s) + 2\,OH^-(aq)$$

전체 반응을 간단하게 나타내면 다음과 같다.

$$Zn + 2\,MnO_2 + H_2O \longrightarrow Zn^{2+} + Mn_2O_3 + 2\,OH^-$$

알칼리 전지의 중요한 차이점은 NH_4Cl 대신 수산화 포타슘(KOH)이 사용된다는 것이다. 다소 비싸지만, 아연을 부식시키는 암모늄 이온이 존재하지 않기 때문에 알칼리 전지가 더 선호된다. 또한 보관 기간과 사용 기간이 더 길다.

왜 중요할까?

'헤비 듀티' 또는 '슈퍼'라고 표시된 배터리는 일반 건전지일 수 있으며, 알칼리 전지만큼 보관 수명과 작동 수명이 길지 않다. 일반적으로 알칼리 전지는 그림과 같이 표시되어 있으며 가격이 약간 더 비싸지만, 이를 구매하는 것이 더 합리적이다.

납축전지

우리는 흔히 건전지를 배터리라고 부르지만, **배터리**(battery)는 실제로는 전기화학 전지의 집합체이다(Volta의 배터리를 떠올려 보자). 예를 들어 자동차에 사용되는 12 V 납축전지는 6개

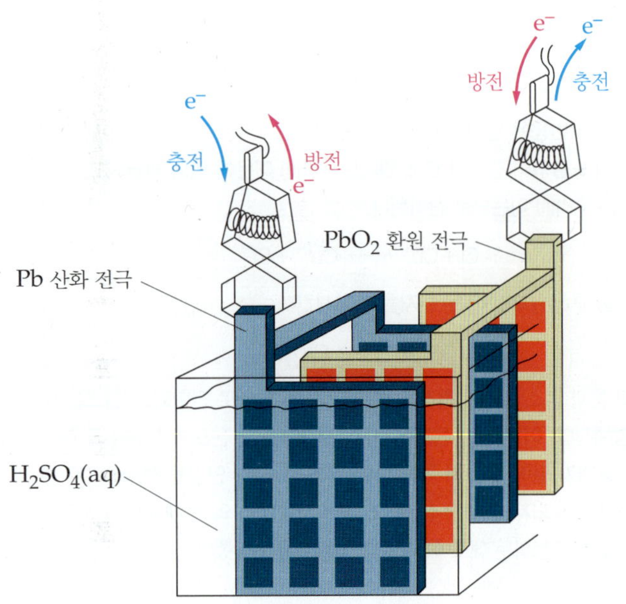

▲ **그림 8.7** 납축전지의 한 전지에는 2개의 산화 전극판과 2개의 환원 전극판이 있다. 이러한 6개의 전지가 일반적인 12 V 자동차 배터리를 구성한다. 반쪽 반응은 다음과 같다.

산화(산화 전극):

$Pb(s) + SO_4^{2-}(aq) \longrightarrow PbSO_4(s) + 2\,e^-$

환원(환원 전극):

$PbO_2(s) + 4\,H^+(aq) + SO_4^{2-}(aq) + 2\,e^- \longrightarrow PbSO_4(s) + 2\,H_2O(l)$

의 2.1 V 전지로 이루어져 있다. 각 전지(그림 8.7)에는 황산으로 채워진 칸에 한 쌍의 전극, 즉 납과 산화 납(IV)이 들어 있다. 납축전지는 150년 이상 알려져 왔다.

납축전지의 중요한 특징은 재충전할 수 있다는 점이다. 자동차 배터리는 시동을 위해 전기를 공급하는 동안 엔진은 꺼져 있지만, 조명이나 라디오가 켜져 있을 때 방전된다. 방전 중 알짜 반응은 다음과 같다.

$$Pb + PbO_2 + 2\,H_2SO_4 \longrightarrow 2\,PbSO_4 + 2\,H_2O$$

배터리는 자동차가 움직일 때 충전되며, 자동차의 기계적 작용에 의해 생성된 전류가 다시 배터리로 공급된다. 충전 중 반응은 방전 반응의 반대이다.

$$2\,PbSO_4 + 2\,H_2O \longrightarrow Pb + PbO_2 + 2\,H_2SO_4$$

납축전지는 내구성은 뛰어나지만, 무겁고 부식성 황산을 함유하고 있으며 납은 독성이 있어서 환경 문제를 일으킨다(실제로 대부분의 배터리 기술은 환경 친화적이지 않다). 그러나 전지 기술의 발전으로 납축전지는 수십 년 전보다 훨씬 더 오래 사용할 수 있게 되었으며, 배터리는 일상적으로 재활용되고 있다.

기타 배터리

충전식 배터리는 오늘날 시장에서 가장 중요한 배터리 중 하나이다. 수명이 다할 때까지 충전식 배터리는 비충전식 배터리보다 더 경제적이고 친환경적이다. 또한 대부분의 응용 분야에서 더 편리하다. 물론 정확한 과학이 뒷받침된다면 두 마리 토끼를 다 잡을 수 있다. 현재 여러 가지 충전식 배터리 기술이 시중에 나와 있다. 가장 일반적인 것은 납축전지, 니켈-카드뮴(NiCd), 니켈-금속 수소화물(NiMH), 리튬 이온(Li-ion), 리튬 이온 고분자(Li-ion polymer 또는 LiPo) 등 다양한 화학적 조합을 활용한다.

충전식 전지를 구매할 때 고려해야 할 한 가지 문제는 전지의 전압이다. 전압은 전지 반응에 따라 달라지는데, 앞서 언급했듯이 납축전지는 전지당 2.1 V를 생성한다. 건전지와 알칼리 전지는 크기와 관계없이 1.5 V를 생성한다. 반면에 NiCd 및 NiMH 전지는 다른 건전지와 물리적 크기는 비슷해도 1.2 V를 생산한다. 특정 응용 분야에서 NiCd/NiMH 전지가 작동할지는 응용 분야에 따라 다르다.

현대 배터리 기술의 대부분은 밀도가 매우 낮으면서도 다른 금속보다 높은 전압을 제공하는 리튬을 사용한다. 리튬 배터리는 파열 및 화재 발생 등 잘 알려진 몇 가지 문제에도 불구하고 매우 인기가 있다. 실제로 스마트폰, 태블릿, 노트북 컴퓨터 등 거의 모든 고성능의 경량 전자기기는 리튬-이온 배터리를 사용했기 때문에 가능했다. 리튬-이온 고분자 배터리는 상상할 수 있는 거의 모든 모양으로 만들 수 있으므로 현재 가장 많이 사용되는 기술이다. 리튬-SO_2 전지는 광범위한 온도 범위에서 작동하며 군용 전자 장치에 사용된다. 리튬-아이오딘 전지는 작동 수명이 길며 심박조율기에 사용된다. 리튬-FeS_2 전지는 알칼리 전지와 같은 1.5 V를 제공하지만, 작동 수명이 몇 배 더 길다.

보청기, 계산기 등에 사용되는 버튼형 배터리는 과거에는 수은(아연 산화 전극, HgO 환원 전극)을 사용했지만, 점차 수은 전지를 단계적으로 없애고 아연-공기 전지로 대체하고 있다.

3 배터리가 방전되는 이유는 무엇인가?

하나 이상의 반응물(건전지의 아연과 MnO_2)이 모두 소진되면 전지는 더 이상 유용한 에너지를 제공할 수 없다.

4 어떤 배터리는 충전이 가능하지만 어떤 배터리는 충전이 불가능한 이유는 무엇인가?

충전식 배터리는 가역적인 산화-환원 반응을 이용한다. 정상적인 정반응은 전기 에너지를 제공한다. 충전기를 사용하여 반대 방향으로 전기 에너지를 가하면 반응이 역전되고 출발 물질이 다시 생성된다. 모든 산화-환원 반응을 이런 방식으로 되돌릴 수 있는 것은 아니다.

소형 산화은 전지(아연 산화 전극, Ag_2O 환원 전극)는 주로 시계와 카메라에 사용된다.

▲ 일부 일산화 탄소 감지기는 산화 전극에서 일산화 탄소가 이산화 탄소로 산화되고, 환원 전극에서 산소가 소비되는 전기화학 전지를 사용한다. 황산이 전해질로 사용된다. 이 전지는 공기 중의 CO 농도와 관련된 전류를 생성하고, 이 전류는 경보를 발생하거나 CO 농도값을 알려준다.

연료 전지

흥미로운 종류의 배터리 중 하나가 연료 전지이다. **연료 전지**(fuel cell)에서는 산화제(보통 산소)와 환원제가 전지 내부에 고정된 양을 갖는 것이 아니라 지속적으로 공급된다. 다른 전지와 달리 연료 전지는 반응물이 공급되는 한 '죽지 않는다'는 특징이 있다. 게다가 석탄과 같은 화석연료를 연소시켜 전기를 생산할 때 연소 에너지의 최대 35%~40%만이 실제로 활용된다. 오늘날의 연료 전지에서는 연료(보통 수소)를 산화하여 70~75%의 효율로 산소를 환원한다. 12장에서 살펴보겠지만, 현재 대부분의 연료 전지는 수산화 포타슘 용액에 백금, 니켈, 로듐 전극을 사용한다. 수소-산소 연료 전지는 우주선에 널리 사용되는데, 비교적 크기가 작을 뿐만 아니라 수소와 산소의 반응으로 식수를 공급할 수도 있다. 천연가스 및 기타 더 쉽게 저장할 수 있는 연료와 함께 작동하는 전지를 설계하는 연구가 진행 중이다.

전기분해

건전지와 연료 전지는 화학 반응을 통해 전기를 생산한다. 때로는 이 과정을 역으로 진행할 수도 있다. 전기분해(3.1절에서 간략히 설명)에서는 외부에서 공급된 전기가 화학 반응을 일으킨다. 그림 8.7에 표시된 납축전지의 충전 반응은 전기분해의 한 유형이다. 자동차의 교류 발전기가 전류를 공급하면 황산 납(II)이 다시 금속 납과 PbO_2로 전환된다. 다른 충전식 전지는 충전할 때 전기를 생산하는 반응과 반대되는 반응이 일어난다.

전기분해는 산업에서 매우 중요하다. 미국 전체 전기의 약 1%가 산화 알루미늄을 전기분해하여 냄비, 호일, 캔 등에 사용되는 알루미늄 금속으로 만드는 데 사용된다. 크로뮴 도금은 크로뮴 이온(Cr^{6+}) 용액에 전기를 통과시켜 전자가 크로뮴 이온을 반짝이는 크로뮴 금속으로 변환시키는 방식으로 이루어진다. 구리 금속은 전기분해를 통해 정제되는데, 산화 전극의 불순한 구리 금속을 구리(II) 이온으로 변환한 다음 환원 전극에 거의 순수한 구리 금속을 증착한다. 수산화 소듐, 염소계 표백제 그리고 풍부하지 않거나 반응성이 큰 금속을 포함한 다른 많은 물질도 전기분해에 의해 생산된다.

자가평가문제

1. 전기화학 전지에서 전자의 이동 방향은 어떠한가?

a. 산화 전극에서 환원 전극으로
b. 환원 전극에서 산화 전극으로
c. 산화 전극에서 염다리로
d. 염다리에서 환원 전극으로

2. 전체 반응이 다음 반응식으로 표현되는 전기화학 전지에서 산화 전극은 무엇인가?

$$Zn(s) + Cu^{2+}(aq) \longrightarrow Zn^{2+}(aq) + Cu(s)$$

a. Cu(s) **b.** Cu^{2+}(aq)
c. Zn(s) **d.** Zn^{2+}(aq)

3. 아연-탄소 건전지의 산화 전극과 환원 전극은 각각 무엇인가?

a. Zn, MnO_2 **b.** Zn, C
c. C, Zn **d.** C, MnO_2

4. 2개의 반쪽 전지로 구성된 전기화학 전지에서 한 반쪽 전지부터 다른 반쪽 전지로 흐르는 이온이 통과하는 것은 무엇인가?

a. 전극 **b.** 공기
c. 염다리 **d.** 전선

5. 다음 반응에서 산화 반쪽 반응은 무엇인가?

$$Mg + CuO \longrightarrow MgO + Cu$$

a. $Cu^{2+} + 2\,e^- \longrightarrow CuO$
b. $CuO \longrightarrow Cu^{2+} + 2\,e^-$
c. $Mg^{2+} + 2\,e^- \longrightarrow MgO$
d. $Mg \longrightarrow Mg^{2+} + 2\,e^-$

6. 납축전지의 환원 전극과 산화 전극에서 반쪽 반응의 생성물은

무엇인가?

a. H_2SO_4 **b.** Pb **c.** PbO_2 **d.** $PbSO_4$

7. 리튬 배터리에 대한 설명으로 옳지 않은 것은 무엇인가?

a. 밀도가 낮다.
b. 노트북 컴퓨터에 사용된다.
c. 고전압을 제공한다.
d. 충전식이 아니다.

8. H_2/O_2 연료 전지에서 전기를 생산하는 전체 반응은 다음과 같다. 환원 전극에서 일어나는 반응은 무엇인가?

$$2\,H_2(g) + O_2(g) \longrightarrow 2\,H_2O(g)$$

a. $H_2 \longrightarrow 2\,H^+ + 2\,e^-$
b. $2\,H^+ + 2\,e^- \longrightarrow H_2$
c. $O_2 + 4\,H^+ + 4\,e^- \longrightarrow 2\,H_2O$
d. $2\,H_2O \longrightarrow O_2 + 4\,H^+ + 4\,e^-$

정답: 1.a, 2.c, 3.b, 4.c, 5.d, 6.d, 7.d, 8.c

8.4 부식과 폭발

학습 목표 • 철이 녹슬 때 일어나는 반응에 대해 설명한다.
• 폭발 반응이 강력한 이유를 설명한다.

부식과 폭발은 (영어 단어의) 운율이 비슷하다는 점을 제외하면 공통점이 거의 없다고 생각할 수 있다. 그러나 두 가지 과정 모두 산화–환원 반응을 수반한다. 금속의 부식은 경제적으로 매우 중요하다. 2013년 미국의 부식 비용은 약 4,510억 달러로 국내총생산(GDP)의 약 2.7%에 달했다. 전 세계적으로는 약 2조 5,000억 달러에 달했다. 안전과 환경적 결과까지 포함하면 그 비용은 훨씬 더 커진다. 아마도 매년 미국에서 생산되는 모든 철의 20% 정도가 부식된 제품을 교체하는 데 쓰일 것이다.

5 주변에서 '녹이 슨 배'를 더는 볼 수 없는 이유는 무엇인가?

녹이 만연한 이유는 생성된 $Fe(OH)_3$가 벗겨져 새로운 금속이 노출되기 때문이다. 대부분의 선체는 강철(대부분이 철)로 만들어지며, 그림 8.8에 따르면 선박이 바다를 항해할 때 (전해질이 많이 존재한다!) 당연히 녹이 슬어 없어져야 한다. 그런데 왜 그렇지 않을까? 녹이 생기려면 철이 전자를 내놓고 산화되어야 한다. 일부 금속은 다른 금속보다 전자를 더 쉽게 내준다(8.7절에서 '표준 환원 전위' 참조). 예를 들어 아연은 철보다 더 쉽게 산화된다. 단순히 아연 덩어리를 수면 아래의 철제 선체에 부착하면 철 대신 아연이 산화된다. 아연 덩어리는 소위 희생 산화 전극 역할을 한다. 최근에는 녹과 반응하여 강력하게 밀착되는 보호층을 형성하는 페인트와 코팅이 개발되었다. 이 중 일부는 석유 굴착 장치 및 기타 강철이 포함된 해양 구조물에 유용한 것으로 밝혀졌다.

철의 부식

습한 공기에서 철과 강철은 특히 흠집이나 긁힌 곳에서 산화된다(강철은 대부분 소량의 탄소 및 기타 합금 원소가 포함된 철이다).

$$Fe(s) \longrightarrow Fe^{2+}(aq) + 2\,e^-$$

철이 산화되면서 (대기 중의) 산소가 환원된다.

$$O_2(g) + 2\,H_2O(l) + 4\,e^- \longrightarrow 4\,OH^-(aq)$$

그 결과, 처음에는 짙은 녹색 또는 검은색으로 보이는 불용성 수산화 철(II)이 생성된다.

$$2\,Fe(s) + O_2(g) + 2\,H_2O(l) \longrightarrow 2\,Fe(OH)_2(s)$$

이 생성물은 일반적으로 더 산화되어 주황색 수산화 철(III)이 된다.

$$4\,Fe(OH)_2(s) + O_2(g) + 2\,H_2O(l) \longrightarrow 4\,Fe(OH)_3(s)$$

수산화 철(III)[$Fe(OH)_3$]은 때때로 $Fe_2O_3 \cdot 3\,H_2O$로 표기하기도 하며, 흔히 볼 수 있는 철의 녹이다.

산화와 환원은 종종 금속 표면의 서로 다른 지점에서 발생한다. 전자는 금속 철을 통해 전달된다. 이 회로는 수용액의 전해질에 의해 완성된다. 대설 지대(Snow Belt, 미국 오대호 인근 지역)에서는 종종 도로의 염분과 녹은 눈에서 나오는 슬러시가 전해질 용액이다. 금속은 산화 전극 영역에서 움푹 파이고, 여기에서 철이 Fe^{2+}로 산화된다. 이 이온은 환원 전극 영역으로 이동하여 산소의 환원에 의해 형성된 수산화 이온과 다음과 같이 반응한다.

$$Fe^{2+}(aq) + 2\,OH^-(aq) \longrightarrow Fe(OH)_2(s)$$

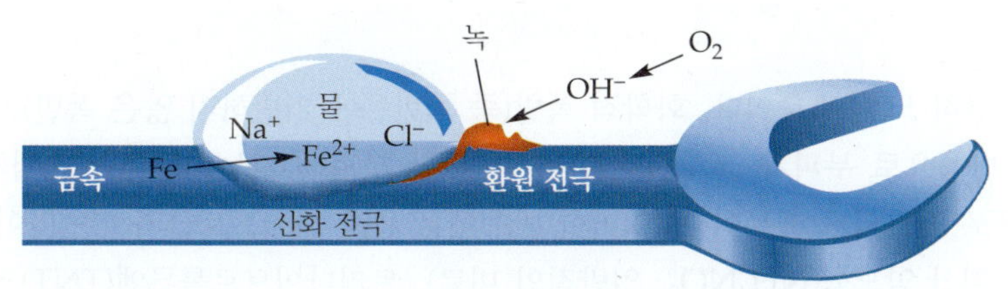

▲ **그림 8.8** 철의 부식에는 물, 산소, 전해질이 필요하다.

앞서 언급했듯이, 수산화 철(II)은 산화되어 $Fe(OH)_3$, 즉 녹이 된다. 이 과정을 그림 8.8에 나타내었다. 산화 전극 영역은 얇은 층의 물에 의해 산소로부터 보호되지만, 환원 전극 영역은 공기에 노출되어 있음을 알 수 있다.

알루미늄의 보호

알루미늄은 철보다 반응성이 높지만, 일반적으로 알루미늄의 부식은 심각한 문제가 되지 않는다. 우리는 알루미늄 호일을 사용하고, 알루미늄 냄비로 요리를 하며, 알루미늄 캔에 담긴 음료를 구입한다. 수년이 지나도 알루미늄 제품은 부식되지 않는다. 어떻게 이것이 가능할까? 표면의 알루미늄은 공기 중의 산소와 반응하여 얇은 산화층을 형성한다.

$$4\ Al(s) + 3\ O_2(g) \longrightarrow 2\ Al_2O_3(s)$$

다공성이면서 벗겨지기 쉬운 녹의 산화 철과 달리 산화 알루미늄은 단단하고 질기며, 금속 표면에 강력하게 달라붙어 금속이 더 산화되는 것을 막아준다.

그럼에도 불구하고 알루미늄의 부식은 때때로 문제가 될 수 있다. 일부 염과 같은 특정 물질은 알루미늄의 보호 산화물 코팅을 방해하여 금속을 산화시킬 수 있다. 이 문제는 심각한 결과를 초래할 수 있다. 항공기의 알루미늄 착륙 장치가 이런 식으로 부식되면 바퀴가 벗겨질 수 있다.

은의 변색

은의 변색은 공기 중 황화 수소(H_2S)나 음식물에 의해 은 표면이 산화되어 발생한다. 이는 금속 표면에 검은색 황화 은(Ag_2S) 막을 생성한다.

$$2\ Ag(s) + H_2S(g) \longrightarrow Ag_2S(s) + H_2(g)$$

은 광택제를 사용하여 변색을 제거할 수 있지만, 황화 은을 연마한다는 것은 은의 일부가 제거된다는 것을 의미한다. 다른 방법으로는 알루미늄 금속을 사용하는 방법이 있다. 전체 반응식은 다음과 같다.

$$3\ Ag_2S(s) + 2\ Al(s) \longrightarrow 6\ Ag(s) + Al_2S_3(s)$$

전체 반응에서 황은 (산화수는 변하지 않고) 황화 이온으로 남아 있게 되므로, 환원되는 은 이온(산화수는 +1에서 0으로 감소)과 산화되는 알루미늄 금속(산화수는 0에서 +3으로 증가)을 이용하여 다음 반응식을 쓸 수 있다.

$$3\ Ag^+(aq) + Al(s) \longrightarrow 3\ Ag(s) + Al^{3+}(aq)$$

이 반응에는 전해질도 필요한데, 일반적으로 탄산수소 소듐($NaHCO_3$, 베이킹 소다)이 사용된다. 변색된 은은 알루미늄 금속(종종 호일 형태)과 접촉하고 뜨거운 탄산수소 소듐 용액으로 둘러싸인다. 은 이온은 더 저렴한 금속을 희생하여 은 금속으로 환원된다.

▲ 은의 변색(Ag_2S)은 베이킹 소다 용액에 알루미늄 금속과 접촉하게 하면 은 금속에서 쉽게 벗겨낼 수 있다. 싱크대에 뜨거운 물 1갤런에 베이킹 소다 1컵 정도를 넣는다. 알루미늄 조각(일반적으로 호일보다 와이어 또는 알루미늄 시트가 더 효과적)을 담근 다음 변색된 은 물체가 알루미늄에 닿도록 담근다.

폭발 반응

부식은 종종 상당히 느린 반응이다. 화학적 폭발(즉 핵반응에 기반하지 않은 폭발)은 매우 빠른 산화-환원 반응으로 부피가 크게 증가한다. 이러한 부피 증가는 고체 또는 액체 폭발물이 기체 생성물로 전환되기 때문이다. 이러한 반응에는 종종 나이트로글리세린(다이너마이트의 활성 성분), 질산 암모늄(NH_4NO_3, 일반적인 비료), 트리나이트로톨루엔(TNT)과 같은 질소 화합물이 포함된다. 이러한 화합물은 쉽게 분해되어 생성물로 질소 기체를 생성할 수 있다. 6장에서 설명했듯이 STP 조건에서 기체의 몰부피는 22.4 L이다. 예를 들어 TNT가 폭발하면 다음 반응 중 하나 또는 둘 다에 의해 분해될 수 있다.

$$2\ C_7H_5N_3O_6(s) \longrightarrow 3\ N_2(g) + 5\ H_2O(g) + 7\ CO(g) + 7\ C(s)$$

$$2\ C_7H_5N_3O_6(s) \longrightarrow 3\ N_2(g) + 5\ H_2(g) + 12\ CO(g) + 2\ C(s)$$

즉 약 0.28 L의 TNT 2몰이 STP에서 336 L(위 식의 반응, 15×22.4 L) 또는 448 L(아래 식의 반응, 20×22.4 L)를 생성한다는 의미이다. 어쨌든 1000배 이상 팽창한다!

나이트로글리세린은 매우 흥미로운 역사를 가지고 있다. 노벨상을 제정한 스웨덴의 화학자 Alfred Nobel(1833~1896)은 다이너마이트를 발명하는 등 나이트로글리세린을 폭약으로 만들어 큰 부를 쌓았다. 노벨상 제정의 동기는 Nobel이 발명한 상업용 폭약(주로 광산과 공공사업용으로 사용)이 무기로 사용돼 매우 비극적인 결과를 초래한 데 대한 죄책감에서 비롯됐다. 다소 아이러니하게도 Nobel은 말년에 자신의 심장 질환을 치료하기 위해 나이트로글리세린을 사용했다. 이러한 나이트로글리세린의 응용은 오늘날까지도 여전히 사용되고 있다.

폭발성 혼합물은 채굴, 토목 공사, 건물 철거 등에 사용된다. 다이너마이트는 나이트로글리세린과 흡수제를 혼합한 것으로, 흡수제를 사용하면 나이트로글리세린만 사용하는 것보다 훨씬 덜 민감하고 운반과 보관이 훨씬 안전하다. ANFO(Ammonium Nitrate mixed with Fuel Oil, 질산 암모늄과 연료유의 혼합)는 저렴하고 효과적인 폭약으로, 소금, 석탄, 기타 무기물 채굴에 널리 사용된다. ANFO가 폭발할 때 암모늄 이온은 환원제로, 질산 이온은 산화제로 작용한다. 연료유는 추가로 산화가능한 물질을 제공한다. $C_{17}H_{36}$을 연료유의 전형적인 분자식으로 사용하여 폭발 반응에 대해 다음 반응식을 작성할 수 있다.

$$52\ NH_4NO_3(s) + C_{17}H_{36}(l) \longrightarrow 52\ N_2(g) + 17\ CO_2(g) + 122\ H_2O(g)$$

다시 한번 고체 및 액체 반응물 53몰이 191몰(STP에서 4000 L 이상)의 기체 생성물을 생성한다는 것에 주목하라. 이 반응은 폭발력의 일부가 되는 엄청난 부피 증가를 일으킨다.

안타깝게도 ANFO는 전 세계 테러 공격에도 사용되었다. 질산 암모늄은 널리 사용되는 비료이며, 연료유는 많은 가정용 난로에서 사용된다. 이 두 가지 물질 모두 잠재적 테러리스트가 쉽게 접근할 수 있다는 사실은 우려할 만한 일이다.

자가평가문제

1. 철이 녹슬면 어떻게 되는가?

a. 금으로 변한다.
b. 산화된다.
c. 환원된다.
d. 중화된다.

2. 알루미늄의 부식이 철의 부식만큼 큰 문제가 되지 않는 이유는 무엇인가?

a. 알루미늄은 표면에 부착되는 산화층을 형성하기 때문이다.
b. 알루미늄은 Fe보다 반응성이 낮기 때문이다.

c. 알루미늄은 부식하기 위해 물이 필요하기 때문이다.
d. 알루미늄은 산화수가 더 높기 때문이다.

3. 은이 H_2S에 의해 변색될 때 수소는 어떻게 되는가?
a. 환원된다. **b.** 용해된다.
c. 산화된다. **d.** 증발된다.

4. 전형적인 폭발 반응에서 일반적으로 발생하는 현상은 무엇인가?
a. 기체는 한 형태에서 다른 형태로 변환된다.
b. 액체 또는 고체는 수용액으로 변환된다.
c. 액체 또는 고체는 기체로 변환된다.
d. 질소 핵이 분리된다.

5. 흑색 화약은 숯(탄소), 질산 포타슘, 유황의 혼합물이다. 흑색 화약에서 산화제는 무엇인가?
a. 숯 **b.** 나이트로글리세린
c. 질산 포타슘 **d.** 유황

정답: 1. b, 2. a, 3. a, 4. c, 5. c

8.5 산소: 풍부하고 필수적인 산화제

학습 목표
- 산소가 산화제인 반응에 대한 반응식을 작성한다.
- 일상생활에서 흔히 접할 수 있는 몇 가지 산화제를 나열한다.

산소는 그 자체가 가장 흔한 산화제이다. 다른 많은 산화제는 실험실, 산업, 가정에서 중요한 역할을 한다. 산화제는 방부제, 소독제, 표백제로 사용되며 많은 화학 합성에서 중요한 역할을 한다.

산소: 존재와 성질

지구상에서 가장 중요한 원소 중 하나인 산소는 생명에 필수적인 약 24가지 원소 중 하나이다. 공기의 5분의 1을 차지하는 산소는 모닥불의 목재와 자동차의 휘발유를 산화시키는 역할을 한다. 생명에 중요한 대부분의 화합물에서 발견된다. 탄수화물, 지방, 단백질과 같은 식품에는 모두 산소가 포함되어 있다. 인체는 약 65%(질량 기준)가 물이다. 물은 89%가 산소이고 체내의 다른 많은 화합물에도 산소가 포함되어 있기 때문에 체중의 거의 3분의 2가 산소이다.

산소는 질량 기준으로 지구에서 접근가능한 부분의 약 절반을 차지한다. 산소는 지구의 가장 바깥쪽 구조의 세 영역 모두에 존재한다. 산소는 대기 아래층에서는 산소(O_2) 분자로, 성층권(약 30 km 또는 20 마일 높이)에서는 반응성이 높은 소량의 오존(O_3)으로, 높은 고도에서는 원자 산소(O)로 존재한다. 수권(바다, 강 등)에서 산소는 물속의 수소와 결합한다. 암석권(지각의 바깥쪽 고체 부분)에서 산소는 규소(모래의 성분은 SiO_2), 알루미늄(점토), 기타 원소와 결합한다.

대기는 부피 기준으로 약 21%의 원소 산소(O_2)로 구성되어 있다. 나머지는 약 78%의 질소(N_2)와 1%의 아르곤(Ar)으로 구성되어 있으며, 둘 다 반응성이 매우 낮다. 공기 중에 있는 결합하지 않은 자유 산소는 폐를 거쳐 혈류로 들어가 신체 조직으로 운반되어 우리가 섭취한 음식과 반응한다. 이것이 바로 우리가 움직이고 생각할 수 있는 에너지를 제공하는 과정이다.

왜 중요할까?

신체 조직에 충분한 산소를 공급할 수 있는 조건에서 하는 신체 활동을 유산소 운동이라고 한다. 사용가능한 산소가 부족할 때는 무산소 운동이라고 하며, '산소 부채'로 인한 쇠약과 통증을 유발하는 경우가 많다(14장 참조).

천연가스, 휘발유, 석탄과 같은 연료도 저장된 에너지를 연소하고 방출하기 위해 산소가 필요하다. 이러한 화석연료의 산화, 즉 연소는 현재 문명의 바퀴를 돌리는 에너지의 약 86%를 공

▲ 연료는 공기에서보다 순수한 산소에서 더 빠르게 연소한다. SpaceX의 Falcon 9과 같은 로켓을 궤도에 올려놓는 연료를 연소시키기 위해 엄청난 양의 액체 산소가 사용된다.

급한다.

순수한 산소는 공기를 액화할 때까지 냉각시킨 다음 질소와 아르곤을 끓여서 상업적으로 얻는다. 질소는 −196 ℃에서, 아르곤은 −186 ℃에서, 산소는 −183 ℃에서 끓는다. 전 세계적으로 매년 4억 톤 이상의 산소가 사용된다. 거의 절반은 철강 제조 시 불순물을 태우는 데 사용된다. 생산량의 약 1% 정도의 소량은 용접, 의료 및 이와 유사한 목적으로 사용된다.

산소의 모든 작용이 바람직한 것은 아니다. 부식을 일으킬 뿐만 아니라(8.4절), 식품의 부패와 목재의 부패를 촉진한다.

산소: 다른 원소와의 반응

대기 중 산소와 관련된 많은 산화 반응은 매우 복잡하지만, 좀 더 간단한 반응 몇 가지를 살펴봄으로써 어느 정도 이해할 수 있다. 예를 들어 앞서 살펴본 것처럼 산소는 많은 금속과 결합하여 금속 산화물을 형성하고 비금속과 결합하여 비금속 산화물을 형성한다.

예제 8.9 반응식 쓰기: 산소와 다른 원소의 반응

마그네슘은 공기 중에서 점화되면 산소와 쉽게 결합한다. 이 반응의 반응식을 쓰라.

풀이

마그네슘은 2A 족 금속이다. 산소는 이원자 분자(O_2)로 존재한다. 생성물인 산화 마그네슘의 화학식은 MgO이다. 반응은 다음과 같다.

$$\text{Mg(s)} + \text{O}_2\text{(g)} \longrightarrow \text{MgO(s)} \text{ (불균형식)}$$

반응식의 균형을 맞추려면 2 Mg와 2 MgO가 필요하다.

$$2\,\text{Mg(s)} + \text{O}_2\text{(g)} \longrightarrow 2\,\text{MgO(s)}$$

› 복습문제 8.9A

다음 각 반응의 반응식을 쓰라.

a. 아연은 공기 중에서 연소하여 산화 아연(ZnO)을 생성한다.

b. 다이아몬드(C)는 매우 높은 온도의 공기 중에서 연소하여 CO_2를 생성한다.

› 복습문제 8.9B

다음 각 반응의 반응식을 쓰라.

a. 알루미늄 금속의 표면은 산소와 반응하여 산화 알루미늄을 생성한다.

b. 절단된 리튬 금속 조각은 빠르게 산화되어 산화 리튬을 생성한다.

산소: 화합물과의 반응

산소는 많은 화합물과 반응하여 화합물의 원소 중 하나 이상을 산화시킨다. 앞서 살펴보았듯이 연료의 연소는 산화이며 산화물을 생성한다. 다른 많은 예가 있다. 썩은 달걀 냄새가 나는 기체 화합물인 황화 수소는 연소하여 수소의 산화물(물)과 황의 산화물(이산화 황)을 생성한다.

$$2\,\text{H}_2\text{S(g)} + 3\,\text{O}_2\text{(g)} \longrightarrow 2\,\text{H}_2\text{O(l)} + 2\,\text{SO}_2\text{(g)}$$

예제 8.10 반응식 쓰기: 산소와 화합물의 반응

가연성이 높은 액체인 이황화 탄소는 산소와 쉽게 결합하여 푸른 불꽃을 내며 연소한다. 어떤 생성물이 형성되는가? 균형 반응식을 쓰라.

풀이

이황화 탄소는 CS_2이다. 생성물은 탄소의 산화물(이산화 탄소)과 황의 산화물(이산화 황)이다. 균형 반응식은 다음과 같다.

$$CS_2(g) + 3\,O_2(g) \longrightarrow CO_2(g) + 2\,SO_2(g)$$

› 복습문제 8.10A

황화 납(II)은 공기 중에서 가열하면 산소와 결합하여 산화 납(II)과 이산화 황이 생성된다. 이 반응의 균형 반응식을 쓰라.

› 복습문제 8.10B

에탄올(C_2H_5OH)의 연소(산소와의 반응)에 대한 균형 반응식을 쓰라.

오존: 또 다른 형태의 산소

산소는 이원자 형태인 산소(O_2) 외에도 오존이라는 삼원자 형태(O_3)도 있다. 오존은 강력한 산화제이다. 실제로 오존은 염소 기반 소독제나 방부제보다 더 강력한 산화제이다. 이 때문에 오존은 특히 유럽에서 수처리 분야의 주요 화학 물질로 자리 잡았다. 오존은 다음과 같이 산화를 통해 요소를 완전히 분해할 수 있다.

$$(NH_2)_2CO(aq) + O_3(g) \longrightarrow N_2(g) + CO_2(g) + 2\,H_2O(l)$$

위의 반응에서 질소의 산화수가 −3에서 0으로 바뀌었는데, 이 산화는 오존에 의해 일어난다.

다음과 같은 반응을 고려해보자.

$$2\,Mn^{2+}(aq) + 2\,O_3(g) + 4\,H_2O(l) \longrightarrow 2\,MnO(OH)_2(s) + 2\,O_2(g) + 4\,H^+(aq)$$

오존은 망가니즈의 산화수를 +2에서 +4로 증가시키고, 더 중요한 것은 망가나이트라는 난용성 고체를 형성하여 정신 및 운동 장애를 유발하는 잠재적 독소인 망가니즈를 용액에서 제거한다는 점이다.

오존은 또한 유해한 대기 오염 물질이기도 하다. 식물과 동물 모두에게 극도로 자극적일 수 있으며 특히 고무에 파괴적인 영향을 미친다. 반면에 성층권 상층부의 오존층은 태양의 자외선으로부터 지구의 생명체를 보호하는 방패 역할을 한다. 오존은 같은 물질이 상황에 따라 매우 유익할 수도 있고 매우 해로울 수도 있다는 것을 명확하게 보여준다.

원자 산소

지구 대기의 위쪽에서는 고에너지 자외선에 의해 O_2 또는 O_3가 분리될 때 생성되는 원자 산소(O)가 있다. 원자 산소는 오존보다 훨씬 더 반응성이 강하다. 궤도 고도(150~500 km)에서는 이 기체가 거의 존재하지 않지만, 인공위성의 속도(일반적으로 27,000 km/h)는 궤도를 수백 번 돌면서 이 부식성 원소를 많이 접하게 된다는 것을 의미한다. 국제우주정거장과 같은 장기적인 인공위성과 우주선의 설계에는 원자 산소에 대한 보호 기능이 포함되어야 한다.

▲ 과산화 수소는 강력한 산화제이다. 희석된 용액은 소독제 및 모발 표백제로 사용된다.

기타 일반적인 산화제

가정에서 사용하는 산화제에는 방부제, 소독제, 표백제 등이 있다. 그 외에도 많은 산화제가 직장과 실험실에서 사용된다.

소독제와 방부제는 둘 다 미생물을 파괴하는 데 사용되는 물질(즉 살균성)이라는 점에서는 비슷하지만, 방부제는 주로 살아있는 조직에, 소독제는 생명이 없는 물질에 적용된다는 점에서 차이가 있다. 소독제의 좋은 예로는 식수나 일부 수영장에서 질병을 일으키는 미생물을 죽이는 데 사용되는 염소가 있다. 대략 100만 분의 1(질량 염소 기준 0.0001%)의 염소만 있어도 식수 속 미생물을 죽일 수 있다. 대형 수영장에서는 일반적으로 이보다 약간 높은 농도를 사용한다.

소규모 수영장은 기체 염소보다 주택 소유자가 다루기 편리한 고체 하이포아염소산 칼슘 [$Ca(OCl)_2$]으로 염소 소독하는 경우가 많다. 하이포아염소산 칼슘은 알칼리성이기 때문에 수산화 이온 농도를 증가시키고 물의 pH를 높인다.

$$OCl^-(aq) + H_2O(l) \longrightarrow HOCl(aq) + OH^-(aq)$$

수영장이 너무 알칼리성이 되면 염산을 첨가하여 pH를 낮춘다. 수영장은 보통 7.2~7.8의 pH로 유지된다.

최근에는 특정 불순물이 포함된 물을 소독하기 위해 염소를 사용할 때 발생하는 부산물에 대한 우려가 제기되고 있다. 염소는 유해한 미생물을 죽이지만, 특정 작은 분자를 산화시켜 클로로포름과 같은 유해한 부산물을 형성할 수도 있다.

과산화 수소(H_2O_2)는 대부분의 반응에서 물로 전환되는 장점이 있는 일반적인 산화제이다. 순수한 과산화 수소는 시럽 같은 액체이다. 강력한 산화력을 가진 위험한 30% 용액으로 (실험실에서) 사용하거나 가정에서 다양한 용도로 사용할 수 있도록 3%~12% 용액으로 (상점에서 판매로) 제공된다. 과산화 수소를 특수 설계된 촉매와 함께 사용하면 색깔이 있는 화합물이나 불순물을 산화하는 데 사용할 수 있다.

묽은 과산화 수소 수용액은 머리카락을 표백하는 데 사용된다('과산화 수소 금발'이라는 말이 생겨났다). 희석된 H_2O_2는 상처와 궤양을 세척하고 탈취하기 위해 의학적으로 자주 사용되었지만, 건강한 조직에 대한 손상으로 인해 선호도가 떨어지고 있다. 과산화 수소는 많은 치아 미백 제품의 활성 성분이다. 과산화 수소, 세제, 베이킹 소다를 섞은 용액은 스컹크 스프레이에 권장되는 방법이다. 과산화 수소는 냄새가 나는 황 함유 화합물을 냄새가 덜 나는 물질로 산화시킨다.

아이오딘은 산화 특성으로 인해 유용한 소독제로 사용된다. 알코올 용액(요오드 팅크)은 약국에서 쉽게 구할 수 있다. 포비돈-아이오딘 용액(일반 상품명 Betadyne)은 약 10%의 아이오딘을 함유하고 있으며, 감염을 예방하기 위해 경미한 부상뿐만 아니라 수술 시에도 널리 사용된다. 박테리아는 포비돈-아이오딘에 내성을 나타내지 않는다.

실험실에서 가끔 사용되는 산화제는 다이크로뮴산 포타슘($K_2Cr_2O_7$)이지만, 독성 크로뮴(VI) 함량으로 인해 그 사용이 줄어들고 있다. 다이크로뮴산 포타슘은 Cr_2O_3와 같은 크로뮴(III) 화합물로 환원되면 녹색으로 변하는 주황색 물질이다. 다이크로뮴산 포타슘이 산화시키는 화합물 중 하나는 에틸 알코올이다. 초기의 음주측정기는 다이크로뮴산 용액을 사용했다. 검사 대상자의 내쉬는 숨을 규소에 코팅된 다이크로뮴산에 통과시켜 녹색의 크로뮴(III) 이온으로 변하는 정도를 통해 혈액 내 알코올 농도를 측정했다.

과망가니즈산 포타슘($KMnO_4$)은 진한 보라색의 고체로, 일부 종류의 수처리에 사용된다. 이 물질은 황화 이온을 황산 이온으로 산화시킴으로써, 황을 함유한 암석을 뚫어서 얻은 우물

안전 경고

30% 과산화 수소 수용액과 같은 강력한 산화제는 심각한 화상을 유발할 수 있다. 일반적으로 강한 산화제는 부식성이 있으며 독성이 강한 경우가 많다. 또한 가연성 물질과 접촉할 경우 화재를 일으키거나 화재의 심각성을 높일 수 있다.

에서 나오는 '유황수'의 썩은 달걀 냄새를 최소화하거나 제거한다. 또한 곰팡이 감염을 치료하는 데도 사용된다. 실험실에서는 독성이 강한 다이크로뮴산 포타슘보다 선호되며 탄소-탄소 이중 결합 및 삼중 결합 검사에 사용된다. $KMnO_4$의 보라색 용액은 C═C 또는 C≡C 결합을 포함하는 화합물의 존재 하에서 갈색 MnO_2로 산화된다. 고도로 희석된 $KMnO_4$ 용액은 옅은 분홍색(인도에서는 '핑키 워터'라고 함)으로 개발도상국에서 식품 소독에 사용된다. $KMnO_4$의 사용은 제한적인데, 이는 처리 과정에서 생성되는 이산화 망가니즈가 처리된 물질에 갈색 얼룩을 남기기 때문이다.

여드름 치료용 연고에는 강력한 살균제이자 피부 자극제인 과산화 벤조일이 5~10% 함유된 경우가 많다. 이 성분은 오래된 피부를 벗겨내고 새롭고 신선한 피부로 대체한다. 그러나 햇빛에 노출된 부위에 사용하면 과산화 벤조일은 피부암을 촉진할 수 있다.

표백제도 산화제이다. **표백제**(bleach)는 직물이나 기타 소재에서 원하지 않는 색을 제거한다. 대부분의 표백제는 착색 물질의 탄소-탄소 이중 결합을 단일 결합으로 산화시키는 방식으로 작용한다. 이렇게 하면 얼룩이 무색 또는 거의 무색으로 변한다. 거의 모든 산화제가 이 작업을 수행할 수 있지만, 일부는 사용하기에 안전하지 않거나 직물에 해롭거나 너무 비쌀 수 있다.

표백제(16장)는 일반적으로 수용액(Purex, Clorox와 같은 세탁 제품)의 하이포아염소산 소듐(NaOCl, 흔히 **염소계 표백제**라고 함) 또는 **표백 분말**로 알려진 하이포아염소산 칼슘 [$Ca(OCl)_2$]이다. 이 분말은 일반적으로 종이나 직물의 미백과 같은 대규모 산업 작업에 선호된다. **산소 표백제**라고도 하는 비염소계 표백제는 과탄산 소듐(Na_2CO_3와 H_2O_2의 조합) 또는 과붕산 소듐($NaBO_3$와 H_2O_2의 조합)을 함유하고 있다.

얼룩 제거는 표백보다 더 복잡하다. 일부 얼룩 제거제는 산화제이지만 일부는 환원제, 일부는 용매 또는 세제이며, 일부는 완전히 다른 작용을 한다. 얼룩은 종종 다소 특정한 얼룩 제거제가 필요하다.

▲ 순수한 물(왼쪽)은 마른 토마토 소스 얼룩에 거의 영향을 미치지 않는다. 하이포아염소산 소듐 표백제(오른쪽)는 착색된 토마토 색소를 무색의 생성물로 산화시켜 얼룩을 제거한다.

자가평가문제

1. CH_4가 풍부한 공기 속에서 연소할 때의 생성물은 무엇인가?
a. $C + H_2$ **b.** $CH_2 + H_2O$ **c.** $CO_2 + H_2$ **d.** $CO_2 + H_2O$

2. 황이 풍부한 공기 속에서 연소할 때의 생성물은 무엇인가?
a. CO_2 **b.** H_2S **c.** H_2SO_4 **d.** SO_2

3. 다음 중 일반적인 산화제는 무엇인가?
a. HCl **b.** H_2O_2 **c.** NaOH **d.** NaCl

4. 다음 중 일반적인 산화제는 무엇인가?
a. Cl_2 **b.** H_2 **c.** HCl **d.** KOH

5. 흔히 염소계 표백제라고 불리는 가정용 표백제의 주요 활성 성분은 무엇인가?
a. HCl **b.** NaOCl **c.** NaOH **d.** NaCl

6. 다음 중 모발용 표백제에 들어 있는 것은 무엇인가?
a. 암모니아 **b.** 염산 **c.** 과산화 수소 **d.** 하이포아염소산 소듐

7. 다음 중 대부분의 살균제는 무엇인가?
a. 산화제 **b.** 환원제 **c.** 강산 **d.** 강염기

8. 과망가니즈산 포타슘은 강력한 산화제이다. 산성 용액에서는 과망가니즈산 음이온이 Mn^{2+} 양이온으로 변하고, 염기성 용액에서는 고체 MnO_2를 생성한다. 이 과정에서 관여하는 각 전자의 개수는 얼마인가?
a. 6, 2 **b.** 6, 3 **c.** 4, 5 **d.** 5, 3

정답: 1.d 2.d 3.b 4.a 5.b 6.c 7.a 8.d

왜 중요할까?

흑백 사진을 만들 때 필름에 들어 있는 브로민화 은이 빛에 노출된다. 이렇게 노출된 은 이온은 검은색의 금속 은으로 환원되어 사진의 네거티브를 생성한다.

8.6 일반적인 환원제

학습 목표 • 일반적인 몇 가지 환원제를 알아본다.

산화를 포함한 모든 반응에서 산화제는 환원되고, 산화를 겪는 물질은 환원제 역할을 한다. 이제 반응의 목적이 환원인 반응을 고려해보자.

금속

대부분 금속은 자연에서 화합물로 존재한다. 순수한 금속을 제조하려면 화합물을 환원해야 한다. 금속은 종종 석탄이나 **코크스**(석탄을 가열하여 휘발성 물질을 제거하여 얻은 원소 탄소)를 사용하여 광석에서 분리된다. 산화 주석(IV)은 석탄이나 코크스로 환원할 수 있는 많은 광석 가운데 하나이다.

$$SnO_2(s) + C(s) \longrightarrow Sn(s) + CO_2(g)$$

때로는 광석을 더 활성인 금속으로 가열하여 금속을 얻을 수 있다. 예를 들어 산화 크로뮴(III)은 알루미늄으로 가열하면 환원시킬 수 있다.

$$Cr_2O_3(s) + 2\,Al(s) \longrightarrow Al_2O_3(s) + 2\,Cr(s)$$

초기에 알루미늄이 비쌌던 이유 중 하나는 용융 소듐이나 포타슘과 같은 (비싸고 반응성이 강한) 금속을 사용해야만 생산할 수 있었기 때문이었다.

$$Al_2O_3(s) + 6\,Na(l) \longrightarrow 3\,Na_2O(s) + 2\,Al(s)$$

현대의 전기분해 공정은 알루미늄을 얻는 데 드는 비용을 100배 이상 줄였다.

항산화제

식품 화학에서는 특정 환원제를 **항산화제**(antioxidant)라고 한다. 아스코르브산(비타민 C)은 공기 산화를 억제하여 과일(예를 들어 얇게 썬 사과 또는 배)의 갈변을 방지할 수 있다. 비타민 C는 수용성이지만 토코페롤(비타민 E)과 베타-카로틴(비타민 A의 전구체)은 지용성 항산화제이다. 이 모든 비타민은 살아있는 세포의 중요한 구성 요소에 잠재적으로 손상을 줄 수 있는 다양한 산화 반응을 지연시키는 것으로 알려져 있다(14장). 그러나 비타민 C와 비타민 E와 같은 항산화제를 다량으로 경구 복용하는 경우의 건강상의 이점은 아직 입증되지 않았다.

환원제로서의 수소

수소는 광석에서 많은 금속을 분리할 수 있는 우수한 환원제이지만, 일반적으로 텅스텐(W)과 같은 더 비싼 금속을 생산하는 데 사용된다.

$$WO_3(s) + 3\,H_2(g) \longrightarrow W(s) + 3\,H_2O(l)$$

수소는 다양한 종류의 화합물을 환원하는 데 사용할 수 있다. 예를 들어 에틸렌은 에테인으로 환원될 수 있다.

$$C_2H_4(g) + H_2(g) \longrightarrow C_2H_6(g)$$

이 반응에는 스스로 소모되지 않고 화학 반응의 속도를 높여주는 물질인 **촉매**(catalyst)가 필요하다. 이 경우에 사용되는 촉매는 니켈이다. [촉매는 반응을 시작하는 데 필요한 최소 에너지인 **활성화 에너지**(activation energy)를 낮춰주며, 이에 대해서는 12장에서 자세히 설명한다.]

수소는 또한 암모니아의 산업적 생산에서 공기 중의 질소를 환원시킨다.

$$N_2(g) + 3\,H_2(g) \longrightarrow 2\,NH_3(g)$$

암모니아는 현대 농업에서 대부분의 질소 비료의 공급원이다. 암모니아를 생성하는 반응에는 철 촉매가 사용된다.

순수한 수소의 흐름은 공기 중에서 거의 무색의 불꽃으로 조용히 연소하지만, 수소와 산소의 혼합물이 스파크나 불꽃에 의해 점화되면 폭발이 일어난다. 두 경우 모두 생성물은 물이다.

$$2\,H_2(g) + O_2(g) \longrightarrow 2\,H_2O(l)$$

백금과 팔라듐을 포함한 특정 금속은 수소와 특이한 친화력을 가지고 있다. 이들은 대량의 기체를 흡수한다. 팔라듐은 자기 부피의 최대 900배에 달하는 수소를 흡수할 수 있다. 흥미로운 점은 수소와 산소를 상온에서 특별한 반응 없이 혼합할 수 있다는 점이다. 그러나 혼합물에 백금 거즈 조각을 추가하면 기체가 격렬하게 반응한다. 백금이 촉매 역할을 한다. 초기 반응에서 발생하는 열이 백금을 가열하여 빛나게 한 다음 수소-산소 혼합물을 점화하여 폭발을 일으킨다.

니켈, 백금, 팔라듐은 수소를 포함하는 반응의 촉매로 자주 사용된다. 이러한 금속은 잘게 쪼개져 있고 활성 표면적이 높을 때 촉매 활성이 가장 높다. 이러한 금속 표면에 흡착된 수소는 일반 수소 기체보다 반응성이 더 높다.

촉매는 녹색 화학에서 중요한 연구 분야이다. 화학자들은 더 낮은 온도나 압력에서 화학 반응이 일어날 수 있도록 촉매를 설계함으로써 보다 에너지 효율적이고 지속가능한 공정을 개발할 수 있다. 촉매를 사용하면 염소 대신 산소나 과산화 수소와 같은 더 순한 반응물을 사용하여 옷의 얼룩을 산화시키거나 식수에 들어 있는 해로운 미생물을 파괴할 수 있다.

▲ **그림 8.9** 수소 기체는 실험실에서 아연 금속과 염산의 반응으로 제조할 수 있다.

Q HCl과 Zn의 반응은 산화-환원 반응인가? 설명하라.

수소에 대해 자세히 알아보기

수소는 산소와 달리 지구상에서 결합되지 않은 자유 원소로는 거의 발견되지 않는다. 대부분은 물에서 산소와 결합되어 있다. 일부는 탄화수소의 혼합물인 석유 및 천연가스의 탄소와 결합되어 있다. 식물과 동물에서 추출한 거의 모든 화합물에는 수소가 포함되어 있다.

아연과 염산을 반응시켜 소량의 실험실용 수소를 만들 수 있다(그림 8.9).

$$Zn(s) + 2\,HCl(aq) \longrightarrow ZnCl_2(aq) + H_2(g)$$

상업용 수소는 석유 정제 부산물이나 천연가스와 증기의 반응에서 얻는다. 미국에서는 매년 약 80억 kg의 수소가 생산된다. 현재 수소는 주로 암모니아와 메탄올을 만드는 데 사용된다. 향후 연료로 사용될 가능성에 대해서는 12장에서 설명한다.

자가평가문제

1. 다음 중 일반적인 환원제는 무엇인가?

a. Cl_2 **b.** F_2 **c.** H_2 **d.** I_2

2. 다음 중 일반적인 환원제는 무엇인가?

a. C **b.** O_2 **c.** CO_2 **d.** $KMnO_4$

3. 수소 기체와 관련된 반응의 촉매로 사용되는 금속이 아닌 것은 무엇인가?

a. 알루미늄 **b.** 니켈 **c.** 팔라듐 **d.** 백금

4. 촉매는 어떻게 화학 반응의 속도를 변화시키는가?
   a. 반응의 생성물을 변화시킨다.
   b. 반응에 관여하는 반응물을 변화시킨다.
   c. 촉매 표면의 온도를 높인다.
   d. 활성화 에너지를 낮춘다.

정답: 1. c, 2. a, 3. a, 4. d

8.7 산화, 환원, 생명체

학습 목표 • 포도당의 물질대사와 광합성에 대한 전반적인 반응식을 작성한다.

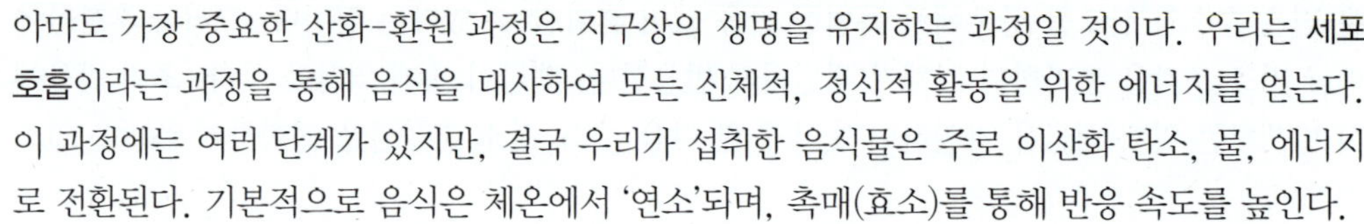

아마도 가장 중요한 산화-환원 과정은 지구상의 생명을 유지하는 과정일 것이다. 우리는 **세포 호흡**이라는 과정을 통해 음식을 대사하여 모든 신체적, 정신적 활동을 위한 에너지를 얻는다. 이 과정에는 여러 단계가 있지만, 결국 우리가 섭취한 음식물은 주로 이산화 탄소, 물, 에너지로 전환된다. 기본적으로 음식은 체온에서 '연소'되며, 촉매(효소)를 통해 반응 속도를 높인다.

빵을 비롯한 우리가 먹는 많은 음식은 대부분 탄소, 수소, 산소로 구성된 탄수화물(13장)로 이루어져 있다. 탄수화물을 포도당($C_6H_{12}O_6$)이라는 간단한 예로 표현하면 다음과 같이 탄수화물의 물질대사에 대한 전체 반응식을 쓸 수 있다.

$$C_6H_{12}O_6 + 6\,O_2 \longrightarrow 6\,CO_2 + 6\,H_2O + \text{에너지}$$

이 과정은 사람을 포함한 동물에서 끊임없이 발생한다. 이 과정에서 탄수화물은 산화된다.

▲ **그림 8.10** 광합성은 녹색 식물에서 일어난다. 광합성 과정을 촉매하는 엽록소 색소가 지구 면적의 대부분을 녹색으로 만든다.

한편, 식물은 탄수화물을 생산하기 위해 이산화 탄소, 물, 태양의 에너지가 필요하다. 식물이 탄수화물을 합성하는 과정을 **광합성**(photosynthesis)이라고 한다(그림 8.10). 전체 화학 반응식은 다음과 같다.

$$6\,CO_2 + 6\,H_2O + \text{에너지} \longrightarrow C_6H_{12}O_6 + 6\,O_2$$

식물 세포에서 일어나는 이 과정은 동물의 체내에서 일어나는 과정과 정반대라는 점에 주목하라. 동물의 음식물 대사에서는 산화 과정에 중점을 두고, 광합성에서는 환원 과정에 중점을 둔다.

어류, 조류, 기타 동물은 식물을 먹거나 식물을 먹는 다른 동물을 먹기 때문에 광합성으로 생산된 탄수화물은 모든 음식의 궁극적인 공급원이다. 주목할 점은 광합성 과정에서 탄수화물을 만들 뿐만 아니라 산소(O_2)도 만들어낸다는 점이다. 즉 광합성은 우리가 먹는 음식만 제공하는 것이 아니라 우리가 숨 쉬는 데 필요한 산소도 제공한다.

자가평가문제

1. 동물이 음식에서 에너지를 얻는 주요 과정은 무엇인가?
   a. 산성화 b. 세포 호흡
   c. 광합성 d. CO_2의 환원

2. 산소를 생성하는 유일한 자연적 과정은 무엇인가?
   a. 탄산염의 산성화 b. 광합성
   c. CO_2의 산화 d. 금속 산화물의 환원

3. 다음 빈칸에 들어갈 용어는 각각 무엇인가?
   광합성과 세포 호흡에서 탄소는 _______되고 _______된다.
   a. 환원, 환원 b. 환원, 산화
   c. 산화, 산화 d. 산화, 환원

정답: 1. b, 2. b, 3. b

표준 환원 전위

왜 일부 산화-환원 반응(예를 들어 은 이온과 구리 금속의 반응)은 자연적으로 진행되는 반면 다른 반응(구리 이온과 은 금속의 반응)은 그렇지 않은지 궁금할 수 있다. 모든 반쪽 반응에는 볼트(V)로 표시되는 특정 '표준 환원 전위($E°$)'가 있으며, 이는 반응물이 얼마나 쉽게 환원되는지를 결정한다. 플루오린과 같은 반응성 비금속은 높은 $E°$ 값을 가지며 매우 쉽게 환원된다. 리튬과 포타슘과 같은 반응성 금속의 양이온은 표준 전위가 낮고 반응성이 있는 해당 금속으로 환원하기가 매우 어렵다. 반쪽 반응에 대한 $E°$ 값의 차이에 따라 반응이 일어나는지 아닌지가 결정된다. 예를 들어 은 이온은 구리(II) 이온보다 $E°$가 더 높으므로 Ag^+ 이온은 금속 구리와 반응하여 반응성이 낮은 Cu^{2+} 이온을 형성한다. 이때 Ag^+ 이온은 구리에서 전자를 빼앗아 금속 은이 된다.

특정 전지의 전위는 전지를 구성하는 반쪽 반응에 따라 크게 달라진다. 이것이 알칼리 D형 전지가 알칼리 AA형 전지와 동일한 전압을 생성하는 이유이다. 둘 다 동일한 반쪽 반응을 사용한다. 그러나 더 큰 전지에 더 많은 반응물이 있는 D형 전지는 AA형 전지보다 더 오래 지속된다.

소비자용 배터리에 리튬을 도입한 기술은 엄청난 혁신이었다. 리튬은 밀도가 가장 낮은 금속이기 때문에 리튬으로 만든 배터리는 매우 가볍다. 또한 리튬 이온은 가장 낮은 $E°$ 값을 가지며 환원시키기가 가장 어렵기 때문에 전지에서 리튬 금속은 다른 어떤 금속보다 높은 전압을 생성한다. 보너스로 전지 반응은 가역적으로 만들 수 있으므로 리튬 함유 전지를 재충전할 수 있도록 설계할 수 있다.

전지를 충전하려면, 즉 전지 반응이 역으로 일어나게 하려면 인가 전압이 전지의 작동 전위보다 커야 한다. 자동차의 납축전지는 작동할 때 12 V보다 약간 더 높은 전압을 생성한다. 충전 회로는 전지 반응을 역전시키기 위해 충전 전압을 13 V~14 V로 설정하는 조절기를 사용한다.

녹색 화학 친환경 산화-환원 촉매

Roger A. Sheldon, Delft University of Technology, Netherlands

원칙 1, 2, 3, 9

학습 목표
- 균형 반응을 사용하여 반응의 원자 경제와 반응 인자 E를 계산한다.
- 화학 및 관련 산업에서 폐기물을 최소화하기 위한 촉매의 역할에 대해 설명한다.

산화-환원 반응이라고 불리는 산화 및 환원 과정은 항상 함께 일어난다(8.1절). 한 물질이 산화되면 항상 다른 물질이 환원된다. 산화 및 환원 반응은 화학 및 관련 산업에서 매우 중요하다. 가장 간단하고 저렴한 환원제와 산화제는 각각 분자 수소와 산소이다. 수소는 촉매 환원(수소화)에 사용되며, 산소는 촉매 산화에 사용된다. 두 가지 유형의 반응 모두 석유화학 및 기타 대형 산업에서 다양한 벌크 산업용 화학 물질을 생산한다. 촉매는 반응 속도 또는 생성물에 대한 선택성을 증가시킨다. 반면에 의약품과 같은 특수 화학 물질의 제조에는 일반적으로 더 비싸고 많은 양의 폐기물을 발생시키는 복잡한 환원제 및 산화제를 사용하게 된다.

녹색 화학의 주요 목표는 폐기물을 최소화하거나 제거하는 것이며, 폐기물은 한 공정에서 원하는 생성물을 제외한 나머지 모든 것으로 정의된다(원칙 1). 서로 다른 반응을 비교하면 친환경 산화-환원 반응이 어떻게 폐기물을 줄이고 효율성을 향상할 수 있는지 설명할 수 있다. 공정의 친환경성을 비교하려면 의미 있는 친환경 지표를 사용해야 한다. 1990년대 초에 두 가지 지표가 개발되었다. 원자 경제(5장의 '원자 경제' 참조)와 E 인자(생산물 1 kg당 폐기물 1 kg)가 그것이다. 5장의 녹색 화학에서 설명한 것처럼 이상적인 원자 경제는 100%로 모든 원자가 생성물 안에 들어가는 것을 의미하며, 이상적인 E 인자는 폐기물-제로를 의미한다(원칙 2).

도식 1에서는 활성탄에 흡착된 팔라듐 촉매가 있는 상태에서 1당량의 수소화붕소 소듐 또는 수소를 사용하여 아세톤을 알코올로 환원하는 것을 비교한다.

(1) 수소화붕소 소듐을 첨가한 케톤의 화학양론적 환원

$$4\ \text{아세톤}(C_3H_6O) + NaBH_4 + 4\,H_2O \longrightarrow 4\ \text{아이소프로판올}(C_3H_8O) + H_3BO_3 + NaOH$$

$$\text{원자 경제} = \frac{\text{생성물의 몰질량}}{\text{모든 반응물의 몰질량}} = \frac{240}{232 + 38 + 72} = 70\%$$

$$\text{이론적 E 인자} = \frac{\text{폐기물 kg}}{\text{생성물 kg}} = \frac{102}{240} = 0.42$$

(2) 활성탄에 흡착된 팔라듐 촉매 존재하에서 케톤의 수소화 반응

$$\text{아세톤} + H_2 \longrightarrow \text{아이소프로판올}$$

$$\text{원자 경제} = \frac{78}{78} = 100\%$$

$$\text{이론적 E 인자} = 0$$

▲ **도식 1** 화학양론적 환원과 촉매 환원의 원자 경제 및 이론적 E 인자 비교

수소화붕소 소듐으로 환원하면 원하는 아이소프로필 알코올 생성물이 생성되고, 붕산과 수산화 소듐이 각각 1당량씩 폐기물로 생성된다. 반면 촉매 수소화에서는 폐기물이 생성되지 않는다(원칙 9).

그런데 촉매의 어떤 점이 중요한가? 촉매는 반응 과정에서 그 자체는 변하지 않으면서 반응 속도를 변화시키는(활성화 에너지를 낮추는) 물질로 정의되기 때문에 원칙적으로 무한 재활용이 가능하고 폐기물이 발생하지 않는다(8.6절).

도식 1에서 보듯이, 수소화붕소 소듐 환원의 원자 경제는 70%이고 이론적 E 인자는 0.42이다. 그러나 실제로는 화학 수득률이 100%가 아니므로 E 인자는 일반적으로 원자 경제에서 예측한 것보다 높다. 합리적인 시간 내에 출발 물질의 완전한 전환을 얻기 위해 일반적으로 수소화붕소 소듐을 포함한 시약이 과량으로 사용된다. 또한, 화학량론 반응식에 포함되지 않는 일부 폐기물(예를 들어 용매)도 있다. 이와는 대조적으로 촉매 수소화의 원자 경제는 100%이며 이론적 E 인자는 0이다.

마찬가지로, 도식 2에서는 알코올이 아세톤으로 산화되는 역반응을 비교한다. 한 가지 옵션은 고전적인 화학량론적 시약인 다이크로뮴산 포타슘을 사용하는 것이다. 다른 경로는 팔라듐 촉매의 존재 하에서 분자 산소로 촉매 산화하는 것이다. 원자 경제는 각각 20%와 76%이며, 이론적 E 인자는 각각 3.98과 0.31이다. 실제로는 다이크로뮴산과 황산이 다량으로 사용되기 때문에 첫 번째 반응의 E 인자는 4보다 훨씬 높다.

하지만 폐기물의 양만 중요한 것이 아니다. 크로뮴(VI)은 발암물질로 의심되는 물질이므로 크로뮴이 함유된 폐기물은 잠재적으로 독성이 있다. 반면에 촉매 산화 과정에서 생성되는 부산물은 물과 동등한 양으로 무해하다(원칙 3). 산화제인 크로뮴(VI)을 대체하는 것은 독성 또는 유해한 시약의 사용을 피하는 또 다른 녹색 화학의 관점에서 중요하다. 요약하면 촉매는 친환경적이고 지속가능한 산화-환원 화학의 핵심이다.

(1) 다이크로뮴산 포타슘을 첨가한 화학양론적 산화

$$3\ \text{(CH}_3)_2\text{CHOH} + K_2Cr_2O_7 + 4\,H_2SO_4 \longrightarrow 3\ \text{(CH}_3)_2\text{C=O} + Cr_2(SO_4)_3 + K_2SO_4 + 7\,H_2O$$

$$\text{원자 경제} = \frac{174}{180 + 294 + 392} = \frac{174}{866} = 20\%$$

$$\text{이론적 E 인자} = \frac{692}{174} = 3.98$$

(2) 산소(공기) 분자를 첨가한 촉매 산화

$$\text{(CH}_3)_2\text{CHOH} + 0.5\,O_2 \xrightarrow{\text{Pd 촉매}} \text{(CH}_3)_2\text{C=O} + H_2O$$

$$\text{원자 경제} = \frac{58}{76} = 76\%$$

$$\text{이론적 E 인자} = \frac{18}{58} = 0.31$$

▲ **도식 2** 화학양론적 산화와 촉매 산화의 원자 경제 및 이론적 E 인자 비교

자연에서 일어나는 많은 산화 반응(산화 과정에서 산소가 환원되는)이 있다. 알짜 광합성 반응은 이산화 탄소의 자연적인 환원(산소가 산화되면서)이라는 점에서 독특하다. 자연의 많은 과정은 산소를 사용한다. 광합성은 이를 생성하는 유일한 자연 과정이다.

요약

8.1절: 산화와 환원은 함께 일어나는 과정이다. 산화와 환원은 네 가지 방식으로 정의할 수 있다. **산화**는 물질이 산소 원자를 얻거나 수소 원자를 잃거나 전자를 잃거나 산화수가 증가할 때 발생한다. **환원**은 산화와 반대되는 개념으로, 물질이 산소 원자를 잃거나 수소 원자를 얻거나 전자를 얻거나 **산화수**가 감소할 때 일어난다. 우리는 대개 상황에 가장 편리한 정의를 사용한다.

8.2절: 산화-환원 반응에서 산화를 일으키는 물질은 **산화제**이다. 환원을 일으키는 물질은 **환원제**이다. 산화-환원 반응에서 산화제는 환원되고 환원제는 산화된다.

8.3절: 산화-환원 반응에는 전자의 이동이 포함된다. 전자가 이동하는 2개의 단단한 **전극**이 있는 **전기화학 전지**에서 전자의 이동이 일어날 수 있다. 산화가 일어나는 전극은 **산화 전극**이며, 환원이 일어나는 전극은 **환원 전극**이다. 전자는 전선을 통해 산화 전극에서 환원 전극으로 이동하며, 전자의 흐름이 전류이다. 산화 반쪽 반응에 환원 반쪽 반응이 더해지면 반쪽 반응에 있던 전자가 상쇄되어 전체 전지 반응이 일어나게 된다. 이를 알면 많은 산화-환원 반응식의 균형을 맞출 수 있다.

건전지(손전등 배터리)는 아연 케이스와 중앙의 탄소 막대로 구성되어 있으며 이산화 망가니즈, 흑연 분말, 염화 암모늄이 섞인 반죽을 함유하고 있다. 알칼리 전지는 비슷하지만 염화 암모늄 대신 수산화 포타슘을 함유하고 있다. **배터리**는 연결된 전지이다. 자동차의 납축전지에는 6개의 전지가 들어 있다. 각 전지에는 황산에 산화 납(IV) 전극이 들어 있으며, 이 배터리는 충전할 수 있다. **연료 전지**는 연료와 산소가 지속적으로 공급되는 전지에서 연료를 산화시켜 전기를 생산한다.

8.4절: 금속의 부식은 일반적으로 바람직하지 않은 산화-환원 반응이다. 철이 부식되면 먼저 철이 산화되어 철 이온(Fe^{2+})으로 변하고, 산소 기체가 수산화 이온으로 환원된다. 이렇게 형성된 $Fe(OH)_2$는 더 산화되어 $Fe(OH)_3$, 즉 녹이 된다. 금속 표면에서 산화와 환원은 종종 별도의 장소에서 발생하며, 표면의 전해질(예: 염)은 부식 반응을 강화할 수 있다. 알루미늄은 부식되지만 산화층은 견고하고 밀착력이 있어 아래의 금속을 보호한다. 은은 황 화합물이 있으면 부식되어 검은 황화은을 형성하며, 이는 전기화학적으로 제거할 수 있다. 폭발 반응은 기체의 생성으로 인해 부피가 상당히 증가하면서 빠르게 발생하는 산화-

환원 반응이다.

8.5절: 산소는 생명에 필수적인 산화제이다. 산소는 공기의 약 5분의 1, 즉 우리 몸무게의 약 3분의 2를 차지한다. 우리가 호흡할 때 음식물은 산소에 의해 '연소'되며, 석탄과 같은 연료는 연소할 때 산소와 반응하여 문명에서 사용되는 대부분의 에너지를 방출한다. 순수한 산소는 액화된 공기에서 얻을 수 있으며, 대부분 산업에서 사용된다. 산소는 금속 및 비금속과 반응하여 산화물을 생성한다. 또한 많은 화합물과 반응하여 화합물 내 원소의 산화물을 생성한다. 오존(O_3)은 산소의 한 형태로 대기의 아래 부분에서는 대기 오염 물질이지만 대기 상층에서는 자외선으로부터 보호막을 제공한다. 다른 산화제로는 과산화 수소, 다이크로뮴산 포타슘, 과산화 벤조일, 염소 등이 있다. **표백제**는 직물이나 기타 소재에서 원하지 않는 색을 제거하는 산화제이다.

8.6절: 대부분의 금속은 환원제이다. **항산화제**는 살아 있는 세포의 손상된 산화 반응을 지연시키는 환원제이다. 비타민 C, 비타민 E, 베타-카로틴은 항산화제이다. 일반적인 환원제로는 탄소, 수소, 활성 금속 등이 있다. 석탄이나 코크스 형태의 탄소는 종종 산화물에서 금속을 얻기 위해 환원제로 사용된다. 알루미늄과 같은 활성 금속도 이러한 목적으로 사용된다. 수소는 광석에서 많은 금속을 유리시킬 수 있다. 일부 수소 반응에는 **촉매**가 필요한데, 이는 **활성화 에너지**를 소비하지 않으면서 반응 속도를 높인다. 수소와 질소로부터 암모니아를 생성하기 위해 촉매를 사용한다.

8.7절: 음식물 속 탄수화물과 기타 물질의 산화는 사람과 다른 동물이 생존하는 데 필요한 에너지를 생성한다. **광합성**에서 이산화 탄소의 환원은 지구상에서 가장 중요한 환원 과정이다. 이러한 과정이 없다면 우리는 존재할 수 없다. 광합성은 우리가 먹는 음식과 숨 쉬는 산소를 제공한다.

녹색 화학: 유기 합성에서는 대부분의 물질이 생성물로 끝나는 방법을 사용하는 것이 중요하다(높은 원자 경제성). 이 공정은 폐기물 발생량을 최소화한다(낮은 E 인자). 또한 가능하면 유해하거나 독성이 있는 시약과 용매를 사용하지 않도록 하여 시약 사용과 폐기물 발생이 환경에 미치는 영향을 최소화하는 것이 중요하다.

학습 목표	관련 문제
• 산화-환원 반응 내의 특정 변화를 산화 또는 환원으로 분류한다. (8.1)	18~20, 23, 37, 38, 43~45, 47, 49, 51, 72, 76, 82
• 산화-환원 반응을 확인한다. (8.1)	16, 17, 72
• 산화-환원 반응에서 산화제와 환원제를 구별한다. (8.2)	3, 25~34, 42, 48, 50, 52, 54, 55, 60~62, 73, 75, 77, 79
• 산화-환원 반응식의 균형을 맞춘다. (8.3)	9, 10, 12~14, 21, 22, 35~41, 56, 57, 64~69, 77, 78
• 전기화학 전지의 반쪽 반응을 구별하고 쓴다. (8.3)	21, 22, 35~38, 65, 69
• 철이 녹슬 때 일어나는 반응에 대해 설명한다. (8.4)	12, 55, 63
• 폭발 반응이 강력한 이유를 설명한다. (8.4)	74
• 산소가 산화제인 반응에 대한 반응식을 작성한다. (8.5)	56~59, 62, 67, 68
• 일상생활에서 흔히 접할 수 있는 몇 가지 산화제를 나열한다. (8.5)	13~15, 75
• 일반적인 몇 가지 환원제를 알아본다. (8.6)	52, 53, 73
• 포도당의 물질대사와 광합성에 대한 전반적인 반응식을 작성한다. (8.7)	15, 51, 69~71
• 균형 반응을 사용하여 반응의 원자 경제와 반응 인자 E를 계산한다.	83, 84
• 화학 및 관련 산업에서 폐기물을 최소화하기 위한 촉매의 역할에 대해 설명한다.	85, 86

개념문제

1. 화합물이 산화될 때 그 원소 중 하나의 산화수는 어떻게 되는가? 환원될 때는 어떻게 되는가?
2. 전기화학 전지란 무엇인가? 배터리란 무엇인가?
3. 전기화학 전지의 산화 전극과 환원 전극에서는 어떤 일이 일어나는가? 산화 전극에서 환원 전극으로 전자가 흐르는 이유는 무엇인가?
4. 연료 전지는 다른 전지(건전지, 알칼리 전지 등)와 어떻게 다른가?
5. 전기화학 전지에서 두 전극 구획 사이에 있는 다공성 분리벽의 목적은 무엇인가?
6. 반쪽 반응이란 무엇인가? 반쪽 반응은 어떻게 결합되어 전체 전지 반응을 나타내는가?
7. 건전지의 케이스는 어떤 재료로 만들어지는가? 이 소재는 어떤 용도로 사용되는가? 전지가 방전되면 어떻게 되는가?
8. 알칼리 전지는 건전지와 어떻게 다르며, 알칼리 전지가 선호되는

이유는 무엇인가?

9. 납축전지는 어떻게 충전되는가?

10. 납축전지가 방전되면 어떤 일이 일어나는지 설명하라.

11. 대부분의 최신 고성능 전자기기가 리튬 기반 배터리로 구동되는 이유는 무엇인가?

12. 철이 부식되면 어떤 일이 일어나는지 설명하라. 도로에 뿌리는 소금이 이 작용을 강화하는 이유는 무엇인가?

13. 은은 어떻게 변색되는가? 은의 손실 없이 변색을 제거하려면 어떻게 해야 하는가?

14. 하이포아염소산 이온(ClO^-)과 같은 표백제가 어떻게 작용하는지 설명하라.

15. 심장박동에 에너지를 공급하는 화학 작용과 광합성의 화학 작용을 연관 지어 설명하라.

연습문제

산화와 환원의 인지

16. 다음 중 산화-환원 반응은 무엇인가?
   a. $C_2H_2 + 2\,H_2 \longrightarrow C_2H_6$
   b. $Pb(NO_3)_2 + MgCl_2 \longrightarrow Mg(NO_3)_2 + PbCl_2$
   c. $2\,SO_2 + O_2 \longrightarrow 2\,SO_3$

17. 다음 중 산화-환원 반응은 무엇인가?
   a. $2\,NaF + MgBr_2 \longrightarrow MgF_2 + 2\,NaBr$
   b. $C_4H_8 + 6\,O_2 \longrightarrow 4\,CO_2 + 4\,H_2O$
   c. $HCl + KOH \longrightarrow H_2O + KCl$

18. 다음 각 반응식의 반응물이 산화되는가, 환원되는가? 그 이유를 설명하라.
   a. $Mg^{2+} \longrightarrow Mg$　　b. $S^{2-} \longrightarrow S$
   c. $C_2H_4O_2 \longrightarrow C_2H_6O$　　d. $Cl^- \longrightarrow ClO^-$

19. 다음 각 반응에서 탄소가 환원을 거쳤는가, 산화를 거쳤는가? 탄소의 산화수가 어떻게 변했나?
   a. $C + 2\,Cl_2 \longrightarrow CCl_4$　　b. $2\,C + O_2 \longrightarrow 2\,CO$
   c. $C + O_2 \longrightarrow CO_2$　　d. $C_2H_2 + I_2 \longrightarrow C_2H_2I_2$
   e. $C + 2H_2 \longrightarrow CH_4$

20. 다음 중 반응물이 산화되는 것은 무엇인가? 그 이유를 설명하라.
   a. $C_2H_4 \longrightarrow C_2H_6$
   b. $CrO_3 \longrightarrow Cr$
   c. $Fe^{3+} \longrightarrow Fe^{2+}$
   d. $C_{27}H_{33}N_9O_{15}P_2 \longrightarrow C_{27}H_{35}N_9O_{15}P_2$
   e. $2\,Cl^- \longrightarrow Cl_2$

21. 다음 각 금속에 대해 $Na \longrightarrow Na^+ + e^-$와 유사한 균형 산화 반쪽 반응을 쓰라.
   a. K　　b. Mg　　c. Fe(두 가지 다른 반응식)

22. 다음 각 비금속에 대해 $Cl_2 + 2\,e^- \longrightarrow 2\,Cl^-$와 유사한 균형 환원 반쪽 반응을 쓰라.
   a. F_2　　b. P_4　　c. O_3

23. 다음 각 반응에서 산화되는 원자와 환원되는 원자는 무엇인가?
   a. $4\,Cu + O_2 \longrightarrow 2\,Cu_2O$
   b. $Mg + 2\,H^+ \longrightarrow Mg^{2+} + H_2$
   c. $Br_2 + H_2O_2 \longrightarrow O_2 + 2H^+ + 2\,Br^-$
   d. $4\,S_2O_3^{2-} + O_2 + 2\,H^+ \longrightarrow 2\,S_4O_6^{2-} + 2\,H_2O$

24. 산화-환원의 관점에서 광변색 렌즈의 구리에 어떤 일이 일어나는지 설명하라.

산화제와 환원제

25. 다음 각 반응에서 산화제와 환원제는 무엇인가?
   a. $H_2 + CuO \longrightarrow Cu + 2\,H_2O$
   b. $O_2 + 2\,HCOH \longrightarrow 2\,HCOOH$
   c. $2\,Al_2O_3 + 3\,Mn \longrightarrow 3\,MnO_2 + 2\,Al$
   d. $2\,CrCl_2 + SnCl_4 \longrightarrow 2\,CrCl_3 + SnCl_2$

26. 다음 각 반응에서 산화제와 환원제는 무엇인가?
   a. $CuS + H_2 \longrightarrow Cu + H_2S$
   b. $4\,K + CCl_4 \longrightarrow C + 4\,KCl$
   c. $C_3H_4 + 2\,H_2 \longrightarrow C_3H_8$
   d. $Fe^{3+} + Ce^{3+} \longrightarrow Fe^{2+} + Ce^{4+}$

27. 그림 8.4에서 환원제는 무엇인가?

28. 그림 8.4에서 산화제는 무엇인가?

29. 그림 8.6에서 산화제와 환원제는 무엇인가?

30. 그림 8.7에서 **(a)** SO_4^{2-}는 산화제인가, 환원제인가, 아니면 둘 다인가, 둘 다 아닌가? **(b)** 전지가 충전 중일 때 방전 반쪽 반응이 반대로 일어난다. 충전하는 동안 Pb^{2+}는 산화되는가, 환원되는가, 아니면 둘 다인가, 둘 다 아닌가?

31. 전기화학 전지에서 전자는 산화 전극에서 환원 전극으로 흐른다. 산화제와 환원제 측면에서 산화 전극과 환원 전극을 어떻게 분류할 수 있는가?

32. 알루미늄을 구리와 접촉시키면 전자가 알루미늄에서 구리로 흐른다. 두 금속 중 산화제는 무엇인가?

33. 다음 사진은 황산 구리(II) 용액에 철로 된 못을 담근 결과를 보여준다. 이 반응에 대한 설명으로 옳은 것은 무엇인가?
   a. 구리(II) 이온은 산화되고 철 금속은 환원된다.
   b. 구리(II) 이온은 환원되고 철 금속은 산화된다.
   c. 구리(II) 이온은 산화되고 철(II) 이온은 환원된다.
   d. 구리 금속은 산화되고 철(II) 이온은 환원된다.

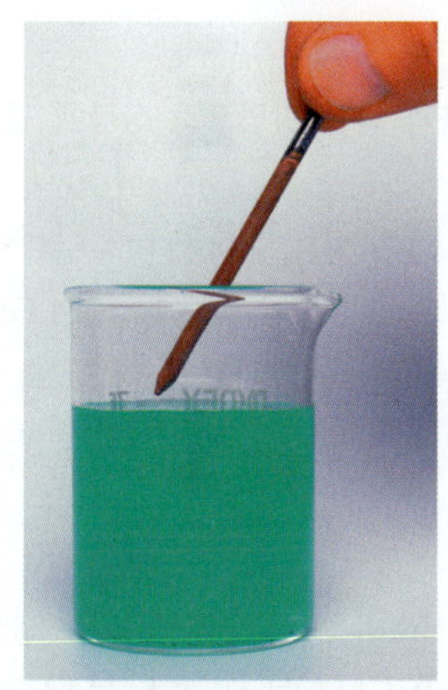

34. 다음 사진은 구리로 코팅된 플라스틱 기판을 과황산 암모늄 용액인 $(NH_4)_2S_2O_8(aq)$에 담가 인쇄 회로 기판을 만들고 있는 모습이다. 과황산 이온은 황산 이온으로 변환되고, 일부 구리 금속은 청색 구리(II) 이온으로 변환된다. 산화제와 환원제를 밝혀라.

반쪽 반응

35. 산화-환원 반응식 $K + Mg^{2+} \longrightarrow Mg + K^+$에서 일어나는 환원 반쪽 반응을 쓰고, 양쪽의 원자/이온 수와 총 전하가 같도록 전체 반응식의 균형을 맞춰라.

36. 산화-환원 반응식 $H_2 + MnO_2 \longrightarrow H_2O + Mn$에서 일어나는 산화 반쪽 반응을 쓰고, 양쪽의 원자/이온 수와 총 전하가 같도록 전체 반응식의 균형을 맞춰라.

37. 다음 각 산화-환원 반응을 반쪽 반응으로 나누고, 반쪽 반응이 산화 반응인지, 환원 반응인지 나타내라.

a. $Mo^{6+}(aq) + 3\,H_2(g) \longrightarrow 6\,H^+(aq) + Mo(s)$
b. $Cd(s) + Zr^{4+}(aq) \longrightarrow Cd^{2+}(aq) + Zr^{2+}(aq)$

38. 다음 각 산화-환원 반응을 반쪽 반응으로 나누고, 반쪽 반응이 산화 반응인지, 환원 반응인지 나타내라.

a. $Mn^{4+}(aq) + 2\,Cr^{2+}(aq) \longrightarrow Mn^{2+}(aq) + 2\,Cr^{3+}(aq)$
b. $2\,Ca(s) + Ti^{4+}(aq) \longrightarrow 2\,Ca^{2+}(aq) + Ti(s)$

39. 다음 각 반쪽 반응이 산화인지, 환원인지 나타내고, 이들을 결합하여 전체 균형 산화-환원 반응식을 구하라.

a. $Cu^{2+} + 2\,e^- \longrightarrow Cu(s)$ 그리고 $Fe(s) \longrightarrow Fe^{2+} + 2\,e^-$
b. $2\,H_2O_2 \longrightarrow 2\,O_2 + 4\,H^+ + 4\,e^-$ 그리고 $Fe^{3+} + e^- \longrightarrow Fe^{2+}$
c. $WO_3 + 6\,H^+ + 6\,e^- \longrightarrow W + 3\,H_2O$ 그리고 $C_2H_6O \longrightarrow C_2H_4O + 2\,H^+ + 2\,e^-$

40. 다음 각 반쪽 반응이 산화인지, 환원인지 나타내고, 이들을 결합하여 전체 균형 산화-환원 반응식을 구하라.

a. $2\,I^- \longrightarrow I_2 + 2\,e^-$ 그리고 $Cl_2 + 2\,e^- \longrightarrow 2\,Cl^-$
b. $HNO_3 + H^+ + e^- \longrightarrow NO_2 + H_2O$ 그리고 $SO_2 + 2\,H_2O \longrightarrow H_2SO_4 + 2\,H^+ + 2\,e^-$

41. 다음 각 반쪽 반응은 환경적으로 중요하다. 각각의 반응이 산화인지, 환원인지 나타내고, 이들을 결합하여 전체 균형 산화-환원 반응식을 구하라.

a. $Ti \longrightarrow Ti^{4+} + 4\,e^-$ 그리고 $Pb^{4+} + 2\,e^- \longrightarrow Pb^{2+}$
b. $S \longrightarrow S^{4+} + 4\,e^-$ 그리고 $O + 2\,e^- \longrightarrow O^{2-}$

산화와 환원: 화학 반응

42. 다음 각 반응에서 산화되는 물질은 무엇인가? 산화제는 무엇인가?

a. $2\,HNO_3 + SO_2 \longrightarrow H_2SO_4 + 2\,NO_2$
b. $Co_2S_3 + 2\,HBr \longrightarrow H_2S + 2\,CoS + Br_2$

43. 다음 각 반응에서 어떤 원소가 산화되고, 어떤 원소가 환원되는가?

a. $CH_3CHO + H_2O_2 \longrightarrow CH_3COOH + H_2O$
b. $5\,C_2H_6O + 4\,MnO_4^- + 12\,H^+ \longrightarrow 5\,C_2H_4O_2 + 4\,Mn^{2+} + 11\,H_2O$

44. 다음 각 반응에서 질소가 환원되는 반응과 산화되는 반응은 무엇인가?

a. $2\,MnO_2 + NO_2^- + 2H^+ \longrightarrow Mn_2O_3 + NO_3^-$
b. $3\,MnO_2 + 2\,NH_4^+ + 4\,H^+ \longrightarrow 3\,Mn^{2+} + N_2 + 6\,H_2O$

45. 44번 문제의 반응식 **(a)**와 **(b)**에서 망가니즈는 환원되는가, 산화되는가?

46. 아연 금속은 바나듐(V) 이온과 반응하여 아연(II) 이온과 바나듐(II) 이온을 형성한다. **(a)** 아연은 산화되는가, 환원되는가? **(b)** 바나듐(V) 이온은 전자를 얻는가, 잃는가? 균형 반응식에는 몇 개의 전자가 있는가?

47. 불포화 식물성 기름은 수소와 반응하여 포화 지방을 생성한다. 전형적인 반응은 다음과 같다.

$$C_{57}H_{104}O_6 + 3\,H_2 \longrightarrow C_{57}H_{110}O_6$$

불포화 기름이 산화되는지, 환원되는지 설명하라.

48. 휴대폰, 컴퓨터 등 전자기기에 사용되는 금속인 탄탈럼은 산화물과 용융된 소듐 금속을 반응시켜 제조할 수 있다.

$$Ta_2O_5 + 10\,Na \longrightarrow 2\,Ta + 5\,Na_2O$$

어떤 물질이 환원되는가? 환원제는 무엇인가?

49. 아이오딘화 이온(예: 아이오딘이 첨가된 소금)을 검사하기 위해 용액을 염소로 처리하여 아이오딘을 방출한다.

$$2\,I^- + Cl_2 \longrightarrow I_2 + 2\,Cl^-$$

어떤 물질이 산화되는가? 어떤 물질이 환원되는가?

50. 2011년 3월에 고장 난 후쿠시마 원자로에서는 지르코늄 금속이 증기와 반응하여 수소 기체를 생성했다.

$$Zr + 2\,H_2O \longrightarrow ZrO_2 + 2\,H_2$$

반응에서 어떤 물질이 산화되었는가? 산화제는 무엇인가?

51. 덜 익은 포도는 고농도의 타르타르산($C_4H_6O_6$)으로 인해 매우 신맛이 난다. 포도가 익으면서 이 화합물은 포도당($C_6H_{12}O_6$)으로 전환된다. 타르타르산은 산화되는가, 환원되는가?

52. 비타민 C(아스코르브산)는 발암물질인 아질산 이온(NO_2^-)을 질소 산화물(NO)로 전환시켜 발암물질인 아질산 이온(NO_2^-)으로부터 위를 보호하는 것으로 알려져 있다. 아질산 이온은 산화되는가, 환원되는가? 아스코르브산은 산화제인가, 환원제인가?

53. 52번 문제의 반응에서 아스코르브산($C_6H_8O_6$)은 데하이드로아스코르브산($C_6H_6O_6$)으로 전환된다. 이 반응에서 아스코르브산은 산화되는가, 환원되는가?

54. 박테리아는 다음과 같은 방식으로 Mn을 사용하여 성장에 필요한 에너지를 얻을 수 있다.

$$C_6H_{12}O_6 + 12\,MnO_2 + 24\,H^+ \longrightarrow 6\,CO_2 + 12\,Mn^{2+} + 18\,H_2O$$

이 반응식에서 환원되는 원소와 산화되는 원소는 무엇인가? 어떤 화합물이 산화제인가? 탄소와 망가니즈의 산화수 변화는 어떠한가?

55. 박테리아는 다음과 같은 방법으로 성장에 필요한 에너지를 얻을 수 있다.

$$C_6H_{12}O_6 + 24\,Fe(OH)_3 + 48\,H^+ \longrightarrow 6\,CO_2 + 24\,Fe^{2+} + 66\,H_2O$$

이 반응식에서 환원되는 원소와 산화되는 원소는 무엇인가? 어떤 화합물이 산화제인가? 탄소와 철의 산화수 변화는 어떠한가?

산소와의 결합

56. 다음 각 물질이 산소와 반응할 때 생성되는 생성물의 식을 쓰라.
a. S **b.** CH_3OH **c.** C_3H_6O

57. 다음 각 물질이 산소와 반응할 때 생성되는 생성물의 식을 쓰라(정답이 둘 이상일 수 있다).
a. N_2 **b.** CS_2 **c.** C_5H_{12}

58. 다음 각 반응물쪽 산소의 산화수는 얼마인가?
a. $C + O_2 \longrightarrow CO_2$
b. $O_2 + H_2 \longrightarrow H_2O_2$
c. $O_2 + 2\,F_2 \longrightarrow 2\,F_2O$

 심화문제

59. 다음 각 화합물에서 산소와 수소는 일반적인 산화수를 갖지 않는다. 각 화합물에서 산소 또는 수소의 산화수를 추론하라. 과산화세슘인 이산화 세슘(CsO_2)의 경우 산소의 산화수에서 특이한 점은 무엇인가?
a. CaH_2 **b.** Na_2O_2 **c.** CsO_2

60. 다음 각 원소를 환원제로서 작용하는 능력에 따라 순서대로 나열하라.
a. Na **b.** Ca **c.** O **d.** Cl

61. 다음 각 원소를 산화제 역할을 하는 능력에 따라 순서대로 나열하라.
a. F **b.** Cl **c.** Br **d.** I

62. 인디고 염료(청바지 착색에 사용)는 인독실이 공기에 노출되어 생성된다. 어떤 물질이 산화되는가? 산화제는 무엇인가?

$$\underset{\text{인독실}}{2\,C_8H_7ON} + O_2 \longrightarrow \underset{\text{인디고}}{C_{16}H_{10}N_2O_2} + 2\,H_2O$$

63. 일부 정비사들은 공구를 보관하기 전에 그리스나 오일을 살짝 발라 보관한다. 그 이유는 무엇인가?

64. 알루미늄 선을 파란색의 염화 구리(II) 용액에 넣으면 파란색 용액은 무색으로 변하고, 적갈색 구리 금속이 용액에서 나온다. 이 반응의 반응식을 쓰라. (염화 이온은 반응에 관여하지 않는다.)

65. 네덜란드 레이덴대학의 화학자 Elisabeth Bouwman이 이끄는 연구진은 공기 중의 이산화 탄소를 옥살산 소듐($Na_2C_2O_4$)과 같은 고체 옥살산염 화합물로 전환할 수 있는 구리 기반 촉매를 발견했다. 이는 대기 중 해당 온실가스의 양을 줄일 수 있는 수단으로 이어질 수 있다. 이산화 탄소와 옥살산 이온의 반쪽 반응에 대한 반응식을 쓰라. CO_2는 산화되는가, 환원되는가?

66. Pb^{2+} 이온이 황화 수소가 포함된 공기에 노출되면 H_2S와 반응하여 검은색 납 황화물(PbS)을 형성하기 때문에 납 기반 페인트는 검게 변한다. 이는 오래된 유화 그림이 어두워지는 원인이다. 과산화 수소는 검은 황화 이온(S^{2-})을 하얀 황산 이온(SO_4^{2-})으로 산화시켜 물감을 밝게 한다. **(a)** 어두워지는 이 반응의 반응식을 쓰라. **(b)** 물감을 밝게 하는 이 반응의 반응식을 쓰라.

67. 우리 몸이 음식물로부터 에너지를 얻기 위해 사용하는 산화제는 (공기 중의) 산소이다. 1분에 15번 숨을 쉬고(휴식 시), 숨을 쉴 때마다 0.5 L의 공기를 들이마시고 내뱉는다면 하루에 숨 쉬는 공기의 양은 얼마나 되는가? 공기는 부피 기준으로 21% 산소이다. 하루에 얼마나 많은 양의 산소를 호흡하는가?

68. 1.0 kg의 지방을 산화시키기 위해 우리 몸은 약 2000 L의 산소가 필요하다. 건강한 식단에는 하루에 약 80 g 이하의 지방이 포함되어 있다. STP 조건에서 그 지방을 산화시키려면 얼마나 많은 양의 산소가 필요한가?

69. 광합성 반응(8.7절)은 두 가지 과정의 결과로 표현할 수 있는데, 그 중 하나는 빛을 필요로 하며 이를 광반응이라고 한다. 이 반응은 다음과 같이 쓸 수 있다.

$$12\,H_2O \xrightarrow{\text{빛}} 6\,O_2 + 24\,H^+ + 24\,e^-$$

a. 광반응은 산화인가, 환원인가?

b. 광합성에 대해 암반응이라고 하는 다른 반쪽 반응에 대한 반응식을 쓰라.

70. 세포 호흡에서 탄소의 평균 산화수 변화는 어떠한가?

71. 광합성에서 탄소의 산화수 변화는 어떠한가?

72. 다음 각 변화에서 첫 번째 화합물이 산화되는지, 환원되는지, 아니면 산화-환원과 관계가 없는지 설명하라.

a. 보라색 용액인 바나듐(II) 이온, $V^{2+}(aq)$가 녹색 용액인 $V^{3+}(aq)$로 변환된다.

b. 이산화 질소가 냉각되면 사산화 이질소로 전환된다.

c. 일산화 탄소가 수소와 반응하여 메탄올을 형성한다.

73. 일반적으로 금속 원소는 산화제가 아닌 환원제로 작용한다. 그 이유를 설명하라. (힌트: 금속 이온의 전하를 고려하라.) 비금속은 산화제로만 작용하고 환원제로는 작용하지 않는가? 그 이유를 설명하라.

74. TNT 폭발은 왜 그렇게 강력한가?

75. 수소 기체의 흐름이 공기 중에서 점화되면 그 불꽃을 염소 기체가 들어 있는 병에 담가도 여전히 연소할 수 있다. 병에서 일어나는 반응에 대한 균형 반응식을 쓰라. 이 반응에서 산화제는 무엇인가?

76. 수산화 칼슘(CaH_2)과 용융된 소듐 금속의 반응을 고려해보자. **(a)** 그림 8.2의 두 번째 정의와 **(b)** 그림 8.2의 세 번째 정의에 따라 산화되는 화학종과 환원되는 화학종을 밝혀라. 어떤 어려움이 있는가?

$$CaH_2(s) + 2\,Na(l) \longrightarrow 2\,NaH(s) + Ca(l)$$

77. 알루미늄 금속은 물과 반응할 수 있지만, 금속에 일반적으로 존재하는 산화 코팅이 이러한 반응을 방지한다. 2007년 퍼듀대학 연구진은 알루미늄에 갈륨을 첨가하면 산화 코팅이 형성되지 않아 알루미늄이 물과 반응하여 수소 기체를 생성할 수 있다는 사실을 발견했다. 이 과정은 연료용 수소 기체의 소형 공급원으로 이어질 수 있다. 알루미늄과 물의 반응에 대한 균형 반응식을 쓰고(다른 생성물은 수산화 알루미늄), 반응에서 산화제와 환원제를 밝혀라.

78. 원소 할로젠(F_2, Cl_2 등)이 할로젠화 이온을 형성하면서 나타내는 산화제로서의 세기는 주기율표의 위쪽에서 아래쪽으로 갈수록 감소한다. 이 정보를 가지고 판단하면 다음 각각은 어떤 반응이 일어나는가? 일어나는 반응(들)에 대한 균형 반응식을 쓰라.

a. Cl_2와 F^- **b.** Br_2와 I^-

79. 약국에서 판매되는 3% 과산화 수소 용액은 더 이상 경미한 상처나 긁힌 상처를 치료하는 데 권장되지 않는다. 상처에 바르면 혈액 내 과산화 효소가 과산화 수소를 빠르게 분해하기 때문이다.

$$2\,H_2O_2(aq) \longrightarrow 2\,H_2O(l) + O_2(g)$$

고농도의 원소 산소는 박테리아를 죽일 뿐만 아니라 피부와 아래 조직의 세포도 손상시킨다. 이 반응에서 산화제와 환원제는 무엇인가? (힌트: 반응물과 생성물에서 산소의 산화수는 무엇인가?)

80. 77번 문제를 참고하라. 알루미늄의 밀도는 2.70 g/cm^{3}이다. STP에서 2.0×10^4 L의 수소 기체를 생산하는 데 필요한 알루미늄 금속의 부피(cm^3)는 얼마인가? 이 알루미늄의 부피는 수소 기체의 부피보다 몇 배나 작은가? (STP에서 기체 1몰은 22.4 L를 차지한다는 것을 기억하라.)

81. 에탄올(CH_3CH_2OH)이 NAD^+(예제 8.5)에 의해 아세트알데히드(CH_3CHO)로 산화되는 것을 고려해보자. **(a)** 이 작용에 대한 반쪽 반응을 쓰라. **(b)** NADH는 산화 반응의 역반응에서 생화학적 환원제이다. NADH에 의해 피르부산($CH_3COCOOH$)이 젖산($CH_3COCOOH$)으로 환원되는 반쪽 반응을 쓰고, 이 두 반쪽 반응을 결합하여 전체 반응의 식을 구하라.

82. 다음은 몇 가지 유기 화학 과정이다. 각각을 산화 또는 환원으로 분류하라. R은 탄화수소기를 나타내며, 이 과정에서 변하지 않는다.

a. RCH_3(알케인) $\longrightarrow$ RCH_2OH(알코올)

b. RCHO(알데하이드) $\longrightarrow$ RCH_2OH(알코올)

c. RCHO(알데하이드) $\longrightarrow$ RCOOH(카르복실산)

d. RCOOH(카르복실산) $\longrightarrow$ RCHO(알데하이드)

e. RCH_2OH(알코올) $\longrightarrow$ RCHO(알데하이드)

83. 프로필렌 옥사이드를 생산하는 전통적인 공정은 프로필렌을 물에 염소 기체를 흡수시켜 생성한 하이포아염소산(HOCl)과 반응시켜 프로필렌 클로로하이드린을 형성하는 것이다. 두 번째 단계에서는 프로필렌 클로로하이드린을 수산화 칼슘으로 처리하여 프로필렌 옥사이드를 형성한다(다음 반응 참조). 최근에는 과산화 수소를 산화제로, 타이타늄 실리칼라이트를 촉매로 사용하는 대체 공정이 상용화되었다.

프로필렌 + Cl_2 + H_2O $\longrightarrow$ 프로필렌 클로로하이드린 (OH, Cl) $\xrightarrow{Ca(OH)_2}$ 프로필렌 옥사이드 (O)

a. 두 과정의 화학량론 식을 쓰라.

b. 두 과정의 원자 경제와 E 인자를 계산하라.

c. 사용 시약, 폐기물 발생량과 관련하여 두 과정을 비교하라.

84. 친환경 촉매에 대한 설명으로 옳은 것은 무엇인가?

a. 지구에 풍부한 원소를 함유하는 촉매이다.

b. 시약이 더 효율적으로 반응하도록 하는 촉매이다.
c. 화학 물질 생산 비용을 줄이는 촉매이다.
d. 위의 모든 작업을 수행하는 촉매이다.

85. 수명이 긴 산화 촉매를 설계하기 어려운 이유를 한 가지 제시하라.

86. 다음 반응에서 산화제와 산화되는 물질을 밝혀라.

$$3\,C_2H_6O + Cr_2O_7^{2-} + 8\,H^+ \longrightarrow 3\,C_2H_4O + 2\,Cr^{3+} + 7\,H_2O$$

비판적 사고 문제

이 장에서 습득한 지식과 하나 이상의 FLaReS 원칙(1장)을 적용하여 다음 진술과 주장을 평가하라.

8.1 수년 동안 어떤 사람들은 누군가가 휘발유 대신 물을 연료로 사용하는 자동차 엔진을 발명했다고 주장했다. 그들은 석유 회사들이 발명가로부터 엔진에 대한 권리를 사들여 대중에게 공개하지 않았고, 사람들은 계속해서 자동차에서 휘발유를 연소시킬 것이기 때문에 우리가 그런 소식을 듣지 못했다고 말한다.

8.2 2011년 1월, 이탈리아 과학자들은 에너지를 생산하는 장치를 개발했다고 주장했다. 이 장치는 수소와 니켈을 사용하며, 단순히 수소를 태워서 얻을 수 있는 에너지의 수백 배에 달하는 에너지를 생산할 수 있다고 한다.

8.3 한 웹사이트에서 전기로 녹을 제거할 수 있다고 주장한다. 절차는 다음과 같이 설명되어 있다. 녹을 제거할 물체에 전선을 연결하고 탄산 소듐(세제) 용액이 담긴 욕조에 담근다. 두 번째 전선을 욕조에 담근다. 전선을 배터리에 연결하여 녹을 제거할 물체가 환원 전극이 되도록 한다. 웹사이트에서는 환원 전극에서 수소 기체가 생성되고 산화 전극에서 산소가 생성된다고 주장한다. 그러면 수소가 녹을 철 금속으로 바꾼다.

8.4 당신은 방금 더 추운 기후로 이사했다. 자동차 판매원이 자동차에 아연 언더코팅제를 판매하려고 한다. 그는 겨울철에는 도로에 소금이 뿌려지기 때문에 아연 언더코팅이 자동차의 철 프레임을 부식으로부터 보호할 것이라고 주장한다.

8.5 한 동료가 폭발이 파괴적인 이유는 공기를 팽창시키는 열의 방출 때문이라고 말한다.

8.6 한 친구가 자동차 배터리의 환원 전극을 자동차 차체에 연결하기만 하면 자동차에 녹이 슬지 않는다고 주장한다. 이렇게 하면 자동차가 환원 전극이 되고 환원 전극에서는 산화가 일어나지 않는다는 것이 그 이유이다. 그는 수년 동안 이렇게 해서 자동차가 녹슬지 않았다고 주장한다.

8.7 한 판매원이 수돗물이 오염되었다고 주장한다. 그 증거로 그는 배터리를 한 쌍의 '특수 전극'에 연결하고 전극을 수돗물 한 컵에 담근다. 몇 분 안에 흰색과 갈색의 '찌꺼기'가 물에 나타난다. 판매원은 오염 물질을 제거하고 물을 깨끗하고 맑게 해준다는 특수 정수 필터를 판매한다.

협업 과제

파워포인트, 포스터, 기타 프레젠테이션을 준비하여 수업에서 공유하라.

1. 강철을 부식으로부터 보호하는 다음 방법 중 하나에 대해 간략한 보고서를 작성하라. 그 과정에 관여하는 화학 반응을 확인하고, 그 과정이 산화, 환원과 어떻게 관련되는지 설명하라.
   a. 아연 도금
   b. 주석 코팅
   c. 환원 전극 보호

2. 배터리에는 독성 물질이 포함되어 있으므로 쓰레기통에 버리지 말고 재활용해야 한다. 배터리 재활용에 대해 간략한 보고서를 작성하라. 거주 지역에 배터리 재활용을 위한 시설이 있는가?

3. 군인, 야외 캠핑객, 트레커와 같은 야외 레크리에이션 애호가 등은 처리되지 않은 개울이나 호수에서 물을 마셔야 하는 경우가 많다. 자연재해로 인해 안전한 식수가 일시적으로 부족한 사람들에게도 물을 정화할 수 있는 방법이 필요하다. 오염된 물을 처리하기 위해 다양한 정수 알약을 사용할 수 있다. 몇 가지 알약을 조사하고 그 성분을 나열하라.

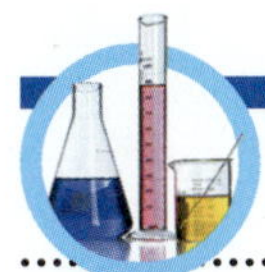

실험 과제 과일에 불 밝히기

준비물

- 레몬 2개
- 키위 2개
- 구리선(또는 동전)
- 아연 막대(또는 아연 도금 못)
- 전압계
- 악어 클립이 있는 연결선 2개
- 2 mA, 1.5 V 발광 다이오드(LED)

과일로 전기를 만들 수 있을까? 레몬과 키위를 비교하면 산화-환원 반응이 어떻게 일어나는지 알 수 있을까?

이 실험에서는 레몬과 키위를 비교한다. 레몬과 키위는 모두 즙이 많고 산성이라는 특성을 가지고 있어 전도성 용액, 즉 이온이 풍부한 산, 염기, 염 용액인 전해질에 꼭 필요한 성질을 가지고 있다. 이 과일 속의 화학 용액은 서로 다른 원소의 전자를 이동시켜 단일 전지 전기 배터리를 만들 수 있다. 따라서 전하가 한 금속에서 다른 금속으로 '이동'하여 전위를 생성한다.

준비물을 모으는 것부터 시작하자. 먼저 과일을 부드럽게 짜서 과즙이 가운데로 오도록 한다. 껍질이 터지지 않도록 주의하자.

구리선(또는 동전)을 과일의 한쪽에 찔러 넣는다. 아연 막대(또는 못)를 구리에 닿지 않도록 최대한 가까이 밀어 넣는다. 두 금속이 과일 내부에서 닿으면 실험이 작동하지 않는다.

악어 클립을 전선에 끼운다. 빨간색 선은 구리선(또는 동전)에 연결하고 검은색 선은 아연선(또는 못)에 연결한다. 과일 배터리에서 나오는 전압을 기록한다.

이제 배터리와 다이오드를 악어 클립으로 연결한다. 다이오드에는 연결선 중 하나 아래에 작은 금속 스트립이 있는데, 이는 다이오드의 음극 쪽을 나타낸다.

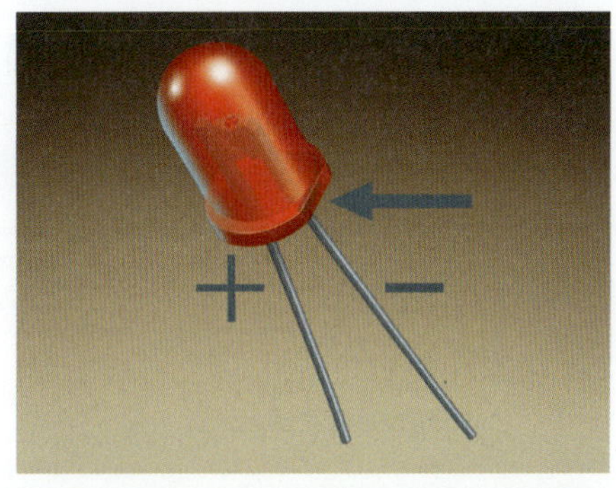

구리를 다이오드의 다른 선에 연결하고 아연을 금속 스트립으로 다이오드 측면에 연결한다(다음 사진 참조).

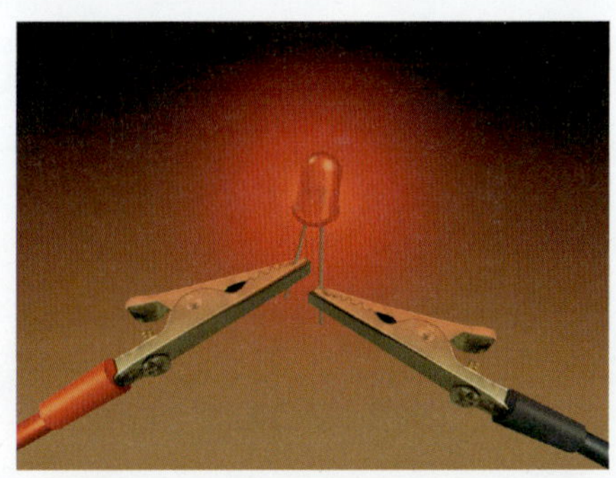

다음에 일어날 일을 예측하자. 불이 켜지는 데 걸린 시간과 불이 켜진 시간을 기록하자. 다른 과일에 대해서도 반복하고 결과를 비교한다.

과일을 직렬로 연결하면 어떻게 될까? 레몬과 키위를 함께 연결하고 1.5 V LED에 불이 들어오는지 확인해보자.

실험문제

1. 아연과 구리 중 어떤 금속이 더 반응성이 높은가? 왜 그런가?
2. 레몬은 몇 mA의 전류와 몇 V의 전압을 생산했는가?
3. 키위는 몇 mA의 전류와 몇 V의 전압을 생산했는가?
4. 어떤 과일이 더 많은 mA와 V를 생산하는가? 왜 그런가?
5. 당신의 과일은 1.5 V 미니 전구에 전력을 공급하기에 충분한 전압과 전류를 생산했는가? 성공한 또는 실패한 이유는 무엇인가?

유기 화학

9

9.1 유기 화학 및 화합물

9.2 지방족 탄화수소

9.3 방향족 화합물: 벤젠 및 그 유도체

9.4 할로젠화 탄화수소: 다양한 용도, 일부 위험성

9.5 작용기 및 알킬기

9.6 알코올, 페놀, 에터, 싸이올

9.7 알데하이드 및 케톤

9.8 카복실산 및 에스터

9.9 질소함유 화합물: 아민, 아마이드

? 이 장과 관련된 궁금증

1. 일부 제품에 표시된 '석유 증류액'이란 무엇인가?
2. 다중 결합이 많은 벤젠과 같은 화합물을 왜 '방향족'이라고 부르는가?
3. 신선한 과일은 좋은 냄새가 나고, 썩은 과일은 나쁜 냄새가 나는가?
4. 많은 유기 화합물이 강한 맛과 냄새를 가지고 있는가?
5. 섬유 유연제, 건조제 시트, 정전기 방지 스프레이는 어떻게 작동하는가?

유기 화학과 유기농 식품 비교 우리는 식료품 진열대의 '유기농' 제품뿐만 아니라 미디어에서 '유기농' 또는 기타 '천연' 제품에 대한 광고에 끊임없이 노출된다. 흔히 사람들은 '유기농'이라는 용어를 합성 살충제나 제초제를 사용하지 않고 '모든 자연적인' 방법으로 재배한 식품을 가리킬 때 사용한다. 많은 화학자는 유기 화합물에 대한 현대 화학적 정의 때문에 이 개념이 아이러니하다고 생각한다. '유기농' 정원사가 절대 사용하지 않는 대부분 재료는 유기 화학 물질이다. 유기 농업과 일반 농업은 생물학적 해충 방제 방법을 포함하는 기술을 사용한다. 잡초가 자라지 못하도록 흙을 덮어주는 작물 심기를 한다. 또한 혼작 방법에서는

▶ 글리포세이트는 일반적인 농업용 제초제이고, 로테논은 일반적인 농업용 살충제이다. 둘 다 농업에서 널리 사용되어 왔지만 합성 화합물이기 때문에 '유기농' 농부라면 사용하지 않을 것이다. 그러나 둘 다 유기 화합물의 화학적 정의에 부합한다. 살충제와 제초제의 남용은 심각한 환경적 문제가 될 수 있다. 농작물에서 곤충과 해충을 멀리하는 다른 '유기농' 방법으로는 고추의 기름으로 만든 스프레이를 사용하거나 농작물 주변에 마늘, 금잔화, 기타 허브를 심는 것이 있다. 이러한 천연 물질은 곤충 및 기타 해충을 기피하는 효과가 있다. 잔토필(크산토필)은 멕시코 금잔화에서 생산되는 천연 살충제이다. 해충을 쫓는 성질을 가진 작물을 식량 작물과 함께 심으면 식량 작물에 대한 보호 기능을 확장할 수 있다.

글리포세이트

로테논

OH

HO

잔토필

곤충과 동물이 싫어하는 식물을 함께 심어 원하는 작물에 대한 피해를 방지한다.

유기 화학의 정의는 수년에 걸쳐 변화해왔다. 이러한 변화는 과학의 역동적인 특성을 예시하고 과학 개념이 실험적 증거에 따라 어떻게 변화하는지를 보여준다. 19세기까지만 해도 화학자들은 유기 화학 물질이 살아 있는 유기체의 조직에서만 생성되며, 그 생산을 위해서는 '생명력'이 필요하다고 믿었다. 살아 있는 조직에서 제조되지 않는 모든 화학 물질은 한때 무기물로 간주되었다. 심지어 일부 화학자들은 유기 화학 물질과 무기 화학 물질이 서로 다른 법칙을 따른다고 믿기도 했다. 1828년 Friedrich Wöhler(독일, 1800~1882)가 무기 화합물인 암모늄 시안산염으로부터 소변에서 발견되는 유기 화합물인 요소를 합성하면서 이 모든 것이 바뀌었다. 이 중요한 사건을 계기로 많은 화학자가 무기 화합물에서 다른 유기 화합물의 합성을 시도했고, 유기 화합물의 정의 자체가 바뀌었다.

'유기' 화학에 대한 현대적 정의는 탄소함유 화합물 분야를 포괄한다. 이 장에서는 존재하는 다양한 유형의 유기 화합물에 대해 살펴본다.

9.1 유기 화학 및 화합물

학습 목표 • 유기 화학을 정의하고 유기 화합물과 무기 화합물의 차이점을 파악한다.

유기 화학(organic chemistry)은 최근 탄소함유 화합물의 화학으로 정의된다. 이러한 화합물의 대부분은 생물 또는 한때 생물이었던 것에서 유래하지만, 일부는 그렇지 않다. 유기 화합물의 가장 놀라운 점 중 하나는 그 화합물의 종류가 많다는 것이다. 알려진 수천만 개의 화합물 중 95% 이상이 탄소로 이루어진 화합물이다.

유기 화합물이 많은 이유 중 하나는 탄소 원자 자체 때문이다. 탄소는 원자가전자가 4개인 4A 족 원소로, 최대 4개의 다른 원자와 결합을 형성할 수 있다. 탄소는 원자가 서로 쉽게 결합하여 긴 사슬을 형성한다는 점에서 독특하다. 탄소 사슬은 가지를 가지거나 다양한 크기의 고리를 형성할 수도 있다. (규소와 몇 가지 다른 원소들도 사슬을 형성할 수 있지만 짧은 사슬만 가능하다.) 유기 화합물은 탄소 원자가 1개부터 많게는 수천 개까지 있을 수 있다. 탄소 원자가 다른 원소, 특히 수소, 산소, 질소와 같은 비금속과도 강하게 결합하고 이러한 원자가 여러 가지 방식으로 배열될 수 있다는 점을 고려하면 유기 화합물이 왜 그렇게 많은지 곧 분명해진다. 거의 모든 유기 화합물에는 수소가 포함되어 있고, 산소 및/또는 질소가 포함되어 있으며, 상당수는 황이나 할로젠을 포함하고 있다. 거의 모든 공통 원소는 적어도 몇 가지 유기 화합물에서 발견된다.

이미 알려진 수백만 개의 탄소 화합물 외에도 매일 새로운 탄소 화합물이 발견되고 있다. 탄소는 다양한 모양, 크기, 조성을 가진 거의 무한한 수의 분자를 형성할 수 있다. 우리는 매일 수천 개의 탄소 화합물을 사용하고 있으며, 이들은 우리 몸속에서 중요한 화학 반응을 일으키고 있다. 이러한 탄소 화합물 중 다수는 매우 필수적이어서 그것 없이는 살아갈 수 없다.

존재하는 유기 화합물의 수가 많다는 점을 감안할 때 다양한 유형의 유기 화합물이 서로 약간의 차이가 있다는 것은 놀라운 일이 아니며, 이 장의 후반부에서 살펴볼 것이다. 그러나 유기 화합물은 앞서 살펴본 무기 화합물과는 더 많은 차이가 있다.

유기 화합물의 원자는 일반적으로 공유 결합을 형성하고, 무기 화합물은 종종 이온 결합을 갖는다. 즉 유기 화합물은 녹는점과 끓는점이 훨씬 낮으며 실온에서 기체, 액체, 고체로 존재할 수 있다. 무기 화합물은 녹는점이 매우 높으며 실온에서 주로 고체이다. 유기 화합물은 일반적으로 물에 녹지 않으며(아주 작은 분자를 제외하고) 전기를 잘 전도하지 않는 반면에 많은 무기 화합물은 극성을 띠고 물에 쉽게 용해되며 전기를 잘 전도한다. 유기 화합물은 이온 화합물보다 반응 속도가 훨씬 느리며 거의 항상 연소 반응을 한다. 무기 화합물은 매우 빠르게 반응하지만 일반적으로 연소하지 않는다. 표 9.1은 유기 화합물과 무기 화합물의 몇 가지 다른 성질을 요약한 것이다. 표 9.2는 두 가지 특정 화합물, 즉 유기 화합물인 헥세인(C_6H_{14})과 무기 화합물인 염화 소듐(NaCl)에 대한 일부 성질의 차이점을 보여준다.

표 9.1 유기 화합물과 무기 화합물의 일반적인 성질

성질	유기 화합물	무기 화합물
결합	공유 결합	이온 결합
실온에서의 상태	액체, 기체, 고체	고체
끓는점	낮음	높음
녹는점	낮음	높음
물에서의 용해성	물에서 대부분 용해되지 않음	물에서 용해됨
무기 용매에서 용해성	용해	용해되지 않음
수용액에서의 전기 전도	전도성 없음	전도성 있음
연소	대부분 연소	거의 연소되지 않음
반응 속도	느림	빠름

표 9.2 헥세인과 염화 소듐의 성질

성질	헥세인(C_6H_{14}, 유기)	염화 소듐(NaCl, 무기)
결합	공유 결합	이온 결합(Na^+와 Cl^- 이온)
실온에서의 상태	액체	고체
끓는점	68 ℃	1413 ℃
녹는점	−95 ℃	801 ℃
물에서의 용해성	0.95 mg/100 mL	35.7 g/100 mL

자가평가문제

1. 탄소 화합물의 화학을 연구하는 학문은 무엇인가?
   a. 생화학　　b. 화학 생물학
   c. 생태학　　d. 유기 화학

2. 다음 중 유기 화합물은 무엇인가?
   a. CH_3CH_3　　b. HCl
   c. NO_2　　d. NaF

3. 다음 중 유기 화합물의 일반적인 성질은 무엇인가?
   a. 물에 쉽게 녹는다.
   b. 다른 유기 화합물과 매우 빠르게 반응한다.
   c. 녹는점이 낮다.
   d. 쉽게 타지 않는다.

4. 다음 중 유기 화합물에 항상 포함되는 것은 무엇인가?
   a. 탄소　　b. 수소
   c. 산소　　d. 규소

5. 실온에서 유기 화합물이 일반적으로 존재하는 형태는 무엇인가?
   a. 기체　　b. 액체
   c. 고체　　d. 이 세 가지 중 하나라도

정답: 1. d, 2. a, 3. c, 4. a, 5. d

9.2 지방족 탄화수소

학습 목표
- 탄화수소를 정의하고 알케인, 알켄, 알카인의 구조적 특징을 인식한다.
- 탄화수소 분자를 정의하고 알케인, 알켄, 알카인으로 식별하고 이름을 지정한다.

유기 화합물은 몇 가지 주요 종류로 세분화할 수 있다. 대부분 유기 화합물은 탄화수소로 설명할 수 있지만, **탄화수소**(hydrocarbon)는 일반적으로 수소와 탄소만 포함하는 것으로 정의된다.

그런 다음 탄소 원자 사이에 존재하는 결합 유형에 따라 탄화수소를 세분화할 수 있다. 탄화수소는 크게 두 가지 종류로 나뉜다. 그 차이는 원자 사이의 다중 결합 정도에 따라 달라진다. 이 장에서 설명하는 것은 탄소 원자 사이의 다중 결합이 거의 또는 전혀 없는 **지방족 화합물**(aliphatic compound, 그리스어 *aleiphar*는 '지방' 또는 '기름'을 의미)이다. 벤젠과 같은 고리 구조와 탄소 원자 사이의 광범위한 다중 결합을 갖는 **방향족 화합물**(aromatic compound)은 9.3절에서 설명한다.

이 장에서는 지방족 화합물(화합물 물질)을 더 세분화하여 살펴볼 것이다. 알케인, 고리형 구조, 알켄, 알카인이 바로 그것이다.

알케인

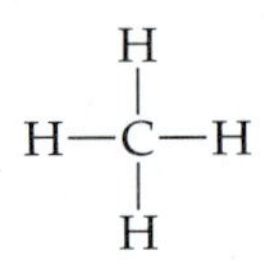

각 탄소 원자는 4개의 결합을 형성하고 각 수소 원자는 1개의 결합만 형성하므로 가장 단순한 탄화수소 분자는 메테인 CH_4이다. 메테인은 천연가스의 주성분이다. 그 구조는 왼쪽에 나와 있다.

```
    H  H
    |  |
 H—C—C—H
    |  |
    H  H
```

메테인은 단일 결합만을 포함하는 탄화수소인 **알케인**(alkanes)이라고 하는 관련 화합물 그룹의 첫 번째 구성원이다. 이 계열의 다음 구성원은 탄소가 2개인 에테인으로, 왼쪽에 표시되어 있다.

에테인은 천연가스의 주요 구성 성분이다. 일상생활에서 순수한 화합물로는 거의 접할 수 없지만, 많은 일반적인 화합물이 이로부터 파생된다.

4장에서 메테인 분자가 사면체라는 것을 보았는데, 이는 VSEPR(Valence Shell Electron Pair Repulsion) 이론에 따른 것이다. 사실 사면체 모양은 탄소 원자가 수소, 탄소, 다른 원소 등 다른 원자 4개와 연결될 때 나타난다. 그림 9.1은 메테인과 에테인의 모형을 보여준다. 공-막대 모형이 결합 각도를 가장 잘 보여주지만, 공간-채움 모형이 분자의 모양을 더 정확하게 반영한다. 일반적으로 에테인의 경우에 앞서 설명한 것과 같은 간단한 구조식을 사용하는데, 이는 그리기가 훨씬 쉽기 때문이다. **구조식**(structural formula)은 어떤 원자가 서로 결합되어 있는지를 보여주지만 분자의 실제 모양을 보여주지는 못한다.

알케인은 각 탄소 원자가 수소 원자로 **포화**, 즉 각 탄소가 최대 수의 수소 원자와 결합되어 있기 때문에 종종 **포화 탄화수소**(saturated hydrocarbon)라고 불린다. 화학식을 구성할 때 탄소 원자를 단일 결합을 통해 서로 연결한 다음, 각 탄소 원자에 4개의 결합을 제공하기에 충분한 수소 원자를 추가한다. 모든 알케인은 탄소 원자보다 두 배 이상 많은 수소 원자를 가지고 있다. 즉 알케인은 일반식 C_nH_{2n+2}로 나타낼 수 있으며, 여기서 n은 탄소 원자의 수이다.

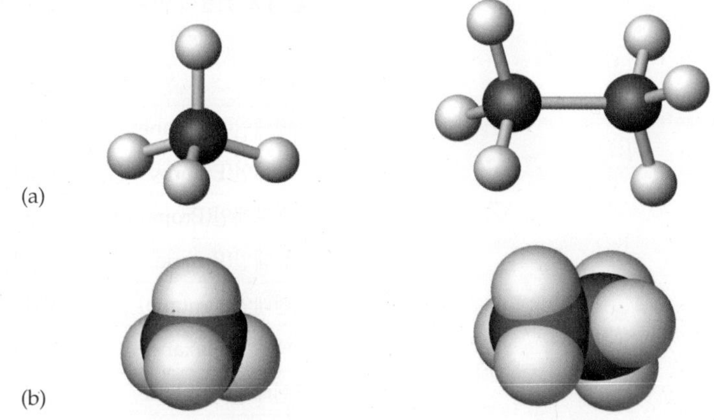

▲ **그림 9.1** 메테인(왼쪽)과 에테인(오른쪽)의 (a) 공-막대, (b) 공간-채움 모형

3탄소 알케인은 프로페인이다. 프로페인의 모형은 그림 9.2에 있다. 구조식을 그리기 위해 3개의 탄소 원자를 일렬로 배치한다.

$$\mathrm{C—C—C}$$

그런 다음 각 탄소 원자에 총 4개의 결합을 제공하기 위해 충분한 수소 원자(이 경우 8개)를 추가한다. 따라서 프로페인의 구조식은 다음과 같다.

$$\begin{array}{ccccccc} & & \mathrm{H} & & \mathrm{H} & & \mathrm{H} & & \\ & & | & & | & & | & & \\ \mathrm{H} & — & \mathrm{C} & — & \mathrm{C} & — & \mathrm{C} & — & \mathrm{H} \\ & & | & & | & & | & & \\ & & \mathrm{H} & & \mathrm{H} & & \mathrm{H} & & \end{array}$$

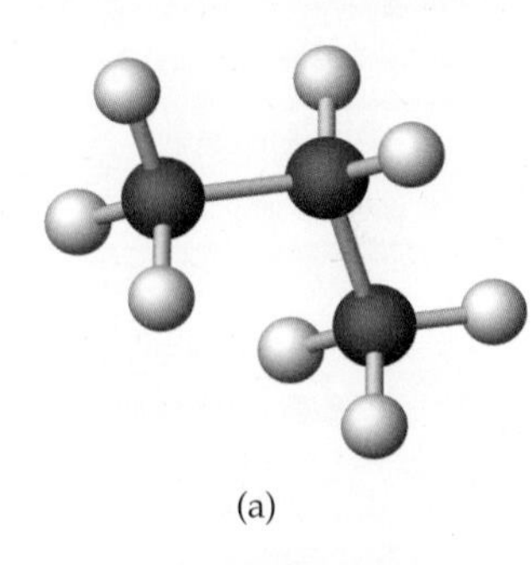

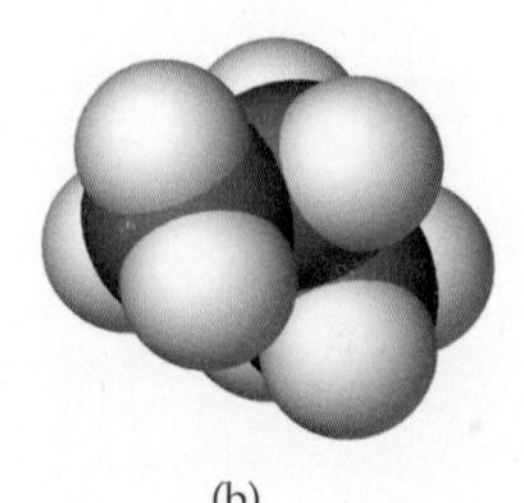

▲ **그림 9.2** 프로페인의 (a) 공-막대, (b) 공간-채움 모형

축약 구조식

지금까지 사용한 완전한 구조식은 모든 탄소와 수소 원자가 서로 어떻게 결합되어 있는지를 보여준다. 그러나 이러한 구조식은 많은 공간을 차지하며, 특히 탄소 수가 증가함에 따라 그리는 데 약간의 어려움이 있을 수 있다. 이러한 이유로 화학자들은 일반적으로 **축약 구조식**(condensed structural formula)을 사용하는 것을 선호한다. 이 구조식은 각 수소 원자와의 결합은 표시하지 않고 각 탄소 원자에 몇 개의 수소 원자가 붙어 있는지를 보여준다. 예를 들어 에테인과 프로페인의 축약 구조식은 각각 $CH_3—CH_3$ 및 $CH_3—CH_2—CH_3$로 표기된다. 이러한 구조식은 나머지 결합선을 일부(또는 전부) 생략함으로써 더욱 단순화될 수 있으며, 그 결과 CH_3CH_3 및 $CH_3CH_2CH_3$로 표현된다.

표 9.3 처음 10개의 연속사슬 알케인

어근	탄소 원자의 수
Meth-	1
Eth-	2
Prop-	3
But-	4
Pent-	5
Hex-	6
Hept-	7
Oct-	8
Non-	9
Dec-	10

동족 계열

메테인, 에테인, 프로페인의 주어진 공식은 패턴을 형성한다는 점에 유의한다. 탄소 원자를 긴 사슬로 연결하고 각 탄소 원자에 4개의 결합을 제공하기에 충분한 수소 원자를 추가하면 모든 길이의 알케인을 만들 수 있다. 이러한 화합물의 이름도 패턴을 따르며(표 9.3), 어근의 이름은 탄소 원자 수를 나타낸다. 탄소 원자가 5개 이상인 화합물의 경우에 각 어근은 탄소 원자 수를 나타내는 그리스어 또는 라틴어 이름에서 파생된다. 화합물 이름은 *-ane*으로 끝나는데, 이는 화합물이 포화 상태이므로 알케인임을 나타낸다. 표 9.4는 탄소 원자가 10개 이하인 연속사슬(직쇄 또는 가지없는) 알케인에 대한 축약 구조식과 이름을 제시한다.

표 9.4의 각 알케인에 대한 분자식은 그 앞에 있는 것과 정확히 탄소 원자 1개와 수소 원자 2개, 즉 CH_2 단위가 다르다는 것을 알 수 있다. 이러한 계열의 화합물은 규칙적이고 예측가능

표 9.4 최초의 연속사슬 알케인 10가지

이름	분자식	축약 구조식	가능한 이성질체의 수
메테인(Methane)	CH_4	CH_4	–
에테인(Ethane)	C_2H_6	CH_3CH_3	–
프로페인(Propane)	C_3H_8	CH_3CH_2CH3	–
뷰테인(Butane)	C_4H_{10}	$CH_3CH_2CH_2CH_3$	2
펜테인(Pentane)	C_5H_{12}	$CH_3CH_2CH_2CH_2CH_3$	3
헥세인(Hexane)	C_6H_{14}	$CH_3CH_2CH_2CH_2CH_2CH_3$	5
헵테인(Heptane)	C_7H_{16}	$CH_3CH_2CH_2CH_2CH_2CH_2CH_3$	9
옥테인(Octane)	C_8H_{18}	$CH_3CH_2CH_2CH_2CH_2CH_2CH_2CH_3$	18
노네인(Nonane)	C_9H_{20}	$CH_3CH_2CH_2CH_2CH_2CH_2CH_2CH_2CH_3$	35
데케인(Decane)	$C_{10}H_{22}$	$CH_3CH_2CH_2CH_2CH_2CH_2CH_2CH_2CH_2CH_3$	75

한 방식으로 변화하는 성질을 가지고 있다. 이 원리를 **상동성**(homology)이라 하며, 이는 주기율표가 원소의 화학을 체계화하는 것과 매우 유사한 방식으로 유기 화학에 질서를 부여한다. 유기 화학자들은 혼란스러운 개별 탄소 화합물 배열의 화학을 연구하는 대신 **동족성 계열**(homologous series)의 몇 가지 구성원(**동족체**라고 함)을 연구하여 그 계열에 속한 다른 화합물들의 성질을 추론한다.

표 9.4처럼 탄소 원자 10개에서 멈출 필요는 없다. 수백, 수천, 심지어 수백만 개의 탄소 원자를 서로 연결할 수 있다. 사슬을 길게 늘리는 것만으로도 알케인을 무한대로 만들 수 있다. 하지만 사슬을 길게 늘리는 것만이 유일한 방법은 아니다. 탄소 원자가 4개인 알케인부터는 사슬이 갈라지는 가지형 구조도 가능하다.

이성질체: 가지형 분자

탄소 사슬을 4개의 원자로 확장하고 각 탄소 원자에 4개의 결합을 제공하기에 충분한 수소 원자를 추가하면 $CH_3CH_2CH_2CH_3$가 된다. 이 공식은 약 0 ℃에서 끓는 화합물인 뷰테인을 나타낸다. 끓는점이 −12 ℃인 두 번째 화합물은 뷰테인과 동일한 분자식인 C_4H_{10}을 가지고 있다. 그러나 이 화합물의 구조는 뷰테인의 구조와 동일하지 않다. 4개의 탄소 원자가 연속사슬로 연결된 대신에 이 화합물은 3개의 탄소 원자만 연속사슬로 연결되어 있다. 네 번째 탄소는 3개의 탄소로 이루어진 사슬의 가운데 있는 탄소에서 가지처럼 연결되어 있다. 두 구조를 더 명확히 보여주기 위해 수소 원자와의 모든 결합을 표시한 완전 구조식을 사용하자.

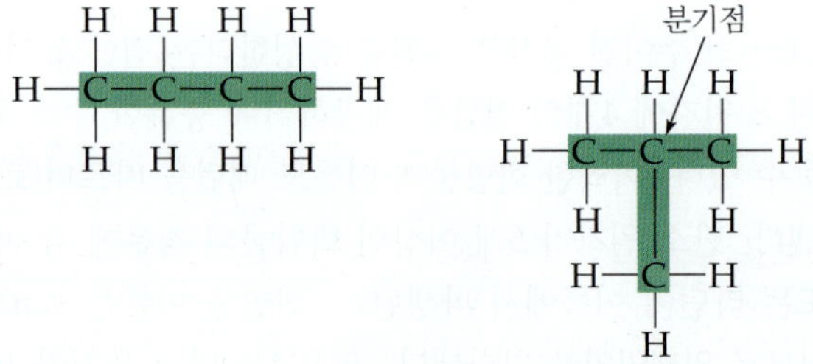

같은 분자식을 갖지만 구조식이 다른 화합물을 **이성질체**(isomer) 또는 **구조 이성질체**(constitutional isomer)라고 한다. 가지형 4-탄소 알케인은 뷰테인의 이성질체이므로 아이소뷰테인(isobutane)이라고도 불린다. 두 이성질체 뷰테인의 축약 구조식은 다음과 같이 쓸 수 있다.

$$CH_3CH_2CH_2CH_3 \qquad \underset{\displaystyle CH_3}{CH_3\underset{|}{C}HCH_3}$$

뷰테인　　　　아이소뷰테인

그림 9.3은 두 화합물의 공-막대 모형을 보여준다.

이성질체의 수는 탄소 원자 수에 따라 급격히 증가한다(표 9.4). 3개의 펜테인, 5개의 헥세인, 9개의 헵테인 등이 있다. 이성질체는 탄소 화합물에서 흔히 볼 수 있으며, 수백만 가지의 유기 화합물이 존재하는 또 다른 이유를 제공한다.

프로페인과 뷰테인은 친숙한 연료이다. 실온과 상압 상태에서는 기체이지만, 압력을 가하면 액화되어 액화 석유 가스(LPG)로 탱크에 담겨 공급되는 것이 보통이다. 휘발유는 탄소 원자가 5~12개인 탄화수소, 주로 알케인의 혼합물이다.

더 큰 분자의 가능한 모든 이성질체가 분리된 것은 아니다. 실제로 사슬이 길어질수록 이 작업은 점점 더 어렵고 복잡해진다. 예를 들어 분자식을 가진 $C_{30}H_{62}$인 이성질체는 4,111,846,763개에 달한다.

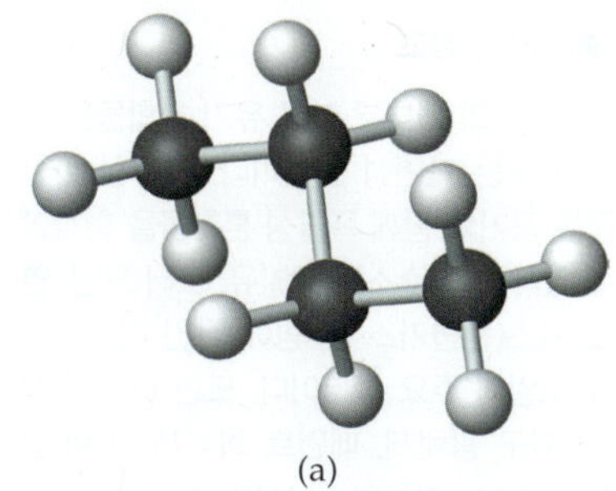

(a)

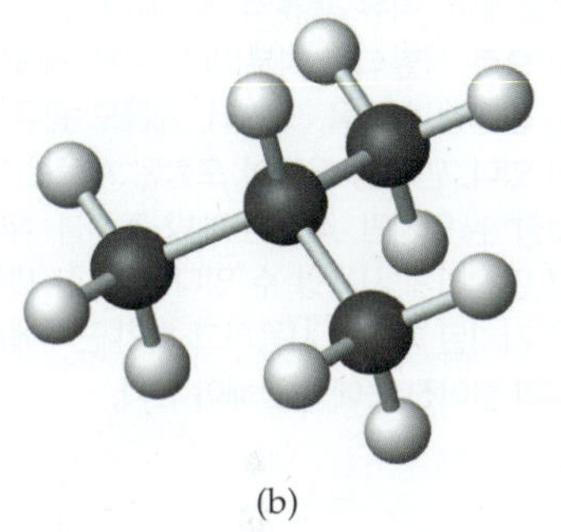

(b)

▲ **그림 9.3** (a) 뷰테인과 (b) 아이소뷰테인의 공-막대 모형

예제 9.1 탄화수소 공식

표 9.4를 참고하지 않고 헵테인의 분자식, 완전 구조식, 축약 구조식을 작성하라.

풀이

어근 '헵-'은 7개의 탄소 원자를 의미하고, 어미 *-ane*은 알케인을 나타낸다. 완전 구조식에서는 7개의 탄소 원자를 연결한 사슬을 쓴다. 완전 구조식의 경우에 탄소 원자 7개의 문자열을 작성한다(C—C—C—C—C—C—C). 그런 다음 각 탄소가 4개의 결합을 갖도록 충분한 수소 원자를 탄소에 붙인다. 이를 위해서는 양쪽 끝 탄소에는 3개의 수소가, 다른 탄소에는 2개의 수소가 필요하다.

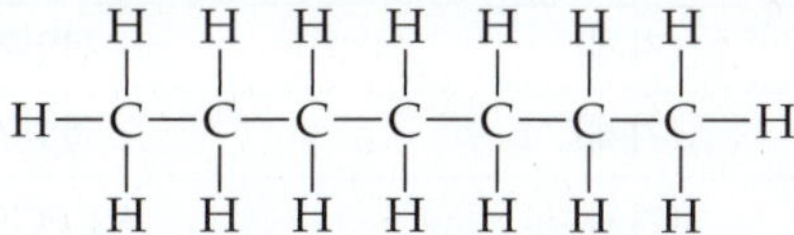

축약 구조식에서는 각 탄소에 결합한 수소 원자들을 해당 탄소 뒤에 간단히 적으면 된다.

$$CH_3CH_2CH_2CH_2CH_2CH_2CH_3$$

분자식의 경우 탄소와 수소 원자를 세어 C_7H_{16}으로 나타낼 수 있다. 또는 C_7H_{16}을 얻기 위해 일반 화학식 $C_nH_{2n+2}(n = 7)$를 사용할 수도 있다.

› 복습문제 9.1A

(a) 헥세인과 **(b)** 옥테인의 분자식, 완전 구조식, 축약 구조식을 작성하라.

› 복습문제 9.1B

(a) 펜테인과 **(b)** 데케인의 분자식, 완전 구조식, 축약 구조식을 작성하라.

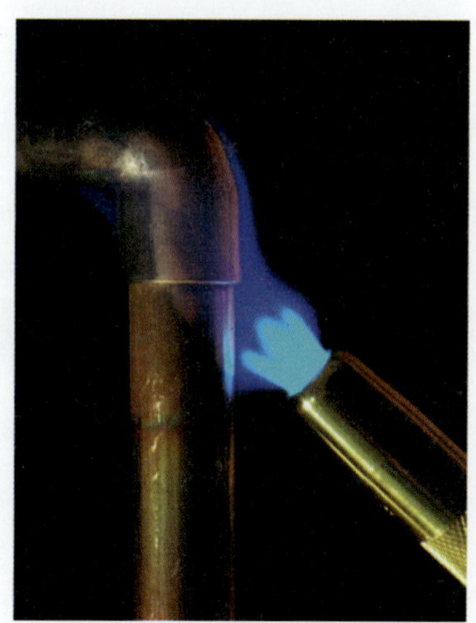

▲ 프로페인 토치. 프로페인은 뜨거운 불꽃으로 공기 중에서 연소한다.

1 일부 제품에 표시된 '석유 증류액'이란 무엇인가?

석유 증류액은 원유의 다양한 성분으로, 대부분 탄화수소이다. 페인트 시너, 라이터 액, 파라핀 왁스, 바셀린, 아스팔트 등이 모두 석유 증류 제품이다.

▶ 안전 경고

탄화수소와 대부분 다른 유기 화합물은 가연성 또는 가연성 물질이다. 휘발성 화합물은 공기와 함께 폭발성 혼합물을 형성할 수 있다. 탄화수소는 휘발유, 모터 오일, 연료 가스(천연가스 및 병에 담긴 가스), 연료 오일의 주요 성분이다. 또한 바닥 세정제, 가구 광택제, 페인트 희석제, 목재 얼룩 및 니스, 자동차 왁스 및 광택제와 같은 제품에서 '석유 증류액' 및 '미네랄 스피릿'으로 식별되는 성분이다. 일부 제품에는 인화성 알코올, 에스터, 케톤도 함유되어 있다. 인화성 물질이 포함된 제품은 위험할 수 있지만, 적절한 예방 조치를 취하면 안전하게 사용할 수 있다. 이러한 제품은 지시된 대로만 사용하고 화기 근처에서 멀리 떨어진 곳에 보관해야 한다.

알케인의 성질

표 9.5에서 알케인 계열의 처음 몇몇 화합물을 제외하고 알케인은 CH_2기가 추가될 때마다 끓는점이 약 30 ℃씩 증가한다는 것을 알 수 있다. 또한 실온에서 분자당 탄소 원자가 1~4개인 알케인은 기체이다. 분자당 탄소 원자가 5개에서 약 16개인 화합물은 액체, 분자당 탄소 원자가 16개 이상인 화합물은 고체이다.

액체 및 고체 알케인의 밀도는 일반적으로 물보다 낮다. 물은 실온에서 밀도가 1.00 g/mL에 가깝다는 것을 기억하자. 표 9.5에 나열된 모든 알케인은 그보다 밀도가 낮다. 알케인은 비극성 분자이며 물에 녹지 않는다. 이 두 가지 성질의 조합은 알케인이 물 위에 뜬다는 것을 의미한다. 이들은 비극성 분자이기 때문에 지방, 기름, 왁스 등 극성이 낮은 다른 유기 물질도 용해한다.

알케인은 화학 반응을 거의 일으키지 않지만, 매우 중요한 화학적 성질 중 하나는 연소하면서 많은 열이 발생한다는 것이다. 알케인은 다양한 용도로 사용되지만 주로 연료로 사용된다.

알케인이 인체에 미치는 영향은 다양하다. 메테인은 생리적으로 불활성인 것으로 보인다. 우리는 아마도 메테인 80%와 산소 20%의 혼합 가스를 문제없이 호흡할 수 있을 것이다. 그러나 이 혼합물은 가연성이며, 대기중에서는 어떤 종류의 불이나 스파크도 허용될 수 없다. 정전기에서 발생한 작은 불꽃조차 폭발을 일으킬 수 있다. 순수한 메테인(가스 연료 스토브의 '가스')으로 이루어진 공기를 들이마시면 메테인의 존재 때문이 아니라 신체 내 산소가 부족해져 질식 상태가 되므로 사망에 이를 수 있다.

휘발유에 함유된 가벼운 액체 알케인은 피부에 쏟아지면 신체 내 기름을 녹여 씻어낸다. 반복적으로 접촉하면 피부염을 일으킬 수 있다. 긴 사슬 액체 알케인의 혼합물인 미네랄 오일은 오랫동안 완하제로 사용되어 왔지만, 다른 알케인을 섭취하는 것은 매우 위험할 수 있다. 소량이라도 폐로 흡인될 수 있고, 다른 내부 조직에 심각한 손상을 일으킬 수 있다.

더 무거운 액체 알케인은 완화제(피부 연화제) 역할을 한다. 석유 젤리(Vaseline®은 브랜드

표 9.5 선택된 알케인의 물리적 특성, 용도, 발생 사례

이름	분자식	녹는점(℃)	끓는점(℃)	20 ℃에서 밀도[a](g/mL)	용도/발생 사례
메테인	CH_4	−183	−162	(기체)	천연가스(주성분), 연료
에테인	C_2H_6	−172	−89	(기체)	천연가스(소량 성분), 플라스틱
프로페인	C_3H_8	−188	−42	(기체)	LPG(부탄 가스), 플라스틱
뷰테인	C_4H_{10}	−138	0	(기체)	LPG, 경량 연료
펜테인	C_5H_{12}	−130	36	0.626	휘발유 성분
헥세인	C_6H_{14}	−95	69	0.659	휘발유 성분, 식용유 추출 용매
헵테인	C_7H_{16}	−91	98	0.684	휘발유 성분
옥테인	C_8H_{18}	−57	126	0.703	휘발유 성분
데케인	$C_{10}H_{22}$	−30	174	0.730	휘발유 성분
도데케인	$C_{12}H_{26}$	−10	216	0.749	휘발유 성분
테트라데케인	$C_{14}H_{30}$	6	254	0.763	디젤 연료 부품
헥사데케인	$C_{16}H_{34}$	18	280	0.775	디젤 연료 부품
옥타데케인	$C_{18}H_{38}$	28	316	(고체)	파라핀 왁스 성분
아이코세인	$C_{20}H_{42}$	37	343	(고체)	파라핀 왁스 및 아스팔트 성분

[a] 기체 알케인의 밀도는 압력에 따라 달라진다. 고체의 밀도는 사용할 수 없다.

이다)는 연화제 또는 단순히 보호막으로 사용할 수 있는 반고체 탄화수소의 혼합물이다(스킨로션과 크림은 16장에서 설명). 그러나 폐에서 알케인은 폐포(허파꽈리)의 세포막에서 지방과 같은 분자를 용해시켜 폐에 액체로 채워지게 함으로써 화학적 폐렴을 일으킨다.

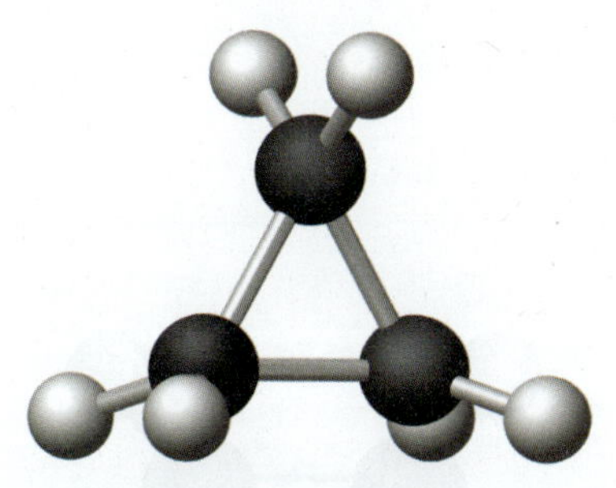

▲ **그림 9.4** 사이클로프로페인 공-막대 모형. 사이클로프로페인은 강력하고 빠르게 작용하는 마취제로 부작용이 거의 없다. 그러나 거의 모든 농도에서 공기와 폭발성 혼합물을 형성하기 때문에 더 이상 수술에 사용되지 않는다.

고리 탄화수소: 고리와 관련된 구조

지금까지 살펴본 탄화수소(알케인)는 끝이 열린 탄소 사슬을 가지고 있다. 탄소 원자는 연결하여 닫힌 고리를 형성할 수도 있다. 가장 단순한 고리를 포함하는 탄화수소, 즉 **고리 탄화수소**(cyclic hydrocarbon)는 분자식이 C_3H_6이며 **사이클로프로페인**(cyclopropane)이라고 불린다(그림 9.4).

```
     H   H
      \ /
       C
      / \
H—C———C—H     또는      CH2
  |     |              /  \
  H     H          CH2——CH2
```

사이클로알케인(cycloalkanes, 단일 결합만 있는 고리형 탄화수소)의 이름은 사이클로알케인의 고리에 있는 탄소 원자 수와 같은 수의 탄소 원자를 가진 열린사슬 화합물의 이름에 접두사 **사이클로**를 추가하여 명명한다. 사이클로알케인의 화학식은 일반 알케인의 화학식과 다르다는 점에 유의하자. 고리를 만들 때 형성되는 탄소-탄소 결합은 원래 수소 2개와 결합되어 있던 자리를 대신하게 된다. 사이클로알케인은 화학식 C_nH_{2n}이지만 분자 내에 단일 결합만 존재하기 때문에 여전히 포화 탄화수소를 나타낸다.

화학자들은 종종 기하학적 도형을 사용하여 고리형 화합물(화합물 물질)을 표현한다(그림 9.5). 이러한 도형은 분자의 탄소 골격을 나타내기 때문에 **골격 구조**(skeletal structures)라고도 한다. 예를 들어 삼각형은 사이클로프로페인 고리를 나타내고, 육각형은 사이클로헥세인을 나타낸다. 이러한 도형의 각 모서리는 탄소와 4개의 결합을 만들기에 충분한 수소 원자가 연결된 탄소 원자를 나타낸다.

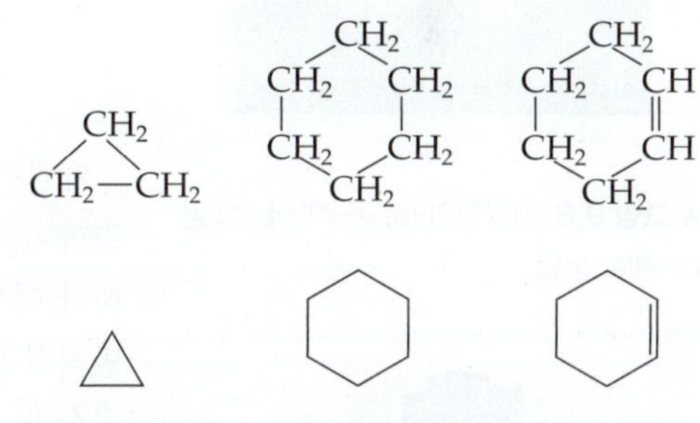

▲ **그림 9.5** 일부 고리형 탄화수소의 구조식과 기호적 표기

예제 9.2 고리형 탄화수소의 구조식

사이클로펜테인의 구조식을 쓰라. 사이클로펜테인을 나타내는 데 사용되는 기하학적 도형은 무엇인가?

풀이

사이클로펜테인은 5개의 탄소 원자가 고리로 배열되어 있다.

```
    C
  /   \
 C     C
  \   /
  C—C
```

각 탄소 원자는 4개의 결합을 완성하기 위해 2개의 수소 원자가 필요하다.

```
      CH2
     /   \
  CH2     CH2
     \   /
   CH2—CH2
```

사이클로펜테인은 오각형으로도 나타낼 수 있다.

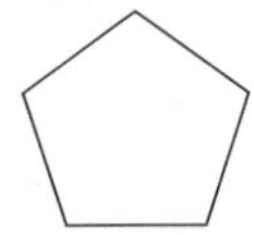

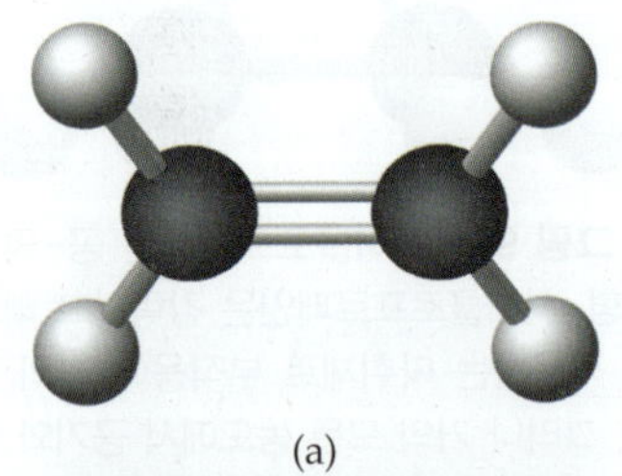

(a)

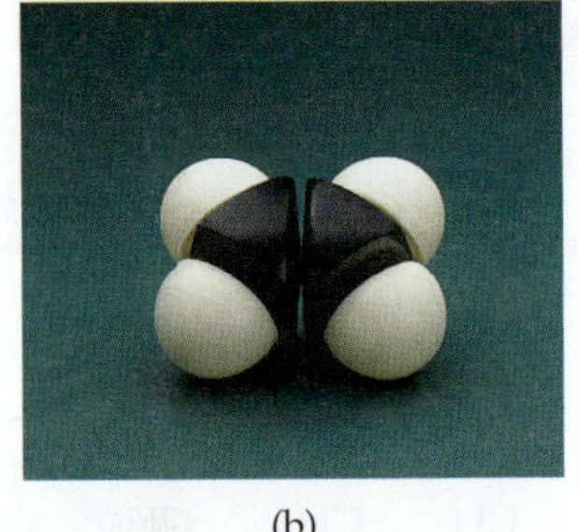

(b)

▲ **그림 9.6** 에틸렌의 (a) 공-막대, (b) 공간-채움 모형

› 복습문제 9.2A
사이클로뷰테인의 구조식과 이를 나타내는 데 사용되는 기하학적 모양을 작성하라.

› 복습문제 9.2B
사이클로알케인의 공식이 일반 알케인의 공식과 맞지 않는 이유를 설명하라.

불포화 탄화수소: 알켄 및 알카인

2개의 탄소 원자는 한 쌍 이상의 전자를 공유할 수 있다. 에틸렌(C_2H_4)에서 2개의 탄소 원자는 두 쌍의 전자를 공유하므로 이중 결합을 형성한다(그림 9.6).

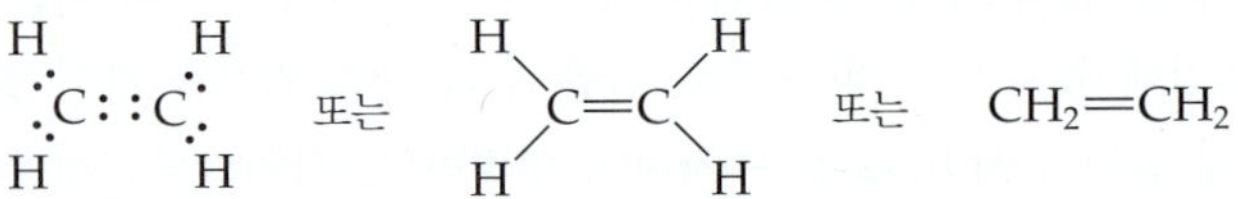

에틸렌은 일반명이며, 체계명(또는 IUPAC 명칭)은 에텐이다(어미 *-ene*은 탄소-탄소 이중 결합이 있음을 나타낸다). 에틸렌은 알켄 계열에서 가장 간단한 화합물이다. **알켄**(alkene)은 하나 이상의 탄소-탄소 이중 결합을 포함하는 탄화수소이다. 이중 결합이 하나 있는 알켄은 일반적인 화학식 C_nH_{2n}을 가지며, 여기서 n은 탄소 원자 수이다. 이것은 사이클로알케인의 일반 공식과 동일한 공식이다.

에틸렌은 상업적으로 생산되는 가장 중요한 유기 화학 물질이다. 미국의 연간 생산량은 250억 킬로그램이 넘는다. 그중 절반 이상이 가장 친숙한 플라스틱 중 하나인 폴리에틸렌의 제조에 사용된다. 또 다른 15% 정도는 자동차 라디에이터에 사용되는 부동액의 주요 성분인 에틸렌 글리콜로 전환된다. 상업적으로 중요한 다른 알켄으로는 프로필렌(C_3H_6)과 뷰틸렌(C_4H_8)이 있다.

▲ 일반적인 폴리에틸렌 제품

아세틸렌(C_2H_2)에서 2개의 탄소 원자는 세 쌍의 전자를 공유한다. 탄소 원자는 삼중 결합으로 결합되어 있다(그림 9.7).

$$H{:}C{⋮⋮}C{:}H \quad \text{또는} \quad H{-}C{\equiv}C{-}H$$

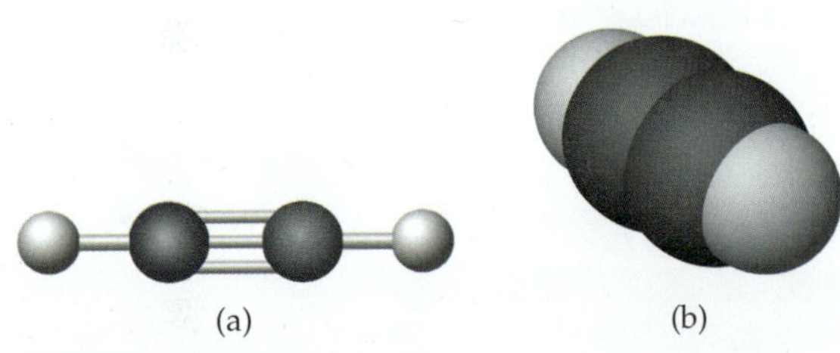

(a) (b)

▲ **그림 9.7** 아세틸렌의 (a) 공-막대, (b) 공간-채움 모형

아세틸렌(IUPAC 명칭 에타인, 끝의 *-yne*은 탄소-탄소 삼중 결합을 나타냄)은 알카인 계열의 가장 단순한 구성원이다. **알카인**(alkyne)은 하나 이상의 탄소-탄소 삼중 결합을 포함하는 탄화수소이다. 삼중 결합이 하나인 알카인은 일반적인 화학식 C_nH_{2n-2}를 가지며, 여기서 n은 탄소 원자 수이다.

아세틸렌은 금속 절단 및 용접을 위한 옥시 아세틸렌 토치에 사용된다. 이러한 토치는 매우 높은 온도를 생성할 수 있다. 아세틸렌은 또한 다양한 다른 화학 제품으로 전환된다.

알켄과 알카인을 통칭하여 불포화 탄화수소라고 한다. 포화 탄화수소는 각 탄소 원자에 결합된 수소 원자의 수가 최대이며 이중 결합이나 삼중 결합이 없다. **불포화 탄화수소**(unsaturated hydrocarbon)는 더 많은 수소 원자가 추가되면 포화 상태가 될 수 있다.

불포화 / 포화 / 불포화 / 포화

$$H_2C{=}CH_2 + H{-}H \longrightarrow H_3C{-}CH_3$$

에틸렌 에테인

$$H{-}C{\equiv}C{-}H + 2\,H{-}H \longrightarrow H_3C{-}CH_3$$

아세틸렌 에테인

예제 9.3 불포화 탄화수소의 분자식 및 축약 구조식

1-펜텐의 분자식과 축약 구조식은 무엇인가? ('1-'는 이 경우 사슬의 첫 번째 탄소 원자와 두 번째 원자를 연결하는 이중 결합의 위치를 나타내는 계통분류학 명칭의 일부이다.)

풀이

어간의 '펜트-'는 탄소 원자 5개를 나타낸다. 어미 *-ene*은 화합물이 알켄임을 알려준다. 알켄에 대한 일반식 C_nH_{2n}을 사용하면 $n = 5$인 알켄은 탄소 원자가 5개인 알켄의 분자식이 C_5H_{10}임을 알 수 있다. 1-펜텐의 축약 구조식은 $CH_2{=}CHCH_2CH_2CH_3$이다.

› 복습문제 9.3A
(a) 2-헥센, **(b)** 3-헵타인의 분자식과 축약 구조식은 무엇인가?

› 복습문제 9.3B
(a) 4-노넨, **(b)** 2-펜타인의 분자식과 축약 구조식은 무엇인가?

알켄과 알카인의 성질

알켄과 알카인의 물리적 성질은 해당 알케인의 물리적 성질과 매우 유사한다. 일반적으로 분자당 탄소 원자가 2~4개인 불포화 탄화수소는 상온에서 기체, 탄소 원자가 5~18개인 것은 액체, 탄소 원자가 18개 이상인 것은 대부분 고체이다. 알케인과 마찬가지로 알켄과 알카인은 물에 녹지 않고 물 위에 뜬다.

알켄과 알카인은 모두 알케인처럼 연소한다. 그러나 이러한 불포화 탄화수소는 알케인보다 훨씬 더 많은 화학 반응을 한다. 알켄이나 알카인은 이중 결합이나 삼중 결합에 **첨가 반응**(addition reaction)을 일으킬 수 있으며, 이 반응에서는 반응물의 모든 원자가 하나의 생성물 안으로 결합되어 들어간다. 이러한 반응에서 1몰의 수소(H_2)가 1몰의 에틸렌(C_2H_4)에 추가되어 에테인(C_2H_6)을 형성하고, 2몰의 수소(2 H_2)가 1몰의 아세틸렌(C_2H_2)에 추가되어 에테인이 형성된다. 염소, 브롬, 물, 기타 여러 종류의 작은 분자들도 이중 결합 및 삼중 결합을 통해 추가된다.

알켄(및 알카인) 분자의 가장 특이한 특징 중 하나는 서로 추가하여 고분자(polymer)라고 하는 큰 분자를 형성할 수 있다는 것이다. 이 흥미로운 분자에 대해서는 10장에서 설명한다.

불포화 탄화수소는 특히 산소 공급이 제한적인 경우 연기가 자욱한 불꽃으로 연소하는 경향이 있다. 포화 탄화수소는 일반적으로 깨끗한 노란색 불꽃으로 연소한다. 천연가스, 프로페인, 뷰테인의 연소는 그을음이 거의 없지만 페인트 신나, 휘발유, 등유(모두 불포화 탄화수소를 함유하고 있음)는 그을음 불꽃으로 연소한다.

기하 이성질체(시스-트랜스 이성질체)

알케인과 마찬가지로 동족성이 있는 알켄 계열이 있다. 탄소 원자가 3개인 것(C_3H_6)은 프로필렌(IUPAC: 프로펜)이다.

$$CH_2{=}CHCH_3$$

왜 중요할까?

지방은 포화 또는 불포화 화합물의 가장 잘 알려진 예일 것이다. 포화 지방에서는 탄소와 탄소 사이의 모든 결합이 단일 결합이다. 이러한 지방은 주로 우유, 육류, 달걀에서 발견되며, 섭취하면 사람의 혈류에서 저밀도 지질단백질(나쁜 콜레스테롤)을 증가하는 경향이 있다. 대부분 식물성 기름은 하나 이상의 탄소-탄소 이중 결합을 가진 불포화 지방이다. 불포화 지방을 섭취하면 혈액에서 고밀도 지질단백질(좋은 콜레스테롤)이 증가하는 경향이 있다.

프로필렌은 또한 중요한 산업용 화학 물질이다. 플라스틱(10장), 아이소프로필 알코올(9.6장), 기타 다양한 제품으로 전환된다. 화학식이 C_2H_4(에텐)인 알켄과 화학식이 C_3H_6(프로펜)인 알켄은 하나뿐이지만, C_4H_8인 알켄은 여러 종류의 화학식이 있다. 첫 번째와 두 번째 탄소 원자 사이에 이중 결합이 있는 화합물을 1-부텐이라고 한다.

$$CH_2{=}CHCH_2CH_3$$

이제 화학식이 $CH_3CH{=}CHCH_3$인 알켄을 생각해보자. '2-부텐'이라고 명명할 수 있지만 실제로는 두 가지 화합물이 있다. 이중 결합 때문에 **기하 이성질체**(geometric isomer), 즉 시스-트랜스 이성질체(*cis-trans* isomer)가 생긴다(그림 9.8). 이러한 이성질체들은 분자식은 같지만, 이중 결합 주위에 결합된 치환기들의 배열이 서로 다른 분자들이다.

단일 결합에서는 자유롭게 회전할 수 있지만, 이중 결합에서는 그렇게 자유로운 회전이 일어나지 않는다. 모형을 보면 알 수 있듯이 뷰테인과 같은 알케인에서의 탄소-탄소 단일 결합은 축처럼 작용할 수 있다. 단일 결합의 양쪽 끝에 있는 원자는 공유된 전자에 대해 회전할 수 있다. 반면에 알켄의 구조는 이중 결합의 탄소 원자와 각 탄소와 결합한 두 원자가 모두 한 평면에 놓여 있어야 한다. 이 분자 구조의 부분은 매우 단단하며, 이중 결합된 탄소 원자들을 중심으로 회전하려면 결합이 끊어지지 않고는 불가능하다. 이제 그림 9.8의 두 가지 형태의 2-부텐을 살펴보겠다. 시스-2-부텐이라고 하는 한 이성질체는 분자의 같은 쪽 이중 결합의 탄소에 양쪽 메틸기가 모두 붙어 있다. 트랜스-2-부텐에서는 메틸기가 분자의 반대편에 있다. 이들의 구조식은 다음과 같다.

CH_3 CH_3 / C=C / H H

시스-2-부텐

CH_3 H / C=C / H CH_3

트랜스-2-부텐

이중 결합의 각 탄소에는 2개의 다른 그룹이 붙어 있다는 점에 유의하자. 이 경우 각 탄소는 동일한 2개의 그룹을 갖지만 서로 다를 수 있다.

그러나 알케인에 대해 언급했던 구조 이성질체를 도입할 수도 있다. 3개의 탄소로 이루어진 알켄 사슬은 두 번째 탄소에 메틸기가 붙으면 2-부텐 분자와 동일한 분자식을 갖게 된다. 이 분자는 IUPAC 시스템에서 2-메틸프로펜으로 명명된다.

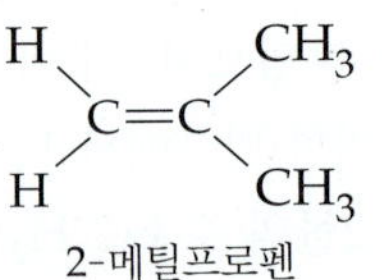

2-메틸프로펜

이 분자는 2-부텐 분자의 구조 이성질체이지만 이중 결합된 탄소 원자 중 적어도 1개에 2개의 동일한 그룹이 있기 때문에 기하 이성질체를 갖지 않는다.

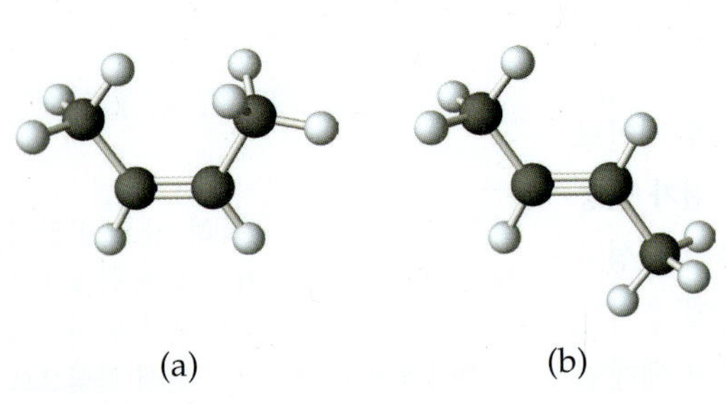

▲ **그림 9.8** (a) 시스-2-부텐, (b) 트랜스-2-부텐의 공-막대 모형

그렇다면 기하 이성질체의 두 가지 규칙은 다음과 같다.

1. 회전은 분자에서 제한되어야 한다.
2. 이중 결합된 탄소 원자에는 각각 다른 2개의 그룹이 있어야 한다.

예제 9.4 기하 이성질체

다음 각 화합물이 기하 이성질체로 존재할 수 있는 화합물인지 설명하라.

a. $CH_3CH{=}CHCH_2CH_3$ **b.** $CH_2{=}CBrCH_3$

풀이

두 구조 모두 이중 결합을 가지므로 기하 이성질체의 규칙 1을 충족한다.

a. 규칙 2를 충족한다. 각 탄소에는 2개의 다른 그룹이 있다(하나는 H와 CH_3, 다른 하나는 H와 CH_2CH_3). 시스 및 트랜스 이성질체로 존재한다.

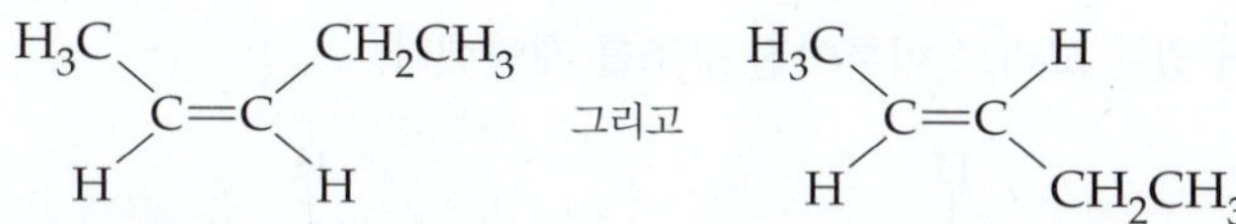

b. 이중 결합된 탄소 원자 중 1개에 2개의 수소 원자가 있어 규칙 2에 어긋나며, 시스 및 트랜스 이성질체로 존재하지 않는다.

› 복습문제 9.4A

1-부텐의 시스 및 트랜스 이성질체의 존재에 대해 설명하라.

› 복습문제 9.4B

다음 각 화합물이 기하 이성질체로 존재할 수 있는 화합물인지 설명하고 그려라.

a. 1-펜텐 **b.** 2-펜텐 **c.** 3-펜텐 **d.** 2-메틸-1-부텐

자가평가문제

1. 가장 단순한 구성을 가진 유기 화합물의 종류는 무엇인가?
- **a.** 알코올
- **b.** 아미노산
- **c.** 탄수화물
- **d.** 탄화수소

2. 알케인 계열의 연속적인 화합물들은 이전 화합물에 비해 어떤 차이가 있는가?
- **a.** 원자 C 1개와 원자 H 1개
- **b.** 원자 C 2개와 원자 H 2개
- **c.** 원자 C 3개와 원자 H 3개
- **d.** 원자 H 2개와 원자 C 2개

3. 구조 이성질체는 어떤 분자에 대한 화합물을 말하는가?
- **a.** 원자 C의 수는 같지만 원자 번호 H의 수는 다른 경우
- **b.** 원자 H의 수는 같지만 원자 C의 수는 다른 경우
- **c.** 원자의 수와 종류는 같지만 구조가 다른 경우
- **d.** 원자의 종류는 같지만 그 수가 다른 원자인 경우

4. 알케인 계열의 화합물의 분자량이 증가함에 따라 끓는점의 변화는 어떠한가?
- **a.** 감소
- **b.** 증가
- **c.** 동일하게 유지
- **d.** 무작위로 변경

5. 첨가 반응이 알켄에서는 일어나지만 알케인에서는 일어나지 않는데, 이는 알켄이 가지고 있는 것은 무엇 때문인가?
- **a.** 이중 결합
- **b.** 더 큰 분자량
- **c.** 분자당 더 많은 원자 C 수
- **d.** 결합의 사면체 배열

6. 다음 중 시스 및 트랜스 이성질체를 형성하지 않는 화합물은 무엇인가?
- **a.** $CH_3CH{=}CHCH_2CH_3$
- **b.** $CH_2BrCH{=}CHCH_3$
- **c.** $CH_3CH{=}CHCH_3$
- **d.** $CBr_2{=}CHBr$

정답: 1.d, 2.b, 3.c, 4.b, 5.a, 6.d

9.3 방향족 화합물: 벤젠 및 그 유도체

학습 목표 • 방향족 화합물을 정의하고, 이러한 화합물이 공유하는 구조적 특징을 인식한다.
• 단순 방향족 탄화수소의 이름을 지정한다.

중요하고 흥미로운 탄화수소는 벤젠이다. 1825년에 Michael Faraday가 발견한 벤젠의 분자식은 C_6H_6이다. 벤젠의 구조는 수십 년 동안 화학자들을 당혹스럽게 만들었다. 이 공식은 불포화 화합물을 나타내는 것처럼 보이지만, 벤젠은 이중 결합 또는 삼중 결합을 포함하는 것처럼 반응하지 않는다. 불포화 화합물처럼 쉽게 첨가 반응을 일으키지 않는다.

마침내 1865년에 독일의 화학자 August Kekulé(1829~1896)는 수소 원자 1개에 탄소 원자 6개가 각각 붙어 있는 고리로 이루어진 구조를 제안했다.

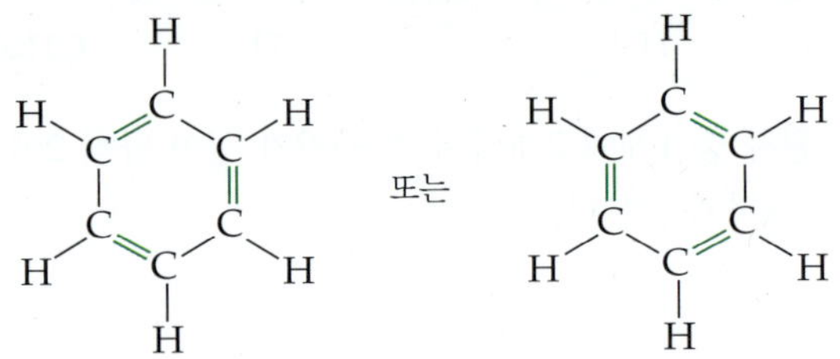

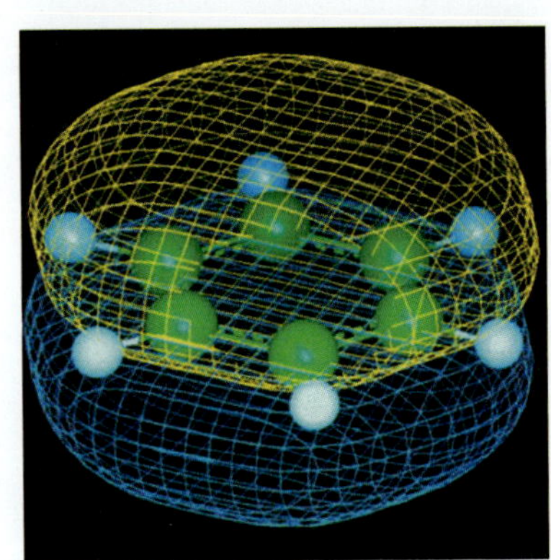

▲ **그림 9.9** 컴퓨터로 생성된 벤젠 분자의 모델. 할당되지 않은 6개의 전자는 탄소 원자의 고리 평면 위와 아래의 노란색과 파란색 영역을 차지한다.

표시된 두 구조는 이중 결합을 포함하고 있는 것처럼 보이지만 실제로는 그렇지 않다. 두 구조 모두 동일한 분자를 나타내며, 이 분자의 실제 구조는 이 두 구조의 **혼성체**(hybrid)이다. 벤젠 분자는 탄소와 탄소 사이에 6개의 동일한 탄소 결합을 가지고 있는데, 이는 단일 결합도 아니고 이중 결합도 아닌 그 중간 형태이다. 3개의 이중 결합을 형성하는 세 쌍의 전자는 한 곳에 묶여 있지 않고 고리 주위에 퍼져 있다(그림 9.9). 오늘날 우리는 보통 벤젠 고리를 육각형 안에 원으로 표현한다.

육각형은 6개의 탄소 원자로 이루어진 고리를 나타내고, 안에 새겨진 원은 할당되지 않은 6개의 전자를 나타낸다. 벤젠 분자는 전자 고리가 끊어지지 않기 때문에 매우 안정적이다. 벤젠은 장기간 노출되면 백혈병을 유발할 수 있기 때문에 사용이 제한되고 있다. 벤젠 화합물은 **발암물질**, 즉 암을 유발할 수 있는 화합물로 분류된다. 벤젠 고리를 포함하는 수천 가지의 관련 화합물이 있으며, 많은 화합물도 발암물질로 분류되어 있다. 그러나 아스피린과 같은 일반적인 진통제(9.8절)와 신남알데하이드와 같은 식품의 일부 향료(14.5절)를 포함하여 많은 벤젠 관련 화합물은 발암성이 없다.

벤젠과 이와 유사한 화합물을 **방향족 탄화수소**라고 부르는 이유는 처음 발견된 벤젠 유사물질의 대부분이 강한 향기를 가지고 있었기 때문이다. 벤젠에서 파생된 다른 화합물은 무취인 것으로 밝혀졌지만 이 이름은 그대로 유지되고 있다. 오늘날 **방향족 화합물**(aromatic compound)은 벤젠 고리를 포함하거나 벤젠과 같은 특정 성질을 가진 화합물이다. 다른 모든 화합물은 **지방족 화합물**이라고 한다(9.2절).

2 다중 결합이 많은 벤젠과 같은 화합물을 왜 '방향족'이라고 부르는가?

이러한 화합물 중 상당수는 구조의 세부 사항이 알려지기 전에 이름이 붙여졌다. 처음 알려진 화합물 중 일부는 강한 달콤한 냄새가 나며 '향기로운'으로 묘사되기도 했다.

몇 가지 일반적인 방향족 탄화수소의 구조는 그림 9.10에 나와 있다. 벤젠, 톨루엔, 크실렌은 모두 물 위에 뜨는 액체이다. 이들은 주로 용매와 연료로 사용되지만 다른 벤젠 유도체(벤젠 고리를 포함하는 화합물)를 만드는 데도 사용된다. 나프탈렌은 휘발성이 있는 흰색의 결정성 고체로 살충제, 특히 나방 퇴치제로 널리 사용되어 왔다.

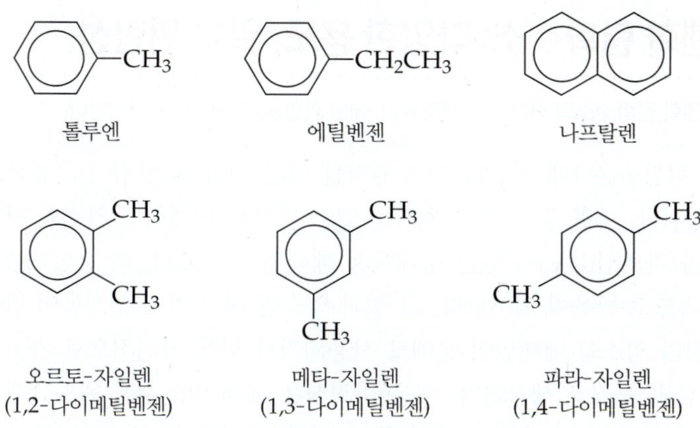

◀ **그림 9.10** 벤젠, 톨루엔, 세 가지 자일렌과 같은 일부 방향족 탄화수소는 휘발유의 구성 성분이며 용매로도 사용된다. 이 모든 화합물은 중합체(10장) 및 기타 유기 화학 물질의 합성에서 중간 물질이다.

하나의 수소 원자가 다른 원자나 **치환기**(substituent)로 치환된 단치환 '벤젠(monosubstituted benzene)'은 축약식으로 표시된다. 예를 들어 톨루엔은 $C_6H_5CH_3$로 에틸벤젠은 $C_6H_5CH_2CH_3$로 나타낸다. 유사하게 '이치환 방향족 고리(disubstituted aromatic group)'의 경우에도 치환기들의 상대적 위치를 숫자로 표시하여 나타내기도 한다. 예를 들어 1,4-다이메틸벤젠(1,4-dimethylbenzene)은 1,4-$C_6H_4(CH_3)_2$로 표현된다.

고리 안의 원은 화합물이 방향족 화합물임을 나타내지만 항상 6개의 전자를 의미하는 것은 아니다. 예를 들어 나프탈렌의 구조식(그림 9.10)은 각 고리 안에 원이 있어 방향족 탄화수소임을 나타낸다. 그러나 비결합 전자의 총 수는 10개이다. 일부 화학자들은 여전히 나프탈렌(및 기타 방향족 화합물)을 이중 결합과 단일 결합을 번갈아 가며 표현하는 것을 선호한다.

자가평가문제

1. 다음 중 불포화 탄화수소의 분자식이 될 수 없는 것은 무엇인가?

a. C_4H_{10} **b.** C_5H_{10} **c.** C_7H_{12} **d.** C_8H_{16}

2. 다음 중 방향족 탄화수소가 아닌 화합물은 무엇인가?

a. 벤젠 **b.** 사이클로헥센 **c.** 나프탈렌 **d.** 톨루엔

3. 벤젠과 같은 구조를 가진 탄화수소를 무엇의 탄화수소라고 하는가?

a. 지방족 **b.** 향기로운 **c.** 포화 **d.** 불포화

4. 다음 중 나프탈렌은 무엇인가?

a. 알케인 **b.** 알켄 **c.** 알카인 **d.** 방향족 탄화수소

5. 벤젠 고리의 반응성은 무엇을 반영하는가?

a. 향기로운 냄새
b. 탄소-탄소 이중 결합이 존재
c. 포화 구조
d. 6개의 탄소 원자 전체에 6개의 전자가 퍼지는 현상

정답: 1.a 2.b 3.b 4.d 5.d

9.4 할로젠화 탄화수소: 다양한 용도, 일부 위험성

학습 목표 • 할로젠화 탄화수소의 화학식을 지정하고, 해당 화합물의 화학식을 작성한다.

다른 많은 유기 화합물은 1개 이상의 수소 원자를 다른 원자 또는 원자 그룹으로 대체하여 탄화수소에서 파생된다. 예를 들어 수소 원자를 염소 원자로 대체하면 염소화 탄화수소가 된다. 염소 가스(Cl_2)가 자외선(UV)이 있는 상태에서 메테인 가스(CH_4)와 혼합되면 매우 빠른, 심지어 폭발적인 속도로 반응이 일어난다. 그 결과 익숙한 여러 가지 생성물이 만들어진다. 매년 수십억 킬로그램의 염소화 메테인이 용매로 사용되거나 다른 상업적으로 가치 있는 화합물을 제조하기 위한 출발 물질로 생산된다. 다음 방정식은 메테인의 수소 원자 1개가 염소 원자로 대체되어 염화 메틸(클로로메테인)이 생성되는 반응을 보여준다.

$$CH_4(g) + Cl_2(g) \longrightarrow CH_3Cl(g) + HCl(g)$$

예제 9.5 염소화 탄화수소의 화학식

다이클로로메테인(염화 메틸렌이라고도 함)의 화학식은 무엇인가?

풀이

접두사 **다이클로로-**는 2개의 염소 원자를 나타낸다. 나머지 이름은 해당 화합물이 메테인(CH_4)에서 파생된 것임을 나타낸다. 따라서 메테인의 수소 원자 2개가 염소 원자로 대체되었으므로 다이클로로메테인의 화학식은 CH_2Cl_2이다.

› 복습문제 9.5A

(a) 트라이클로로메테인(클로로포름)과 **(b)** 테트라클로로메테인(사염화 탄소)의 화학식은 무엇인가?

› 복습문제 9.5B

(a) 테트라플루오로메테인과 **(b)** 다이플루오로메테인의 화학식은 무엇인가?

염화 메틸은 주로 실리콘 고분자를 만드는 데 사용된다(10장). 예를 들어 염화 메틸렌(다이클로로메테인)은 페인트 제거제로 사용되는 용매이다. 클로로포름(트라이클로로메테인)도 용매로 한때 마취제로 사용되었지만, 최근에는 이러한 사용은 위험한 것으로 간주된다. 효과적인 마취를 위해 필요한 용량이 치사량에 너무 가깝기 때문이다. 사염화 탄소(테트라클로로메테인)는 드라이클리닝 용매 및 소화기 용매로 사용되었지만, 더 이상 두 용도로 사용하지 않는 것이 좋다. 사염화 탄소 또는 기타 여러 염소화 탄화수소에 노출되면 간에 심각한 손상을 일으킬 수 있다. 사염화 탄소 소화기를 물과 함께 사용하여 화재를 진압하는 것은 치명적일 수 있다. 사염화 탄소는 고온에서 물과 반응하여 제1차 세계대전 당시 사용되었던 매우 유독한 가스인 포스겐($COCl_2$)을 형성한다.

많은 염소화 탄화수소가 상당한 관심을 받고 있다. 예를 들어 염화 비닐($CH_2{=}CHCl$)은 폴리염화비닐(PVC, 10장)의 제조를 위한 출발 물질이다.

많은 염소화 탄화수소는 비슷한 성질을 가지고 있다. 대부분은 극성이 약간만 있고 극성이 높은 물에는 녹지 않는다. 대신 지방, 기름, 그리스, 기타 극성이 낮은 물질을 용해(및 녹임)한다. 그렇기 때문에 특정 염소화 탄화수소는 직물에서 기름과 기름기 있는 얼룩을 제거하는 드라이클리닝 용매로 적합하다. 이 독성 물질은 소변으로 쉽게 배설되지 않고 지방이 많은 동물 조직에 농축되어 있어 어류, 조류, 사람에게 문제를 일으키는 이유도 바로 이 때문이다.

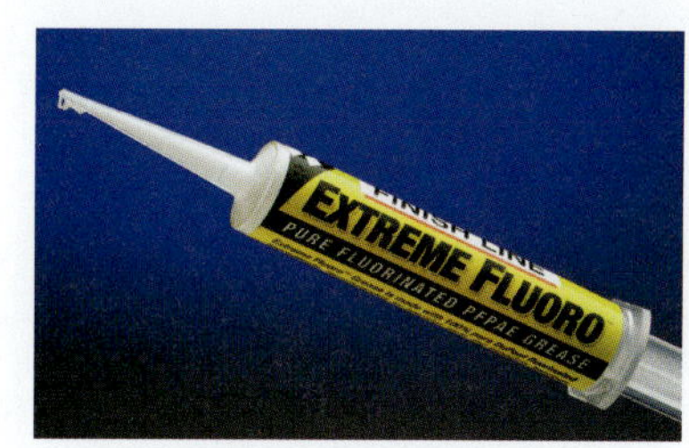

▲ 과불화 윤활유는 부식성이 강하거나 반응성이 높은 조건에서 대부분 탄화수소 그리스가 발화할 수 있는 곳에 사용된다.

염화불화탄소 및 불화탄소

탄소와 불소 및 염소를 모두 포함하는 화합물을 **염화불화탄소**(CFCs)라고 한다. CFCs는 에어로졸 캔의 분산 가스, 발포 플라스틱 제조용 및 냉매로 사용되어 왔다. 세 가지 일반적인 CFCs는 다음과 같은 산업 코드 명칭으로 가장 잘 알려져 있다.

$CFCl_3$	CF_2Cl_2	CF_2ClCF_2Cl
CFC 11	CFC 12	CFC 114

실온에서 CFCs는 끓는점이 낮은 기체 또는 액체이다. 물에 녹지 않으며 대부분 다른 물질에 대해 불활성이다. 이러한 특성 때문에 데오도란트, 헤어 스프레이, 식품용 에어로졸 캔의 이상적인 추진제로 사용된다. 하지만 안타깝게도 이러한 성질 때문에 CFCs는 대기 상층으로 이동할 수 있으며 그곳에서 지구를 유해한 자외선으로부터 보호하는 오존층을 파괴하는 화학 반응에 참여하게 된다. 따라서 CFCs는 점차적으로 사용이 중단되고 있다.

불화 화합물은 몇 가지 흥미로운 용도로 사용되어 왔다. 일부는 혈액 확장제로 사용되었다. 산소는 특정 **과불화탄소**에 비교적 잘 용해된다. (어간 '과-'는 모든 수소 원자가 불소 원자로 치환되었음을 의미한다.) 따라서 이러한 화합물은 혈액의 산소 운반 단백질인 헤모글로빈을 일시적으로 대체하는 역할을 할 수 있다. 과불화 화합물은 폐(허파)가 발달하지 않은 미숙아를 치료하는 데 사용되어 왔다.

폴리테트라플루오로에틸렌(Polytetrafluoroethylene, PTFE 또는 Teflon®, 10장에서 설명)은 과불화 고분자이다. 부식성 화학 물질과 고온에 대한 내성으로 인해 많은 흥미로운 응용 분야가 있다. 특히 달라붙지 않는 특이한 성질(비점착성)로 유명하다.

1. 화합물 $CHCl_3$의 이름은 무엇인가?
- **a.** 클로로포름
- **b.** 염화 메틸
- **c.** 염화 메틸렌
- **d.** 메틸 포름메이트

2. 화합물 CF_2Cl_2의 이름은 무엇인가?
- **a.** 염화불화탄소
- **b.** 클로로포름
- **c.** 염화 메틸
- **d.** 염화 메틸렌

3. 2-클로로프로페인($CH_3CHClCH_3$)의 이성질체는 무엇인가?
- **a.** 뷰테인
- **b.** 2-클로로뷰테인
- **c.** 1-클로로프로페인
- **d.** 프로페인

4. 다음 중 염화불화탄소(CFCs)의 성질이 아닌 것은 무엇인가?
- **a.** 불활성이다.
- **b.** 끓는점이 낮다.
- **c.** 오존층을 파괴하는 반응에 관여한다.
- **d.** 물에 용해된다.

정답: 1. a, 2. a, 3. c, 4. d

9.5 작용기 및 알킬기

학습 목표 • 유기 화합물을 작용기에 따라 분류하고, 작용기의 개념이 유기 화학 연구에 유용한 이유를 설명한다.
• 간단한 알킬기의 구조식을 익히고 작성한다.

유기 화학의 연구는 탄소와 수소 등의 화합물에 초점을 맞추고 있지만, 9.2절에서 포화 탄화수소는 광범위한 화학 반응을 일으키지 않는다는 것을 보았다. 이중 및 삼중 탄소-탄소 결합과 할로젠 치환기를 가진 화합물은 **작용기**(functional group, 유기 화합물 계열에 특유의 화학적 및 물리적 특성을 부여하는 원자 또는 원자 그룹)의 예이다. 표 9.6에는 유기 분자에서 발견되는 일반적인 작용기가 나열되어 있다. 이러한 각 작용기는 자체 동족성 계열의 기초가 된다.

많은 단순 분자에서 알킬기라고 하는 탄화수소 사슬에 치환기로 작용기가 결합되어 있다. **알킬기**(alkyl group)는 알케인에서 수소 원자를 제거하여 파생된다. 예를 들어 메틸기(CH_3—)는 메테인(CH_4)에서, 에틸기(CH_3CH_2—)는 에테인(CH_3CH_3)에서 파생된다. 프로페인은 수소 원자가 말단 탄소에서 제거되는지 또는 중간 탄소 원자에서 제거되는지에 따라 두 가지 서

표 9.6 대표적인 유기 작용기

작용기 이름	작용기[a]	작용기 일반식		
알케인	없음	R—H		
알켄	>C=C<	$R_2C=CR_2$		
알카인	—C≡C—	RC≡CR		
알코올	—C(—)(—)—OH	R—OH		
에터	—C—O—C—	R—O—R′		
싸이올	—C—SH	R—SH		
알데하이드	—C(=O)—H	R—C(=O)—H		
케톤	—C(=O)—	R—C(=O)—R′		
카복실산	—C(=O)—OH	R—C(=O)—O—H		
에스터	—C(=O)—O—C—	R—C(=O)—O—R′		
아마이드	—C—N<	R—N(H)—H	R—N(H)—R′	R—N(R′)—R″
아민	—C(=O)—N<	R—C(=O)—N(H)—H	R—C(=O)—N(H)—R′	R—C(=O)—N(R″)—R′

[a] 중성 작용기는 초록색으로, 산성 작용기는 붉은색으로, 염기성 작용기는 푸른색으로 나타낸다.

표 9.7 일반적인 알킬기

<table>
<tr><th></th><th>이름</th><th>구조식</th><th>축약 구조식</th></tr>
<tr><td>프로페인으로부터 유도</td><td>프로필</td><td>H H H
H—C—C—C—
H H H</td><td>$CH_3CH_2CH_2$—</td></tr>
<tr><td></td><td>아이소프로필</td><td>H H H
H—C—C—C—H
H   H</td><td>CH_3CHCH_3</td></tr>
<tr><td>뷰테인으로부터 유도</td><td>뷰틸</td><td>H H H H
H—C—C—C—C—
H H H H</td><td>$CH_3CH_2CH_2CH_2$—</td></tr>
<tr><td></td><td>2차 뷰틸</td><td>H H H H
H—C—C—C—C—H
H   H H</td><td>$CH_3CHCH_2CH_3$</td></tr>
<tr><td>아이소뷰테인으로부터 유도</td><td>아이소뷰틸</td><td>H
H—C—H
H   H
H—C—C—C—
H H H</td><td>CH_3
CH_3CHCH_2—</td></tr>
<tr><td></td><td>3차 뷰틸</td><td>H
H—C—H
H   H
H—C—C—C—H
H   H</td><td>CH_3
CH_3—C—CH_3</td></tr>
</table>

로 다른 알킬기를 생성한다(표 9.7). 표 9.7에는 두 뷰테인에서 파생되는 네 가지 알킬기도 나열되어 있다. 알킬기의 이름은 원래 알케인의 이름을 기반으로 하며, *-e* 끝이 *-yl*로 변경된다.

문자 R은 일반적으로 알킬기를 나타내는 데 자주 사용된다. 따라서 ROH는 알코올의 일반적인 화학식이며, RCl은 염화 알킬을 나타낸다.

작용기와 알킬기 사이에는 큰 차이가 있다. 작용기는 화합물이 겪게 될 화학 반응을 지시하는 반면에 분자의 알킬기는 분자가 반응하는 방식에 거의 또는 전혀 영향을 미치지 않는다.

자가평가문제

1. 분자에 고유한 성질을 부여하는 원자 또는 결합의 특정한 구조적 배열을 무엇이라 하는가?

a. 촉매 **b.** 실험식 **c.** 작용기 **d.** 치환기

2. 화학식 $CH_3CH_2CH_2$—는 무엇을 나타내는가?

a. 알킬기 **b.** 작용기 **c.** 프로페인 **d.** 프로펜

3. 에틸기에 포함된 탄소 원자는 몇 개인가?

a. 2 **b.** 3 **c.** 4 **d.** 6

4. 화학식 $CH_3CH_2CH_2CH_2$—는 무엇을 나타내는가?

a. 뷰틸기 **b.** 아이소뷰틸기

c. 아이소프로필기 **d.** 프로필기

정답: 1. c, 2. a, 3. a, 4. a

9.6 알코올, 페놀, 에터, 싸이올

학습 목표
- 알코올, 페놀, 에터, 싸이올의 일반적인 구조와 성질을 익힌다.
- 단순 알코올, 페놀, 에터, 싸이올의 이름을 작성한다.

알케인(R—H)에서 수소 원자(H)가 수산기(—OH)로 치환되면 그 분자는 **알코올**(alcohol)이 된다. 많은 유기 화합물과 마찬가지로 알코올은 일반명 또는 체계명(IUPAC)으로 불릴 수 있다. 알코올의 IUPAC 명은 알케인의 이름을 기반으로 하며, 어미가 *-e*에서 *-ol*로 바뀐다. 메탄올, 에탄올, 1-프로판올은 직쇄 알코올의 동족성 계열의 첫 세 가지 구성원이다.

많은 산업과 기업에서 알코올 합성은 중요한 화학 제품 생산의 출발점이다. 이러한 출발 물질의 비용을 낮추면 소비자의 비용 절감으로 이어질 수 있다. 마찬가지로 알코올을 휘발유 첨가제로 사용하면 환경에 미치는 영향을 줄일 수 있다.

2개 이상의 위치에 수산기(—OH)가 결합할 수 있는 경우에 숫자로 결합된 탄소 원자를 나타낸다. 예를 들어 1-프로판올의 1은 세 탄소 사슬의 말단 탄소 원자에 —OH가 결합되어 있음을 나타낸다. 이성질체 화합물인 2-프로판올(아이소프로필 알코올이라고도 함)은 —OH기가 사슬의 두 번째(중심) 탄소 원자에 결합되어 있다.

$CH_3—OH$	$CH_3CH_2—OH$	$CH_3CH_2CH_2—OH$	$CH_3CH(OH)CH_3$
메탄올	에탄올	1-프로판올	2-프로판올

이러한 알코올의 일반적인 이름은 메틸 알코올, 에틸 알코올, 프로필 알코올, 아이소프로필 알코올이다. 그러나 IUPAC 명명법에 따른 이름이 대부분 과학 문헌에서 사용되는 공식 명칭이다.

메틸 알코올(메탄올)

가장 간단한 알코올은 메탄올이며, 메틸 알코올이라고도 한다(그림 9.11). 메탄올은 한때 목재로부터 제조되었기 때문에 목재 알코올이라고도 불린다. 현대의 산업 공정은 촉매가 있는 상태에서 고온과 고압에서 일산화 탄소와 수소로 메탄올을 합성한다.

$$CO(g) + 2\,H_2(g) \longrightarrow CH_3OH(l)$$

(a) (b)

▲ **그림 9.11** 메탄올의 (a) 공-막대 모형, (b) 공간-채움 모형

메탄올은 용매로서 그리고 화학 중간물로서 중요한 물질이다. 또한 휘발유 첨가제이며 자동차의 휘발유를 대체할 수 있는 잠재적인 연료이기도 하다.

에틸 알코올(에탄올)

알코올 동족성 계열의 다음 구성원은 에탄올 또는 곡물 알코올이라고도 하는 에틸 알코올(CH_3CH_2OH)이다(그림 9.12). 에탄올은 곡물(또는 기타 전분 또는 당분이 많은 물질)의 발효를 통해 만들어진다. 당이 포도당인 경우 반응식은 다음과 같다.

$$C_6H_{12}O_6(aq) \xrightarrow{\text{효모}} 2\,CH_3CH_2OH(aq) + 2\,CO_2(g)$$

(a) (b)

▲ **그림 9.12** 에탄올의 (a) 공-막대 모형, (b) 공간-채움 모형

음료용 및 자동차용 연료용 에탄올은 이러한 발효 과정을 통해 생산된다. 산업용 에탄올은 에틸렌을 물과 반응하여 제조된다.

$$CH_2{=}CH_2(g) + H_2O(l) \xrightarrow{H^+} CH_3CH_2OH(l)$$

이 공업용 알코올은 발효로 만든 알코올과 동일하며 일반적으로 저렴하지만 법률상 주류에 사용할 수 없다. 소비세가 부과되지 않기 때문에 법에서는 사람들이 음용하지 못하도록 이 알코올에 유해 물질을 첨가하도록 규정하고 있다. 그 결과 생성된 **변성 알코올**은 마시기에 적합하지 않으며, 화학 실험실의 선반에서 흔히 볼 수 있는 에탄올이 바로 이런 종류의 알코올이다.

미국 내 많은 지역의 휘발유에는 발효를 통해 생산되는 에탄올이 최대 10%까지 함유되어 있다. 미국은 옥수수의 과잉생산으로 인해 이렇게 만든 에탄올을 사용하는 휘발유 생산자에게는 정부 보조금을 지급하고 있다. 그 결과 현재 많은 공장에서 옥수수를 발효하여 에탄올을 만들고 있다.

알코올 음료의 '도수'는 알코올의 부피 백분율(%)의 두 배를 의미한다. 이 용어는 17세기 영국에서 위스키의 진위를 판별하기 위해 상인이 술에 물을 첨가하여 이익을 늘리지 않는지 확인하기 위해 사용하던 방법에서 유래했다. 정성적 판별로는 위스키의 일부를 화약에 붓고 불을 붙이는 것이었다. 알코올이 다 타버린 후 화약에 불이 붙으면 위스키에 물이 너무 많이 들어 있지 않다는 '증거'로 간주했다.

알코올의 독성

에탄올은 와인, 맥주, 기타 알코올 음료의 성분이지만 일반적으로 알코올류는 다소 독성이 있다. 독성의 정도는 물질의 특성, 섭취량, 체내로 흡수되는 경로에 따라 달라진다. 예를 들어 메탄올은 체내에서 산화되어 포름알데하이드(HCHO)로 변한다. 1온스(약 30 mL 또는 2큰술)만 마셔도 실명하거나 심지어 사망에 이를 수 있다. 사람들이 메탄올을 독성이 덜한 에탄올로 착각하여 매년 여러 건의 중독 사고가 발생하고 있다.

에탄올은 메탄올만큼 유독하지는 않지만 여전히 독성이 있다. 미국에서는 매년 약 5만 건의 에탄올 중독 사례가 보고되고 있으며, 급성 에탄올 중독으로 인한 사망자는 연간 2200명 이상이다.

일반적으로 에탄올은 중추신경 억제제로 작용하여 신체적, 정신적 활동을 저하시킨다. 표 9.8에는 에탄올 섭취량에 따라 미치는 영향이 나와 있다. 에탄올은 일반적으로 우울제이지만, 소량은 긴장을 이완하고 억제력을 완화하는 등 각성제 역할을 하는 것으로 보인다.

▲ 주류의 경고 표식은 소비자에게 주류 섭취의 위험성을 경고한다.

장기간에 걸쳐 에탄올을 과다섭취하면 뇌세포 기능을 변화하고 신경 손상을 유발하며 간, 심장혈관계 및 거의 모든 신체 기관의 질병을 유발하여 수명을 단축시킬 수 있다. 또한 치명적 교통사고의 약 절반은 적어도 한 명 이상의 음주 운전자가 연루되어 있다. 알코올을 남용하는 산모에게서 태어난 아기는 체격이 작고 기형이며 인지 장애와 발달 지연을 나타내는 경우가 많다. 일부 연구자들은 산모가 비교적 적은 양의 술을 마셔도 **태아 알코올 증후군**이 발생할 수 있다고 보고한다. 에탄올은 미국에서 가장 널리 남용되는 약물 중 하나이며, 이에 대한 보다 자

표 9.8 음주량, 혈중 알코올 농도 및 행동 사이의 대략적인 관계[a]

마신 횟수[b]	혈중 알코올 농도(부피 백분율)	행동[c]
2	0.05	경미한 진정, 평온
4	0.10	협응력 부족
6	0.15	명백한 중독
10	0.30	무의식
20	0.50	사망 가능성

[a] 데이터는 70 kg(154파운드)의 적당한 음주자에 대한 자료이다.
[b] 30 mL(1온스) 잔으로 90도의 위스키, 360 mL(12온스) 병의 맥주, 150 mL(5온스) 잔의 와인을 빠르게 섭취했다.
[c] 경험이 없는 음주자는 일반적으로 적당한 음주자보다 더 강하게 또는 더 빨리 영향을 받는다. 반대로 술을 많이 마시는 경험이 있는 사람은 덜 영향을 받는다. 그러나 음주 상태에서 운전을 하고 있는지 여부는 행동이 아닌 혈중 알코올 농도에 의해 법적으로 결정된다는 점을 기억하는 것이 중요하다.

세한 내용은 15장에서 다룬다.

소독용 알코올은 아이소프로필 알코올의 70% 용액이다. 아이소프로필 알코올은 에탄올보다 독성이 강하기 때문에 소독용 알코올을 마신 후 사람들이 병에 걸리고 때로는 사망하는 것은 놀라운 일이 아니다.

다기능 알코올

몇몇 알코올에는 수산기가 2개 이상 있다. 예를 들어 에틸렌 글리콜, 프로필렌 글리콜, 글리세롤 등이 있다.

$$\begin{array}{ccccc} & H & H & & \\ & | & | & & \\ H- & C- & C & -H \\ & | & | & & \\ & OH & OH & & \end{array} \qquad \begin{array}{cccccc} & H & H & H & \\ & | & | & | & \\ H- & C- & C- & C & -H \\ & | & | & | & \\ & H & OH & OH & \end{array} \qquad \begin{array}{cccccc} & H & H & H & \\ & | & | & | & \\ H- & C- & C- & C & -H \\ & | & | & | & \\ & OH & OH & OH & \end{array}$$

에틸렌 글리콜　　프로필렌 글리콜　　글리세롤

에틸렌 글리콜은 많은 영구 부동액 혼합물의 주성분이다. 끓는점이 높아 자동차 라디에이터에서 끓는 것을 방지한다. 에틸렌 글리콜은 단맛이 나는 시럽 같은 액체이지만 독성이 매우 강하다. 이는 간에서 산화되어 옥살산으로 변한다.

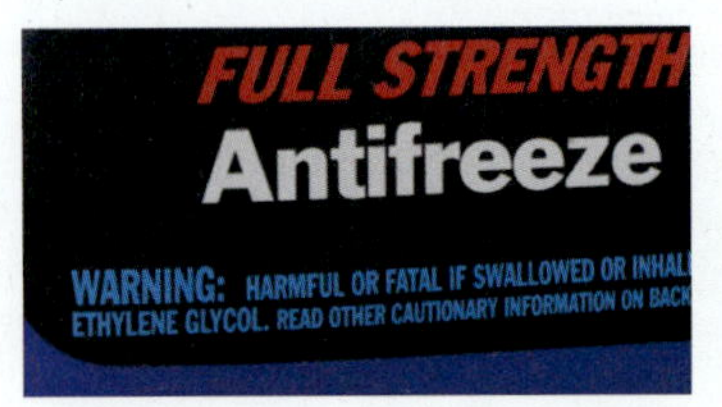

왜 중요할까?

에틸렌 글리콜이 함유된 부동액은 항상 용기에 담아 적절히 폐기해야 한다. 도로나 길거리에 열린 용기에서 달콤하지만 독성이 있는 에틸렌 글리콜 혼합물을 반려동물이 핥아 사망하는 사례가 보고된 바 있다.

$$\begin{array}{cc} OH & OH \\ | & | \\ CH_2 - & CH_2 \end{array} \xrightarrow{\text{간 효소}} \begin{array}{cccc} & O & O & \\ & \| & \| & \\ HO- & C- & C & -OH \end{array}$$

에틸렌 글리콜　　옥살산(유독성)

옥살산은 칼슘 염인 옥살산 칼슘(CaC_2O_4)의 결정을 형성하여 신장을 손상시키고 신부전을 일으킬 수 있으며 심한 경우 사망에 이르기도 한다. 최근에는 독성이 없고 비등점이 높은 프로필렌 글리콜이 보다 안전한 영구 부동액으로 시판되고 있다.

글리세롤(또는 글리세린)은 비누 제조 시 지방에서 나오는 부산물인 달콤하고 시럽 같은 액체이다(16장). 피부를 부드럽게 유지하기 위해 로션에 사용되며 케이크를 촉촉하게 유지하기 위한 식품 첨가제로도 사용된다. 질산과 반응하여 다이너마이트의 폭발 물질인 니트로글리세린을 생성한다. 니트로글리세린은 심장병 환자가 협심증 통증을 완화하기 위한 치료 약물인 혈관확장제로도 사용된다.

예제 9.6 알코올의 구조식

휘발유의 옥탄가를 높이는 첨가제로 사용되기도 하는 *tert*-뷰틸 알코올의 구조식을 쓰라.

풀이

알코올은 알킬기가 수산기에 결합한 구조로 이루어져 있다. 표 9.7에서 *tert*-뷰틸기는 다음과 같다.

$$\begin{array}{cc} & CH_3 \\ & | \\ CH_3- & C- \\ & | \\ & CH_3 \end{array}$$

tert-뷰틸기에 수산기(—OH)가 결합하면 *tert*-뷰틸 알코올이 된다.

$$CH_3-\underset{CH_3}{\overset{CH_3}{C}}-OH$$

› 복습문제 9.6A

(a) 뷰틸 알코올과 **(b)** *sec*-뷰틸 알코올의 구조식을 쓰라.

› 복습문제 9.6B

(a) 프로필 알코올과 **(b)** 아이소프로필 알코올의 구조식을 쓰라.

페놀

벤젠 고리에 수산기가 결합하면 이 화합물을 **페놀**(phenol)이라고 한다. 페놀은 알코올처럼 보일 수 있지만 알코올과는 다른 화합물이다. 벤젠 고리는 수산기의 성질을 크게 변화시키고, 알코올과 달리 페놀은 약산(카볼산이라고도 함)이며 대부분 단순 알코올에 비해 독성이 매우 강하다.

C_6H_5-OH

페놀

페놀은 1867년 Joseph Lister(영국, 1827~1912)에 의해 수술실에서 최초로 사용된 소독제이다. 그 전까지는 수술실에 소독제가 없었고, 많은 환자가 수술 후 감염으로 사망했다. 페놀은 강력한 살균 작용을 하지만, 피부 화상을 심하게 일으키고 해로운 미생물과 함께 건강한 세포도 죽이기 때문에 이상적인 소독제와는 거리가 멀다.

페놀은 여전히 바닥과 가구의 소독제로 사용되기도 하지만, 최근에는 다른 페놀성 화합물이 소독제로 사용되고 있다. 예를 들어 헥실레소르시놀(hexylresorcinol)은 페놀보다 더 강력한 살균제이며 피부 손상이 적고 다른 부작용이 적다.

많은 페놀성 화합물은 또한 활성 산소를 안정화시키고 장쇄 카복실산의 분해를 막음으로써 항산화제로 작용한다(9.8절). 비타민 E는 천연 항산화제의 대표적인 예다. 뷰틸화 하이드록시톨루엔(butylated hydroxytoluene, BHT) 또는 뷰틸화 하이드록시아니솔(butylated hydroxyanisole, BHA)과 같은 합성 항산화제는 산패를 지연시키기 위해 제품에 첨가되는 경우가 많다.

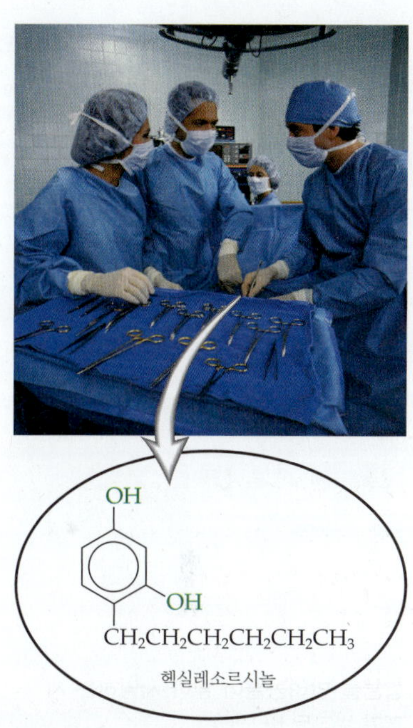

▲ 헥실레소르시놀과 같은 페놀 화합물은 병원 수술실의 무균 상태를 유지하는 데 도움이 된다.

HO ... O ... H, 3

비타민 E

OH

뷰틸화 하이드록시톨루엔 (BHT)

OH, OHC_3

뷰틸화 하이드록시아니솔 (BHA)

▲ 몇 가지 일반적인 항산화제. 활성 산소를 안정화시키는 페놀 고리는 빨간색 원으로 표시되어 있다.

에터

2개의 알킬기 또는 방향족기가 같은 산소 원자(O)에 결합한 화합물을 **에터**(ether)라고 한다. 일반식은 ROR(또는 알킬기가 같을 필요는 없으므로 ROR′)이다. 가장 잘 알려진 에터는 다이에틸 에터($CH_3CH_2OCH_2CH_3$)로, 흔히 에터라고도 불린다.

다이에틸 에터는 물에 녹지 않는 많은 유기 물질을 용해한다. 끓는점이 36 ℃로 낮아 쉽게 증발하므로 용해된 물질을 쉽게 회수할 수 있다. 다이에틸 에터는 화학 반응성은 거의 없지만 가연성이 매우 높다. 따라서 사용 시 불꽃이나 화염이 발생하지 않도록 각별히 주의해야 한다. 다이에틸 에터는 1842년 수술용 전신 마취제로 도입되어 한때 가장 널리 사용된 마취제였다. 마취 후 메스꺼움과 구토와 같은 부작용이 있기 때문에 오늘날에는 사람에게 거의 사용되지 않는다. 현대의 마취제는 15장에서 다룬다.

에터의 또 다른 문제는 산소와 천천히 반응하여 불안정한 과산화물을 형성하여 폭발적으로 분해될 수 있다는 것이다. 이전에 개봉한 에터 용기, 특히 오래된 용기는 주의해야 한다.

상업적으로 가장 많이 생산되는 에터는 **에틸렌 산화물**이라고 하는 고리형 화합물이다. 2개의 탄소 원자와 1개의 산소 원자가 3개의 구성원으로 이루어진 고리를 형성한다. 고리형 탄화수소와 마찬가지로 고리형 에터도 기하학적 형태로 표현할 수 있다. 이러한 모양의 각 꼭짓점(산소 원자의 O 제외)은 1개의 탄소 원자를 나타내며, 각 탄소는 4개의 결합을 만족하도록 충분한 수소 원자가 결합되어 있다. 에틸렌 산화물은 다음과 같이 표시된다.

O
△

에틸렌 산화물은 독성 가스이며 주로 에틸렌 글리콜을 만드는 데 사용된다.

$$\underset{\text{에틸렌 산화물}}{H_2C{-}CH_2\ (\text{-O-})} + \underset{\text{물}}{H_2O} \xrightarrow{H^+} \underset{\text{에틸렌 글리콜}}{\underset{OH\quad\ OH}{CH_2{-}CH_2}}$$

에틸렌 산화물은 의료 기구를 멸균하고 일부 세제의 합성(16장)에서 중간산물로도 사용된다. 생산된 대부분 에틸렌 글리콜은 폴리에스터 섬유(10장)와 부동액을 만드는 데 사용된다.

싸이올

알케인의 수소 원자가 황화수소기(—SH)로 치환되면 이 분자는 **싸이올**(thiol)이 된다. 많은 유기 화합물과 마찬가지로 싸이올은 일반명 또는 체계명(IUPAC)으로 불릴 수 있다. 싸이올의 IUPAC 명명법은 알케인의 이름을 기반으로 하며, 알케인의 이름에 '-싸이올'이라는 어미가 추가된다. 예를 들어 CH_3SH의 IUPAC 이름은 메테인싸이올이다. 저분자 싸이올은 일반적으로 메르캅탄(mercaptan)으로 명명되며, CH_3SH는 메틸 메르캅탄이다.

저분자 싸이올은 일반적으로 하수에서 나오거나 스컹크가 뿌리는 냄새와 같이 매우 불쾌한 냄새를 풍긴다. 이 성질은 일반적으로 무취인 천연가스를 감지하는 데 사용할 수 있다. 천연가스에 미량의 에테인 싸이올을 첨가하면 냄새로 쉽게 감지할 수 있다. 싸이올은 산화되어 이황화기(—S—S—)를 형성할 수 있으며, 이는 단백질 구조를 안정화시키는 데 중요한 역할을 한다(13장 참조).

예제 9.7 작용기 식별하기

다음 각 화합물을 알코올, 에터, 페놀, 싸이올로 분류하라.

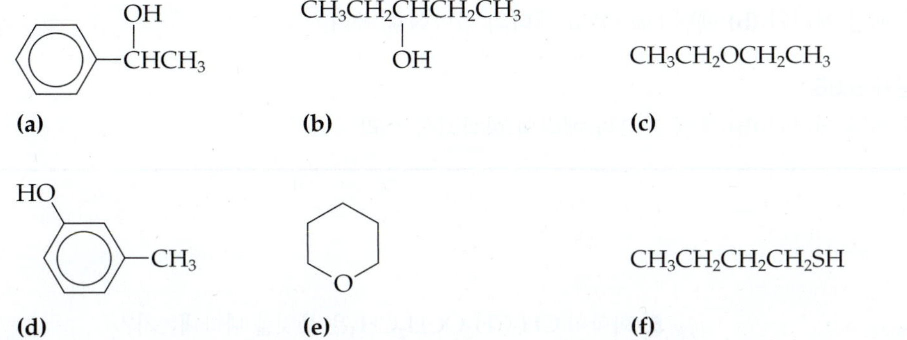

풀이

a. 이 화합물은 알코올이다. 수산기(—OH)가 벤젠 고리에 직접 결합되어 있지 않다.

b. 수산기(—OH)가 알킬기에 결합되어 있으므로, 이 화합물은 알코올이다.

c. 산소 원자가 두 알킬기 사이에 존재하므로, 이 화합물은 에터이다.

d. 수산기(—OH)가 벤젠 고리에 직접 결합되어 있으므로, 이 화합물은 페놀이다.

e. 이 화합물은 에터이며, 산소 원자가 두 탄소 원자 사이에 위치한다.

f. 설프하이드릴기(—SH)가 알킬기에 결합되어 있으므로, 이 화합물은 싸이올이다.

› 복습문제 9.7A

다음 각 화합물을 알코올, 에터, 페놀, 싸이올로 분류한다.

CH_3CH_2CHOH (with CH_3 on the CH carbon) **(a)**

CH_3O—(benzene ring) **(b)**

$CH_3CH_2CHOCH_3$ (with CH_3 on the CH carbon) **(c)**

› 복습문제 9.7B

다음 각 화합물을 알코올, 에터, 페놀, 싸이올로 분류하라.

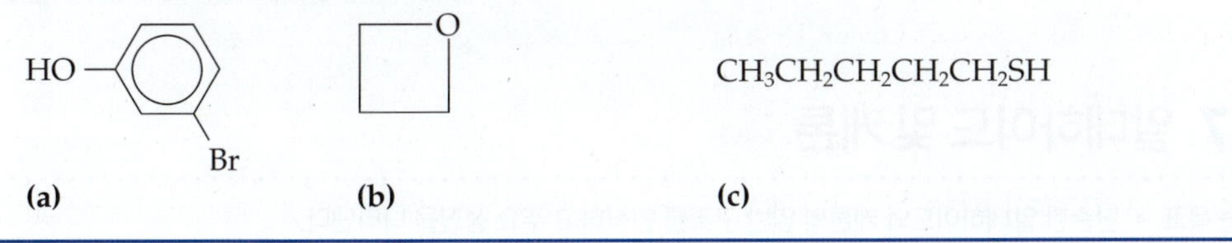

예제 9.8 에터의 화학식

아이소프로필 메틸 에터의 화학식을 쓰라.

풀이

아이소프로필 메틸 에터는 산소 원자가 아이소프로필기(가운데 탄소가 산소와 결합한 3개의 탄소)와 메틸기에 결합된 구조를 가진다. 화학식은 다음과 같다.

CH_3CHOCH_3 (메틸기)
$\quad\;\; |$
$\quad CH_3$ (아이소프로필기)

› 복습문제 9.8A

(a) 뷰틸 메틸 에터와 **(b)** 에틸 *tert*-뷰틸 에터의 화학식을 쓰라.

› 복습문제 9.8B

(a) 메틸 펜틸 에터와 **(b)** 헥실 프로필 에터의 화학식을 쓰라.

자가평가문제

1. 알코올을 나타내는 화학식은 무엇인가?
- **a.** $CH_3CHOHCH_2CH_3$
- **b.** CH_3COCH_3
- **c.** CdOH
- **d.** CH_3CHO

2. 에틸렌 글라이콜의 화학식은 무엇인가?
- **a.** CH_3CH_2OH
- **b.** $CH_3CH(OH)_2$
- **c.** $C_3H_5(OH)_3$
- **d.** $HOCH_2CH_2OH$

3. 다음 중 탄소 사슬이 가장 긴 알코올은 무엇인가?
- **a.** 1-뷰탄올 **b.** 2-뷰탄올
- **c.** 2-펜탄올 **d.** 2-프로판올

4. 일반적인 화학식 R—O—R′은 무엇을 나타내는가?
- **a.** 에스터 **b.** 에터
- **c.** 케톤 **d.** 페놀

5. 화학식 $CH_3CH_2OCH_2CH_3$은 무엇을 나타내는가?
- **a.** 2-뷰탄올 **b.** 2-뷰타논
- **c.** 뷰티르알데하이드 **d.** 다이에틸 에터

6. 화합물 $CH_3CHOHCH_2CH_3$의 이성질체는 무엇인가?
- **a.** $CH_3COCH_2CH_2CH_3$
- **b.** $CH_3CH_2CH_2COOH$
- **c.** $CH_3COOCH_2CH_3$
- **d.** $CH_3CH_2CH_2CH_2OH$

7. 싸이올을 나타내는 화학식은 무엇인가?
- **a.** $CH_3CHOHCH_2CH_3$
- **b.** CH_3COCH_3
- **c.** CH_3CH_2SH
- **d.** CH_3CHO

8. 방향족 탄소 원자에 수산기(OH) 작용기를 가진 유기 화합물을 무엇이라 하는가?
- **a.** 알코올 **b.** 알데하이드
- **c.** 아민 **d.** 페놀

정답: 1.a, 2.d, 3.c, 4.b, 5.d, 6.d, 7.c, 8.d

9.7 알데하이드 및 케톤

학습 목표
- 단순한 알데하이드와 케톤의 일반 구조를 인식하고 주요 성질을 나타낸다.
- 단순한 알데하이드와 케톤의 이름을 명명한다.

카보닐기(carbonyl group), 즉 C=O를 포함하는 유기 화합물의 두 가지 계열은 **알데하이드**(aldehyde)와 **케톤**(ketone)이다. 알데하이드는 카보닐 탄소에 1개 이상의 수소 원자가 결합되어 있고(탄화수소 사슬의 말단에 있음), 케톤은 카보닐 탄소에 2개의 다른 탄소 원자가 결합되어 있다.

$$\underset{\text{카보닐기}}{-\overset{\overset{\large O}{\|}}{C}-} \qquad \underset{\text{알데하이드}}{R-\overset{\overset{\large O}{\|}}{C}-H} \qquad \underset{\text{케톤}}{R-\overset{\overset{\large O}{\|}}{C}-R'}$$

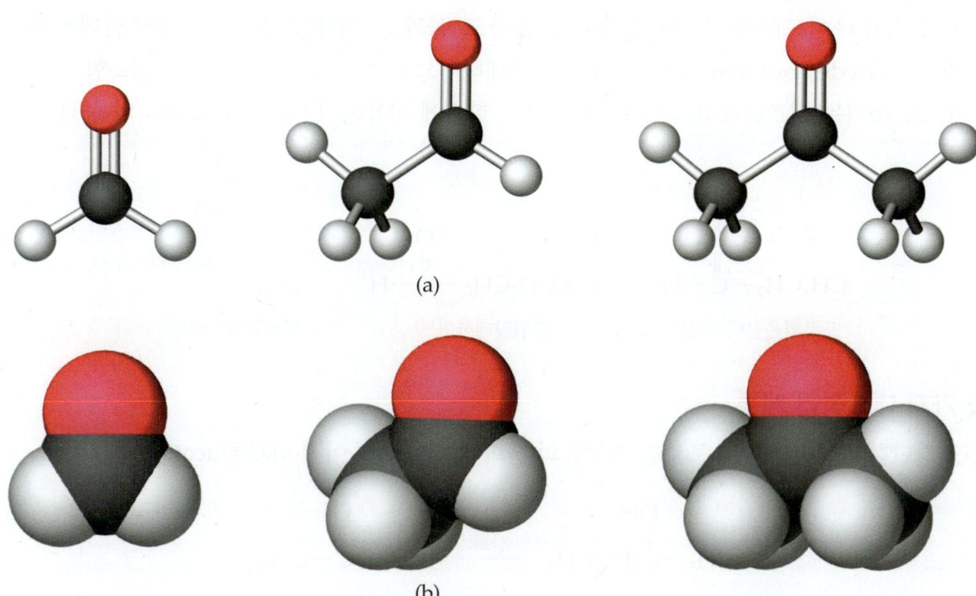

◀ **그림 9.13** 포름알데하이드(왼쪽), 아세트알데하이드(가운데), 아세톤(오른쪽)의 (a) 공-막대 및 (b) 공간-채움 모형

이러한 구조는 편의를 위해 이중 결합(C=O)을 생략한 채 한 줄로 표기하는 경우가 많다.

$$-\mathrm{C(=O)}- \text{ 또는 } -\mathrm{CO}- \qquad \mathrm{R-CH(=O)} \text{ 또는 } \mathrm{R-CHO} \qquad \mathrm{R-C(=O)-R'} \text{ 또는 } \mathrm{R-CO-R'}$$

카보닐기 알데하이드 케톤

그림 9.13에는 세 가지 익숙한 카보닐 화합물의 모형이 나와 있다.

몇 가지 대표적인 알데하이드

가장 단순한 알데하이드는 포름알데하이드(formaldehyde, HCHO)이다. 실온에서는 기체이지만 물에 쉽게 용해된다. 40% 용액은 포르말린(formalin)이라 불리며, 생물학적 표본의 보존용 방부제 및 방부 용액으로 사용된다. 알데하이드의 체계명은 알케인의 이름을 기반으로 하며, 끝이 *-e*에서 *-al*로 바뀐다. 따라서 IUPAC 명명법에서 포름알데하이드는 메테인테날데하이드로 명명된다. 그러나 단순 알데하이드의 경우에 '메테날'이 '메탄올'과 발음 또는 필기 시 혼동될 우려가 있기 때문에, 일반적으로 통용명인 포름알데하이드가 더 널리 사용된다.

포름알데하이드는 일부 플라스틱을 만드는 데 사용된다(10장). 또한 가정, 선박, 창고를 소독하는 데도 사용된다. 상업적으로 포름알데하이드는 메탄올의 산화를 통해 제조된다. 메탄올을 섭취할 때 인체에서도 동일한 순 반응이 일어나며, 이는 메탄올의 높은 독성을 의미한다.

$$\underset{\text{메탄올}}{\mathrm{CH_3OH}} \xrightarrow{\text{산화}} \underset{\text{포름알데하이드}}{\mathrm{H-\overset{\overset{\displaystyle O}{\|}}{C}-H}}$$

> **왜 중요할까?**
>
> 포름알데하이드 용액은 생물학 실험실의 병 속에서 볼 수 있는 것과 같이 생물 표본을 보존하기 위한 고정액으로 자주 사용된다. 알데하이드 작용기는 단백질과 반응하여 단백질 분자 사이에 공유 결합과 가교를 형성한다. 이 반응은 더 이상의 생물학적 활동을 멈추고 조직을 보존하여 현미경 검사 및 임상 진단을 위해 매우 얇은 단면으로 절단할 수 있다. 포름알데하이드와 글루타르알데하이드($CHOCH_2CH_2CH_2CHO$)는 방부액에 널리 사용된다. 글루타르알데히드는 박테리아 성장을 방지하기 위해 수압 파쇄액에 살균제로 첨가되기도 한다.

알데하이드 동족성 계열의 다음 구성원은 아세트알데하이드(acetaldehyde)로, 에탄올의 산화에 의해 형성된다.

$$\underset{\text{에탄올}}{\mathrm{CH_3CH_2OH}} \xrightarrow{\text{산화}} \underset{\text{아세트알데하이드}}{\mathrm{CH_3-\overset{\overset{\displaystyle O}{\|}}{C}-H}}$$

유기 화학자들은 종종 유기 반응물과 생성물만 표시하는 반응식을 작성한다. 무기 물질은 단순화를 위해 생략한다.

알데하이드 계열의 다음 두 구성원은 프로피온알데하이드(propionaldehyde, propanal)

와 뷰틸알데하이드(뷰탄올)이다. 둘 다 강하고 불쾌한 냄새를 풍긴다. 벤즈알데하이드(butyraldehyde, butanal)는 벤젠 고리에 알데하이드기가 결합되어 있다. 아몬드 합성 오일이라고도 불리는 벤즈알데하이드는 일반적으로 향수에 사용되며 마라스키노 체리의 향료 성분이다.

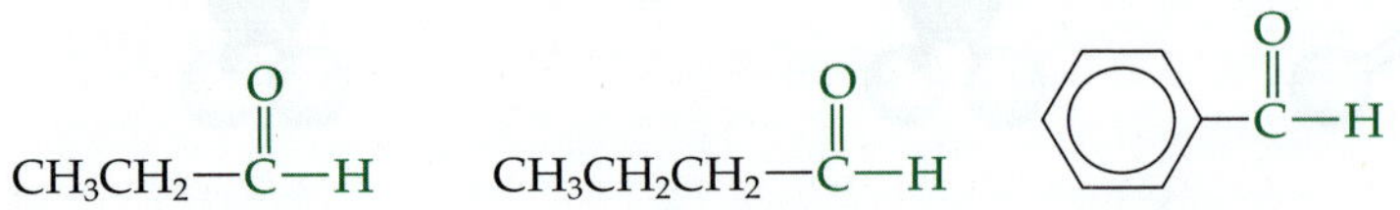

$$CH_3CH_2-\overset{\overset{\displaystyle O}{\|}}{C}-H \qquad CH_3CH_2CH_2-\overset{\overset{\displaystyle O}{\|}}{C}-H \qquad C_6H_5-\overset{\overset{\displaystyle O}{\|}}{C}-H$$

프로피온알데하이드 뷰틸알데하이드 벤즈알데하이드

몇 가지 대표적인 케톤

가장 간단한 케톤은 아이소프로필 알코올의 산화에 의해 만들어진 아세톤(acetone)이다.

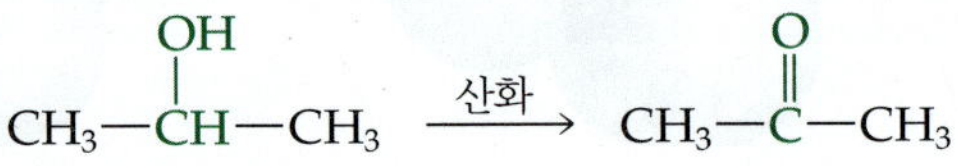

$$CH_3-\underset{}{\overset{\overset{\displaystyle OH}{|}}{CH}}-CH_3 \xrightarrow{\text{산화}} CH_3-\overset{\overset{\displaystyle O}{\|}}{C}-CH_3$$

아이소프로필 알코올 아세톤

아세톤은 지방, 고무, 플라스틱, 바니시와 같은 유기 물질의 일반적인 용매이다. 페인트와 바니시 제거제에도 사용되며 일부 매니큐어 리무버의 주요 성분이기도 하다. IUPAC 명명법에서 아세톤은 프로파논(propanone)으로 명명된다. 케톤의 체계명은 알케인의 이름을 기반으로 하며, 끝이 *-e*에서 *-one*으로 변경된다. 필요한 경우 카보닐기의 위치를 나타내기 위해 숫자를 사용한다. 예를 들어 $CH_3CH_2COCH_2CH_2CH_3$는 3-헥사논이다.

또 다른 대표적인 케톤은 에틸 메틸 케톤과 아이소뷰틸 메틸 케톤으로, 아세톤과 마찬가지로 용매로 자주 사용된다.

케톤은 내부에 카보닐기를 가진 탄소 사슬이다. 카보닐기가 말단에 위치하면 그 화합물은 알데하이드이다.

$$CH_3CH_2-\overset{\overset{\displaystyle O}{\|}}{C}-CH_3 \qquad CH_3\underset{\underset{\displaystyle CH_3}{|}}{CH}CH_2-\overset{\overset{\displaystyle O}{\|}}{C}-CH_3$$

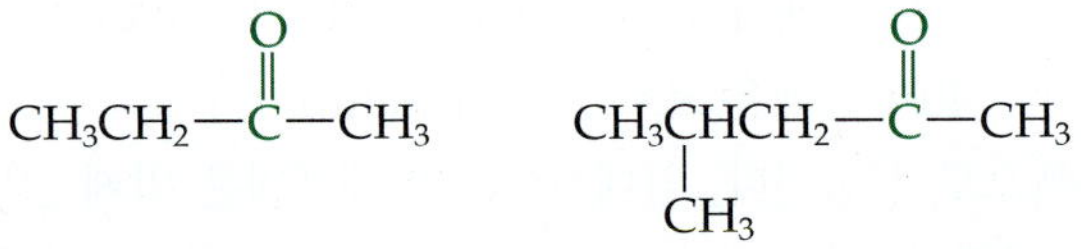

에틸 메틸 케톤 아이소뷰틸 메틸 케톤

예제 9.9 알데하이드인가, 케톤인가?

다음 각 화합물이 알데하이드인지, 케톤인지 구별하라.

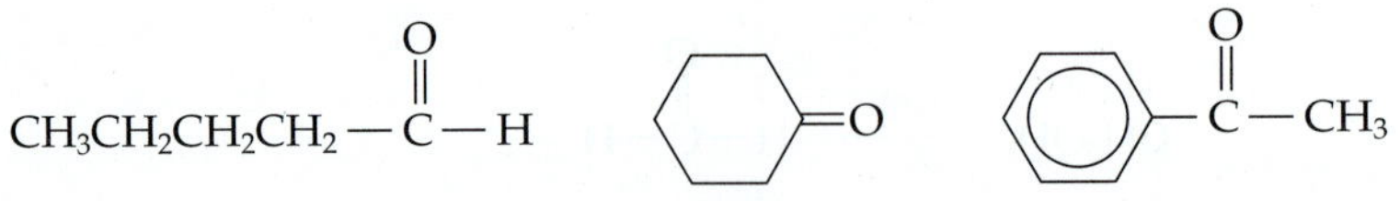

$$CH_3CH_2CH_2CH_2-\overset{\overset{\displaystyle O}{\|}}{C}-H \qquad \text{(cyclohexanone)}=O \qquad C_6H_5-\overset{\overset{\displaystyle O}{\|}}{C}-CH_3$$

(a) **(b)** **(c)**

풀이

a. 카보닐 탄소 원자에 수소 원자가 결합되어 있으므로 이 화합물은 알데하이드이다.

b. 카보닐기가 2개의 탄소 원자(특히 고리 구조의 탄소) 사이에 위치하므로 이 화합물은 케톤이다.

c. 이 화합물은 케톤이다(참고로 육각형의 모서리는 탄소 원자를 나타낸다).

❯ 복습문제 9.9A

다음 각 화합물이 알데하이드인지, 케톤인지 구별하라.

(a) $CH_3CH_2CH_2C(=O)CH_3$

(b) CHO

❯ 복습문제 9.9B

다음 각 화합물이 알데하이드인지, 케톤인지 구별하라.

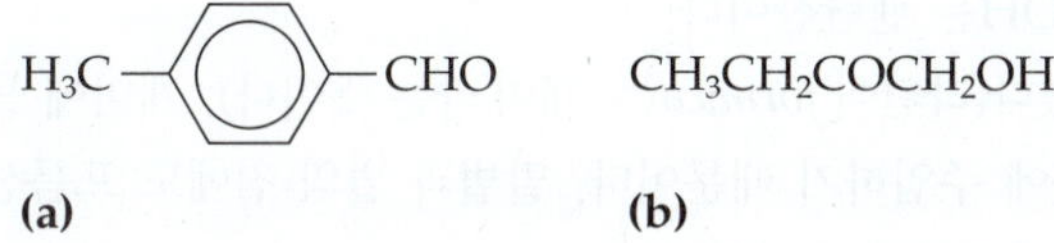

자가평가문제

1. 알데하이드 작용기에는 카보닐기(C═O)가 무엇에 결합하는가?

a. 수소 원자(H)
b. 질소 원자(N)
c. 하이드록실기(OH)
d. 다른 2개의 탄소 원자(C)

2. 케톤 작용기에는 카보닐기(C═O)가 무엇에 결합하는가?

a. 하이드록실기(OH)
b. 알콕시기(OR)
c. 다른 2개의 탄소 원자(C)
d. 2개의 알콕시기(OR)

3. 화학식 R—CO—R′은 무엇을 나타내는가?

a. 에스터 **b.** 에터
c. 케톤 **d.** 페놀

4. 알데하이드를 나타내는 화학식은 무엇인가?

a. $CH_3CH_2CH_2OH$
b. CH_3COOCH_3
c. $CH_3CH_2CH_2COOH$
d. $CH_3CH_2CH_2CHO$

5. $CH_3COCH_2CH_3$의 이름은 무엇인가?

a. 뷰탄온 **b.** 뷰티르알데하이드
c. 프로파논 **d.** 프로피온알데하이드

6. 포름알데하이드를 생성하기 위해 산화되는 알코올은 무엇인가?

a. CH_3OH
b. CH_3CH_2OH
c. $CH_3CH_2CH_2OH$
d. $CH_3CHOHCH_3$

7. 아세톤을 생성하기 위해 산화되는 알코올은 무엇인가?

a. CH_3OH
b. CH_3CH_2OH
c. $CH_3CH_2CH_2OH$
d. $CH_3CHOHCH_3$

정답: 1.a 2.c 3.c 4.d 5.a 6.a 7.d

9.8 카복실산 및 에스터

학습 목표 • 단순한 카복실산과 에스터의 일반적인 구조와 주요 성질을 이해한다.
• 단순한 카복실산과 에스터의 이름을 쓴다.

카복실산

유기산의 작용기를 **카복실기**(carboxyl group, —COOH)라고 하며, 산을 **카복실산**(carboxylic acid)이라고 한다. 카복실기는 항상 탄화수소 사슬의 말단에 위치한다.

$-\overset{O}{\overset{\|}{C}}-OH$ 카복실기 $R-\overset{O}{\overset{\|}{C}}-OH$ 카복실산

알데하이드 및 케톤과 마찬가지로 이러한 화학식은 종종 한 줄로 표기된다.

$-C(=O)OH$ 또는 $-COOH$ 카복실산 $R-C(=O)OH$ 또는 $R-COOH$ 카복실기

▲ 개미에 물렸을 때의 자극은 포름산 주입으로 인해 발생한다.

가장 간단한 카복실산은 포름산(HCOOH)이다. 카복실산의 체계명(IUPAC)은 알케인의 이름을 기반으로 하며, 어미가 *-e*에서 *-oic acid*으로 바꿔 표기한다. 예를 들어 포름산의 IUPAC 명칭은 메탄산이고, $CH_3CH_2CH_2CH_2COOH$는 펜탄산이다.

포름산은 개미의 건류에 의해 처음 얻어졌다(라틴어 *formica*는 '개미'라는 뜻이다). 개미에 물릴 때 따가운 이유는 개미가 포름산을 피부에 주입하기 때문이다. 말벌과 벌의 침에도 포름산이 포함되어 있으며 다른 유독 성분들과 함께 통증을 유발한다.

아세트산(에테인산, CH_3COOH)은 사이다와 꿀의 혼합물을 공기가 있는 상태에서 발효시켜 만들 수 있다. 이렇게 하면 약 4~10%의 아세트산과 여러 향미 성분이 포함된 용액(식초)이 만들어진다. 아세트산은 학술용 및 산업용 화학 실험실에서 널리 사용되는 약산 중 하나로, 가장 친숙한 산이기도 하다.

▲ 아세트산은 화학 실험실에서 흔히 볼 수 있는 약산이다. 식초의 주요 활성 성분이기도 하다.

카복실산 동족성 계열의 세 번째 구성원인 프로피온산(프로판산, CH_3CH_2COOH)은 일상에서 거의 접하지 못하지만, 네 번째 구성원은 냄새로만 보면 더 친숙하다. 썩은 버터 냄새를 맡아본 적이 있다면 뷰티르산(뷰탄산, $CH_3CH_2CH_2COOH$)의 냄새를 알고 있을 것이다. 뷰티르산은 상상할 수 있는 가장 악취가 심한 물질 중 하나이다. 뷰티르산은 버터 지방에서 분리하거나 실험실에서 합성할 수 있다. 체취의 성분 중 하나이며, 극소량의 뷰티르산과 다른 화학 물질을 통해 혈흔 탐지견이 사람의 냄새를 추적할 수 있도록 돕는 중요한 단서가 된다.

벤젠 고리에 카복실기가 직접 결합한 산을 벤조산(benzoic acid)이라고 한다.

$C_6H_5-\overset{O}{\overset{\|}{C}}-OH$

벤조산

카복실산 염(프로피온산 칼슘, 벤조산 소듐 등)은 곰팡이를 방지하기 위한 식품 첨가제로 널리 사용된다(14장).

예제 9.10 산소를 포함한 유기 화합물의 구조식

다음 각 화합물의 구조식을 쓰라.

a. 프로피온알데하이드 **b.** 에테인산 **c.** 에틸 메틸 케톤

풀이

a. 프로피온알데하이드는 알데하이드 작용기를 가진 3개의 탄소 원자로 이루어진 화합물이다.

$C-C-\overset{O}{\overset{\|}{C}}-H$

다른 2개의 탄소 원자에 적절한 수의 수소 원자를 더하면 다음과 같은 구조가 된다.

$$\begin{array}{ccccccc} & & \mathrm{H} & & \mathrm{H} & & \mathrm{O} & \\ & & | & & | & & \| & \\ \mathrm{H} & - & \mathrm{C} & - & \mathrm{C} & - & \mathrm{C} & - \mathrm{H} \\ & & | & & | & & & \\ & & \mathrm{H} & & \mathrm{H} & & & \end{array} \quad \text{또는} \quad \mathrm{CH_3CH_2CHO}$$

b. 에테인산은 카복실산 작용기를 가진 2개의 탄소 원자로 이루어져 있다.

$$\begin{array}{ccccc} & & \mathrm{H} & & \mathrm{O} \\ & & | & & \| \\ \mathrm{H} & - & \mathrm{C} & - & \mathrm{C} - \mathrm{OH} \\ & & | & & \\ & & \mathrm{H} & & \end{array} \quad \text{또는} \quad \mathrm{CH_3COOH}$$

c. 에틸 메틸 케톤은 에틸과 메틸기 사이에 케톤 작용기가 위치한 화합물이다.

$$\begin{array}{ccccccccc} & & \mathrm{H} & & \mathrm{H} & & \mathrm{O} & & \mathrm{H} \\ & & | & & | & & \| & & | \\ \mathrm{H} & - & \mathrm{C} & - & \mathrm{C} & - & \mathrm{C} & - & \mathrm{C} - \mathrm{H} \\ & & | & & | & & & & | \\ & & \mathrm{H} & & \mathrm{H} & & & & \mathrm{H} \end{array} \quad \text{또는} \quad \mathrm{CH_3CH_2COCH_3}$$

› 복습문제 9.10A

다음 각 화합물의 구조식을 쓰라.

a. 뷰티르산 **b.** 아세트알데하이드 **c.** 다이에틸 케톤

› 복습문제 9.10B

다음 각 화합물의 구조식을 쓰라.

a. 3-옥타논 **b.** 헵타날 **c.** 헥세인산

에스터: 달콤한 향을 가진 화합물

에스터(ester, RCOOR′)는 카복실산과 알코올 또는 페놀에서 파생된다. 일반적인 반응은 물 분자를 분리하는 것이다. 2개의 알킬기는 서로 다를 수 있으며 일반 화학식 RCOOR′에서 각각 R과 R′로 표시된다.

$$\underset{\text{산}}{\mathrm{R-\overset{\overset{\large O}{\|}}{C}-OH}} + \underset{\text{알코올}}{\mathrm{R'OH}} \overset{\mathrm{H^+}}{\rightleftharpoons} \underset{\text{에스터}}{\mathrm{R-\overset{\overset{\large O}{\|}}{C}-OR'}} + \mathrm{HOH}$$

에스터의 일반명은 *-ate*로 끝나며 알코올에서 나온 부분을 앞에, 카복실산에서 나온 부분을 뒤에 붙여 형성된다. 예를 들어 뷰티르산과 메틸 알코올에서 파생된 에스터는 메틸 뷰티레이트이다. IUPAC 명명법에서도 알코올에서 유래한 부분이 먼저 명명되지만 산에서 유래한 부분은 *-oate*로 끝나기 때문에 IUPAC 이름은 메틸 뷰타노에이트가 된다.

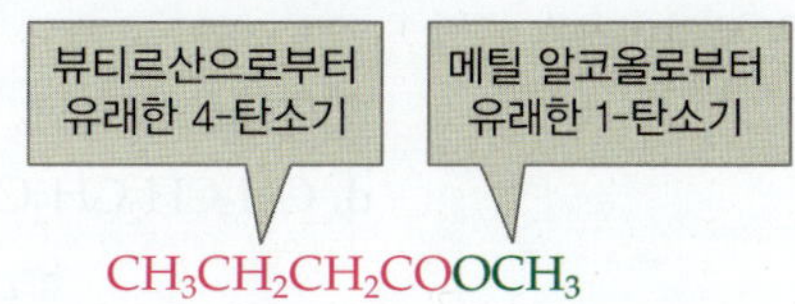

카복실산은 대체로 강하고 불쾌한 냄새가 나지만, 그로부터 파생된 에스터는 특히 희석했을 때 향이 매우 향기롭다. 많은 에스터에는 과일 냄새와 맛을 지니고 있다. 몇 가지 예가 표 9.9에 나와 있다. 에스터는 케이크, 사탕, 기타 식품의 향료와 향수의 원료로 널리 사용된다.

3 신선한 과일은 좋은 냄새가 나고, 썩은 과일은 나쁜 냄새가 나는가?

에스터는 과일 향의 주성분이다. 과일이 박테리아에 의해 분해되면 에스터는 각각의 알코올과 (불쾌한 냄새가 나는) 카복실산으로 분해된다.

표 9.9 에스터 향기와 향미

에스터	화학식	향기와 향미
메틸 뷰티레이트	$CH_3CH_2CH_2COOCH_3$	사과
에틸 뷰티레이트	$CH_3CH_2CH_2COOCH_2CH_3$	파인애플
프로필 아세테이트	$CH_3COOCH_2CH_2CH_3$	배
펜틸 아세테이트	$CH_3COOCH_2CH_2CH_2CH_2CH_3$	바나나
펜틸 뷰티레이트	$CH_3CH_2CH_2COOCH_2CH_2CH_2CH_2CH_3$	살구
옥틸 아세테이트	$CH_3COOCH_2CH_2CH_2CH_2CH_2CH_2CH_2CH_3$	오렌지
메틸 벤조에이트	$C_6H_5COOCH_3$	익은 키위
에틸 포름산	$HCOOCH_2CH_3$	럼
메틸 살리실레이트	o-$HOC_6H_4COOCH_3$	노루발풀
벤질 아세테이트	$CH_3COOCH_2C_6H_5$	재스민

자가평가문제

1. 카복실산을 나타내는 화학식은 무엇인가?

a. $CH_3CH_2CH_2OH$ **b.** CH_3COOCH_3
c. $CH_2CH_2CH_2COOH$ **d.** $CH_3CH_2CH_2CHO$

2. 뷰테인산의 화학식은 무엇인가?

a. CH_3CH_2COOH **b.** $CH_3CH_2CH_2CH_2OH$
c. $CH_3CH_2CH_2CHO$ **d.** $CH_3CH_2CH_2COOH$

3. 알코올은 뜨거운 구리 산화물로 산화되어 카복실산을 만든다. 에탄올을 산화시킬 때 생성되는 카복실산은 무엇인가?

a. CH_3COOH **b.** CH_3CH_2OH
c. $CH_3CH_2CH_2OH$ **d.** CH_3CH_2COOH

4. 에스터의 일반 화학식은 무엇인가?

a. ROR′ **b.** RCOR′
c. RCOOR′ **d.** RCONHR′

5. 카복실기의 탄소 원자는 2개의 산소 원자에 결합한다. 이때 탄소-산소 결합은 무엇인가?

a. 단일 결합 2개 **b.** 단일 결합 1개와 이중 결합 1개
c. 단일 결합 1개와 삼중 결합 1개 **d.** 이중 결합 2개

6. 화학식 $CH_3CH_2CH_2CH_2COOCH_3$의 이름은 무엇인가?

a. 에틸 프로파노에이트 **b.** 에틸 뷰타노에이트
c. 메틸 펜타노에이트 **d.** 프로필 프로파노에이트

7. 에스터를 나타내는 화학식은 무엇인가?

a. $CH_3CH_2CH_2OH$ **b.** CH_3COOCH_3
c. $CH_2CH_2CH_2COOH$ **d.** $CH_3CH_2CH_2CHO$

정답: 1. c, 2. d, 3. a, 4. c, 5. b, 6. c, 7. b

살리실산염: 살리실산 기반 진통제

살리실산은 카복실산이자 페놀이기도 하다. 이 두 화합물 계열의 반응 중 일부를 설명하는 데 사용할 수 있다.

살리실산

고대부터 전 세계 여러 지역 사람들은 버드나무 껍질을 해열제로 사용해 왔다. 영국의 성직자 Edward Stone은 1763년 왕립학회에 버드나무 껍질 추출물이 열을 내리는 데 유용하다고 보고했다.

살리실산은 처음으로 1838년에 버드나무 껍질에서 분리되었다. 1860년에 처음으로 합성되었으며, 이후 '해열제'와 '진통제'로 의학에서 사용되었다. 그러나 경구로 복용하면 신맛이 나고 자극적이었다. 이에 화학자들은 이러한 불쾌한 특성을 줄이면서 약효를 유지하거나 강화하기 위해 화학 반응을 이용하여 구조를 변형하고자 했다. 이러한 반응은 그림 9.14에 요약되어 있다. 첫 번째 변형은 단순히 산을 중화시키는 것이었다(그림 9.14의 반응 1). 그 결과 생성된 염인 살리실산 소듐은 1875년에 처음 사용되었다. 산보다 삼키기에는 덜 불쾌했지만 여전히 위장에 매우 자극적이었다.

1886년, 화학자들은 또 다른 유도체(반응 2)인 살리실산의 페닐 에스터, 즉 '페닐 살리실레이트(phenyl salicylate)' 또는 '살롤(salol)'을 생산했다. 살롤은 삼키기가 덜 불쾌했고 대부분 변하지 않은 채로 위장을 통과했다. 소장에서 살롤은 원하는 살리실산으로 전환되었지만, 부산물로 페놀이 형성되었다. 따라서 다량 복용하면 페놀 중독을 일으킬 수 있다.

살리실산의 페놀기가 아세트산과 반응하여 형성되는 에스터인 아세틸살리실산은 1853년에 처음 생산되었다. 일반적으로 살리실산과 아세트산 무수물, 즉 아세트산의 산 무수물을 반응시켜 제조된다(반응 3). (산 무수물은 2개의 카복실산 분자가 결합하면서 물 분자를 분리하여 생성된다.) 독일 바이엘 회사는 1899년에 아세틸살리실산을 아스피린이라는 상품명으로 의약품을 출시했다. 이후 약은 세계에서 가장 많이 팔리는 약이 되었다.

또 다른 유도체인 메틸 살리실레이트는 살리실산의 카복실기를 메탄올과 반응시켜 또 다른 에스터(반응 4)를 생성하여 만들어진다. '노루발풀의 기름(oil of wintergreen)'이라고 불리는 메틸 살리실레이트는 향료와 바르는 진통제의 성분으로 사용된다. 피부에 바르면 약한 온열감을 유발하여 근육통 완화 효과를 제공한다.

아스피린과 약물로서의 사용은 15장에서 더 자세히 다룬다.

메틸 살리실레이트 ($COOCH_3$, OH) + H_2O ← ④ CH_3OH, H^+

살리실산 → ① NaOH → 살리실산 소듐 (COO^-Na^+, OH) + H_2O

살리실산 → ② HO–C₆H₅ (페놀) → 페닐 살리실레이트 (COO–C₆H₅, OH) + H_2O

아세틸살리실산 (COOH, $OCOCH_3$) + CH_3COOH (아세트산) ← ③ $CH_3COOCCH_3$ (무수 아세트산)

▲ **그림 9.14** 살리실산의 몇가지 반응. 반응 1, 2, 4에서 살리실산이 카복실산으로서 반응하며, 반응은 카복실기에서 일어난다. 반응 3에서는 살리실산이 페놀로서 반응하며, 반응은 하이드록실기에서 일어난다.

Q (a) 살리실산, (b) 메틸 살리실산, (c) 아세틸 살리실산, (d) 페닐 살리실산에 존재하는 작용기를 식별하고 명명하라.

9.9 질소함유 화합물: 아민, 아마이드

학습 목표
- 간단한 아민과 아마이드의 이름을 짓고 그 화학식을 쓴다.
- 화합물의 구조를 보고 이종고리 화합물인지 식별한다.

많은 유기 물질은 질소를 함유하고 있으며, 질소는 탄소·수소·산소 다음으로 유기 화합물에서 네 번째로 흔한 원소이다. 이 장에서 살펴볼 두 가지 질소함유 작용기인 아민과 아마이드는 앞으로 다룰 내용의 중요한 배경지식이 된다.

4 많은 유기 화합물이 강한 맛과 냄새를 가지고 있는가?

유기 화합물은 다양하고 복잡한 구조를 가지고 있다. 미뢰와 후각 수용체의 화학 수용체는 다양한 탄소 화합물과 강한 친화력을 가지고 있다. 방향족은 강한 냄새를, 에스터는 단 냄새를, 카복실산은 불쾌한 냄새를, 아마이드와 아민은 비린내나 썩은 냄새를 풍긴다.
생물학적으로 우리는 유기 화합물을 섭취하는 생물이기 때문에 감각은 우리에게 필요하거나 피해야 하는 화학 화합물을 인식하도록 진화해왔다.

아민

아민은 탄소, 수소, 질소를 포함한다. **아민**(amine)은 암모니아(NH_3)에서 1개, 2개, 3개의 수소 원자를 각각 1개, 2개, 3개의 알킬기나 방향족기(아릴기)로 치환하여 얻어진다.

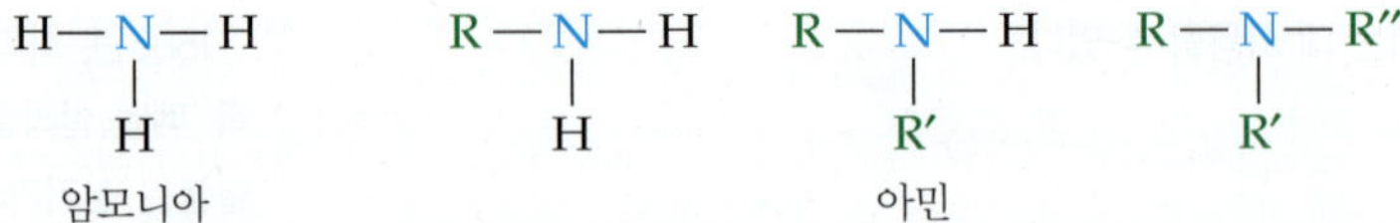

가장 간단한 아민은 메틸아민(CH_3NH_2)이다. 2개 이상의 탄소 원자를 가진 아민은 서로 이성질체가 될 수 있다. 예를 들어 에틸아민($CH_3CH_2NH_2$)과 다이메틸아민(CH_3NHCH_3)은 같은 분자식 C_2H_7N을 갖는다. 탄소 3개를 가지면 여러 가지가 가능하며, 그중 하나가 트라이메틸아민[$(CH_3)_3N$]이다.

예제 9.11 아민 이성질체: 구조와 이름

트리메틸아민은 3개의 탄소를 포함한다. 그 밖에 3개의 탄소로 이루어진 아민의 구조식과 이름을 쓰라.

풀이

하나의 알킬기에는 3개의 탄소 원자가 있을 수 있으며, 이때 2개의 프로필기가 존재한다.

$CH_3CH_2CH_2NH_2$ — 프로필아민

CH_3CHCH_3 (가운데 탄소에 NH_2) — 아이소프로필아민

3개의 탄소 원자는 1개의 메틸기와 1개의 에틸기로 나눌 수도 있다.

$CH_3CH_2NHCH_3$

에틸메틸아민

› 복습문제 9.11A

다음 각 아민의 구조식을 쓰라.

a. 뷰틸아민(butylamine)

b. 다이에틸아민(diethylamine)

› 복습문제 9.11B

다음 각 아민의 구조식을 쓰라.

a. 메틸프로필아민(methylpropylamine)

b. 아이소프로필메틸아민(isopropylmethylamine)

벤젠 고리에 직접 부착된 **아미노기**(amino group)라고 불리는 $—NH_2$기를 가진 아민은 아닐린(aniline)이라는 특별한 이름을 가진다. 많은 방향족 아민과 마찬가지로 아닐린은 염료 제조에 사용된다. 방향족 아민은 독성이 있으며 일부는 발암성을 보인다.

단순 아민은 냄새, 염기성, 기타 성질이 암모니아와 유사하다. 더 큰 분자나 방향족 아민들은 더욱 흥미로운 성질을 가진다. 그림 9.15는 이러한 다양한 아민을 보여준다.

$$\text{C}_6\text{H}_5\text{—CH}_2\text{—C(CH}_3\text{)(H)—NH}_2$$

암페타민

$H_2NCH_2CH_2CH_2CH_2CH_2CH_2NH_2$

1,6-헥세인다이아민

$H_2NCH_2CH_2CH_2CH_2CH_2NH_2$

카다베린

(pyridine ring: CH_2NH_2, HO, CH_2OH, H_3C, N)

피리독사민

◀ **그림 9.15** 주요 아민의 예. 암페타민(amphetamine)은 자극제 약물이다(15장 참조). 카다베린(cadaverine)은 부패한 육류 냄새의 원인이다. 1,6-헥세인다이아민(1,6-Hexanediamine)은 나일론 합성의 전구체이다(10장 참조). 피리독사민(pyridoxamine)은 비타민 B군의 한 종류이다(14장 참조).

Q 1,6-헥세인다이아민은 헥사메틸렌다이아민으로도 알려진 화합물의 IUPAC 이름이다. 카다베린은 관용명이다. 카다베린의 IUPAC 이름은 무엇인가?

가장 중요한 유기 분자 중 하나는 아미노산이다. 이름에서 알 수 있듯이 이 화합물은 아민과 카복실산 작용기를 모두 가지고 있으며 단백질의 구성 요소이다. 가장 단순한 아미노산인 H_2NCH_2COOH는 글리신이다. 아미노산과 단백질은 13장에서 자세히 다룬다.

아마이드

또 다른 중요한 질소함유 작용기는 질소 원자가 카보닐기에 직접 부착된 **아마이드기**(amide group)이다.

$$-\overset{\overset{\displaystyle O}{\|}}{C}-\underset{|}{N}- \qquad R-\overset{\overset{\displaystyle O}{\|}}{C}-NH_2 \qquad R-\overset{\overset{\displaystyle O}{\|}}{C}-NHR' \qquad R-\overset{\overset{\displaystyle O}{\|}}{C}-\underset{\underset{\displaystyle R''}{|}}{N}-R'$$

아마이드기 아마이드

C=O기를 갖는 다른 화합물과 마찬가지로 아마이드의 화학식은 종종 한 줄에 적혀 있다.

$$RCONH_2 \qquad RCONHR' \qquad RCONR'R''$$

유기 화학에 대한 이해를 바꾸는 데 도움이 된 화합물인 요소(H_2NCONH_2)는 아마이드이다.

복잡한 아마이드(치환 아마이드)는 단순 아마이드보다 훨씬 중요하다. 우리 몸에는 많은 종류의 단백질이 포함되어 있으며, 모두 아마이드 결합에 의해 서로 결합되어 있다(13장). 나일론, 비단, 양모에도 수백 개의 아마이드기가 포함되어 있다.

단순 아마이드의 이름은 해당 카복실산의 이름에서 유래한다. 예를 들어 $HCONH_2$는 포름아마이드(IUPAC 이름: 메테인아마이드), CH_3CONH_2는 아세트아마이드(IUPAC 이름: 에테인아마이드)이다. 또한 아마이드 이름은 알케인의 이름에 기초하여 끝이 *-e*에서 *-amide*로 바뀐 것으로 볼 수도 있다. 예를 들어 $CH_3CH_2CH_2CH_2CONH_2$는 펜테인아마이드이다.

예제 9.12 아민인가, 아마이드인가?

다음 각 화합물은 아마이드인가, 아민인가? 작용기를 식별하라.

a. $CH_3CH_2CH_2NH_2$
b. CH_3CONH_2
c. $CH_3CH_2NHCH_3$
d. $CH_3COCH_2CH_2NH_2$

5 섬유 유연제, 건조제 시트, 정전기 방지 스프레이는 어떻게 작동하는가?

이러한 제품에는 디옥타데실디메틸암모늄 염화물(dioctadecyldimethylammonium chloride)과 같이 암모늄기에 메틸기 2개와 긴 탄화수소 사슬 2개가 붙어 있는 4급 암모늄염이 함유되어 의류 표면에 얇은 막을 형성한다. 긴 탄화수소 사슬은 의류 표면을 윤활시키고 세탁 후 흔히 발생하는 '정전기'를 감소하는 데 도움이 된다.

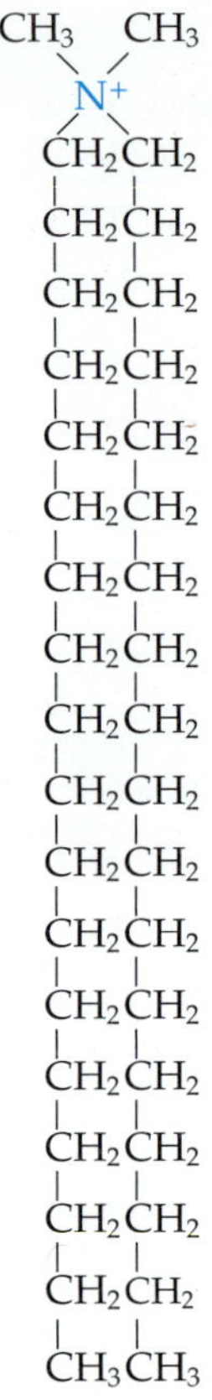

풀이

a. 아민: NH_2는 아민 작용기이며, C=O기는 없다.

b. 아마이드: $CONH_2$는 아마이드 작용기이다.

c. 아민: NH는 아민 작용기이다.

d. 아민: NH_2는 아민 작용기로, 분자에 C=O기가 있지만 NH_2가 붙어 있지 않다.

› 복습문제 9.12A

다음 각 화합물은 아마이드인가, 아민인가? 작용기를 식별하라.

a. CH_3NHCH_3

b. $CH_3CH_2COCH_2CH_2NHCH_3$

› 복습문제 9.12B

다음 각 화합물은 아마이드인가, 아민인가? 작용기를 식별하라.

a. $CH_3CH_2N(CH_3)_2$

b. $CH_3CH_2CONHCH_2CH_3$

이종고리 화합물: 알칼로이드 및 기타 화합물

탄화수소 고리 화학물은 탄소 원자로만 이루어진 고리를 가진다. 이제 고리 안에 탄소 이외의 원자가 있는 화합물을 살펴보자. 이러한 **이종고리 화합물**(heterocyclic compound)은 일반적으로 하나 이상의 질소, 산소, 황 원자가 고리에 포함되어 있다.

예제 9.13 이종고리 화합물

다음 중 이종고리 화합물을 나타내는 구조는 무엇인가?

O CH_2-CH_2	S CH_2-CH_2	CH_2 CH_2-CH_2	NH CH_2-CH_2
(a)	**(b)**	**(c)**	**(d)**

풀이

화합물 **(a)**, **(b)**, **(c)**는 각각 산소, 황, 질소 원자가 고리 구조로 되어 있는데, 이를 이종고리 화합물이라고 한다.

› 복습문제 9.13A

다음 중 이종고리 화합물을 나타내는 구조는 무엇인가?

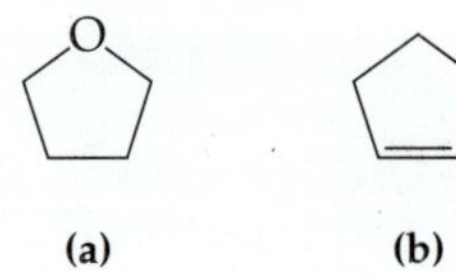

› 복습문제 9.13B

다음 중 이종고리 화합물을 나타내는 구조는 무엇인가?

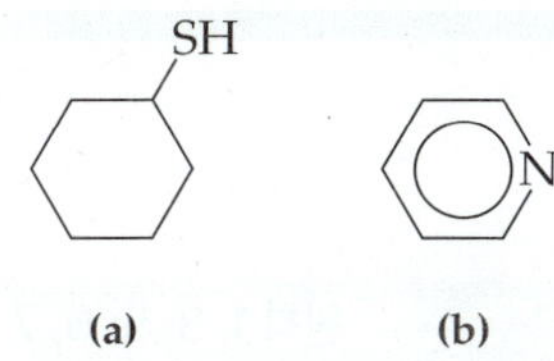

많은 아민, 특히 이종고리 아민은 식물에서 자연적으로 발생한다. 다른 아민과 마찬가지로 이러한 화합물은 염기성 화합물이다. 이들은 '알칼리와 같은'이라는 뜻의 **알칼로이드**(alkaloid)라고 불린다. 친숙한 알칼로이드 중에는 모르핀, 카페인, 니코틴, 코카인이 있다. 이러한 화합물의 약물로서의 작용은 15장에서 살펴본다.

다른 중요한 이종고리 아민으로는 육각형 고리 안에 2개의 질소 원자가 있는 피리미딘과 2개의 고리 안에 4개의 질소 원자가 공통면을 공유하는 퓨린이 있다. 피리미딘과 퓨린과 관련된 화합물은 핵산(13장)의 구성 성분이다.

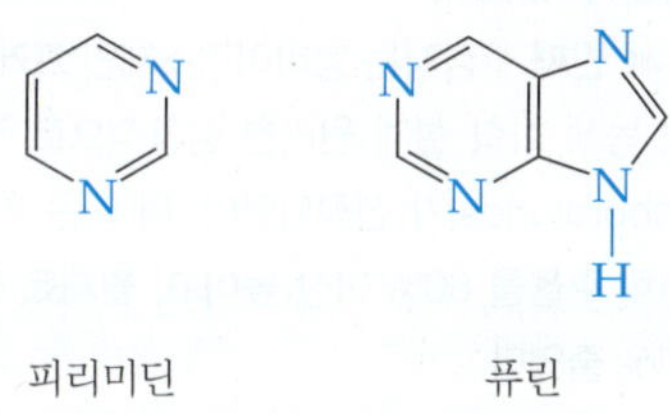

피리미딘 퓨린

자가평가문제

1. 다음 중 하나의 탄소기만 결합된 아민은 무엇인가?
- **a.** 다이메틸아민
- **b.** 에틸다이메틸아민
- **c.** 아이소프로필아민
- **d.** 메틸프로필아민

2. $CH_3CH_2NHCH_3$의 이름은 무엇인가?
- **a.** 뷰틸아민
- **b.** 에틸메틸아민
- **c.** 프로페인아마이드
- **d.** 프로필아민

3. 암모니아가 아세트산과 반응할 때 형성되는 아마이드는 무엇인가?
- **a.** CH_3CONH_2
- **b.** $CH_3CH_2CONH_2$
- **c.** $CH_3CH_2CH_2CONH_2$
- **d.** $C_6H_5CONH_2$

4. 아마이드 작용기는 카보닐기가 어떤 원자에 결합된 구조인가?
- **a.** 수소 원자(H) 1개
- **b.** 질소 원자(N) 1개
- **c.** OH기 1개
- **d.** 다른 2개의 탄소 원자(C)

5. 다음 중 아민이 아닌 것은 무엇인가?
- **a.** $CH_3CH_2NCH_3$
- **b.** $CH_3CH_2NHCOCH_3$
- **c.** $N(CH_3)_3$
- **d.** $CH_3CH_2CH_2NH_2$

6. 고리 안에 탄소 원자가 아닌 원자를 하나 이상 포함하는 고리형 유기 화합물을 무엇이라 하는가?
- **a.** 방향족 화합물
- **b.** 고리형 아마이드
- **c.** 이종고리 화합물
- **d.** 포화 화합물

7. 식물에 존재하며 적어도 하나의 질소를 포함한 염기성 유기 이종고리 화합물은 무엇인가?
- **a.** 알칼로이드
- **b.** 아마이드
- **c.** 고리형 에스터
- **d.** 페놀

정답: 1. c, 2. b, 3. a, 4. b, 5. b, 6. c, 7. a

녹색 화학 유기 합성의 예술: 녹색 화학자들이 더 나은 방법을 찾는다

Thomas E. Goodwin, Hendrix College

원칙 1, 3, 5, 6, 7

학습 목표 • 친환경 용매를 식별하고 유기 합성에 재생가능한 자원을 사용하며 화학 반응에 효율적인 에너지원을 사용한다.

우리는 한 번쯤 의약품을 처방전 없이 약국에서 구입하거나 처방전을 통해 약을 복용해 본 경험이 있을 것이다. 이 중 상당수는 자연에서 발생하는 화합물이 아닌 제약 회사의 유기 화학자나 대학 연구실에서 만든 합성 화합물이다. 이러한 의약품은 더 단순한 유기 화합물에서 더 복잡한 유기 화합물을 만드는 화학적 변환을 통해 합성된다(약물에 대한 자세한 내용은 15장에서 배울 수 있다).

화학 반응은 일반적으로 반응 분자들이 가열된 균질 용액에 있을 때와 같이 충돌할 가능성이 높을 때 더 빠르게 진행된다. 과거에는 비극성 탄화수소, 염화탄화수소, 에스터, 케톤, 에터(9.2절, 9.4절, 9.6절~9.8절)와 같은 재생 불가능한 석유계 용매에서 많은 반응이 수행되었다. 이러한 용매는 가연성, 독성, 또는 둘 다인 경우가 많으며 심각한 폐기 문제를 야기한다. 화학자들은 녹색 화학의 12가지 원칙(앞표지 뒷면)을 사용하여 이러한 용매를 친환경 대체 용매로 대체하거나 아예 용매를 사용하지 않고 있다. 또한 반응의 에너지, 시간, 화학 물질의 양을 줄임으로써 반응의 효율성을 개선하기 위해 노력하고 있다.

최근에는 여러 종류의 화학 반응이 재생가능한 자원의 용매를 사용하거나 심지어 용매 없이도 성공적으로 화학 반응을 진행하는 경우가 점점 더 많아지고 있다(원리 5). 물은 저렴하고 풍부하며 안전한 이상적인 친환경 용매이기 때문에 수성 매체가 인기를 끌고 있다.

안타깝게도 많은 유기 화합물은 물에 잘 녹지 않는다. 용매와 용질의 분자간 힘이 유사할수록 용액이 쉽게 형성된다(6.4절). 대부분 유기 화합물은 상대적으로 분산력과 쌍극자-쌍극자 분자간 힘이 약한 반면에 물 분자는 강한 수소 결합에 의해 서로 강하게 결합되어 있다. 따라서 물 분자는 비극성 유기 용질에 대한 약한 인력을 위해 수소 결합의 일부를 교환하기보다는 서로 결합하는 경향이 있다.

그러나 반응계가 항상 균일할 필요는 없다. 2001년 노벨 화학상 수상자인 K. B. Sharpless와 그의 동료들은 반응물이 물 표면에서만 접촉하는 방식의 반응 절차를 개발했다. 이러한 '온 워터(on water)' 반응에서는 빠른 교반으로 인해 반응물들이 물 위에 부유하며 넓은 접촉 면적을 형성하여 반응 속도를 크게 높인다. 이러한 반응의 친환경적인 이점으로는 유기 용매의 사용 감소, 반응 시간 단축, 소수성 생성물의 분리 간소화 등이 있다.

미국환경보호청(EPA)의 대통령 녹색 화학 챌린지상은 녹색 화학의 원리를 통합한 화학 기술을 개발한 개인, 단체, 기관을 표창한다. 예를 들어 화이자 제약 회사는 항우울제 서트랄린(Zoloft®)의 합성 경로를 개선했다(15.7절). 톨루엔, 테트라하이드로푸란, 디클로로메테인, 헥세인 등 4가지 용매를 에탄올로 대체했다(9.6절). 또한 전체 용매 사용량을 서트랄린 톤당 60,000갤런에서 6,000갤런으로 줄였다. 또 다른 수상자인 라이프 테크놀로지스 코퍼레이션(Life Technologies Corporation)은 디옥시리보뉴클레오타이드 삼인산(deoxyribonucleotide triphosphates)을 합성하기 위한 녹색 유기 화학 공정을 개발했다(13.9절에서 유사한 데옥시리보뉴클레오티드 모노포스페이트를 참조). 이 뉴클레오타이드 삼인산염은 매우 중요한 중합효소 연쇄 반응(PCR)에 사용되는 구성 요소이다(13.11절 참조). 이전 합성과 비교했을 때 용매 사용량은 95%, 기타 폐기물은 65% 감소하여 연간 총 150만 파운드의 유해 폐기물을 절감할 수 있었다.

세 번째 수상자는 항바이러스제인 프레비미스(Prevymis, 성분명 letermovir)에 녹색 화학 설계 원리를 성공적으로 적용한 머크연구소(Merck Research Laboratories)가 선정되었다. 더 나은 촉매를 사용하는 제조 공정의 개선으로 전체 수율을 60% 이상 높이고, 원재료 비용을 93% 절감했으며, 물 사용량을 90% 줄였다.

녹색 화학에서도 마이크로파를 사용하여 반응 속도를 높이고 에너지 소비를 줄일 수 있다. 마이크로파는 전자기 방사(3.2절)의 한 형태이며, 전파보다는 에너지가 높지만 엑스레이(11.1절)보다는 에너지가 낮다. 가정용 전자 레인지에서 마이크로파 에너지의 표적은 식품의 물, 당, 지방 분자이다. 가정용 전자레인지는 잠재적인 위험 때문에 화학 반응을 수행하는 데 사용해서는 안 되지만, 실험실용으로 특별히 설계된 마이크로파 반응기는 사용할 수 있다.

에너지 효율을 높이고 유기 화학 반응 속도를 촉진시킬 수 있는 또 다른 혁신 기술로는 초음파화학과 기계화학이 있다. 초음파화학은 초음파를 사용하여 기포가 붕괴하고 에너지를 방출하여 화학 반응을 일으키는 공동현상을 생성하는 과정으로, 기포의 붕괴와 방출을 통해 화학 반응을 일으킨다. 기계화학은 용매가 없는 상태에서 기계 에너지를 사용하여 화학 반응을 수행한다. 이것은 소규모 실험실에서 막자사발과 막자봉을 사용하여 고체 반응물을 손으로 가는 것만으로도 반응을 일이킬 수 있다. 대규모 합성이나 복잡한 반응에서는 특수 설계된 자동화된 볼 밀을 사용하는 것이 더 효율적이다. 볼 밀은 일반적으로 회전하는 실린더에 스테인리스 스틸 볼을 사용하여 반응물을 분쇄하고 화학 반응을 유도한다. 막자사발 방법이 연구자의 근육 에너지(근본적으로 태양 에너지)에 의존하는 반면에 볼밀은 전기 에너지를 필요로 한다. 그러나 볼밀은 용매가 필요 없고 기존 에너지원을 사용하는 것보다 반응 속도가 빠르다는 장점이 있다.

오늘날 유기 화학자들은 친환경 용매, 재생가능한 출발 물질, 에너지 효율이 높은 기술을 사용하는 방법을 적극적으로 설계하고 있다. 이러한 녹색 화학의 혁신은 우리와 미래 세대를 위한 지속가능한 해결책을 제공할 것이다.

요약

9.1절: 유기 화학은 탄소함유를 포함하는 화합물의 화학이다. 현재 알려진 모든 화합물(화합물 물질)의 95% 이상이 탄소를 포함하고 있다. 탄소는 긴 사슬, 고리, 가지를 형성할 수 있다. 유기 화합물의 특성은 무기 화합물과 매우 다르다. 일반적으로 유기 화합물은 반응 속도가 느리고, 물에 잘 녹지 않으며, 전기 전도성이 없으며, 녹는점과 끓는점이 낮다. 또한 상온에서 액체 또는 기체 상태로 존재하는 경우가 많으며, 잘 연소한다.

9.2절: 탄화수소는 오직 탄소와 수소 원자로 구성된다. **지방족 화합물**은 주요한 탄화수소의 한 종류이다. **알케인**은 단일 결합만을 가지며, 각 탄소 원자가 가능한 최대 수의 수소 원자와 결합하기 때문에 **포화 탄화수소**하고 부른다. **구조식**은 원자 간 결합 관계를 나타낸다. **축약 구조식**은 C—H 결합 선을 생략하여 보다 간단히 표현한다. 사슬에 CH_2 단위를 삽입하여 **동족 계열**의 화합물을 만들 수 있다. 그 구성원을 동족체라고 하며, 그 성질은 일정하고 예측가능한 방식으로 변화한다.

탄소 원자가 3개 이상인 알케인에는 분자식은 같으나 구조가 다른 **이성질체**가 존재한다. 알케인은 비극성이고 물에 녹지 않으며 화학 반응이 거의 일어나지 않으고 주로 연료로 사용된다. **고리형 탄화수소**는 하나 이상의 닫힌 고리를 가지며 종종 기하학적 도형으로 표현된다.

알켄은 탄소-탄소 이중 결합이 하나 이상 있는 탄화수소이다. **알카인**은 탄소-탄소 삼중 결합이 하나 이상 있는 탄화수소이다. 이들은 **불포화 탄화수소**이며 더 많은 수소 원자를 첨가할 수 있다. 이들은 수소 또는 다른 작은 분자가 이중 결합 또는 삼중 결합에 추가되는 참가 반응을 거치며, 서로 결합되어 중합체를 형성할 수 있다. 이중 결합의 회전이 고정되어 있기 때문에 두 가지 형태로 존재하는 **기하 이성질체**도 나타난다.

9.3절: 벤젠(C_6H_6)은 6개의 탄소 원자가 고리로 연결되어 있으며, 각 탄소 간에 여섯 쌍의 결합 전자와 고리 전체에 퍼져 있는 6개의 홀전자를 가진다. 이중 결합과 단일 결합이 번갈아 가며 있는 육각형 또는 원이 들어간 육각형으로 그려진다. 이러한 안정적인 고리 구조를 가진 벤젠 및 이와 유사한 화합물을 **방향족 화합물**이라고 한다. 하나 이상의 수소 원자가 다른 원자 또는 **치환기**로 바뀐 화합물은 치환 벤젠이라고 한다. 방향족 탄화수소는 용매 및 연료로 사용되며 다른 방향족 화합물을 만드는 데 사용된다.

9.4절: 염화 탄화수소는 탄화수소에서 하나 이상의 수소 원자를 염소로 치환한 탄화수소이다. 염화불화탄소(CFC)는 염소와 불소를 모두 포함하고 있으며, 오존층을 파괴하는 역할 때문에 사용이 제한되어 왔다. 과불화 화합물에서는 모든 수소 원자가 수소로 치환되었다.

9.5절: 작용기는 유기 화합물에 고유한 물리적, 화학적 특성을 부여하는 원자 또는 원자 그룹이다. 작용기는 종종 수소 원자가 제거된 알케인의 **알킬기**(R—)에 부착된다. 다양한 작용기의 종류와 그 특성은 표 9.10에 정리되어 있다.

9.6절: 알킬기에 수산기(—OH)가 결합하면 **알코올**(ROH)이 생성된다. 메탄올(CH_3OH), 에탄올(CH_3CH_2OH), 2-프로판올[$(CH_3)_2CHOH$]은 잘 알려져 있고 널리 사용되는 알코올이다. 2개 이상의 —OH기를 가진 알코올에는 부동액에 사용되는 에틸렌 글리콜과 스킨 로션 및 식품 첨가제로 사용되는 글리세롤이 있다. **페놀**은 벤젠 고리에 —OH기가 결합된 화합물이다. 페놀은 약산성이며 일부는 방부제로 사용되며 일부 페놀은 항산화제로 작용한다.

에터는 동일한 산소 원자에 2개의 알킬기 또는 방향족기가 붙어 있다(ROR′). 에터는 용매로 사용되며, 산소와 천천히 반응하여 폭발성 과산화물을 형성할 수 있다. 디에틸 에터($CH_3CH_2OCH_2CH_3$)는 일반적으로 사용되는 용매이다. 에틸렌 산화물은 에틸렌 글리콜을 만들고 기구를 살균하는 데 사용되는 고리형 에터이다.

알킬기에 황화수소기(—SH)가 결합하면 **싸이올**(RSH)이 형성되며, 이를 메르캅탄이라고 한다.

9.7절: 알데하이드는 **카보닐기**를 포함하고 있으며 카보닐기의 탄소 원자에 수소 원자가 결합된 구조를 가진다. **케톤**은 카보닐 탄소에 2개의 탄소 원자가 결합된 구조를 가진다. 포름알데하이드는 플라스틱을 만드는 데 사용되며 방부제 및 소독제로 사용된다. 벤즈알데하이드는 향료 성분이다. 가장 단순한 케톤인 아세톤은 널리 사용되는 용매이다.

9.8절: 카복실산은 **카복실기**(—COOH)를 작용기로 가진다. 포름산(HCOOH)은 개미, 벌, 말벌 등의 독침에 포함된 산이며, 아세트산(CH_3COOH)은 식초에 들어 있다. 부티르산은 상한 버터에 냄새를 풍긴다. 카복실산 염은 곰팡이를 방지하기 위해 식품 첨가제로 사용된다.

에스터(RCOOR′)의 구조는 카복실산과 비슷하지만 카복실기의 수소 원자를 알킬기로 치환되어 있다. 에스터는 카복실산과 알코올 또는 페놀의 반응에 의해 만들어진다. 종종 과일이나 꽃 냄새가 나며 향료와 향수에 사용된다.

9.9절: 아민은 알킬기 또는 방향족기가 하나 이상의 수소 원자로 치환된 구조의 암모니아 유기 유도체이다. 대부분 아민은 알킬기가 **아미노기**($—NH_2$)에 결합된 형태로 구성된다. 암모니아와 마찬가지로 아민은 염기성이며 대개 강한 냄새를 풍긴다. 아미노산은 단백질을 구성하는 기본 단위로, 아민 카복실산 작용기를 모두 포함하고 있다. **아마이드기**는 카보닐기의 탄소가 질소 원자와 결합한 구조를 가지며 단백질, 나일론, 비단, 양모 등에 존재한다.

이종고리형 화합물은 하나 이상의 질소, 황 또는 산소 원자를 포함하는 고리를 하나 이상 가지고 있는 화합물이다. **알칼로이드**는 일반적으로 이종고리형 아민 구조를 가지며, 식물에 자연적으로 존재한다. 모르핀, 카페인, 니코틴, 코카인 등이 대표적인 예이다. 이종고리형 구조는 DNA와 RNA에서도 발견된다.

녹색 화학: 유기 화학은 새로운 생명을 구하는 약물의 개발 등 인간의 삶의 질을 향상하는 데 중요한 역할을 한다. 유기 화학자들은 친환경 용매, 재생가능한 출발 물질, 에너지 효율이 높은 기술을 설계하고있다.

표 9.10 O, N, S 원자를 포함하는 다양한 종류의 유기 화합물의 요약

그룹	일반식	예	관용명, IUPAC명
알코올	ROH	CH_3CH_2OH	에틸 알코올, 에탄올
페놀	ROH(R은 방향족 고리)	C_6H_5OH	페놀
싸이올	RSH	CH_3SH	메틸 메르캅탄, 메테인싸이올
에터	ROR	$CH_3CH_2OCH_2CH_3$	다이에틸 에터
알데하이드	RCHO	CH_3CHO	아세트알데히드, 에탄올
케톤	RCOR	CH_3COCH_3	아세톤
카복실산	RCOOH	CH_3COOH	아세트산, 에테인산
에스테르	RCOOR′	CH_3COOCH_3	메틸 아세테이트, 메틸 에테인오에이트
아민	RNH_2 RNHR′ RR′R″N	CH_3NH_2 $CH_3NHCH_2CH_3$ $(CH_3)_3N$	메틸아민 에틸메틸아민 트리메틸아민
아마이드	$RCONH_2$	CH_3CONH_2	아세트아마이드 에타나미드

학습 목표	관련 문제
• 유기 화학을 정의하고 유기 화합물과 무기 화합물의 차이점을 식별한다. (9.1)	1, 3, 17~20,
• 탄화수소를 정의하고 알케인, 알카인, 알켄의 구조적 특징과 특성을 인식한다. (9.2)	2, 4, 9, 10, 65, 66, 73
• 탄화수소 분자를 알케인, 알카인, 알켄으로 식별하고 이름을 붙인다. (9.2)	5, 6, 21~30
• 방향족 화합물을 정의하고, 이러한 화합물이 공유하는 구조적 특징을 인식한다. (9.3)	7, 8, 31~34, 74
• 단순 방향족 탄화수소의 이름을 지정한다. (9.3)	24
• 할로젠화 탄화수소의 화학식을 지정하고, 해당 화합물의 화학식을 작성한다. (9.4)	35~38
• 유기 화합물을 작용기에 따라 분류하고, 작용기의 개념이 유기 화학 연구에 유용한 이유를 설명한다. (9.5)	15, 39, 40, 75
• 간단한 알킬기의 구조식을 익히고 작성한다. (9.5)	41~44
• 알코올, 페놀, 에터, 싸이올의 일반적인 구조와 특성을 익힌다. (9.6)	12, 13, 45, 46, 48~52, 67, 68, 71, 72
• 단순 알코올, 페놀, 에터, 싸이올의 이름을 작성한다. (9.6)	11, 45~47, 49~52
• 단순한 알데하이드와 케톤의 일반적인 구조를 인식하고 주요 성질을 나타낸다. (9.7)	53, 54
• 단순한 알데하이드와 케톤의 이름을 명명한다. (9.7)	53~56
• 단순한 카복실산과 에스터의 일반적인 구조와 주요 성질을 이해한다. (9.8)	14, 57~60, 70
• 단순한 카복실산과 에스터의 이름을 쓴다. (9.8)	57~60
• 간단한 아민과 아마이드의 이름을 짓고 그 화학식을 쓴다. (9.9)	61, 63
• 화합물의 구조를 보고 이종고리 화합물인지 식별한다. (9.9)	16, 62, 64
• 친환경 용매를 식별하고 유기 합성에 재생가능한 자원을 사용하며 화학 반응에 효율적인 에너지원을 사용한다.	76~82

 개념문제

1. 유기 화합물과 무기 화합물의 차이점을 세 가지 제시하라.
2. 구조식과 축약 구조식은 어떻게 다른가? 각 형식의 장점은 무엇인가?
3. 수백만 가지 유기 화합물의 존재를 가능하게 하는 탄소 원자의 세 가지 특징을 나열하라.
4. 다음 각 용어를 정의하거나 예를 들어 설명하라.
   a. 탄화수소 **b.** 알카인 **c.** 알케인 **d.** 알켄
5. 이성질체란 무엇인가? 기하 이성질체는 구성 이성질체와 어떻게 다른가?
6. 불포화 탄화수소란 무엇인가? 두 가지 유형 불포화 탄화수소의 예를 제시하라.
7. 벤젠의 구조를 현대적으로 표현할 때 육각형 안 원의 의미는 무엇인가?
8. 방향족 탄화수소란 무엇인가? 구조에서 방향족 화합물을 어떻게 판별할 수 있는가?
9. 실온에서 기체인 알케인은 무엇인가? 무엇이 액체이고, 무엇이 고체인가? 각각의 경우를 탄소 원자 수에 따라 구분하여 설명하라.
10. 액체 알케인의 밀도와 물의 밀도를 비교하라. 비커에 옥테인을 물과 함께 넣으면 어떤 현상이 일어날 것으로 예상되는가?
11. 일반적으로 알려진 이름을 가진 다음 알코올의 화학식과 체계적 명칭(IUPAC 명)을 쓰라.
    a. 곡식 알코올 **b.** 소독용 알코올 **c.** 목재 알코올
12. 과도한 에탄올 섭취가 장기적으로 미치는 영향은 무엇인가?
13. 다이에틸 에터의 중요한 역사적 용도를 설명하라. 오늘날의 주요 용도는 무엇인가?
14. 카복실산과 에스터는 냄새가 어떻게 다르며, 화학 구조에 어떤 차이가 있는가?
15. 다음 각 일반식에 해당하는 화합물의 계열을 식별하라.
    a. ROH **b.** RCOR′ **c.** RCOOR′
    d. ROR′ **e.** RCOOH **f.** RCHO
    g. RSH **h.** $RCONH_2$ **i.** RNH_2
16. 알칼로이드란 무엇인가? 대표적인 세 가지 알칼로이드의 이름을 제시하라.

 연습문제

유기 화학 및 유기 화합물

17. 다음 중 유기 화합물은 무엇인가?
    a. $CH_3CH_2SCH_2CH_3$ **b.** H_2CrO_4
    c. $HONH_2$ **d.** $CH_3CH_2CCl_3$
18. 다음 중 유기 화합물은 무엇인가?
    a. $C_6H_{12}O$ **b.** H_2CS
    c. $KMnO_4$ **d.** $Co(NH_3)_6Cl_2$
19. 대부분의 유기 화합물이 나타내는 특징에 해당하지 않는 것은 무엇인가?
    a. 에터에는 용해되지만 물에는 용해되지 않는다.
    b. 그들은 전기가 잘 통하지 않는다.
    c. 매우 빠르게 반응한다.
    d. 연소한다.
20. 물에 데케인($C_{10}H_{22}$)을 넣고 섞으면 어떤 일이 일어날 것으로 예상되는가?
    a. 균일한 용액을 형성한다.
    b. 그들은 빠른 반응을 일으키고 열과 수증기가 발생한다.
    c. 데케인은 윗층에, 물은 아랫층에 있는 2개의 층으로 분리된다.
    d. 데케인은 아래층에, 물은 위층에 있는 2개의 층으로 분리된다.

지방족 탄화수소

21. 다음 각 화합물에는 몇 개의 탄소 원자가 있는가?
    a. 헥세인 **b.** 노네인
    c. 사이클로펜테인 **d.** 2-펜텐
22. 알케인의 일반적인 화학식은 C_nH_{2n+2}이다. **(a)** 탄소 원자가 8개인 알케인, **(b)** 탄소 원자가 14개인 알케인의 분자식을 제시하라.
23. 다음 각 탄화수소의 이름을 쓰라.
    a. $CH_3CH_2CH_2CH_3$
    b. $CH_2{=}CHCH_2CH_3$
    c. $HC{\equiv}CH$
24. 다음 각 탄화수소의 이름을 쓰라.

$$\begin{matrix} CH_2-CH_2 \\ | \quad\quad\quad | \\ CH_2-CH_2 \end{matrix}$$

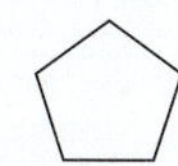

a. **b.** **c.**

25. **(a)** 펜테인, **(b)** 데케인의 분자식과 축약 구조식을 쓰라.
26. 4-탄소 알케인(C_4H_{10})의 구조식을 쓰라. 뷰테인과 아이소뷰테인을 식별하라.
27. 다음 각 화합물이 포화인지, 불포화인지 구분하고, 각각을 알케인,

알카인, 알켄으로 분류하라.

a. $CH_3-C\equiv C-CH_3$ b. (육각형 고리)

28. 다음 각 쌍의 구조가 같은 화합물인지, 이성질체인지 구분하라.

a. CH_3CH_3 그리고 CH_3 | CH_3

b. CH_3CH_2 (| CH_3) 그리고 $CH_3CH_2CH_3$

c. $CH_3CHCH_2CH_2CH_3$ (| CH_3) 그리고 $CH_3CH_2CHCH_3$ (| CH_3)

29. 다음 각 쌍의 구조가 같은 화합물인지, 이성질체인지 구분하라.

a. CH_3CHCH_2OH (| CH_3) 그리고 $CH_3CHCH_2CH_3$ (| OH)

b. $CH_3CHCH_2CH_3$ (| NH_2) 그리고 $CH_3CH_2CHNH_2$ (| CH_3)

30. 다음 각 쌍을 동족체인지, 동일 화합물인지, 이성질체인지, 이 중 어느 것도 아닌지 분류하라.

a. $CH_3CH_2CH_3$ 그리고 $CH_3CH_2CH_2CH_3$

b. CH_2-CH_2 / \ CH_2 CH_2 \ / CH_2 그리고 $CH_3CH_2CH_2CH_2CH_3$

방향족 화합물: 벤젠 및 관련 화합물

31. 방향족 화합물에 대한 설명으로 옳은 것은 무엇인가?

a. 이들은 단일 결합과 이중 결합을 번갈아 가며 포함하고 있다.
b. 이들은 쉽게 염화 소듐과 같은 작은 분자를 방향족 고리에 첨가할 수 있다.
c. 방향족 고리에 치환체가 붙을 수 있다.
d. 분자당 하나의 고리만 포함한다.

32. 방향족 화합물에 대한 설명으로 옳지 않은 것은 무엇인가?

a. 많은 방향족 화합물은 독특한 냄새를 가지고 있다.
b. 방향족 화합물은 특별히 안정한 화합물이 아니다.
c. 일부 방향족 화합물은 발암물질이다.
d. 방향족 화합물은 주로 용매 또는 연료로 사용된다.

33. 벤젠을 나타내는 데 사용되는 구조는 무엇인가?

a. C_6H_6
b. 원이 있는 육각형
c. 이중 결합과 단일 결합이 번갈아 가며 있는 육각형
d. 위의 모든 사항

34. 다음 중 방향족 화합물은 무엇인가?

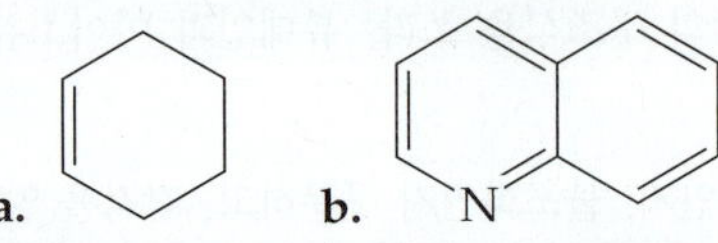

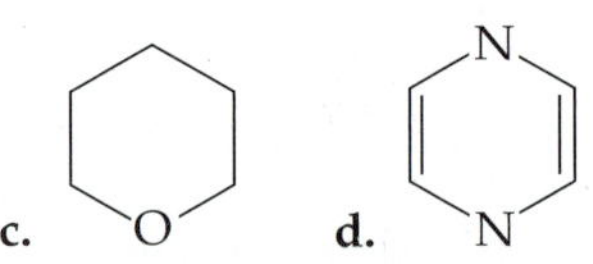

할로젠화 탄화수소

35. 에테인이 염소와 빛의 존재하에서 반응할 때 생성될 수 있는 생성물 중 하나는 무엇인가?

$$CH_3CH_3 + Cl_2 \xrightarrow{\text{빛}}$$

a. CH_3CH_2Cl b. $CH_2=CH_2$
c. $CH_2=CHCl$ d. CH_3Cl

36. 다이브로모메테인의 화학식은 무엇인가?

a. CBr_4 b. $CHBr_3$ c. CH_2Br_2 d. CH_3Br

37. 염소화 탄화수소는 처음 개발된 이후 여러 용도로 사용되었지만 위험성 때문에 사용이 중단되었다. 그러나 여전히 널리 사용되고 있는 용도는 무엇인가?

a. 마취제 b. 소화기
c. 드라이클리닝제 d. 용매

38. 불소를 함유한 탄화수소는 여러 용도로 사용되는데, 이러한 용도에 해당하지 않는 것은 무엇인가?

a. 에어로졸 추진제 b. 혈액 확장제
c. 오존층 보호제 d. 냉매

작용기 및 알킬기

39. CH_3CO_2H의 동족성이 있는 화합물은 무엇인가?

a. CH_3CH_2OH b. $CH_3CH_2CO_2H$
c. CH_3CH_2CHO d. CH_3COCH_3

40. 작용기 중에서 전기적으로 중성이 아닌 것은 무엇인가?

a. 알데하이드 b. 아마이드
c. 아민 d. 에스터

41. 다음 각 알킬기의 이름을 쓰라.

a. CH_3- b. CH_3CH_2CH- (| CH_3)

42. 다음 각 알킬기의 이름을 쓰라.

a. CH_3-CH- (| CH_3) b. CH_3-C- (위: CH_3, 아래: CH_3)

43. 프로필기와 아이소프로필기의 차이점과 유사점은 무엇인가?

44. 뷰틸기, *sec*-뷰틸기, *tert*-뷰틸기는 어떤 점이 다르고, 어떤 점에서 유사한가?

알코올, 페놀, 에테, 싸이올

45. 다음 각 화합물에 대해 이름과 일치하는 구조 또는 구조와 일치하

는 이름을 쓰라.

a. CH_3CH_2OH **b.** $CH_3CH_2CH_2OH$
c. 메탄올 **d.** 2-헵테인올

46. 다음 각 화합물에 대해 이름과 일치하는 구조 또는 구조와 일치하는 이름을 쓰라.

a. $CH_3CH_2CHCH_3$ (CH에 OH 결합)
b. $CH_3CH_2CH_2CH_2CH_2OH$
c. *sec*-뷰틸 알코올
d. 아이소뷰틸 알코올

47. 페놀과 다른 방향족 화합물은 벤젠 고리의 탄소 원자에 주요 작용기에 결합된 탄소 원자부터 시작하여 번호를 매겨서 명명하는 경우가 많다(페놀에서 주된 작용기는 —OH기이다). 예를 들어 복습문제 9.7B(a)의 구조는 3-브로모페놀로 명명되었다. 이를 참고하여 **(a)** 2-메틸페놀(isobutyl alcohol)과 **(b)** 4-아이오드페놀(4-iodophenol)의 구조를 그려라.

48. 페놀은 알코올과 어떤 점이 다르고, 어떤 점이 유사한가?

49. 다음 각 항목의 구조식을 쓰라.

a. 다이프로필 에터 **b.** 뷰틸 에틸 에터

50. **(a)** 네오틸로 알려진 마취제인 메틸 프로필 에터, **(b)** 피부에서 사마귀를 '냉동'시키는 압축 가스로 사용되는 다이메틸 에터의 구조식을 쓰라. 다이메틸 에터의 이성질체는 무엇인가?

51. 다음 중 페놀 화합물은 무엇인가?

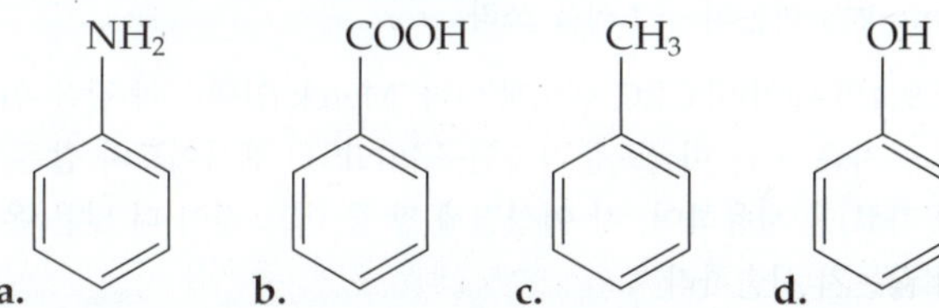

52. 다음 중 싸이올 화합물은 무엇인가?

a. CH_3CH_2OH **b.** CH_3OCH_3
c. CH_3CH_2SH **d.** CH_3SCH_3

알데하이드 및 케톤

53. 다음 각 화합물에 대해 이름과 일치하는 구조 또는 구조와 일치하는 이름을 쓰라.

a. 뷰탄온
b. 포름알데하이드
c. $CH_3CH_2CH_2C(=O)—H$
d.

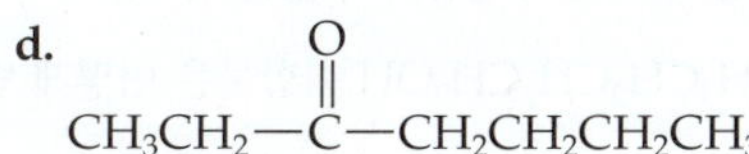

$CH_3CH_2—C(=O)—CH_2CH_2CH_2CH_3$

54. 다음 각 화합물에 대해 이름과 일치하는 구조 또는 구조와 일치하는 이름을 쓰라.

a. 에틸 메틸 케톤
b. 프로피온알데하이드
c. $CH_3CH_2—C(=O)—CH_2CH_3$
d. $C_6H_5—C(=O)—H$

55. 다음 중 알데하이드 화합물은 무엇인가?

a. $CH_3CH_2CH_2C(H)=O$ **b.** $CH_3CH_2CH_2C(OH)=O$
c. $CH_3CH_2CH_2NH_2$ **d.** $CH_3CH_2CH_2OH$

56. 다음 중 케톤 화합물은 무엇인가?

a. $CH_3CH_2CH_2NH_2$ **b.** $CH_3CH_2OCH_2$
c. $CH_3C(=O)CH_2CH_3$ **d.** $CH_3CH_2CH_2OH$

카복실산 및 에스터

57. 다음 각 화합물에 대해 이름과 일치하는 구조 또는 구조와 일치하는 이름을 쓰라.

a. CH_3CH_2COOH **b.** $CH_3CH_2CH_2CH_2COOH$
c. 포름산 **d.** 벤조산

58. 다음 각 화합물에 대해 이름과 일치하는 구조 또는 구조와 일치하는 이름을 쓰라.

a. CH_3COOH
b. $CH_3CH_2CH_2CH_2CH_2COOH$
c. 뷰테인산
d. 클로로아세트산 [힌트: 염소 원자는 어떤 원자에 붙어 결합되어야 하는가?]

59. 다음 각 화합물에 대해 이름과 일치하는 구조 또는 구조와 일치하는 이름을 쓰라.

a. 메틸 아세테이트 **b.** 에틸 뷰티레이트
c. $CH_3CH_2C(=O)OCH_2CH_3$

60. 다음 각 화합물에 대해 이름과 일치하는 구조 또는 구조와 일치하는 이름을 쓰라.

a. 메틸 뷰틸레이트 **b.** 에틸 프로피오네이트
c. $H—C(=O)—OCH_2CH_2CH_2CH_3$

질소함유 화합물: 아민 및 아마이드

61. 다음 각 화합물에 대해 이름과 일치하는 구조식 또는 구조와 일치하는 이름을 쓰라.

a. 메틸아민 **b.** 아이소프로필아민
c. $CH_3CH_2NHCH_2CH_3$ **d.** $C_6H_5—NH_2$

62. 이종고리 화합물을 나타내는 것은 무엇인가? 다음 각 화합물을 아민, 에터, 사이클로알케인으로 분류하라.

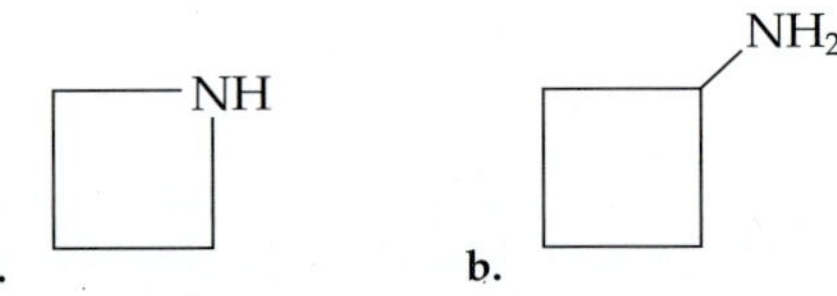

63. 아마이드를 나타내는 화합물은 무엇인가?

a. $CH_3CH_2CONH_2$ b. $CH_3CH_2NHCH_2CH_3$
c. $CH_3COCH_2NHCH_3$ d. $CH_3CH_2NH_2$

64. 다음과 같은 아크리딘은 염료 및 약물 제조에 자주 사용된다. 아크리딘은 어떤 특성이 있는가?

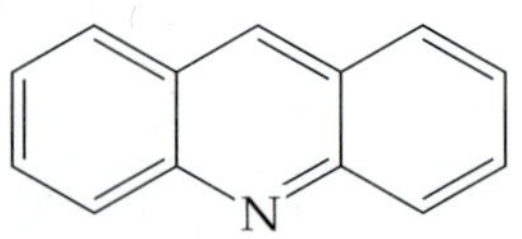

a. 방향족이며 이종고리이다.
b. 방향족이지만 이종고리는 아니다.
c. 이종고리이지만 방향족은 아니다.
d. 방향족, 이종고리 모두 아니다.

심화문제

65. 9.2절에서 언급했듯이 알켄과 알카인은 수소를 첨가하여 알케인을 형성할 수 있다. 수소화라고 하는 이 첨가 반응은 수소 기체와 니켈 또는 백금과 같은 촉매하에서 진행된다. 다음 각 화합물의 완전한 수소화 반응식을 축약 구조식으로 쓰라.

a. $CH_3CH_2C{\equiv}CCH_3$
b. $CH_3CH{=}\underset{\displaystyle CH_3}{\underset{|}{C}}CH_2CH_2CH_2CH_3$

66. 9.6절의 에틸렌 반응에서 제시한 것처럼 알켄은 물을 첨가하여 알코올을 형성할 수 있다. 이러한 첨가 반응을 수화 반응이라고 하며, 물과 산을 촉매로 사용하여 수행된다. 다음 각 물질의 수화 반응식을 축약 구조식으로 쓰라.

a. 
b. $CH_3CH{=}CHCH_3$

67. 9.7절처럼 알코올은 산화되어 알데하이드나 케톤을 형성할 수 있다. 다음 각 알코올이 산화되어 생성되는 화합물의 구조식을 쓰라.

a. $CH_3CH_2CH_2CHO$
b. $CH_3CH_2COCH_2CH_3$
c. $CH_3COCH(CH_3)_2$
d. C_6H_5CHO

68. 다음 각 화합물의 공통점을 생각해보고, 그러한 공통점이 어떤 개념을 나타내는지 설명하라.

CH_3OH CH_3CH_2OH
$CH_3CH_2CH_2OH$ $CH_3CH_2CH_2CH_2OH$

69. 메탄올은 휘발유의 대체 연료로 사용될 수 있다. 메탄올의 완전 연소 반응은 다음과 같다.

$$CH_3OH + O_2 \longrightarrow CO_2 + H_2O$$

식의 계수를 맞춰라. 메탄올 775 g이 완전 연소할 때 생성되는 이산화 탄소의 질량을 구하라.

70. 표 9.9를 참고하여 **(a)** 파인애플 향료를 만드는 데 필요한 알코올과 카복실산, **(b)** 살구 향료를 만드는 데 필요한 알코올과 카복실산의 이름과 축약 구조식을 쓰라.

71. 6.3절을 참고하여 **(a)** 다이메틸 에터 분자 사이, **(b)** 에탄올 분자 사이에 존재하는 분자간 힘의 유형을 설명하라. 이 정보를 사용하여 에탄올은 실온에서 액체이지만 다이메틸 에터는 기체인 이유를 설명하라.

72. 하이드로퀴논($HO{-}C_6H_4{-}OH$)은 고리의 1, 4(또는 *para*) 위치에 2개의 수산기가 있는 페놀로, 일반적으로 흑백 사진의 현상액으로 사용된다. **(a)** 하이드로퀴논의 구조식을 쓰라. (힌트: 그림 9.10 참조) **(b)** 현상 과정에서 하이드로퀴논은 방향족이 아니며 2개의 케톤 기능을 가진 화합물 *para*-벤조퀴논($C_6H_4O_2$)으로 산화된다. *para*-벤조퀴논의 구조식을 쓰라.

73. 표 9.4의 데이터['CRC 핸드북'이나 'Merck 인덱스'와 같은 인쇄된 참고 자료 또는 미국표준기술연구소(NIST) 웹사이트와 같은 온라인 자료]를 사용하여, 각 이성질체 쌍 중 어느 것이 더 낮은 온도에서 끓는지 서술하라.

a. 헥세인 또는 2,3-다이메틸뷰테인
b. 펜테인 또는 네오펜테인(2,2-다이메틸프로페인)
c. 헵테인 또는 2,4-다이메틸펜테인
d. 옥테인 또는 2,2,4-트리메틸펜테인

이 정보를 이용하여 가지형 알케인과 직선형 알케인의 끓는점 경향에 대한 일반적인 결론을 서술하라.

74. 벤젠과 수소를 혼합하면 어떤 일이 일어나는가?

a. 벤젠은 이중 결합을 가지고 있기 때문에 수소가 첨가된다.
b. 벤젠은 이미 포화 상태이기 때문에 수소가 벤젠에 첨가되지 않는다.
c. 벤젠은 단일 결합만 있기 때문에 반응하지 않는다.
d. 벤젠은 이중 결합이 없기 때문에 반응하지 않는다.

75. $CH_3CH_2CH_2OH$와 $CH_3CH_2CH_2CH_2OH$ 화합물은 어떻게 반응할 것으로 예상되는가?

a. 탄소 원자 수가 다르기 때문에 다르게 반응한다.
b. 둘 다 알코올이기 때문에 다르게 반응한다.
c. 둘 다 탄화수소 사슬을 가지고 있기 때문에 비슷하게 반응한다.

d. 둘 다 알코올이기 때문에 비슷하게 반응한다.

76. 물이 유기 합성을 위한 친환경 용매로 여겨지는 세 가지 이유를 제시하라.

77. 물을 유기 합성을 위한 용매로 사용할 때의 단점은 무엇인가?
a. 물은 화석연료에서 추출된다.
b. 많은 유기 분자는 물에 대한 용해도가 제한적이다.
c. 물의 분자간 인력은 대부분 유기 용매의 분자간 인력과 유사하다.
d. 물속에서는 반응 속도가 항상 느려진다.

78. '온 워터' 반응에 대한 설명으로 옳은 것은 무엇인가?
a. 반응물이 물 표면 위에 놓인다.
b. 빠르게 교반하면 표면 접촉 면적이 넓어진다.
c. 반응물을 유기 용매에 녹였을 때보다 반응이 더 빨리 일어나는 경우가 많다.
d. 불용성 생성물은 쉽게 분리할 수 있다.
e. 위의 내용은 모두 사실이다.

79. 서트랄린의 새로운 합성에서 기존 합성보다 더 친환경적인 두 가지 측면을 설명하라.

80. 개선된 뉴클레오타이드 삼인산염의 합성이 환경적으로 더 친화적인 이유를 설명하라.

81. 마이크로파 에너지를 화학 반응에 사용할 때 어떤 이점이 있는지, 왜 이러한 이점이 발생하는 설명하라.

82. 기존의 유기 합성 방법에 비해 초음파화학 및 기계화학의 두 가지 장점을 설명하라.

비판적 사고 문제

이 장에서 습득한 지식과 하나 이상의 FLaReS(1장) 원칙을 적용하여 다음 진술과 주장을 평가하라.

9.1 텔레비전 광고에서 에탄올을 첨가한 휘발유가 에탄올을 첨가하지 않은 휘발유보다 더 깨끗하게 연소한다고 주장한다.

9.2 한 뉴스에서 약초 요법이 실험실에서 생산된 약보다 유해한 화학 물질이 적기 때문에 더 안전하다는 내용을 보도한다.

9.3 한 환경 운동가가 가정에서 모든 독성 화학 물질을 금지해야 한다고 주장한다.

9.4 한 광고에서 식품에 첨가된 합성 아미노산은 생명력이 없기 때문에 살아 있는 유기체가 만든 아미노산보다 건강에 덜 이롭다고 주장한다.

9.5 한 웹페이지에 아세틸살리실산(아스피린), 폴리에스터 플라스틱, 폴리 스티렌 플라스틱이 모두 발암물질이라고 주장한다. 세 가지 모두 구조에 방향족 고리가 포함되어 있고 벤젠 유도체라는 점을 근거로 든다.

9.6 한 텔레비전 프로그램에서 실리콘은 탄소처럼 4개의 결합을 형성하는 경향이 있기 때문에 먼 행성의 생명체는 탄소 대신 실리콘을 기반으로 할 수 있다고 제안한다. 프로그램 진행자는 긴 단백질 분자와 DNA 분자가 실리콘 사슬을 기반으로 할 수 있다고 제안한다.

9.7 굴뚝 재의 그을음에는 여러 개의 방향족 고리를 포함하는 화합물인 다환 방향족 탄화수소(PAH)가 포함되어 있다. 1800년대에는 많은 어린이가 굴뚝 청소부로 일했고 나중에 음낭암(고환암)에 걸렸다. 한 의학 역사학자는 이러한 암 발생의 원인이 PAH라고 주장하며, 어린이가 있는 가정에서는 벽난로를 허용해서는 안 된다고 주장한다.

협업 과제

파워포인트, 포스터, 기타 프레젠테이션을 준비하여 수업에서 공유하라.

1. 유기 화학이 살아 있는 유기체의 화학이라는 이론은 1828년에 Wöhler의 발견으로 뒤집혔는데, 이를 생기론(vitalism)이라고 한다. 이 이론에 대한 정보를 인터넷에서 검색하라. 이 철학이 화학 이외의 분야에 미친 영향은 무엇인가?

2. 많은 유기 분자는 하나 이상의 작용기를 포함한다. 이 책에서 각 작용기의 구조식을 찾아보거나, 온라인 검색을 이용하거나, 'Merck 인덱스'와 같은 참고문헌을 찾아보라. 각각의 작용기를 식별하고 이름을 쓰라.

a. 뷰테신	b. 에스트론	c. 티로신
d. 모르핀	e. 유제놀	f. 메틸 안트라닐레이트

3. 분자당 탄소 원자가 3개 이상인 알코올 또는 카복실산에 대한 간략한 보고서를 작성하라. 출처와 상업적 용도를 서술하라.

4. (a) 아세트산, (b) 아세톤, (c) 에탄올, (d) 헥세인, (e) 메틸 아세테이트의 몰농도를 계산하라. 그런 다음 웹이나 'CRC 핸드북' 또는 'Merck 인덱스'와 같은 인쇄된 참고 자료를 사용하여 이러한 화합물의 끓는점을 구하라. 몰 질량만으로는 끓는점을 잘 예측할 수 있는지 설명하라.

실험 과제 포화도를 알아보자!

준비물

- 아이오딘 팅크 2%(힌트: 무색 아이오딘 팅크는 구입하지 않는다. 유색 용액이 필요하다.)
- 큰 스푼
- 작은 투명 플라스틱 컵
- 따뜻한 물이 담긴 얕은 용기
- 해바라기유
- 땅콩유
- 참기름(힌트: 볶은 참기름보다는 가벼운 냉압착 참기름을 사용한다.)

포화 지방이 건강에 좋지 않은 이유는 무엇일까? 의사들은 왜 불포화 지방을 권장할까? 두 종류의 차이를어떻게 구별할 수 있을까?

포화 지방과 불포화 지방에 대한 지식을 시험해보자. 포화 지방과 불포화 지방이라는 용어는 지방과 기름에 대해 논의할 때 자주 사용된다. 포화 지방은 우리 몸의 동맥을 막는 '나쁜' 콜레스테롤을 유발하기 때문에 피하라는 권고를 많이 받는다. 불포화 지방은 '좋은' 콜레스테롤 수치를 유지시켜 주는 '더 건강한' 지방이다. 이 들의 차이점은 무엇인가?

지방은 트라이글리세라이드로 구성되어 있으며, 이는 글리세롤에 3개의 긴 사슬 지방산(한쪽 끝에 카복실산이 있는 탄화수소 사슬)이 결합된 구조이다.

포화 지방산은 이중 결합이 없기 때문에 긴 탄화수소 사슬과 밀접하게 결합할 수 있어 상온에서 고체 상태가 되어 '나쁜' 콜레스테롤의 원인이 된다는 것을 기억하자. 불포화 지방산은 하나 이상의 이중 결합을 가지고 있으며, 이중 결합의 존재로 인해 쉽게 뭉치지 않아 상온에서 전형적으로 액체 상태가 된다. 이중 결합은 구조에 '꼬임'을 만들어 쌓이는 것을 방해한다(그림 1 참조).

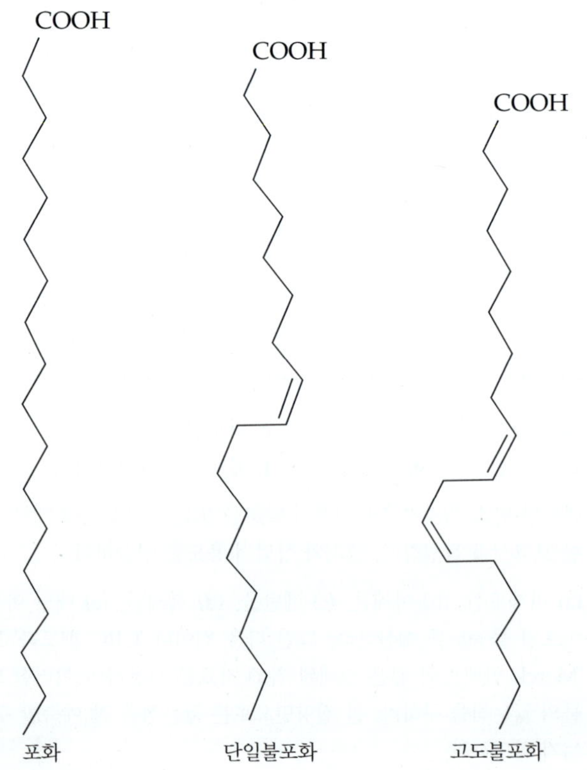

▲ 그림 1

이 실험에서는 아이오딘을 이용한 간단한 실험을 통해 지방산 탄화수소 사슬의 불포화 정도를 알아볼 것이다. 탄소-탄소 이중 결합은 아이오딘과 반응하여 아이오딘화물 생성물을 생성한다(그림 2 참조). 아이오딘은 적자색(종종 갈색으로 보임)이며 생성물은 무색이다. 이 실험은 일반적으로 중성지방의 불포화 정도를 측정하는 데 사용되며, 중성지방 100 g과 반응하는 아이오딘 그램의 수를 아이오딘 수치라고 한다. 값이 클수록 중성지방의 불포화도가 높고 탄소-탄소 이중 결합의 수가 많다는 것을 의미한다. 밝은 색은 불포화 상태를 나타낸다.

$$C{=}C + I_2 \longrightarrow \text{I–C–C–I}$$

색 무색

▲ 그림 2

이 실험을 위해 해바라기유, 땅콩유, 참기름 등 불포화 지방산이 가장 많은 식물성 기름을 모아서 어떤 것이 가장 많은지 알아본다.

먼저 작은 컵에 각 식물성 기름을 한 스푼씩 계량하고(각각 기름 1개씩) 적절하게 이름을 붙인다. 아이오딘 팅크 2~3방울을 각 기름에 넣고 부드럽게 저어준다. 각 기름 용액의 색에 대한 초기 관찰 사항을 기록한다.

반응 속도를 높이기 위해 따뜻한 수돗물을 채운 얕은 용기에 기름 용액을 넣는다. 아이오딘 용액은 처음에는 물에 녹지 않으므로 반응을 관찰하면서 용액을 살살 흔들어 준다.

10분 동안 기름 용액을 관찰하고 색깔 변화를 기록한다. 각 기름의 불포화 정도에 대해 어떤 결론을 내릴 수 있는가? 기름의 최종 색과 원래의 색을 비교하여 전체적인 색 변화를 관찰한다.

실험문제

1. 세 가지 기름에 각각 들어 있는 포화 지방과 불포화 지방의 양을 조사하라. 이러한 차이가 색 변화 속도에 어떤 영향을 주었는가?
2. 실험한 기름과 비교했을 때 동물성 지방의 불포화도는 어느 정도일 것으로 예상하는가? (힌트: 동물성 지방은 실온에서 고체이다.)
3. 시스와 트랜스 지방의 구조적 차이점은 무엇인가? 트랜스 지방의 구조가 우리 몸의 나쁜 콜레스테롤 수치를 높이는 이유는 무엇인가?

고분자

10

10.1 고분자: 작은 것에서 큰 것 만들기
10.2 폴리에틸렌: 영국 전투에서 빵 봉지까지
10.3 부가 중합: 1+1+1+⋯=1
10.4 고무 및 기타 탄성체
10.5 축합 고분자
10.6 고분자의 성질
10.7 플라스틱과 환경적 문제

❓ 이 장과 관련된 궁금증

1. 모든 고분자는 합성인가?
2. 대부분 합성 고분자의 공급원은 무엇인가?
3. 껌에 고분자가 있는가?
4. 유연한 베이킹 팬에 실리콘을 사용할 수 있는 이유는 무엇인가?
5. 천연 고분자로 만든 원단에는 어떤 것이 있는가?
6. 플라스틱 재활용이 왜 그렇게 중요한가?

플라스틱(합성 고분자)은 병, 전화기, 계산기, 컴퓨터, 조리기구, 전선 절연, 선글라스, 펜 그리고 대부분 포장재를 포함한 대부분 소비재에 사용된다. 이러한 고분자의 공급원은 대부분 원유이며, 원유는 공급이 제한되어 있다. 따라서 가능하면 이러한 고분자를 재활용하는 것이 중요하다. 표시된 플라스틱 더미는 재활용 센터로 보내지고 장난감, 관, 건축 자재를 만드는 데 직접 사용될 수 있다. 또는 재활용 재료는 성형 기계에서 사용할 수 있는 조각이나 구슬로 전환될 수 있다. 이 장에서는 고분자가 어떻게 만들어지는지 살펴보고, 유용한 성질을 복습하고, 왜 그러한 성질을 갖는지 설명하고, 장기적인 효과를 살펴본다.

분자 속의 거인 주위를 둘러보자. 고분자는 어디에나 있다. 카펫, 커튼, 실내 장식, 수건, 시트, 바닥 타일, 책, 가구, 대부분 장난감과 용기(전화기, 칫솔, 피아노 건반 같은 것은 말할 것도 없고), 심지어 옷까지 고분자로 만들어져 있다. 자동차의 대시보드, 시트, 타이어, 바퀴 휠, 바닥 매트 등 눈에 보이지 않는 많은 부품이 고분자로 만들어져 있다. 우리가 먹는 음식의 대부분은 고분자를 포함하고 있으며, 우리 몸의 많은 중요한 분자는 고분자이다. 고분자 없이는 살 수 없다. 우리 생활에 스며들어 있는 고분자 중 일부는 자연에서 유래한 것이지만, 대부분은 합성 물질이다. 다른 합성 화학 화합물과 마찬가지로 자연을 개선하기 위해 화학 공장에서 만들어진다.

흔히 그렇듯이 세계적 사건은 과학의 발전에 예기치 않은 영향을 미쳤다. 제2차 세계대전 중 일본이 동남아시아를 점령하면서 연합군의 천연고무 공급이 대부분 끊겼다. 고무를 대체할 수 있는 물질을 찾기 위해 고분자 산업이 발전했고, 다른 많은 합성 제품도 만들어졌다. 이 장에서는 이 작업의 결과로 탄생한 새로운 고분자 몇 가지를 살펴보겠다.

10.1 고분자: 작은 것에서 큰 것 만들기

학습 목표
- 고분자와 단량체를 정의한다.
- 화학적으로 변형된 것을 포함하여 여러 가지 천연 고분자를 나열한다.

▲ 면은 단당류인 포도당의 천연 고분자인 거의 순수한 셀룰로스이다.

1 모든 고분자는 합성인가?

아니다. 지구 표면에 존재하는 천연 고분자의 총 무게는 합성 고분자의 무게를 훨씬 초과한다. 전분, 단백질, 셀룰로스, 라텍스, DNA, RNA는 모두 천연 고분자이다.

고분자는 그리스어 *makros*에서 유래한 '큰' 또는 '긴'을 의미하는 거대분자(macromolecules)이다. 이러한 '거대한' 분자는 대부분 사람의 눈에는 보이지 않기 때문에 고분자는 사실 그리 크지 않지만, 다른 분자와 비교하면 엄청나게 크다.

고분자(polymer, 그리스어로 '많다'를 뜻하는 *poly*와 '부분'을 뜻하는 *meros*에서 유래)는 훨씬 작은 분자(그리스어로 '하나'를 뜻하는 *monos*에서 유래)인 단량체로 만들어진다. 수백, 수천 개의 단량체 단위가 결합하여 하나의 고분자가 만들어진다. **단량체**(monomer)는 고분자가 만들어지는 소분자 빌딩 블록이다. 이러한 단량체는 일반적으로 작용기 또는 그룹을 가지고 있으며, 여러 단위를 연결하는 여러 반응을 거친다. 단량체가 고분자로 전환되는 과정을 **중합**(polymerization)이라고 한다. 고분자는 단량체와 매우 다른데, 마치 미세한 밀가루 입자와 긴 스파게티 한 가닥처럼 다르다. 예를 들어 플라스틱 봉투를 만드는 데 사용되는 익숙한 왁스성 물질인 폴리에틸렌은 기체 상태의 단량체인 에틸렌으로부터 만들어진다.

천연 고분자

고분자는 음식의 전분과 단백질, 주거용으로 사용하는 목재, 의복을 만드는 양모와 면과 실크 등을 제공함으로써 수천 년 동안 인류에게 봉사해왔다. 전분은 포도당($C_6H_{12}O_6$, 단당류) 단위로 이루어진 고분자이다. 면은 역시 포도당 고분자인 셀룰로스로 만들어지며, 목재도 대부분 셀룰로스로 이루어져 있다. 단백질은 아미노산 단량체로 구성된 고분자이다. 양모와 실크는 자연에서 발견되는 수천 가지 종류의 단백질 중 두 가지이다.

생명체는 고분자 없이는 존재할 수 없다. 각 식물과 동물은 다양한 특정 유형의 고분자를 필요로 한다. 아마도 가장 놀라운 천연 고분자는 각 개체를 독특하게 만드는 암호화된 유전 정보를 담고 있는 핵산일 것이다. 자연에서 발견되는 고분자는 13장에서 설명한다. 이 장에서는 주로 실험실에서 만들어지는 거대분자에 초점을 맞출 것이다.

셀룰로이드: 당구공과 목걸이

가장 초기의 합성 시도는 천연 고분자를 개선하기 위해 흔히 존재하는 거대분자를 화학적으로 변형하는 방식으로 이루어졌다. 반합성 물질인 **셀룰로이드**(celluloid)는 천연 셀룰로스(예: 면과 목재에서 추출한 것)에서 추출했다. 셀룰로스를 질산으로 처리하면 **질산 셀룰로스**라는 유도체가 형성된다.

당구공에 사용할 상아 대체재를 찾기 위한 대회에서 미국의 발명가 John Wesley Hyatt (1837~1920)는 에틸 알코올과 장뇌로 처리하여 질산 셀룰로스를 부드럽게 만드는 방법을 발견했다. 이렇게 부드러워진 재료는 부드럽고 단단한 공으로 성형할 수 있었다. 이로써 Hyatt는 당구를 더 많은 사람이 경제적으로 즐길 수 있게 했고, 수많은 코끼리를 구할 수 있었다. 왜냐하면 셀룰로이드는 상아, 호박, 거북이 등껍질과 같은 값비싼 물질을 대체하는 재료로 널리 사용되었기 때문이다.

영화 산업은 한때 '셀룰로이드 산업'으로 알려져 있었다. 셀룰로이드는 영화 필름뿐만 아니라 빳빳한 셔츠 칼라에도 사용되었는데, 세탁과 반복적인 전분 처리가 필요 없었기 때문이다. 하지만 안타깝게도 질산 셀룰로스는 가연성이 강해(질산 셀룰로스는 무연 화약으로도 사용)

오래되면 분해되기 시작하고 폭발할 수도 있다. 1988년 이탈리아 영화 〈시네마 천국(Cinema Paradiso)〉은 영화 기술의 발전 과정을 보여주며, 영사기 안에서 필름이 걸렸을 때 전구의 열로 인해 필름이 점화되는 장면을 포함하고 있다. 셀룰로이드 필름은 1950년대에 더 안전한 대체제가 등장하면서 시장에서 퇴출되었다. 필름 스톡의 분해와 그에 따른 보존 부족으로 인해 의회도서관은 1929년 이전에 개봉된 약 11,000편의 무성 영화 중 14%만이 여전히 볼 수 있다는 사실을 발견했다. 오늘날 영화 필름은 주로 폴리에스터인 폴리에틸렌 테레프탈레이트로 만들어진다. 그리고 남성 셔츠의 높고 뻣뻣한 칼라는 확실히 유행이 지났지만, 사무용 칼라는 여전히 플라스틱으로 만들어지고 있다.

화학 산업이 합성 고분자의 잠재력을 인식하는 데는 그리 오랜 시간이 걸리지 않았다. 과학자들은 단순히 큰 분자를 변형하는 것이 아니라 작은 분자에서 거대분자를 만드는 방법을 찾아냈다. 최초의 진정한 합성 고분자는 1909년에 처음 만들어진 페놀-포름알데하이드 수지(예: 베이클라이트)였다. 이러한 복합체는 10.5절에서 설명하지만, 여기서는 좀 더 간단한 것부터 살펴보겠다.

자가평가문제

1. 셀룰로스는 무엇의 예인가?
a. 지방 **b.** 이성질체 **c.** 단량체 **d.** 고분자

2. 다음 중 고분자가 아닌 것은 무엇인가?
a. 셀룰로이드 **b.** 포도당 **c.** 실크 **d.** 울

3. 최초의 반합성 고분자는 천연 고분자로 만들어졌는데, 이것은 무엇인가?
a. 베이컨 기름을 기본으로 한 베이클라이트
b. 면화에서 추출한 셀룰로스를 기본으로 한 셀룰로이드
c. 이소프로필 알코올 기반의 폴리프로필렌
d. 사람 모발 기준의 폴리판틴

4. 최초의 진정한 합성 고분자는 무엇인가?
a. 페놀과 포름알데하이드로 만든 베이클라이트
b. 포도당으로 만든 셀룰로스
c. 에탄올로 만든 폴리에틸렌
d. 아이소프렌으로 만든 고무

정답: 1. d, 2. b, 3. b, 4. a

10.2 폴리에틸렌: 영국 전투에서 빵 봉지까지

학습 목표 • 폴리에틸렌의 두 가지 주요 유형의 구조와 성질에 대해 설명한다.
• 열가소성 및 열경화성이라는 용어를 사용하여 고분자 구조가 성질을 결정하는 방법을 설명한다.

널리 사용되는 플라스틱 **폴리에틸렌**은 가장 간단하고 저렴한 합성 고분자이다. 과일과 채소 포장에 사용되는 비닐봉지, 드라이클리닝 의류용 의류 봉투, 쓰레기통 봉투 등 우리에게 친숙한 형태이다. 2018년 전 세계 폴리에틸렌의 연간 생산량은 1,000억 kg, 상업적 가치는 1,640억 달러로 추정된다. 폴리에틸렌은 불포화 탄화수소인 에틸렌($CH_2{=}CH_2$)으로 만들어진다(9장). 에틸렌은 석유를 분해하여 대량으로 생산되는데, 이는 큰 탄화수소 분자가 더 간단한 탄화수소로 분해되는 과정이다.

압력과 열을 가하고 촉매가 있으면 에틸렌 단량체가 서로 결합하여 긴 사슬을 형성한다. 이 과정에서 단량체의 이중 결합 중 하나가 끊어지고, 원래 이중 결합의 각 탄소 원자에 홀전자가 남고 탄소 원자 사이에 단일 결합이 형성된다. 전자는 결합을 형성할 때 짝을 이루는 것을 좋아하기 때문에, 이러한 분자의 무작위 충돌로 인해 두 단량체에서 홀전자를 가진 탄소 사이에 결합이 형성되고 이것이 사슬을 따라 계속된다.

$$\cdots + \underset{\text{H}}{\overset{\text{H}}{\text{C}}}{=}\underset{\text{H}}{\overset{\text{H}}{\text{C}}} + \underset{\text{H}}{\overset{\text{H}}{\text{C}}}{=}\underset{\text{H}}{\overset{\text{H}}{\text{C}}} + \underset{\text{H}}{\overset{\text{H}}{\text{C}}}{=}\underset{\text{H}}{\overset{\text{H}}{\text{C}}} + \underset{\text{H}}{\overset{\text{H}}{\text{C}}}{=}\underset{\text{H}}{\overset{\text{H}}{\text{C}}} + \cdots \longrightarrow \sim\underset{\text{H}}{\overset{\text{H}}{\text{C}}}-\underset{\text{H}}{\overset{\text{H}}{\text{C}}}-\underset{\text{H}}{\overset{\text{H}}{\text{C}}}-\underset{\text{H}}{\overset{\text{H}}{\text{C}}}-\underset{\text{H}}{\overset{\text{H}}{\text{C}}}-\underset{\text{H}}{\overset{\text{H}}{\text{C}}}-\underset{\text{H}}{\overset{\text{H}}{\text{C}}}-\underset{\text{H}}{\overset{\text{H}}{\text{C}}}\sim$$

압축된 수식을 사용하면 다음과 같다.

$$\cdots + CH_2{=}CH_2 + CH_2{=}CH_2 + CH_2{=}CH_2 + CH_2{=}CH_2 + \cdots \longrightarrow \sim CH_2CH_2CH_2CH_2CH_2CH_2CH_2CH_2\sim$$

이러한 식들은 그리는 과정이 번거로울 수 있기 때문에, 종종 축약된 형태를 사용한다.

$$n\,\underset{\text{H}}{\overset{\text{H}}{\text{C}}}{=}\underset{\text{H}}{\overset{\text{H}}{\text{C}}} \longrightarrow \left[-\underset{\text{H}}{\overset{\text{H}}{\text{C}}}-\underset{\text{H}}{\overset{\text{H}}{\text{C}}}-\right]_n \quad \text{또는} \quad n\,CH_2{=}CH_2 \longrightarrow -\!\!\left[CH_2CH_2\right]\!\!-_n$$

줄임표(⋯)와 물결표(~)는 '기타 등등'의 역할을 하며, 줄임표는 표시된 4개의 단량체보다 더 많은 단량체가 존재함을 의미하고, 물결표는 고분자 구조가 여러 방향으로 훨씬 더 많은 단위로 이어짐을 나타낸다. 대괄호 안의 분자 조각을 고분자의 **반복 단위**라고 한다. 고분자 생성물의 구조식에서는 반복 단위를 대괄호 안에 넣고, 결합선은 양쪽으로 이어지도록 표시한다. 이 단위가 전체 고분자 구조에서 여러 번 반복됨(위 방정식의 n)을 나타내는 접미사 n은 이 단위가 반복됨을 나타낸다.

축약 구조식의 단순함은 단량체와 고분자 사이의 비교를 용이하게 한다. 단량체인 에틸렌에는 이중 결합이 존재하지만, 폴리에틸렌에는 존재하지 않는다. 또한 고분자의 각 반복 단위는 단량체와 동일한 조성(C_2H_4)을 가진다는 점에도 주목한다. 이러한 경우는 부가 고분자에서 나타나지만, 축합 고분자의 경우에는 그렇지 않다(이에 대해서는 10.5절에서 살펴본다).

분자 모형은 3D 표현을 제공한다. 그림 10.1은 탄소 원자 수가 수백 개에서 수천 개까지 다양할 수 있는 매우 긴 폴리에틸렌 분자의 작은 부분의 모형을 보여준다.

폴리에틸렌은 제2차 세계대전이 시작되기 직전에 영국에서 발명되었다. 견고하고 유연하며 전기 절연체로서 탁월하고 고온과 저온을 모두 견딜 수 있는 것으로 입증되었다. 폴리에틸렌이 사용되기 이전에는 전선의 절연에 면사로 짠 직물에 천연고무 코팅을 입힌 재료가 사용되었다(이 둘 모두 천연 고분자이다). 이 소재는 단열재가 노화되어 갈라지고 전선이 노출되는 등 온도 변화에 훨씬 더 취약했다. 폴리에틸렌은 레이더 장비의 케이블 절연에 사용되었는데, 이는 영국 조종사가 적국의 항공기를 육안으로 발견하기 전에 감지할 수 있도록 도와주는 일급 비밀 발명품이었다. 폴리에틸렌이 없었다면 영국은 효과적인 레이더를 보유할 수 없었을 것이고, 레이더가 없었다면 영국 전투에서 패배했을지도 모른다. 이 단순한 플라스틱의 발명은 역사의

2 대부분 합성 고분자의 공급원은 무엇인가?

대부분 합성 고분자의 원료는 석유와 천연가스이다. 이러한 화석연료는 재생가능한 공급원이 아니며, 공급량이 한정되어 있을 뿐만 아니라 말 그대로 95% 이상을 에너지로 태우고 있다. 고분자와 같은 다른 제품을 만들기 위한 에너지는 상대적으로 거의 남지 않는다.

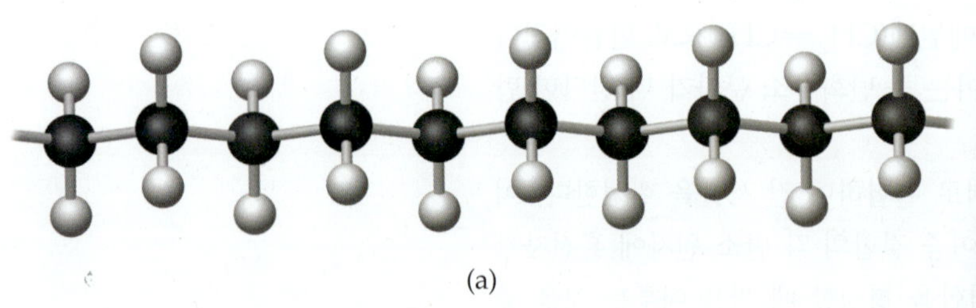
(a)

(b)

▲ **그림 10.1** 폴리에틸렌 분자의 짧은 분절의 (a) 공-막대, (b) 공간-채움 모형

흐름을 바꾸는 데 큰 도움이 되었다.

폴리에틸렌의 유형

오늘날 널리 사용되는 폴리에틸렌은 크게 세 가지 유형이 있지만 다른 종류도 존재한다. 고밀도 폴리에틸렌(high-density polyethylene, HDPE)은 대부분 선형 분자가 서로 밀집되어 있으며 상당히 잘 정돈된 결정 구조를 취할 수 있다. 따라서 HDPE는 다소 단단하고 인장 강도가 우수하다. 이름에서 알 수 있듯이 HDPE의 밀도(0.94~0.96 g/cm^3)는 다른 폴리에틸렌에 비해 높다. HDPE는 나사형 병뚜껑, 장난감, 세제병, 우유병 등에 사용된다.

반면에 저밀도 폴리에틸렌(low-density polyethylene, LDPE)은 고분자 분자에서 분기되

다양한 형태의 탄소

9장에서 공부한 많은 작은 분자와 여기서 접하는 거대분자에서 탄소 원자는 다른 원자, 특히 수소와 결합되어 있다. 그러나 탄소 원자만으로도 다양하고 흥미로운 구조를 형성할 수 있으며, 그중 일부는 고대부터 알려져 왔다. 다이아몬드는 순수한 결정 탄소로, 각 원자가 다른 4개의 원자와 결합되어 있다. 연필심의 검은색 물질인 흑연에서는 각 탄소 원자가 다른 3개의 원자와 결합되어 있다. 그러나 가장 흥미로운 형태의 탄소는 지난 수십 년 동안 발견되었다.

영국 맨체스터대학의 Andre Geim과 Konstantin Novoselov는 접착테이프를 사용하여 흑연에서 한 층 두께의 탄소 원자 평면 시트를 분리해냈다. 이 물질은 '그래핀(graphene)'이라 불리며, 탄소 원자로 이루어진 분자 규모의 철망과 같은 구조를 가지고 있다. 그래핀은 전자, 감지 장치 및 터치스크린의 응용과 2차원 물질의 전자 흐름에 대한 기초 연구에 적합한 성질을 가지고 있다. 게임과 노보셀로프는 그래핀 연구로 2010년 노벨 물리학상을 수상했다.

흑연은 여러 겹의 그래핀 층으로 구성되어 있다. 300만 장의 그래핀 시트를 쌓으면 두께가 1밀리미터에 불과하다. 그래핀은 벤젠 고리가 융합된 매우 큰 방향족 분자로 생각할 수도 있다.

탄소 원자로만 이루어진 다른 구조들도 많이 존재한다. '나노튜브(nanotube)'라 불리는 관 형태의 탄소 분자는 그래핀 한 장을 말아서 만든 속이 빈 원통 형태로 생각할 수 있다. 나노튜브는 특이한 기계적 및 전기적 성질을 가지고 있다. 나노튜브는 열을 잘 전달하며, 알려진 소재 중 가장 강하고 단단한 소재 중 하나이다.

탄소로만 구성된 또 다른 구조는 축구공의 무늬처럼 육각형과 오각형의 대략적인 구형 집합이다. 이 탄소 분자의 화학식은 C_{60}이다. 건축가 R. Buckminster Fuller가 개척한 측지 돔 구조와 닮았다고 해서 이 분자를 '벅민스터풀러렌(buckminsterfullerene)'이라고 부른다. '풀러렌'이라는 일반 명칭은 C_{60}, C_{70}, C_{74}, C_{82}와 같은 공식을 가진 유사한 분자에 사용되며, 구어체로 '버키볼'이라고도 불린다. Richard Smalley, Harold Kroto, Robert Curl은 풀러렌을 발견한 공로로 1996년 노벨 화학상을 수상했다.

이러한 소재는 기초 연구뿐만 아니라 응용 연구에서도 엄청난 잠재력을 가지고 있다. 재료 과학 분야에서는 탄소 나노튜브 고분자를 항공 우주 응용 분야와 약물 전달 시스템에 사용하기 위한 방사선 차폐의 일종으로 연구하고 있다.

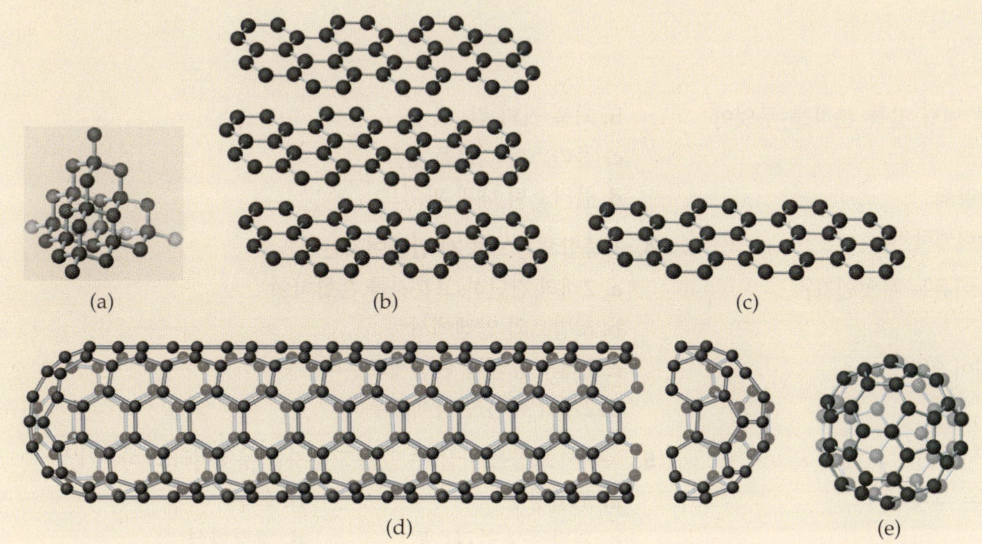

◀ 탄소는 형태에 따라 극적으로 다른 성질을 가진다. (a) 다이아몬드는 단단하고 투명한다. (b) 흑연은 부드럽고 회색이며 전기가 통한다. (c) 그래핀은 흑연의 단일 층이다. (d) 그래핀 한 장을 원통 모양으로 말면 알려진 가장 강한 물질인 탄소 나노튜브가 만들어진다. (e) 벅민스터풀러렌(C_{60} 분자)은 축구공과 비슷하다.

▲ **그림 10.2** 폴리에틸렌으로 만든 두 병을 같은 오븐에서 같은 시간 동안 열을 가했다.

Q 어떤 병은 HDPE로, 어떤 병은 LDPE로 만들어졌는가? 설명하라.

는 많은 곁사슬이 있다. 이러한 분기는 분자가 서로 밀착되어 결정 구조를 형성하는 것을 방지한다. 저밀도 폴리에틸렌(LDPE)는 왁스질이고 잘 휘어지는 플라스틱으로, 고밀도 폴리에틸렌보다 밀도(0.91~0.94 g/cm^3)와 녹는점이 더 낮다. HDPE로 만든 물체는 끓는 물에서도 모양이 유지되는 반면에 LDPE로 만든 물체는 심하게 변형된다(그림 10.2). LDPE는 비닐봉지, 필름, 짜는 병, 전선 절연 및 유연성이 중요한 많은 일반 가정용품을 만드는 데 사용된다.

선형 저밀도 폴리에틸렌(linear low-density polyethylene, LLDPE)이라고 불리는 폴리에틸렌의 세 번째 유형은 실제로 2개(또는 그 이상)의 서로 다른 단량체로 형성된 **공중합체**(copolymer)이다. LLDPE는 4-메틸-1-펜텐과 같은 분지사슬 알켄과 에틸렌을 중합하여 만들어진다.

$$n\,\mathrm{CH_2{=}CH_2} + m\,\mathrm{CH_2{=}CH{-}CH_2{-}CH(CH_3){-}CH_3} \longrightarrow \left[\mathrm{CH_2{-}CH_2}\right]_n \left[\mathrm{CH_2{-}CH(CH_2{-}CH(CH_3){-}CH_3)}\right]_m$$

에틸렌 4-메틸-1-펜텐 LLDPE

LLDPE는 매립지 봉투, 쓰레기통, 튜브, 자동차 부품으로 사용되는 플라스틱 필름 등을 만드는 데 사용된다.

열가소성 및 열경화성 고분자

폴리에틸렌은 다양한 열가소성 고분자 중 하나이다. 열과 압력이 가해질 때 분자들이 서로 미끄러지듯 움직일 수 있기 때문에, **열가소성 고분자**(thermoplastic polymer)는 부드러워졌다가 다시 원하는 형태로 성형할 수 있다. 녹였다가 다시 성형하는 과정을 반복할 수 있다. 미국의 열가소성 고분자 연간 총 생산량은 약 440억 kg이며, 그중 폴리에틸렌은 190억 kg이다.

모든 고분자를 쉽게 녹일 수 있는 것은 아니다. 전 세계적으로 매년 약 1,800억 kg의 다양한 플라스틱과 220억 kg의 고무가 생산된다. 미국 고분자 생산의 약 15%는 한 번 형성되면 영구적으로 굳는 **열경화성 고분자**(thermosetting polymer)로 구성된다. 열로 부드러워지거나 다시 성형할 수 없다. 대신 강한 열을 가하면 변색되고 분해된다. 열경화성 플라스틱의 영구적인 경도는 이 장의 뒷부분에서 설명할 고분자 사슬의 가교(좌우 기능분화) 때문이다.

> **왜 중요할까?**
>
> '초고분자량 폴리에틸렌(ultra-high-molecular-weight polyethylene, UHMWPE)'이라고 불리는 분자량 200만~600만 개의 폴리에틸렌은 강철보다 10배, 방탄복에 사용되는 케블라보다 약 40% 더 강한 섬유를 만드는 데 사용된다. 최신 스키의 대부분은 바닥면이 UHMWPE로 코팅되어 있다.

자가평가문제

1. 고분자를 형성하기 위해 결합하는 각 빌딩 블록 분자를 무엇이라고 하는가?
a. 교배 **b.** 단량체
c. 고분자 **d.** 폴리펩타이드

2. HDPE에 비해 LDPE의 융점이 낮은 이유는 무엇인가?
a. 극성이 적은 단량체로 만들어진다.
b. 분자량이 훨씬 낮은 분자로 구성되어 있다.
c. 교배가 적다.
d. 분자의 가지가 더 많아 밀집하지 못한다.

3. 다음 중 폴리에틸렌으로 만들어진 것은 무엇인가?
a. 1900년 이전의 전선 절연
b. 거품 커피 컵
c. 플라스틱 식료품 봉투
d. 플라스틱 배관 파이프

4. 공중합체는 어떻게 만들어지는가?
a. 2개의 간단한 고분자를 혼합하여
b. 코발트와 알켄에서
c. 2개의 동일한 단량체로부터
d. 2개의 다른 단량체로부터

5. 녹여서 모양을 바꿀 수 없는 고분자를 무엇이라고 하는가?
a. 고결정성 **b.** 고무
c. 열가소성 플라스틱 **d.** 열경화성

6. 다음 중 버키볼은 무엇인가?
  a. 큰 탄소 분자(C_{60})
  b. 끈처럼 감긴 탄소 나노튜브
  c. 끈처럼 감긴 긴 고분자 분자
  d. 탄소 원자의 고리형(환상)

7. 녹여서 모양을 바꿀 수 있는 고분자를 무엇이라고 하는가?
  a. 고결정성 **b.** 고무
  c. 열가소성 플라스틱 **d.** 열경화성

정답: 1. b, 2. d, 3. c, 4. d, 5. d, 6. a, 7. c

10.3 부가 중합: 1 + 1 + 1 + ⋯ = 1

학습 목표 • 부가 고분자의 단량체를 확인하고, 단량체 구조로부터 고분자의 구조식을 작성한다.

중합 반응에는 부가 중합과 축합 중합의 두 가지 일반적인 유형이 있다. **부가 중합**(addition polymerization, **연쇄 반응 중합**이라고도 함)에서는 중합 생성물이 출발 단량체의 모든 원자를 포함하는 방식으로 단량체 분자가 서로 부가된다. 폴리에틸렌을 형성하기 위한 에틸렌의 중합이 그 예이다. 폴리에틸렌에서는 10.2절에서 언급했듯이 각 단량체 분자의 탄소 원자 2개와 수소 원자 4개가 고분자 구조에 통합된다. **축합 중합**(10.5절)에서는 각 단량체 분자의 일부가 최종 고분자에 포함되지 않는다.

폴리프로필렌

친숙하고 많은 부가 고분자의 대부분은 수소 원자 중 1개 이상이 다른 원자 또는 그룹으로 대체되는 에틸렌의 유도체로 만들어진다. 수소 원자 중 1개를 메틸기로 대체하면 단량체 프로필렌(프로펜)이 된다. 폴리프로필렌 분자는 다른 모든 탄소 원자에 메틸기(—CH_3)가 붙어 있다는 점을 제외하면 폴리에틸렌 분자와 매우 흡사하다.

$$\sim CH_2-\underset{\displaystyle CH_3}{\underset{|}{CH}}-CH_2-\underset{\displaystyle CH_3}{\underset{|}{CH}}-CH_2-\underset{\displaystyle CH_3}{\underset{|}{CH}}-CH_2-\underset{\displaystyle CH_3}{\underset{|}{CH}}\sim \quad \text{or} \quad \left[CH_2-\underset{\displaystyle CH_3}{\underset{|}{CH}} \right]_n$$

폴리프로필렌

탄소 원자들이 연결된 사슬은 고분자의 **주사슬**(backbone)이라고 불린다. 폴리프로필렌의 —CH_3기와 같이 척추에 붙어 있는 그룹을 녹색으로 표시된 **곁사슬기**(pendant group)라고 한다.

폴리프로필렌은 습기, 기름, 용매에 강한 견고한 플라스틱 소재이다. 하드케이스 여행가방, 배터리 케이스, 다양한 종류의 가전제품 부품으로 성형된다. 또한 포장재, 실내 장식용 직물 및 카펫과 같은 직물용 섬유, 물에 뜨는 로프 등을 만드는 데도 사용된다. 폴리프로필렌의 녹는점(121 ℃)이 높기 때문에 이 소재로 만든 물건은 증기로 살균할 수 있다.

폴리스타이렌

에틸렌의 수소 원자 중 하나를 벤젠 고리로 바꾸면 **스타이렌**(styrene)이라는 단량체가 나오는데, 화학식은 $CH_2{=}CHC_6H_5$이며, 여기서 C_6H_5는 벤젠 고리를 나타낸다. 스타이렌을 중합하면 녹색으로 표시된 벤젠 고리가 펜던트 그룹으로 있는 폴리스타이렌이 생성된다.

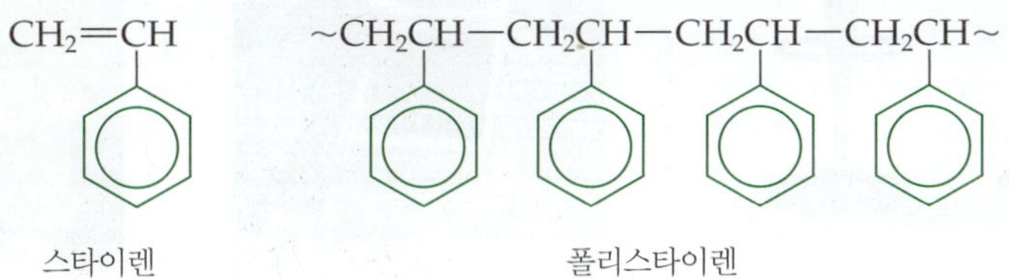

스타이렌 폴리스타이렌

▲ 스티로폼 단열재는 겨울에는 따뜻한 집 내부에서 외부로, 여름에는 더운 외부에서 시원한 실내로 열이 전달되는 것을 줄여 에너지를 절약한다.

폴리스타이렌은 투명한 일회용 음료수 컵을 만드는 데 사용되는 플라스틱이다. 색소와 충전제를 첨가하면 수천 가지의 저렴한 장난감과 생활용품의 재료가 된다. 폴리스타이렌 액체에 공기와 같은 기체를 불어 넣으면 기포가 발생하고 굳어져 일부 일회용 아이스박스나 커피 컵의 친숙한 소재(스티로폼)가 된다. 이 고분자는 배송용 기구나 가전제품의 포장재로 쉽게 모양을 만들 수 있으며, 가정용 단열재로도 널리 사용된다. 하지만 안타깝게도 가장 많이 버려지는 소재 중 하나이기도 하다. 미국인들은 매년 약 250억 개의 폴리스타이렌 폼으로 만든 커피 컵을 버린다.

비닐 고분자

저렴한 비용으로 가죽처럼 보이는 견고한 합성 소재를 원하는가? 깨지지 않는 병을 만들 수 있는 투명하고 단단한 소재를 원하는가? 매력적이고 오래 지속되는 바닥재가 필요한가? 아니면 가볍고 녹슬지 않으며 연결하기 쉬운 배관이 필요한가? 폴리염화비닐(PVC)은 이러한 성질을 모두 갖추고 있다.

에틸렌의 수소 원자 중 하나를 염소 원자로 바꾸면 상온에서 기체인 화합물인 염화 비닐($CH_2{=}CHCl$)이 된다. 염화 비닐을 중합하면 단단한 열가소성 소재인 PVC가 만들어진다. PVC 분자의 한 부분이 여기에 나와 있다.

$$\sim CH_2\underset{\displaystyle Cl}{\underset{|}{C}}H-CH_2\underset{\displaystyle Cl}{\underset{|}{C}}H-CH_2\underset{\displaystyle Cl}{\underset{|}{C}}H-CH_2\underset{\displaystyle Cl}{\underset{|}{C}}H\sim$$

폴리염화비닐(PVC)

PVC는 다양한 모양으로 쉽게 성형할 수 있다. 맑고 투명한 이 고분자는 비닐 랩과 투명 페트병에 사용된다. 비닐 플라스틱에 색소와 기타 다른 성분을 첨가하면 인조 가죽이 만들어진다. 대부분 바닥 타일과 샤워 커튼은 비닐 플라스틱으로 만들어지며, 가정용 사이딩 패널과 창틀의 목재 모방에도 널리 사용된다. 생산되는 PVC의 약 40%는 파이프로 성형된다.

비닐 플라스틱을 만드는 단량체인 염화 비닐은 발암물질이다. 이 가스와 밀접하게 작업했던 여러 사람들에게서 이후 **혈관육종**이라 불리는 일종의 암이 발생했다.

PTFE: 논스틱 코팅

1938년, 듀폰의 젊은 미국 화학자 Roy Plunkett(1910~1994)은 테트라플루오로에틸렌($CF_2{=}CF_2$) 가스를 연구하고 있었다. 그는 가스가 담긴 탱크의 밸브를 열었지만, 아무것도 나오지 않았다. 그는 탱크를 버리는 대신 조사를 하기로 결심했다. 탱크 안에는 왁스 같은 흰색 고체가 가득 차 있는 것을 발견했다. 그는 이 고체를 분석하려고 시도했지만, 뜨겁고 농축된 산에

▶ 일부 가구, 창틀, 비닐 사이딩(벽판자), 방수 의류는 PVC로 만들어진다. 또한 PVC는 구리선을 코팅하여 단열재로 사용하거나, 다채롭고 탄력 있는 바닥재로 만들거나, 기타 여러 친숙한 소비재로 만들 수 있다.

도 녹지 않는 문제에 부딪혔다. Plunkett은 Teflon®이라는 상품명으로 가장 잘 알려진 테트라플루오로에틸렌의 고분자인 폴리테트라플루오로에틸렌(PTFE)을 발견했다. 이 경우 불소 원자는 결사슬기이며 녹색으로 표시되어 있다.

$$\sim CF_2—CF_2—CF_2—CF_2—CF_2—CF_2—CF_2—CF_2\sim$$

Teflon

▲ 프라이팬, 베이킹 팬, 기타 조리 도구는 종종 불활성이며 달라붙지 않는 PTFE의 특성을 활용한다.

C—F 결합이 매우 강하고 열과 화학 물질에 대한 내성이 뛰어난 PTFE는 견고하고 반응성이 없는 불연성 소재이다. PTFE는 옷을 다림질하는 데 사용되는 다리미의 밑판을 코팅하고 전기 절연, 베어링, 가스킷을 만드는 데 사용된다. 의료용 카테터는 박테리아가 달라붙어 감염을 일으키는 것을 방지하기 위해 PTFE로 코팅하는 경우가 많다. 그러나 음식이 눌어붙지 않도록 조리기구 표면을 코팅하는 용도로 가장 널리 알려져 있다. PTFE는 260 ℃(500 ℉) 이상의 온도에서 분해되기 시작하지만, 대부분 튀김은 그보다 훨씬 낮은 온도에서 이루어진다.

예제 10.1 고분자의 반복 단위

폴리염화비닐리덴의 반복 단위는 무엇인가? 그것을 만드는 단량체는 무엇인가? 고분자의 한 분절은 다음과 같이 표현된다.

$$\begin{array}{ccccccccccccc} & H & & Cl & & H & & Cl & & H & & Cl & \\ & | & & | & & | & & | & & | & & | & \\ \sim & C & — & C & — & C & — & C & — & C & — & C & \sim \\ & | & & | & & | & & | & & | & & | & \\ & H & & Cl & & H & & Cl & & H & & Cl & \end{array}$$

풀이

한 분절을 살펴보면 각각 탄소 원자 2개, 수소 원자 2개, 염소 원자 2개로 이루어진 3개의 반복 단위로 구성되어 있음을 알 수 있다. 한 단위의 탄소 원자 사이에 이중 결합을 배치하면 다음과 같이 된다.

$$\begin{array}{ccc} H & & Cl \\ | & & | \\ C & = & C \\ | & & | \\ H & & Cl \end{array}$$

이러한 단위 수백 개를 결합하면 고분자 분자가 만들어진다.

› 복습문제 10.1A

폴리아크릴로니트릴의 반복 단위는 무엇인가? 그것을 만드는 단량체는 무엇인가? 고분자의 한 분절은 다음과 같이 표현된다.

$$\begin{array}{l} \sim CH_2\underset{\displaystyle |\atop \displaystyle CN}{CH}CH_2\underset{\displaystyle |\atop \displaystyle CN}{CH}CH_2\underset{\displaystyle |\atop \displaystyle CN}{CH}CH_2\underset{\displaystyle |\atop \displaystyle CN}{CH}CH_2\underset{\displaystyle |\atop \displaystyle CN}{CH}CH_2\underset{\displaystyle |\atop \displaystyle CN}{CH}\sim \end{array}$$

› 복습문제 10.1B

폴리비닐 브로마이드의 반복 단위는 무엇인가? 그것을 만드는 단량체는 무엇인가? 고분자의 한 분절은 다음과 같이 표현된다.

$$\sim CH_2\underset{\displaystyle |\atop \displaystyle Br}{CH}CH_2\underset{\displaystyle |\atop \displaystyle Br}{CH}CH_2\underset{\displaystyle |\atop \displaystyle Br}{CH}CH_2\underset{\displaystyle |\atop \displaystyle Br}{CH}\sim$$

예제 10.2 고분자의 구조

메틸에틸케톤($CH_2{=}CHCOCH_3$)으로 만든 고분자의 구조를 쓰라. 최소 4개의 반복 단위를 표시하라.

풀이

탄소 원자는 결합하여 탄소 원자 사이에 단일 결합만 있는 사슬을 형성한다. 메틸 케톤은 고분자 사슬에 결합된 곁사슬기이다. (단량체의 이중 결합에 있던 전자 2개가 각 단위를 연결하는 결합을 형성한다.) 고분자는 다음과 같다.

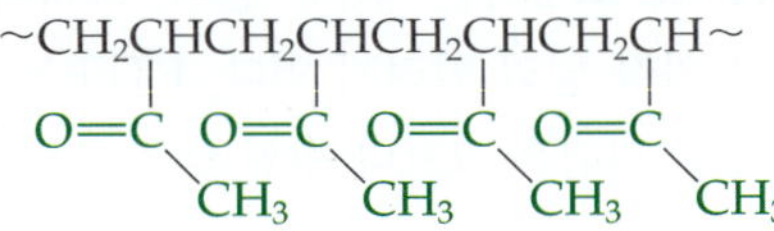

› 복습문제 10.2A

불화 비닐($CH_2{=}CHF$)로 만든 고분자의 구조를 쓰라. 각 고분자의 반복 단위를 4개 이상 표시하라.

› 복습문제 10.2B

비닐 아세테이트($CH_2{=}CHOCOCH_3$)로 만든 고분자의 구조를 쓰라. 각 고분자의 반복 단위를 4개 이상 표시하라.

▲ 전도성 고분자는 사진의 백팩과 같은 제품에 사용된다. 태양 전지는 외부에서 걷는 동안 휴대폰이나 기타 장치를 충전하는 데 사용할 수 있는 에너지를 포집할 수 있다.

고분자 가공

일상생활에서 많은 고분자를 플라스틱이라고 부른다. 화학에서 플라스틱 재료는 열과 압력에서 흐르도록 만들 수 있는 재료이다. 그런 다음 재료는 몰드 또는 다른 방식으로 모양을 만들 수 있다. 플라스틱 제품은 종종 과립 고분자 물질로 만들어진다. 압축 성형(compression molding)에서는 금형의 공동 안에 있는 플라스틱 입자에 열과 압력을 직접 가한다. 전사 성형

전도성 고분자: 폴리아세틸렌

아세틸렌(H—C≡C—H)은 이중 결합이 아닌 삼중 결합을 가지고 있지만, 여전히 부가 중합을 거쳐 폴리아세틸렌을 형성할 수 있다(그림 10.3). 탄소 사슬에 단일 결합만 있는 폴리에틸렌과 달리, 폴리아세틸렌의 모든 탄소 대 탄소 결합은 이중 결합이라는 점에 유의한다.

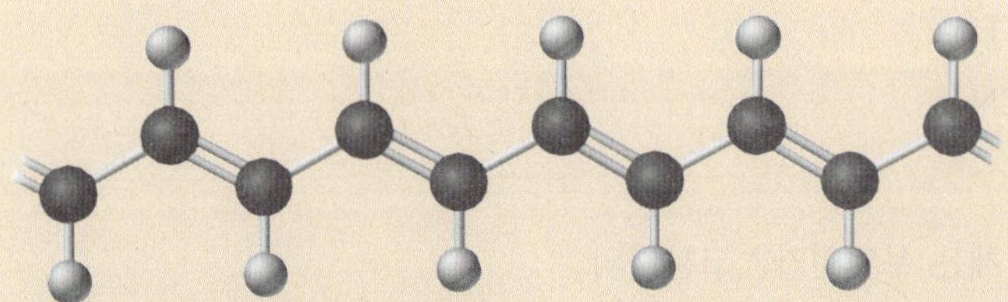

▲ **10.3** 폴리아세틸렌의 공-막대 모형

Q 10.2절의 폴리에틸렌과 비슷한 폴리아세틸렌의 형성에 대한 식을 쓰되, 반복 고분자 단위는 괄호 안에 넣어라.

이중 결합과 단일 결합이 번갈아 가며 '공액 시스템'을 형성한다. 이러한 시스템은 전자가 사슬을 따라 이동하기 쉽기 때문에 폴리아세틸렌은 전기를 전도할 수 있다. 대부분 다른 플라스틱은 전기 절연체이다. 폴리아세틸렌 및 이와 유사한 접합 공액 고분자는 금속의 경량 대체재로 사용할 수 있다. 실제로 이 플라스틱은 금속처럼 은빛 광택이 나기도 한다.

최초의 전도성 고분자인 폴리아세틸렌은 1970년에 발견되었다. 그 이후로 전기를 전도하는 다른 많은 고분자가 만들어졌다. 최근에는 전도성 폴리머를 함유한 페인트와 잉크가 오픈 마켓에서 판매되고 있다. 예술가들은 이 페인트와 잉크를 예술의 일부로 사용하여 발광 다이오드(LED) 및 모터와 같은 전기 장치를 작품에 통합할 수 있다. 이러한 소재를 섬유에 사용하는 방법도 연구되고 있다. 태양 전지가 묻혀 있는 재킷을 입고 도시를 걸어 다니면서 스마트폰을 충전할 수 있다고 상상해보자!

(transfer molding)에서는 고분자를 금형에 주입하기 전에 가열하여 고분자를 부드럽게 한 후 몰드 안에서 굳히게 된다.

용융 고분자를 성형하는 방법에는 여러 가지가 있다. **사출 성형**(injection molding)에서는 챔버에서 플라스틱을 녹인 다음 플런저를 통해 차가운 금형에 밀어 넣어 굳힌다. **압출 성형**(extrusion molding)에서는 녹은 고분자를 연속적인 형태로 다이를 통해 압출하여 길이로 자르거나 코일로 만든다. 병 및 이와 유사한 속이 빈 물체는 종종 **블로우 성형**(blow molding)되며, 용융된 고분자의 '방울'이 속이 빈 금형 내부에서 풍선처럼 부풀어 오른다.

표 10.1에는 주요한 부가 고분자 몇 가지와 그들의 일부 용도가 함께 나와 있으며, 곁사슬은 녹색으로 표시되어 있다.

▲ 과립 고분자 수지는 많은 성형 플라스틱 제품의 기본 원료이다.

표 10.1 일부 부가 고분자

단위체	고분자	고분자 이름	용도
$CH_2{=}CH_2$	$\left[-CH_2-CH_2-\right]_n$	폴리에틸렌	가방, 병, 장난감, 전기 절연체
$CH_2{=}CH-CH_3$	$\left[-CH_2-CH(CH_3)-\right]_n$	폴리프로필렌	카펫, 병, 짐
$CH_2{=}CH-C_6H_5$	$\left[-CH_2-CH(C_6H_5)-\right]_n$	폴리스타이렌	모의 목재 가구, 단열재, 컵, 장난감, 포장재
$CH_2{=}CH-Cl$	$\left[-CH_2-CHCl-\right]_n$	폴리염화비닐(PVC)	음식 포장랩, 모조 가죽, 배관, 정원 호스, 바닥 타일
$CH_2{=}CCl_2$	$\left[-CH_2-CCl_2-\right]_n$	폴리염화비닐리덴(Saran)	음식 포장랩, 좌석 커버
$CF_2{=}CF_2$	$\left[-CF_2-CF_2-\right]_n$	폴리테트라플루오로에틸렌 (Teflon)	달라붙지 않는 요리 기구의 코팅 재료, 전기 절연체
$CH_2{=}CH-C{\equiv}N$	$\left[-CH_2-CH(CN)-\right]_n$	폴리아크릴로나이트릴 (Acrilan, Creslan, Dynel)	실, 가발, 페인트
$CH_2{=}CH-OCOCH_3$	$\left[-CH_2-CH(O-C(=O)-CH_3)-\right]_n$	폴리비닐 아세테이트	접착제, 섬유 코팅, 껌 수지, 페인트
$CH_2{=}C(CH_3)COOCH_3$	$\left[-CH_2-C(CH_3)(C(=O)-O-CH_3)-\right]_n$	폴리메틸 메타크릴레이트 (Lucite, Plexiglas)	유리 대용품, 볼링공

자가평가문제

1. 부가 고분자가 형성되면 단량체 단위는 어떻게 결합되는가?
   a. 고분자 사슬을 따라 흐르는 전위화된 전자
   b. 분산 힘
   c. 이중 결합
   d. 단량체의 이중 결합에서 전자에 의해 형성된 새로운 결합
2. 단량체 스타이렌($CH_2{=}CHC_6H_5$, 여기서 C_6H_5는 벤젠 고리를 나타냄)이 고분자를 형성할 때 반복되는 사슬은 무엇인가?
   a. 주사슬의 8-탄소 단위
   b. 6탄소 단위의 주사슬과 곁사슬기 2탄소 그룹
   c. 주사슬의 CH_2CH 단위와 곁사슬기 C_6H_5 그룹
   d. 주사슬의 $CH_2{=}CH$ 단위와 곁사슬기 C_6H_5 그룹
3. 수도관, 물병, 비옷을 만드는 일반적인 재료는 무엇인가?
   a. 폴리에틸렌
   b. 폴리프로필렌
   c. 폴리테트라플루오로에틸렌
   d. 폴리염화비닐
4. 다음 중 전도성 고분자는 무엇인가?
   a. 폴리아세틸렌
   b. 폴리프로필렌
   c. 폴리테트라플루오로에틸렌
   d. 폴리염화비닐

정답: 1. d, 2. c, 3. d, 4. a

10.4 고무 및 기타 탄성체

학습 목표 • 가교를 정의하고 가교가 고분자의 성질을 어떻게 변화시키는지 설명한다.

이 장의 시작 부분에서 언급했듯이, 제2차 세계대전 중 천연고무 공급이 끊기면서 이를 대체할 소재를 찾던 것이 합성 고분자 산업 발전의 기반이 되었다.

천연고무는 아이소프렌이라는 단순한 탄화수소 단위로 분해할 수 있다. 아이소프렌은 휘발성 액체인 반면에 고무는 반고체의 탄성 물질이다. 화학자들은 아이소프렌이 고무나무의 세포가 아닌 석유 정제소에서 나온다는 점을 제외하면 천연고무와 동일한 물질인 폴리아이소프렌을 만들 수 있다.

$$n\,CH_2{=}\underset{\displaystyle CH_3}{\underset{|}{C}}{-}CH{=}CH_2 \longrightarrow \left[CH_2{-}\underset{\displaystyle CH_3}{\underset{|}{C}}{=}CH{-}CH_2 \right]_n$$

아이소프렌 　　　　　 폴리아이소프렌(고무)

화학자들은 또한 여러 가지 합성 고무를 개발하고, 고분자의 성질을 변화시키기 위해 다양한 개질 방법을 고안해냈다.

가황: 가교

고무를 이루는 긴 사슬 분자들은 서로 꼬이고 얽혀 있다. 고무를 늘리면 이 꼬여 있던 분자들이 곧게 펴진다. 천연고무는 뜨거울 때 부드럽고 끈적거리지만, 황과 반응하면 더 단단해질 수 있다. 이 과정을 **가황**(vulcanization)이라 하며, 황 원자가 탄화수소 사슬들을 옆으로 서로 **가교**(cross-link)한다(그림 10.4). 미국의 Charles Goodyear(1800~1860)가 가황을 발견했고, 1844년에 이 공정으로 미국 특허 제3633호를 받았다.

가황된 고무는 가교된 구조를 가지고 있어 더 단단하고 강한 물질이 되며, 자동차 타이어에 적합하다. 놀랍게도 가교는 고무의 탄성도 향상한다. 가교 결합의 정도가 적당하면 개별 사슬이 어느 정도 자유롭게 풀리고 늘어날 수 있다. 늘어난 가황 고무가 방출되면 가교가 사슬을 원래 배열로 다시 잡아당긴다(그림 10.5). 고무줄이 탄력을 가지는 것은 이러한 분자 구조 덕분이다. 늘어난 후 원래 크기로 되돌아올 수 있는 물질을 **탄성체**(elastomer)라고 부른다.

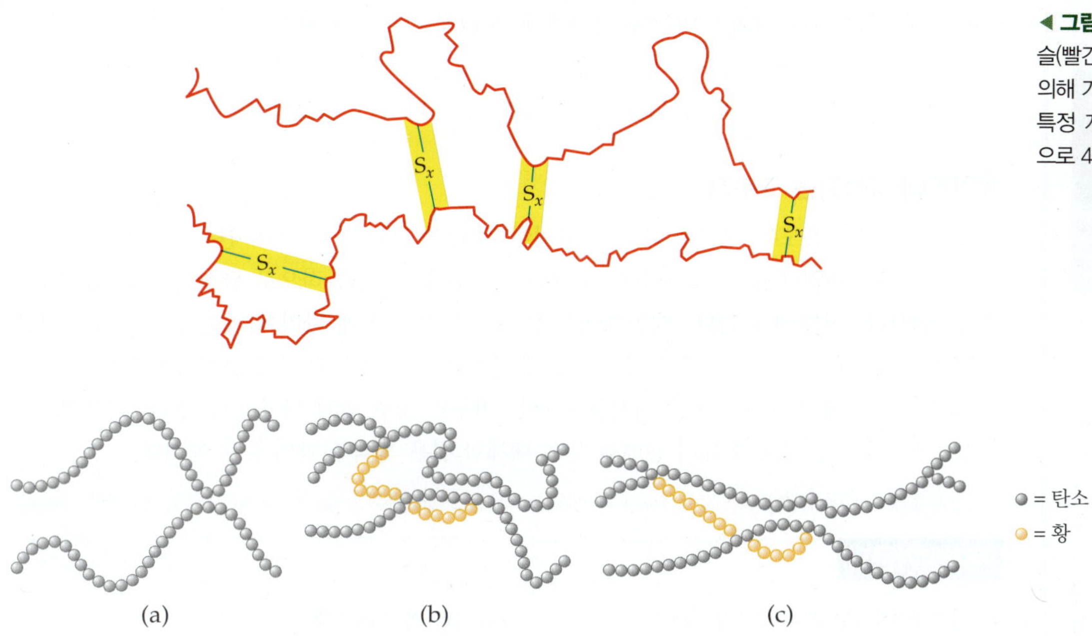

◀ **그림 10.4** 가황 고무는 긴 탄화수소 사슬(빨간색 선으로 표시)이 짧은 황 원자에 의해 가교되어 있다. 아래첨자 *x*는 작은 불특정 개수의 황 원자를 나타내며, 일반적으로 4개를 넘지 않는다.

▲ **그림 10.5** 고무의 가황은 탄화수소 사슬을 가교한다. (a) 가황하지 않은 고무에서는 고무를 늘릴 때 사슬이 서로 미끄러진다. (b) 가황은 사슬 사이에 황 가교를 추가하는 것을 포함한다. (c) 가황 고무가 늘어날 때 황 가교는 사슬이 서로 미끄러지는 것을 방지한다. 가황 고무는 가황되지 않은 고무보다 강하다.

합성 고무

천연고무는 아이소프렌의 고분자이며, 일부 합성 탄성체는 천연고무와 밀접한 관련이 있다. 예를 들어 폴리부타디엔은 단량체 부타다이엔($CH_2{=}CHCH{=}CH_2$)으로 만들어지는데, 이는 두 번째 탄소 원자에 메틸기가 없다는 점에서만 아이소프렌과 다르다. 폴리부타디엔은 이 단량체로부터 비교적 쉽게 만들어진다.

$$n\,CH_2{=}CH{-}CH{=}CH_2 \longrightarrow {+}CH_2{-}CH{=}CH{-}CH_2{+}_n$$

그러나 이 고분자는 인장 강도가 약하고 휘발유와 기름에 대한 저항성이 약하다. 이러한 특성으로 인해 탄성체의 주요 용도인 자동차 타이어에 사용하기에는 한계가 있다.

또 다른 합성 탄성체인 폴리클로로프렌(네오프렌)은 아이소프렌과 유사하지만, 아이소프렌의 메틸기 대신 염소(녹색으로 표시)가 있는 단량체로 만들어진다.

$$n\,CH_2{=}\underset{\displaystyle Cl}{\underset{|}{C}}{-}CH{=}CH_2 \longrightarrow {+}CH_2{-}\underset{\displaystyle Cl}{\underset{|}{C}}{=}CH{-}CH_2{+}_n$$

네오프렌(Neoprene)은 다른 탄성체보다 기름과 휘발유에 대한 내성이 강하다. 자동차 주유소에서 사용되는 휘발유 펌프 호스 및 이와 유사한 제품을 만드는 데 사용된다.

스타이렌-부타다이엔 고무(styrene-butadiene rubber, SBR)는 스타이렌(약 25%, 녹색으로 표시)과 부타다이엔(약 75%)의 공중합체이다. SBR 분자의 한 조각은 다음과 같다.

$$\sim CH_2CH{=}CHCH_2{-}\underset{\displaystyle C_6H_5}{CH_2\underset{|}{C}H}{-}CH_2CH{=}CHCH_2{-}CH_2CH{=}CHCH_2\sim$$

부타다이엔 단위 | 스타이렌 단위 | 부타다이엔 단위 | 부타다이엔 단위

3 껌에 고분자가 있는가?

껌은 항상 고분자를 함유하고 있다. 원래는 '치클(chicle)'이라고 불리는 사포딜라 나무의 수액이었으며, 초기 껌 브랜드는 치클렛(Chiclets)이라는 이름이었다. 제2차 세계대전 이후 껌의 기초 재료로 폴리에틸렌이나 폴리비닐 아세테이트와 같은 합성 고무가 사용되었다.

왜 중요할까?

SBR과 관련된 고분자는 폴리(스타이렌-부타다이엔-스타이렌), 즉 SBS이다. '블록 공탄성체'라고 불리는 SBS는 3개의 분절로 구성된 분자를 가지고 있다. 한쪽 끝은 폴리스타이렌 반복 단위의 사슬, 중간은 폴리부타다이엔 반복 단위의 긴 사슬, 다른 쪽 끝은 또 다른 폴리스타이렌 반복 단위의 사슬이다. SBS는 신발 밑창이나 타이어 노면 접합부 등 내구성이 중요한 제품에 사용되는 경질 고무이다.

▲ 합성 고분자는 페인트에서 바인더 역할을 한다. 색소는 페인트에 색상과 불투명도를 제공한다. 흰색 고체인 이산화 티타늄(TiO_2)이 가장 널리 사용되는 색소이다.

SBR은 천연고무보다 산화와 마모에 강하지만, 물리적 강도와 복원력은 떨어진다. 천연고무와 마찬가지로 SBR 분자는 이중 결합을 포함하고 있으며, 가황을 통해 가교될 수 있다. SBR은 미국 전체 탄성체 생산량의 약 3분의 1을 차지하며, 주로 타이어 제조에 사용된다.

페인트에 사용되는 고분자

탄성체의 놀라운 용도는 페인트 및 기타 코팅이다. 페인트에서 경화되어 연속적인 표면 코팅을 형성하는 물질(바인더 또는 레진이라고도 함)은 고분자, 즉 일반적으로 탄성체이다. 탄성체로 만든 페인트는 균열에 강하다. 페인트에서 원하는 특정 특성에 따라 다양한 종류의 고분자를 바인더로 사용할 수 있다. 고분자 입자가 물에 분산되어 있어 유기 용매를 사용하지 않는 라텍스 페인트가 가장 일반적이다. 브러시와 롤러는 비누와 물로 쉽게 세척할 수 있다. 역사적으로 페인트에 사용되던 유해한 유기 용매를 물로 대체한 것은 녹색 화학의 좋은 예이다.

자가평가문제

1. 천연고무는 무엇의 고분자인가?
- **a.** 부타다이엔
- **b.** 아이소뷰틸렌
- **c.** 아이소프렌
- **d.** 프로필렌

2. 다음 중 아이소프렌의 구조는 무엇인가?
- **a.** $CH_2{=}CH{-}C{\equiv}(N)$
- **b.** $CH_2{=}C(CH_3){-}CH_3$
- **c.** $CH_2{=}CCl{-}CH{-}CH_2$
- **d.** $CH_2{=}C(CH_3){-}CH{=}CH_2$

3. 가교제에 대한 설명으로 옳은 것은 무엇인가?
- **a.** 고분자 사슬을 서로 결합하는 원자 또는 그룹
- **b.** 고분자 사슬의 작용기
- **c.** 고분자 사슬의 반복 단위
- **d.** 고분자 사슬의 치환기

4. Charles Goodyear는 천연고무를 어떤 물질과 함께 가열하면 가교시킬 수 있다는 것을 발견했는가?
- **a.** 바인더(B)
- **b.** 탄소
- **c.** 아이소프렌
- **d.** 유황

5. 스타이렌-부타다이엔 고무(SBR)는 어떤 고분자의 예인가?
- **a.** 공중합체
- **b.** 천연 탄성체
- **c.** 천연 가교 고분자
- **d.** 폴리아마이드

6. 탄성체와 같은 고분자는 페인트에서 무엇으로 사용되는가?
- **a.** 바인더
- **b.** 개시제
- **c.** 색소
- **d.** 용제

7. 늘어났다가 원래 크기로 되돌아올 수 있는 물질은 무엇인가?
- **a.** 바인더
- **b.** 공중합체
- **c.** 탄성체
- **d.** 폴리아마이드

정답: 1. c, 2. d, 3. a, 4. d, 5. a, 6. a, 7. c

10.5 축합 고분자

학습 목표
- 부가 중합과 축합 중합을 구분한다.
- 폴리에스터와 폴리아마이드를 형성하는 단량체의 구조를 작성한다.

지금까지 살펴본 고분자는 모두 부가 고분자이다. 단량체 분자의 모든 원자가 고분자 분자에 통합된다. 축합 고분자에서는 단량체 분자의 일부가 최종 고분자에 포함되지 않는다. **축합 중**

합(condensation polymerization) 또는 단계 반응 중합(step-reaction polymerization) 중에는 작은 분자, 즉 보통 물(다음 예에서는 녹색으로 표시됨)이지만 때로는 메탄올, 암모니아, HCl가 부산물로 형성된다.

나일론 및 기타 폴리아마이드

예를 들어 나일론의 형성을 고려해보자. 나일론 6이라고 불리는 나일론의 한 유형의 단량체는 6번째 탄소 원자에 아미노기(파란색)가 있는 6탄소 카복실산(자홍색)인 6-아미노헥사노산($HOOCCH_2CH_2CH_2CH_2CH_2NH_2$)이다. (각각 다른 단량체 또는 단량체 집합으로 제조된 여러 가지 나일론이 있지만 모두 공통된 구조적 특징을 공유한다.)

이 중합 반응에서 한 단량체 분자의 카복실기는 다른 분자의 아민기와 아마이드 결합을 형성한다.

$$n\,HO-\overset{\overset{\displaystyle O}{\|}}{C}CH_2(CH_2)_3CH_2\overset{\overset{\displaystyle H}{|}}{N}-H + n\,HO-\overset{\overset{\displaystyle O}{\|}}{C}CH_2(CH_2)_3CH_2\overset{\overset{\displaystyle H}{|}}{N}-H \longrightarrow$$

$$\left[\overset{\overset{\displaystyle O}{\|}}{C}CH_2(CH_2)_3CH_2\overset{\overset{\displaystyle H}{|}}{N}-\overset{\overset{\displaystyle O}{\|}}{C}CH_2(CH_2)_3CH_2\overset{\overset{\displaystyle H}{|}}{N}\right]_n + 2n\,H_2O$$

아마이드 결합

만들어진 각 아마이드 결합에 대해 부산물로 물 분자가 형성된다. 비축합 부산물이 생성된다는 점이 축합 중합과 부가 중합을 구별하는 특징이다. 축합 고분자의 반복 단위식은 단량체의 화학식과 동일하지 않다는 점에 유의해야 한다.

고분자를 함께 묶는 연결 고리는 아마이드 결합이기 때문에 나일론 6은 **폴리아마이드**(polyamide)이다. 또 다른 나일론은 1,6-헥산디아민($H_2NCH_2CH_2CH_2CH_2NH_2$)과 아디프산($HOOCCH_2CH_2CH_2COOH$), 두 가지 단량체의 축합에 의해 제조된다. 각 단량체는 6개의 탄소 원자를 가지고 있으며, 이 고분자를 나일론 66(nylon 66)이라고 한다.

$$n\,H-\overset{\overset{\displaystyle H}{|}}{N}CH_2CH_2CH_2CH_2CH_2CH_2\overset{\overset{\displaystyle H}{|}}{N}-H + n\,HO-\overset{\overset{\displaystyle O}{\|}}{C}(CH_2)_4\overset{\overset{\displaystyle O}{\|}}{C}-OH \longrightarrow$$

1,6-헥산디아민 　　　　 아디프산

$$\left[\overset{\overset{\displaystyle H}{|}}{N}CH_2CH_2CH_2CH_2CH_2CH_2\overset{\overset{\displaystyle H}{|}}{N}-\overset{\overset{\displaystyle O}{\|}}{C}CH_2CH_2CH_2CH_2\overset{\overset{\displaystyle O}{\|}}{C}\right]_n + 2n\,H_2O$$

아마이드 결합

이것은 1937년에 듀폰의 화학자 Wallace Carothers(미국, 1896~1937)가 발견한 최초의 나일론 고분자이다. 한 단량체는 아미노기가 2개, 다른 단량체는 카복실기가 2개이지만 생성물은 나일론 6와 매우 유사한 폴리아마이드이다. 단백질 섬유인 실크와 양모는 천연 폴리아마이드이다.

나일론은 다양한 모양으로 성형할 수 있지만 대부분 나일론은 섬유로 만들어진다. 일부는 가느다란 실로 뽑아 실크와 같은 직물로 짜고, 일부는 양모와 비슷한 실로 만들어진다. 한때 카펫은 주로 양모나 면으로 만들어졌지만, 최근에는 최소 90%의 카펫이 나일론으로 만들어진다.

폴리에틸렌 테레프탈레이트 및 기타 폴리에스터

폴리에스터(polyester)는 알코올과 카복실산 작용기를 가진 분자로 만든 축합 고분자이다. 가장 일반적인 폴리에스터는 에틸렌 글리콜과 테레프탈산으로 제조된다. 폴리에틸렌 테레프탈레이트(polyethylene terephthalate, PET)라고 한다.

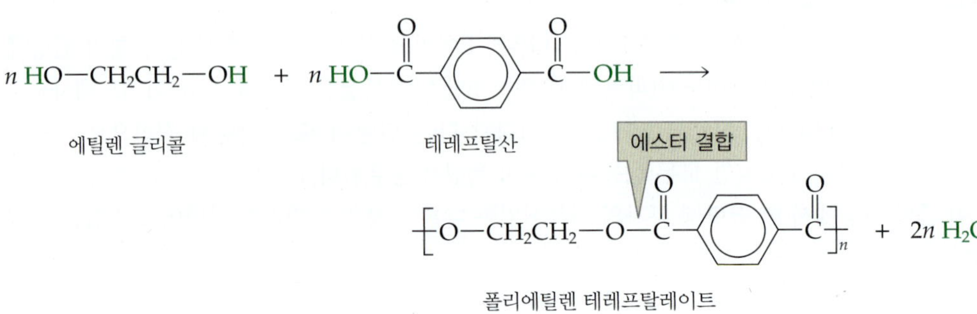

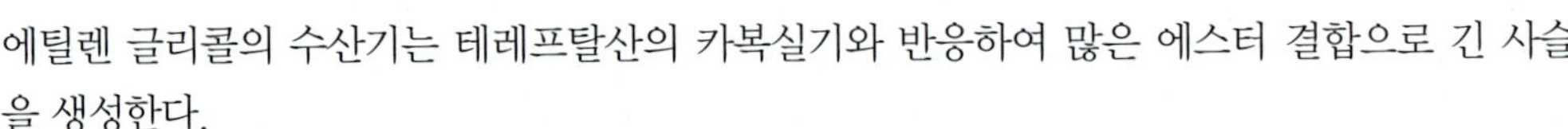

에틸렌 글리콜의 수산기는 테레프탈산의 카복실기와 반응하여 많은 에스터 결합으로 긴 사슬을 생성한다.

PET는 음료 및 기타 액체를 담는 병으로 성형할 수 있다. 또한 문서를 라미네이팅하고 견고한 포장 테이프를 만드는 데 사용되는 필름으로 성형할 수도 있다. 폴리에스터 마감재는 기타, 피아노, 차량 및 보트의 인테리어와 같은 고급 목재 제품에 사용된다. 폴리에스터 섬유는 강하고 건조가 빠르며 곰팡이, 구김, 늘어남, 수축에 강한다. 카펫, 커튼, 시트 및 베갯잇, 실내 장식과 같은 가정용 가구 및 제품에 사용된다. 폴리에스터 섬유는 물을 흡수하지 않기 때문에 습하고 습한 환경에서 착용하는 아웃도어 의류와 부츠 및 침낭의 단열재에 이상적이다. 다른 의류의 경우 보다 자연스러운 느낌을 위해 면과 혼방되는 경우가 많다. 폴리에스터 필름(마일라)은 특별한 날을 기념하기 위해 헬륨으로 채워진 반짝이는 풍선을 만드는 데도 많이 사용된다.

▲ 마일라 풍선은 축하 행사나 기타 축제 행사 및 이벤트에 매우 일반적으로 사용된다. 다채로운 폴리에스터 필름으로 만들어지며 헬륨으로 채워져 있다.

페놀-포름알데하이드 및 관련 수지

최초의 합성 고분자인 베이클라이트(Bakelite)로 다시 돌아가 보자. 베이클라이트는 페놀-포름알데하이드 수지로, 미국의 Leo Baekeland(1863~1944)가 처음 합성했다. 그는 이 공정으로 1909년 미국 특허 제942,699호를 받았다. 페놀 수지는 더 이상 산업용 고분자로는 중요하지 않지만 당구공, 도미노, 체커와 같은 보드 및 테이블톱 게임 조각 및 도자기 대체재로 사용된다.

페놀-포름알데하이드 수지는 물 분자, 페놀의 벤젠 고리에서 나오는 수소 원자, 알데하이드에서 나오는 산소 원자를 생성하는 축합 반응을 통해 형성된다. 반응은 단계적으로 진행되며, 먼저 포름알데하이드가 페놀 분자의 2번 또는 4번 위치에 추가된다.

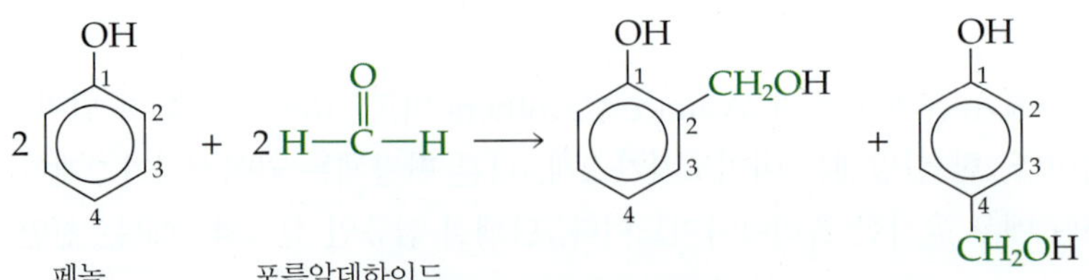

치환된 페놀 분자는 물 분자가 형성되면서 서로 연결된다. (벤젠 고리의 치환되지 않은 모든 모서리에는 수소 원자가 있다는 것을 기억하자.) 분자의 연결은 광범위한 그물 구조가 형성될 때까지 계속된다.

페놀-포름알데하이드 수지

반응에서 생성된 물은 고분자가 경화되는 동안 열에 의해 제거된다. 고분자의 구조는 거대한 건물의 뼈대처럼 매우 복잡한 3차원 그물 구조이다. 페놀 고리는 포름알데하이드에서 나온 CH_2 단위로 서로 연결된다는 점에 유의하자. 이러한 그물구조 고분자는 **열경화성 수지**(thermosetting resin)로 녹여서 다시 성형할 수 없다. 대신 높은 온도로 가열하면 분해된다.

포름알데하이드는 요소[$H_2N(C{=}O)NH_2$]와 축합하여 요소-포름알데하이드 수지를 만들거나 멜라민과 축합하여 멜라민-포름알데하이드 수지를 만들 수도 있다(멜라민은 요소 세 분자의 응축으로 형성된다. 오른쪽 구조 참조).

멜라민

이 수지는 페놀 수지와 마찬가지로 열경화성 수지이다. 이 고분자는 포름알데하이드($H_2C{=}O$) 분자와 아미노기($-NH_2$) 그룹(파란색)의 축합 반응에 의해 형성된 복잡한 3차원 그물 구조이다. 요소-포름알데하이드 수지는 파티클 보드에서 목재 조각을 서로 결합시키는 접착제로 사용된다. 멜라민-포름알데하이드 수지는 멜라크(Melmac) 식기류와 라미네이트 조리대에 표면 재료로 사용된다.

기타 축합 고분자

다른 많은 종류의 축합 고분자가 있지만 몇 가지만 살펴보자.

폴리카보네이트(polycarbonate)는 방탄창에 사용할 수 있을 만큼 견고하고 '유리처럼 투명한' 고분자이다. 또한 보호 헬멧, 보안경, 투명한 플라스틱 물병, 젖병, 심지어 치과용 크라운에도 사용된다. 하나의 폴리카보네이트는 비스페놀-A(BPA)와 포스겐($COCl_2$)으로 만들어진다. 생성물에는 탄산염 그룹(녹색으로 표시)이 있다.

포스겐 + 비스페놀-A ⟶ 폴리카보네이트 + 2 HCl

왜 중요할까?

비스페놀-A(BPA)는 내분비계 교란 물질로 호르몬처럼 작용할 수 있다. 폴리카보네이트 젖병에서 소량의 BPA가 침출되어 장기간 저용량 노출로 이어질 수 있다. 캐나다는 2008년에 젖병의 BPA 사용을 금지했다. 미국 및 기타 지역의 많은 제조업체는 BPA가 없는 젖병 제조로 전환했다.

폴리우레탄(polyurethane)은 구조상 나일론 고분자와 유사하지만, 아이소시아네이트기 (—N=C=O)가 알코올기(—OH)와 반응하여 아마이드 결합이 아닌 —NHCOO— 결합을 형성한다는 점을 제외하면 나일론 고분자와 유사하다. 일반적인 폴리우레탄의 반복 단위는 다음과 같다.

$$\sim\overset{\overset{\displaystyle O}{\|}}{C}-NH-CH_2CH_2CH_2CH_2CH_2CH_2-NH-\overset{\overset{\displaystyle O}{\|}}{C}-O-CH_2CH_2CH_2CH_2-O\sim$$

폴리우레탄은 사용되는 단량체에 따라 탄성체일 수도 있고, 단단하고 딱딱할 수도 있다. 쿠션, 매트리스, 패딩 가구의 발포 패딩(폼 고무)에 흔히 사용된다. 또한 스케이트 바퀴, 러닝화, 스포츠 활동용 보호 장비, 목재용 하드 래커와 같은 코팅에도 사용된다.

에폭시(epoxy)는 우수한 표면 페인트와 코팅을 만든다. 강철 파이프와 장치를 부식으로부터 보호하는 데 사용된다. 금속 캔의 내부는 녹이 슬지 않도록 에폭시로 코팅하는 경우가 많으며, 특히 토마토와 같은 산성식품 캔에는 에폭시가 많이 사용된다. 일반적인 에폭시는 에피클로로히드린과 BPA로 만들어진다.

$$\sim O-C_6H_4-\underset{\underset{\displaystyle CH_3}{|}}{\overset{\overset{\displaystyle CH_3}{|}}{C}}-C_6H_4-O-CH_2\underset{\underset{\displaystyle OH}{|}}{C}HCH_2\sim$$

에폭시

에폭시는 또한 강력한 접착제로 사용된다. 이러한 접착제는 일반적으로 사용 직전에 혼합되는 두 가지 성분으로 이루어져 있다. 혼합 후 고분자 사슬들이 가교되어 결합력이 매우 강해진다.

복합 재료

복합 재료는 고강도 섬유(유리, 흑연, 합성 고분자 또는 세라믹 등으로 된)가 고분자 매트릭스 안에 결합된 형태로 구성된다. 이 기지재는 보통 열경화성 축합 고분자로 구성된다. 섬유 보강재가 지지력을 제공하고, 이를 둘러싼 플라스틱이 섬유가 끊어지는 것을 방지한다.

▲ 탄소 섬유와 에폭시를 사용한 복합 구조는 자전거 프레임을 튼튼하고 가볍게 만든다(약 1 kg에 불과). 탄소 섬유의 방향에 따라 제작자는 필요한 곳에 강도를 극대화할 수 있도록 소재를 맞춤 제작할 수 있다.

가장 일반적으로 사용되는 복합 재료 중에는 유리 섬유로 강화된 폴리에스터 수지가 있다. 이는 보트 선체, 성형 의자, 자동차 패널, 테니스 라켓과 같은 스포츠 장비에 널리 사용된다. 주목할 만한 예로는 장대높이뛰기에 사용되는 장대가 있다. 현재의 세계 기록은 목재 장대를 사용했을 때보다 75% 이상 향상되었다. 일부 복합 재료는 강철과 동일한 강도와 강성을 가지면서도 강철 무게의 일부에 불과한 경량성을 지닌다.

실리콘

모든 고분자가 탄소 원자 사슬을 기반으로 하는 것은 아니다. 다른 유형의 고분자의 좋은 예는 **실리콘**(silicon, 폴리실록산)으로, 사슬에 실리콘과 산소 원자가 번갈아 가며 배열되어 있다.

$$\sim\underset{\underset{\displaystyle R}{|}}{\overset{\overset{\displaystyle R}{|}}{Si}}-O-\underset{\underset{\displaystyle R}{|}}{\overset{\overset{\displaystyle R}{|}}{Si}}-O-\underset{\underset{\displaystyle R}{|}}{\overset{\overset{\displaystyle R}{|}}{Si}}-O-\underset{\underset{\displaystyle R}{|}}{\overset{\overset{\displaystyle R}{|}}{Si}}-O-\underset{\underset{\displaystyle R}{|}}{\overset{\overset{\displaystyle R}{|}}{Si}}-O-\underset{\underset{\displaystyle R}{|}}{\overset{\overset{\displaystyle R}{|}}{Si}}-O-\underset{\underset{\displaystyle R}{|}}{\overset{\overset{\displaystyle R}{|}}{Si}}\sim$$

(단순 실리콘에서 R은 메틸, 에틸, 뷰틸과 같은 탄화수소기를 나타낸다.)

실리콘은 선형 구조, 고리형 구조, 가교된 그물 구조를 가질 수 있다. 실리콘은 열에 안정적이고 대부분 화학 물질에 안정적이며 방수성이 뛰어난 재료이다. 사슬 길이와 가교의 양에 따

규소는 탄소와 같은 4A 족 원소로, 탄소와 마찬가지로 4가 원자이며 사슬 구조를 형성할 수 있다. 그러나 탄소는 폴리에틸렌에서처럼 오직 탄소 원자만으로 이루어진 사슬을 만들 수 있는 반면에 실리콘 고분자의 사슬은 규소 원자와 산소 원자가 번갈아 배열된 구조를 가지고 있다.

라 실리콘은 기름이나 그리스, 고무 같은 화합물 또는 고체 수지가 될 수 있다. 실리콘 오일은 유압유 및 윤활유로 사용된다. 다른 실리콘은 봉합제, 자동차 광택제, 구두약, 방수 시트와 같은 제품에 사용된다. 비옷과 우산용 원단은 실리콘으로 처리되는 경우가 많다.

아마도 가장 주목할 만한 실리콘은 손가락 관절부터 안와(eye sockets)에 이르기까지 인체의 인공 기관에 사용되는 것이다 인공 귀와 코도 실리콘 고분자로 만들어진다. 이들은 주변 피부색과 일치하도록 특별히 착색할 수도 있다.

4 유연한 베이킹 팬에 실리콘을 사용할 수 있는 이유는 무엇인가?

실리콘 소재는 −55~300 ℃(−67~570 ℉)의 온도 범위에서 견딜 수 있다. 유연성, 모양, 기타 성질을 유지한다. 매우 안정적이고 내구성이 뛰어나지만, 강도와 강성을 높이기 위해 보강하는 경우가 많다.

▲ 실리콘으로 만든 조리기구는 다채롭고 유연하며 달라붙지 않는다.

예제 10.3 고분자의 축약 구조식

디메틸실란올 $(CH_3)_2Si(OH)_2$로 형성된 고분자의 축약 구조식 작성하라.

풀이

단량체의 구조식을 작성하는 것부터 시작한다.

$$HO-\underset{CH_3}{\overset{CH_3}{Si}}-OH$$

이 분자에는 이중 결합이 없기 때문에 부가 중합을 거치지 않을 것으로 예상한다. 오히려 한 분자의 OH기와 다른 분자의 원자(H)가 결합하여 물 분자를 형성하는 축합 반응이 일어날 것으로 예상한다. 또한 분자당 2개의 OH기가 있기 때문에 각 단량체는 2개의 다른 단량체(양쪽에 하나씩)와 결합을 형성할 수 있다. 이것이 중합의 핵심 요건이다. 이 반응은 다음과 같이 나타낼 수 있다.

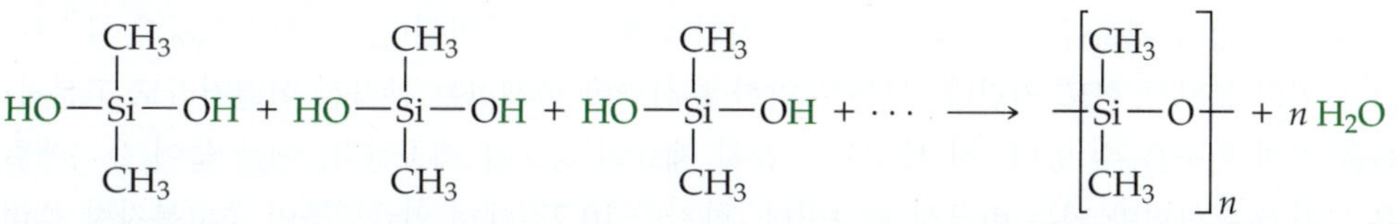

$$HO-\underset{CH_3}{\overset{CH_3}{Si}}-OH + HO-\underset{CH_3}{\overset{CH_3}{Si}}-OH + HO-\underset{CH_3}{\overset{CH_3}{Si}}-OH + \cdots \longrightarrow \left[-\underset{CH_3}{\overset{CH_3}{Si}}-O-\right]_n + n\,H_2O$$

› 복습문제 10.3A

a. 글리콜산(하이드록시아세트산, $HOCH_2COOH$)으로 형성된 고분자의 구조식을 쓰고, 반복 단위를 4개 이상 표시하라.

b. 반복 단위가 괄호 안에 표시된 축약 구조식을 작성하라.

› 복습문제 10.3B

a. 4-아미노부탄산($NH_2CH_2CH_2CH_2COOH$)으로 형성된 고분자의 구조식을 쓰고, 반복 단위를 4개 이상 표시하라.

b. 반복 단위가 괄호 안에 표시된 축약 구조식을 작성하라.

자가평가문제

1. 축합 중합은 일반적으로 물과 같은 작은 분자를 생성하며, 어떤 조건이 필요한가?

   a. 탄소-탄소 이중 결합의 존재

   b. 탄소-산소 이중 결합의 존재

   c. 각각 최소 2개의 작용기를 가진 2개의 단량체

   d. 각각 1개의 작용기만 갖는 2개의 단량체

2. 실리콘 고분자 사슬의 주사슬은 어떤 반복 단위로 구성되어 있는가?
   a. ~OCH_2CH_2OSi~
   b. ~OCH_2CH_2Si~
   c. ~SiO~
   d. ~OSiSi~

3. 폴리아마이드의 유일한 단량체 역할을 할 수 있는 분자는 무엇인가?
   a. $H_2NCH_2CH_2CH_2OH$
   b. $H_2NCH_2CH_2CH_2CH_2NH_2$
   c. $HOOCCH_2CH_2CH_2CH_2CH_2NH_2$
   d. $HOOCCH_2CH_2CH_2CONH_2$

4. 열경화성 고분자는 어떤 특성을 가지는가?
   a. 쉽게 재활용된다.
   b. 항상 첨가제이다.
   c. 녹여서 다시 성형할 수 없다.
   d. 일반적으로 열가소성 고분자보다 낮은 온도에서 녹는다.

5. 폴리에스터를 형성할 수 있는 분자 쌍은 무엇인가?
   a. $HOCH_2CH_2OH$ 및 $HOCH_2CH_2CH_2CH_2OH$
   b. $H_2NCH_2CH_2CH_2CH_2NH_2$ 및 $HOOCCH_2CH_2CH_2CH_2COOH$
   c. $H_2NCH_2CH_2CH_2CH_2NH_2$ 및 $HOCH_2CH_2CH_2CH_2CH_2OH$
   d. $HOOCCH_2CH_2CH_2CH_2COOH$ 및 $HOCH_2CH_2CH_2CH_2OH$

정답: 1. c, 2. c, 3. c, 4. c, 5. d

10.6 고분자의 성질

학습 목표 • 유리 전이 온도의 개념을 설명한다.
• 결정성이 고분자의 물리적 성질에 어떤 영향을 미치는지 설명한다.

고분자는 크게 세 가지 점에서 분자로 구성된 물질과 다르다. 첫째, 긴 사슬은 스파게티 접시 위의 가닥처럼 서로 얽힐 수 있다. 특히 저온에서는 고분자 분자의 얽힘을 풀기가 어렵다. 이 성질은 많은 플라스틱, 탄성체, 기타 재료에 강도를 부여한다.

둘째, 분자간 힘은 작은 분자와 마찬가지로 고분자에 영향을 미치지만, 분자 간 상호작용의 수가 훨씬 많기 때문에 큰 분자의 경우 이러한 힘이 크게 증가된다. 분자의 크기가 클수록 분자 사이의 분자간 힘도 커진다. 보통은 약한 분산력만 존재하는 분자간 힘일지라도 고분자 사슬을 강하게 묶을 수 있다. 이 특성은 고분자 재료의 강도를 제공한다. 예를 들어 폴리에틸렌은 분자간 분산력만 있는 비극성 분자이다. 하지만 10.2절에서 언급했듯이 초고분자량 폴리에틸렌은 방탄 조끼에 사용할 수 있을 정도로 강한 섬유를 형성한다.

셋째, 작은 분자들(단량체)은 긴 사슬(고분자)로 결합되어 있을 때보다 서로 독립적으로 존재할 때 훨씬 더 빠르고 무작위로 움직일 수 있다. 분자 속도가 느리면 고분자 물질은 작은 분자로 이루어진 물질과 다르다. 예를 들어 용매에 용해된 고분자는 순수한 용매보다 훨씬 더 점성이 높고 순수한 용매보다 더 느리게 흐르는 용액을 형성한다.

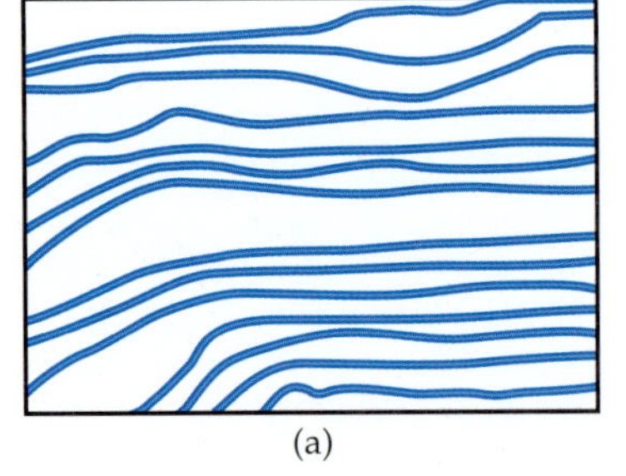

(a)

(b)

▲ **그림 10.6** 고분자 분자의 배열. (a) 결정 배열, (B) 비정질 배열

결정성 및 비정질 고분자

일부 고분자는 높은 결정성을 가지며, 그 분자들이 질서 있게 배열되어 매우 강한 장섬유를 형성한다. 다른 고분자는 대부분 무정형이며, 무작위로 배열된 분자들이 서로 뒤엉켜 있는 구조를 가진다(그림 10.6). 결정성 고분자는 우수한 합성 섬유를 만드는 경향이 있는 반면에 무정형 고분자는 종종 탄성체로 사용된다.

때때로 같은 고분자가 한 영역에서는 결정질이고 다른 영역에서는 비정질인 경우가 있다. 예를 들어 과학자들은 스판덱스 섬유[스키 바지, 운동복, 수영복의 신축성 직물(예: 라이크라)에 사용]를 설계하여 결정질 섬유의 인장 강도와 비정질 고무의 신축성을 결합했다. 2개의 분자 구조가 1개의 고분자 사슬에 결합되어 있으며, 결정성 블록과 비정질 블록이 번갈아 가며 결합되어 있다. 비정질 블록은 부드럽고 고무 같은 반면 결정질 블록은 매우 단단하다. 결과물인 고분자는 유연성과 강성이라는 두 가지 성질을 모두 나타낸다.

5 천연 고분자로 만든 원단에는 어떤 것이 있는가?

면, 실크, 양모, 린넨은 모두 직물로 만들 수 있는 자연 발생 고분자이다. 레이온과 같이 자연 발생 셀룰로스로 만들어졌지만 합성적으로 변형되어 실로 제조되는 다른 소재는 반합성 소재로 간주된다.

유리 전이 온도

대부분 열가소성 고분자의 중요한 특성은 **유리 전이 온도**(glass transition temperature, T_g)이다. 이 온도 이상에서는 고분자가 고무처럼 단단하고 질기게 된다. 그 이하에서 고분자는 유리처럼 단단하고 뻣뻣하며 부서지기 쉽다. 각 고분자에는 고유한 T_g가 있다. 자동차 타이어는 견고하고 탄성이 있어야 하므로 T_g 값이 낮은 고분자로 타이어를 만든다. 반면에 유리 대체용 플라스틱은 유리처럼 보이기를 원한다. 따라서 이러한 고분자는 실온보다 훨씬 높은 T_g 값을 갖는다. 우리는 일상생활에서 유리 전이 온도를 적용할 수 있다. 예를 들어 껌에 '씹는 맛'을 주는 폴리비닐 아세테이트 수지의 온도를 T_g 이하로 낮추기 위해 얼음을 입혀 옷에서 껌을 제거할 수 있다. 그러면 차갑고 부서지기 쉬운 수지가 쉽게 부서져서 제거할 수 있다.

섬유 형성

모든 합성 고분자를 유용한 섬유로 만들 수 있는 것은 아니지만, 천연 섬유보다 우수한 성질을 가진 섬유를 만들 수 있는 합성 고분자도 있다. 미국에서 매년 생산되는 600억 kg의 섬유 중 절반 이상이 합성 섬유이다.

실크 원단은 아름답고 고급스러운 '촉감'을 가지고 있지만, 나일론 원단도 매력적이고 실크와 비슷한 느낌을 준다. 게다가 나일론 원단은 실크보다 더 오래 입을 수 있고 관리하기 쉬우며 가격도 저렴하다.

PET와 같은 폴리에스터는 면이나 실크를 대체할 수 있지만, 여러 면에서 천연 섬유보다 성능이 뛰어나다. 폴리에스터는 면 섬유처럼 곰팡이에 잘 오염되지 않으며, 많은 폴리에스터 직물은 다림질이 필요하지 않다. 폴리에스터 섬유에 35%에서 50%의 면 섬유를 혼합한 직물은 면의 쾌적함과 폴리에스터의 다림질이 필요 없는 손쉬운 관리 특성을 함께 지닌다.

폴리아크릴로니트릴(polyacrylonitrile)로 만든 아크릴 섬유는 양모처럼 보이는 실을 뽑을 수 있다. 아크릴 스웨터는 양모의 아름다움과 따뜻함을 가지고 있지만 뜨거운 물에서 수축되지 않고 좀벌레의 피해를 받지 않으며, 일부 사람들에게 양모가 유발하는 알레르기성 피부 반응을 일으키지 않는다.

지름이 10 μm 이하로, 즉 실크 섬유의 절반 정도로 매우 가는 섬유를 **마이크로섬유**(microfiber)라고 하며, 거의 모든 섬유 형성용 고분자로부터 제조할 수 있다. 그러나 대부분은 폴리에스터, 폴리아마이드, 또는 이 두 가지의 혼합물로 만들어진다. 섬유의 크기, 형태, 조성을 변화시키면 방수성(의류용) 또는 흡수성(걸레용) 제품을 만들 수 있다. 마이크로섬유는 먼지를 효과적으로 포집하거나 액체를 흡수하도록 형태를 조절할 수 있다. 이러한 섬유는 이미 다양한 용도로 사용되고 있으며, 앞으로 더욱 많은 분야에서 활용될 가능성이 높다.

합성섬유의 단점 중 하나는 세탁할 때 미세한 마이크로섬유가 떨어져 나간다는 점이다. 마이크로섬유는 천연섬유처럼 쉽게 분해되지 않으며, 해양 환경에 축적되어 수생 생물 및 먹이사슬 전반에 걸쳐 위해를 초래할 수 있다.

▲ 방사판을 통한 압출에 의한 섬유의 형성. 녹은 고분자를 미세한 구멍을 통해 압출하면 식으면서 굳어 섬유가 형성된다.

자가평가문제

1. 결정성 고분자에 대한 설명으로 옳은 것은 무엇인가?

a. 탄성 **b.** 유연성 **c.** 높은 정도의 가교 **d.** 섬유에 사용

2. 고분자가 부드럽고 탄성 있는 상태에서 유리질처럼 단단한 상태로 변하는 온도는 무엇인가?

a. T_c **b.** T_f **c.** T_g **d.** T_i

3. 끓는 물에서는 유연하지만 실온에서는 단단한 재료라면 어떤 온도 T_g를 가질 가능성이 가장 높은가?

a. −20 ℃ **b.** 15 ℃ **c.** 75 ℃ **d.** 150 ℃

정답: 1. d, 2. c, 3. c

10.7 플라스틱과 환경적 문제

학습 목표 • 플라스틱 및 가소제와 관련된 환경적 문제를 설명한다.
• 지속가능하며 석유에서 유래하지 않은 두 가지 고분자의 종류를 알고, 그 원료를 설명한다.

▲ 매년 엄청난 양의 플라스틱 쓰레기가 바다로 흘러 들어간다. 해류에 의해 운반된 작은 플라스틱 조각들은 태평양의 특정 해역과 같이 다른 지역보다 훨씬 높은 농도로 플라스틱이 축적되는 구역에 모여 쌓이게 된다.

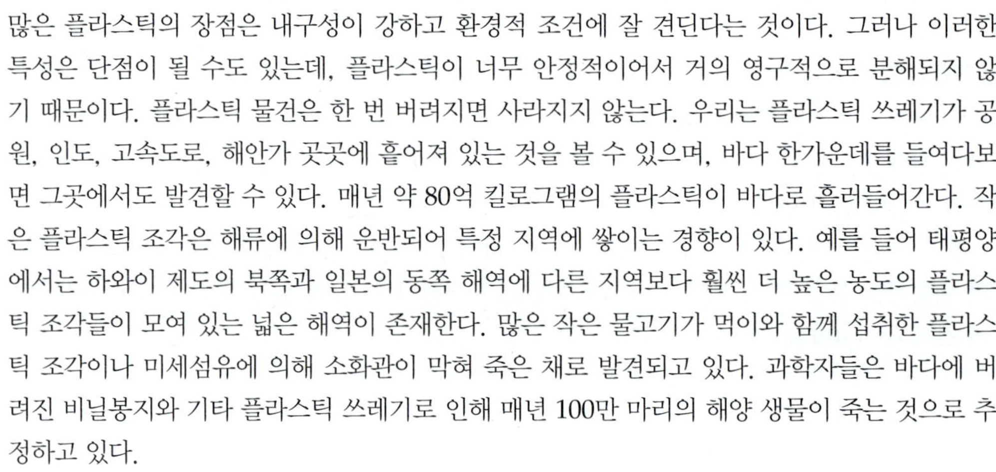

많은 플라스틱의 장점은 내구성이 강하고 환경적 조건에 잘 견딘다는 것이다. 그러나 이러한 특성은 단점이 될 수도 있는데, 플라스틱이 너무 안정적이어서 거의 영구적으로 분해되지 않기 때문이다. 플라스틱 물건은 한 번 버려지면 사라지지 않는다. 우리는 플라스틱 쓰레기가 공원, 인도, 고속도로, 해안가 곳곳에 흩어져 있는 것을 볼 수 있으며, 바다 한가운데를 들여다보면 그곳에서도 발견할 수 있다. 매년 약 80억 킬로그램의 플라스틱이 바다로 흘러들어간다. 작은 플라스틱 조각은 해류에 의해 운반되어 특정 지역에 쌓이는 경향이 있다. 예를 들어 태평양에서는 하와이 제도의 북쪽과 일본의 동쪽 해역에 다른 지역보다 훨씬 더 높은 농도의 플라스틱 조각들이 모여 있는 넓은 해역이 존재한다. 많은 작은 물고기가 먹이와 함께 섭취한 플라스틱 조각이나 미세섬유에 의해 소화관이 막혀 죽은 채로 발견되고 있다. 과학자들은 바다에 버려진 비닐봉지와 기타 플라스틱 쓰레기로 인해 매년 100만 마리의 해양 생물이 죽는 것으로 추정하고 있다.

미국 고형 폐기물의 질량 기준으로는 약 13%, 부피 기준으로는 약 25%를 플라스틱이 차지한다. 플라스틱의 부피는 전체 고형 폐기물의 55%가 매립지로 가는데, 적절한 매립지를 찾기가 점점 더 어려워지고 있기 때문에 문제를 야기하고 있다. 미국인들은 매일 약 6,000만 개의 플라스틱 병을 사용하지만, 약 12%만 재활용된다. 플라스틱 병 하나를 재활용하면 60 W 전구를 6시간 동안 태울 수 있는 충분한 에너지를 절약할 수 있다. 플라스틱을 재활용하면 석유에 대한 의존도를 줄이고 화석연료 사용으로 인한 이산화 탄소(CO_2) 배출량을 줄일 수 있다.

버려진 플라스틱을 처리하는 또 다른 방법은 소각하는 것이다. 대부분 플라스틱은 연료 가치가 높다. 예를 들어 폴리에틸렌 1파운드는 연료유 1파운드와 거의 같은 에너지 함량을 가지고 있다. 지역 쓰레기 소각장에서 나오는 열은 전기를 생산할 수 있으며, 일부 전력 회사에서는 분쇄된 고무 타이어를 소량의 분말 석탄과 혼합하여 연료로 사용하며, 이는 동시에 폐타이어 처리 문제를 해결하는 데도 도움이 된다.

반면에 플라스틱과 고무를 태우면 새로운 문제가 발생할 수 있다. 예를 들어 PVC는 연소 시 독성 염화 수소와 염화 비닐 가스가 발생하고, 자동차 타이어는 그을음과 악취가 나는 연기를 내뿜는다. 소각로는 산성 가스에 의해 부식되고 쉽게 연소되지 않는 물질로 막힐 수 있다.

분해가능한 플라스틱

미국에서 발생하는 폐플라스틱의 약 절반은 포장재에서 발생한다. 플라스틱 폐기 문제에 대한 한 가지 접근 방식은 생분해성 또는 광분해성(각각 박테리아나 빛에 의해 분해됨)인 플라스틱재를 만드는 것이다. 물론 이러한 포장재는 사용 중에는 형태를 유지하고 분해가 시작되지 않아야 한다. 최근에는 옥수수나 사탕수수로부터 제조된 폴리락타이드(PLA)와 미생물이 생성하는 여러 종류의 폴리하이드록시알카노에이트(PHA) 등 새로운 고분자에 대한 연구가 활발히 이루어지고 있으며, 분해가능한 새로운 플라스틱 식품 용기와 식기가 생산되고 있다.

6 플라스틱 재활용이 왜 그렇게 중요한가?
폴리에틸렌과 다른 고분자는 석유로 만들어진다. 석유 공급은 제한되어 있기 때문에 지속가능성 관점에서 보면 이러한 고분자를 재사용함으로써 자원을 최대한 활용할 수 있다. 대부분 플라스틱 제품에는 재활용을 위해 분류할 수 있도록 코드 번호가 각인되어 있다.

▲ 재활용 플라스틱은 다양한 용도로 활용될 수 있다. 이런 옥외용 의자는 재활용 우유 용기로 만든 것이다.

재활용

재활용은 폐플라스틱을 처리하는 가장 좋은 방법일 것이다. 폐플라스틱을 수거하고, 분류하고, 잘게 자르고, 녹인 다음 다시 성형해야 한다. 수거 시스템은 지역사회의 협력이 강할 때 효과적으로 운영된다. 분리 단계는 플라스틱 용기에 찍힌 코드 번호로 간소화할 수 있다. 분리된 플라스틱은 조각으로 잘게 자르고 녹여 다시 성형하거나 섬유로 만들 수 있다.

이론적으로는 거의 모든 플라스틱을 재활용할 수 있지만, 항상 재활용이 가능한 것은 아니다. '단일 흐름' 재활용 방식은 대부분 재활용품을 하나의 용기에 함께 버릴 수 있도록 하지만, 일회용 비닐봉지는 단일 흐름 재활용에 포함될 수 없다. 그 이유는 비닐봉지가 단일 흐름 시스템에서 사용되는 분류기를 막아버리기 때문이다. 현재 대규모로 재활용되는 플라스틱은 두 가지 종류, 즉 PET(28% 재활용)와 HDPE(29%)뿐이다. 재활용은 플라스틱을 매립하지 않고 석유에서 추출한 단량체나 유해 화학 물질의 사용을 줄여 지속가능성을 높인다는 점에서 친환경적이다. 2016년 미국에서는 약 300억 kg의 플라스틱 폐기물 중 10% 미만이 재활용되었으며, 아직 갈 길이 멀다.

플라스틱 및 화재 위험성

합성 섬유나 기타 직물의 우발적인 발화로 인해 엄청난 인명 피해가 발생하고 있다. 미국보건복지부는 가연성 직물과 관련된 화재로 매년 수천 명이 사망하고 15만~20만 명이 부상을 입는 것으로 추정하고 있다.

연구를 통해 다양한 난연성 원단이 개발되었다. 많은 제품이 고분자 섬유에 염소 및 브롬 원자를 포함하고 있다. 연방 규정에 따르면 아동용 잠옷은 난연성 소재로 제작되어야 한다. 또 다른 합성 섬유인 메타아라미드(또는 노멕스)는 화염이나 고열에 노출되어도 발화하거나 녹지 않는 섬유로 만들어졌다. 노멕스(Nomax)는 소방관이나 경주용 자동차 운전자의 보호복에 사용될 정도로 내열성이 뛰어나다. 또한 전기 절연 및 고열에 노출되는 기계 부품에도 사용된다.

플라스틱을 태우면 독성 가스가 발생하는 경우가 많다. 사이안화 수소는 폴리아크릴로니트릴 및 기타 질소함유 고분자가 연소할 때 다량으로 형성된다. 항공기 사고의 희생자 시신에서 발견된 치명적인 양의 사이안화물은 연소된 플라스틱으로부터 비롯된 것으로 밝혀졌다. 소방관들은 종종 플라스틱이 타면서 발생하는 유독가스에 질식할 위험이 있기 때문에, 방독면 없이 불타는 건물에 들어가지 않는다. 연기가 나는 화재는 또한 치명적인 양의 일산화 탄소를 발생한다. 플라스틱을 더 안전하게 만들기 위해 화학자들은 불에 타지 않거나 연소 시 독성 화학 물질을 발생하지 않는 새로운 종류의 고분자를 만들고 있다.

가소제와 오염

플라스틱 제조에 사용되는 화학 물질도 문제를 일으킬 수 있다. 가소제가 중요한 예이다. 일부 플라스틱, 특히 비닐 고분자는 단단하고 부서지기 쉬워서 가공하기가 어렵다. **가소제**(plasticizer)는 유리 전이 온도를 낮춰 플라스틱을 더 유연하고 덜 부서지게 만들 수 있다. 가소화되지 않은 PVC는 단단하며 파이프에 사용된다. 비옷, 정원 호스, 자동차용 시트 커버는 가소화된 PVC로 만들 수 있다. 가소제는 휘발성이 낮은 액체이지만, 일반적으로 플라스틱 제품이 노화됨에 따라 확산 및 증발에 의해 손실된다. 플라스틱은 점차 부서지기 쉬워지고, 결국

▶ **그림 10.7** 바이페닐 및 바이페닐에서 파생된 일부 PCB(수백 가지의 가능한 PCB 중 일부에 불과). 비교를 위해 DDT도 표시되어 있다.

바이페닐 PCB_1 PCB_2

PCB_3 PCB_4 DDT

은 균열이 생기고 깨지게 된다.

한때 가소제로 널리 사용되었지만 현재는 사용이 금지된 폴리염화 바이페닐(PCB)은 2개의 벤젠 고리가 모서리에서 결합된 탄화수소인 바이페닐($C_{12}H_{10}$)에서 유도된다. PCB에서는 바이페닐의 수소 원자 중 일부가 염소 원자로 치환된다(그림 10.7, 녹색). PCB는 살충제 DDT와 구조적으로 유사하다는 점에 유의하라.

PCB는 안정성과 낮은 극성으로 인해 전기 저항이 높고 열을 흡수하는 능력이 뛰어나 전기 변압기의 절연 재료로도 널리 사용되었다. 하지만 자연에서 천천히 분해되고 비닐 플라스틱뿐만 아니라 동물의 지방과 같은 비극성 물질에 잘 녹기 때문에 먹이 사슬에 집중적으로 축적되는 문제가 있다. PCB 잔류물은 어류, 새, 물, 퇴적물에서 발견되었다. PCB의 생리학적인 영향은 DDT와 유사하다. 미국에서는 1977년에 PCB 생산이 중단되었지만, 화합물은 여전히 환경에 남아 있다. 오늘날 비닐 플라스틱에 가장 널리 사용되는 가소제는 프탈산(1,2-벤젠디카복실산)에서 파생된 다이에스터의 그룹인 프탈레이트 에스터이다. 프탈레이트 가소제(그림 10.8)는 급성 독성이 낮으며 일부 연구에서 어린이에게 해로울 수 있다고 제안했지만, FDA는 이러한 가소제가 일반적으로 안전한 것을 인정했다. 가소제는 상당히 빠르게 분해되기 때문에 환경에 대한 위협이 거의 없다. 화학자들의 또 다른 접근 방식은 이미 적절한 유연성을 가지고 있어 제조 시 가소제가 필요 없는 플라스틱을 만드는 것이다.

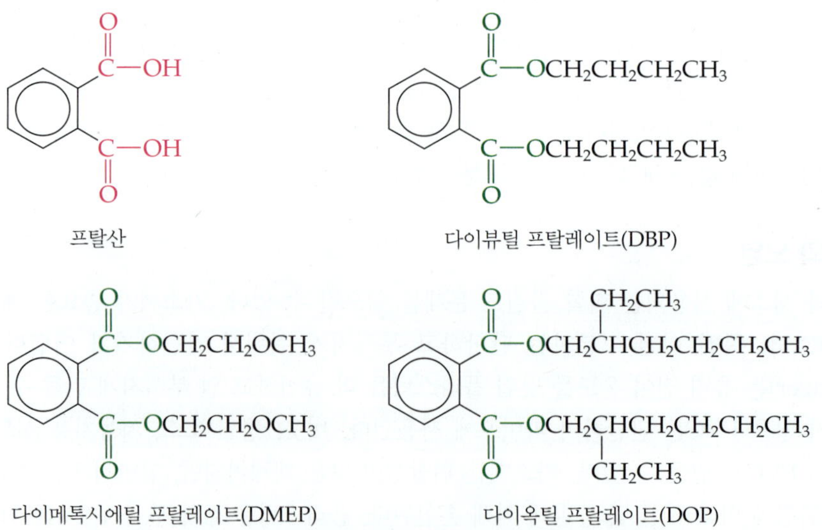

▶ **그림 10.8** 프탈산(자홍색의 카복실기) 및 일부 에스터(녹색의 에스터기)에서 파생된 물질이다. 다이옥틸 프탈레이트는 다이-2-에틸헥실 프탈레이트라고도 한다.

플라스틱과 미래

오늘날 널리 사용되는 합성 고분자는 미래의 소재이다. 새로운 종류의 플라스틱과 새로운 용도가 발견될 것이다. 우리는 이미 전기를 전도하는 고분자, 우수한 접착제, 강철보다 강하면서도 무게는 훨씬 가벼운 합성 재료를 가지고 있다. 플라스틱은 문제를 일으키기도 하지만, 플라스틱 없이는 생활하기 어려울 정도로 우리 생활의 중요한 일부가 되었다.

의학계에서는 적어도 부분적으로 고분자로 만든 신체 대체 부품이 일반화되었다. 미국에서는 매년 약 30만 건의 고관절 수술, 70만 건의 무릎 관절 수술, 360만 건 이상의 백내장 수술이 이루어지고 있다. 인공 폐와 인공 심장이 있지만 매우 비싸고, 현재 부상이나 질병에서 회복하는 기간이나 이식을 위해 기증 장기를 기다리는 동안에만 제한적으로 사용되고 있다. 앞으로는 교체 비용이 낮아지고 그 효과는 향상될 가능성이 높다.

오늘날 주택 건설에는 PVC 파이프, 사이딩, 창틀, 플라스틱 폼 단열재, 고분자 표면 코팅이 사용된다. 일부 주택에는 재활용 플라스틱으로 만든 목재와 인조 목재 벽 패널도 포함되어 있다.

합성 고분자는 비행기 내부에 광범위하게 사용된다. 일부 비행기와 많은 자동차의 몸체와 날개는 경량 복합 재료로 만들어진다. 전기 전도성 고분자는 전기 자동차용 경량 배터리를 만드는 데 도움이 된다. 소형화된 회로에는 더 많은 전기 전도성 열가소성 플라스틱이 사용된다.

사람들이 사용하기 위해 '개선'되고 더 안전한 새로운 제품을 개발할 때, 해당 제품이 환경에 미치는 의도된 영향과 의도하지 않은 영향을 모두 살펴보는 것이 중요하다. 한 가지 접근 방식은 제품의 의도된 유용성뿐만 아니라 제품을 제조하기 위한 원자재와 자원의 요구 사항과 사용하지 않는 제품의 최종 운명까지 고려하는 전과정 영향 평가(LCIA)를 실시하는 것이다.

여기에 한 가지 더 생각해야 할 것이 있다. 대부분 합성 고분자는 석유나 천연가스로 만들어진다. 이러한 천연 자원은 재생이 불가능하며 화석연료 공급은 제한되어 있다. 금세기 안에 석유가 고갈될 가능성이 높다. 우리가 이 귀중한 자원을 적극적으로 보존할 것이라고 생각할 수도 있지만, 안타깝게도 그렇지 않다. 우리는 빠른 속도로 땅속에서 석유를 채취하여 대부분 휘발유와 다른 연료로 전환한 다음 단순히 태우고 있다. 다른 에너지 공급원도 있지만, 플라스틱을 만드는 원료로 석유를 대체할 수 있는 것이 있을까? 그렇다! 폴리락트산, 폴리하이드록시부티레이트 등 여러 가지 새로운 유형의 플라스틱을 화석연료가 아닌 옥수수, 대두, 사탕수수와 같은 재생가능한 자원으로 만들고 있다. 재생가능한 자원으로부터 고분자를 개발하는 것은 녹색 화학 연구 분야에서 활발하지만 아직은 상당히 새로운 분야이다.

자가평가문제

1. 일반적으로 플라스틱을 폐기하는 가장 좋은 방법은 무엇인가?
a. 퇴비 **b.** 소각 **c.** 매립지 **d.** 재활용

2. 많은 플라스틱이 연소하면서 무엇을 생성하기 때문에 화재의 위험이 있는가?
a. CFC **b.** 질소 산화
c. 고형 폐기물 **d.** 독성 가스

3. 가소제로 사용되던 폴리염화 바이페닐(PCB)의 사용이 중단된 이유는 무엇인가?
a. 비용
b. 지속 불가능한 석유 공급원
c. DDT와 유사한 환경적 영향
d. 제품의 생분해성

4. 많은 난연성 원단에 포함된 성분은 무엇인가?
a. Br 및 Cl 원자 **b.** CFC
c. PCB **d.** 프탈레이트 가소제

5. 대부분의 합성 고분자는 무엇으로 만들어지는가?
a. 석탄 **b.** 면
c. 석유 및 천연가스 **d.** 지속가능성 자원

6. 다음 중 재생가능한 자원으로 만든 고분자는 무엇인가?
a. LDPE **b.** 폴리아크릴로나이트릴
c. 폴리락트산 **d.** 스타이렌-부타디엔 고무

정답: 1. d, 2. d, 3. c, 4. a, 5. c, 6. c

녹색 화학 신제품의 수명주기 영향 평가

Eric J. Beckman, University of Pittsburgh

원칙 1, 2, 3, 4, 6, 7, 10

학습 목표 • 수명주기 영향 분석을 사용하여 새로 설계된 제품의 환경적 이점과 효과를 식별하는 방법을 설명한다.

제안된 모든 설계에서 핵심 질문은 "우리가 만든 것이 개선된 것인지 어떻게 알 수 있는가?"이다. 녹색 화학의 12가지 원칙은 화학 전문가가 본질적으로 더 안전한 제품을 만드는 데 도움이 되는 전략과 결과를 제공한다. 그러나 더 안전한 제품을 만들려는 선의의 시도가 때로는 의도하지 않은 바람직하지 않은 결과를 초래하기도 한다. 예를 들어 휴대전화를 통해 개발도상국은 전선망 없이 고속 통신으로 도약할 수 있었고, 이로 인해 재료 사용과 에너지를 크게 줄일 수 있었다. 그러나 이러한 기기는 빠르게 '일회용' 생성물(평균 수명, 18개월)이 되었고, 카드뮴과 탄탈륨을 포함한 독성 및 분쟁 금속을 포함하고 있다. 녹색 화학 원칙이 불행한 절충 관계를 피하는 데 도움이 될 수 있을까?

신제품은 사용자 요구 사항에 따라, 사양에 따라 평가되므로 환경적 발자국을 기준으로 새로운 화합물 또는 제품에 '등급'을 매길 수 있다. 이를 위한 한 가지 방법은 수명주기 영향 분석(LCIA)으로 제품에 대한 성적표를 작성하여 환경적 측면과 관련된 '등급'을 부여하는 것이다. LCIA의 첫 번째 단계는 제품의 전체 수명주기를 개괄적으로 파악하는 것이다. 예를 들어 폴리에틸렌 테레프탈레이트(PET) 병을 살펴본다면(10.5절 참조) PET 펠릿을 병으로 만드는 제조 공정, 단량체(에틸렌 글리콜과 디메틸 테레프탈레이트)로부터 PET를 만드는 중합 공정, 단량체를 만드는 데 사용되는 합성 공정이 포함될 수 있다. 이 개요는 PET의 '화학적 계보'를 원료를 제공하는 석유 시추지나 식물성 물질까지 거슬러 올라가며 다루고 있다. 마지막으로, 완전한 수명주기에는 병의 수명 종료 단계, 즉 매립되는지 또는 재활용되는지도 포함된다. 수명주기에 대해 학습하는 것은 녹색 화학 원칙 7과 10을 적용할 수 있는 기회를 제공한다

수명주기가 개략적으로 정리된 후, LCIA의 재고 단계에서는 각 단계별로 모든 투입물(질량, 물, 에너지)과 산출물을 합산한다. 또한 어떤 공정도 100% 효율적이지 않기 때문에, 각 단계에서 공기, 토양, 물로 배출되는 폐기물의 양도 함께 계산된다. 이러한 재고는 녹색 화학의 원칙 1, 2, 6을 적용할 때 중요한 역할을 한다.

다음 단계에서 재고는 영향력으로 변환한다. 이 변환을 수행하는 방법에는 여러 가지가 있지만, 북미에서 널리 사용되는 방법 중 하나는 EPA가 개척한 중간점 분석이다. 중간점 분석에서는 특정 화학 물질이 해를 끼칠 수 있는 잠재력을 각 영향 범주에 대한 해당 화학 물질과 행동이 잘 연구된 화합물과 비교하여 계산한다. 예를 들어 기후변화 전위는 이산화 탄소(CO_2)와 비교하여 계산된다. 따라서 간단한 막대 그래프를 통해 특정 제품의 전체 수명주기에 대한 영향(12개 범주)을 이전 버전과 비교하여 보여줄 수 있다. 영향이 알려지면 녹색 화학의 원칙 3과 4가 관련성이 높아진다.

기존 제품과 '개선된' 제품에 대한 평가표는 우리가 불가피한 절충을 만들어 냈는지를 보여준다. 즉 어떤 영향은 감소했지만 다른 영향이 크게 증가했는지를 확인할 수 있다. 예를 들어 석유화학 기반의 원료와 고분자를 콩이나 옥수수로 만든 것으로 대체하면 화석연료 사용량과 온실가스 배출량은 크게 줄지만, 비료 사용으로 인해 높은 인산염과 질소 유출로 인한 하구에 조류가 번성해 피해를 입는 등 부영양화 영향은 급격히 증가하는 것을 볼 수 있다(예: 하구의 녹조 현상 피해).

LCIA는 대안을 설계하는 동안 어떤 상충되는 부분이 발생했는지 보여줄 수는 있지만, 어떤 것이 더 나은지에 대한 가치 판단을 내릴 수는 없다. 학생의 성적표에서 GPA가 성과를 요약하는 것처럼, LCIA에서는 영향을 평균화하여 총점을 산출할 수 있다. 간단하지만 단일 점수에 의존하면 세부 사항을 놓칠 수 있다. 효과적인 LCIA를 실시하는 방법에 대한 많은 의문이 남아 있다. 연구자들은 다양한 측정에 가중치를 부여하는 방법, 내분비 교란과 같은 독성학적 현상을 포함하는 방법, 제품의 복잡한 공급망을 모두 포함하는 방법 등을 해결하기 위해 노력하고 있다.

수명주기 영향 분석은 "친환경 설계 원칙을 사용하여 환경 발자국이 더 적은 대안을 만들었습니까?"라는 질문을 탐구할 수 있는 방법을 제공한다. LCIA를 통해 "예, 이 신제품은 더 친환경적이다!"라는 답이 나오는 경우는 드물다. 하지만 LCIA는 화학 제품이 환경에 미치는 영향에 대한 통찰력을 제공하고, 개선이 필요한 부분을 보여주며, 녹색 화학 해결책 개발을 위한 정보를 제공한다.

요약

10.1절: **고분자**는 **단량체**라고 불리는 작은 분자(구성 단위)들이 결합하여 만들어진 거대분자이다. 천연 고분자에는 전분, 셀룰로스, 핵산, 단백질 등이 포함된다. **셀룰로이드**는 최초의 반합성 고분자로, 질산으로 처리한 천연 셀룰로스로부터 만들어졌다.

10.2절: 가장 간단하고, 가장 저렴하며, 가장 생산 양이 많은 합성 고분자는 단량체인 에틸렌으로 만들어지는 폴리에틸렌이다. 고밀도 폴리에틸렌(HDPE)은 분자들이 서로 밀집하여 배열될 수 있어 단단하고 강한 구조를 형성한다. 저밀도 폴리에틸렌(LDPE) 분자는 **공중합체**이기 때문에 더 유연한 플라스틱을 만들 수 있다. 폴리에틸렌은 열과 압력으로 부드러워지고 모양을 바꿀 수 있는 많은 **열가소성 고분자** 중 하나이다. **열경화성 고분자**는 열을 가하면 부드러워지는 것이 아니라 분해된다.

10.3절: **부가 중합**에서는 단량체 분자가 서로 결합되어 단량체에 포함된 모든 원자를 그대로 포함하여 고분자가 형성된다. 부가 고분자는 탄소 대 탄소 이중 결합을 가진 단량체로 만들어진다. 부가 고분자의 성질과

용도는 단량체에 달린 곁사슬기의 종류에 따라 크게 달라진다. 열가소성 고분자는 다양한 방식으로 성형할 수 있다.

10.4절: 천연고무는 **탄성체**로, 늘어난 후 원래의 형태로 돌아가는 성질을 가진 물질이다. 천연고무의 단량체인 아이소프렌은 인공적으로 중합하여 만들 수 있다. 폴리아이소프렌은 가열시 부드럽고 끈적끈적하다. **가황** 과정에서는 폴리아이소프렌이 황 원자와 반응하여 탄화수소 사슬들 사이에 **가교**를 형성한다. 이로 인해 고무는 더욱 단단하고 강하며 탄성이 향상된다. 폴리아이소프렌과 구조가 유사한 합성 고분자는 폴리부타다이엔, 폴리클로로프렌, 스타이렌-부타다이엔 고무(SBR) 등이 있다. 이들은 코일 형태로 감겼다가 다시 풀릴 수 있는 탄성체이다. 탄성체는 페인트의 결합제로 사용된다.

10.5절: **축합 중합**에서는 단량체 분자의 일부가 최종 생성물에 포함되지 않는다. 물과 같이 작은 분자가 부산물로 형성된다. 나일론은 **폴리아마이드**, 즉 단량체에 아마이드[—(CO)NH—] 연결이 결합되어 있다. **폴리에스터**는 알코올과 카복실산과 작용기를 가진 단량체로 만들어진다. 폴리에틸렌 테레프탈레이트(PET)가 가장 일반적인 폴리에스터이다.

포름알데하이드와 요소, 멜라민, 페놀을 축합하여 다양한 **열경화성 수지**를 제조할 수 있다. 고분자와 고강도 섬유를 결합하면 두 재료의 장점을 살린 복합 재료를 만들 수 있다. **실리콘**은 탄소 원자 대신 규소와 산소 원자로 이루어진 사슬을 가지고 있으며, 다양한 구조와 다양한 용도를 가지고 있다.

10.6절: 고분자의 성질은 단량체의 성질과 크게 다르다. 고분자의 강도는 부분적으로 분자들이 서로 얽혀 있기 때문에, 부분적으로 큰 분자들이 강한 분산력을 가지고 있기 때문에 발현한다. 고분자는 결정성 또는 비정질일 수 있다. **유리 전이 온도**(T_g) 이상에서는 고분자가 고무처럼 단단하고 질기며, 그 이하에서는 부서지기 쉽다. 결정성 고분자로 만들어진 합성 섬유는 그 긴 분자들이 서로 가지런히 정렬될 수 있기 때문에 강하다.

10.7절: 플라스틱은 내구성이 매우 높기 때문에, 매립지에 쌓이는 폐기물의 상당 부분을 차지한다. 적절한 소각은 버려진 플라스틱을 처리하는 한 가지 방법이지만 유독 가스를 발생시킬 수 있다. 일부 고분자는 분해되도록 설계되어 있다. 플라스틱을 재활용하려면 코드 번호에 따라 수거 및 분류해야 하고, 그 수가 증가하고 있다. 의류용 난연성 직물은 종종 염소 또는 브롬 원자를 포함하는 고분자로 만들어진다.

가소제는 고분자를 더 유연하게 만들기 위해 첨가된다. 폴리염화 바이페닐(PCB)은 한때 가소제로 사용되었지만, 최근에는 사용이 금지되었다. 프탈레이트 에스터는 오늘날 가장 널리 사용되는 가소제이다.

수명주기 영향 분석은 새로운 제품이 환경에 미치는 영향을 평가하는 데 유용하다. 대부분 합성 고분자는 제한적이며 재생 불가능한 자원인 석유로부터 만들어진다. 이러한 이유로 플라스틱을 재활용하고, 재생가능한 원료로부터 제조할 수 있는 고분자를 개발하는 것이 중요하다.

녹색 화학: 녹색 화학 원리를 적용하면 본질적으로 더 안전한 제품을 만들 수 있지만, 개선 사항을 분석하고 신제품의 의도하지 않은 부정적 영향도 이해하는 것이 중요하다. 수명주기 영향 분석은 이러한 제품이 환경 발자국을 측정하고, 더 친환경적인 제품 설계를 위한 방향을 제시하는 데 도움을 줄 수 있다.

학습 목표	관련 문제
• 고분자와 단량체를 정의한다. (10.1)	2, 13
• 화학적으로 변형된 고분자를 포함한 여러 천연 고분자를 나열한다. (10.1)	7, 14
• 폴리에틸렌의 두 가지 주요 유형의 구조와 성질에 대해 설명한다. (10.2)	6, 15~17, 71
• 열가소성 및 열경화성이라는 용어를 사용하여 고분자 구조가 성질을 결정하는 방법을 설명한다. (10.2)	8, 18, 35, 36, 52, 72
• 부가 고분자의 단량체를 확인하고, 단량체 구조로부터 고분자의 구조식을 작성한다. (10.3)	1, 3~5, 19~24, 49~51, 53, 54, 57
• 가교를 정의하고 가교가 고분자의 성질을 어떻게 변화시키는지 설명한다. (10.4)	25~30, 69
• 부가 중합과 축합 중합을 구분한다. (10.5)	10, 45~48, 63, 65, 67, 68
• 폴리에스터와 폴리아마이드를 형성하는 단량체의 구조를 작성한다. (10.5)	9, 31~34, 55, 56, 58, 60-64
• 유리 전이 온도의 개념을 설명한다. (10.6)	37
• 결정성이 고분자의 물리적 성질에 어떤 영향을 미치는지 설명한다. (10.6)	38~40, 59, 66
• 플라스틱 및 가소제와 관련된 환경적 문제를 설명한다. (10.7)	11, 12, 41~44, 70
• 지속가능하며 석유에서 유래하지 않은 두 가지 고분자의 종류를 알고, 그 원료를 설명한다. (10.7)	55
• 수명주기 영향 분석을 사용하여 새로 설계된 제품의 환경적 이점과 효과를 식별하는 방법을 설명한다.	73~75

개념문제

1. PVC의 구조는 폴리에틸렌과 어떻게 다른가? 폴리에틸렌의 몇 가지 용도를 나열하라.

2. 다음 각 용어를 정의하라.
   a. 거대분자 **b.** 탄성체
   c. 공중합체 **d.** 가소제

3. 부가 중합이란 무엇인가? 부가 중합에서 단량체로 사용되는 분자는 일반적으로 어떤 구조적 특징이 있는가?

4. 테프론(Teflon)이란 무엇인가? 어떤 특별한 성질을 가지고 있는가? 어떤 용도로 사용되는가?

5. 일회용 발포 플라스틱 커피 컵은 어떤 단량체로 만들어지는가?

6. **(a)** 갤런 우유 용기와 **(b)** 2 L 청량음료 병을 만드는 데 사용되는 플라스틱은 무엇인가?

7. 셀룰로이드란 무엇인가? 어떤 재료로 만들어지는가?

8. 열가소성 고분자란 무엇인가? 예를 들라.

9. 미국에서 천연 또는 합성 섬유 중 어떤 유형의 섬유가 가장 많이 사용되는가? 그 이유는 무엇인가?

10. 부가 중합과 축합 중합은 어떻게 다른가?

11. 플라스틱을 재활용하려면 어떤 단계를 거쳐야 하는가?

12. 플라스틱을 **(a)** 환경에 버릴 때, **(b)** 매립지로 폐기될 때, **(c)** 소각으로 처리할 때 어떤 문제가 발생하는가?

연습문제

중합

13. 고분자와 단량체의 차이점은 무엇인가?

14. 자연계에 존재하는 세 가지 고분자를 밝혀라. 각 고분자를 구성하는 단량체는 무엇인가?

폴리에틸렌

15. 저밀도 폴리에틸렌(LDPE)의 구조를 설명하라. 이 구조는 고분자의 성질을 어떻게 설명하는가?

16. 선형 저밀도 폴리에틸렌(LLDPE)의 구조를 설명하라. 이 구조는 고분자의 성질을 어떻게 설명하는가?

17. 고밀도 폴리에틸렌(HDPE)과 저밀도 폴리에틸렌(LDPE)의 구조는 어떻게 다르며, 이로 인해 성질이 어떻게 달라지는가?

18. 열가소성 고분자와 열경화성 고분자의 차이점은 무엇인가?

부가 중합

19. 다음 각 고분자가 만들어지는 단량체의 구조를 쓰라.
    a. 폴리에틸렌(polyethylene)
    b. 폴리스타이렌(polystyrene)

20. 다음 각 고분자가 만들어지는 단량체의 구조를 쓰라.
    a. 폴리프로필렌(polypropylene)
    b. 폴리염화비닐(polyvinyl chloride)

21. 다음 각 단량체로 만든 고분자의 탄소 원자 길이가 8개 이상인 사슬 단위의 구조를 쓰라.
    a. 아크릴로나이트릴(acrylonitrile)
    b. 비닐리덴 불화(vinylidene fluoride, $H_2C=CF_2$)

22. 다음 각 단량체로부터 형성된 고분자의 반복 단위 길이가 최소 4개 이상인 사슬 단위의 구조를 쓰라.
    a. 테트라플루오로에틸렌(tetrafluoroethylene)
    b. 메틸 메타크릴레이트(methyl methacrylate)

$$CH_2=\overset{\overset{\large CH_3}{|}}{C}COOCH_3$$

23. 다음 각 항목으로 만든 고분자의 구조를 쓰라. 최소 4개의 반복 단위를 표시하라.
    a. 1-펜텐(1-pentene, $CH_2=CHCH_2CH_3$)
    b. 메틸 사이아노아크릴레이트(methyl cyanoacrylate)

24. 다음 각 항목으로 만든 고분자의 구조를 쓰라. 최소 4개의 반복 단위를 표시하라.
    a. 비닐 아세테이트[vinyl acetate, $H_2C=CH-O(C=O)CH_3$]
    b. 메틸 아크릴레이트[methyl acrylate, $H_2C=CH-(C=O)OCH_3$]

고무 및 기타 탄성체

25. 단량체 아이소프렌의 구조를 작성하라.

26. 가황의 과정을 설명하라. 가황은 고무의 성질을 어떻게 변화시키는가?

27. 다른 많은 고분자는 딱딱한 것에 반해 고무는 탄성이 있는 이유를 설명하라.

28. 폴리부타다이엔은 성질과 구조 면에서 천연고무와 어떻게 다른가?

29. SBR은 어떻게 만들어지는가? 어떤 단량체로 만들어지는가?

30. 세 가지 합성 탄성체의 이름과 그 합성 탄성체가 만들어지는 단량체를 쓰라.

축합 고분자

31. 나일론 88은 단량체인 $H_2N(CH_2)_8NH_2$와 $HOOC(CH_2)_6COOH$로 만들어진다. 나일론 88의 구조를 그리고 각 단량체에서 최소 2개의 반복 단위를 표시하라.

32. 코델은 폴리에스터 섬유이다. 이를 만드는 데 사용되는 단량체는 테레프탈산(10.5절)과 1,4-사이클로헥산디메탄올(그림)이다. 코델 분자의 반복 단위에 대한 축약 구조식을 쓰라.

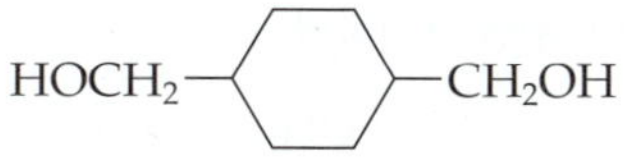

$$HOCH_2-\text{C}_6\text{H}_{10}-CH_2OH$$

1,4-사이클로헥산디메탄올

33. 글리콜산(하이드록시아세트산, $HOCH_2COOH$)으로 만든 고분자의 구조를 그려라. 최소 4개의 반복 단위를 표시하라. (힌트: 10.5절의 나일론 6과 비교하자.)

34. 방탄 조끼를 만드는 데 사용되는 폴리아마이드인 케블라는 테레프탈산(10.5절)과 *para*-페닐렌다이아민(그림)으로 만들어진다. 케블라 분자의 반복 단위에 대한 축약 구조식을 쓰라.

$$H_2N-\text{C}_6\text{H}_4-NH_2$$

para-페닐렌다이아민

고분자의 성질

35. 원자, 화합물, 원소, 고분자를 가장 작은 것부터 가장 큰 것까지 순서대로 나열하라.

36. 플라스틱이 **(a)** 일상생활에서, **(b)** 화학에서 무엇을 의미하는가?

37. 고분자의 유리 전이 온도(T_g)란 무엇인가? T_g가 낮은 고분자는 어떤 용도에 적합하고, T_g가 높은 고분자는 어떤 용도에 적합한가?

38. 다음 각 합성 섬유가 천연 섬유를 대체하는 데 따르는 장점 한 가지를 제시하라.
a. 나일론 **b.** 아크릴 **c.** 폴리에스터

39. 고분자의 성질이 단량체의 성질과 다른 점을 세 가지 제시하라.

40. 결정질과 비정질 고분자의 차이점은 무엇인가?

플라스틱과 환경적 문제

41. 가소제는 어떻게 고분자를 덜 부서지게 만드는가?

42. PCB란 무엇인가? 왜 더 이상 가소제로 사용되지 않는가?

43. 오늘날 가장 일반적으로 사용되는 가소제는 무엇인가?

44. 플라스틱을 폐기하는 한 가지 방법은 태우는 것이다. 버려진 플라스틱을 태우는 것의 **(a)** 장점과 **(b)** 단점을 제시하라.

심화문제

45. 유기 고분자 화학에서 부가 반응은 무엇인가?
a. 생성물의 분자량은 출발 물질의 분자량의 합이다.
b. 1개의 큰 분자가 2개의 작은 분자로 분리된다.
c. 2개의 동일한 분자가 결합하여 더 큰 분자를 형성한다.
d. 2 개 이상의 분자가 결합하여 더 큰 분자를 형성한다.

46. 축합 반응의 고분자에 대한 설명으로 옳은 것은 무엇인가?
a. 반응물의 모든 원자는 고분자 생성물에 포함된다.
b. 1개의 큰 분자가 여러 개의 작은 분자로 분해된다.
c. 생성된 고분자는 고도로 가교되어 있다.
d. 생성물이 형성될 때 물과 같은 작은 분자가 떨어져 나온다.

47. 다음 방정식에서 **(a)**, **(b)**, **(c)**로 표시된 부분을 단량체, 고분자, 반복 단위로 나타내라. 중합의 유형(부가 또는 축합)을 나타내는 것은 무엇인가?

$$n\,\overbrace{CH_2{=}CHF}^{\text{(a)}} \longrightarrow$$

$$\underbrace{\sim CH_2-CHF-\overbrace{CH_2-CHF}^{\text{(b)}}-CH_2-CHF-CH_2-CHF\sim}_{\text{(c)}}$$

48. 나일론 88(31번 문제)은 부가 고분자인가, 축합 고분자인가? 그 이유를 설명하라.

49. 사란의 한 유형은 다음과 같은 구조를 가지고 있다. 이 사란이 만들어지는 두 단량체의 구조를 쓰라.

$$\sim CH_2CCl_2-CH_2CHCl-CH_2CCl_2-CH_2CHCl\sim$$

50. 폴리(styrene-co-acrylonitrile, SAN)라고 불리는 다음 공중합체는 어떤 단량체로 만들 수 있는가?

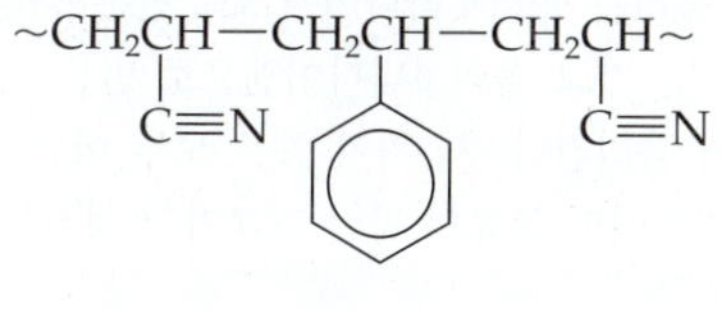

$$\sim CH_2\underset{\underset{C\equiv N}{|}}{CH}-CH_2\underset{\underset{C_6H_5}{|}}{CH}-CH_2\underset{\underset{C\equiv N}{|}}{CH}\sim$$

51. 메틸 사이노아크릴레이트(23번 문제의 b)로 만든 것과 같은 사이노아크릴레이트는 즉석에서 굳는 '슈퍼 접착제'에 사용된다. 그러나 폴리(메틸 사이노아크릴레이트)는 조직을 자극할 수 있다. 알킬 에스터기가 긴 사이노아크릴레이트는 덜 자극적이며 봉합사 대신 수술에 사용할 수 있다. 좋은 예로 폴리(옥틸 사이노아크릴레이트)가 있다. 옥틸 사이노아크릴레이트로부터 폴리(옥틸 사이노아크릴레이트)를 형성하기 위한 중합 반응을 쓰고, 고분자의 반복 단위를 나타내는 축합 구조식을 사용하여 중합 반응을 쓰라.

52. **(a)** 열가소성 고분자와 **(b)** 열경화성 고분자를 점점 더 높은 온도로

가열할 때 가장 먼저 일어나는 생생한 변화는 무엇인가?

53. 아이소뷰틸렌[$CH_2{=}C(CH_3)_2$]이 중합되어 접착제로 사용되는 끈적끈적한 고분자인 폴리아이소뷰틸렌을 형성한다. 폴리아이소뷰틸렌의 구조를 그리고, 최소한 4개의 반복 단위를 표시하라.

54. 아소프렌과 아소뷰틸렌의 공중합체(53번 문제)는 뷰틸 고무를 형성한다. 뷰틸 고무의 구조를 쓰라. 아소뷰틸렌 반복 단위 3개 이상과 아소프렌 반복 단위 1개를 나타내라.

55. *Alcaligenes eutrophus*라는 박테리아는 다음과 같은 구조를 가진 폴리하이드록시부티레이트라는 고분자를 생성한다. 이 고분자가 만들어지는 하이드록시산의 구조를 쓰라.

$$\left[\!-O-\underset{\displaystyle CH_3}{\overset{}{CH}}-CH_2-\overset{\displaystyle O}{\overset{\|}{C}}-\!\right]_n$$

(CH 위에 CH_3 결합)

56. DSM 엔지니어링 플라스틱은 두 가지 특수 고분자를 생산한다. 즉 스타닐 나일론 46과 폴리테트라메틸렌 테레프탈아마이드(PA_4T)이다. (메틸렌기는 CH_2이고, 테트라메틸렌은 4개의 메틸렌기 $CH_2CH_2CH_2CH_2$로 구성된다.) 두 고분자는 모두 1,4-다이아미노부탄을 다이아민으로 사용하여 만들어진다. **(a)** 각각 어떤 다이아민이 사용되는가? **(b)** 스타닐 나일론 46과 **(c)** PA4T의 반복 단위를 나타내는 축약 구조식을 쓰라.

57. 한 학생이 폴리프로필렌의 화학식을 다음과 같이 썼다. 이 화학식에서 오류가 있는 부분을 밝혀라.

$$\left[\!-CH_2-CH-CH_3-\!\right]_n$$

58. 다음과 같이 제시된 폴리(에틸렌 나프탈레이트, PEN)의 반복 축약 구조식을 바탕으로 **(a)** 단량체의 구조를 쓰고, **(b)** 이 고분자가 폴리에스터인지, 폴리아마이드인지 밝혀라.

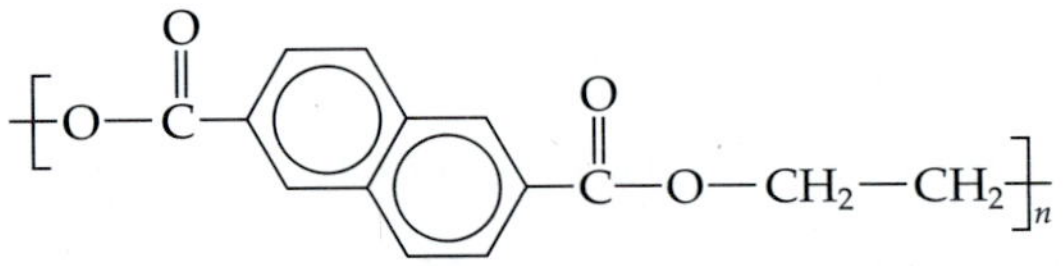

$$\left[\!-O-\overset{\displaystyle O}{\overset{\|}{C}}-C_{10}H_6-\overset{\displaystyle O}{\overset{\|}{C}}-O-CH_2-CH_2-\!\right]_n$$

(가운데 고리: 나프탈렌)

59. 100 cm에서 떨어뜨린 고무공은 약 60 cm까지 튕겨 올라간다. 슈퍼볼이라고 불리는 폴리부타다이엔으로 만든 공은 약 85 cm까지 튕겨 올라간다. 가교 폴리부타다이엔으로 만든 골프공은 최대 89 cm까지 튕겨 올라간다. 세 가지 공은 모두 어떤 유형의 고분자로 만들어졌는가? 어떤 종류의 공이 고분자의 성질을 가장 잘 나타내는가?

60. 테레프탈산(10.5절)과의 반응에서 2,3-부탄디올(그림)이 에틸렌 글라이콜로 치환될 경우 예상되는 생성물의 구조를 그려라.

$$CH_3\underset{\displaystyle OH}{CH}\overset{\displaystyle OH}{CH}CH_3$$

61. 테레프탈산(10.5절)과 1,4-부탄다이올($HOCH_2CH_2CH_2CH_2OH$)로 폴리에스터를 합성하라는 과제를 받은 학생이 실수로 1,4-부탄다이올 대신 2-부탄올을 사용했다. 이 치환의 결과는 어떻게 되는가?

62. 테레프탈산과 1,4-부탄다이올($HOCH_2CH_2CH_2CH_2OH$)로 폴리에스터를 합성하라는 과제를 받은 학생이 실수로 1,4-부탄다이올 대신 다음과 같은 1,3-부탄다이올을 사용했다. 이 치환의 결과는 어떻게 되는가?

$$HOCH_2CH_2\overset{\displaystyle OH}{CH}CH_3$$

63. 다음과 같은 화합물로 이루어진 실리콘 고분자의 구조를 그리고, 반복되는 4개의 단위를 표시하라.

$$(CH_3)CH-\overset{\displaystyle OH}{\underset{\displaystyle OH}{Si}}-CH(CH_3)_2$$

64. 다음과 같이 표시된 두 알켄은 서로 다른 화합물이지만, 각각 부가 중합을 거치면 같은 고분자가 형성된다. 이에 대해 설명하라.

$$CH_3-\underset{\displaystyle Cl}{C}=\underset{\displaystyle Br}{C}-CH_2CH_3 \qquad CH_3-\underset{\displaystyle Cl}{C}=\underset{\displaystyle CH_2CH_3}{C}-Br$$

65. 표 13.4(13.6절)에 표시된 각 아미노산은 아미노기($-NH_3^+$)와 카복실산기($-COO^-$)를 가지고 있다(카복실기에서 양성자 1개가 제거되고 아미노기에 1개가 추가되었다). 단백질은 아미노산의 고분자이다. 글리신의 중합에 의해 형성된 단백질의 구조를 그리고, 4개의 반복 단위를 표시하라.

66. 복합 재료란 무엇인가? 복합 재료의 장점은 무엇인가?

67. 축합 고분자를 형성하는 것은 다음 한 쌍의 단량체 중 무엇인가? 설명하라.

a. $NH_2CH_2CH_2CH_2CH_2NH_2$ 및 $NH_2CH_2CH_2NH_2$
b. $NH_2CH_2CH_2CH_2CH_2NH_2$ 및 $COOHCH_2CH_2COOH$
c. $COOHCH_2CH_2CH_2COOH$ 및 $HOCH_2CH_2CH_2OH$
d. $NH_2CH_2CH_2CH_2COOH$ 및 $NH_2CHCH_2CH_2COOH$

68. 아동용 잠옷은 난연성 원단으로 만들어야 한다. 난연성 원단은 일반 원단과 어떻게 다른가?

69. LDPE는 주 고분자 사슬에 많은 짧은 곁사슬을 가지고 있으며, 가황은 주 사슬에 짧은 황 사슬이 결합되도록 한다. 이러한 곁사슬들은 고분자의 성질에 어떤 다른 영향을 미치는가?

70. 고분자의 재활용에 대한 설명으로 옳은 것은 무엇인가?

a. PET와 HDPE는 부피가 크고 다루기 쉽기 때문에 스티로폼보다 재활용률이 높다.
b. PET과 HDPE는 스티로폼보다 재활용률이 낮은데, 이는 방향족 고리를 가진 고분자는 재활용할 수 없기 때문이다.
c. PET과 HDPE는 재활용 비용-효율성이 더 높기 때문에 스티로폼보다 더 높은 비율로 재활용된다.
d. PET와 HDPE는 '단일 흐름' 재활용 공정에서 분리할 수 없기 때문에 스티로폼보다 재활용률이 낮다.

71. A와 B가 서로 다른 곁사슬기를 나타내는 두 단량체 $CH_2{=}CHA$

와 $CH_2=CHB$가 있다고 가정하라. 이에 대한 설명으로 옳은 것은 무엇인가?

a. 각 단량체로부터 만들어진 고분자는 서로 다른 탄소 주사슬을 가지게 된다. 이는 곁사슬기가 주사슬의 일부이기 때문이다.
b. 각 단량체로부터 만들어진 고분자는 동일한 탄소 주사슬을 가지게 된다. 이는 곁사슬기가 중합 반응의 일부가 아니기 때문이다.
c. 각 단량체로부터 만들어진 고분자는 동일한 성질을 가지게 된다. 이는 곁사슬기가 달라져도 고분자의 성질에는 영향을 미치지 않기 때문이다.
d. 각 단량체로부터 만들어진 고분자는 단량체에 있던 모든 원자를 포함하지 않는다. 이는 반응 중에 작은 분자가 방출되기 때문이다.

72. 열가소성 및 열경화성 재료에 대한 설명으로 옳은 것은 무엇인가?
a. 열가소성 재료는 열을 가해도 부드러워지지 않기 때문에 열경화성 재료보다 강도가 높다.
b. 열가소성 재료는 열을 가하면 분해되기 때문에 열경화성 재료보다 재활용이 용이하다.
c. 열가소성 재료는 열을 가하면 부드러워지기 때문에 열경화성 재료보다 재활용이 쉽다.
d. 열가소성 재료는 열을 가해도 부드러워지지 않기 때문에 열경화성 재료보다 재활용이 더 어렵다.

73. PET 생수병의 수명주기 개요에 포함되는 과정은 무엇인가? 해당되는 것을 모두 선택하라.
a. 병이 매립지로 보내지거나 재활용되는지 여부
b. PET 중합 과정
c. 물병 내부 물의 공급원
d. 단량체를 합성하는 과정
e. 단량체의 원료 출처

74. '개선된' 제품이나 기술로 인해 의도치 않게 바람직하지 않은 결과가 초래된 예를 한 가지 제시하라.

75. LCIA는 녹색 화학 해결책 개발에 어떤 도움을 줄 수 있는가?
a. 총점을 제공하여 어떤 제품이 더 친환경적인지 명확하게 보여준다.
b. 사람들이 PET 병을 재활용하도록 보장한다.
c. 대체 제품 설계 과정에서 발생한 상충 관계를 보여주고, 제품들의 환경 발자국을 비교할 수 있게 한다.
d. CO_2의 생성이 환경에 해롭다는 사실을 식별한다.

비판적 사고 문제

이 장에서 습득한 지식과 하나 이상의 FLaReS 원칙(1장)을 적용하여 다음 진술과 주장을 평가하라.

10.1 한 환경 운동가는 합성 플라스틱을 대체하기 위해 천연 재료를 사용해야 한다고 주장하며, 천연 재료가 더 지속가능하기 때문이라고 말한다.

10.2 뉴스 보도에 따르면 플라스틱을 태우는 소각로가 '다이옥신'이라는 염소함유 독성 화합물의 주요 공급원이라고 한다.

10.3 염화 비닐은 발암물질이다. 어떤 사람들은 아이들이 PVC로 만든 장난감을 가지고 놀다가 암에 걸릴 수 있다고 경고한다.

10.4 미국 화학위원회의 플라스틱 사업부는 종이 봉투와 비교했을 때 '비닐 봉투는… 환경적으로 책임감 있는 선택'이라고 말한다.

10.5 한 제조업체는 플라스틱이 기름과 가스에 더 강하기 때문에 자동차 엔진에 금속보다 플라스틱을 더 많이 사용해야 한다고 주장한다.

협업 과제

파워포인트, 포스터, 기타 프레젠테이션을 준비하여 수업에서 공유하라.

1. 석탄과 석유 자원이 고갈될 때 사용할 수 있는 플라스틱의 가능한 원료에 대한 간략 보고서를 작성하라.

2. 바이오-HDPE, 나일론 11(polyundecylamide), 바이오 기반 PET, 바이오 기반 폴리트리메틸렌 테레프탈레이트(PTT)와 같은 바이오 기반 고분자에 대한 간략한 보고서를 작성하라. 각각의 원료가 유래된 천연 공급원을 확인하고 공급원에서 최종 제품까지의 중간 단계를 설명하라.

3. 다음 중 하나 이상과 연관 지어 합성 고분자 사용에 대한 위험-이익 분석(1.4절)을 수행하라.

a. 식료품 가방 **b.** 건축 자재 **c.** 의류
d. 카펫 **e.** 식품 포장 **f.** 피크닉 쿨러
g. 자동차 타이어 **h.** 인공 고관절 소켓

4. 자신이 살고 있는 지역사회의 플라스틱 쓰레기에 대해 조사하라. 강사의 지시에 따라 한 구역(또는 한 블록)을 조사하고, 발견된 쓰레기를 목록화하라(조사하면서 쓰레기를 함께 주워도 좋다). 쓰레기 중 플라스틱이 차지하는 비율은 얼마인가? 그중 패스트푸드 용기가 차지하는 비율은 얼마인가? 지역사회에서는 플라스틱이 어느 정도 재활용되고 있는가? 추가적인 재활용을 제한하는 요인에는 어떤 것들이 있는가?

5. 방탄복에 사용되는 케블라(Kevlar)에 대해 조사하라. 케블라의 다른 용도에 대해 보고하고, 왜 그렇게 강한지 설명하라. 또한 국제 경찰청장협회와 듀폰이 공동으로 후원하는 케블라 생존자 클럽(Kevlar Survivors' Club)에 대해 서술하라.

6. 미국플라스틱협회와 같은 산업 단체의 웹사이트, 그린피스나 시에라 클럽과 같은 환경 단체의 웹사이트 등에서 플라스틱 및 기타 고분자의 환경 영향을 어떻게 다루고 있는지 비교하라.

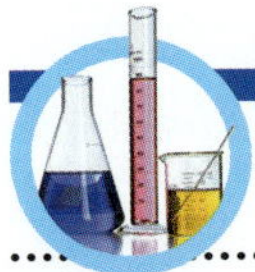

실험 과제 고분자 탄성 공

준비물

- 작은 플라스틱 컵 2개(4온스)
- 계량스푼
- 따뜻한 물
- 붕사
- 나무 막대 2개
- 흰색 공예 접착제
- 옥수수 전분
- 식용 색소(원하는 경우)
- 지퍼락이 달린 플라스틱 가방(보관용)

가장 초기의 공이 나무와 돌로 만들어졌다는 사실을 알고 있었는가? 오늘날 가장 탱탱한 공은 무엇으로 만들어졌을까?

튀어 오르는 공은 대부분 고무로 만들어지지만 가죽이나 플라스틱으로 만들 수도 있고 속이 비어 있거나 단단할 수도 있다. 이 실험에서는 흔하고 저렴한 재료를 사용하여 튀어 오르는 공을 만들어 보자.

고분자는 반복되는 화학 단위로 이루어진 분자이다. 접착제는 폴리비닐 아세테이트(PVA)라는 고분자로 되어 있다. 이 실험에서 붕사(붕산의 염인 붕산 소듐)는 분자를 서로 연결하고 분자를 가교하여 공이 퍼티처럼 탱탱하고 탄력 있는 성질을 갖도록 하는 역할을 한다.

시작하려면 두 컵의 붕사 용액과 공 혼합물에 표시한다.

- 붕사 용액은 따뜻한 물 2큰술과 붕사 가루 1/2티스푼을 컵에 붓는다. 나무 막대를 사용하여 혼합물을 저어 붕사를 용해시킨다. 원하는 경우 식용 색소를 추가한다.
- 공 혼합물의 경우 접착제 1큰술을 컵에 붓는다. 방금 만든 붕사 용액 1/2티스푼과 옥수수 전분 1테이블스푼을 추가한다. 저어서는 안 된다 재료들이 스스로 반응하도록 10~15초 동안 그대로 둔다. 그런 다음 다른 나무 막대를 사용하여 재료들이 완전히 섞이도록 저어준다. 혼합물이 너무 걸쭉해져서 더 이상 저을 수 없게 되면 컵에서 꺼내 손으로 공의 형태를 잡기 시작한다.

공은 처음에 끈적끈적하고 지저분하지만 반죽할수록 단단해진다. 공의 끈적임이 줄어들면 튕겨 보자! 공이 마르지 않게 하려면 플라스틱 지퍼백에 넣어 보관하자.

실험문제

1. 공이 튀어 오르는가? 얼마나 높이 튀는가?
2. 고분자 공을 만들면 화학적 반응이나 물리적 반응이 일어나는가? 그 이유를 설명하라.
3. 각 재료의 양을 변경하면 공 혼합물에 어떤 영향을 미치는지 설명하라.
4. 이 공은 생분해성인가? 왜 그런가? 그 이유를 설명하라.

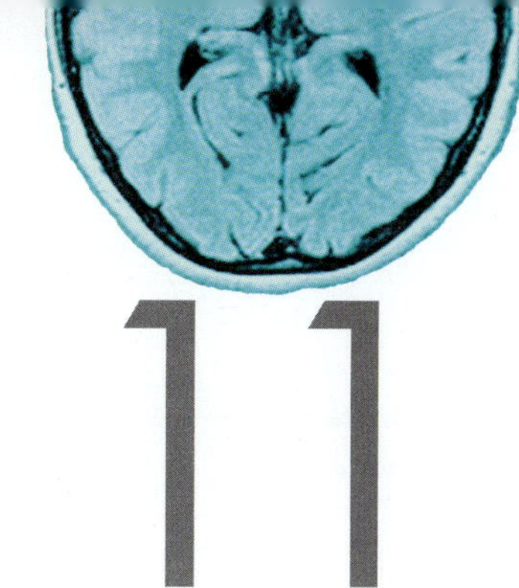

11

핵화학

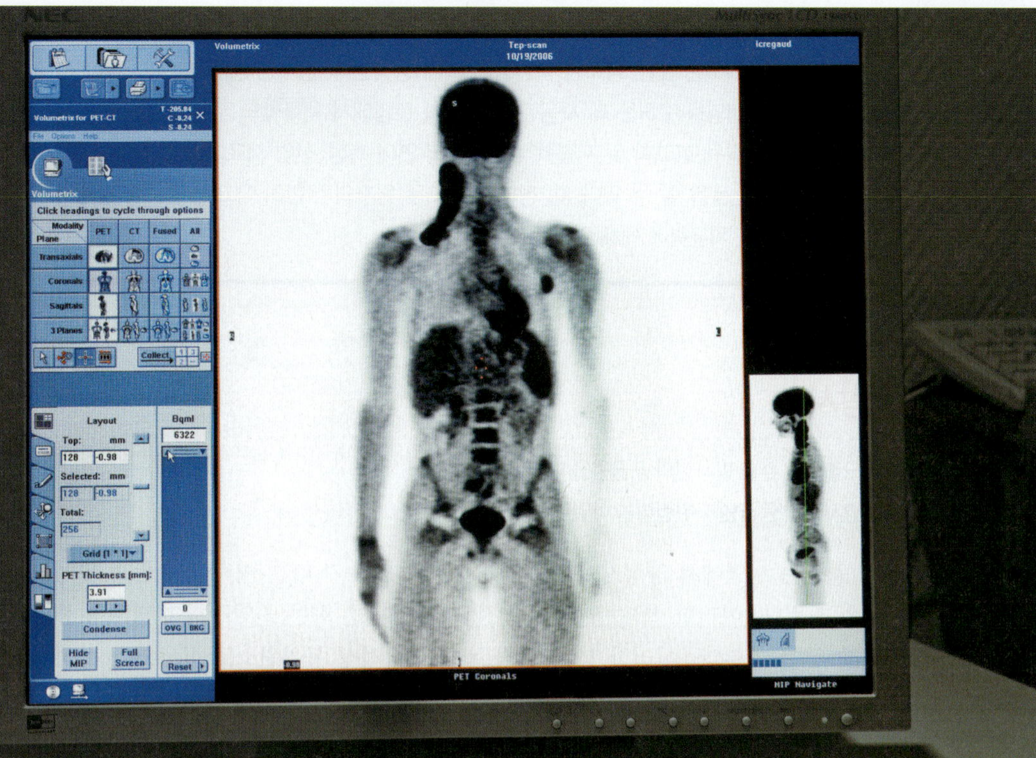

11.1 자연 방사능
11.2 핵반응식
11.3 반감기와 방사성 동위원소 연대 측정
11.4 인공 변환
11.5 방사성 동위원소의 이용
11.6 방사선의 투과력
11.7 핵 에너지
11.8 핵폭탄
11.9 핵 에너지의 이용과 결과

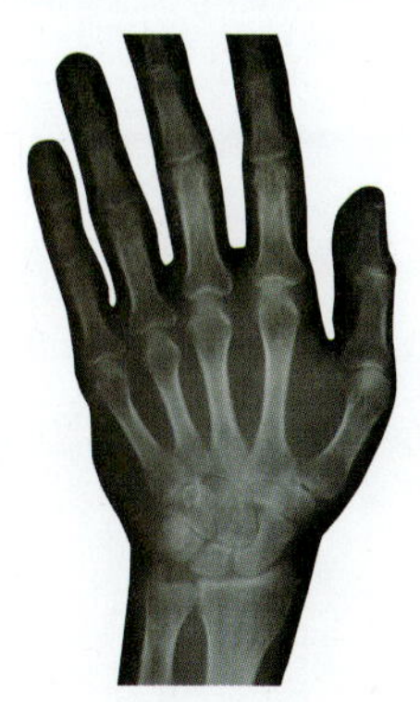

왼쪽 사진은 양전자 방출 단층 촬영(PET) 이미지를 보여준다. 오른쪽 위는 컴퓨터 단층 촬영(CAT)의 이미지이다. 바로 위 사진은 뼈와 내장기관을 검사하는 데 사용되는 X선 사진의 예이다. 이 모든 진단 기술은 방사선 또는 방사성 동위원소를 사용한다. 이러한 기술을 통해 이전에는 생체 검사나 예비 수술과 같은 훨씬 더 침습적인 절차로만 발견할 수 있었던 조직을 검사하고 질병을 진단할 수 있게 되었다. 핵의 시대는 심각한 문제와 엄청난 이점을 동시에 가져왔는데, 이 장에서는 이를 살펴볼 것이다.

❓ 이 장과 관련된 궁금증

1. 방사선은 전적으로 사람이 만든 문제인가?
2. 방사능과 방사능이 사람에게 미치는 영향은 어떻게 측정하는가?
3. 방사선 조사 식품에는 방사성 물질이 포함되어 있는가?
4. X선 촬영 및 기타 의료 시술 과정에서 위험한 방사선에 노출되는가?
5. 방사선 질환의 원인은 무엇이며, 얼마나 심각한가?
6. 원자력 발전을 보다 지속가능한 과정으로 만들기 위해 방사성 폐기물을 최소화하거나 재활용할 수 있는가?

물질의 심장 많은 사람이 원자력이라고 하면 1979년 미국 펜실베이니아주 스리마일섬, 1986년 우크라이나의 체르노빌, 2011년 일본 후쿠시마에서 발생한 핵폭발로 인한 거대한 버섯구름과 같은 무서운 이미지와 강력한 힘을 연상한다(12장). 그러나 생명을 살리는 원자력의 응용에 대한 놀라운 이야기도 들려온다. 실제로 원자력의 의료적 이용은 의심할 여지 없이 핵폭탄이나 사고로 인해 목숨을 잃은 사람보다 더 많은 생명을 구했다.

3장에서 다룬 원자 구조에 대한 논의는 주로 전자에 초점을 맞추었는데, 이는 전자가 원소의 화학적, 물리적 성질을 결정하는 입자이기 때문이다. 이 장에서는 원자의 중심에 있는 작은 점, 즉 원자핵에 대해 자세히 살펴본다.

원자는 의심할 여지 없이 작지만, 그보다 더 작은 원자핵의 크기는 우리의 상상을 초월한다. 원자의 지름은 원자핵의 지름보다 약 10만 배 더 크다. 만약 원자를 교실 크기만큼 확대할 수 있다면, 원자핵은 이 문장

끝에 있는 마침표 크기만큼 될 것이다. 하지만 이 아주 작은 핵에 원자의 거의 모든 질량이 들어 있다. 원자핵의 밀도는 정말로 어마어마하게 크다! 물 1 cm^3의 무게는 1 g이고, 금 1 cm^3의 무게는 약 19 g이다. 순수한 원자핵 1 cm^3의 무게는 1억 톤이 넘을 것이다!

핵의 밀도보다 더 놀라운 것은 그 안에 들어 있는 엄청난 양의 에너지이다. 일부 원자핵은 지금까지 만들어진 가장 강력한 폭탄의 연료가 되거나 수백만 명에게 전기를 공급할 수 있는 반응을 일으킨다. 태양은 지구를 따뜻하게 하는 에너지와 식물 성장에 필요한 빛을 공급하는 하나의 거대한 원자력 발전소이다. 우리가 밤하늘에서 보는 모든 별에서 반짝이는 빛은 강력한 핵반응에 의해 생성된다. 방사성 동위원소는 의학에서 질병을 진단하고 치료하며 매일 생명을 구하는 데 사용된다. 과학과 산업에서 핵화학의 많은 응용은 인간의 상태를 크게 개선했다. 핵반응을 통해 고고학 및 지질학적 발견물의 연대 측정, 산업 재료의 품질 평가, 전기 공급, 치명적인 화재에 대한 경고 등을 할 수 있다. 이 장에서는 모든 원자의 무한히 작고 놀랍도록 밀도가 높은 심장, 즉 핵의 파괴적인 힘과 치유력에 대해 알아볼 것이다.

11.1 자연 방사능

학습 목표
- 우리가 노출되는 주요 방사선의 공급원을 파악한다.
- 이온화 방사선의 공급원과 위험성을 나열한다.

3장에서 대부분의 원소는 자연에서 양성자 수는 같지만, 중성자 수가 다른 여러 동위원소 형태로 존재한다는 것을 배웠다. 이러한 핵 중 일부는 안정하지만, 많은 핵은 불안정하여 **방사성 붕괴**(radioactive decay)를 겪는다. 이러한 붕괴를 겪는 핵을 **방사성 동위원소**(radioisotope)라고 하며, 붕괴 과정에서 여러 유형의 방사선이 생성된다. 안정한 동위원소에는 몇 가지 공통적인 특징이 있다('동위원소는 왜 안정한가? 또한 왜 불안정한가' 참조).

배경 방사선

인간은 항상 방사선에 노출되어 있다. 이 문장을 읽고 있는 이 순간에도 우리는 태양과 우주 공간에서 발생하는 **우주선**(cosmic ray)에 피폭되고 있다. 다른 방사선은 공기, 물, 토양, 암석에 있는 자연 방사성 동위원소로부터 우리에게 도달한다. 방사선은 우리 몸을 포함한 다양한 자연 과정의 일부이기 때문에 우리는 방사선을 피할 수 없다. 포타슘의 자연 발생 방사성 동위원소인 ^{40}K는 우리의 모든 세포와 많은 음식에 존재한다. 평균적인 사람은 ^{40}K에서 초당 약 4000개의 방사선을 흡수하고 ^{14}C에서 초당 1200개의 입자를 추가로 흡수한다. (많은 양처럼 들릴 수 있지만 원자가 얼마나 작은지, 아주 작은 물질 시료에도 얼마나 많은 원자가 존재하는지 생각해보라.)

이처럼 항상 존재하는 자연 방사선을 **배경 방사선**(background radiation)이라고 한다. 그림 11.1은 미국인의 평균 방사선 노출량의 약 절반만이 배경 방사선에서 비롯된다는 것을 보여준다. 나머지는 대부분 X선, CT 스캔, 핵의학 등 의료 방사선에서 비롯된다. 세계의 다른 많은 지역에서는 의료 방사선이 널리 사용되지 않으며, 해당 지역에 거주하는 사람들은 방사선 노출의 약 4분의 3을 배경 방사선 공급원으로부터 받는다. 핵폭탄 실험으로 인한 낙진, 원자력 발전소에서 배출되는 물질, 직업적 노출과 같은 다른 공급원은 전체 평균 노출의 극히 일부분에 불과하다.

유해한 영향은 방사선이 살아 있는 조직과 상호작용할 때 발생한다. 원자와 분자에서 전자를 떼어내어 이온(전하를 띤 원자 또는 원자단)으로 변환시키기에 충분한 에너지를 가진 방사선을

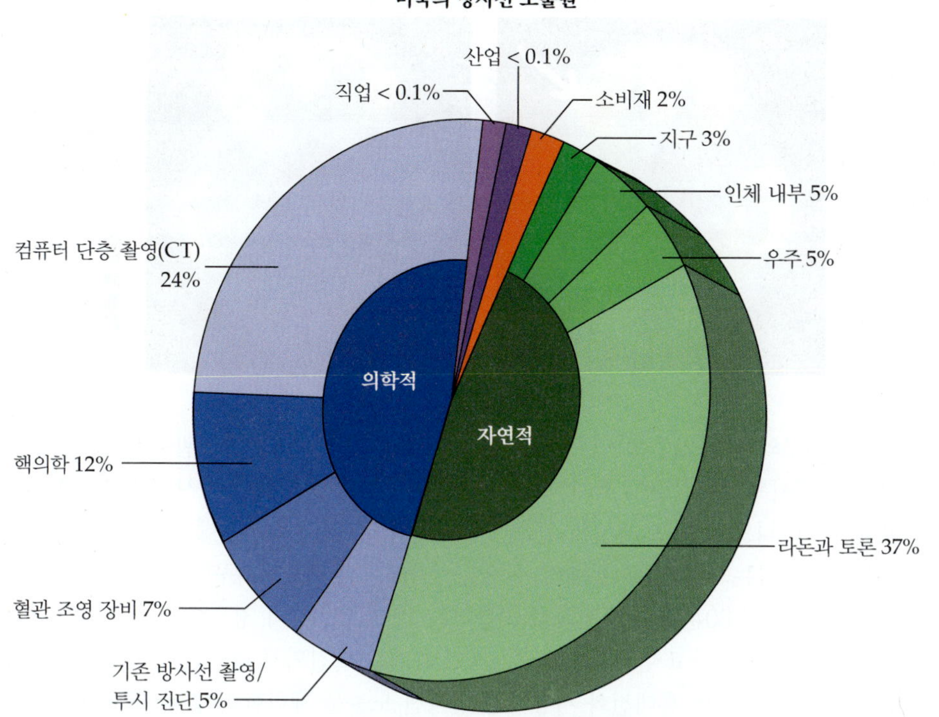

◀ **그림 11.1** 미국인이 노출되는 방사선의 약 절반은 자연 공급원(녹색)에서 발생하고, 절반 가까이는 의학적 치료(파란색)에서 발생한다. 이 방사선 중 아주 적은 양은 인간의 여러 활동(다른 색)에서 발생한다.

Q 이온화 방사선의 자연적인 공급원 가운데 우리의 방사선 노출에 가장 많이 기여하는 것은 무엇인가? 인간 활동으로 인한 방사선 노출 중에 가장 큰 비율을 차지하는 공급원은 무엇인가?

이온화 방사선(ionizing radiation)이라고 한다. 핵 방사선과 X선이 그 예이다. 방사선은 눈에 보이지 않고 해를 끼칠 가능성이 크기 때문에 우리는 방사선에 노출되는 것에 대해 매우 우려하고 있다. 하지만 일반인이 노출되는 총 배경 방사선의 양은 방사선 질환 증상을 유발하는 양의 0.5% 미만이라는 사실에 주목할 필요가 있다.

방사선에 의한 세포의 손상

방사선으로 인한 살아 있는 세포의 화학적 변화는 매우 파괴적일 수 있다. 이온화 방사선은 정상적인 화학 작용을 방해하여 살아있는 세포를 파괴할 수 있다. 분자는 자유 라디칼(4.10절)이라고 하는 반응성 조각으로 쪼개질 수 있으며, 이는 중요한 세포 과정을 방해할 수 있다. 박테리아 감염에 대한 신체의 첫 번째 방어선인 백혈구는 특히 취약하다. 높은 수준의 방사선은 골수에도 영향을 미쳐 적혈구 생산이 감소하여 빈혈을 유발할 수 있다. 방사선은 또한 혈액을 형성하는 기관의 질병인 백혈병을 유발하는 것으로 나타났다.

이온화 방사선은 또한 생식 세포의 유전 분자(DNA)에 변화를 일으킬 수 있다. 이러한 변화는 피폭된 부모의 자손에게 돌연변이로 나타날 수 있다. 이러한 피폭이 사람에게 미치는 영향에 대해서는 알려진 바가 거의 없다. 그러나 현재 종의 진화 과정에서 발생한 돌연변이 중 많은 부분이 배경 방사선에 의해 발생했을 수 있다.

위에서 설명한 바와 같이 원자핵이 붕괴할 때 발생하는 이온화 방사선은 에너지가 매우 강하며 조직을 손상시킬 수 있다. 전자기 복사선은 가시광선, 라디오파, 라디오파, 마이크로파, 자외선, 군사용 초저주파(ULF) 등 다양한 형태로 존재한다. X선, 감마선과 같은 일부 유형의 전자기 복사선은 조직을 이온화하기에 충분한 에너지를 가지고 있으며, 자외선은 흑색종(피부암)과 밀접한 관련이 있는 것으로 알려져 있다.

하지만 에너지가 거의 없는 마이크로파와 라디오파는 어떨까? 낮은 수준의 마이크로파가 인체 건강에 심각한 위협이 된다는 결정적인 증거는 없다. 2006년에 덴마크 시민 약 50만 명을

1 방사선은 전적으로 사람이 만든 문제인가?

많은 사람이 방사선의 상당 부분이 사람이 만든 공급원에서 나온다고 생각한다. 그러나 그림 11.1을 보면 평균적으로 미국인이 노출되는 이온화 방사선의 약 절반은 자연에서 발생하는 배경 방사선이며, 사람이 만든 공급원에서 발생하는 방사선은 절반에 조금 못 미친다는 것을 분명히 알 수 있다.

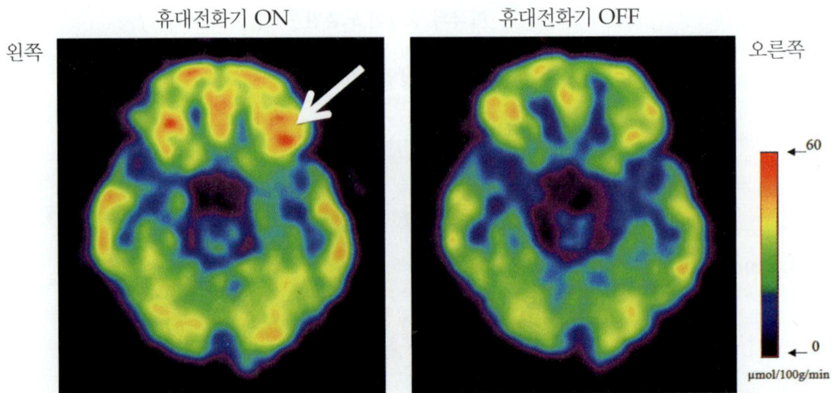

▶ **그림 11.2** 휴대전화를 귀에 대고 있을 때(왼쪽)와 끄고 있을 때(오른쪽)의 뇌 스캔은 약간의 차이를 보여준다.

대상으로 한 연구와 여러 소규모 연구에서는 휴대전화 사용과 암 사이의 관계를 보여주지 못했다. 그림 11.2에서 볼 수 있듯이 휴대전화는 뇌 일부에 영향을 미치는 방사선을 방출하지만 이온화 방사선이 아니므로 세포 손상을 일으키지 않는다. 그러나 장시간에 걸쳐 높은 수준의 무선 주파수를 사용하는 것은 다른 문제일 수 있다. 2011년 세계보건기구(WHO)의 보고서에 따르면 10년 동안 매일 30분씩 휴대전화를 사용하는 과다 사용자의 경우 뇌암의 일종인 신경교종의 위험이 커질 수 있다고 한다. 아직 결정적인 증거는 발견되지 않았지만, 연구는 계속되고 있으며 캘리포니아에서는 휴대전화 사용자가 방사선 노출을 제한할 방법에 대한 지침을 발표했다. 비이온화 전자기 복사선에 대한 낮은 수준의 노출인 경우는 위험성을 평가하기는커녕 측정하기도 어렵다.

방사선은 생명체에 치명적인 영향을 미칠 수 있기 때문에 방사선, 방사성 붕괴, 핵화학 전반에 대한 지식이 매우 중요하다. 다음으로, 방출되는 방사선의 다양한 유형을 식별하는 방법과 균형 핵반응식을 작성하는 방법을 배워보겠다.

2 방사능과 방사능이 사람에게 미치는 영향은 어떻게 측정하는가?

방사능에는 여러 단위가 있으며, 각 단위는 각각 다른 것을 측정한다. 실제 방출되는 방사선의 양을 측정하는 단위는 초당 3.7×10^{10}개의 핵이 붕괴하는 것에 해당하는 방사성 물질의 양인 '큐리(curie)'와 초당 1회의 붕괴에 해당하는 '베크렐(Bq)'이 있다. 다른 단위는 실제로 인체에 흡수되는 방사선의 양(방사선 흡수 선량, rad)이나 흡수된 방사선이 인체에 미치는 영향(Roentgen 등가 선량, rem)을 측정한다. 분명히 rem은 이전 시대에 사용된 단위이다.

동위원소는 왜 안정한가? 또한 왜 불안정한가?

일부 동위원소는 안정하지만, 대부분은 방사성을 띠고 있으며 안정하지 않다. 어떤 인자가 원자핵을 안정하게 만들까? 일반적으로 안정한 동위원소는 다음과 같은 경향이 있다.

1. 양성자나 중성자 중 하나 또는 (특히) 둘 다 짝수이다. 264개의 안정한 동위원소 중 157개는 양성자와 중성자가 모두 짝수이고, 4개만 양성자와 중성자가 모두 홀수이다. Z(양성자)가 짝수인 원소는 홀수인 원소보다 더 많은 안정한 동위원소를 가지고 있다.
2. 소위 양성자 또는 중성자의 '마법의 수'라고 불리는 숫자이다(마법의 수는 2, 8, 20, 28, 50, 82, 126이다).
3. 원자 번호가 83 이하인 동위원소. $Z > 83$인 모든 동위원소는 방사성이다. ($Z = 83$인 비스무트는 2003년에 방사능이 매우 약한 것으로 밝혀졌지만, 10억 년이 지나도 큰 붕괴를 보이지 않는다.)
4. 원자핵 내 양성자 수가 중성자 수보다 적거나 같은 경우에 원자 번호가 20 이하라면 중성자와 양성자의 비율이 1:1에 가까워야 한다. 원자 번호가 커질수록 안정한 n/p 비율도 증가하여 약 1.5:1까지 증가한다. 주어진 원자 번호를 가진 원자에 대해 n/p 비율이 있어야 하는 안정화 영역이 있다.

자가평가문제

1. 미국인의 배경 방사선 중에서 자연 공급원이 차지하는 방사선은 대략 몇 %인가?

a. 5% **b.** 20% **c.** 50% **d.** 80%

2. 자연 배경 방사선의 가장 큰 공급원은 무엇인가?

a. 우주선 **b.** 인체 내 동위원소
c. 라돈 **d.** 바위와 토양 속의 동위원소

3. 현재 노출 수준에서 암에 걸릴 가능성이 가장 큰 형태의 방사선은 무엇인가?

a. 후쿠시마 원자력 발전소 사고로 인한 낙진
b. 의료용 X선
c. 가동 중인 원자력 발전소에서 나오는 방사능
d. 햇빛

4. 우리 몸에서 자연 방사선의 원인이 될 가능성이 가장 큰 동위원소는 무엇인가?

a. ^{12}C **b.** ^{125}I **c.** ^{40}K **d.** ^{238}U

정답: 1. c, 2. c, 3. b, 4. c

11.2 핵반응식

학습 목표
- 핵반응식의 균형을 맞춘다.
- 다양한 핵붕괴 작용에 의해 생성되는 생성물의 유형을 확인한다.

핵 과정에 대한 균형 반응식을 작성하는 것은 비교적 간단하다. 핵반응식은 5장에서 설명한 화학 반응식과 두 가지 점에서 다르다. 첫째, 화학 반응식은 화살표의 양쪽에 같은 원소가 있어야 하지만, 핵반응식은 거의 그렇지 않다. 둘째, 일반적인 화학 반응식에서는 원자의 균형을 맞추는 반면에 핵반응식에서는 핵자(양성자 및 중성자)의 균형을 맞추는 것이다. 즉 출발 물질과 생성물의 원자 번호(양성자 수)와 핵자 수(양성자와 중성자를 더한 수)의 균형을 모두 맞춰야 한다는 뜻이다. 따라서 핵반응식에 등장하는 각 원소의 동위원소를 항상 명시해야 한다. 핵반응식을 작성할 때 핵 기호(3.5절)를 사용하는 이유는 반응식의 균형을 맞추기 쉽기 때문이다.

핵반응의 한 예로 그림 11.3a와 같이 라돈-222 원자는 **알파 붕괴**(alpha decay)라는 과정에서 자연적으로 분해되어 알파(α) 입자를 방출한다. 알파 입자는 양성자 2개와 중성자 2개를 포함하는 헬륨 핵과 동일하기 때문에 이 반응은 다음 반응식으로 요약할 수 있다.

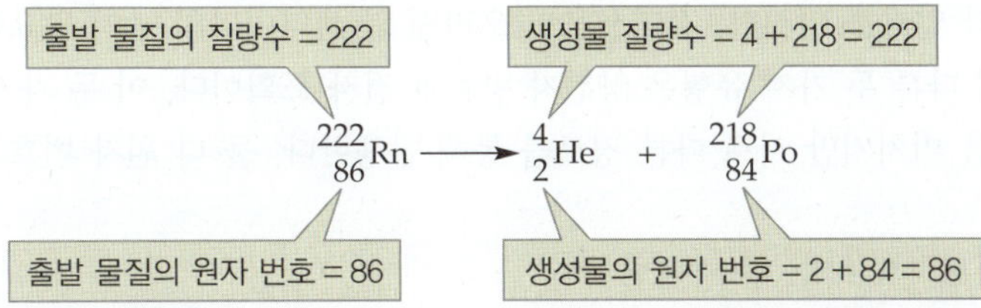

알파 입자에 알파(α)가 아닌 $^{4}_{2}He$라는 기호를 사용하는 이유는 질량과 원자 번호의 균형을 더 쉽게 확인할 수 있기 때문이다. 원자 번호 $Z = 84$는 생성된 원소가 폴로늄(Po)이라는 것을 알려준다. 핵화학에서 질량수(A)는 출발 물질에 포함된 핵자 수를 말한다. 출발 물질의 핵자 수는 생성물의 총 핵자 수와 같아야 한다. 원자 번호도 마찬가지이다. 알파 붕괴에서는 원자 번

▶ **그림 11.3** (a) 알파 입자와 (b) 베타 입자의 핵 방출

Q 알파 입자를 방출할 때 핵에는 어떤 변화가 일어나는가? 베타 입자를 방출할 때는 어떠한가?

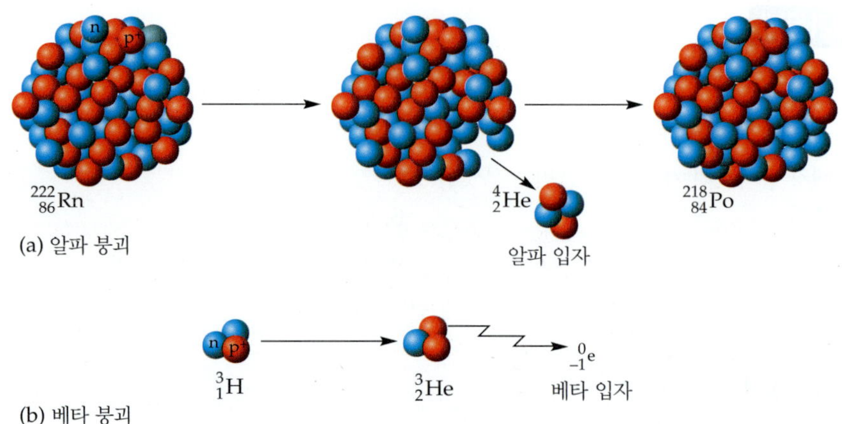

호가 2씩 감소하고 핵자 수는 4씩 감소한다.

수소의 가장 무거운 동위원소인 수소-3(흔히 삼중수소라고 함)은 **베타 붕괴**(beta decay)라는 과정을 통해 분해된다(그림 11.3b). 베타(β) 입자는 전자와 동일하기 때문에 이 과정은 다음과 같이 쓸 수 있다.

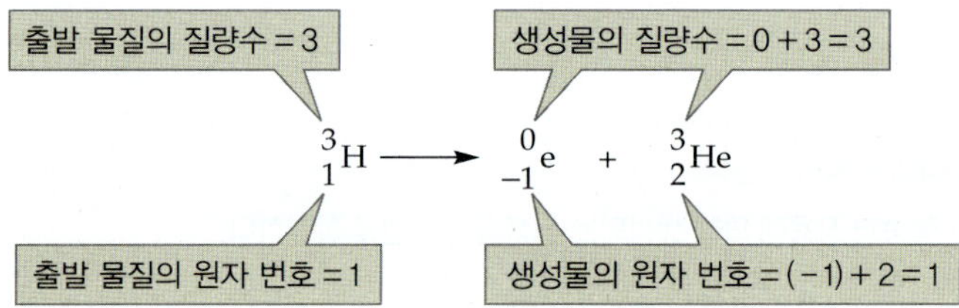

원자 번호 $Z = 2$는 생성물의 동위원소가 헬륨이라는 것을 알려준다.

베타 붕괴는 앞의 반응보다 조금 더 복잡하다. 베타 붕괴에서는 핵 내부의 중성자가 양성자와 전자로 변환되어 핵에 남아 있다가 방출된다.

$$^{1}_{0}\mathrm{n} \longrightarrow {}^{1}_{1}\mathrm{p} + {}^{0}_{-1}\mathrm{e}$$

베타 붕괴를 통해 원자 번호는 1씩 증가하지만, 총 핵자 수는 동일하게 유지된다.

핵반응에서 방출되는 세 번째 종류의 방사선은 감마(γ)선이다. 감마 방사선은 전하와 질량이 없다는 점에서 **감마 붕괴**(gamma decay)는 알파 및 베타 붕괴와 다르다. 방출되는 원자의 원자 번호도 변하지 않으며, 단지 핵의 에너지가 낮아질 뿐이다. 표 11.1은 알파, 베타, 감마선의 성질을 비교한 것이다. 알파 입자는 투과력이 매우 낮을 뿐만 아니라(11.6절) 베타 입자나 감마선보다 더 느리게 움직인다. 반면에 감마선은 투과력이 매우 높다. 몇 밀리미터의 알루미늄은 대부분의 베타 입자를 막지만, 감마선을 막으려면 몇 센티미터의 납이 필요하다.

방사성 붕괴의 다른 두 가지 유형은 양전자 방출과 전자 포획이다. 이 두 가지 과정은 원자핵에 동일한 영향을 미치지만 서로 다른 경로를 통해 발생한다. 둘 다 원자 번호는 1씩 감소하지

표 11.1 핵반응에서 흔히 발생하는 방사선의 종류

방사선	질량(u)	전하	정체	속도[a]	투과력(막을 수 있는 물질)
알파(α)	4	2+	He^{2+}	0.1c	매우 낮음(종이 한 장 또는 겉 피부)
베타(β)	0.00055	1−	e^-	< 0.9c	중간(유리 또는 금속 판)
감마(γ)	0	0	높은 에너지의 광자	c	중간(1~4인치 두께의 납)

[a] c는 빛의 속도이다.

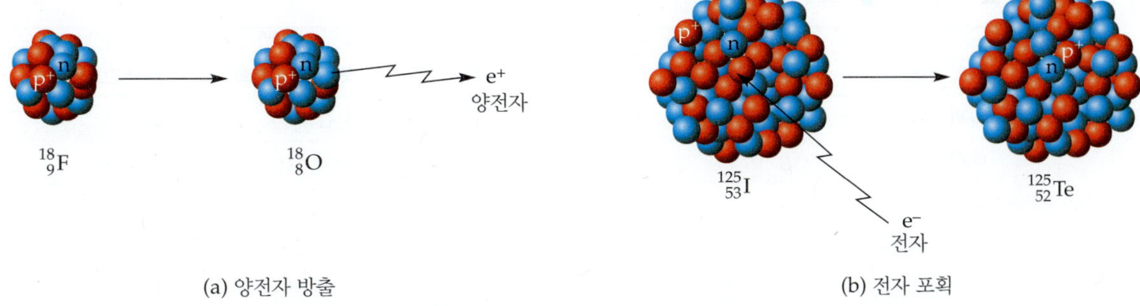

▲ **그림 11.4** (a) 양전자 방출, (b) 전자 포획에 수반되는 핵 변화

Q 양전자를 방출할 때 핵에는 어떤 변화가 일어나는가? 전자를 포획할 때 핵에는 어떤 변화가 일어나는가?

만, 핵자 수에는 변화가 없다(그림 11.4).

양전자(positron, β^{+})는 질량은 같지만 전하가 전자와 반대인 입자이다. 이는 $^{0}_{+1}e$로 표시된다. 플루오린-18은 양전자 방출에 의해 붕괴한다.

$$^{18}_{9}F \longrightarrow {}^{0}_{+1}e + {}^{18}_{8}O$$

양전자 방출을 핵 속의 양성자가 중성자와 양전자로 바뀌고, 양전자가 핵에서 방출되는 것으로 상상할 수 있다.

$$^{1}_{1}p \longrightarrow {}^{1}_{0}n + {}^{0}_{+1}e$$

양전자가 방출된 후 원래의 핵은 이전보다 양성자가 하나 줄어들고 중성자가 하나 더 많아진다. 생성물 핵의 핵자 수는 동일하지만, 원자 번호가 하나 줄어든 것이다. 방출된 양전자는 빠르게 전자를 만나고(모든 종류의 물질에는 많은 전자가 존재한다), 두 입자는 에너지(이 경우 2개의 감마선)로 바뀐다.

$$^{0}_{+1}e + {}^{0}_{-1}e \longrightarrow 2\,^{0}_{0}\gamma$$

전자 포획(electron capture, EC)은 핵이 내부 전자 껍질(보통 첫 번째 또는 두 번째)에서 전자를 흡수하는 과정이다. 더 높은 껍질의 전자가 전자 포획으로 생긴 빈자리로 떨어질 때 X선이 방출된다. 핵 내부에 들어가면 포획된 전자는 양성자와 결합하여 중성자를 형성한다.

$$^{1}_{1}p + {}^{0}_{-1}e \longrightarrow {}^{1}_{0}n$$

의학에서 췌장 기능 및 장내 지방 흡수 진단에 사용되는 아이오딘-125는 전자 포획에 의해 붕괴된다.

$$^{125}_{53}I + {}^{0}_{-1}e \longrightarrow {}^{125}_{52}Te$$

알파, 베타, 감마, 양전자 방출과 달리 전자 포획은 전자가 생성물이 아닌 반응물(왼쪽)로 존재한다는 점에 유의하자. 양성자를 (흡수된 전자에 의해) 중성자로 변환하면 원자 번호가 1 낮아지지만 원자 질량에는 변화가 없는 원자핵이 생성된다. 양전자의 방출과 전자의 흡수는 원자핵에 동일한 영향(원자 번호가 1 낮아짐)을 주지만, 양전자의 방출은 감마선을 동반하고 전자는 X선에 의해 포획된다는 점을 제외하면 원자핵에 동일한 영향을 미친다. 양전자 방출 동위원소와 전자 포획 동위원소는 의학적으로 중요하게 응용된다(11.5절).

방사능 붕괴의 다섯 가지 유형은 표 11.2에 요약되어 있다.

표 11.2 방사성 붕괴와 핵 변화

붕괴 유형	붕괴 입자	입자 질량 (amu)	입자 전하	핵자 수의 변화	원자 번호의 변화
알파 붕괴	α	4	2+	4 감소	2 감소
베타 붕괴	β	0	1−	변화 없음	1 증가
감마선	γ	0	0	변화 없음	변화 없음
양전자 방출	β^+	0	1+	변화 없음	1 감소
전자 포획(EC)	e^- 흡수	0	1−	변화 없음	1 감소

예제 11.1 핵반응식의 균형 맞추기

다음 각 과정에 대한 균형 핵반응식을 쓰라.

a. 플루토늄-239는 붕괴할 때 알파 입자를 방출한다.
b. 프로트악티늄-234는 베타 붕괴를 한다.
c. 탄소-11은 붕괴할 때 양전자를 방출한다.
d. 탄소-11은 전자 포획을 한다.

풀이

a. 플루토늄-239의 기호와 생성물 중 하나가 알파 입자(헬륨 핵)임을 나타내는 부분 반응식을 작성하는 것으로 시작한다.

$$^{239}_{94}\text{Pu} \longrightarrow {}^{4}_{2}\text{He} + ?$$

이 반응식의 균형을 맞추려면 다른 생성물은 $A = 239 - 4 = 235$, $Z = 94 - 2 = 92$가 되어야 한다. 원자 번호 92는 우라늄(U) 원소이다.

$$^{239}_{94}\text{Pu} \longrightarrow {}^{4}_{2}\text{He} + {}^{235}_{92}\text{U}$$

b. 프로트악티늄-234의 기호와 생성물 중 하나가 베타 입자(전자)임을 보여주는 부분 반응식을 작성한다.

$$^{234}_{91}\text{Pa} \longrightarrow {}^{0}_{-1}\text{e} + ?$$

다른 생성물은 원자 번호 234와 $Z = 92$를 가져야 반응식이 균형을 이룰 수 있다. 원자 번호는 이 생성물이 우라늄의 또 다른 동위원소임을 알려준다.

$$^{234}_{91}\text{Pa} \longrightarrow {}^{0}_{-1}\text{e} + {}^{234}_{92}\text{U}$$

c. 탄소-11의 기호와 생성물 중 하나가 양전자라는 것을 보여주는 부분 반응식을 작성한다.

$$^{11}_{6}\text{C} \longrightarrow {}^{0}_{+1}\text{e} + ?$$

반응식의 균형을 맞추려면 $A = 11 - 0 = 11$, $Z = 6 - 1 = 5$(붕소)인 입자가 필요하다.

$$^{11}_{6}\text{C} \longrightarrow {}^{0}_{+1}\text{e} + {}^{11}_{5}\text{B}$$

d. 탄소-11의 기호와 전자를 포획하는 반응식을 작성한다.

$$^{11}_{6}\text{C} + {}^{0}_{-1}\text{e} \longrightarrow ?$$

반응식의 균형을 맞추려면 생성물은 $A = 11 + 0 = 11$, $Z = 6 + (-1) = 5$(붕소)가 되

어야 한다.

$$^{11}_{6}C + ^{0}_{-1}e \longrightarrow ^{11}_{5}B$$

앞서 언급했듯이 양전자 방출과 전자 포획은 탄소-11에 대해 **(c)**, **(d)**가 보여주는 것처럼 원자 번호에 동일한 변화를 초래하므로 주어진 핵에 동일한 방식으로 영향을 미친다. 또한 탄소-11(및 기타 특정 핵)은 한 가지 유형 이상의 방사성 붕괴를 겪을 수 있다는 점에 유의하자.

› 복습문제 11.1A

다음 각 과정에 대한 균형 핵반응식을 쓰라.

a. 비스무트-214는 알파 방출로 붕괴한다.
b. 나이오븀-94는 베타 붕괴를 한다.
c. 갈륨-68은 양전자 방출에 의해 붕괴된다.
d. 아르곤-37은 전자 포획을 한다.

› 복습문제 11.1B

다음 각 과정에 대한 균형 핵반응식을 쓰라.

a. 아르곤-42는 베타 방출로 붕괴한다.
b. 토륨-228은 알파 붕괴를 한다.
c. 타이타늄-44는 전자 포획을 한다.
d. 알루미늄-26은 양전자를 방출한다.

앞서 핵반응식은 일반적인 화학 반응식과 두 가지 점에서 다르다는 점을 언급했다. 핵반응은 화학 반응과도 많은 차이점을 보인다. 몇 가지 중요한 차이점은 표 11.3에 요약되어 있다. 일부 핵반응은 여기서 논의한 다섯 가지 간단한 반응 이외의 과정도 포함한다. 그럼에도 불구하고 모든 핵반응식은 핵자(질량) 수와 원자 번호 모두에 대해 균형을 이루어야 한다. 미지 입자의 원자 번호가 원자에 해당하지 않을 때, 그 입자는 아원자 입자일 수 있다. 핵반응식에서 아원자 입자를 나타내는 데 사용된 기호 목록은 표 11.4에 나와 있다.

표 11.3 화학 반응과 핵반응의 몇 가지 차이점

화학 반응	핵반응
원자는 정체성을 유지한다.	원자는 보통 원소마다 정체성을 바꾼다.
반응에는 전자만 포함되며 일반적으로 가장 최외각 전자만 포함된다.	반응에는 주로 양성자와 중성자가 포함된다. 최외각 전자가 무엇을 하든 상관없다.
반응 속도는 더 높은 온도에서 더 높아질 것이다.	반응 속도는 온도의 영향을 받지 않는다.
반응에서 흡수되거나 방출되는 에너지는 비교적 적다.	반응은 때때로 엄청난 에너지 변화를 수반한다.
질량은 보존된다. 제품의 질량은 출발 물질의 질량과 같다.	에너지의 큰 변화는 측정가능한 질량 변화 ($E = mc^2$)를 동반한다.

* 11.7절 참조

표 11.4 아원자 입자의 기호

입자	기호	핵기호
양성자	p	${}^{1}_{1}p$ 또는 ${}^{1}_{1}H$
중성자	n	${}^{1}_{0}n$
전자	e^- 또는 β^-	${}^{0}_{-1}e$ 또는 ${}^{0}_{-1}\beta$
양전자	e^+ 또는 β^+	${}^{0}_{+1}e$ 또는 ${}^{0}_{+1}\beta$
알파 입자	α	${}^{4}_{2}He$ 또는 ${}^{4}_{2}\alpha$
베타 입자	β 또는 β^-	${}^{0}_{-1}e$ 또는 ${}^{0}_{-1}\beta$
감마선	γ	${}^{0}_{0}\gamma$

자가평가문제

1. 다음 핵반응식을 완성하는 데 필요한 입자는 무엇인가?

$$ {}^{9}_{4}Be + ? \longrightarrow {}^{12}_{6}C + {}^{1}_{0}n $$

a. 알파 입자 **b.** 베타 입자
c. 중성자 **d.** 양성자

2. 원자 번호가 2 감소하기 위해 방출해야 하는 것은 무엇인가?

a. 알파 입자 **b.** 베타 입자
c. 중성자 **d.** 양성자

3. 반응식의 왼쪽에 전자가 발견되는 방사성 붕괴의 유형은 무엇인가?

a. 알파 방출 **b.** 베타 방출
c. 전자 포획 **d.** 양전자 방출

4. 다음 중 가장 작은 입자는 무엇인가?

a. 알파 입자 **b.** 베타 입자
c. 중성자 **d.** 양성자

5. 다음 중 질량이 1이고 전하가 0인 것은 무엇인가?

a. 알파 입자 **b.** 베타 입자
c. 중성자 **d.** 양성자

정답: 1. a, 2. a, 3. c, 4. b, 5. c

11.3 반감기와 방사성 동위원소 연대 측정

학습 목표
- 간단한 반감기 문제를 푼다.
- 간단한 방사성 동위원소 연대 측정 문제를 풀기 위해 반감기 개념을 사용한다.

지금까지는 단일 원자에 적용되는 방사능에 관해 설명했다. 실험실에서는 일반적으로 지구상의 모든 사람의 수보다 훨씬 더 많은 수의 원자를 다룬다. 개별 원자의 핵을 볼 수 있다면 그 구성을 확인하여 방사성 붕괴를 일으킬지를 알 수 있다. 양성자와 중성자의 특정 조합은 불안정하다. 그러나 원자가 언제 변화를 겪을지는 예측할 수 없다. 방사능은 일반적으로 외부 영향과 무관한 무작위 과정이다.

반감기

원자의 수가 많으면 방사성 붕괴 과정을 더 잘 예측할 수 있게 된다. 각 방사성 동위원소의 특성인 반감기를 측정할 수 있기 때문이다. 방사성 동위원소의 **반감기**(half-life)는 원래 원자 수의 절반이 방사성 붕괴를 겪는 데 걸리는 시간이다.

예를 들어 방사성 동위원소 아이오딘-131이 16.00 mg 있다고 가정해보자. 아이오딘-131의 반감기는 8.0일이다. 즉 8.0일 후에는 아이오딘-131의 절반인 8.00 mg이 붕괴하여 8.00 mg이 남게 된다. 8.0일이 더 지나면 남은 8.00 mg의 절반이 붕괴한다. 반감기가 두 번, 즉 16.0일이 지나면 원래 아이오딘-131의 4분의 1, 즉 4.00 mg이 남게 된다. 반감기가 두 번 반복되어도 1이 되지 않는다는 점에 유의해야 한다. 반감기의 개념은 그림 11.5의 그래프에 설명되어 있다. 방사성 동위원소들의 반감기는 서로 엄청나게 다를 수 있다. 텔루륨-128의 반감기는 2×10^{24}년이고, 베릴륨-13의 반감기는 2.7×10^{-21}초이다.

붕괴 속도는 반감기와 반비례한다. 반감기가 긴 동위원소는 천천히 붕괴하고, 반감기가 짧은 동위원소는 더 빠르게 붕괴한다. 동위원소의 활성도라고도 하는 붕괴 속도는 초당 붕괴 수로 측정하는데, 이를 **베크렐**(becquerel, Bq)이라는 단위로 표시한다. 다음 관계로부터 주어진 수의 반감기 후에 남아 있는 원래 동위원소의 분율을 계산할 수 있다.

$$\text{남아 있는 분율} = \frac{1}{2^n}$$

여기서 n은 반감기의 수이다.

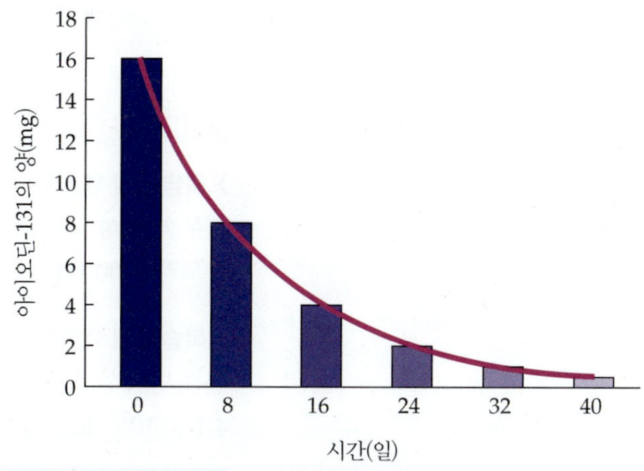

▲ **그림 11.5** 반감기가 8일인 아이오딘-131의 방사성 붕괴

Q 아이오딘-131 시료 32 mg의 반감기가 5회 지난 후 얼마나 남아 있는가?

예제 11.2 반감기

반감기가 5.271년인 코발트-60 시료 4.00 mg을 방사선 치료에 사용하려고 한다. 15.813년 (3회의 반감기) 후 얼마나 많은 코발트-60이 남아 있는가?

풀이

세 번의 반감기 후에 남은 분율은 다음과 같다.

$$\frac{1}{2^n} = \frac{1}{2^3} = \frac{1}{2 \times 2 \times 2} = \frac{1}{8}$$

남은 코발트-60의 양은 $1/8 \times 4.00 \text{ mg} = 0.50 \text{ mg}$이다.

› 복습문제 11.2A

인-32의 반감기는 14.3일이다. 4회의 반감기 후 인-32 시료의 몇 %가 남아 있는가?

› 복습문제 11.2B

2011년 4월 4일, 후쿠시마 원전 단지에서 남쪽으로 약 50마일 떨어진 곳에서 잡힌 작은 물고기 한 마리의 아이오딘-131의 활성도가 킬로그램당 4000베크렐(Bq)이었다. 아이오딘-131의 반감기는 8.0일이다. **(a)** 2011년 4월 28일(3번의 반감기 후)에 이 동위원소의 활성도는 얼마인가? **(b)** 2011년 6월 23일(10번의 반감기 후)에 이 동위원소의 활성도는 얼마인가?

예제 11.3 시간 및 방사성 붕괴

모든 방사성 동위원소가 붕괴하는 데 걸리는 시간을 확인할 수는 없다. 많은 동위원소의 경우, 약 10번의 반감기 후에 활동이 거의 0에 가까워진다고 가정한다. 반감기가 20분인 수은-190 시료 0.0260 mg이 10번의 반감기를 거친 후 남은 질량은 얼마인가?

풀이

10번의 반감기 후에 남은 분율은 일반적인 방법으로 찾는다.

$$\frac{1}{2^n} = \frac{1}{2^{10}} = \frac{1}{2 \times 2 \times 2 \times 2 \times 2 \times 2 \times 2 \times 2 \times 2 \times 2} = \frac{1}{1024}$$

남아 있는 수은-190의 양은 $\frac{1}{1024} \times 0.0260\ \text{mg} = 0.000025\ \text{mg}$이다.

› 복습문제 11.3A

일부 방사성 물질의 폐기는 예제 11.3에 명시된 규칙에 따라 계획된다. 이 규칙이 초기 붕괴 속도가 3200 Bq인 1.00 g의 루비듐-87 시료 1.00 g에 적용될 수 있는가?

› 복습문제 11.3B

일부 방사성 물질의 폐기는 예제 11.3에 명시된 규칙에 따라 계획된다. 이 규칙이 초기 활성이 4.1×10^{13} Bq인 코발트-60 시료 1.00 g에 적용될 수 있는가?

방사성 동위원소 연대 측정

특정 방사성 동위원소의 반감기는 암석과 고고학적 유물의 연대를 추정하는 데 사용할 수 있다. 우라늄-238은 45억 년의 반감기로 붕괴한다. 이 붕괴의 초기 생성물도 방사성이며, 이들과 후속 생성물(딸 핵)은 납-206이 형성될 때까지 계속 붕괴한다. 화학자들은 우라늄-238과 납-206의 상대적인 양을 측정하여 암석의 나이를 추정할 수 있다. 지구에서 가장 오래된 암석 중 일부는 30억~45억 년 된 것으로 밝혀졌다. 달의 암석과 운석은 최대 약 45억 년으로 연대 측정되었다. 따라서 지구(및 태양계 자체의 나이)는 일반적으로 약 45억 년으로 추정된다.

식물이나 동물에서 추출한 유물의 연대 측정에는 일반적으로 방사성 탄소-14가 사용된다. 지구상의 탄소 중 약 99%는 탄소-12, 1%는 탄소-13이며, 이 두 동위원소는 모두 안정하다. 그러나 대기 상층부에서는 우주선의 중성자가 일반 질소와 충돌하면서 방사성 탄소-14가 형성된다.

$$^{14}_{7}\text{N} + ^{1}_{0}\text{N} \longrightarrow ^{14}_{6}\text{C} + ^{1}_{1}\text{H}$$

이 과정은 지구 대기의 CO_2 분자에 탄소-14의 농도를 작지만 꾸준히 증가한다. 식물은 CO_2를 이용하고 동물은 식물과 다른 동물을 섭취하기 때문에 생명체는 끊임없이 이 동위원소를 세포에 흡수한다. 생명체가 죽으면 탄소-14의 흡수가 중단되고, 이 동위원소는 5730년의 반감기를 가진 질소-14로 다시 붕괴하기 시작한다. **탄소-14 연대 측정**(carbon-14 dating)이라는 기술을 사용하여 식물이나 동물의 유물에 남아있는 탄소-14 활성을 측정하여 연대를 확인할 수 있다. 예를 들어 탄소-14 활성도가 새 식물의 절반인 시료는 5730년 전의 것으로, 한 번의 반감기만큼 오래전에 죽었다는 뜻이다. 마찬가지로, 탄소-14 활성도가 새 식물의 4분의 1인 유물은 11,460년 된 것으로, 두 번의 반감기가 지날 만큼 오래전에 죽은 것이다.

탄소-14 동위원소의 형성이 오랜 세월 동안 일정했다고 가정해왔지만, 사실은 그렇지 않다. 지난 7000여 년 동안 탄소-14 연대 측정 결과는 나무의 나이테에서 얻은 연대 측정 결과 및 알려진 연대의 문서와 연관성이 있다. 결정할 수 있는 정확한 연대를 바탕으로 보정 곡선이 만들어졌다. 일반적으로 탄소-14는 약 100년에서 50,000년 된 물체의 연대 측정에 상당히 정확하다. 더 새로운 물체는 아직 탄소-14의 측정가능한 붕괴를 보지 못했을 수 있다. 50,000년 이상 된 물체는 정확한 측정을 하기에는 동위원소가 너무 적게 남아 있다.

고대인들이 불을 사용한 곳에서 나온 숯을 탄소-14 활성도를 측정해 연대 측정한 후, 같은 고고학적 유적지에서 발견된 다른 유물의 연대를 추정하는 데 사용했다. 예를 들어 이스라엘에서 출토된 석판에서 발견된 고대 히브리어 글씨가 기원전 9세기에 쓰인 것임을 확인하는 데도

표 11.5 방사성 연대 측정에 사용되는 몇 가지 동위원소

동위원소	반감기(년)	측정 범위	연대 측정 대상
탄소-14	5730	100~50,000년	목탄, 유기물
수소-3(삼중수소)	12.26	1~100년	숙성된 와인과 브랜디
납-210	22	1~75년	유골
포타슘-40	1.25×10^9	10,000년 전 지구에서 가장 오래된 물질	암석, 지각, 달의 지각
레늄-187	4.3×10^{10}	4×10^7년 전 우주에서 가장 오래된 물질	운석
우라늄-238	4.51×10^9	10^7년 전 지구에서 가장 오래된 물질	암석, 지각

탄소 연대 측정이 사용되었고, 사해 두루마리 컬렉션의 연대를 기원전 3세기에서 기원전 1세기 사이로 측정하는 데도 탄소 연대 측정이 사용되었다.

수소의 방사성 동위원소인 삼중수소도 연대 측정에 사용할 수 있다. 반감기가 12.26년이기 때문에 최대 약 100년된 물건의 연대 측정에 유용하다. 삼중수소 연대 측정의 흥미로운 응용은 브랜디의 연대 측정이다. 10~50년 된 알코올 음료는 가격이 상당히 비쌀 수 있다. 삼중수소 연대 측정은 더 비싼 브랜디의 연대에 대한 광고가 주장하는 것의 진위를 확인하는 데 사용할 수 있다.

그 밖에도 많은 동위원소가 물체와 물질의 나이를 추정하는 데 유용하다. 더 중요한 동위원소 몇 가지가 표 11.5에 나와 있다.

또한 한 원소의 모든 동위원소는 화학적으로 같은 방식으로 반응한다는 점에 유의해야 한다. 그러나 동위원소의 차이는 일부 조사에서 매우 중요할 수 있다. 동위원소 간 질량의 차이는 반응 속도에 영향을 미칠 수 있으며, 일반적으로 가벼운 동위원소는 무거운 동위원소보다 조금 더 빠르게 움직인다. 이러한 차이는 물질의 **동위원소 지문**이라고 하는 측정가능한 특성으로 이어질 수 있다. 예를 들어 광합성에 의해 생성된 물질에서 탄소-13과 탄소-12의 비율은 무기 탄산 이온에 있는 동위원소 비율보다 낮다.

산소-18 원자를 가지고 있는 물 분자는 산소-16 원자를 가지고 있는 물 분자보다 무거우며 더 천천히 증발한다. 이 차이는 더 높은 온도에서는 덜 두드러진다. 산소는 수생 생물의 탄산 칼슘 껍질에 포함되어 있으며, 그 화석은 생물이 살았던 물의 온도에 대한 연대기를 제공한다. 대기 중 산소 동위원소 비율은 계절과 지리적 위치에 따라 달라지며, 과학자들은 이를 통해 물질이 유래한 위치를 파악할 수 있다.

질소-14와 질소-15의 비율은 초식 동물과 육식 동물에 따라 다른데, 먹이사슬에서 높은 위치에 있는 유기체는 조직에 질소-15 동위원소가 농축되는 경향이 있기 때문이다. 이를 통해 과학자들은 과거 사람들의 식단에 대해 배울 수 있다.

예제 11.4 방사성 동위원소 연대 측정

오래된 목재 도구는 새 목재의 8분의 1에 불과한 탄소-14 활성을 보여준다. 이 유물은 얼마나 오래된 것인가? 탄소-14의 반감기는 5730년이다.

풀이

다음 관계를 이용한다.

▲수 세기 동안 유럽의 이탄 습지에 보존되어 온 시신

$$남아\ 있는\ 분율 = \frac{1}{2^n}$$

이 식에서 $\frac{1}{8}$은 $\frac{1}{2^n}$이고, 여기서 $n = 3$, 즉 분수 $\frac{1}{8}$은 $\frac{1}{2^3}$임을 알 수 있다. 탄소-14는 세 번의 반감기를 거쳤다. 따라서 목재는 약 $3 \times 5730 = 17,190$년 된 것이다.

› 복습문제 11.4A

북유럽의 늪지대에 보존된 사람 유해의 탄소-14 활성이 살아 있는 조직의 4분의 1이라면 그 유해의 대략적인 연대를 계산하라. 탄소-14의 반감기는 5730년이다.

› 복습문제 11.4B

삼중수소 활성이 새로운 브랜디의 16분의 1인 브랜디 한 병은 얼마나 오래되었는가? 삼중수소(수소-3)의 반감기는 12.26년이다.

자가평가문제

1. 한 환자가 뇌암 치료를 위해 테크네튬-99m(반감기 6.0시간) 48 mg을 투여받았다. 36시간 후 체내에 남아 있는 양은 얼마인가?

a. 0.75 mg **b.** 1.5 mg
c. 3.0 mg **d.** 12 mg

2. 비소-74 시료 50.0 g이 53.7일 동안 6.25 g으로 붕괴하는 경우 반감기는 얼마인가?

a. 8.9일 **b.** 17.9일
c. 27.8일 **d.** 53.7일

3. 핵폭발로 생성된 스트론튬-90(반감기 28.5년) 64.0 g의 시료 중 285년 후에도 변하지 않고 남아 있는 질량은 얼마인가?

a. 0.000 g **b.** 0.000625 g
c. 0.00625 g **d.** 0.0625 g

4. 납-210(반감기 22.26년)은 골격 유골의 연대 측정에 사용할 수 있다. 새로운 뼈의 활성도가 16 Bq라면 활성도가 4.0 Bq인 뼈의 나이는 얼마인가?

a. 7.4년 **b.** 44.5년
c. 67년 **d.** 89년

정답: 1. a, 2. b, 3. d, 4. b

11.4 인공 변환

학습 목표 • 변환에 대한 핵반응식을 쓰고, 형성되는 생성 원소를 확인한다.

▲Ernest Rutherford는 최초의 핵폭탄 실험을 수행했다. 104번 원소는 그를 기리기 위해 러더포듐(Rf)으로 명명되었다.

중세 시대에 연금술사들은 납과 같은 값싼 금속을 금으로 바꾸려고 시도했다. 그러나 연금술사들은 화학적 방법을 사용했기 때문에 실패할 수밖에 없었는데, 그 이유는 화학 반응이 원자의 최외각 전자만을 대상으로 하기 때문이다. **변환**(transmutation, 한 원소를 다른 원소로 바꾸는 것)을 위해서는 핵의 양성자 수를 변경해야 한다.

지금까지는 자연적인 형태의 방사능만 고려했다. 핵반응은 안정한 핵을 알파 입자, 중성자, 기타 아원자 입자로 충돌시켜 일으킬 수도 있다. 이러한 입자는 충분한 에너지가 주어지면 안정한 핵을 관통하여 어떤 형태의 방사능을 방출할 수 있다. 자연 방사능 과정과 마찬가지로 한 원소가 다른 원소로 바뀐다. 이러한 변화는 자연적으로 일어나지 않기 때문에 이러한 과정을 인공 변환이라고 한다.

유명한 금박 실험(3.4절)을 한 지 몇 년 후인 1919년, Ernest Rutherford는 알파 입자를 다양한 가벼운 원소에 충돌시키는 실험에 대해 보고했다. 그가 질소에 충격을 가한 실험 중 하나는 다음의 균형 핵반응식에서 볼 수 있듯이 양성자가 생성되는 결과를 가져왔다.

$$^{14}_{7}N + ^{4}_{2}He \longrightarrow ^{17}_{8}O + ^{1}_{1}H$$

(수소 핵은 단순히 양성자로, 기호 $^{1}_{1}H$로 나타낼 수 있다.) 이로써 Rutherford가 1914년에 처음 가설로 제시했던 원자핵 내 양성자의 존재를 처음으로 경험적으로 검증할 수 있었다.

1886년에 Eugen Goldstein이 기체 방전관 실험(3.1절)에서 양성자를 생성했음을 기억하자. Rutherford 실험의 의의는 수소가 아닌 다른 원자의 핵에서 양성자를 얻음으로써 양성자가 핵의 구성 요소라는 사실을 입증했다는 데 있다. Rutherford 실험은 최초의 유도 핵반응이자 인공적으로 핵을 변형시킨 최초의 사례이다. 그의 실험은 양성자를 생성했을 뿐만 아니라 질소를 산소로 변환했다.

예제 11.5 인공 변환 반응식

포타슘-39가 중성자와 충돌하면 염소-36이 생성된다. 또 어떤 입자가 방출되는가?

$$^{39}_{19}K + ^{1}_{0}n \longrightarrow ^{36}_{17}Cl + ?$$

풀이

입자를 알기 위해 균형을 이루는 핵반응식이 필요하다. 반응식의 균형을 맞추려면 미지의 입자는 $A = 4$와 $Z = 2$를 가져야 한다. 이것은 바로 알파 입자이다.

$$^{39}_{19}K + ^{1}_{0}n \longrightarrow ^{36}_{17}Cl + ^{4}_{2}He$$

› 복습문제 11.5A

테크네튬-97은 몰리브데넘-96에 중수소(수소-2 핵)를 충돌시켜 생성된다. 또 어떤 입자가 방출되는가?

$$^{96}_{42}Mo + ^{2}_{1}H \longrightarrow ^{97}_{43}Tc + ?$$

› 복습문제 11.5B

한 과학자팀이 알파 입자를 다른 원소의 핵과 충돌시켜 우라늄-235를 만들려고 한다. 그들은 우라늄-235 핵과 함께 중성자가 생성되기를 기대한다. 어떤 핵에 알파 입자를 충돌시켜야 하는가?

자가평가문제

1. 다음 인공 변환에서 생성된 동위원소는 무엇인가?

$$^{14}_{7}N + ^{1}_{0}n \longrightarrow ^{1}_{1}H + ?$$

a. 탄소-12 **b.** 탄소-14
c. 질소-15 **d.** 산소-15

2. 다음 인공 변환에서 생성된 동위원소는 무엇인가?

$$^{9}_{4}Be + ^{1}_{1}H \longrightarrow ^{4}_{2}He + ?$$

a. 붕소-9 **b.** 붕소-10
c. 리튬-6 **d.** 리튬-7

3. 다음 인공 변환에서 생성된 동위원소는 무엇인가?

$$^{27}_{13}Al + ^{4}_{2}He \longrightarrow ^{1}_{0}n + ?$$

a. 인-30 **b.** 인-31
c. 규소-29 **d.** 황-31

정답: 1. b, 2. c, 3. a

11.5 방사성 동위원소의 이용

학습 목표 • 방사성 동위원소의 응용을 몇 가지 나열한다.

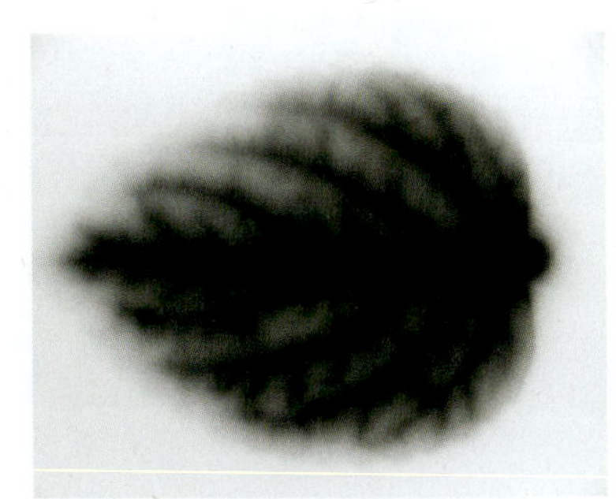

▲ 과학자들은 인-32를 함유한 화합물을 비료에 첨가하여 녹색 식물의 인 흡수를 추적할 수 있다. 그런 다음, 식물을 사진 필름 위에 올려놓으면 빛이 필름을 감광시키는 것처럼 인 동위원소의 방사선이 필름을 감광시킨다. 방사선 사진이라고 하는 이러한 유형의 노출은 식물 내 인의 분포를 보여준다.

알려진 3000여 종의 방사성 동위원소 중 대부분은 안정한 동위원소의 인공 변환을 통해 생성된다. 자연적으로 발생하는 방사성 동위원소와 인공적으로 생성되는 방사성 동위원소의 가치는 그것들이 화학 지식에 기여하는 것보다 훨씬 더 크다.

산업과 농업에서의 방사성 동위원소

다양한 분야의 과학자들은 물리적, 화학적, 생물학적 시스템에서 방사성 동위원소를 **추적자**(tracer)로 사용한다. 특정 원소의 동위원소는 방사성 여부에 관계없이 화학적 및 물리적 과정에서 거의 동일하게 행동한다. 방사성 동위원소는 붕괴 생성물을 통해 쉽게 검출할 수 있기 때문에 복잡한 시스템을 통해서도 비교적 쉽게 그 움직임을 추적할 수 있다. 예를 들어 방사성 동위원소를 추적하면 다음과 같은 작업을 수행할 수 있다.

- **지하 관의 누수 감지**. 콘크리트 바닥 아래에 매설된 관에서 누출이 발생했다고 가정해 보자. 바닥의 넓은 부분을 파서 누출 위치를 찾을 수도 있고, 배수구에 부은 액체에 소량의 방사성 물질을 첨가하고 Geiger 계수기(방사능을 감지하는 기기)로 액체의 흐름을 추적할 수 있다. 일단 누출 위치를 찾으면 바닥의 작은 부분만 파내어 수선하면 된다. 이를 위해 일반적으로 반감기가 짧은 동위원소(예: 아이오딘-131, 반감기 8.04일)를 함유한 화합물이 사용된다.
- **생산 과정에서 시트 재료의 두께 측정**. 베타 방출기에서 나오는 방사선은 생산 라인의 판금, 종이, 플라스틱을 통과할 수 있다. 시트를 통과하는 방사선의 양은 시트의 두께와 관련이 있다.
- **피스톤 링의 마찰 마모 측정**. 링에 중성자 충격을 가하면 강철의 일부 탄소가 탄소-14로 변환된다. 피스톤 링의 마모는 엔진 오일에 탄소-14가 나타나는 속도로 측정된다.
- **식물에서 인의 흡수량과 분포 결정**. 반감기가 14.3일인 β^- 방출체인 인-32를 식물에 공급하는 인산 비료에 투입하여 알아낼 수 있다.

방사성 동위원소는 제초제의 효과를 연구하고, 다양한 사료의 영양가를 비교하며, 최적의 해충 방제 방법을 결정하고, 토양과 지하수에서 농약의 운명과 잔류성을 관찰하는 데도 사용된다. 또한 2015년의 네팔 대지진과 같은 자연재해 이후 병원, 학교, 역사적 가치가 있는 건축물 등의 안정성을 테스트하는 데도 사용되었다.

농업에서 방사성 동위원소를 가장 성공적으로 응용한 분야 중 하나는 돌연변이로 알려진 유전적 변형을 유도하는 것이다. 씨앗이나 식물의 다른 부분을 중성자나 감마선에 노출시키면 유전적 돌연변이가 발생할 가능성이 커진다. 언뜻 보기에 이 기술은 그다지 유망해 보이지 않을 수 있다. 그러나 유전적 변이는 품종 개량뿐만 아니라 종의 멸종을 막기 위해서도 필수적이다. 씨 없는 수박이나 바나나 같은 일부 잡종 식물은 번식이 불가능하다. 이러한 식물들 사이에 유전적 다양성이 부족하면 전체 개체군이 위험에 처할 수 있다. 또 다른 용도는 곤충 개체군에 방사선을 조사하여 번식하지 못하도록 만드는 것이다. 이 곤충이 환경에 방출되면 토착 곤충과 교미할 수는 있지만 번식할 수 없어 살충제의 필요성이 줄어든다. 지카(Zika) 바이러스 퇴치를 위해 불임 상태의 이집트숲모기(*Aedes aegypti*)가 방출되었다.

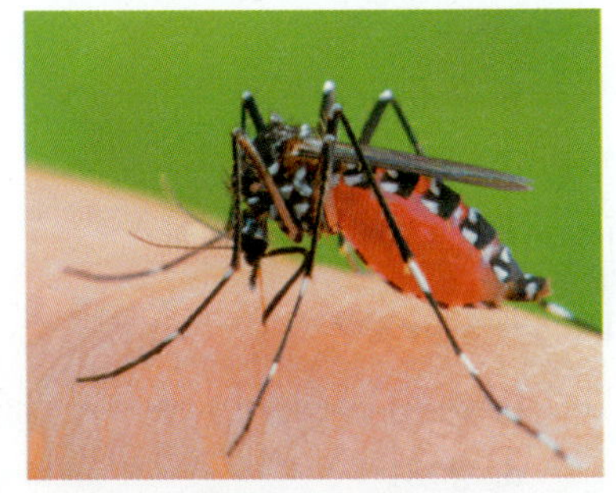

▲ 모기는 지카 바이러스 및 기타 질병을 옮긴다. 방사선을 조사한 모기는 불임 상태가 되었기 때문에 짝짓기는 가능하지만, 번식은 불가능하다.

방사성 동위원소는 식품에 방사선을 조사하여 식품을 보존하는 방법으로 사용된다. 수확한 식품의 약 25~30%는 소비되기 전에 상할 수 있다. 방사선은 식품을 상하게 하는 미생물과 효소를 파괴한다. 방사선을 조사한 식품은 맛이나 외관의 변화가 거의 없으며, 유통기한이 훨씬 더 길어진다. 일부 사람들은 방사선에 의해 생성되는 화학 물질의 유해한 영향에 대해 우려하고 있지만, 방사선 조사 식품을 먹인 실험 동물에게서 해로운 영향이 나타났다는 확실한 증거는 없으며, 식품 방사선을 오랫동안 사용해 온 나라에 사는 사람들에게서도 알려진 부작용은 보고되지 않고 있다. 감마선은 핵을 변화시키기에 충분한 에너지가 없기 때문에 방사선 조사 후 식품에 잔류 방사선이 남지 않는다.

3 방사선 조사 식품에는 방사성 물질이 포함되어 있는가?

방사선 조사 식품은 감마선 형태의 에너지를 흡수한 식품이다. 그러나 식품 자체에는 방사성 물질이 포함되어 있지 않으므로 방사선 조사 식품을 섭취하는 개인에게는 위험이 없다. 방사선 조사 식품에는 반드시 라벨이 부착되어 있지만, 많은 사람이 방사선과 관련된 모든 것을 경계한다.

의학에서의 방사성 동위원소

핵의학은 방사성 동위원소를 치료와 진단이라는 두 가지 용도로 사용한다. 치료적 응용은 방사선으로 질병을 치료하거나 낫게 하려는 시도가 이루어진다. 방사성 동위원소의 진단적 사용은 환자의 건강 상태에 대한 정보를 얻는 데 목적이 있다.

표 11.6에는 의학에서 일반적으로 사용되는 방사성 동위원소의 목록이 나와 있다. 이 목록은 매우 불완전할 수밖에 없지만, 그 중요성과 광범위한 용도에 대한 아이디어를 얻을 수 있을 것이다. 핵의학이 핵폭탄보다 더 많은 생명을 구했다는 주장은 결코 허황된 것이 아니다.

암은 하나의 질병이 아니라 여러 가지 질병이다. 일부는 특히 방사선 치료에 민감하게 반응한다. **방사선 치료**(radiation therapy)의 목적은 건강한 조직에 너무 많은 손상을 입히기 전에 암세포를 파괴하는 것이다. 방사선은 빠르게 증식하는 세포에 가장 치명적이며, 빠른 증식은 방사선 치료가 성공할 수 있도록 하는 암세포의 특징이다. 방사선은 정상 세포의 노출을 최소

표 11.6 일부 방사성 동위원소와 그 의학적 응용

동위원소	이름	반감기[a]	응용
^{11}C	탄소-11	20.39 min	뇌 스캔
^{15}O	산소-15	2.05 min	산소 대사, 혈류와 혈액량 측정
^{51}Cr	크로뮴-51	27.8 d	혈액량 측정
^{57}Co	코발트-57	270 d	비타민 B_{12} 흡수량 측정
^{60}Co	코발트-60	5.271 y	방사선 암 진단과 치료
^{153}Gd	가돌리늄-153	242 d	골밀도 측정
^{67}Ga	갈륨-67	78.1 h	폐암 검사
^{131}I	아이오딘-131	8.040 d	갑상샘 진단 및 치료
^{192}Ir	이리듐-192	74 d	유방암 치료
^{59}Fe	철-59	44.496 d	빈혈 발견
^{32}P	인-32	14.3 d	피부암 또는 안구암의 발견
^{238}Pu	플루토늄-238	86 y	심박 조율기의 전원 공급
^{226}Ra	라듐-226	1600 y	암 방사선 치료
^{75}Se	셀레늄-75	120 d	췌장 검사
^{24}Na	소듐-24	14.659 h	혈류 장애 검사
^{99m}Tc	테크네튬-99m	6.0 h	뇌, 간, 골수, 신장, 폐, 심장의 영상 촬영
^{201}Tl	탈륨-201	73 h	러닝머신 스트레스 검사 중 심장 문제 감지
^{3}H	삼중수소	12.26 y	총 체수분 측정
^{133}Xe	제논-133	5.27 d	폐 영상

[a] 약어: y = 연, d = 일, h = 시간, min = 분

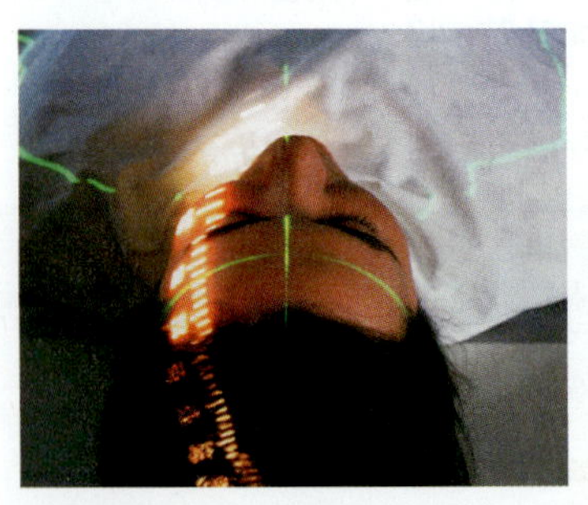

왜 중요할까?

방사성 동위원소와 그것이 생성하는 알파, 베타, 감마, 양전자 방사선의 차이는 매우 중요하지만, 종종 오해를 받기도 한다. 아이오딘-131이나 라돈-222와 같은 방사성 동위원소는 인체에 흡수되면 동위원소가 붕괴하면서 방사선이 계속 방출되기 때문에 큰 해를 끼칠 수 있다. 하지만 이온화 방사선에 노출된 물질은 단순히 그 에너지를 흡수해 화학적 변화를 일으킬 뿐이다. 감마선 치료를 받는 환자는 방사능에 오염되지 않는다.

화하면서 암 조직을 조심스럽게 조준한다. 방사선의 파괴적인 효과로 암세포가 죽으면 악성 종양은 멈추게 된다.

방사선 치료를 받는 환자는 치료 중에 방사선 멀미 증상을 보일 수 있다. 메스꺼움과 구토는 방사선 질환의 일반적인 초기 증상이며, 위장관 세포와 같이 빠르게 성장하는 세포가 가장 큰 영향을 받기 때문이다. 방사선 치료는 또한 백혈구의 재생을 방해할 수 있어 환자가 감염에 더 취약해질 수 있다.

진단 목적으로 사용되는 방사성 동위원소는 신체 일부의 기능이나 질병의 유형 또는 정도에 대한 정보를 제공한다. 예를 들어 방사성 아이오딘-131은 갑상샘의 크기, 모양, 활동을 파악하고 갑상샘의 암을 치료하며 과잉행동을 조절하는 데 사용된다. 소량은 진단 목적으로, 다량은 갑상샘암 치료에 사용된다. 환자가 아이오딘-131이 포함된 아이오딘화 포타슘 용액을 마시면 아이오딘화 이온이 갑상샘에 농축된다. 동위원소의 흡수 차이를 보여주는 검출기가 진단에 사용된다. 사진 스캔 결과는 갑상샘의 종양이나 다른 이상이 있는 위치를 정확히 찾아낼 수 있다. 암 치료에서 치료용(다량) 아이오딘-131의 방사선이 방사성 동위원소가 농축된 갑상샘 세포를 죽인다.

방사성 동위원소 가돌리늄-153은 뼈의 무기질화 정도를 측정하는 데 사용된다. 이 방사성 동위원소가 널리 사용되는 것은 나이가 들면서 골다공증(골밀도 감소)으로 고통받는 사람들, 주로 여성이 많다는 것을 나타낸다. 가돌리늄-153은 두 가지 유형의 방사선, 즉 감마선과 X선을 방출한다. 스캔 장치는 뼈를 통과한 두 유형의 방사선을 비교한다. 그런 다음 방사선의 흡수 차이를 이용하여 골밀도를 측정한다.

테크네튬-99m은 다양한 진단 검사에 사용된다(표 11.6). m은 준안정성을 나타내는데, 이는 이 동위원소가 더 안정한 유형인 테크네튬-99(원자 번호와 핵자 수가 같은)로 변할 때 일부 에너지를 방출한다는 것을 의미한다. 방출된 에너지는 감마선의 형태이다.

$$^{99m}_{43}\text{Tc} \longrightarrow {}^{99}_{43}\text{Tc} + \gamma$$

테크네튬-99m의 붕괴는 신체에 불필요한 손상을 일으킬 수 있는 알파 또는 베타 입자를 생성하지 않는다는 점에 유의하자. 또한 테크네튬-99m은 반감기(6.0시간)가 짧아 스캔이 완료된 후 방사능이 체내에 오래 머물러 있지 않는다. 이처럼 반감기가 짧으므로 동위원소 사용은 신중하게 계획해야 한다. 실제로 의료 실험실에서는 테크네튬-99m을 구매하지 않는다. 대신 몰리브데넘-99를 구입하는데, 이 몰리브데넘-99는 붕괴하여 테크네튬-99m을 생성한다.

$$^{99}_{42}\text{Mo} \longrightarrow {}^{99m}_{43}\text{Tc} + {}^{0}_{-1}\text{e} + \gamma$$

붕괴 생성물인 테크네튬-99m은 필요할 때마다 용기에서 '짜내듯이' 뽑아낸다.

현대 컴퓨터 기술을 사용하여 **양전자 방출 단층 촬영**(PET)은 혈류 또는 산소나 포도당이 대사되는 속도와 같이 신체에서 발생하는 동적 과정을 측정할 수 있다. 예를 들어 PET 스캔에 따르면 조현병 진단을 받은 사람의 뇌는 정상 뇌의 약 5분의 1의 포도당만 대사하는 것으로 나타났다. 이 스캔은 또한 촉각 학습 중에 뇌에서 발생하는 물질대사 변화를 밝히고 심각한 간질 발작을 유발하는 뇌 손상을 식별할 수 있다.

스캔 전에 탄소-11 또는 산소-15와 같은 양전자 방출 동위원소를 포함하는 화합물을 흡입하거나 주입한다. 방출된 양전자가 체내에서 멀리 이동하기 전에 전자(일반 물질에 다수 존재)를 만나면 2개의 감마선이 생성되어 정확히 반대 방향으로 몸에서 빠져나간다.

$$^{11}_{6}\text{C} \longrightarrow {}^{11}_{5}\text{B} + {}^{0}_{+1}\text{e}$$

$${}^{0}_{+1}\text{e} + {}^{0}_{-1}\text{e} \longrightarrow 2\gamma$$

4 X선 촬영 및 기타 의료 시술 과정에서 위험한 방사선에 노출되는가?

많은 의료 시술에서 이온화 방사선이나 방사성 동위원소를 사용하지만, 방사선의 양은 최소한으로 유지된다. 이온화 방사선의 위험은 일반적으로 진단이나 치료의 부족으로 인해 발생할 수 있는 위험보다 훨씬 적다!

환자의 반대편에 배치된 검출기가 감마선을 기록한다. 양전자와 전자의 소멸이 일어나는 지점의 컴퓨터 계산을 통해 신체 부위의 이미지가 형성된다.

의학에서 방사선의 세 번째 역할은 감마선이나 기타 매우 높은 에너지의 전자기 복사선을 사용하여 의료 기기와 장비를 살균하는 것이다. 이 방법은 고온과 고압이 필요한 고압 증기 멸균 과정을 거치지 않고도 의료 기기와 장비의 멸균을 가능하게 한다.

많은 사람이 치과 X선이나 기타 시술에서 얼마나 많은 방사선이 흡수되는지, 얼마나 흡수되어야 사람이 병에 걸리는지 궁금해한다. 방사선의 영향은 방사선이 흡수되는 시간에 따라 어느 정도 달라지기 때문에 이러한 질문에 대한 명확한 답은 없다. 100 rem(Roentgen 등가 선량, 이온화 방사선이 사람에게 미치는 영향의 척도)을 한 번에 받는 것은 50개월 동안 매달 2 rem 받는 것보다 훨씬 더 큰 영향을 미칠 가능성이 크다. 표 11.7은 다양한 상황에서 흡수되는 방사선의 양과 더 높은 선량으로 인한 영향을 보여준다.

5 방사선 질환의 원인은 무엇이며, 얼마나 심각한가?

알파선, 베타선, 감마선, X선, 양전자 등은 체내에 흡수되어 세포 손상을 일으킨다. 대체로 이들은 방사성 동위원소를 생성할 만큼 에너지가 높지 않다. 방사선 치료를 받은 사람은 종종 방사선 질환이 발생하며, 치료가 끝나면 회복하는 데 시간이 필요할 수 있다. 그러나 폭탄이나 원자력 발전소 사고와 같이 매우 많은 양의 방사선에 노출된 사람은 매우 심각한 방사선 질환이 발생하거나 급성 방사선 피폭으로 사망할 수도 있다.

표 11.7 방사선 선량

노출의 유형과 효과	전형적 선량
원자력 발전소 근처에 거주	0.001 rem
치과 X선 한 장	0.005 rem
흉부 X선 한 장	0.010 rem
머리 CT 스캔 한 번	0.20 rem
미국 평균 가정에서 라돈 노출	0.29 rem
전신 CT 스캔	1 rem
일반적으로 방사선 중독 증상(호기, 구토, 탈모)을 나타내는 선량(단기)	40 rem
일반적으로 치명적인 선량(단기)	400~600 rem

예제 11.6 양전자 방출 반응식

PET 스캔에 사용되는 동위원소 중 하나는 양전자 방출기인 산소-15이다. 산소-15가 붕괴할 때 형성되는 다른 동위원소는 무엇인가?

풀이

먼저 핵반응식을 작성한다.

$$^{15}_{8}\mathrm{O} \longrightarrow {}^{0}_{+1}\mathrm{e} + ?$$

핵자 수는 변하지 않지만 원자 번호는 8 − 1 = 7이 된다. 생성물 동위원소는 질소-15이다.

$$^{15}_{8}\mathrm{O} \longrightarrow {}^{0}_{+1}\mathrm{e} + {}^{15}_{7}\mathrm{N}$$

› 복습문제 11.6A

양전자 방출 방사성 동위원소인 인-30은 PET 스캔에 적합한 양전자 방출 방사성 동위원소이다. 인-30이 붕괴할 때 형성되는 다른 동위원소는 무엇인가?

› 복습문제 11.6B

구리-64(양전자 방출체)는 구리가 체내에 축적되는 유전병인 윌슨병을 연구하는 데 사용된다. 구리-64가 양전자를 방출할 때 형성되는 다른 동위원소는 무엇인가?

방사성 동위원소의 다른 용도

생물학적 시스템의 화학에 대해 우리가 알고 있는 것의 대부분은 실험에서 방사성 추적자를 사용하여 알아낸 것이다. 여기에는 탄소-14, 수소-3(삼중수소), 인-32 등 생물학적 시스템의 4대 고분자, 즉 탄수화물, 지질, 단백질, 핵산에서 발견되는 원소의 방사성 동위원소가 포함된다. 표지된 화합물을 첨가하면 방사성 원자가 생명체의 대사경로를 따라 어떻게 이동하는지를 추적하는 것이 가능하다.

방사성 동위원소의 또 다른 용도는 법의학이다. 중성자 활성화 분석(neutron activation analysis, NAA)은 반응기에 시료를 넣고 중성자로 충격을 가하는 것이다. 그러면 표적이 된 원자가 감마선을 방출하여 이를 감지할 수 있다. 예를 들어 John F. Kennedy 대통령 암살에 사용된 총알 파편을 분석하는 데 NAA가 사용되었으며, 그 결과 케네디 대통령이 맞은 총알은 단 두 발뿐이라는 워런위원회의 조사 결과를 뒷받침했다.

자가평가문제

1. 아이오딘-131이 종종 지하관의 누출을 감지하는 데 사용되는 이유는 무엇인가?
   a. 반감기가 짧기 때문에　b. 침투력이 뛰어나기 때문에
   c. 독성이 없기 때문에　d. 방사선이 해롭지 않기 때문에
2. 식품의 유통기한을 연장하기 위해 식품에 방사선을 조사하는 데 사용되는 것은 무엇인가?
   a. 알파 입자　b. 베타 입자
   c. 감마선　d. 마이크로파
3. 러닝머신 스트레스 검사 중 심장 문제를 감지하는 데 사용되는 동위원소는 무엇인가?
   a. 코발트-60　b. 가돌리늄-153
   c. 아이오딘-131　d. 탈륨-201
4. 갑상샘 진단 및 치료에 사용되는 동위원소는 무엇인가?
   a. 코발트-60　b. 가돌리늄-153
   c. 아이오딘-131　d. 삼중수소
5. 식물에서 비료의 흡수를 추적하는 데 사용되는 동위원소는 무엇인가?
   a. 코발트-60　b. 아이오딘-131
   c. 리튬-7　d. 인-32
6. 심박 조율기에 에너지를 공급하는 데 사용된 동위원소는 무엇인가?
   a. 크로뮴-51　b. 갈륨-67
   c. 철-59　d. 플루토늄-238

정답: 1. a, 2. c, 3. d, 4. c, 5. d, 6. d

11.6 방사선의 투과력

학습 목표 • 알파, 베타, 감마 방사선을 차단하는 데 필요한 물질의 특성을 설명한다.

살아있는 유기체에 대한 방사선의 위험은 세포와 조직을 훼손할 수 있는 잠재력에서 비롯된다. 손상을 입힐 수 있는 능력은 방사선의 투과력과 관련이 있다. 방금 논의한 핵 의학의 두 가지 측면(치료 및 진단)도 다양한 유형의 방사선의 투과력에 따라 달라진다.

다른 모든 것이 동일하다면 입자의 질량이 클수록 투과력은 감소한다. 질량이 4 amu이고 헬륨 핵인 **알파 입자**는 세 가지 주요 유형의 방사선 중 가장 투과력이 낮다. **베타 입자**는 거의 질량이 없는 전자와 동일하며, 투과력이 다소 더 높다. **감마선**은 X선처럼 질량이 없으므로 다른 두 가지 유형보다 훨씬 더 투과성이 높다.

그러나 다른 모든 것이 항상 같은 것은 아니다. 입자가 더 빨리 움직이거나 방사선의 에너지가 높을수록 더 많은 투과력을 갖는다.

가장 큰 입자가 가장 적게 투과한다는 것은 직관적이지 않은 것처럼 보일 수 있다. 그러나 투과력은 방사선이 물질 시료를 통과하는 능력을 반영한다는 점을 명심하자. 마치 돌밭에서 바위를 굴리는 것과 같다. 알파 입자는 마치 바위 그 자체처럼 작용한다. 그 크기 때문에 멀리 날아가기 전에 다른 바위에 부딪혀 멈춰 서게 될 것이다. 베타 입자는 마치 작은 돌처럼 행동한다.

사람들은 실험하는 동안 자신을 보호하기 위해 다양한 보호 수단을 사용했다. 베타 입자를 방출하는 인-32를 사용하는 연구자들은 종종 납으로 된 앞치마를 입었고 하루가 끝날 무렵에는 상당히 피곤해졌다! 플렉시글라스(특수 아크릴 수지) 보호막은 보호 기능을 제공함과 동시에 작업자가 자신이 하는 일을 더 쉽게 볼 수 있게 해줬다.

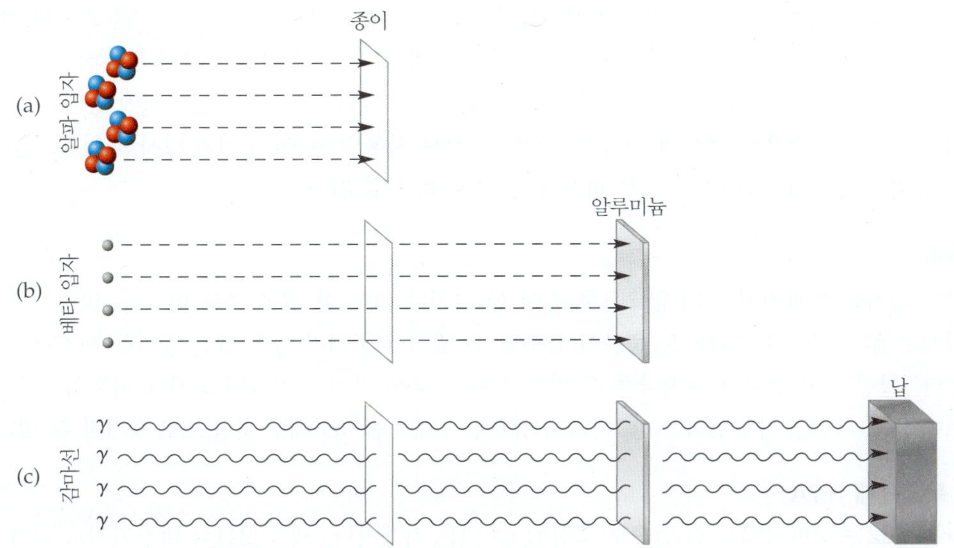

◀ **그림 11.6** 알파, 베타, 감마 방사선의 상대적인 투과력. (a) 알파 입자는 종이 한 장에 의해 막힌다. (b) 베타 입자는 알루미늄 시트를 투과하지 못한다. (c) 감마선을 차단하려면 수 센티미터의 납이 필요하다.

베타 입자는 바위 사이를 몰래 빠져나가거나 바위에 튕겨 더 멀리 갈 수 있다. 감마선은 아주 작은 구멍도 통과할 수 있는 모래알에 비유할 수 있다.

특정 유형의 방사선이 인체 조직에 미치는 위험성은 방사선 공급원의 위치와 투과력에 따라 달라진다. 방사성 물질이 체외에 있는 경우에 알파 입자는 침투력이 낮고 피부 외층에 의해 차단되므로 가장 덜 위험하다. 베타 입자도 일반적으로 중요한 장기에 도달하기 전에 차단된다. 감마선은 조직을 쉽게 통과하므로 외부 감마선 공급원은 매우 위험할 수 있다. 방사성 물질을 다루는 사람들은 다음과 같은 조치를 통해 스스로를 보호할 수 있다.

- 공급원에서 멀리 이동한다. 방사선의 강도는 공급원으로부터의 거리에 따라 감소한다.
- 차폐막을 사용한다. 종이 한 장은 대부분의 알파 입자를 막을 수 있다. 목재 블록이나 얇은 알루미늄 또는 플렉시글라스 시트는 대부분의 베타 입자를 차단할 수 있다. 그러나 대부분의 감마선을 막으려면 1 m 두께의 콘크리트 또는 수 센티미터 두께의 납이 필요하다(그림 11.6).

많은 의료 응용 분야에서와 같이 방사능 공급원이 체내에 있는 경우 상황은 반전된다. 비투과성 알파 입자는 큰 피해를 줄 수 있다. 이러한 입자는 모두 체내에 갇히게 되고, 우리 몸은 입자가 방출하는 모든 에너지를 흡수해야 한다. 알파 입자는 멀리 이동하지 않기 때문에 좁은 영역에 모든 피해를 준다. 따라서 알파 입자를 방출하는 치료용 방사성 동위원소를 표적 세포에 가까이 가져가는 것이 매우 중요하다.

베타 입자는 멀리 이동하기 때문에 손상이 다소 넓은 영역에 분산된다. 넓은 영역에 퍼진 제한된 손상이라면 조직이 회복될 수 있지만, 집중된 손상이라면 조직이 살아남을 가능성이 낮다.

많은 진단 응용 분야는 감마선의 높은 투과력에 의존한다. 대부분의 경우 신체 내부에서 생성된 방사선을 신체 외부의 기기로 감지해야 하므로 최소한의 흡수가 바람직하다.

예제 11.7 방사선의 위험

대부분의 최신 연기 감지기에는 알파 입자를 방출하는 고체 원소인 아메리슘-241이 소량 포함되어 있다. 알파 입자는 공기 분자를 이온화하고 이온은 하전된 얇은 판 사이를 흐르며 작은 전류를 생성한다. 화재가 발생하면 알파 입자가 공기 입자 대신 연기 입자에 부딪히면서 전류가 감소하고 경보가 울린다. 아메리슘은 얇은 알루미늄 차폐막이 있는 공간 내에 들어 있으며, 이 장치는 일반적으로 천장에 설치된다. 정상적으로 사용할 때 이 장치의 방사선 위험도를 **(a)** 높음, **(b)** 보통, **(c)** 매우 낮음으로 평가하고, 그 이유를 설명하라.

풀이

알파 입자는 투과력이 거의 없으므로 종이 한 장이나 피부 한 겹에 의해 막힌다. 방출된 알파 입자는 얇은 금속에 의해서도 충분히 흡수될 수 있어 검출기가 들어 있는 공간을 빠져나갈 수 없다. 설령 알파 입자가 빠져나갈 수 있다고 해도 짧은 거리를 지나면 공기나 피부의 죽은 세포에 의해 차단될 가능성이 크다. 따라서 방사선 위험도를 '**(c)** 매우 낮음'으로 평가할 수 있다.

› 복습문제 11.7A

라돈-222는 땅바닥에서 집 안으로 확산될 수 있는 기체이다. 세슘-241과 마찬가지로 알파 입자 방출원이다. 라돈-222의 방사선 위험은 연기 감지기보다 더 높은가, 더 낮은가? 그 이유를 설명하라.

› 복습문제 111.7B

폴로늄-210은 물에 녹을 수 있는 알파 입자 방출 물질이다. 이 물질이 조리대 위에 놓인 유리잔 안에 있을 때와 사람이 그 물을 마셨을 때 중에서 어느 쪽이 방사선 위험이 더 큰가? 그 이유를 설명하라.

자가평가문제

1. 방사선 투과력이 가장 큰 것과 가장 작은 것을 바르게 짝지은 쌍(가장 큰 것/가장 작은 것)은 무엇인가?

a. 알파/감마 **b.** 베타/감마
c. 감마/알파 **d.** X선/베타

2. 얇은 알루미늄 시트로 막을 수 있는 방사선의 형태는 무엇인가?

a. 알파 입자 **b.** 베타 입자
c. 감마선 **d.** 모두 정답

3. Geiger 계수기가 알 수 없는 유형의 방사선에 의해 50 Bq의 수치를 기록했다. 공급원과 계수기 사이에 종이 한 장을 삽입하자 수치가 약 2 Bq로 떨어졌다. 이 방사선은 대부분이 무엇인가?

a. 알파 입자 **b.** 베타 입자
c. 감마선 **d.** X선

정답: 1. c, 2. b, 3. a

11.7 핵 에너지

학습 목표
- 원자력 에너지의 출처를 설명한다.
- 핵분열과 핵융합의 차이점을 설명한다.

우리는 조용하고 눈에 보이지 않는 방사능이 유익할 수도 있고 위험할 수도 있다는 것을 보았다. 핵화학의 훨씬 더 극적이고 역설적인 측면은 핵분열(무거운 핵이 더 작은 핵으로 쪼개지는 것) 또는 핵융합(가벼운 핵이 결합하여 더 무거운 핵을 형성하는 것)에 의한 핵 에너지의 방출이다.

Einstein 그리고 질량과 에너지의 등가성

핵의 잠재적 힘은 유명하고 매우 독특한 과학자였던 독일의 물리학자 Albert Einstein(1879~1955)에 의해 정립되었다. 대부분의 과학자가 실험실에서 유리 제품과 도구를 사용하는 반면에 Einstein은 연필과 메모장을 가지고 작업했다. 1905년 26세 때 이미 특수 상대성 이론을 정립하고 질량(m)에 광속(c)의 제곱을 곱하여 방출되는 에너지(E)의 양을 결정하는 유명한 **질량-에너지 방정식**(mass-energy equation)을 만들었다.

$$E = mc^2$$

이 방정식은 질량과 에너지가 동일하다는 것, 즉 같은 것의 두 가지 다른 측면일 뿐이며, 약간의 질량으로 엄청난 에너지를 얻을 수 있다는 것을 시사한다. 제2차 세계대전에서 히로시마와 나가사키를 파괴한 원자 폭탄(11.8절)은 1온스도 안 되는 물질을 에너지로 전환한 것이었다.

열을 내는 화학 반응은 그 과정에서 질량을 잃어야 하지만, 질량의 변화를 측정하기에는 너무 작다. 질량 손실을 측정할 수 있으려면 반응 에너지가 핵폭발로 방출되는 에너지 수준만큼 엄청나게 커야 한다. (1 kg의 석탄 덩어리에 있는 모든 원자가 에너지가 된다면 250억 kWh의 전기를 생산할 수 있으며, 이는 8W LED 전구를 3억 6천만 년 이상 유지할 수 있는 양이다. 기존 발전소에서 1 kg의 석탄을 태우면 약 5주 동안 전구를 계속 밝힐 수 있는 정도의 에너지만 생산된다.)

▲ Albert Einstein. 그를 기리기 위해 99번 원소는 아인슈타이늄(Es)으로 명명되었다.

결합 에너지

핵분열은 원자 폭탄과 원자력 발전소에서 생산되는 엄청난 양의 에너지를 방출한다. 이 모든 에너지는 어디에서 오는 걸까? 그것은 원자핵 안에 갇혀 있다. 양성자와 중성자가 결합하여 원자핵을 형성할 때, 소량의 질량이 에너지로 전환된다. 이것이 바로 핵 안에서 원자핵을 하나로 묶어주는 **결합 에너지**(binding energy)이다. 예를 들어 헬륨 핵은 양성자 2개와 중성자 2개를 포함한다. 이 네 입자의 질량을 합하면 2 × 1.0073 amu + 2 × 1.0087 amu = 4.0320 amu가 된다(그림 11.7). 그러나 헬륨 핵의 실제 질량은 4.0015 amu에 불과하며, 질량 결함이라고 하는 누락된 질량은 0.0305 amu에 달한다. Einstein의 방정식 $E = mc^2$를 사용하면 헬륨 핵의 결합 에너지는 2830만 eV(28 MeV, 1 MeV = 1.6022×10^{-13} J)라는 값을 계산할 수 있다(50번 문제 참조). 이 값은 헬륨 핵 하나를 2개의 양성자와 2개의 중성자로 분리하는 데 필요한 에너지의 양이다.

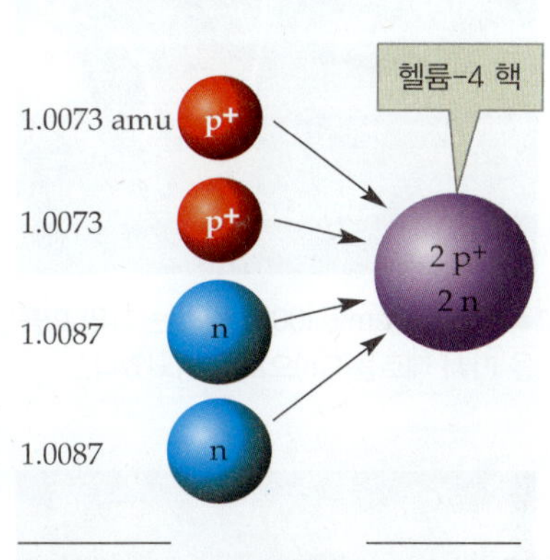

▲ **그림 11.7** $^4_2$He의 핵 결합 에너지. 헬륨-4 핵의 질량은 4.0015 amu로, 양성자 2개와 중성자 2개의 질량보다 0.0305 amu가 적다. 누락된 질량은 헬륨-4 핵의 결합 에너지와 같다.

모든 원소에 대해 핵자 하나당 결합 에너지를 계산하고 핵자 수에 대해 그래프를 그리면 그림 11.8의 그래프를 얻을 수 있다. 핵자 하나당 결합 에너지가 가장 높은 원소는 가장 안정적인 핵을 가지고 있다. 여기에는 철과 철에 가까운 핵자 수를 가진 원소가 포함된다. 우라늄 원자가 핵분열을 하면 결합 에너지가 더 높은 원자로 쪼개진다. 즉 핵분열 반응은 큰 원자를 더 큰 핵 안정성을 가진 작은 원자로 변환한다.

또한 그림 11.8에서 수소나 중수소와 같은 작은 원자를 결합하여 더 안정된 원자핵을 가진 더 큰 원자를 만들면 더 많은 에너지를 얻을 수 있음을 알 수 있다. 이런 종류의 반응을 **핵융합**(nuclear fusion)이라고 한다. 이것이 수소폭탄이 폭발할 때 일어나는 일이며, 태양의 에너지 공급원이기도 한다.

핵분열

1934년 이탈리아 과학자 Enrico Fermi(1901~1954)와 Emilio Segrè(1905~1989)는 우라늄 원자에 중성자를 충돌시켰다. 그들은 당시 알려진 원자 번호가 가장 높았던 우라늄보다 더 높

▶ **그림 11.8** 핵 안정성은 주기율표에서 철과 철에 가까운 원소가 가장 높다. 매우 큰 핵의 분열 또는 매우 작은 핵의 융합은 더 큰 핵 안정성을 가져온다.

Q 우라늄 핵의 분열과 수소 핵의 융합 중 어떤 과정이 더 많은 에너지를 방출하는가?

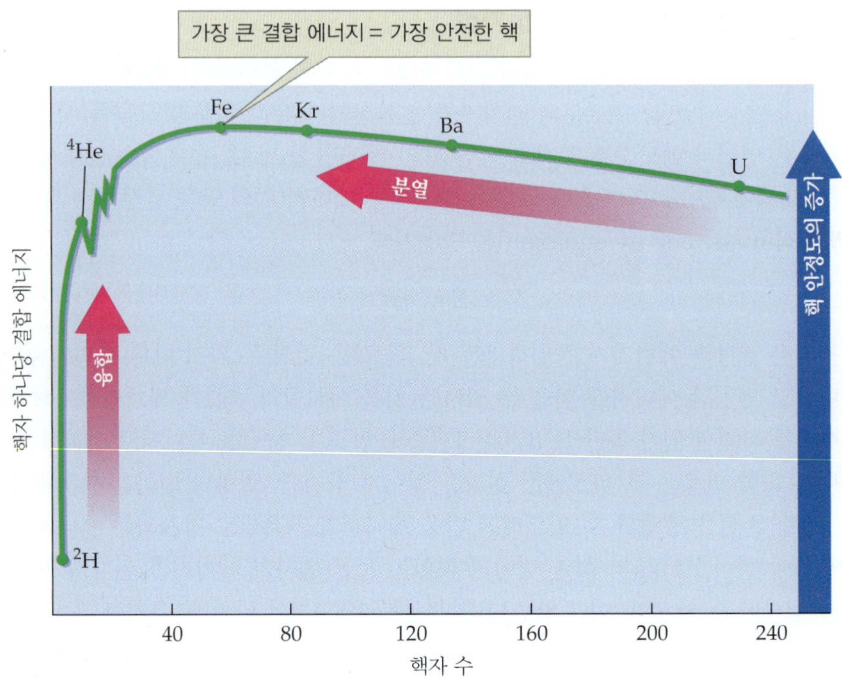

▲ Enrico Fermi. 100번 원소는 그의 이름을 따서 페르뮴(Fm)으로 명명되었다.

▲ Lise Meitner. 그녀를 기리기 위해 109번 원소는 마이트너륨(Mt)으로 명명되었다.

은 원자 번호를 가진 원소를 만들려고 했다. 놀랍게도 그들은 생성물 중에서 네 가지 방사성 종을 발견했다. 하나는 우라늄-238이 우라늄-239로 처음 변환된 후 베타 붕괴를 거쳐 형성된 93번 원소로 추정된다.

$$^{238}_{92}\text{U} + ^{1}_{0}\text{n} \longrightarrow ^{239}_{92}\text{U}$$
$$^{239}_{92}\text{U} \longrightarrow ^{239}_{93}\text{Np} + ^{0}_{-1}\text{e}$$

하지만 남아 있는 방사능에 대해서는 설명하지 못했다.

1938년 독일의 화학자 Otto Hahn(1879~1968)과 Fritz Strassman(1902~1980)은 Fermi-Segrè 실험을 반복하다가 많은 반응 생성물 중에서 바륨의 동위원소를 발견하고 당황했다. Hahn은 베를린에서 오랫동안 함께 일했던 오스트리아 물리학자 Lise Meitner(1878~1968)에게 이 이상한 결과에 대해 어떻게 생각하는지 물어보기 위해 편지를 보냈다. Meitner는 유대인이었기 때문에 1938년에 나치가 오스트리아를 점령했을 때 스웨덴으로 피신한 상태였다.

Hahn의 연구에 대해 들은 그녀는 바륨 원자의 크기가 우라늄 원자의 절반 정도라는 점에 주목했다. 우라늄 핵이 조각으로 쪼개질 수 있을까? 그녀는 몇 가지 계산을 통해 우라늄 핵이 실제로 쪼개졌다는 확신을 갖게 되었다. 마침 겨울방학을 맞아 조카인 오스트리아의 물리학자 Otto Frisch(1904~1979)가 방문했고, 두 사람은 이 발견에 대해 들뜬 마음으로 토론을 벌였다. Frisch는 나중에 **핵분열**(nuclear fission)이라는 용어를 만들었다(그림 11.9).

Frisch는 코펜하겐대학에서 Niels Bohr와 함께 연구하고 있었는데, 덴마크에 돌아온 Frisch는 Bohr에게 핵분열 반응에 대해 이야기했다. 얼마 후 Bohr는 미국에서 열린 물리학 회의에 참석했다. 이 새로운 반응에 대한 복도에서의 토론은 그 회의에서 가장 중요한 논의가 되었을 것이다.

한편 Fermi는 1938년 노벨 물리학상을 막 수상했을 때였다. Fermi의 아내 Laura는 유대인이었고, 파시스트인 이탈리아 독재자 Benito Mussolini는 Hitler의 가까운 동맹이었다. Fermi는 스톡홀름에서 상을 받은 후 곧바로 아내, 자녀들과 함께 미국으로 떠났다. 그리하여 1939년에 미국은 독일의 핵분열 발견 소식을 접하게 되었고 이탈리아로부터 세계 최고의 핵

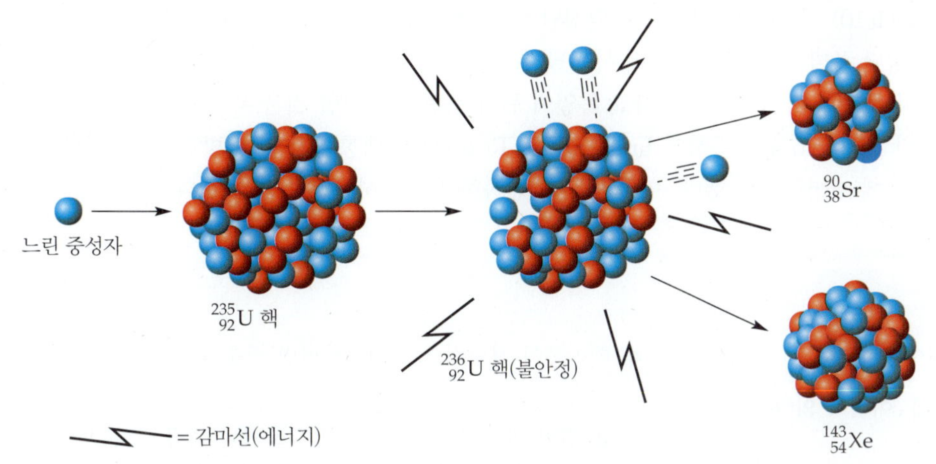

◀ **그림 11.9** 우라늄 핵이 분열을 일으키는 한 가지 가능한 방법. 핵분열 반응으로 생성된 중성자는 다른 우라늄 핵을 분리하여 연쇄 반응을 지속시킬 수 있다.

Q ^{236}U 핵에서 방출된 중성자 하나하나가 그림과 같은 방식으로 또 다른 ^{235}U 핵을 쪼개게 한다면 몇 개의 중성자가 더 방출되는가?

과학자 중 한 명을 영입하게 되었다.

핵 연쇄 반응

또 다른 유대인 난민인 Leo Szilard(1898~1964)는 헝가리에서 태어나 1937년에 미국으로 건너갔다. Szilard는 한 원자가 분열할 때 방출되는 중성자가 다른 우라늄 원자의 분열을 촉발하여 **연쇄 반응**(chain reaction)을 일으킬 수 있다는 사실을 최초로 깨달은 과학자 중 한 명이다

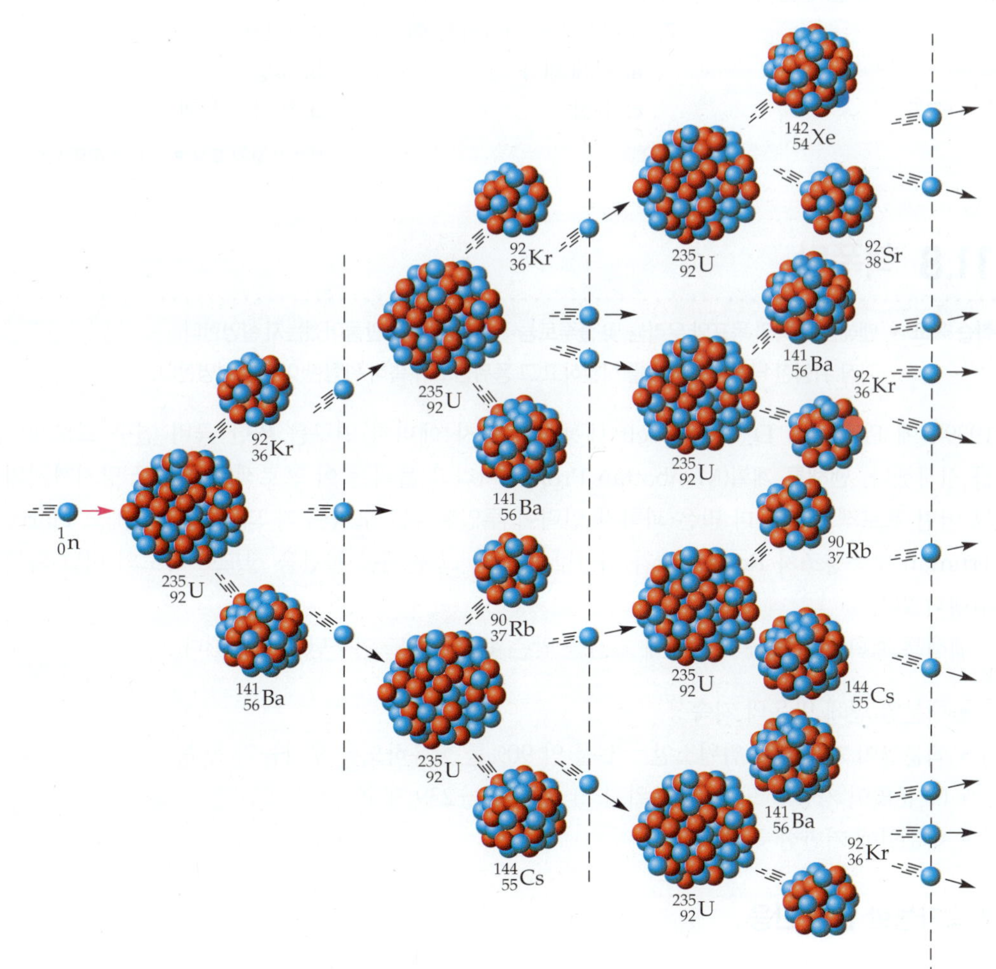

◀ **그림 11.10** 핵 연쇄 반응의 개략도. 하나의 우라늄-235 원자핵이 분열할 때 방출된 중성자는 다른 우라늄-235 원자핵과 충돌하여 더 많은 중성자와 다양한 원자핵을 방출한다. 이해를 돕기 위해 일부 핵분열 파편은 표시하지 않았다.

(그림 11.10). 우라늄의 분열에서 엄청난 양의 에너지를 얻을 수 있기 때문에 이러한 연쇄 반응은 엄청난 폭발력을 가진 폭탄에 사용될 수 있다.

원자 폭탄의 파괴력을 인식하고 독일이 원자 폭탄을 개발할 것을 우려한 Szilard는 미국으로 건너간 Einstein을 설득하여 Franklin D. Roosevelt 대통령에게 이 발견의 중요성을 설명하는 편지에 서명하도록 했다. 미국 정부가 신속하게 행동하는 것이 중요했다.

자가평가문제

1~3번 문제는 그림 11.8의 그래프를 참조하여 답하라.

1. 헬륨은 특히 핵자당 결합 에너지가 높은데, 이것이 의미하는 바는 무엇인가?
- **a.** 헬륨은 H, Li에 비해 특히 불안정하다.
- **b.** 헬륨은 H, Li보다 더 안정적이다.
- **c.** 헬륨은 더 큰 핵으로 쉽게 융합된다.
- **d.** 헬륨은 수소-2 원자로 쉽게 쪼개진다.

2. 다음 중 가장 안정한 핵은 무엇인가?
- **a.** Ba **b.** He
- **c.** Fe **d.** U

3. 핵분열의 생성물이 원래 물질보다 질량이 작은 이유를 설명하는 방정식은 무엇인가?
- **a.** $E = hv/\lambda$ **b.** $E = hv$
- **c.** $E = mc^2$ **d.** $PV = nRT$

4. 핵반응이 자립적으로 지속하려면 방출되어야 하는 입자는 무엇인가?
- **a.** 알파 입자 **b.** 베타 입자
- **c.** 중성자 **d.** 양성자

5. 2개의 작은 원자핵이 1개의 큰 원자핵으로 결합하는 것은 무엇인가?
- **a.** 연쇄 반응 **b.** 분열
- **c.** 융합 **d.** 방사성 붕괴

6. 원자핵을 2개 이상의 작은 핵으로 쪼개는 것은 무엇인가?
- **a.** 연쇄 반응 **b.** 분열
- **c.** 융합 **d.** 방사성 붕괴

7. 자체적으로 지속하는 핵반응은 무엇인가?
- **a.** 연쇄 반응 **b.** 분열
- **c.** 융합 **d.** 방사성 붕괴

정답: 1. b, 2. c, 3. c, 4. c, 5. c, 6. b, 7. a

11.8 핵폭탄

학습 목표
- 맨해튼 계획의 목표와 우라늄 및 플루토늄 폭탄이 어떻게 만들어졌는지 설명한다.
- 가장 위험한 낙진 동위원소를 식별하고 그 동위원소가 특히 위험한 이유를 설명한다.

1939년에 Franklin D. Roosevelt 대통령은 원자 에너지 연구를 위한 극비 연구 프로젝트를 시작했다. 맨해튼 계획(Manhattan Project)이라고 불리는 이 프로젝트는 결국 당시까지의 그 어떤 프로젝트보다 더 많은 과학자 인력이 투입된 대규모 연구가 되었다. 놀랍게도 Harry Truman 부통령조차 Roosevelt가 사망할 때까지 그 존재를 몰랐을 정도로 극도의 비밀 속에 진행되었다.

맨해튼 계획에는 다음의 주제에 초점을 맞춘 4개의 별도 연구팀이 참여했다.

- 핵분열 연쇄 반응의 지속성
- 핵분열이 가능한 동위원소인 ^{235}U를 약 90%를 함유하도록 우라늄의 농축
- (핵분열이 가능한 또 다른 동위원소) 플루토늄-239 제조
- 핵분열에 기반한 폭탄 제조

지속가능한 연쇄 반응

1939년까지 중성자 충격이 핵분열 반응을 일으킬 수 있다는 사실이 밝혀졌지만, 이 반응의 많

◀ 시카고대학 스태그필드의 관람석 아래에 건설된 흑연 더미. 이곳은 최초의 지속적인 핵분열 반응이 일어난 장소이다.

은 속성은 알려지지 않았다. Fermi와 그의 그룹은 시카고대학 캠퍼스의 스태그필드 관람석 아래 실험실에서 핵분열 반응과 이를 지속하는 방법을 연구했다. 그들은 반응을 촉발하는 데 사용되는 중성자가 실제로 우라늄 핵에 부딪힐 확률을 높이려면 속도를 늦춰야 한다는 것을 발견했다. 흑연은 중성자를 느리게 하므로 반응을 수용하기 위해 큰 흑연 '더미'를 만들었다. 그런 다음 우라늄 '연료'의 양을 점차 늘렸다. 주요 목표는 **임계 질량**(critical mass), 즉 분열 반응을 지속하는 데 필요한 우라늄-235의 양을 결정하는 것이었다. 한 번의 핵분열에서 방출된 중성자가 더미에서 빠져나가기 전에 핵분열이 가능한 다른 핵에 포획될 가능성을 높이려면 '연료'에 핵분열이 가능한 핵이 충분한 양으로 있어야 했다.

1942년 12월 2일에 Fermi와 그의 그룹은 최초의 지속적 핵분열 반응을 달성했다. 이 원자로의 우라늄 임계 질량(약 94%의 우라늄-235로 농축된)은 약 16 kg으로 밝혀졌다.

동위원소 농축

천연 우라늄은 99.27%가 우라늄-238로, 스스로 핵분열을 일으키지 않는다. 핵분열이 가능한 동위원소인 우라늄-235는 천연 우라늄의 0.72%에 불과하다. 폭탄을 만들려면 우라늄을 약 90%의 우라늄-235로 **농축**(enriching)해야 했기 때문에, 우라늄 동위원소를 분리해야 했다. 이것이 테네시주 오크리지에 있는 맨해튼 계획 연구팀의 임무였다.

우라늄-235와 우라늄-238은 화학적으로 거의 동일하기 때문에 화학적 분리는 거의 불가능했다. 사용된 분리 방법은 우라늄을 기체 상태의 육플루오린화 우라늄 UF_6로 변환하는 것이었다. 우라늄-235를 포함하는 UF_6 분자는 약간 더 가볍기 때문에 우라늄-238을 포함하는 분자보다 약간 더 빠르게 움직인다. 육플루오린화 우라늄을 수천 개의 핀홀에 통과시키자 우라늄-235를 함유한 분자들이 점차 다른 분자들보다 더 멀리 이동했다. 마침내 소형 폭발 장치를 만들기에 충분한 농축 우라늄-235를 얻었다.

플루토늄 합성

오크리지에서 우라늄 동위원소를 분리하는 지루한 작업이 진행되는 동안, 미국 과학자 Glenn T. Seaborg(1912~1999)가 이끄는 다른 연구팀은 다른 경로로 핵분열 가능한 물질을 얻는 도전을 시도했다. 우라늄-238은 중성자에 부딪혀도 핵분열을 일으키지 않지만, 더 흔한 우라늄 동위원소는 붕괴하여 새로운 원소인 넵투늄(Np)을 형성하고, 이는 또 다른 새로운 원소인 플루토늄(Pu)으로 빠르게 붕괴한다.

열화 우라늄

자연 발생 우라늄에는 원자로에 사용되는 핵분열성 동위원소인 ^{235}U가 0.72% 함유되어 있지만, 광석의 공급원에 따라 그 양은 조금씩 다를 수 있다. 하지만 원자력 발전소에서는 핵분열성 동위원소의 농도를 3.5%~5.0%로 높여야 제어된 연쇄 반응을 일으킬 수 있다. 핵무기를 만들려면 약 90%까지 농축해야 한다.

농축 과정은 ^{235}U 동위원소의 농도를 증가시킨다. 대부분의 ^{235}U가 제거된 나머지 우라늄 광석을 열화 우라늄(depleted uranium, DU)이라고 한다. 농축 후 DU의 ^{235}U 농도는 전체의 ~0.2%에 불과하다.

군에서는 고농축 우라늄으로 만든 장갑판과 탄약을 사용해왔다. 주요 제품은 군용 차량을 겨냥할 수 있는 30 mm 발사체였다. 우라늄의 밀도는 19.1 g/cm^{3}로 다른 장갑재보다 훨씬 높기 때문에, 밀도가 11.34 g/cm^{3}에 불과한 납 대신 고농축 우라늄으로 만든 총알은 무겁지만 지름이 작아 밀도가 7.75~8.05 g/cm^{3}에 불과한 강철로 만든 장갑판을 뚫을 수 있다. 또한 우라늄이 직격탄을 맞으면 우라늄 일부가 먼지 입자로 변해 그 지역에 있는 사람들이 흡입하게 된다.

고농축 우라늄 노출이 건강에 미치는 영향에 관한 연구는 무수히 많이 진행되었다. 이 연구들은 일반적으로 가장 큰 영향을 받는 두 기관이 폐와 콩팥임을 보여준다. 열화 우라늄 무기의 충격으로 인해 발생하는 작은 우라늄 입자가 흡입되어 폐에 침전될 수 있다. 이로 인해 방사선 손상을 입거나 농도가 충분히 높으면 폐암까지 발생할 수 있다. 다른 노출 경로는 오염된 음식과 물을 섭취하거나 충격 후 체내에 묻어 있는 금속 파편 조각을 통해서도 노출될 수 있다. DU의 전반적인 독성 영향은 물질의 방사능보다는 우라늄 자체의 독성과 관련이 있는 것으로 보인다. DU가 사용된 지역에서 선천적 결함이나 기타 건강 문제가 증가했다는 보고가 많이 있다.

▲ Glenn T. Seaborg. 그를 기리기 위해 106번 원소는 시보귬(Sg)으로 명명되었다. Seaborg는 살아 있는 동안 자신의 이름을 딴 원소를 가진 유일한 인물이다. 사진은 원소 주기율표에서 그의 이름을 딴 원소를 가리키고 있는 모습이다.

$$^{238}_{92}U + ^{1}_{0}n \longrightarrow ^{239}_{92}U$$

$$^{239}_{92}U \longrightarrow ^{0}_{-1}e + ^{239}_{93}Np$$

$$^{239}_{93}Np \longrightarrow ^{239}_{94}Pu + ^{0}_{-1}e$$

플루토늄-239는 핵분열이 가능한 것으로 밝혀져 폭탄 제조에 적합한 물질이었다. 워싱턴주의 핸포드 근처에 플루토늄을 생산하기 위한 대형 원자로가 건설되었다.

폭탄 제조

핵폭탄의 실제 제작은 미국 물리학자 J. Robert Oppenheimer(1904~1967)의 지휘 아래 뉴멕시코주 로스앨러모스에서 이루어졌다. 외딴곳의 극비 실험실에서 한 그룹의 과학자들이 원자 폭탄으로 알려진 것을 계획하고 제작했다. ^{235}U와 ^{239}Pu를 기반으로 한 두 가지 모델이 개발되었다.

우라늄-235의 임계 질량이 너무 일찍 초과하면 폭탄이 조기에 폭발할 수 있으므로, 폭탄에 들어 있는 핵분열이 가능한 물질의 어떤 조각도 너무 크지 않아야 한다는 것이 중요했다. 이 폭탄은 임계 질량보다 작은 양의 우라늄 조각과 핵분열 반응을 일어나게 할 중성자 공급원을 포함하도록 설계되었다. 그런 다음, 정해진 순간에 일반 고성능 폭탄을 사용하여 이 조각들을 강제로 결합하여 걷잡을 수 없는 핵 연쇄 반응을 일으켰다.

플루토늄 합성은 동위원소 분리보다 더 쉬운 것으로 밝혀졌고, 1945년 7월까지 플루토늄을 사용한 폭탄 2개와 우라늄을 사용한 폭탄 1개를 조립할 수 있을 만큼의 핵분열 가능 물질이 만들어졌다. 1945년 7월 16일, 뉴멕시코주의 앨라모고도 인근 사막에서 첫 번째 원자 폭탄(플루토늄 장치 중 하나)이 실험되었다. 폭발로 인한 열은 폭탄을 올려놓은 30 m 높이의 철탑을 기화시키고, 주변 수 에이커의 모래를 녹여버렸다. 이때 생성된 빛은 지금까지 본 것 중 가장 밝은 빛이었다.

일부 과학자들은 폭발의 위력에 경악하여 일본에 폭탄을 사용하지 말자고 주장했다. Leo Szilard를 필두로 한 몇몇은 무인도에서 폭탄의 위력을 시연하자고 제안했다. 그러나 널리 알려진 '불발탄'에 대한 두려움과 일본 침공으로 인한 수백만 명의 미국인 사상자를 피하고 싶었던 Truman 대통령은 일본 도시에 폭탄을 투하하도록 명령했다. 1945년 8월 6일 히로시마에

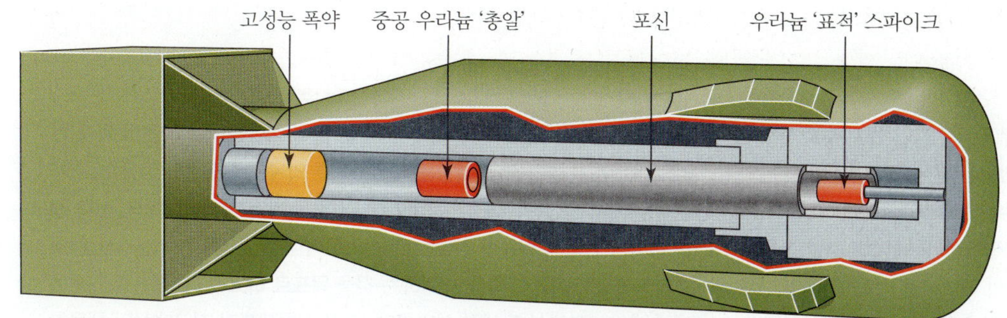

◀ **그림 11.11** 히로시마에 투하된 원자 폭탄 '리틀 보이(Little Boy)'의 내부 구조. 우라늄-235의 각 실린더는 임계 질량보다 적었다. 고성능 폭약이 원통형 '총알'을 포신 안으로 밀어 넣어 목표 스파이크에 충돌하게 했다. 그 결과 임계 질량 2배의 우라늄-235가 발생했고 약 1밀리초 후에 핵폭발이 발생했다.

투하된 우라늄 폭탄 '리틀 보이'(그림 11.11)는 10만 명 이상의 사상자를 냈다. 사흘 후 나가사키에 '팻 맨'이라고 불리는 또 다른 플루토늄 폭탄이 투하되었는데, 그 결과도 이와 비슷했다(그림 11.12). 제2차 세계대전은 1945년 8월 14일에 일본의 항복으로 끝났다.

▲ **그림 11.12** 1945년 8월 9일, '팻 맨(Fat Man)'이 폭발한 후 나가사키 상공의 버섯구름

방사성 낙진

핵폭발이 대기 중에서 일어나면 방사성 물질이 며칠 또는 몇 주 후에 수천 마일 떨어진 지구의 다른 지역에서 비처럼 떨어질 수 있는데, 이를 **방사성 낙진**(radioactive fallout)이라고 한다. 우라늄 원자는 다음과 같이 나타낸 것을 포함하여 여러 가지 방식으로 분열할 수 있다.

$$^{235}_{92}\text{U} + {}^{1}_{0}\text{n} \longrightarrow {}^{90}_{38}\text{Sr} + {}^{143}_{54}\text{Xe} + 3\,{}^{1}_{0}\text{n}$$

$$\longrightarrow {}^{102}_{39}\text{Y} + {}^{131}_{53}\text{I} + 3\,{}^{1}_{0}\text{n}$$

$$\longrightarrow {}^{95}_{37}\text{Rb} + {}^{137}_{55}\text{Cs} + 4\,{}^{1}_{0}\text{n}$$

1차 핵분열 생성물은 방사성이다. 이들은 딸 동위원소로 붕괴하는데, 이 중 상당수가 방사성 동위원소이다. 모두 200여 가지가 넘는 다양한 핵분열 생성물이 생성되며, 반감기는 1초 미만에서 10억 년 이상까지 다양하다. 또한 폭발로 생성된 중성자는 대기 중의 분자에 작용하여 탄소-14, 삼중수소, 기타 방사성 동위원소를 생성한다. 따라서 낙진은 매우 복잡하다. 여기서는 더 우려되는 세 가지 동위원소를 살펴보겠다.

원자 폭발로 방출되는 모든 동위원소 중에서 스트론튬-90(반감기 28.5년)은 사람에게 가장 큰 위험을 초래한다. 스트론튬-90은 주로 유제품과 채소를 통해 우리에게 도달한다. 칼슘과 유사하므로(둘 다 2A 족 원소) 스트론튬-90은 뼈에 흡수된다. 거기에서 수년 동안 내부 방사능 공급원으로 남아 있게 된다. 스트론튬-90은 뼈암과 백혈병의 증가와 관련이 있다.

아이오딘-131은 핵폭발이나 원자로 용융 직후에 더 큰 위협이 될 수 있다. 반감기는 8일에 불과하지만, 비교적 많은 양이 생산된다. 아이오딘-131은 먹이사슬을 통해 쉽게 이동한다. 인체에서는 갑상샘에 집중되어 있으며, 바로 이러한 특성 때문에 아이오딘-131의 흔적이 진단 스캔에 매우 유용하다. 그러나 건강한 개인에게 더 많은 양의 방사성 아이오딘은 부작용만 제공한다. 방사성 아이오딘의 흡수를 최소화하기 위해 체르노빌과 후쿠시마 지역의 많은 사람에게 다량의 아이오딘화 포타슘을 투여하여 갑상샘에 흡수되는 방사성 아이오딘의 양을 효과적으로 희석했다.

세슘-137(반감기 30.2년)은 스트론튬-90과 마찬가지로 장기적으로 영향을 미칠 수 있다. 포타슘과 유사하므로(둘 다 1A 족 원소), 체액의 일부로 생물체에 흡수된다. 그것은 환경의 공급원에서 얻을 수 있으며 살아 있는 유기체에서 재농축될 수 있다. 후쿠시마 제1 원전 사고 이

열핵반응

이 장의 시작 부분에서 태양이 지구 생명체에 필수적인 원자력 발전소라고 언급했다. 그러나 태양에서 일어나는 핵반응은 지금까지 이 장에서 논의한 것과는 다소 다르다. 이러한 **열핵반응**(thermonuclear reaction)을 시작하려면 수백만 도의 엄청나게 높은 온도가 필요하다. 태양의 강렬한 온도와 압력으로 인해 핵이 융합되어 엄청난 양의 에너지를 방출하게 된다. 큰 핵이 작은 조각으로 쪼개지는 (분열) 대신에 작은 핵이 큰 핵으로 융합된다. 태양에서 일어나는 주요 반응은 4개의 수소 핵이 융합하여 1개의 헬륨 핵과 2개의 양전자를 생성하는 것으로 생각된다.

$$4\,{}^{1}_{1}\mathrm{H} \longrightarrow {}^{4}_{2}\mathrm{He} + 2\,{}^{0}_{+1}\mathrm{e}$$

1 g의 수소를 헬륨으로 융합하면 약 20톤의 석탄을 연소하는 것과 같은 양의 에너지가 방출된다. 태양은 매초 600톤의 수소를 융합하여 인류 역사상 지구에서 생산된 것보다 수백만 배 더 많은 에너지를 생산한다. 현재 많은 연구는 점화에 필요한 강렬한 열을 가두기 위해 초강력 자석을 사용하여 실험실에서 이러한 반응을 재현하는 것을 목표로 하고 있다. 핵융합 기술에 대해서는 12장에서 자세히 설명한다. 그러나 현재까지 지구에서의 핵융합 반응은 수소(열핵) 폭탄의 폭발에서 발생하는 통제되지 않는 반응과 매우 비싼 실험용 핵융합로에서 생산되는 소량의 에너지에 국한되어 있다.

후 세슘-137 수치의 상승은 아마도 가장 큰 건강 문제였을 것이다.

1950년대 후반, 대기 중에서 실시한 핵무기 실험으로 인한 방사성 동위원소가 대기 중에 검출되기 시작했다. 핵 낙진으로 인한 방사능 피해에 대한 우려로 대기 중 실험을 금지하자는 운동이 일어났다. 많은 과학자가 이 운동의 선두에 섰다. 결합 이론과 단백질 구조 규명 연구로 1954년 노벨 화학상을 받은 미국의 화학자 Linus Pauling(1901~1994)은 특히 대기 중 실험 금지를 강력하게 주장한 인물이었다. 1963년, 지상 실험을 계속한 프랑스와 중국을 제외한 주요 국가들이 핵실험 금지 조약에 서명했다. 조약 체결 이후 다른 국가들도 핵실험 금지 클럽에 가입했다. 솔직한 태도로 인해 공산주의자, 반역자라는 오명을 견뎌낸 Pauling은 1962년 노벨 평화상을 수상했다.

자가평가문제

1. 다음 중 우라늄 핵분열 반응에 사용되는 동위원소는 무엇인가?
a. 우라늄-232 **b.** 우라늄-234 **c.** 우라늄-235 **d.** 우라늄-238

2. 스트론튬-90이 뼈에서 칼슘을 대체하는 이유는 무엇인가?
a. Sr과 Ca은 주기율표의 같은 족에 속하기 때문이다.
b. Sr과 Ca은 주기율표의 같은 주기에 있기 때문이다.
c. Sr과 Ca은 전자 구조가 동일하기 때문이다.
d. Sr과 Ca은 반감기가 동일하기 때문이다.

3. 체르노빌과 후쿠시마 지역 사람들은 많은 양의 아이오딘화 포타슘을 섭취했다. 이는 아이오딘-131의 섭취와 인체 내 어떤 기관에 농축되는 것을 방지하기 위함인가?
a. 뼈 **b.** 콩팥 **c.** 폐 **d.** 갑상샘

4. 사람에게 가장 큰 위험을 초래하는 분열로 생성되는 동위원소에 해당하지 않는 것은 무엇인가?
a. 세슘-137 **b.** 아이오딘-131 **c.** 철-59 **d.** 스트론튬-90

5. 낙진에 포함된 방사성 동위원소 중 주로 뼈에 농축되기 때문에 위험한 것은 무엇인가?
a. 세슘-137 **b.** 아이오딘-131 **c.** 스트론튬-90 **d.** 라돈-222

정답: **1.** c, **2.** a, **3.** d, **4.** c, **5.** c

11.9 핵 에너지의 이용과 결과

학습 목표 • 핵 에너지의 몇 가지 이용과 결과를 나열한다.

오늘날 우리가 사용하는 전기의 상당 부분은 원자력 발전소에서 생산된다. 미국에서는 전체 전력의 5분의 1이 원자력 발전소에서 생산된다. 유럽인들은 원자력 에너지에 더 많이 의존한다. 예를 들어 프랑스는 전력의 72%를 원자력 발전소에서 얻고, 벨기에 및 스페인 및 스위스 및 동유럽 대부분은 전력의 약 3분의 1을 원자로에서 생산한다.

아이러니하게도 히로시마에 투하된 폭탄의 폭발에서 발생한 것과 동일한 핵 연쇄 반응이 오늘날 우리에게 익숙한 원자력 발전소의 콘크리트 격납탑 아래에서 광범위하게 사용되고 있다. 핵심적인 차이점은 발전소는 폭발이 아닌 핵 연쇄 반응으로 인한 에너지의 느리고 통제된 방출을 사용한다는 것이다. 이 과정이 느린 이유는 농축도가 훨씬 낮은 우라늄 연료(무기급 우라늄의 90% 농축이 아닌 약 3.5%에서 5% ^{235}U)를 사용하기 때문이다.

현재 우라늄의 주요 용도는 전기 생산이지만, 원자로는 소수의 항해 선박 추진에도 사용된다. 이들은 주로 민간 선박보다는 군용 선박이다. 이러한 선박 중 첫 번째 선박은 1955년에 진수된 잠수함 노틸러스호(U.S.S Nautilus)였다. 원자력 덕분에 잠수함은 연료를 보급하지 않고도 오랫동안 잠수하거나 바다에 머물 수 있었다. 예를 들어 노틸러스호는 극지방 얼음 아래를 항해하여 북극에 도달할 수 있었다. 현재 원자로를 운반하는 해양 선박은 약 150척이 있으며, 항공모함 존 C. 스테니스호(U.S.S. John C. Stennis)와 같이 여러 개의 원자로를 탑재한 훨씬 더 큰 선박도 포함되어 있다.

현재 전 세계적으로 약 450개의 원자로가 전기를 생산하고 있다. 또한 의료용 또는 기타 목적으로 방사성 동위원소를 제조하는 데 중요한 소형 원자로가 약 225개 있다. 여기에는 Mo-99(의료 진단에 사용되는 수명이 짧은 Tc-99m의 전구체), 심장 영상에 사용되는 Sr-82, 의료 진단 절차를 위한 PET 장비 교정에 사용되는 Ge-68과 같은 광범위한 동위원소가 포함된다.

원자력 생산의 주요 문제 중 하나는 핵반응의 생성물에서 발생한다. 핵 낙진과 마찬가지로 우라늄-235의 분열로 생성되는 대부분의 딸 핵도 방사능을 가지고 있으며, 일부는 매우 긴 반감기를 가지고 있다. 핵폐기물과 관련된 문제는 12장에서 더 자세히 설명하겠다. 또 다른 문제는 사용한 핵연료가 무기급 물질로 전활될 가능성이 있다는 점이다. 세 번째 문제는 원자력 발전소가 오작동할 때 발생한다.

원자력 발전소에서 세 번의 심각한 오작동이 있었다. 1978년에 펜실베이니아주 해리스버그 인근의 스리마일섬은 노심이 부분적으로 녹았지만, 상대적으로 적은 양의 방사능이 환경으로 방출되었다. 체르노빌에서는 화재와 함께 방사능이 주변 지역으로 방출되었다. 1986년 폭발 이후 33만 명 이상의 주민이 다른 지역으로 이주했으며, 발전소 주변의 산림과 농경지 대부분은 여전히 높은 수준의 세슘-137 오염을 겪고 있다. 2011년에는 지진이 발생하여 시설을 보호하는 방파제보다 훨씬 높은 쓰나미 파도가 발생하면서 후쿠시마 제1 원자로가 오작동을 일으켰다. 원전은 지진에 살아남았지만, 홍수로 인해 냉각 시스템이 고장 나고 노심이 일부 녹아 방사성 물질이 방출되었다. 후쿠시마 원전의 정화 및 해체는 현재 진행 중이지만 수십 년이 걸릴 것으로 예상된다.

발전소 고장 외에도 핵물질 생산 과정에서 발생하는 문제는 환경에 심각한 타격을 입혔다. 예를 들어 1940년대부터 1980년대까지 미국 남서부에서 우라늄을 채굴하면서 제대로 밀봉되지 않은 우라늄 찌꺼기가 있는 노천 광산이 많이 생겨났다. 이 지역에 거주하는 나바호족 구성원을 대상으로 한 검사 결과, 혈중 우라늄 수치와 콩팥 및 비뇨기계 암 발생률이 크게 증가한

▶ **그림 11.13** 원자로의 노심에는 우라늄 펠릿으로 채워진 속이 빈 막대가 있다. 핵분열 반응에서 발생하는 열은 물을 끓이는 데 사용되며, 석탄이나 가스 화력 발전소와 같은 방식으로 터빈을 구동하여 전기를 생산한다. 펠릿에는 우라늄-235가 3.5~5% 정도만 함유되어 있기 때문에 원자로 폭발은 일어나지 않지만, 냉각수가 손실되면 원자로 용융으로 이어질 수 있다.

것으로 나타났다. 워싱턴주의 핸포드에서는 플루토늄이 처음 생산된 후 수십 년 동안 방사능에 대한 후속 작업이 이어졌다. 현재 이곳에는 방사성 폐기물이 누출된 많은 통이 있다. 핸포드는 미국에서 가장 큰 규모의 환경 정화 작업이 진행 중인 곳으로, 수십 년이 걸릴 것으로 예상된다.

원자력 발전소에서 전력을 생산할 때 연료에 중요한 변화가 일어난다. 중성자 충격은 우라늄-235를 방사성 딸 생성물로 변환시킨다. 결국 우라늄-235의 농도가 너무 낮아져 핵 연쇄 반응을 지속할 수 없게 된다. 연료봉(그림 11.13)은 약 3년마다 교체해야 하며, 연료봉은 고준위 핵폐기물이 된다.

원자로의 연료봉에서 발생할 수 있는 잠재적 문제 중 하나는 핵분열성 플루토늄-239가 생성되는 것인데, 이는 폭탄 제조에 전용될 수 있다. 우라늄-235 핵이 핵분열을 거치면서 핵분열이 불가능한(그리고 매우 농축된) 우라늄-238 핵은 중성자를 흡수하여 플루토늄-239로 전환되는데, 이는 11.8절에서 설명한 변환이다. 시간이 지나면 약간의 플루토늄-240도 생성된다. 그러나 약 3개월 후에 연료봉을 제거하면 핵분열 가능한 플루토늄-239는 화학적 방법으로 다른 핵분열 생성물로부터 쉽게 분리할 수 있다. 플루토늄 폭탄은 우라늄으로 핵무기를 만드는 데 필요한 것보다 훨씬 적은 핵분열성 물질을 필요로 한다. 따라서 플루토늄은 원자력 발전소를 가동하면 폭탄에 사용하기에 적합한 물질을 생산할 수 있어서 무기 확산과 관련하여 더 큰 우려를 낳고 있다. 북한은 매년 여러 개의 무기에 사용할 수 있는 양의 플루토늄-239를 생산할 수 있는 핵발전소와 플루토늄 분리 시설을 보유하고 있다(그림 11.14). 이란도 우라늄을 농축할 수 있는 시설을 보유하고 있는 것으로 알려졌다. 이 외에도 파키스탄 등 여러 국가가 최근 핵무기 능력을 보유하고 있는 것으로 알려졌다. 이들 국가와 다른 개발도상국의 활동은 핵무기의 위험한 확산에 대한 두려움을 불러일으킨다.

▲ **그림 11.14** 북한 영변의 플루토늄 가공 공장 일부를 촬영한 위성 사진

원자로와 동위원소 농축에서 나오는 핵폐기물의 양은 석탄 화력 발전소에서 나오는 재와 폐기물의 양만큼은 아니지만 상당히 크다. 폐기물

을 처리하고 그 양을 최소화하는 방법은 아직 제대로 개발되지 않았다. 일부 국가, 특히 유럽에서는 수년 전부터 사용 후 연료를 재처리하는 작업이 진행되어 왔다. 사용하지 않은 우라늄과 플루토늄을 회수하면 원래 연료로부터 25~30% 더 많은 에너지를 얻을 수 있다. 최근에는 플루토늄으로 악티늄족 원소를 회수하는 것에 관한 관심이 커지고 있다. 이렇게 하면 폐기물의 장기 방사능 양을 낮출 수 있을 뿐만 아니라 플루토늄이 불법 활동에 사용될 위험도 줄일 수 있기 때문이다. 그러나 미국 정부는 민간 기업의 재처리를 금지하고 있다. 핵폐기물을 저장할 적절한 저장소를 찾는 데 많은 노력과 비용이 투입되었다. 가장 유력한 후보지였던 네바다주의 유카마운틴에 대한 개발 자금 지원은 중단되었지만, 다시 한번 그 부지를 검토하는 것에 대한 논의가 진행되고 있다.

핵 시대

원자의 분열은 "흥미로운 시대에 살기를 바란다"라는 중국의 저주가 아주 적절해 보이게 만들었다. 한 원소를 다른 원소로 바꾸려는 연금술사들의 목표는 과학적 원리의 응용을 통해 달성되었다. 새로운 원소가 만들어졌고, 주기율표는 우라늄($Z = 92$)을 넘어 훨씬 더 확장되었다. 현대의 연금술은 톤 단위로 플루토늄을, 킬로그램 단위로 넵투늄($Z = 93$), 아메리슘($Z = 95$), 퀴륨($Z = 96$), 밀리그램 단위로 버클륨($Z = 97$), 아인슈타이늄($Z = 99$)을 생산한다.

지금까지 살펴본 바와 같이 방사성 동위원소는 작지만, 치명적인 암세포와 식품 내 유해 미생물을 죽이는 것부터 다양한 생물학적 실험과 영상 기술의 추적자 역할, 무시무시한 무기 생성에 이르기까지 다양한 용도로 사용된다. 그림 11.15는 원자력의 다른 여러 가지 건설적인 용도를 보여준다. 우리는 원자에 존재하는 놀라운 힘이 진정한 양날의 검으로 발휘되는 시대에 살고 있다. 핵전쟁과 핵테러의 위협은 약 75년 동안 끊임없이 존재해 왔지만, 우리가 원자핵의 비밀을 발견하지 못했다면 세상이 더 나은 곳이 되었을 것이라고 믿기 어렵다.

6 원자력 발전을 보다 지속가능한 과정으로 만들기 위해 방사성 폐기물을 최소화하거나 재활용할 수 있는가?

방사성 동위원소를 생산하거나 방사성 동위원소를 사용하는 공정은 대량의 방사성 폐기물을 생성하며, 그중 일부는 반감기가 매우 길다. 지금까지 미국의 주요 전략은 폐기물을 영구 저장 시설로 옮길 수 있을 때까지 저장하는 것이었지만, 아직 적절한 부지가 마련되지 않았다. 폐기물의 양이 압도적으로 많기 때문이다. 폐기물의 일부를 재사용하거나 방사성 금속을 분리하여 부피를 줄일 수 있다면 방사성 폐기물의 양을 최소화하고 미국의 에너지 공급을 늘리며 원자력을 보다 지속가능한 에너지원으로 만들 수 있을 것이다.

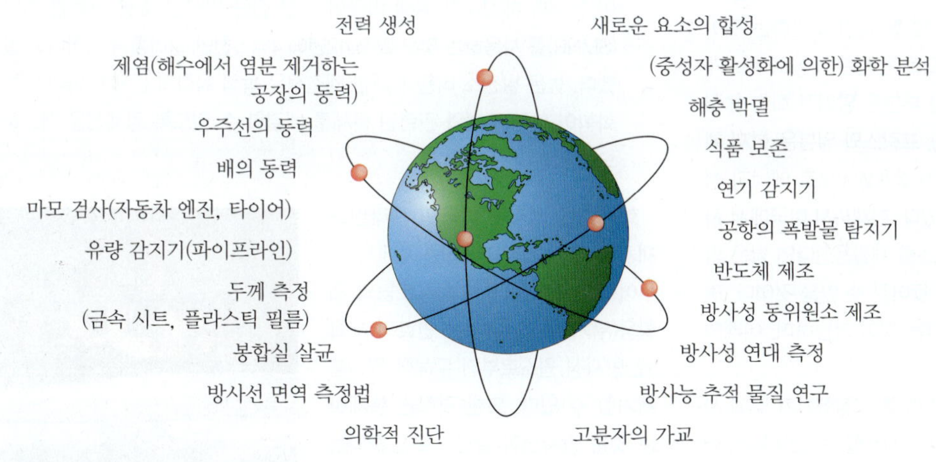

▲ **그림 11.15** 핵 에너지의 건설적인 사용

자가평가문제

1. 다음 중 핵분열이 사용되지 않는 분야는 무엇인가?

a. 새로운 원소 개발 **b.** 지하 핵폐기물 저장소 굴착
c. 전기 생산 **d.** 선박 및 잠수함의 에너지 공급

2. 다음 중 원자력의 주요 문제점은 무엇인가?

녹색 화학 원자력은 친환경적일 수 있는가

Galen Suppes and Sudarshan Loyalka University of Missouri

원칙 1, 3, 6, 10, 12

학습 목표 • 녹색 화학 원리를 응용하여 원자력을 더 안전하고 다른 공급원보다 비용 경쟁력 있게 만들 수 있는 방법을 설명한다.

수십 년 동안 원자력은 미국 전력의 약 20%를 공급했으며, 성능과 안전성이 입증되었다(11.9절). 이러한 전통을 바탕으로 원자력을 더욱 친환경적이고 지속할 수 있게 사용하면 경제적, 환경적 이점을 얻을 수 있다.

모든 기술과 마찬가지로 원자력은 쉽게 비교할 수 없는 장점과 과제를 가지고 있다. 원자력 발전 지지자들이 주장하는 장점은 (1) 석탄과 천연가스에 비해 이산화 탄소 배출량 감소, (2) 폐기물 발생량 감소, (3) 낮은 연료비(전력의 경우에 0.7 ₵/kWh, 석탄과 천연가스의 경우에 ~1.5~4 ₵/kWh), (4) 최고의 안전 역사(석탄 대비 전력 kWh당 연간 산업 보건 사망자 수의 약 1/5), (5) 신뢰성(원전은 업계 최고의 설비 이용률로 운영) 등이 있다.

사람들이 지적하는 과제는 (1) 사용 후 핵연료의 전문적인 처리 및 폐기물 저장의 필요성, (2) 최대 수요 시간대와 기본 부하 전력의 불일치, (3) 환경 오염 및 광범위한 치명적 노출 가능성, (4) 무기 확산에 사용될 가능성, (5) 과도한 초기 설비 투자 비용 등이 있다.

사회가 원자력을 사용하려면 녹색 화학 및 개선된 안전 기준을 통해 이러한 과제를 해결할 수 있는 방법을 모색하는 것이 좋다.

- **방사성 폐기물** – 화학자들은 폐기물 처리 및 보관에 대한 친환경적인 접근법을 개발했다. 핵폐기물에는 일반적으로 소량의 방사성 물질이 포함되어 있어 전체 혼합물을 방사성 폐기물로 처리해야 한다. 방사성 폐기물 처리의 첫 번째 단계는 폐기물을 처리하기 전에 몇 달 동안 보관하는 것이다. 반감기가 짧은 방사성 동위원소는 자연적으로 안전한 물질로 빠르게 분해되며(녹색 화학 원칙 10), 폐기물의 방사성 부분은 알려진 화학 물질을 이용하여 제거할 수 있다(녹색 화학 원칙 3). 프랑스와 일본은 현재 핵폐기물을 부분적으로 농축하여 저렴한 비용(0.9 ₵/kWh)으로 에너지 생산에 사용할 수 있는 재처리 연료를 생산하고 있다. 현재까지 미국에서 사용된 핵연료를 모두 재처리하고 유용한 동위원소를 재활용한다면 남은 방사성 폐기물은 작은 집 3분의 1 크기의 건물에 들어갈 수 있을 것이다. 또한 이러한 폐기물을 무해한 동위원소로 전환하는 것이 가능하며, 미래의 기술로 이를 저렴하게 만들 수 있다.
- **최대 전력 수요** – 밤에 생산된 여분의 전기 에너지를 저장했다가 낮에 사용하면 원자력을 더 쉽게 사용하고 더 효율적으로 사용할 수 있다(녹색 화학 원칙 6). 안전과 경제성 모두를 위해 원자로는 지속적으로 작동하며 전기 수요에 반응하여 전력량을 변경하지 않는다. 그러나 전기 수요는 낮과 밤에 따라 크게 달라진다. 대형 그리드 기반 배터리의 사용과 플러그인 전기 자동차의 사용(야간 충전)은 모두 큰 관심을 끄는 주제이며, 녹색 화학을 통해 두 가지 모두에 대한 해결책을 얻을 수 있다.
- **안전** – 원자력 발전소는 여러 안전 기능을 사용하고 우발적인 방사능 방출에 대비하여 '심층 방어' 철학을 사용한다(녹색 화학 원칙 12). 하지만 큰 결과를 초래하는 사고도 발생했다. 가장 피해가 컸던 세 가지는 스리마일섬, 체르노빌, 후쿠시마 제1 원전에서 발생했다. 사고 시 화학적 과정에는 압력의 축적, 수소 형성, 수소와 공기의 연소, 방사성 핵분열 생성물, 기타 물질의 반응과 이동 등이 있다. 배출된 가스에서 이러한 방사성 성분을 제거하는 녹색 흡착제를 사용하는 것이 녹색 화학 해결책이다.
- **보안(무기 확산 및 물리적 보호)** – 저농축 우라늄(모든 원자로에 사용)으로 핵폭탄을 만드는 것은 우라늄 동위원소를 분리하는 과정을 포함하기 때문에 어렵다. 플루토늄은 다른 화학적 성질을 가진 다른 원소이므로 사용 후 연료(주로 우라늄 -238)에서 플루토늄을 분리하기가 더 쉽다. 따라서 플루토늄은 재활용 또는 보호를 위해 사용 후 연료에서 제거해야 한다. 이 분리에 사용되는 공정(PUREX로 알려진)은 1세대 상용 공정으로, 녹색 화학을 통해 개선할 수 있는 충분한 기회가 있다. 사용 후 연료에서 플루토늄을 제거하여 새로운 연료봉에 사용함으로써 현장의 양을 최소화하는 것이 목표이며, 이는 녹색 화학의 원칙 1의 예인 '재활용에서 멸종까지의 과정'을 나타낸다.
- **높은 발전소 비용** – 원자력 발전소의 높은 초기 자본 비용은 허가 및 인허가 절차로 인해 자본 투자와 가동 사이에 지연이 발생하기 때문이다. 이 문제를 해결하기 위해 미국이 취한 접근 방식은 소형 모듈형 원자로(SMNR)를 사용하는 것으로, 2012년에 4억 5천만 달러를 투자한다고 발표했다. 높은 발전소 비용에 대한 해결책은 녹색 화학의 문제가 아니라 녹색 화학이 다른 주제와 관련된 문제를 해결할 수 있도록 경제성을 개선하는 모범 사례의 문제이다.

핵폐기물 처리는 영국의 셀라필드 재처리 공장(사진)과 같은 곳에서 이루어진다. 화학을 통해 플루토늄의 재활용(무기 확산), 미사용 연료의 재활용, 방사성 원소로부터 무해한 원소를 제거할 수 있다. 또한 화학을 통제하는 것은 방사선이 환경으로 방출되는 것을 방지하는 열쇠이기도 하다(안전). 개선되고 녹색 화학은 원자력을 수천 년 동안 더 안전하고 지속가능하게 만들 것이다.

a. 충분한 전기를 생산하지 못한다.
b. 대량의 핵폐기물을 발생시킨다.
c. 발전소는 냉각을 위해 물을 이용할 수 있는 곳에만 건설할 수 있다.
d. 다량의 방사능이 공기 중으로 방출된다.

3. 핵무기 개발에 가장 큰 위험을 초래할 수 있는 동위원소는 무엇인가?
a. 플루토늄-239 b. 라돈-222 c. 라듐-228 d. 우라늄-238

정답: 1. b, 2. b, 3. a

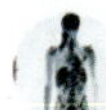

요약

11.1절: 어떤 원소의 동위원소는 **방사성 동위원소**로, **방사성 붕괴** 과정에서 핵자 수, 원자 번호, 에너지의 변화를 겪는 불안정한 핵이다. 우리는 자연적으로 발생하는 **배경 방사선**에 지속적으로 노출된다. **이온화 방사선**(핵 방사선 및 X선 포함)은 이온을 형성하고 세포 작용을 방해하며 DNA를 손상시킴으로써 해를 끼친다.

11.2절: 핵반응식은 핵 과정을 표현하는 데 사용된다. 이 반응식은 양쪽의 핵자 수와 원자 번호의 합이 같을 때 균형을 이룬다. 방사성 붕괴의 네 가지 유형은 **알파($^{4}_{2}$He) 붕괴, 베타($^{0}_{-1}$e) 붕괴, 감마($^{0}_{0}\gamma$) 붕괴, 양전자($^{0}_{+1}$e)의 방출**이다. **전자 포획**(EC)은 다섯 번째 붕괴 유형으로, 핵이 원자의 전자 중 하나를 흡수하는 붕괴이다. 핵반응과 화학 반응 사이에는 여러 가지 중요한 차이점이 있다.

11.3절: 방사능 붕괴의 단위는 **베크렐**(Bq)이고, 1베크렐은 초당 1붕괴에 해당한다.

방사성 동위원소의 **반감기**는 시료의 절반이 붕괴하는 데 걸리는 시간이다. n번의 반감기 후 남아 있는 방사성 동위원소의 분율은 다음과 같다.

$$\text{남아 있는 분율} = \frac{1}{2^n}$$

특정 동위원소의 반감기는 다양한 물체의 연대를 추정하는 데 사용할 수 있다. **탄소-14 연대 측정**은 방사성 동위원소 연대 측정 기법 중 가장 잘 알려져 있다.

11.4절: 한 원소를 다른 원소로 바꾸는 **변환**은 화학적 수단으로는 수행될 수 없지만, 핵 과정을 통해 이루어질 수 있다. 안정된 핵에 에너지가 있는 입자를 충돌시키면 인공적으로 변환을 일으킬 수 있다.

11.5절: 방사성 동위원소는 다양한 용도로 사용된다. 한 원소의 방사성 동위원소와 안정한 동위원소는 화학적으로 거의 동일하게 작용하기 때문에, 방사성 동위원소는 물리적 및 생물학적 시스템에서 **추적자**로 사용될 수 있다. 방사선은 농업에서 유용한 돌연변이를 일으키고 식량을 보존하는 데 사용할 수 있다.

암세포를 파괴하기 위한 **방사선 치료**는 방사선이 건강한 세포보다 빠르게 번식하는 세포에 더 큰 피해를 준다는 사실에 근거한다. 방사성 동위원소는 다양한 의학적 질환의 진단에 사용된다.

11.6절: 방사선의 종류에 따라 투과력이 다르다. 알파 입자(헬륨 핵)는 상대적으로 느리고 투과력이 낮다. 베타 입자(전자)는 훨씬 빠르고 투과력이 높다. 감마선(고에너지 광자)은 빛의 속도로 이동하며 투과력이 매우 높다. 방사선의 위험도는 공급원의 위치에 따라 달라진다.

11.7절: Einstein의 **질량-에너지 방정식** $E = mc^2$는 질량과 에너지의 관계이다. 원자핵에 있는 원자핵의 총 질량은 원자핵의 실제 질량보다 크다. 누락된 질량, 즉 질량 결함은 핵을 서로 묶는 **결합 에너지**와 같다. 결합 에너지는 무거운 핵을 더 작은 핵으로 분해하여 **핵분열**이라고 불리는 과정을 통해 방출하거나 작은 핵을 결합하여 더 큰 핵을 형성하는 **핵융합**을 통해 방출할 수 있다.

우라늄 원자에 중성자를 충돌시키면 방사성 물질이 생성되는데, 생성물 중에는 가벼운 원자핵도 있다. 우라늄 핵이 핵분열을 일으켰고, 한 핵의 핵분열 반응에서 방출된 중성자가 **연쇄 반응**을 일으킬 수 있다는 가설이 세워졌다.

11.8절: 맨해튼 계획에는 네 가지 목표가 있었다. (1) 지속적인 핵분열 반응을 일으키는 데 필요한 핵분열 가능 물질의 **임계 질량** 결정, (2) 일반 우라늄에서 핵분열 가능한 우라늄-235 추출, (3) 플루토늄-239 합성, (4) 독일보다 먼저 핵분열 폭탄을 만드는 것이었다.

핵폭발 현장의 폐허와 함께 특히 위험한 스트론튬-90, 아이오딘-131, 세슘-137을 포함한 많은 방사성 파편, 즉 **방사능 낙진**이 발생한다.

열핵반응(핵융합 반응)은 작은 핵을 더 큰 핵으로 결합하는 것이다. 핵융합은 수소 폭탄의 기초이자 태양 에너지의 원천이며, 잠재적으로 핵분열보다 더 많은 에너지를 생산할 수 있다.

11.9절: 원자력 발전소는 원자폭탄과 동일한 핵 연쇄 반응을 사용하지만, 연료봉에 들어 있는 핵분열 가능한 물질의 농도는 훨씬 낮고 반응은 제어할 수 있다. 발전소의 핵분열 생성물 처리와 핵연료의 무기 전환 가능성은 우리가 직면한 중요한 문제이다.

녹색 화학: 원자력에 있어 화학은 매우 중요하며, 녹색 화학의 응용을 개선하면 원자력을 인류에게 가장 안전하고 지속가능한 에너지원으로 만들 수 있다. 개선된 녹색 화학은 원자로에 축적될 수 있는 압력을 안전하게 방출하고 원자로의 사용 후 연료봉과 관련된 위험을 줄이는 데 적용될 수 있다.

학습 목표	관련 문제
• 우리가 노출되는 주요 방사선의 공급원을 파악한다. (11.1)	1, 2, 17~19
• 이온화 방사선의 공급원과 위험성을 나열한다. (11.1)	20, 73
• 핵반응식의 균형을 맞춘다. (11.2)	21~23, 60
• 다양한 핵붕괴 작용에 의해 생성되는 생성물의 유형을 확인한다. (11.2)	5, 6, 24~26, 61~65
• 간단한 반감기 문제를 푼다. (11.3)	27~29, 31~33, 66, 67, 69, 70
• 간단한 방사성 동위원소 연대 측정 문제를 풀기 위해 반감기 개념을 사용한다. (11.3)	7~9, 30, 34, 68, 71
• 변환에 대한 핵반응식을 쓰고, 형성되는 생성 원소를 확인한다. (11.4)	4, 35~38, 72
• 방사성 동위원소의 응용을 몇 가지 나열한다. (11.5)	10, 39~42
• 알파, 베타, 감마 방사선을 차단하는 데 필요한 물질의 특성을 설명한다. (11.6)	11, 12, 15, 43~46
• 원자력 에너지의 출처를 설명한다. (11.7)	13, 47~50
• 핵분열과 핵융합의 차이점을 설명한다. (11.7)	49
• 맨해튼 계획의 목표와 우라늄 및 플루토늄 폭탄이 어떻게 만들어졌는지 설명한다. (11.8)	14, 51~53
• 가장 위험한 낙진 동위원소를 식별하고 그 동위원소가 특히 위험한 이유를 설명한다. (11.8)	54, 59
• 핵 에너지의 몇 가지 이용과 결과를 나열한다. (11.9)	16, 55~58
• 녹색 화학 원리를 응용하여 원자력을 더 안전하고 다른 공급원보다 비용 경쟁력 있게 만들 수 있는 방법을 설명한다.	74, 75

개념문제

1. 자연적으로 발생하는 공급원에서 나오는 방사능의 예는 무엇인가?
- **a.** 바위와 토양
- **b.** 핵의학
- **c.** 원자력 발전소
- **d.** 라돈
- **e.** 우주선

2. 사람이 만든 공급원에서 나오는 방사선의 예는 무엇인가?
- **a.** 바위와 토양
- **b.** 핵의학
- **c.** 우주선
- **d.** 라돈
- **e.** 우리 몸에서 나오는 내부 방사선

3. 다음 설명과 해당 변화의 유형을 바르게 연결하라.
- **i.** 새로운 화합물이 형성된다.
- **ii.** 새로운 원소가 형성된다.
- **iii.** 조성의 변화없이 크기, 모양, 외관, 부피가 변한다.

- **a.** 핵 변화
- **b.** 화학적 변화
- **c.** 물리적 변화

4. 다음 각 항목을 정의하거나 설명하라.
- **a.** 반감기
- **b.** 양전자
- **c.** 배경 방사선
- **d.** 방사성 동위원소

5. 다음 각 항목을 방출하는 동안 핵의 핵자 수와 원자 번호에 어떤 변화가 일어나는가?
- **a.** 알파 입자 **b.** 감마선 **c.** 양성자

6. 다음 각 항목을 방출하는 동안 핵의 핵자 수와 원자 번호에 어떤 변화가 일어나는가?
- **a.** 베타 입자 **b.** 중성자 **c.** 양전자

7. 반감기는 방사성 시료의 50%가 붕괴하는 데 걸리는 시간으로, 모든 방사능이 붕괴하는 데는 두 번의 반감기가 필요하다. 참인지 거짓인지 판단하고 설명하라.

8. 납-103(반감기 17.0일) 1.00 mg이 0.125 mg으로 분해되는 데 며칠이 걸리는가?

9. 플루오린-20의 반감기는 11.0초이다. 처음 시료에 이 동위원소가 5.00 μg 포함되어 있었다면 33.0초 후에는 얼마나 남아 있는가?

10. 테크네튬-99m이 진단 목적으로 유용한 방사성 동위원소가 되는 특징에는 어떤 것들이 있는가?

11. **(a)** 장갑 한 켤레가 손을 보호하기에 충분한 방사선의 종류는 무거운 알파 입자인가, 질량이 없는 감마선인가? **(b)** 작업자를 보호하기 위해 무거운 납 차폐가 필요한 방사선의 종류는 알파, 베타, 감마 중 무엇인가?

12. 방사성 물질에 노출된 작업자가 방사능 위험으로부터 자신을 보호할 수 있는 두 가지 방법을 나열하라.

13. 핵 안에 있는 모든 입자(양성자, 중성자)의 질량을 더하면 그 질량은 핵의 실제 질량보다 커진다. 왜 이런 현상이 발생하는지 설명하라. '누락된' 질량은 어떻게 되었는가?

14. 맨해튼 계획의 네 가지 목표를 나열하라.

15. 플루토늄은 알파 입자를 방출하기 때문에 흡입하거나 섭취할 때 특히 위험하다. 공급원이 체내에 있을 때 알파 입자가 베타 입자보다 조직에 더 많은 손상을 입히는 이유는 무엇인가?

16. 핵분열의 세 가지 용도를 나열하라.

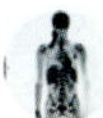

연습문제

자연 방사능

17. 일반인이 노출되는 방사선 중에서 배경 방사선은 대략 몇 퍼센트인가?
a. < 10% **b.** 25% **c.** 50% **d.** > 75%

18. 환경 방사능에 대한 설명으로 옳은 것은 무엇인가?
a. 오직 사람의 활동에서 비롯된다.
b. 많은 사람 및 자연 공급원에서 비롯된다.
c. 주로 바위에서 나온다.
d. 자연적이기 때문에 무해하다.

19. 다음 중 물질의 방사능을 중화할 수 있는 것은 무엇인가?
a. 소금 광산에 묻기
b. 전기 분해
c. 소각
d. 알려진 방법이 없음

20. 이온화 방사선이란 무엇인가?

핵반응식

21. **(a)** 캘리포늄-250에 의한 알파 입자, **(b)** 비스무트-210에 의한 베타 입자, **(c)** 아이오딘-117에 의한 양전자 방출의 균형 반응식을 쓰라.

22. **(a)** 금-173의 알파 붕괴, **(b)** 아이오딘-138의 베타 붕괴, **(c)** 카드뮴-104에 의한 전자 포획의 균형 반응식을 쓰라.

23. 다음 각 반응식을 완성하라.
a. ${}^{179}_{79}\text{Au} \longrightarrow {}^{175}_{77}\text{Ir} + ?$
b. ${}^{12}_{6}\text{C} + {}^{2}_{1}\text{H} \longrightarrow {}^{13}_{6}\text{C} + ?$
c. ${}^{154}_{62}\text{Sm} + {}^{1}_{0}\text{n} \longrightarrow ? + 2{}^{1}_{0}\text{n}$

24. 마그네슘-24 핵에 중성자를 충돌시키면 양성자가 방출된다. 어떤 원소가 생성되는가? (힌트: 균형 핵반응식을 쓰라.)

25. 방사성 동위원소가 붕괴하여 알파 입자와 프로트악티늄-231 핵을 생성한다. 원래의 핵은 무엇인가?

26. 아스타틴-210의 핵은 베타 방출에 의해 붕괴되어 핵 A를 생성한다. 핵 A도 베타 방출에 의해 붕괴되어 핵 B를 생성한다. B의 핵기호를 쓰라.

반감기와 동위원소 연대 측정

27. 나이오븀은 1743년 코네티컷주의 농장에서 발견된 암석에서 처음 분리되어 1743년에 코네티컷주 초대 식민지 주지사의 손자이자 매사추세츠주 초대 식민지 주지사의 증손자인 John Winthrop이 영국왕립학회에 보냈다. 나이오븀-94라는 동위원소는 반감기가 20,000년이다. 2.00 μg의 나이오븀-94 시료가 0.0625 μg으로 붕괴되는 데 걸리는 시간은 얼마인가?

28. 방사성 동위원소의 반감기에 대한 설명으로 옳은 것은 무엇인가?
a. 1몰의 하프늄과 결합하는 양이다.
b. 수명의 절반이다.
c. 하나의 동위원소가 붕괴하는 데 걸리는 시간의 절반이다.
d. 주어진 시료의 절반이 붕괴하는 데 걸리는 시간이다.

29. 한 실험실 작업자가 반감기가 122 ms인 마그네슘-21 시료에 대해 80,000카운트/초의 활성을 측정했다. 정확히 5.00분 후 다른 작업자가 동일한 시료에 대해 10카운트/분의 활동을 측정했다. 이 차이를 가장 잘 설명한 것은 무엇인가?
a. 마그네슘-21은 중성미자만을 방출한다.
b. 마그네슘-21은 반감기가 매우 짧기 때문에 시료의 거의 모든 방사성 원자가 붕괴된다.
c. 마그네슘-21은 알파선을 방출한다.
d. 마그네슘-21은 감마선을 방출한다.

30. 고고학 발굴에서 나온 숯 조각의 탄소-14 대 탄소-12의 비율은 현대 목재 표본의 비율의 절반인 것으로 밝혀졌다. 이 숯은 대략 얼마나 오래되었는가? 만약 동위원소 비율이 현대 목재 표본의 25%라면 얼마나 오래되었는가?

31. 갈륨-67은 핵의학에 사용된다(표 11.6). 치료 후 환자의 혈액은 20,000카운트/분의 활성을 나타냈다. 활동이 약 5,000카운트/분으로 감소하기까지 얼마나 걸리는가?

32. 아이오딘-131(반감기 8.07일)의 방사성 시료가 원래 방사능의 87.5%를 잃는 데 얼마나 걸리는가?
a. 8.0일 **b.** 16일 **c.** 24일 **d.** 32일

33. 특정 방사성 동위원소 10.0 mg이 1.25 mg으로 붕괴하는 데 75일이 걸린다면 그 반감기는 얼마인가?

34. 살아 있는 물질의 탄소-14 활성도는 탄소 그램당 약 16카운트/분이다. 탄소 14 활성도가 탄소 그램당 8카운트/분인 유물의 나이는 얼마인가?

인공 변환

35. 2010년에 러시아와 미국 과학자들은 버클륨-247이라는 표적에 희귀 동위원소인 칼슘-48의 이온 빔을 강하게 쏘아 원소 117의 원자 몇 개를 생성했다. 원소 117의 두 가지 동위원소가 형성되었는데, 하나는 176개의 중성자를, 다른 하나는 177개의 중성자를 가졌다. 두 동위원소의 형성에 대한 2개의 핵반응식을 쓰라. 각 과정에서 방출된 중성자의 수는 몇 개인가?

36. 마이트너륨-278은 알파 붕괴를 거쳐 원소 107을 형성하고, 이 원소도 알파 입자를 방출한다. 이 두 단계에 의해 형성된 동위원소의 원자 번호와 핵자 수는 무엇인가? 두 반응의 균형 핵반응식을 쓰라.

37. 과학자들이 120번 원소를 만들려고 시도했다. **(a)** 니켈-64와 우라

늄-238, **(b)** 철-58과 플루토늄-244, **(c)** 크로뮴-54와 퀴륨-248 등 세 가지 발사체와 표적의 조합을 사용하여 $^{302}_{120}X$ 핵을 만들려고 시도했다. 그러나 120일이 지나도 120번 원소의 흔적이 발견되지 않았다. 세 가지 예상 반응의 핵반응식을 쓰라.

38. 인공 변환은 자연적으로 발생하는 돌연변이와 어떻게 다른가?

방사성 동위원소의 용도

39. 초우라늄 원소($Z > 92$)는 기술적 응용은 다양하다. 그중 중요한 것은 소량의 아메리슘-241이 넵투늄-237로 붕괴하는 것을 이용할 수 있는 연기 감지기이다. 이 붕괴 과정에서 어떤 아원자가 방출되겠는가?

40. 복잡한 생화학적 시스템을 통해 다양한 화합물의 이동을 추적하기 위해 추적자로서 방사성 동위원소를 사용하는 것에 대한 설명으로 옳은 것은 무엇인가?

a. 안정한 동위원소보다 느린 속도로 반응한다.
b. 방사성 동위원소는 안정한 동위원소보다 크기가 작기 때문에 반응을 더 빠르게 진행할 수 있다.
c. 방사성 동위원소가 있는 화합물은 방사성 동위원소가 없는 화합물과 같은 방식으로 화학적으로 반응한다.
d. 방사성 동위원소가 있는 화합물은 그렇지 않은 화합물보다 식물과 세포에 더 쉽게 흡수된다.

41. 다음 중 방사성 동위원소가 사용되지 않는 의학 분야는 무엇인가?

a. 암 치료
b. 진단
c. 양전자 방출 단층 촬영(PET)
d. 방사선병 치료

42. 다음 중 방사성 동위원소를 사용하지 않는 것은 무엇인가?

a. 지하 관의 누출 감지
b. 지진과 같은 자연재해에 따른 건물의 안정성 판단
c. 식품 방사선 조사
d. 콘크리트 구조물 안정화

방사선의 투과력

43. 방사선을 방출하는 시료들이 방 건너편 테이블 위에 놓여 있다고 가정해보자. 당신에게 가장 큰 피해를 줄 것 같은 시료는 무엇인가?

a. 알파선 방출 시료
b. 베타선 방출 시료
c. 감마선 방출 시료
d. 모두 동일한 피해를 입힐 수 있다.

44. 방사선을 방출하는 시료들이 바로 앞 테이블 위에 놓여 있다고 가정해보자. 당신에게 가장 큰 피해를 줄 것 같은 시료는 무엇인가?

a. 알파선 방출 시료
b. 베타선 방출 시료
c. 감마선 방출 시료
d. 모두 동일한 피해를 입힐 수 있다.

45. 바륨-140은 감마선 방출체이다. 비스무트-210은 베타 방사성 물질이다. 라듐-223은 알파 방사성 물질이다. 가장 많이 투과하는 것부터 가장 적게 투과하는 것까지 순서대로 나열한 것은 무엇인가?

a. 바륨-140, 비스무트-210, 라듐-223
b. 비스무트-210, 라듐-223, 바륨-140
c. 라듐-223, 바륨-140, 비스무트-210
d. 바륨-140, 라듐-223, 비스무트-210

46. 알파 방출체는 감마 방출체보다 조직에 손상을 일으킬 가능성이 훨씬 더 높다. 대부분의 알파 방출체가 감마 방출체보다 생체 시스템에 덜 위험한 이유는 무엇인가?

핵 에너지

47. 핵 에너지는 무엇의 분열을 통해 생성되는가?

a. 원자핵
b. 이온 화합물
c. 분자
d. 석유 제품

48. 핵폭발의 연쇄 반응 중 첫 번째 단계에서 ^{235}U 핵은 중성자를 흡수한다. 그 결과 생성된 ^{236}U 핵은 불안정하여 다음 그림과 같이 ^{92}Kr과 ^{141}Ba 핵으로 분열할 수 있다. 이 반응의 다른 생성물은 무엇인가? 이 반응을 평가한 후 연쇄 반응이 어떻게 계속될 수 있는지 설명하라.

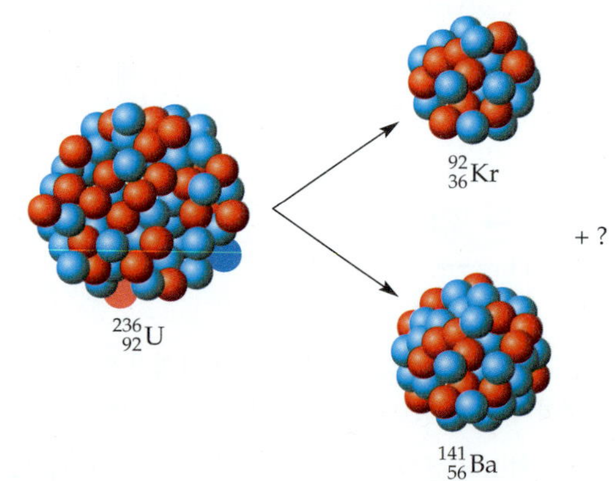

49. 핵분열과 핵융합을 비교하라. 각각의 경우에 에너지가 방출되는 이유는 무엇인가?

50. Einstein의 질량-에너지 방정식은 $E = mc^2$이며, 여기서 질량은 킬로그램 단위이고 빛의 속도는 3.00×10^8 m/s이다. 에너지의 단위는 줄(J)이다(4.184 J = 1 cal, 1000 cal = 1 kcal, 1 J = 1 $kg \cdot m^2/s^2$).

a. 1 g의 물질이 에너지로 변환될 때 방출되는 에너지를 칼로리와 킬로칼로리 단위로 계산하라.
b. 콘플레이크 한 그릇은 110 kcal를 공급한다. **(a)**에서 1 g의 물질에 대해 계산한 것과 같은 양의 에너지를 공급하는 데 필요한 콘플레이크는 몇 그릇인가?

핵폭탄

51. 화합물 $^{235}UF_6$과 $^{238}UF_6$은 화학적으로 거의 동일하다. ^{235}U의 비율을 높이기 위해 어떻게 분리했는가?

52. 플루토늄-239는 우라늄-238에서 어떻게 합성되었는가?

53. 제2차 세계대전 중 로스앨러모스에서 만들어진 우라늄 235-폭탄과 플루토늄-239 폭탄의 설계에 숨겨진 논리를 설명하라.

54. 핵폭발 후 낙진에서 가장 위험한 세 가지 방사성 동위원소에 속하지 않는 것은 무엇인가?

a. 세슘-137 **b.** 아이오딘-131
c. 포타슘-40 **d.** 스트론튬-90

원자력 에너지의 이용과 결과

55. 원자력 발전소의 연료봉은 일반적으로 약 3년 정도 사용 후 남은 ^{235}U의 양이 전기를 효율적으로 생산하는 데 필요한 농축도 이하로 떨어지면 교체한다. 핵분열 과정에서 원래의 ^{235}U 동위원소는 어떻게 되는가?

56. 연료봉을 사용했다가 3개월 만에 제거하면 핵무기 생산으로 이어질 수 있는 이유는 무엇인가?

57. 전기를 생산하는 발전소와 원자폭탄에는 동일한 핵분열 반응이 사용된다. 발전소 가동과 폭탄 폭발의 두 가지 차이점을 제시하라.

58. 궁극적으로 무기급 물질로 전환될 가능성이 가장 큰 동위원소는 무엇인가?

a. 폴로늄-210 **b.** 플루토늄-239
c. 라듐-226 **d.** 탈륨-205

심화문제

59. 원자 폭발 후 방출되는 동위원소 중 가장 큰 즉각적 위협으로 여겨지는 것은 무엇인가?

a. 세슘-137 **b.** 아이오딘-131
c. 포타슘-40 **d.** 스트론튬-90

60. 다음 각 반응식을 완성하라.

a. $^{10}_{5}B + ^{1}_{0}n \longrightarrow ? + ^{4}_{2}He$

b. $^{23}_{10}Ne \longrightarrow ^{23}_{11}Na + ?$

c. $^{121}_{51}Sb + ? \longrightarrow ^{121}_{52}Te + ^{1}_{0}n$

61. 2006년에 소련의 반체제 인사 Alexander Litvinenko는 폴로늄-210이 첨가된 차를 마시고 3주 후 사망했다. 폴로늄-210은 알파 방출 물질이다. 어떤 생성물이 형성되는가?

62. 핵분열 가능한 핵연료를 만드는 방법으로 제안된 것은 상대적으로 풍부한 동위원소인 토륨-232에 중성자를 쏘는 것이다. 이 충격의 생성물(X)은 베타 방출에 의해 빠르게 붕괴하여 핵(Y)을 형성하고, 이 핵은 다시 베타를 방출하여 핵(Z)을 형성하는 데 Z의 핵 기호를 쓰라.

63. 라듐-223 핵은 보통 알파 방출에 의해 붕괴한다. 라듐-223 핵은 붕괴할 때 10억 번에 한 번꼴로 탄소-14 핵을 방출한다. 각 방출 유형에 대한 균형 핵반응식을 쓰라.

64. 방사성 핵종이 알파 방출을 거치면 토륨-234가 생성된다. 원래 방사성 핵종은 무엇인가?

65. 1932년에 James Chadwick은 베릴륨-9에 알파 입자를 충돌시켜 새로운 아원자 입자를 발견했다. 그 생성물 중 하나가 탄소-12였다. Chadwick은 어떤 입자를 발견했는가?

66. 크립톤-81m은 폐 환기 연구에 사용되며, 반감기는 13초이다. 이 동위원소의 활성이 원래 값의 4분의 1에 도달하는 데 걸리는 시간은 얼마인가?

67. 라듐-223의 반감기는 11.4일이다. ^{223}Ra 시료의 활성이 초깃값의 1%로 감소하는 데 대략 얼마나 걸리는가?

68. Napoleon(1769~1821) 생전에 병에 담긴 것으로 추정되는 브랜디 한 상자가 파격적인 가격으로 나왔다. 구매하기 전에 브랜디의 시료를 테스트한 결과, 삼중수소 함량이 새로 생산된 브랜디의 12.5%라는 사실을 알게 되었다. 이 브랜디는 병에 담긴 지 얼마나 되었는가? 진짜로 Napoleon 시대의 브랜디일 가능성이 있는가?

69. 월요일 정오 정기 점검 중 저수지 퇴적물에서 오염 기준치를 초과하는 방사성 구리($^{64}_{29}Cu$, 반감기 12.7시간)가 발견되었다. 당시 측정치는 112 ppm/m^{3}이었다. 허용 기준치는 14 ppm/m^{3}까지이다. 구리-64의 농도는 언제쯤 14 ppm/m^{3}으로 회복되겠는가?

70. 4월 21일 오전 7시에 신원 미상의 시신이 발견되었고, 병리학자는 피해자의 뼈에서 $^{32}_{15}P$ 원자가 1.24×10^{17}개 남아 있는 것을 발견하여 사망 시점을 3월 15일로 잡았다. $^{32}_{15}P$의 반감기는 14.28일이다. 사망 당시 뼈에는 얼마나 많은 $^{32}_{15}P$가 있었는가?

71. 암석 및 기타 물질의 나이를 측정하는 데 탄소-14와 마찬가지로 여러 가지 방사성 동위원소를 사용할 수 있다. 지구과학에서는 반감기가 12억 년인 포타슘-40이 아르곤-40으로 붕괴하는 특성을 이용하여 암석의 나이를 결정할 수 있다. **(a)** 달에서 가져온 암석 중 일부는 36억 년 전의 것으로 측정되었다. 이 시간 동안 몇 퍼센트의 포타슘-40이 붕괴했는가? **(b)** 우라늄-238(반감기 46억 년)이 탄소-14보다 이 연대를 확인하는 데 더 유용한 이유를 설명하라.

72. **(a)** 알파 입자가 $^{121}_{51}Sb$와 충돌하여 $^{124}_{53}I$를 생성한 다음, **(b)** 양전자 방출에 의해 $^{124}_{53}I$가 방사성 붕괴하는 반응 각각에 대한 균형 핵반응식을 쓰라.

73. 다음 중 방사성 동위원소일 가능성이 가장 큰 것은 무엇인가?

a. 양성자와 중성자가 짝수이기 때문에 양성자 18개와 중성자 22

개를 가진 동위원소

b. 양성자와 중성자의 수가 홀수이기 때문에 양성자 29개와 중성자 35개를 가진 동위원소

c. 중성자의 수가 홀수이기 때문에 양성자 50개와 중성자 69개를 가진 동위원소

d. 양성자와 중성자의 매직 넘버를 모두 가지고 있으므로 양성자 82개와 중성자 126개를 가진 동위원소

74. 핵연료를 사용하여 전기를 생산할 때의 이점에 해당하지 않는 것은 무엇인가?

a. 석탄 발전소보다 적은 양의 폐기물 생성

b. 핵연료의 연료비 절감

c. 핵폐기물에서 무기급 플루토늄 추출의 용이성

d. 석탄이나 천연가스 발전소보다 적은 CO_2 배출량

75. 원자력을 사용하여 전기를 생산할 때의 문제점에 해당하지 않는 것은 다음 중 무엇인가?

a. 전문화된 핵폐기물 보관 및 처리의 필요성

b. 저렴한 원자력 발전소 건설 비용

c. 핵폐기물에서 무기급 플루토늄을 추출할 수 있는 가능성

d. 전력 수요가 많은 시간대에는 전력 생산량이 쉽게 증가하지 않는 점

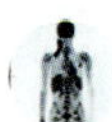

비판적 사고 문제

이 장에서 습득한 지식과 하나 이상의 FLaReS 원칙(1장)을 적용하여 다음 진술과 주장을 평가하라.

11.1 브라질 견과류는 바륨 원소를 흡수하고 농축하는 것으로 알려져 있다. 전국적으로 유명한 한 연구소는 브라질너트에 미량의 라듐이 함유되어 있다고 발표했다.

11.2 토리노 수의를 탄소-14로 분석한 결과, 수의의 연대는 서기 1260~1390년으로 거슬러 올라가는 것으로 나타났다. 일부 사람들은 이 분석에 결함이 있다고 주장하는데, 1532년 샹베리에서 발생한 화재로 인해 수의가 고온에 노출되었고 이것이 탄소-14 시료에 영향을 미쳤기 때문이라고 밝혔다.

11.3 한 과학자가 탄소-14 연대 측정 결과 8만 년 전의 유물을 발견했다고 보고한다.

11.4 연기 감지기(예제 11.7 참조)의 아메리슘이 청량음료 캔 벽 두께 정도의 알루미늄 차폐막으로 둘러싸인 공간에 들어 있다. 연기 감지기를 구입한 한 여성은 천장의 가장 높은 지점에 연기 감지기를 설치한다. 그녀는 이렇게 하면 방사선에 대한 노출을 최소화할 수 있다고 주장한다.

11.5 한 소녀가 최근 유방암으로 방사선 치료를 받는 할머니의 병문안을 거부한다. 이 소녀는 할머니 때문에 방사선 병에 걸릴까 봐 두려워한다.

협업 과제

파워포인트, 포스터, 기타 프레젠테이션을 준비하여 수업에서 공유하라.

1. 다음 중 한 가지 주제를 골라 핵 과학의 영향에 대한 간략한 보고서를 작성하라.

a. 전쟁과 평화 b. 산업 발전
c. 의학 d. 농업
e. 사람, 동물, 식물 유전학

2. 탄소-14 또는 삼중수소를 제외한 표 11.5의 동위원소 중 하나 이상을 사용하여 방사성 동위원소 연대 측정에 관한 보고서를 작성하라.

3. 다음 과학자 중 한 사람의 전기를 간략하게 작성하라.

a. Otto Hahn b. Enrico Fermi
c. Glenn T. Seaborg d. J. Robert Oppenheimer
e. Lise Meitner f. Albert Einstein

4. 원자력 발전소를 강력하게 찬성하는 웹사이트와 반대하는 웹사이트를 찾아라. 해당 웹사이트의 후원자를 확인하고 그들의 관점을 분석하라. 균형 잡힌 관점을 가진 웹사이트를 찾아라.

5. 2002년과 2006년에 러시아 Dubna와 캘리포니아의 Lawrence Livermore 연구소 연구원들은 총 4개의 원자로 구성된 118번 원소를 합성했다고 보고했다. 그러나 1999년 7월, 캘리포니아의 다른 연구소 연구자들도 118번 원소 생성을 보고했는데, 이 보고는 2년 후 허위임이 밝혀졌다. (a) 이 사기성 보고서가 제기한 과학 윤리적 문제 또는 (b) 인간이 만든 새로운 원소의 합성을 확인하는 데 관련된 어려움에 대해 보고하라.

6. 자신이 살고 있는 곳에서 가장 가까운 원자력 발전소의 위치, 발전소의 위험과 이점을 알아보자. 몇 가구에 에너지(전력)를 공급하는가? 정상적인 운영 조건에서 발전소가 환경에 미치는 영향은 무엇인가?

실험 과제 사탕의 짧은 반감기

준비물

- 밀크 초콜릿 M&M 또는 Skittles(또는 한쪽 면에만 인쇄된 유사한 사탕)
- 다시 밀봉이 가능한 플라스틱 봉투
- 종이 및 연필

과학자들은 원자가 언제 붕괴할지 어떻게 알 수 있을까? 방사능 붕괴 과정은 어떻게 이루어질까? 자세히 살펴보고 알아보자.

방사성 붕괴는 동전이나 사탕을 던지는 것과 같이 무작위적인 과정이다. 개별 원자의 방사능 행동을 예측하는 것은 불가능하다. 하나의 원자는 단 하나의 반감기 동안만 생존할 수도 있고, 여러 반감기 동안 생존할 수도 있다. 하지만 원자 하나가 아니라 여러 개를 관찰하는 경우에는 그 원자의 방사능 붕괴를 계산하고 예측할 수 있다.

이 개념을 더 잘 이해하기 위해 M&M 또는 Skittles와 같은 사탕을 사용하여 방사능 붕괴를 시험해보자. 먼저 사탕 100개를 작은 비닐봉지에 넣는다. 비닐봉지를 부드럽게 흔들어 사탕을 섞는다.

사탕을 테이블 위에 조심스럽게 붓는다. 인쇄된 면이 위로 향한 사탕은 붕괴한 것이고, 인쇄된 면이 아래로 향한 사탕은 붕괴하지 않은 것이다. 붕괴한 사탕의 개수를 세어 기록한다. 붕괴한 사탕은 옆으로 밀어 버리고(또는 먹는다!), 인쇄된 면이 아래로 향한 사탕 조각만 봉투에 넣는다.

봉투를 다시 밀봉하고 사탕이 모두 붕괴할 때까지 사탕을 붓고, 세고, 기록하고, 따로 보관하는 것을 반복한다. 수집한 데이터에 근거하여 사탕의 반감기는 얼마나 될까? 사탕의 '방사능 붕괴'를 그래프로 나타내자.

전형적인 결과

부은 횟수	실험 1: 붕괴하지 않은 사탕의 수	실험 2: 붕괴된 사탕의 수	붕괴하지 않은 사탕의 평균 수
1	54	49	48.5
2	54 + 20 = 74	49 + 27 = 76	25
3	74 + 10 = 84	76 + 10 = 86	15
4	84 + 10 = 94	86 + 7 = 93	6.5
5	94 + 2 = 96	93 + 2 = 95	4.5
6	96 + 2 = 98	95 + 3 = 98	2
7	98 + 1 = 99	98 + 1 = 99	1
8	99 + 0 = 99	99 + 1 = 100	0.5
9	99 + 1 = 100		0

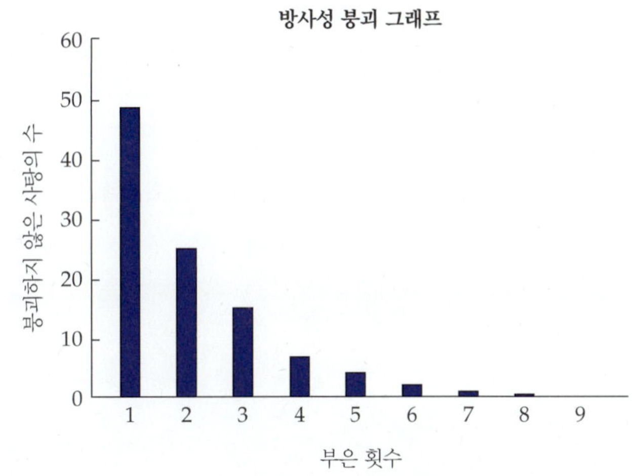

▲ 사탕의 방사성 붕괴 그래프(붕괴하지 않은 사탕 수 대 부은 횟수)

실험문제

1. 사탕봉지를 흔드는 한 주기가 1000년의 시간과 같다면 사탕의 반감기는 몇 년인가?
2. 85개의 '붕괴한' 사탕 조각이 들어 있는 사탕 표본을 발견했다면 그 사탕은 얼마나 '오래된' 것으로 예상하는가? ('흔드는' = 1000년이라고 가정한다.)
3. 사탕 100개가 아닌 1000개로 실험을 시작한다면 방사능 붕괴 그래프는 어떻게 되는가?
4. 이 실험을 사탕 1개로만 진행한다면 그 사탕은 얼마나 오래 지속될 것으로 예상하는가? 반감기 수는 얼마인가?

에너지

12

12.1 거대한 원자력 발전소, 우리의 태양
12.2 에너지와 화학 반응
12.3 반응 속도
12.4 열역학 법칙
12.5 연료와 에너지: 사람, 말, 화석
12.6 석탄: 탄소 암석을 대표하는 시대
12.7 천연가스 및 석유
12.8 편리한 에너지
12.9 원자력 에너지
12.10 재생 에너지 공급원

이 장과 관련된 궁금증

1. 에너지는 어떻게 측정할 수 있는가?
2. 화학 반응은 어떻게 열을 방출할 수 있는가?
3. 정말 에너지가 부족한가?
4. '파쇄 모래'란 무엇이며, 일반 해변 모래와 어떻게 다른가?
5. 에너지 위기에 가장 적합한 에너지원은 무엇인가?

불이야! 실제로 이 장의 제목은 '불'이 적절하다. 우리의 궁극적인 에너지원은 매우 조밀하고 뜨거운(표면 온도가 약 1,000만 도) 수소와 헬륨의 불덩어리가 핵반응을 일으켜 적외선, 가시광선, 자외선으로 에너지를 발산하는 태양이다. 집을 난방하고, 차량과 산업을 가동하고, 요리를 하는 데 필요한 대부분 에너지를 '화석연료'를 태워 얻는데, 여기에는 반드시 불이 수반된다. 우리가 먹는 식물은 태양의 에너지를 사용하여 자라고, 우리가 먹는 동물과 물고기(일반적으로 식물이나 다른 동물을 먹고 살아온)는 우리가 움직이고 성장하고 생각하고 체온을 유지하는 데 필요한 에너지를 제공한다. 그러나 많은 에너지 공급원은 아무것도 태우지 않으며 화석연료의 매장량이 고갈됨에 따라, 이러한 다른 공급원에 더 많이 의존하게 될 것이다.

우리가 소비하거나 사용하는 모든 것, 즉 음식, 옷, 집과 그 안의 내용물, 자동차와 도로 등은 생산, 포장, 유통, 작동, 폐기하는 데 에너지를 필요로 한다. 중국은 세계에서 가장 큰 에너지 소비국이다. 미국은 에너지 소비국 2위를 차지하고 있다. 전 세계 인구의 5%도 되지 않는 미국은 지구상에서 생성되는 모든 에너지의 약 5분의 1을 사용하므로 1인당 최대 에너지 소비국이다. 풍부한 에너지 덕분에 미국 사람들은 높은 생활수

지구의 거의 모든 에너지는 약 1억 5천만 킬로미터 떨어진 핵융합로인 태양에서 간접적으로 얻어진다. 풍력 터빈을 구동하는 바람은 태양열의 결과이다. 바이오디젤, 바이오매스와 같은 바이오연료는 태양광을 에너지원으로 사용하는 식물에서 나온다. 화석연료도 태양에서 파생된다. 태양 에너지를 직접 활용하는 방법 중 점점 인기를 얻고 있는 것은 태양광

을 전기로 변환하는 태양 전지를 사용하는 것이다. 오늘날에는 집 전체를 가동하기에 충분한 양의 태양 전지를 구입할 수 있지만 상당한 비용이 든다. 이 장에서는 에너지의 일반적인 특성과 성질, 에너지를 생성하거나 한 형태에서 다른 형태로 변환하는 다양한 방법을 살펴본다. 우리가 사용하는 에너지의 극히 일부분만이 간헐천에서 볼 수 있고 지열 에너지로 활용되는 지구 내부의 열에서 나온다.

준을 누리고 있다. 하지만 이 에너지의 대부분은 낭비되고 있다. 호주, 스위스, 프랑스, 스칸디나비아 국가들은 1인당 에너지 사용량이 적으면서도 높은 생활수준을 유지하고 있다. 높은 에너지 소비는 건강적, 환경적, 경제적 비용을 초래한다. 에너지의 소비는 우리가 숨쉬는 공기와 마시는 물을 오염시킨다.

미국에서 생산되는 전체 에너지의 약 22%를 산업에서 사용한다. 이 에너지는 원료를 이용하여 우리 사회가 필요로 하고 많은 생성물로 전환하는 데 사용된다. 교통 분야는 약 29%를 사용하며 자동차, 트럭, 기차, 비행기, 버스에 동력을 공급한다. 개인 가정은 약 6%, 상업 공간은 약 4%, 전력 발전소는 39%를 석유, 천연가스, 석탄, 재생 에너지, 원자력을 통해 소비하며, 이 장에서 다룰 에너지는 모두 석유, 천연가스, 석탄, 재생에너지, 원자력에서 생산된다.

에너지는 집을 밝히고, 생활 공간을 냉난방하며, 인류 역사상 가장 이동이 많은 사회로 만들어준다. 또한 풍부한 물질적 재화를 제공하는 공장의 동력이기도 한다. 실제로 에너지는 현대 문명의 근간이다.

12.1 거대한 원자력 발전소, 우리의 태양

학습 목표 • 전력 및 에너지 계산을 수행한다.

인간을 포함한 지구상의 모든 생명체는 생존을 위해 핵 에너지에 의존하는데, 이는 지구에서 인간이 사용할 수 있는 대부분 에너지가 태양이라고 부르는 거대한 원자로에서 나오기 때문이다. 태양은 약 1억 5,000만 킬로미터 떨어져 있지만 수십억 년 동안 지구에 대부분 에너지를 공급해왔으며 앞으로도 수십억 년 동안 계속 공급할 가능성이 높다(표 12.1).

11장으로부터 태양은 수소를 헬륨으로 꾸준히 변환하는 핵융합로라는 것을 기억하자. 지구는 태양의 에너지 생산량의 약 10억 분의 1밖에 받지 못한다. 그럼에도 불구하고 이 작은 양은 1억 개가 넘는 원자력 발전소와 맞먹는 양이다. 지구는 3일 동안 태양으로부터 우리가 보유한 모든 화석연료에 해당하는 에너지를 공급받는다!

생물권(모든 생물이 존재하는 대기, 물, 토양 등)이 태양으로부터 받는 에너지 중 극히 일부만이 생명유지에 사용된다. 입사된 태양 복사의 약 30%는 자외선과 가시광선으로 즉시 우주로

표 12.1 지구의 에너지 원장

항목	에너지(TW)[a]	추정 백분율(%)
들어오는 에너지		
태양 복사	174,000	99.97
내부 열	46	0.025
조수	3	0.002
폐열[b]	13	0.007
나가는 에너지		
직접 반사	52,000	30
직접 가열[c]	81,000	47
물 순환[c]	40,000	23
바람[c]	370	0.2
광합성[c]	40	0.02

[a] TW(terawatt) = 10^{12} W
[b] 화석연료 사용으로 인해
[c] 이 에너지는 결국 적외선(열)에 의해 우주로 되돌아간다.

다시 반사된다. 거의 절반은 열로 변환되어 지구를 따뜻하고 살기 좋은 곳으로 만들어준다. 태양 복사의 약 23%는 물 주기에 동력을 공급하여 육지와 바다에서 물을 증발시킨다. 태양의 복사 에너지는 대기중의 수증기, 물방울, 얼음 결정의 위치 에너지로 전환된다. 이 위치 에너지는 떨어지는 비와 눈, 흐르는 강물의 운동 에너지로 변환된다.

태양 에너지의 극히 일부분, 즉 0.02%도 되지 않는 양이 녹색 식물에 흡수되며, 이 에너지가 **광합성**(photosynthesis)을 수행하는 데 사용된다. 이 에너지는 엽록소와 여러 효소의 존재 하에 일련의 반응을 통해 이산화 탄소와 물을 에너지가 풍부한 단순 당인 포도당으로 전환한다.

태양빛 → 에너지, 포도당(단당류) → $C_6H_{12}O_6$

$$6\,CO_2 + 6\,H_2O + \text{에너지} \xrightarrow{\text{엽록소}} C_6H_{12}O_6 + 6\,O_2$$

광합성은 또한 대기 중의 산소를 보충한다. 포도당은 저장되거나 전분과 같은 더 복잡한 식품이나 셀룰로스의 구조 물질로 전환될 수 있다. 모든 동물은 생존을 위해 녹색 식물의 저장된 에너지에 의존한다.

에너지 단위

식품의 에너지 함량을 측정하는 데 익숙한 단위는 칼로리(1 칼로리 = 1000 칼로리 = 1 킬로칼로리)이다(1.9절). 대부분 성인은 모든 신체 기능을 유지하기 위해 하루에 2000~2500칼로리가 필요하다. SI 단위에서 에너지는 줄(J) 단위로 측정된다. 1칼로리 = 4.18 J이므로 1킬로칼로리는 4.180 kJ이다.

전력은 에너지가 사용되는 속도이다(거리를 이동하는 속도인 것과 마찬가지로). 전력의 SI 단위는 와트(W)이다. 1와트는 초당 1줄(J/s)이다.

$$1\ \text{W} = 1\frac{\text{J}}{\text{s}}$$

더 편리한 단위는 킬로와트(1 kW = 1000 W)이다. 태양의 출력은 4×10^{26} W로, 거의 이해할 수 없는 양이다.

에너지 소비량을 표현하기 위해 와트는 시간 단위와 결합된다. 예를 들어 전기 사용량은 일반적으로 1 kW 장치가 1시간 동안 사용한 에너지의 양인 킬로와트시(kWh)로 측정(및 요금 청구)된다. 1시간에는 3600초가 있으므로 1 kWh = 3600 kJ가 된다.

예제 12.1 전력 및 에너지 변환

75 W 전구를 1.0시간 동안 켜두면 전기 에너지(단위 줄)가 얼마나 소비되는가?

풀이

1 W는 1 J/s이므로 75 W = 75 J/s라는 것을 알 수 있다. 전구가 1시간 동안 켜져 있다면 다음과 같다.

$$1\ \cancel{\text{h}} \times \frac{60\ \cancel{\text{min}}}{1\ \cancel{\text{h}}} \times \frac{60\ \text{s}}{1\ \cancel{\text{min}}} = 3600\ \text{s}$$

$$3600\ \cancel{\text{s}} \times \frac{75\ \text{J}}{1\ \cancel{\text{s}}} = 270{,}000\ \text{J}$$

1 에너지는 어떻게 측정할 수 있는가?

분자의 평균 운동 에너지의 척도인 온도는 온도계로 섭씨(C) 단위를 측정한다. 에너지는 그렇게 간단하지 않다. 피아노를 움직이거나 전구에서 빛을 내거나 케이크를 굽는 것과 같이 얼마나 많은 '일'을 할 수 있는지를 측정한다. 열량은 칼로리 또는 줄 단위로 측정된다. 열은 한 물체에서 다른 물체로 전달되는 열 에너지이다. 에너지 소비율은 와트이며, 전기요금은 특정 비율로 에너지를 사용한 시간이 반영된다.

왜 중요할까?

소비자는 가정의 에너지 사용에 대해 오해하는 경우가 많다. 열을 발생시키거나 전달하는 가전제품은 일반적으로 많은 에너지를 소비한다. 대부분 가정에서 두 가지 주요 에너지 '주범'은 냉난방 시스템과 온수기이다. 냉장고, 스토브, 토스터기 및 이와 유사한 가전제품도 에너지를 많이 소비한다. 조명은 월 에너지 요금에서 의외로 적은 부분을 차지하는 경우가 많다. 피자 한 조각을 10분 동안 가열하는 일반 토스터 오븐은 20 W 형광등 전구가 10시간 동안 사용하는 만큼의 에너지를 소비한다.

› 복습문제 12.1A

650 W 전자레인지는 커피 한 잔을 1.0분 동안 가열할 때 전기 에너지(단위 줄)를 얼마나 소비하는가?

› 복습문제 12.1B

13 W 소형 형광 전구가 1.0시간 동안 연소할 때 소비되는 에너지를 계산하고, 같은 양의 빛 에너지를 생산하는 60 W 전구가 소비하는 에너지와 비교하라. 시간당 몇 퍼센트나 절약할 수 있는가?

› 복습문제 12.1C

11.0 cent/kWh인 13 W 소형 형광등을 240시간 동안 사용하는 것은 일반 60 W 전구를 240시간 동안 사용하는 것과 비교했을 때 한 달 동안 얼마나 많은 비용이 절약되는가? 둘 다 동일한 강도의 빛을 제공한다고 가정한다.

운동 에너지 및 위치 에너지

에너지는 위치와 운동 에너지로 존재한다. 위치나 배열에 의한 에너지를 **위치 에너지**(potential energy)라고 한다. 운동에 의한 에너지는 **운동 에너지**(kinetic energy)이다.

댐 상단의 물은 중력으로 인해 위치 에너지를 가지고 있다. 물이 터빈을 통해 낮은 단계로 흐르게 되면 위치 에너지가 운동 에너지로 변환된다. 물이 떨어지면서 더 빠르게 움직인다. 위치 에너지가 감소함에 따라 운동 에너지는 증가한다. 터빈은 물의 운동 에너지 일부를 전기 에너지로 변환할 수 있다. 이렇게 생산된 전기는 전선을 통해 가정과 공장으로 운반되어 빛 에너지, 열 에너지, 기계 에너지로 변환될 수 있다.

자가평가문제

1. 에너지를 사용하거나 생산하는 속도는 J/s 단위로 무엇이라고 하는가?
   a. 에너지 **b.** 와트 **c.** 킬로와트시 **d.** 볼트
2. 미국 경제에서 국가 에너지의 가장 많은 부분을 사용하는 부문은 무엇인가?
   a. 주거용 **b.** 전력-발전 산업 **c.** 산업용 **d.** 운송용
3. 미국은 전 세계 에너지의 몇 퍼센트를 사용하고 있는가?
   a. 3% **b.** 5% **c.** 10% **d.** 20%
4. 비행 중인 독수리가 가진 에너지는 무엇인가?
   a. 힘 에너지 **b.** 운동 에너지 **c.** 위치 에너지 **d.** 회전 에너지
5. 지구에 입사되는 태양 복사의 약 1/3은 어떻게 되는가?
   a. 물 순환주기에 에너지 공급 **b.** 열로 변환
   c. 광합성 에너지에 사용 **d.** 우주로 돌아감
6. 지구에 입사되는 태양 복사는 광합성에 몇 퍼센트를 사용하는가?
   a. 0.02% **b.** 2% **c.** 5% **d.** 10%

정답: 1. b, 2. b, 3. d, 4. b, 5. d, 6. a

12.2 에너지와 화학 반응

학습 목표
- 화학 반응과 물리적 작용을 발열성 또는 흡열성으로 분류한다.
- 결합 에너지를 사용하여 반응의 열을 계산하는 방법을 설명한다.

우리는 보통 에너지 변화를 어떤 물체나 영역이 에너지를 잃고 다른 물체나 영역이 에너지를 얻는다는 관점에서 논의한다. 모닥불을 피워 차가운 손을 따뜻하게 하면 타는 나무는 에너지(열)를 내뿜고, 우리 손은 에너지를 얻어 온도가 올라가는 것과 같은 이치이다. 과학에서는 이를 우주의 일부인 **계**(system)라고 정의한다. 모닥불의 경우, 계는 타는 나무이다. **주변**(surrounding)은 그 외의 모든 것, 즉 이론상으로는 우주의 나머지 부분이지만 우리는 보통 주변을 계와 에너지나 물질 또는 둘 다를 교환하는 우주의 일부로 한정한다. 캠프파이어의 경우에 주변 환경은 사용자의 손과 캠프파이어 근처의 공기이다.

▲ **그림 12.1** 석탄은 발열 반응으로 연소한다. 방출된 열은 물을 증기로 변환하여 터빈을 돌려 전기를 생산할 수 있다.

화학 반응 중에서 계로부터 주변 환경으로 열이 방출되는 반응을 **발열 반응**(exothermic)이라고 한다. 열을 발생하는 분자들을 '계'라고 하며,그 분자들 주위에 있는 다른 모든 것을 '주변'이라고 한다. 메테인, 휘발유, 석탄의 연소(그림 12.1)는 대표적인 발열 반응이다. 이 과정에서 화학 에너지가 열 에너지로 전환되며, 그 열은 반응에 참여한 분자들(계)로부터 방출되어 주변 환경이 이를 흡수한다. 열이 방출되기 때문에 그 양은 오른쪽 반응식에 반응의 '생성물'로 기록된다. 이 에너지의 수치값을 **반응열**(heat of reaction) 또는 **반응 엔탈피**(enthalpy of reaction)라고 한다. 예를 들어 가정의 가스 난로에서 사용되는 연료인 '천연가스'의 주성분인 메테인이 연소하는 반응이 있다.

$$CH_4(g) + 2\,O_2(g) \longrightarrow CO_2(g) + 2\,H_2O(g) + 803\text{ kJ}$$

여기서 기억해야 할 중요한 점으로 반응열(이 경우 803 kJ)은 메테인 1몰이 연소할 때 방출되는 열 에너지의 양(반응에서 화학량론적 화학량론 계수가 '1'이므로)으로, 16.0 g이 된다.

주변으로부터 계에 에너지를 공급해야 하는 화학 반응은 **흡열 반응**(endothermic)이다(그림 12.2). 물을 구성 성분으로 분해하는 것이 그 예이다. 이 과정에 필요한 열의 양은 다음과 같이 '계' 분자에 의해 흡수되어야 하기 때문에 화학 방정식에서 반응물로 쓸 수 있다.

$$2\,H_2O(g) + 573\text{ kJ} \longrightarrow 2\,H_2(g) + O_2(g)$$

따라서 기체 상태의 물 2몰을 분해하려면 573 kJ의 에너지가 필요하다(물의 화학량론 계수는 2이므로).

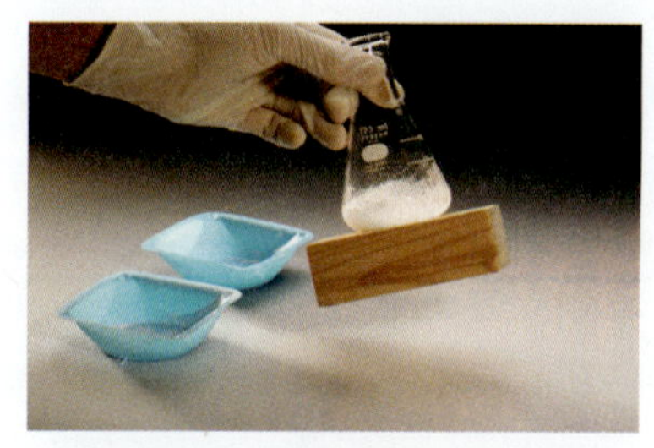

▲ **그림 12.2** 수산화 바륨 팔수화물이 티오시안산 암모늄과 반응하여 티오시안산 바륨, 암모니아 가스, 물을 생성할 때 흡열 반응이 일어난다.

$$\text{열} + Ba(OH)_2 \cdot 8\,H_2O(s) + 2\,NH_4SCN(s) \longrightarrow Ba(SCN)_2(s) + 2\,NH_3(g) + 10\,H_2O(l)$$

이 실험에서는 반응을 젖은 나무 블록 위에 놓인 플라스크 안에서 진행한다. 반응 도중 온도가 물의 어는점 이하로 급격히 떨어지면서 플라스크가 나무 블록에 얼어붙는다.

물리적 과정은 발열 반응 또는 흡열 반응이 될 수도 있다. 예를 들어 녹이는 데는 열이 필요하고, 얼리는 데는 열 에너지를 제거해야 한다. 표 12.2에는 물리적 및 화학적 과정의 몇 가지 예가 나와 있으며, 각각을 발열 반응(열을 내는) 또는 흡열 반응으로 분류한다.

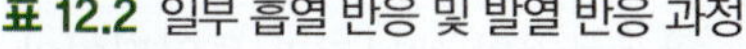

표 12.2 일부 흡열 반응 및 발열 반응 과정

발열 과정	흡열 과정
물의 동결	얼음의 융해
수증기 응축	물의 증발
동물의 신진대사	식물의 광합성
화학 결합 형성	화학 결합 깨짐
배터리 방전	배터리 충전

화학 반응과 물리적 변화 모두에서 기억해야 할 중요한 점은 반응열이 평형을 이룬 화학 반응에서 반응물의 몰수에 대한 열이라는 것이다. 분명히 연탄 한 장을 태우는 것보다 1톤의 석탄을 태우는 것이 훨씬 더 많은 열을 방출할 것이다. 예제 12.2를 생각해보자.

예제 12.2 화학 반응에서의 에너지 방출

실험에 따르면 1.00몰(16.0 g)의 메테인을 태워 이산화 탄소와 물을 만들면 803 kJ(192 kcal)의 에너지가 열로 방출된다. 2.00몰의 메테인을 태우면 얼마나 많은 열이 방출되는가?

풀이

$$2.00 \text{ mol} \times \frac{803 \text{ kJ}}{1 \text{ mol}} = 1606 \text{ kJ의 열 방출}$$

예제 12.3 화학 반응의 에너지 변화

225 g의 프로페인이 연소될 때 얼마나 많은 에너지(kJ)가 방출되는가? 프로페인을 태울 때의 반응열은 2201 kJ/mol 프로페인으로, 메테인보다 훨씬 크다.

$$C_3H_8(g) + 5\,O_2(g) \longrightarrow 3\,CO_2(g) + 4\,H_2O(g) + 2201 \text{ kJ}$$

풀이

이 예제에는 몰이 아닌 그램이 주어진다. 분자가 3개의 원자 C와 8개의 원자 H로 구성된 프로페인의 질량 공식은 다음과 같다.

$$(3 \times 12.0 \text{ amu}) + (8 \times 1.0 \text{ amu}) = 36.0 \text{ amu} + 8.0 \text{ amu} = 44.0 \text{ amu}$$

따라서 몰 질량은 44.0 g이다. 다음으로 몰 질량을 사용하여 프로페인 그램을 프로페인 몰로 변환한다.

$$225 \text{ g } C_3H_8 \times \frac{1 \text{ mol } C_3H_8}{44.0 \text{ g } C_3H_8} = 5.11 \text{ mol } C_3H_8$$

이제 계산을 완료하려면 연소열인 2201 kJ/mol이 필요하다.

$$5.11 \text{ mol } C_3H_8 \times \frac{2201 \text{ kJ}}{1 \text{ mol } C_3H_8} = 11{,}300 \text{ kJ}$$

› 복습문제 12.3A

10.1몰의 질소(N_2)가 다량의 산소(O_2)와 반응하여 NO를 형성할 때 흡수되는 에너지는 몇 kJ인가? 질소와 산소가 반응하여 일산화 질소를 형성하려면 에너지가 투입되어야 하므로 왼쪽에 반응물로 에너지를 적는다.

$$N_2(g) + O_2(g) + 18.07 \text{ kJ} \longrightarrow 2\,NO(g)$$

› 복습문제 12.3B

450.0 g의 N_2가 다량의 O_2와 반응하여 NO를 형성할 때 흡수되는 에너지는 몇 kJ인가? 복습문제 12.3A의 반응과 같이 반응열은 18.07 kJ이다.

결합 에너지

어떤 과정은 물리적이든 화학적이든 열을 흡수해야 일어나고, 다른 과정에 열을 방출하는 이유는 무엇인가? 그 답은 분자 수준에서 일어나는 일에 있다. 그 원리는 비교적 단순하다. 먼저, 원자들 사이의 모든 결합이 끊어져야 하며, 이때는 에너지의 투입이 필요하다. 그 다음, 분자 조각들이 다시 결합하여 새로운 분자를 형성할 때 에너지가 방출되어 주변 환경으로 전달된다. 이러한 에너지 변화의 순 효과가 바로 주변으로 열이 방출되었는지(음수) 또는 열이 흡수되었는지(양수)를 결정한다.모든 원자 간 결합은 고유한 에너지를 가지며, 이 에너지를 결합 에너지라고 한다. 그 단위는 kJ/mol이다.

화학적 과정이 발열성인지, 흡열성인지를 판단하는 간단한 예로, 수소 분자와 염소 분자가 결합하여 염화 수소(HCl) 분자를 형성하는 과정을 들 수 있다.

$$H_2(g) + Cl_2(g) \longrightarrow 2\,HCl(g)$$

이 반응이 일어나기 위해서는 먼저 2개의 수소 원자 사이의 결합이 끊어져야 하고, 2개의 염소 원자 사이의 결합도 끊어져야 한다. 이제 자유 원자(H)와 자유 염소 원자(각각 전자 1개씩)가 서로 결합하여 H와 Cl 원자 사이에 단일 공유 결합이 형성되므로 8전자 법칙을 만족시킬 수 있다. 2개의 염소(HCl) 분자가 형성된다는 점에 유의하자.

이 반응열을 계산하기 위해 먼저 참고 자료에서 결합 에너지를 찾아야 한다. 수소 분자의 H—H 결합 1몰을 분리하는 데 432 kJ, 염소 분자의 Cl—Cl 결합 1몰을 분리하는 데 243 kJ의 에너지가 필요하다는 것을 알 수 있다. 또한 염소 분자 1몰이 형성될 때 427 kJ의 에너지가 방출된다는 것을 알 수 있다. 결합 에너지를 알면 반응의 '엔탈피 변화'를 계산할 수 있다.

엔탈피 변화 = 모든 결합을 끊는 데 필요한 에너지의 합 − 결합을 형성할 때 방출된 에너지의 합

이 반응의 경우, 반응 엔탈피는 다음과 같이 계산된다.

$$\begin{gathered}(1\text{ mol H—H 결합} \times 432\text{ kJ/mol} + 1\text{ mol Cl—Cl 결합} \times 243\text{ kJ/mol}) \\ -(2\text{ mol H—Cl 결합} \times 427\text{ kJ/mol}) = -179\text{ kJ/mol}\end{gathered}$$

답의 음의 부호는 분자를 분해하기 위해 분자에 투입된 에너지보다 더 많은 에너지가 주변으로 방출되었음을 의미한다. 따라서 이 반응은 발열 반응이며, 열은 반응의 생성물로 간주할 수 있다. 이제 열화학 반응을 다음과 같이 쓸 수 있다.

$$H_2(g) + Cl_2(g) \longrightarrow 2\,HCl(g) + 179\text{ kJ}$$

이렇게 쓰면 수소 1몰과 염소 1몰로 시작할 때 179 kJ의 열이 방출된다는 것을 알 수 있다.

결합 에너지의 합이 결합을 만들 때 발생하는 열의 합보다 큰 경우에 그 결과 열 에너지의 수(kJ)를 식의 왼쪽에 적고 반응은 흡열 반응이다. 반응열을 계산할 때는 일반적으로 평형 화학식의 화학량론 계수를 고려하여 반응의 모든 분자에 대해 모든 루이스 구조를 그리는 것이 가장 좋다. 이렇게 하면 끊어지고 형성되어야 하는 결합의 수와 유형을 쉽게 계산할 수 있다. 그런 다음 결합 에너지를 찾아 계산을 수행한다.

2 화학 반응은 어떻게 열을 방출할 수 있는가?

실제로 분자 내의 결합을 끊기 위해 먼저 에너지를 투입해야 한다. 그 후, 분자 조각들이 다른 배열로 다시 결합할 때 에너지가 방출된다. 이러한 에너지의 주고 받음(흡수와 방출)의 순효과에 따라, 전체적인 반응 과정이 열을 방출하는 발열 반응이 될 수도 있고, 반대로 열을 필요로 하는 흡열 반응이 될 수도 있다.

자가평가문제

1. 다음 중 발열 과정은 무엇인가?
   - a. $H_2O(g) \longrightarrow H_2O(l)$
   - b. $H_2O(s) \longrightarrow H_2O(g)$
   - c. $SiO_2(g) + 3\,C(s) + 624.7\text{ kJ} \longrightarrow SiC(s) + 2\,CO(g)$
   - d. $H_2O(l) \longrightarrow H_2O(g)$
2. 불타는 양초에 대한 설명으로 옳은 것은 무엇인가?
   - a. 촛불이 타오르고 있는 방 전체를 '계'로 간주한다.

b. 연소 과정은 흡열 과정이다.

c. 왁스의 결합을 끊으려면 에너지가 필요하지만, 이산화 탄소와 수증기 분자가 형성될 때 그보다 더 많은 에너지가 방출된다.

d. 반응열의 수치 값은 양수이어야 한다.

3. 정육면체의 얼음 녹이기에 대한 설명으로 옳은 것은 무엇인가?

a. 발열 과정

b. 공기 중으로 열을 방출

c. 큰 얼음 덩어리를 녹이는 것과 같은 양의 에너지가 필요

d. 흡열 과정

4. 프로페인 400 g이 연소되었다. 이에 대한 설명으로 옳은 것은 무엇인가?

a. 약 2000 kJ의 열이 방출된다.

b. 약 2000 kJ의 열이 필요하다.

c. 약 20000 kJ의 열이 방출된다.

d. 약 800,000 kJ의 열이 필요하다.

정답: 1. a, 2. c, 3. d, 4. c

12.3 반응 속도

학습 목표 • 화학 반응 속도에 영향을 미치는 요인을 나열하고, 이러한 요인이 반응 속도에 미치는 영향을 설명한다.

왜 중요할까?

우리는 매일 화학 반응에 온도가 미치는 영향을 이용한다. 예를 들어 우유를 냉장 보관하거나 채소를 얼려 부패를 유발하는 화학 반응을 지연시킨다. 고기나 채소를 더 빨리 볶고 싶을 때는 프라이팬 아래의 온도를 높인다.

화학적 **동역학**(kinetics)은 화학 반응이 일어나는 속도에 관한 것이다. 반응 속도는 온도, 반응물의 농도, 촉매의 존재 유무 등 여러 인자에 따라 달라진다. 반응 속도는 온도와 관련이 있기 때문에 이 장의 초점인 에너지와 밀접한 관련이 있다.

일반적으로 고온에서 반응이 더 빠르게 진행되는 이유는 분자가 고온에서 더 빨리 움직이고 더 자주 충돌하여 반응할 가능성이 높아지기 때문이다. 예를 들어 상온에서 석탄(탄소)은 공기 중의 산소와 매우 느리게 반응하여 그 변화를 감지할 수 없다. 그러나 석탄을 수백 도까지 가열하면 빠르게 반응한다. 반응에서 발생하는 열은 석탄이 원활하게 연소할 수 있도록 도와준다. 또한 온도가 상승하면 화학 결합을 끊는 데 더 많은 에너지가 공급된다.

반응의 동역학은 일상생활과 산업 공정 모두에서 중요하다. 예를 들어 의약품을 제조할 때, 우리는 일반적으로 생산 라인에서 몇 시간 또는 며칠이 걸리는 것보다 화학 합성이 빠르게 일어나기를 원한다. 국수를 몇 시간 동안 물에 담가두기보다는 몇 분 안에 끓을 정도로 물을 가열하여 국수를 조리한다. 때로는 반응 속도를 높이는 것이 아니라 속도를 늦추고 싶을 때가 있다. 냉장 보관하면 식품의 부패 과정이 느려진다.

반응물의 농도는 대부분 반응 속도에 영향을 미치는데, 주어진 공간에 더 많은 분자가 밀집하면 분자가 더 자주 충돌하기 때문이다. 초당 더 많은 충돌은 초당 더 많은 반응을 의미한다. 예를 들어 나무 막대기에 불을 붙였다가 불꽃을 끄면 막대 끝은 여전히 붉게 달아오르며 공기 중의 산소와 천천히 반응한다. 그런데 붉게 빛나는 막대를 순수한 산소 속(공기 중 O_2보다 약 5배 더 농축된 상태) 에 넣으면 반응 속도가 급격히 증가하여 막대가 다시 불꽃을 내며 타오르게 된다.

촉매는 화학 반응의 속도에 영향을 미치지만, 반응 과정에서 소모되지 않는다. 적절히 선택된 촉매는 원래는 너무 느려서 사실상 일어나기 어려운 반응의 속도를 크게 높일 수 있다. 촉매는 동일한 생성물을 형성하기 위한 새로운 경로를 제공하거나, 반응이 시작되기 위해 필요한 **활성화 에너지**를 낮추는 방식으로 작용한다. 예를 들어 자동차의 촉매 변환기 안에 있는 백금은 엔진에서 배출되는 질소 산화물(NO)의 오염 물질을 빠르게 분해하여 다시 질소(N_2)와 산소(O_2)로 되돌린다. 이 과정에서 생긴 산소 분자들은 추가적으로 일산화 탄소(CO)를 이산화 탄소(CO_2)로 산화시킨다. 이러한 촉매 반응 덕분에 대기 중으로 배출되는 CO(일산화 탄소)와 NO(질소 산화물)의 양이 훨씬 줄어든다.

촉매는 화학 산업과 생물학에서 매우 중요하며, 일반적으로 효소라고 불린다. 효소는 인체에서 일어나는 모든 생화학적 과정에 매우 중요하다(13장 참조). 예를 들어 소화와 관련된 반응

속도를 높이는 효소 없이는 신체가 제대로 기능할 수 없다. 특정 효소가 부족하면 많은 유전 질환이 발생할 수 있고, 효소 활동이 과도하면 암이 발생할 수 있다.

자가평가문제

1. 다음 중 화학 반응의 속도가 감소하는 경우는 무엇인가?
   a. 촉매가 추가된다.
   b. 화학자가 지켜보고 있다.
   c. 반응물 중 하나의 농도가 감소한다.
   d. 온도가 증가한다.

2. 어떤 종류의 용기에 담긴 수용액에서 일어나는 화학 반응이 너무 빠르게 진행될 때 그 과정을 늦추고 반응을 제어하기 위해 실제로 할 수 있는 일은 무엇이가?
   a. 용기에 물을 추가하여 내용물을 희석한다.
   b. 열을 높인다.
   c. 반응물이 모두 소진될 때까지 반응을 계속 진행한다.

3. 촉매는 어떻게 화학 반응의 속도를 높이는가?
   a. 생성물 형성의 가능성을 감소한다.
   b. 반응물의 압력을 증가하여 생성물 형성에 유리하도록 한다.
   c. 반응에 필요한 활성화 에너지를 낮춘다.
   d. 반응이 일어나는 온도를 높인다.

4. 과산화 수소는 시간이 지남에 따라 물과 산소(산소) 기체로 분해된다. 이산화 망간은 그 분해 속도를 최소 100배 이상 증가시킨다. 이산화 망간은 어떤 역할을 하는가?
   a. 촉매 **b.** 억제자
   c. 반응물 **d.** 보충제

정답: 1. c, 2. a, 3. c, 4. a

12.4 열역학 법칙

학습 목표 • 열역학 제1법칙과 제2법칙을 설명하고, 에너지 생산과 사용에 미치는 영향을 논의한다.

현재 에너지 공급원과 미래 에너지 전망에 대해 살펴보자. 이를 과학적으로 살펴보기 위해 먼저 몇 가지 자연 법칙을 살펴보겠다. 자연 법칙은 수많은 실험과 관찰의 결과를 요약한 것일 뿐이라는 점을 기억하자. 여기서 그 모든 실험을 언급하지는 않겠다. 단지 법칙과 그 결과 중 일부에 대해서만 설명한다.

에너지와 열역학 법칙

열역학 제1법칙(first law of thermodynamics, *therm*의 뜻은 열이고 *dynamics*는 운동을 의미)에 따르면 에너지는 생성되거나 소멸될 수 없다. 그러나 에너지는 한 형태에서 다른 형태로 바뀔 수 있다. 이 법칙은 **에너지 보존 법칙**(law of conservation of energy)이라고도 한다. 에너지는 무에서 유를 만들 수 없으며, 이는 섭취하는 에너지보다 더 많은 에너지를 생산하는 기계를 만들 수 없음을 의미한다. 에너지는 그냥 나타나거나 사라지는 것이 아니다.

제1법칙만 보면 에너지가 보존되기 때문에 에너지가 고갈될 가능성은 없다고 결론내릴 수 있다. 이는 충분히 사실이지만 문제가 없다는 뜻은 아니다. 한 가지 문제는 에너지가 유용한 일에 '활용'할 수 없는 형태로 변형될 수 있다는 점이다.

에너지와 제2법칙: 완전히 이득을 보는 일은 불가능하다

수많은 시도에도 불구하고(심지어 여러 특허를 획득하기도 했다), 아직까지 영구적으로 움직이는 기계를 성공적으로 만든 사람은 아무도 없다. 에너지를 소비하지 않고 무한정 작동하는 기계는 만들 수 없다. 엔진은 아무런 작업을 하지 않더라도 움직이는 부품의 마찰로 인해 에너지(열)를 잃게 된다. 사실 실제 엔진에서는 투입한 만큼의 유용한 에너지를 얻는 것이 불가능하다. 다시 말해, 결국 손해 없이 이득을 보는 일은 불가능하다.

에너지가 생성되지도 파괴되지도 않는다면 왜 우리는 항상 더 많은 에너지를 필요로 할까?

왜 중요할까?

김이 모락모락 나는 뜨거운 커피나 수프 한 컵에는 많은 열 에너지가 담겨 있는데, 뜨거운 머그잔이나 그릇을 손가락으로 감싸면 차가운 손에 전달될 수 있다. 하지만 머그잔을 테이블 위에 그대로 두면 열 에너지는 곧 방 전체에 분포하는 공기 분자에 전달된다. 그렇게 되면 열 에너지가 너무 분산되어 더 이상 손을 데우는 데 유용하지 않게 된다. 이것은 열역학 제2법칙의 좋은 예로, 자연은 단순히 에너지를 분산시키려고 한다.

우리가 지금 가지고 있는 에너지는 영원히 지속되지 않을까? 그 답은 바로 다음 사실에 있다.

- 에너지는 한 형태에서 다른 형태로 바뀔 수 있다.
- 모든 형태가 똑같이 유용한 것은 아니다.
- 더 유용한 형태의 에너지는 끊임없이 덜 유용한 형태로 변환되거나, 회수가 거의 불가능한 방식으로 흩어져 버린다.

식탁 위에 놓인 뜨거운 커피 한 잔을 생각해보자. 커피는 식으면서 커피를 부은 세라믹 컵, 공기 중의 분자, 주방의 다른 물체에 열 에너지를 발산하는 경향이 있다. 따라서 **에너지가 고르게 분배되는 경향이 있다.** 만약 뜨거운 커피의 열 에너지가 공기 중의 분자, 부엌의 물체, 벽에 모두 분산되어 있다면 그 열 에너지는 더 이상 쓸모가 없게 된다.

열역학 제2법칙은 여러 가지로 표현할 수 있다. 그중 하나는 '열은 항상 뜨거운 물체에서 차가운 물체로 흐른다'는 것이다(그림 12.3). 그 반대는 자연적으로 일어나지 않는다(뜨거운 커피는 더 뜨거워지지 않고 그 주변의 공기도 동시에 차가워지지 않는다). 제2법칙을 다른 방식으로 표현하면 '유용한 작업에 사용할 수 있는 에너지의 형태는 지속적으로 감소하고 있으며, 에너지는 우주의 물체들 사이에서 자발적으로 분배되는 경향이 있다'는 것이다. 기계를 사용할 때, 기계 에너지는 마찰과 주변으로의 에너지/열 손실에 의해 결국 열 에너지로 바뀌게 된다. 에너지는 여전히 존재하지만, 우리가 쉽게 사용할 수는 없다.

▲ **그림 12.3** 에너지는 언제나 뜨거운 물체에서 차가운 물체로 자발적으로 흐르며, 그 반대로 흐르는 일은 결코 없다. 즉 뜨거운 불에서 차가운 마시멜로로 에너지가 이동하는 것이다.

차가운 곳에서 뜨거운 곳으로 에너지를 흐르게 만드는 것이 불가능한 것은 아니다. 냉장고나 냉동고가 바로 그 예이다. 하지만 이러한 과정은 외부로부터의 에너지 투입 없이는 결코 이루어질 수 없다. 즉 자발적인 과정을 거꾸로 되돌리려면 반드시 대가를 치러야 한다. 냉장고의 경우 그 대가는 전기의 소비이다. 즉 차가운 공간에서 따뜻한 공간으로 에너지를 이동하려면 에너지를 사용해야만 한다.

우리가 한 형태의 에너지를 다른 형태로 바꿀 때도, 그 에너지 전부를 우리가 원하는 일에 쓸 수 있도록 완전히 집중시키는 것은 불가능하다. 예를 들어 자동차 엔진에서는 연료의 에너지를 이용하여 피스톤을 밀어내고, 댐의 상부에서 흘러내리는 물의 에너지를 이용해 발전기를 돌려 전기를 생산한다. 하지만 이러한 모든 경우에 있어 에너지의 일부는 열로 변환되어 유용한 일을 하는 데 사용할 수 없게 된다.

엔트로피

열역학 제2법칙을 이해하는 또 다른 방법은 **엔트로피**(entropy)의 개념으로 설명하는 것이다. 과학자들은 엔트로피를 한 계 내에서 에너지가 얼마나 분산되어 있는지를 나타내는 척도로 사용한다. 에너지가 더 넓게 분산될수록, 즉 엔트로피가 높을수록 그 에너지를 유용한 일에 활용할 가능성은 더 낮아진다. 자발적인 과정은 일반적으로 엔트로피가 증가하는 방향으로 진행되거나, 발열 반응이거나, 그 두 가지가 동시에 일어나는 경향이 있다. 결국 고립된 계에서는 전체 엔트로피가 항상 증가한다.

엔진을 작동시키는 에너지는 일반적으로 기름이나 석탄 분자 안에 농축된 화학 에너지에서 나온다. 생화학에서는 음식물 분자가 농축된 에너지 공급원이다. 두 경우 모두 공정 중에 에너지가 확산된다. 각각의 경우 생성물 가스인 이산화 탄소(CO_2)와 물(H_2O)에서 분산된 에너지는 유용성이 떨어진다. 자동차는 배기가스로 달릴 수 없으며, 유기체는 호흡 생성물에서 생명 활동에 필요한 에너지를 얻을 수 없다.

6장에서 살펴본 바와 같이 분자는 끊임없이 움직인다. 고체에서 분자의 움직임은 거의 고정된 점에 대한 진동처럼 빠르지만, 작은 앞뒤 움직임으로 제한된다. 액체에서 분자는 더 자유롭게 움직이지만 여전히 짧은 거리에서만 움직이다. 기체 속의 분자들은 훨씬 더 자유롭고 훨씬 더 먼 거리에서 움직인다. 고체가 액체로 변하거나 액체가 기체로 변하는 모든 과정은 엔트로피의 증가를 수반한다. 좀 더 자세히 살펴보겠다.

3장에서는 빛의 에너지가 **광자**라는 작은 묶음의 형태로 존재한다는 것을 살펴봤다. 마찬가지로 분자의 운동 에너지는 **미시 상태**(microstates)라는 개념으로 설명된다. 만약 어떤 물질 시

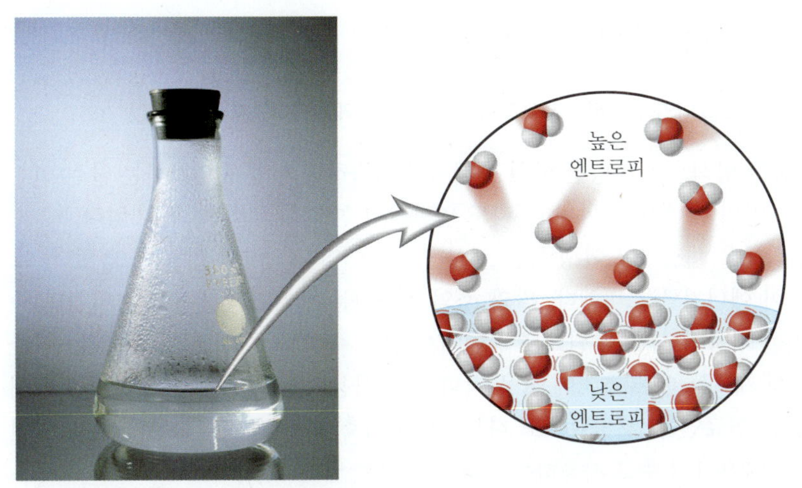

◀ **그림 12.4** 사진은 물의 기화 현상을 나타낸 것으로, 상온의 액체 물[$H_2O(l)$] 시료 증발 과정을 통해 자연적으로 $H_2O(g)$로 변하는 모습을 보여준다. 거시적 수준에서는 아무 일도 일어나지 않는 것처럼 보인다. 그러나 분자 수준에서 보면 분자가 움직이고 있으며, 액체 상태보다 기체 상태에서 훨씬 더 넓은 간격을 두고 있음을 알 수 있다. 기화는 기체가 액체보다 엔트로피가 더 크기 때문에 자연적으로 일어난다. 기체 상태의 분자는 액체 상태의 분자보다 훨씬 더 다양한 방식으로 퍼져 있는 간격을 '배열'할 수 있다. 수증기로부터 액체 물을 만들 수 있지만 기체를 압축하거나 온도를 낮춰야만 가능하다.

료 속에 있는 모든 분자의 위치를 특정 순간에 정확히 포착할 수 있다면 그것이 바로 하나의 미시상태를 포착한 것이다. 하나의 물질이 가질 수 있는 미시 상태의 수는 그 물질이 고체, 액체, 기체 중 어떤 상태에 있느냐에 따라 달라진다. 고체 상태의 분자는 주로 진동 운동으로 제한되기 때문에 가능한 에너지 미시 상태의 수는 고체에서 가장 적다. 액체 상태의 분자는 더 자유롭게 움직일 수 있기 때문에 가능한 에너지 미시 상태의 수는 고체보다 액체의 경우 훨씬 더 많다. 기체로 변환하면 분자는 훨씬 더 자유롭게 더 먼 거리까지 이동할 수 있으므로 기체 상태의 분자는 훨씬 더 많은 미시 상태를 사용할 수 있다.

어떤 형태의 물질이든 가열되면 그 안에 있는 에너지는 더 접근하기 쉬운 미시 상태로 분산된다(그림 12.4). 기술적으로 엔트로피는 이러한 미시 상태 사이의 에너지 분산이다. 실제로 엔트로피는 종종 '분자 무질서'와 유사한 것으로 이해된다. 물론 엔트로피가 커지는 경향을 역전시킬 수는 있지만, 그럴 경우 반드시 외부로부터 에너지를 투입해야만 한다.

자가평가문제

1. 열역학 제1법칙을 무엇이라고 하는가?
- **a.** 에너지 절약
- **b.** 질량 보존
- **c.** 엔트로피
- **d.** 영구 운동

2. 에너지가 항상 더 유용한 형태에서 덜 유용한 형태로 자발적으로 이동한다는 법칙은 무엇인가?
- **a.** 열역학 제1법칙
- **b.** 의도하지 않은 결과의 법칙
- **c.** 열역학 제2법칙
- **d.** 에너지 변환의 표준 법칙

3. 열역학 제2법칙에 대한 설명으로 옳은 것은 무엇인가?
- **a.** 계의 엔트로피는 항상 감소한다.
- **b.** 계의 엔트로피는 항상 증가한다.
- **c.** 고립된 계의 경우 총 엔트로피는 항상 감소한다.
- **d.** 고립된 계의 경우 총 엔트로피는 항상 증가한다.

4. 방정식 $H_2O(l) \longrightarrow H_2O(g)$으로 표현되는 과정에서 엔트로피는 어떻게 되는가?
- **a.** 감소
- **b.** 사용되는 촉매에 따라 다름
- **c.** 증가
- **d.** 동일하게 유지

5. 따뜻한 컵에 차가운 손을 얹으면 어떻게 되는가?
- **a.** 열이 손에서 컵으로 자연스럽게 전달된다.
- **b.** 열이 컵에서 손으로 자연스럽게 전달된다.
- **c.** 둘 다 열역학 제1법칙으로 인해 열 평형 상태에 있으며 에너지가 전달되지 않는다.
- **d.** 첫 번째 법칙은 관련이 있지만 두 번째 법칙은 관련이 없다.

정답: 1. a, 2. c, 3. d, 4. c, 5. b

12.5 연료와 에너지: 사람, 말, 화석

학습 목표 • 일반적인 화석연료를 나열하고, 현대 사회가 화석연료를 어떻게 사용하는지 설명한다.

연료(fuel)는 제어가능한 방식으로 상당한 양의 에너지를 방출하면서 쉽게 연소하는 물질이다. 폭발하는 물질은 많은 양의 에너지를 방출하더라도 일반적인 연료로서 만족스럽지 않다.

초기 인류는 야생 식물을 채집하고 야생 동물을 사냥하여 에너지(식량과 연료)를 얻었다. 그들은 사냥과 채집에 이 에너지를 소비했다. 말과 소의 가축화는 에너지의 가용성을 약간만 증가했을 뿐이다. 이러한 가축이 사용한 원료는 자연에서 얻을 수 있고 다시 자랄 수 있는 식물성 자원이었다. 식물성 재료는 인류 초기에 불을 지피는 데 사용되었다. 1760년 후반까지만 해도 나무가 거의 유일한 연료였다. 오늘날에도 나무, 말린 가축 분뇨, 농작물의 부산물은 여전히 전 세계 인구의 약 3분의 1이 주로 사용하는 주요 열원으로 남아 있다.

에너지를 유용한 작업으로 전환하는 데 사용된 최초의 기계 장치 중 하나는 물레방아였다. 이집트인들은 약 2300년 전에 수력을 처음 사용했는데, 주로 곡식을 갈기 위해 사용했다. 이후 수력은 제재소, 방직 공장, 기타 소규모 공장에 사용되었다. 풍차는 중세 시대에 서유럽에 도입되어 주로 물을 퍼 올리고 곡식을 빻는 용도로 사용되었다. 1800년대에는 미국 중서부의 모든 소규모 농장에서 소형 풍차를 볼 수 있었다. 최근에는 대규모 풍력을 이용하여 전기를 생산하고 있으며, 풍력 터빈 '농장'은 앞으로 재생 에너지원 중 주요 옵션이 될 가능성이 높다.

풍차와 물레방아는 각각 부는 바람과 흐르는 물의 운동 에너지를 기계 에너지로 변환하는 아주 간단한 장치이다. 산업 혁명의 초기에 동력을 공급하기에 충분했다. 증기기관의 발달로 공장이 수로에서 멀리 떨어진 곳에 위치할 수 있게 되었다. 1850년 이후 물, 증기, 가스로 회전하는 터빈, 내연기관, 기타 다양한 에너지 변환 장치의 발명으로 사회에서 사용할 수 있는 에너지는 약 10,000배 증가했다.

산업 혁명은 사실상 화석, 즉 생명체가 땅속에 묻혀 남긴 잔해물에 의해 추진되었다. 이 물질의 연소로 현대 산업 문명이 시작되었다. 오늘날 우리가 살아가는 방식을 유지하는 데 사용되는 에너지의 85% 이상이 **화석연료**(fossil fuels)에서 나온다. 화석연료에는 석탄, 석유, 천연가스가 포함되며, 이들은 약 3억 년 전 지구의 석탄기 동안 형성된 것이다. 이후에 고대 식물이 태양 광선으로부터 포획한 에너지를 방출하는 이러한 연료의 기원과 화학적 성질을 살펴본다.

연료는 물질의 **환원된** 형태이며, 연소 과정은 산화이다(8장). 원자가 이미 산소 원자(또는 염소나 브롬과 같은 다른 전기음성도 원자와 최대 결합 수를 가지고 있다면 그 물질은 연료로 사용할 수 없다. 실제로 이러한 물질 중 일부는 화재를 진압하는 데 사용될 수 있다. 그림 12.5는 몇 가지 대표적인 연료와 비연료를 보여준다.

▲ 물레방아는 고대부터 흐르는 물에서 기계 에너지를 얻는 데 사용되어 왔다. 시리아 하마에 있는 일부 물레방아는 2000년이 넘은 것들도 있다.

3 정말 에너지가 부족한가?

에너지 자체는 부족하지 않지만, 모든 에너지가 우리에게 똑같이 유용한 것은 아니다. 편리하고 유용한 에너지를 제공하는 화석연료와 같은 물질의 공급은 점점 줄어들고 있다.

화석연료의 매장량 및 소비율

지구에는 화석연료의 공급이 제한되어 있다. 매장량 추정치는 가정에 따라 크게 달라지며, 표 12.3의 수치는 추정치로서 상당한 불확실성을 포함하고 있다. 이러한 자원을 측정하는 단위도 일관적이지 않아 비교가 어렵다. 액체 연료는 보통 배럴 또는 갤런, 가스는 입방피트, 전기는 kWh 또는 영국 열 단위(Btu)로 추정된다. 그러나 미국에너지정보국(EIA)은 미국의 연간 1차 에너지 총 소비량을 약 100조(10^{16}) Btu, 즉 30조(10^{12}) kWh로 추산하고 있다. 다양한 유형의 화석연료에 대한 미국 및 세계 추정 매장량과 미국 및 세계 연간 소비량은 2017년 6월 세계 에너지에 대한 BP 통계 검토에서 발췌한 표 12.3에 나와 있다. 그러나 가장 낙관적인 추정치라도 이러한 비재생 에너지 자원이 빠르게 고갈되고 있다는 결론에 도달하게 된다. 실제로

에너지 '생산'은 어떤 형태의 에너지를 보다 유용한 형태로 변환하는 것을 말한다. 예를 들어 석유 생산은 석유를 펌핑, 운송, 정제하는 것을 의미한다. 에너지 '소비'는 에너지를 덜 유용한 형태로 바꾸는 방식으로 사용하는 것을 포함한다. 두 경우 모두 에너지는 생성되지도 파괴되지도 않는다.

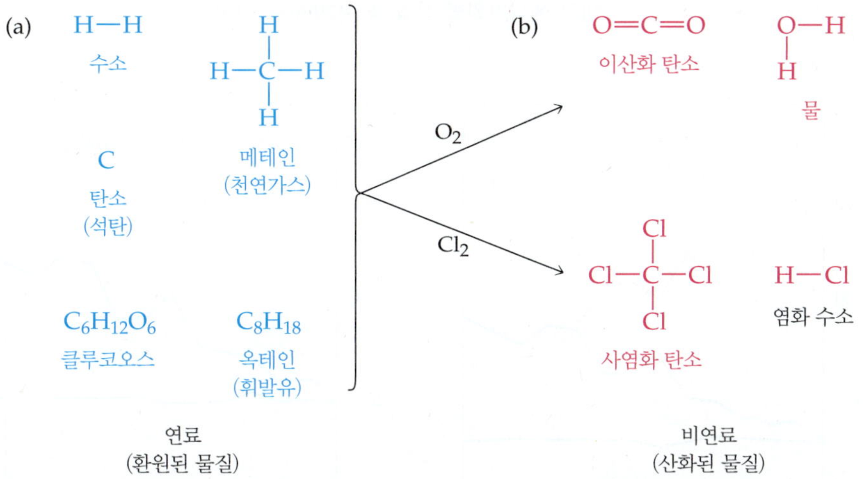

▲ **그림 12.5** (a) 연료는 연소할 때 상대적으로 많은 양의 열을 방출하는 환원된 형태의 물질이다. (b) 비연료는 물질의 산화 형태인 화합물이다.

표 12.3 경제적으로 회수가능한 연료의 미국 및 세계 추정 매장량과 화석연료(화석) 연간 소비량

	매장량		연간 소비량	
연료	미국	세계	미국	세계
석탄 10억 톤	252	1139	0.37	3.66
석유 10억 배럴	48	1707	7.16	35.2
천연가스 1조 입방피트	308	6589	34.3	126

자료: 2017년 6월 세계 에너지에 대한 BP 통계 검토

불과 한 세기 만에 우리는 수백만 년에 걸쳐 형성된 화석연료의 절반 이상을 사용할 것이다. 불과 몇 백 년만 더 지나면 지구에서 회수가능한 화석연료를 거의 모두 태워버릴 것이다. 지금까지 존재했던 모든 것 중 약 90%가 300년이라는 기간 동안 사용되었을 것이다.

현재 18세 청소년이 살아 있는 동안 사용할 천연가스와 석유는 너무 부족하고 비싸서 연료로 많이 사용되지 않을 것이다. 현재의 소비 속도라면 금세기 중 세계 석유와 천연가스의 매장량은 상당 부분 고갈될 것이다. 석탄 매장량은 약 300년 정도 지속될 수 있지만, 미국에서는 재생 에너지원이 증가하면서 석탄 사용량이 감소하고 있다. 그러나 개발도상국에서는 모든 화석연료의 사용 증가율이 증가하고 있다. 아마도 화석연료는 여전히 자연에서 형성되고 있으며, 그 과정은 토탄 습지에서 가장 잘 드러날 것이다. 형성 속도는 매우 느리며, 연료 사용 속도의 5만 분의 1에 불과한 것으로 추정된다.

21세기에 사용할 수 있는 주요 에너지원을 비교할 때, 다양한 사용자 부문(수송, 산업, 주거 및 상업, 전력 발전소)이 각각 다른 유형의 에너지원을 사용하고 있다는 점은 주목할 만한다. 그림 12.6에는 화석연료 외에 원자력 발전소와 재생 에너지원이 수십억 kWh 단위의 에너지 생산량(그림 12.6a)과 총 에너지 생산량(그림 12.6b) 측면에서 모두 에너지 집계에 중요한 기여를 하고 있음을 알 수 있다.

각 주요 에너지 공급원에 대해 좀 더 자세히 살펴보자.

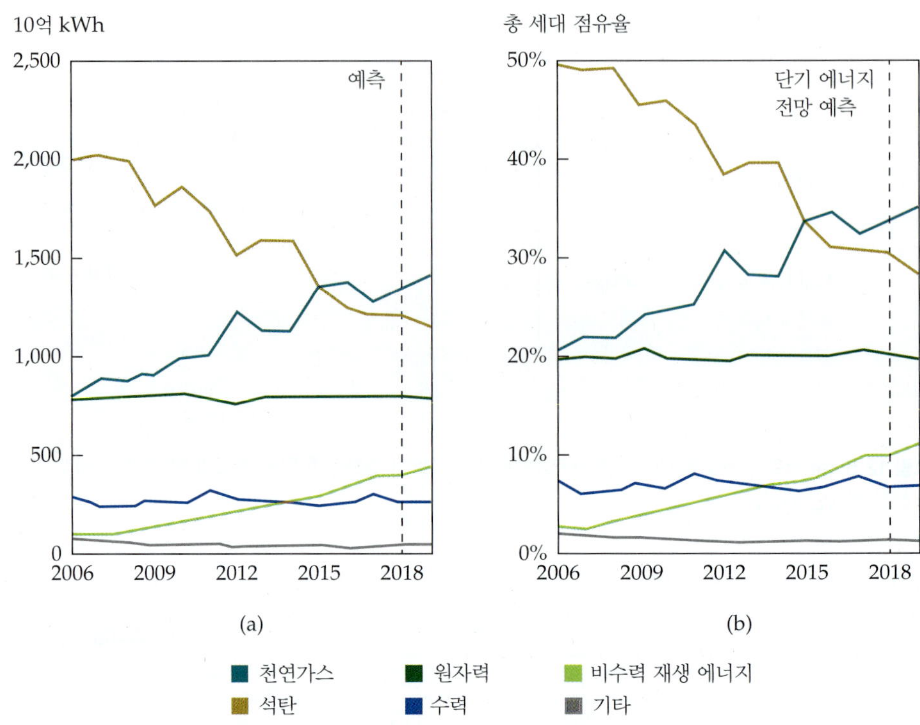

▶ **그림 12.6** 미국에너지정보청은 발전용 석탄 사용은 계속 감소하고, 천연가스 사용은 프래킹 기술로 발견된 새로운 공급원으로 인해 다소 늘어날 것으로 전망했다. 풍력 발전 사용은 크게 증가하겠지만, 원자력과 수력 발전은 적어도 가까운 미래에는 안정적으로 유지될 것이다.

출처: U.S. Energy Information Administration, *Short-Term Energy Outlook*.

자가평가문제

1. 석탄, 석유, 천연가스를 화석연료라고 부르는 이유는 무엇인가?
a. 태워 에너지를 방출한다.
b. 재생 불가능하며 소진된다.
c. 대기 오염을 유발한다.
d. 고대 식물과 동물의 유골에서 수천 년에 걸쳐 형성되었다.

2. 현재 소비율을 기준으로 가장 오래 지속될 것 같은 화석연료는 무엇인가?
a. 천연가스 **b.** 원유
c. 석탄 **d.** 토탄

3. 다음 중 연료가 아닌 것은 무엇인가?
a. C **b.** $CH_3CH_2CH_3$
c. CH_3CH_2OH **d.** CO_2

4. 연료에 대한 설명으로 옳은 것은 무엇인가?
a. 탄소 화합물 **b.** 탄화수소
c. 산화된 형태의 물질 **d.** 물질의 감소된 형태

5. 미국의 석탄 매장량은 전 세계 매장량의 몇 퍼센트인가?
a. 2% **b.** 10.7%
c. 31% **d.** 25%

6. 다음 중 옳지 않은 내용은 무엇인가?
a. 석유를 가장 적게 사용하는 곳은 전력 발전소이다.
b. 천연가스 공급은 산업용, 주거용, 발전용이 거의 비슷한 양으로 사용되고 있다.
c. 석탄은 네 가지 주요 사용자 부문 모두에서 사용된다.
d. 원자력은 주로 전력 생산에 사용된다.

정답: **1.** d, **2.** c, **3.** d, **4.** d, **5.** d, **6.** c

12.6 석탄: 탄소 암석을 대표하는 시대

학습 목표 • 연료로서 석탄의 기원, 장점, 단점을 나열한다.

선사 시대부터 사람들은 소량의 석탄을 사용했을 것이다. 증기기관이 널리 보급된 후(1850년경), 산업 혁명은 대부분 석탄에 의해 추진되었다. 1900년에는 전 세계 에너지 생산량의 약 95%가 석탄 연소를 통해 생산되었다. 오늘날 석탄은 전 세계 에너지 생산량의 약 27%를 공급

표 12.4 다양한 유형의 석탄의 주요 성분(부성분에는 휘발성 물질과 황이 포함됨)

연료 유형	탄소	물	재(무기물)
갈탄	25%에서 35%	35%에서 66%	6%에서 20%
아역청탄	35%에서 65%	13%에서 30%	10%에서 15%
역청탄	65%에서 85%	5%에서 10%	3%에서 12%
무연탄	85%에서 95%	< 5%	2%에서 8%

출처: Diessel, F. K. *Coal-Bearing Depositional Systems*. New York: Springer-Verlag, 1992.

한다.

석탄(coal)은 화석연료이다. 약 3억 6천만 년에서 3억 년 전인 석탄기에 자란 거대한 양치류, 갈대, 풀 등이 묻혀 오랜 세월을 거쳐 오늘날 우리가 태우는 석탄으로 변했다. 석탄은 연소하는 유기 물질과 재를 생성하는 무기 물질이 복합체로 결합된 것이다. 석탄은 주로 탄소, 물, 기타 무기 물질로 구성되어 있다. 석탄의 품질은 탄소 함량과 기타 원소에 따라 결정된다.

탄소가 완전히 연소하면 이산화 탄소가 생성된다.

탄소 (석탄으로부터) 산소 (공기로부터)

$$C(s) + O_2(g) \longrightarrow CO_2(g)$$

그러나 제한된 양의 공기에서 연소가 일어나면 일산화 탄소와 그을음이 발생한다. 그을음은 대부분 연소되지 않은 탄소이다.

$$2\,C(s) + O_2(g) \longrightarrow 2\,CO(g)$$

석탄은 탄소 함량에 따라 저급 토탄과 갈탄부터 고급 무연탄까지 등급이 매겨진다(표 12.4). 석탄에서 얻는 에너지는 탄소 함량에 거의 비례한다. 연탄(유연탄)은 경탄(무연탄)보다 훨씬 더 풍부하다. 고급 석탄의 공급이 고갈됨에 따라 갈탄과 토탄의 중요성이 점점 더 커지고 있다.

오늘날 존재하는 석탄 매장지의 역사는 3억 년이 되지 않았다. 수백만 년 동안 지구는 지금보다 훨씬 더 따뜻했고 식물 생명체가 번성했다. 대부분 식물은 탄소 순환에서 정상적인 역할을 수행하며 살고, 죽고, 썩었다(그림 12.7). 그러나 일부 식물 물질은 진흙과 물 속에 묻혔다. 그곳에서 산소가 없는 상태에서 부분적으로만 부패했다. 식물의 구조 물질은 주로 셀룰로스 $[(C_6H_{10}O_5)_n]$이다. 압력이 증가함에 따라 물질이 더 깊숙이 묻히면서 셀룰로스 분자가 분해되었다. 수소와 산소가 풍부한 작은 분자는 빠져나와(대부분 물로) 탄소가 점점 더 풍부한 물질을 남겼다.

따라서 토탄은 부분적으로만 전환된 미성숙 석탄으로 식물 줄기와 잎이 선명하게 보인다. 반면 무연탄은 거의 완전히 탄화되었다. 대부분 석탄에는 측정가능한 수분 함량이 있다.

풍부하지만 불편한 연료

석탄은 가장 풍부한 화석연료이다. 미국은 전 세계 매장량의 약 4분의 1을 보유하고 있다. 미국의 전력회사들은 매년 5억 톤 이상의 석탄을 연소하여 1조 2,000억 kWh(전체의 30% 미만)의 전력을 생산한다.

고체인 석탄은 사용하기 불편하고 구하기도 위험한 연료이다. 석탄 채굴은 세계에서 가장 위험한 직업 중 하나로 20세기에만 미국에서 사고와 흑색 폐 질환 등으로 10만 명이 넘는 사망자

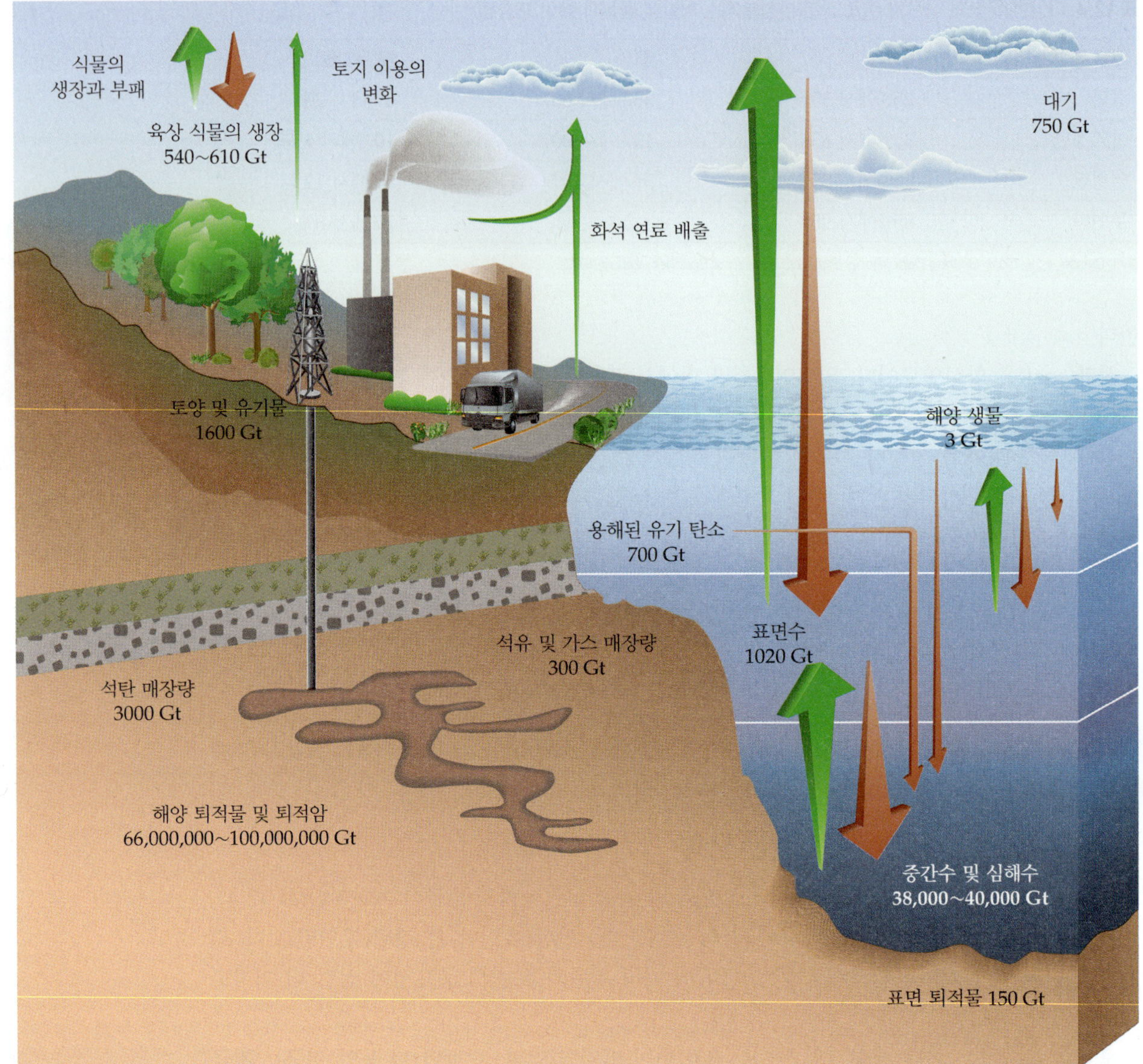

▲ **그림 12.7** 탄소 주기. 숫자는 각 위치에 있는 탄소의 양을 기가톤(1 Gt = 10^9 t) 단위로 나타낸다. 화살표는 주기에 탄소의 일반적인 이동 방향을 나타낸다.

가 발생했다. 노천 채굴은 효율적이지만 넓은 지역을 황폐화시킬 수 있다. 석탄은 기차, 바지선, 트럭을 통해 발전소와 공장으로 운반되어 사용된다.

석탄 연소로 인한 오염 억제

석탄이 연소하면 탄소는 기체 상태의 이산화 탄소로 변한다. 그러나 천연가스나 액체 석유와 달리 고체 석탄에는 석탄이 연소할 때 재로 남는 무기질이 포함되어 있다. 석탄이 탈 때 생긴 재의 일부는 입자상 물질로 공기 중에 유입되어 공기 중 수은을 포함한 주요 대기 오염 문제를 일으킬 수 있다.

이산화 황은 석탄의 주요 오염 물질이다. 그 이유는 석탄의 상당 부분이 황을 많이 함유하고 있기 때문이다. 석탄이 연소할 때 유황도 함께 연소하여 질식성 가스인 이산화 황을 형성한다. 이산화 황은 공기 중의 수분과 반응하여 황산을 형성하여 금속 구조물, 대리석 건물 및 동상, 사람의 폐를 손상시킨다. 이산화 황은 공기 중에서 더 산화되어 삼산화 황을 형성하고, 공

(a)

(b)

◀ 노천 채굴은 광활한 식생 지역을 드러낸다. 노출된 토양이 씻겨 내려가 하천을 진흙과 미사로 가득 채운다. 미국 법은 최근 대부분 채굴 지역을 고비용으로 복원하도록 요구하고 있다. 안타깝게도 이러한 법이 통과되기 전에 많은 피해가 발생했다. 이 사진은 테네시주 모건카운티의 스트립 광산 현장을 보여준다. (a) 1963년 버려진 광산, (b) 1971년 시범 프로젝트를 통해 매립된 후의 지역

기 중의 수분과 반응하여 황산을 형성할 수 있다. 황산과 황산은 산성비의 주성분이다.

이 문제를 해결하기 위해 대부분 굴뚝에서 배출되는 가스는 먼저 미립자 필터를 통과한다. 그런 다음 잔류 가스는 분사된 물의 미세한 안개인 스크러버를 통과하여 이산화 황과 반응한 후 대기 중으로 방출된다. 산성수를 석회석으로 처리하는 것이 최종 중화 단계이다.

석탄을 연소하기 전에 '청소'하는 것도 석탄 연소로 인한 대기 오염을 줄이기 위한 또 다른 선택이다. 석탄의 주요 황 공급원인 황철광(FeS_2)은 석탄 자체보다 밀도가 3~4배 높기 때문에 석탄 분쇄 후 더 무거운 무기질을 분리하기 위해 부양법을 사용한다.

석탄은 단순한 연료 그 이상이다. 공기가 없는 상태에서 열을 가하면 휘발성 물질이 날아가면서 대부분 탄소로 이루어진 **코크스**(coke)라는 생성물이 남는데, 이 코크스는 철강 생산에 환원제로 사용된다. 휘발성 물질이 더 많이 응축되면 액체 석탄유와 **콜타르**(coal tar)라는 끈적한 혼합물이 되는데, 이 두 가지 모두 의료용 및 산업용 유기 화학 물질의 공급원이 된다.

자가평가문제

1. 다음 중 석탄의 출처는 무엇인가?

a. 미세한 해양 생물 **b.** 바다 밑의 압축 무기질
c. 분해된 식물 **d.** 기타 무기질

2. 석탄이 주로 탄소인 이유는 무엇인가?

a. 식물은 세포에 이산화 탄소가 있다.
b. 식물은 주로 C, H, O의 화합물인 셀룰로스가 주성분이다.
c. 식물은 주로 단백질이다.
d. 모든 생명체에는 탄소가 들어 있다.

3. 고체 연료를 분석한 결과 탄소가 87%로 나타났다. 가장 가능성이 높은 것은 무엇인가?

a. 무연탄 **b.** 유연탄 **c.** 토탄 **d.** 목재

4. 석탄이 연소되면 무기 성분은 어떤 형태로 남는가?

a. 연료 가스 **b.** 고체 유황 화합물 **c.** 재 **d.** 유기 물질

5. 주요 대기 오염 물질인 대기 중의 황 산화물에 가장 많이 영향을 미치는 화석연료는 무엇인가?

a. 석탄 **b.** 천연가스 **c.** 석유 **d.** 프로페인

6. 석탄 부유선별법은 어떤 물성을 기반으로 하는가?

a. 밀도 **b.** 정전기적 침전 **c.** 녹는점 **d.** 온도

정답: 1. c, 2. b, 3. b, 4. c, 5. a, 6. a

12.7 천연가스 및 석유

학습 목표 • 천연가스와 석유의 특징, 장점, 단점을 나열한다.

▲ 일반 모래와 파쇄 모래. 왼쪽의 모래는 일반적이고 다양한 입자로 구성되어 있지만 오른쪽의 파쇄 모래는 작고 둥근 석영 입자로 구성되어 있으며 노스다코타, 미네소타, 위스콘신, 아이오와주에서 광범위하게 발견된다. 이 이미지의 곡식 크기는 약 0.50 mm이다.

천연가스와 석유는 모두 살아 있는 미생물의 잔해가 혐기성 분해를 통해 형성된 탄화수소로 구성되어 있다. 이 유해는 수백만 년 전에 바다 밑바닥에 가라앉았다. 유기물은 진흙층 아래에 묻혀 오랜 세월 동안 고온과 고압에 의해 기체 및 액체 탄화수소로 전환되었다.

천연가스와 석유(흔히 '원유'라고도 함)는 자연에서 서로 가까운 곳에서 발견되는 경우가 많다. 천연가스는 불투과성 암석으로 덮인 지질 구조에 갇혀 있다. 천연가스는 가스가 매장된 지층에 시추공을 뚫어 제거한다. 오늘날 미국에서 사용되는 천연가스의 약 90%는 지하 5000피트 이하의 셰일 지층에서 **수압 파쇄**(hydraulic fracturing), 즉 **프래킹**하여 얻는다. 최근까지 프래킹은 주로 화학적으로 처리된 물을 고압으로 암석층에 주입하는 방식으로 이루어졌다. 파쇄된 암석은 가스를 방출한다.

최근에 개발된 셰일 지층의 균열을 여는 방법은 미세한 규소 모래(흔히 **파쇄 모래**라고 함)를 사용하여 균열에서 액체와 기체가 쉽게 흘러 나올 수 있도록 하는 것이다. 주요 석유 또는 천연가스 유정 하나에는 수천 톤의 모래가 필요할 수 있으므로 최근 몇 년 동안 중서부 여러 주에서 특수 모래 채굴이 주요 산업으로 자리 잡았다. 이러한 산업 발전은 에너지 업계가 대규모 채굴장을 설립하려는 미국의 소도시에서 많은 논란을 불러일으켰다. 파쇄 모래의 사용량은 2017년 초에 정점을 찍었고, 현재는 부분적으로 모래의 비용 증가와 풍력과 같은 재생 에너지원의 사용 증가로 인해 약간 감소하고 있다. 특히 오클라호마, 노스다코타 등 중서부 지역과 캐나다 브리티시컬럼비아주에서는 프래킹이 해당 지역의 지진 활동을 증가하는 것으로 밝혀져 논란이 가중되고 있다.

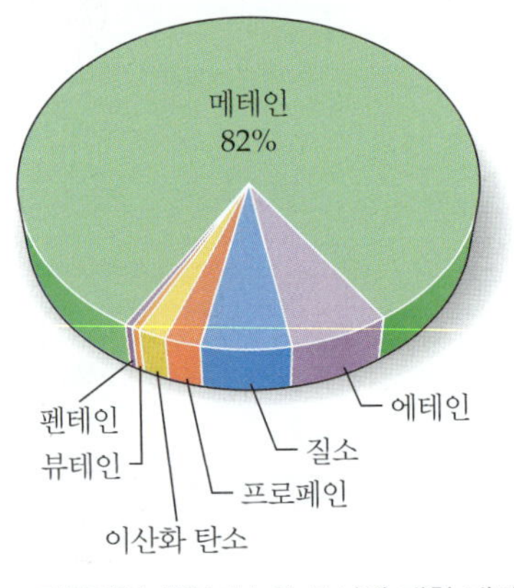

▲ 전형적인 천연가스의 구성에 대한 대략적인 설명이다. 천연가스는 대부분 메테인이며 소량의 다른 탄화수소, 질소, 기타 가스가 포함되어 있다.

천연가스

천연가스(natural gas)는 주로 메테인으로 구성되어 있으며, 미국 내 상당수의 가정에서 사용되는 화석연료 중 가장 깨끗한 연료이다. 이 기체 화석연료의 미량 성분은 매우 다양하다. 북미에서 파이프라인 천연가스 공급에는 83~95%의 메테인, 2~6%의 에테인, 1~2%의 프로페인, 소량의 뷰테인과 펜테인이 포함될 수 있다. 천연가스는 비교적 깨끗한 불꽃으로 연소하며 생성물은 주로 이산화 탄소와 물이다.

$$CH_4(g) + 2\,O_2(g) \longrightarrow CO_2(g) + 2\,H_2O(g) + \text{열}$$

불충분한 공기에서 천연가스를 연소하면 주요 생성물인 일산화 탄소와 그을음이 만들어진다.

$$2\,CH_4(g) + 3\,O_2(g) \longrightarrow 2\,CO(g) + 4\,H_2O(g)$$
$$CH_4(g) + O_2(g) \longrightarrow C(s) + 2\,H_2O(g)$$

▲ 천연가스는 비교적 깨끗한 불꽃으로 연소한다.

땅에서 나오는 가스에는 종종 질소(N_2), 황 화합물, 기타 물질이 불순물로 포함되어 있다. 공기 중의 모든 연소와 마찬가지로 일부 질소 산화물이 형성된다.

대부분 천연가스는 연료로 사용되며 전 세계 에너지 소비의 약 23%를 공급하지만, 중요한 원료이기도 한다. 북미에서는 2~4개의 탄소로 이루어진 알케인(4-탄소)의 일부가 나머지 천연가스에서 분리된다. 에테인과 프로페인은 촉매로 열을 가하여 분해하면 에틸렌과 프로필렌을 형성할 수 있다. 이러한 알켄은 폴리에틸렌, 폴리프로필렌 플라스틱(10장), 기타 여러 유용한 상품을 만드는 데 사용되는 원료이다. 천연가스는 또한 메탄올과 다른 많은 유기 화합물을 만드는 원료이다. 다른 화석연료와 마찬가지로 천연가스의 공급은 제한되어 있지만(표 12.3

참조), 미국에서는 천연가스 사용이 증가하고 있는 반면에 석탄 사용은 감소하고 있다.

석유: 액체 탄화수소

석유(petroleum)는 매우 복잡한 검은색의 점성이 큰 유기 화합물 혼합물로, 브라질 원유의 한 시료에서는 17,000가지 화합물이 분리되었다. 대부분은 알케인, 사이클로알케인, 방향족 화합물 등 탄화수소이다. 이러한 화합물이 완전히 연소하면 이산화 탄소와 수증기가 생성된다.

석유 확보 및 정제

원유는 액체이기 때문에 운반하기 편리한 형태이다. 석유는 송유관을 통해 쉽게 운반되거나, 거대한 유조선으로 바다를 건너 수송된다. 지하에서 석유를 처음 퍼올릴 때는 에너지가 거의 들지 않지만, 점차 석유가 빠져나갈수록 남은 석유는 점점 더 추출하기 어려워진다.

원유는 땅에서 나오기 때문에 그 용도가 제한적이다. 우리의 필요에 더 적합하게 만들기 위해 분별 증류탑에서 열을 가하여 분획으로 분리한다(그림 12.8). 석유 매장지에는 거의 항상 천연가스가 동반되어 있으며, 그 일부 또는 전체도 분리 과정을 거친다. 끓는점이 낮은 가벼운 탄화수소 분자들은 증류탑의 윗부분에서 분리되고, 반대로 끓는점이 높은 무거운 탄화수소(표 12.5)는 탑의 아래쪽에서 분리된다.

오늘날 휘발유의 중요성이 매우 크기 때문에, 분별 증류탑에서 더 높은 온도에 끓는 원유의 일부 성분은 크래킹 과정을 통해 휘발유로 전환된다. $C_{14}H_{30}$을 예로 들어 이 과정을 그림 12.9에 설명했다.

석유를 분해하면 일부 큰 분자가 휘발유 범위(C_5H_{12}~$C_{12}H_{26}$)의 분자로 전환될 뿐만 아니라 플라스틱, 살충제, 제초제, 향수, 방부제, 진통제, 항생제, 각성제, 우울제, 염료, 세제를 포함한 다양하고 유용한 부산물, 즉 다양한 특성을 가진 놀라운 물질이 생산된다. 미래에는 휘발유

4 '파쇄 모래'란 무엇이며, 일반 해변 모래와 어떻게 다른가?

모래라고 해서 모두 같은 모래가 아니다. 일반적으로 모래는 다양한 색상, 크기, 조성을 가진 작은 입자들이 섞여 있다. '파쇄 모래'는 95%가 이산화 규소(석영)이며, 지름이 약 0.4~0.8 mm인 둥근 입자이다.

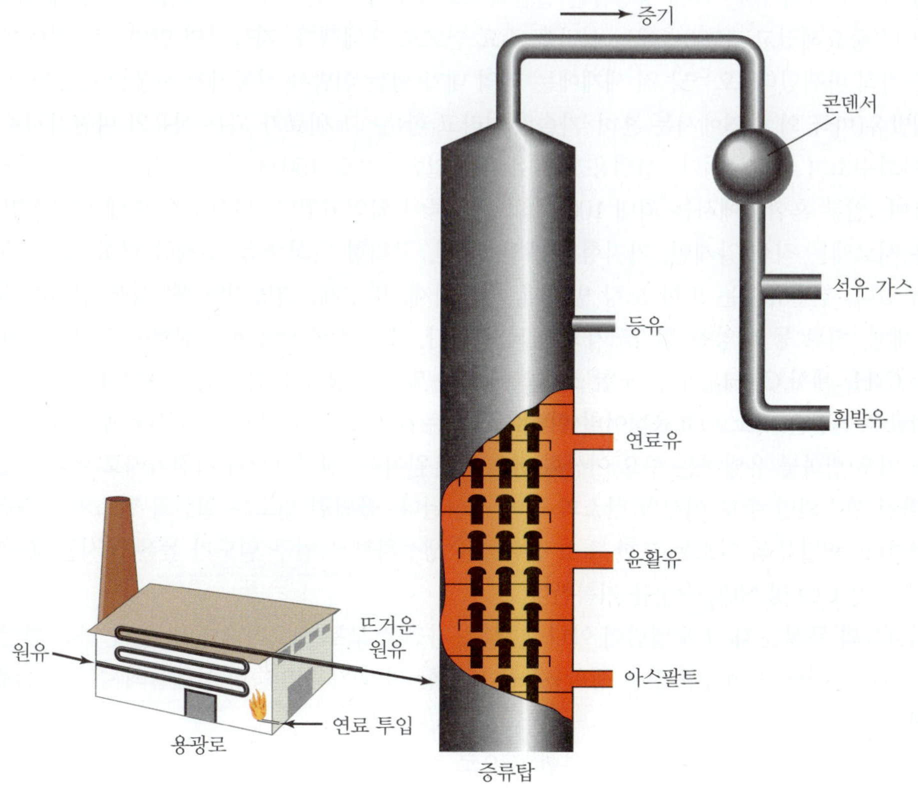

◀ **그림 12.8** 석유의 분별 증류 과정. 원유는 먼저 가열되어 기화되고, 증류탑에서는 각 성분이 끓는점의 차이에 따라 분리된다. 끓는점이 낮은 성분들은 탑의 상부까지 도달하고, 끓는점이 높은 성분들은 더 아래쪽에서 분리된다. 가장 휘발성이 낮은 잔류물은 탑의 맨 아래 부분에 남게 된다.

표 12.5 전형적인 석유 성분

성분	탄화수소의 일반적인 크기 범위	끓는점의 대략적인 범위(°C)	일반적인 용도
가스	CH_4~C_4H_{10}	40 미만	연료, 플라스틱 원료
휘발유	C_5H_{12}~$C_{12}H_{26}$	40~200	연료, 용매
등유	$C_{12}H_{26}$~$C_{16}H_{34}$	175~275	디젤 연료, 제트 연료, 휘발유 제조를 위한 크래킹
난방유	$C_{15}H_{32}$~$C_{16}H_{34}$	250~400	산업용 및 가정용 난방, 휘발유 제조를 위한 크래킹
윤활유, 그리스	$C_{17}H_{36}$ 이상	300 이상	윤활제
잔여물	$C_{20}H_{42}$ 이상	350 이상	파라핀, 아스팔트

▶ **그림 12.9** 등유의 전형적인 분자 $C_{14}H_{30}$이 분해될 때 형성될 수 있는 몇 가지 생성물의 공식이다. 실제로는 다양한 탄화수소(대부분 탄소 원자 수가 15개 미만), 수소 가스, 목탄(대부분 원소 탄소)이 형성된다. 고리형 및 분지 사슬 탄화수소도 생산된다.

$$CH_3CH_2CH_2CH_2CH_2CH_2CH_2CH_2CH_2CH_2CH_2CH_2CH_2CH_3 \xrightarrow[\text{촉매}]{\text{열}}$$

$$CH_3CH_2CH_2CH_2CH_2CH_2CH_2CH_2CH_2CH_2CH_2CH_3 \quad + \quad CH_2{=}CH_2$$

그리고

$$CH_3CH_2CH_2CH_2CH_2CH_2CH_2CH_2CH_2CH_2CH_3 \quad + \quad CH_3CH{=}CH_2$$

그리고

$$CH_3CH_2CH_2CH_2CH_2CH_2CH_2CH_3 \quad + \quad CH_3CH_2CH_2CH_2CH{=}CH_2$$

기타 등

자동차가 단계적으로 퇴출되더라도 석유 성분으로 만들 수 있는 다양한 소모품에 석유는 여전히 중요할 것이다.

휘발유

현재 가장 수요가 많은 석유 생성물은 일반적으로 휘발유이다. 내연기관의 발달과 함께 석유는 점점 더 중요해졌고, 1950년에는 석탄을 주요 연료로 대체했다. 자동차의 발명으로 현대 문화는 완전히 바뀌었다. 오늘날 전 세계에는 10억 대가 넘는 휘발유 자동차가 사용되고 있다.

휘발유(미국 외 지역에서는 흔히 '가솔린'이라고 함)는 그 원료가 되는 석유와 마찬가지로 주로 탄화수소의 혼합물이다. 상업용 휘발유에는 일반적으로 150개 이상의 화합물이 포함되어 있으며, 일부 혼합물에서는 최대 1000개의 화합물이 확인되었다. 탄화수소 중에 일반적인 휘발유 시료에는 직쇄 알케인, 가지형 알케인, 알켄, 고리형 탄화수소, 방향족 탄화수소가 포함되어 있다. 휘발유에는 또한 노킹 방지제, 항산화제, 방청제, 결빙 방지제, 상부 실린더 윤활제, 세제, 염료 등 다양한 첨가제가 포함되어 있다. 휘발유에 사용되는 전형적인 알케인의 범위는 C_5H_{12}에서 $C_{12}H_{26}$이다. 또한 소량의 황함유 및 질소함유 화합물도 존재한다.

휘발유 엔진은 다소 비효율적이며 휘발유 연소는 대기 오염에 크게 기여한다. 휘발유 연소는 지구 기후 변화를 유발하는 주요 이산화 탄소 배출원이다. 천연가스와 마찬가지로 이러한 물질이 완전 연소되면 주로 이산화 탄소와 물이 생성된다. 불완전 연소는 일산화 탄소와 그을음을 생성한다. 휘발유의 연소는 또한 질소 산화물을 생성하므로 인구 밀도가 높은 도시는 종종 대기 중 높은 CO 및 NO_2 수준을 기록한다.

휘발유의 문제는 대기 오염만이 아니다. 석유 자원을 모두 소모하게 되면 플라스틱, 합성 섬유, 용제 등 앞에서 언급한 많은 생활용품을 비롯한 여러 가지 익숙한 물질들의 주요 공급원을 잃게 될 것이다.

전 세계적으로 석유는 여전히 풍부한 것으로 보인다(표 12.3 참조). 미국의 석유 매장량은

1972년 이후 감소했지만, 프래킹 기술의 발달과 미국 내 셰일 매장량이 더 많이 발견되면서 미국이 소비하는 석유 중 약 77%가 국내에서 생산되어 외국 석유에 대한 의존도가 줄어들고 있다. 해저 유전을 추가로 개발하거나 더 깊이 시추하면 석유 생산량을 늘릴 수는 있지만, 이는 육상 시추에 비해 훨씬 더 많은 에너지와 비용이 필요하다. 또한 석유가 풍부한 중동 지역의 정치적 사건들은 수년에 걸쳐 석유 가격의 큰 변동을 초래해왔다. 중동의 막대한 석유 매장량은 세계 에너지 공급에 중요한 영향을 미치는 요인으로 남을 것이다.

휘발유의 옥탄가 등급

내연기관 엔진에서는 점화 플러그가 '점화'되기 전에 휘발유-공기 혼합물이 점화되는 경우가 있다. 이를 노킹(knocking)이라고 하며 엔진이 손상될 수 있다. 초기에 과학자들은 일부 유형의 탄화수소, 특히 가지 구조를 가진 탄화수소가 직쇄 탄화수소보다 더 고르게 연소하고 노킹을 일으킬 가능성이 적다는 사실을 알게 되었다. 1927년에 **옥탄가**(octane rating)라는 임의의 성능 표준이 제정되었다. 아이소옥테인에는 옥탄가 100이 부여되었고, 직쇄 화합물인 헵테인에는 옥탄가 0이 부여되었다. 따라서 옥탄가 90의 휘발유는 아이소옥테인 90%와 헵테인 10%의 혼합물과 같은 성능을 보이는 연료를 의미한다.

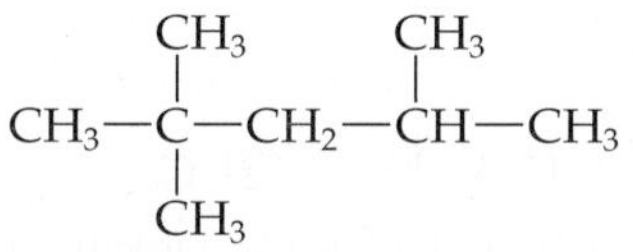

$$CH_3-\overset{\displaystyle CH_3}{\underset{\displaystyle CH_3}{\overset{|}{\underset{|}{C}}}}-CH_2-\overset{\displaystyle CH_3}{\overset{|}{C}H}-CH_3 \qquad CH_3CH_2CH_2CH_2CH_2CH_2CH_3$$

아이소옥테인
(옥탄가 100)

헵테인
(옥탄가 0)

1930년대에 화학자들은 황산(H_2SO_4) 또는 염화 알루미늄과 같은 촉매가 있는 상태에서 휘발유를 가열하여 옥탄가를 향상할 수 있다는 사실을 발견했다. 이렇게 하면 분기가 없는 일부 분자가 고도로 분기가 있는 분자로 이성질체화된다. 화학자들은 또한 작은 탄화수소 분자(휘발유의 크기 범위 이하)를 연료로 사용하기에 더 적합한 큰 분자로 결합할 수 있는데, 이를 알킬화라고 한다. 석유 정제소에서는 **촉매 개질**(catalytic reforming)을 사용하여 저옥탄 알케인을 고옥탄 방향족 화합물로 전환한다. 헥세인(옥탄가 25)은 벤젠(옥탄가 106)으로 전환할 수 있다.

무연 휘발유

휘발유 주유소의 펌프 중 하나에 '무연'이라고 표시된 이유는 무엇일까? 그 이유는 수십 년 전에 테트라에틸납 $Pb(CH_2CH_3)_4$이 휘발유 혼합물의 노크 방지 품질을 크게 향상하는 것으로 밝혀져 '납' 휘발유로 분류되었기 때문이다. 휘발유 1리터당 테트라에틸납을 1 mL(1000분의 1) 정도만 넣어도 옥탄가가 10 이상 높아진다. 물론 문제는 납이 함유된 가스가 연소될 때 자동차 배기관에서 납 원자가 배출되기 때문에, 오랫동안 납이 주요 대기 오염 물질이었다는 점이다. 안타깝게도 납은 현대 자동차에 사용되는 촉매 변환기도 오염시킨다. 미국에서는 1974년에 무연 휘발유가 출시되었고, 납이 함유된 휘발유는 자동차 연료에서 단계적으로 퇴출되었다. 그 이후로 미국에서는 대기 오염 물질인 납의 양이 99% 이상 감소했다. 그러나 멕시코, 중앙아메리카, 아프리카의 많은 국가에서는 여전히 납 휘발유가 선택 사항으로 남아 있다.

테트라에틸납을 대체한 옥테인 부스터로는 에탄올, 메탄올, 3차-뷰틸 알코올, 메틸 3차-뷰틸 에터(MTBE)가 있는데, 이 물질은 연방슈퍼펀드법에 따라 유해 물질로 지정되어 환경보호국(EPA)에서 잠재적 인체 발암물질로 간주하여, 2014년에 단계적으로 사용이 금지되었다. 이

중 옥탄가를 높이는 데 테트라에틸납만큼 효과적인 물질은 없다.

에탄올은 흔하고 중요한 휘발유 첨가제가 되었다. EPA는 2001년 이후에 제작된 자동차의 휘발유(E15 연료)에 최대 15%의 에탄올을 허용하고 있다. 일부 주에서는 모든 휘발유에 10%의 에탄올을 포함하도록 요구한다. 대부분 에탄올은 옥수수에서 생산되기 때문에 휘발유에 에탄올을 사용하는 것은 논란의 여지가 있는데, 미국 중부 지역에서 재배되는 옥수수의 대부분은 경쟁 용도인 자동차 엔진에서 연소하기 위해 에탄올로 만들어지기보다는 가축 사료로 사용되기 때문이다. 브라질은 사탕수수에서 설탕을 발효하여 만든 에탄올을 광범위하게 사용한다.

탄화수소로만 구성된 휘발유와 달리 옥탄가 향상제로 사용되는 알코올들은 모두 산소를 함유하고 있다. 따라서 이러한 물질들은 **옥시지네이트**(oxygenate)라고 불리기도 한다. 이러한 첨가제는 옥탄가를 향상할 뿐만 아니라 자동차 배기가스 내 일산화 탄소의 양을 감소하는 역할도 한다. 옥시지네이트의 단점은 부분적으로 산화된다는 것이다. 따라서 에너지 함량이 순수 탄화수소 연료보다 낮기 때문에 한 탱크당 자동차가 주행할 수 있는 거리가 다소 짧아진다.

차량용 대체 연료

자동차 엔진은 거의 모든 액체 또는 기체 연료로 작동하도록 만들 수 있다. 오늘날 도로에는 천연가스, 프로페인, 디젤 연료, 연료 전지, 수소, 심지어 패스트푸드점에서 사용한 기름으로 구동되는 자동차도 있다.

차량용 디젤 연료는 석유의 등유 성분과 겹치며(표 12.5 참조), 주로 C_9~C_{20} 탄화수소로 구성되어 있다. 디젤 연료는 휘발유보다 직쇄 알케인의 비율이 더 높다. **세탄가**(cetane number)라고 하는 성능의 기준은 헥사데케인($C_{16}H_{34}$)을 기준으로 한다. 일부 개조되지 않은 디젤 엔진에는 **바이오디젤**이라는 재생가능한 연료를 사용할 수 있다. 바이오디젤은 에탄올과 식물성 기름 및 동물성 지방을 반응시켜 만들어진다.

미국에서 플렉시블 연료 차량(FFV)은 에탄올 85%와 휘발유 15%로 구성된 연료인 E85 휘발유로 작동하도록 설계되었다. E85 연료의 가격은 일반적으로 일반 휘발유보다 저렴하지만, 연비는 더 나쁘다. 에탄올 단독 또는 휘발유와의 혼합은 에너지 문제에 대한 해답이 될 수 없다.

휘발유와 전기를 모두 사용하는 전기 자동차는 거의 10년 동안 인기를 끌었다. 전력망에 연결할 수 있는 순수 전기 자동차는 미래의 자동차가 될 수 있다. 현재 순수 전기 자동차의 단점은 초기 비용(비슷한 휘발유 자동차보다 높음), 약 10만 마일 주행 후 리튬 배터리 교체 비용이 매우 높다는 점, 100~200마일 주행 후 배터리 재충전에 필요한 시간, 편리한 충전소가 충분하지 않다는 점 등이 있다. 그러나 공학적 개선으로 순수 전기 자동차의 가격은 낮아지고, 재충전이 필요하기 전 주행 가능 거리가 늘어나고, 충전소 수가 증가하고 있다. 특히 일반 차량을 주차하기 어렵고 비용이 많이 드는 고밀도 도시에서 전기 구동 오토바이가 훨씬 더 보편화되고 있다. 대만에서는 일주일에 한 번 정도 배터리를 충전해야 하며, 배터리 교환 시설에서 몇 분 안에 쉽게 배터리를 교체할 수 있는 전기 오토바이가 매우 인기가 있다.

자가평가문제

1. 천연가스의 주요 구성 성분은 무엇인가?

a. CH_4
b. $CH_3CH_2CH_3$
c. C_6H_6
d. CH_3OH

2. 가장 깨끗하고 구성이 단순한 화석연료는 무엇인가?

a. 석탄
b. 공급원에 따라 다름
c. 석유
d. 천연가스

3. 크래킹의 용도는 무엇인가?
  a. 무거운 분수를 가벼운 분수로 변환하기
  b. 옥탄가 등급 향상
  c. 유황 제거
  d. 다양한 분수 분리

4. 알킬화 작용에 대한 설명으로 옳은 것은 무엇인가?
  a. 더 가벼운 분수를 더 무거운 분수로 변환한다.
  b. 아스팔트 수율 향상
  c. 유황 제거
  d. 다양한 분수를 구분한다.

5. 이성질체화는 무엇을 변환하는 데 사용되는가?
  a. 알코올에서 에터로
  b. 분지 알케인 분자를 직쇄 알케인 분자로
  c. 헥세인에서 아이소옥테인으로
  d. 직쇄 분자에서 분지 분자로

6. 촉매 개질 변환기에 대한 설명으로 옳은 것은 무엇인가?
  a. 분지 분자를 직쇄 분자(직선 사슬 분자)로 전환
  b. 저옥탄가 연료를 고옥탄가 연료로 전환
  c. 직쇄 분자에서 방향족 분자로 전환
  d. 직쇄 분자에서 분지 분자로의 전환

7. 휘발유의 옥탄가는 연료의 열량과 어떤 관련이 있는가?
  a. 옥테인(C_8H_{16}) 농도
  b. 에너지 함량(kcal)
  c. 에너지 등급
  d. 노킹을 유발하는 경향

8. 대부분 주유소에서 제공하거나 판매하는 자동차 연료는 무엇인가?
  a. 에탄올 15%, 휘발유 85%
  b. 에탄올 10%, 휘발유 90%
  c. 아이소옥탄 90%, 에탄올 10%
  d. 에터 10%, 옥테인 90%

9. 파쇄 모래의 사용을 포함한 수압 파쇄 기술로 인해 지난 몇 년 동안 매장량이 최소 30% 증가한 것은 무엇인가?
  a. 석탄 **b.** 생물량
  c. 휘발유 **d.** 천연가스

정답: 1. a, 2. d, 3. a, 4. a, 5. d, 6. c, 7. d, 8. b, 9. d

12.8 편리한 에너지

학습 목표 • 기체 연료와 액체 연료가 고체 연료보다 사용하기 편리한 이유를 설명한다.

연료의 편의성은 물리적 상태에 따라 달라진다. 기체와 액체는 편리하지만, 고체는 훨씬 그렇지 못하다. 가장 편리한 에너지 형태는 아마도 전기일 것이다. 우리는 전기를 사용하여 조명과 온수를 공급하고 모든 종류의 모터를 작동시킬 수 있다. 집과 직장의 냉난방에 열을 공급하는 데도 사용할 수 있다. 따라서 미래의 에너지원을 살펴볼 때 대부분 전기를 생산하는 방법에 주목한다. 하지만 석탄을 태워 전기를 만들면 어떤 이점이 있을까? 간단한 답은 없다.

어떤 연료든 연소시켜 물을 끓일 수 있고, 생성된 증기로 터빈을 돌려 전기를 생산할 수 있다. 그림 12.10은 석탄 연소 증기 발전소를 보여준다. 현재 미국 전기 에너지의 약 30%는 석탄 연소 발전소에서 생산된다(그림 12.11). 이러한 시설의 효율은 기껏해야 약 40%에 불과하다. 따라서 일부 전력 설비는 건물을 데우기 위해 폐열을 사용하지만, 화석연료 에너지의 약 60%가 열로 낭비된다.

석탄 가스화 및 액화

석탄은 가스나 기름으로 전환할 수 있다. 가스와 석유가 부족할 때 석탄으로 만들면 어떨까? 이 기술은 오래전부터 사용되어 왔다. 가스화 및 액화에는 몇 가지 장점이 있다. 기체와 액체는 운반하기 쉽고, 전환 과정에서 유황과 무기질이 많이 남기 때문에 연료로서 석탄의 심각한 단점을 완화할 수 있다.

석탄을 합성 가스 연료로 전환하는 기본 과정은 수소에 의한 탄소 환원이다. 뜨거운 숯 위에 증기를 통과시키면 수소와 일산화 탄소의 혼합물인 **합성 가스**(synthesis gas)가 생성된다.

$$C(s) + H_2O(g) \longrightarrow CO(g) + H_2$$

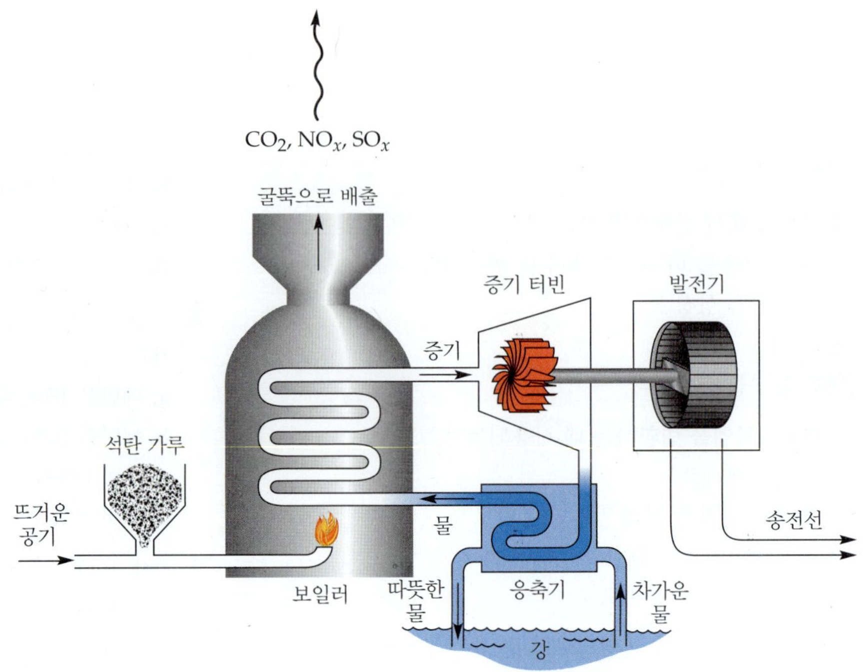

▶ **그림 12.10** 석탄을 태우는 발전소가 어떻게 전기를 생산하는지 보여주는 그림

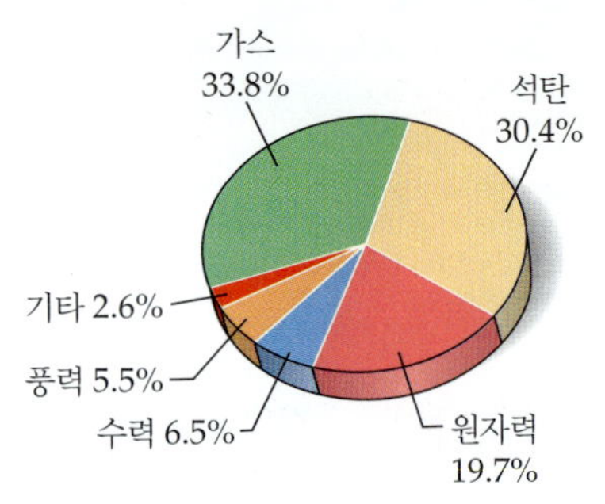

▲ **그림 12.11** 2017년에 보고된 미국의 다양한 에너지 공급원별 전력 발전량 비율

출처: 미국 에너지 정보국

수소는 석탄이나 다른 물질의 탄소를 메테인으로 바꾸는 데 사용할 수 있다. 석탄은 또한 합성 가스를 통해 메탄올로 전환할 수 있는데, 이는 모든 단계에 촉매가 필요한 다단계 공정이다. 모든 과정 하나하나가 결국 비용을 증가한다.

석탄의 가스화 및 액화 모두 많은 에너지가 필요하며, 전환 과정에서 석탄의 에너지 함량 중 최대 3분의 1이 손실된다. 석탄에서 추출한 액체 연료는 불포화 탄화수소와 황, 질소, 비소 화합물 함량이 높다. 연소 생성물에는 많은 양의 물이 필요하지만, 이를 사용할 수 있는 대규모 석탄 매장지는 건조한 지역에 있다. 게다가 이러한 과정은 지저분하다. 엄격한 안전장치가 없다면 전환 공장은 공기와 물 모두를 심각하게 오염시킬 것이다. 또한 석탄 전환은 많은 입자상 물질을 생성한다.

자가평가문제

1. 미국에서 생산되는 전기 중 석탄 발전소에서 나오는 전기는 몇 퍼센트인가?
   a. 20% **b.** 30% **c.** 40% **d.** 80%
2. 천연가스가 운송되는 주요 방법은 무엇인가?
   a. 원양 유조선 **b.** 파이프라인 **c.** 철도 차량 **d.** 트럭
3. 발전소에서 연소된 석탄의 에너지 중 전기로 소비자에게 전달되는 비율은 몇 퍼센트인가?
   a. 20% **b.** 40% **c.** 60% **d.** 80%
4. 석탄 가스화가 주로 생산하는 것은 무엇인가?
   a. 코크 **b.** H_2 **c.** CH_4 **d.** $CH_3CH_2CH_3$
5. 연료의 편의성은 어떤 요소에 따라 달라지는가?
   a. 탄소 함량 **b.** 밀도 **c.** 냄새 **d.** 물리적 상태

정답: 1. b, 2. b, 3. b, 4. c, 5. d

12.9 원자력 에너지

학습 목표
- 원자력 에너지의 장점, 단점을 나열한다.
- 원자력 발전소가 어떻게 전기를 생산하는지 설명한다.

11장에서는 핵반응, 방사성 붕괴, 진단과 치료를 위한 방사성 동위원소의 의학적 용도, 핵분열과 핵융합에 대해 살펴봤다. 지금까지 핵융합 반응은 지구에서 에너지를 생산하기 위해 제어할 수 없으며, 태양을 포함한 별에서만 가능하다. 그러나 핵분열 반응은 **원자로**(nuclear reactor)에서 제어할 수 있다. 핵분열 시 방출되는 에너지는 증기를 생성하는 데 사용될 수 있으며, 증기는 터빈을 돌려 전기를 생산할 수 있다(그림 12.12).

원자력 시대가 시작될 무렵, 어떤 사람들은 원자력이 세상의 불타는 종말에 대한 성경의 예언을 실현할 수 있을 것으로 기대했다. 또 다른 사람들은 원자력을 무한 에너지의 공급원으로 여겼다. 1940년대 후반에는 원자력 발전소에서 생산되는 전기가 너무 저렴해져 결국 계량할 필요가 없어질 것이라고 주장하기도 했다. 원자력은 아직 낙원이나 멸망을 가져다주지는 않았지만, 여전히 논란의 여지가 있다.

1990년경부터 현재까지 원자력은 미국 전력의 약 20%를 공급하고 있다. 화석연료가 거의 매장되어 있지 않은 동부 해안과 중서부 상류의 주에서는 원자력에 대한 전력 의존도가 매우 높다. 미국은 현재 30개 주에 99개의 원자력 발전소가 있는 세계 최대의 원자력 에너지 생산국이다. 지난 10년 동안 다수의 노후 발전소가 해체되었고, 현재 2곳의 신규 원자력 발전소가 건설 중이다. 이러한 발전소를 건설하는 데는 약 10년이 걸린다.

미국도 다른 국가들처럼 원자력에 더 많이 의존할 수 있지만(표 12.6), 대중은 일반적으로 원전에 대한 두려움을 갖고 있다. 이러한 불안감은 2011년 일본 후쿠시마 원전 사고로 인해 더욱 악화되었다. 원자력이 우리의 에너지 미래에 큰 역할을 하려면 대중의 태도에 획기적인 변화가 있어야 할 것이다.

원자력 발전소

원자력 발전소에는 여러 가지 유형이 있지만, 여기서는 다양한 설계에 대해 설명하지 않겠다.

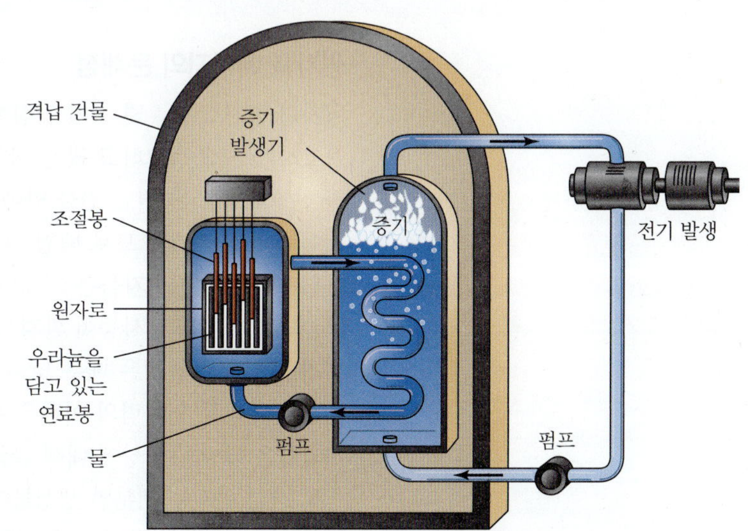

▲ **그림 12.12** 원자력 발전소가 전기를 생산하는 과정을 보여주는 그림. 우라늄의 분열은 원자로의 물을 가열하여 터빈을 구동하는 증기를 발생시켜 전기를 생산한다. 제어봉은 필요에 따라 중성자를 흡수하여 분열 반응을 늦춘다. 원자로는 강철과 철근 콘크리트로 만들어진 격납 건물에 보관되며, 원전 사고를 견디고, 방사성 물질이 환경으로 방출되는 것을 방지하도록 설계되었다.

표 12.6 원자력 발전소를 이용한 전력 생산(일부 국가)

국가	원자력 발전소의 총 전력(%)	운영 중인 원자력 발전소의 수	건설 중인 원자력 발전소의 수
캐나다	14.6	19	0
중국	3.9	39	19
프랑스	71.6	58	1
인도	3.2	22	6
일본	3.6	42	2
대한민국	27.1	25	3
러시아	17.8	35	7
스웨덴	39.6	9	0
우크라이나	55.1	15	2
영국	19.3	15	0
미국	20.0	99	2
기타 국가	NA	72	13
전 세계	NA	448	57

그림 12.12에 설명된 것은 가압 경수로이다. 초기 모델은 주로 끓는 물 원자로로, 원자로에서 나오는 증기를 터빈에 직접 동력을 공급하는 데 사용했다.

원자력 발전소는 핵폭탄에 사용되는 것과 동일한 핵분열 반응을 사용하지만(11장 참조), 원자력 발전소는 폭탄처럼 폭발할 수 없다. 발전소에 사용되는 우라늄은 우라늄-235가 3~4%만 농축되어 있다. 폭탄에는 약 90%의 우라늄-235가 필요하다.

원자력 발전소에서는 우라늄-235 원자에 흡수될 수 있도록 핵분열 반응으로 생성된 중성자의 속도를 늦추기 위해 감속재(moderator)를 사용한다. 전 세계 원자로의 75%에서는 일반 물이, 20%에서는 흑연이, 5%에서는 중수(^2H_2O 또는 D_2O)가 감속재 역할을 한다. 핵분열 반응은 붕소 강 또는 카드뮴 제어봉을 삽입하여 제어한다. 붕소와 카드뮴은 중성자를 쉽게 흡수하여 연쇄 반응에 참여하지 못하게 한다. 이 제어봉은 원자로를 건설할 때 함께 설치된다. 제어봉을 중간에 제거하면 연쇄 반응이 시작되고, 끝까지 밀어 넣으면 반응이 멈춘다.

원자력 발전의 이점: 대기 오염 최소화

화석연료를 태우는 발전소에 비해 원자력 발전소의 가장 큰 장점은 바로 '하지 않는 것'에 있다. 화석연료를 태우는 발전소와 달리 원자력 발전소는 온실 효과를 가중시키는 이산화 탄소를 배출하지 않으며 황 산화물, 질소 산화물, 매연, 비산재 등을 대기에 추가하지 않는다. 지구 온난화, 대기 오염, 산성비에 거의 영향을 미치지 않는다. 원자력 발전은 외국산 기름에 대한 의존도를 낮추고 무역 적자를 줄여준다. 미국의 99개 원자력 발전소가 석탄 연소 발전소로 대체된다면 대기 오염 물질은 하루에 19,000톤이 증가할 것이다! 원자력 발전소는 하루 24시간, 주 7일 가동되며 1.5~2년에 한 번씩만 연료를 보충하면 된다.

원자력 에너지의 문제점

원자력 발전소에는 몇 가지 단점이 있다. 발전소 근로자와 주변 지역 주민들을 방사능으로부터 보호하기 위해 정교하고 많은 비용이 드는 안전 예방 조치를 취해야 한다. 원자로는 금속과 철근 콘크리트로 된 격납 건물 안에 고도로 차폐되어 있어야 한다. 냉각수가 손실되면 원자로 노심이 용융될 수 있으므로 백업 비상 냉각 시스템이 필요하다.

원자력 발전 지지자들은 최대한의 예방 조치를 취하고 있지만, 일부 반대자들은 격납 건물이 파손되고 대량의 방사능이 환경으로 유출되는 핵폭발 사고를 여전히 우려하고 있다. 이러한 사고가 발생할 가능성은 매우 낮지만, 실제로 후쿠시마에서 사고가 발생했다. 그러나 풍부한 전기 에너지라는 원자력의 이점은 분명하기 때문에 심각한 사고의 작은 확률로 과학자들과 다른 사람들은 그 바람직성에 대해 끝없이 논쟁을 벌이고 있다.

또 다른 문제는 핵분열 생성물이 방사능이 강하기 때문에 수 세기 동안 환경으로부터 격리해야 한다는 것이다. 다시 말해 과학자들은 핵폐기물 처리의 타당성에 대해 동의하지 않는다. 원자력 지지자들은 이러한 폐기물을 오래된 소금 광산이나 다른 지질 구조물에 안전하게 저장할 수 있다고 말한다. 반대자들은 폐기물이 '무덤'에서 올라와 결국 지하수를 오염시킬 수 있다고 우려한다. 누가 옳은지 결정하기 위해 몇 년 안에 100만 년 실험을 하는 것은 불가능하다. 네바다주 유카 마운틴의 지하 저장고에 대한 연방정부의 자금 지원은 수십억 달러가 투입된 후 2011년 중단됐다. 이로 인해 미국은 고준위 방사성 폐기물을 장기적으로 저장할 장소가 없게 되었다. 현재 고준위 방사성 폐기물은 미국 전역의 126개 장소에 보관되어 있다. 미국 내 원전 운영으로 발생하는 고준위 폐기물은 연간 약 3000톤에 달한다. 미국 에너지부는 지난 60년 동안 발생한 핵폐기물의 총량을 축구장을 10미터 이하 깊이로 채울 수 있는 양으로 추정하고 있다. 이 수치를 미국에서 연간 1억 톤 이상 생산되는 석탄재와 비교해보자! 또한 처분을 기다리고 있는 대부분 핵폐기물은 에너지 생산이 아닌 핵무기 생산에서 나온 폐기물이라는 사실을 인식하는 것이 중요하다.

우라늄 광석의 채굴과 정제 과정에서는 폐석(tailing)이라 불리는 폐기물이 발생한다. 현재 약 2억 톤의 폐석이 미국 서부 10개 주 지역에 쌓여 있다. 이 폐석은 약한 방사능을 띠며, 라돈 가스와 감마선을 방출한다.

모든 발전소에는 피할 수 없는 또 다른 문제인 열 오염이 있다. 어떤 물질의 에너지를 열로 변환하여 전기를 생산할 때, 그 에너지의 일부는 폐열로 환경으로 방출된다. 원자력 발전소는 화석연료를 태우는 발전소보다 더 많은 열 오염을 발생하지만, 이는 엔지니어들이 뜨거운 폐수를 지속가능한 방식으로 사용할 수 있는 메커니즘을 설계할 수 있는 기회를 제공한다.

원자력 사고

1979년 펜실베이니아주 해리스버그 인근의 쓰리마일 아일랜드 원자력 발전소에서 냉각재 손실 사고가 발생하여 소량의 방사능이 환경으로 방출되었다. 사망자나 심각한 부상을 입은 사람은 없었지만 이 사고로 인해 원자력에 대한 대중의 공포가 커졌다.

1986년 우크라이나 체르노빌에서 발생한 사고는 훨씬 더 끔찍했다. 그곳에서 원자로 노심 용융으로 여러 명이 사망했다. 그 후 몇 주와 몇 달 동안 방사능 질병으로 사망한 사람도 있었고, 13만 5천 명이 대피했다. 우크라이나 방사능 연구소는 이 사고로 인해 전체적으로 2,500명 이상이 사망한 것으로 추정했다. 광범위한 지역이 수십 년 동안 오염된 상태로 남아 있을 것이다. 방사능 낙진은 유럽 전역으로 퍼졌다. 우크라이나 국민의 갑상샘암 발병률은 10배 증가했고, 방사능 노출로 인해 전반적인 암 위험률이 높아졌다. 쓰리마일섬의 격납 건물은 거의 모든 방사성 물질을 내부에 보관했다. 체르노빌 발전소에는 그러한 보호 구조가 없었다.

2011년에는 지진으로 인한 쓰나미로 후쿠시마의 원자력 발전소의 외부 전력 공급이 중단되었다. 쓰나미로 수천 명이 사망했고, 방출된 방사능으로 인해 넓은 지역이 수 세기 동안 사람이 살 수 없는 지역이 되었다. 전력 부족으로 인해 3곳의 원자로에서 부분적인 노심 용융이 발생했고, 방사능이 광범위하게 방출되었다. 후쿠시마 사고는 체르노빌에 이어 역사상 두 번째로 최악의 사고로 평가받고 있다. 쓰나미로 수천 명이 사망했지만, 지금까지 방사능으로 인한 사망자는 소수에 불과하다.

원자력 발전의 대부분 측면에 대해서는 상당한 논란이 있다. 과학자들은 실험실의 실험 결과에 대해 동의할 수 있지만, 사회에 가장 좋은 것이 무엇인지에 대해 항상 동의하는 것은 아니다.

증식로: 소비하는 연료보다 더 많은 연료를 만들어내는 원자로

핵분열이 가능한 우라늄-235 동위원소는 자연 발생 우라늄의 1% 미만을 차지하기 때문에 공급이 제한적이다. 우라늄-235를 분리하면 핵분열이 불가능한 우라늄-238이 대량으로 남는다. 그러나 우라늄-238은 중성자에 충격을 가하면 핵분열이 가능한 플루토늄-239로 전환될 수 있다. 처음에는 불안정한 우라늄-239가 형성되지만 빠르게 넵투늄-239로 붕괴되고, 이는 다시 플루토늄으로 붕괴된다.

$$^{238}_{92}U + ^{1}_{0}n \longrightarrow ^{239}_{92}U \longrightarrow ^{239}_{93}Np + ^{0}_{-1}e$$
$$^{239}_{93}Np \longrightarrow ^{239}_{94}Pu + ^{0}_{-1}e$$

우라늄-238로 둘러싸인 핵분열 가능한 플루토늄-239의 노심으로 원자로를 만들면, 플루토늄의 핵분열에서 나오는 중성자가 우라늄-238 보호막을 더 많은 플루토늄으로 변환한다. 이런 방법으로 **증식로**(breeder reactor)라고 불리는 원자로는 소비하는 것보다 더 많은 연료를 생산한다. 우라늄-238은 몇 세기 동안 지속될 수 있을 만큼 충분하기 때문에 원전의 단점 중 하나는 증식로를 사용하여 극복할 수 있다. 1차 냉각 고리에는 물이 아닌 용융 소듐 금속이 사용되므로, 이러한 원자로는 종종 **액체 금속 고속 증식로**라고 불린다.

그러나 증식로는 자체적인 문제점도 가지고 있다. 플루토늄은 녹는점이 비교적 낮아(약 640 ℃), 발전소는 상대적으로 낮은 온도에서 비효율적으로 운전할 수밖에 없다. 또 다른 문제는 플루토늄은 독성이 강하고 반감기가 약 24,000년이라는 점이다. 이 물질은 알파 입자를 방출하므로 체내에 들어가면 특히 위험하다. 사람의 폐에 약 1 mg 정도만 존재해도 폐암을 유발할 수 있는 것으로 추정된다.

100 MW 이상의 생산 능력을 갖춘 증식로는 지금까지 11기만 건설되었으며, 미국에는 단 한 기도 없다. 러시아에는 2기가 가동 중이며, 두 번째 원자로는 2016년 11월부터 러시아 스베르들로프스크 지역에서 약 880 MW의 전력을 생산하고 있다. 중국은 2017년 12월에 증식로 건설을 시작했다.

핵융합: 자기 구속 장치 속의 태양

11장에서는 태양의 에너지를 만들어내는 열핵반응과 수소 폭탄의 폭발에서 일어나는 반응에 대해 다루었다. 이러한 핵융합 반응을 제어하여 전기를 생산할 수 있게 된다면 사실상 무한에 가까운 에너지를 얻게 될 것이다. 지금까지 핵융합 반응은 폭탄 제조에만 실질적으로 이용되어 왔지만, 핵융합을 제어하여 에너지를 얻는 기술에 대한 연구는 계속 진행되고 있다(그림 12.13).

제어된 핵융합 반응을 통해 에너지를 생산하기 위해서는 큰 기술적 난관을 극복해야 한다. 지속가능한 핵융합 반응을 이루기 위해서는 약 1억 ℃에서 2억 ℃ 사이의 임계 점화 온도에 도달해야 하며, 1~2초의 구속 시간과 1세제곱미터당 2×10^{20}에서 3×10^{20}개의 이온 밀도가 필요하다. 핵융합이 일어나는 온도에서는 어떤 분자도 결합을 유지할 수 없다. 지구상의 어떤 물질도 수천 도 이상의 온도를 견딜 수 없다. 이러한 조건에서는 원자조차 안정하지 않으며, 전자를 잃어버려 원자핵과 자유 전자가 섞인 혼합물이 된다. 이 혼합물을 **플라즈마**(plasma)라고 한다. 플라즈마는 원자핵과 전자로 이루어진 하전 입자로 구성되어 있으며, 강한 자기장에

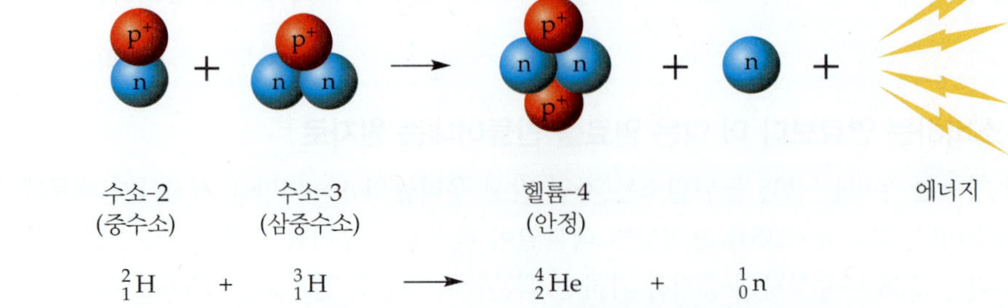

▶ **그림 12.13** 유용한 핵융합 반응은 중수소-삼중수소 반응이다. 수소-2(중수소) 핵이 수소-3(삼중수소) 핵과 융합하여 헬륨-4 핵을 형성한다. 상당한 양의 에너지와 함께 중성자가 방출된다.

의해 가둬질 수 있다(그림 12.14).

제어 핵융합은 에너지 공급원으로서 핵분열에 비해 몇 가지 장점이 있다. 주 연료인 중수소(^2_1H)는 풍부하며 물의 전기분해(전기로 분리)를 통해 얻을 수 있다. 방사성 폐기물 문제도 최소화할 수 있다. 최종 생성물인 헬륨은 안정적이고 생물학적으로 불활성이다. 삼중수소(^3_1H)의 유출이 문제가 될 수 있는데, 이 수소 동위원소는 생물체에 쉽게 흡수되기 때문이다. 또한 대부분 핵융합 반응에서 중성자가 방출되는데, 중성자는 안정한 동위원소를 방사성 동위원소로 변환시킬 수 있다. 마지막으로, 우리는 여전히 열 오염, 즉 에너지의 일부가 열로 손실되는 불가피한 손실에 대해 우려할 것이다.

핵융합은 미래에 비교적 깨끗하고 풍부한 에너지를 생산할 수 있는 최선의 희망일 수 있지만, 아직 해야 할 일이 많이 남아 있다. 실험실에서 제어된 핵융합을 달성하더라도 실용적인 에너지 공급원이 되기까지는 수십 년이 걸릴 것이다.

▲ **그림 12.14** '토카막'이라고 불리는 거대한 도넛 모양의 전자석은 핵융합에 필요한 극도로 높은 온도와 압력에서 플라즈마를 가두기 위해 설계되었다.

자가평가문제

1. 핵분열 원자로에서 일어나는 반응은 무엇인가?
- **a.** 탄소-14가 질소-14로 붕괴
- **b.** 수소 핵이 융합하여 헬륨을 형성
- **c.** 우라늄-235는 중성자를 흡수하여 2개의 작은 핵으로 분리
- **d.** 우라늄-238은 플루토늄-238로 분해

2. 원자로의 제어봉이 하는 역할은 무엇인가?
- **a.** 중성자를 흡수하여 분열을 일으킬 수 있다.
- **b.** 중성자를 흡수하여 분열을 일으키지 못하게 한다.
- **c.** 중재자가 중성자를 멈출 수 있도록 중성자 속도를 늦춘다.
- **d.** 중성자의 속도를 높여 분열을 시작한다.

3. 미국에서 사용되는 전기 중 원자력 발전소에서 생산되는 전기는 몇 퍼센트인가?

a. 5% **b.** 10% **c.** 20% **d.** 50%

4. 소비하는 것보다 더 많은 핵연료를 생산하는 원자로는 무엇인가?
- **a.** 증식로
- **b.** 핵융합로
- **c.** 초우라늄 원자로
- **d.** 에너지 절약 법칙 위반

5. 미국에서 운영되고 있는 원자력 발전소는 대략 몇 개인가?

a. 50 **b.** 100 **c.** 200 **d.** 400

6. 원자력 발전소의 단점은 무엇인가?
- **a.** 온실가스를 배출한다.
- **b.** 핵무기 개발에서 나오는 폐기물보다 더 많은 방사성 폐기물을 생산한다.
- **c.** 안전한 원자로를 건설하기가 어렵다.
- **d.** 그들은 인근 수원의 열 오염을 일으킨다.

7. 다음 핵반응에서 빠진 생성물은 무엇인가?

$$^2_1H + ^3_1H \longrightarrow ^1_0n + ?$$

a. ^5_2He **b.** ^3_2He **c.** ^4_2He **d.** ^3_1H

8. 원자력 발전소에서 핵융합이 아닌 분열이 사용되는 이유는 무엇인가?
- **a.** 값비싼 초우라늄 원소를 연료로 사용한다.
- **b.** 수백만 도의 온도가 필요하기 때문에 반응 억제가 어렵다.
- **c.** 분열보다 열을 적게 생성한다.
- **d.** 수세기 동안 방사능이 있는 폐기물을 생산한다.

9. 원자력 발전소가 가장 많은 나라는 어디인가?

a. 프랑스 **b.** 미국
c. 영국 **d.** 독일

정답: 1. c, 2. b, 3. c, 4. a, 5. b, 6. d, 7. c, 8. b, 9. b

12.10 재생 에너지 공급원

학습 목표 • 다양한 종류의 재생 에너지원의 중요한 특성, 장점, 단점을 나열한다.

화석연료를 태우면 대기 오염과 중요한 자원의 고갈로 이어진다. 원자력을 사용하는 것도 문제가 있다. 핵연료는 무한하지 않으며, 폐기물 처리 문제도 해결되지 않은 채로 남아 있다. 풍력, 태양, 연료 전지, 수력 발전 등 재생 에너지원의 활용은 지난 3년 동안 매우 큰 상승세를 보이며 현재 미국 에너지 생산의 약 11%를 차지할 정도로 급성장했다. 이 절에서는 이러한 지속가능한 에너지원에 대해 설명한다.

난방용 태양 에너지

12.1절에서 지구에서 사용할 수 있는 에너지의 대부분은 태양에서 나온다고 언급했다. 이렇게 천상의 발전소에서 나오는 에너지가 있는데, 왜 우리는 현재 화석연료나 원자력에 의존하고 있을까? 그 답은 태양 에너지가 얇게 퍼져 있어 직접 포획하기 어렵다는 사실에 있다. 지구 표면에 도달하는 태양 에너지 중 30%는 다시 우주로 반사되어 우리가 사용할 수 없다. 지구에서 사용할 수 있는 태양 에너지의 약 절반은 열로 변환된다. 우리는 이 변환의 효율을 쉽게 높일 수 있다. 검은색 표면은 밝은 색보다 열을 더 잘 흡수한다. 간단한 태양열 집열기를 만들려면 검은색 표면을 유리판으로 덮기만 하면 된다. 유리는 들어오는 태양 복사에 투명하지만 열이 다시 우주로 빠져나가는 것을 부분적으로 막는다. 뜨거운 표면은 물이나 다른 액체를 가열하는 데 사용되며, 뜨거운 액체는 일반적으로 단열된 저장소에 저장된다. 개인 가정에서 사용할 수 있는 간단한 태양열 난방 장치는 개발도상국, 특히 아프리카에서 더 쉽게 구할 수 있다.

이렇게 데워진 물은 목욕, 설거지, 세탁에 직접 사용하거나 건물을 난방하는 데 사용할 수

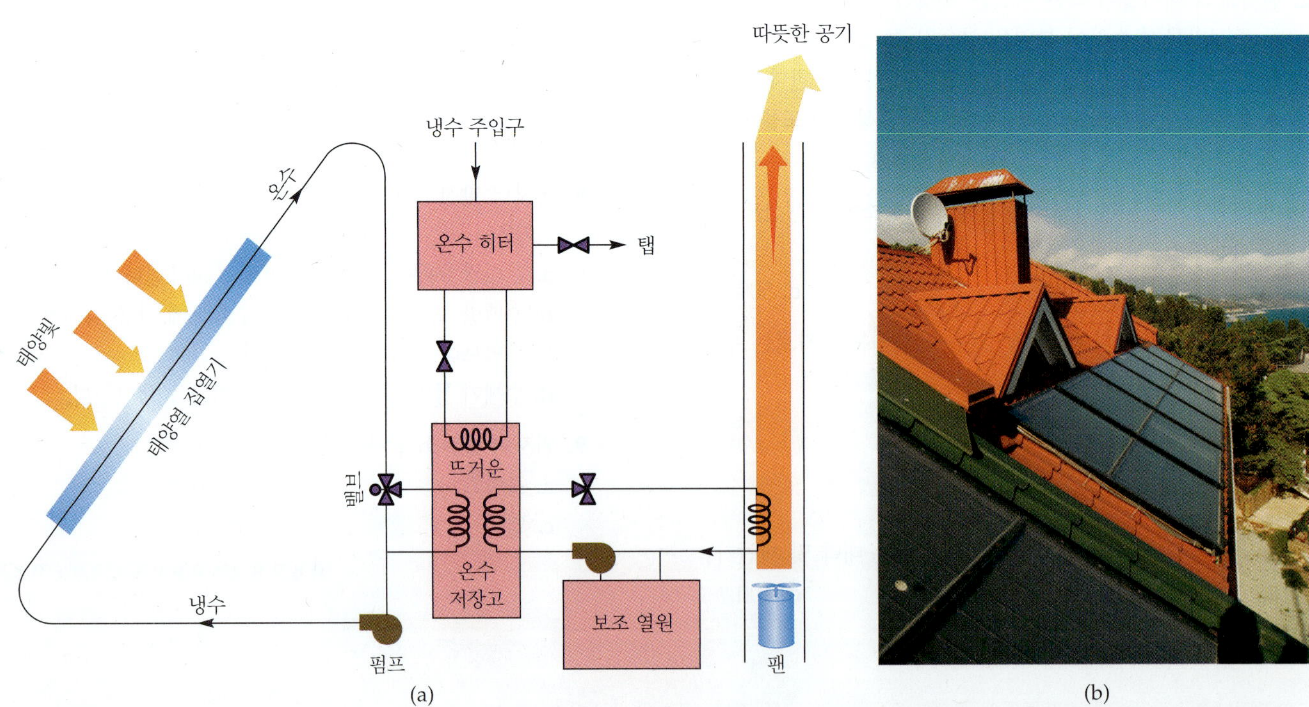

▲ **그림 12.15** (a) 태양빛의 에너지는 태양열 집열기에 흡수되어 물을 데우는 데 사용된다. 온수는 직접 사용하거나 순환되는 공기를 데워 건물을 부분적으로 난방하는 데 사용할 수 있다. 이 그림은 태양열 집열기가 건물의 난방을 위해 온수와 따뜻한 공기를 공급하는 방법을 보여준다. (b) 태양 에너지를 흡수하기 위해 다양한 집열기를 사용할 수 있다.

있다. 공기가 따뜻한 저수조 주위를 통과하고 따뜻해진 공기는 건물 내부로 순환된다(그림 12.15). 추운 북부 기후에서도 태양열 집열기는 가정 난방 요구량의 약 50%를 충족할 수 있다. 이러한 설치는 비용이 많이 들지만 연료 절감을 통해 8~10년 안에 비용을 회수할 수 있다고 한다. 하지만 집의 크기, 외부 온도 변동, 온도 조절기의 온도 설정 등 비용에 영향을 미치는 요인이 너무 많기 때문에 이러한 절감액을 추정하는 것은 매우 어렵다.

태양 전지: 태양빛을 이용한 전기

태양빛은 **광전지**(photovoltaic cell), 즉 **태양 전지**로 불리는 장치를 통해 직접 전기로 변환할 수도 있다. 이러한 장치는 다양한 물질로 만들 수 있지만 대부분은 실리콘 원소로 만들어진다. 순수한 실리콘 결정에서 각 실리콘 원자는 4개의 원자가전자를 가지고 있으며, 다른 4개의 실리콘 원자와 공유 결합되어 있다(그림 12.16). 태양 전지를 만들기 위해 순수한 실리콘에 소량의 특정 불순물을 '도핑'하여 결정으로 형성한다.

실리콘 결정의 한 유형에는 약 1 ppm의 비소가 첨가되어 있다. 비소 원자는 5개의 원자가 전자를 가지고 있으며, 그중 4개는 실리콘 원자와 결합을 형성하는 데 사용된다. 다섯 번째 전자는 비교적 자유롭게 이동할 수 있다. 이 물질은 여분의 전자를 가지고 있고 전자는 음전하를 띠기 때문에 **n형 반도체**라고 부른다. 실리콘에 약 1 ppm의 붕소를 첨가하면 다른 유형의 물질이 형성된다. 붕소는 3개의 원자가전자를 가지고 있어 1개의 전자가 부족해져 결정에 **양성 정공**(positive hole)을 남기게 된다. 이 붕소가 도핑된 실리콘을 **p형 반도체**라고 한다.

두 종류의 결정, 즉 n형과 p형을 결합하면 광전지가 만들어진다(그림 12.17). 전자는 높은 농도로 존재하는 n형 영역에서 p형 영역으로 이동한다. 그러나 접합부 근처의 정공은 인근의 이동성 전자에 의해 빠르게 채워지며, 그 결과 전자의 흐름은 멈춘다.

태양광이 태양 전지에 닿으면 전류가 발생한다. 에너지가 넘치는 광자는 Si—Si 결합에서 전자를 밀어내어 더 많은 이동성 전자와 더 많은 양성 정공을 생성한다. 두 반도체 사이의 접합부에 있는 장벽 때문에 전자는 계면을 통과할 수 없다. 두 결정을 외부 회로로 연결하면 전자가 회로 주변의 n형 영역에서 p형 영역으로 흐르고 그 전류를 직접 사용할 수 있다.

태양 전지를 형성하기 위해 결합된 태양 전지 배열은 약 200 W/m^{2}의 표면을 생산할 수 있다. 즉 100 W 전구 2개에 전력을 공급하려면 1 m^{2}의 세포가 필요하다. 태양 전지는 수년 동안 인공 지구 위성에 전력을 공급하는 데 사용되어 왔다. 최근에는 시골 지역의 전자 계산기나 고속도로 표지판과 같은 소형 기기에 전력을 공급하고, 외딴 지역의 기상 계측기에 전기를 공급하는 데 널리 사용되고 있다.

우리가 필요로 하는 에너지의 상당 부분을 충족시킬 만큼 충분한 에너지를 생산하려면 매우

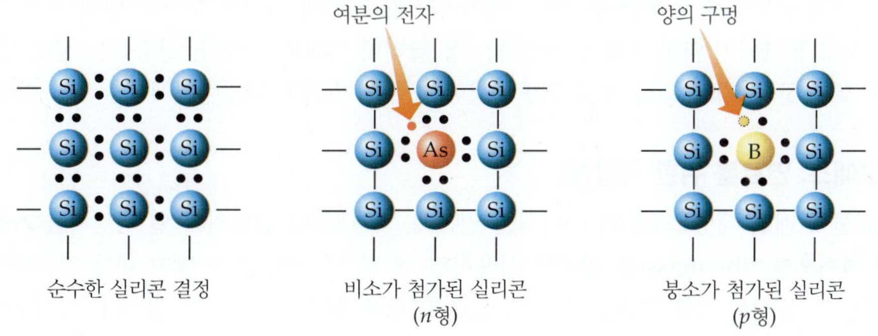

▲ **그림 12.16** 실리콘 결정의 모형. 비소나 붕소와 같은 불순물이 도핑된 결정은 순수 실리콘보다 전도성이 높아 태양 전지에 사용된다.

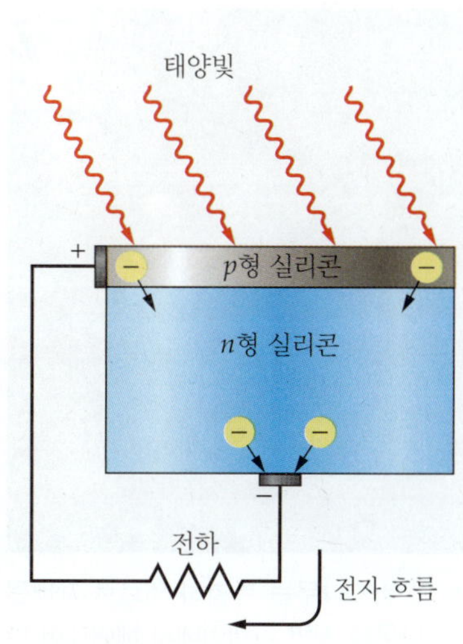

▲ **그림 12.17** 태양 전지 작동의 개략도. 전자는 외부 회로를 통해 n형 영역(하층)에서 p형 영역(상층)으로 흐른다.

화창한 기후에서 광활한 땅을 태양 전지로 덮어야 한다. 예를 들어 네바다 사막에 있는 1.5마일 길이의 '크레센트 듄스(Crescent Dunes)'라는 지역은 전력 저장용 중앙 타워를 포함해 각각 115 m^2인 1만 개의 태양광 패널로 구성되어 있으며, 밤낮으로 약 7만 5,000가구에 전력을 공급하고 있다.

개인 가정에서 사용하는 태양광 패널은 북부 기후에서는 그다지 실용적이지 않다. 몇몇 회사는 일반 공급 라인에 연결할 수 있는 가정용 태양열 전기 시스템을 판매하고 있으며 전기 요금을 거의 0에 가깝게 줄일 수 있다고 주장한다. 현재 상업적으로 이용가능한 대부분 태양 전지의 효율은 약 15~19%이지만, 적어도 두 회사는 22% 효율을 주장한다. 가장 좋은 패널은 1.5 m^2 패널에 약 325 W의 에너지를 제공하므로 일반 가정에서는 지붕의 대부분을 패널로 덮어야 한다. 캘리포니아주는 2018년 5월에 2020년부터 모든 신규 주택에 태양광 전지를 설치하도록 하는 법안을 통과시켰다. 이렇게 되면 주택 가격에 평균 9,500달러가 추가될 것으로 예상된다.

수력 에너지

▲ 양쯔강의 삼협댐은 중국 전력 수요의 10%를 공급하는 것을 목표로 2009년에 완공되었다. 이 댐은 연간 850억 kWh의 에너지를 생산한다. 이에 비해 1936년 완공된 콜로라도강의 후버댐은 연간 40억 kWh를 생산하는데, 이는 130만 명에게 전기 에너지를 공급할 수 있는 양이다.

태양 에너지를 이용하는 것은 좋은 생각 같지만, 태양 에너지로 우리의 모든 필요를 충족하기는 어려울 것이다. 태양은 지구를 가열하여 바람을 불게 하고, 물을 증발시켜 공기 중으로 떠오르게 하고, 나중에 비로 내리게 한다. 수 세기 동안 그랬던 것처럼 바람이 불고 물이 흐르는 운동 에너지를 에너지원으로 사용할 수 있다. 수력 발전은 현재 미국 전력 생산량의 약 7%를 공급하며, 대부분 산악 지대가 많은 서부에서 이루어진다. 현대의 수력 발전소에서는 거대한 댐 뒤에 물을 저장한다. 저장된 물의 위치 에너지는 거대한 터빈의 날개 위를 흐르는 물의 운동 에너지로 변환된다. 움직이는 물은 터빈에 기계적 에너지를 전달하고, 터빈은 기계적 에너지를 전기 에너지로 변환하는 발전기를 구동한다.

수력 발전소는 비교적 청정한 발전 방식이지만, 미국 내의 적합한 댐 건설 부지는 대부분 이미 사용되고 있다. 더 많은 수력 에너지를 얻으려면 경치 좋은 강을 댐으로 막고 귀중한 농경지와 휴양지를 물에 잠기게 해야 한다. 저수지는 오랜 세월이 지나면서 토사가 쌓이고, 때때로 댐이 붕괴되어 막대한 홍수를 일으키기도 한다. 댐은 물고기가 산란장을 찾아 상류로 이동하는 길을 막는다. 어류 개체 수의 감소로 인해 캘리포니아와 오리건 인근 해역에서는 연어잡이가 중단되었으며, 일부 연어 산란 하천에서는 댐이 철거되기도 했다.

전 세계적으로 수력 발전소는 사용 전력의 약 20%를 공급하고 있으며, 많은 개발도상국에서 더 많은 발전소가 건설되고 있다. 예를 들어 2009년에 완공된 중국의 거대한 양쯔강 삼협댐 프로젝트에는 22,500 MW 규모의 수력 발전소가 포함되어 있다. 이 프로젝트는 중국 전력의 약 10%를 공급할 것으로 예상되었다. 안타깝게도 이 프로젝트는 130만 명의 주민을 이주시켰고 심각한 환경적 피해를 초래할 수 있다. 이미 양쯔강 지류의 수질은 댐으로 인해 오염 물질이 효과적으로 분산되지 않아 조류가 번성하는 등 급격히 악화되고 있다. 상승하는 물로 인해 광범위한 토양 침식, 강둑 붕괴, 산사태가 발생했다. 재생가능한 수력 발전에도 문제가 있다.

▲ 이 버드나무는 특별히 연료로 재배된다. 나무를 지면 가까이에서 베어내어 바이오매스를 수확하고, 이를 통해 재성장을 촉진한다. 버드나무는 성장이 빠르기 때문에 바이오매스에 특히 적합하다.

바이오매스: 연료를 위한 광합성

녹색 식물이 매일 태양으로부터 에너지를 얻는데, 왜 태양열 집열기와 열 광전지를 사용해야 할까? **바이오매스**(biomass)을 연료로 사용하면 꽤 잘 타는데, 열을 많이 내는 캠프파이어를 생각해보자. 문제는 식물 물질을 태울 때 많은 연기와 재가 발생한다는 것이다. 바이오매스는 전기를 생산하기 위한 발전소의 연료로 사용될 수 있다. 배출되는 것은 수증기와 식물이 애초에 공기에서 흡수한 이산화 탄소, 연기, 재이다. '에너지 농장'은 연료로 사용할 식물을 재배할 수 있다. 그러나 대부분 가용 토지는 식량 생산에 필요하다. 생산가능한 토지가 있더라도 식물을 심고, 수확하고, 발전소로 운반해야 한다.

또한 식물 재료를 직접 태울 필요가 없다는 사실을 깨달아야 한다. 식물의 전분과 당분을 발효시켜 에탄올을 만들 수 있다. 공기가 없는 상태에서 목재를 증류하여 메탄올을 생산할 수 있다. 두 알코올 모두 액체이기 때문에 운반하기 편리하고, 아주 깨끗하게 연소하는 훌륭한 연료이다.

- 식물 재료가 박테리아에 의해 분해되면 메테인이 생성된다. 적절한 조건에서 이 과정을 제어하여 천연가스와 유사한 청정 연소 연료를 생산할 수 있다.
- 기름과 지방은 바이오디젤이라는 연료로 전환될 수 있다. 트라이아실글리세롤은 구성 지방산의 메틸 에스테르로 전환된다. 팜유에서 추출한 전형적인 바이오디젤 분자는 메틸 팔미테이트, $CH_3(CH_2)_{14}COOCH_3$이다. 폐기물, 조류, 비식용 식물에서 얻은 바이오디젤은 수익성이 있을 수 있다.

그러나 이러한 모든 전환은 유용한 에너지의 일부가 손실되는 결과를 초래한다. 열역학 법칙에 따르면 바이오매스를 더 편리한 액체나 기체 연료로 전환하는 것보다 직접 연소하는 것이 가장 많은 에너지를 얻을 수 있다고 한다.

현재 미국에서 사용되는 재생 에너지의 절반 미만인 바이오매스와 바이오연료는 미국 전체 에너지 수요의 약 4%를 공급한다. 적절한 물질을 바이오디젤로 전환하고, 일부 농업 폐기물을 발효시켜 에탄올로 만들고, 사람 및 동물 폐기물을 발효시켜 메테인을 생산함으로써 이러한 공급원을 더 많이 활용할 수 있다. 이 모든 과정에 대한 기술은 현재 이용가능하며 더욱 개선될 수 있다.

풍력 에너지

풍력 발전은 현재 미국 에너지 생산의 거의 6%를 공급하고 있으며, 그 양은 다른 어떤 에너지원보다 빠르게 증가하고 있다(연간 20~30%). 여러 평방 마일에 걸쳐 수백에서 수천 개의 터빈으로 구성된 대형 풍력 터빈 '단지'가 매년 미국, 특히 노스다코타에서 인디애나를 거쳐 텍사스 남부에 이르는 중서부주에 건설되고 있다. 대형 풍력 터빈 한 대는 1.65메가와트의 전기 에너지를 공급할 수 있다. 초기 비용은 막대하지만, 몇 년이면 투자비를 회수할 수 있다. 80개 이상의 국가에서 육상 및 해상 풍력 터빈을 사용하여 전력을 생산하고 있으며, 현재 전 세계적으로 최소 30만 개의 풍력 터빈이 전기 에너지를 생산하고 있다.

▲ 풍력 터빈 단지는 수천 개의 대형 터빈으로 구성될 수 있다. 2017년 말까지 전 세계적으로 약 20만 MW의 발전 용량을 갖춘 풍력 터빈이 가동되어 전 세계 전력의 약 5%를 생산했다. 20년 후에는 풍력이 전 세계에서 생산되는 전기의 30% 이상을 생산할 것으로 예상된다.

바람은 깨끗하고 자유로우며 풍부하다. 하지만 지속적으로 바람이 불지 않기 때문에 에너지 저장 수단이나 대체 에너지원이 필요하다. 모든 지역에 풍력 발전을 실현할 수 있을 만큼 충분한 바람이 있는 것은 아니다. 일부 환경운동가들은 회전하는 날개 때문에 매년 수천 마리의 새가 죽는다는 이유로 풍력 발전을 반대한다. 일부는 풍력 발전에 필요한 토지를 농사나 방목에 사용할 수 있다고 제안하기도 한다.

지열 에너지

지구의 내부는 엄청난 중력과 자연 방사능에 의해 열이 발생한다. 일부 지역에서는 간헐천과 화산을 통해 열이 지표로 올라오기도 한다. **지열 에너지**(geothermal energy)는 아이슬란드, 뉴질랜드, 일본, 이탈리아에서 오랫동안 사용되어 왔다. 예를 들어 아이슬란드에서는 지열 에너지가 거의 90%의 가정에 열을 공급하고 있으며, 이 나라에서 사용되는 전기의 약 30%를 공급하고 있다. 미국의 지열 에너지는 하와이, 캘리포니아, 네바다, 유타주에서 사용되고 있으

▲ **그림 12.18** 지열 에너지는 일부 지역에서 에너지 공급에 기여하고 있다. 뉴질랜드 와이라케이(Wairakei)의 지열 지대는 그 대표적인 사례이다.

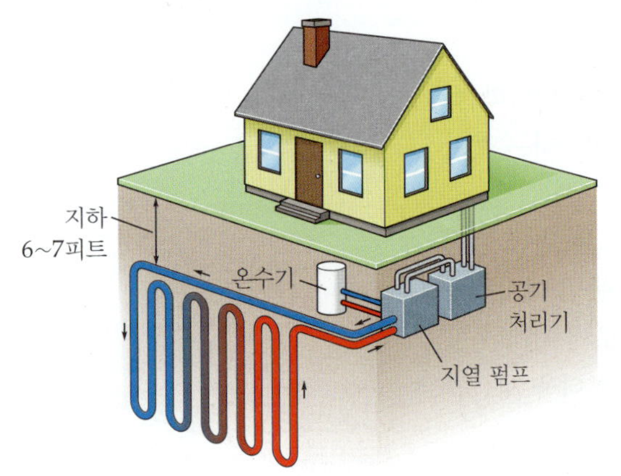

▲ **그림 12.19** 가정용 지열 난방 시스템. 지하에 매설된 관을 통해 물이 집 안으로 공급된다. 전기 에너지는 장치의 팬, 압축기, 펌프를 작동시키는 데 사용된다.

며, 이들 에너지 발전소는 원자력 발전소 3기에 해당하는 3000 MW 이상의 전력을 공급한다(그림 12.18). 일반적으로 이 잠재력은 증기나 뜨거운 물이 지표면 또는 지표면 근처에 있는 지역에서 실현될 수 있다.

증기나 온수가 지표면 가까이 있지 않은 지역에서도 가정용 지열 난방 시스템을 설치할 수 있게 되었다. 초기 비용이 많이 들지만, 북부 기후에서도 10~12년이면 투자비를 회수할 수 있다. 가정 난방에 가장 일반적으로 사용되는 연료인 천연가스는 향후 수십 년 내에 훨씬 더 비싸질 수 있으므로, 신축 주택 건설에 이 가정 난방 방식이 실행가능한 선택이 될 수 있다(그림 12.19). 지표면 아래 4~6피트 아래에서는 일 년 내내 온도가 일정하게 유지된다. 지열 난방 및 냉방 시스템은 실내 공조 장치와 땅속에 매설된 관 시스템과 펌프로 구성되어 있다. 겨울에는 데워진 물을 사용하여 집을 직접 데우거나 덕트를 통해 보내진 공기를 데우는 데 사용된다. 여름에는 물을 사용하여 집을 냉방한다.

해양 에너지

지구 표면의 4분의 3을 덮고 있는 바다는 위치 에너지의 거대한 저장고이다. 해양 열 에너지의 이용은 1881년에 처음 제안되었고, 1930년대에 실현 가능성이 입증되었다. 표면과 심해의 온도 차이는 20 ℃ 이상으로, 액체를 증발시키고, 그 증기를 이용하여 터빈을 구동하기에 충분하다. 그런 다음 액체는 해저의 냉기에 의해 응축되고 이러한 주기가 반복된다.

해양 에너지를 사용하는 다른 방법도 시험되고 있다. 세계 일부 지역에서는 수력 발전소에서 강의 에너지를 활용하는 것과 같은 방식으로 매일 조수 간만의 차를 활용할 수 있다. 만조 시에는 물이 저수지나 만을 가득 채운다. 썰물 때는 터빈을 통해 물이 빠져나가 전기를 생산한다. 해안으로 밀려오는 파도의 에너지도 적절한 기술을 활용하면 사용할 수 있다.

수소: 가볍고 강력한 에너지

천연가스는 관을 통해 필요한 곳으로 보내지며, 다른 기체 연료도 같은 관을 통해 보낼 수 있다. 그러한 가스 중 하나가 수소이다.

수소가 연소하면 물을 생성하고 에너지를 발산한다.

$$2\,H_2(g) + O_2(g) \longrightarrow 2\,H_2O(l) + 527\text{ kJ}$$

그램당 수소는 다른 어떤 화학 연료보다 더 많은 에너지를 생산한다. 한 가지 문제는 수소 가스는 폭발성이 있기 때문에 그 에너지를 제어해야 한다. 또한 수소는 화학 생성물로 물만 생성하는 청정 연료이다. 수소는 우주에서 가장 풍부한 원소이지만, 원소 수소(H_2)는 지구상에 거의 존재하지 않는다. 지구에는 많은 양의 수소가 존재하지만 주로 물과 같은 화합물 속에 묶여 있고, 수소를 방출하려면 수소가 연소할 때 생성되는 에너지보다 더 많은 에너지가 필요하다. 수소는 바닷물에서 만들 수 있어 공급이 거의 무한정이지만, 전기분해 등 생산 과정이 까다로워 비용이 많이 든다.

수소는 직접 또는 연료 전지를 통해 자동차의 연료로 사용할 수 있다. 캘리포니아 남부에는 매우 비싼 수소 자동차가 소규모로 존재하지만, 2018년 이 글을 쓰는 시점으로 수소 충전소는 43개에 불과하다. 수소는 액화할 수 있지만 절대 영도보다 몇 도 높은 온도에서만 액화할 수 있기 때문에 저장, 운송, 연료 분배에 문제가 있다. 차량에 두꺼운 벽을 가진 연료 탱크가 필요하다. 연료 전지 기술은 점점 효율이 높아지고 비용도 낮아지고 있지만, 경제적으로 수소를 생산하는 문제는 여전히 남아 있다. 수소는 화석연료나 원자력이나 태양 에너지나 풍력 같은 재생가능한 에너지원을 이용해 만들어야 한다. 다른 방법으로 수소를 저장하는 것도 가능할 수 있다. 과학자들은 다양한 금속이 자기 부피의 최대 천 배에 달하는 수소 가스를 흡수할 수 있다는 사실을 발견했다. 초박형 탄소 나노튜브와 같은 특수한 형태의 탄소도 대량의 가스를 저장할 수 있다.

연료 전지

연료 전지(cell)는 연료를 전기화학 전지(8.3절)에서 산화시켜 직접 전기를 생산하는 장치이다. 연료 전지는 일반적인 전기화학 전지와는 두 가지 점에서 다르다.

- 연료와 산소가 지속적으로 연료 전지에 공급된다. 연료가 공급되는 한 전류가 생성된다.
- 전극은 백금과 같은 불활성 물질로 만들어져 과정 중에 화학 반응을 하지 않는다.

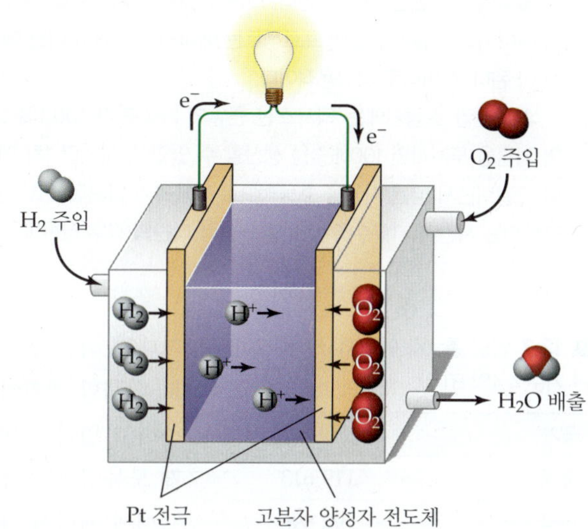

▲ **그림 12.20** 수소-산소 연료 전지. 연료 전지는 반응물이 공급되는 한 계속 전기를 공급한다.

오늘날 대부분 연료 전지는 수소와 산소를 사용한다(그림 12.20). 백금 양극에서 수소(H_2)는 산화되어 수소 이온과 전자를 생성한다.

$$2\,H_2(g) \longrightarrow 4\,H^+ + 4\,e^-$$

양극에서 생성된 전자는 외부 회로를 통해 이동하여 음극에 도달하고, 음극에서 수소 이온 및 산소 분자와 결합하여 물을 형성한다.

$$4\,e^- + O_2(g) + 4\,H^+ \longrightarrow 2\,H_2O(g)$$

전체적인 반응은 수소를 직접 연소하는 것과 동일하지만, 모든 화학 에너지가 열로 전환되는 것은 아니다. 화학 에너지의 약 40~55%가 전기로 직접 전환되기 때문에 연료 전지는 내연기관보다 훨씬 효율이 높다.

$$2\,H_2(g) + O_2(g) \longrightarrow 2\,H_2O(l)$$

연료 전지는 우주선을 발사할 때 중요한 고려 사항인 축전지에 비해 무게가 가볍고, 생산된 물을 식수로 사용할 수 있기 때문에 우주선에서 전기를 생산하기 위해 자주 사용된다. 연료 전지는 움직이는 부품이 없기 때문에 일반적으로 견고하고 안정적이다.

지구상에서는 비용을 절감하고 오래 지속되는 연료 전지를 설계하기 위한 연구가 진행 중이다. 언젠가는 연료 전지가 대형 발전소에서 전력 수요가 최고조에 달할 때 필요한 전력을 공급하거나, 대부분 차량을 구동하는 데 사용될지도 모른다. 거대한 보일러나 원자로와는 달리, 연료 전지는 연료의 공급을 켜거나 끄는 것만으로 간단히 가동하거나 정지시킬 수 있다.

에너지의 미래

장기적인 에너지의 미래를 예측하기는 어렵다. 미국에너지정보청(EIA)은 가까운 미래에 2019년까지 미국의 에너지 생산에서 석탄이 차지하는 비율을 28%로 감소하고, 천연가스를 35%, 원자력을 20%, 수력을 7%, 기타 재생 에너지(주로 풍력과 태양광)를 11%까지 증가할 것으로 예측하고 있다(그림 12.6b). 콜로라도 최대 에너지 회사인 엑셀에너지(Xcel Energy)는 2개의

5 에너지 위기에 가장 적합한 에너지원은 무엇인가?

하나의 에너지원이 정답은 아니다. 우리가 있는 지역에서 편리한 모든 것을 사용해야 한다. 사막에는 대규모 태양열 발전소가 건설되고 있고, 대평원에는 거대한 풍력 발전소가 재생 에너지를 공급하고 있다. 지열과 수력 발전은 적절한 지역에서 유리하다. 전기 에너지 발전소에서 석탄 사용은 감소하고 있으며 천연가스 사용은 증가하고 있다. 이러한 공급원 중 어느 것도 버스나 자동차에 직접 동력을 공급할 수 없으며, 21세기에는 휘발유의 가용성이 심각하게 제한될 것이므로 배터리로 구동되는 순수 전기 자동차가 그 대체재가 될 수 있다.

투자 대비 에너지 수익률

지금까지 인류가 현재 사용할 수 있는 모든 에너지 공급원에 대해 살펴봤다. 에너지 생산에 대한 주요 투자를 고려할 때 우리 또는 우리 정부는 어떻게 선택해야 할까? 답은 명확하지 않다. 1970년대부터 에너지 투입 비용과 프로젝트에서 얻을 수 있는 에너지를 비교하는 '에너지 투자 수익률(energy return on energy invested, EROEI)'을 고려하는 것이 주장되어 왔다. EROEI는 고려해야 할 인자가 무수히 많아 평가하기 어렵고, 그 결과도 불확실성이 높은 경우가 많다. 그러나 필요한 에너지와 재정 지원이 얻는 에너지보다 훨씬 많으면 프로젝트는 에너지 공급원이 아닌 에너지 '흡수원'이 된다. 한마디로 비실용적이다.

석유 산업 초창기에는 텍사스산 원유의 EROEI가 100:1에 달해 1배럴의 기름을 투자하면 100배럴을 생산할 수 있었다. 하지만 1차 에너지 공급이 고갈되면서 남은 자원을 효율적으로 활용하기 어려워졌고, 원유에 대한 EROEI는 시간이 지날수록 떨어졌다. 풍력 터빈의 경우 터빈을 건설하고 인프라를 구축하면 풍력 에너지는 '무료'이고, 유지보수 비용이 과도하지 않기 때문에 설치 비용이 많이 들지만 EROEI는 최소 30:1 이상으로 상당히 높은 편이다. 태양 에너지 패널은 매우 맑은 기후(높은 EROEI)에서는 잘 작동하지만, 미네소타에서 눈이 지붕을 덮을 때는 그렇지 않다(훨씬 낮은 EROEI). 수력 발전은 댐이 건설되면 높은 EROEI 등급을 받는다. 에탄올의 EROEI는 1:1 미만에서 약 1.7:1까지 제안된 값으로 많은 논쟁의 대상이 되고 있다. 에탄올의 EROEI가 낮은 데는 두 가지 이유가 있다. 발효 후 에탄올을 증류하거나 증발시키는 데 많은 에너지가 필요하고, 에탄올은 석유 연료보다 에너지 함량이 낮기 때문이다.

EROEI 외에도 에너지 공급원 개발이 환경에 미치는 영향도 고려해야 한다. 예를 들어 타르 샌드나 오일 셰일에서 기름을 얻는 것은 지저분한 과정이다. 따라서 풍부한 에너지에 대한 우리의 탐구는 많은 비용과 논란의 여지가 있을 것이다.

표 12.7 인당 총 1차 에너지 소비량(2015년 기준 4.4억 BTU)

국가	소비/인당
중국	119.613
미국	92.896
러시아	29.625
인도	25.27
캐나다	14.361
독일	13.203
브라질	12.687
사우디아라비아	10.657
프랑스	10.261
영국	8.111
멕시코	7.62
태국	5.07
나이지리아	1.369
과테말라	0.239
짐바브웨	0.164

출처: U.S. Energy Information Administration

거대한 석탄 연소 발전소를 재생 에너지(풍력 및 태양광)와 천연가스를 사용하는 새로운 시설로 대체할 계획이며, 탄소 배출량은 감소하는 반면에 고객의 비용은 실제로 감소할 것으로 예측하고 있다. 이러한 변화는 7개 주의 사람들에게 영향을 미치며, 고객과 지구의 미래 모두에게 도움이 되는 상황일 것이다.

세계 에너지 사용량은 향후 20년 동안 30% 증가할 것으로 예상되며, 그중 상당 부분이 개발도상국에서 새로 발생할 것이다. 이 장에서 논의한 각 에너지 공급원에는 장단점이 있다. 화석연료는 언젠가 부족해질 것이다. 각각의 재생가능 자원은 실용적이고 이용가능한 곳에서 사용되어야 하며, 어떤 에너지원도 궁극적인 해답이 될 수 없다. 에너지 문제에 대처하기 위한 최선의 방법은 무엇일까? 현명한 선택을 위해서는 처음부터 끝까지 과정을 꼼꼼히 살펴보는 정보에 입각한 시민이 필요하다. 발전소 건설, 연료 생산, 가정과 공장에서의 궁극적인 에너지 사용에 무엇이 관여하는지 알아야 한다.

대중교통을 더 많이 이용하면 미국의 에너지 소비를 크게 줄일 수 있다. 대중교통 이용률이 훨씬 높은 유럽에서는 1인당 에너지 사용량이 훨씬 적은데(표 12.7), 이는 휘발유 평균 가격이 미국의 두 배 이상이기 때문이다. 캐나다에서도 휘발유 가격은 미국보다 훨씬 높다. 대도시에서는 대중교통이 잘 발달해 있는 곳이 많아 점점 더 많은 사람이 개인 차량의 사용을 포기하고 있다. 그러나 소도시에서는 개인 차량이 여전히 필수적인 존재로 여겨진다. 먼 미래에는 인구가 계속 증가하고 지구의 공간이 제한되어 있기 때문에 도시 안팎으로 지하철과 지상 열차 시스템 같은 대중교통의 건설을 늘리는 것이 매우 중요할 수 있다.

전기 자동차가 미래의 자동차일지 모르지만, 아직까지는 대부분 충전이 필요하기 전까지 100~200마일 정도만 주행할 수 있다. 하지만 2018년 1월 미국에는 47,000개 이상의 전기 자동차 충전 콘센트와 17,000개 이상의 전기 자동차 충전소가 설치되어 장거리 여행이 가능해졌다. 대부분 순수 전기 자동차는 여전히 상당히 비싸지만, 가격이 저렴해지고 있다. 리튬 배터리는 매우 무겁다는 점 외에도 충전가능한 횟수가 제한되어 있다는 문제가 있다. 배터리 교체 비용은 웬만한 신차 가격과 맞먹을 정도로 부담스러운 비용이지만, 배터리 개발 연구를 통해 그 비용을 줄일 수 있다. 광범위한 컴퓨터 센서와 제어 장치를 갖춘 자율 주행 전기 자동차는 미래에 보편화될 수 있다.

최근 우리는 개인으로서 무엇을 할 수 있을까? 절약할 수 있다. 더 많이 걷고 자동차 사용을 줄일 수 있다. 낭비적인 전기 사용을 줄일 수 있다. 더 효율적인 가전제품을 구입하고, 에너지 집약적인 제품(잎 송풍기, 잔디 트랙터, 대형 자동차)의 사용을 줄일 수 있다.

지난 30년 동안 에너지 절약은 상당한 진전을 이루었다. 가전제품의 에너지 효율은 더욱 높아졌다. 20년 된 난로의 효율이 60%였던 것에 비해 신형 난로의 효율은 90~95%에 달한다. 새 냉장고와 에어컨은 이전 모델보다 에너지를 35% 정도 덜 사용한다. 백열전구는 이론적으로 20년을 사용할 수 있는 'LED(발광 다이오드)' 전구로 대체되고 있다.

우리가 사는 지구호(Spaceship Earth)에서 인구는 계속 증가하고 있는 반면에 연료 자원은 점점 감소하고 있다. 개발도상국 사람들은 생활수준을 높이기를 원하며, 이를 위해서는 더 많은 에너지가 필요하다. 에너지 문제는 현대 사회가 직면한 가장 큰 도전 과제 중 하나이다.

자가평가문제

1. 다음 중 n형 반도체는 무엇인가?
- **a.** 실리콘으로 도핑된 비소
- **b.** 게르마늄이 도핑된 비소
- **c.** 비소가 도핑된 실리콘
- **d.** 붕소가 도핑된 실리콘

2. p형 반도체의 특징은 결정 부위가 무엇과 같은가?
- **a.** 광자 **b.** 양전자
- **c.** 양성 정공 **d.** 양성자(수소 이온)

3. 재생가능한 에너지원이 아닌 것은 무엇인가?
- **a.** 바이오매스 **b.** 태양 에너지
- **c.** 수력 발전 **d.** 석유

4. 바이오디젤을 만들 수 있는 것은 무엇인가?
- **a.** 당 **b.** 올리브 오일
- **c.** 대두 기름 **d.** 폐 요리 지방

5. 수소 가스를 연료로 연소하여 생성되는 주요 생성물은 무엇인가?
- **a.** CO_2 **b.** H_2
- **c.** H_2O **d.** O_2

6. EROEI가 가장 낮은 연료는 무엇인가?
- **a.** 바이오디젤 **b.** 수소
- **c.** 천연가스 **d.** 석유

7. 태양에서 유래한 에너지를 사용하지 않는 에너지 기술은 무엇인가?
- **a.** 바이오매스 **b.** 수력
- **c.** 원자력 **d.** 풍력

8. 현재 거의 모든 연료 전지에 사용되는 연료는 무엇인가?
- **a.** 전기 **b.** 수소
- **c.** 천연가스 **d.** 프로페인

9. 풍력 터빈의 단점은 무엇인가?
- **a.** 높은 유지 보수 비용
- **b.** 온실가스 생산
- **c.** 높은 초기 비용
- **d.** 다른 에너지 공급원과의 경쟁

10. 오늘날 미국에서 가장 많은 전기 에너지를 공급하는 재생가능 에너지 공급원은 무엇인가?
- **a.** 지열 **b.** 수력
- **c.** 태양열 **d.** 풍력

11. 지구 내부의 열에서 나오는 에너지는 무엇인가?
- **a.** 바이오 에너지 **b.** 지열 에너지
- **c.** 수력 발전 **d.** 태양 에너지

12. 전기 자동차 개발에서 극복해야 할 문제에 해당하지 않는 것은 무엇인가?
- **a.** 재충전 전에 더 많은 마일리지 확보
- **b.** 과도한 배터리 교체 비용
- **c.** 충전소 수 부족
- **d.** 고속도로에서 고속으로 작동하는 엔진 설계

정답: 1. c, 2. c, 3. d, 4. a, 5. c, 6. b, 7. c, 8. b, 9. c, 10. b, 11. b, 12. d

녹색 화학 에너지는 어디서 얻을 수 있는가

Michael Heben, University of Toledo

원칙 1, 5, 6, 12

학습 목표 • 녹색 화학 원리를 적용하면 에너지 생성 방법을 개선하는 데 어떻게 도움이 되는지 설명한다.

에너지는 우리 존재의 모든 측면에 스며들어 있다. 우리 몸에 혈액을 공급하는 심장, 탐험가를 화성으로 보내는 로켓의 힘, 추수감사절을 맞아 할머니 댁으로 가는 가족의 드라이브, 이산화 탄소와 햇빛을 흡수하여 식량을 만드는 식물, 자신의 일을 하는 배우와 음악가와 예술가와 운동선수, 산업 또는 의약품용 화합물을 만드는 회사를 생각해보자. 에너지는 어떤 일을 할 때마다 필요하다.

우리가 하는 일 중에 에너지가 필요 없는 일이 있을까? 아니다. 그리고 이 질문에 대해 생각하는 것조차 지칠 수 있다. 왜냐하면 생각에는 에너지가 필요하기 때문이다!

이 장에서는 세상을 움직이는 에너지의 공급원에 대해 살펴봤다. 하지만 우리가 흔히 에너지원이라고 생각하는 천연가스, 석탄, 석유는 사실 에너지원이 아니다. 오히려 이들은 연료다. 이들은 탄소-탄소 및 탄소-수소 화학 결합에 저장된 에너지를 포함하고 있다. 앞서 배운 것처럼(12.6절, 12.7절), 이러한 결합은 연소하는 동안 산소와 반응한다. 방출된 에너지는 가정이나 산업 공정에 열을 공급하거나 기계 엔진에 동력을 공급하여 작업을 수행하거나 전기를 생산하는 데 사용할 수 있다.

오늘날의 화석연료는 우리 별인 태양의 에너지로 생산된 고대 동식물의 잔해이다. 화석연료는 수억 년에 걸쳐 광합성을 통해 축적되었지만, 우리 사회는 쉽게 얻을 수 있는 부분을 너무 빨리 소비하고 있다. 이는 마치 매주 소액의 돈을 오랫동안 은행에 넣어두었다가 한꺼번에 소비하는 것과 같다.

화석연료에 저장된 에너지의 양에 대한 한계 외에도 우리는 더 광범위한 문제를 인식해야 한다. 녹색 화학 원칙은 폐기물 발생, 독성 물질, 운송 비용, 공급 원료, 전반적인 에너지 효율의 영향을 명시적으로 포함함으로써 이를 실현하는 데 도움이 된다. 에너지를 효율적으로 생산하기 위해 투입량을 최소화하고 에너지 생산물을 극대화한다. 원칙 1에서 알 수 있듯이 폐기물은 반드시 줄여야 하며, 그 과정에서 필요한 경우에만 다른 생성물을 생산해야 한다.

원칙 6에서 알 수 있듯이 공정은 주요 생산물(이 경우 에너지)을 제한해서는 안 되며 환경적, 경제적, 부정적 영향을 줄여야 한다. 에너지 생산으로 인해 원치 않는 생산물인 환경 오염이 큰 문제가 된 것은 불과 지난 50년 정도 밖에 되지 않았다. 1970년 Nixon 대통령이 서명한 청정 대기법은 도시의 위험한 스모그를 줄이고 국가의 건강과 경제 활력을 개선하는 데 도움이 되었다. 2007년 미국 대법원은 이산화 탄소를 오염 물질로 취급하는 규정을 지지했다. 안타깝게도 석유, 석탄, 천연가스를 연소하면 부산물로 CO_2가 발생하며, CO_2는 전 세계적으로 시급한 기후 변화 문제의 큰 원인이다.

녹색 화학의 관점에서, 특히 원칙 1, 5, 12와 관련하여 천연가스 생산을 위한 수압 파쇄는 흥미로운 사례이다. 한때 비재래식 방법으로 간주되었던 '파쇄'는 유체를 사용하여 천연가스를 땅속에서 지표로 더 쉽게 이동시키는 방법으로, 현재 미국 천연가스 생산의 약 67%를 차지한다. 이 공정의 장점은 이전에는 이용할 수 없었던 천연가스 자원에 접근할 수 있다는 것이지만, 파쇄액에 발암물질을 포함한 많은 화학 물질이 첨가될 수 있다는 단점이 있다. 파쇄로 인해 방출되는 이들 및 기타 종(자연적으로 발생하는 방사성 종 포함)은 대수층에 도달하거나 도시 수처리 시설로 전환될 수 있다. 분명한 것은 이 과정에서 많은 양의 폐기물이 처리되지 않는다는 것이다. 또한 연소와 관련된 CO_2 배출 외에도 생산 과정에서 CO_2보다 온실가스 활성도가 25배 더 높은 양의 CH_4가 대기 중으로 누출된다.

저장된 화석 에너지의 공급 감소로 인해 연료 확보의 어려움과 이러한 연료가 지구 자체에 미치는 영향은 태양의 에너지를 사용하여 에너지 공급과 소비 사이의 균형을 만들어야 한다는 것을 의미한다. 직접적인 방법으로는 태양광, 풍력, 바이오 에너지와 같은 기술이 있다. 다행히도 태양 에너지는 충분히 공급되고 있다. 예를 들어 미국 인접 48개 주 국토 면적의 0.1%만 15% 효율의 태양광 패널로 덮어도 미국의 모든 에너지 수요를 충족할 수 있다. 이에 비해 필요한 토지는 도로 면적의 4분의 1에도 미치지 못한다.

청정 재생 에너지 개발의 가장 큰 장애물은 비용과 관련이 있다. 만약 우리가 한 과정의 모든 투입물과 산출물 그리고 그로 인한 영향을 정확히 계산한다면 사회적 측면에서의 실질적인 비용이 우리가 올바른 선택을 하는 데 길잡이가 될 것이다. 이를 위해서는 녹색 화학을 포함한 새로운 과학 기술과 사고 방식이 필요하다. 어쩌면 당신이 이 거대한 도전에 참여하게 될지도 모른다.

요약

12.1절: 에너지는 일을 할 수 있는 능력이다. 미국은 전 세계 인구의 약 5%를 차지하지만, 생성되는 모든 에너지의 약 5분의 1을 사용한다. 지구에서 사용되는 대부분 에너지는 직접적으로 또는 궁극적으로 태양에서 나온다. 에너지의 SI 단위는 줄(J)이며, 전력 단위는 와트(W)로 1초당 1줄이다. 에너지는 **위치 에너지**(위치에 따른 에너지) 또는 **운동 에너지**(운동에 따른 에너지)로 분류할 수 있다. **광합성**이라는 과정에서 태양 에너지는 식물에 흡수되어 포도당을 만드는 데 사용되며, 산소가 생성된다.

12.2절: 화학 반응과 물리적 과정 중에 발생하는 에너지 변화를 연구하는 것은 매우 중요하다. 화학 반응에서는 반응물의 화학 결합이 모두 끊어져야 하고, 그 파편들이 다른 방식으로 결합하여 생성물을 형성한다. 첫 번째 과정은 에너지를 투입해야 하고, 두 번째 과정은 에너지를

방출한다. 두 과정의 최종 결과는 반응의 열이다. 화학 반응 또는 물리적 과정은 **발열 반응**(주변으로 에너지를 방출) 또는 **흡열 반응**(주변에서 에너지를 필요로 함) 중 하나일 수 있다. 연료의 연소와 관련된 반응은 모두 발열 반응이다.

12.3절: 동역학은 반응 속도와 메커니즘을 연구하는 학문이다. 화학 반응의 속도는 온도, 반응물의 농도, 촉매의 존재에 의해 영향을 받는다. 온도가 상승하거나 용액의 농도가 증가하면 반응 속도가 증가한다. 촉매는 반응을 빠르게 한다.

12.4절: **열역학 제1법칙**(**에너지 보존의 법칙**)에 따르면 에너지는 생성되거나 소멸될 수 없다. 열역학 제2법칙은 자발적인 과정에서 에너지가 더 유용한 형태에서 덜 유용한 형태로 분해된다고 말한다. **엔트로피**는 계가 가질 수 있는 가능한 상태들 사이에서 에너지가 얼마나 분산되어 있는지를 나타내는 척도이다. 계의 엔트로피는 증가하는 경향이 있다.

12.5절: 고대 사회에서는 사람과 동물의 힘을 이용하여 일을 했다. 주요 연료는 목재였다. **연료**는 상당한 에너지를 방출하면서 쉽게 타는 물질이지만, 통제된 방식으로 연소하는 물질이다. 일을 하기 위한 최초의 기계 장치는 물레방아와 풍차였다. 물, 증기, 가스, 내연기관 등에서 나오는 에너지는 산업 혁명의 원동력이 되었다. **화석연료**는 과거에 살았던 식물과 동물에서 추출한 천연 연료이다. 석탄, 석유, 천연가스 등이 여기에 포함된다.

12.6절: **석탄**은 화학 물질의 공급원이기도 한 고체 연료이다. 석탄의 주요 원소는 탄소이다. 석탄의 품질은 주로 탄소와 에너지 함량에 따라 결정되며, 무연탄이 가장 높고 토탄이 가장 낮다. 석탄은 가장 풍부한 화석연료이지만 사용하기 불편하고 다른 연료에 비해 공해를 많이 발생시킨다.

12.7절: **천연가스**는 주로 메테인이며 비교적 깨끗하게 연소한다. 천연가스는 연료, 플라스틱, 기타 제품의 합성을 위한 원료로 모두에게 중요하다. **석유** 또는 원유는 주로 탄화수소를 중심으로 한 유기 화합물의 진한 액체 혼합물이다. 석유 제품은 비교적 깨끗하게 연소할 수 있지만, 비효율적인 연소는 오염을 발생시킨다. 작은 실리콘 모래 알갱이(파쇄 모래)를 사용하는 **수압 파쇄**는 미국에서 천연가스와 석유 모두의 가용성을 높였다. 기술은 미국에서 천연가스와 석유의 생산 가능성을 높였다. 석유는 증류를 통해 여러 가지 분획으로 분리하여 정제된다. 휘발유는 약 C_5에서 C_{12}까지의 탄화수소로 구성된 분획이다. 아이소옥테인과 같은 분지 사슬 탄화수소는 직쇄 탄화수소보다 더 안정적이고 균일하게 연소한다. 휘발유의 **옥탄가**는 노킹 방지 성능을 순수 아이소옥테인의 성능과 비교한 것이다. 휘발유의 옥탄가를 높이기 위해 정유소는 이성질화(분기를 늘리기 위해), **촉매 개질**(직쇄 탄화수소를 방향족 탄화수소로 전환하기 위해), 알킬화(작은 탄화수소를 더 큰 분기로 전환하기 위해)를 사용한다. 메탄올, 에탄올, 3차-뷰틸 알코올과 같은 옥탄가 향상제는 일산화 탄소를 적게 배출하면서 더 깨끗하게 연소하기 때문에 첨가할 수 있다. 테트라에틸납은 50년 이상 옥탄가를 높이는 데 사용되었지만, 미국에서는 사용이 중단되었다. 그러나 다른 많은 국가에서는 여전히 사용되고 있다. 전기 자동차는 미래의 자동차가 될 가능성이 높다.

12.8절: 전기는 가장 편리한 형태의 에너지이다. 미국 전기의 절반 미만은 석탄을 태우는 증기 발전소에서 생산되고 나머지는 천연가스, 원자력, 수력, 풍력, 태양열에서 생산된다. 석탄은 더 편리한 기체 또는 액체 연료로 전환할 수 있지만 에너지 비용이 발생한다.

12.9절: 핵분열 반응은 저농도(3~5%)의 우라늄-235를 사용하는 **원자로**에서 제어할 수 있다. 이 반응들은 카드뮴 또는 붕소 강으로 만든 제어봉에 의해 조절된다. 방출된 에너지는 터빈을 돌려 전기를 생산하는 증기를 생성한다. 미국 전력의 약 20%는 핵분열 원자로에서 생산된다. 원전은 핵폭탄처럼 폭발할 수 없고, 대기 오염을 최소화하며, 폐기물을 분산하지 않고 모아두기 때문에 안전하다는 장점이 있다. 그러나 방사성 물질의 유출을 막기 위해 정교한 안전 예방 조치가 필요하고, 필요한 연료의 가용성이 제한되어 있으며, 방사성 폐기물의 최종 처리는 현재 진행 중인 문제이다. **증식로**는 다른 동위원소를 유용한 핵연료로 변환하여 소비하는 것보다 더 많은 연료를 만들 수 있다. 핵융합은 기술적으로 큰 어려움이 있기 때문에 아직 통제할 수 없다. 수백만 도에 이르는 높은 온도가 필요하며, 이러한 온도에서야 비로소 자유 전자와 원자핵으로 이루어진 플라즈마가 형성되어 제어된 핵융합을 일으킬 수 있다. 그러나 핵융합은 다른 대부분 에너지원에 비해 매우 중요한 잠재적 이점을 가지고 있다.

12.10절: 간단한 태양열 집열기는 난방용 온수를 생산할 수 있다. 태양전지 또는 **광전지**는 태양광으로부터 직접 전기를 생산하며, n형 및 p형 반도체를 사용한다. 이 세포는 점점 더 저렴하고 효율이 높아지고 있지만, 태양광 발전 시스템은 저장 시스템이나 지역 전력망과의 연결이 필요하며 사막에는 거대한 태양 에너지 수집기가 건설되고 있다. 목재와 같은 **바이오매스**는 직접 태우거나 액체 또는 기체 연료로 전환할 수 있지만, 생산에 많은 면적이 필요하고 전반적인 효율이 매우 낮다. 수소는 에너지원이라기보다는 에너지 저장 및 운송 수단이다. 수소는 깨끗하게 연소되지만, 생산하는 것보다 만드는 데 더 많은 에너지가 필요하다. 수소의 한 가지 장점은 연료와 산소를 지속적으로 소비하여 효율적으로 전기를 생산하는 **연료 전지**에 사용할 수 있다는 점이다. 풍력과 수력 발전은 특정 지역에서만 활용할 수 있는 재생 에너지원으로, 전 세계적으로 풍력 터빈의 수가 급격히 증가하고 있다. 두 공급원 모두 초기 비용이 많이 든다. 지구 내부에서 나오는 열 에너지는 **지열 에너지**이다. 또한 바다 표면과 심해의 온도 차이, 조력 에너지, 파도의 에너지를 활용할 수 있다. 각각의 에너지원은 장점, 제한점, 그에 따른 결과를 가지고 있다. 우리는 효율이 높은 가전제품을 사용하거나 단순히 에너지 소비를 줄이는 것만으로도 에너지를 절약할 수 있다.

녹색 화학: 에너지는 우리가 하는 모든 일에 필요하며, 에너지를 얻을 수 있는 방법은 다양하다. 에너지 생산 기술의 모든 투입, 산출, 영향에 대한 계산은 녹색 화학 원칙을 사용하여 그 진정한 가치를 평가해야 한다.

학습 목표	관련 문제
• 전력 및 에너지를 계산한다. (12.1)	9~12, 30, 85~88
• 화학 반응과 물리적 작용을 발열성 또는 흡열성으로 분류한다. (12.2)	79~84
• 결합 에너지를 사용하여 반응의 열을 계산하는 방법을 설명한다. (12.2)	25~32, 89, 90
• 화학 반응의 속도에 영향을 미치는 요인을 나열하고, 이러한 요인이 반응 속도에 미치는 영향을 설명한다. (12.3)	3, 5
• 열역학 제1법칙과 제2법칙을 설명하고 에너지 생산과 사용에 미치는 영향을 논의한다. (12.4)	2, 4, 33~37
• 일반적인 화석연료를 나열하고, 현대 사회가 화석연료를 어떻게 사용하는지 설명한다. (12.5)	17~22, 41~50
• 연료로서의 석탄의 기원, 장점, 단점을 나열한다. (12.6)	39, 40
• 천연가스와 석유의 특성, 장점, 단점을 나열한다. (12.7)	46, 49
• 기체 연료와 액체 연료가 고체 연료보다 사용하기 편리한 이유를 설명한다. (12.8)	46, 92
• 원자력 에너지의 장점, 단점을 나열한다. (12.9)	51, 52, 56~58
• 원자력 발전소가 어떻게 전기를 생산하는지 설명한다. (12.9)	7, 8, 53~55
• 다양한 종류의 재생 에너지원의 중요한 특성, 장점, 단점을 나열한다. (12.10)	65~76, 98
• 녹색 화학의 원리를 적용하면 에너지 생성 방법을 개선하는 데 어떻게 도움이 되는지 설명한다.	78~80

개념문제

1. 온도와 열의 차이를 분자 운동의 관점에서 설명하라.
2. 상온의 그릇에서 아이스크림이 녹는 이유를 에너지 전달과 열역학 제2법칙의 관점에서 설명하라.
3. 온도는 화학 반응의 속도에 어떤 영향을 미치는가? 그 이유를 설명하라.
4. 에너지 인자(반응열) 외에 어떤 과정이 자발적인지 아닌지를 결정하는 데 중요한 다른 인자에 대해 설명하라.
5. 목재는 왜 공기보다 순수한 산소에서 더 빨리 연소되는지 설명하라.
6. 1970년대에 휘발유의 노킹 방지제로 테트라에틸납의 사용이 중지된 이유를 설명하라.
7. 원자력 발전소가 핵폭탄처럼 폭발할 수 없는 이유를 설명하라.
8. 핵반응에서 방출되는 에너지가 연소 반응에서 방출되는 에너지보다 훨씬 더 큰 이유를 원자 또는 분자 수준에서 일어나는 일의 관점에서 설명하라.

연습문제

에너지 및 에너지

9. 에너지를 측정하는 데 일반적으로 사용되는 두 가지 단위를 나열하고, 수학적으로 어떤 관련이 있는지 설명하라.
10. 와트와 줄은 어떤 관계인가? 어느 것이 에너지를 나타내고, 어느 것이 힘을 나타내는지 설명하라.
11. 밤에 10시간 동안 켜져 있는 150 W 실외 전구는 얼마나 많은 전기 에너지(kJ)를 사용하는가?
12. 저녁에 3시간 동안 켜져 있는 1300 W 전기 히터는 얼마나 많은 전기 에너지(kJ)를 사용하는가?
13. 폭포 위로 물이 흐를 때 에너지의 전환을 운동 에너지와 위치 에너지의 관점에서 설명하라.
14. 선풍기가 켜질 때 에너지의 전환을 운동 에너지와 위치 에너지의 관점에서 설명하라.

연료 및 연소

15. 1800년 이전에 미국에서 주로 사용된 연료는 무엇인가?
16. 태양은 어떤 반응으로 에너지를 얻는가?
17. 탄화수소의 완전 연소에 대해 일반화된 반응식을 쓰라.
18. 탄화수소의 불완전 연소에 대해 일반화된 반응식을 쓰라.
19. 프로페인(C_3H_8)이 산소 기체와 완전 연소할 때 일어나는 반응에 대한 균형 화학 반응식을 쓰라.
20. 뷰테인(C_4H_{10})이 산소 기체와 완전 연소할 때 일어나는 반응에 대한 균형 화학 반응식을 쓰라.
21. 프로페인(C_3H_8)이 산소 기체와 불완전 연소할 때 생성물 중 하나로 일산화 탄소가 생기는 반응에 대한 균형 화학 반응식을 쓰라.
22. 뷰테인(C_4H_{10})이 산소 기체와 불완전 연소할 때 생성물 중 하나로

일산화 탄소가 생기는 반응에 대한 균형 화학 반응식을 쓰라.

23. 옥테인(C_8H_{18})이 산소 기체와 완전 연소할 때 일어나는 반응에 대한 균형 화학 반응식을 쓰라.

24. 노네인(C_9H_{20})이 산소 기체와 완전 연소할 때 일어나는 반응에 대한 균형 화학 반응식을 쓰라.

에너지와 화학 반응

25. 결합 에너지를 사용하여 1.0몰의 메테인이 충분한 산소 기체와 연소될 때 방출되는 에너지의 양(kJ)을 다음 각 단계를 사용하여 계산하라.

a. 반응에 관련된 모든 분자의 루이스 구조를 그려라(균형 숫자를 기억하라).

$$CH_4 + 2\,O_2 \longrightarrow CO_2 + 2\,H_2O$$

b. C—H 결합의 결합 에너지가 413 kJ/mol이라면 메테인 분자 1몰의 모든 결합을 끊는 데 얼마나 많은 에너지가 필요한가?

c. O=O 결합의 결합 에너지가 498 kJ/mol이라면 2몰 산소 기체에서 모든 결합을 끊는 데 얼마나 많은 에너지가 필요한가?

d. C=O 결합의 결합 에너지가 798 kJ/mol이라면 1몰의 이산화 탄소 기체가 형성될 때 방출되는 에너지는 얼마인가?

e. O—H 결합의 결합 에너지가 467 kJ/mol이라면 2몰의 물 분자가 형성될 때 방출되는 에너지는 얼마인가?

f. 결합을 끊는 데 필요한 에너지에서 새로운 결합이 형성될 때 방출되는 에너지를 뺀 순 결과는 무엇인가? 이때 얻어진 값의 부호를 어떻게 해석할 수 있는가?

26. 다음 각 단계를 사용하여 1몰의 질소 기체가 3몰의 수소 기체와 반응하여 2몰의 암모니아 기체를 형성할 때 관여하는 에너지의 양을 kJ 단위로 계산하라.

a. 반응에 관련된 모든 분자의 루이스 구조를 그려라.

$$N_2(g) + 3H_2(g) \longrightarrow 2\,NH_3(g)$$

b. N≡N 결합의 결합 에너지가 946 kJ/mol이라면 1몰 질소 분자의 모든 결합을 끊는 데 얼마나 많은 에너지가 필요한가?

c. H—H 결합의 결합 에너지가 432 kJ/mol이라면 3몰 수소 기체의 모든 결합을 끊는 데 얼마나 많은 에너지가 필요한가?

d. N—H 결합의 결합 에너지가 391 kJ/mol이라면 1몰의 암모니아가 형성될 때 방출되는 에너지는 얼마인가?

e. 결합을 끊는 데 필요한 에너지에서 새로운 결합이 형성될 때 방출되는 에너지를 뺀 순 결과는 무엇인가? 이때 얻어진 값의 부호를 어떻게 해석할 수 있는가?

27. 1.00몰의 메테인을 연소하면 803 kJ의 에너지가 방출된다. 24.5몰의 메테인을 연소하면 얼마나 많은 에너지가 방출되는가?

$$CH_4(g) + 2\,O_2(g) \longrightarrow CO_2(g) + 2\,H_2O(g) + 803\text{ kJ}$$

28. 액체인 물 2.00몰을 분해하려면 572 kJ의 에너지가 필요하다. 30.0몰의 물을 분해하는 데는 얼마나 많은 에너지가 필요한가?

$$2\,H_2O(l) + 572\text{ kJ} \longrightarrow 2\,H_2(g) + O_2(g)$$

29. 휘발유 1.00 g을 연소하면 1060 cal가 된다. 이 양은 kJ 단위로 어떻게 계산되는가?

30. 42,000 J를 kcal 단위로 표현하라.

31. 다음 식에 따라 10.0 g의 $H_2(g)$가 다량의 $O_2(g)$와 반응하여 증기[$H_2O(g)$]를 형성할 때, kJ 단위로 얼마나 많은 열이 방출되는가?

$$2\,H_2(g) + O_2 \longrightarrow 2\,H_2O(g) + 483.6\text{ kJ}$$

32. 31번 문제를 참고하여 수증기 1몰을 수소 기체와 산소 기체로 변환하기 위해 공급해야 하는 에너지(kJ)를 구하라.

에너지와 열역학의 법칙

33. 열역학 제1법칙에 대해 설명하라.

34. 에너지 흐름과 에너지 분포의 측면에서 열역학 제2법칙을 설명하라.

35. 엔트로피란 무엇인가? 화석연료가 연소될 때 엔트로피는 증가하는가, 아니면 감소하는가?

36. 물이 얼음 틀에서 얼면 엔트로피가 증가하거나 감소하는가? 얼음 틀에서 물이 얼어 고체가 될 때 엔트로피는 증가하는가, 감소하는가?

37. 대기중의 질소와 고체 질산 암모늄의 질소 중 어느 것이 더 높은 엔트로피를 가지는가?

38. 고체 포타슘 금속(K)과 상업용 비료 성분인 염화 포타슘(KCl) 속의 포타슘 중 어느 쪽이 더 높은 엔트로피를 가지는가?

화석연료

39. 연료로서 석탄의 장점과 단점은 무엇인가?

40. 미국은 다른 두 연료보다 훨씬 많은 석탄 매장량을 보유하고 있는데, 왜 석탄에서 석유와 천연가스로 전환했는가?

41~44번 문제의 추정치는 2017년 미국에너지정보청 데이터에서 가져온 것이다(표 12.3 참조).

41. 2017년에 확인된 석탄 매장량은 1139억 톤으로 추정된다. 전 세계 연간 사용량은 36억 6,600만 톤이었다. 이러한 사용률이 계속된다면 이 매장량은 얼마나 오래 지속되는가? (사용률은 실제로 변화할 가능성이 높다는 점을 유의하자.)

42. 2017년 미국의 석유 매장량은 334억 배럴로 추정된다. **(a)** 수입이나 수출이 없고 미국의 연간 사용량이 67억 배럴로 계속된다면 이 매장량은 얼마나 오래 지속되는가? **(b)** 북극 국립 야생동물 보호구역의 평균 매장량인 104억 배럴을 사용하여 이 자원을 개발하면 현재 미국의 연간 사용률로 얼마나 오래 매장량을 늘릴 수 있는가?

43. 2013년 세계 천연가스 매장량은 6845조 입방피트로 추정된다. 전 세계 연간 사용량은 120조 입방피트였다. 이러한 사용률이 계속된다면 매장량은 얼마나 오래 지속되는가?

44. 2013년 미국의 입증된 천연가스 매장량은 323조 ft^3이다. 수입이나 수출이 없고 미국의 연간 사용량이 24.5조 ft^3로 계속된다면 이 매장량은 얼마나 오래 지속되는가?

45. 석유의 기원으로 생각되는 것은 무엇인가? 석유의 기원과 석탄의 기원을 비교하라.

46. 연료 공급원으로서 석유의 장점과 단점은 무엇인가?

47. 분별 증류의 과정과 다양한 '분획'을 분리할 수 있는 방법을 설명하라.

48. 옥탄가는 무엇을 의미하는가?

49. 표 12.6을 참조하여 아스팔트가 고속도로와 도로를 포장하는 데 상대적으로 저렴한 방법(예: 콘크리트에 비해)인 이유를 제시하라.

50. 옥탄가가 더 높은 옥테인($CH_3CH_2CH_2CH_2CH_2CH_2CH_2CH_3$) 또는 2,3,3-트리메틸펜테인[$CH_3CH(CH_3)C(CH_3)_2CH_2CH_3$] 중 어느 것이 더 높아야 하는가? 둘 다 옥테인의 이성질체이다. 그 이유를 설명하라.

원자력 에너지

51. 미국 전력의 몇 퍼센트가 원자력 발전소에서 생산되는가?

52. 프랑스에서 원자력 발전소가 생산하는 전력은 몇 퍼센트인가?

53. 우라늄-238이 어떻게 핵분열 가능한 플루토늄-239로 변환되는지 보여주는 핵 방정식을 쓰라. 방정식의 의미를 설명하라.

54. 원자로급 우라늄으로 핵폭탄을 설명하라. 만들 수 있는지 설명하라.

55. 어떻게 증식로는 소모하는 것보다 많은 연료를 생산하는가? 그렇게 하면 에너지 절약의 법칙에 위배되는가?

56. 증식로의 장점과 단점은 무엇인가?

57. 분열 원자로와 비교했을 때 핵융합로의 몇 가지 장점을 나열하라. 플라즈마란 무엇인가?

58. 핵융합로 개발의 주요 도전 과제는 무엇인가?

59. 토륨-232가 어떻게 핵분열 가능한 우라늄-233으로 변환되는지 보여주는 핵 방정식을 쓰라.

60. 중수소와 삼중수소가 어떻게 융합하여 헬륨과 중성자를 형성하는지 보여주는 핵 방정식을 쓰라.

61. 우라늄-235 1몰의 분열은 다음과 같이 나타낼 수 있다.

$$^{235}_{92}U + ^{1}_{0}n \longrightarrow 2\,^{1}_{0}n + ^{139}_{54}Xe + ^{95}_{38}Sr + 1.8 \times 10^{10}\ kJ$$

메테인의 연소는 25번 문제의 방정식을 참조하라. 1.00몰(235 g)의 우라늄-235가 분열하여 에너지를 생성하기 위해 몇 몰의 메테인이 연소되어야 하는가?

62. 61번 문제의 답을 바탕으로, 우라늄-235 1몰의 분열에서 나오는 동등한 양의 에너지를 방출하기 위해 연소해야 하는 메테인의 질량을 톤 단위(1 t = 1000 kg)로 계산하라.

63. 석탄은 대부분 탄소이다. 1몰(12.0 g)의 탄소를 연소시켜 이산화탄소를 만들면 393 kJ의 에너지가 방출된다. $C + O_2 \longrightarrow CO_2$ 반응을 바탕으로, 우라늄-235의 1.00몰(235 g)이 분열하여 에너지를 생성하기 위해 몇 몰의 탄소가 연소되어야 하는가?

64. 63번 문제의 답을 고려하여 1몰의 우라늄-235가 핵분열할 때 방출되는 에너지와 동일한 양의 에너지를 얻기 위해 연소되어야 하는 탄소의 질량(톤 단위)을 계산하라.

재생 에너지 공급원

65. 광전지란 무엇인가?

66. 도시 전체와 단일 가정에 전기 에너지를 공급하기 위해 태양 전지를 사용할 때 어떤 문제가 있는가?

67. 난방, 요리, 온수기를 위해 가스를 사용하는 미국 가정의 평균 전력 수요는 1.3 kW이다. 태양 전지는 약 100 W/m^2를 생산할 수 있다. 이 수요를 충족하는 데 필요한 태양 전지의 면적은 얼마인가?

68. 대형 풍력 터빈은 1.5 MW의 에너지를 생산할 수 있다. 67번 문제에 묘사된 집 중에 대형 풍력 터빈 한 대로 전력을 공급할 수 있는 집은 몇 채인가?

69. 풍력 터빈을 전기 에너지로 사용할 때의 장점과 단점은 무엇인가?

70. 바이오매스란 무엇인가? 에너지 공급원으로서 바이오매스의 문제점과 장점은 무엇인가?

71. 연료 전지가 전기화학 전지와 다른 점 두 가지를 나열하라.

72. 에너지원으로서 지열 발전과 지열 주택 난방 시스템의 장점, 단점, 한계는 무엇인가?

73. 에너지 공급원으로서 수력 발전의 장점, 단점, 한계는 무엇인가?

74. 연료로서 바이오디젤의 장점, 단점, 한계는 무엇인가?

75. 순수 전기 자동차의 장점과 단점은 무엇인가?

76. 우리의 생애에서 휘발유 자동차가 과거의 일이 될 수 있는 이유는 무엇인가?

합성 및 전환 연료

77. 석탄이 **(a)** 메테인, **(b)** 일산화 탄소와 수소로 전환되는 기본 과정에 대한 화학 방정식을 쓰라.

78. **(a)** 일산화 탄소와 수소가 메탄올로 전환되는 과정, **(b)** 수소-산소 연료 전지에서 일어나는 반응에 대한 화학 방정식을 쓰라.

심화문제

79. 콜드 팩은 질산 암모늄을 물에 녹여 작동한다. 얼음을 운반할 수 없을 때 운동 트레이너가 콜드 팩을 들고 다닌다. 이 과정은 흡열 반응인가, 발열 반응인가? 그 이유를 설명하라.

80. 핫팩 손난로의 한 유형에는 과포화되고 불안정한 아세트산 소듐 용액이 포함되어 있다. 용액에서 금속 조각을 압축하여 결정화를 자극하여 활성화된다. 핫팩은 사냥꾼, 기타 야외 스포츠맨처럼 히터나 불을 사용할 수 없는 장소에서 일하는 사람들이 사용한다. 이 과정은 흡열 반응인가, 발열 반응인가? 그 이유를 설명하라.

81. 성냥을 켜는 것은 흡열 과정이다. 타고 있는 성냥 주변의 공기가 열을 흡수하고 있기 때문이라는 진술을 고려할 때, 이 진술에 대한 분석으로 옳은 것은 무엇인가?
   a. 진술은 옳지만, 그 이유는 틀렸다.
   b. 진술은 틀렸지만, 그 이유는 옳다.
   c. 진술과 이유 모두 옳다.
   d. 진술과 이유 모두 틀렸다.

82. 물이 어는 과정에 대한 설명으로 옳은 것은 무엇인가?
   a. 이 과정은 발열 반응이다.
   b. 이 과정은 흡열 반응이다.
   c. 물 분자는 이 과정에서 에너지를 흡수한다.
   d. 동결은 녹는 것과 같은 온도(0 ℃)에서 발생하기 때문에 에너지가 필요하지 않다.

83. 다음 각각은 발열 반응인가, 흡열 반응인가, 둘 다 아닌가?
   a. 채소를 요리하기 위한 끓는 물
   b. 물을 증기로 바꾸기

84. 다음 각각은 발열 반응인가, 흡열 반응인가, 둘 다 아닌가?
   a. 케이크 굽기
   b. 차가운 레모네이드 한 잔의 바깥쪽에 있는 공기 중의 응축수

85. 증기기관이 발명되자 발명가들은 증기기관의 생산물을 엔진이 대체할 말의 생산물을 비교하려고 노력했다. 하루 동안 지속적으로 작업하는 동안 평균적인 말은 1마력(hp)의 속도로 에너지를 소비하며, 이는 원래 초당 550파운드(foot pounds)로 정의된다. 즉 평균적인 말은 1초에 550파운드의 무게를 1발(foot)의 거리만큼 당길 수 있다는 뜻이다. 현대의 단위로 1마력은 745 W이다.
   a. 사람이 하루에 평균적으로 약 2100 kcal의 에너지를 소비한다면 이 생산물은 W 단위로 얼마인가?
   b. 한 사람의 힘은 1마력에 어떻게 비교할 수 있는가?

86. 1920년 모델 T 포드에는 20마력, 즉 말 20마리의 출력을 내는 엔진이 달려 있었다. 그 초기 자동차의 출력은 kW 단위로 몇 kW인가(85번 문제 참조)?

87. 2.4 L V8 엔진이 장착된 최신 경주용 자동차는 약 740마력, 즉 740마리 말의 출력을 낼 수 있다. 경주용 자동차의 출력은 kW 단위로 어떻게 표시되는가?

88. 바나나와 수류탄은 모두 약 170 kcal의 에너지를 가지고 있다. **(a)** 소파에 누워 텔레비전을 보는 사람이 바나나의 에너지를 2.0시간에 걸쳐 소비한다면 바나나의 출력(W)은 얼마인가? **(b)** 수류탄의 에너지가 0.0012초 동안 소비된다면 수류탄의 출력(W)은 얼마인가? 바나나와 수류탄은 에너지와 생산물에서 어떻게 비교되는가?

89. 수소와 아이소뷰테인이라는 두 가지 기체 연료의 연소 반응을 생각해보자.

$$H_2 + \frac{1}{2}O_2 \longrightarrow H_2O \qquad \text{연소 발열량: 268.6 kJ}$$

$$CH_3CH(CH_3)_2 + \frac{13}{2}O_2 \longrightarrow 4\,CO_2 + 5\,H_2O \qquad \text{연소 발열량: 2686 kJ}$$

두 가지 연소 반응 중 연료 1킬로그램당 더 많은 에너지를 생산하는 것은 무엇인가?

90. 89번 문제에 표시된 두 연료의 연소 반응을 고려하라. 동일한 온도와 압력의 조건에서 부피를 측정했을 때 두 연소 반응 중 연료의 L당 더 많은 에너지를 생성하는 것은 무엇인가?

91. 미국은 주요 선진국 중 1인당 이산화 탄소(CO_2) 배출량이 가장 많으며, 1인당 연간 19.0톤(1 t = 1000 kg)에 달한다. 이와 같은 양의 CO_2를 배출하려면 메테인(CH_4)이 얼마나 필요한지 톤 단위로 계산하라.

92. 기체 연료와 액체 연료가 고체 연료보다 더 편리한 이유와 응용에 대해 설명하라.

93. **a.** 석탄에서 유황이 연소하여 이산화 황을 형성하는 반응의 화학 반응식을 쓰라.
   b. 대형 석탄 연소 발전소는 하루에 2500톤(1 t = 1000 kg)의 석탄을 연소한다. 석탄에는 질량 기준으로 0.65%의 황(S)이 포함되어 있다. 모든 황이 이산화 황(SO_2)으로 전환된다고 가정한다. 대기 중으로 형성되어 방출되는 이산화 황(SO_2)의 질량은 얼마인가?

94. 93번 문제를 참고하라. 열 역전으로 인해 모든 이산화 황(SO_2)이 45 km × 60 km × 0.40 km의 공기 부피에 갇힌다면 공기 중의 이산화 황(SO_2) 농도는 1차 국가 대기질 기준인 365 μg SO_2/m^3 공기를 초과하는가?

95. 다양한 연료의 연소가 대기 중의 이산화 탄소 축적에 기여하는 정도는 여러 가지 방법으로 평가할 수 있다. 한 가지 방법은 형성된 CO_2의 질량을 연소된 연료의 질량과 연관시키는 것이고, 다른 방법은 CO_2의 질량을 연소 과정에서 발생한 열의 양과 연관시키는 것이다. 세 가지 연료(흑연), $CH_4(g)$, $C_4H_{10}(g)$ 중 연료 그램당 **(a)** 가장 작은 질량의 CO_2를 생성하고, **(b)** 1 kJ의 열을 발생시키는 연료는 무엇인가? 각 물질의 몰당 방출되는 열은 C(흑연) 393.5 kJ, $CH_4(g)$ 803 kJ, $C_4H_{10}(g)$ 2877 kJ이다.

96. 회수가능한 에너지의 추정치는 불확실한 것으로 악명이 높지만, 일부 과학자들은 지구에 저장된 회수가능한 에너지가 총 9.92×10^6 TWh에 불과하다고 생각한다(석유, 석탄, 천연가스, 우라늄의 형태로). 전 세계적으로 연간 사용량은 약 1.32×10^5 TWh이다. **(a)** 에너지 수요가 현재와 같다면 지구에 저장된 에너지가 모두 소진되기까지 대략 몇 년이 걸리는가? **(b)** 미국(인구 약 313,000,000명)의 1인당 소비량은 나머지 세계(인구 약 70억 명)의 약 4배에 달한다. 전 세계 모든 국가가 미국과 같은 1인당 에너지 소비율로 에너지를 소비한다면 지구에 저장된 에너지가 모두 소진되기까지 대략 몇 년이 걸리는가? **(c) (a)**와 **(b)**에서 얻은 답을 비교하고 의견을 제시하라.

97. 타르 모래에서 휘발유를 생산하려면 천연가스가 필요하다. 휘발유를 생산하는 데 필요한 에너지와 휘발유 자체의 에너지 함량 사이의 비율이 매우 낮다면 이 생산 방식을 채택하는 이유는 무엇인가?

98. 북부 기후의 전형적인 침실 3개짜리 집에 살고 있는데, 겨울철 한 달간 가스 요금 고지서에 212 '열량'이 사용되었고 전기 요금이 490 kWh로 표시되어 있다고 가정해보자. 이 양의 에너지를 가정에 공급하기 위해 지붕에 태양 전지를 설치하는 것을 고려하고 있다. 한 회사는 100 W 전구 2개에 전력을 공급하려면 1.0 m^2의 태양 전지가 필요하다고 말한다. 이론적으로 가정에서 충분한 에너지를 공급하기 위해 필요한 태양 전지의 총 면적을 계산하고 싶다(물론 한 가지 현실적인 문제는 겨울에는 눈이 태양 전지를 덮을 수 있다는 것이다).

a. 먼저 한 달 동안 집의 난방과 집안의 전기 기기에 전력을 공급하는 데 필요한 에너지의 총 kJ를 공공 요금 고지서의 데이터를 사용하여 계산하라. 1'열량' = 100,000 BTU, 1 BTU = 1.05506 kJ이다(1 kWh = 3600 kJ).

b. 다음으로 30일 동안 100 W 전구 2개에 전력을 공급하는 데 필요한 에너지의 kWh를 구하라.

c. (a)와 **(b)**의 답을 사용하여 필요한 태양 전지의 면적을 결정하라. 단위를 주의하라.

비판적 사고 문제

이 장에서 습득한 지식과 하나 이상의 FLaReS 원칙(1장)을 적용하여 다음 진술과 주장을 평가하라.

12.1 한 미래학자이자 발명가는 나노 기술의 발전으로 16년 안에 태양 에너지가 전 세계에 전력을 공급하게 될 것이라고 예측한다.

12.2 1996년에 인도의 발명가 Ramar Pillai는 물을 탄화수소 연료로 전환하는 비밀 약초 공식을 발견했다고 주장했다.

12.3 한 발명가가 헥세인과 같은 선형 알케인을 분지 사슬 이성질체로 빠르게 전환하는 촉매를 발견했다고 주장한다.

12.4 여름에 텔레비전을 보다가 누군가 냉장고 문을 열어두는 것이 부엌을 시원하게 하는 방법이라고 말하는 것을 듣는다.

12.5 모든 가정에 연료 전지를 설치하면 각 가정은 에너지 자립을 할 수 있다고 한다.

12.6 한 회사가 마그네슘과 같은 금속을 자동차 연료로 사용할 수 있다고 주장한다. 금속 코일을 방에 넣으면 과열된 증기와 반응해 수소 가스를 만들어 자동차를 작동시키는 연료 전지에 동력을 공급할 수 있다고 한다.

협업 과제

파워포인트, 포스터, 기타 프레젠테이션을 준비하여 수업에서 공유하라.

1. 온수기, 텔레비전, 컴퓨터 모니터, 전기 프라이팬과 같은 가전제품을 찾아 가전제품의 와트 수를 확인한다. 전기요금을 확인하여 거주하는 지역에서 전력 에너지(kWh)당 요금이 얼마인지 계산하라. 해당 기기를 1시간 동안 작동하는 데 드는 비용을 계산하라. 40시간 동안의 비용을 결정하라.
2. 효율이 다르다는 점을 제외하면 비슷한 두 가전제품의 전기 사용량을 비교하라. 이 비교를 석탄을 연소하여 전기를 생산한다고 가정하고 가전제품의 CO_2 배출량으로 확장한다.
3. 발전소에서 천연가스를 태워 생산한 전기로 집을 난방하는 것과 천연가스로 난방하는 것의 효율을 정성적으로 비교하라.
4. 다음은 모두 가정 난방에 사용된다. 각각의 경우 공급, 사용, 폐기물에 어떤 문제가 있는가?

   a. 천연가스　**b.** 전기
   c. 바이오매스/목재　**d.** 석탄
   e. 연료유　**f.** 지열 에너지

5. 인터넷 공급원을 사용하여 **(a)** 간단한 태양열 히터 또는 **(b)** 태양열 오븐을 제작하는 방법을 찾아라. 이러한 장치는 저개발 국가, 특히 아프리카의 많은 지역과 같이 햇볕이 잘 드는 기후인 지역에서 중요하다.

실험 과제 어떤 사람은 뜨겁게, 어떤 사람은 시원하게!

준비물

- 작은 투명 플라스틱 컵 2개
- 물 1큰술
- 과산화 수소 3% 용액 1큰술
- 가루 효모 3 g
- 나무 부목(목재 커피 교반기)
- 성냥
- 픽시 스틱스 또는 펀 딥(시트르산함유 사탕) 3 g
- 주방 저울
- 숟가락
- 온도계

물리적 변화가 발생했는지, 화학적 변화가 발생했는지 어떻게 판단할 수 있는가? 발열 반응과 흡열 반응의 주요 차이점은 무엇인가?

이 실험에서는 안전한 재료와 조건을 사용하여 두 가지 다른 화학 반응을 수행한다. 하나는 계에서 주변으로 열이 방출되는 발열 반응이다. 다른 하나는 에너지가 열로 흡수되는 흡열 반응이다.

물 1큰술을 계량한다. 컵에 물을 붓고 표식한다. 온도계로 초기 시작 온도를 기록한다. 데이터 표를 만들어 시작 온도와 60초 동안 10초 간격으로 온도를 기록한다. 주방 저울을 사용하여 픽시 스틱스 과립 3 g의 무게를 잰다. 사탕을 모두 물에 빠르게 넣고 숟가락으로 저어준다(사탕이 물에 완전히 녹을 필요는 없다). 60초 동안 온도 데이터를 수집한다.

물의 온도는 어떻게 되는가? 어떤 유형의 반응이 일어났는가(그림 1)?

▲ 그림 1

과산화 수소 1큰술을 계량한다. 과산화 수소를 컵에 붓고 표식한다. 데이터 표에 시작 온도를 기록한다. 데이터 표를 만들어 60초 동안 10초 간격으로 온도를 기록한다. 주방 저울을 사용하여 효모 3 g의 무게를 잰다. 과산화 수소에 효모를 넣고 숟가락을 사용하여 저어준다. 효모를 넣으면 어떻게 되는가? 60초 동안 온도 데이터를 수집한다(그림 2).

▲ 그림 2

성냥을 이용해 나무 커피 스틱 끝에 불을 붙이고 잠시 불이 붙도록 놔둔다. 그런 다음 불을 끄자. 불이 타오르지는 않지만, 붉은 빛이 남아 있어야 한다. 불이 붙은 부목의 끝을 거품의 큰 거품 쪽으로 조심스럽게 가져간다. 그 다음에 무슨 일이 일어나겠는가?

실험문제

1. 두 반응 모두 화학적 변화인가, 아니면 물리적 변화인가? 설명하라.
2. 어떤 반응이 흡열 반응을 일으켰는가? 그 이유는 무엇인가?
3. 어떤 반응이 발열 반응을 일으켰는가? 그 이유는 무엇인가?
4. 효모와 과산화 수소 실험에서 어떤 가스가 생성되었는가? 어떻게 알았는가?
5. 사탕과 물 실험을 반복한다면 나무 부목에 다시 불을 붙일 수 있는가? 그 이유는 무엇인가, 또는 왜 불가능한가?

생화학

13

13.1 에너지와 살아 있는 세포
13.2 탄수화물: 에너지의 저장고
13.3 식이 탄수화물
13.4 지방과 기타 지질
13.5 지방과 콜레스테롤
13.6 단백질: 아미노산 중합체
13.7 단백질의 구조와 기능
13.8 식단 속 단백질
13.9 핵산: 구조와 기능
13.10 RNA: 단백질 합성과 유전 암호
13.11 사람 유전체

이 장과 관련된 궁금증

1. 고과당 옥수수 시럽이란 무엇이며, 왜 그렇게 많은 제품에 사용되는가?
2. 과일은 달콤하기 때문에 사탕처럼 충치를 유발하는가?
3. 높은 혈중 콜레스테롤은 주로 노인에게 문제가 되는가?
4. 아미노산이 20가지가 넘는다는 것은 사실인가?
5. 효소는 단백질과 다른가?

생명은 식물과 동물을 포함한 다양한 형태로 존재한다. 눈에 보이지 않을 정도로 작은 생명체를 포함한 모든 형태는 동일한 종류의 생화학 반응을 통해 분자를 만들고, 이를 통해 세포를 지탱하는 에너지와 구성 요소를 제공하여 다양한 형태의 생명을 유지한다.

생명에 대한 분자적 관점 인체는 그 어떤 산업 공장보다 훨씬 더 복잡한 놀라운 화학 공장과 같다. 건강을 유지하고 다양한 작업을 수행하기 위해서는 많은 특정 화학 물질이 필요하며, 대부분은 정교하게 조직된 화학 생산 라인 네트워크에서 스스로 만들어낸다.

우리 몸의 100조 개에 달하는 작은 세포를 포함한 생명체의 세포에서는 매일 매 순간 수천 가지 화학 반응이 일어난다. 이러한 반응과 그 반응에서 생성되는 화학 물질을 연구하는 것을 '생화학'이라고 한다. 모든 형태의 생명체는 본질적으로 화학 물질이다. 생물체에서 일어나는 물질과 반응은 우리가 이미 배운 것보다 더 복잡한 경우가 많지만 산-염기 반응, 분자간 힘, 유기 작용기의 반응성과 같은 기본적인 화학 개념은 생물체에도 그대로 적용된다.

이 장에서는 우리 몸에서 단백질의 거동을 결정짓는 산-염기 반응에 대해 살펴본다. DNA와 RNA의 성질과 거동에 영향을 미치는 분자간 힘에 대해 살펴볼 것이다. 생화학 분자의 작용기는 우리가 배운 다른 유기 화합물의 작용기와 동일하다는 것을 알게 될 것이다. 또한 음식이 우리 몸을 구성하는 분자 구성 요소와 생명 활동에 필요한 에너지를 어떻게 제공하는지 살펴볼 것이다. 이러한 에너지는 궁극적으로 광합성을 통해 태양에서 얻어진다.

13.1 에너지와 살아 있는 세포

학습 목표 • 세포의 주요 부분을 나열하고 각 부분의 기능을 설명한다.
• 식물의 주요 에너지원과 동물의 에너지원이 되는 물질의 세 가지 종류를 말한다.

생화학(biochemistry)은 생명체와 생명 과정을 다루는 화학 분야이다. 모든 생명체의 구조적 단위는 **세포**(cell)이다. 모든 세포는 **세포막**(cell membrane)으로 둘러싸여 있으며, 이중 지질층으로 구성된 세포막을 통해 영양분을 얻고 노폐물을 배출한다. 식물 세포(그림 13.1)에는 셀룰로스로 이루어진 세포벽이 추가로 존재하지만, 동물 세포(그림 13.2)에는 세포벽이 없다. 세포는 여러 가지 기능을 수행하는 다양한 내부 구조를 가지고 있다. 여기서는 그중 일부만 살펴보겠다.

세포 내부에서 가장 큰 구조물은 보통 **핵**으로, DNA 분자를 담고 있다. 이 분자 물질은 유전을 조절한다. 단백질 합성은 **리보솜**에서 이루어진다. **미토콘드리아**는 세포의 '배터리'로서 에너지가 생성되는 곳이다. 동물 세포에는 없지만, 식물 세포에는 **엽록체**가 있어 태양으로부터 받은 에너지를 화학 에너지로 전환하고, 이를 탄수화물의 형태로 저장한다.

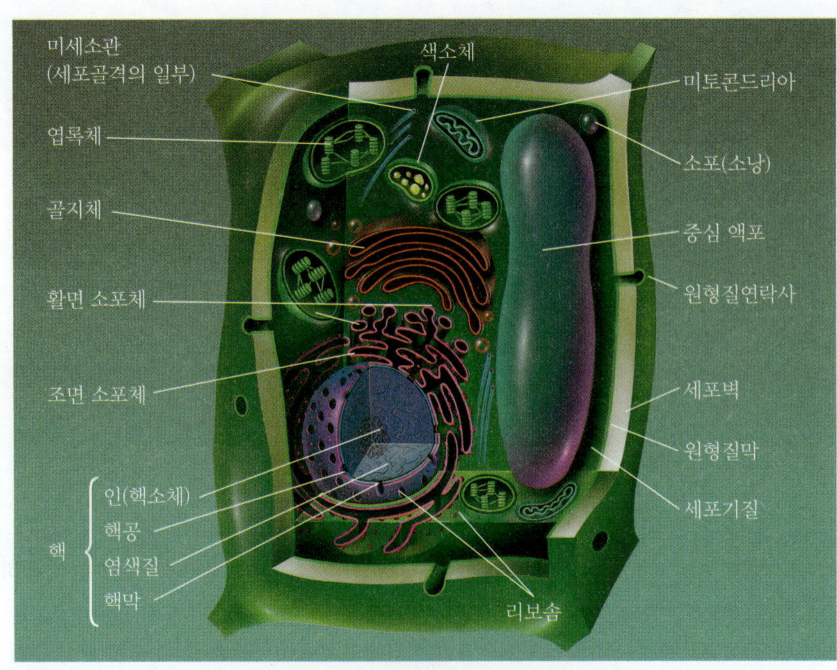

▶ **그림 13.1** 식물 세포의 일반적인 형태. 여기에 표시된 모든 구조가 모든 유형의 식물 세포에서 발생하는 것은 아니다.

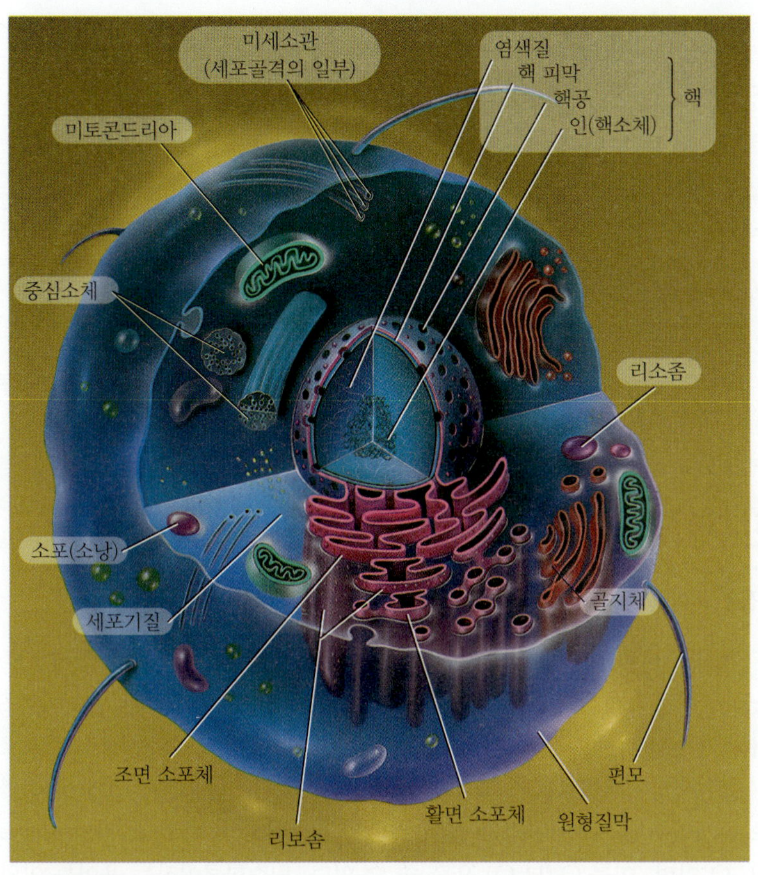

◀ **그림 13.2** 동물 세포. 여기에 표시된 전체 범위의 구조는 단일 세포에서 거의 발생하지 않으며 여기에서는 그중 일부만 설명한다. 각 종류의 식물 또는 동물 조직에는 해당 조직의 기능에 특정한 세포가 있다. 근육 세포는 신경 세포와 다르고, 신경 세포는 적혈구와 다르다.

생물학적 시스템에서의 에너지

생명은 에너지를 필요로 한다. 살아 있는 세포는 본질적으로 불안정하기 때문에 지속적으로 에너지를 투입해야만 세포가 파괴되지 않는다. 살아 있는 유기체는 특정 형태의 에너지만 사용하도록 제한되어 있다. 식물에 불을 붙여 열 에너지를 공급하는 것은 식물의 수명을 연장하는 데는 거의 도움이 되지 않는다. 반면 녹색 식물은 지구에서 가장 풍부한 에너지원인 햇빛을 고유하게 사용할 수 있다. 녹색 식물 세포의 엽록체는 태양으로부터 복사 에너지를 포집하여 화학 에너지로 변환한 다음 탄수화물 분자에 저장한다. 포도당의 광합성은 우리가 앞서 배운 다음 방정식으로 표현된다.

$$6\,CO_2(g) + 6\,H_2O(l) \longrightarrow C_6H_{12}O_6(aq) + 6\,O_2(g)$$

또한 식물 세포는 적절한 무기 영양소가 주어지면 탄수화물 분자를 지방 분자로, 단백질 분자로 전환할 수 있다.

동물은 햇빛의 에너지를 직접 사용할 수 없다. 식물을 먹거나 식물을 먹는 다른 동물을 먹음으로써 에너지를 얻어야 한다. 동물은 탄수화물, 지방, 단백질의 세 가지 주요 유형의 물질에서 에너지를 얻는다. 탄수화물, 지방, 단백질의 식품으로서의 이용에 대해서는 이 장의 후반부에서 다룰 것이다. 그러나 먼저 이러한 각 필수 물질의 합성과 구조를 살펴볼 필요가 있다.

소화되어 세포로 운반된 음식물 분자는 새로운 세포 부품을 만들거나 오래된 세포를 수리하는 구성 요소로 사용되거나 에너지를 위해 '연소'될 수 있다. 세포를 살아 있게 하는 일련의 조율된 화학 반응 전체를 **물질대사**(metabolism)라고 한다. 일반적으로 대사 반응은 에너지를 제공하기 위해 분자를 분해하는 것을 **이화 작용**(catabolism)이라 하고, 생명체의 분자를 만들거나 합성하는 과정을 **동화 작용**(anabolism)이라 한다.

자가평가문제

1. 우리가 에너지를 얻는 세 가지 주요 유형의 물질은 무엇인가?
   a. 아미노산, 단백질, 탄수화물
   b. 아미노산, 단백질, 지방
   c. 단백질, 핵산, 기름
   d. 탄수화물, 지방, 단백질
2. 살아 있는 세포 내에서 세포 구조를 만들기 위해 분자를 합성하는 과정은 무엇인가?
   a. 동화 작용 b. 이화 작용
   c. 물질대사 d. 전사
3. 세포를 살아 있게 하는 전반적인 화학 반응은 무엇인가?
   a. 동화 작용 b. 물질대사
   c. 효소학 d. 단백질 분해
4. 햇빛을 포집하여 화학 에너지로 변환하는 식물 세포 구조는 무엇인가?
   a. 엽록체 b. 미토콘드리아
   c. 핵 d. 리보솜

정답: 1. d, 2. a, 3. b, 4. a

13.2 탄수화물: 에너지의 저장고

학습 목표 • 전분, 글리코젠, 셀룰로스를 비교하고 대조한다.

탄수화물에 대해 간단하고 공식적인 정의를 내리기는 어렵다. 화학적으로 **탄수화물**(carbohydrate)은 폴리하이드록시 알데하이드 또는 케톤 또는 이러한 알데하이드와 케톤을 형성하기 위해 가수분해(물로 분해)될 수 있는 화합물이다. 탄소, 수소, 산소 원소로 구성된 탄수화물에는 설탕, 전분, 셀룰로스가 포함된다. 보통 이들 원소는 $C_n(H_2O)_n$이라는 식으로 표현되는 비율로 존재하는데, 이는 탄소와 물이 결합된 화합물처럼 보인다. 단당류인 포도당의 화학식은 $C_6H_{12}O_6$이며, 이를 $C_6(H_2O)_6$으로 쓸 수 있다. **탄수화물**이라는 용어는 이와 같은 분자식에서 유래했을 뿐 탄소의 수화물이 아니며, 실제로는 개별적인 물 분자를 포함하고 있지 않다는 것을 명심하자.

단당류

당은 단맛이 나는 탄수화물이다. 가장 단순한 당류는 **단당류**(monosaccharide)로, 더 이상 가수분해할 수 없는 탄수화물이다. 그림 13.3에는 세 가지의 대표적 식이 단당류가 나와 있다. 포도당(덱스트로스라고도 함), 갈락토스(우유에 들어 있는 당분인 젖당의 성분), 과당(과일 당)이다. 포도당과 갈락토스는 **알도스**(aldoses)로, 알데하이드 작용기를 가진 단당류이다(표 9.6).

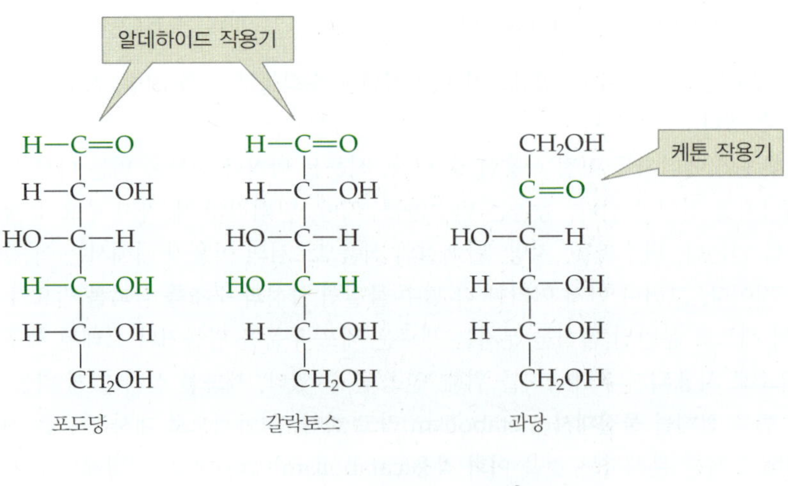

▶ **그림 13.3** 세 가지 대표적 단당류. 이들 모두는 여러 개의 수산기(—OH)를 가진다. 포도당과 갈락토스는 알데하이드기를 갖는 알도스이며, 과당은 케톤기를 갖는 케토스이다. 포도당과 갈락토스의 차이는(그림에서 녹색으로 표시된) 네 번째 탄소(C4) 주변의 H와 —OH의 입체배열만 다르다는 점이다. 살아 있는 세포는 포도당을 주요 에너지원으로 사용한다. 과당은 주로 과일에 풍부하며, 갈락토스는 유당의 구성 성분이다.

Q 세 가지 단당류의 분자식은 각각 무엇인가? 또한 이 세 화합물은 서로 어떤 관계가 있는가?

과당은 **케토스**(ketose)로, 케톤 작용기를 가진 단당류이다. 순수 과당은 설탕(그림 13.5)보다 약 25% 더 달지만, 포도당은 설탕보다 약 25% 덜 달다.

예제 13.1 단당류의 분류

다음 그림은 (왼쪽부터) 일부 선탠 로션에 사용되는 에리스룰로스, 크랜베리 등 일부 과일에서 발견되는 당인 만노스, 리보핵산(RNA, 13.9절)의 성분인 리보오스의 구조를 나타낸 것이다.

```
                          CHO
                           |
                      HO—C—H                CHO
                           |                     |
       CH2OH          HO—C—H            H—C—OH
         |                 |                     |
        C=O              H—C—OH         H—C—OH
         |                 |                     |
   HO—C—H               H—C—OH         H—C—OH
         |                 |                     |
       CH2OH             CH2OH              CH2OH
     에리스룰로스          만노스              리보오스
```

에리스룰로스와 리보오스를 알도스 또는 케토스로 분류하라.

풀이

에리트룰로스는 케토스이다. 카르보닐기(C=O)가 사슬의 두 번째 탄소(C2)에 위치하며 양쪽이 탄소로 둘러싸여 있어 케톤기를 이룬다(4탄당이므로 케토테트로스). 리보오스는 알도스이다. 알데하이드기 형태의 카르보닐기가 사슬 말단 탄소(C1)에 위치한다(5탄당이므로 알도펜토스).

› 복습문제 13.1A

만노스(예제 13.1의 그림)의 구조는 갈락토스와 어떻게 다른가?

› 복습문제 13.1B

만노스의 구조는 과당의 구조와 어떻게 다른가(그림 13.3)?

그림 13.3에서 단당류인 포도당, 갈락토스, 과당은 알데하이드기 또는 케톤기를 강조하기 위해 열린사슬형으로 그려져 있다. 그러나 이러한 당류는 실제로 용액에서 주로 고리형으로 존재한다(그림 13.4).

자당과 젖당은 분자를 가수분해하여 2개의 단당류 단위를 생성할 수 있는 탄수화물인 **이당류**(disaccharide)의 예이다(그림 13.5).

1 고과당 옥수수 시럽이란 무엇이며, 왜 그렇게 많은 제품에 사용되는가?

고과당 옥수수 시럽(HFCS)은 포도당의 일부가 효소에 의해 과당으로 전환된 시럽이다. 과당이 포도당보다 더 달기 때문에 일반 옥수수 시럽보다 단맛이 강하다. 또한 HFCS는 미국에서 비교적 저렴하다. 안타깝게도 설탕과 마찬가지로 영양소는 거의 제공하지 않고 '공허한 칼로리'를 제공한다.

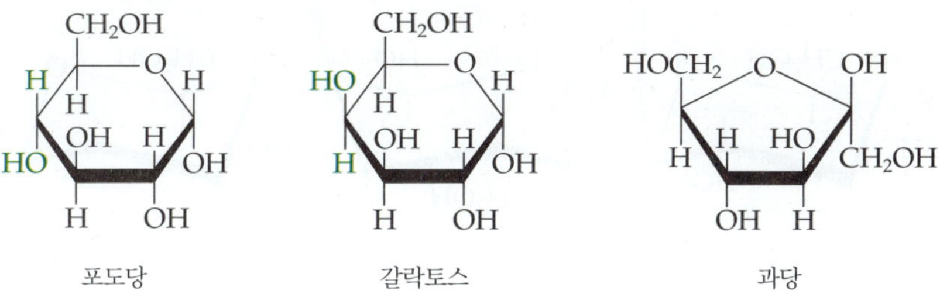

◀ **그림 13.4** 포도당, 갈락토스, 과당의 고리 구조. 표기가 없는 꼭짓점은 탄소 원자를 나타낸다. 포도당과 갈락토스는 네 번째 탄소(C4, 녹색 표시)에서 H와 —OH의 입체배열만 다르다. 일부 당은 두 가지 이상의 고리 형태(예: α/β)로 존재하지만, 여기서는 단순화를 위해 각 당에 대해 한 가지 형태만 제시했다.

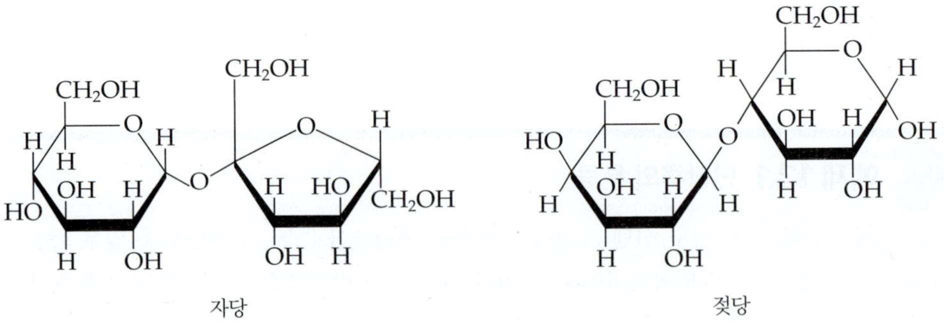

▶ **그림 13.5** 자당과 젖당은 이당류이다. 자당은 가수분해되면 포도당과 과당을, 젖당은 포도당과 갈락토스를 생성한다. 자당은 사탕수수나 사탕무에서 얻는 이당류이고, 젖당은 우유에 함유된 이당류이다.

Q 각 이당류의 분자식은 무엇인가? 두 화합물은 어떤 관련이 있는가? 각각에 있는 두 단당류 단위를 과당, 갈락토스, 포도당으로 표기하라.

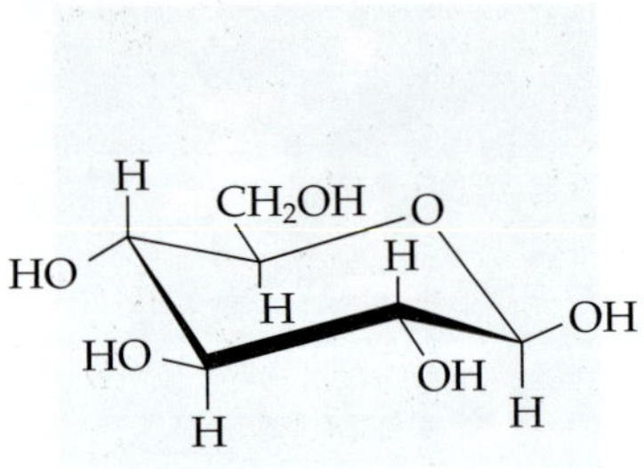

자당

젖당

▲ 여기서는 포도당의 의자형을 예로 했다. 고리형 단당류를 평면 육각형(하워스 투영식)으로 그리기도 하지만, 실제로는 입체적이다. 대부분 안락의자와 다소 닮았다고 해서 의자 모양이라고 부르는 형태(모양)를 가정한다.

자당은 포도당과 과당으로 나뉜다. 젖당을 가수분해하면 포도당과 갈락토스가 생성된다.

$$\text{자당} + H_2O \longrightarrow \text{포도당} + \text{과당}$$
$$\text{젖당} + H_2O \longrightarrow \text{포도당} + \text{갈락토스}$$

다당류: 전분과 셀룰로스

다당류(polysaccharide)는 가수분해 시 많은 단당류로 분해되는 고분자 물질이다. 대표적으로 전분과 셀룰로스가 있다. 전분은 많은 식물에서 주요 에너지 저장 형태이고, 셀룰로스는 식물의 구조 재료로 기능한다. 그림 13.6은 전분과 셀룰로스 분자의 짧은 분절을 보여준다. 두 물질은 모두 포도당의 중합체이다. 전분 분자는 대개 약 100~6000개의 포도당 단위로 이루어지며, 셀룰로스 분자는 1800~3000개 이상의 포도당 단위로 구성된다.

전분과 셀룰로스의 중요한 차이는 포도당 단위가 서로 연결되는 방식이다. 전분에서는 기준 치환기인 $-CH_2OH$에 대해 결합 산소가 반대쪽(α 배열)에 위치하며, 이를 알파 결합이라 한다. 반면 셀룰로스에서는 결합 산소가 $-CH_2OH$와 같은 쪽(β 배열)에 위치하며, 이를 베타 결합이라 한다.

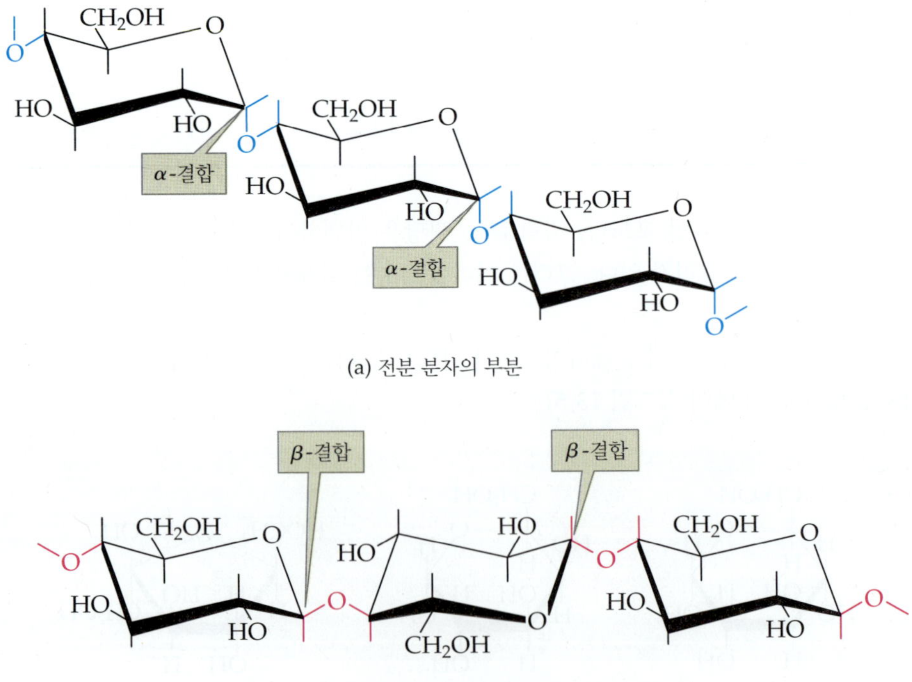

α-결합

α-결합

(a) 전분 분자의 부분

β-결합

β-결합

(b) 셀룰로스 분자의 부분

▶ **그림 13.6** 전분과 셀룰로스는 모두 포도당의 중합체이다. 전분에서는 포도당 단위가 알파(α) 결합(파란색)으로 연결되어 있고, 셀룰로스에서는 베타(β) 결합(빨간색)으로 연결되어 있다.

Q 대부분의 고분자에 대한 식은 축약식으로 쓸 수 있다(10.2절). 전분의 축약식을 쓰고, 셀룰로스의 축약식이 전분과 어떻게 다른지 설명하라.

(a)

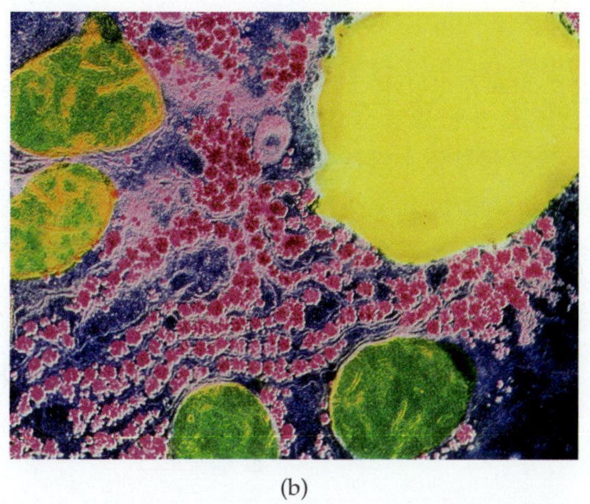
(b)

◀ **그림 13.7** 셀룰로스는 섬유를 형성하는 반면에 전분과 글리코젠은 과립을 형성한다. (a) 연속적인 셀룰로스 섬유층이 병렬로 배열된 조류의 세포벽, (b) 집쥐 간세포의 글리코젠 과립 전자현미경 사진.

미묘하지만 중요한 이 차이는 해당 물질이 사람에 의해 소화될 수 있는지에 큰 영향을 미친다(13.3절). 결합 방식이 다르면 3차원 형상도 달라진다. 전분에서는 중합체가 구부러져 나선형을 이루는 반면에 셀룰로스의 중합체는 길고 곧은 사슬을 형성한다. 식물 세포벽의 셀룰로스는 평행 사슬 다발인 **섬유**로 배열된다. 그림 13.7a에서 보듯이, 이러한 섬유는 세포벽의 각 층에서 서로 평행하게 놓이며, 층이 바뀔 때마다 섬유 방향이 서로 직교하도록 배열되어 세포벽의 강도를 높인다.

식물에서 발견되는 전분은 두 가지 형태가 있다. **아밀로스**는 포도당 단위가 비분지 연속 사슬로 연결된 형태이고, **아밀로펙틴**은 포도당 단위가 가지 사슬을 이루는 형태이다. 이러한 전분은 그림 13.8과 같이 각 포도당 단위를 빈 원으로 나타낸 도식으로 표현할 수 있다.

동물성 저장 다당류는 **글리코젠**이라 한다. 아밀로펙틴과 마찬가지로 포도당 단위의 분지 사슬로 구성되어 있다. 그림 13.7b에서 보듯이, 글리코젠은 근육과 간 조직에서 작은 과립 또는 클러스터로 관찰되며, 이에 비해 식물 전분은 큰 과립을 형성한다. 한편, 옥수수 전분을 약 400 °F에서 1시간 가열하면 전분 중합체가 더 짧은 사슬로 분해되어 당과 전분의 중간 성질을 지닌 **덱스트린**이 생성된다. 덱스트린을 물과 혼합하면 약간 점성이 있는 혼합물이 된다. 전분과 덱스트린 접착제는 미국 포장재 시장의 약 58%를 차지한다.

식물 전분의 과립은 끓는 물에서 팽윤·파열되어 페이스트(풀)를 형성하고, 식으면 겔화된다. 감자와 곡류는 이러한 전분 페이스트를 형성한다. 모든 형태의 전분은 소화 과정에서 가수분해되어 포도당으로 분해된다.

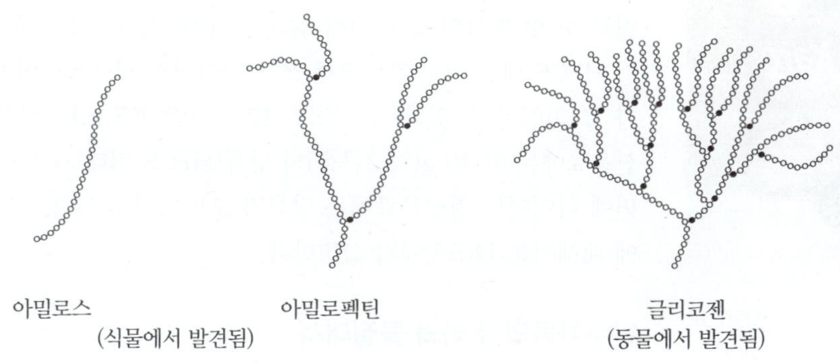

◀ **그림 13.8** 아밀로스, 아밀로펙틴, 글리코젠의 개략도. 아밀로스는 가지가 없고, 아밀로펙틴은 약 25개의 포도당 단위마다 가지가 분지한다. 글리코젠은 약 10개의 포도당 단위마다 더 촘촘히 분지한다.

자가평가문제

1. 알도스는 단당류인데, 이에 대한 설명으로 옳은 것은 무엇인가?
   a. 다이어트 보조제이다.
   b. 폴리하이드록시 셀룰로스를 형성한다.
   c. 알도스테롤을 형성한다.
   d. 알데하이드기이다.
2. 대부분의 단당류는 물에 용해되면 무엇이 되는가?
   a. 분지 다당류 b. 이당류
   c. 링 구조 d. 다당류
3. 젖당 분자를 구성하는 두 가지 단당류 단위는 무엇인가?
   a. 모두 포도당 b. 과당과 갈락토스
   c. 포도당과 과당 d. 포도당과 갈락토스
4. 포도당 단위의 분지 사슬로 구성된 다당류 분자는 무엇인가?
   a. 아밀로스와 아밀로펙틴 b. 아밀로스와 셀룰로스
   c. 아밀로스와 글리코젠 d. 아밀로펙틴과 글리코젠
5. 베타 결합이 있는 탄수화물은 무엇인가?
   a. 아밀로스 b. 아밀로펙틴
   c. 셀룰로스 d. 글리코젠

정답: 1. d, 2. c, 3. d, 4. d, 5. c

13.3 식이 탄수화물

학습 목표 • 식이 탄수화물을 식별하고 그 공급원과 기능을 설명한다.

식이 탄수화물에는 당류와 전분이 포함된다(그림 13.9). 당류는 주로 단당류와 이당류이고, 전분은 다당류이다.

당류는 오래전부터 식품을 더 달고 기호성 있게 만들기 위해 사용되어 왔다. 과일의 기본적인 단맛은 과당에서 기인하며, 과당의 명칭은 라틴어 *fructus*에서 유래한다. 가장 오래된 감미료 중에 하나인 꿀은 단당류인 과당과 포도당의 혼합물이다. 우리가 흔히 사용하는 식용 설탕은 일반적으로 사탕수수나 사탕무에서 얻는 이당류 자당이다. 점성이 있는 액체인 일반 옥수수 시럽은 옥수수 전분을 가수분해하여 얻은 포도당이 주성분이다. 고과당 옥수수 시럽(HFCS)은 옥수수 시럽의 일부 포도당을 효소로 과당으로 전환하여 만든다. 과당은 포도당보다 상대적 감미가 높고 같은 단맛을 내기 위해 사용하는 양이 적을 수 있으므로 자당으로 단맛을 낸 경우보다 총 칼로리가 다소 낮아질 수 있다.

▲ **그림 13.9** 우리 식단의 주요 당분은 자당(사탕수수 또는 비트 설탕), 포도당(옥수수 시럽), 과당(과일 설탕, 종종 고과당 옥수수 시럽 형태)이다.

Q 포도당의 분자식은 무엇인가? 과당은 무엇인가? 두 화합물은 어떤 관련이 있는가? 설탕과 과당은 어떤 관련이 있는가?

현대 식단에서 당류는 주로 청량음료, 가당 시리얼, 사탕, 기타 고도 가공 식품을 통해 섭취되며, 열량 외의 영양적 가치가 거의 없거나 전혀 없는 경우가 많다. 이러한 가당 식품의 당류는 치아 우식과 비만의 위험 요인이 될 수 있다. 1960년대부터 2008년까지 1인당 설탕 소비량은 크게 증가했으나, 최근 몇 년간은 소폭 감소했다. 일부 주 및 도시의 공중 인식 캠페인, 일반 청량음료에 흔히 사용되던 HFCS 대신 인공 감미료를 쓰는 다이어트 청량음료의 인기 증가가 그 원인일 수 있다. 일반적인 12온스(약 355 mL) 캔의 보통 탄산음료에는 약 40 g(약 3큰술)의 당류(HFCS 형태)가 들어 있는 반면에 다이어트 청량음료에는 당류가 포함되지 않으며, 인공 감미료에 대해서는 14.5절에서 설명한다.

탄수화물의 소화와 물질대사

포도당과 과당은 소화관에서 직접 흡수되어 혈류로 들어간다. 자당은 소화 과정에서 가수분해되어 포도당과 과당으로 분해된다.

$$\text{자당} + H_2O \longrightarrow \text{포도당} + \text{과당}$$

이당류인 젖당은 우유에 들어 있다. 소화 과정에서 젖당은 포도당과 갈락토스로 가수분해된다.

$$\text{젖당} + H_2O \longrightarrow \text{포도당} + \text{갈락토스}$$

대부분의 영아는 젖당 분해에 필요한 효소(락테이스)를 갖고 있으나, 많은 성인은 효소 활성이 부족하다. 이 경우 우유 섭취 시 소화장애가 나타나며 이를 유당 불내증이라 한다. 우유를 조리하거나 발효하면 젖당이 부분적으로 가수분해되므로, 유당 불내증이 있는 사람도 치즈·요구르트·우유가 들어간 조리식 등은 비교적 불편 없이 섭취할 수 있다. 한편, 우유를 젖당 분해효소로 전처리하여 만든 락토프리(무유당) 우유가 시판된다. 유당 불내증은 아시아·아프리카계 인구에서 특히 흔하고, 유럽계에서는 상대적으로 드물다.

오랫동안 모든 단당류가 대사 과정에서 포도당으로 전환되는 것으로 여겨졌으나, 연구에 따르면 과당은 간에서 대사되어 트라이글리세라이드 합성을 촉진할 수 있음이 보고되었다. 이로 인해 고과당 옥수수 시럽(HFCS)의 광범위한 사용이 주목받게 되었다. 포도당은 우리 세포가 에너지로 사용하는 당으로, 혈류에서 순환하기 때문에 흔히 **혈당**(blood sugar)이라 부른다. 일부 영아는 갈락토스혈증(갈락토스를 포도당으로 전환하는 과정에 필요한 효소 결핍)을 가지고 태어나며, 이 경우 적절한 영양 공급을 위해 유당을 포함하지 않는 대체 조제분유(그림 13.10)를 급여해야 한다.

▲ 사탕수수는 열대 지역의 주요 작물로, 미국에서 소비되는 정제 설탕의 약 45%를 공급한다.

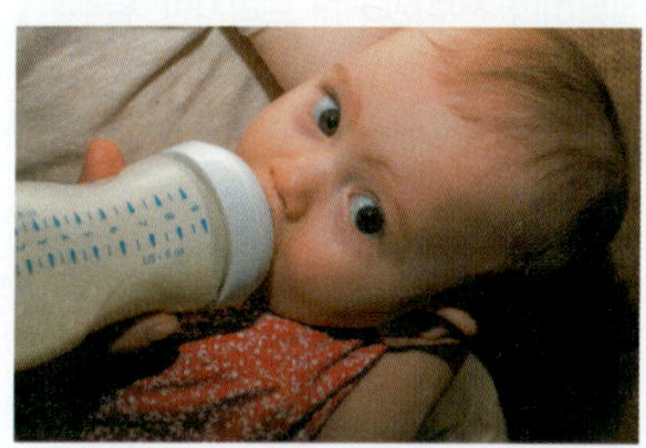

▲ **그림 13.10** 갈락토스혈증 신생아는 젖당이 포함되지 않은 대체 조제분유로 건강하게 성장할 수 있다.

복합 탄수화물: 전분과 셀룰로스

전분과 셀룰로스는 모두 포도당의 중합체이지만, 포도당 단위를 잇는 결합 방식이 다르다(그림 13.6). 사람의 소화 효소는 α-글리코시드 결합(주로 α-1,4/α-1,6)을 가수분해할 수 있어 **전분**(starch)을 쉽게 소화한다. 전분 사슬은 이러한 결합으로 인해 완만한 나선 구조를 이루는 경향이 있다. 반면에 **셀룰로스**(cellulose)는 β-1,4 글리코시드 결합으로 포도당 단위가 직선형 사슬을 형성하며, 사람은 셀룰레이스가 없어 이를 가수분해하지 못한다. 전분은 식단에서 중요하지만 일일 총 열량의 약 4분의 1 정도로 제한하는 것이 권장되며(그림 13.11), 섭취하는 전분의 절반 이상을 통곡물로 공급하는 것이 바람직하다. 셀룰로스는 식이섬유의 중요한 구성 성분이다.

소화되면 전분은 다음 식과 같이 가수분해되어 포도당으로 분해된다.

$$\underset{\text{전분}}{(C_6H_{10}O_5)_n} + n\,H_2O \xrightarrow{\text{탄수화물}} \underset{\text{포도당}}{n\,C_6H_{12}O_6}$$

그러면 신체는 포도당을 대사하여 에너지 공급원으로 사용한다. 포도당은 50가지 이상의 복잡

2 과일은 달콤하기 때문에 사탕처럼 충치를 유발하는가?

치아 법랑질 우식의 주된 원인균 중 하나인 *Streptococcus mutans*는 자당을 이용해 점성이 큰 세균막(덴탈 플라크) 다당류를 잘 형성한다. 자유 포도당·과당도 대사되지만, 자당은 세균막 형성과 산 생성에 특히 유리한 기질이어서 충치 위험을 높일 수 있다.

자신 만의 탄수화물 소화 실험을 할 수 있다. 무염 크래커를 오래 씹으면 단맛이 느껴진다. 이는 침에 포함된 소화 효소(예: 아밀레이스)가 전분 분해를 시작하기 때문이다.

▲ **그림 13.11** 빵·밀가루·시리얼·파스타는 전분이 풍부하다. 나미비아 오샤카티에서 판매되는 다양한 곡식(왼쪽)과 미국에서 판매되는 여러 파스타·제빵 제품(오른쪽)은 전 세계 식단에서 소비되는 탄수화물의 예를 보여준다.

왜 중요할까?

최근 저탄수화물 식품이 강조되면서, 일부 다이어트 제품의 라벨에는 소화 가능 탄수화물의 질량이 그램 단위로 표기된다. '탄수화물 1 g(또는 순 탄수화물 1 g)'은 1회 제공량에 쉽게 소화·흡수되는 탄수화물이 1 g 포함됨을 의미한다. 라벨을 주의 깊게 읽는 것이 중요하다. 이들 제품에는 포화 지방을 포함한 지방이 다량 함유되어 있을 수 있으며 글리세린, 자일리톨 등의 당알코올 첨가제가 비교적 많이 들어 있어 설탕이나 전분보다 더 느리지만, 탄수화물 섭취에 기여할 수 있다.

한 화학 반응을 통해 분해되어 이산화 탄소와 물이 생성되고 에너지가 방출된다.

$$C_6H_{12}O_6 + 6\,O_2 \longrightarrow 6\,CO_2 + 6\,H_2O + \text{에너지}$$

순 반응은 광합성의 총괄 반응과 역관계에 있다. 이러한 경로를 통해 동물은 식물이 광합성으로 포획한 태양 에너지를 이용한다. 그러나 광합성과 포도당 대사의 개별 반응 메커니즘은 서로 다르다는 점에 유의해야 한다.

그램당 약 4 kcal의 에너지를 공급하는 탄수화물은 우리 몸이 선호하는 1차 연료이다. 섭취량이 소모량을 초과하면 일부 탄수화물은 **글리코젠**(glycogen)으로 전환되어 간과 근육에 저장되고, 과잉분은 지방으로 전환되어 저장된다. 대부분의 보건당국은 통곡물·과일·채소·콩류 중심으로 탄수화물을 섭취하고, 정제 당류와 정제 전분의 섭취는 최소화할 것을 권고한다.

셀룰로스는 자연계에서 가장 풍부한 탄수화물이다. 모든 식물에 존재하며 세포벽과 줄기, 나무껍질, 잎, 씨앗과 같은 기타 구조적 특징을 형성한다. 목재는 약 50%가 셀룰로스이며, 면섬유는 거의 순수 셀룰로스이다. 전분과 달리 셀룰로스는 사람을 비롯한 많은 동물이 소화하지 못한다. 그러나 셀룰로스는 수분을 흡수하고 장내 내용물의 이동을 돕는 식이섬유를 제공하여 소화 건강에 중요하다(14.4절).

식이 셀룰로스는 포도당 단위가 β-글리코시드 결합(β-1,4)으로 연결되어 있으며, 대부분의 동물은 이를 분해하는 효소가 없어 열량을 제공하지 않는다. 한편, 흰개미의 장내와 소·사슴 등 반추동물의 소화관에 서식하는 특정 미생물은 특정 효소(셀룰레이스)를 생성하여 셀룰로스를 포도당으로 전환하게 한다.

자가평가문제

1. 자연에서 발견되는 가장 풍부한 탄수화물은 무엇인가?
- **a.** 셀룰로스
- **b.** 젖당
- **c.** 전분
- **d.** 설탕

2. 셀룰로스와 전분을 각각 구성하는 단량체 단위는 무엇인가?
- **a.** 포도당과 과당
- **b.** α-포도당과 β-포도당
- **c.** β-포도당과 α-포도당
- **d.** 과당과 설탕

3. 일반 옥수수 시럽에 대한 설명으로 옳은 것은 무엇인가?
- **a.** 포도당과 과당으로 구성되어 있다.
- **b.** 주로 포도당으로 구성되어 있다.
- **c.** 식용 설탕과 마찬가지로 주로 설탕이다.
- **d.** 고과당 옥수수 시럽의 다른 이름이다.

4. 소량의 탄수화물은 간(간)과 근육 조직에 무엇으로 저장되는가?
- **a.** 아밀로스
- **b.** 셀룰로스
- **c.** 포도당
- **d.** 글리코젠

5. 사람은 셀룰로스를 소화할 수 없다. 무엇을 가수분해하는 효소가 부족하기 때문인가?
- **a.** α-아미노산 결합
- **b.** α-포도당 결합
- **c.** β-포도당 결합
- **d.** 설탕

정답: 1. a, 2. c, 3. b, 4. d, 5. c

13.4 지방과 기타 지질

학습 목표 • 지방산과 지방의 기본 구조를 설명한다.
• 지방을 포화, 단일불포화, 고도불포화 지방으로 분류한다.

지방은 **지질**에 속하는 대표적 물질군이다. 이들은 다수의 유기 화합물과 달리 특정 작용기로 정의되지 않는다. 오히려 공통된 용해성을 가진다. 즉 **지질**(lipid)은 물에는 불용성이지만 헥산, 디에틸에테, 클로로포름과 같은 저극성 유기용매에 잘 녹는 특성으로 묶인다. 지질에는 지방 외에도 **지방산**(fatty acid, 장쇄 카복실산), 스테로이드(예: 콜레스테롤과 성호르몬, 15장), 지용성 비타민(14장) 등 여러 물질이 포함된다. 그림 13.12는 전형적 지방산인 팔미트산의 세 가지 표현을 보여준다.

지방(fat)은 지방산과 트리하이드록시 알코올인 글리세롤이 에스터 결합으로 연결된 화합물이다(그림 13.13). 그래서 1개의 글리세롤에 3개의 지방산 사슬이 결합한 형태를 흔히 트리아실글리세롤 또는 **트라이글리세라이드**(triglyceride)라고 부른다. 유사 화합물은 결합된 지방산의 개수에 따라 모노글리세라이드(1개), 디글리세라이드(2개)로 분류된다.

자연계 지방산은 대체로 탄소수의 짝수를 갖는다(표 13.1). 동물성 지방은 일반적으로 포화 지방산 비율이 높고 불포화 지방산 비율이 낮아 실온에서 고체인 경우가 많다. **기름**(oil)은 주로 식물성에서 얻으며, 대체로 불포화 지방산 함량이 높아 실온에서 액체이다. 지방과 기름은 모두 지질성(기름기)을 띠며, 물보다 밀도가 낮아 물 위에 뜬다.

지방은 흔히 불포화 정도에 따라 분류한다. **포화 지방산**(saturated fatty acid)은 탄소-탄소 이중 결합이 없고, **단일불포화 지방산**(monounsaturated fatty acid, MUFA)은 분자당 이중

$$CH_3CH_2CH_2CH_2CH_2CH_2CH_2CH_2CH_2CH_2CH_2CH_2CH_2CH_2COOH$$

(a)

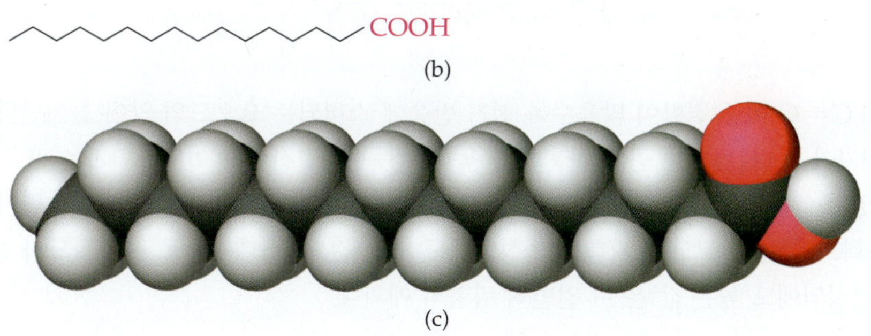

(c)

◀ **그림 13.12** 팔미트산의 세 가지 표현. (a) 축약식, (b) 선-각식(선은 결합을, 각 교차점과 선 끝은 탄소 원자를 나타낸다), (c) 공간-채움 모형

$$\begin{matrix} CH_2OH \\ | \\ CHOH \\ | \\ CH_2OH \end{matrix} + \begin{matrix} HOC(=O)CH_2(CH_2)_{11}CH_3 \\ HOC(=O)CH_2(CH_2)_{11}CH_3 \\ HOC(=O)CH_2(CH_2)_{15}CH_3 \end{matrix} \longrightarrow \begin{matrix} CH_2-OC(=O)CH_2(CH_2)_{11}CH_3 \\ | \\ CH-OC(=O)CH_2(CH_2)_{11}CH_3 \\ | \\ CH_2-OC(=O)CH_2(CH_2)_{15}CH_3 \end{matrix} + 3\,H_2O$$

글리세롤 지방산 트라이글리세라이드

(a)

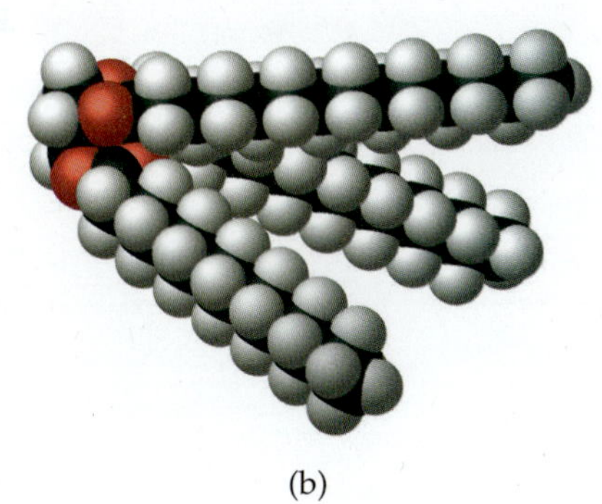

(b)

▲ **그림 13.13** 트라이글리세라이드(트리아실글리세롤)는 트리하이드록시(OH기가 3개인) 알코올 글리세롤이 3개의 지방산 그룹으로 에스터화된 에스터이다. (a) 트라이글리세라이드 형성 방정식, (b) 트라이글리세라이드의 공간-채움 모형

표 13.1 천연 지방에 함유된 일부 지방산

탄소 원자의 수	축약식	이름	공급원
4	$CH_3CH_2CH_2COOH$	부티르산	버터
6	$CH_3(CH_2)_4COOH$	카프로산	버터
8	$CH_3(CH_2)_6COOH$	카프릴산	코코넛 기름
10	$CH_3(CH_2)_8COOH$	카프르산	코코넛 기름
12	$CH_3(CH_2)_{10}COOH$	라우르산	야자핵 기름
14	$CH_3(CH_2)_{12}COOH$	미리스트산	육두구의 기름
16	$CH_3(CH_2)_{14}COOH$	팔미트산	야자나무 기름
18	$CH_3(CH_2)_{16}COOH$	스테아르산	소 기름(우지)
18	$CH_3(CH_2)_7CH{=}CH(CH_2)_7COOH$	올레산	올리브 기름
18	$CH_3(CH_2)_4CH{=}CHCH_2CH{=}CH(CH_2)_7COOH$	리놀레산	콩기름
18	$CH_3CH_2(CH{=}CHCH_2)_3(CH_2)_6COOH$	리놀렌산	생선 기름
20	$CH_3(CH_2)_4(CH{=}CHCH_2)_4CH_2CH_2COOH$	아라키돈산	산성 간

▲ 많은 샐러드 드레싱은 기름과 식초로 만든다. 여기에 표시된 병에는 올리브 기름이 와인 식초(아세트산 수용액) 위에 떠 있는 모습을 볼 수 있다.

결합 1개, 다중불포화 지방산(polyunsaturated fatty acid, PUFA)은 이중 결합 2개 이상을 가진다. **포화 지방**(saturated fat)은 포화 지방산의 비율이 높아 C=C 이중 결합이 상대적으로 적고, 반대로 **고도(다중)불포화 지방**(polyunsaturated fat, 흔히 식물성 기름)은 불포화 지방산 비중이 높아 이중 결합이 많다.

아이오딘가(iodine number)는 지방이나 기름의 불포화 정도를 나타내는 지표로, 100 g의 시료와 첨가 반응하는 요오드의 질량(g)을 의미한다. 아이오딘(다른 할로젠과 마찬가지로)은 탄소—탄소 이중 결합에 첨가 반응을 일으킨다.

$$\gt C{=}C\lt \; + \; I_2 \longrightarrow -\underset{I}{\overset{|}{\underset{|}{C}}}-\underset{I}{\overset{|}{\underset{|}{C}}}-$$

지방에 C=C 이중 결합이 많을수록 첨가 반응에 소비되는 요오드의 양이 늘어난다. 따라서 아이오딘가가 높다는 것은 곧 불포화도가 높다는 뜻이다. 전형적 아이오딘가는 표 13.2에 제시되어 있다. 일반적으로 동물성 지방(예: 버터, 라드)이 식물성 기름보다 아이오딘가가 낮다. 다만, 포화도가 높은 코코넛 기름(식물성임에도 낮은 값)과 상대적으로 불포화도가 높은 생선 기름(동물성임에도 높은 값)은 이 일반적 경향의 예외다.

표 13.2 일부 지방과 기름의 전형적 아이오딘가[a]

지방 또는 기름	아이오딘가	지방 또는 기름	아이오딘가
코코넛 기름	**8~10**	**목화씨 기름**	**100~117**
버터	25~40	**옥수수 기름**	**115~130**
소 기름(우지)	30~45	생선 기름	120~180
야자나무 기름	**37~54**	**카놀라 기름**	**125~135**
돼지 기름(라드)	45~70	**콩 기름**	**125~140**
올리브 기름	**75~95**	**잇꽃 기름**	**130~140**
땅콩 기름	**85~100**	**해바라기 기름**	**130~145**

[a] 푸른색으로 표시한 기름은 식물성이다.

자가평가문제

1. 물질이 지질로 분류될 수 있는 이유는 무엇인가?
   a. 화학 반응성　　b. 작용기
   c. 식물 공급원　　d. 용해도 특성

2~4번 문제는 구조 S, T, U, V를 참조하라.

S: $CH_3(CH_2)_{10}COOH$
T: $CH_3(CH_2)_{16}COOH$
U: $CH_3(CH_2)_7CH{=}CH(CH_2)_7COOH$
V: $CH_3CH_2(CH{=}CHCH_2)_3(CH_2)_6COOH$

2. 다음 중 포화 지방산은 무엇인가?
   a. S와 T　　b. S와 U　　c. T와 U　　d. U와 V

3. 다음 중 단일불포화 지방산은 무엇인가?
   a. S　　b. T　　c. U　　d. V

4. 고도불포화 지방(기름)에서 종종 비율이 높은 것은 무엇인가?
   a. S　　b. T　　c. U　　d. V

5. 다음 중 지방을 분류하는 것은 무엇인가?
   a. 화학 반응성　　b. 작용기
   c. 신체 기능　　d. 불포화도

6. 다음 중 지방이나 기름의 아이오딘가는 무엇을 나타내는가?
   a. 그램당 칼로리　　b. 산도 정도
   c. 불포화도　　d. 소화

7. 일반적으로 동물성 지방이 식물성 기름과 다른 점은 무엇인가?
   a. 동물 분자는 칼로리가 높다.
   b. 동물 분자는 더 짧다.
   c. 동물 분자는 C=C 결합이 더 적다.
   d. 동물 분자는 C=C 결합이 더 많다.

정답: 1. d, 2. a, 3. c, 4. d, 5. d, 6. c, 7. c

13.5 지방과 콜레스테롤

학습 목표 • 식이 지질을 식별하고 그 기능을 설명한다.

앞 절에서 살펴보았듯이 지방은 그램당 약 9 kcal의 에너지를 내는 고에너지 식품으로 탄수화물보다 두 배 이상 높다. 일부 지방은 우리 활동의 연료로 '연소'되며, 일부는 세포막과 같은 세포의 중요한 구성 성분을 만들고 유지하는 데 쓰인다. 지방은 프로스타글란딘(prostaglandin) 생성에 관여하는 등 인체에서 다양한 기능을 수행한다. 또한 비타민을 저장하고 많은 식품의 기호성을 높인다. 우리 식단의 지방은 여러 공급원으로부터 섭취되며, 그 예는 그림 13.14에 제시되어 있다.

▲ **그림 13.14** 크림, 버터, 마가린, 식용유, 튀김과 같은 식품은 지방 함량이 높다. 평균적인 미국인의 식단은 지방 비율이 높으며, 총 열량 중 약 37%를 지방에서 섭취한다. 한편 미국식품의약국(FDA)은 총 열량의 20~30%를 지방에서 섭취할 것을 권장한다.

지방의 소화와 물질대사

식이 지방은 주로 트라이아실글리세롤(흔히 트라이글리세라이드)이다. 지방은 라이페이스에 의해 가수분해되어 최종적으로 지방산과 글리세롤로 분해된다(그림 13.15). 일부는 부분 가수분해되어 모노아실글리세롤(MAG) 또는 디아실글리세롤(DAG)을 형성한다. 흡수 후 이들 소화 산물은 다시 트라이아실글리세롤로 재에스터화되며, 혈중 운반을 위해 단백질과 결합한 형태로 운반된다.

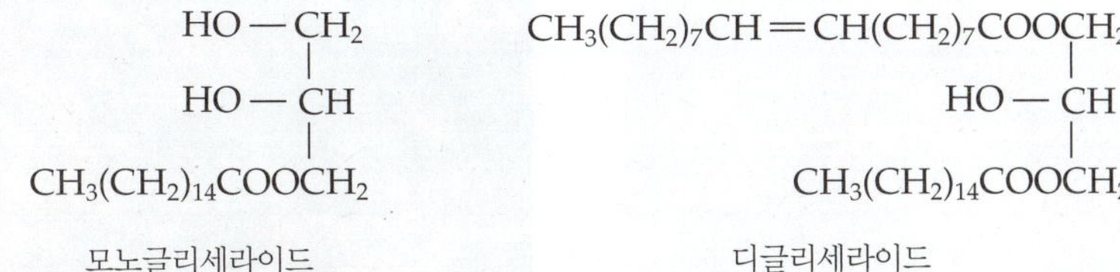

지방은 체내에 주로 **지방 조직**(adipose tissue), 이른바 **지방 저장소**(fat depot)에 저장된다. 심장·신장·비장 등 주요 장기를 둘러싼 지방은 물리적 완충에 기여하며, 피부 아래의 지방은 단열에 도움이 된다.

$$\begin{array}{l} CH_3(CH_2)_7CH{=}CH(CH_2)_7COOCH_2 \\ \qquad\qquad\qquad\qquad\qquad\qquad\quad | \\ CH_3(CH_2)_7CH{=}CH(CH_2)_7COOCH \\ \qquad\qquad\qquad\qquad\qquad\qquad\quad | \\ \qquad\qquad\quad CH_3(CH_2)_{14}COOCH_2 \end{array} \xrightarrow[\text{라이페이스}]{\text{물}} \begin{array}{c} 2\,CH_3(CH_2)_7CH{=}CH(CH_2)_7COOH \\ \text{올레산} \\ + \\ CH_3(CH_2)_{14}COOH \\ \text{팔미트산} \end{array} + \begin{array}{l} HO-CH_2 \\ \qquad\; | \\ HO-CH \\ \qquad\; | \\ HO-CH_2 \end{array}$$

지방(트리글리세리드) 글리세롤

▲ **그림 13.15** 지방의 소화에서 트라이글리세라이드는 라이페이스라는 효소에 의해 촉매되는 반응으로 지방산과 글리세롤로 가수분해된다.

Q 트라이글리세라이드에서 팔미트산 부분을 제거하면 어떤 디글리세라이드가 되는가? 또한 올레산 부분을 모두 제거하면 어떤 모노글리세라이드가 되는가?

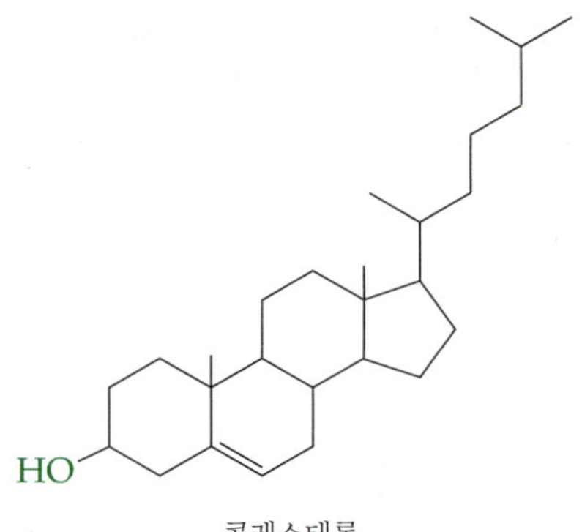

▲ 콜레스테롤의 구조식

에너지가 필요하면 저장 지방은 다시 글리세롤과 지방산으로 가수분해된다. 글리세롤은 에너지로 산화되거나 포도당으로 전환될 수 있다. 지방산은 이른바 **지방산 나선**, 즉 β-산화를 거치며 매 회전마다 2-탄소 단위가 절단된다. 이 2-탄소 단위(아세틸 단위)는 에너지 생산에 사용되거나 새로운 지방산 합성에 이용될 수 있다.

지방, 콜레스테롤, 인체 건강

식이 **포화 지방**과 콜레스테롤은 **동맥경화**(죽상동맥경화증)와 관련이 있다. 스테아르산·팔미트산과 같은 포화 지방산이 많은 식단은 심혈관 질환과 상관성이 높다. 질환이 진행되면 동맥 내막에 침전물이 형성되고, 시간이 지나 경화되어 혈관의 탄력이 감소한다(그림 13.16). 좁아진 동맥에 혈전이 쌓이면 심장 근육으로 가는 혈류가 막혀 심근경색이, 뇌로 가는 혈류가 막히면 뇌졸중이 발생할 수 있다.

막힌 동맥의 플라크는 동물 조직과 동물성 식품에 존재하는 스테로이드 알코올인 콜레스테롤을 풍부하게 포함한다. 콜레스테롤은 주로 간에서 합성되며, 세포막의 구성 성분이자 스테로이드 호르몬의 전구체로서 중요하다. 트라이글리세라이드와 마찬가지로 혈중 콜레스테롤 농도가 높을수록 심혈관 질환의 위험이 커진다. 분자식 $C_{27}H_{45}OH$와 구조에서 예상되듯 콜레스테롤은 물에 불용성이므로, 혈액에서는 단백질과 결합한 **지단백질**(lipoprotein) 형태로 운반된다. 지단백은 콜레스테롤·트라이글리세라이드 등 지질과 수용성 단백질(아포 효소 지단백질)이 결합한 복합체이다.

3 높은 혈중 콜레스테롤은 주로 노인에게 문제가 되는가?

혈관에 플라크가 축적되려면 시간이 필요하므로, 높은 혈중 콜레스테롤의 영향은 보통 고령에서 두드러지게 나타난다. 이는 대개 오랜 기간의 불건강한 식단과 높은 LDL 수준의 결과다. 장기적 위험을 줄이려면 조기 예방이 중요하며, 출발점으로 식이 포화 지방 섭취를 줄이는 것이 권장된다.

지단백질은 보통 밀도에 따라 분류한다(표 13.3). 초저밀도 지단백질(VLDL)은 주로 트라이글리세라이드를 운반하고, 저밀도 지단백질(LDL)은 콜레스테롤의 주요 운반체이다. LDL은 간에서 말초 세포로 콜레스테롤을 운반하지만, 동맥벽에 콜레스테롤을 축적시켜 심혈관 질환에 기여할 수 있다. 반대로 고밀도 지단백질(HDL)은 세포에서 간으로 콜레스테롤을 역수송하여 처리·배설을 돕는다. 운동은 흔히 '좋은 콜레스테롤'로 불리는 HDL 수치를 높이는 것으로

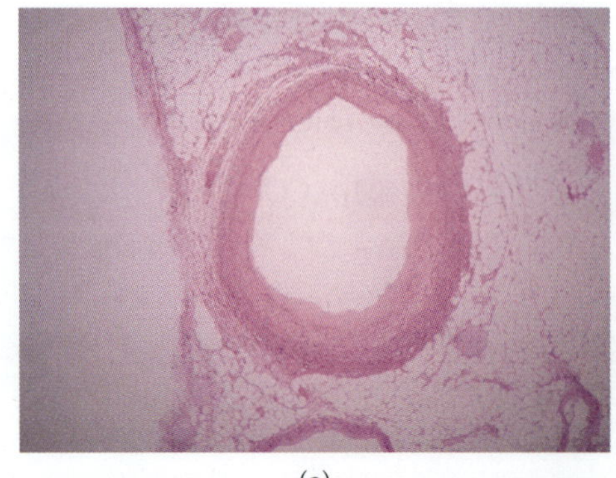

(a) (b)

▶ **그림 13.16** (a) 정상 동맥과 (b) 경화된 동맥의 단면이고, 콜레스테롤을 포함한 플라크가 내벽에 침착된 모습이다.

표 13.3 혈액의 지단백질

분류	약어	단백질(%)	밀도(g/mL)	주요 기능
초저밀도	VLDL	5	1.006~1.019	트라이글리세라이드 운반
저밀도	LDL	25	1.019~1.063	사용을 위해 세포로 콜레스테롤 운반
고밀도	HDL	50	1.063~1.210	처리와 배출을 위해 간으로 콜레스테롤 운반

알려져 있다. '나쁜 콜레스테롤'로 불리는 LDL이 높으면 심근경색과 뇌졸중 위험이 증가한다. 미국심장협회(AHA)는 포화 지방산 섭취를 일일 총열량의 5~6%로 제한할 것을 권고한다.

지방은 혈중 콜레스테롤에 미치는 영향이 서로 다르다. 많은 영양학자가 올리브 기름·카놀라 기름을 권장하는 이유는 단일불포화 지방산 함량이 높아 LDL 저하에 도움이 되기 때문이다. 생선 기름의 심장질환 예방과 관련한 통계적 근거도 보고되어 왔다. 예를 들어 그린란드 인구는 생선 섭취가 많음에도 상대적으로 낮은 심장병 위험을 보이는데, 이는 에이코사펜타엔산(EPA) 및 도코사헥사엔산(DHA) 같은 고도불포화 지방산(PUFA)의 영향으로 해석된다.

$$\underset{\text{EPA}}{CH_3(CH_2CH{=}CH)_5(CH_2)_3COOH} \qquad \underset{\text{DHA}}{CH_3(CH_2CH{=}CH)_6(CH_2)_2COOH}$$

오메가-3 지방산이라는 이름은 카복실기(COOH)와 반대쪽 끝(오메가 말단)에서 세 번째 탄소에 첫 C=C 이중 결합이 위치함에서 유래한다. 여러 연구에서 오메가-3 지방산 섭취 증가가 혈중 콜레스테롤·트라이글리세라이드 저하와 관련됨이 보고되었다.

탄소 대 탄소의 이중 결합을 가진 지방과 기름은 각 이중 결합에 수소(H_2)가 첨가될 수 있다. 식품 산업에서는 식물성 기름을 수소화하여 반고체 지방을 만드는 과정이 중요하다(9.2절의 알켄 수소화 반응과 동일한 원리).

$$\underset{\text{올레산(단일불포화)}}{CH_3(CH_2)_7CH{=}CH(CH_2)_7COOH} \xrightarrow[Ni]{H_2} \underset{\text{스테아르산(포화)}}{CH_3(CH_2)_7CH_2CH_2(CH_2)_7COOH}$$

부분적인 수소화를 통해 값싼 식물성 기름(목화씨·옥수수·대두유 등)을 부드럽고 펴 바르기 쉬운 지방(마가린용)으로 만들 수 있고, 완전 수소화하면 쇼트닝과 같은 단단한 지방이 된다. 소비자는 기름을 그대로 쓰면 불포화 지방 비율을 더 높일 수 있지만, 실용성 때문에 마가린과 같은 제품을 선택하기도 한다.

포화 지방이 혈중 콜레스테롤을 높이고 동맥을 좁힌다는 우려로, 많은 소비자가 버터에서 마가린으로 바꾸었다. 그러나 부분 수소화 과정은 일부 불포화 지방을 트랜스 지방(구조·물성 면에서 포화 지방과 유사)으로 전환시켜 LDL-콜레스테롤을 상승시키고 관상동맥질환 위험을 증가시킬 수 있다. 그림 13.17은 에스터 결합을 통해 글리세롤에 부착되어 트라이글리세라이드를 이루는 여러 지방산 분자 모형을 보여준다. 포화 지방산은 C—C 단일 결합만 가지며(그림 13.17a), 불포화 지방산은 하나 이상 C=C 이중 결합을 지닌다. 자연계의 대부분 불포화 지방산은 시스(cis) 배치를 가져 사슬이 굽어 있으며(그림 13.17c), 수소화 과정에서 일부는 트랜스(trans) 배치로 뒤집혀(그림 13.17b) 직선형에 가까워진다.

포화 지방산(예: 스테아르산)과 트랜스 지방산은 대체로 곧은 형태이므로 장작처럼 포개어 쌓을 수 있다(그림 13.17a, 13.17b). 이렇게 되면 분자간 힘이 극대화되어 포화 및 트랜스 지방산은 시스 지방산보다 고체 상태일 가능성이 더 크다. 반대로 시스 지방산(그림 13.17c)은 이중 결합에 의해 위치가 고정된 꺾임을 가지므로 분자간 힘이 상대적으로 약하고, 액체 상태일 가능성이 크다.

왜 중요할까?

전형적인 식단에서 총 지방의 약 절반, 포화 지방의 약 3/4, 콜레스테롤은 주로 육류·우유·치즈·달걀 등 동물성 식품에서 온다. 예를 들어 '식물성 기름에 콜레스테롤이 없다'고 광고하는 것은 부적절하다. 콜레스테롤은 동물성 스테롤이므로 어떠한 식물성 식품에도 본질적으로 존재하지 않는다.

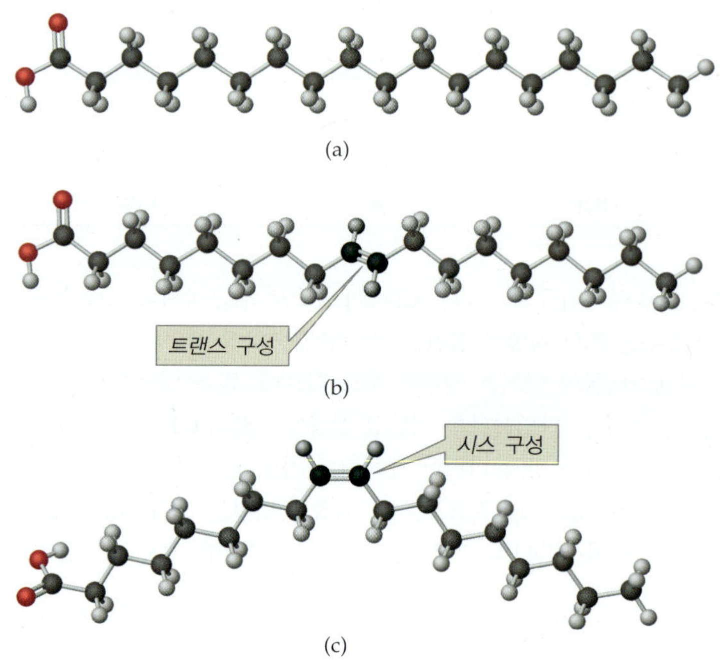

▶ **그림 13.17** (a) 스테아르산(포화 지방산)과 (b) 올레산의 트랜스 이성질체는 형상이 비슷하여 체내 거동도 유사한 경향을 보인다. (C) 올레산(시스, 단일불포화)은 굽은 형상으로 물성이 뚜렷이 다르다.

▲ 많은 식품은 에멀션이다. 우유는 물 속에 유지방이 분산된 수중 유형(o/w) 에멀션이며, 안정제는 단백질 *카세인*이다. 마요네즈는 물 속에 식물성 기름방울을 분산시킨 수중 유형 에멀션으로, 난황의 레시틴이 유화 안정제로 작용한다.

에멀션

기름과 물을 세게 흔들면 기름방울이 미세화되어 물에 분산되는데, 이를 **에멀션**(emulsion, 유탁)이라 한다. 유화제(예: 검류, 계면활성제, 단백질)가 없으면 기름방울이 다시 합쳐져 금세 분리된다.

에멀션은 껌류, 비누/기타 계면활성제, 단백질 등 유화제를 첨가하여 기름방울 표면에 보호막을 형성함으로써 서로 응집하지 않도록 안정화할 수 있다. 달걀노른자의 레시틴은 마요네즈의 분리를 방지하고, 우유의 카세인은 지방구의 부유·안정을 돕는다. 소화 과정에서는 담즙의 주요 성분인 담즙산염이 지방방울을 미세 유화 상태로 유지하여 소화를 크게 돕는다. 미세 유화된 지방방울은 수용성 효소인 라이페이스가 트리아실글리세롤(트라이글리세라이드)을 글리세롤과 지방산으로 분해할 수 있도록 훨씬 더 큰 유효 표면적을 제공한다.

트랜스 지방산은 포화 지방산과 마찬가지로 LDL을 상승시키는 경향이 있어, 미국 FDA는 식품 라벨에 트랜스 지방 표기를 의무화하고 가공 식품에서의 사용 제한/금지를 추진·시행해 왔다. 많은 패스트푸드 업체도 소비자 요구에 따라 트랜스 지방 사용을 중단했다.

예제 13.1 지방산

다음은 세 가지 지방산의 선-각 구조이다(9.2절 참조). 선의 각 교차점과 끝은 탄소 원자를 나타내며, 각 탄소는 4가 결합을 만족하도록 필요한 수의 수소 원자가 결합한 것으로 간주한다. **(a)** 포화 지방산은 무엇인가? **(b)** 단일불포화 지방산은 무엇인가? **(c)** 오메가-3 지방산은 무엇인가?

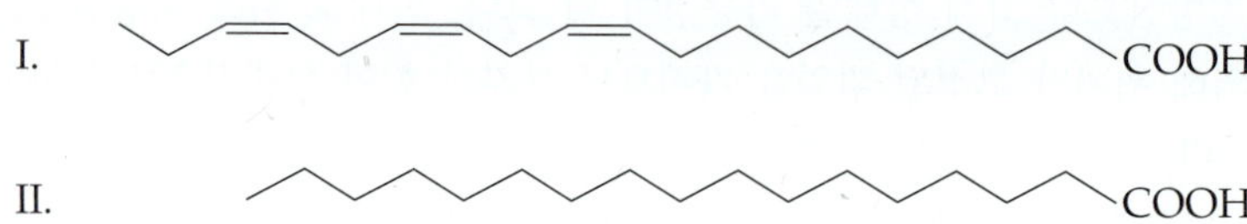

III. COOH

풀이

a. 지방산 II는 C=C 이중 결합이 없으므로 포화 지방산이다.

b. 지방산 III는 C=C 이중 결합이 1개이므로 단일불포화 지방산이다.

c. 지방산 I은 메틸 말단(오메가 말단)에서 세 번째 탄소 위치에 첫 C=C 이중 결합이 존재하므로 오메가-3 지방산이다.

› 복습문제 13.1A

예제 13.1에서 다가불포화 지방산은 무엇인가?

› 복습문제 13.1B

지방산 III는 생리적으로 지방산 I과 더 유사한가, 지방산 II와 더 유사한가? 그 이유를 설명하라.

자가평가문제

1. 지방은 무엇인가?

a. 지방산의 혼합물
b. 글리세롤과 지방산의 에스터
c. 콜레스테롤과 지방산의 에스터
d. 아미노산 중합체

2. 지단백질 중 LDL에 대한 설명으로 옳은 것은 무엇인가?

a. 동맥을 막을 수 있기 때문에 나쁘다.
b. 처리와 배설을 위해 콜레스테롤을 간으로 운반하는 형태이다.
c. 동맥을 깨끗하게 할 수 있기 때문에 좋은 형태이다.
d. 운동으로 증가된 종류이다.

3. 오메가-3 지방산을 나타내는 구조는 무엇인가?

a. $CH_3(CH_2)_{16}COOH$
b. $CH_3(CH_2)_5CH{=}CH(CH_2)_7COOH$
c. $CH_3(CH_2)_3(CH_2CH{=}CH)_2(CH_2)_7COOH$
d. $CH_3(CH_2CH{=}CH)_3(CH_2)_7COOH$

4. 트랜스 지방산 분자의 일반적인 모양은 무엇과 유사한가?

a. 콜레스테롤 **b.** 이당류 **c.** 오메가-3 지방산 **d.** 포화 지방산

5. 트라이글리세라이드는 어떻게 구성되어 있는가?

a. 글리세롤 1개와 탄수화물 분자 3개
b. 탄수화물 1개와 글리세롤 분자 3개
c. 글리세롤 1개와 지방산 분자 3개
d. 지방산 1개와 글리세롤 분자 3개

6. HDL은 주로 무엇을 수행하는가?

a. 간에서 세포로 전달되는 콜레스테롤
b. 세포에서 간으로 전달되는 콜레스테롤
c. 간에서 세포로 전달되는 트라이글리세라이드
d. 세포에서 간으로 전달되는 트라이글리세라이드

정답: 1. b, 2. a, 3. d, 4. d, 5. c, 6. b

13.6 단백질: 아미노산의 중합체

학습 목표 • 아미노산의 기본 구조를 그리고, 아미노산이 펩타이드 결합을 통해 결합하여 단백질을 형성하는 과정을 설명한다.

단백질은 모든 생명체의 필수 성분이다. 단백질이 없는 생명체는 알려져 있지 않다. 혈액, 근육, 뇌, 심지어 치아 에나멜에도 단백질이 존재한다. 가장 작은 세포성 생물인 박테리아 역시 단백질을 함유하며, 박테리아를 거인처럼 보이게 할 만큼 작은 바이러스는 단백질과 핵산으로만 이루어진다.

각 세포 유형은 고유한 단백질 구성을 가진다. 단백질의 기능은 매우 다양하다. 구조 제공(예: 뼈의 콜라겐, 피부·손발톱의 케라틴, 절지동물 외골격은 주로 키틴이지만 단백질과 결합하여 구조를 이룸), 운동(액틴·미오신), 물질 운반(헤모글로빈), 촉매(효소), 방어(항체), 혈액 응고(피브리노겐/트롬빈 등), 호르몬(예: 인슐린) 등이 그 예이다. 모든 단백질은 C, H, O, N 원소를 포함하며, 많은 단백질은 황(S)도 포함한다. 전형적인 단백질 분자의 짧은 구간 구조는 그림 13.18에 제시되어 있다.

단백질은 전분 셀룰로스와 마찬가지로 중합체이다. 다만 단백질의 단량체는 표 13.4에 제시된 약 20종의 **아미노산**(amino acid)으로, 모두 동일한 탄소(α-탄소)에 아미노기($-NH_2$)와 카복실기($-COOH$)가 결합하며, 곁사슬 R(녹색으로 표시)이 서로 달라 구조적·화학적 다양성을 가진다.

(a)

N—H
CH_3—CH
C=O
H—N
HC—CH_2CH_2COOH
O=C
N—H
HCH
C=O
H—N
HC—CH_2SH
O=C
N—H
CH_3—CH—CH
CH_3
C=O
H—N
HC—$CH_2CH_2CH_2CH_2NH_2$
O=C

(b)

▶ **그림 13.18** (a) 단백질 분자의 짧은 분절의 공간-채움 모형과 (b) 구조식이다. 구조식에서는 탄화수소 곁사슬(녹색), 산성 곁사슬(빨간색), 염기성 곁사슬(파란색), 황 함유 곁사슬(호박색)이 강조되어 있다. 구조식 위의 점선은 두 아미노산 단위가 결합하여 펩타이드 결합을 형성하는 위치를 나타낸다.

Q 대부분의 고분자는 축약식으로도 표시할 수 있지만, 천연 단백질은 그렇지 않다. 그 이유를 설명하라.

표 13.4 사람 유전 암호에 명시된 20가지 아미노산

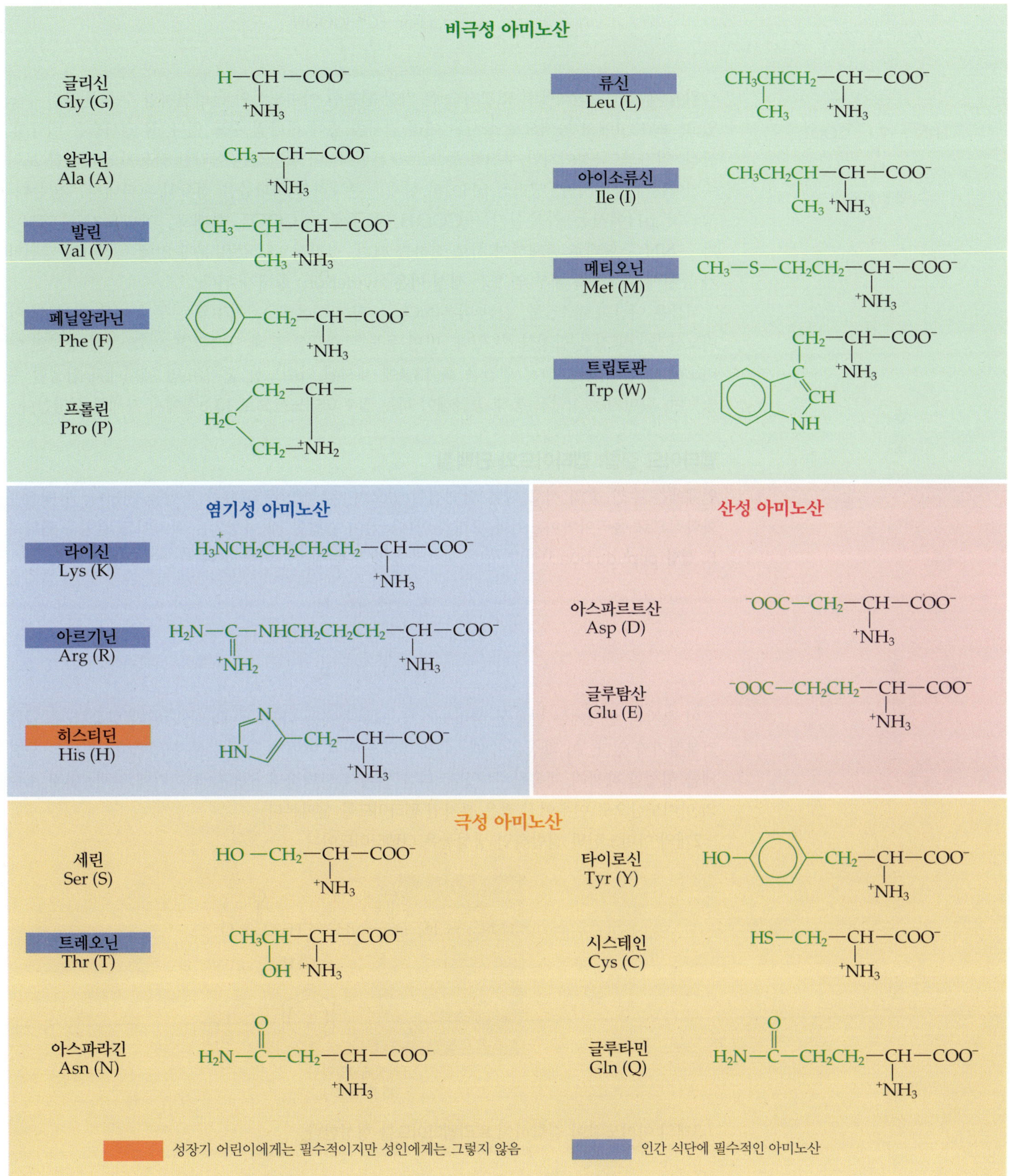

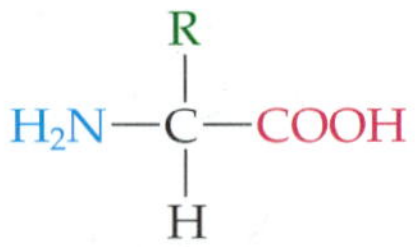

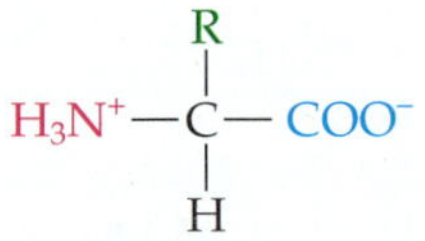

$$H_2N-\underset{H}{\overset{R}{C}}-COOH$$

$$H_3N^+-\underset{H}{\overset{R}{C}}-COO^-$$

쌍성 이온

위에 제시한 일반식에서 R(곁사슬)은 가장 단순한 아미노산인 글리신처럼 수소 원자일 수도 있고, 표 13.4에서 녹색으로 표시된 여러 곁사슬 중에 하나일 수도 있다. R 곁사슬은 비극성, 산성, 염기성, 극성이지만 무전하 등으로 구분된다. 이 일반식은 이러한 작용기의 배치를 보여 주기에는 유용하지만, 생리적 pH에서 실제로 존재하는 화학종을 정확히 나타내지는 않는다. 생리적 pH에서는 카복실기(—COOH)가 주로 $-COO^-$ 형태로, 아미노기($-NH_2$)가 $-NH_3^+$ 형태로 존재하여 서로 전하를 띠며, 결과적으로 같은 분자 안에 음전하와 양전하가 동시에 존재하는 내부 염 또는 **쌍성 이온**(zwitterion) 형태가 된다.

식물은 이산화 탄소, 물, 질산 이온(NO_3^-), 황산 이온(SO_4^{2-})과 같은 무기 이온으로부터 아미노산과 단백질을 합성할 수 있다. 반면 동물은 식품을 통해 단백질(또는 그 구성 성분인 아미노산)을 섭취해야 한다. 인간은 표 13.4에 제시된 아미노산 중 일부만 체내에서 합성할 수 있으며, 나머지는 식단을 통해 공급해야 하는 필수 아미노산으로 13.8절에서 자세히 설명한다.

펩타이드 결합: 펩타이드와 단백질

인체에는 수만 종의 서로 다른 단백질이 있으며, 각 개인은 고유한 조합을 지닌다. 단백질은 화학적으로 폴리아마이드이다. 2개의 아미노산이 결합할 때 형성되는 아마이드 결합을 **펩타이드 결합**(peptide bond)이라 하며(그림의 음영 부분 참조), 이를 통해 사슬이 만들어진다.

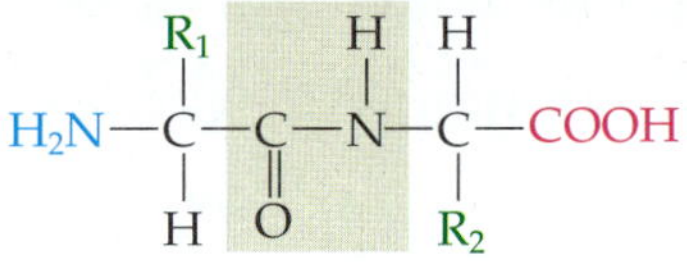

$$H_2N-\underset{H}{\overset{R_1}{C}}-\underset{O}{\overset{}{\underset{\|}{C}}}-\overset{H}{N}-\underset{R_2}{\overset{H}{C}}-COOH$$

이 분자의 왼쪽에는 반응성 아미노기가, 오른쪽에는 다른 아미노산 단위와 반응할 수 있는 카복실기가 있다. 이 과정은 수백, 수천 개의 단위가 이어져 거대한 분자인 단백질이라는 중합체를 형성할 때까지 계속될 수 있다. 다음 절에서 단백질의 구조를 살피기에 앞서, 먼저 소수의 아미노산으로 이루어진 작은 분자인 펩타이드를 살펴본다.

2개의 아미노산만 결합하면 생성물은 디펩타이드이다.

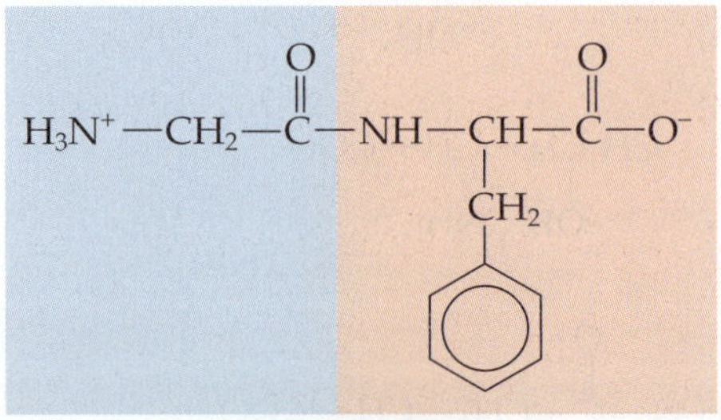

$$H_3N^+-CH_2-\overset{O}{\overset{\|}{C}}-NH-\underset{CH_2-C_6H_5}{CH}-\overset{O}{\overset{\|}{C}}-O^-$$

글리실페닐알라닌
(디펩타이드)

3개의 아미노산이 결합하여 트리펩타이드를 형성한다.

$$H_3N^+-\underset{\displaystyle CH_2OH}{\underset{|}{CH}}-\overset{\displaystyle O}{\overset{\|}{C}}-NH-\underset{\displaystyle CH_3}{\underset{|}{CH}}-\overset{\displaystyle O}{\overset{\|}{C}}-NH-\underset{\displaystyle CH_2SH}{\underset{|}{CH}}-\overset{\displaystyle O}{\overset{\|}{C}}-O^-$$

세릴알라닐시스테인
(트리펩타이드)

펩타이드와 단백질을 기술할 때는 표 13.4에 제시된 약어를 사용하면 사슬을 이루는 아미노산을 더 쉽게 식별할 수 있다. 세 글자 약어가 더 일반적이지만, 최근에는 한 글자 약어도 널리 쓰인다. 예를 들어 글리실페닐알라닌은 Gly-Phe 또는 G-F, 세릴알라닐시스테인은 Ser-Ala-Cys 또는 S-A-C로 약기할 수 있다. 예제 13.2에 펩타이드의 이름과 약어가 자세히 설명되어 있다.

4 아미노산이 20가지가 넘는다는 것은 사실인가?

모든 생명체에서 공통적으로 발견되는 20가지의 표준 아미노산 외에, 두 가지 드문 아미노산이 추가로 알려져 있다. 바로 셀레노시스테인과 피롤리신이다. 셀레노시스테인은 시스테인의 셀레늄 함유 유사체로 모든 생명계에서 발견되는 셀레노단백질에 존재한다. 피롤리신은 고세균(archaea)의 메탄생성균 및 일부 세균에서 발견되며, 메탄 생성 효소의 구성 성분인 것으로 알려져 있다.

예제 13.2 펩타이드의 이름

펜타펩타이드 Met-Gly-Phe-Ala-Cys의 **(a)** 한 글자 약어를 표기하고, **(b)** 완전명을 쓰라(표 13.4 참조).

풀이

a. M-G-F-A-C(N-말단 ⟶ C-말단 순서)

b. 메티오닐글리실페닐알라닐알라닐시스테인(methionylglycylphenylalanylalanylcysteine, 마지막 아미노산을 제외한 모든 이름의 끝은 '*-ine*'를 유지, 나머지는 '*-yl*'로 변환)

❯ 복습문제 13.2A

테트라펩타이드 His-Pro-Asn-Ala의 **(a)** 한 글자 약어를 표기하고, **(b)** 완전명을 쓰라.

❯ 복습문제 13.2B

펩타이드 트레오닐글리실알라닐알라닐류신(peptide threonylglycylalanylalanylleucine)에 대해 **(a)** 세 글자 약어와 **(b)** 한 글자 약어로 각 아미노산을 표기하라.

아미노산 잔기가 10개 이상 연결된 분자는 흔히 **폴리펩타이드**(polypeptide)라고 부른다. 일부 단백질은 몰질량이 수만 g/mol에 달할 정도로 매우 크다. 예를 들어 적혈구에서 산소를 운반하는 단백질인 헤모글로빈의 분자식은 $C_{3032}H_{4816}O_{780}N_{780}S_8Fe_4$이며, 몰질량은 약 64,450 g/mol이다. 보통 분자에 비해 매우 크지만, 평균 크기의 단백질 분자 약 10억 개가 모여도 옷핀 머리 위에 얹을 수 있을 만큼 미세하다. 한편 폴리펩타이드의 몰질량이 대략 10,000 g/mol (≈ 10 kDa)을 넘으면 관례적으로 **단백질**(protein)이라고 부르지만, 이 크기 경계는 임의적이며 항상 엄밀하게 적용되는 것은 아니다.

아미노산의 서열

펩타이드와 단백질이 제대로 기능하려면 특정 아미노산이 일정량 포함되어 있는 것만으로는 충분하지 않다. 아미노산이 연결되는 순서, 즉 서열이 매우 중요하다. 서열은 왼쪽의 N-말단인 자유 아미노기($—NH_3^+$)에서 시작하여, 오른쪽의 C-말단인 자유 카복실기($—COO^-$)로 이어진다.

$$H_3N^+CH(R)C(=O)-NHCH(R)C(=O)\left(-NHCH(R)C(=O)-\right)_n-NHCH(R)C(=O)-NHCH(R)C(=O)-O^-$$

N-말단 C-말단

Gly-Ala와 Ala-Gly는 서열이 달라 서로 다른 화합물이다. 차이는 사소해 보일 수 있으나, 구조가 다르며 체내에서의 작용도 달라질 수 있다.

$H_3N^+CH_2CO-NHCH(CH_3)COO^-$ 글리실알라닌

$H_3N^+CH(CH_3)CO-NHCH_2COO^-$ 알라닐글리신

펩타이드 사슬이 길어질수록 가능한 서열 변형의 수는 기하급수적으로 늘어난다. 영어 알파벳 26자로 수많은 단어를 만들 수 있듯, 20개의 아미노산으로도 수없이 많은 단백질을 만들 수 있다. 마치 영어 알파벳을 사용해 아무 의미 없는 글을 쓸 수 있는 것처럼 아미노산들이 잘못된 서열로 배열되면 기능을 하지 못하는 단백질이 만들어질 수 있다.

예제 13.3 펩타이드의 수

세 아미노산 메티오닌, 발린, 페닐알라닌을 각 1단위씩 사용하여 서로 다른 트리펩타이드는 몇 개 만들 수 있는가? 표 13.4의 세 글자 약어로 서열을 쓰라.

풀이

세 아미노산이 모두 서로 다르므로 경우의 수는 $3! = 6$이다. 세 글자 약어로 쓰면 다음과 같다(좌 ⟶ 우: N-말단 ⟶ C-말단).

Met-Val-Phe	Val-Met-Phe	Phe-Val-Met
Met-Phe-Val	Val-Phe-Met	Phe-Met-Val

› 복습문제 13.3A

메티오닌 2단위와 페닐알라닌 1단위로 만들 수 있는 서로 다른 트리펩타이드는 몇 개인가?

› 복습문제 13.3B

메티오닌, 발린, 타이로신, 글리신을 각각 1단위 사용하여 만들 수 있는 서로 다른 테트라펩타이드는 몇 개인가?

일반적으로 단백질의 기능에는 정확한 서열이 가장 중요하지만, 이것이 항상 절대적인 것은 아니다. 철자가 틀린 영어 단어도 때로는 의미가 통하듯이 아미노산 서열에 작은 오류가 있으면 단백질이 제 기능을 하지 못할 수 있다. 더구나 겉으로 사소해 보이는 차이가 치명적 결과를 낳기도 한다. 예를 들어 어떤 사람들의 헤모글로빈은 약 300개의 아미노산 중에 단 하나가 치환되어 있는데, 이 '사소한' 변화가 종종 치명적이기도 한 유전 질환인 겸상적혈구빈혈증의 원인이 된다.

자가평가문제

1. 단백질을 구성하는 20가지 일반적인 아미노산은 주로 무엇인가?
   a. 알파 탄소 원자 **b.** 아미노기
   c. 카르복실기 **d.** 곁사슬
2. 다음 중 알파 아미노산이 아닌 것은 무엇인가?
   a. $CH_3C(CH_3)(NH_2)COOH$
   b. $(CH_3)_2CHCH(NH_2)COOH$
   c. H_2NCH_2COOH
   d. $H_2NCH_2CH_2CH_2COOH$
3. 디펩타이드에서 2개의 아미노산을 연결시키는 결합은 무엇인가?
   a. 아마이드 연결 **b.** 양극성 상호작용
   c. 이온 결합 **d.** 수소 결합
4. 펩타이드 Met-Ile-Val-Glu-Cys-Tyr-Gln-Trp-Ile의 말단 아미노산(N)과 말단 아미노산(C)은 각각 무엇인가?
   a. Ile과 Met **b.** Met과 Asp
   c. Met과 Ile **d.** Trp과 Asp
5. Ala-Val-Lys와 Lys-Val-Ala로 표현되는 트리펩타이드에 대한 설명으로 옳은 것은 무엇인가?
   a. 이름만 다르다.
   b. 몰농도가 다르다.
   c. 정확히 동일하다.
   d. 두 가지 다른 펩타이드이다.
6. 다음 중 염기성 곁사슬을 가진 아미노산은 무엇인가?
   a. 글루탐산염 **b.** 글리신
   c. 라이신 **d.** 페닐알라닌
7. 아미노산에 있는 곁사슬(R기)의 유형 중 하나가 아닌 것은 무엇인가?
   a. 산 **b.** 염기 **c.** 비극성 **d.** 염다리

정답: 1. d, 2. d, 3. a, 4. c, 5. d, 6. c, 7. d

13.7 단백질의 구조와 기능

학습 목표 • 단백질 구조의 네 가지 단계를 설명하고 각 단계의 예를 제시한다.
• 효소가 촉매로서 어떻게 작용하는지 설명한다.

단백질의 구조는 네 가지 조직 단계로 이루어져 있다.

- **1차 구조**(primary structure): 아미노산이 펩타이드 결합으로 연결되어 폴리펩타이드 사슬을 이룬다. 단백질의 1차 구조는 아미노산의 서열이며, 관례적으로 N-말단에서 C-말단으로 기록한다.
- **2차 구조**(secondary structure): 폴리펩타이드 사슬은 이 절에서 설명할 알파 나선과 베타 병풍 구조와 같은 규칙적인 구조로 접힐 수 있다.
- **3차 구조**(tertiary structure): 단백질의 접힘으로, 동일한 사슬에서 비교적 멀리 떨어진 아미노산 단위들 사이의 3차원적 배치가 형성된다.
- **4차 구조**(quaternary structure): 둘 이상의 폴리펩타이드 사슬이 조립되어 다중 소단위체 구조를 이룬다.

1차 구조를 지정할 때는 아미노산의 서열을 기록한다. 작은 단백질이라도 서열은 상당히 길 수 있다. 예를 들어 이당류인 젖당을 갈락토스와 포도당으로 가수분해하는 촉매 효소인 젖당 분해 효소의 서열(1927개 아미노산)은 한 글자 약어로 써도 대략 두 쪽이 된다. 강력한 혈관 수축을 일으키는 펩타이드이며 콩팥에서 생성되는 안지오텐신 II의 1차 구조는 다음과 같다.

Asp-Arg-Val-Tyr-Ile-His-Pro-Phe

이 서열은 옥타펩타이드의 N-말단에 아스파르트산이, 이어서 아르기닌·발린·타이로신·아이소류신·히스티딘·프롤린이 오고, C-말단에 페닐알라닌이 위치함을 뜻한다.

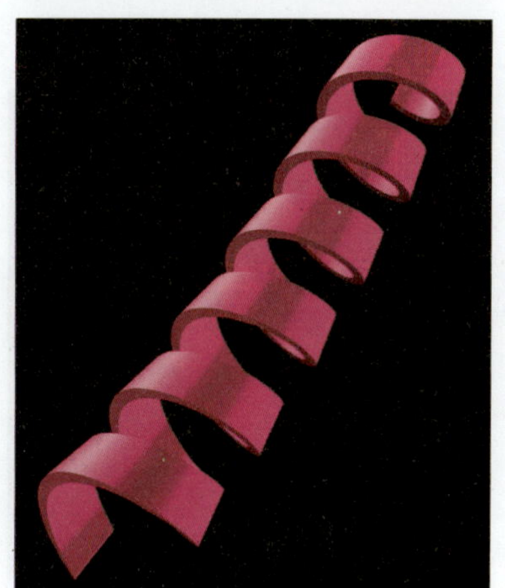

▲ α-나선의 단백질 가닥은 흔히 코일 모양의 리본으로 표현된다.

단백질의 2차 구조는 사슬의 축을 따라 배열되는 규칙적 접힘 패턴을 말한다. 대표적으로 실

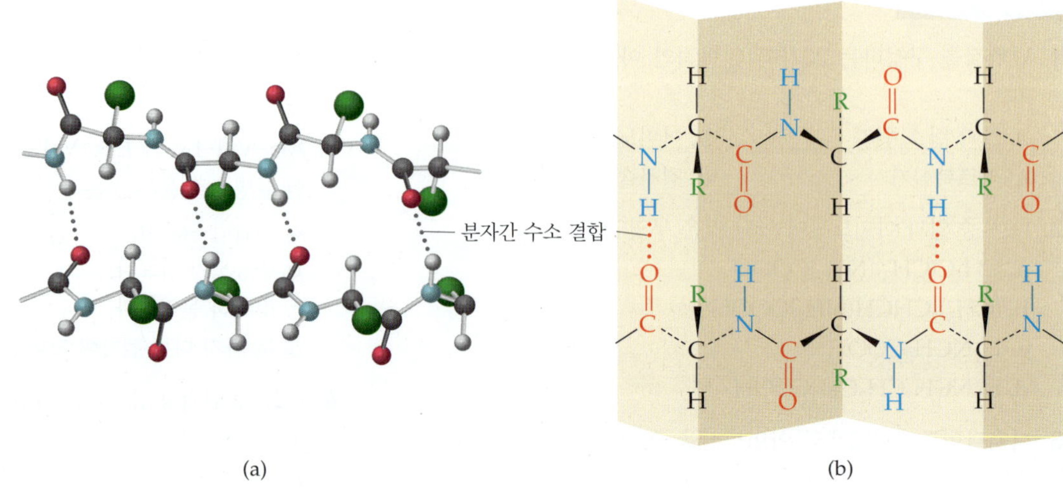

▶ **그림 13.19** β-병풍 구조는 단백질 사슬로 이루어진 시트 구조이다. (a) 공-막대 모형, (b) 주름을 강조한 모형으로 나타낼 수 있다. 곁사슬은 시트의 위와 아래로 번갈아 돌출하며 인접한 가닥들은 사슬 간 수소 결합으로 서로 결속된다.

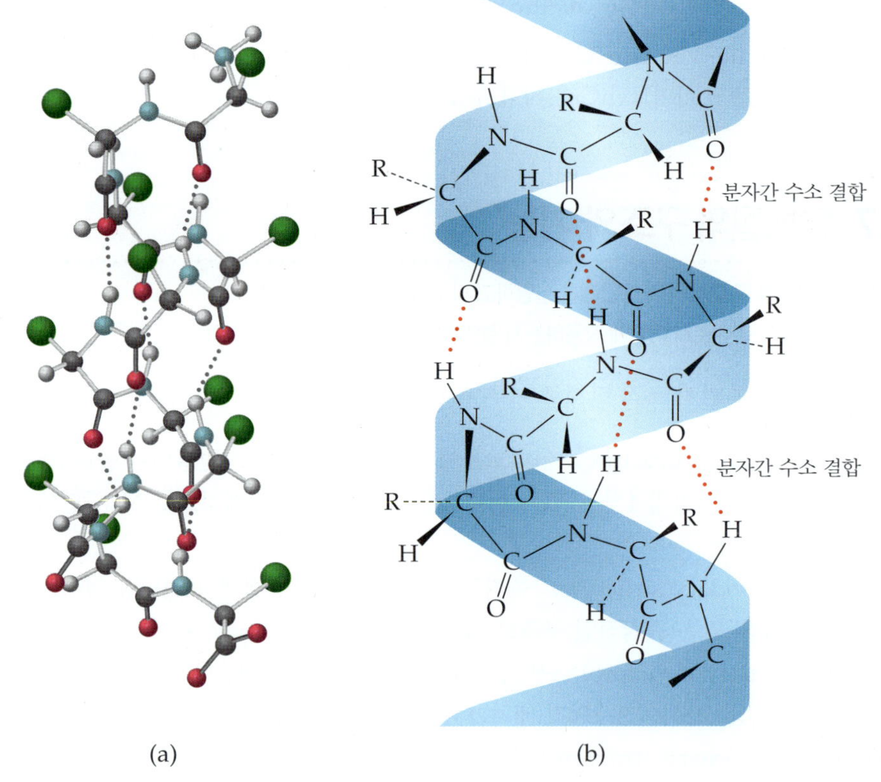

▶ **그림 13.20** 단백질 사슬의 α-나선 형상을 나타내는 두 가지 표현. (a) 공-막대 모형은 회전 간 사슬 내 수소 결합을 보여준다. (b) 골격 표현은 나선의 형상을 더 명확히 나타낸다.

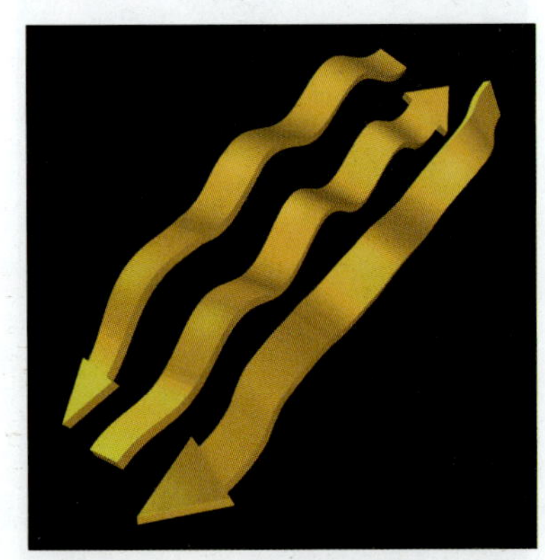

▲ β-병풍 구조의 단백질 가닥은 흔히 평평한 리본으로 표현된다.

크에서 보이는 β-**병풍 구조**와 양모에서 보이는 α-나선이 있다. 두 경우 모두 구조는 단백질 주사슬(backbone), 즉 각 아미노산의 카보닐기(C=O)와 N—H 사이의 수소 결합에 의해 안정화된다. (단백질 골격은 모든 잔기의 펩타이드 결합과 α-탄소로 이루어진다.)

β-병풍 구조(그림 13.19)에서는 단백질 사슬이 확장된 지그재그 배열을 이루며, 인접한 사슬들 사이의 수소 결합으로 서로 결속된다. 이러한 외형 때문에 이 2차 구조를 **β-병풍 구조**[beta(β) pleated sheet]라 부른다. 다수의 수소 결합 덕분에 실크는 강하면서도 유연하다.

양모·머리카락·근육의 단백질 분자는 오른손 **α-나선**[alpha(α) helix]으로 배열된 큰 분절을 포함한다(그림 13.20). 나선은 한 회전당 약 3.6개의 아미노산 잔기를 가지며, 주사슬의 카보닐기 C=O(잔기 i)와 아마이드 N—H(잔기 $i+4$) 사이의 수소 결합으로 안정화된다. 이러

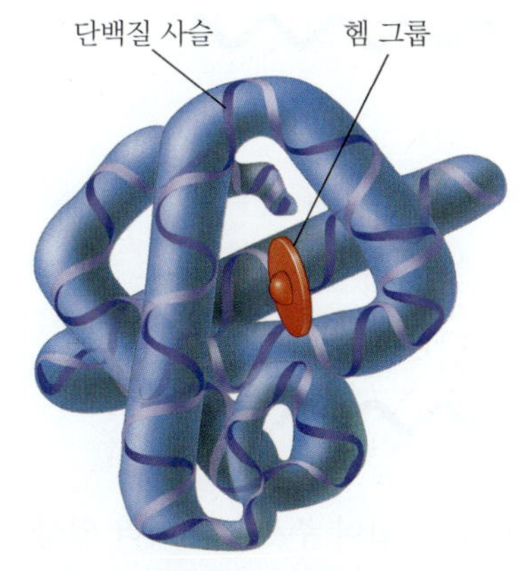

▲ **그림 13.21** 미오글로빈의 3차 구조. 폴리펩타이드 사슬이 접혀 구상 구조를 이룬다. 마치 실을 공 모양으로 감은 것과 비슷하다. 도해의 원반 모양은 미오글로빈(또는 헤모글로빈)이 운반하는 산소에 결합하는 헴 그룹을 나타낸다.

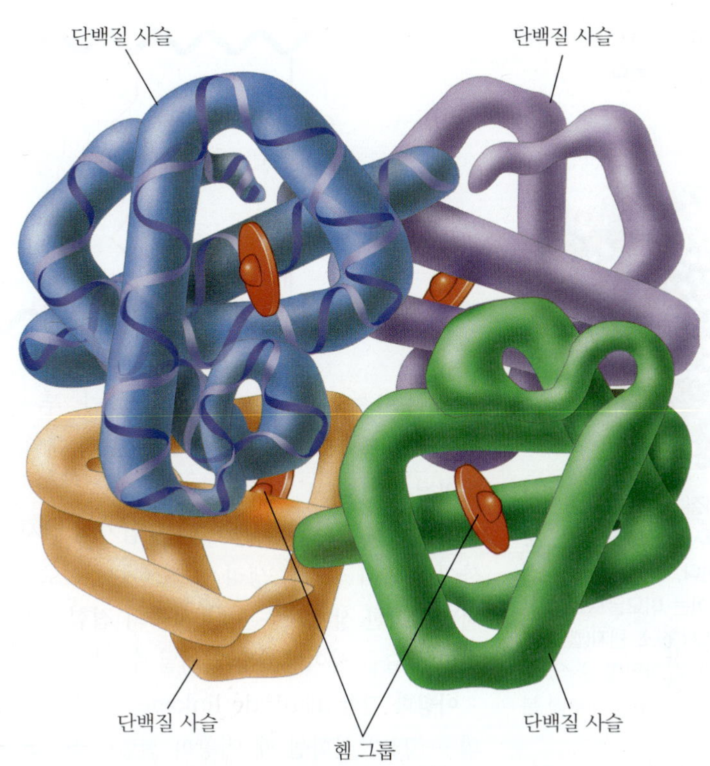

▲ **그림 13.22** 헤모글로빈의 4차 구조는 미오글로빈과 유사한 나선형 단백질 사슬 4개가 거의 사면체형 배열로 모여 형성된다(그림 13.21 참조).

한 α-나선들은 밧줄의 가닥처럼 서로 감겨 다발을 이루기도 하며, 경우에 따라 3개 또는 7개의 나선이 함께 감긴 구조가 관찰된다. 실크와 달리 양모는 나선이 늘어나며 펴지는 스프링처럼 신장될 수 있다.

단백질의 3차 구조는 서열상 서로 멀리 떨어진 아미노산 잔기들 사이의 공간적 배치를 결정하는 접힘을 의미한다. 그 예로 **구상 단백질**(globular protein)의 폴리펩타이드 사슬을 들 수 있다. 그림 13.21은 작고 구상으로 접힌 미오글로빈의 3차 구조를 보여준다.

4차 구조는 2개 이상의 폴리펩타이드 사슬이 존재할 때 정의되며, 이들이 모여 소단위체 집합체를 형성한다. 대표적 예는 헤모글로빈으로, 한 분자 헤모글로빈에는 미오글로빈 분자와 거의 유사한 4개의 폴리펩타이드 소단위체가 특정 배열로 배치되어 4차 구조를 이룬다(그림 13.22).

단백질 사슬을 결속하는 네 가지 방식

앞서 본 대로 1차 구조는 아미노산이 펩타이드 결합으로 이어진 서열을 뜻한다. 그렇다면 2차·3차·4차 구조는 어떤 힘으로 결정될까? 단백질 사슬(서로 다른 사슬 사이뿐 아니라 한 사슬 내부에서도)에는 네 가지 힘인 수소 결합, 이온 결합(염다리), 이황화 결합, 분산력이 작용한다. 6장에서 분자간 힘으로 다룬 수소 결합과 분산력은 단백질에서는 분자 내 힘으로도 작용할 수 있다. 이러한 힘은 그림 13.23에 요약되어 있다.

단백질에서 가장 중요한 수소 결합은 한 펩타이드 결합의 원자와 다른 펩타이드 결합의 원자 사이에서 일어난다. 한 펩타이드 결합의 아마이드 수소(N—H)는 (a) 같은 사슬에서 약간 떨어진 위치의 카보닐 산소(C=O)와 결합하여 α-나선(양모의 2차 구조)처럼 규칙적인 내부 수소 결합 망을 이루거나, (b) 다른 사슬의 카보닐 산소와 결합하여 β-병풍 구조(실크의 2차 구

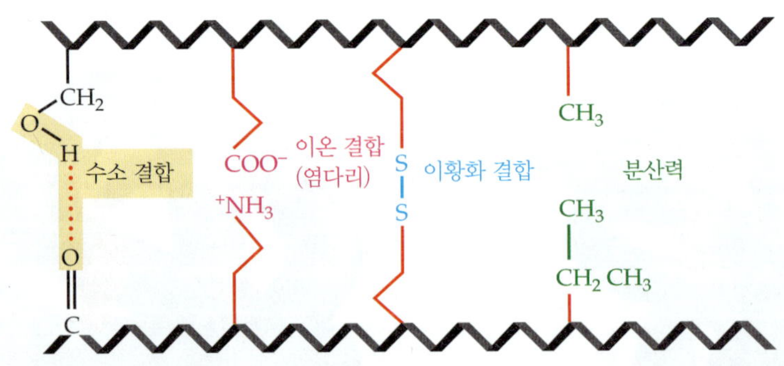

▶ **그림 13.23** 단백질의 3차 구조는 네 가지 유형의 힘에 의해 유지된다.

조)처럼 사슬 간 수소 결합을 형성한다. 두 경우 모두 펩타이드 결합이 주사슬을 따라 일정 간격으로 반복되므로 수소 결합도 규칙적 패턴으로 배열된다. 또한 곁사슬 사이에도 수소 결합이 형성될 수 있다.

이온 결합(염다리라고도 함)은 염기성 곁사슬을 지닌 아미노산과 산성 곁사슬을 지닌 아미노산이 가까이 놓이면 생리적 조건에서 서로 반대 전하를 띠어 정전기적 인력으로 결합한다(4.3절). 이러한 상호작용은 한 사슬의 접힘/코일링으로 멀리 떨어진 잔기들이 가까워질 때나, 인접한 사슬들 사이에서도 일어날 수 있다.

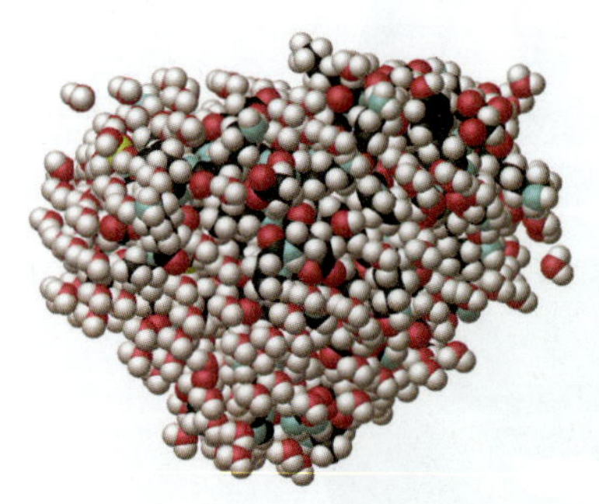

▲ **그림 13.24** 단백질 사슬은 종종 안쪽에 위치한 비극성 곁사슬들이 분산력으로 서로 응집한 채 접힌다. 바깥쪽에는 극성 곁사슬이 자리하며, 이는 미오글로빈 분자의 공간-채움 모형에서 산소 원자(빨간색)와 질소 원자(파란색)로 확인할 수 있다. 탄소 원자(검은색)는 주로 분자 내부에 분포한다.

이황화 결합(disulfide linkage)은 같은 사슬 또는 서로 다른 두 사슬에 있는 시스테인 잔기의 —SH가 산화될 때 이황화 결합(—S—S—)이 생성된다. 이 결합은 공유 결합이므로 수소 결합보다 훨씬 강하다. 수는 많지 않지만, 많은 효소 단백질의 입체 형상 유지와 결합 조직·모발과 같은 섬유성 단백질의 강도에 결정적인 역할을 한다.

분산력은 비극성 곁사슬 사이에 작용하는 유일한 종류의 인력으로(6.3절), 개별적으로는 약한 힘이다. 그러나 상호작용의 개수가 많거나 다른 상호작용이 부재/최소일 때는 중요해진다. 물 분자의 응집성 때문에 비극성 곁사슬은 단백질의 내부 주름으로 서로 밀집하여 물 노출을 최소화하려는 경향이 있으며(그림 13.24), 이때 분산력이 누적되어 구조 안정화에 기여한다. 이러한 효과는 실크처럼 비극성 곁사슬 비율이 높은 단백질에서 특히 두드러진다.

효소: 정교한 정밀 기계

효소(enzymes)는 세포가 만들어내는 생물학적 촉매이다. 이들은 매우 큰 촉매력을 지니며, 대개 하나의 반응 또는 서로 밀접하게 관련된 반응 집합만을 촉매하는 높은 특이성을 보인다. 알려진 거의 모든 효소는 단백질이다.

효소는 반응이 더 높은 속도와 더 낮은 온도에서 일어날 수 있도록 반응 경로를 바꾸어 작용한다. 반응물 또는 **기질**(substrate)은 효소의 **활성 부위**(active site)에 결합해 효소-기질 복합체를 이룬다. 효소 작용은 흔히 **유도-적합** 모델(그림 13.25)로 설명한다. 이 모델에서 기질과 활성 부위는 처음부터 완전히 상보적이지 않지만, 장갑이 손에 맞게 형태가 달라지듯 활성 부위가 기질에 맞게 유도되어 적합한다. 효소-기질 복합체는 반응하여 기질을 생성물로 전환시키고, 생성물은 복합체에서 방출되며 효소는 재생된다. 이 과정을 식으로 나타내면 다음과 같다.

$$\text{효소} + \text{기질} \longrightarrow \text{효소-기질 복합체} \rightleftharpoons \text{효소} + \text{생성물}$$

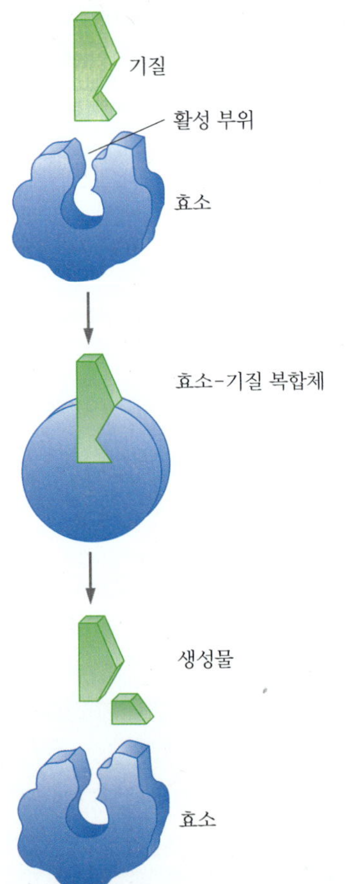

▲ **그림 13.25** 효소 작용의 유도-적합 모델. 이 경우 하나의 기질 분자가 2개의 생성물 분자로 분해된다.

효소-기질 복합체는 정전기적 인력에 의해 안정화된다. 효소의 하전된 작용기는 기질의 하전되었거나 부분적으로 하전된 작용기를 보완한다. 효소와 기질 사이에 새로운 상호작용/결합이 형성되면 그 결과로 기질 내부의 특정 결합이 약화되고, 약해진 결합은 더 쉽게 끊어져 생성물을 형성한다.

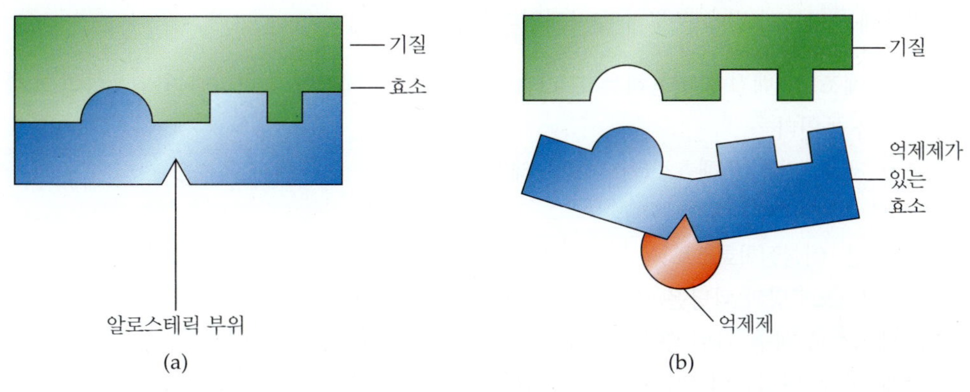

◀ **그림 13.26** 효소의 억제 모델. (a) 기질이 효소의 활성 부위에 결합한다. (b) 억제자가 알로스테릭 부위에 결합하면 활성 부위의 형상이 변해 기질이 결합할 수 없게 된다.

활성 부위 이외의 부위가 촉매 과정에 관여하기도 한다. 활성 부위에서 떨어진 자리의 상호작용이 효소의 입체 형상을 바꾸어 촉매 효율을 변화시킬 수 있으며, 이로써 반응을 늦추거나 중단시키기도 한다. 그림 13.26은 효소 촉매 작용의 억제 모델을 보여준다. 억제자 분자는 기질이 결합하는 활성 부위와 떨어진 알로스테릭 부위에 결합한다. 억제자가 결합하면 효소의 모양이 변형되어 기질이 더 이상 결합하지 못한다. 이는 세포가 효소의 작용이 끝났을 때 효소를 '끄는' 메커니즘 가운데 하나이며, 유사한 방식으로 비활성 효소를 '켜는' 반응을 개시하게 만들 수도 있다.

일부 효소는 단백질 사슬만으로 이루어져 있다. 다른 효소는 적절한 기능을 위해 **보조인자**(cofactor)라는 추가 화학 성분을 필요로 한다. 보조인자는 Zn^{2+}, Mn^{2+}, Mg^{2+}, Fe^{2+}, Cu^{2+} 등의 금속 이온일 수 있으며, 유기 분자인 경우 **조효소**(coenzyme)라고 부른다. 정의상 조효소는 비단백질이며, 효소의 순수 단백질 부분은 **아포효소**(apoenzyme)라 한다. 효소 활성이 일어나려면 아포효소와 보조인자(또는 조효소)가 모두 존재해야 한다.

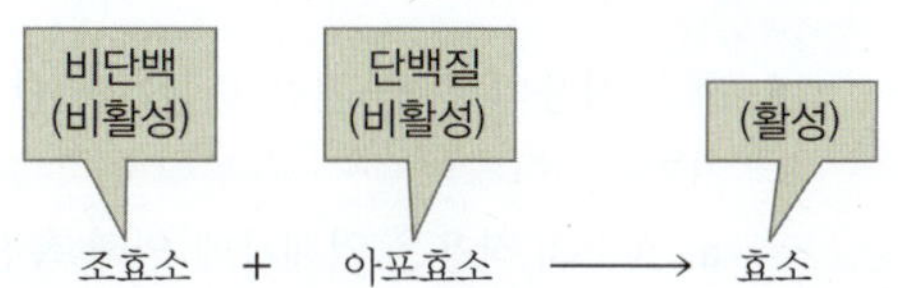

많은 조효소는 비타민 자체이거나 비타민에서 유래한 분자이다. 효소는 모든 살아 있는 세포의 기능에 필수적이다.

효소의 응용

효소는 의학, 산업, 일상생활에서 폭넓게 활용된다. 많은 화학 물질의 제조에서 전통적 합성 경로를 대체하고 있으며, 더 높은 선택성과 효율로 원하는 생성물을 더 많이 만들고 폐기물은 적게 만든다.

임상에서 널리 사용하는 예로 당뇨병 환자용 혈당 테스트 스트립이 있다. 각 스트립에는 전극에서 포도당의 산화를 촉매하는 글루코스 옥시데이스(glucose oxidase)가 포함되어 있으며, 이 반응으로 생성되는 전류는 혈액 내 포도당의 양에 비례하고 결과는 외부 측정기에 표시된다.

체액이나 조직의 효소 활성 측정은 흔한 진단 기법이다. 예를 들어 평소에는 간에 존재하는 효소가 질환이나 손상이 있을 때 혈류로 누출될 수 있으며, 혈액에서 해당 효소가 검출되면 간 손상을 시사한다. 또 다른 예를 들어 심근경색 후에는 혈전을 분해하는 효소를 사용하기도 하며, 발작 직후 투여하면 생존율이 크게 향상된다. 반대로 혈액 응고 인자는 혈액이 정상적으로 응고되지 않는 질환(혈우병)의 치료에 사용된다.

온전한 미생물이 지니는 효소는 오래전부터 빵·맥주·와인·요구르트·치즈 제조에 이용되어

왜 중요할까?

단백질의 가수분해를 간단한 실험으로 시연할 수 있다. 지시에 따라 젤라틴 디저트 파우더를 준비한 뒤 두 부분으로 나눈다. 한쪽에는 신선한 파인애플·키위·파파야를 넣고, 다른 쪽에는 가열한 과일을 넣거나 아예 넣지 않는다. 신선한 과일이 들어간 쪽은 젤리로 굳지 않는다. 이들 과일에는 단백질 가수분해효소가 들어 있어 젤라틴(단백질)을 분해하기 때문이다. 이 효소는 가열하면 비활성화되므로 통조림 파인애플은 젤라틴과 함께 사용해도 문제가 없다. (생파인애플로 햄을 조리하면 햄이 부드러워지고, 생파인애플을 많이 먹으면 입술이 '화상'을 입은 듯한 느낌이 드는 까닭을 생각해보라.)

5 효소는 단백질과 다른가?

효소는 생물학적 촉매이다. 알려진 효소의 대다수는 단백질이지만, RNA로 이루어진 리보자임이 반응을 촉매하기도 한다(다만 상대적으로 드물다). 이러한 촉매 반응에는 리보솜에서의 펩타이드 결합 형성과 RNA에서의 결합 형성·절단 등이 포함된다.

왔다. 최근에는 다음과 같은 용도가 추가되었다.

- 이유식 제조: 단백질에 작용하는 **프로테이스**로 복합 단백질을 전처리하여 영유아의 소화 용이성을 높인다.
- 감미료 제조: 전분 분해효소(**카보하이드레이스**)로 옥수수 전분에서 옥수수 시럽(주로 포도당)으로 전환한다.
- 과당 전환: **이성질화효소**로 옥수수 시럽의 포도당을 과당으로 바꿔 적은 양으로 같은 단맛을 얻는다(포도당과 과당은 분자식 $C_6H_{12}O_6$의 이성질체).
- 프로테이스로 맥주·과일 주스의 탁함을 유발하는 단백질을 분해하여 맑게 한다.
- **셀룰레이스**로 면섬유의 셀룰로스 중합체를 부분 분해한다. 효소 활성을 정밀 제어하여 원단 손상 없이 원하는 효과를 얻으며, 효소의 종류에 따라 다양한 질감을 만들어 '디자이너 청바지'를 생산할 수 있다.
- 단백질가수분해효소와 탄수화물분해효소를 동물 사료에 첨가하여 영양소 흡수를 돕고 소화를 개선한다.

효소는 일부 세제의 중요한 성분이기도 하다. 라이페이스는 많은 얼룩의 성분인 지방·기름을 분해하고, 프로테이스는 혈액·육즙·유제품 등 특정 얼룩의 단백질을 더 작은 수용성 분자로 분해한다. 전 세계 효소 생산액은 연간 50억 달러를 넘는다.

폴리염화 바이페닐(PCB)과 같은 오염 물질을 분해하는 효소를 지닌 미생물이 분리되었으며, 이들은 독성 오염물을 분해·제거할 잠재력을 지닌다. 그러나 이를 비용 효율적으로 적용하려면 여전히 추가 연구가 필요하다.

자가평가문제

1. 한 아미노산의 N—H기와 다른 아미노기의 C=O기 사이에 수소 결합이 형성되어 단백질 분자가 α-나선 또는 β-병풍 구조를 띠게 된다. 이러한 형태는 어떤 단계의 단백질 구조를 나타내는가?
a. 1차 **b.** 4차 **c.** 2차 **d.** 3차

2. 분산력에 의해 부분적으로 유지되는 단백질 구조의 단계는 무엇인가?
a. 1차 구조 **b.** 4차 구조 **c.** 2차 구조 **d.** 3차 구조

3. 활성 효소로 만들기 위해 아포효소에 많이 첨가되는 금속 이온은 무엇인가?
a. 활성자 **b.** 다른자리입체성
c. 조효소 **d.** 보조인자

4. 단백질 사슬에 있는 아미노산 단위의 산성 곁사슬은 다른 사슬에 있거나 같은 사슬에서 어느 정도 떨어진 곳에 있는 아미노산 단위의 염기성 곁사슬과 반응하여 무엇을 형성하는가?
a. 분산 결합 **b.** 이황화 결합
c. 수소 결합 **d.** 염다리

5. 효소가 작용하는 분자를 무엇이라고 하는가?
a. 촉매 **b.** 조효소 **c.** 보조인자 **d.** 기질

6. 효소 작용의 유도-적합 모델에 대한 설명으로 옳은 것은 무엇인가?
a. 효소의 작용은 억제자에 의해 촉진시킨다.
b. 활성 부위는 다른자리입체성 부위와 동일하다.
c. 활성 부위의 모양은 단단하며 정확한 상보적 모양을 가진 기질에만 맞다.
d. 활성 부위의 모양은 기질에 맞게 다소 변경될 수 있다.

7. 효소 분자와 함께 작용하는 무기 금속 이온을 무엇이라고 하는가?
a. 보조인자 **b.** 아포효소 **c.** 조효소 **d.** 자극기

8. 효소는 촉매 또는 무엇을 하는 물질을 말하는가?
a. 다른 분자에 결합한다.
b. 다른 분자를 분해한다.
c. 더 작은 분자로 만들어진다.
d. 반응율이 증가한다.

9. 체내 화학 반응은 생명을 유지할 수 있을 만큼 빠르고 쉽게 반응하기 위해 무엇이 필요한가?
a. 효소 **b.** 억제제
c. 뉴클레오타이드 **d.** 포화 용액

정답: 1. c, 2. d, 3. d, 4. d, 5. d, 6. d, 7. a, 8. d, 9. a

13.8 식단 속 단백질

학습 목표 • 필수 아미노산을 나열하고, 인체에 단백질이 필요한 이유를 설명한다.

앞서 살펴본 바와 같이 단백질은 아미노산의 공중합체이다. 유전자는 특정 단백질에 대한 청사진을 지니며, 각 단백질은 고유한 기능을 수행한다. 우리는 근육, 모발, 효소, 생명에 필수적인 여러 세포 성분을 합성하는 데 필요한 아미노산을 공급받기 위해 식단에서 단백질이 필요하다. 단백질은 주로 육류·가금류·생선·달걀에 풍부하고, 각종 곡류·견과류·콩류에도 소량 들어 있다. 과일과 채소에는 단백질이 거의 없다.

단백질 물질대사: 필수 아미노산

단백질은 소화관에서 그 구성 성분인 아미노산으로 분해된다.

$$\text{단백질} + n\, H_2O \xrightarrow{\text{프로테이스}} \text{아미노산}$$

우리 몸은 이들 아미노산으로부터 조직의 성장과 수선에 필요한 단백질을 합성한다. 식단에 신체의 성장과 수선에 필요한 양을 초과하는 단백질이 포함될 경우에 그 초과분은 에너지원으로 사용되어 그램당 약 4 kcal를 제공한다.

성인은 단백질 합성에 필요한 아미노산 중에 아홉 가지를 제외한 나머지를 스스로 합성할 수 있다. 이 아홉 가지[아이소류신, 라이신, 페닐알라닌, 트립토판, 류신, 메티오닌, 트레오닌, 아르기닌, 발린(표 13.4)]를 **필수 아미노산**(essential amino acids)이라고 하며, 식단에 반드시 포함되어야 한다. 각각의 필수 아미노산은 단백질 합성에서 **제한 반응물**(limiting reactant, 제한 아미노산)이므로, 그중 하나라도 결핍되면 적절한 단백질을 만들 수 없다.

충분한(또는 완전한) 단백질은 신체 조직의 성장과 수리에 필요한 양의 모든 필수 아미노산을 공급한다. 대부분의 동물성 단백질에는 모든 필수 아미노산이 충분량 들어 있다. 살코기, 우유, 생선, 달걀, 치즈는 충분한 단백질을 제공한다. 젤리 사탕과 디저트의 성분인 젤라틴은 예외적인 몇 안 되는 동물성 단백질 중 하나로, 트립토판이 거의 없고 트레오닌, 메티오닌, 아이소류신도 소량만 함유한다.

반대로 대부분의 식물성 단백질에는 하나 이상의 아미노산이 부족하다. 옥수수에는 라이신과 트립토판이 불충분하며, 옥수수를 주로 섭취하는 사람은 충분한 열량을 섭취하더라도 영양실조를 겪을 수 있다. 비동물성 단백질 가운데 우수한 편에 속하는 콩 단백질조차 필수 아미노산인 메티오닌이 부족하다. 남아메리카에서 주로 소비되지만, 미국에서도 점차 인기를 얻고 있는 퀴노아는 완전 단백질을 함유한 유일한 곡물이다. 퀴노아에는 글루텐이 없어 글루텐 프리 식단이 필요한 사람에게 밀의 대체 곡물로 사용할 수 있다.

우리의 일일 단백질 필요량은 체중 1 kg당 약 0.8 g이다. 영양은 특히 유아기와 어린 시기에 중요하며, 이는 인간의 뇌가 2살 무렵에 거의 완전한 크기에 도달한다는 사실에서 쉽게 알 수 있다.

이른 시기의 단백질 결핍은 신체적·정신적 장애를 모두 초래한다. 미국에서는 단백질 결핍이 주로 요양원에 거주하는 노인층에서 발생한다.

자가평가문제

1. 그램당 단백질 식품은 무엇의 킬로칼로리를 제공하는가?
   a. 지방 **b.** 비타민 **c.** 지방산 **d.** 탄수화물

2. 단백질은 무엇의 중합체인가?

a. 아미노산 **b.** 지방산 **c.** 단당류 **d.** 펩타이드

3. 필수 아미노산에 대한 설명으로 옳은 것은 무엇인가?

a. 다른 아미노산보다 칼로리가 높다. **b.** 다른 것보다 더 많은 양이 필요하다.
c. 체내에서 합성된다. **d.** 식단에 반드시 포함되어야 한다.

4. 65 kg 여성의 일일 단백질 요구량은 얼마인가?

a. 0.8 g **b.** 52 g **c.** 65 g **d.** 100 g

정답: 1. d, 2. a, 3. d, 4. b

13.9 핵산: 구조와 기능

학습 목표
- 핵산의 두 가지 유형을 설명하고, 이를 구성하는 성분을 제시한다.
- 상보적 염기쌍을 설명하고, DNA 사본이 어떻게 합성되는지 서술한다.

지구 상의 생명체는 형태가 매우 다양하지만, 모두 동일한 분자 성분, 즉 핵산을 이루는 다섯 가지 뉴클레오타이드와 단백질을 이루는 스무 가지 아미노산(13.6절)에서 출발한다. 이러한 성분은 세포에서 일어날 수 있는 화학 반응의 범위를 제한하며, 그 결과 지구 생물의 특징을 규정한다.

핵산(nucleic acid)은 세포의 정보·조절 센터로 기능한다. 핵산에는 두 종류가 있다. **디옥시리보핵산**(deoxyribonucleic acid, DNA)은 유전의 메커니즘을 제공하고, 한 개체의 모든 단백질에 대한 설계도 역할을 한다. **리보핵산**(ribonucleic acid, RNA)은 단백질 합성을 지시한다. DNA는 주로 세포핵에서 발견되는 실타래처럼 감긴 분자이며, RNA는 세포의 모든 부위에 존재하며 형태에 따라 서로 다른 일을 수행한다. DNA와 RNA는 **뉴클레오타이드**(nucleotide)라 불리는 반복 단위의 사슬이다. 각 뉴클레오타이드는 세 부분[오탄당(5탄소당), 인산 단위, 이종고리 아민 염기(9.9절), 그림 13.27]으로 이루어진다. 당은 RNA에서는 리보오스, DNA에서는 데옥시리보오스이다. 뉴클레오타이드의 당을 보면, 1번 탄소(통상 1′)의 수산기(—OH)가 다섯 가지 염기 중 하나로 치환(글리코시드 결합 형성)되어 있고, 5번 탄소(5′)의 수산기는 인산 에스터기로 전환되어 있다. 2개의 융합 고리를 가진 아데닌과 구아닌은 **퓨린**(purine)으로, 단일 고리의 사이토신과 티민과 우라실은 **피리미딘**(pyrimidine)으로 분류된다. 아데노신 일인산(AMP)은 대표적인 뉴클레오타이드로, AMP에서 염기(파란색)는 아데닌, 당(검은색)은 리보오스이다.

당 단위의 5번 탄소(5′)에 있는 수산기(—OH)는 인산 에스터기로 전환된다. 아데노신 일인산(AMP)은 대표적인 뉴클레오타이드이다. AMP에서 염기(파란색)는 아데닌, 당(검은색)은 리보오스이다.

인산 에스터 결합

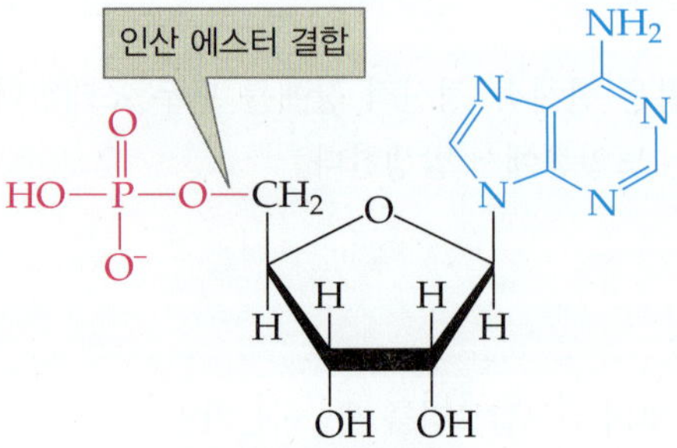

아데노신 일인산

	DNA 전용	DNA 및 RNA			RNA 전용
질소 염기	티민	아데닌	구아닌	사이토신	우라실
설탕 및 인산염	2-데옥시리보오스	인산염(P_i)			리보오스

▲ **그림 13.27** 핵산의 구성 요소. 당은 DNA에서는 2-데옥시리보오스, RNA에서는 리보오스이다. 2-데옥시리보오스는 2번 탄소 원자에 산소 원자가 없다는 점에서 리보오스와 다르다. *deoxy* 는 산소 원자가 '빠져 있음'을 뜻한다. 인산 단위는 흔히 P_i(무기 인산)로 약칭한다. 핵산의 이종고리 염기는 DNA와 RNA 모두에서 아데닌과 구아닌과 사이토신이며, 티민은 DNA에만, 우라실은 RNA에만 존재한다. 또한 티민에는 우라실에 없는 메틸기(그림에서 빨간색)가 있음을 유의한다.

뉴클레오타이드는 오른쪽의 도식처럼 개략적으로 표기할 수 있으며, 여기서 P_i는 생화학에서 말하는 '무기 인산'을 뜻한다. 왼쪽에는 일반형 도식이, 오른쪽에는 AMP의 구체적 도식이 제시되어 있다.

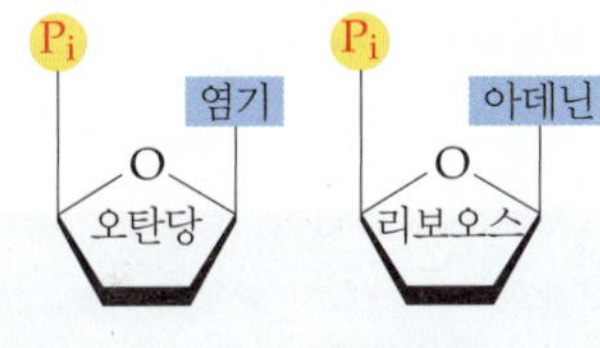

뉴클레오타이드는 인산기를 매개로 서로 결합하여 핵산 사슬을 이룬다. 한 뉴클레오타이드의 당 단위 5번(5′) 탄소의 수산기(—OH)에 결합한 인산기가, 두 번째 뉴클레오타이드의 당 단위 3번(3′) 탄소의 수산기와 두 번째 에스터 결합을 형성한다. (이 프라임 표기는 그림 13.27에 나타냈듯이 뉴클레오타이드의 오탄당 고리에서의 위치를 가리킨다. 3′-말단에는 수산기, 5′-말단에는 인산기가 존재한다.)

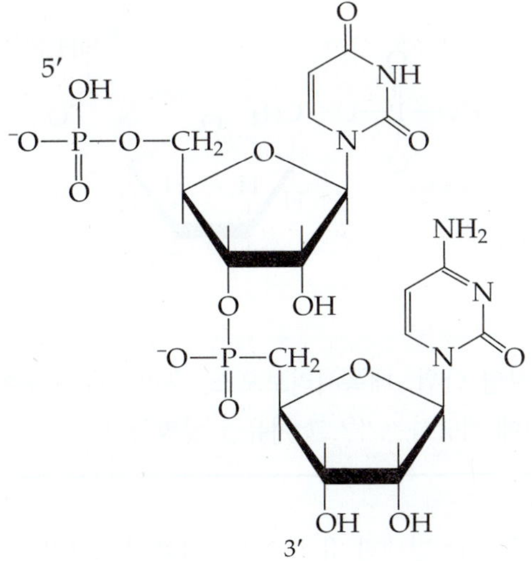

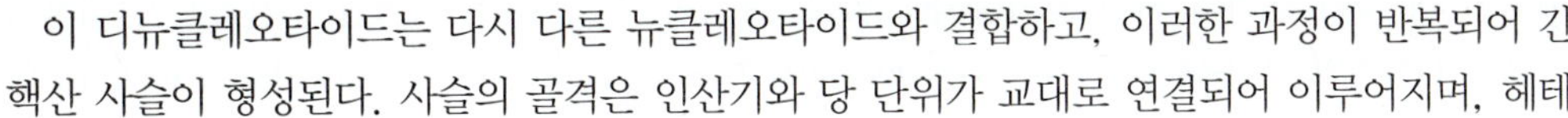

이 디뉴클레오타이드는 다시 다른 뉴클레오타이드와 결합하고, 이러한 과정이 반복되어 긴 핵산 사슬이 형성된다. 사슬의 골격은 인산기와 당 단위가 교대로 연결되어 이루어지며, 헤테

▲ Francis H. C. Crick(1916~2004, 앉아 있는 사람)과 James D. Watson(1928년생)은 1953년에 영국의 화학자 Rosalind Franklin(1920~1958)이 얻은 자료를 이용해 DNA의 이중나선 모형을 제안했다. Franklin은 DNA의 나선 구조를 보여주는 X선 회절이라는 기법을 사용했다. Franklin의 동료 Maurice Wilkins는 그녀의 연구를 Watson과 Crick과 공유했다. 그 자료는 Watson과 Crick이 DNA의 구조를 해독하는 데 도움이 되었다. Wilkins, Watson, Crick은 이 발견으로 1962년 노벨상을 받았으며, Franklin이 살아 있었다면 이 상을 함께 받았을지도 모른다.

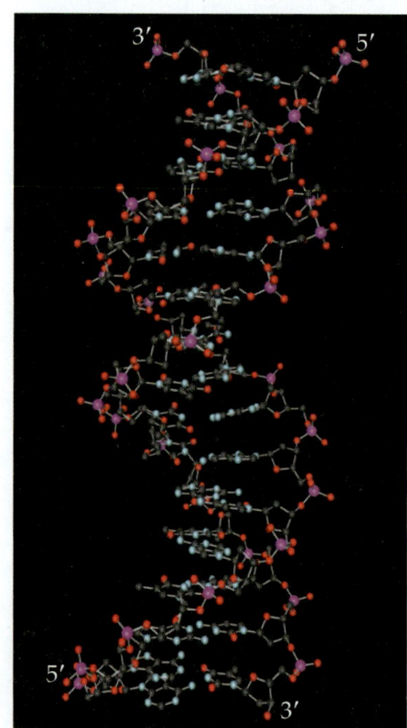

▲ **그림 13.28** DNA 분자. 반복되는 각 단위는 당, 인산 단위, 염기로 이루어진다. 당과 인산 단위는 바깥쪽에서 골격을 형성하고, 염기는 당 단위에 결합한다. 염기쌍은 나선형 계단의 내부에서 '계단'을 이룬다.

로고리 염기는 이 골격에서 곁가지처럼 돌출되어 있다.

~당-P_i-당-P_i-당-P_i-당-P_i-당-P_i-당-P_i~

염기 염기 염기 염기 염기 염기

앞의 도식이 DNA를 나타낸다면 당은 데옥시리보오스이고, 염기는 아데닌, 구아닌, 사이토신, 티민이다. RNA에서는 당이 리보오스이며, 염기는 아데닌, 구아닌, 사이토신, 우라실이다.

예제 13.4 뉴클레오타이드

다음 뉴클레오타이드에서 당과 염기를 확인하라. DNA에서 발견되는지, RNA에서 발견되는지 밝혀라.

풀이

당은 2번(2′) 탄소에 수소가 2개 있어 2′-하이드록실이 없으므로 데옥시리보오스, 즉 DNA의 당이다. 염기는 피리미딘(단일 고리)이며, 아미노기(—NH_2)가 있어 사이토신으로 식별된다.

› 복습문제 13.4A

다음 뉴클레오타이드에서 당과 염기를 확인하라. DNA에서 발견되는지, RNA에서 발견되는지 밝혀라.

› 복습문제 13.4B

한 뉴클레오타이드가 인산염 단위, 데옥시리보오스, 우라실로 이루어져 있다. 이것은 DNA, RNA, 둘 다 중에서 어디에 해당하는가? 그 이유를 설명하라.

생명체를 구성하는 데 필요한 방대한 유전 정보는 DNA의 1차 구조, 즉 핵산 사슬을 따라 배열된 네 가지 염기의 서열에 저장되어 있다. 예상할 수 있듯이, 이러한 분자들은 거대하여 포유류 DNA의 분자량(몰질량)은 수십억에 이르기도 한다(그림 13.28). 이 사슬을 따라 네 염기는 거의 무한한 조합으로 배열될 수 있다. 이러한 변이들이 갖는 의미를 살피기에 앞서, 우리는 먼저 핵산 구조의 또 다른 중요한 특징을 고찰하겠다.

이중나선

DNA의 3차원, 즉 2차 구조는 1940년대 후반과 1950년대 초에 집중적인 연구의 대상이 되었다. 실험을 통해 DNA에서 아데닌(A)의 몰수는 티민(T)의 몰수와 동일하다는 사실이 밝혀졌다. 마찬가지로 구아닌(G)의 몰수는 사이토신(C)의 몰수와 같다. DNA 구조가 어떻게 이러한 평형을 유지하는지는 저명한 많은 과학자가 고심한 문제였으나, 1953년 비교적 덜 알려진 두 사람이 DNA의 구조를 규명했다고 발표했다.

화학·물리·수학에 걸친 정교한 자료를 사용하고, 어린이 조립 장난감과 크게 다르지 않은 모형을 이용해 작업하면서 James D. Watson과 Francis H. C. Crick은 DNA가 서로 감긴 2개의 나선으로 이루어진 이중나선임을 밝혀냈다(그림 13.28). 두 가닥은 역평행으로, 서로 반대 방향으로 뻗어 있다. 중합체 사슬의 인산-당 골격은 구조의 바깥쪽을 이루어 마치 나선형 계단과 같고, 이종고리 염기들은 안쪽에서 쌍을 이룬다. 이때 구아닌은 항상 사이토신과, 아데닌은 항상 티민과 마주한다. 염기쌍은 그 계단의 디딤판에 해당한다(그림 13.29).

왜 염기들은 항상 A—T와 T—A, G—C와 C—G의 정확한 패턴으로 짝을 이룰까? 해답은 수소 결합과 매우 우아한 분자 배열에 있다. 그림 13.30에는 두 종류의 염기쌍이 제시되어 있다. 여기서 두 가지를 주목해야 한다. 첫째, 각 경우에 피리미딘과 퓨린이 항상 짝을 이루며, 각 쌍을 가로지르는 거리가 모두 동일하다(1.085 nm). 다른 조합은 당-인산 골격을 뒤틀리게 만들 것이다.

둘째, 각 염기쌍에서 염기들 사이의 수소 결합에 주목한다. 아데닌-티민 쌍이 형성되면 수소 결합이 2개 존재하고, 구아닌-사이토신 쌍이 형성되면 염기 사이에 3개의 수소 결합이 존재한다. 다른 어떤 피리미딘-퓨린 조합도 이처럼 광범위한 상호작용을 허용하지 않는다.

전 세계의 과학자들은 Watson-Crick 구조를 신속히 받아들였는데, 그 구조는 세포가 어떻게 분열하고도 기능을 지속하는지, 유전 정보가 어떻게 다음 세대에 전달되는지, 나아가 단백

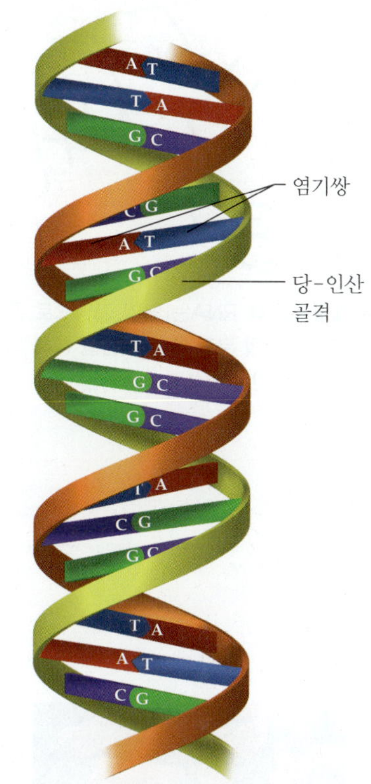

▲ **그림 13.29** 그림 13.28에는 DNA 이중나선의 일부 모형이 제시되어 있다. 이 도식적 표현에서는 당-인산 골격을 리본으로, 상보적 염기쌍을 나선형 계단의 디딤판으로 나타낸다.

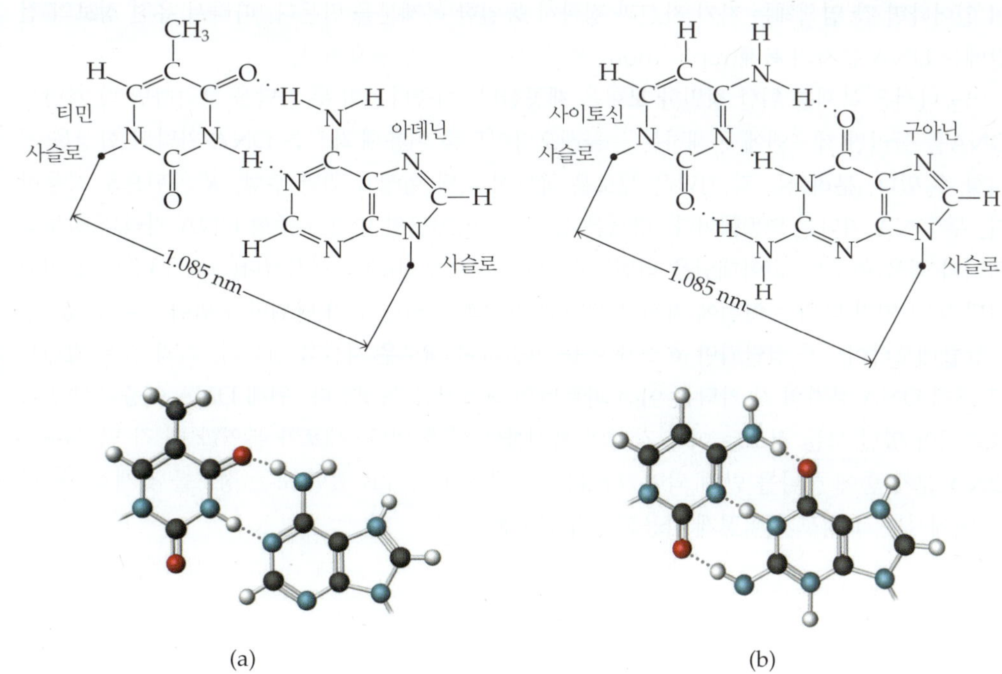

◀ **그림 13.30** 상보적 염기쌍. (a) 티민과 아데닌, (b) 사이토신과 구아닌이다. 이 짝지음은 수소 결합을 통해 이루어진다.

▲ **그림 13.31** RNA는 단일 가닥으로 존재하며, 염기의 분자 내 짝지음을 통해 이중나선형 구간을 형성할 수 있다.

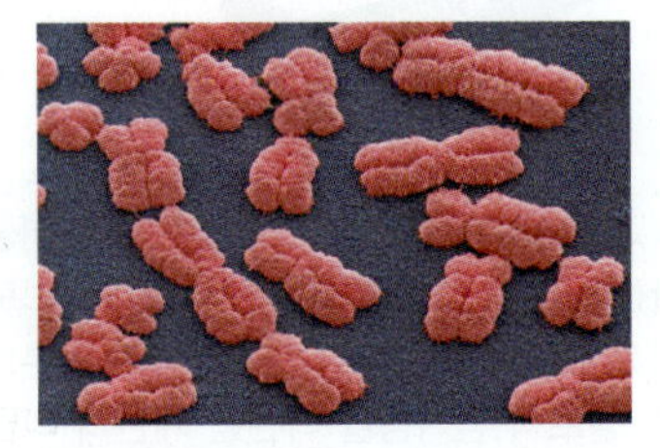

▲ 세포 분열 전에 인간의 염색체는 특징적인 X자 모양을 띤다.

질이 어떻게 요구된 사양에 맞게 합성되는지 등 수많은 핵심 질문에 답을 제시했기 때문이다. 이 모든 과정은 염기쌍 형성에 의존한다(이에 대해서는 곧 살펴볼 것이다).

RNA의 구조

대부분의 RNA 분자는 단일 가닥의 핵산으로 이루어진다. 분자가 스스로 접혀 돌아오는 구간에서는 분자 내 염기쌍이 형성될 수 있다. 또한 일부 RNA 분자의 일부 구간은 이중나선 형태로 존재한다(그림 13.31).

DNA: 자가 복제

각 종은 어떻게 자기 종을 번식할까? 수정란은 어째서 코알라가 아니라 캥거루로 발달해야 한다는 것을 알 수 있을까?

유전의 물리적 기초는 오랫동안 알려져 왔다. 고등 생물은 유성 생식을 한다. 수컷의 정자가 암컷의 난자와 결합한다. 이렇게 형성된 수정란은 새로운 개체가 기능하기 위한 여러 세포·조직·기관을 만들어내는 데 필요한 모든 정보를 담고 있어야 한다. 더 나아가 종이 존속하려면 정자와 난자라는 생식 세포 안에 새로운 개체를 생산하기 위한 정보가 반드시 전달되어야 한다.

유전 물질은 모든 세포의 핵에 존재하며, **염색체**(chromosome)라 불리는 길쭉한 실 모양의 구조에 모여 있다. 세포 분열 직전에 DNA 가닥이 단단히 감기면 염색체는 압축된 X자형 구조를 이룬다. 염색체 수는 종마다 다르다. 유성 생식에서는 염색체가 쌍을 이루며, 각 쌍의 한 구성원은 각 부모로부터 온다. 사람은 23쌍을 물려받아 체세포에 46개의 염색체를 가진다. 따라서 난자의 23개 염색체가 정자의 23개와 결합해야 전체 염색체 구성이 완성된다.

염색체는 DNA와 단백질로 이루어져 있다. 염색체를 따라 배열된 것이 유전의 기본 단위인 **유전자**(gene)이다. 구조적으로 유전자는 DNA 분자의 한 구간이지만, 일부 바이러스 유전자는 RNA만으로 이루어져 있다. 유전자는 단백질 합성을 조절하며, 단백질은 세포·기관·개체가 주변 환경에서 어떻게 기능할 지를 지시한다. 환경은 특정 시점에 어떤 유전자가 활성화될 지를 결정하는 데 기여한다. 한 개체에 존재하는 유전자의 총체를 **유전체**이라 한다. 세포 분열이 일어나면 각 염색체는 자기 자신과 정확히 동일한 복제본을 만든다. 따라서 유전 정보의 전달에는 DNA 분자의 **복제**(replication, 복사 또는 중복)가 필요하다.

이중나선은 복제를 위한 정밀한 모형을 제공한다. 이중나선의 두 가닥을 분리하면 각 가닥은 DNA를 둘러싼 세포액에 존재하는 뉴클레오타이드를 이용해 새로운 DNA 가닥의 합성을 지시할 수 있다. 분리되는 각 가닥은 새로운 상보적 가닥 형성을 위한 주형, 곧 패턴으로 작용한다. 두 DNA 가닥은 **역평행**이다. 합성은 뉴클레오타이드의 염기가 주형 DNA 가닥의 상보적 염기와 짝을 이루는 것(아데닌은 티민, 구아닌은 사이토신)에서 시작된다(그림 13.32). 분리된 가닥의 각 염기 단위는 이전에 자신과 짝지었던 것과 동일한 염기 단위만을 받아들일 수 있다.

뉴클레오타이드가 정렬되면 효소가 이를 연결하여 새로운 사슬을 만든다. 이와 같은 방식으로 원래 DNA 분자의 각 가닥은 이전 파트너의 복제본을 형성한다. 원래 DNA 이중나선에 암호화되어 있던 모든 정보는 이제 각각의 복제물에 담겨 있다. 세포가 분열할 때 각 딸 세포는 DNA 분자 중에 하나를 받게 되며, 따라서 모 세포가 가지고 있던 모든 정보를 갖게 된다. 다음 절에서는 그 정보가 어떻게 사용되는지 살펴본다.

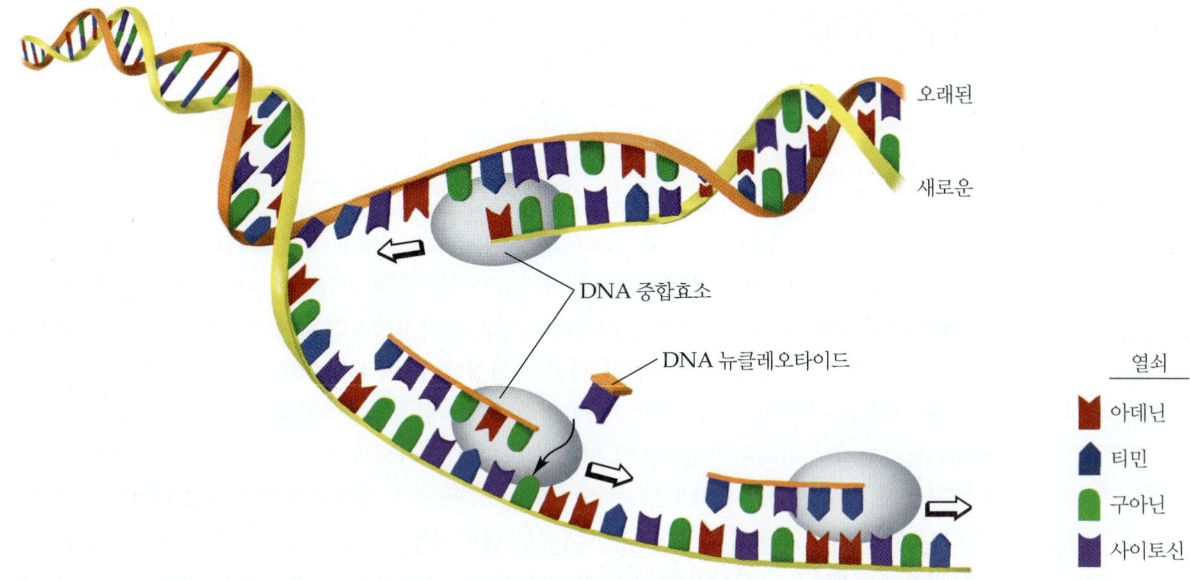

▲ **그림 13.32** DNA 복제의 단순화된 모식도. 원래의 이중나선은 '지퍼가 풀리듯' 분리되고, 새로운 뉴클레오타이드(삼인산 유도체)가 DNA 중합효소에 의해 제자리에 공급된다. 이어 인산 결합(인산다이에스터 결합)이 형성되어 원래의 이중나선 배치가 복원된다. 새로 형성된 각 이중나선은 하나의 오래된 가닥과 하나의 새로운 가닥으로 구성된다.

자가평가문제

1. 핵산의 단량체 단위는 무엇인가?
a. 아미노산 **b.** 단당류 **c.** 뉴클레오솜 **d.** 뉴클레오타이드

2. DNA 뉴클레오타이드는 무엇을 포함할 수 있는가?
a. A, P_i, 리보오스 **b.** G, P_i, 포도당
c. T, P_i, 데옥시리보오스 **d.** U, P_i, 데옥시리보오스

3. DNA에서 가능한 염기쌍은 무엇인가?
a. A–G **b.** A–T **c.** A–U **d.** T–G

4. 다음 중 퓨린 염기는 무엇인가?
a. A **b.** C **c.** T **d.** U

5. 핵산의 염기쌍은 어떤 결합으로 연결되는가?
a. 아마이드 결합 **b.** 에스터 결합 **c.** 글리코시드 결합 **d.** 수소 결합

6. DNA 분자의 복제는 무엇 사이의 수소 결합이 끊어지는 과정을 포함하는가?
a. 염기쌍 **b.** 오탄당 **c.** 인산 단위 **d.** 염기와 오탄당

7. DNA 복제의 두 번째 단계에는 무엇이 포함되는가?
a. 자유 뉴클레오타이드를 올바른 서열로 결합하는 것
b. 단일 가닥 RNA 분자의 형성
c. 아미노산에 인산기의 연결
d. 수소 결합이 끊어질 때 DNA 분자의 풀림

8. 염색체에는 무엇이 포함되는가?
a. DNA만 **b.** DNA와 단백질 **c.** RNA와 단백질 **d.** RNA만

정답: 1. d, 2. c, 3. b, 4. a, 5. d, 6. a, 7. a, 8. b

13.10 RNA: 단백질 합성과 유전 암호

학습 목표
- DNA로부터 mRNA가 어떻게 합성되고, mRNA로부터 단백질이 어떻게 합성되는지 설명한다.
- 유전 암호의 중요한 특징을 나열한다.

표 13.5 DNA 염기 및 상보적 RNA 염기

DNA 염기	상보적 RNA 염기
아데닌(A)	우라실(U)
티민(T)	아데닌(A)
사이토신(C)	구아닌(G)
구아닌(G)	사이토신(C)

DNA에는 세포에서 어떤 방식으로든 전달되어 실행되어야 하는 메시지가 담겨 있다. DNA는 세포핵을 떠나지 않으므로, 그 정보(청사진)는 다른 운반체에 의해 전달되어야 하며 실제로 그렇게 된다. 첫 단계인 **전사**(transcription)에서는 주형 가닥이라 불리는 DNA의 한 구간이 **전령 RNA**(messenger RNA, mRNA)라는 특수한 RNA 분자에 자신의 정보를 전달한다. DNA의 염기 서열은 mRNA의 염기 서열을 지정한다. 즉 DNA의 티민은 mRNA의 아데닌을, 사이토신은 구아닌을, 구아닌은 사이토신을, 아데닌은 우라실을 요구한다(표 13.5). 다만 RNA 분자에서는 아데닌이 DNA의 티민이 아니라 우라실과 짝을 이룬다. 이 두 염기의 구조적 유사성에 주목한다(그림 13.27 참조). 전사가 완료되면 RNA가 방출되고 DNA 이중나선은 다시 형성된다. 새롭게 합성된 mRNA에는 단백질을 암호화할 염기 서열이 담겨 있다.

유전자에는 엑손(exon)이라 불리는 기능적 영역과 인트론(intron)이라 불리는 비활성 구간이 산재해 있다. 단백질 합성 과정에서 인트론은 잘려 나가며 번역되지 않는다. 모든 세포에서 항상 발현되고 가장 기본적인 세포 기능에 필수적인 유전자를 하우스키핑 유전자(housekeeping gene)라고 한다. 반면 다른 유전자들은 특정 세포 유형이나 특정 발생 단계에서만 발현되기도 한다. 예를 들어 뇌 신경 세포의 특이적 단백질을 암호화하는 유전자는 뇌 세포에서만 발현되고, 간에서는 발현되지 않는다.

단백질 생성의 다음 단계는 mRNA가 복사한 암호를 해독하고, 그 암호를 특정 단백질 구조로 **번역**(translation)하는 것이다. 해독은 mRNA가 핵을 떠나 세포질의 리보솜에 부착할 때 일어난다. 리보솜은 약 65%의 RNA와 35%의 단백질로 이루어져 있다.

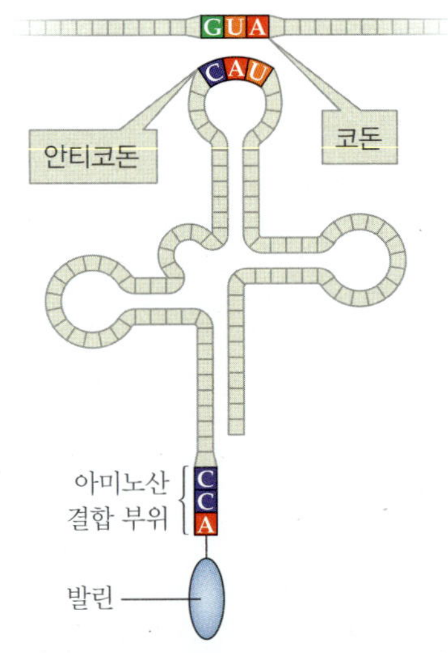

▲ **그림 13.33** 운반 RNA(tRNA) 분자는 스스로 접혀 돌아오며, 상보적 염기들 사이의 분자 내 수소 결합으로 안정화된 3개의 루프를 갖는 클로버 잎 모양 구조를 이룬다. 분자 머리 부분의 안티코돈 삼염기는 mRNA의 상보적 코돈 삼염기와 염기쌍을 이룬다. 여기서는 안티코돈의 염기 삼염기 CAU가 아미노산 발린을 지정한다.

또 다른 유형의 RNA인 **운반 RNA**(transfer RNA, tRNA)는 세포액에서 리보솜으로 아미노산을 운반한다. tRNA 분자는 그림 13.33에 보인 것처럼 고리형 클로버 잎 모양을 가진다. 분자의 머리 부분에는 3개의 염기 단위로 이루어진 안티코돈(anticodon)이 있으며, 이는 mRNA 3개의 상보적 염기인 **코돈**(codon)과 짝을 이룬다. mRNA의 코돈 삼염기는 tRNA의 꼬리에 어떤 아미노산이 결합되어 운반될지를 결정한다. 예를 들어 그림 13.33에서 mRNA 분절의 코돈 GUA는 tRNA 분자의 안티코돈 CAU와 짝을 이룬다. 안티코돈 CAU를 가진 모든 tRNA는 항상 발린(valine)을 운반한다. tRNA가 mRNA 코돈과 짝을 이루면 그 아미노산은 자라고 있는 폴리펩타이드 사슬에 결합하고, 이제 자유로워진 tRNA는 세포액으로 돌아가 다른 아미노산 분자를 다시 결합한다. 그림 13.34는 단백질 합성 과정을 전반적으로 요약한다.

오류는 복제-전사-번역 과정의 각 단계에서 발생할 수 있다. 복제만 보더라도 사람 세포가 분열할 때마다 약 40억 개의 염기가 복사되어 새로운 DNA 가닥이 만들어지며, 이때 최대 2000개의 오류가 생길 수 있다. 이러한 오류의 대부분은 교정되고 일부는 중요하지 않지만, 어떤 것은 유전 질환이나 심지어 사망을 초래할 수 있다.

서로 다른 61종의 tRNA 분자 각각은 성장하는 펩타이드 사슬의 해당 위치로 특정 아미노산을 운반한다. 이와 같은 방식으로 점차 구축되는 단백질 사슬은 형성됨에 따라 tRNA로부터 방출된다. 유전 암호의 완전한 '사전'이 마련되어 있으며(표 13.6), 가능한 모든 mRNA 염기 삼중항이 어떤 아미노산을 지정하는지를 보여준다. 가능한 삼중자 조합은 64개, 아미노산은 20개뿐이므로 암호에는 일정한 중복성이 존재한다. 예를 들어 세린(Ser), 아르기닌(Arg), 류신(Leu)은 각각 6개의 코돈으로 지정되고, 트립토판(Trp)과 메티오닌(Met)은 각각 1개의 코

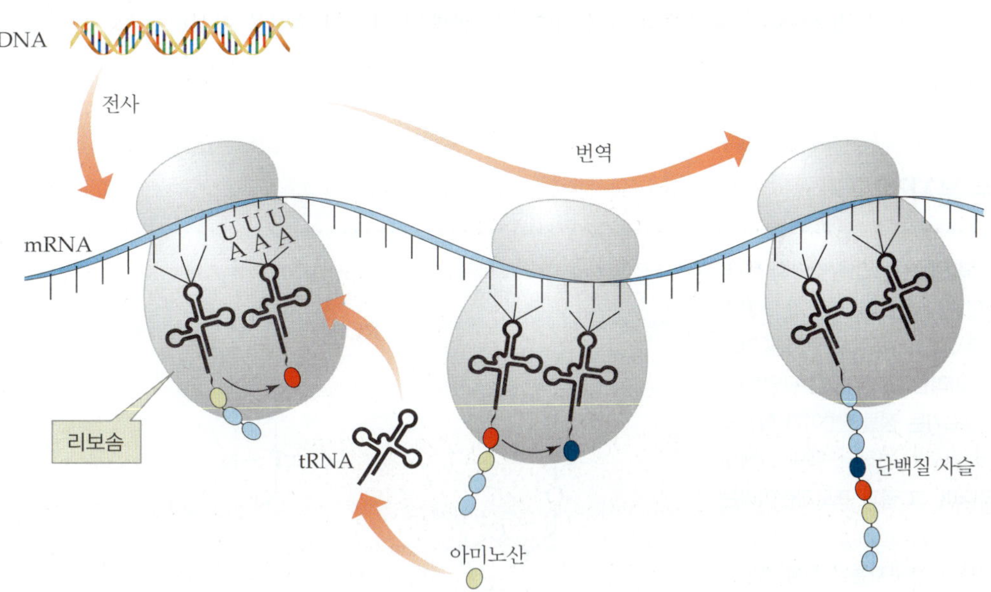

◀ **그림 13.34** 단백질 합성은 DNA로부터 mRNA로의 전사에 이어 리보솜에서의 번역을 거쳐 단백질을 만드는 과정을 필요로 한다. mRNA에 암호화된 아미노산은 tRNA 분자가 리보솜으로 운반한다.

표 13.6 유전 암호

		두 번째 염기				
		U	C	A	G	
첫 번째 염기	U	UUU=Phe UUC=Phe UUA=Leu UUG=Leu	UCU=Ser UCC=Ser UCA=Ser UCG=Ser	UAU=Tyr UAC=Tyr UAA=종료 UAG=종료	UGU=Cys UGC=Cys UGA=종료 UGG=Trp	U C A G
	C	CUU=Leu CUC=Leu CUA=Leu CUG=Leu	CCU=Pro CCC=Pro CCA=Pro CCG=Pro	CAU=His CAC=His CAA=Gln CAG=Gln	CGU=Arg CGC=Arg CGA=Arg CGG=Arg	U C A G
	A	AUU=Ile AUC=Ile AUA=Ile AUG=Met	ACU=Thr ACC=Thr ACA=Thr ACG=Thr	AAU=Asn AAC=Asn AAA=Lys AAG=Lys	AGU=Ser AGC=Ser AGA=Arg AGG=Arg	U C A G
	G	GUU=Val GUC=Val GUA=Val GUG=Val	GCU=Ala GCC=Ala GCA=Ala GCG=Ala	GAU=Asp GAC=Asp GAA=Glu GAG=Glu	GGU=Gly GGC=Gly GGA=Gly GGG=Gly	U C A G

(오른쪽 열: 세 번째 염기)

유전자 코드가 삼중 코드인 이유

정보는 DNA에 어떻게 저장되는가? 한 개체를 이루고 그것이 기능하도록 하는 모든 단백질을 만드는 지시 암호는 DNA 사슬을 따라 늘어선 염기 서열에 담겨 있다. 영어에서 *cat*과 *act*가 서로 다른 뜻을 갖듯이 염기 서열 CGT는 하나의 아미노산을, GCT는 다른 아미노산을 의미한다. 유전 암호의 '글자'는 네 가지 염기뿐이지만, 긴 가닥을 따라 배열이 매우 다양하여 사실상 무제한의 정보를 저장할 수 있다. 각 세포는 유전 형질을 결정하는 모든 정보를 자신의 DNA에 보유한다.

왜 20가지 아미노산을 지정하는 암호는 '삼염기' 기반인가? 4개의 염기로 구성된 '이중' 암호는 경우의 수가 $4 \times 4 = 16$뿐이라 부족하고, '사중' 암호는 $4^4 = 256$가지로 너무 많다. 반면 삼염기 암호는 $4^3 = 64$가지 조합으로 20가지 아미노산을 지정하기에 충분하며 일정한 중복성을 갖는다.

돈만 가진다. 또한 mRNA 3개의 염기 삼중항은 단백질 사슬의 종결을 지시하는 '정지' 신호이며, AUG 코돈은 사슬에서 메티오닌을 지정함과 동시에 '개시' 신호를 보낸다.

노화를 늦추거나 되돌릴 수 있는 분자적 근거

사람들은 오랫동안 노화를 늦추거나 심지어 되돌리는 방법을 찾고자 했다. 이를 달성하려면 먼저 노화의 메커니즘을 이해해야 한다. 미국과 프랑스의 과학자들은 노화를 가속화하여 평균 약 13세에 '노쇠'로 사망하게 만드는 희귀 유전 질환인 프로제리아를 연구하여, 이러한 메커니즘을 규명했다. 2003년, 프로제리아 환자에서 빠른 노화를 일으키는 점돌연변이가 확인되었다. 이 돌연변이는 사이토신이 티민으로 치환되는 변화로, 핵막 단백질 LMNA(라민 A)를 암호화하는 유전자에 나타나며, 그 결과 프로게린이라는 결함 단백질이 생성된다.

이 결함이 밝혀진 뒤, 미국국립암연구소(NCI)의 연구자들은 정상적인 노화에 수반되는 세포 손상의 상당 부분이 라민 A 유전자 내 동일한 결함 부위의 비정상적 사용에 의해 유발됨을 보였다.

이러한 유전적 결함은 해당 유전자에 의해 생성된 전령 RNA(mRNA)에 강하게 결합하는 '안티센스 제제'(DNA 또는 RNA 가닥 또는 핵산 유사체)를 이용해 마스킹할 수 있다(그림 13.35). ('안티센스'라는 이름은 합성된 핵산의 염기 서열이 유전자의 mRNA, 즉 센스 서열과 상보적이기 때문이다.) 안티센스 분자는 번역 기계를 물리적으로 방해하여, 사실상 해당 유전자를 '끄는' 효과를 낸다. 또한 골격 결합을 변형한 유사체들이 사용되는데, 이로써 제제는 뉴클레이스(핵산분해효소)에 의한 분해에 저항성을 갖는다. 이러한 제제는 프로제리아 환자로부터 얻은 배양 세포와 고령의 정상인에게서 얻은 배양 세포에서 노화 관련 결함을 역전시키는 것으로 보고되었다.

(a) 정상 DNA 분절 (b) 안티센스 유사체

▲ **그림 13.35** (a) 정상 DNA 분절, (b) 안티센스 유사체

안티센스 약물의 활용은 아직 결함 조직·세포로의 효율적인 전달이 어렵고, 면역계의 전반적 활성화와 같은 안전성 문제로 제한된다. 이러한 문제가 극복된다면 안티센스 기술은 우리가 오랫동안 찾은 '청춘의 샘'에 다가가는 데 기여할 수 있을 것이다.

자가평가문제

1. mRNA가 단백질의 아미노산 서열로 변환되는 과정을 무엇이라고 하는가?

a. 거래 **b.** 전사
c. 전이 **d.** 번역

2. 안티코돈 염기 삼중항은 어디에서 발견되는가?

a. 원래의 DNA **b.** 리보솜
c. mRNA **d.** tRNA

3. 유전 암호에 관여하는 아미노산 수와 코돈 수는 얼마인가?

a. 아미노산 20개, 코돈 20개
b. 아미노산 20개, 코돈 64개
c. 아미노산 64개, 코돈 20개
d. 아미노산 64개, 코돈 64개

4. 트립토판과 메티오닌을 제외한 각 아미노산이 하나 이상의 코돈에 의해 암호화된다는 사실은 유전 암호가 무엇을 가진다는 뜻인가?

a. 진화 **b.** 중복성
c. 서열 보장 **d.** 번역 균등성

5. 코돈 UGA는 무엇을 의미하는가(표 13.6 참조)?

a. 류신 지정 및 '시작' 신호
b. 류신 지정 및 '정지' 신호
c. 오직 '정지' 신호
d. 류신만 지정

정답: 1.d, 2.d, 3.b, 4.b, 5.c

13.11 인간 유전체

학습 목표 • 새로운 DNA 기술을 설명하고, 그 용도를 설명한다.

Watson과 Crick이 DNA의 구조를 제안한 지 거의 70년에 이르는 동안, 과학자들은 막대한 기술적 진보를 이루었고 그 결과 DNA에 대해 훨씬 더 많이 알게 되었으며, 개인과 인류 모두의 이익을 위해 DNA를 변형하거나 활용하는 방법도 개발했다. 여기에는 DNA 염기 서열 분석, 재조합 DNA, DNA 프로파일링, 유전자 치료의 초기적 사용 등이 포함된다. 이러한 기술들은 큰 잠재력을 지닌다. 이 절에서는 그중에 일부를 살펴본다.

1990년에 과학자들은 인간 유전체에 존재하는 약 30억 개의 염기쌍의 전 서열을 규명하는 작업에 착수했다. 인간유전체사업(Human Genome Project)은 약 27억 달러의 비용으로 2003년에 완료되었다. 이제 우리는 인간에 대해 완전한 유전적 청사진을 읽을 수 있게 되었다. 이 프로젝트는 전 세계적으로 생명공학의 혁신을 촉발했으며, 오늘날에는 매우 낮은 비용으로 며칠 만에 하나의 유전체 서열을 규명할 수 있다.

많은 사람 질병에는 뚜렷한 유전적 요소가 있다. 어떤 질병은 단일 결함 유전자에 의해 직접 유발되며, 다른 질병은 여러 유전자의 관여로 발생한다. 인간유전체사업은 인간 유전체의 유전자 수가 기존에 생각했던 8만 개가 아니라 실제로 약 2만~2만 5천 개에 불과함을 밝혔다. 또한 유전자 검사법이 개발된 질병과 관련된 유전자 2,000개 이상을 발견하는 성과를 거두었다. 이러한 검사를 통해 환자는 특정 질병에 대한 자신의 유전적 위험을 알 수 있고, 의료진은 질병의 진단에 도움을 받을 수 있다. 유전 질환의 원인으로 의심되는 유전자는 이제(유전체 서열이 알려지기 전에는 수년이 걸렸지만) 며칠 만에 인간 유전체 지도에서 위치를 특정할 수 있다. 일단 유전자가 확인되면 이 정보를 활용하여 유전 질환을 진단·치료할 수 있게 되어 의학에 혁신을 가져올 것이다.

DNA 염기 서열 분석은 효소를 이용해 DNA를 각각 수 개에서 수백 개의 뉴클레오타이드로 이루어진 작은 절편으로 절단한 뒤 수행된다. 이런 절편들은 서로 길이가 단일 염기 차이로 구분되며, 그 단일 염기는 이후 단계에서 확인된다. 절편들은 **중합효소 연쇄 반응**(polymerase chain reaction, PCR)으로 복제·증폭된다. PCR은 DNA 중합효소를 사용해 각 절편의 사본을 수백만 개 만들어 소량의 DNA를 증폭한다. 즉 DNA를 반복적으로 가열해 이중나선 가닥을 분리하고, 상보 가닥을 합성하여 새 사본을 만든 다음, 이를 냉각하는 과정을 통해 극히 적은 양의 시료로부터도 대량의 DNA를 얻어 서열 분석에 필요한 양을 충분히 확보한다. 이렇게 얻은 DNA 절편은 전류를 이용해 길이별로 분리할 수 있고, 각 절편의 말단 염기를 식별한다. 이후 컴퓨터를 사용하여 짧은 서열을 더 긴 분절로 편집하고, 궁극적으로 전체 DNA 염기서열로 조립한다. 이 밖에도 다양한 서열 분석 방법이 존재하며 더 빠르고 저렴한 방법에 대한 연구가 계속되고 있다.

오랜 세월 동안 사람들은 DNA에 변화를 도입하려 시도해왔다. 방사선이나 DNA를 변화시키는 돌연변이원에 유기체를 노출하는 방식이 그 예다. 그러나 이러한 방법은 매우 우연적이고 시간이 오래 걸리며 비용도 많이 들었다. 혁신적인 신기술인 'CRISPR'는 유전자 편집 시스템으로, 유전자 내 단일 염기 치환에 이르기까지 매우 특정한 변형을 가능하게 한다. 연구자는 편집 대상 유전자에 결합하는 RNA를 설계하고, 이 RNA가 'Cas9'이라 불리는 효소를 해당 유전자로 유도하면 효소가 그 위치의 DNA를 절단한다. 목표에 따라 CRISPR/Cas9은 유전자를 비활성화하거나 수선하거나 새 유전자를 지정된 위치에 삽입할 수 있다. 연구자들은 며칠 만에 사용가능한 CRISPR/Cas9 시스템을 구축할 수 있다.

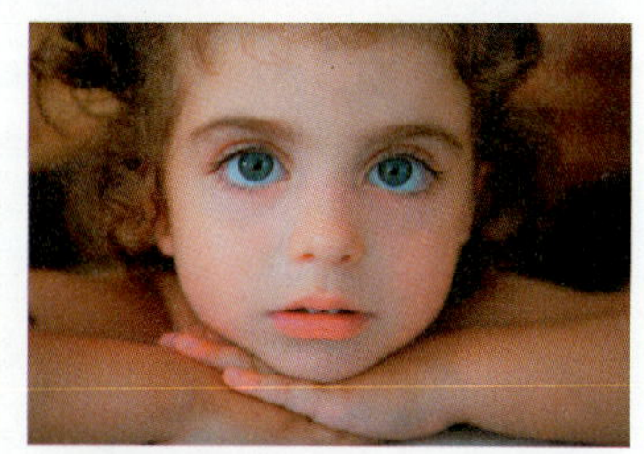

왜 중요할까?

파란색 눈은 유전 암호의 단 하나의 염기가 A에서 G로 바뀐 돌연변이에서 비롯된다. 이 변화는 약 6,000~10,000년 전에 일어난 것으로 추정되며, 그 이전에는 파란색 눈을 가진 사람은 없었다. 이 돌연변이는 머리카락·눈·피부에 색을 부여하는 색소인 멜라닌의 생성에 관여하는 유전자의 발현을 비활성화한다. 따라서 양쪽 부모로부터 이 유전자를 모두 물려받은 사람만 파란색 눈을 갖는다.

재조합 DNA: 생물을 화학 공장으로 활용하기

바이러스를 일부 제외한 모든 생물은 유전 물질로 DNA를 가진다. 서로 다른 두 공급원의 DNA를 하나의 재조합 DNA 분자에 인위적으로 결합하여 만든 DNA를 재조합 DNA(recombinant DNA)라고 한다. 첫 단계는 박테리아에서 유래한 효소인 **엔도뉴클레이스**(endonuclease)로 DNA를 절단하는 것이다. 엔도뉴클레이스는 **제한 효소**(restriction enzyme)로서, **제한 자리**(restriction site)라 불리는 DNA의 특정한 짧은 서열에서만 절단한다. 이 효소는 동일한 서열에서 두 DNA 분자를 잘라 서로 상보적인 매우 짧은 단일 가닥 서열을 지닌 '점착성 말단'을 만들어낸다. 두 공급원에서 온 DNA 조각은 서로 결합을 형성하여 재조합 DNA를 생성할 수 있다. 다음으로, 재조합 DNA가 어떻게 활용되는지 몇 가지 예를 살펴본다.

과학자들이 특정 단백질을 암호화하는 유전자를 확인하면 이를 분리하고 중합효소 연쇄 반응(PCR)으로 증폭할 수 있다. 그런 뒤 그 유전자를 **플라스미드**(plasmid)라는 특수한 형태의 박테리아 DNA에 스플라이싱(재조합)한다. 재조합된 플라스미드는 다시 숙주 유기체, 즉 그 플라스미드가 유래한 박테리아에 도입된다(그림 13.36). 원하는 서열의 플라스미드를 지닌 박테리아 세포를 선별(클로닝)하여 배양하면 숙주 박테리아 안에서 플라스미드는 자기 자신의 정확한 사본을 다수 복제한다. 이렇게 조작된 박테리아는 증식하면서 목표 단백질을 생산하는 효율적인 공장이 된다.

생명공학으로 어떤 단백질을 생산하려 할까? 인슐린은 DNA에 의해 암호화되는 단백질로, 세포가 포도당을 제대로 이용하는 데 필요하다. 인슐린 결핍 질환인 당뇨병 환자들은 예전에는

최근 몇 년 사이 DNA 검사를 제공하는 상업적 업체가 다수 등장했다. 일부 서비스는 잠재적 건강 문제와 유전 질환의 표지자를 분석하고, 다른 서비스는 주로 개인의 혈통 추적에 초점을 맞춰 검사 결과를 자사 데이터베이스(경우에 따라 수백만 명 규모)와 비교한다. 두 분야를 모두 다루는 회사도 있다. 이들 회사는 유전체 전체를 서열화하지 않고, 사람마다 차이를 보이는 DNA의 특정 영역에 집중한다.

DNA 프로파일링

모든 인간의 DNA 염기 서열은 약 99.9%가 동일하지만, 0.1%의 차이만으로도(일란성 쌍둥이는 예외) 사람을 서로 구별할 수 있다. DNA 프로파일링은 전체 유전체를 서열화할 필요가 없다. 대신 인간 유전체의 13개 특정 위치에서 '짧은 반복 서열(short tandem repeat, STR)'을 이용한다. STR은 보통 2~5개의 염기 단위로 이루어져 있으며, 여러 번 반복된다(예: ACGT-ACGT-ACGT). 이러한 핵심 지점에서 반복 횟수는 사람마다 다르다. 이것이 바로 DNA 지문의 핵심이다. 13개 지점을 모두 고려하면 각 개인은 서로 다른 프로필을 갖는다.

영국의 과학자 Alec Jeffreys는 1985년에 DNA 지문 분석을 고안하고 이름을 붙였다. 실제 지문처럼 각 개인의 DNA도 고유하다. 피부, 혈액, 정액, 타액 등 어떤 세포든 필요한 DNA 시료를 제공할 수 있다.

DNA 지문 분석은 낭포성 섬유증, 겸상적혈구빈혈증, 헌팅턴병, 혈우병과 같은 유전 질환을 신생아에서 선별하는 데 사용된다. 이러한 장애를 조기에 발견하면 의사와 부모가 적절한 치료를 선택하고 개시할 수 있다.

자녀는 양쪽 부모로부터 DNA의 절반을 물려받기 때문에 친자(부자) 관계에 의문이 있을 때도 DNA 지문 분석을 사용한다. DNA 지문으로 생부를 특정할 확률은 최소 99.99%이며, 특정 남성을 생부에서 제외할 확률은 100%이다.

DNA 지문 분석은 형사 수사에서 중대한 진전을 가져와 수많은 사건 해결을 가능하게 했다. 범죄 현장에서 확보한 증거의 DNA 시료는 PCR로 증폭한 뒤, 용의자 또는 현장에 있었던 것으로 알려진 다른 사람들의 DNA와 비교된다.

이 기법은 많은 유죄 판결로 이어졌지만, 어쩌면 그보다 더 중요한 점은 무고함을 신속히 입증할 수 있다는 데 있다. DNA가 일치하지 않으면 용의자가 해당 생물학적 증거를 남길 수 없었다는 뜻이다. 지금까지 350명 이상이 무죄로 밝혀져 석방되었고, 그중에는 수년간 수감된 사람들과 사형 선고를 받았던 20명도 포함된다. 이 기법은 정의 구현을 위한 중대한 진전이다.

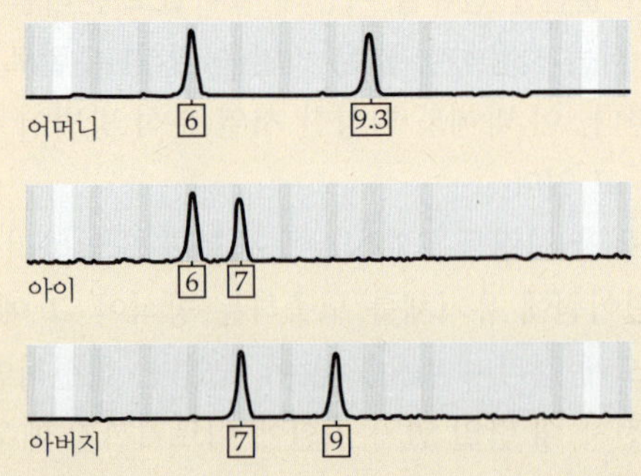

▲ 이 DNA 검사에는 어머니(위), 아이(가운데), 아버지로 추정되는 남성(아래)의 시료가 포함되었다. 모계 표지자 6은 아이에게 전달되었고, 따라서 아이의 표지자 7은 반드시 아버지에서 온 것이다. 추정 아버지가 실제로 표지자 7을 가지고 있다.

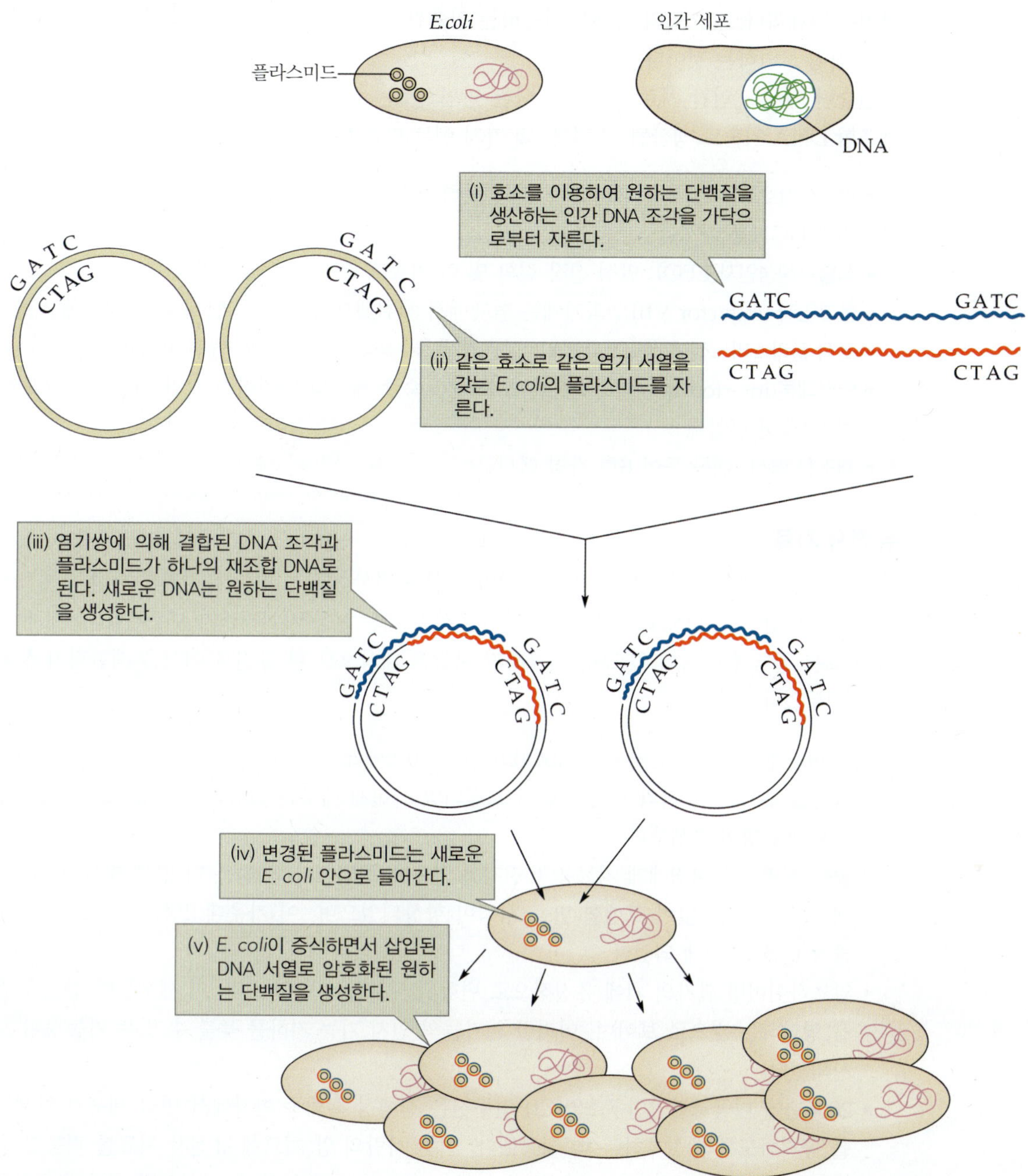

▲ **그림 13.36** 재조합 DNA: 인간 유전자를 박테리아 플라스미드에 클로닝하기. 인간 유전자를 플라스미드에 삽입한 뒤, 대장균(*E. coli*)과 같은 박테리아에 도입하면 박테리아가 증식하면서 재조합 유전자의 다수 사본을 만들어낸다. 이 공정은 1982년에 처음 시판된 재조합 인슐린 생산에 최초로 적용되었다. 원칙적으로 미생물·식물·동물 등 어떤 유기체의 유전자든 다른 유기체에 통합(도입)될 수 있다.

돼지나 소에서 추출한 인슐린을 사용해야 했다. 이는 비용이 많이 들었고, 시간이 지나면서 많은 사람에게 면역 반응이 생겨 더 이상 동물 유래 인슐린을 사용할 수 없게 되었다. 오늘날 사람 인슐린은 재조합 DNA 기술로 생산된다. 과학자들은 인슐린 생산에 필요한 인간 유전자를 사람의 소화관에서 흔한 박테리아인 대장균(*Escherichia coli*) 또는 효모의 DNA에 삽입한다. 아울러 세포가 그 유전자를 전사하고 번역하도록 지시하는 발현 조절 요소, 즉 신호도 추가한다. 재조합 세포는 빠르게 증식하여 수십억 개의 사본을 만들고, 새로 생긴 각 *E. coli* 세포는 자신의 DNA에 사람 인슐린 유전자의 복제본을 지닌다. 인슐린과 다른 재조합 산물의 경제적 가치는 막대하다. 앞으로의 희망은 기능하는 인슐린 유전자를 인슐린 의존성 당뇨병 환자의 세포에 직접 도입하는 것이다.

인슐린 외에도 인간 치료에 쓰이며 다른 방법으로는 얻기 어려운 많은 귀중한 물질이 이제 재조합 DNA 기술로 생산될 수 있다. 몇 가지 예는 다음과 같다.

- 인간성장호르몬(HGH): 제대로 자라지 못하는 아동 치료에 사용되며, 과거의 사체에서 채취한 HGH를 대체함
- 적혈구생성인자(EPO): 만성 신장 질환 및 암 치료에 수반되는 빈혈 치료
- 응고인자 VIII(factor VIII): 과거에는 혈액에서 채취했으며, 혈우병 남성 환자 치료에 사용
- 조직 플라스미노젠 활성화제(TPA): 심근경색, 뇌졸중 등과 관련된 혈전 용해에 사용
- 인터페론(interferon): 면역 반응을 보조하고 숙주 세포의 바이러스 감염 저항성을 유도하며, 유망한 항암제
- 재조합 백신: 예를 들어 B형 간염 백신

유전자 치료

유전자 치료는 결함 유전자의 작용을 교정하기 위해 정상 기능을 하는 유전자를 사람의 세포에 도입하는 방법이다. DNA를 세포 내부로 운반하는 데는 보통 바이러스가 사용된다. 현재 유전자 치료는 실험적 단계에 있으며, 지금까지 사람을 대상으로 한 유전자 이식은 제한적인 성공만을 거두었다.

- 1999년에 중증복합면역결핍증(SCID) 아동 10명에게 면역계 발달을 돕는 유전자의 정상 사본을 주사했다. 거의 모든 아동이 호전되었고 현재 대부분 건강하지만, 2002년에 2명에게서 백혈병이 발생했다.
- 중증 실명 청년 4명에게 치료용 유전자를 안구에 주입했다. 이들은 더 많은 빛을 볼 수 있게 되었고 도움 없이 보행할 만큼 시력이 향상되었으며, 이 가운데 2명은 시력표의 여러 줄을 읽을 수 있게 되었다.
- 알츠하이머병 환자의 뇌에 유전적으로 변형된 세포를 주입한 결과, 이 세포들이 병든 뉴런을 영양하는 것으로 보이며, 이러한 환자들의 인지 기능 저하를 늦출 수 있는 가능성이 시사되었다.
- 2006년에 미국국립암연구소(NCI) 연구진은 진행성 흑색종 환자에서 면역 세포가 암세포를 공격하도록 재설계하는 데 성공했다. 이는 사람의 암 치료에 유전자 치료를 적용한 최초의 성공 사례로 꼽힌다. 이후 유전자 치료 연구의 상당 부분이 암 치료법 개발에 초점을 맞추고 있다.
- 연구진은 쥐의 간에서 새로운 베타 세포가 형성되도록 유전공학적으로 조작했고, 동시에 간의 새 베타 세포 주변에서만 T세포 활성을 억제하는 유전자를 추가했다(그렇지 않으면 T세포가 새 베타 세포를 파괴한다). 이것이 사람에서도 효과가 있다면 당뇨병 환자가 자가 인슐린을 생산할 수 있을 것이다. 다만, 유전자를 정확한 위치에 삽입하고 필요한 세포에만 표적화하는 등 해결해야 할 문제가 많다. 유전자 치료의 파급 효과와 대가는 매우 크다. 우리 모두는 어떤 형태로든 결함 유전자를 지니고 있으며, 약 10명 중 1명은 유전성 질환을 이미 겪고 있거나 장차 겪게 된다. 분자유전학은 이미 여러 인상적인 성과를 거두었고, 유전적 결함의 제거, 암의 치료 등 그 잠재력은 놀라울 정도이다. 그러나 지식은 힘을 부여하지만, 반드시 지혜를 보장하지는 않는다. 생명공학에서 우리가 맞닥뜨릴 가장 큰 과제는 이 기술을 어떻게 사용할 것인가를 현명하게 결정하는 일이다.

녹색 화학 녹색 화학과 생화학

David A. Vosburg, Harvey Mudd College

원칙 1~10, 12

학습 목표 • 생화학을 이용해 유용한 분자를 합성할 때의 장점을 몇 가지 나열한다.
• 에너지 생산 및 기타 응용에서 생화학을 활용한 사례를 제시한다.

화학 반응은 수백만 년 동안 식물, 동물, 박테리아에서 끊임없이 일어났다. 이러한 생명체는 다수의 화학 반응을 수행하며, 식물은 광합성을 통해 태양 에너지를 활용하도록 진화했다. 생물은 탄수화물(예: 포도당, 자당, 셀룰로스; 13.2절)과 지질(지방과 기름; 13.4절)의 형태로 에너지를 저장한다. 이러한 재생가능한 공급 원료(원칙 7)는 향후 인류의 에너지 수요를 충족할 잠재력이 크다.

화학자들은 이러한 천연 에너지 저장고를 재생 불가능한 석유 계열 연료의 대체물로 전환하는 방법을 고안하고 있으며, 생화학자들은 다양한 미생물의 기존 생화학 경로를 공학적으로 조정하여 곧바로 사용가능한 연료를 생산하고 있다. 2009년과 2010년에는 이 분야 성과로 비렌트 에너지 시스템즈(Virent Energy Systems), James Liao, LS9에 대통령녹색화학챌린지상이 수여되었다. 비렌트의 공정은 식물성 탄수화물을 휘발유로 전환하여(아래 사진 참조) 화석 연료 의존도를 낮출 수 있다. Liao와 동료들(UCLA 및 Easel Biotechnologies)은 박테리아를 공학적으로 조작해 탄수화물과 이산화 탄소를 연료용 알코올로 전환하도록 했다. LS9은 탄화수소 연료를 직접 생성하는 미생물을 개발했다. 이 모든 성과는 미래의 에너지 수요를 해결하기 위해 생화학의 산물 또는 공정을 활용한 사례이다.

생화학을 이용한 분자 합성은 전통적 화학 합성에 비해 뚜렷한 장점이 있으며, 녹색 화학의 여러 원칙을 구현한다. 반응은 통상 어디에나 존재하고 무독성이며 비가연성 용매인 물에서 진행된다(원칙 5). 생성물이 비극성일 경우에 보다 극성인 물로부터 용이하게 분리되는 경우가 많다. 매우 높은 온도와 압력에서 수행되는 현재의 산업 반응과 달리, 대부분의 생화학 반응은 매우 빠르고 온화한 온도 및 대기압에서 일어난다. 이러한 조건은 에너지 비용과 잠재적 위험을 모두 낮춘다(원칙 6, 12). 생화학 반응은 보호기와 보조제가 불필요하여 원자 경제성이 매우 높으며(원칙 2, 8), 독성 시약과 생성물을 대체로 피할 수 있다(원칙 3, 4). 또한 생물학적 반응은 대개 촉매적이며, 단일 효소(13.7절)가 수천~수백만 회의 반복 반응을 선택적으로 수행하여 폐기물을 거의 발생시키지 않는다(원칙 1, 9). 더 나아가 생성물(및 생물학적 촉매 자체)은 일반적으로 생분해 가능하고 무해하다(원칙 10). 어떤 화합물이 자체적으로는 생분해되지 않더라도, 다른 생화학 경로를 활용하여 환경에 잔류할 분자를 분해할 수 있다. 독소 제거와 수질 정화를 통한 환경 폐기물의 생물정화는 생화학 활용의 매우 중요한 이점이다.

▲ 박테리아의 유전공학은 천연 에너지 자원을 인간이 활용할 수 있는 에너지 함량이 높은 물질로 전환할 수 있다. 여기 보이는 *Synechococcus elongatus*는 유전체가 작고 광합성에 적합하기 때문에 특히 유용할 수 있다.

생화학 반응은 높은 선택성 덕분에 폐기물을 줄이고 공정을 단순화할 수 있다. 벅맨인터내셔널(Buckman International)은 종이 섬유를 강화하는 효소를 발견하여 목재 펄프 사용량을 줄이고 에너지·비용·목재를 절감했다. Yi Tang(UCLA)과 코덱시스(Codexis)는 콜레스테롤 저하제 조코르(Zocor)의 효소 경로를 개발하여 여러 합성 단계를 제거하고 폐기물을 줄였다. 두 성과 모두 2012년 대통령녹색화학챌린지상을 수상했다. 코덱시스는 2010년에도 Merck와 함께 당뇨병 치료제 자누비아(Januvia)의 효소적 생산으로 같은 상을 받은 바 있다. 이러한 생화학 기반 혁신은 기업과 고객, 환경, 사회 전반에 이익을 안겨준다.

세포와 그 DNA의 자기 복제 성질, 단백질의 자기 조립(폴딩) 특성(13.7절)은 생물학적 시스템을 새로운 화학 공정으로 발굴·구현하는 데 이상적인 후보로 만든다. 생화학 반응의 가장 큰 강점 가운데 하나이자 동시에 최대 난제는 '특이성'이다. 생물학적 촉매는 자연 기질에 대해 극도로 정교한 선택성을 갖도록 진화해왔기 때문에, 이러한 촉매를 보다 넓은 범위의(잠재적으로 비자연적인) 기질에 대해 보다 보편적 기능을 갖도록 조정하는 일은 어렵다. 그럼에도 Merck와 코덱시스가 자누비아 합성에서 보여주었듯이, 유사한 접근이 다른 성공으로 이어질 가능성은 충분하다.

자가평가문제

1. 재조합 DNA 클로닝에는 무엇이 포함되는가?

a. 서로 다른 두 생물체의 DNA를 결합하여 하나의 새로운 DNA를 만드는 것
b. 피부 세포로부터 유전적으로 동일한 개체를 만드는 것
c. 유전적으로 순수한 세포 집락을 분리하는 것
d. 수정란을 2개의 세포로 분할하여 일란성 쌍둥이를 만드는 것

2. 재조합 DNA를 만들 때 두 공급원의 DNA는 무엇으로 절단되는가?

a. DNA 연결효소 **b.** 파지
c. 제한효소 **d.** 벡터

3. 유전자 치료는 과학자들이 무엇을 수행하는 과정인가?

a. 새로운 동물 종을 만들어낸다.
b. 결함 유전자를 대신할 수 있는 기능하는 유전자를 삽입한다.
c. 돌연변이 빈도를 높인다.
d. DNA 프로파일을 이용해 개체를 식별한다.

4. 일부 유전학자는 광합성을 효율적으로 수행하는 작물에서 광합성을 지시하는 일부 유전자를 효율이 낮은 작물로 옮겨 더 생산적인 품종을 만들자고 제안한다. 이 프로젝트에는 어떤 작업이 포함될 가능성이 높은가?

a. 유전적 프로파일링 **b.** 유전 공학
c. 유전 선별 **d.** 전사

5. DNA에서 단일 염기 또는 염기 서열을 대체하는 데 사용할 수 있는 기술은 무엇인가?

a. CRISPR **b.** 유전자 스플라이싱
c. PCR **d.** 재조합

정답: a, 2. c, 3. b, 4. b, 5. a

요약

13.1절: **생화학**은 생명 과정의 화학이다. 생명은 화학 에너지를 필요로 한다. **대사**는 세포를 살아 있게 하는 일련의 화학 반응으로, **동화 작용**(합성)과 **이화 작용**(분해)를 모두 포함한다. 동물에 에너지를 제공하는 물질은 탄수화물, 지방, 단백질이다.

13.2절: **탄수화물**은 화학식을 '탄소의 수화물' 꼴로 쓸 수 있는 화합물이다. 당, 전분, 셀룰로스가 탄수화물에 속한다. 가장 단순한 당은 **단당류**로 더 이상 가수분해될 수 없다. 단당류는 알데하이드 작용기를 갖는 **알도스**이거나 케톤 작용기를 갖는 **케토스**다. **이당류**는 가수분해되어 2개의 단당류 단위를 낳는다. **다당류**는 많은 단당류 단위가 서로 연결된 것이다.

13.3절: 포도당(**혈당**)은 세포가 에너지로 직접 사용하는 당이다. 다른 당으로는 과당, 자당(식탁용 설탕), 젖당(우유당)이 있다. 자당과 젖당은 소화 과정에서 분해된다. **전분**은 α-포도당의 중합체이고, **셀룰로스**는 β-포도당의 중합체이다. 인간은 전분을 포도당으로 가수분해할 수 있지만 셀룰로스는 가수분해하지 못한다. 간과 근육은 소량의 탄수화물을 **글리코젠**으로 저장한다.

13.4절: **지질**은 물에는 불용성이며 극성이 낮은 용매에는 용해되는 세포 성분이다. **지방**은 지방산과 글리세롤의 에스터(**트라이글리세라이드**)이다. 지질에는 고체 지방과 액체 기름(둘 다 트라이글리세라이드), 스테로이드, 호르몬, **지방산**(장쇄 카르복실산)이 포함된다. 지방은 **포화**(C—C 단일 결합만), 단일불포화(C=C 하나), **고도불포화**(C=C 둘 이상)일 수 있다. 지방이나 기름의 **아이오딘가**는 100 g의 지방/기름과 반응하는 요오드의 질량(g)이다.

13.5절: 식이 지방은 트라이글리세라이드이며, 효소에 의해 지방산과 글리세롤로 분해된다. 지방은 **지방 저장소**에 위치한 **지방 조직**에 저장되었다가 필요할 때 가수분해된다. **지단백질**은 혈액에서 운반되는 콜레스테롤-단백질의 조합이다. 저밀도 지단백질(LDL)은 콜레스테롤을 세포로 운반하여 사용하게 하고 심장 질환 위험을 증가하며, 고밀도 지단백질(HDL)은 그것을 간으로 운반해 배설되도록 한다. 고도불포화 지방(대부분 식물 유래), 시스 지방산, 오메가-3 지방산은 LDL 수치를 낮추는 경향이 있다. 포화 지방(대부분 동물 유래)과, 다불포화 지방을 수소화해 만든 트랜스 지방산은 심혈관 질환과 연관되어 왔다.

13.6절: **아미노산**은 아미노기(—NH_2)와 카르복실기(—COOH)를 가진다. 아미노산은 카르복실기와 아미노기 둘 다가 하전된 **쌍성 이온**으로 존재한다. 단백질은 아미노산의 중합체로, 20가지 아미노산이 수백만 가지의 서로 다른 단백질을 형성한다. 두 아미노산을 잇는 결합을 **펩타이드 결합**이라 한다. 아미노산 2개는 디펩타이드, 3개는 트리펩타이드, 10개를 넘으면 **폴리펩타이드**를 이룬다. 폴리펩타이드의 분자량이 약 10,000을 넘으면 **단백질**이라 부른다. 단백질에서 아미노산의 서열은 그 기능에 매우 중요하다.

13.7절: 단백질 구조에는 네 단계가 있다. **1차 구조**는 아미노산의 서열이다. **2차 구조**는 단백질 골격의 원자들 사이 수소 결합으로 형성되는 폴리펩타이드 사슬의 배열이다. 그러한 배열로는 사슬 배열이 지그재그 시트를 이루는 **베타 병풍 구조**와 단백질 사슬들이 서로 감겨 드는 **알파 나선**이 있다. **3차 구조**는 접힘 패턴으로, 미오글로빈과 같은 구형 단백질은 치밀하게 접혀 있다. 일부 단백질은 특정한 패턴으로 배열된 소단위의 집합체로 된 **4차 구조**를 가진다. 3차·4차 구조를 결정하는 아미노산 곁사슬 사이의 힘에는 (a) 수소 결합, (b) 산성·염기성 곁사슬 사이의 염교(이온 결합), (c) 시스테인 사이에 형성되는 S—S 결합인 **이황화 결합**, (d) 비극성 곁사슬 사이에서 생기는 분산력이 있다.

효소는 생물학적 촉매이다. 반응물, 즉 **기질**은 효소의 **활성 부위**에 결합해 복합체를 이루고, 이 복합체가 생성물을 만들고 방출한다. 효소는 종종 **아포효소**(단백질)과 적절한 기능에 필요한 **보조인자**(예: 금속 이온)로 이루어지며, 유기 보조인자(비타민 등)는 **조효소**라 한다.

13.8절: 아미노산의 중합체인 단백질은 소화 중 아미노산으로 분해된다. **필수 아미노산**은 식단에 포함되어야 한다. 각 필수 아미노산은 단백질 합성의 **제한 반응물**로, 하나가 결핍되면 적절한 단백질을 만들 수 없다. 대부분의 동물성 단백질은 모든 필수 아미노산을 갖고 있으나, 식물성 단백질은 보통 완전한 영양을 제공하지 못한다.

13.9절: **핵산**은 세포의 정보 및 제어 중심이다. **디옥시리보핵산(DNA)**와 **리보핵산(RNA)**는 **뉴클레오타이드**의 중합체다. 각 뉴클레오타이드는 오탄당 단위, 인산 단위, **피리미딘** 또는 **퓨린** 염기를 포함한다. DNA에서는 당이 디옥시리보오스이고 염기는 아데닌, 구아닌, 사이토신, 티민이다. RNA에서는 당이 리보오스이고 염기는 아데닌, 구아닌, 사이토신, 우라실이다. DNA에서 티민과 아데닌, 사이토신과 구아닌은 항상 서로 짝을 이룬다. 짝지음은 염기 사이의 수소 결합으로 일어나며, DNA의 이중나선 구조를 낳는다. RNA는 단일 가닥의 핵산으로 이루어지며, 그 일부는 수소 결합하여 이중나선들을 형성할 수 있다. **염색체**는 DNA와 단백질로 이루어져 있다. **유전자**는 DNA의 한 구간이다. 유전 정보는 염기 서열에 저장된다. 유전 정보의 전달에는 DNA 분자의 **복제**(복사)가 필요하다.

13.10절: **전사**에서 DNA의 한 구간이 자신의 정보를 **전령 RNA (mRNA)**로 옮긴다. 다음 단계는 그 암호를 특정 단백질 구조로 **번역**하는 것으로, 리보솜에서 일어난다. **전달 RNA(tRNA)**는 성장하는 단백질 사슬로 아미노산을 운반한다. **유전 암호**는 특정 아미노산을 지정하는 염기 삼중자들로 이루어져 있다. tRNA에는 mRNA의 상보적 염기 삼중자(**코돈**)와 짝을 이루는 안티코돈이 있으며, 단백질에 포함될 올바른 아미노산을 운반한다.

13.11절: DNA는 **중합효소 연쇄 반응(PCR)**으로 증폭될 수 있다. DNA는 **CRISPR** 기술을 사용해 편집될 수도 있다. 유전 검사에서 DNA는 절단되고 증폭된다. DNA 파편의 패턴을, 유전 질환을 가진 개인들의 패턴과 비교하여 그러한 질환의 발생을 식별하고 예측한다. 비슷한 기법이 DNA 지문 분석에서 서로 다른 출처의 DNA를 비교하는 데 사용된다. 재조합 DNA 기술에서 원하는 단백질을 암호화하는 유전자의 염기 서열을 결정하고 증폭한 다음 플라스미드에 스플라이싱한다. 재조합된 플라스미드를 숙주 생물에 삽입하면 그 생물이 증식하면서 단백질을 생성한다.

녹색 화학: 생화학은 재생 에너지 분야에서 중요한 응용을 가지며, 물을 용매로 사용하고 폐기물과 에너지 사용이 적다는 점 등 전통적 화학 합성보다 여러 장점을 제공한다. 생화학적 방법으로 제조할 수 있는 제품의 예로는 의약품과 연료가 있다.

학습 목표	관련 문제
• 세포의 주요 부분을 나열하고 각 부분의 기능을 설명한다. (13.1)	2, 16
• 식물의 주된 에너지원과 동물의 에너지원이 되는 물질의 세 가지 종류를 말한다. (13.1)	1, 4, 13~15, 79, 80, 86
• 전분, 글리코젠, 셀룰로스를 비교하고 대조한다. (13.2)	17~22
• 식이 탄수화물을 식별하고 그 공급원과 기능을 설명한다. (13.3)	23~26, 85
• 지방산과 지방의 기본 구조를 설명한다. (13.4)	27~30
• 지방을 포화, 단일불포화, 고도불포화 지방으로 분류한다. (13.4)	31, 32
• 식이 지질을 식별하고 그 기능을 설명한다. (13.5)	33~36, 87
• 아미노산의 기본 구조를 그리고, 아미노산이 펩타이드 결합을 통해 결합하여 단백질을 형성하는 과정을 설명한다. (13.6)	5, 6, 37, 39~44, 81
• 단백질 구조의 네 단계를 설명하고 각 단계의 예를 제시한다. (13.7)	45, 47~51
• 효소가 촉매로서 어떻게 작용하는지 설명한다. (13.7)	46, 52~57
• 필수 아미노산을 나열하고, 인체에 단백질이 필요한 이유를 설명한다. (13.8)	3, 38, 55~58
• 핵산의 두 가지 유형을 설명하고, 이를 구성하는 성분을 제시한다. (13.9)	9, 10, 59, 60, 82, 83

• 상보적 염기쌍을 설명하고, DNA 사본이 어떻게 합성되는지 서술한다. (13.9)	7, 8, 61~67
• DNA로부터 mRNA가 어떻게 합성되고, mRNA로부터 단백질이 어떻게 합성되는지 설명한다. (13.10)	8, 68~71, 73, 84
• 유전 암호의 중요한 특징을 나열한다. (13.10)	12, 72, 74
• 새로운 DNA 기술을 설명하고, 그 용도를 설명한다. (13.11)	11, 75~78
• 생화학을 이용해 유용한 분자를 합성할 때의 장점을 몇 가지 나열한다.	88, 91
• 에너지 생산 및 기타 응용에서 생화학을 활용한 사례를 제시한다.	89, 90

개념문제

1. 광합성은 식물과 동물에게 왜 중요한가?

2. 다음 각각의 세포 구성 요소를 간단히 식별하고 기능을 설명하라.
a. 세포막 **b.** 세포핵
c. 엽록체 **d.** 미토콘드리아
e. 리보솜

3. 단백질은 인체의 어느 부분에서 발견되는가? 어떤 조직이 주로 단백질로 이루어져 있는가?

4. 식물에 대부분의 에너지를 제공하는 것은 무엇인가? 그 에너지로 구동되는 반응의 화학식을 쓰라.

5. 단백질의 화학적 본질은 무엇인가?

6. 단백질에서 아미노산 단위들은 펩타이드 결합으로 연결되어 있다. 이 종류의 결합을 무엇이라고 하는가?

7. 염기쌍 형성에는 어떤 종류의 분자간 힘이 관여하는가?

8. 복제와 전사는 어떤 점이 유사하고, 어떤 점이 다른가?

9. DNA와 RNA는 구조적으로 어떻게 다른가?

10. 염색체(세포의 구성 부분), 유전의 단위인 유전자, 핵산 DNA는 어떤 관계인가?

11. 재조합 DNA 기술의 단계를 나열하라.

12. 유전 암호에서 '중복성'은 무엇을 의미하는가? 모든 아미노산에 중복성이 존재하는가?

연습문제

에너지와 살아 있는 세포

13. 세포를 살아 있게 하고 기능하게 하는 전체적인 화학 반응의 집합은 무엇인가?
a. 동화 작용 **b.** 이화 작용
c. 물질대사 **d.** 환원주의

14. 분자가 분해되어 에너지를 산출하는 과정을 통틀어 무엇이라 부르는가?
a. 동화 작용 **b.** 이화 작용
c. 물질대사 **d.** 환원주의

15. 동물에게 에너지를 제공하는 물질이 아닌 것은 무엇인가?
a. 탄수화물 **b.** 지방
c. 핵산 **d.** 단백질

16. 식물 세포에는 있지만 동물 세포에는 없는 구조는 무엇인가?
a. 엽록체 **b.** 미토콘드리아
c. 핵 **d.** 리보솜

탄수화물: 에너지의 저장고

17. 다음 화합물 중에서 탄수화물은 무엇인가?

a. H–C(=O)–, HO–C–H, CH_2OH

b. CH_2OH, H–C–OH, CH_2OH

c.
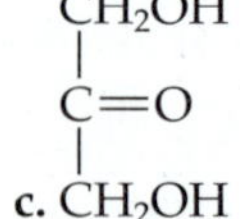

d. CH_3, C=O, CH_2OH

18. 아밀로스와 셀룰로스는 어떤 점이 유사한가? 전분과 셀룰로스의 주요 구조적 차이점은 무엇인가?

19. 다음 각각을 단당류, 이당류, 다당류로 분류하라.
a. 아밀로스 **b.** 셀룰로스
c. 만노스 **d.** 자당

20. 다음 각각의 가수분해 생성물은 무엇인가?
a. 아밀로펙틴 **b.** 셀룰로스

21. 젖당의 개방 사슬형 식에는 어떤 작용기가 존재하는가?

22. 만노스는 두 번째 탄소 원자에서 H와 OH의 위치가 포도당과 뒤바뀐다는 점만 다르다. 만노스의 개방 사슬형 공식을 쓰고, 어떤 작용기가 존재하는지 밝혀라.

식단 속 탄수화물

23. 이당류에서 두 단당류 단위는 어떤 결합을 통해 연결되는가?
    a. C—O—C 결합
    b. C—O—H 결합
    c. C—O—O 결합
    d. H—O—H 결합

24. 녹말이 소화될 때 생성되는 당은 무엇인가?

25. 식단에서 탄수화물이 하는 역할은 무엇인가?

26. 젖당불내증은 어떤 효소의 결핍으로 인해 발생하는가?
    a. 포도당을 과당으로 전환하는 효소
    b. 젖당을 가수분해하여 포도당과 갈락토스로 만드는 효소
    c. 갈락토스를 대사하는 효소
    d. 포도당을 대사하는 효소

지방과 기타 지질

27. 지방과 기름은 구조적으로 어떻게 다르며, 성질 면에서는 어떻게 다른가?

28. 트리아실글리세롤은 지방산과 무엇으로 이루어져 있는가?
    a. 포도당　　b. 글리세롤
    c. 글리코겐　　d. 트레할로스

29. 다음 각각의 지방산을 포화 지방산, 단일불포화 지방산, 고도불포화 지방산으로 분류하라.
    a. 팔미트산　　b. 리놀레산
    c. 올레산　　d. 스테아르산

30. 다음 각각의 지방산 한 분자에는 탄소 원자가 몇 개인가?
    a. 리놀렌산　　b. 팔미트산
    c. 스테아르산

31. 다음 두 식품 중 어느 것의 아이오딘가가 더 높을 것으로 예상되는가? 그 이유를 설명하라.

32. 다음 두 지방 중 어느 것의 아이오딘가가 더 낮을 것으로 예상되는가? 그 이유를 설명하라.

지방과 콜레스테롤

33. 트랜스 지방이란 무엇인가? 트랜스 지방은 어떻게 만들어지는가?

34. 동물성 지방은 식물성 기름과 어떻게 다른가?

35. LDL 수치를 낮추는 경향이 없는 것은 무엇인가?
    a. 시스 지방산
    b. 오메가-3 지방산
    c. 고도불포화 지방산
    d. 트랜스 지방산

36. 저밀도 지단백질(LDL)의 역할은 무엇인가?
    a. 간에서 세포로 콜레스테롤을 운반한다.
    b. 세포에서 간으로 콜레스테롤을 운반한다.
    c. 간에서 세포로 트라이글리세라이드를 운반한다.
    d. 세포에서 간으로 트라이글리세라이드를 운반한다.

단백질: 아미노산의 중합체

37. 다음 중 아미노산의 구성 단위는 무엇인가?
    a. 탄수화물　　b. 지방
    c. 핵산　　d. 단백질

38. 아스파르트산, 라이신, 세린, 메티오닌, 글라이신 중 사람의 식단에서 필수 아미노산은 무엇인가?

39. 다음 중 글라이신의 쌍극 이온 구조는 무엇인가?
    a. $NH_2CH_2COO^-$
    b. $^+NH_3CH_2COOH$
    c. NH_2CH_2COOH
    d. $^+NH_3CH_2COO^-$

40. 다음 각각의 아미노산을 식별하라.

$$\mathrm{HOOC{-}CH_2CH_2{-}\underset{\displaystyle {}^{+}NH_3}{\underset{|}{CH}}{-}COO^-}$$

a.

$$\mathrm{HS{-}CH_2{-}\underset{\displaystyle {}^{+}NH_3}{\underset{|}{CH}}{-}COO^-}$$

b.

41. 다음 각각의 디펩타이드 구조식을 쓰라.
a. 글리실아르지닌(glycylarginine)
b. 알라닐시스테인(alanylcysteine)

42. 다음 각각의 디펩타이드를 식별하라.

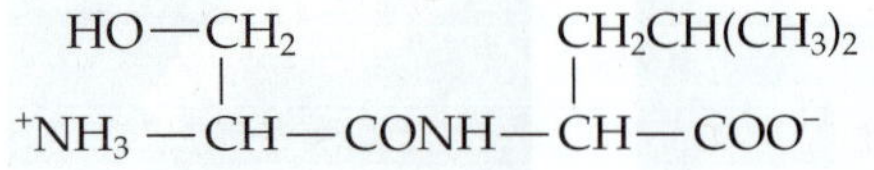

$$\begin{array}{c} \text{HO}-\text{CH}_2 \qquad\qquad \text{CH}_2\text{CH(CH}_3)_2 \\ {}^{+}\text{NH}_3-\text{CH}-\text{CONH}-\text{CH}-\text{COO}^- \end{array}$$

a.

$$\begin{array}{c} \text{HS}-\text{CH}_2 \\ {}^{+}\text{NH}_3-\text{CH}_2-\text{CONH}-\text{CH}-\text{COO}^- \end{array}$$

b.

43. 서로 다른 아미노산 3종이 각각 1분자씩 있을 때 만들 수 있는 서로 다른 트리펩타이드는 몇 가지인가?
a. 2 **b.** 4 **c.** 6 **d.** 8

44. 감미료 아스파탐은 오른쪽에 CH_3O—기가 붙은 다음 그림과 같은 디펩타이드 구조를 가진다. 이 디펩타이드를 식별하라.

$$\text{H}_2\text{N}-\underset{\underset{\text{COOH}}{|}}{\underset{|}{\text{CH}}}\!\!\!\!{}_{\text{CH}_2}-\overset{\text{O}}{\overset{\|}{\text{C}}}-\text{NH}-\underset{\underset{\text{C}_6\text{H}_5}{|}}{\underset{|}{\text{CH}}}\!\!\!\!{}_{\text{CH}_2}-\overset{\text{O}}{\overset{\|}{\text{C}}}-\text{OCH}_3$$

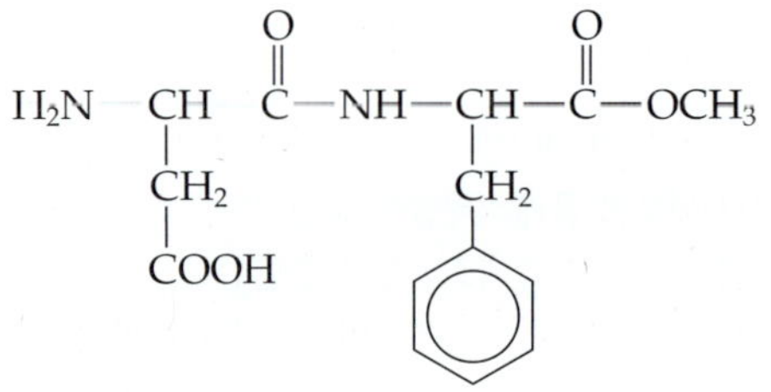

단백질의 구조와 기능

45. 단백질 사슬을 서로 연결(안정화)하는 네 가지 힘을 나열하라.

46. **(a)** 효소 작용의 유도-적합 모델, **(b)** 억제제가 효소를 비활성화하는 방법을 설명하라.

47. 알파 나선은 어떤 단계의 단백질 구조 예인가?
a. 1차 **b.** 4차 **c.** 2차 **d.** 3차

48. 수소 결합이 도움이 되지 않는 단백질 구조 단계는 무엇인가?
a. 1차 **b.** 4차 **c.** 2차 **d.** 3차

49. 2개 이상의 소단위를 갖는 단백질 구조 단계는 무엇인가?
a. 1차 **b.** 4차 **c.** 2차 **d.** 3차

50. 아미노산쌍 중에서 염다리(이온 결합)를 형성할 수 있는 조합은 무엇인가?
a. 라이신과 글루탐산
b. 시스테인과 라이신
c. 글루탐산과 글라이신

51. 이황화 결합을 형성할 수 있는 아미노산은 무엇인가?
a. 시스테인 **b.** 글라이신
c. 메티오닌 **d.** 세린

52. 기질은 효소의 어느 부위에 들어맞는가?
a. 활성 부위
b. 다른자리입체성 부위
c. 조효소 결합 부위
d. 억제자 결합 부위

53. 효소를 활성화하기 위해 효소의 단백질 부분에 추가되어야 하는 비타민 등 유기 분자는 무엇인가?
a. 활성자 **b.** 조효소
c. 보조인자 **d.** 기질

54. 유도-적합 효소 모델에 대해 설명하라.

식단 속 단백질

55. 모든 단백질 합성에서 제한 반응물은 무엇인가?

56. 식이 단백질은 원소 조성 면에서 식이 탄수화물 및 지방과 어떻게 다른가?

57. 모든 필수 아미노산을 충분히 제공하지 못하는 것은 무엇인가?
a. 옥수수 **b.** 달걀 **c.** 생선 **d.** 고기

58. 일일 단백질 필요량은 체중 1 kg당 얼마인가?
a. 0.3 g **b.** 0.8 g **c.** 1.5 g **d.** 3.0 g

핵산: 부품과 구조

59. 다음 각각의 뉴클레오타이드는 DNA에서 발견되는가, RNA에서 발견되는가, 아니면 둘 다 아닌가?

a. 티민 | 디옥시리보오스—P_i

b. 아데닌 | 사이토신—P_i

c. 사이토신 | 리보오스—P_i

60. 다음 뉴클레오타이드의 당과 염기를 식별하라.

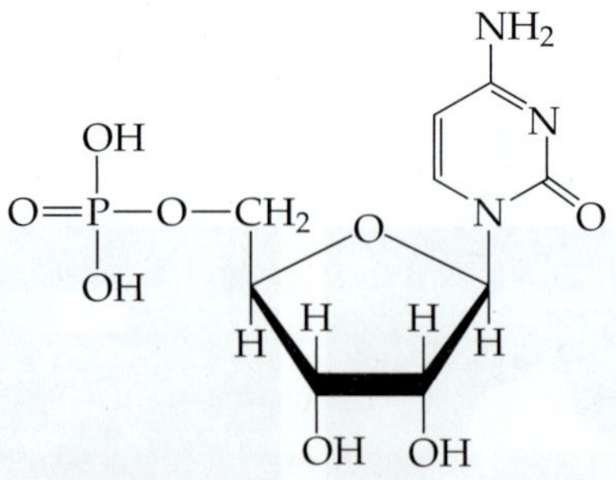

(구조식: OH, O=P—O—CH₂ 가 붙은 오탄당 고리(O, H, H, H, H, OH, OH)에 N으로 연결된 염기(NH₂, N, O))

61. DNA에서 나열된 염기와 짝을 이루는 염기는 무엇인가?
a. 사이토신 **b.** 아데닌
c. 구아닌 **d.** 티민

62. RNA에서 나열된 염기와 짝을 이루는 염기는 무엇인가?
a. 아데닌 **b.** 구아닌
c. 우라실 **d.** 사이토신

63. 복제에서 DNA 분자는 2개의 딸 분자를 만든다. 원래 이중나선의 각 가닥은 어떻게 되는가?

64. DNA는 단백질 합성을 조절하지만, 대부분의 DNA는 핵 안에 있고 단백질 합성은 핵 밖에서 일어난다. DNA는 어떻게 그 조절 능력을 행사하는가?

65. DNA 이중나선의 특징에 해당하지 않는 것은 무엇인가?
a. 이중나선의 바깥쪽에는 당-인산 골격이 있다.
b. 두 가닥은 서로 평행하게 달린다.
c. 각 염기쌍은 하나의 퓨린과 하나의 피리미딘으로 이루어진다.
d. 복제를 통해 동일한 딸 이중나선 2개를 만들어낼 수 있다.

66. DNA 분자의 Watson-Crick 구조는 무엇인가?
a. 이중나선 b. 구형
c. 단분자층 d. 사면체

67. DNA 분자가 자기 자신의 정확한 복사본을 만들어내는 과정을 무엇이라고 하는가?
a. 중복 b. 복제 c. 전사 d. 번역

68. 뉴클레오타이드로 이루어진 RNA는 어떤 가닥인가?
a. 굽은 b. 이중 c. 단일 d. 곧은

RNA: 단백질 합성과 유전 암호

69. **(a)** 전사와 **(b)** 번역에는 어떤 핵산이 관여하는가?

70. 단백질 합성에서 **(a)** mRNA와 **(b)** tRNA의 역할을 설명하라.

71. DNA가 풀려 mRNA 한 가닥을 만드는 과정을 무엇이라고 하는가?
a. 페어링 b. 복제 c. 전사 d. 번역

72. DNA 점돌연변이가 단백질 기능에 영향을 미칠 가능성이 가장 큰 것은 무엇인가(표 13.6 참조)?
a. AGG ⟶ AGA
b. CAA ⟶ TAA
c. CTT ⟶ CTC
d. TAA ⟶ TGA

73. mRNA로부터 단백질이 만들어지는 과정을 무엇이라고 하는가?
a. 중복 b. 복제 c. 전사 d. 번역

74. 다음 각각의 mRNA 코돈은 어떤 아미노산을 암호화하는가(표 13.6 참조)?
a. UUG b.CAC

인간 유전체

75. 아주 적은 양의 DNA로부터 매우 빠르게 많은 양의 DNA를 만들어낼 수 있는 절차는 무엇인가?
a. CRISPR
b. 유전자 스플라이싱
c. 중합효소 연쇄 반응(PCR)
d. 전사

76. 사람 유전체에는 대략 몇 개의 유전자가 포함된 것으로 추정되는가?
a. 500~1000
b. 5000~10,000
c. 20,000~25,000
d. 80,000~85,000

77. 재조합 DNA를 만드는 데 사용되는 DNA는 먼저 무엇에 의해 절단되어야 하는가?
a. 라이페이스 b. 중합효소
c. 프로테이스 d. 제한효소

78. DNA 지문 분석은 어떤 용도로 사용되는가?
a. 질병 치료에 가장 적합한 약물을 결정하는 데
b. 범죄로 잘못 기소된 개인을 무죄로 입증하는 데
c. 유전자 치료에 사용하기 위해 변경해야 할 염기를 식별하는 데
d. 개인의 유전체 전체 서열을 제공하는 데

심화문제

79. 그램당 에너지를 가장 많이 제공하는 것은 무엇인가?
a. 탄수화물 b. 지질
c. 핵산 d. 단백질

80. 그램당 에너지를 가장 적게 제공하는 것은 무엇인가?
a. 탄수화물 b. 지질
c. 핵산 d. 단백질

81. 다음 각 구조식의 축약 표기를 **(a)** 세 글자 약어, **(b)** 한 글자 약어로 쓰라.

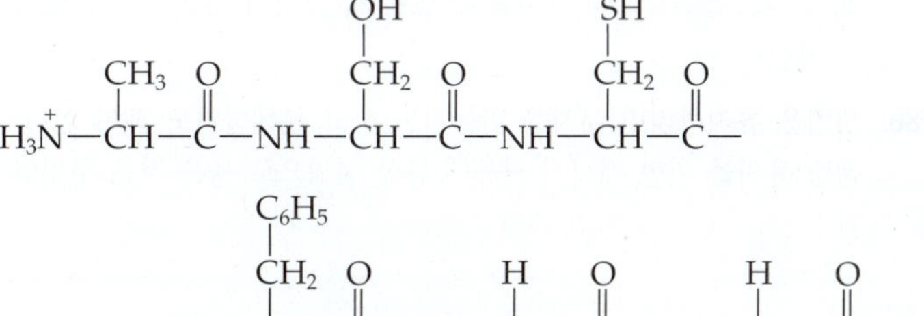

82. 다음 분자에 대해 답하라.
a. 염기는 퓨린인가, 피리미딘인가?
b. 이 화합물은 DNA에 포함되는가, RNA에 포함되는가?

83. 다음 화합물에 대해 82번 문제를 적용하여 답하라.

84. 다음 그림의 tRNA는 어떤 mRNA 코돈과 코돈-안티코돈 쌍을 형성하겠는가?

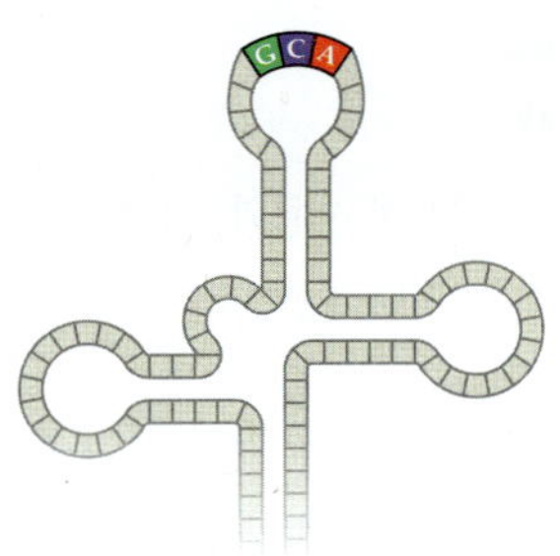

85. 인간의 셀룰로스 소화 능력에 대한 설명으로 옳은 것은 무엇인가?

a. 우리는 셀룰로스를 소화할 수 있는데, 그것이 포도당 분자로 만들어져 있기 때문이다.

b. 우리는 셀룰로스를 소화할 수 있는데, 그것이 가지가 없기 때문이다.

c. 우리는 셀룰로스를 소화할 수 없는데, 포도당 단위들 사이에 β 결합이 있기 때문이다.

d. 우리는 셀룰로스를 소화할 수 없는데, 그것이 매우 가지가 많기 때문이다.

86. 생명을 유지하려면 분자를 만들기도 하고 분해하기도 해야 한다. 생명 유지를 위한 에너지 사용에 관한 설명으로 옳은 것은 무엇인가?

a. 광합성은 그 에너지를 새로운 분자들로 직접 전달할 수 있으므로 분자를 만드는 데 쓸 수 있는 에너지를 제공한다.

b. 광합성은 태양의 에너지를 화학 에너지로 전환하므로 분자를 만드는 데 쓸 수 있는 에너지를 제공한다.

c. 동화 과정은 태양으로부터의 복사 에너지를 이용할 수 있으므로 분자를 만드는 데 쓸 수 있는 에너지를 제공한다.

d. 이화 과정은 태양으로부터의 복사 에너지를 유용한 에너지로 전환할 수 있으므로 분자를 만드는 데 쓸 수 있는 에너지를 제공한다.

87. 지질에 대한 설명으로 옳은 것은 무엇인가?

a. LDL은 HDL보다 포화 지방산을 더 많이 가지기 때문에 밀도가 낮다.

b. HDL은 간에서 세포로 콜레스테롤을 운반하므로 '좋은' 콜레스테롤로 묘사된다.

c. 트랜스 지방산은 사슬에 꺾임이 있으므로 더 빽빽하게 포개진다.

d. 기름은 불포화 지방산을 더 많이 함유하고 있어서 상온에서 액체인 경향이 있다.

88. 생화학 반응에서 일반적으로 사용되는 용매는 무엇인가?

89. 생물학적 체계에서 에너지를 저장하는 데 사용되는 분자 유형은 무엇인가?

a. 탄화수소

b. 탄수화물과 지질

c. 아미노산

d. 물과 이산화 탄소

90. 생화학적 과정이나 생성물을 이용하여 재생가능한 연료를 생산하는 방법의 예는 무엇인가?

a. 탄수화물을 연료로 전환한다.

b. 박테리아를 이용해 탄수화물 또는 CO_2를 바이오연료로 전환한다.

c. 미생물을 공학적으로 조작해 휘발유를 만들게 한다.

d. 앞의 모든 보기

91. 전통적 화학 합성과 비교하여 생화학적 방법을 사용할 때의 장점에 해당하지 않는 것은 무엇인가?

a. 물이 종종 용매로 사용된다.

b. 생성물의 분리가 어렵다.

c. 반응 조건이 온화하다.

d. 반응은 대개 촉매적이다.

 비판적 사고 문제

이 장에서 습득한 지식과 하나 이상의 FLaReS 원칙(1장)을 적용하여 다음 진술과 주장을 평가하라.

13.1 한 에너지 음료의 라벨에 큰 글씨로 "인공 아미노산 무첨가!"라고 적혀 있다.

13.2 DNA는 모든 살아 있는 세포의 필수 구성요소이다. 어떤 광고는 DNA가 유용한 식이 보충제라고 주장한다.

13.3 한 레스토랑 메뉴에 이렇게 적혀 있다. "다른 레스토랑에서는 튀김에 포화 소고기 지방을 사용합니다. 저희는 더 건강한 식사를 위해 생선과 감자튀김을 오직 순수 식물성 기름으로만 튀깁니다."

13.4 한 농업 회사가 자사 제품에 사용된 어떤 식물이나 동물도 유전자 변형된 적이 없다고 주장한다.

13.5 한 영양사가 성인에게 하루 60 g의 단백질을 권장한다는 말은 다소 오해의 소지가 있다고 말한다. 그녀는 적절한 아미노산 구성을 가진 '올바른 종류'의 단백질을 섭취해야 하며, 그렇지 않으면 하루에 훨씬 더 많은 단백질을 먹어도 건강을 유지하기에 충분하지 않을 수 있다고 주장한다.

13.6 강간 혐의로 유죄 판결을 받은 한 남성이 자신은 무죄라고 주장하며, 피해자에게서 채취한 정액 샘플의 DNA 지문 분석 결과에 따르면 그 안에 다른 남성의 DNA가 포함되어 있었다고 말한다.

13.7 셀룰로스를 함유한 새로운 빵이 다이어트 보조식품으로 시판된다.

 협업 과제

파워포인트, 포스터, 기타 프레젠테이션을 준비하여 수업에서 공유하라.

1. 다음 중 하나에 대해 간단한 보고서를 작성하라. 그리고 해당 물질의 주요 공급원과 용도를 나열하라.
   a. 탄수화물: 과당, 글리코젠, 젖당, 맥아당, 자당, 전분
   b. 지질: 우지, 옥수수 기름, 라드, 올레산, 팔미트산

2. 다음 유전공학 산물 중 하나에 대해 간단한 보고서를 작성하고, 장점과 단점을 제시하라.
   a. 황금쌀
   b. 제초제 저항성 형질전환 대두
   c. Bt 독소를 생산하는 형질전환 면화
   d. 사람 혈청 알부민을 생산하는 형질전환 담배
   e. 바이러스 저항성이 향상된 형질전환 토마토
   f. 인간 인터루킨-2(일부 암에서 T-림프구 생성을 자극하는 단백질)를 생산하는 형질전환 대장균(*E. coli*)

3. 유전자 검사는 가능성과 위험을 모두 지니며, 오늘날 생명 윤리는 중요한 주제이다. 온라인 조사를 수행한 뒤, 다음 중 하나(또는 강사가 지정한 유사 주제)에 대해 짧은 보고서를 작성하라.
   a. 부모가 앓았던 질병에 대해 어떤 경우에는 본인이 유전자 검사를 원하지 않을 수 있는가?
   b. 유전자 검사는 언제 가장 가치가 있는가? 이 분야에서 어떤 개인정보 보호 문제가 해결되어야 하는가?
   c. 유방암 관련 유전자 검사에서 음성으로 나왔다면 유방 촬영은 더 이상 필요 없는가?

실험 과제 DNA 디저트

준비물

- 재밀봉 가능한 비닐봉투 1개
- 딸기(신선 또는 냉동)
- 주방용 세제 2작은술
- 소금 1작은술
- 물 1컵
- 투명 플라스틱 컵 2개(이 중 한 컵은 여과 장치에 사용)
- 여과 장치: 커피 필터와 플라스틱 컵
- 얼음처럼 차가운 90% 소독용 알코올
- 나무 아이스캔디 막대 1개 또는 플라스틱 커피 젓개 1개

과학자들이 세포에서 DNA를 어떻게 추출하는지 궁금했던 적이 있는가? 연구에서 사람 DNA 샘플을 사용하는 과학 분야는 얼마나 될까?

세포는 모든 식물, 동물, 박테리아를 이루는 생명의 기본 단위이다. 디옥시리보핵산, 즉 DNA는 세포에서 일어나는 모든 일을 조절하는 분자이다. DNA에는 세포의 활동, 더 나아가 몸의 활동을 지시하는 지침이 들어 있다. 세포에서 DNA를 추출하기 위해 세제를 넣어 세포를 용해(터뜨려) DNA가 용액으로 방출되게 한다. 그런 다음 이 용액에 알코올을 넣으면 DNA가 침전된다.

이 활동에서는 딸기를 사용한다. 딸기 세포는 유전체 사본을 하나가 아니라 여덟 개(8배체 유전체) 가지고 있어 세포당 DNA가 매우 많기 때문이다. 대부분의 생물은 세포당 유전체 사본이 1개뿐이다.

먼저 초록 잎을 떼어 내거나, 냉동 딸기는 해동한다. 딸기를 비닐봉투에 넣고 밀봉한 뒤, 약 2분간 부드럽게 으깬다. 딸기를 완전히 으깨자. 이렇게 하면 세포가 열리기 시작하고 DNA가 방출된다.

플라스틱 컵에 DNA 추출액을 만든다. 주방용 세제 2작은술, 소금 1작은술, 물 1컵을 함께 섞는다. 이 DNA 추출액 2작은술을 딸기가 든 봉투에 넣는다. 이렇게 하면 세포가 더 많이 열린다. 봉투를 다시 밀봉하고 1분 더 부드럽게 으깬다. 비누 거품을 너무 많이 만들지 말자.

다른 플라스틱 컵 안에 커피 필터를 넣는다. 봉투를 열고 딸기 액체를 필터에 붓는다. 액체 바로 위에서 필터를 비틀어 남은 액체를 컵에 부드럽게 짜낼 수 있다. 다음으로, 컵의 측면을 따라 딸기 액체와 같은 양의 차가운 소독용 알코올을 붓는다. 섞거나 저어주지 말자.

방금 딸기 세포에 들어 있던 나머지 물질과 DNA를 분리했다. 혼합물에 어떤 일이 일어나는가? 몇 초 안에 딸기 추출물 층 위의 최상층에서 흰색의 흐릿한 물질(DNA)이 생겨나는 것을 관찰하자.

컵을 기울이고, 플라스틱 커피 젓개나 나무 막대를 사용하여 DNA를 집어 올린다. 막대에 감아 올릴 수 있는가?

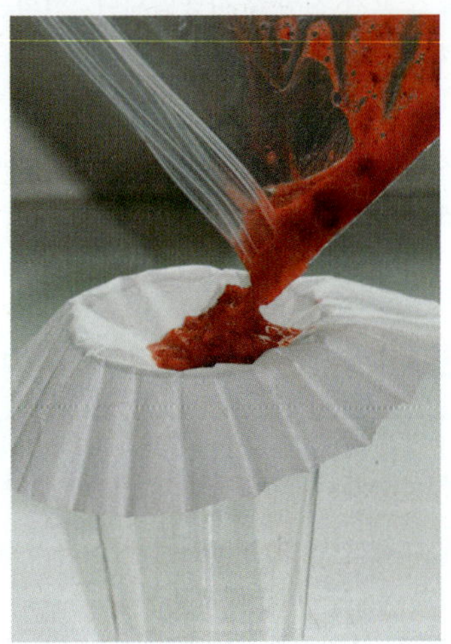

▲ 커피 필터에 붓기

▲ 유리잔에 담긴 펄프에 DNA가 떠 있다.

실험문제

1. DNA를 명확하게 볼 수 있는가?
2. DNA 덩어리를 집어 올릴 수 있는가?
3. DNA 샘플은 형사들이 범죄를 해결하는 데 어떻게 도움이 되는가?
4. DNA 구조의 발견이 왜 그렇게 중요했는가?

영양, 체력, 건강

14

14.1 칼로리: 질과 양
14.2 무기질
14.3 비타민
14.4 식이섬유, 전해질, 물
14.5 식품 첨가물
14.6 굶주림, 단식, 영양실조
14.7 체중 감량, 식단, 운동
14.8 체력과 근육

건강한 생활 방식의 구성 요소인 운동과 올바른 식단은 건강에 필수적이며, 신체와 정신의 질병 위험을 줄여 준다. 화학을 통해 우리는 식단과 운동이 우리 몸과 마음에 미치는 영향을 더 잘 이해할 수 있다.

? 이 장과 관련된 궁금증

1. 식단에서 어느 정도의 지방이 '너무 많다'고 하는가?
2. 의사가 어머니의 소금 섭취를 줄이라고 했다. 왜 그런가?
3. 비타민을 많이 섭취하는 것이 유익한가?
4. 천연 감미료와 인공 감미료의 차이는 무엇인가?
5. 운동을 중단하면 그동안 발달시킨 근육이 지방으로 바뀌는가?
6. 과체중과 비만은 어떻게 다른가?

웰빙의 화학: 식품, 영양, 운동, 체력 인류 역사 대부분의 기간 동안 사람들의 가장 큰 관심사는 살아남기 위해 충분한 식량을 구하는 것이었다. 결국 음식의 주된 목적은 생명을 유지하는 데 필요한 영양소와 에너지를 공급하는 것이다. 음식은 우리 몸을 이루는 모든 분자적 구성 요소를 제공하고, 아이들이 성장하도록 하며, 우리의 생활 활동에 필요한 모든 에너지를 마련해준다. 그 에너지는 궁극적으로 광합성을 통해 태양으로부터 온다.

특히 선진국에서는 여러가지 노동 절감 장치가 보급되고 식량도 풍부하다. 많은 사람이 큰 육체적 노력 없이 생계를 유지한다. 식량은 너무나 풍족하고 그것을 얻는 데 드는 육체적 노력은 너무 적는데, 많은 사람이 필요 이상으로 먹고 필요한 양보다 훨씬 적게 운동한다.

반면 지구상의 많은 지역에서는 늘 식량이 부족한 사람들이 있다. '헝거 프로젝트'에 따르면 8억 명(9명 중 1명) 이상이 항상 배고픔을 겪는다. 전쟁은 뉴스에 오르내리지만, 전쟁으로 사망하는 사람보다 만성영양결핍으로 사망하는 사람이 열 배나 더 많다. 2018년 세계 인구는 76억 명이었고 지금도 계속 증가하고 있다. 늘어나는 세계 인구에 식량을 공급하는 일은 특히 출산율이 가장 높고 빈곤이 가장 심한 국가들에서 큰 도전이다. 예를 들어 니제르의 인구는 연 3%가 넘는 속도로 증가하고 있으며, 인구의 대다수는 식량이 거의 없는 극심한 빈곤 속에 살고 있다.

수백만 명이 굶주리는 동안 다른 지역에는 잉여가 발생하고, 선진국의 다른 사람들은 정기적으로 잘못된 종류의 음식을 먹는다. 포화 지방, 당, 알코올이 과다한 미국인의 평균 식단은 미국 내 10대 사망 원인 중에 최소 다섯 가지(심장병, 암, 뇌졸중, 당뇨병, 신장 질환)와 부분적으로 연관되어 있다. 미국질병통제예방센터(CDC)는 미국 성인의 70.7%가 과체중이고, 그중 37.9%가 비만이라고 보고했다. 국제비만대책위원회는 전 세계적으로 15억 명이 과체중이며, 그중 5억 명이 비만이라고 추정한다. 이는 건강 악화(당뇨병, 심근경색, 뇌졸중, 일부 암의 위험 증가)와 다른 질병에 대한 감수성 증가에 기여한다.

우리는 이미 여러 식품의 유형과 공급원(13장)을 살펴보았다. 이 장에서는 논의를 확장해 적절한 영양 섭취를 위한 요건(탄수화물, 지방, 단백질의 균형 잡힌 비율과 더불어 비타민, 무기질, 물, 전해질, 섬유질)을 다룬다. 또한 근육 활동, 운동, 웰빙과 체력에 관련된 다른 주제도 살펴볼 것이다.

14.1 칼로리: 양과 질

학습 목표
- 미국 식단에서 권장되는 칼로리의 출처와 비율을 나열한다.
- 운동선수의 특별한 식이 요구를 설명한다.

일반적으로 우리는 음식이 얼마나 많은 칼로리를 담고 있고 얼마나 섭취하는지에 대해 말한다. 총 칼로리 섭취량도 중요하지만, 칼로리의 분포가 그보다 더 중요하다. 미국농무부(USDA)와 보건복지부(HHS)가 제시한 2015년 《미국인을 위한 식생활 지침》에는 몇 가지 권고가 포함되어 있으며, 그림 14.1의 식품 접시로 제시되어 있다. 이 문서는 5년마다 업데이트되며, 온라인에서 확인할 수 있다.

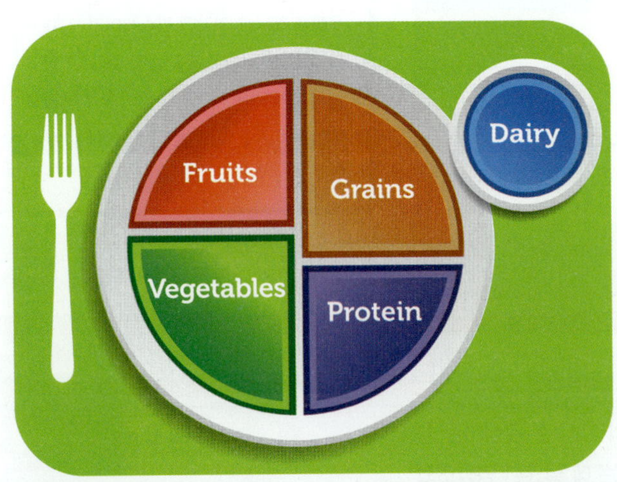

▲ **그림 14.1** 음식 접시 형태로 제시한 일일 식품 지침보다 자세한 권장 사항은 《미국인을 위한 식생활 지침》에서 개인의 연령, 성별, 활동 수준, 전반적 건강 상태를 기준으로 제시된다.

이러한 일반 권장 사항을 바탕으로 한 식단 계획은 개인에게 맞게 조정되어야 한다. 평균적인 하루 2,000칼로리 식단의 경우 지침에서는 다음 내용을 권한다. 과도한 분량과 과식을 피한다. 접시의 절반은 과일과 채소로 채운다. 섭취하는 곡류의 적어도 절반은 통곡물로 한다. 무지방 또는 저지방(1%) 우유로 바꾸고, 설탕이 든 음료 대신 물을 마신다. 수프, 빵, 냉동식품 등의 소듐 함량을 확인하고, 더 낮은 소듐 제품을 선택한다.

하루 2,000칼로리 식단은 평균값이다. 대부분의 사람에게 권장되는 에너지 영양소 섭취 범위는 지방에서 전체 열량의 20~35%, 탄수화물에서 45~65%, 단백질에서 10~35%이다(13장을 떠올려 보면 탄수화물이나 단백질 1 g은 약 4 kcal를, 지방 1 g은 약 9 kcal를 제공한다). 식단은 자신의 체중, 연령, 활동 수준을 고려해야 한다. 또한 체중을 줄이고 싶다면 칼로리를 줄이고, 늘리고 싶다면 칼로리를 늘리도록 조정해야 한다. 온라인에서 이용할 수 있는 칼로리 섭취량 계산기가 도움이 될 수 있다.

칼로리 섭취를 고려할 때 기억해야 할 중요한 점은 식품에 표시된 칼로리가 화학에서의 에너지 칼로리와 같지 않다는 것이다. 식품 칼로리는 에너지 칼로리보다 1,000배 더 크며, 식품 칼로리는 흔히 킬로칼로리(kcal)로 표기된다. 이는 하루 평균 2,000칼로리 권장량이 실제로는 2,000킬로칼로리, 즉 200만 칼로리라는 뜻이다. 이 장에서는 주로 식품 칼로리를 언급하지만, 식품 칼로리를 에너지 칼로리로 지칭할 때는 kcal 표기를 사용한다.

성인을 위한 핵심 권장 사항은 섭취하는 총 칼로리 중 지방을 20~35% 사이로 유지하는 것이다. 지방은 주로 고도불포화 및 단일불포화 지방산으로 구성되어야 한다. 포화 지방에서 오는 칼로리는 전체의 7%에서 10% 이하여야 하며, 합성 트랜스 지방산 섭취는 최소화해야 한다. '좋은' 지방은 생선, 견과류, 식물성 기름과 같은 공급원에서 온다. 올리브 기름과 카놀라 기름에는 단일불포화 지방산이 풍부하고, 생선 기름에는 유익한 오메가-3 지방산이 들어 있다. 그리스 크레타섬 주민을 대상으로 한 연구는 식단에서 지방 비율이 평균 약 40%임에도 불구하고 심혈관 질환의 발생률이 놀라울 만큼 낮다는 것을 보여주었다. 이 결과는 식단에서 올리브 기름의 비중이 높은 데서 비롯된 것으로 여겨진다.

전형적인 미국인 식단에서 지방의 절반 이상은 동물성 지방이며, 포화 지방의 70%는 버터, 라드, 붉은 고기, 패스트푸드 햄버거와 같은 동물성 제품에서 온다. 포화 지방과 콜레스테롤은 동맥의 막힘과 관련이 있다. 우리는 살코기 또는 저지방·무지방인 육류·가금류·우유·유제품을 선택해야 한다.

식물성 기름을 수소화할 때(예: 마가린 생산) 생성되는 트랜스 지방은 트랜스 지방산(13.5절) 함량이 높아 포화 지방산처럼 작용한다. 마가린이 트랜스 지방을 제거하도록 특별히 처리되지 않았다면 건강에 미치는 영향은 버터와 거의 같다.

미국인 식단에서 지방이 차지하는 비율은 1990년의 40%에서 오늘날 약 34%로 낮아졌지만, 미국인들이 총 섭취 칼로리를 더 많이 먹고 있기 때문에 섭취하는 지방의 절대량은 증가했다. 또한 34%는 평균값일 뿐이며, 일부 사람들의 비율은 45%에 달하는 지방 섭취 권고를 크게 초과한다.

1 식단에서 어느 정도의 지방이 '너무 많다'고 하는가?

하루 총 열량의 약 35%를 넘지 않게 지방을 섭취하고, 포화 지방은 10%를 넘지 않게 해야 한다. 하루 2000 kcal 기준으로 보면 지방에서 얻는 열량은 700 kcal 미만, 포화 지방에서 얻는 열량은 200 kcal 미만이어야 한다.

예제 14.1 영양소 계산

페퍼로니 팬 피자 한 판(1인분)에는 지방이 38 g 들어 있고, 총 음식 칼로리는 780 칼로리이다(음식 칼로리는 킬로칼로리 kcal이다). 총 칼로리 중 지방이 차지하는 비율을 추정하라.

풀이

먼저 지방에서 얻는 칼로리를 계산한다. 지방은 약 9 kcal/g를 제공하므로 38 g의 지방은 다음과 같다.

$$38\ \cancel{\text{g fat}} \times \frac{9\ \text{kcal}}{1\ \cancel{\text{g fat}}} = 340\ \text{kcal}$$

이제 지방에서 얻는 칼로리를 총 칼로리로 나누고 100%를 곱해 백분율을 구한다.

$$\text{지방 칼로리 비율} = \frac{340\ \text{kcal}}{780\ \text{kcal}} \times 100\% = 44\%$$

이 답은 두 가지 이유로 추정값에 불과하다. 9 kcal/g 값이 근사값이고, 38 g의 지방도 가장 가까운 그램으로만 알려져 있기 때문이다. 적절한 답은 약 44%이다.

› 복습문제 14.1A

감자튀김 1인분에는 지방이 12 g 들어 있고 240 kcal를 제공한다. 총 열량의 몇 퍼센트를 지방에서 얻는가?

› 복습문제 14.1B

예제 14.1과 복습문제 14.1A의 페퍼로니 피자 1인분과 감자튀김 1인분은 권장되는 최대 지방 섭취량의 몇 퍼센트를 차지하는가? 그 지침을 지키면서 그날 추가로 섭취할 수 있는 지방은 몇 그램인가? 그것이 쉬운 목표라고 생각하는가, 어려운 목표라고 생각하는가?

건강한 식단은 질병을 예방하는 데 도움이 된다. 하버드 의과대학의 연구에 따르면 올바른 식단 선택, 규칙적인 운동, 흡연의 회피만으로도 심장마비의 약 82%, 뇌졸중의 약 70%, 제2형 당뇨병의 90% 이상, 대장암의 70% 이상을 예방할 수 있다. 대조적으로, 콜레스테롤 축적을 억제하는 가장 효과적인 약물인 이른바 스타틴도 심장마비를 약 20~30% 정도만 줄일 수 있다.

영양과 운동선수

운동선수는 보통 좌식 생활을 하는 일반인보다 더 많은 에너지를 소모하므로 대체로 더 많은 칼로리가 필요하다. 그 추가 칼로리는 건강한 신체가 선호하는 에너지원인 전분과 같은 탄수화물에서 주로 공급되어야 한다.

채식주의자 식단

녹색식물은 태양에서 도달하는 에너지의 극히 일부를 포획한다. 이 에너지의 일부를 사용해 이산화 탄소, 물, 무기질 영양소(질산염, 인산염, 황산염 포함)를 단백질로 전환한다. 소는 식물성 단백질을 먹어 소화하고, 그중 일부를 동물성 단백질로 바꾼다. 식용 쇠고기나 송아지고기 단백질 4.7 g을 얻으려면 단백질 사료 100 g이 필요하니, 전환 효율은 고작 4.7%다. 사람은 이런 동물성 단백질을 먹어 소화한 뒤, 그 아미노산의 일부를 사람 단백질로 재조립한다.

녹색식물이 처음 전환한 에너지의 일부는 각 단계마다 열로 손실된다. 사람들이 식물성 단백질을 직접 섭취하면 이러한 매우 비효율적인 한 단계를 건너뛸 수 있다. 채식 식단은 에너지를 절약한다. 단백질 전환 효율이 12.1%인 돼지고기 생산과 18.2%인 닭·칠면조 생산은 쇠고기 생산보다 효율적이다. 우유 생산(22.7%)과 달걀 생산(23.3%)은 이보다 더 효율적이지만, 식물성 단백질을 직접 섭취하는 것과는 견줄 바가 못 된다.

채식주의자는 일반적으로 육식인보다 고혈압 위험이 낮다. 포화 지방이 적은 채식 식단은 관상동맥질환을 예방하거나 심지어 되돌리는 데 도움을 줄 수 있다. 이러한 식단은 다른 몇몇 질병으로부터도 보호 효과를 제공한다. 다만, 식물성 식품을 신중히 골라 혼합해 먹으면 완전 단백질을 얻을 수 있지만, 완전 채식(비건)은 특히 어린아이들에게 위험할 수 있다. 식단에 다양한 식물성 재료가 포함되어 있더라도, 전적으로 식물성만으로 구성된 식단은 대개 몇 가지 영양소(식물에 존재하지 않는 비타민 B_{12}, 칼슘, 철, 리보플라빈, 햇빛에 노출되지 않는 아동에게 필요한 비타민 D)가 부족하다. 붉은 고기와 가금류는 제외하면서 달걀과 우유 및 유제품을 포함하는 변형 채식(유제품과 달걀) 식단은 훌륭한 영양을 제공할 수 있다.

여러 전통 요리는 식물성 식품 — 보통 곡류(시리얼 곡물)와 콩류(콩, 완두, 땅콩 등)를 조합 — 을 결합해 비교적 양질의 단백질을 제공한다. 곡류는 트립토판과 라이신이 부족하지만 메티오닌은 충분하고, 콩류는 메티오닌이 부족하지만 트립토판과 라이신은 충분하다. 이러한 몇 가지 조합이 표 14.1에 나와 있다. 땅콩버터 샌드위치는 콩류-곡류 조합의 미국식 대표 예다.

표 14.1 곡류와 콩류를 결합한 전통 음식

문화권/그룹	음식(곡류 먼저 표기)
멕시코	옥수수 토르티아와 콩
일본	밥과 두부
영국	구운 콩으로 구운 빵
북미 원주민	옥수수와 콩(서커태시)
서부 아프리카	밥과 땅콩(그라운드넛)
케이준(루이지애나)	밥과 붉은콩
중동	피타빵과 후무스

지방과 단백질이 풍부한 음식도 칼로리를 제공하지만, 단백질 대사는 간과 신장에 부담을 주는 더 많은 독성 노폐물을 만든다. 과거 일부 운동선수가 경기 전에 스테이크를 먹던 관행은 단백질이 근육을 만든다는 속설에 근거했지만, 그렇지 않다. 운동선수에게도 **식이 기준 섭취량**(dietary reference intake, DRI) 수준의 단백질(체중 1 kg당 단백질 0.8 g)은 필요하지만, 몇 가지 예외를 제외하면 과잉섭취할 필요는 없다. DRI는 미국국립과학원 식품영양위원회가 식단 계획과 평가에 사용하도록 마련한 영양소 기준치로, 미국국립과학원이 75년 동안 발표해 온 일일 영양 권장량(RDA)을 대체했다. 조직의 합성과 수리에 필요한 양을 넘어서는 단백질을 섭취해도(과도한 칼로리 섭취의 결과로) 운동선수는 근육이 더 늘어나는 것이 아니라 살만 더 찔 뿐이다.

근육은 과도한 단백질 섭취로 만들어지는 것이 아니라 운동을 통해 만들어진다. 근육이 저항에 맞서 수축할 때 **크레아틴**(creatine)이라 불리는 유기산이 방출된다. 크레아틴은 단백질 미오신의 생성을 자극하여 더 많은 근육 조직을 만든다. 운동을 중단하면 근육은 약 이틀 뒤부터 줄어들기 시작한다. 운동을 하지 않은 채 약 두 달이 지나면 운동 프로그램을 통해 만들어진 근육은 거의 완전히 사라진다.

$NH_2-C(=NH)-N(CH_3)-CH_2COOH$

크레아틴

자가평가문제

1. 건강과 체력을 위해 필요한 두 가지 주요 요건은 무엇인가?
   a. 음식과 여가 **b.** 음식과 의약품
   c. 올바른 영양과 운동 **d.** 영양과 스테로이드

2. '좋은' 지방의 공급원이 아닌 것은 무엇인가?
   a. 생선 **b.** 땅콩
   c. 올리브 **d.** 라드(돼지기름)

3. 엄격한 채식주의 식단에서 종종 결핍되는 영양소는 무엇인가?
   a. 비타민 B와 비타민 C **b.** 마그네슘과 엽산
   c. 비타민 B_{12}와 철 **d.** 비타민 B_{12}와 엽산

4. 영양소 기반의 기준값으로 식이 기준 섭취량(DRI)은 어떠한가?
   a. 영양부족자와 환자에게 적합하다.
   b. 모든 사람의 건강을 보장한다.
   c. 식단을 계획하고 평가하는 데 유용하다.
   d. 최소 일일 필요량이다.

5. 체중 66 kg의 운동선수에게 하루에 필요한 단백질은 얼마인가?
   a. 6.6 g **b.** 8.3 g **c.** 53 g **d.** 2.5 kg

6. 다음 중 완전 단백질을 제공하지 않는 식품은 무엇인가?
   a. 옥수수와 콩 **b.** 달걀 **c.** 고기 **d.** 쌀

정답: 1. c, 2. d, 3. c, 4. c, 5. c, 6. d

14.2 무기질

학습 목표 • 대량 식이 무기질을 식별하고 그 기능을 설명한다.

탄수화물, 지방, 단백질이라는 세 가지 주요 식품군 외에도 사람은 양질의 영양을 위해 다양한 무기질(그리고 비타민)을 필요로 한다. 세계보건기구(WHO)에 따르면 개발도상국 인구의 세 사람 중 한 사람은 무기질과 비타민 결핍의 영향을 받고 있다. 먼저 가장 중요한 무기질 몇 가지를 살펴보자.

식이 무기질

표 14.2에 나열된 30가지 원소는 하나 이상의 생명체에 필수적인 것으로 알려져 있다. 이 중에 탄수화물·지방·단백질 같은 유기화합물과 물에 들어 있는 여섯 원소는 인체 질량의 약 3분의 2를 차지한다. 표에 있는 나머지 원소들은 **식이 무기질**(dietary mineral)이라 불리며, 다양한 기능을 수행하고 생명에 필수적이다. 이들은 주로 하전된 입자(이온) 형태로 존재하며, 고체의

표 14.2 생명에 필수적인 원소

원소	기호	사용 형태	원소	기호	사용 형태
대량 구조 원소			**초미량 원소**		
수소	H	공유 결합	망간	Mn	Mn^{2+}
탄소	C	공유 결합	몰리브덴	Mo	Mo^{2+}
산소	O	공유 결합	크로뮴	Cr	?
질소	N	공유 결합	코발트	Co	Co^{2+}
인[a]	P	공유 결합	바나듐	V	?
황[a]	S	공유 결합	니켈	Ni	Ni^{2+}
주요 무기질			카드뮴	Cd	Cd^{2+}
소듐	Na	Na^{+}	주석	Sn	Sn^{2+}
포타슘	K	K^{+}	납	Pb	Pb^{2+}
칼슘	Ca	Ca^{2+}	리튬	Li	Li^{+}
마그네슘	Mg	Mg^{2+}	플루오린(불소)	F	F^{-}
염소	Cl	Cl^{-}	아이오딘(요오드)	I	I^{-}
인[a]	P	$H_2PO_4^{-}$	셀레늄	Se	SeO_4^{2-}?
황[a]	S	SO_4^{2-}	규소(실리콘)	Si	?
미량 원소			비소	As	?
철	Fe	Fe^{2+}	붕소	B	H_3BO_3
구리	Cu	Cu^{2+}			
아연	Zn	Zn^{2+}			

[a] 인과 황은 각각 두 번 나타난다. 이들은 구조 원소이기도 하며, 주요 무기질인 인산염과 황산염의 성분이기도 하다.

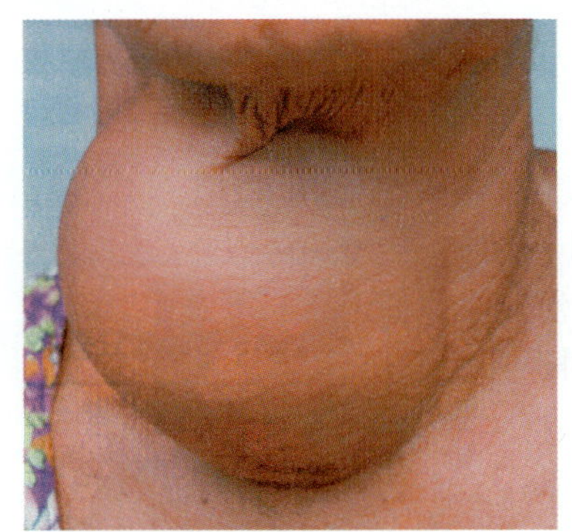

▲ **그림 14.2** 상샘종이 있는 사람. 목의 부은 갑상샘은 미량 원소인 아이오딘의 식이 결핍으로 인해 생긴다.

중성 금속 원소 형태로 존재하는 것은 아니다. 무기질은 인체 질량의 약 4%를 차지하는데, 그 중에서도 주요 무기질은 칼슘과 인이다. 또한 철, 구리, 아연을 포함한 19가지의 미량 원소가 있으며, 이 중에 16가지는 초미량 원소로 분류된다.

아이오딘의 역할은 상당히 극적이다. 갑상샘(갑상선)이 제대로 기능하려면 소량의 아이오딘이 필요하며, 성인의 권장 섭취량은 하루 0.15 mg이다. 미국국립보건원에 따르면 거의 16억 명이 아이오딘 결핍 위험에 놓여 있고, 그중 6억 5천만 명 이상은 갑상샘 기능 저하에 수반되는 갑상샘 비대인 갑상샘종(갑상선종)을 어느 정도 가지고 있다(그림 14.2). 결핍이 더 심하면 심각한 결과를 초래할 수 있다. 아이오딘이 부족한 임신부는 사산이나 자연유산을 겪거나 선천적 기형 및 지적 장애가 있는 아기를 출산할 수 있다. 아이오딘은 해산물에 자연적으로 존재하지만, 아이오딘 결핍을 예방하기 위해 식탁용 소금에 소량의 아이오딘화 포타슘(KI)을 첨가하는 경우가 많다. '아이오딘화' 소금은 1924년에 미국에서 처음 시판되었다. 많은 국가가 자국민의 아이오딘 섭취량을 늘리기 위해 노력해 왔다.

철(II) 이온(Fe^{2+})은 산소를 운반하는 화합물인 헤모글로빈이 제대로 기능하는 데 필요하다. 철이 충분하지 않으면 신체 조직으로의 산소 공급이 줄어들어 신체 전반의 쇠약인 빈혈이 생긴다. 세계보건기구(WHO)에 따르면 전 세계 인구의 30% 이상(개발도상국에서는 더 높은 비율)이 빈혈을 겪고 있으며, 이는 말라리아와 기생충 감염으로 더욱 악화되는 경우가 많다. 철 화합물이 특히 풍부한 식품으로는 붉은 고기와 간이 있다. 성인 남성은 체내에 철이 보유되기 때문에 식이 철분이 거의 필요하지 않은 반면, 여성은 매월의 출혈 때문에 더 많은 양이 필요해

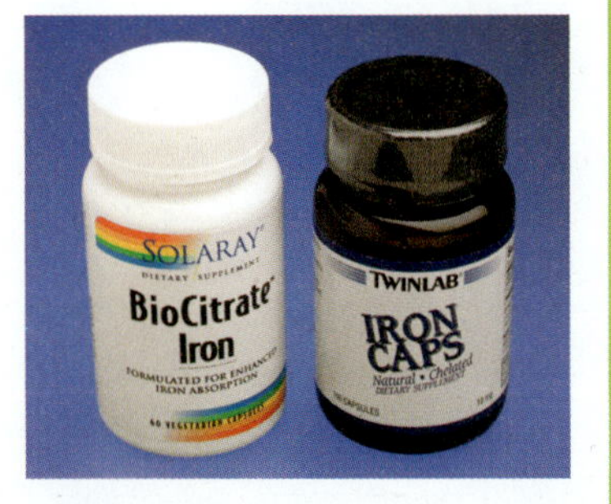

왜 중요할까?

철은 필수이면서도 독성이 될 수 있는 물질의 한 예다. 미국국립보건원(NIH)은 성인 남성의 1일 권장 섭취량을 8 mg, 성인 여성은 18 mg으로 권고하지만, 어린이가 철을 200 mg 복용하면 사망에 이를 수 있다고도 지적한다.

보인다. 많은 건조 시리얼에는 '철가루'가 첨가되며, 이는 신체가 철분 보충제에 들어 있는 철 화합물보다 더 효율적으로 소화할 수 있도록 하기 위한 것이다.

칼슘과 인은 뼈와 치아의 적절한 발달에 필요하다. 성장기 어린이는 이들 무기질 각각을 하루에 약 1.5 g씩 필요로 하며, 우유나 유제품에서 이를 섭취할 수 있다. 성인의 칼슘과 인 필요량은 정확히 규정되어 있지는 않지만, 필요성 자체는 분명하다. 뼈 질량이 감소하고 골절 위험이 증가하는 상태인 골다공증은 특히 노년 여성에게 문제가 되며, 이들은 평생 유제품을 꾸준히 섭취하는 것이 바람직하다. 칼슘 이온은 혈액 응고(출혈을 멈추기 위해)와 심장 박동 리듬의 유지에 필요하다. 인은 신체의 '에너지 화폐'인 아데노신 삼인산(ATP)에서 인산염 단위로 존재하며, 이는 신체가 음식에서 에너지를 얻고 저장하며 사용하는 데 필수적이다. 인산염 단위는 또한 DNA와 RNA 사슬 골격의 중요한 부분이기도 하다(13.9절).

소듐 이온과 염화물 이온은 염화 소듐(소금)을 이룬다. 적당한 양의 소금은 생명에 필수적이다. 소듐 이온은 세포와 혈장 사이의 체액 교환에 중요하므로, 소금을 과다섭취하면 체내 수분 보유량이 증가한다. 체내 수분 보유량이 많아지면 **부종**이 생길 수 있고 **고혈압**에 기여할 수 있다. 미국에서는 1억 명이 넘는 사람이 고혈압을 앓고 있으며, 이는 뇌졸중, 심장마비, 신부전, 심부전의 주요 위험 요인이다. 항고혈압제는 미국에서 가장 널리 처방되는 약물 가운데 하나이다.

2 의사가 어머니의 소금 섭취를 줄이라고 했다. 왜 그런가?

하루 1,500 mg 이하의 저소듐 식단은 고혈압이 있는 사람이나, 가족력에 이른 심장마비나 뇌졸중이 있는 사람에게 흔히 권장된다. 어머니는 신장 결석 위험이 있을 수도 있으며, 소듐 섭취를 줄이면 처방약 사용을 피할 수 있다. 예를 들면 건강을 위해 소금을 줄이는 편이 더 좋다.

대부분의 미국인은 하루 권장량인 1500 mg보다 훨씬 많은 소금을 섭취하며, 그 이유가 모두 식탁 위 소금통 때문인 것은 아니다. 통조림 수프, 채소, 파스타 요리, 즉석밥·혼합 쌀 제품, 인스턴트 라면과 같은 간편식에는 대체로 소금이 많이 들어 있다. 다행히 요즘은 많은 간편식 제조사가 소비자를 위해 '저염' 또는 '소금 무첨가' 옵션을 제공하고 있다. 소듐은 신장의 소듐/칼슘 '펌프'에 관여하기 때문에 신장 결석 생성에도 연루되어 온 것으로 보인다. 소듐을 과다섭취하면 신장에 칼슘이 과도하게 머물게 되어, 그 칼슘이 결석을 형성할 수 있다.

철, 구리, 아연, 코발트, 망간, 몰리브덴, 칼슘, 마그네슘은 많은 생명유지 효소가 제대로 기능하는 데 필수적인 보조인자(13.7절)이다. 예를 들어 구리는 피부와 모발의 색소인 멜라닌 생성에 관여한다. 코발트는 거대한 비타민 B-12 분자의 중심에 있으며, 그 금속 이온이 비타민 안에 존재하기 때문에 '코발아민(cobalamin)'이라는 별칭을 갖는다.

건강한 사람에게는 균형 잡힌 식단만으로도 무기질을 충분히 공급할 수 있다. 표 14.3에는 청년층에 필요한 일부 무기질의 식이 기준 섭취량(DRI) 값이 요약되어 있다. 다만 임신·수유기이거나 스트레스 시기·질병 회복기에는 비타민·무기질 보충제를 선택하는 사람들도 있다. 또한 65세 이상에서는 매일 적정량의 무기질과 비타민을 보충하면 면역계를 강화하고 감염을 줄이는 데 도움이 된다는 근거도 있다. 우리 몸에서 무기 화학 물질이 맡는 역할에 관해서는 아직 배울 것이 많으며, 생체무기 화학은 활발히 발전 중인 연구 분야이다.

표 14.3 젊은 성인을 위한 무기질 식이 기준 섭취량(DRI)

무기질	여성	남성
칼슘	1200 mg	1200 mg
인	700 mg	700 mg
마그네슘	320 mg	420 mg
철	15 mg	10 mg
아연	12 mg	15 mg
아이오딘	150 μg	150 μg
불소	3 mg	4 mg
셀레늄	55 μg	55 μg
포타슘	4.7 g	4.7 g

자가평가문제

1. 갑상샘의 건강한 기능에 필요한 무기질은 무엇인가?
   a. 칼슘 b. 아이오딘 c. 철 d. 소듐
2. 과다섭취시 고혈압을 불러일으키는 것은 무엇인가?
   a. 칼슘 b. 아이오딘 c. 철 d. 소듐
3. 헤모글로빈에 필요한 무기질은 무엇인가?
   a. 칼슘 b. 아이오딘 c. 철 d. 인
4. 튼튼한 뼈와 치아의 형성에 필요한 무기질은 무엇인가?
   a. 칼슘 b. 아이오딘 c. 철 d. 소듐
5. 체중에서 무기질이 차지하는 비율은 대략 얼마인가?
   a. 1% b. 4% c. 10% d. 20%

정답: 1. b, 2. d, 3. c, 4. a, 5. b

14.3 비타민

학습 목표 • 비타민의 종류를 구분하고 그 기능을 서술한다.

영국 선원들은 왜 '라임스(limeys)'라고 불렸는가? 그리고 이 용어는 음식과 어떤 관련이 있는가? 장거리 항해를 하던 선원들은 오래전부터 잇몸이 붓고 출혈이 동반되며 권태감을 보이는 괴혈병에 시달렸다. 1747년에 스코틀랜드 해군 외과의사 James Lind는 식단에 신선한 과일과 채소를 포함하면 이 질병을 예방할 수 있음을 보여 주었다. 장기간 항해에 적합하게 운반할 수 있는 신선한 과일로는 라임, 레몬, 오렌지였다. 영국 군함들은 라임 통을 싣고 출항했으며, 선원들은 매일 라임을 한두 개씩 섭취했다.

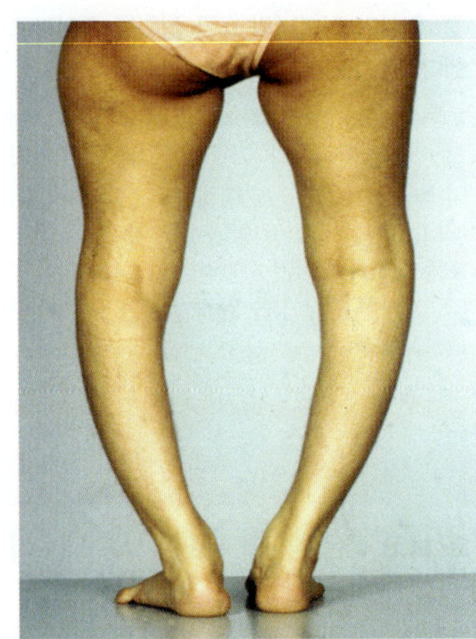

(a)

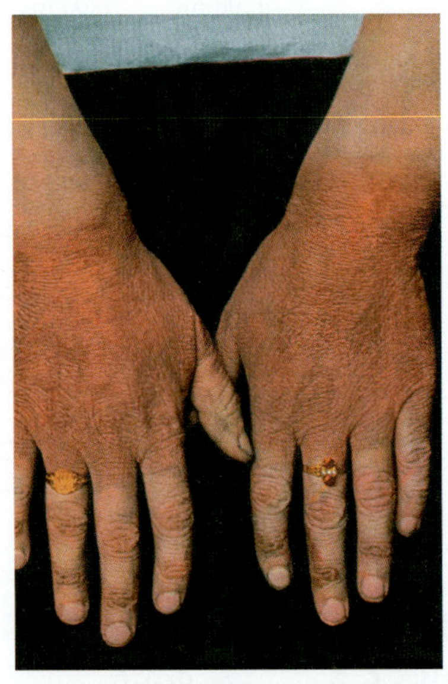

(b)

▲ **그림 14.3** (a) 비타민 D 결핍으로 발생하는 구루병의 특징은 뼈의 연화이다. (b) 니아신 결핍으로 발생하는 펠라그라는 염증과 비정상적인 색소침착이 특징이며, 특히 햇빛에 노출되는 피부에서 두드러진다.

비타민: 필수적이지만 모두가 아민은 아니다

1897년에 네덜란드 과학자 Christiaan Eijkman(1858~1930)은 도정한 쌀이 현미의 껍질층에 존재하는 어떤 성분이 부족하다는 사실을 밝혔다. 그 성분의 결핍은 당시 네덜란드령 동인도(오늘날 인도네시아)에서 심각한 문제였던 각기병을 유발했다. 영국의 과학자 F. G. Hopkins(1861~1947)도 탄수화물·지방·단백질·무기질로만 구성한 합성 식이를 급여한 쥐가 건강한 성장을 유지하지 못한다는 사실을 발견했다. 다시 말해 무엇인가가 빠져 있었던 것이다.

1912년에 폴란드 생화학자 Casimir Funk(1884~1967)는 이러한 결핍 요인을 라틴어 '생명'을 뜻하는 *vita*에서 따와 *vitamine*이라는 용어를 제안했다. 그는 모든 요인에 아민기($-NH_2$)가 포함된다고 생각했다. 이후 미국에서 모든 요인이 아민은 아닌 것으로 밝혀지고, 마지막 *e*를 떼어 낸 *vitamin*, 즉 비타민이 일반명으로 정착했다. Eijkman과 Hopkins는 비타민 관련 발견으로 1929년 노벨 생리의학상을 공동 수상했다.

비타민(vitamin)은 특정 질병을 예방하기 위해(일반적인 단백질, 지방, 탄수화물, 무기질 외에) 추가로 필요한 특정 유기 화합물이다. 체내에서 합성가능한 호르몬과 효소와 달리, 비타민은 필요한 양만큼 우리 몸에서 합성할 수 없으므로 식이를 통해 섭취해야 한다. **구루병**과 **펠라그라**(그림 14.3) 같은 결핍 질환 예방에서 비타민의 역할은 잘 확립되어 있다. 일부 비타민의 공급원과 결핍 증상은 표 14.4에 제시되어 있다.

비타민은 공통된 화학 구조를 공유하지 않는다. 그러나 크게 **지용성 비타민**(A, D, E, K)과 **수용성 비타민**(B군과 C)으로 구분할 수 있다. 지용성 비타민은 수소와 탄소의 비율이 높고 산소 원자는 대개 한두 개에 불과하므로, 분자 전체의 극성이 약하다. 따라서 체내 지방 조직에 용해되어 저장될 수 있으며, 필요 시 동원된다.

많은 비타민·호르몬·약물의 생물학적 활성을 나타내는 척도로 국제 단위(IU)가 사용된다. 국제 합의에 따라 1 IU에서 기대되는 생물학적 효과가 규정되어 있다. 비타민이 여러 화학적 형태로 존재할 수 있으므로 IU는 비교 효능을 나타내는 데도 쓰인다. 예를 들어 비타민 A의 1 IU는 레티놀 0.3 μg 또는 β-카로틴 0.6 μg과 생물학적으로 동등하다.

지용성 비타민

성인은 비타민 A를 수개월, 경우에 따라 수년까지 저장할 수 있다. 식이에 비타민 A가 부족해지면 이러한 저장분이 동원되어 한 동안 결핍 증상이 나타나지 않는다. 반면에 아직 저장고가 형성되지 않은 영유아는 더 이른 시기에 결핍 증상을 보인다. 세계보건기구(WHO)는 개발도상국의 아동 2억 5천만 명 이상이 비타민 A 결핍 상태에 있으며, 매년 25만~50만 명이 실명하고, 그 절반은 실명 후 1년 내 사망한다고 추정한다.

표 14.4 비타민의 공급원과 결핍 질환

비타민[a]	이름	공급원	결핍 질환 또는 상태
지용성 비타민			
A	레티놀(retinol)	생선, 간, 달걀, 버터, 치즈; 또한 (비타민 전구체인 β-카로틴 형태로) 당근과 기타 주황·붉은 채소	소아 실명; 성인의 야맹증
D_2	칼시페롤(calciferol)	대구간유, 버섯, 방사선 조사 에르고스테롤(우유 강화제)	뼈 연화: 구루병(소아), 골연화증(성인)
E	α-토코페롤(α-tocopherol)	밀배아유, 녹색 채소, 달걀노른자, 육류	불임, 근이영양증
K_1	필로퀴논(phylloquinone)	시금치, 기타 녹색 잎채소	출혈
수용성 비타민			
B_1	티아민(thiamine)	곡류 배아, 콩류, 견과류, 우유, 맥주효모	각기병(다발신경염으로 근육 마비·심비대 유발, 결국 심부전)
B_2	리보플라빈(riboflavin)	우유, 붉은 고기, 간, 달걀흰자, 녹색 채소, 통밀가루(또는 강화 백밀가루), 생선	피부염, 설염(혀의 염증)
B_3	니아신(niacin)	붉은 고기, 간, 콜라드, 순무잎, 효모, 토마토 주스	펠라그라(피부 병변, 혀의 종창·변색, 식욕감퇴, 설사, 다양한 정신 이상)(그림 14.3)
B_6	피리독신(pyridoxine)	달걀, 간, 효모, 완두, 콩, 우유	피부염, 무감동, 과민성, 감염 감수성 증가; 영아에서 경련
B_9	엽산(folic acid)	간, 콩팥, 버섯, 효모, 녹색 잎채소	빈혈[엽산은 거대적아구성 빈혈(비정상적으로 큰 적혈구가 특징) 치료에 사용됨]; 결핍 임부 태아의 신경관 결손
B_{12}	시아노코발아민(cyanocobalamin)	간, 육류, 달걀, 생선(식물에는 존재하지 않음)	악성 빈혈
C	아스코르빈산(ascorbic acid)	감귤류, 토마토, 피망, 브로콜리, 딸기	괴혈병

[a] 일부 비타민은 하나 이상의 화학적 형태로 존재하며, 여기에는 각 비타민의 흔한 형태를 기재했다.

비타민 A는 지용성 비타민으로, 특히 간을 포함한 지방 조직에 저장된다. 과량 섭취 시 독성이 나타날 수 있으며, 권장 상한은 3,000 μg/일이다. 부유국에서 수행된 연구들에 따르면 보충제나 강화식품을 통해 DRI를 약간만 초과하는 수준으로 비타민 A를 섭취해도 이후 골절 위험이 증가할 수 있다.

β-카로틴은 과량 섭취되어도 모두가 비타민 A로 전환되지 않으므로 비교적 안전하다. 일부 영양학자들은 β-카로틴이 비타민 A의 전구체 역할 외에도 중요한 기능을 가질 수 있으므로, 비타민 A 요구량을 충족하는 데 필요한 양보다 더 많은 섭취가 필요할 수 있다고 본다. β-카로틴을 함유한 식품을 섭취하는 것이 적정량의 비타민 A를 확보하는 가장 안전한 방법이며, 당근 반 컵 분량이면 비타민 A의 DRI를 충족한다.

비타민 D는 구루병으로부터 아동을 보호하는 스테로이드성 호르몬이다. 대부분의 포유류는 햇빛에 노출되면 비타민 D를 충분히 합성하므로, 엄밀히 말하면 비타민 D는 필수 식이 비타민은 아니다. 비타민 D는 식이로부터 칼슘과 인의 흡수를 촉진하여 건강한 뼈의 형성과 유지를 돕는다. 그러나 과다하면 칼슘과 인의 과흡수를 초래하여 심장을 포함한 연부 조직에 칼슘 침착이 생길 수 있다. 비타민 D의 DRI는 연령에 따라 증가하며 20~50세 성인은 200 IU/일, 70세 초과 성인은 600 IU/일이다. 권장 상한은 2,000 IU/일이다. 주요 공급원이 햇빛 노출이므로 자외선 차단제 사용은 체내 합성 능력을 제한할 수 있다(16장 참조). 야외 운동은 비타민

D 합성에 구체적 이점을 줄 수 있으나, 체내 합성량은 독성 수준을 피하도록 자체적으로 제한된다. 지방이 많은 생선이나 치즈 등 비타민 D 공급원을 섭취하면 결핍 관련 문제를 예방할 수 있다.

비타민 E는 탄화수소 곁사슬을 지닌 페놀류인 **토코페롤**(tocopherol)의 혼합물이다. 항산화 활성은 심혈 관계 유지에 기여할 수 있으며, 관상동맥질환, 협심증, 류머티즘성 심질환, 고혈압, 동맥경화증, 정맥류 등 다양한 심혈관 문제의 치료에 사용되어 왔다. 항산화제로서 비타민 E는 자유 라디칼을 불활성화할 수 있다. 노화로 인한 생리적 손상의 상당 부분이 자유 라디칼에 기인한다는 견해가 있어 비타민 E는 '항노화 비타민'이라 불리기도 하나, 이러한 효과에 관한 연구 결과는 상충하며 아직 결론적이지 않다. 비타민 E는 항응고 작용도 있어 수술 후 혈전 예방에 유용하게 쓰여 왔다.

쥐에서 비타민 E 결핍은 불임을 초래하며, 근이영양증(골격근 질환)으로 이어질 수 있다. 또한 비타민 E가 부족하면 항산화 보호가 약화되어 비타민 A가 비활성 형태로 산화되어 기능적 결핍을 일으킬 수 있다. 비타민 E와 비타민 C는 혈관과 기타 조직을 산화로부터 보호하는 데 상호협력한다. 세포막의 불포화 지방산이 산화되는 과정에서 비타민 E가 먼저 산화되며, 비타민 C가 이를 환원하여 비타민 E를 본래의(비산화) 형태로 회복시킨다. 비타민 E의 권장 상한은 일반적으로 400 IU/일로 제시되나 이에 대해서는 다소 이견이 있다. 아울러 2011년 10월 발표된 한 연구에 따르면 400 IU/일 섭취만으로도 남성의 전립선암 위험이 증가할 수 있다. LDL 콜레스테롤은 동맥에 침착되기 전에 산화되며, 비타민 E는 그 산화를 억제한다. 일부에서는 이것이 비타민 E가 심혈관 질환을 예방하는 기전일 수 있다고 본다.

지용성 비타민은 체내에 효율적으로 저장되므로 과다섭취 시 바람직하지 않은 영향이 나타날 수 있지만, 이러한 경우는 드물다. 비타민 A를 지나치게 섭취하면 과민성, 피부 건조, 머리 속 압박감이 나타난다. 비타민 D의 과잉은 뼈 통증, 관절의 단단한 침착물, 오심, 설사, 체중 감소를 일으킬 수 있다. 비타민 K도 지용성이지만 대사되어 배설되므로, 비타민 A와 D만큼 저장되지 않으며 과잉섭취로 인한 문제는 드물다.

3 비타민을 많이 섭취하는 것이 유익한가?

비타민 C와 같은 다량의 항산화제를 많이 섭취하면 유익한 효과가 있을 수 있다는 일부 근거가 있으나, 대부분의 비타민 '메가도스'는 일반적으로 유의한 이점을 보여주지 못했다. 실제로 지용성 비타민 중 일부는 고용량에서 독성을 나타낸다. 비타민 A가 극도로 높은 북극곰이나 바다표범의 간을 섭취하고 중독을 겪은 극지 탐험가들의 사례가 잘 문서화되어 있다.

레티놀

비타민 D_2 (칼시페롤)

지용성 비타민

▲ Dorothy Crowfoot Hodgkin은 비타민 B_{12}, 페니실린, 콜레스테롤을 포함한 여러 중요한 유기 화합물의 구조를 X선을 이용하여 결정했다.

수용성 비타민

비타민 B군은 8종으로 이루어지며, 모두 수용성이므로 과잉 섭취분은 소변으로 배설된다. 비타민 B군은 대체로 독성이 거의 없거나 없지만, 비타민 B_6과 엽산은 예외적으로 매우 큰 일일 용량을 복용할 경우 일부 사람에서 신경학적 손상을 일으킬 수 있다. 비타민 B군 중에 몇몇은 조효소로 작용한다(13.7절). 니아신(비타민 B_3)은 펠라그라의 피부 병변을 예방할 뿐 아니라 관절염 증상을 어느 정도 완화하고 혈중 콜레스테롤 수치를 낮추는 데도 도움을 준다.

비타민 B_6(피리독신)은 관절을 둘러싼 결합 조직막을 수축시켜 관절염 환자에게 도움이 되는 것으로 보고되었다. 또한 비타민 B_6은 100가지가 넘는 서로 다른 효소의 조효소이다.

비타민 B_{12}(시아노코발아민)는 식물에는 존재하지 않으므로 채식주의자에서 결핍이 생기기 쉽고, 결핍 시 악성 빈혈을 초래할 수 있다. 비타민 B_{12}는 분자식 $C_{63}H_{88}CoN_{14}O_{14}P$의 매우 크고 복잡한 분자이다. 그 구조는 1956년 옥스퍼드대학의 영국 화학자 Dorothy Hodgkin (1910~1994)이 X선 결정학을 이용해 규명했다. 이 기법에서는 X선 빔으로 결정을 조사하여, 결정 구조에 의해 규정되는 일정한 산란 패턴을 측정한다. 이 정도 크기와 복잡성의 분자 구조를 밝히려는 시도는 그때까지 전례가 없었다. Hodgkin은 이 연구로 1964년 노벨 화학상을 수상했다.

또 다른 B군 비타민인 엽산은 태아의 신경계 발달에 결정적이다. 임신부의 식단에 엽산이 포함되면 신생아의 척추이분증을 예방할 수 있다. 엽산은 심혈관 질환 예방에도 도움이 된다. 일일상한은 1,000 μg로 설정되어 있으며, 이를 초과하면 신경 손상을 일으킬 수 있다.

비타민 C는 감귤류에 함유되어 괴혈병을 방지하는 아스코르빈산이다. 하루 약 60~80 mg이면 괴혈병을 예방할 수 있으나, 비타민 C는 이 밖에도 여러 역할을 한다. 상처·화상·위궤양 등 병변의 치유를 촉진하고, 체내 주요 구조 단백질인 콜라겐의 유지에 중요한 역할을 하는 것으로 보인다. 비타민 E와 마찬가지로 항산화제이며, 두 비타민은 β-카로틴과 함께 많은 항산화 제제에 포함된다. 항산화제는 항발암 인자로도 작용할 수 있다. 비타민 C의 섭취량은 하루 약 200 mg이 최적일 가능성이 높으며, 일일상한은 2,000 mg이다.

비타민 C는 면역계의 효율적 기능에도 필수적인 것으로 보인다. 체내 비타민 C 수치가 높아지면 바이러스가 숙주 세포에 작용하여 형성되는 큰 분자인 **인터페론**의 생성이 증가하는 것으로 보고되어 왔다. 인터페론은 면역계의 인자로서 다른 바이러스의 증식을 방해하도록 작용한다. 비타민 C 수치가 낮은 사람은 백내장과 녹내장, 치은염과 치주 질환이 발생할 가능성도 높다. 매우 큰 용량의 비타민 C가 감기를 치료하거나 예방한다는 주장도 있으나, 이를 뒷받침하는 과학적 근거는 미약하다.

수용성 비타민(B군과 비타민 C, 즉 아스코르빈산)은 체내 저장 능력이 제한적이다. 인체는 즉시 사용할 수 있는 양을 초과하는 분량을 배설하므로, 수용성 비타민은 거의 매일처럼 자주 섭취할 필요가 있다. 일부 식품은 물에 조리한 뒤 물을 따라버리면 비타민 함량이 감소하는데, 물에 녹아 있던 수용성 비타민이 조리수와 함께 유실되기 때문이다.

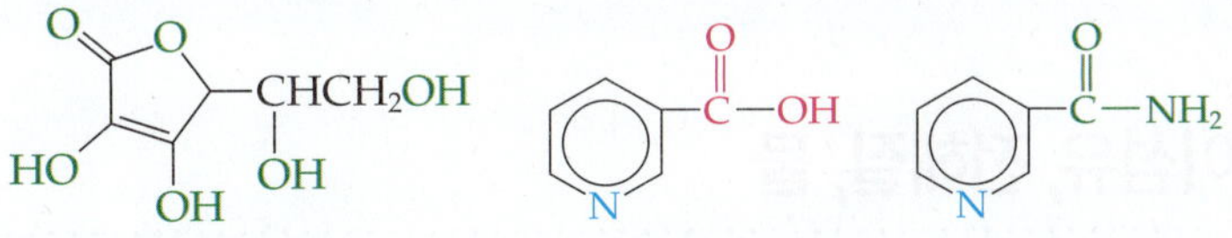

아스코르브산 니코틴산 니코틴아마이드

수용성 비타민(색상은 수소 결합 부위)

많은 피부용 크림과 로션에는 비타민 C 또는 비타민 E가 첨가되어 있다. 비타민 E는 상처와 수술 절개부위와 매우 건조하거나 염증이 있는 피부의 치유를 가속한다는 사실이 입증되었으나, 피부용 크림에 비타민 C를 첨가하는 것이 유익하다는 근거는 확인되지 않았다.

표 14.4는 비타민의 공급원과 결핍 질환 예방에서의 용도를 요약한다. 표 14.5는 젊은 성인의 비타민 DRI를 제시한다.

표 14.5 젊은 성인의 비타민 식이 기준 섭취량(DRI)

비타민	여성	남성
비타민 A	700 μg[a]	900 μg[a]
비타민 C	75 mg[b]	90 mg[b]
비타민 D	200 IU[c]	200 IU[c]
비타민 E	30 IU	30 IU
티아민(B_1)	1.1 mg	1.2 mg
리보플라빈(B_2)	1.1 mg	1.3 mg
니아신	14 mg	16 mg
피리독신(B_6)	1.5 mg	1.7 mg
시아노코발아민(B_{12})	3 μg	3 μg
엽산	400 μg	400 μg
판토텐산	5 mg	5 mg
비오틴	100~200 μg	100~200 μg

[a] 비타민 A 요구량을 β-카로틴으로 충족하는 범위에서는 위 값을 6배로 환산한다.
[b] 흡연자는 35 mg을 추가한다.
[c] IU(국제 단위)는 여러 비타민·호르몬·약물의 생물학적 활성을 나타내는 단위이다.

자가평가문제

1. 체내에서 합성할 수 없으므로 식이에 포함되어야 하는 것은 무엇인가?
a. 효소 **b.** 호르몬 **c.** 불포화 지방 **d.** 비타민

2. 다음 중 비타민 A의 전구체는 무엇인가?
a. β-카로틴 **b.** 콜레스테롤 **c.** 피리독신 **d.** 트립토판

3. 다량 섭취가 해로울 가능성이 가장 큰 것은 무엇인가?
a. β-카로틴 **b.** 니아신 **c.** 비타민 A **d.** 비타민 C

4. 뼈의 건강과 발달에 가장 큰 유용한 비타민은 무엇인가?
a. 비타민 D **b.** 비타민 B **c.** 비타민 C **d.** 비타민 E

5. 다음 중 지용성 비타민은 무엇인가?
a. A **b.** B_{12} **c.** C **d.** 니아신

6. 다음 중 수용성 비타민은 무엇인가?
a. A **b.** C **c.** D **d.** E

정답: 1.d, 2.a, 3.c, 4.a, 5.a, 6.b

14.4 식이섬유, 전해질, 물

학습 목표 • 식이섬유, 전해질, 물의 건강 유지에서의 역할을 식별하고 설명한다.

우리의 식단에는 탄수화물, 단백질, 지방, 무기질, 비타민이 필요하지만, 건강 유지를 위해 그 밖의 요소들도 중요하다. 대표적으로 식이섬유, 전해질, 물이 이에 해당한다.

식이섬유는 수용성과 불용성으로 나뉜다. 불용성 섬유는 대개 셀룰로스이며, 수용성 섬유는 보통 검(gums)과 펙틴으로 이루어진 점성 물질이고 잼·젤리·요구르트와 같은 식품의 겔화, 증점(점도 증가), 안정화에 사용된다. 고식이섬유 식단은 변비를 예방하고 체중 감량에 도움이 된다. 식이섬유는 체내에서 흡수되지 않으므로 열량이 없다. 따라서 과일과 채소 등 식이섬유가 풍부한 식품은 지방과 열량이 낮은 경우가 많다. 또한 섬유는 위의 부피를 차지하여 포만감을 유발하므로 섭취 음식량을 줄이는 데 기여한다. 수용성 섬유는 지방 소화에 관여하는 담즙산을 제거함으로써 혈중 콜레스테롤 수치를 낮출 수 있다. 더 나아가 위 내 배출을 지연시켜 식후 당 흡수를 늦춤으로써 혈당 조절을 돕고, 당뇨병 환자에서 필요한 인슐린의 양을 줄이는

데 기여할 수 있다. 이러한 성질 때문에 식이섬유는 고혈압, 당뇨병, 심장병, 게실염 환자에게 유익하다.

화학과 영양의 관계에서 또 하나 중요한 측면은 수분 섭취와 전해질 섭취의 균형이다. **전해질**(electrolyte)은 물에 녹았을 때 전기를 통하는 물질이다. 체내에서 전해질은 세포가 세포 내외 전하를 유지하고 그에 따라 세포막을 가로지르는 물의 이동을 조절하는 데 필요한 이온을 말한다. 주요 전해질은 소듐 이온(Na^+), 포타슘 이온(K^+), 염화 이온(Cl^-)이며, 그 밖에 칼슘 이온(Ca^{2+}), 마그네슘 이온(Mg^{2+}), 황산 이온($SO_4{}^{2-}$), 인산 수소 이온($HPO_4{}^{2-}$), 중탄산 이온($HCO_3{}^-$) 등이 있다.

물 역시 필수 영양소이다. 우리가 섭취하는 많은 식품은 대부분이 물로 구성된다. 토마토는 약 90%가 물이며, 멜론·오렌지·포도도 대부분이 물이라는 사실은 놀랄 일이 아니다. 물은 구운 소고기와 해산물에서부터 감자와 양파에 이르기까지 모든 식품의 주요 성분 중 하나이다.

음식으로부터 얻는 수분 외에 우리는 하루 약 1.0~1.5 L의 물을 마실 필요가 있다. 일부 비뇨기과 의사는 하루 2.0 L를 권장한다. 이러한 필요는 생수만으로도 충족할 수 있으나 종종 우유, 커피, 차, 탄산음료, 맥주, 과일 주스, 에너지 음료와 같은 다른 음료를 선택한다. 이들 중 일부는 함유된 물의 체내 이용을 오히려 방해할 수 있다.

커피와 탄산음료를 수분 섭취량에 포함시킬 때의 문제는 카페인이 신장에 이뇨 작용을 일으켜 많은 양을 섭취하면 소변 배설이 증가하고 그에 따른 수분 손실이 발생한다는 점이다. 다만 커피 한 잔이나 탄산음료 한 잔 정도의 소량은 배뇨량에 거의 영향을 주지 않는다. 비타민과 무기질을 첨가한 생수가 인기를 얻고 있지만, 신선한 과일과 채소를 대체해서는 안 된다.

많은 사람은 곡류나 과일 주스를 발효하여 만든 에탄올 함유 음료도 마신다. 맥주는 보통 맥아 보리로, 와인은 포도즙으로 만든다. 이러한 알코올 음료 역시 대부분이 물이지만 '영양소'로 간주되어서는 안 된다. 알코올 음료는 항이뇨 호르몬(ADH, 바소프레신)의 작용을 차단하여 수분 손실을 촉진한다. 과일 주스와 물이 더 좋은 대안이다.

호흡, 발한, 눈물, 배뇨로 손실된 수분을 보충하는 가장 좋은 방법은 물을 마시는 것이다(그림 14.4). 안타깝게도 갈증은 수분 손실에 대한 지연된 반응인 경우가 많으며, 탈진·혼란·두통·오심과 같은 탈수 증상에 가려질 수 있다. 땀은 약 99%가 물이지만, 1 L의 땀에는 대략 Na^+ 1.15 g, Cl^- 1.48 g, Ca^{2+} 0.02 g, K^+ 0.23 g, Mg^{2+} 0.05 g과 소량의 요소, 젖산, 피지가 포함되어 있다. 대부분의 사람은 이미 염화 소듐(주요 손실 전해질)을 과다섭취하고 있으므로, 수분 보충은 일반 물로 하는 것이 가장 타당하다.

스포츠 음료나 에너지 음료와 같은 시판 음료에는 대개 운동 수행 향상에 실질적으로 기여하기보다 광고 전략으로 더 적합한 성분이 하나 이상 포함되어 있다. 스포츠 음료에는 보통 당류(감미료)와 전해질이 들어 있으며, 에너지 음료에는 보통 당류가 들어 있고 흔히 카페인이 가벼운 각성제로 포함된다. 이러한 음료는 진지한 선수든, 주말 운동가든 널리 소비되지만 농도가 지나치게 높아 설사를 유발할 위험이 있으므로 지구력 선수(약 2시간 이상 지속 활동)를 제외하면 실질적 가치는 제한적이다.

물을 충분히 마셨는지, 수분 상태가 적절한지는 소변으로 가늠할 수 있다. 수분 공급이 충분하면 소변은 맑고 거의 무색에 가깝다. 탈수 시에는 신장이 혈액량 감소를 막고 쇼크를 예방하기 위해 물을 보존하려 하므로 소변이 탁해지거나 색이 진해진다.

탈수는 매우 심각하며, 치명적일 수도 있다. 총 체액량이 0.5~1.0% 감소하면 갈증을 느끼기 시작하고, 그 이상 진행되면 증상이 악화된다(표 14.6). 근육은 쉽게 피로하고 경련이 날 수 있으며, 현기증과 실신이 뒤따를 수 있다. 뇌세포는 수축하여 정신 혼란을 초래한다. 최종적으로 체온 조절 체계가 실패하여 열사병이 발생할 수 있으며, 신속한 의료 처치가 없으면 치명적이다.

▲ **그림 14.4** 일반적으로 운동 중 손실된 수분을 보충하는 가장 좋은 방법은 물이다. 스포츠 음료는 2시간 이상 지속되는 지구력 활동을 하는 운동선수를 제외하면 도움되는 바가 거의 없다. 이 경우에도 음료에 포함된 탄수화물은 탈진의 시작을 몇 분 정도 지연시킬 뿐이다.

표 14.6 탈수 정도에 따른 영향

땀으로 손실된 체중의 비율	생리적 영향
2%	수행 능력 저하
4%	근육 작업 능력 감소
5%	열탈진
7%	환각
10%	순환기 허탈 및 열사병

그것은 약이다! 아니다, 식품이다! 아니다… 식이 보충제(건강보조제)이다!

우리는 빠른 체중 감량·지구력 향상·기억력 개선 등 거의 기적처럼 보이는 효능을 내세우는 제품 광고를 흔히 접한다. 이러한 제품은 약처럼 보일 수 있으나, 많은 경우 법적으로 의약품이 아니라 '식이 보충제'로 분류된다.

미국 의회는 1994년에 〈식이보충제 건강 및 교육법(Dietary Supplement Health and Education Act, DSHEA)〉을 제정하여, 식이 보충제를 의약품이 아닌 식품으로 규제하도록 법을 개정했다. 제조사는 보충제 사용과 관련된 일부 특정 효익을 설명할 수 있으나, 다음과 같은 면책 고지를 함께 포함해야 한다. "이 진술은 미국식품의약국(FDA)의 평가를 받지 않았다. 이 제품은 질병을 진단, 치료, 치유, 예방할 목적이 아니다."

일부 보충제는 여러 비타민의 단순 조합이며, 다른 것들은 무기질·아미노산·기타 영양소·허브 또는 기타 식물성 원료·동물 또는 식물 유래 추출물을 포함한다. 특정 보충제를 복용해야 할까? 그럴 수도, 아닐 수도 있다. 오메가-3 오일을 함유한 보충제는 LDL 콜레스테롤을 낮추는 데 도움이 될 수 있다. 그러나 병이 아무리 화려하고 광고 속 인물이 매력적이라 하더라도, 비타민과 무기질의 '특별 조제'를 하루 한 스푼 먹는다고 해서 노화의 영향을 되돌리기는 어렵다. 식이 보충제 사용을 고려할 때에는 제조사의 주장을 평가하기 위해 FLaReS 원칙을 적용하는 것이 바람직하다.

▲ 대부분의 식이 보충제는 처방의약품과 일반의약품(OTC)에서 법률상 요구되는 엄격한 시험 절차를 거치지 않는다.

자가평가문제

1. 섬유질이 많은 음식을 섭취하면 어떻게 되는가?
   - a. 변비를 유발할 수 있다.
   - b. 근육 형성에 도움이 된다.
   - c. 포만감을 주는 데 도움이 된다.
   - d. 빠른 에너지를 제공한다.
2. 체액의 주요 전해질은 무엇인가?
   - a. Ca^{2+}, Fe^{2+}, Cl^-
   - b. Ca^{2+}, Na^+, HSO_4^-
   - c. Na^+, K^+, Cl^-
   - d. Na^+, K^+, HCO_3^-
3. 장시간 운동의 경우를 제외하면 손실된 수분을 보충하는 가장 좋은 선택은 무엇인가?
   - a. 맥주
   - b. 무지방 우유
   - c. 물
   - d. 탄산음료
4. 열탈진을 유발할 수 있는 체중 대비 체액 손실의 최소 비율은 얼마인가?
   - a. 2%
   - b. 4%
   - c. 5%
   - d. 10%
5. 불용성 섬유는 보통 무엇으로 이루어지는가?
   - a. 셀룰로스
   - b. 지방
   - c. 지질
   - d. 단백질

정답: 1. c, 2. c, 3. c, 4. c, 5. a

14.5 식품 첨가물

학습 목표
- 다양한 맛과 향에 대한 욕구 그리고 설탕 대체감미료 탐색이 역사에 미친 영향을 설명한다.
- 식품 속 유익한 첨가물과 논란의 여지가 있는 첨가물을 구분한다.

음식의 풍미를 높이기 위한 새로운 맛의 탐색은 인류사의 흐름을 바꾸어 놓았다. 잘 알려진 예를 들어 500여 년 전 Christopher Columbus가 스페인 Isabella 여왕의 지시로 적잖은 비용을 들여 향신료 무역을 강화하기 위해 동아시아로 가는 짧은 항로를 찾고자 소형 선박 세 척과 함께 서쪽으로 파견되었다는 것이다.

향신료, 허브, 향료

스파이스 케이크, 청량음료, 진저브레드, 소시지 등 많은 식품은 맛의 상당 부분을 향신료와

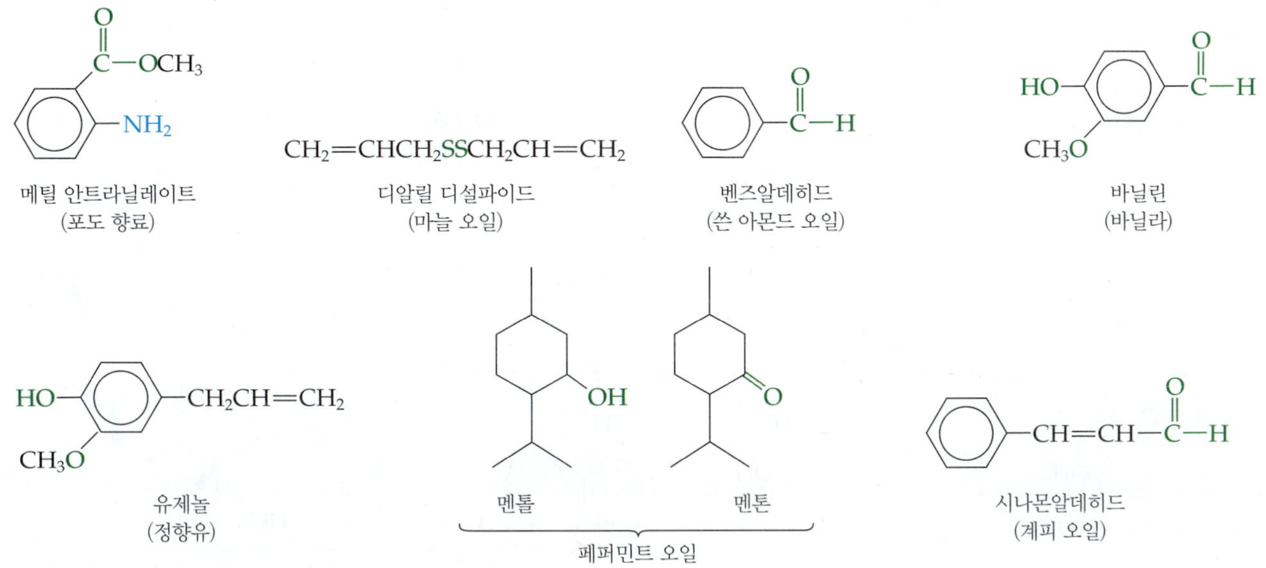

$C(=O)OCH_3$, NH_2

메틸 안트라닐레이트
(포도 향료)

$CH_2{=}CHCH_2SSCH_2CH{=}CH_2$

디알릴 디설파이드
(마늘 오일)

벤즈알데히드
(쓴 아몬드 오일)

HO, CH_3O, $C(=O)-H$

바닐린
(바닐라)

HO, CH_3O, $CH_2CH{=}CH_2$

유제놀
(정향유)

OH, O

멘톨 멘톤
페퍼민트 오일

$CH{=}CH-C(=O)-H$

시나몬알데히드
(계피 오일)

▲ **그림 14.5** 일부 분자 향료. 다른 예는 표 9.9를 참조하라.

Q 여기 제시된 화합물 중 어느 것이 알데하이드 작용기를 가지는가? 어느 것이 페놀인가? 에터는, 알켄은 무엇인가? 어느 것이 에스터인가? 케톤은, 알코올은 무엇인가?

기타 첨가물에 의존한다. 예를 들어 정향에는 유제놀(eugenol)이라는 독특한 분자가 들어 있어 로스트 햄의 매력적인 향에 기여한다. 토스트나 애플 파이에 사용된 계피에는 이름 그대로 신남알데하이드(cinnamaldehyde)라는 알데하이드가 함유되어 있다. 생강·강황·육두구는 해당 식물의 씨앗·뿌리·나무껍질에서 얻는 천연 향신료의 예이며, 바질·마조람·타임·로즈마리는 널리 쓰이는 허브이다. 과일과 기타 식물성 원료로부터 천연 향료를 추출하기도 한다.

일부 풍미 화합물은 표 9.9에, 다른 예는 그림 14.5에 제시되어 있다. 화학자들은 천연 풍미를 분석한 뒤 그 성분을 합성하여 원래의 맛과 유사한 혼합물을 만들 수 있다. 천연 향과 인공 향의 주요 성분은 흔히 동일하다. 예를 들어 바닐라 추출물과 모조 바닐라는 주된 풍미를 바닐린이라는 화합물에 의존한다. 다만 천연 바닐라 추출물은 모조 바닐라보다 더 다양한 화합물을 포함하므로 풍미가 대체로 더 복잡하다. 천연이든, 합성이든 향료 첨가물은 적정량 사용할 경우에 위해성이 거의 없는 것으로 보이며, 음식의 기호성을 크게 높인다.

기타 천연 및 인공 감미료

비만은 대부분의 선진국에서 중대한 문제이다. 이론적으로는 설탕을 무칼로리 감미료로 대체하여 열량 섭취를 줄일 수 있겠지만, '다이어트' 탄산음료를 마실 때 다른 음식을 더 많이 섭취하는 경향이 있어 인공 감미료가 비만 조절에 유효하다는 근거는 많지 않다.

주목할 만한 천연 감미료로 스테비아가 있다. 파라과이의 과라니족이 오랫동안 감미료로 사용해 온 남미의 허브(*Stevia rebaudiana*)의 잎에는 자당보다 최소 30배 달게 느껴지는 배당체가 들어 있다. 정제된 이 배당체는 GRAS(Generally Recognized As Safe, 일반적으로 안전하다고 인정됨) 지위를 가진 것으로 간주되며, 현재 미국의 일부 탄산음료와 기타 제품에 스테비올 배당체가 사용되고 있다.

수년간 주요 인공 감미료는 사카린과 사이클라메이트였다. 사이클라메이트는 1970년 실험동물에서 암을 유발한다는 연구 결과에 따라 미국에서 사용이 금지되었다(이후 연구들이 해당 결과를 재현하지 못했음에도 불구하고 FDA는 금지를 해제하지 않았다).

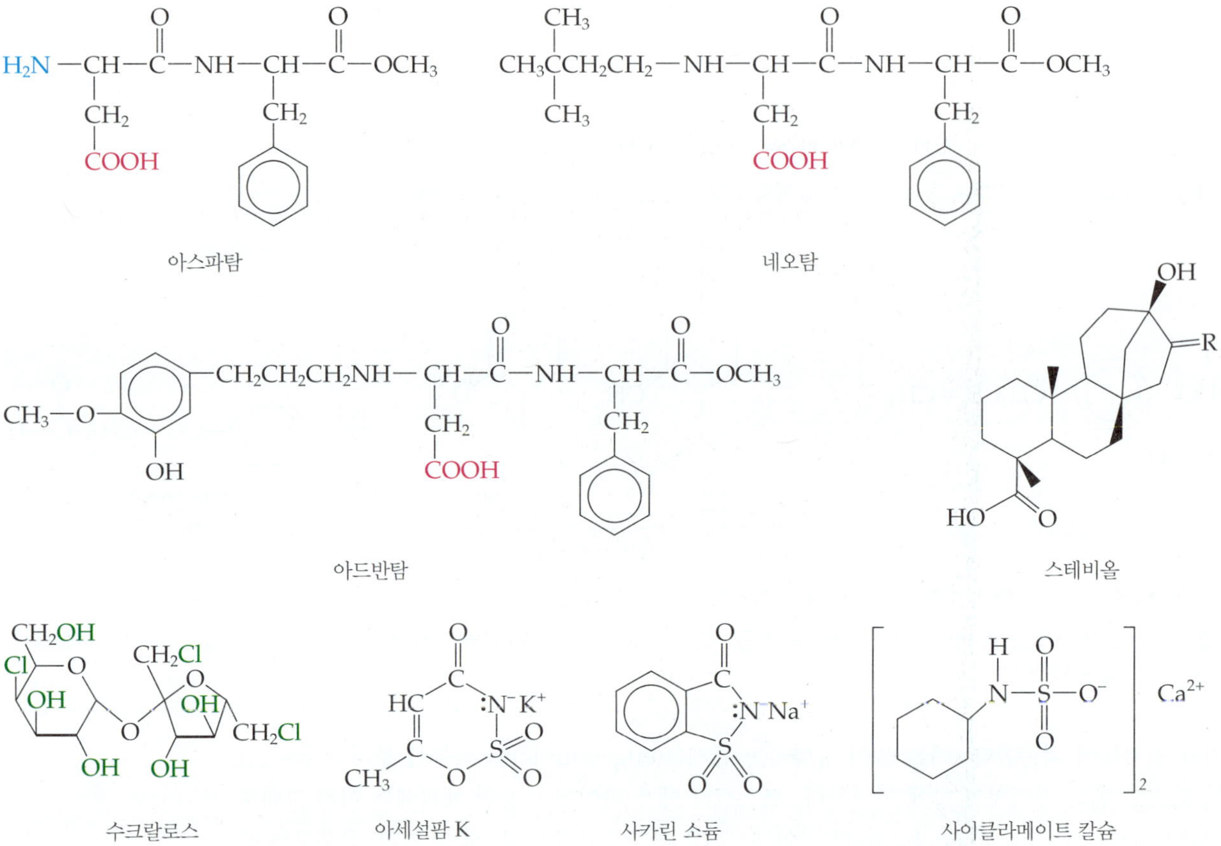

아스파탐 네오탐

아드반탐 스테비올

수크랄로스 아세설팜 K 사카린 소듐 사이클라메이트 칼슘

▲ **그림 14.6** 여덟 가지 인공 감미료. 수크랄로스(Splenda®)는 자당의 염소화 유도체로, 실제로 자당으로부터 제조되는 유일한 인공 감미료이다. 이들 가운데 실제 FDA 승인을 받은 것은 여섯 가지이며, 스테비올(steviol)은 GRAS 목록에 올라 있다. 사이클라메이트는 1970년부터 금지되어 있다.

표 14.7 일부 화합물의 상대적 단맛

화합물	상대적 단맛[a]
락토스(lactose)	0.16
말토스(maltose)	0.33
글루코스(glucose)	0.74
자당(sucrose)	1.00
과당(fructose)	1.73
스테비올 배당체(steviol glycoside)	30
사이클라메이트(cyclamate)	45
아스파탐(aspartame)	180
아세설팜 K(acesulfame K)	200
사카린(saccharin)	300
수크랄로스(sucralose)	600
네오탐(neotame)	13,000
아드반탐(advantame)	20,000

[a] 단맛은 1의 값으로 자당에 상대적이다.

1977년에는 사카린이 실험동물에서 방광암을 일으킨다는 보고가 있었으나, 당시 사카린이 유일하게 승인된 인공 감미료였기 때문에 이를 금지하려는 FDA의 조치는 의회에서 저지되었다. 이후 반복 연구에서 1977년과 같은 결과가 확인되지 않아 2000년에는 사카린 소포장과 사카린 함유 제품에서 경고 문구가 사라졌다.

현재 FDA가 승인한 인공 감미료는 여섯 가지이다(그림 14.6). **아스파탐**(디펩타이드 아스파틸페닐알라닌의 메틸 에스터)은 1981년에 승인되었다. 아스파탐과 밀접한 구조의 파생 화합물인 **네오탐**과 **아드반탐**도 승인되었다. 아스파탐에 대해 일화적 문제 보고가 있으나, 반복 연구에 따르면 일반적으로 안전하며, 다만 페닐알라닌을 적절히 대사하지 못하는 유전 질환인 페닐케톤뇨증 환자에게는 예외가 된다. 이 밖에 미국에서 사용이 승인된 인공 감미료로는 아세설팜 K(Sunette®)와 수크랄로스(Splenda®)가 있으며, 이들은 조리 과정의 높은 온도에서도 안정한 반면에 아스파탐은 열에 의해 분해된다.

표 14.7은 다양한 물질의 상대적 단맛을 비교한다. 무엇이 어떤 화합물을 달게 만드는가? 단맛을 내는 화합물들 사이에는 구조적 유사성이 거의 없어, 이 질문은 아직 명확히 답되지 않았다. 이들 대부분은 당과 거의 닮지 않았다. 13장에서 보았듯이 당류는 다수의 수산기를 지닌(폴리하이드록시) 화합물이다. 당류와 마찬가지로, 서로 인접한 탄소 원자에 수산기를 가진 많은 화합물도 달다. 예를

들어 에틸렌글리콜($HOCH_2CH_2OH$)은 단맛이 나지만 상당한 독성이 있다. 지방의 가수분해(13.5절)로 얻는 글리세롤도 단맛이 있으며 식품 첨가물로 승인되어 있다. 다만 글리세롤은 주로 **습윤제**(humectant, 수분 유지제)로 사용되고, 감미료로의 사용은 부수적이다.

감미료로 쓰이는 다른 폴리하이드록시 알코올(폴리올)로는 포도당을 환원하여 만든 **소르비톨**, 5개의 탄소 원자 각각에 수산기(—OH)가 하나씩 결합한 **자일리톨**이 있다. 이러한 화합물은 과일과 베리류 같은 식품에 자연적으로 존재하며, 무설탕 껌과 사탕의 감미료로 사용된다. 설탕과 달리 폴리올은 혈당을 급격히 상승시키지 않으므로 당뇨병 환자도 적정량에서 사용할 수 있다. 다만 과량(대략 10 g 초과) 섭취하면 위장관 불편을 일으킬 수 있다.

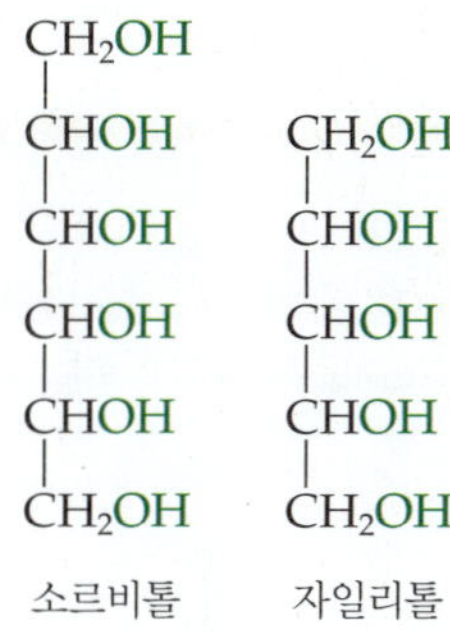

단맛을 내는 화합물은 수천 종이 알려져 있으며, 150개가 넘는 화학 계열에 속한다. 현재 알려진 바에 따르면 모든 단맛 물질은 혀에 존재하는 단일 미각 수용체에 작용한다. (대조적으로 쓴맛 물질에는 30개가 넘는 수용체가 관여한다.) 다른 미각 수용체와 달리 단맛 수용체는 서로 다른 분자에 의해 활성화될 수 있는 다수의 결합 부위를 가진다. 각 부위는 특정 분자에 대한 친화도가 서로 다르다. 예를 들어 수크랄로스는 자당보다 수용체에 더 치밀하게 결합하는데, 이는 부분적으로 수크랄로스의 염소 원자가 자리를 대체한 OH기의 산소 원자보다 더 큰 음전하를 띠기 때문이다. 네오탐은 수용체에 매우 강하게 결합하여 수용체의 활성 신호가 반복적으로 유발되도록 한다.

풍미 증강제

어떤 화학 물질은 그 자체의 맛은 두드러지지 않지만, 다른 맛을 증강하는 데 사용된다. 익숙한 예가 식탁용 소금(염화 소듐)이다. 소금은 필수 영양소일 뿐 아니라 단맛을 증가하고 쓴맛과 신맛을 가리는 데 도움을 준다.

또 다른 대표적 풍미 증강제는 모노소듐 글루탐산(MSG)이다. MSG는 자연적으로 존재하는 아미노산인 글루탐산의 소듐염으로, 많은 즉석·가공식품에 첨가된다. 글루탐산은 단백질에서 발견되지만, 과도한 양은 해로울 수 있다는 근거가 있다. MSG는 실험동물의 뇌 일부를 둔화시키는 효과가 보고되었고, 임신부가 많은 양을 섭취할 경우에 **기형 유발성**(최기형성)을 보일 수 있다는 지적도 있다. MSG는 일부 개인에서 두통의 원인으로 의심되며, 이른바 MSG 증상 복합체와 연관 지어지기도 한다. 잘 알려진 단맛·신맛·짠맛 외에 우마미(감칠맛)는 단백질류의 맛으로 분류된다. MSG는 입안의 감칠맛 미각 수용체를 자극하는 것으로 알려져 있다.

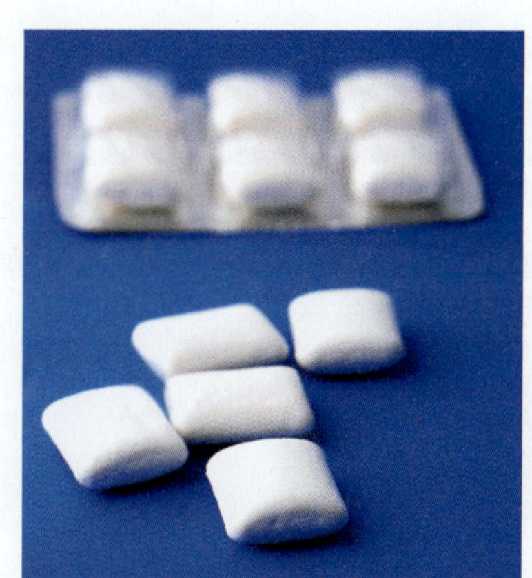
▲ 폴리하이드록시 알코올(폴리올)은 무설탕 껌 등과 같은 제품의 감미에 사용된다. 폴리올은 치태에서 대사되더라도 매우 천천히 또는 거의 대사되지 않기 때문에, 이러한 제품은 치아우식증(충치) 억제에 도움이 된다.

$$\mathrm{HOOC{-}CH_2CH_2\underset{\displaystyle |\atop {}^{+}NH_3}{CH}{-}\overset{\displaystyle O\atop \|}{C}{-}O^-}$$

글루탐산

$$\mathrm{HOOC{-}CH_2CH_2\underset{\displaystyle |\atop NH_2}{CH}{-}\overset{\displaystyle O\atop \|}{C}{-}O^-\,Na^+}$$

MSG

여기서 논의한 향료 외에도 미국식품의약국(FDA) 웹사이트의 '식품에 첨가되는 물질 목록(Substances Added to Food Inventory)'에는 3,000종이 넘는 물질이 등재되어 있다. 라벨에 기재되는 물질의 대부분은 식품 첨가물로 생산·가공·포장·보관 등과 관련된 여러 목적을 위해 기본 식품 원료 이외에 식품에 넣는 물질을 말한다. 이 밖에도 색과 풍미를 증강하고, 부패를 지연시키며, 질감을 부여하고, 살균·표백을 하거나, 숙성을 촉진·억제하고, 수분 수준이나 기포를 조절하기 위해 물질을 첨가한다. 이들 가운데 설탕, 소금, 옥수수 시럽의 사용량이 가장 많다. 이 세 가지에 구연산, 베이킹 소다, 식물성 색소, 겨자, 후추를 더하면 무게 기준으로 전체 첨가물의 98% 이상을 차지한다.

미국에서 식품 첨가물은 식품의약국(FDA)의 규제를 받는다. 최초의 〈식품·의약품·화장품

4 천연 감미료와 인공 감미료의 차이는 무엇인가?

수크랄로스(자당의 일부 —OH기가 염소 원자로 치환되어 자당과 구조가 매우 유사한 경우)를 제외하면 일반적으로 쓰이는 인공 감미료의 분자는 천연 당과 구조적으로 전혀 다르다. 이들이 왜 '단맛'으로 지각되는지는 여전히 다소 불명확하다. 일부 인공 감미료에 쓴맛의 여운이 난다는 주장도 있는데, 이는 분자의 —NH_2기가 원인일 가능성이 있다. 인공 감미료는 매우 적은 양으로 사용되므로 열량이 거의 없다.

법(Food, Drug, and Cosmetic Act)〉은 1938년에 의회를 통과했다. 이 법에 따라 특정 첨가물의 사용을 금지하려면 FDA가 그 첨가물이 안전하지 않음을 입증해야 했다. 1958년에 〈식품첨가물개정법(Food Additives Amendment)〉은 입증 책임을 식품 업계로 전환했고, 식품 첨가물을 사용하려는 업체는 그 용도에서 안전함을 먼저 FDA에 증명해야 한다. FDA는 사용가능한 첨가물의 허용량도 규제할 수 있다.

영양 개선을 위한 첨가물

미국농무부 산하의 화학국(후에 FDA로 개편)이 승인한 최초의 영양 보강 조치는 1924년에 갑상생종 발생을 줄이기 위해 식탁용 소금에 아이오딘화 포타슘(KI)을 첨가한 사례였다.

결핍 질환을 예방하기 위해 식품에는 다른 여러 화학 물질도 추가된다. 각기병이 여전히 문제가 되는 일부 동아시아 지역에서는 도정미에 비타민 B_1(티아민)을 첨가하는 것이 필수적이다. 가공 과정에서 제거되는 비타민 B군(티아민, 리보플라빈, 엽산, 니아신)을 보충하고, 보통 탄산철($FeCO_3$)의 형태로 철을 밀가루에 더하는 조치를 **영양강화**(enrichment)라고 한다. 다만 이렇게 강화한 밀가루로 만든 빵이나 파스타도 통밀로 만든 제품만큼 영양가가 높지는 않다. 통곡 밀가루가 일반적으로 공급하는 비타민 B_6, 판토텐산, 아연, 마그네슘, 식이섬유 등이 부족하기 때문이다. 그럼에도 불구하고 빵·콘밀·시리얼의 영양강화는 한때 미국 남부를 괴롭혔던 펠라그라를 거의 근절시켰다.

비타민 C(아스코르빈산)는 과일 주스, 향미 음료, 기타 음료에 자주 첨가된다. 일반적으로 우리의 식단에는 괴혈병을 예방하기에 충분한 아스코르빈산이 들어 있지만, 일부 과학자들은 일일 최소 필요량보다 훨씬 많은 섭취를 권장하기도 한다. 선진국에서는 우유에 비타민 D를 첨가하며, 이러한 강화 우유의 섭취로 구루병은 거의 완전히 사라졌다. 이와 유사하게, 체내에서 비타민 A로 전환되는 β-카로틴을 마가린에 넣어 비타민 A가 자연적으로 존재하는 버터의 영양적 특성에 더 가깝도록 한다.

우리가 신선한 식품으로 균형 잡힌 식사를 한다면 영양 보충제는 아마 필요 없을 것이다. 그러나 많은 사람은 주로 가공식품과 편의 식품을 섭취한다. 통상 식단이 고도로 가공된 식품 위주라면 비타민·무기질류 식품 첨가물이 제공하는 영양소가 필요할 수 있다.

부패 지연 첨가물

식품의 부패는 곰팡이, 효모, 세균의 증식으로 일어날 수 있다. 이러한 증식을 억제하는 물질을 흔히 항균제(antimicrobial)라 하며, 특정 카르복실산과 그 염이 여기에 포함된다. 프로피온산과 그 소듐·칼슘 염은 빵과 치즈의 곰팡이 발생을 억제하는 데 사용된다. 소르빈산, 벤조산,

GRAS 목록

일부 식품 첨가물은 눈에 띄는 유해 영향 없이 오랜기간 사용되어 왔다. 1958년 미국 의회는 일반적으로 안전하다고 인정되는 물질, 즉 'GRAS (generally recognized as safe) 목록'을 마련했다. 이 목록에는 우리에게 친숙한 향신료·향료·영양소 등이 다수 포함된다. 한편 1958년 목록에 있던 물질 중 사이클라메이트 감미료와 일부 식용 색소 등은 이후 제거되었고, 다른 물질들이 새로 추가되었다. 현재 약 7,000종의 물질이 GRAS 지위를 가진다.

시간이 지나면서 초기 시험 절차의 한계가 드러났다. FDA는 새로운 연구 결과와 높아진 소비자 인식을 바탕으로 여러 물질을 재평가해왔다. 더 정밀한 기기와 개선된 실험 설계는 과거에 안전하다고 여겨졌던 일부 첨가물에서도 미약하나 잠재적 위해 가능성을 보여주었다. 다만 최근의 다수 실험은 소형 실험동물에 대량의 첨가물을 급여하는 방식이라서, 그러한 점 때문에 결과 해석에 대한 비판도 존재한다.

그 염도 일부 탄산음료를 비롯한 다양한 가공식품에 사용된다(그림 14.7).

부패를 억제하기 위해 무기 화합물을 첨가하기도 한다. 아질산 소듐($NaNO_2$)은 육류의 염지에 사용되며, 훈제 햄·프랑크푸르터·볼로냐 소시지의 분홍색을 유지하고 가공육의 특유한 톡 쏘는 풍미에도 기여한다. 아질산염은 보툴리누스 독소를 만드는 세균 *Clostridium botulinum*의 증식을 억제하는 데 특히 효과적이다. 다만 보툴리누스 식중독을 예방하는 데 필요한 양은 육류의 분홍색을 유지하기 위해 사용하는 양의 약 10%에 불과하다. 한편 아질산염은 위암의 잠재적 원인으로도 조사되어 왔다. 위 속의 염산(HCl) 존재하에서 아질산염은 아질산으로 전환된다.

$$NaNO_2 + HCl \longrightarrow HNO_2 + NaCl$$

여기서 산(HNO_2)은 질소에 2개의 알킬기가 결합한 2차 아민과 반응하여 **니트로소 화합물**을 생성할 수 있다.

$$\underset{\text{아질산}}{H{-}O{-}N{=}O} + \underset{\text{2차 아민}}{R{-}\overset{\displaystyle R \atop |}{N}{-}H} \longrightarrow \underset{\text{니트로소 화합물}}{R{-}\overset{\displaystyle R \atop |}{N}{-}N{=}O} + H_2O$$

니트로소 화합물의 R기는 메틸(CH_3—)이나 에틸(CH_3CH_2—) 같은 단순 알킬기일 수도 있고, 더 복잡할 수도 있다. 이러한 화합물은 알려진 발암물질 중에서도 특히 강력한 축에 속한다. 가공육을 많이 섭취하는 국가에서는 가공육을 거의 먹지 않는 개발도상국에 비해 위암 발생률이 더 높은 경향이 있다. 한편 미국에서 위암 발생률이 감소한 것은 아스코르빈산(비타민 C)이 아질산과 아민의 반응을 억제해 니트로사민 형성을 막기 때문일 수 있으며, 많은 사람이 아침 베이컨이나 소시지와 함께 오렌지 주스를 마시는 식습관과도 관련 있을 수 있다. 그럼에도 아질산염의 잠재적 문제로 인해 FDA는 대체 육류 보존제로 아질산 소듐(NaH_2PO_2)의 사용을 승인했다.

다른 무기계 방부제로는 이산화 황과 아황산 염이 있다. 상온에서 기체인 이산화 황(SO_2)은 소독제이자 방부제로 쓰이며, 특히 복숭아·살구·건포도 같은 건조 과일에 사용된다. 또한 와인·옥수수 시럽·젤리·건조 감자 등 식품의 갈변을 막기 위한 표백제로도 쓰인다. 이산화 황은 식품과 함께 섭취되는 범위에서는 대부분의 사람에게 안전해 보이나, 흡입 시 강한 자극제로 작용하며 일부 지역의 오염 공기 성분으로 문제를 일으킨다. 이산화황과 아황산염은 일부 개인에서 심각한 알레르기 반응을 유발할 수 있으므로, FDA는 이러한 화합물의 존재를 식품 라벨에 표시하도록 요구한다.

항산화제: BHA와 BHT

보존제의 또 다른 범주는 항산화제로, 즉 산소 존재하에서 일어나는 식품의 화학적 부패를 억제하는 물질이다. 공기에 노출된 잘린 사과가 짧은 시간 내 갈변하는 현상은 화학적 부패의 좋은 예이다. 항산화제는 식품(또는 포장재)에 첨가되어 지방과 기름의 산패를 억제함으로써 기호성을 유지하고, 일부 필수 아미노산과 비타민의 파괴를 최소화한다. 빵, 감자칩, 소시지, 시리얼 등 지방이나 기름을 함유한 포장 식품에는 항산화제가 흔히 첨가된다. 일반적으로 사용되는 항산화제로는 뷰틸화 하이드록시톨루엔(BHT), 뷰틸화 하이드록시아니솔(BHA), 프로필 갈레이트, *tert*-뷰틸하이드로퀴논 등이 있다(그림 14.8).

지방은 부분적으로 산화에 의해 산패한다. 이 과정은 짝지어지지 않은 전자를 특징으로 하는 분자 조각, 즉 **자유 라디칼**(free radical)의 형성을 통해 진행된다. 라디칼의 구조를 구체적으로

CH_3CH_2COOH

프로피온산

$CH_3CH_2COO^- Na^+$

프로피오네이트 소듐

$CH_3CH{=}CHCH{=}CHCOOH$

소르브산

$CH_3CH{=}CHCH{=}CHCOO^- K^+$

소르베이트 포타슘

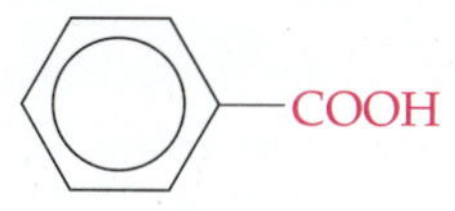

벤조산

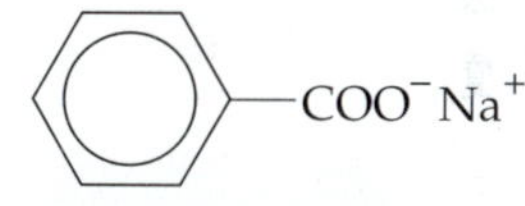

벤조산 소듐

▲ **그림 14.7** 대부분의 부패 억제제는 카르복실산 또는 그 염이다.

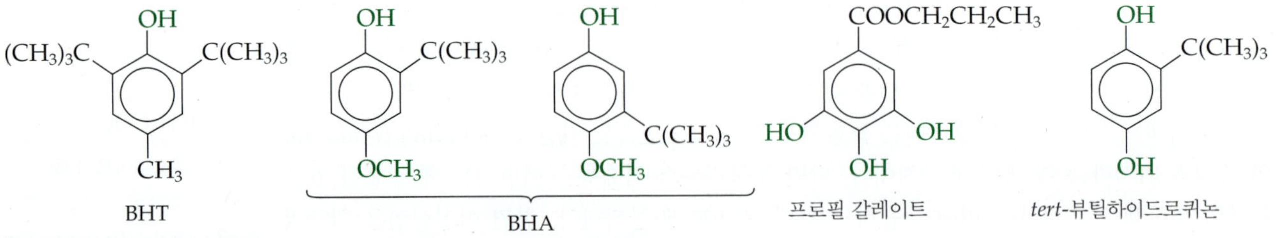

▲ **그림 14.8** 네 가지 흔한 항산화제. BHA는 두 가지 이성질체의 혼합물이다.

Q 여기 제시된 네 화합물 모두에 공통으로 존재하는 작용기는 무엇인가? BHA에는 또 어떤 작용기가 존재하는가? 프로필 갈레이트에는 어떤 작용기가 존재하는가?

제시하지 않고 과정을 요약하면 다음과 같다. 먼저 지방 분자가 산소와 반응하여 라디칼을 형성한다.

$$\text{지방} + O_2 \longrightarrow \text{자유 라디칼}$$

생성된 라디칼은 다른 지방 분자와 반응하여 새로운 라디칼을 만들고, 이 과정이 반복된다. 이처럼 반응을 지속시키는 중간체가 생성되어 반응이 이어지는 과정을 **연쇄 반응**(chain reaction)이라 한다. 산소 분자 하나가 다수의 지방 분자의 분해로 이어질 수 있다.

지방을 함유한 식품을 보존하기 위해서는 포장 과정에서 공기를 최대한 배제한다. 그러나 완전한 차단은 불가능하므로, BHT와 같은 화학적 항산화제를 사용하여 자유 라디칼과 반응시킴으로써 연쇄 반응을 중단시킨다.

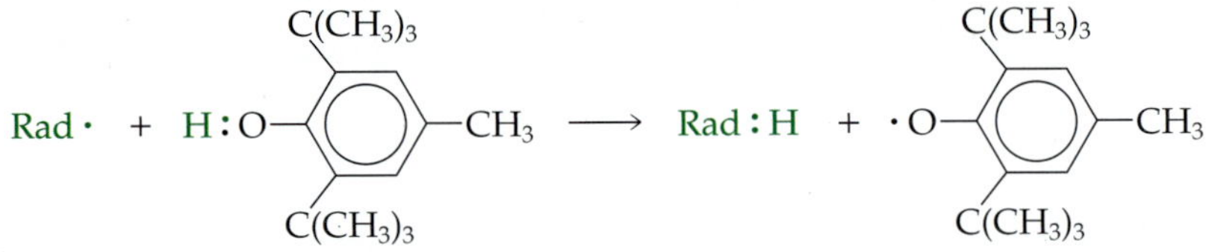

BHT에서 생성되는 새로운 라디칼은 비교적 안정하다. 짝지어지지 않은 전자는 산소 원자에만 머무를 필요가 없고, 벤젠 고리의 전자 구름 안에서 비편재화 될 수 있다. BHT 라디칼은 지방 분자와 반응하지 않으므로 연쇄가 끊어진다.

뷰틸기가 중요한 이유는 무엇인가? 뷰틸기가 없다면 두 페놀 분자는 산화제에 노출될 때 단순히 서로 결합해 버릴 것이다(9.6절 참조).

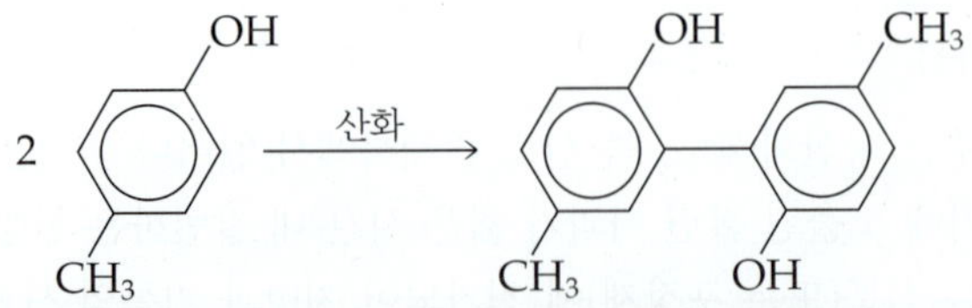

부피가 큰 뷰틸기가 결합해 있으면 고리들이 서로 충분히 가까이 접근하지 못해 커플링이 일어나지 않는다. 그 결과 이들은 지방의 산화로 생성되는 자유 라디칼을 포획하는 데에 사용될 수 있다.

많은 식품 첨가물이 유해하다는 비판을 받아왔으며, BHA와 BHT도 예외가 아니다. 일부 사람에서 알레르기 반응이 보고되었고, 한 연구에서는 임신한 생쥐에게 식이 중 0.5%의 BHA 또는 BHT를 급여했을 때 뇌 이상을 가진 새끼가 태어났다. 반면에 비교적 많은 양의 BHT를 매일 쥐에 급여하자 수명이 사람으로 환산하여 약 20년에 해당하는 정도까지 증가했다는 보고도 있다. 노화에 관한 한 가설은 자유 라디칼의 형성이 부분적으로 원인이 된다는 것이며, BHT는 식품에서의 부패를 늦추는 것과 같은 방식으로 세포 내 화학적 분해를 지연시킨다.

BHA와 BHT는 합성 화학 물질이지만, 비타민 E와 비타민 C 같은 항산화제는 자연적으로 존재한다. 비타민 E는(BHT와 마찬가지로) 벤젠 고리에 여러 치환기가 달린 페놀이며, 항산화 작용은 아마도 BHT와 유사할 것으로 추정된다. 그러나 최근 연구들은 비타민 E의 고용량 섭취가 다소 해로울 수 있음을 시사한다.

색소 첨가물

일부 식품(특히 과일과 채소)에는 자연색이 존재한다. 예를 들어 노란색 화합물인 β-카로틴은 당근에 존재하며, 버터와 마가린 등 식품의 색소 첨가제로 사용된다. 우리 몸은 β-카로틴 분자의 중심 이중 결합에서 분자를 절단하여 비타민 A로 전환한다. 따라서 β-카로틴은 특히 마가린에서 색소 첨가물일 뿐 아니라 비타민 첨가물이기도 하다.

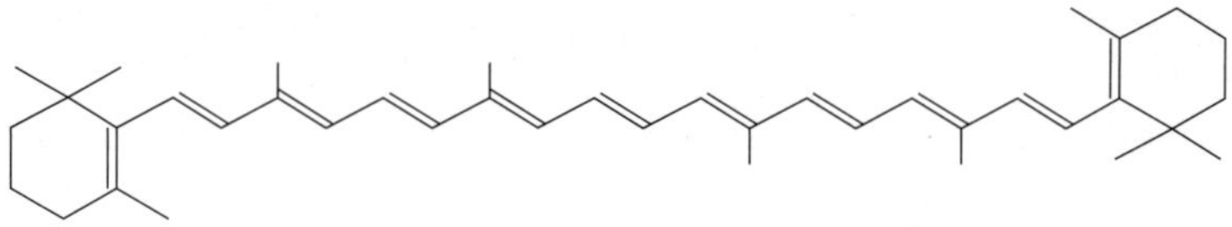

β-카로틴

다른 천연 식용 색소로는 비트 주스, 포도껍질 추출물, 사프란(가을에 피는 크로커스에서 채취)이 있다.

우리는 많은 식품이 고유한 색을 갖기를 기대하며, 식품 산업은 제품의 매력과 수용성을 높이기 위해 수십 년 동안 합성 식용색소를 사용해 왔다. 1906년 "식품 및 의약품법" 제정 이후 FDA는 이러한 화학 물질의 사용을 규제하고 허용 농도를 설정해왔다. 그러나 FDA가 항상 무오류인 것은 아니다. 한때 승인 목록에 있던 일부 색소는 이후 유해성이 확인되어 삭제되었다. 예를 들어 1950년에 호박색 할로윈 사탕에 쓰인 'FD&C Orange No. 1'이 여러 어린이에게 위장 장애를 일으켜 금지되었다. 뒤이어 다른 염료들도 금지되었는데, 'FD&C Yellow No. 3'와 'FD&C Yellow No. 4'에는 실험동물에서 방광암을 유발하는 발암물질 β-나프틸아민이 소량 함유되어 있었고, 이들이 위산과 반응해 더 많은 β-나프틸아민을 생성한다는 사실도 밝혀졌다. 'FD&C Red No. 2'도 실험동물에서 약한 발암성이 보고되었다.

현재 식품에서 흔히 발견되는 인공 색소는 여섯 가지이며, 사탕, '맥 앤드 치즈' 같은 가공식품, 젤라틴·푸딩 믹스, '오렌지 맛' 탄산음료 등 의외로 많은 가공식품과 음료에 쓰인다. 가장 흔한 색소는 'FD&C Red No. 40', 'Blue No. 1', 'Yellow No. 5'이고, 일부 사탕에는 'Red No. 3'(분홍), 'Blue No. 2', 'Yellow No. 6'(주황)도 포함된다. 'Green No. 3'은 승인되어 있으나 식품에서는 드물며, 일부 구강청결제에 사용된다. 이 일곱 가지 염료의 구조는 그림 14.9에 제시되어 있다.

식용 색소는 겉보기에는 안전하게 수년간 사용되어 왔고 보통 극소량만 사용되지만, 일부 사람에게는 문제가 될 수 있다. 그 효용은 주로 심미적이다. 아이들은 알록달록한 사탕을 좋아한다. 인공 색소를 함유한 식품은 라벨에 그 사실을 반드시 표기하므로, 원하면 피할 수 있다. 사탕 라벨에 '레이크(lake)'라는 단어가 보이면 염료가 산화 알루미늄 매트릭스에 포획되어 피부나 의복에 쉽게 묻어나지 않음을 뜻한다.

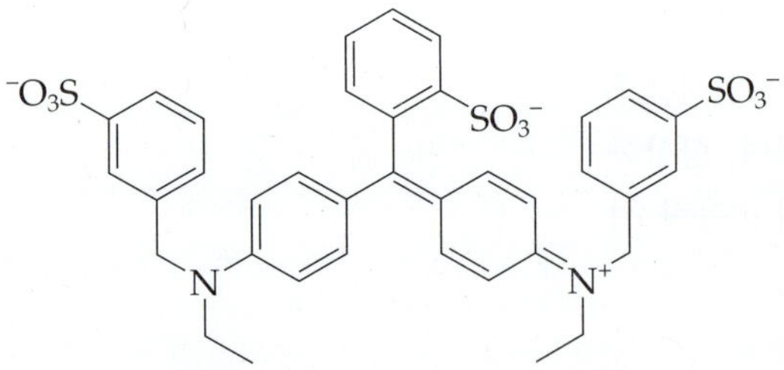

FD&C Blue No. 1 (찬란한 파란색)

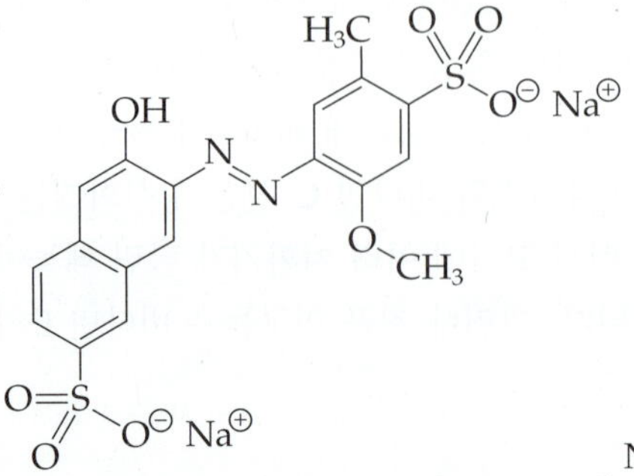

FD&C Red No. 40 (알루라 빨간색)

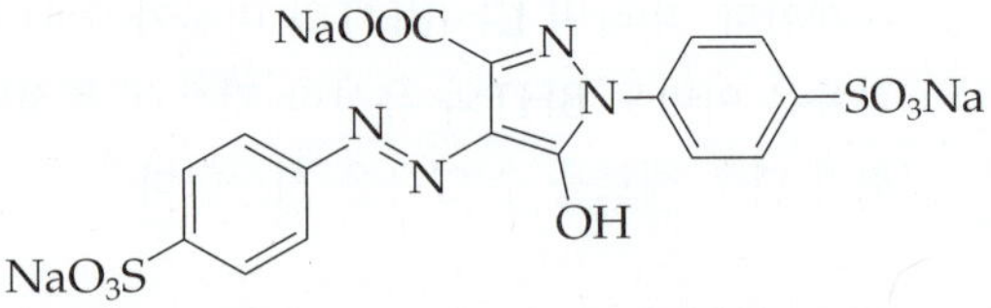

FD&C Yellow No. 5 (타르트라진)

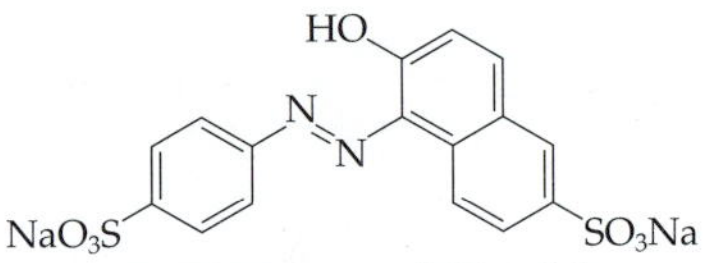

FD&C Yellow No. 6 (일몰 노란색)

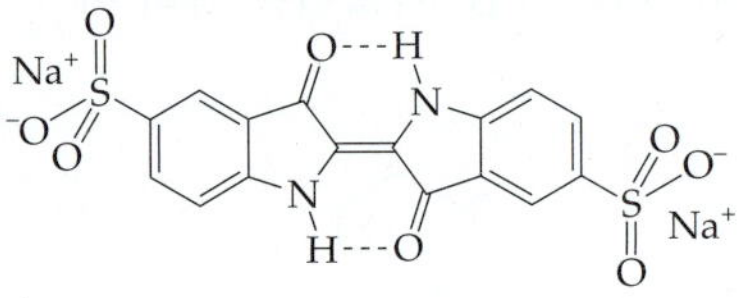

FD&C Blue No. 2 (인디고 카민)

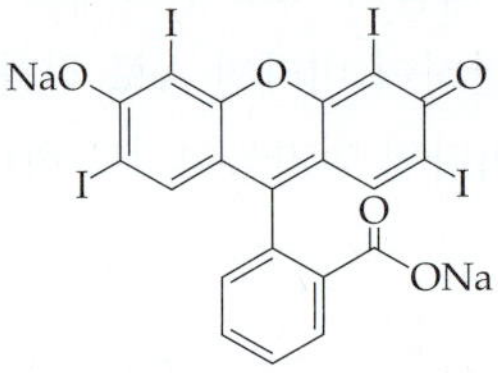

FD&C Red No. 3 (에리트롭신)

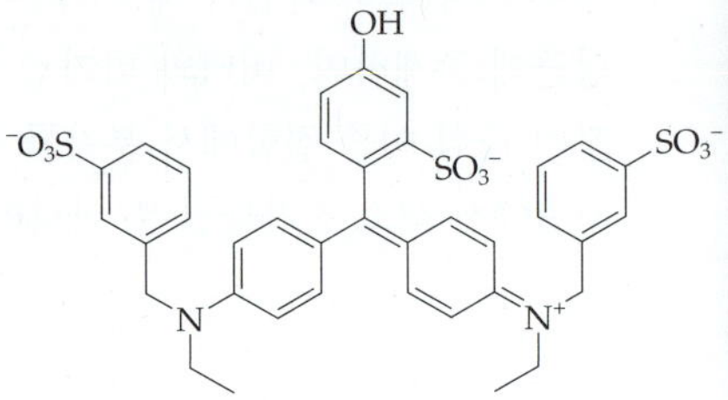

FD&C Green No. 3 (페스트 그린)

▲ **그림 14.9** 식품에 사용이 허용된 식용 색소

자가평가문제

1. 다음 화합물 중 대부분의 사람에게 단맛이 나지 않는 것은 무엇인가?

a. 자일리톨 **b.** 네오탐

c. 사카린 **d.** MSG

2. 인공 바닐라에 대한 설명으로 옳은 것은 무엇인가?

a. 천연 바닐라와 똑같은 바닐린 분자를 포함한다.

b. 바닐린과는 다른 분자를 포함하지만 맛이 비슷하다.

c. 천연 바닐라에 존재하는 모든 종류의 분자를 포함한다.

d. 여기에 설탕을 더해 풍미를 높인 것이다.

3. '에스터'라 불리는 유기 분자에 대한 설명으로 옳은 것은 무엇인가?

a. 모든 향신료에 들어 있다.

b. 음식에서 신맛 또는 쓴맛을 내는 향료이다.

c. 매우 향기롭고 독특한 식물의 씨앗이나 나무껍질에서만 발견되는 고유 분자이다.

d. 비타민 보충제에서 흔히 발견된다.

4. MSG에 대한 설명으로 옳은 것은 무엇인가?

a. 양에 상관없이 안전하게 섭취할 수 있다.

b. 아미노산의 소듐염이다.

c. 자당과 유사한 구조의 감미료이다.

d. 혈압을 낮추려는 사람이 안전하게 섭취할 수 있다.

5. 새로운 식품 첨가물을 사용하려면 기업은 무엇을 해야 하는가?

a. 사용할 계획을 FDA에 통지한다.

b. FDA에 비용을 지불하여 안전성 시험을 맡긴다.

c. 해당 용도에서 안전함을 입증하는 자료를 FDA에 제출한다.

d. 신청만 하면 되며, 안전성과 유효성을 증명할 필요는 없다.

6. 볼로냐·햄·베이컨 등 가공육에서 보툴리누스균 증식을 억제하는 첨가물은 무엇인가?

a. 벤조산 소듐 **b.** 아스코르브산 소듐

c. 소르빈산 소듐 **d.** 아질산 소듐

7. 프로피온산 칼슘을 빵에 첨가하는 주된 목적은 무엇인가?

a. 항산화제로 작용하기 위해

b. 풍미를 증강하기 위해

c. 곰팡이 생장을 억제하기 위해

d. 가공 중 제거된 Ca^{2+}를 보충하기 위해

8. 항산화제의 기능으로 옳은 것은 무엇인가?

a. 지질 수송을 돕는다.

b. 산소 운반을 돕는다.

c. 색 바램을 방지한다.

d. 자유 라디칼을 포획한다.

9. 산패 방지에 사용되는 항산화제는 무엇인가?

a. 아스코르빈산 **b.** BHT

c. 아황산 소듐 **d.** 설탕

정답: 1. d, 2. a, 3. c, 4. b, 5. c, 6. d, 7. c, 8. d, 9. b

14.6 기아, 단식, 영양실조

학습 목표 • 기아, 단식, 영양실조가 인체에 미치는 영향을 설명한다.

세계 여러 지역에서는 영양 공급을 위한 적절한 음식을 섭취하지 못하고 있다. 이들 중 다수는 개발도상국에 살거나, 가뭄과 같은 자연재해 또는 농업 생산성에 영향을 미친 기상 변화의 피해를 입은 지역에 거주한다. 또 다른 사람들은 전쟁·적대 행위·강제 이주로 정상적인 식량 공급이 중단되었다. 그 결과 기근이 발생하고, 이어 영양실조 또는 기아가 초래된다.

음식이 완전히 박탈되면 자발적이든 비자발적이든 인체는 **기아**(starvation) 상태에 빠진다. 비자발적 기아는 세계 여러 지역에서 심각한 문제이다. 기아가 단독으로 사망의 원인이 되는 일은 드물지만, 영양실조로 약해진 사람은 질병에 쉽게 이환된다.

기아에 수반되는 것과 유사한 대사 변화는 단식 중에도 일어난다. 전면 단식 시 체내 글리코젠 저장은 하루가 채 되기 전에 고갈되며, 이후 지방 비축이 동원된다. 지방은 먼저 신장과 심장 주변에서 동원되고, 이어 신체의 다른 부위, 결국 골수에서도 동원된다.

저장 지방에 대한 에너지 의존이 증가하면 **케톤증**이 발생하며, 이는 혈액과 소변에서 **케톤체**가 나타나는 상태로 특징지어진다(그림 14.10). 케톤증은 빠르게 **산증**으로 진행할 수 있고, 혈액의 pH가 낮아지며 산소 운반이 저해된다. 산소 부족은 우울감과 무기력으로 이어진다.

$$CH_3-\overset{\overset{\displaystyle O}{\|}}{C}-CH_3$$

아세톤

$$CH_3-\overset{\overset{\displaystyle O}{\|}}{C}-CH_2-\overset{\overset{\displaystyle O}{\|}}{C}-OH$$

아세토아세트산

$$CH_3-\overset{\overset{\displaystyle OH}{|}}{CH}-CH_2-\overset{\overset{\displaystyle O}{\|}}{C}-OH$$

β-하이드록시부티르산

▲ **그림 14.10** 지방 대사에서 생성되는 세 가지 케톤체

Q 각 화합물의 작용기를 식별하라. 케톤체 중 케톤이 아닌 것은 어느 것인가?

산증은 인슐린 결핍성 질환인 당뇨병과도 연관된다. 인슐린은 체세포가 혈류에서 포도당을 흡수하도록 한다. 인슐린이 부족하면 간은 세포가 굶주린 것처럼 반응하여, 혈당은 상승하는 한편 에너지를 얻기 위해 지방을 태우기 시작한다. 이러한 지방 대사는 케톤체의 생성과 이어지는 산증으로 이어진다.

전면 단식의 초기에는 체내 단백질이 비교적 빠른 속도로 대사된다. 몇 주가 지나면 뇌가 지방산 대사의 분해산물을 에너지원으로 사용하는 데 적응함에 따라 단백질 분해 속도는 크게 느려진다. 지방 비축이 상당히 고갈되면 신체는 다시 에너지 요구를 충족하기 위해 구조 단백질에 크게 의존하게 된다. 기아 상태 개인의 수척한 외모는 근육 단백질의 고갈과 복부의 팽창(부종)에 기인한다(그림 14.11).

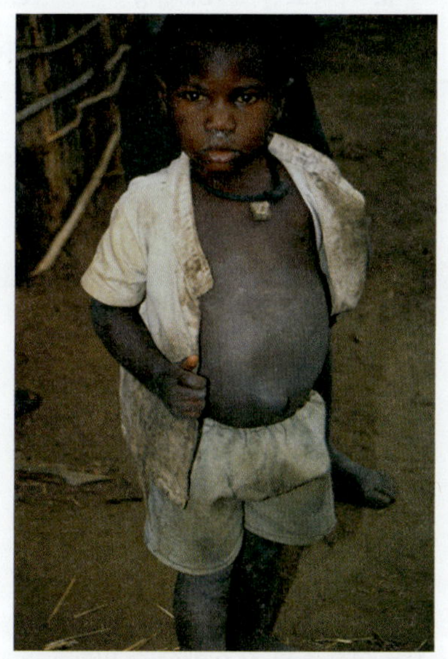

▲ **그림 14.11** 세계 일부 지역에서는 단백질이 불충분한 식단이 흔하다. '콰시오르코르(kwashiorkor)'라 불리는 단백질 결핍 질환은 선진국에서는 드물지만, 단백질이 불완전한 곡물만이 유일한 주식인 지역에서는 기근 시 흔히 발생한다.

가공식품: 영양 부족

우리는 흔히 영양실조를 굶주림이나 심각한 식량 부족의 결과로만 생각하지만, 반드시 그렇지는 않다. 열량은 충분하더라도 필수 아미노산과 같은 일부 필수 영양소가 결핍된 식단을 섭취하면 영양실조가 생길 수 있다. 완전 단백질을 확보하기 위해 곡류와 콩류를 짝지어 섭취하는 매우 흔한 조합들이 있다(표 14.1 참조). 풍족한 환경에서도 고도로 가공된 식품을 과다섭취함으로써 영양실조가 발생하기도 한다.

통밀은 비타민 B_1을 비롯한 여러 비타민의 훌륭한 공급원이다. 백밀가루를 만들기 위해서는 밀눈(배아)과 겨(밀기울)를 제거하는데, 이렇게 하면 보관성은 크게 높아지지만 남는 부분에는 무기질과 비타민이 거의 없고 섬유소도 적다. 우리는 주로 전분을 먹고, 배아와 겨의 상당 부분은 가축 사료로 쓴다. 그래서 소와 돼지가 사람보다 더 나은 영양을 섭취하는 셈이라는 지적도 있다. 마찬가지로 도정미(백미)는 단백질과 무기질 대부분이 제거되어 비타민이 거의 없다. 동남아시아에 도정미가 보급되면서 각기병이 널리 퍼진 바 있다.

많은 과일과 채소는 껍질을 벗기면 비타민·무기질·섬유소의 상당 부분을 잃는다. 조리 과정의 열도 일부 비타민을 파괴한다. 물로 조리하는 경우에 수용성 비타민(비타민 C와 B군)과 일부 무기질이 조리수와 함께 따라 버려지는 일이 잦다.

미국의 평균 가정은 식비의 70% 이상을 가공식품에 지출하는 것으로 추정된다. 햄버거·감자칩·탄산음료 위주의 식단은 많은 필수 영양소가 부족하다. 고도로 가공된 편의 식품으로 인해 선진국에서 많은 사람이 비만해지고, 식품의 풍요에도 불구하고 영양은 불량한 상태로 만들고 있다.

식량이 부족하지 않은 지역에서도 거식증이나 폭식증 같은 심각한 섭식 장애가 있으면 영양실조와 기아가 발생할 수 있다. 이러한 장애는 젊은 여성에게 흔하지만 남성에게도 나타날 수 있다. 거식증에서는 자신의 체중이 지나치게 높다고 여기고, 건강 체중보다 훨씬 낮은 '희망 체중'을 달성하려고 음식 섭취를 극도로 줄이거나 매우 과격한 운동을 하기도 한다. 흔히 거의 먹지 않아 체중이 감소하고, 몹시 수척해지며, 무월경이나 사춘기 지연과 같은 증상이 나타난다. 경우에 따라 체중 감소가 생명을 위협하기도 한다. 폭식증에서는 빈번한 '폭식' 이후 구토나 완하제(변비약) 사용으로 섭취 열량을 제거하려 하며, 때로는 폭식증과 거식증의 증상이 함께 나타나기도 한다.

자가평가문제

1. 금식 또는 기아 동안 글리코젠 저장은 대략 얼마 만에 고갈되는가?
a. 1시간 **b.** 1일 **c.** 1주 **d.** 1개월

2. 글리코젠 저장이 고갈된 뒤 신체가 동원하는 비축 에너지원은 무엇인가?
a. 아미노산 **b.** 지방 **c.** 글리코젠 **d.** 단백질

3. 지방 비축이 소진된 뒤 신체가 에너지원으로 사용하는 것은 무엇인가?
a. 지방 조직 **b.** 아미노산 비축 **c.** 글리코젠 저장고 **d.** 구조 단백질

4. 미국의 평균 가정은 식비의 어느 정도를 가공식품에 지출하는가?
a. 10% **b.** 25% **c.** 50% **d.** 70%

5. 영양실조에 대한 설명으로 옳지 않은 것은 무엇인가?
a. 불충분한 열량 섭취로 인해 발생한다.
b. 가공식품을 지나치게 섭취해도 발생할 수 있다.
c. 개발도상국에서만 발생한다.
d. 거식증이나 폭식증 같은 섭식 장애로도 발생할 수 있다.

정답: 1. b, 2. b, 3. d, 4. d, 5. c

14.7 체중 감량, 식단, 운동

학습 목표
- 식이와 운동을 통해 체중이 감량되는 원리를 설명한다.
- 열량 감소와 운동에 따른 체중 감소를 계산한다.

운동과 올바른 식단을 포함한 건강한 생활 양식은 신체적·정신적 질환의 위험을 낮추는 데 필수적이다. 화학을 통해 식단과 운동이 우리 몸과 마음에 미치는 영향을 더 잘 이해할 수 있다.

비만이 유행 수준에 이르고 과체중 인구가 많은 미국에서는 다이어트가 거대 산업이다. 식이조절만으로도 체중을 줄일 수 있으나 쉽지는 않다. 지방 조직 1파운드에는 약 3,500 kcal의 에너지가 저장되어 있다. 섭취 열량을 하루 100 kcal 줄이고 활동 수준을 일정하게 유지하면 35일에 1파운드의 지방을 소모하게 된다. 안타깝게도 사람들은 충분히 기다리지 못해 더 엄격한 식단에 의존한다. 목표를 더 빨리 달성하려고 특정 식품을 배제하고 다른 식품의 섭취량을 크게 줄이는 식단은 해로울 수 있다. 하루 1,200 kcal 미만의 식단은 필요한 영양소, 특히 비타민 B군과 철분이 결핍될 가능성이 크다. 더욱이 다이어트는 대사 속도를 늦춘다. 식이로 줄인 체중은 이전의 식습관을 재개하면 빠르게 다시 증가한다.

예제 14.2 다이어트에 의한 체중 감소

하루에 1800 kcal를 소비하는 사람이 일일 섭취 열량을 1500 kcal로 제한한다면 지방 1.0 lb을

감량하는 데 대략 얼마나 걸리는가?

풀이

하루에 소비가 섭취보다 1800 − 1500 = 300 kcal만큼 크다. 지방 1.0 lb에는 약 3,500 kcal가 저장되어 있으므로 다음과 같다.

$$3500\ \cancel{\text{kcal}} \times \frac{1\ \text{day}}{300\ \cancel{\text{kcal}}} = 11.66\ \text{일}(\approx 12\text{일})$$

이 점을 기억하라. 실제로 줄어드는 체중이 모두 지방은 아니다. 보통 총 체중은 1 lb 이상 줄 수 있으나, 그 대부분은 수분이며 일부 단백질과 소량의 글리코젠이 포함된다.

› 복습문제 14.2A

하루에 2000 kcal를 소비하는 사람이 활동 수준은 그대로 유지하고 일일 섭취를 1200 kcal로 제한한다. 이 식단을 3주 동안 유지하면 지방을 얼마나 감량할지 추정하라.

› 복습문제 14.2B

하루에 2200 kcal를 소비하는 사람이 일일 섭취를 1800 kcal로 제한하고 매일 220 kcal를 소비하는 운동을 추가한다. 이 프로그램을 6주 동안 유지하면 지방을 얼마나 감량할지 추정하라.

배고픔의 생화학

과학자들은 이제 막 배고픔 기전의 복잡한 생화학을 이해하기 시작했다. 체중을 조절하는 여러 분자가 확인되었는데, 어떤 것은 '지금 먹을지, 그만 먹을지'와 같은 단기 섭식 행동을, 다른 것은 장기적인 지방 균형을 조절한다. 현재까지의 지식은 체중 감량을 원하는 이들에게 다소 실망스러울 수 있다. 배고픔 기전은 체중 감소를 방지하고 체중 증가를 선호하는 방향으로 작동하기 때문이다.

소화관에서 생성되는 두 펩타이드 호르몬 **그렐린**(ghrelin)과 **펩타이드 YY**(PYY)는 단기 섭식 행동과 연관된다. 변형 펩타이드인 그렐린은 위에서 분비되는 식욕 촉진으로 작용하며, PYY는 식욕 억제로 작용한다. 런던 임페리얼대학의 연구에 따르면 PYY를 투여하면 섭취량이 약 30% 감소했다. 또한 비만인의 자연 PYY 농도가 더 낮아, 더 큰 허기를 느끼고 과식을 하는 현상을 설명할 수 있음이 보고되었다.

장기적인 체중 균형은 인슐린(췌장에서 분비되는 호르몬)과 지방 세포가 만드는 물질인 **렙틴**(leptin)이 좌우한다. 인슐린 농도가 올라가면 혈당이 낮아지고 우리는 배고픔을 느낀다. 반대로 혈당이 높으면 포도당에 민감한 뇌세포의 활동이 줄어들어 포만감을 느낀다.

렙틴은 146개의 아미노산으로 이루어진 단백질로, 지방 세포에서 분비되어 식욕을 줄이고 대사율을 높임으로써 쥐에서 체중 감소를 유발한다. 혈중 렙틴 농도는 시상하부(뇌의 조절 중추)에 체내 지방량을 '보고'하는 신호다. 인간도 렙틴을 분비하며, 과학자들은 이를 비만 치료의 열쇠로 기대했으나 기대는 대체로 실현되지 않았다. 렙틴 생성 결함으로 인한 극소수의 중증 비만 사례에서만 렙틴 치료가 도움이 되었고, 대다수의 비만인은 정상보다 높은 렙틴 농도를 보이면서 그 작용에 저항성을 보인다. 렙틴의 주된 역할은 음식이 풍족할 때 체중 증가를 막기보다는 결핍 시기에 체중 감소를 막는 보호 장치에 더 가까운 것으로 보인다.

이 밖에 장이 분비하는 펩타이드로 충분히 먹었다는 신호를 전달하는 **콜레시스토키닌**(CCK), 뇌에 작용하여 음식 섭취를 조절하는 **멜라노코르틴**(melanocortins) 계열 물질 등도 체중 조절에 관여한다.

이러한 체중 조절계에 대한 새로운 지식이 더 나은 비만 치료로 이어질지는 아직 미지수다. 더구나 섭식 행동에는 다수의 사회적 요인이 얽혀 있다. 가족 모임, 음식의 시각·후각 자극, 스트레스 상황 등 환경적 단서가 배고픔 기전을 촉발하기도 한다.

속성 다이어트: 빠르면, 곧 사이비

일주일에 1~2파운드보다 큰 감량을 약속하는 체중 감량 프로그램은 위험한 사이비일 가능성이 높다. 다수의 '급속 감량' 식단은 지방 대사 이외의 요인으로 사람들을 유인한다. 예를 들어 카페인 같은 **이뇨제**(diuretic)를 포함해 소변 배출을 늘리면 감량된 체중은 수분 손실일 뿐이며 체내 수분이 보충되어 다시 늘어난다.

다른 유형의 급속 식단은 체내 글리코젠 저장 고갈에 의존한다. 저탄수화물 식단에서는 약 24시간 내에 글리코젠이 소진된다. 글리코젠은 포도당의 중합체(13.2절)이며, 분자에 수산기(—OH)가 많아 물 분자와 수소 결합을 이룬다. 인체가 저장할 수 있는 글리코젠은 많아야 약 1 lb이고, 각 1 lb의 글리코젠에는 수소 결합으로 결합된 물이 약 3 lb 동반된다. 따라서 글리코젠 1 lb가 고갈되면 체중은 약 4 lb(= 1 lb 글리코젠 + 3 lb 물) 줄지만 지방은 줄지 않으며, 탄수화물을 다시 섭취하면 체중은 금세 회복된다.

일상 에너지 소비가 2400 kcal/day이면 이론적으로 '하루 전면 금식'으로 잃을 수 있는 지방의 최대치는 0.69 lb(= 2400 ÷ 3500)이다. 이는 신체가 오직 지방만 태운다고 가정한 값으로, 실제와는 다르다. 뇌는 포도당을 연료로 사용하므로 식이를 통해 공급되지 않으면 단백질에서 전환해 공급한다. 즉 탄수화물을 제한하는 식이는 지방과 함께 근육(단백질)도 잃게 한다. 그러나 감량 후 체중이 다시 늘 때(전체 다이어트의 약 90%에서 발생), 늘어나는 것은 주로 지방이다. 운동 없이 다이어트만 할 경우에 재증가한 체중은 대사적으로 활동적인 근육 대신 비활동성 지방으로 대체되며, 이후 시도할수록 감량은 더 어려워진다.

상업적 체중 감량 프로그램이 초과 체중을 줄이고 장기 유지에 효과적이라는 근거는 거의 없다. 프로그램에 대한 엄정한 연구는 드물고, 미국연방거래위원회(FTC)는 업체들이 그러한 연구 수행을 꺼린다고 밝힌 바 있다. 많은 속성 다이어트는 철·칼슘·포타슘 등 무기질이 결핍되어 있어, 이들 결핍은 근육으로 가는 신경 자극 전달을 방해해 운동 수행을 떨어뜨릴 수 있다. 극심한 제한에서는 생명 유지 장기로의 신경 자극 전달도 손상될 수 있으며, 심정지로 사망에 이를 위험도 있다.

체중 감량을 위한 운동

연구에서는 규칙적인 운동이 수명을 연장하고, 질병 빈도와 우울 증상을 줄이며, 이동 능력과 골·근력을 높인다고 일관되게 보여 준다. 수많은 이유가 있지만, 실제로 많은 사람이 운동을 시작하는 가장 큰 이유는 단순하다. 체중 감량을 원해서다.

운동을 시작하면서 섭취량을 늘리지 않으면 체중은 감소한다. 흔한 속설과 달리, 하루 1시간 이내의 운동은 식욕을 증가하지 않는다. 운동으로 인한 체중 감소는 주로 활동 중 대사율 증가에서 비롯되지만, 이 증가는 운동 후 수 시간 지속된다. 운동은 체력과 적정 체중을 모두 유지하게 한다. 반면 운동 없이 식이만으로 체중을 줄이면 감량된 체중의 약 65%는 지방, 약 11%는 단백질(근육 조직)이며, 나머지는 수분과 소량의 글리코젠이다.

예제 14.3 운동에 의한 체중 감소

체중 200 lb인 사람이 고강도 에어로빅을 할 때 약 11.2 kcal/min을 소모한다. 지방 조직 1.0 lb을 줄이려면 이 운동을 얼마나 오래 해야 하는가?

풀이

지방 조직 1.0 lb에는 약 3,500 kcal의 에너지가 저장되어 있다. 이를 11.2 kcal/min의 속도로 소모하려면 다음과 같다.

$$3500\ \text{kcal} \times \frac{1\ \text{min}}{11.2\ \text{kcal}} = 313\ \text{min}$$

즉 고강도 에어로빅을 하더라도 지방 1 lb을 태우려면 약 313분(약 5.2시간)이 필요하다.

› 복습문제 14.3A

1마일 걷기는 약 100 kcal를 소모한다. 지방 2.0 lb을 태우려면 대략 몇 마일을 걸어야 하는가?

› 복습문제 14.3B

중등도 활동자의 경우에 원하는 체중(파운드)에 15 kcal/lb를 곱해 하루 필요 열량을 추정할 수 있다. 체중 180 lb을 유지하려면 하루에 몇 kcal가 필요한가?

유행 다이어트

체중 감량용 식단은 균형 잡힌 영양이 부족한 경우가 많아 건강을 해칠 수 있다. 보다 극단적인 저탄수화물 식단에서는 케톤증을 의도적으로 유발하며, 우울감과 무기력 같은 부작용이 나타날 수 있다. 탄수화물이 부족한 식단의 초기에는 뇌가 요구하는 포도당을 공급하기 위해 체내 아미노산이 포도당으로 전환된다. 식단에 충분한 양의 단백질이 들어 있으면 체조직 단백질의 분해는 어느 정도 억제된다.

다만 단백질이 충분한 저탄수화물 식단이라도 신체에는 부담이 된다. 단백질 분해로 생기는 질소 화합물(암모니아와 요소)을 배출해야 하므로, 노폐물이 생성되는 간과 배설을 담당하는 신장에 부담이 커진다.

널리 퍼진 속설과 달리, 단식은 몸을 '정화'하지 않는다. 실제로는 그 반대가 일어난다. 지방 대사로의 전환은 케톤체(14.6절)를 생성하고, 단백질 분해는 암모니아·요소 등 노폐물을 만든다. 단식으로 체중을 줄일 수는 있지만, 그 과정은 의사의 면밀한 감독 하에 이루어져야 한다.

체중 감량의 가장 타당한 접근은 필수 영양소에 대한 DRI를 충족하는 균형 잡힌 저열량 식단을 준수하고, 합리적이고 지속적이며 개인화된 운동 프로그램을 병행하는 것이다. 이는 섭취를 줄이고 소비를 늘린다는 체중 감량의 원리를 적용한 것이다.

체중의 감소·증가는 에너지 보존 법칙(12.4절)에 따른다. 쓰는 열량보다 더 많이 섭취하면 그 초과분은 지방으로 저장된다. 반대로 활동에 필요한 것보다 적게 섭취하면 부족분을 보충하기 위해 저장 지방이 연소된다. 지방 조직 1파운드를 유지·공급하기 위해서는 그 세포를 담당하는 모세혈관이 약 200마일 필요하다. 따라서 과도한 지방은 심장에 추가적인 부담을 준다.

5 운동을 중단하면 그동안 발달시킨 근육이 지방으로 바뀌는가?

근육이 지방으로 변하지는 않는다. 다만 규칙적인 운동이 없으면 근육은 이완되고(탄력이 떨어지고) 질량이 감소한다.

자가평가문제

1. 일주일에 1.0 lb을 감량하려면 매일 섭취량보다 소모해야 하는 열량은 얼마인가?
   a. 100 kcal **b.** 300 kcal **c.** 500 kcal **d.** 1000 kcal

2. 다음 중 식욕 억제 작용을 하는 호르몬은 무엇인가?
   a. ADH **b.** 그렐린 **c.** 렙틴 **d.** PYY

3. 다음 중 혈당을 낮추는 호르몬은 다음 중 무엇인가?
   a. 콜레시스토키닌 **b.** 글루카곤
   c. 인슐린 **d.** 옥시토신

4. 신체가 음식을 섭취할 수 없는 시기에 사람의 체중 감소를 억제하는 것으로 보이는 것은 무엇인가?
   a. 콜레시스토키닌(CCK) **b.** 그렐린
   c. 렙틴 **d.** 옥시토신

5. 속성 다이어트에 대한 설명으로 옳은 것은 무엇인가?
   a. 체중을 줄이고 유지하는 데 좋은 방법이다.
   b. 빠른 체중 감소를 위해 글리코젠 고갈에 의존한다.
   c. 지방 세포 수가 감소한다.
   d. 지방 조직의 고갈을 초래한다.

정답: 1. c, 2. d, 3. c, 4. c, 5. b

14.8 체력과 근육

학습 목표
- 체력과 체지방률을 측정하는 몇 가지 방법을 설명한다.
- 유산소 운동과 무산소 운동을 구별하고, 각각에서 일어나는 화학 과정을 서술한다.
- 근육이 형성되고 작동하는 원리를 설명한다.

체력을 측정하는 일은 대체로 체지방률을 측정하는 일과 비슷하다. 그렇다면 체지방은 어느 정도가 적정할까? 남성은 필수 체지방이 약 3% 필요하고, 여성은 평균 10~12%가 필요하다. 체지방률을 정확하게 측정하는 일은 쉽지 않으며, 체중만으로는 체력 수준을 판단할 수 없다. 예를 들어 키 큰 200 lb 남성은 체격이 작은 160 lb 남성보다 훨씬 더 건강할 수 있다. 피하지방 측정기를 쓰기도 하지만, 이 방법은 정확도가 낮고 지방뿐 아니라 수분 저류까지 함께 반영한다.

체지방을 추정하는 한 방법은 개인의 밀도를 측정하는 것이다. 질량은 저울로 측정하고, 부피는 그림 14.12와 같은 수중 체적 측정 탱크의 도움으로 구한다. 공기 중에서 잰 체중과 물속에 잠긴 상태에서의 체중 차이는 치환된 물의 **질량**에 해당한다. 이 질량을 물의 밀도(1.00 g/mL)로 나눈 뒤 폐에 남아 있는 공기량을 보정하면 개인의 부피에 대한 합리적 값을 얻을 수 있다. 질량을 부피로 나누면 개인의 밀도가 계산되며, 폐 공기량에 따라 결과가 다소 달라질 수 있다. 지방은 몸의 주성분인 물(1.00 g/mL)보다 밀도가 낮아 0.903 g/mL 정도이므로, 체지방 비율이 높을수록 전체 밀도는 낮아지고 물속에서의 부력은 커진다.

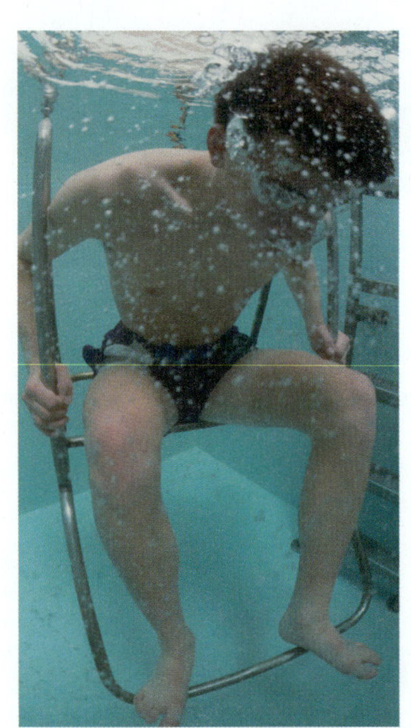

▲ **그림 14.12** 물에 잠기면 신체는 자기 부피만큼의 물을 치환한다. 공기 중에서 잰 체중과 수중에서 잰 체중의 차이는 치환된 물의 질량에 해당한다. 물의 밀도는 1.00 g/mL이므로, 치환된 물의 질량(그램)은 그 사람의 부피(밀리리터)와 같다.

Q 치환된 물이 48.5 kg일 때, 그 사람의 부피는 몇 리터인가?

체지방률을 더 간단히 추정하는 방법은 허리와 엉덩이 둘레를 재는 것이다. 허리는 가장 좁은 지점에서, 엉덩이는 둘레가 가장 큰 지점에서 측정한다. 그런 다음 허리 둘레를 엉덩이 둘레로 나눈 값을 사용한다. 이 허리/엉덩이 비율은 남성의 경우 1 미만, 여성의 경우 0.8 이하가 바람직하다(두 측정에 같은 단위를 쓰면 단위는 서로 소거된다).

일부 최신 체중계는 **생체전기 임피던스 분석**(bioelectric impedance analysis)을 이용해 체지방 함량을 제시한다. 맨발로 체중계에 서면 미약한 전류가 몸을 통과하고, 지방은 근육보다 임피던스(변동 전류에 대한 저항)가 더 크다. 신체의 임피던스를 측정한 뒤 키와 체중을 반영해 체지방률을 계산한다. 그러나 골밀도, 체내 수분량, 지방의 분포 등 여러 변수가 수치에 영향을 미치므로 절대 정확도는 높지 않다. 그럼에도 이러한 체중계는 체지방 변화 추세를 모니터링하는 데에는 유용할 수 있다.

체질량 지수

체질량 지수(body mass index, BMI)는 일반적으로 사용되는 체지방의 지표로, 체중(킬로그램)을 키(미터)의 제곱으로 나눈 값으로 정의된다. 키가 1.6 m이고 몸무게가 62 kg인 사람의 BMI는 $62/(1.6)^2 = 24$이다. BMI가 18.5 미만이면 저체중이며, 18.5 이상 25 미만은 정상 범위이다. 25 이상 30 미만의 BMI는 과체중을, 30 이상은 비만을 나타낸다. 파운드와 인치 단위를 사용할 때의 식은 다음과 같다.

$$\text{BMI} = \frac{705 \times \text{체중(lb)}}{[\text{키(in.)}]^2}$$

다시 말해 키가 5 ft 10 in.(70 in.)이고 몸무게가 140 lb인 사람의 BMI는 다음과 같다.

$$\frac{705 \times 140}{70 \times 70} = 20$$

그러므로 이상적인 범위에 있다.

왜 중요할까?

중세 유럽 및 그 이후에도 범죄 혐의를 받은 사람들은 종종 일종의 신판으로 재판을 받았다. 물에 의한 신판에서 무고한 사람은 가라앉고, 유죄인 사람은 떠올랐다. 마녀로 의심된 이들은 손과 발을 묶어 물에 던졌고, 떠오른 사람은 건져 올려 말린 뒤 처형되었다. 그 시절에는 신체 밀도가 정말 중요했다.

6 과체중과 비만은 어떻게 다른가?

인체가 정상적으로 기능하려면 최소한의 지방 저장이 필요하지만, 적정량을 초과하는 모든 지방은 건강하지 않은 것으로 간주된다. 체질량 지수(BMI)가 25 kg/m^{2}을 초과하면 과체중으로 간주되고, 30 kg/m^{2}을 초과하면 비만으로 정의된다. 과체중은 건강 위험을 증가시킬 수 있으나, 비만은 제2형 당뇨병, 심장병, 골관절염, 폐쇄성 수면 무호흡증, 특정 종류의 암 발생 가능성을 현저히 높인다.

예제 14.4 체질량 지수

키가 6 ft 3 in.이고 몸무게가 350 lb인 사람의 BMI는 얼마인가?

풀이

그 사람의 키는 $(6 \times 12) + 3 = 72 + 3 = 75$ in.이다.

$$\text{BMI} = \frac{705 \times 350}{75 \times 75} = 43.9$$

체질량 지수는 44이다.

› 복습문제 14.4A

키가 6.0 ft 이고 몸무게가 120 lb인 사람의 BMI는 얼마인가?

› 복습문제 14.4B

키가 5 ft 10 in.인 사람이 BMI가 25.0을 넘지 않도록 유지할 수 있는 최대 체중(파운드)은 얼마인가?

V_{O_2} 최대섭취량: 체력의 지표

운동 강도를 높이면 산소 섭취량도 증가해야 한다. 예를 들어 더 빠르게 달릴수록 그 속도를 유지하기 위해 더 많은 산소가 필요하다. 그러나 신체는 운동 강도가 더 높아져도 소비하는 산소의 양을 더 이상 늘릴 수 없는 지점에 도달한다. V_{O_2} 최대섭취량(V_{O_2} max)은 한 사람이 1분 동안 사용할 수 있는 산소의 최대량(체중 1 kg당 산소의 밀리리터)이다.

따라서 V_{O_2} 최대섭취량은 체력의 지표이다. V_{O_2} 최대섭취량이 높을수록 운동선수의 체력이 더 뛰어나다. V_{O_2} 최대섭취량이 높은 사람은 그렇지 않은 사람보다 더 높은 강도로 운동할 수 있다. V_{O_2} 최대섭취량은 최대 심박수의 65~85%에 이르는 강도로 주 3~5회, 최소 20분씩 운동하면 증가할 수 있다. V_{O_2} 최대섭취량의 한계 요인에는 연료를 대사하는 데 산소를 사용하는 근육 세포의 능력, 산소를 근육으로 운반하는 심혈 관계와 폐의 능력이 포함된다.

V_{O_2} 최대섭취량을 직접 측정하려면 들숨과 날숨의 O_2를 측정하는 가스 분석기 등 고가의 장

왜 중요할까?

3종경기 선수나 울트라마라톤 선수와 같은 극한 지구력을 가진 운동선수는 DRI보다 약간 더 많은 단백질이 필요할 수 있다. 그러나 거의 모든 미국인은 필요량보다 약 50% 더 많은 단백질을 섭취하므로, 이러한 선수들조차 단백질 보충제가 필요한 경우는 드물다. 역도 선수와 보디빌더도 추가 단백질이 필요하지 않다.

비가 필요하다. $\%V_{O_2}$ 최대섭취량은 최대심박수의 백분율(%MHR)로부터 간접적으로 추정할 수 있는데, 여기서 MHR은 운동 중 1분 동안 심장이 낼 수 있는 최대 박동수를 뜻한다.

$$\text{MHR} = (0.64 \times \%V_{O_2}\,\text{max}) + 37$$

이 관계식은 연령과 활동 수준에 관계없이 남녀 모두에게 비교적 잘 들어맞는다. 예를 들어 80% MHR은 다음과 같다.

$$80 = (0.64 \times \%V_{O_2}\,\text{max}) + 37 \qquad \%V_{O_2}\,\text{max} = 67$$

MHR 값을 구하는 식과 체력 수준을 평가하는 표는 온라인에서 찾아볼 수 있다.

근육의 화학

인체에는 약 600개의 근육이 있다. 운동은 이러한 근육을 더 크고 더 유연하게 만들며, 산소 사용 효율을 높인다. 심장은 주로 근육으로 이루어진 기관이므로 운동은 심장을 강화한다. 규칙적으로 운동하면 안정 시 맥박과 혈압이 대체로 낮아진다. 규칙적으로 운동하는 사람은 더 적은 부담으로 더 많은 육체 활동을 수행할 수 있다. 운동은 하나의 예술이지만, 동시에 점점 더 과학이기도 하며, 그 과학에서 화학이 핵심적 역할을 한다.

근육 수축을 위한 에너지: ATP

세포가 포도당이나 지방산을 대사할 때, 이들 물질의 화학 에너지 중 일부만이 열로 전환된다. 에너지의 일부는 아데노신 삼인산(ATP) 분자의 고에너지 인산 결합에 저장된다.

3개의 인산염 그룹

$$\mathrm{HO{-}\overset{\overset{\large O}{\|}}{\underset{\underset{\large OH}{|}}{P}}{-}O{-}\overset{\overset{\large O}{\|}}{\underset{\underset{\large OH}{|}}{P}}{-}O{-}\overset{\overset{\large O}{\|}}{\underset{\underset{\large OH}{|}}{P}}{-}O{-}CH_2}$$

아데닌 (기본 퓨린 고리) H_2N, N

리보스 H, H, H, H, OH, OH

아데노신 삼인산

근육이 자극을 받으면 수축한다. 이 수축은 일에 해당하며, 필요한 에너지는 근육이 ATP 분자로부터 얻는다. ATP에 저장된 에너지는 근육 조직의 물리적 운동을 구동한다. 이 과정에서 액틴과 미오신이라는 두 단백질이 중요한 역할을 하며, 이 둘은 함께 **액토미오신**이라 불리는 느슨한 복합체를 이루는데, 이는 근육을 구성하는 수축 단백질이다(그림 14.13).

실험실에서 ATP를 액토미오신에 첨가하면 단백질 섬유가 수축한다. 미오신은 ATP의 화학 에너지를 운동으로 전환한다. 미오신 분자는 액틴 필라멘트를 따라 '걸어가듯' 이동한다. 설탕 40 g 한 숟가락을 들어 올리기 위해서는 팔에서 약 2×10^{12}개의 미오신 분자가 일제히 작용해야 한다. 미오신은 근육의 구조적 복합체의 한 부분으로 기능할 뿐 아니라, ATP에서 인산기를 제거하는 반응을 촉매하는 효소로도 작용한다. 따라서 근수축에 필요한 에너지를 방출하는 과정에 직접 관여한다.

휴식 시에는 근육 활동(심장근 활동 포함)이 인체 에너지 요구량의 약 15~30%에 불과하다.

나머지 에너지 요구는 세포 복구, 신경 자극 전달, 체온 유지 등과 같은 다른 활동이 차지한다. 격렬한 신체 활동 중에는 근육의 에너지 요구가 휴식 수준의 200배를 넘을 수 있다.

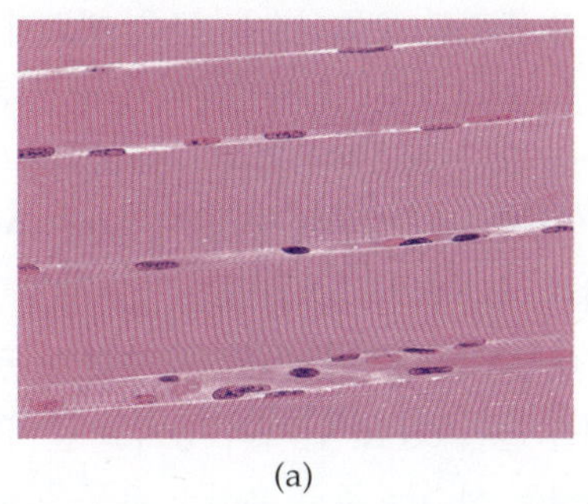

(a)

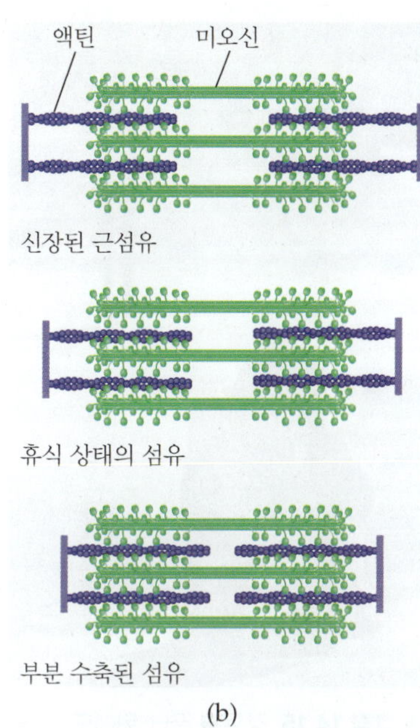

(b)

▲ **그림 14.13** (a) 골격근 조직은 띠 모양, 즉 횡문성 모습을 띠며, 이는 180배 배율의 현미경 사진에서와 같이 관찰된다. (b) 근육의 액토미오신 복합체 도식은 위에서부터 차례로 신장된 근섬유(위), 휴식 상태의 섬유(가운데), 부분 수축된 섬유(아래)를 보여준다.

유산소 운동: 충분한 산소

근육 조직 내 ATP만으로는 길어야 수초 동안의 활동만을 감당할 수 있다. 다행히 근육에는 저장된 포도당의 한 형태인 글리코겐이라는 큰 에너지 공급원이 있다.

근수축이 시작되면 근세포는 일련의 단계를 거쳐 글리코겐을 피루브산으로 전환한다.

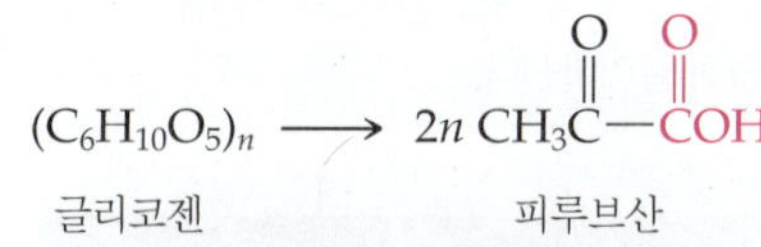

$$(C_6H_{10}O_5)_n \longrightarrow 2n\ CH_3\overset{O}{\overset{\|}{C}}-\overset{O}{\overset{\|}{C}}OH$$

글리코겐 → 피루브산

그다음 충분한 산소가 원활히 공급되면 피루브산은 또 다른 일련의 단계를 거쳐 이산화 탄소와 물로 산화된다. 생물학적 계에서 산은 세포액의 pH에서 대체로 이온화되어 있으므로, 생화학자들은 보통 그 음이온 이름으로 지칭한다. 예를 들어 젖산은 젖산염으로, 피루브산은 피루브산염으로 부른다.

$$2\ CH_3\overset{O}{\overset{\|}{C}}-\overset{O}{\overset{\|}{C}}OH + 5\ O_2 \longrightarrow 6\ CO_2 + 4\ H_2O$$

이러한 조건, 즉 산소가 존재하는 상태에서 일어나는 근육 수축을 **유산소 운동**(aerobic exercise)이라 한다(그림 14.14).

▲ **그림 14.14** 유산소 운동은 근육 세포에 피루브산을 이산화 탄소와 물로 산화시킬 만큼 충분한 산소가 공급되도록 하는 속도로 수행된다. 에어로빅은 인기 있는 유산소 운동의 한 형태이다.

무산소 운동과 산소 부채

충분한 산소가 공급되지 않으면 피루브산은 젖산으로 환원된다.

$$CH_3COCOOH + [2\ H] \longrightarrow CH_3CHOHCOOH$$

여기서 [2 H]는 여러 생화학적 환원제로부터 전달되는 수소 이온(H^+)을 나타낸다.

무산소 운동(anaerobic exercise, 산소가 부족한 상태에서의 근육 활동)이 지속되면 근육 세포에 과도한 젖산이 축적된다. 이 젖산은 이온화되어 젖산염과 하이드로늄 이온을 형성한다.

$$CH_3CHOHCOOH + H_2O \longrightarrow CH_3CHOHCOO^- + H_3O^+$$

근육 피로는 젖산염 농도와 상관이 있지만, 실제로 피로의 원인은 칼슘 이온 흐름과 관련이 있음이 밝혀졌다. 일반적으로 근육 수축은 Ca^{2+} 이온의 유입과 유출에 의해 조절된다. 근육이 피로해지면 근육 세포의 미세한 통로에서 Ca^{2+}가 누출되기 시작하여 수축이 약해진다. 동시에 누출된 Ca^{2+} 이온은 근육 섬유를 분해하는 효소를 자극하여 근육 피로를 더욱 가중시킨다. 피로 시에 인산크레아틴(크레아틴의 인산화 형태, 14.1절), ATP, Na^+, K^+, $H_2PO_4^-$ 같은 이온을 포함한 여러 근육 대사 산물의 농도도 변하며, 이러한 변화 역시 근육 피로에 기여할 수 있다.

$$H_2O_3PNH-\underset{\underset{NH}{\|}}{C}-\underset{\underset{CH_3}{|}}{N}-CH_2COOH$$

인산크레아틴

▲ **그림 14.15** 경주가 끝난 뒤에도 그 노력을 뒷받침했던 물질대사는 계속된다. 선수는 산소 부채를 상환하기 위해 공기를 급히 들이마신다.

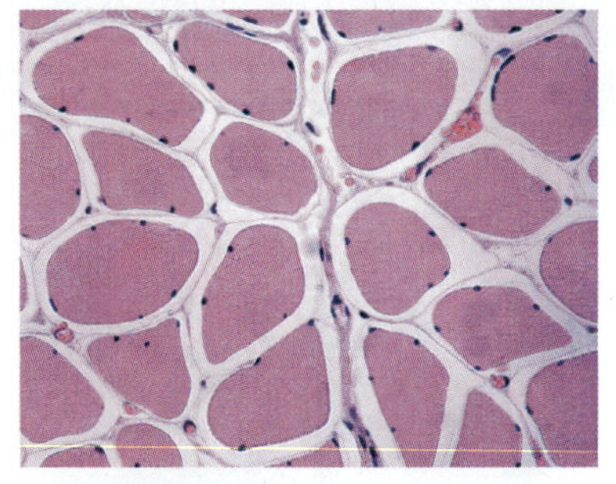

▲ **그림 14.16** 지근 섬유는 속근 섬유보다 미토콘드리아(길쭉한 보라색 점)가 더 많다.

잘 훈련된 운동선수는 근육 피로가 시작된 뒤에도 한동안 계속할 수 있지만, 대부분의 사람들은 중단한다. 이 시점에서 산소 부채의 상환이 시작된다(그림 14.15). 운동이 끝나면 세포의 산소 요구량이 감소하여, 혐기성 대사로 생성된 젖산을 다시 피루브산으로 산화시키는 데 더 많은 산소를 사용할 수 있게 된다. 이어서 피루브산은 이산화 탄소와 물로 전환되며, 그 과정에서 에너지가 방출된다.

대부분의 운동선수는 한 가지 운동 유형(무산소 또는 유산소)을 다른 것보다 더 강조한다. 예를 들어 60 m 단거리 경기를 준비하는 선수는 주로 무산소 운동을 하고, 10 km 경주를 계획하는 선수는 주로 유산소 운동을 한다. 스프린트와 역도는 대체로 무산소 활동이고, 마라톤(42.195 km)은 대체로 유산소 활동이다. 마라톤 동안 선수는 2시간이 넘도록 달릴 수 있는 페이스를 설정해야 한다. 그들의 근육 세포는 탄수화물을 에너지로 바꾸는 느리고 꾸준한 유산소 전환에 의존한다. 반면 무산소 활동 동안 근육 세포는 산소를 거의 사용하지 않는다. 대신 무산소 대사가 제공하는 빠른 에너지에 의존한다.

글리코젠 저장고가 고갈되면 근육 세포는 지방 대사로 전환할 수 있다. 지방은 마라톤의 마지막 구간과 같은 저강도 또는 중간 강도의 지속적인 활동을 위한 주요 에너지원이다.

근육 섬유: 어떤 연축형을 가지고 있는가

근육은 우리가 일을 수행하는 도구이다. 기계의 품질이 작업 방식에 영향을 미치듯이 운동선수가 가진 근육 섬유의 질과 유형은 그 선수의 경기력에 영향을 준다. 예를 들어 진입로의 눈을 치우는 데는 여러 방법이 있다. 제설기로 10분 만에 할 수도 있고, 삽질로 50분을 들일 수도 있다. 근육은 이러한 일을 해내는 데 필요한 속도와 노력에 따라 분류된다. 근육 섬유는 두 부류로 나뉘는데, 더 강하고 크며 무산소 활동에 더 적합한 **속근 섬유**(fast-twitch fiber, 빠른 연축 섬유)와 유산소 작업에 더 적합한 **지근 섬유**(slow-twitch fiber, 느린 연축 섬유)이다(그림 14.16). 표 14.8에는 이 두 유형의 근육 섬유의 몇 가지 특성이 나와 있다.

I형(지근) 섬유는 가벼운 또는 중간 강도의 활동에서 동원된다. 이 섬유는 호흡 능력이 높아 유산소 경로를 통해 많은 양의 에너지를 공급할 수 있다. 미오글로빈 수준도 높다. 미오글로빈은 근육에 있는 붉은색의 헴 함유 단백질로 산소를 저장한다(혈액에서 헤모글로빈이 산소를 저장하고 운반하는 방식과 유사하다). 유산소 산화에는 산소가 필요하므로, 지근 섬유가 풍부한 근육 조직에는 높은 수준의 산소가 공급된다.

I형 근육 섬유는 글리코젠을 사용하는 능력이 낮아 혐기성 에너지 생성에 적합하지 않다. 이들의 작용에는 글리코젠의 가수분해가 필요하지 않다. 액토미오신 복합체의 촉매 활성도 낮다. 액토미오신은 수축을 일으키는 근육의 구조 단위일 뿐 아니라, 수축에 필요한 에너지를 제공하기 위해 ATP의 가수분해를 촉매하는 역할도 한다. 촉매 활성이 낮다는 것은 에너지가 더

표 14.8 두 가지 유형의 근육 섬유 비교

특성	I형	IIB형[a]
분류	지근(느린 수축)	속근(빠른 수축)
색	붉은색	하얀색
호흡 능력	높음	낮음
미오글로빈 수준	높음	낮음
액토미오신의 촉매 활성	낮음	높음
글리코젠 사용 능력	낮음	높음

[a] IIA형 섬유도 있는데(여기서는 다루지 않음), 몇몇 면에서는 I형과 다른 몇몇 면에서는 IIB형과 유사하다.

느리게 배분된다는 뜻이다. 에너지 방출이 느린 것은 200 kg을 들어 올리고자 할 때는 불리하지만, 15 km 달리기에는 유리하다.

IIB형(속근) 섬유는 I형 섬유와 반대되는 특성을 지닌다. 낮은 호흡 능력과 낮은 미오글로빈 수준은 유산소 산화에 유리하지 않다. 글리코젠 사용 능력이 높고 액토미오신의 촉매 활성이 높기 때문에, 속근 섬유가 풍부한 조직은 격렬한 근육 활동 동안 ATP를 빠르게 생성하고 또 그 ATP를 빠르게 가수분해할 수 있다. 따라서 이 유형의 근육 조직은 짧고 강한 작업을 수행할 능력이 있지만 비교적 빨리 피로해진다. 짧은 활동 사이에는 근육에서 젖산이 제거되는 회복 기간이 필요하다.

▲ **그림 14.17** 보스턴 마라톤은 매년 약 3만 명의 주자를 끌어모은다.

Q 엘리트 주자의 주요 근섬유 유형은 무엇인가? 이들의 근육은 유산소 능력이 높은가, 낮은가?

근육 만들기

지구력 운동은 골격근의 미오글로빈 함량을 증가한다. 미오글로빈이 늘어나면 산소 운반이 더 빨라지고 호흡 능력이 향상되며(그림 14.17), 이러한 변화는 보통 2주 이내에 뚜렷해진다. 지구력 훈련이 반드시 근육의 크기를 증가하는 것은 아니다.

더 큰 근육을 원한다면 웨이트 트레이닝을 해보자. 웨이트 트레이닝(그림 14.18)은 속근(빠른 근섬유)을 발달시킨다. 이 섬유는 무산소 운동을 반복하면 크기와 근력이 증가한다. 웨이트 트레이닝은 호흡 능력을 높이지는 않는다.

일부 보디빌더는 근육량을 늘리기 위해 보충제를 사용한다. 크레아틴은 간과 신장에서 자연적으로 생성되는 유기산이다(14.1절). 따라서 필수 영양소는 아니다. 크레아틴은 육류 섭취를 통해서도 얻을 수 있다. 단백질이 포함된 정상적인 식단만으로도 충분한 양의 크레아틴을 공급할 수 있다. 다만 운동선수나 보디빌더는 근육량을 늘리기 위해 고단백 식단으로 바꾸기도 한다. 근육량 증가를 목적으로 크레아틴을 보충제로 사용할 때에는 고단백 식단만으로 얻을 수 있는 양의 2~3배 수준으로 제공되는 경우가 흔하다.

▲ **그림 14.18** 역도는 많은 체육관과 체력 센터에서 인기 있는 활동이다.

Q 엘리트 역도 선수에게 우세한 근육 유형은 무엇인가? 이들의 근육은 유산소 능력이 높은가, 낮은가?

근육 섬유 유형은 유전되는 것으로 보인다. 연구에 따르면 세계적 수준의 마라톤 선수들은 지근 섬유를 80~90%나 보유할 수 있는 반면에 챔피언급 단거리 선수들은 속근 섬유가 최대 70%에 이를 수 있다. 다만 예외도 보고되었으며, 운동에서 훈련과 체성분 같은 요소뿐 아니라 영양, 체액 및 전해질 균형, 약물의 사용 또는 오용 여부도 중요한 요인이다.

자가평가문제

1. 체질량 지수(BMI)는 어떻게 계산하는가?
- **a.** 체지방 백분율 × 허리 둘레(in.)
- **b.** (키 ÷ 몸무게) × 100
- **c.** 705 × 체중(lb) ÷ [신장(in.)]
- **d.** 체중(kg) ÷ [신장(m)]^2

2. 운동 1분 동안 사용되는 최대 산소량은 무엇인가?
- **a.** 유산소 역치
- **b.** 젖산 역치
- **c.** 산소 부채
- **d.** V_{O_2} 최대섭취량

3. 세포가 ATP 분자에 에너지를 공급하기 위해 사용하는 분자는 무엇인가?
- **a.** 아미노산
- **b.** 액토마이신
- **c.** 글리코젠
- **d.** 포도당

4. 유산소 운동을 하는 동안 피루브산은 무엇으로 전환되는가?
- **a.** CO_2와 H_2O
- **b.** 글리코젠
- **c.** 젖산
- **d.** 인산크레아틴

5. 무산소 운동을 하는 동안 피루브산은 무엇으로 전환되는가?
- **a.** CO_2와 H_2O
- **b.** 글리코젠
- **c.** 젖산
- **d.** 인산크레아틴

6. 운동 중 생성되어 산소 부채를 유발하는 것은 무엇인가?
- **a.** ATP
- **b.** 글리코젠
- **c.** 젖산
- **d.** 피루브산

7. 지근 섬유(느린 수축 섬유)가 붉게 보이는 이유는 무엇의 존재 때문인가?
- **a.** 액토미오신
- **b.** 크레아틴
- **c.** 미오글로빈
- **d.** 피루브산

정답: 1. d, 2. d, 3. d, 4. a, 5. c, 6. c, 7. c

녹색 화학 식품 폐기물의 미래: 녹색 화학적 관점

Katie Privett, Green Chemistry Centre of Excellence, York, United Kingdom

원칙 3, 6, 7

학습 목표
- 식품 공급망 폐기물을 화학 산업의 자원으로 사용할 수 있는 방법을 설명한다.
- 화학 물질, 소재, 연료의 원천으로서 화석연료 대신 식품 공급망 폐기물을 사용할 때의 장점을 파악한다.

유엔 식량농업기구(FAO)의 한 연구에 따르면 전 세계적으로 매년 13억 메트릭 톤(t)의 식품 폐기물이 발생한다(t = 1000 kg). 이는 우리가 재배하는 모든 식품의 3분의 1에 해당한다. 이 폐기물의 상당 부분은 식품이 매대에 오르기 전에 저장과 가공을 개선하고, 소비자에게 사용 후 폐기물을 최소화하도록 더 잘 교육함으로써 줄일 수 있다. 그러나 공급망 내에서 발생하는 일부 식품 폐기물은 단순히 피할 수 없다. 농장의 볏짚, 해산물 껍데기, 감귤류 껍질은 애초에 사람이 섭취하도록 의도되지 않은 부산물들이다.

▲ 간단한 음식물 쓰레기통을 사용하는 모습

대부분의 경우에 이러한 식품 공급망 폐기물(FSCW)은 현재 매립지에 쌓이며, 그곳에서 분해되면서 토양의 질에 영향을 미치고, 지역 상수원을 오염시키며, 강력한 온실 가스인 메탄을 방출한다. 처리 비용이 상승하고 매립지에 대한 사회적 수용성이 낮아지는 상황에서 이 폐기물을 다룰 새로운 방법을 찾아야 한다.

이 지점에서 녹색 화학이 등장한다. 녹색 화학 원칙 7은 자원이 기술적·경제적으로 실행가능할 때에는 재생가능해야 한다고 규정한다. FSCW는 경제성이 있는 재생가능 물질의 훌륭한 사례로, 폐기물로 처리하면서 매립세와 수수료를 지불하기보다는 화학 공정의 저렴한 원료로 사용할 수 있다. FSCW에서 가치를 얻는 비교적 단순한 접근은 이를 연료로 전환하는 것이다. 혐기성 소화는 혼합 바이오매스 폐기물을 미생물 공정을 통해 연료와 비료로 바꾸는 기술이다. 이 두 제품은 모두 화석연료에서 유래한 대체재를 대체할 수 있다. 다만 이들은 상대적으로 부가가치가 낮은 제품이어서, 이미 잘 발달한 화석연료 산업이 제시하는 가격과 경쟁하려면 공정 효율이 매우 높아야 한다.

대규모 농장에서의 농업 폐기물, 착즙 공장의 감귤 껍질, 양조장의 사용 후 곡물과 같이 특정 유형의 공급망 폐기물이 한곳에 집중될 때는 이를 대규모로 수집·처리하는 것이 기술적으로 실행가능해진다. 이렇게 집중된 폐기물에는 산업적으로 활용가능한 고부가가치 화합물이 다수 들어 있으며, 이를 경제적으로 추출할 수 있다.

공급망 폐기물 활용의 수혜 산업 중에 한 예는 오렌지 주스이다. 착즙 과정에서 오렌지의 절반이 주로 껍질 형태로 폐기된다. 매년 4,500만 톤이 넘는 오렌지가 주스로 가공되므로, 2,200만 톤의 껍질이 폐기물이 된다. 통상적인 처리 방식은 일부 성분이 필수 토양 미생물에 독성이 있기 때문에 껍질을 지하 깊숙이 묻는 것이다. 그러나 감귤 껍질에는 세제와 퍼스널 케어 제품에 쓰이는 향기 성분인 리모넨, 잼 등 식품의 증점제로 쓰이는 펙틴을 비롯해 유용한 화학 물질이 매우 다양하게 들어 있다. 이 성분들은 자연이 시간과 에너지를 들여 만든 복잡한 화학 물질이다. 이를 탄화수소 혼합물로 분해한 뒤 합성 유기 기술로 유사 화합물을 다시 만드는 것은 낭비다. 대신에 순하고 선택적인 추출 기법을 사용하면 이러한 화학 물질을 껍질에서 직접 추출할 수 있다.

혁신적인 녹색 화학은 또한 FSCW로부터 보다 안전한 소비재용 바이오 기반 소재를 만드는 데 활용될 수 있다. 화학자들은 농업 공정에서 나오는 폐 짚을 이용해 가구용 전통 목재칩 보드(파티클보드)를 대체할 수 있는 바이오보드를 만들었다. 이 보드에서 목재는 짚으로 대체되고, 재료를 결합하는 바인더는 폐 바이오매스 재로부터 만든다. 이러한 규산염계 바인더는 널리 쓰이는 독성 화학 바인더를 대체하며, 바이오보드를 탄소중립적이고 무독성으로 만든다.

FSCW를 화학 공정의 원료로 사용함으로써 우리는 화석 기반 자원의 사용을 피하고, 화학적 처리 단계를 최소화하며, 오염을 줄일 수 있다. 폐기물을 자원으로 여기는 바이오 기반 경제로 가는 열쇠가 바로 녹색 화학이다.

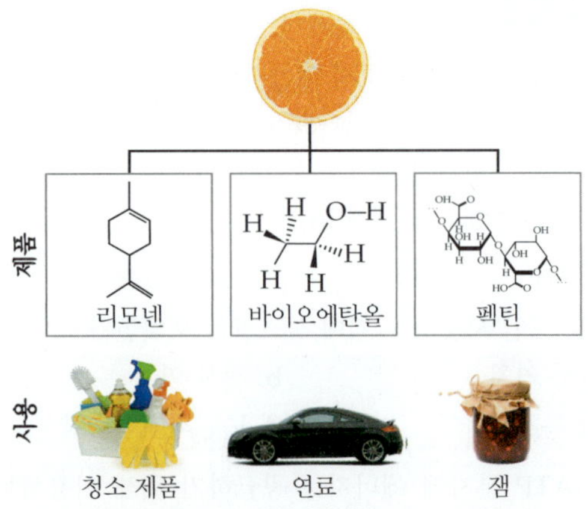

▲ 오렌지 껍질에서 얻을 수 있는 가치 있는 화학 물질

요약

14.1절: 건강과 체력을 유지하려면 영양가 있는 식단과 규칙적인 운동이 필요하다. 오늘날의 식이 지침은 영양 밀도가 높은 식품과 균형 잡힌 식사 계획을 강조한다. 균형 잡힌 식단은 과일, 채소, 통곡물, 유제품을 알맞은 비율로 섭취하는 것으로 이루어진다. 총 지방 섭취는 섭취 열량의 35%를 넘지 말아야 하며, 포화 지방(주로 동물성)은 10% 미만이어야 한다. 운동선수는 대체로 더 많은 열량이 필요하며, 그 대부분은 탄수화물, 특히 전분에서 공급되어야 한다. 근육 조직은 여분의 단백질이 아니라 운동으로 만들어진다. 단백질 및 기타 영양소에 관한 식이 기준 섭취량(DRI)은 식단의 계획과 평가를 위해 미국국립과학아카데미가 제정한다.

14.2절: **식이 무기질**은 생명에 필수적인 무기 물질이다. 대량 구조 원소에는 탄소, 수소, 산소가 포함된다. 다량 무기질에는 소듐, 포타슘, 칼슘이 있다. 또한 철과 같은 미량 원소, 망간·크롬·바나듐과 같은 초미량 원소도 필요하다. 무기질은 다양한 기능을 수행한다. 예를 들어 아이오딘은 갑상샘에 필요하고, 철은 헤모글로빈의 구성 성분이며, 칼슘과 인은 뼈와 치아에 필수적이다.

14.3절: 체내에서 만들지 못하는 유기 물질(비타민)은 반드시 식사로 공급해야 한다. **비타민**은 특정 질병을 예방하는 데 필요한 유기 화합물이다. 비타민 B군과 비타민 C는 수용성으로 자주 필요하지만, 비타민 A·D·E·K는 모두 지용성으로 체내에 저장될 수 있다. 비타민 A는 시력과 피부 유지에 필수적이다. B군에는 여러 종류가 있으며, B_3와 B_6는 관절염 환자에게 도움이 될 수 있다. B_{12}는 식물에 존재하지 않으며, 부족하면 빈혈을 유발할 수 있다. 비타민 C는 괴혈병을 예방하고 치유를 촉진하며 면역계에 필요하고, 항산화제이기도 하다. 비타민 D는 칼슘과 인의 흡수를 촉진한다. 비타민 E는 항산화제이자 항응고제이며, 결핍 시 근이영양증으로 이어질 수 있다.

14.4절: 식이섬유는 수용성(검·펙틴)과 불용성(셀룰로스)으로 구분되며, 변비같은 소화 문제를 예방한다. **전해질**은 수용액에서 전기를 전도하는 물질이다. 인체의 주요 전해질은 소듐·포타슘·염화물·칼슘·마그네슘 이온과 황산염·인산수소염·중탄산 이온 등이다. 물은 필수 영양소다.

14.5절: **식품 첨가물**은 영양 보강, 부패 억제, 색과 맛의 향상, 질감 제공 등 다양한 목적을 위해 기본 식품 이외에 식품에 첨가되는 물질이다. 첨가물은 수천 종에 달한다. FDA는 어떤 첨가물을 얼마나 사용할 수 있는지 규제한다. 일반적으로 안전하다고 인정된 첨가물 목록은 **GRAS 목록**이며, 주기적으로 재평가된다.

향신료와 허브는 식물에서 얻으며, 음식의 흥미·향기·풍미를 높인다. 합성 향료(예: 바닐라)는 원래 식물과 주요 분자가 같지만 가격이 더 저렴하다. 설탕 섭취를 줄이기 위해 다양한 인공 감미료가 개발되었지만, 비만 조절에 도움이 되지는 않는 것으로 보인다. 글리세롤은 단맛을 내지만 주로 **보습제**(가습제)로 사용된다. 소금과 MSG는 풍미 증강제이다.

영양강화는 가공 중 제거된 비타민 B군을 보충하고 밀가루에 철을 첨가하는 것을 말한다. 비타민 C는 여러 음료에, 비타민 D는 우유에 첨가된다. 프로피온산염·소르빈산염·벤조산염·아질산염은 부패와 세균 증식을 억제한다. 지방은 짝지어지지 않은 전자를 지닌 **자유 라디칼**의 형성으로 산패할 수 있다. 자유 라디칼 한 분자가 **연쇄 반응**을 일으켜 많은 지방 분자의 분해로 이어질 수 있다. BHT와 BHA는 자유 라디칼과 반응하여 산패를 막는 **항산화제**다.

β-카로틴 같은 천연 식용 색소와 합성 식용 색소는 식품의 외관을 개선한다. 식품에 사용을 승인받은 인공 색소는 7종이지만, 이 중에 6종만 식품에서 흔히 발견된다.

14.6절: **기아**(굶주림)는 음식 박탈로 인해 대사 변화를 일으키는 상태다. 인체는 먼저 글리코젠을 고갈시키고, 이어서 지방과 근육 조직을 대사한다. 영양실조는 굶주림, 다이어트, 고도로 가공된 음식을 너무 많이 먹는 경우에도 발생할 수 있다.

14.7절: 극단적 다이어트는 장기적으로 성공할 가능성이 낮고, 감량한 체중은 대개 다시 늘어난다. 지방 조직 1파운드에는 약 3500 kcal의 에너지가 저장되어 있다. 체내에서 생성되는 여러 화학 물질이 체중 조절 인자로 작용한다. 급속 감량 다이어트에는 소변 배출을 늘려 일시적 체중 감소를 일으키는 **이뇨제**가 포함되는 경우가 많다. 저탄수화물 식단은 글리코젠과 수분을 고갈시켜 빠른 체중 감소를 유발한다.

운동은 체중 감량에 도움이 되는데, 운동이 끝난 뒤에도 대사율 증가가 지속되기 때문이다. 가장 합리적인 체중 감량 방법은 저칼로리의 균형 잡힌 식단과 일관된 운동 프로그램을 병행하는 것이다.

14.8절: 남성의 신체에는 약 3%, 여성의 신체에는 10~12%의 체지방이 필요하다. 체지방률은 여러 방법으로 추정할 수 있으며, 그중 밀도 측정이 가장 정확한 편이다. **체질량 지수(BMI)**는 체지방 정도를 나타내며, V_{O_2} 최대섭취량은 체력의 지표다.

운동은 근육을 더 크고 유연하며 효율적으로 만든다. 근육 활동에 필요한 에너지는 ATP에서 나온다. 액토미오신이라 불리는 단백질 복합체는 ATP가 더해져 수축한다. ATP는 수초 동안만 에너지를 제공하고, 이후에는 글리코젠이 대사된다. 산소가 충분한 조건, 즉 **유산소 운동**에서는 CO_2와 H_2O가 생성된다. 산소가 부족한 조건, 즉 **무산소 운동**에서는 젖산이 생성되며 근육 피로가 발생한다. 운동이 끝나면 **산소 부채**가 상환되고, 세포의 산소 요구량이 감소하여 젖산을 CO_2와 H_2O로 산화시킬 수 있다. 근육 섬유는 두 부류로 나뉜다. **속근 섬유**(빠른 수축 섬유)은 더 크고 강하며 짧고 격렬한 운동에 적합하고, **지근 섬유**(느린 수축 섬유)은 오랜시간의 꾸준한 운동에 맞춰져 있다. 웨이트 트레이닝은 속근을 발달시키지만 호흡 능력을 높이진 않는다. 장거리 달리기는 지근을 발달시키고 호흡 능력을 향상시킨다.

녹색 화학: 식품 공급망 폐기물(FSCW)은 가치 있는 화학 물질, 재료, 연료의 재생가능한 공급원으로 활용될 수 있다. 음식물 쓰레기를 매립·소각 같은 오염 유발 종착지에서 전환하면 환경 영향을 줄일 수 있다. 더 중요한 것은 FSCW로부터 더 높은 부가가치 제품을 만드는 경제적·기술적으로 실현가능한 녹색 화학 경로가 개발되고 있다는 점이다. 따라서 음식물 쓰레기로 만든 바이오 기반 소재는 화석연료 유래 대체재를 대신할 수 있으며, 바이오 기반 경제로의 전환을 촉진한다.

학습 목표	관련 문제
• 미국 식단에서 권장하는 칼로리의 출처와 비율을 나열한다. (14.1)	6, 8, 9, 13, 14, 16~18, 59, 62, 65, 68, 74
• 운동선수의 특별한 식이 요구를 설명한다. (14.1)	3, 15
• 대량 식이 무기질을 식별하고 그 기능을 설명한다. (14.2)	19~22
• 비타민의 종류를 구분하고 그 기능을 설명한다. (14.3)	1, 5, 23~28, 61, 75
• 식이섬유, 전해질, 물의 건강 유지에서의 역할을 식별을 설명한다. (14.4)	29~32, 37
• 다양한 맛과 향에 대한 욕구 그리고 설탕 대체감미료 탐색이 역사에 미친 영향을 설명한다. (14.5)	4, 11, 34, 36, 69
• 식품 속 유익한 첨가물과 논란의 여지가 있는 첨가물을 구분한다. (14.5)	10, 33, 35, 38, 61
• 기아, 단식, 영양실조가 인체에 미치는 영향을 설명한다. (14.6)	2, 39~42
• 식이와 운동을 통해 체중이 감량되는 원리를 설명한다. (14.7)	12, 43~46, 60, 66, 72
• 열량 감소와 운동에 따른 체중 감소를 계산한다. (14.7)	47~50
• 체력과 체지방률을 측정하는 몇 가지 방법을 설명한다. (14.8)	7, 51, 63, 67
• 유산소 운동과 무산소 운동을 구별하고, 각각에서 일어나는 화학 과정을 설명한다. (14.8)	52~58, 64, 73, 76
• 근육이 형성되고 작동하는 원리를 설명한다. (14.8)	70, 71
• 식품 공급망 폐기물을 화학 산업의 자원으로 사용할 수 있는 방법을 설명한다.	77, 78
• 화학 물질, 소재, 연료의 원천으로서 화석연료 대신 식품 공급망 폐기물을 사용할 때의 장점을 파악한다.	79

개념문제

1. 수용성 비타민 과잉과 지용성 비타민 과잉 중 어느 쪽이 더 위험한가? 그 이유는 무엇인가?

2. 기아란 무엇인가?

3. 운동선수의 영양 요구는 좌식 생활자와 어떻게 다른가? 이러한 추가 요구는 어떤 방식으로 충족하는 것이 가장 좋은가?

4. 인공 감미료 세 가지를 쓰라. 그중 현재 미국에서 사용 승인을 받은 것이 있는가?

5. 항산화제로 작용하는 지용성 비타민은 무엇인가? 항산화제로 작용하는 수용성 비타민은 무엇인가?

6. 일일 식이 지침(그림 14.1)은 왜 모든 사람에게 동일하지 않은가?

7. 체지방률을 구하는 두 가지 방법을 나열하라. 각 방법의 한계를 한 가지씩 설명하라.

8. 포화 지방의 주된 식이 공급원은 어떤 종류의 식품인가?

9. 고지방 식단으로 인해 발생할 수 있는 문제를 몇 가지 나열하라.

10. 식품 첨가물의 기능을 다섯 가지 나열하라.

11. 식품 첨가물의 사용을 규제하는 미국 정부기관은 무엇인가? 기업이 새로운 식품 첨가물을 사용하려면 무엇을 해야 하는가?

12. 1주일 만에 5파운드를 감량하려면 어떻게 해야 하는가? 그 방법은 체중을 줄이고 유지하는 데 유용한가?

연습문제

칼로리: 질과 양

13. 식이 단백질은 원소 조성에서 식이 탄수화물과 지방과 어떻게 다른가?

14. 탄수화물과 지방의 그램당 평균 에너지 수율은 얼마인가?
    a. 각각 4 kcal　**b.** 각각 9 kcal
    c. 각각 4 kcal와 9 kcal　**d.** 각각 9 kcal와 4 kcal

15. 운동선수에게 공통적으로 필요한 식이 요구는 무엇인가? 운동선수의 요구가 일반적인 식단과 어떻게 다른지 설명하라.

16. 옥수수에는 어떤 필수 아미노산이 부족할 가능성이 큰가? 콩은 어떠한가?

17. '적절한 단백질'이란 무엇인가? 그런 단백질을 함유한 식품을 몇 가지 쓰라.

18. 일일 열량 섭취의 권장 범위에 따르면 총 열량의 45~65%를 어떤 영양소에서 섭취해야 하는가?
    a. 탄수화물　**b.** 지방　**c.** 섬유소　**d.** 단백질

무기질

19. 다음 각 생물학적 기능과 일치하는 무기질 이온을 쓰라.
   a. 갑상샘(대사 조절)
   b. 혈액에서의 산소 운반
   c. 뼈와 치아; 심장 박동의 리듬
   d. 세포 내 수분 조절

20. Ca, Cl, Co, Mo, Na, P, Zn 중에서 인체에 비교적 많은 양으로 존재할 가능성이 큰 것은 무엇인가? 그 이유를 설명하라.

21. 다음 중 어떤 무기질이 결핍되면 빈혈이 발생하는가?
   a. 칼슘 b. 구리 c. 철 d. 인

22. 다음 중 어떤 물질을 과도하게 섭취하면 고혈압을 일으킬 수 있는가?
   a. 칼슘 b. 아이오딘 c. 철 d. 소금

비타민

23. 비타민 D의 이점은 무엇인가? 매일 비타민 D를 '메가도스'로 복용하는 것은 바람직한가?

24. 비타민 A 섭취를 보충하는 가장 안전한 방법은 무엇인가?

25. 칼시페롤, 리보플라빈, 레티놀, 시아노코발라민 중 어느 것이 일상적으로 필요할 가능성이 큰가? 그 이유를 설명하라.

26. 비타민 C와 E는 항산화제이다. 이것은 무엇을 의미하는가?

27. 다음 각 화합물에 해당하는 비타민 명칭과 짝지어라.

화합물	명칭
아스코르브산	비타민 A
칼시페롤	비타민 B_{12}
시아노코발라민	비타민 C
레티놀	비타민 D
토코페롤	비타민 E

28. 괴혈병은 무엇이며, 이를 예방하는 비타민은 무엇인가?

섬유질, 전해질, 물

29. 이뇨제란 무엇인가? 항이뇨호르몬(ADH)의 기능을 설명하라.

30. 소변의 양상은 탈수와 어떤 관련이 있는가?

31. 열탈진이 발생하려면 체액량의 몇 퍼센트가 손실되어야 하는가?
   a. 3% b. 5% c. 7% d. 10%

32. 변비를 예방하는 데 도움이 되는 것은 무엇인가?
   a. 탄수화물 b. 전해질 c. 섬유질 d. 단백질

식품 첨가물

33. BHA와 BHT는 포장 식품의 품질을 어떤 방식으로 보존하는가?
   a. 방사선을 이용해 식품을 살균한다.
   b. 병원성 세균을 죽인다.
   c. 식품이 갈변하는 것을 막는다.
   d. 자유 라디칼을 소거하여 지방이 산패되는 것을 막는다.

34. 대체물 중 염소가 포함된 것은 무엇인가?
   a. 아스파탐 b. 사이클라메이트
   c. 스테비아 d. 수크랄로스

35. 다음 각 식품 첨가물의 용도는 무엇인가?
   a. BHA b. FD&C Blue No. 2
   c. 사카린

36. 다음 중 풍미 증강제는 무엇인가?
   a. 아이오딘 b. MSG
   c. 사카린 d. 수크랄로스

37. 커피, 차, 콜라 음료에는 공통적으로 어떤 각성제가 들어 있는가?
   a. 암페타민 b. 카페인
   c. 과당 d. 코카인

38. 항산화제란 무엇인가? 천연 항산화제 한 가지와 합성 항산화제 두 가지를 쓰라.

기아, 단식, 영양실조

39. 몸에 음식이 결핍되면 가장 먼저 활용하는 에너지원은 무엇인가?
   a. 글리코젠 b. 지방
   c. 근육 d. 단백질

40. 몸이 주된 에너지원으로 무엇을 대사하기 시작할 때 케톤증이 발생하는가?
   a. 탄수화물 b. 지방
   c. 근육 d. 단백질

41. 영양실조가 발생하는 원인이 아닌 것은 무엇인가?
   a. 가공식품 섭취 b. 불완전 단백질
   c. 거식증 d. 불충분한 섬유질

42. 다음 중 식품의 영양가를 떨어뜨리지 않는 것은 무엇인가?
   a. 물에 끓이기
   b. 과일과 채소를 썰기
   c. 과일과 채소의 껍질을 벗기기
   d. 쌀을 도정하기

체중 감량, 식단, 운동

43. 체중 조절에 관여하는 다음 각 물질의 역할을 설명하라.
   a. 렙틴 b. 그렐린

44. 체량 조절에 관여하는 다음 각 물질의 역할을 설명하라.
   a. 멜라노코르틴 b. PYY

45. 유행하는 다이어트에는 어떤 것들이 있으며, 그것들이 어떤 방식으로 빠른 체중 감소를 유도하는가? 때로는 효과가 단기간에 그치는 이유는 무엇인가?

46. 탄수화물 섭취를 제한하는 식단은 왜 지방뿐 아니라 근육량의 감

소도 초래하는가?

47. 쿼터파운드 햄버거는 420 kcal의 에너지를 제공한다. 걷기 1시간에 약 210 kcal가 소모될 때 체중 180 lb인 사람이 이 열량을 소모하려면 얼마나 걸어야 하는가?

48. 체중 110 lb의 체조 선수는 하루에 얼마만큼의 단백질이 필요한가? (단백질의 DRI는 체중 1 kg당 약 0.8 g이다.)

49. 70 kg인 남성이 글리코젠 형태로 약 2000 kcal를 저장할 수 있다. 이 사람이 달릴 때 1 km당 100 kcal를 소모하고 에너지원이 글리코젠뿐이라면 저장된 전분으로 얼마나 멀리 달릴 수 있는가?

50. 70 kg인 남성이 지방으로 약 100,000 kcal의 에너지를 저장할 수 있다. 이 사람이 달릴 때 1 km당 100 kcal를 소모하고 에너지원이 지방뿐이라면 저장된 지방으로 얼마나 멀리 달릴 수 있는가?

체력와 근육

51. 키 5 ft 10 in.이고, 몸무게 186 lb인 야구 선수의 BMI는 얼마인가?

52. 유산소 운동이란 무엇인가? 무산소 운동이란 무엇인가?

53. 다음 각 에너지를 주로 제공하는 대사(유산소/무산소)는 무엇인가?
a. 짧고 강도 높은 격렬한 활동 **b.** 장시간의 낮은 강도 활동

54. 액토미오신 단백질 복합체의 두 가지 기능은 무엇인가?

55. 유산소 산화에 적합한 근육 조직에 미오글로빈 농도가 높은 것이 왜 타당한지 설명하라.

56. I형과 IIB형 근육 섬유를 각각 유산소 산화에 적합한 유형과 글리코젠의 무산소 사용에 적합한 유형으로 분류하라.

57. IIB형 섬유에서 액토미오신의 촉매 활성이 짧고 격렬한 신체 활동을 하는 근육 섬유임을 시사하는 이유를 설명하라.

58. 빠른 수축 섬유와 느린 수축 섬유의 차이를 설명하라. 어떤 유형을 발달시키는지를 바꿀 수 있는가?

심화문제

59. 에스겔 4장 9절에는 "밀과 보리와 콩과 렌틸콩과 기장과 스펠트…"로 만든 빵이 묘사되어 있다. 그 빵은 완전 단백질을 공급할 수 있는가?

60. 고단백 식단을 하지 말아야 할 두 가지 이유는 무엇인가?

61. 식품에 노란색 착색제로 β-카로틴을 사용할 때의 한 가지 장점은 무엇인가?

62. 육류가 많은 식단은 채식 식단에 비해 식물이 광합성으로 처음 획득한 에너지를 덜 효율적으로 사용한다. 그 이유를 설명하라.

63. 혈액 100 mL에는 헤모글로빈(Hb) 15 g이 들어 있다. 체온과 체압에서 Hb 1 g은 $O_2(g)$ 1.34 mL와 결합할 수 있다. **(a)** 혈액 100 mL에는 O_2가 얼마나 들어 있는가? **(b)** 평균 성인의 혈액 약 6.0 L에는 O_2가 얼마나 들어 있는가?

64. 새는 비행하기 위해 크고 잘 발달한 가슴근을 사용한다. 꿩은 시속 80 km로 날 수 있지만 짧은 거리만 난다. 왜가리는 시속 약 35 km로 날지만 먼 거리를 순항할 수 있다. 각각의 가슴근에서는 어떤 종류의 근섬유가 우세한가?

65. 한 성인 여성이 하루 1200 kcal를 섭취하는데, 그중 지방이 25%를 넘지 않으며, 그 지방 중 포화 지방이 30%를 넘지 않도록 하는 식단을 시작했다. 이 식단에서 허용되는 포화 지방의 양은 몇 그램인가?

66. 한 운동선수가 은퇴 후 체중이 40 lb 증가했다. 가능성 높은 설명은 무엇인가?

67. 지방 조직의 밀도는 약 0.90 g/mL, 제지방 조직의 밀도는 약 1.1 g/mL이다. 체적이 110 L이고 체중이 90 kg인 사람의 밀도를 계산하라. 이 사람은 지방이 많은 편인가, 제지방이 많은 편인가?

68. 구운 양갈비는 3 oz(온스) 약 170 kcal, 단백질 23.5 g, 지방 6 g을 제공한다. 이 양고기는 탄수화물을 얼마나 제공하는가?

69. 자당(그림 13.5)과 수크랄로스(그림 14.6)는 구조적으로 어떤 차이가 있는가?

70. 근육이 만들어지는 생화학적 과정을 설명하라.

71. 근육은 단백질로 이루어져 있다. 운동선수가 근육을 만들기 위해 DRI를 넘는 추가 단백질이 필요한가? 근육을 만드는 가장 좋은 방법은 무엇인가?

72. 활동량이 보통 수준이고 체중 160 lb를 유지하고 싶다면 하루에 필요한 칼로리는 대략 얼마인가?

73. 어떤 선수는 400 m 경주를 45초에 뛸 수 있다. 그녀의 최대 산소 섭취량은 4 L/min인데, 근육을 최대 강도로 사용할 때는 체중 1 kg당 분당 약 0.2 L의 산소가 필요하다. 이 선수의 체중이 50 kg이라면 그녀는 어느 정도의 산소 부채를 지게 되는가?

74. '건강 요청(Healthy Request)' 치킨 누들 수프의 라벨에는 1컵 분량이 110 kcal이며, 단백질 7 g, 탄수화물 14 g, 지방 2.5 g이라고 적혀 있다. 이 중 탄수화물, 지방, 단백질에서 각각 몇 퍼센트의 칼로리를 얻을 수 있는가?

75. 건강을 유지하기 위해 비타민을 대량으로 섭취하는 이유는 무엇인가?
a. 식단에서 비타민을 얻을 수 없으므로 필요하다.
b. 조리가 비타민을 파괴하므로 필요하다.
c. 필요하지 않다. 평균적인 식단에는 충분한 비타민이 들어 있다.

d. 필요하지 않다. 가공식품에는 생식과 동일한 모든 비타민이 들어 있다.

76. 다음 중 어떤 경우에 산소 부채가 발생할 수 있는가?
   a. 유산소 운동, 이유는 피루브산을 이산화 탄소와 물로 전환하기에 산소가 충분하지 않아서
   b. 유산소 운동, 이유는 젖산을 이산화 탄소와 물로 전환하기에 산소가 충분하지 않아서
   c. 무산소 운동, 이유는 피루브산을 이산화 탄소와 물로 전환하기에 산소가 충분하지 않아서
   d. 무산소 운동, 이유는 글리코젠을 젖산으로 전환하기에 산소가 충분하지 않아서

77. 공급망의 각 단계에서 나오는 음식물 쓰레기 원천과 활용가능한 생성물의 예를 짝지어라.

a. 농업 폐기물	1. 오렌지 껍질
b. 가공(처리) 폐기물	2. 구내식당 남은 음식
c. 소비 후 폐기물	3. 짚(스트로)

78. 감귤 껍질에서 얻을 수 있는 세 가지의 화학 물질을 쓰고, 각각의 잠재적 용도를 제시하라.

79. 화석연료 대신 FSCW를 사용할 때 다음 각각의 이점이 어떻게 실현될 수 있는지 설명하라.
   a. 화석연료 의존도 감소
   b. 에너지 사용 및 파생물 사용 최소화
   c. 비용 절감
   d. 비즈니스 기회 향상

비판적 사고 문제

이 장에서 습득한 지식과 하나 이상의 FLaReS 원칙(1장)을 적용하여 다음 진술과 주장을 평가하라.

14.1 어떤 웹사이트는 천연 비타민은 추가 비용을 지불할 가치가 있다고 주장한다. 그 이유로, 천연 비타민은 "미량 원소, 효소, 보조인자, 그 밖에 인체로의 흡수를 돕고 잠재력을 최대한 발휘하게 하는 미지의 인자 같은 것들의 '군' 속에 존재"하는 반면에 "합성 비타민은 보통 한 가지 순수 화학 물질로 고립되므로 자연이 의도한 추가적인 이점의 일부가 빠지게 된다"라고 한다.

14.2 한 친구가 체중을 감량하려고 '탄수화물 제한' 식단을 하겠다고 한다. 그는 탄수화물이 들어 있지 않다면서 과일과 채소를 많이 먹었다. 매 끼니 보통 버터나 다른 지방에 튀긴 고기를 먹기 때문에 단백질 섭취량은 높다. 이 생각에서 무엇이 잘못되었는가?

14.3 어떤 웹사이트는 마리화나의 화학 물질인 델타-1-테트라하이드로칸나비놀(델타-1-THC)이 '비타민 M'이라 불리는 지용성 비타민이라고 주장한다. '델타-1-THC의 많은 성질이 지용성 비타민과 유사'하므로 비타민으로 분류할 근거가 있다고 한다.

14.4 구석기 식단 지지자들은 우리가 농경 이전의 원시 인류가 섭취하던 음식, 즉 소량의 탄수화물과 주로 지방, 단백질만 먹으면 더 건강해질 것이라고 제안한다.

14.5 한 천연 제품 회사는 자사 비타민과 무기질을 대량으로 섭취하면 건강과 체력이 크게 향상된다고 주장한다.

14.6 한 온라인 광고에 "이 오래된 규칙 하나만 지켜서 한 달 만에 뱃살 47 lb를 줄였다"라고 쓰여 있다.

협업 과제

1. 염화 소듐(NaCl)의 역사, 자연에서의 산출, 역사 전반에 걸친 주요 용도, 과도한 사용의 위험성에 대해 간략한 보고서를 작성하라. 또한 간편식 세 가지(밥, 스파게티류, 수프)의 라벨을 살펴보고 소듐 함량을 비교하라.

2. 표 14.4에 나열된 비타민 중 하나에 대해 간략한 보고서를 작성하라. 해당 비타민의 주요 식이 공급원과 용도, 발견의 역사, 과다섭취 시의 위험(있는 경우), 해당 비타민의 섭취 부족, 섭취 부족이 초래하는 생리적 결과를 밝혀라.

3. 다음 각 품목의 라벨을 확인하라. 각 품목에 들어 있는 식품 첨가제 목록을 만들고, 가능한 한 각 첨가제의 기능을 파악하라. 모든 라벨이 이 정보를 제공하는지 확인하라.

a. 탄산음료 한 캔	b. 맥주 한 캔
c. 건조 수프 믹스 한 상자	d. 수프 한 캔
e. 과일 음료 한 캔	f. 케이크 믹스 한 상자

4. 도전 과제: 하루 식비 5.00달러로 식사할 수 있는가? 주머니에 35달러와 약간의 잔돈만 있다고 가정하고, 일주일 동안 하루 세 끼를 제공하기 위해(이론상) 구입할 다양한 식품의 가격을 가까운 식료품점에서 조사하라. 그 식품들은 하루 최소 1800 kcal를 공급하고, 무기질·비타민과 균형 잡힌 식단에 충분한 단백질과 탄수화물을 제공하며, 적절한 포만감을 주어야 한다. 각 끼니에 대한 상세 메뉴와 함께 장보기 목록과 각 항목의 비용을 작성하라. 조미료, 향신료, 마가린, 식용유, 물은 충분히 갖추고 있다고 가정하라.

실험 과제 아침 시리얼로 철분 섭취하기

준비물

- 철분을 강화한 아침 시리얼 한 상자(예: Total 시리얼이 적합함)
- 철분이 강화되지 않은 아침 시리얼 한 상자(힌트: 성분표에 미량 철이 기재되어 있지 않은 제품인지 확인)
- 계량컵
- 초강력 자석
- 쿼트(약 0.95 L) 크기의 지퍼식 밀폐봉투 2개
- 물

식단에서 철분을 충분히 섭취하고 있는가? 당신의 아침 시리얼에는 철분이 들어 있는가? 철분 강화 시리얼과 비강화 시리얼 사이에 맛의 차이를 느낄 수 있는가? 눈으로 차이를 볼 수 있는가?

채소, 과일, 곡류, 단백질 식품, 유제품을 균형 있게 섭취하고 물을 충분히 마시면 평균적인 젊은 성인에게 필요한 비타민과 무기질을 공급할 수 있다. 남성과 여성 사이에는 필요한 비타민과 무기질의 양에 약간의 차이가 있다. 특히 철에 대한 권장량은 하루 10 mg 차이가 난다. 여성에게는 철 18 mg, 남성에게는 철 8 mg이 권장된다. 헤모글로빈의 산소 운반 기능이 제대로 작동하려면 철(II) 이온이 필요하다. 여성은 피로와 질병에 대한 저항력 저하를 초래할 수 있는 빈혈에 더 취약하다. 많은 아침의 시리얼에는 무기질 보충제로서 식품 등급의 철 입자(금속 철)가 강화되어 있다. 일반적으로 이러한 형태의 철은 눈에 보이거나 맛으로 느껴지지 않는다.

먼저 철분 강화 시리얼과 비강화 시리얼을 나란히 두고 맛을 보자. 철분 강화 시리얼에서 금속 맛이 나는가? 금속 맛이 나지 않아야 한다. 그렇지 않다면 사람들은 아침으로 그것을 먹지 않을 것이다.

실험을 계속해보자. 시리얼 '수프' 두 봉지를 준비한다. 한 봉지에는 철분 강화 시리얼을, 다른 봉지에는 비강화 시리얼을 담는다. 각 지퍼백에 시리얼 1컵을 넣고, 따뜻한 물을 각 봉지의 절반 높이까지 채운다. 봉지 안에 공기 주머니가 남도록 조심스럽게 밀봉한다.

봉지를 눌러 시리얼과 물이 잘 섞이도록 하여 내용물이 갈색의 국물과 같은 혼합물이 되게 한다. 혼합물을 최소 20분 동안 그대로 둔다.

먼저 초강력 자석을 손바닥 위에 올려놓는다(그림 1).

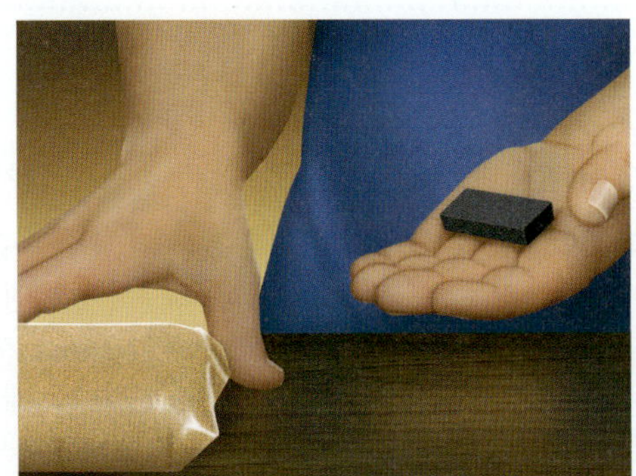

▲ 그림 1

초강력 자석 위에 철분이 강화되지 않은 시리얼 수프 봉지를 올려놓는다. 그림 2처럼 봉지와 자석을 두 손 사이에 끼워 잡는다.

▲ 그림 2

봉지의 내용물을 원을 그리며 15~20초 동안 천천히 흔든다. 목적은 시리얼 속에서 자유롭게 움직이는 금속 철 입자들이 자석에 달라붙게 하는 것이다.

다시 양손을 사용하여 봉지와 자석을 뒤집어 자석이 위로 오게 한다. 봉지를 살짝 눌러 자석이 시리얼 수프 위에서 약간 떠오르도록 하되, 아직 자석은 움직이지 않는다. 자석이 봉지에 닿는 가장자리를 자세히 관찰해보자. 무엇이 보이는가?

이번에는 철분 강화 시리얼 수프로 동일하게 반복한다. 이제 무엇이 보이는가? 자석을 계속 봉지에 붙인 채로 원을 그리며 움직이면 어떤 일이 일어나는가? 그림 3을 보자.

▲ 그림 3

실험문제

1. 철분이 강화되지 않은 시리얼에서 철가루를 확인할 수 있는가?
2. 시리얼에 철가루가 있는 이유는 무엇인가?
3. 식단에서 철은 어디서 얻을 수 있는가? 철 함량이 높은 식품을 최소 세 가지 나열하라.

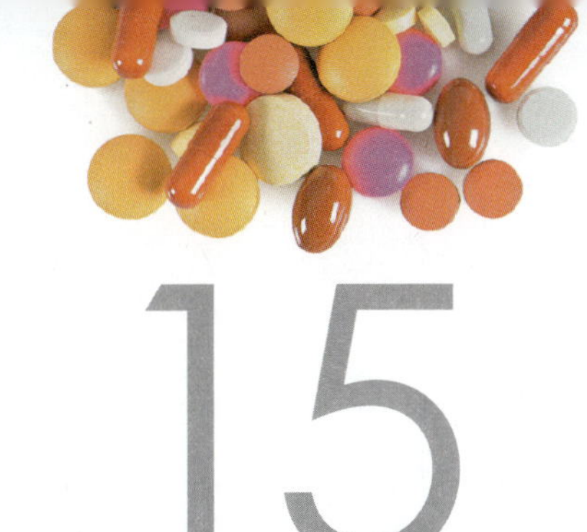

15 약물

15.1 자연과 실험실에서 온 약물

15.2 진통제: 아스피린에서 옥시코돈까지

15.3 약물과 감염성 질환

15.4 암과 싸우는 화학 물질

15.5 호르몬: 조절자

15.6 심장을 위한 약물

15.7 약물과 마음

15.8 약물과 사회

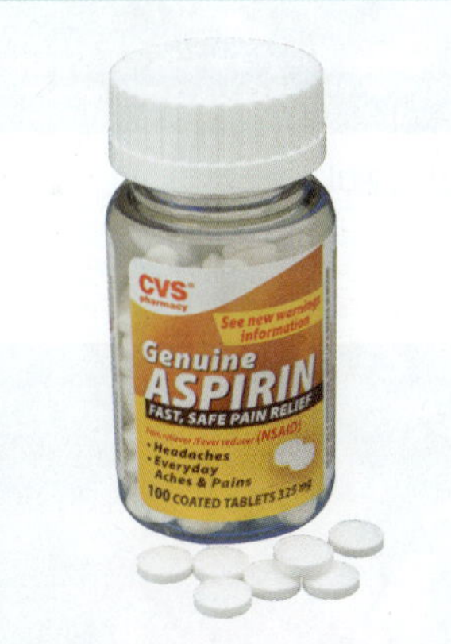

버드나무 껍질과 허브인 메도스위트(왼쪽 사진)에는 살리실산염이 들어 있으며, 이는 세계에서 가장 널리 쓰이는 약물인 아스피린의 바탕이 되었다. 프랑스의 화학자 Charles Frédéric Gerhardt는 살리실산 소듐(o-HOC_6H_4COONa)과 염화 아세틸(CH_3COCl)을 반응시켜 조제 아세틸살리실산(o-$CH_3COOC_6H_4COOH$)을 만들었다. 바이엘의 상품명인 **아스피린**은 살리실산의 독일어 명칭인 스피라에산(Spirsäure)을 아세틸화한 데서 비롯되었고, 여기에 의약품명에서 흔한 어미 *-in*이 덧붙었다.

❓ 이 장과 관련된 궁금증

1. 왜 아스피린은 어린이에게 권장되지 않는가?
2. 아세트아미노펜(Tylenol®)에는 어떤 위험이 있는가?
3. 증상이 나아진 뒤에도 왜 항생제를 계속 복용해야 하는가?
4. 감기나 독감에 효과 있는 약은 어떤 것들인가?
5. 알약이 더 크면 약 성분이 더 많이 들어 있는가?
6. 브랜드 의약품과 제네릭 의약품의 차이는 무엇인가?

화학적 치료, 위안, 주의사항 '약물'이라는 단어는 원래 약으로 쓰기 위해 말린 식물(또는 그 일부) 자체나, 그 유효 성분을 달여 얻은 차를 가리켰다. 오늘날 **약물**(drug)은 생물의 기능에 영향을 미치는 화학 물질로 정의된다. 약물은 통증을 완화하고 질병을 치료하며, 전반적으로 건강이나 웰빙을 증진하는 데 사용된다. 많은 사람이 말 그대로 약물에 생명을 빚지고 있다. 약물은 박테리아를 죽이고, 혈압을 낮추며, 발작을 예방하고, 알레르기를 완화할 수 있다. 그러나 일부 약물은 특히 잘못된 용량으로 쓰이거나 잘못된 이유로 사용될 때 득보다 해가 클 수 있다.

인류의 약물 사용은 선사 시대까지 거슬러 올라가며, 거의 모든 문화권에서 나타난다. 대부분의 사회가 알코올을 사용해왔고, 대마의 사용은 적어도 기원전 3000년경까지 거슬러 올라간다. 아편 양귀비의 마취 효과는 고대인에게 알려져 있었다. 기원전 1400년경 이집트인은 양귀비를 재배했으며, 크레타의 미노스인은 양귀비 여신의 테라코타 조각상을 갖고 있었다. 안데스 산맥 지역의 원주민은 코카인의 각성 효과를 얻기 위해 오래전부터 코카 잎을 씹어왔다.

이 장에서는 폭넓은 질환에 맞서는 천연 및 합성 약물부터 불법적으로 사용되는 약물까지 살펴본다.

15.1 자연과 실험실에서 온 약물

학습 목표 • 일반적인 약물을 천연물, 반합성, 합성으로 분류한다.
• 화학 요법을 정의하고 그 기원을 설명한다.

일부 약물은 자연 공급원에서 온 분자로 만들어진다. 법적으로 천연의 정의는 없지만, 일반적으로 이 단어는 화학 반응으로 합성된 물질과 달리 식물이나 동물로부터 물리적 공정만으로 직접 추출한 물질을 가리킬 때 쓰인다.

▲ 아편 양귀비

우리는 여전히 많은 약물을 자연에서 얻는다. 다음은 식물에서 얻은 수많은 약물 중에 일부 예이다.

- 퀴닌(항말라리아 약물): 키나나무 속(*Cinchona*) 수피에서 유래했다.
- 모르핀(진통제): 아편 양귀비에서 유래했다.
- 디곡신(심장 질환 치료): 디기탈리스 푸르푸레아(*Digitalis purpurea*)에서 유래했다.
- 빈블라스틴과 빈크리스틴(항암제): 마다가스카르 페리윙클(*Catharanthus roseus*)에서 유래했다.
- 투보쿠라린(근육 이완제): *Chondrodendron tomentosum*에서 유래하며, 아마존 원주민이 화살독 큐라레에 사용했다.

▲ 마다가스카르 페리윙클

또한 다음과 같이 미생물로부터 얻는 약물도 많다.

- 항균제(페니실린류) 및 콜레스테롤 저하제(스타틴류): *Penicillium* 종에서 유래했다.
- 면역억제제(사이클로스포린 등): *Streptomyces* 종에서 유래했다.

잠재적으로 방대한 신약 자원은 해양 생물에도 있다. 예를 들면 다음과 같다.

- 돌라스타틴-10(항암제): 바다민달팽이(Sea hare)에서 유래했다.
- 마노알리드(항염증제): 해면 *Luffariella variabilis*에서 유래했다.
- 지코노타이드(중증 통증 치료제): 원뿔달팽이 독에서 유래했다.

▲ 청자고둥

자연 유래 약물의 큰 원천은 열대우림이다. 열대우림은 따뜻하고 습하며 비옥하여 지구상 그 어느 곳보다 다양한 식물과 동물이 서식한다. 열대우림은 귀중하고 대체 불가능한 천연 자원으로 가득한 살아 있는 화학 공장과 같지만, 벌채와 농지 전환으로 급속히 사라지고 있다. 그 결과 우리는 잠재적 신약의 비옥한 공급원을 잃어가고 있다.

다른 약물들은 자연 공급원에서 얻은 분자를 변형해 성질을 개선한 것으로, 이런 약물을 반합성이라 한다. 초기 과학 기반 약물 중에 상당수가 반합성이었다. 예를 들면 다음과 같다.

- 버드나무 껍질에서 처음 얻은 살리실산을 아세틸살리실산(아스피린)으로 전환한다.
- 모르핀(아편양귀비 유래)을 헤로인으로 전환한다.
- 리세르그산(맥각 곰팡이 유래)을 LSD로 전환한다.

현재는 완전 합성 약물도 매우 많다. 항균제부터 수면제, 메타돈·펜타닐·옥시코돈 같은 마약성 진통제에 이르기까지 거의 모든 범주에 걸쳐 합성 약물이 존재한다.

1904년 독일의 화학자 Paul Ehrlich(1854~1915)는 박테리아를 현미경으로 잘 보이게 염색하는 데 쓰던 특정 염료들이 박테리아를 죽이는 데도 쓸 수 있음을 발견했다. 그는 염료를 사용해 아프리카수면병을 일으키는 병원체를 공격했고, 매독의 병원체에 다소 효과가 있는 비소 화합물도 만들었다. Ehrlich는 어떤 화학 물질들이 인체 세포보다 병원체에 더 독성이 크다는 사실을 깨닫고, 이를 감염병의 억제나 치료에 활용할 수 있음을 인지했다. 그는 **화학 요법**(chemotherapy, 'chemical therapy'에서 유래)이라는 용어를 만들었고, 1908년 노벨 생리의학상을 받았다.

약물 사용은 새로운 일이 아니지만, 지금처럼 종류가 방대한 적은 없었다. 수십 개 제약사가 수천 종의 약을 생산하며, 해마다 신약 개발에 막대한 비용을 투입한다. 최근 연구에 따르면 신약 하나를 개발해 시판하기까지 최대 45억 달러가 들 수 있다(약물 종류에 따라 비용 차가 큼). 이런 막대한 비용 때문에 기업은 개발된 제품에 일정기간 높은 가격을 책정하는 경우가 많고, 약이 필요한 많은 사람에게는 너무 비쌀 수 있다. 특허가 만료되면 다른 회사는 연구비가 들지 않았기 때문에 동일 성분의 일반 약품(제네릭)을 만들어 더 낮은 가격에 팔 수 있다. 제네릭 의약품은 원래 제품과 동일하게 작용해야 한다(15.8절).

많은 약물이 일반명과 여러 브랜드명으로 판매되기 때문에 시중에는 수천 종의 처방약이 있다. 이 밖에도 수백 종의 의약품이 수천 개의 브랜드명과 다양한 조합으로 일반의약품(OTC) 형태로 판매된다. 이 중 일부는 복용자의 건강에 필수적이다. 2017년에 전 세계 제약 산업 매출은 약 2조 달러로 추정되었고, 미국인은 리필을 포함해 45억 건에 가까운 처방을 받아 1인당 평균 약 14건의 처방을 채웠으며, 처방약에 약 4,500억 달러를 지출했다.

자가평가문제

1~3번의 약물이 다음 중 어느 범주에 속하는지 표시하라.

a. 천연 **b.** 반합성 **c.** 합성

1. 퀴닌

2. 사이클로스포린

3. 아스피린

4. 화학 요법이란 무엇인가?

a. 화학 물질을 피해 건강을 개선하는 것
b. 화학을 공부하여 정신을 향상하는 것
c. 방사선으로 암을 치료하는 것
d. 화학 물질로 질병을 치료하는 것

정답: 1. a, 2. a, 3. b, 4. d

15.2 진통제: 아스피린에서 옥시코돈까지

학습 목표 • 일반의약품(OTC) 진통제, 해열제, 항염증제를 열거하고, 각 약물의 작용 기전을 설명한다.
• 몇 가지 대표적 마약성 진통제를 언급하고, 각 약물의 작용과 중독가능성을 설명한다.

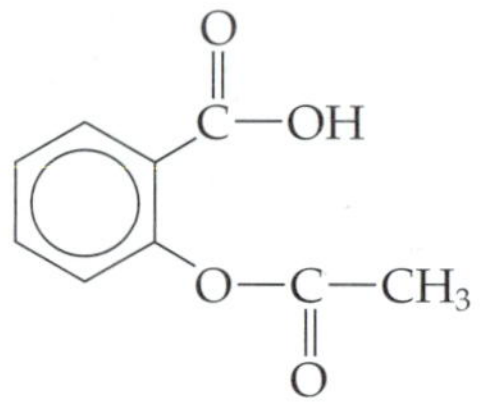

아세틸살리실산은 미국에서 흔히 아스피린이라 부르며, 전 세계적으로 널리 사용된다. 해마다 약 4,500만 kg이 소비되는데, 이는 표준 정제 1,000억 개를 훨씬 상회하는 수량이다. 그 역사는 최소 2400년 전 고대 그리스의 히포크라테스 시대까지 거슬러 올라간다. 그는 병든 사람이 버드나무 잎을 씹으면 통증이 완화되고 열이 내린다는 사실을 알고 있었다.

화학자들이 살리실산이라는 유효 성분을 분리한 것은 1835년의 일이다. 살리실산은 효과적인 **진통제**(analgesic, 통증 완화), **해열제**(antipyretic, 열 내림), **항염증제**(anti-inflammatory)였지만 안타깝게도 위장 자극과 출혈을 상당히 유발했다. 아세틸살리실산은 살리실산을 변형하여 약효는 유지하면서 위장 자극을 줄인 형태로, 1893년 독일의 바이엘(Bayer)사에서 도입되었다(그림 9.14). 아스피린 정제는 현재 다양한 상표명과 자체 상표로 판매되고 있다. 표준 아스피린 정제에는 325 mg의 아세틸살리실산이, '효과가 센' 제형에는 보통 500 mg이 들어 있다.

▲ 아세틸살리실산(아스피린)

비스테로이드성 소염진통제(NSAID)

아스피린은 **비스테로이드성 소염진통제**(nonsteroidal anti-inflammatory drugs, NSAID)로 분류되는 여러 물질 중 하나이며, 이는 코르티손이나 프레드니손 같은 더 강력한 스테로이드성 항염증제와 구별하기 위한 명칭이다(15.5절). 다른 NSAID로는 이부프로펜(Advil®, Motrin®)과 나프록센(Aleve®)이 있다(그림 15.1). 아세트아미노펜(타이레놀)은 아스피린처럼 가벼운 통증을 완화하고 열을 낮추지만, 항염증 작용은 없어 NSAID에 해당하지 않는다.

NSAID는 지방산에서 유래한 호르몬유사 지질인 **프로스타글란딘**(prostaglandin)의 생성을 억제함으로써 통증을 완화하고 염증을 줄인다(15.5절). 염증은 프로스타글란딘 유도체의 과다 생성으로 유발되며, 그 합성 억제는 염증 반응을 감소한다. 그러나 프로스타글란딘은 혈소판, 신장, 위 점막에도 영향을 미치므로 이를 억제하면 과다출혈이나 복통과 같은 심각한 부작용이 생길 수 있다. NSAID에는 **항응고**(anticoagulant, 혈액 응고 억제) 효과가 있어 정기 복용자는 출혈 위험이 더 높다. 예를 들어 류마티스 관절염 환자가 1년간 NSAID를 사용할 때 약 1.5%에서 심각한 위장 합병증이 발생한다. 이것은 적은 비율이지만, 많은 환자가 NSAID를 사용하기 때문에 많은 사람에게 영향을 미친다.

NSAID는 항응고제로 작용하므로 매일 소량 복용하면 심근경색과 뇌졸중의 위험을 낮추는 것으로도 보이며, 이는 위 출혈을 일으키는 것과 동일한 항응고 기전에 기인하는 것으로 여겨진다. 성인용 저용량(보통 81 mg) 아스피린 정제는 심근경색과 뇌졸중 위험이 높은 사람에서 일상적으로 사용되고 있다. 반면에 NSAID는 수술, 출산, 출혈 가능성과 관련된 위험에 직면한 사람들이 행사 전 최소 일주일 동안 사용해서는 안 된다.

NSAID는 또한 체온을 낮춘다. 발열은 백혈구 등 순환 세포가 생성·분비하는 화합물인 발열

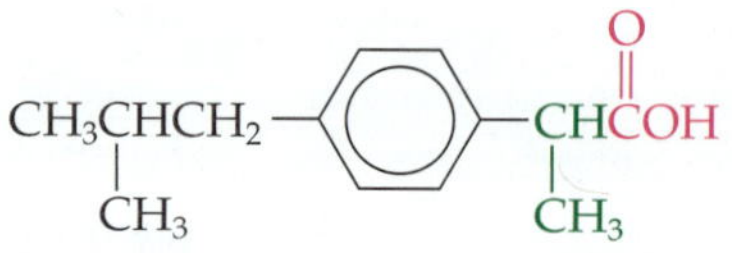

왜 중요할까?

오늘날 판매되는 모든 단일 성분 진통제는 다음 네 가지 활성 성분(아세트아미노펜, 아스피린, 이부프로펜, 나프록센) 중 하나를 사용한다. 이들 약물은 제네릭과 수십 종의 상표명으로 제공되며, 기침/감기와 알레르기/부비동 제품을 포함한 다양한 복합 제형에도 들어 있다. 일반명을 검색어로 사용하면 인터넷에서 해당 브랜드명을 찾을 수 있다.

이부프로펜 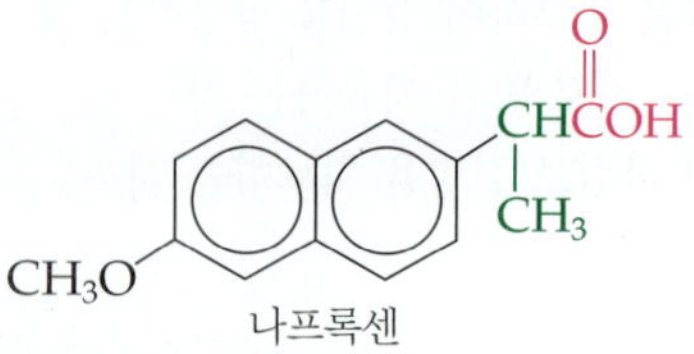 나프록센

▶ **그림 15.1** 두 가지 NSAID. 이부프로펜과 나프록센은 프로피온산(CH_3CH_2COOH) 유도체이다.

원에 의해 유도되며, 발열원은 보통 프로스타글란딘을 2차 매개체로 이용한다. 따라서 아스피린을 비롯한 프로스타글란딘 억제제는 발열을 낮출 수 있다. 반대로 프로스타글란딘 경로를 거치지 않는 발열원에 의한 발열에는 NSAID가 효과가 없다.

인체는 체온을 올려 감염에 맞선다. 성인의 미열(39 ℃ 또는 102 ℉ 미만)은 대개 치료하지 않는 것이 바람직하다. 반면 고열은 뇌 손상을 유발할 수 있으므로 즉각적인 치료가 필요하다.

1 왜 아스피린은 어린이에게 권장되지 않는가?

독감이나 수두 같은 바이러스 감염에 걸린 소아에게 아스피린을 투여하면 잠재적으로 치명적인 '라이 증후군'과 연관된다. 이 때문에 아스피린 제품에는 발열이 있는 소아에게 사용하지 말 것이라는 경고가 표시되어 있다.

NSAID의 작용 원리

프로스타글란딘은 세포막 성분인 **아라키돈산**(15.5절)으로부터 체내에서 생성된다. 연구자들은 이 전환을 촉매하는 효소 **사이클로옥시네이즈(COX)**를 확인했다. 그중 COX-1은 NSAID 부작용이 나타나는 위와 신장 조직에 존재하며, COX-2는 염증이 일어나는 조직에서 발견된다. 아스피린, 이부프로펜, 나프록센과 같은 기존의 NSAID는 COX-1과 COX-2를 모두 억제하여 통증과 염증을 줄이지만, 바람직하지 않은 부작용도 초래한다. 신세대 NSAID는 COX-2를 선택적으로 억제한다. COX-2 억제제는 세 품목이 항염증제로 시판되었으나, 바이옥스(Vioxx®)를 포함한 두 품목은 뇌졸중과 심근경색의 위험 증가 때문에 곧바로 시장에서 퇴출되었다.

셀레콕시브(Celebrex, 그림 15.2)는 현재까지 시판 중이며, 최근 10년 추적 연구에서 퇴출된 약물들과 동일한 위험을 나타내지 않는다는 결과가 보고되었다. 한편 미국식품의약국(FDA)은 모든 처방용 NSAID의 표시(라벨)에 심장 질환의 위험 증가가능성을 강조하는 박스형 경고문와 알레르기 반응 및 내부 출혈 관련 정보를 포함하도록 요구하고 있다.

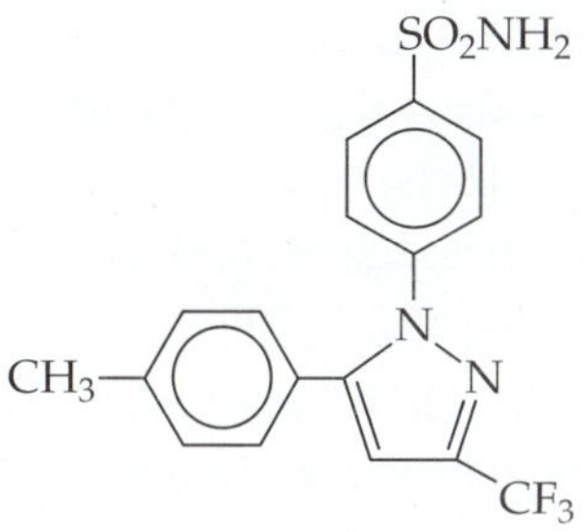

SO_2NH_2 CH_3 N N CF_3

셀레콕시브(Celebrex®)

▲ **그림 15.2** 셀레콕시브는 시장에 남아 있는 유일한 COX-2 억제 처방용 NSAID이다.

아세트아미노펜: COX-3 억제제

브랜드명 타이레놀로 잘 알려진 **아세트아미노펜**은 미국에서 가장 널리 사용되는 진통제이다. 통증 완화와 해열 효과는 아스피린과 비슷하다. 아세트아미노펜(여러 나라에서는 **파라세타몰**이라 함)의 전 세계 시장 규모는 연간 약 1억 5,000만 kg이다. 아세트아미노펜은 COX-3로 불리는 세 번째 변이형 COX에 작용하며, COX-3 억제가 통증과 발열을 감소하는 기전일 수 있다. NSAID와 달리 항응고 작용이 없으므로, 아스피린 과민자나 출혈 성향이 있는 사람도 비교적 안전하게 복용할 수 있다. 반면 COX-3은 염증 조절에 관여하지 않는 것으로 보이므로 관절염 환자에서는 효용이 제한적이다. 아세트아미노펜은 경미한 수술 후 통증 완화에 자주 쓰인다. 일반 정제는 325 mg, 초강력 정제는 500 mg을 함유한다.

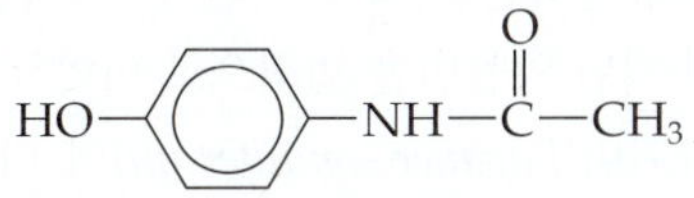

$$HO-C_6H_4-NH-\overset{\overset{\large O}{\|}}{C}-CH_3$$

아세트아미노펜

2 아세트아미노펜(Tylenol®)에는 어떤 위험이 있는가?

아세트아미노펜의 표준 용량은 안전하지만, 과량은 간 손상을 유발하는 독성을 보인다. 이 효과는 알코올과 상승 작용을 하며, 24시간에 4 g(초강력 8정)만으로도 최근 음주가 동반되면 심한 간 독성이 생길 수 있다. 매년 3만 3천 명 이상이 아세트아미노펜 독성으로 입원하고, 150건 이상의 사망이 보고된다. 우발적 과다복용은 매우 흔한데, 이는 아세트아미노펜이 감기약, 알레르기약, 수면보조제 등 많은 일반의약품(OTC)에 함유되어 있음을 사람들이 인지하지 못하기 때문이다. 활성 성분 표기를 주의 깊게 확인하는 것만으로도 생명을 구할 수 있다.

복합 진통제

많은 진통제 제품은 NSAID, 아세트아미노펜, 카페인, 항히스타민제, 기타 약물을 조합하여 만든다. 예를 들어 아세트아미노펜은 통증 완화·알레르기 증상·감기와 독감 치료용 70종 이상의 복합제에 들어 있다. 이러한 제품은 여러 브랜드와 자체 상표로 판매되며, 엑세드린(Excedrin)과 아나신(Anacin) 등은 서로 다른 조합·제형으로 제공된다. 이 밖에도 다양한 복합 진통제가 있으며, 다수가 일반 아스피린보다 우수하다고 주장하지만, 그 우위는 기껏해야 미미하다. 일시적 복용이 대부분인 일반인에게는 일반 아스피린이 가장 저렴하고 안전하며 효과적일 수 있다.

화학, 알레르기, 감기

약국 진열대에는 항히스타민제, 진해제(기침 억제제), 거담제, 기관지 확장제, 비충혈 제거제 등을 함유한 다양한 감기·알레르기 약이 진열되어 있다. 감기는 200종에 달하는 관련 바이러스가 원인이며, 치료제가 없다. 어떤 약도 완치를 보장하지 못하며, 대부분의 감기약은 증상 완화에 그친다.

많은 감기약에는 디펜히드라민 또는 세티리진(그림 15.3) 같은 **항히스타민제**(antihistamine)가 포함되어 있으며, 이는 재채기, 눈 가려움, 콧물 등 알레르기 증상을 일시적으로 완화한다.

알레르기 유발 물질인 **알레르겐**(allergen)이 특정 세포의 표면에 결합하면 '히스타민'이 방출되어 알레르기와 관련된 발적, 부기, 가려움을 일으킨다. 항히스타민제는 히스타민의 방출을 억제한다. 많은 기침약·감기약에는 한 가지 이상의 성분이 포함되어 있다.

기타 일반의약품(OTC) 감기약 성분으로는 '진해제'(기침 억제제)와 '거담제'(기관지의 점액 배출을 돕는 물질)가 있다. 일반적으로 기침은 기능적이며, 호흡기는 기침 반사를 이용해 분비물 정체(울혈)를 제거한다. 그러나 마른기침이 지속되거나 수면 등 필요한 휴식을 방해할 때는 일시적 기침 억제가 바람직할 수 있다. 거담제 중에 글리세릴 구아이아콜레이트(구아이페네신)만이 안전하고 유효한 것으로 등재되어 있으나, 그 효과에 대한 문서화는 충분하지 않다.

'비충혈 제거제'인 나파졸린, 페닐에프린, 옥시메타졸린, 자일로메타졸린은 가끔 사용하는 경우 안전하고 효과적인 것으로 보이나, 반복 사용하면 반동성 비충혈이 나타나 비강 점막이 붓고 코막힘이 오히려 악화될 수 있다.

감기를 어떻게 대처할 것인가? 우선 충분한 수분 섭취와 충분한 휴식이 필요하다. 신체 상태가 양호하고 면역계가 강하면 감기에 걸릴 확률이 낮아진다. 특히 유행기에는 손을 자주 씻으면 바이러스 전파를 크게 줄일 수 있다. 그리고 닭고기 수프를 믿고 섭취하는 사람도 여전히 많다.

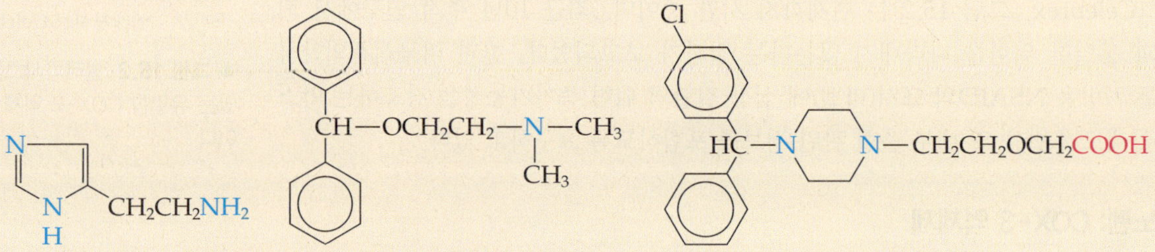

▲ **그림 15.3** (a) 히스타민과 두 가지 항히스타민제, (b) 디펜히드라민, (c) 세티리진이다. 디펜히드라민은 기침 억제제로도 사용된다.

Q 이 세 물질은 어떤 유기 화합물 계열에 속하는가?

마약성 진통제

일반의약품(OTC) 진통제로는 통증 조절이 어려울 때, 처방에 의해 더 강력한 약물을 사용할 수 있다. 이들 약물의 대부분은 **마약성 진통제**(narcotics)로 분류되는데, 이는 마취(혼수 또는 전신마취)와 진통(통증 완화)을 유발하는 약물을 뜻한다. 이러한 효과를 내는 약물은 많지만, 미국 법제에서는 중독성을 함께 지닌 약물만을 법적으로 마약류로 분류한다.

여러 마약성 진통제는 아편양귀비(*Papaver somniferum*)의 미성숙 씨앗에서 얻는 수지성 유액을 건조하여 만든 아편에서 유래한다(그림 15.4). 아편은 약 20종 내외의 알칼로이드에 당, 수지, 왁스, 물이 더해진 복합 혼합물이다. 주된 알칼로이드인 모르핀은 생아편 중량의 약 10%를 차지한다. 19세기에는 아편이 많은 특허 의약품에 사용되었다. 라우다눔(Laudanum)은 아편의 알코올 용액으로 용액 1 mL당 약 10 mg의 모르핀을 함유했으며, 빅토리아 시대에는 치통에서 결핵, 심지어 복통으로 보채는 영아를 달래는 데까지 널리 쓰였다. 이보다 훨씬 묽은 용액인 파레고릭(Paregoric)은 1 mL당 0.4 mg의 모르핀만을 함유했고, 1970년까지 설사 치료에 널리 사용되었다.

모르핀은 1805년 독일의 약사 Friedrich Sertürner(1783~1841)가 처음으로 분리했다. 1850년대에 피하주사기가 발명되면서 새로운 투여 경로가 가능해졌다. 모르핀을 혈류로 직접 주입하면 진통 효과는 더 컸지만, 이 방법은 중독 문제를 심각하게 악화시켰다.

미국남북전쟁(1861~1865) 동안 모르핀은 전투에서 입은 부상으로 인한 통증 완화에 널리 사용되었다. 또한 모르핀의 부작용 중 하나가 변비이기 때문에, 병사들은 전장에서 흔한 질환이던 이질 치료에도 모르핀을 사용했다. 이 전쟁에 복무하는 동안 10만 명이 넘는 병사가 모르핀에 중독되었고, 이 병적 상태는 '군인병'으로 불릴 만큼 만연했다.

모르핀과 기타 마약성 진통제는 1914년 '해리슨법'에 의해 연방정부의 통제를 받게 되었다. 모르핀은 오늘날에도 심한 통증의 완화를 위해 처방된다. 투여 시 무기력·졸음·혼란·희열·만성 변비·호흡 억제 등을 유발하며, 규정 용량이나 기간을 초과하여 투여하면 중독을 일으킬 수 있다.

모르핀 분자 구조의 치환은 그 생리 작용을 변화시킨다. 페놀성 하이드록실기(—OH)를 메톡시기(—OCH_3)로 치환하면 코데인이 된다. 코데인은 아편에 약 0.7~2.5% 수준으로 존재하지만, 통상 더 풍부한 모르핀을 메틸화하여 합성한다. 코데인은 작용이 모르핀과 유사하나 효력이 약하고, 수면 유도 경향과 중독성이 더 적다. 중등도 통증 완화를 위해 코데인은 아세트아미노펜(Tylenol 2, Tylenol 3)이나 아스피린(Empirin Codeine)과 복합하여 사용된다. 기침 억제 목적에는 액상 제제로 투여되는데, 이는 보다 강력한 마약성 진통제보다 규제가 비교적 덜 엄격하다.

모르핀 분자의 두 —OH기를 아세테이트 에스터기로 전환하면 헤로인(디아세틸모르핀)이 생성된다. 이 반합성 모르핀 유도체는 1874년에 독일 바이엘사의 화학자들이 처음 제조했다. 1890년경에는 모르핀 중독의 해독제로 제안되었고, 곧 기침 진정제로 광범위하게 광고되었으며(종종 아스피린 광고와 함께 게재), 이후 헤로인이 모르핀보다 더 빠르게 중독을 유발하고 치료가 더 어렵다는 사실이 확인되었다.

헤로인의 생리 작용은 모르핀과 유사하다. 헤로인은 모르핀보다 극성이 낮아 뇌의 지방 조직에 더 빠르게 침투하며, 모르핀보다 더 강한 희열을 유발하는 것으로 보인다. 헤로인은 미국에서 처방 여부와 관계없이 불법이다. 그러나 영국에서는 말기 암 환자의 통증 완화에 사용된다.

중독은 대체로 세 가지 구성 요소, 즉 심리적 의존, 신체적 의존, 내성으로 설명된다. 심리적 의존은 약물에 대한 통제 불가능한 갈망으로 드러난다. 신체적 의존은 경련과 같은 급성 금단 증상으로 나타난다. 내성은 시간이 지날수록 동일한 정도의 진정(마취)과 진통을 얻기 위해 점점 더 많은 용량이 필요해지는 사실에서 확인된다.

헤로인 및 기타 마약성 진통제로 인한 사망은 대개 과다복용으로 돌려지지만, 항상 명확한 것은 아니다. 문제의 핵심은 종종 품질 관리에 있다. 불법 유통 약물은 오염 물질을 함유하는 경우가 많고, 효력이 크게 변동될 수 있다.

모르핀만큼 통증 완화에 효과적이면서도 중독성이 없는 약물을 개발하려는 연구가 활발히 진행되어 왔다. 현재 여러 합성 마약성 진통제가 사용가능하며, 일부 대표적 약물은 표 15.1에, 이들 및 기타 마약성 진통제의 구조식은 그림 15.5에 제시되어 있다.

옥시코돈은 코데인 계열의 반합성 오피오이드로, 중등도에서 중증까지 통증 완화에 사용된다. 단일 성분제로도, 아세트아미노펜·이부프로펜·아스피린과의 복합 제제로도 제공된다. 서방형 제제는 옥시콘틴(OxyContin®)이라 하며, 도취감 효과 때문에 남용되어 제네릭을 포함해 불법 유통이 광범위하다. 또 다른 합성 마약성 진통제인 하이드로코돈은 항상 아세트아미노펜 또는 다른 약물과 복합되며, HYCD/APAP(하이드로코돈/아세트아미노펜) 조합은 2013년 미국에서 가장 많이 처방된 약물로, 신규·재처방이 1억 3,700만 건에 달했다. 펜타닐은 특히 강력하여 소량으로도 치명적일 수 있다. 실제로 많은 사법 집행기관이 의심되는 약물 관련 물품을 취급할 때 극도의 주의를 권고한다.

미국에서 불법 오피오이드 사용 문제는 빠르게 악화되었다. 2016년 약물 과다복용 사망이

▲ **그림 15.4** 아편양귀비의 씨방. 씨방의 절개부에서 수지성 유액이 분비되며, 이를 건조하면 아편이 된다. 생아편 중량의 약 10%는 모르핀이다.

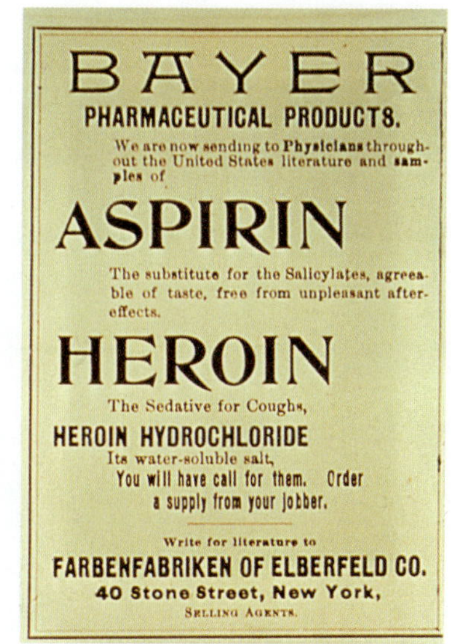

▲ 1900년에 헤로인은 안전한 약으로 여기고 기침 억제제로 널리 사용되었다. 또한 모르핀의 비중독성 대체제로 생각되었다.

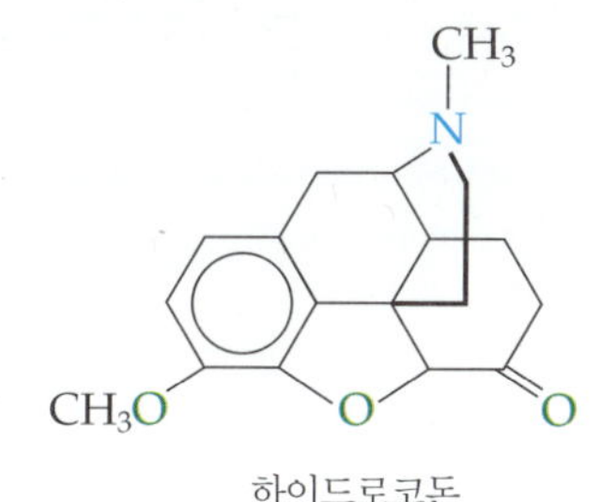

하이드로코돈

표 15.1 일부 합성 마약성 진통제

성분(상품명)	작용 지속 시간(h)	모르핀 30 mg에 상응하는 경구 용량(mg)
메페리딘(Demerol®)	2~4	300
하이드로코돈	4~8	20
펜타닐	1~2[a]	< 1
옥시코돈	4~6[b]	20
하이드로모르폰(Dilaudid®)	4~5	7.5
메타돈	4~6[c]	해당 없음

[a] 만성 통증에서 경피 패치로 사용한다.
[b] 서방형 제제(예: OxyContin)로 자주 처방되며, 12시간 간격 투여가능하다.
[c] 헤로인 중독 치료에 사용되며, 통상 진통 목적으로는 투여하지 않는다.

▶ **그림 15.5** 일부 합성 마약성 진통제의 구조식. (a) 메페리딘(Demerol), (b) 메타돈, (c) 펜타조신(Talwin), (d) 날록손

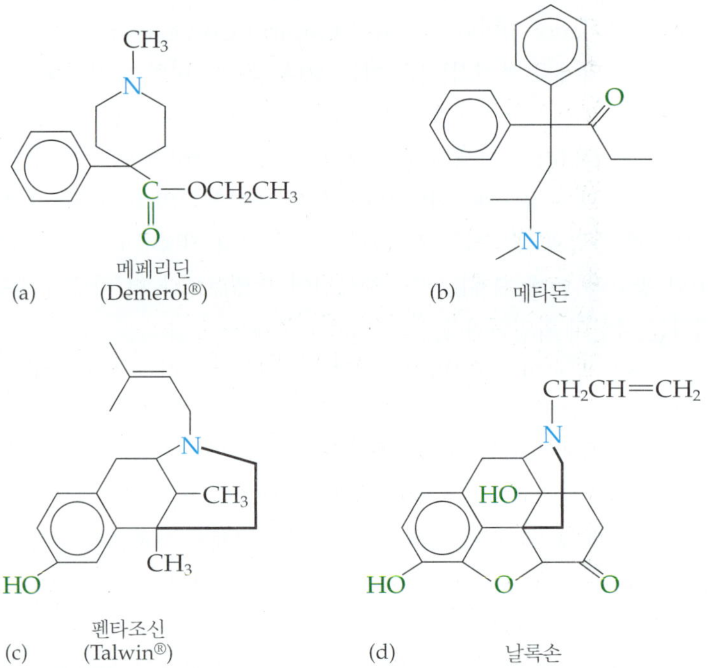

6만 4,000건을 넘었고, 50세 미만 미국인 사망의 약 3분의 2가 약물 과다복용과 연관되었다. 이들 사망의 적어도 절반은 '처방약'과 관련이 있었는데, 일부는 국경을 넘어 유입되며 상당수는 '필 밀(pill mills)'이라 불리는 처방 남발 클리닉을 통해 쉽게 입수되었다. 이른바 오피오이드 위기는 공중보건 비상 사태로 선포되었고, 인적 피해뿐 아니라 경제적 비용(2016년 기준 5,000억 달러 이상)도 초래했다. 처방 오피오이드 사용을 제한하기 위한 조치로 2014년에 일부 약물이 재분류되었고, 재처방(리필) 금지 및 매회 신규 처방전 발급이 의무화되었다.

메타돈은 합성 마약성 진통제로, 헤로인 중독 치료에 널리 쓰인다. 헤로인처럼 중독성이 크지만, 경구 투여 시 헤로인 중독에 특징적인 졸린 혼수를 유발하지 않아, 유지 요법 중인 사람은 대체로 사회·직업 기능을 유지할 수 있다. 메타돈 복용자가 다시 헤로인 남용으로 돌아가더라도, 체내의 메타돈은 헤로인이 유발하는 급격한 희열을 효과적으로 차단하여 사용 유혹을 줄여준다.

모르핀 작용제와 길항제

화학자들은 많은 모르핀 유사체를 합성했으나, 뚜렷한 진통 활성을 보이는 것은 드물고 그중 다수는 중독성이 있다. 모르핀은 뇌의 수용체에 결합하여 작용한다. 모르핀 수용체에는 벤젠 고리를 수용하는 평평한 결합 부위, 탄소 2개를 수용하는 공동(cavity), 질소 원자와 결합하는 음이온성 부위가 존재한다. 모르핀과 유사한 작용을 보이는 분자를 모르핀 **작용제**(agonist)라 한다. 모르핀 **길항제**(antagonist)는 모르핀 수용체를 차단하여 모르핀의 작용을 억제한다. 일부 분자는 작용제와 길항제의 양면 효과를 모두 지닌다. 예를 들어 펜타조신(그림 15.5c)은 모르핀보다 중독성이 낮고, 진통에 효과적이다.

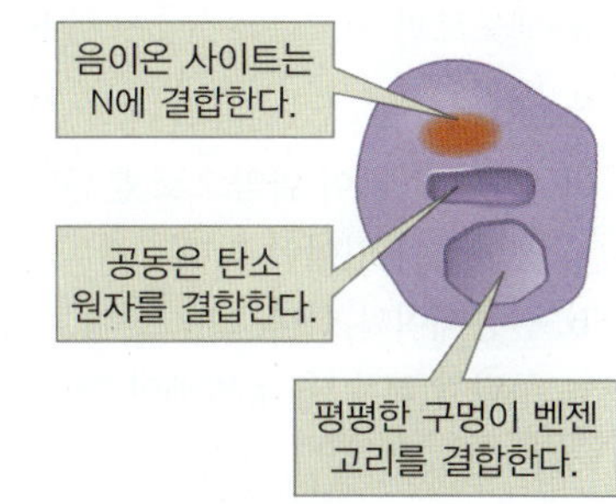

▲ 모르핀 수용체의 그림

순수 길항제인 날록손(그림 15.5d)은 아편계 중독 치료에 사용될 수 있다. 과다복용한 중독자도 날록손 주사로 사망 직전 상태에서 회복될 수 있다. 또 다른 비교적 신규 약물인 부프레노르핀(buprenorphine)은 오피오이드 중독 치료에 유망함을 보인다. 메타돈은 현장(클리닉)에서 매일 투여해야 하지만, 부프레노르핀을 월 1회 처방하는 방식의 유효성을 평가하는 연구가 진행 중이다.

천연 아편계 물질: 엔도르핀과 엔케팔린

모르핀은 뇌의 특정 수용체에 결합하여 작용한다. 그렇다면 인체의 뇌에 식물 유래 약물인 모르핀을 위한 수용체가 존재하는 이유는 무엇인가? 과학자들은 신체가 스스로 이 수용체에 맞는 물질을 생성한다고 결론지었다. 실제로 인체는 **엔도르핀**(endorphin, "endogenous morphine"에서 유래)이라 불리는 여러 모르핀 유사 물질을 만든다. 각 엔도르핀은 아미노산으로 이루어진 짧은 펩타이드 사슬이며, 5개 아미노산으로 된 것은 '엔케팔린'이라 한다. 엔케팔린은 두 종류가 있으며, 사슬 말단의 아미노산만 다르다. *Leu*-엔케팔린의 서열은 Tyr-Gly-Gly-Phe-Leu, *Met*-엔케팔린의 서열은 Tyr-Gly-Gly-Phe-Met이다. 다른 엔도르핀은 30개 이상의 아미노산으로 이루어진 사슬을 가진다.

일부 엔케팔린은 합성되어 강력한 진통 효과가 확인되었다. 그러나 이들은 체내의 단백질 가수분해효소에 의해 급속히 분해되므로 의학적 활용은 매우 제한적이다. 연구자들은 가수분해에 더 잘 견디는 유사체를 설계하여 통증 완화를 위한 모르핀 대체제로 쓰고자 노력해왔다. 안타깝게도 천연 엔케팔린과 그 유사체는 모르핀과 마찬가지로 중독성을 보이는 것으로 여겨진다.

엔도르핀은 격렬한 운동이나 통증에 반응하여 방출되는 것으로 보인다. 운동은 뇌의 혈류 공급을 증가하고, **신경영양인자**(neurotrophin)를 생성하여 뇌세포 성장을 촉진함으로써 뇌에 직접적 영향을 준다. 무용 동작과 같이 복잡한 움직임을 포함한 운동은 신경 세포 간 연결을 증가한다. 규칙적으로 운동하면 근육과 뇌 모두 더 잘 기능한다.

또한 침술이 진통성 뇌 '아편계 물질'의 방출을 유발한다는 근거도 있다. 긴 바늘이 심부 감각 신경을 자극하여 펩타이드를 방출시키고, 이들이 일시적으로 통증 신호를 차단한다.

엔도르핀 방출은 과거에 주로 심리적 현상으로 여겨졌던 다른 현상들도 설명한다. 예를 들어 전투 중 부상당한 병사가 교전이 끝날 때까지 통증을 거의 느끼지 못하는 경우가 있는데, 이는 신체가 자체 진통제를 분비했기 때문이다.

자가평가문제

1. 통증을 줄이는 데 작용하는 화합물의 유형은 무엇인가?
- **a.** 진통제 **b.** 항응고제
- **c.** 항히스타민제 **d.** 해열제

2. 다음 중 항응고제가 아닌 것은 무엇인가?
- **a.** 아세트아미노펜 **b.** 아스피린
- **c.** 이부프로펜 **d.** 나프록센

3. 알레르겐은 무엇의 방출을 유발하는가?
- **a.** 엔도르핀 **b.** 히스타민
- **c.** 프로스타글란딘 **d.** 발열원

4. 모르핀 분자에 아세틸기를 붙여 만든 반합성 아편계 약물은 무엇인가?
- **a.** 헤로인 **b.** MDMA
- **c.** 메페리딘 **d.** 메타돈

5. 헤로인 중독 치료에 사용되어온 것은 무엇인가?
- **a.** 엔도르핀 **b.** 메타돈
- **c.** 모르핀 **d.** 아편

6. 격렬한 운동 후 '높음'을 유발할 수 있을 만큼 아편계 효과를 모방하는 물질은 무엇인가?

a. 엔도르핀　　b. 히스타민
c. 발열원　　d. 티록신

7. 미국에서 약물이 마약으로 분류되려면 무엇을 충족해야 하는가?
a. 중독성이 있어야 한다.
b. 진통제여야 한다.
c. 무감각(혼수)을 유발해야 한다.
d. 전신 마취제여야 한다.

8. 생아편의 건조 중량 중 모르핀이 차지하는 비율은 대략 얼마인가?
a. 2%　　b. 5%　　c. 10%　　d. 25%

정답: 1. a, 2. a, 3. b, 4. a, 5. b, 6. a, 7. a, 8. c

15.3 약물과 감염성 질환

학습 목표
- 흔한 항균제를 열거하고, 각 약물의 작용 기전을 설명한다.
- 항바이러스제의 주요 범주를 열거하고, 각 범주의 작용 기전을 설명한다.

한 세기 전만 해도 미국에서 감염성 질환은 주요 사망 원인이었다(그림 15.6). 남북전쟁 당시에는 수천 명의 부상병이 팔이나 다리의 절단술을 필요로 했으며, 병원에 온 환자의 거의 80%가(대부분 감염으로) 사망했다. 오늘날 감염성 질환 범주는 주요 사망 원인 상위 10개 목록의 하위권으로 내려 왔다(이런 10개 원인이 미국 전체 사망의 4분의 3 이상을 차지한다). 많은 질환이 항균제의 사용으로 통제되었다.

항균제

최초의 항균제는 설파제(sulfa drug)로, 그 원형은 1935년 독일 화학자 Gerhard Domagk (1895~1964)가 발견했다. 설파제는 제2차 세계대전 동안 상처 감염 예방에 광범위하게 사용되었고, 그 결과 이전 전쟁에서라면 사망했을 많은 병사가 생존할 수 있었다.

가장 단순한 설파제인 설파닐아마이드는 분자 수준에서 작용 원리가 밝혀진 초기 약물 중에 하나였다. 그 효과는 일종의 오인에 기반한다. 세균은 엽산을 합성하기 위해 파라-아미노벤조산(PABA)이 필요한데, 엽산은 세균의 정상적 성장에 필요한 특정 화합물의 형성에 필수적이다. 그런데 세균 효소는 설파닐아마이드와 PABA의 분자 구조가 매우 유사하기 때문에 두 물질을 구별하지 못한다.

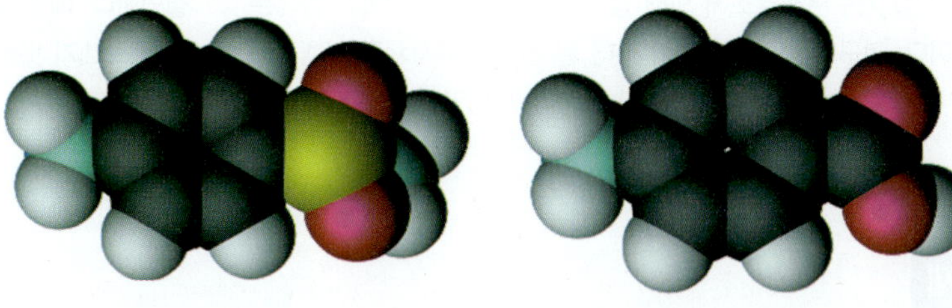
설파닐아마이드　　파라-아미노벤조산

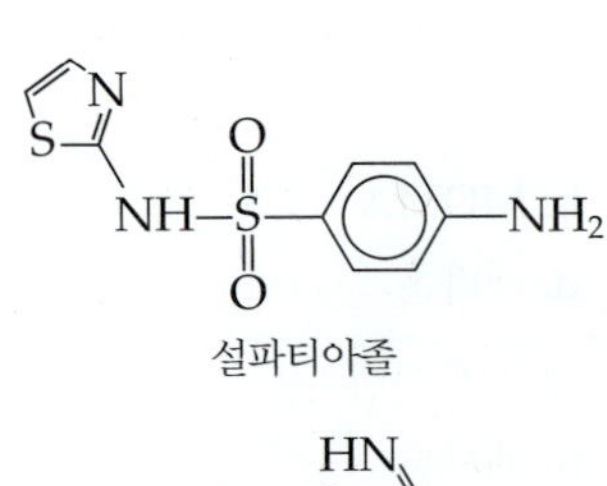
설파티아졸
설파구아니딘

감염 부위에 설파닐아마이드를 고용량으로 적용하면 세균은 이를 가짜 엽산 합성에 편입하게 되고, 그러한 분자는 정상 기능을 하지 못하므로 세균 증식이 정지한다. 수천 종의 설파닐아마이드 유사체가 개발·시험되었지만, 오늘날 실제로 쓰이는 것은 많지 않다. 흔한 예로 설파티아졸과 설파구아니딘이 있다. 일부 설파제는 신장 손상 등 부작용을 유발할 수 있다.

다음으로 중요한 발견은 페니실린이라는 **항생제**(antibiotic)이다. 항생제란 곰팡이나 세균에서 유래하는 수용성 물질로 다른 미생물의 성장을 억제한다. 페니실린은 1928년에 처음 발견되었으나 1941년에서야 사람에게 투여되었다. 런던대학에 재직하던 스코틀랜드 미생물학자 Alexander Fleming(1881~1955)은 자신이 배양하던 황색포도상구균(*Staphylococcus aureus*)

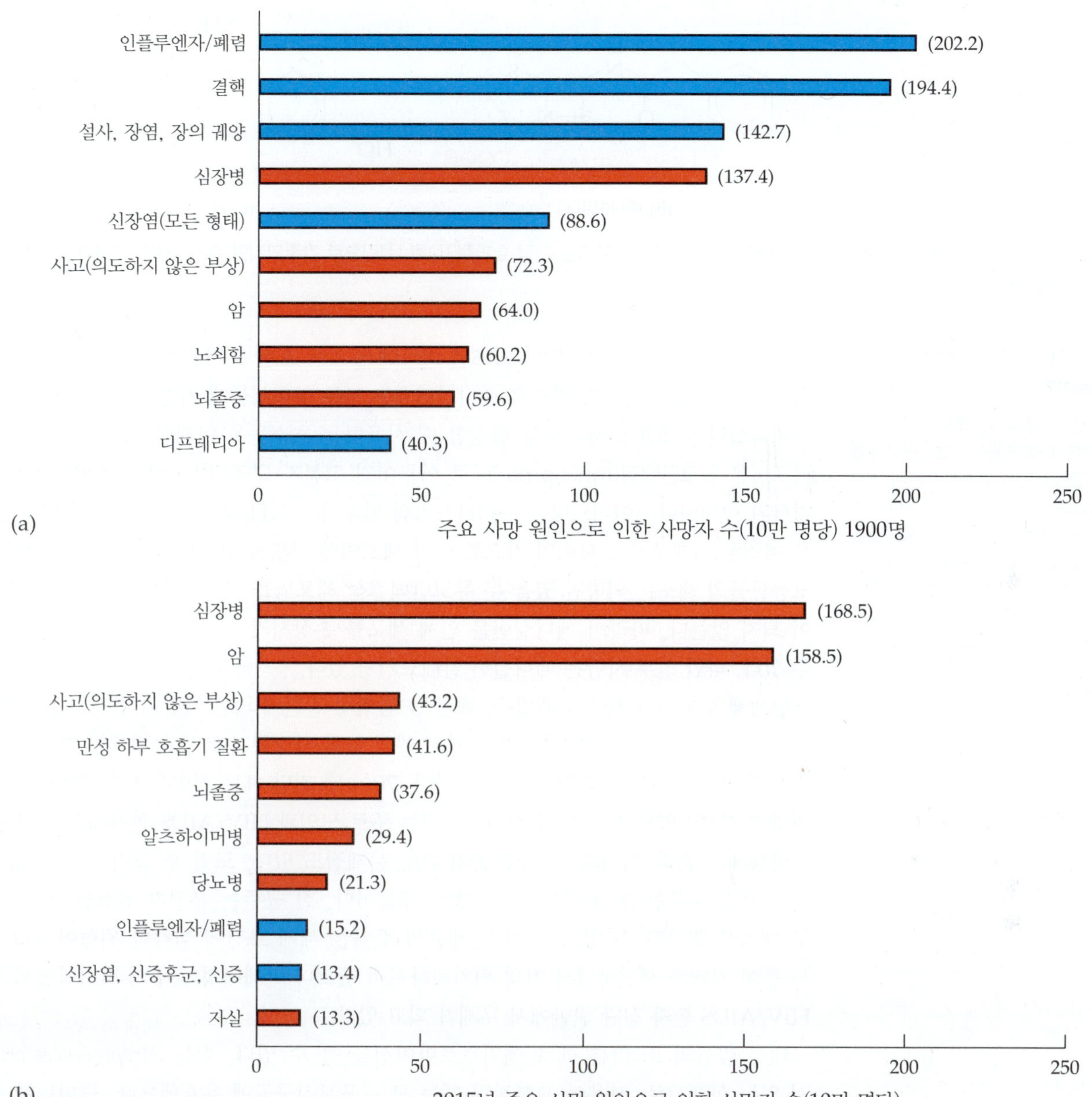

▲ **그림 15.6** (a) 1900년 미국에서는 전체 사망의 5분의 3을 차지한 10대 주요 사망 원인 중 다섯 가지가 감염성 질환(파란색 막대)이었다. (b) 2015년의 주요 사망 원인은 이른바 생활 습관병(빨간색 막대)으로, 식생활과 연관된 심장병·뇌졸중·당뇨병, 흡연과 연관된 암·폐 질환, 과도한 음주와 연관된 사고가 포함된다.

배양 접시가 푸른 곰팡이로 오염되었을 때, 그 곰팡이(*Penicillium notatum*) 주변에서 세균 집락이 소실된 것을 관찰하여 항균 작용을 최초로 알아냈다.

Fleming은 활성 물질의 조추출물을 얻는 데 성공했으며, 이후 이 물질(후에 페니실린으로 명명됨)은 영국 옥스퍼드대학의 Howard Florey(1898~1968)와 Ernst Boris Chain(1906~1979)에 의해 정제·개량되었다. 이 공로로 Fleming, Florey, Chain은 1945년 노벨 생리의학상을 공동 수상했다.

페니실린은 단일 물질이 아니라 구조가 유사한 화합물들의 계열이다(그림 15.7). 구조를 변형하여 분자를 설계하면 약물 성질을 조절할 수 있어 효능이 서로 다른 다양한 페니실린을 만들 수 있다. 일부는 경구 투여가 가능하나, 다른 일부는 주사해야 한다. 한 종류의 페니실린에 내성을 지닌 세균도 다른 페니실린으로는 사멸될 수 있다. 아목시실린은 스펙트럼이 광범위하

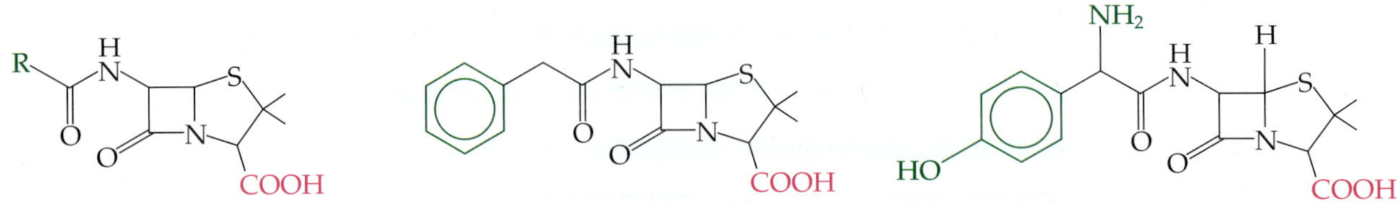

(a) 일반식 (b) 페니실린 G (c) 아목시실린

▲ **그림 15.7** 페니실린. (a) 일반식, 즉 R은 가변 곁사슬이고, (b) 페니실린 G는 가장 효과적인 페니실린으로 간주되지만 주사제로만 투여가능하고, (c) 아목시실린은 경구 투여가능하다.

여 여러 미생물에 효과적이며, 2015년 미국에서 리필 포함 5,480만 건 이상 처방되어 상위 10대 처방약에 들었다. 전반적으로 페니실린계는 모든 항미생물제 처방의 약 절반을 차지한다.

페니실린은 세균이 세포벽을 합성할 때 사용하는 효소들을 억제함으로써 작용한다. 세균의 세포벽은 **뮤코단백질**(mucoprotein)로 이루어진 고분자 구조이며, 이는 아미노당과 단백질이 결합된 형태이다. (아미노당은 —OH자리의 일부가 —NH_2로 치환된 당을 말한다.) 페니실린은 이러한 거대분자들 사이의 가교를 막아 세포벽에 구멍을 남기며, 세균은 팽윤 후 파열된다. 고등동물의 세포는 외막만 있을 뿐 뮤코단백질성 세포벽을 가지지 않으므로, 페니실린의 표적이 되지 않는다. 따라서 페니실린은 인체 세포를 손상시키지 않고 세균만 선택적으로 파괴할 수 있다. 다만 일부 사람은 페니실린 알레르기가 있다.

항생제의 도입 초기에는 패혈증, 폐렴 등 감염성 질환에 의한 사망이 현저히 감소했다. 1941년 이전에는 중증 세균 감염 환자가 거의 예외 없이 사망했지만, 오늘날에는 면역 기능이 손상된 경우를 제외하면 그러한 사망은 드물다. 70여 년 전만 해도 폐렴은 모든 연령층이 두려워한 치명적 질환이었으나, 오늘날 선진국에서는 주로 노인과 HIV/AIDS 환자에서 치명적이다.

항생제는 흔히 '기적의 약'으로 불리지만, 문제점도 있다. 도입 후 그리 오래지 않아 병원체들이 내성 균주를 만들어내기 시작했기 때문이다. 한 균주는 유전자 공유를 통해 다른 균주로 내성을 전파할 수 있으며, 내성 세균의 증가는 세계 보건에 심각한 위협이 되고 있다. 예를 들어 결핵은 선진국에서 거의 퇴치되다시피 했으나 약제내성 균주가 러시아에서 창궐하고, HIV/AIDS 환자 집단 전반에서 문제가 되고 있다.

내성 발현의 또 다른 예로 에리트로마이신을 들 수 있다. 이는 *Streptomyces erythreus*에서 얻는 항생제로, 사용이 제한적일 때는 모든 포도상구균에 유효했으나, 광범위한 사용 뒤에는 내성 균주가 출현했다. 포도상구균 감염은 오늘날 병원 내 감염의 중요 문제가 되었고, 입원 중 중증 세균 감염이 발생하여 사망에 이르는 경우도 있다. 미국질병통제예방센터(CDC)는 2011년 기준으로 매년 8만 건 이상의 중증 질환과 약 11,285건의 사망이 포도상구균 감염과 관련된다고 추정했다. 이후 감염 예방 절차를 도입한 병원이 늘면서 감염 감소가 관찰되었다는 연구 결과도 보고되었다.

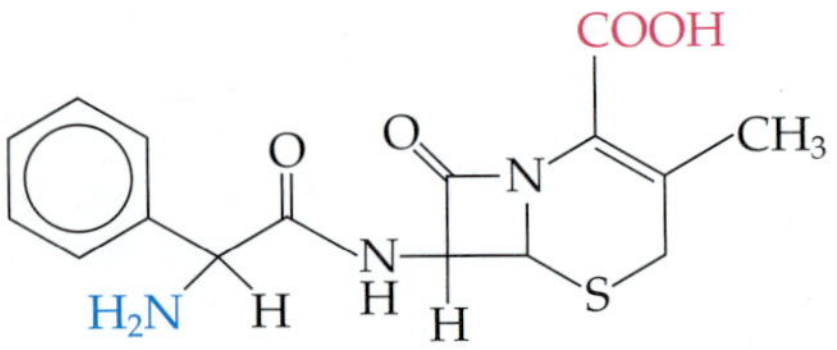

내성 균주의 확산을 앞질러 대응하기 위해 과학자들은 새로운 항생제를 계속해서 탐색하고 있다. 페니실린은 세팔렉신(Keflex®) 등 **세팔로스포린**이라 불리는 관련 화합물에 의해 부분적으로 대체되었다. 불행히도 현재 일부 세균 균주는 세팔로스포린에도 내성을 보인다.

항생제 분야의 또 다른 중요한 진전은 **테트라사이클린**이라 불리는 화합물 계열의 발견이었다. 이 4개의 고리를 갖는 화합물 중에 최초의 것인 클로르테트라사이클린(Aureomycin®)은 1948년 미국의 Benjamin Duggar(1872~1956)가 *Streptomyces aureofaciens*에서 분리했다. 이어 1950년에는 화이자 연구소의 과학자들이 *Streptomyces rimosus*로부터 옥시테트라사이클린(Terramycin®)을 분리했고, 두 약물 모두가 지금은 *Streptomyces viridifaciens*에서 얻는 테

3 증상이 나아진 뒤에도 왜 항생제를 계속 복용해야 하는가?

항생제는 세균의 성장을 억제한다. 처방은 모든 세균을 완전히 제거하는 데 필요한 기간을 기준으로 작성된다. 치료 초기에 세균의 큰 비율이 사멸하므로 환자는 훨씬 호전된다고 느낄 수 있다. 그러나 일부 세균은 더 오래 걸릴 수 있다. 남아 있는 세균이 증식하여 감염이 재발하지 않도록 처방된 전량을 끝까지 복용하는 것이 중요하다. 살아남은 세균은 해당 약물에 대한 내성을 발달시킬 가능성이 더 크다.

세팔렉신

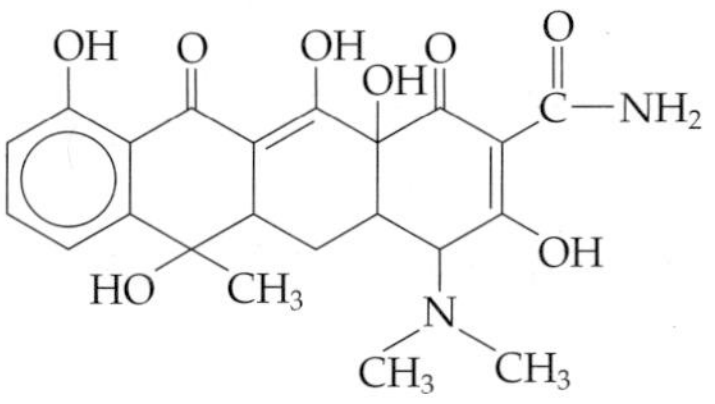

테트라사이클린

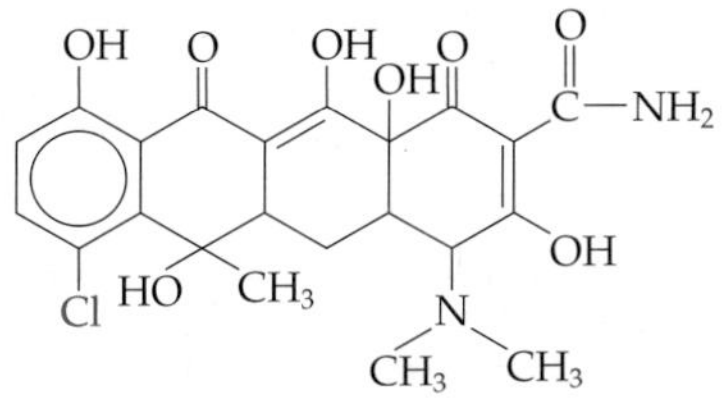

클로로테트라사이클린
(Aureomycin®)

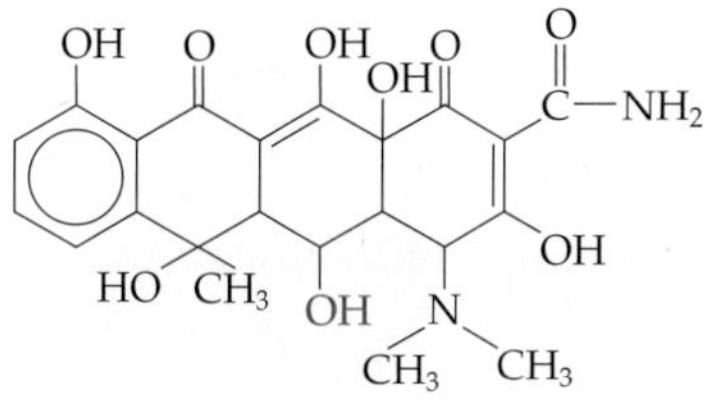

옥시테트라사이클린
(Terramycin®)

▲ **그림 15.8** 세 가지 테트라사이클린 항생제. 미묘한 구조적 차이는 색으로 강조되어 있다.

트라사이클린의 유도체임이 밝혀졌다. 이 세 화합물(그림 15.8)은 모두 **광범위 항생제**(broad-spectrum antibiotics)로 다양한 세균에 효과적이다.

테트라사이클린은 세균 리보솜에 결합하여 세균성 단백질 합성을 억제하고, 그 결과 세균의 증식을 차단한다. 반면 포유류 리보솜에는 결합하지 않아 숙주 세포의 단백질 합성에는 영향을 주지 않는다. 다만 여러 병원체에서 테트라사이클린 내성 균주가 출현했다. 소아에게 투여하면 영구치 변색을 유발할 수 있고(치아가 수년 뒤에 맹출하더라도), 같은 이유로 임신 중 테트라사이클린을 피할 것을 권고한다. 이는 치아 형성기 동안 테트라사이클린과 칼슘이 상호작용하기 때문으로, 우유 등 식품 속 칼슘 이온이 테트라사이클린 분자의 하이드록실기와 결합한다.

플루오로퀴놀론계 항생제는 1986년에 처음 도입되었으며, 현재 전 세계 420억 달러 규모 항생제 시장의 약 3분의 1을 차지한다. 이 계열 약물은 광범위한 세균에 작용하고 부작용이 비교적 적은 것으로 여겨지며, 특히 페니실린 내성 세균에 대한 치료에 많이 쓰인다. 작용 기전은 DNA 자이레이스라는 효소의 작용을 방해하여 세균 DNA 복제를 억제하는 것이다. 사람은 이 효소를 가지지 않으므로, 플루오로퀴놀론은 인체 세포에 해를 주지 않는다. 다른 항생제와 작용 기전이 다르기 때문에 내성 출현이 더디기를 기대했으나 이미 내성 사례가 보고되었다.

플루오로퀴놀론은 구조-활성 상관 관계(SAR)가 뚜렷하여 화학자와 약리학자에게 특히 관심을 받고 있다. 이는 이 계열의 신규 약물의 설계·합성에 합리적이고 체계적인 접근을 가능하게 한다. 플루오로퀴놀론의 기본 골격 구조는 다음과 같다.

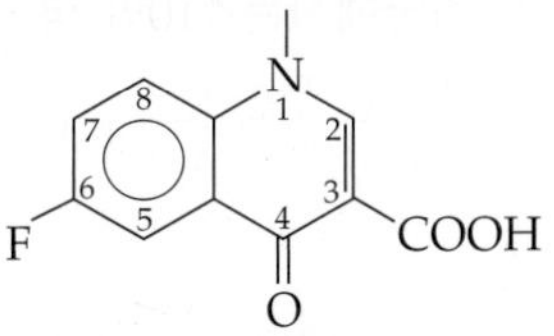

6번 위치의 플루오린 원자는 경구 투여 시 광범위 항균 활성에 필요하다. 또한 3번 위치의 카복실기(—COOH)와 4번 위치의 카보닐 산소(=O)는 세균 DNA 복합체 결합에 핵심적이어서 약효에 직접 관여한다. 7번 위치의 질소함유 고리 또는 8번 위치의 메톡시기(—OCH_3)는 효과가 미치는 세균 범위를 확대하며, 8번 위치의 부피 큰 치환기는 신경계 부작용을 감소하는 경향이 있다. 이러한 특징들 중 몇 가지는 시프로플록사신(Cipro®)에서 확인할 수 있다.

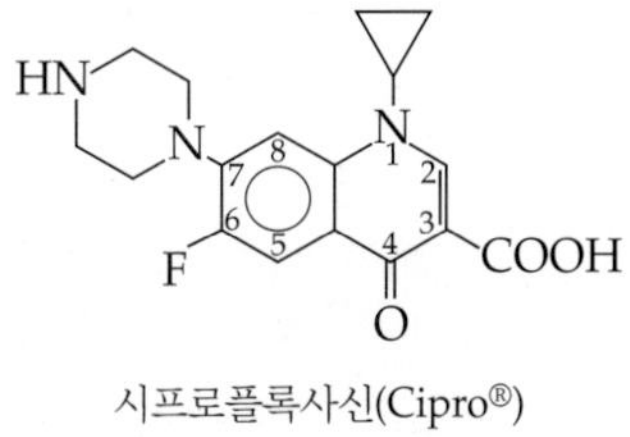

시프로플록사신(Cipro®)

바이러스와 항바이러스제

우리 대부분에게 항생제는 폐렴이나 디프테리아와 같은 세균성 감염의 공포를 사라지게 했다. 내성 세균 균주를 우려하긴 하지만, 대다수의 사람들에게 이러한 문제는 극복 불가능한 수준은 아니다. 그러나 바이러스성 질환은 항생제로 치유할 수 없으며 감기, 인플루엔자, 헤르페스, **후천성면역결핍증후군**(acquired immune deficiency syndrome, AIDS)에 이르기까지 바이

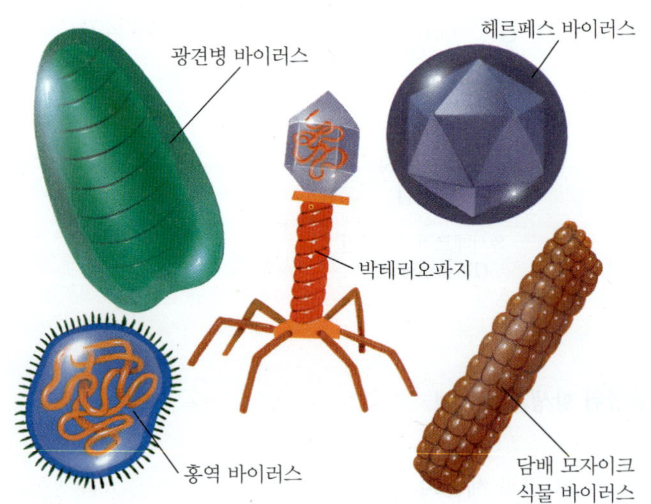

▲ **그림 15.9** 바이러스는 단백질 외피에 따라 형태가 다양하다.

러스 감염은 여전히 우리를 괴롭힌다. 소아마비, 유행성이하선염(볼거리), 홍역, 천연두와 같은 일부 바이러스 감염은 예방접종으로 예방할 수 있다. 인플루엔자 백신은 흔히 재순환하는 독감 바이러스의 일부 균주에 대해서는 상당히 효과적이지만, 이들 바이러스에는 매우 다양한 균주가 존재하고 새로운 균주가 주기적으로 나타난다.

DNA 바이러스와 RNA 바이러스

바이러스는 핵산과 단백질로 구성되어 있다(그림 15.9). 그들은 단백질 분자의 반복적인 패턴을 보여주는 외부 표피를 가지고 있다. 일부 외피는 지질막을 포함하기도 하고, **당단백질**이라고 하는 당-단백질 조합을 가지고 있기도 한다. 바이러스의 유전 물질은 DNA 또는 RNA이다. **DNA 바이러스**는 DNA가 복제되는 숙주 세포의 위치로 이동하여 숙주 세포가 바이러스 단백질을 생산하도록 지시한다. 바이러스 단백질과 바이러스 DNA는 숙주 세포에 의해 새로운 바이러스로 조립되어 방출된다. 이 새로운 바이러스는 다른 세포에 침입하여 작용을 계속할 수 있다.

대부분의 **RNA 바이러스**도 대체로 비슷한 방식으로 핵산을 이용한다. 바이러스가 숙주 세포의 RNA 가닥이 복제되는 부위까지 침투하여 바이러스 단백질 합성을 유도하고, 새로 만든 RNA 가닥과 바이러스 단백질이 새 바이러스로 조립된다. 이와 달리 **레트로바이러스**(retrovirus)라 불리는 일부 RNA 바이러스는 숙주 세포 안에서 DNA를 합성한다. 이는 세포에서 정상적으로 일어나는 DNA를 RNA 전사하는 과정(13.10절)과 반대된다('retro'는 '거꾸로'를 뜻함). **역전사효소**가 RNA를 주형으로 하여 DNA를 합성하는 반응을 촉매한다. AIDS를 일으키는 사람면역결핍바이러스(HIV)는 레트로바이러스이다. HIV는 T세포(감염으로부터 신체를 방어하는 백혈구의 일종)에 침입하여 결국 파괴한다. T세포가 파괴되면 AIDS 환자는 폐렴이나 다른 감염으로 쓰러지기 쉽다.

전 세계적으로 2016년에는 3,670만 명이 AIDS 상태로 생활하고 있었고, 이미 3,500만 명 이상이 AIDS로 사망했으며 2016년 한 해에만 100만 명이 추가로 사망했다. 또한 2016년에 약 180만 명이 HIV에 새로 감염되었다. 미국에서는 110만 명 이상이 HIV/AIDS와 함께 살고 있으며, 매년 약 4만 건의 신규 HIV 감염이 발생한다.

항바이러스제

과학자들은 일부 바이러스에 효과를 보이는 다양한 약물을 개발했으나, 그 어느 것도 치료제는 아니다. 몇 가지 흔한 항바이러스제의 구조는 그림 15.10에 제시되어 있다. 또 다른 항바이러스제인 아시클로비르(Zovirax®)는 수두, 대상포진, 구순포진, 생식기 헤르페스의 증상 완화에 사용된다.

항레트로바이러스제는 HIV와 같은 레트로바이러스의 증식을 억제하며 AIDS 치료에 사용된다. 다음은 항레트로바이러스제의 세 가지 주요 범주이다.

- 뉴클레오사이드 유사체(NRTI): 바이러스 DNA 내 뉴클레오사이드를 유사체로 치환하여 레트로바이러스를 약화시키고 복제를 지연시킨다. 예를 들어 디다노신(ddI, Videx®), 라미부딘(3TC, Epivir®), 스타부딘(d4T, Zerit®), 잘시타빈(ddC, Hivid®), 지도부딘(AZT, Retrovir®), 테노포비르(복합제 Atripla®의 구성 성분)이다.
- 비뉴클레오사이드 역전사효소 억제제(NNRTI): 역전사효소의 정상 작용을 방해하여 레트로

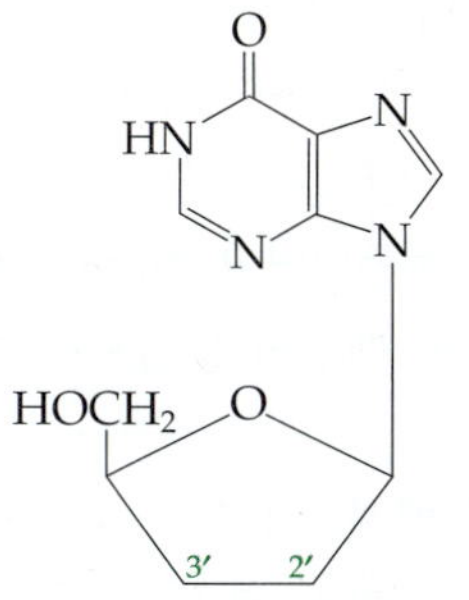

(a) 2′,3′-디데옥시이노신(ddI)

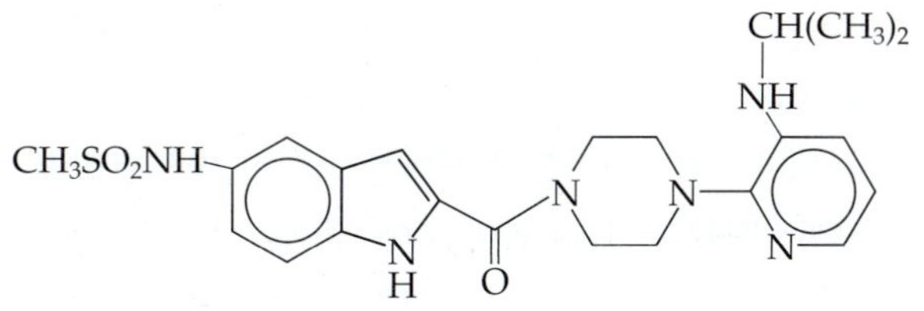

(b) 델라비르딘

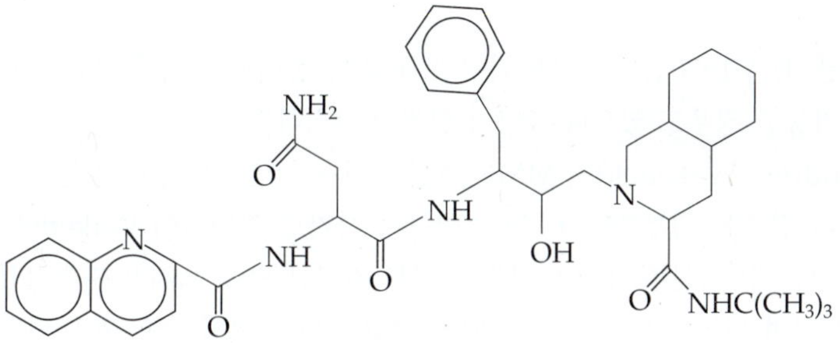

(c) 사퀴나비르

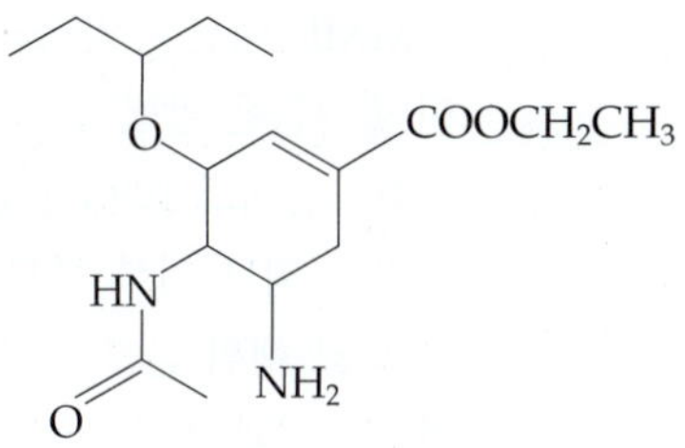

(d) 오셀타미비르

◀ **그림 15.10** 일부 항바이러스제. (a) 디다노신은 뉴클레오사이드 유사체, 즉 뉴클레오사이드 역전사효소 억제제(NRTI)이다. (b) 델라비르딘은 비뉴클레오사이드 역전사효소 억제제(NNRTI)이다. (c) 사퀴나비르는 프로테이스 억제제이다. (d) 오셀타미비르(Tamiflu®)는 질병 초기에 투여하면 인플루엔자를 예방할 수 있다.

바이러스 복제가 이루어지지 못하게 한다. 예를 들어 델라비르딘(Rescriptor®), 에파비렌즈, 릴피비린, 네비라핀(Viramune®)이다.

- **프로테이스 억제제**: 프로테이스를 차단하여 새로 만들어진 레트로바이러스 복제체가 새로운 세포를 감염하지 못하게 한다. 예를 들어 리토나비르(Norvir®), 다루나비르, 아타자나비르, 사퀴나비르(Invirase®)이다.

복합 요법이 단일 약물보다 대체로 더 효과적으로 보인다. 예를 들어 Atripla®는 에파비렌즈, 엠트리시타빈, 테노포비르를 함유한 하루 1회 단일정 요법으로, 장기간 HIV를 조절할 수 있다.

기초 연구와 신약 개발

바이러스로 인한 질환을 치료할 약을 개발하기 위해서는 먼저 정상 세포의 생화학을 이해해야 했다. 미국 노스캐롤라이나의 버로즈웰컴연구소의 Gertrude Elion(1918~1999)과 George Hitchings(1905~1998), 런던 킹스대학의 Sir James Black(1924~2010)은 항바이러스제와 다수의 항암제(15.4절) 개발로 이어진 기초 생화학 연구의 상당 부분을 수행했다. 이들은 세포막 수용체의 형태를 규명하고 정상 세포의 작동 원리를 밝혔으며, 이를 바탕으로 감염 세포의 수용체를 차단하는 약물을 설계할 수 있었다. Elion, Hitchings, Black은 이 업적으로 1988년 노벨 생리의학상을 공동 수상했다.

초기의 신약 설계는 흔히 시행착오적이었다. 오늘날에는 고성능 컴퓨터를 이용해 수용체에 잘 맞도록 분자를 설계하여 신약 설계가 훨씬 정밀한 과학으로 발전했다.

4 감기나 독감에 효과 있는 약은 어떤 것들인가?

감기와 독감은 바이러스 감염의 결과이다. 항생제는 세균에 대해서만 효과가 있으며, 바이러스는 돌연변이 속도가 매우 빨라 치료가 훨씬 더 어렵다. 오셀타미비르(Tamiflu®)와 같은 일부 처방약은 발병 후 1~2일 이내에 복용하면 독감의 증상 및 경과에 미치는 영향을 최소화할 수 있다. 그러나 감기에 대해서는 아직 효과적인 치료법이 없는데, 감기는 약 200종의 리노바이러스 중에 어느 것에 의해서도 유발될 수 있다. 이에 따라 원인 치료가 아닌 증상 완화를 돕는 치료가 널리 사용된다.

예방접종을 통한 바이러스성 질환의 예방

많은 바이러스성 질환에는 아직 유효한 치료제가 없다. 그러나 예방접종을 통해 몸이 해당 바이러스/미생물에 대한 면역을 갖도록 하면 예방이 가능한 경우가 많다. 예를 들어 소아마비,

천연두 그리고 과거에 흔했던 소아기 질환인 홍역, 볼거리, 백일해 등이 있다.

소아마비는 전 세계적 공중 보건 문제였으며, Franklin Roosevelt 대통령도 피해자 중 한 명이었다. 1952년 미국 유행 시 보고된 환자가 5만 명을 넘었고, 그중 약 절반이 마비를 겪었다. Jonas Salk(1914~1995)가 개발한 백신이 1955년 도입되어 널리 접종되었고, 이어 Albert Sabin(1906~1993)은 1960년대 초에 경구용 백신을 개발했다. 이러한 백신의 도입으로 미국과 거의 전 세계에서 소아마비의 유행이 종식되었다.

천연두 백신은 훨씬 이른 시기부터 접종되었으며, 가장 잘 알려진 백신은 Edward Jenner (1749~1823)가 1796년에 개발한 것이다. 미국에서는 1972년에 천연두 백신 접종이 중단되었는데, 그 당시 백신에 따른 매우 작은 통계적 위험이 질병에 걸릴 위험보다 더 크다고 판단되었기 때문이다.

MMR 백신(홍역·볼거리·풍진)은 1970년대에 개발되어 보통 취학 전의 아동에게 접종한다. 이 질병들은 발병 후 치료가 가능한 경우도 있으나 예방이 훨씬 바람직하다.

안타깝게도 1998년에는 Andrew Wakefield의 MMR 백신과 자폐증 연관을 주장한 논문을 근거로 최근 일부 부모가 자녀 접종을 거부해왔다. 해당 연구는 사기로 판명되어 Wakefield는 의료 행위 금지 처분을 받았음에도, 일부 유명 인사들이 이를 지지한 탓에 오해가 지속되었다. 그 결과 접종 기피가 확산되며 몇몇 주에서 유행 발생이 보고되었고, 예를 들어 2015년과 2016년에는 매년 6,000건이 넘는 볼거리 확진이 있었으며, 최근 몇 년 사이 홍역과 백일해 등 예방 가능 질환의 발생도 크게 늘어났다.

최근 몇 년 사이 에볼라와 지카 바이러스가 중대한 공중 보건 위협으로 부상했다. 에볼라는 출혈을 유발하며 치명률이 높고, 지카는 임신부 감염 시 선천성 기형의 발생률이 크게 증가한다. 2013~2016년 서아프리카 에볼라 유행을 계기로 백신 개발이 가속화되었고, 2016년 말에는 임상에서 유망한 백신이 등장했으며 2018년 5월 콩고민주공화국 유행 억제에 활용되었다. 지카 백신도 연구가 급증하여 추가 시험 대상 후보들이 도출되었다.

자가평가문제

1. 페니실린은 무엇의 합성을 억제하는 방식으로 작용하는가?
- **a.** 세균의 세포벽
- **b.** 엽산
- **c.** β-락탐
- **d.** 바이러스 RNA

2. 박테리아나 곰팡이에서 유래하여 다른 미생물의 성장을 억제하는 물질은 무엇인가?
- **a.** 항생제
- **b.** 항바이러스제
- **c.** 항발암물질
- **d.** 레트로바이러스

3. 위장 바이러스에 항생제를 복용하면 어떻게 되는가?
- **a.** 질병이 낫는다.
- **b.** 약물 내성 세균이 생길 가능성이 커진다.
- **c.** 증상이 완화된다.
- **d.** 병의 지속 기간이 짧아진다.

4. 바이러스는 단백질 외피가 핵심을 둘러싸는 구조로 이루어져 있다. 핵심을 이루는 것은 무엇인가?
- **a.** 지질
- **b.** 핵산
- **c.** 다당류
- **d.** 단백질

5. 대부분의 RNA 바이러스는 숙주 세포에서 RNA 가닥을 복제하고 무엇을 합성하여 증식하는가?
- **a.** 숙주 세포 지질
- **b.** 숙주 세포 단백질
- **c.** 바이러스성 다당류
- **d.** 바이러스성 단백질

6. 레트로바이러스는 숙주 세포에서 어떤 방식으로 증식하는가?
- **a.** RNA 가닥을 복제하고 바이러스 단백질을 합성한다.
- **b.** RNA 가닥을 복제하고 숙주 세포 단백질을 합성한다.
- **c.** DNA를 합성하고 새로운 바이러스를 형성한다.
- **d.** DNA를 합성하고 숙주 세포를 복제한다.

7. 디프테리아, 유행성이하선염(볼거리), 천연두와 같은 질병에 가장 적절한 대응은 무엇인가?
- **a.** 항균제
- **b.** 항바이러스제
- **c.** 테트라사이클린
- **d.** 예방접종

정답: 1. a 2. a 3. b 4. b 5. d 6. c 7. d

15.4 암과 싸우는 화학 물질

학습 목표 • 흔한 항암제의 주요 유형과 그 작용 기전을 설명한다.

수십 년간 암과 싸워왔지만 암은 여전히 두려운 질병이다. 미국에서는 매년 170만 건이 넘는 새로운 암이 진단되고, 60만 명 이상이 암으로 사망하며, 치료에 1,500억 달러가 넘는 비용이 지출된다. 과학자들이 진전을 이루어 왔지만, 여전히 할 일이 많다. 가장 큰 어려움은 암세포를 죽이는 약물이 정상 세포도 손상시킨다는 점인데, 특히 소화관을 이루는 세포나 모발을 만들어내는 세포처럼 증식 속도가 빠른 세포가 영향을 받는다. 따라서 화학 요법의 흔한 부작용에는 오심(메스꺼움)과 탈모가 포함된다. 결과적으로 암 연구의 주요 목표는 정상 세포를 지나치게 손상시키지 않으면서 암 조직만 선택적으로 제거하는 방법을 찾는 데 있다.

약물·방사선·수술 치료는 일부 암에서 높은 완치율을 보인다. 예를 들어 초기 전립선암은 치료 시 5년 생존율이 거의 100%에 이른다. 반면 폐암과 기관지암의 5년 생존율은 18%에 불과한데, 이는 진단 시점에 이미 진행된 경우가 많기 때문이다. 모든 암을 통틀어 5년 생존율은 거의 70%에 달한다. 현재 여러 범주의 항암제가 널리 사용되는데, 그중 일부를 살펴보자.

항대사제: 핵산 합성 억제

항대사제(antimetabolite)는 정상 대사에 필수적인 물질과 매우 유사한 화합물로, 그 물질이 관여하는 생리적 반응을 방해한다. 암의 특징인 빠르게 분열하는 세포에는 풍부한 DNA를 필요로 한다. 항암 항대사제는 DNA 합성을 차단하여 암세포 수의 증가를 막는다. 암세포는 급속한 성장과 세포 분열을 겪기 때문에 일반적으로 정상 세포보다 더 큰 영향을 받는다. 지난 20년간의 연구로 투여법이 정교화되어 항대사제의 효율이 향상되었다.

Gertrude Elion와 George Hitchings는 1954년에 6-메르캅토푸린(6-MP)의 특허를 받았다. 이 화합물은 뉴클레오타이드(DNA와 RNA의 인산-당-염기 단위)에서 아데닌을 대체할 수 있으며(13.9절), 이렇게 형성된 유사(가짜) 뉴클레오타이드가 아데닌과 구아닌을 포함하는 뉴클레오타이드의 생합성을 억제한다. 그 결과 DNA 합성과 세포 분열이 지연되어 암세포 증식이 억제된다. 6-MP 도입 이전에는 급성 백혈병 소아의 절반이 수개월 내 사망했으나, 다른 약물과 병용한 6-MP 치료로 약 80%의 소아 백혈병 환자가 완치될 수 있었다.

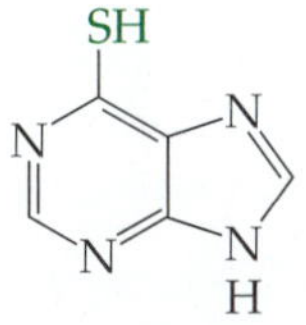

SH
N N N N H

6-메르캅토푸린

NH_2
N N N N H

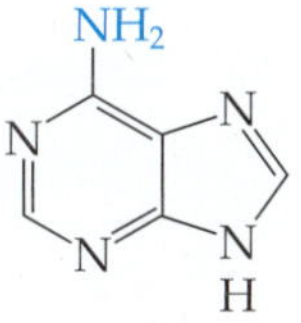

아데닌

또 다른 항대사제 5-플루오로우라실(5-FU)은 티민을 함유한 뉴클레오타이드인 티미딘의 합성을 차단하여 DNA 복제를 방해한다. 5-FU는 다양한 암, 특히 유방암과 소화관암에 사용된다.

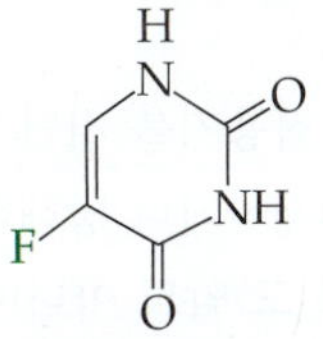

H N O NH F O

5-플루오로우라실

H N O NH O

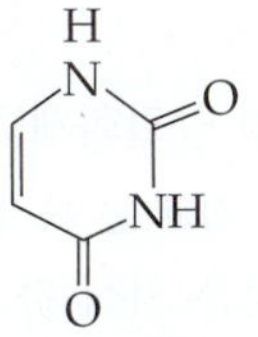

우라실

메토트렉세이트는 작용이 다소 다르다. 이는 엽산 길항제로서 세포 증식을 방해한다. 그 구조가 엽산과 유사하다는 점에 주목한다. 설파닐아마이드로부터 형성되는 유사 엽산과 마찬가지로, 메토트렉세이트는 필수 효소에 대해 엽산과 경쟁에서 우위를 점하지만, 엽산의 성장 촉진 기능은 수행하지 못한다. 다시 말해서 세포 분열이 지연되어 암 성장이 억제된다. 메토트렉세이트는 백혈병 치료에 자주 쓰이며, 건선과 류마티스 관절염과 같은 일부 염증성 질환의 치료에도 사용된다.

메토트렉세이트

엽산

알킬화제: 오래된 무기의 항암제화

알킬화제는 생물학적으로 중요한 화합물에 알킬기를 전달할 수 있는 반응성이 높은 화합물로 부가된 알킬기가 그 분자들의 정상 기능을 차단한다. 이들 중에 일부(예를 들어 질소 머스타드)는 항암제로 사용된다.

흥미롭게도, 이러한 화합물은 화학전 연구에서 파생되었다. 제1차 세계대전 동안 30종이 넘는 화학 작용제가 사용되어 9.1만 명이 사망하고 120만 명이 부상을 입었다(많은 사람이 영구 장애를 얻음). 제2차 세계대전에서는 사용이 대체로 회피되었으나, 이후 1980년대 이란-이라크 전쟁과 이라크 정부의 쿠르드 반군 공격 등 소규모 전쟁에서 사용되었고, 최근에는 시리아에서 사린이 사용되었다. 화학전 작용제는 **대량살상무기**(WMD)로 분류되며, 불량 국가나 테러 조직에 의해 사용될 위험이 있다(다른 WMD에는 핵무기와 탄저균·보툴리누스 중독 등 생물학 작용제가 포함).

원래의 머스터드 가스(이페리트)는 유황을 함유한 수포 작용제로, 제1차 세계대전 동안 사용되었다. 액체나 증기와 접촉하면 통증이 심하고 치유가 더딘 수포를 유발한다. 다만 마늘이나 서양고추냉이 같은 냄새로 비교적 쉽게 탐지된다. 머스터드 가스는 군사 기호 H로 표기된다.

$$Cl-CH_2CH_2-S-CH_2CH_2-Cl$$

머스터드 가스(H)

질소 머스타드(군사 기호 HN)는 1935년경 개발되었다. 전반적인 살상 효율은 머스타드 가스에 미치지 못하지만, 안구 손상은 더 크고 뚜렷한 냄새가 없다. 구조적으로는 염소화 아민에 속한다.

$$CH_3CH_2-N(CH_2CH_2-Cl)_2$$

HN_1

$$CH_3-N(CH_2CH_2-Cl)_2$$

HN_2

$$Cl-CH_2CH_2-N(CH_2CH_2-Cl)_2$$

HN_3

질소 머스타드는 이중 기능성 알킬화제(2개의 작용기를 지닌 약제)로, 두 가닥의 DNA를 가교 결합시켜 작용한다. 이러한 가교는 복제를 억제하거나 방해하여 결과적으로는 암세포의 성장을 저해한다. 과학을 통해 얻은 지식 자체는 선도 악도 아니며, 같은 지식(여기서는 질소 머스타드를 제조하는 능력)이 인류의 이익을 위해서도 또는 파괴를 위해서도 사용될 수 있다.

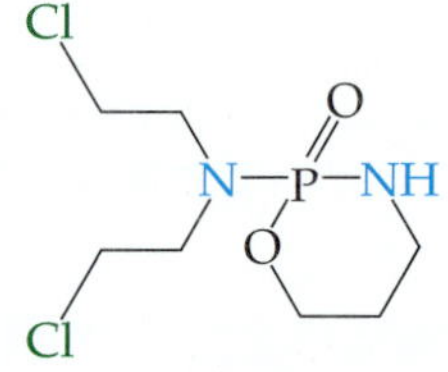

사이클로포스파미드

암 치료에 흔히 사용되는 질소 머스타드로는 사이클로포스파미드(Cytoxan®)가 있다. 호지킨병, 림프종, 백혈병, 기타 암의 치료에 쓰인다.

알킬화제는 암을 야기하기도, 치료하기도 한다. 예를 들어 질소 머스타드 HN_2를 쥐에 주입하면 폐·유방·간에 종양을 유발하지만, 일부 인체 종양의 치료에는 일정한 성과를 보인다. 암의 원인과 치료에는 여전히 많은 불확실성과 겉보기의 모순이 존재한다.

백금을 함유한 화합물인 시스플라틴[$PtCl_2(NH_3)_2$]은 대표적인 항암제이다. 시스플라틴은 1844년 처음 합성되었으나, 그 생물학적 효과는 1965년 미시간주립대학의 Barnett Rosenberg(1926~2009)가 세포 분열에 대한 전류의 영향을 관찰하던 중 우연히 발견했다. 그는 대장균(*E. coli*)이 길이만 증가하고 분열하지 못하여 때로는 정상의 300배 길이에 이르는 현상을 발견했다. 추가 연구에서 전류가 전극의 백금과 세균이 들어 있는 용액의 영양분 사이에 화학 반응을 일으켜 시스플라틴이 생성되었음을 밝혀냈다. 이 화합물이 세포 분열을 억제하므로 항암제로 유효할 것이라 Rosenberg는 추론했으며, 실제로 그렇다. 알킬화제로 분류되는 시스플라틴은 DNA에 결합하여 복제를 차단한다. 현재 난소·고환·자궁·두경부·유방·폐의 암과 진행성 방광암 등의 치료에 널리 사용된다.

시스플라틴

기타 항암제

오늘날에는 이 밖에도 다양한 항암제가 사용된다. 빈카 식물(일일초)의 알칼로이드는 백혈병과 호지킨병에 효과가 있음이 입증되었다. 파클리탁셀(Taxol®)은 태평양 주목나무에서 처음 얻어진 약물로, 유방암·난소암·자궁경부암에 효과적이다.

이마티닙(Gleevec®)은 특히 만성골수성 백혈병에 효과적인 합성 약물이다. 세포 성장은 일반적으로 **성장 인자**가 특정 세포 표면의 수용체 단백질에 결합하여 조절된다. 만성골수성 백혈병 환자는 성장 인자가 없어도 세포에 성장·분열 신호를 보내는 손상된 수용체를 가진 세포를 생성한다. 이마티닙은 이러한 결함 수용체의 작용을 억제하여 세포가 성장·분열 자극을 받지 못하게 하므로 암세포가 증식하지 못한다.

HN N N N CH₃ HN O N N CH₃

이마티닙

최근에는 만성백혈구성 백혈병(통상 만성림프구성 백혈병, CLL) 치료에 매우 효과적인 약물들이 잇달아 출시되었다. 여기에 이브루티닙(Imbruvica®)과 베네토클락스 등이 포함되며, 그 밖의 후보들도 임상 시험 중이다. 이브루티닙은 암 성장에 필요한 특정 효소를 억제하여 작용하며, 하루 한 번 복용하는 경구제라는 이점이 있다. 2016년 연 매출은 10억 달러였고, 2020년에는 50억 달러의 매출이 예상되었다.

몇몇 항생제도 세균뿐 아니라 암세포를 살해하는 것으로 밝혀졌다. 악티노마이신은 곰팡이 *Streptomyces antibioticus*과 *S. parvus*로부터 얻어지며, 호지킨병과 기타 암에 사용된다. 효과는 뛰어나지만 독성이 매우 강하다. 악티노마이신은 DNA 이중나선에 결합하여 DNA 주형에서의 RNA 합성(전사)을 차단함으로써 단백질 합성을 억제한다.

화학 요법은 암 치료의 일부에 불과하다. 수술적 종양 절제와 방사선 치료는 여전히 주요 수단으로 남아 있다. 모든 암을 단번에 치료할 단일 약제가 발견될 가능성은 낮다. 현재 발암 기전에 대한 활발한 연구가 진행 중이며, 더 나은 이해는 더 나은 치료로 이어질 것이다. 나아가 암 예방이 더욱 큰 희망이다. 흡연 관련 암 사망은 전체 암 사망의 최소 30%를 차지하며, 흡연 감소는 암 사망을 유의미하게 줄일 수 있다.

자가평가문제

1. 다음 중 항대사제는 무엇인가?
a. 5-플루오로우라실 **b.** 사이클로포스파미드
c. 시스플라틴 **d.** 질소 머스타드

2. 6-머캅토퓨린은 염기 아데닌을 모방해 유사뉴클레오타이드를 형성하여 무엇을 늦추는가?
a. 세포매개 면역 반응 **b.** DNA 합성
c. RNA 수송 **d.** 바이러스 복제

3. 메토트렉세이트는 엽산 길항제로서 무엇을 늦추는가?
a. 세포 분열 **b.** 세포매개 면역 반응
c. 암세포로의 영양소 운반 **d.** 바이러스 복제

4. 시스플라틴은 어떤 방식으로 세포 분열을 억제하는가?
a. RNA에 편입됨
b. DNA에 결합하여 복제를 차단함
c. 바이러스 복제 중단

d. 뉴클레오타이드에서 사이토신을 대체함

5. 사이클로포스파미드의 작용 기전은 무엇인가?
a. RNA에 편입됨
b. 두 가닥의 DNA를 가교 결합하여 복제를 차단함
c. 바이러스 복제 중단
d. 뉴클레오타이드에서 사이토신을 대체함

정답: 1. a, 2. b, 3. a, 4. b, 5. b

15.5 호르몬: 조절자

학습 목표
- 호르몬, 프로스타글란딘, 스테로이드의 의미를 정의하고 각각의 기능을 설명한다.
- 성호르몬의 세 가지 유형을 나열하고, 각 호르몬의 작용과 피임약의 작용 원리를 설명한다.

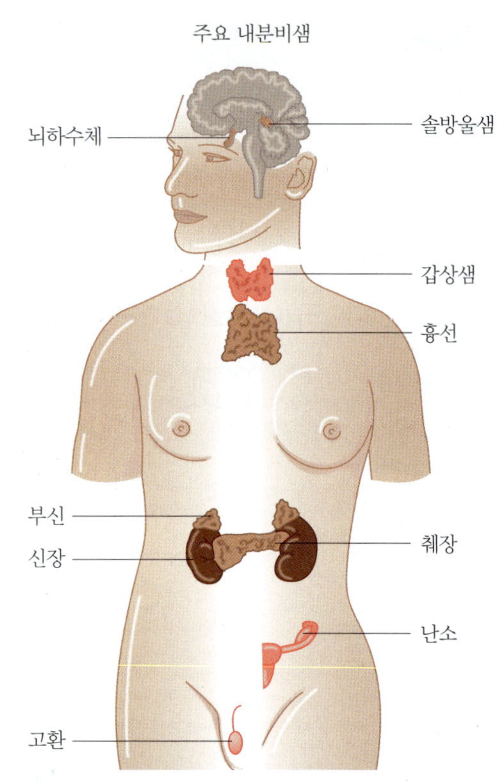

▲ **그림 15.11** 인체 주요 8개 내분비샘의 대략적 위치

다음의 약물 군을 논의하기에 앞서, 인간의 내분비계와 이 계에서 생성되는 화학 물질인 호르몬을 간단히 살펴본다. **호르몬**(hormone)은 내분비샘(그림 15.11)에서 생성되는 화학적 전달자이고, 신체의 한 부위에서 분비되어 다른 부위에 현저한 생리적 변화를 유발하는 신호를 보낸다. 호르몬은 반응 속도를 빠르게 하거나 느리게 하여 성장, 대사, 생식, 기타 신체와 정신의 많은 기능을 조절한다. 주요 인간 호르몬과 그 생리적 효과는 표 15.2에 제시되어 있다. 이 밖에도 심장, 간, 신장, 장, 태반의 조직에서도 여러 호르몬이 생성된다. 대부분의 호르몬은 단백질, 펩타이드, 아미노산 유도체이지만 부신과 생식샘에서 생성되는 호르몬은 스테로이드에 속한다.

프로스타글란딘: 호르몬 작용의 매개자

프로스타글란딘(15.2절)은 지방산 유래의 호르몬유사 지질로, 각 분자는 5탄소 고리를 포함한 20개의 탄소를 가진다. 표적 세포에 작용한다는 점에서 호르몬과 유사하지만, 다음과 같은 점에서 호르몬과 구별된다. (1) 생성 부위 인근에서 작용하고, (2) 조직에 따라 상이하거나 상반된 효과를 보일 수 있으며, (3) 빠르게 대사된다. 프로스타글란딘은 체내에서 아라키돈산으로부터 합성되며(그림 15.12), 전신에 널리 분포하는 몇 가지 주요 계열이 있다. 이들 생리 활성 물질은 극미량으로도 현저한 변화를 유발할 수 있다. 주요 계열 외에도 다양한 다른 프로스타글란딘이 확인되었다.

프로스타글란딘은 호르몬 작용의 매개자로서 혈압, 혈액 응고, 통증 감각, 평활근 활동, 생식 관련 분비 등을 조절한다. 하나의 프로스타글란딘이라도 조직마다 다른(때로는 반대의) 효과를 나타낼 수 있다. 이러한 광범위한 생리 활성 때문에 수백 종의 프로스타글란딘과 유사체가 합성되었다. 예를 들어 PGE_2(일명 디노프로스톤, Cervidil®)은 분만 유도에 사용된다. PGE_1은 혈압을 낮출 수 있고, 그 유사체 미소프로스톨은 NSAID 고용량의 흔한 부작용인 소화성 궤양 예방에 쓰인다. 이 밖의 프로스타글란딘은 비충혈 완화, 천식 증상 경감, 녹내장 치료, 폐고혈압 치료, 심근경색·뇌졸중과 연관된 혈전 형성의 예방 등에 임상적으로 이용될 수 있다.

$PGE_{2\alpha}$는 소의 번식 동기화에 사용되며, 우량 개체의 인공수정·배아이식에도 활용된다. 우수 암소에 호르몬과 함께 $PGE_{2\alpha}$를 주사하여 다수의 난자 배출을 유도한 뒤, 우수 수소의 정자로 수정시킨 배아를 가치가 낮은 대리모 소에 이식하면 한 마리의 우수 암소로부터 한 해에 여러 마리의 송아지를 얻을 수 있다.

표 15.2 일부 인간 호르몬과 그 생리적 효과

이름	화학적 성질	기능
뇌하수체 호르몬		
바소프레신(Vasopressin, 항이뇨 호르몬)	노나펩타이드	평활근 수축 촉진, 수분 보유와 혈압 조절
옥시토신(Oxytocin)	노나펩타이드	자궁 평활근 수축 유도, 유즙 분비 촉진
성장 호르몬(GH, 소마토트로핀)	단백질	체성장 및 골성장 촉진
갑상샘자극 호르몬(TSH)	단백질	갑상샘의 성장 및 갑상샘 호르몬 생성 촉진
부신피질자극 호르몬(ACTH)	단백질	부신피질의 성장과 피질 호르몬 생성 촉진
여포자극 호르몬(FSH)	단백질	여성: 난소 난포 성숙 촉진, 남성: 고환의 정자 세포 성숙 촉진
황체형성 호르몬(LH)	단백질	여성: 배란 촉진, 남성: 테스토스테론 분비 촉진
프로락틴(Prolactin)	단백질	에스트로젠·프로게스테론 생성 유지, 유즙 형성 촉진
갑상샘 호르몬		
티록신(Thyroxine)	아미노산 유도체	세포 대사율 증가
췌장 호르몬		
인슐린(Insulin)	단백질	세포의 포도당 이용 증가, 글리코젠 저장 증가
글루카곤(Glucagon)	단백질	간의 글리코젠을 포도당으로 전환 촉진
부신피질 호르몬		
코르티솔(Cortisol)	스테로이드	단백질의 탄수화물 전환(당원신생) 촉진
알도스테론(Aldosterone)	스테로이드	염분 대사 조절, 신장에서 Na^+와 재흡수·K^+ 배설 촉진
부신수질 호르몬		
에피네프린(Epinephrine, 아드레날린)	아미노산 유도체	긴급 상황 대비 반응 촉진(예: 글리코젠의 포도당 전환)
노르에피네프린(Norepinephrine, 노르아드레날린)	아미노산 유도체	교감신경계 흥분, 혈관 수축, 기타 내분비샘 자극
생식샘 호르몬		
에스트라디올(Estradiol)	스테로이드	여성 2차 성징 발달 촉진, 월경 주기 변화 조절
프로게스테론(Progesterone)	스테로이드	월경 주기 조절, 임신 유지
테스토스테론(Testosterone)	스테로이드	남성 2차 성징의 발달 및 유지 촉진

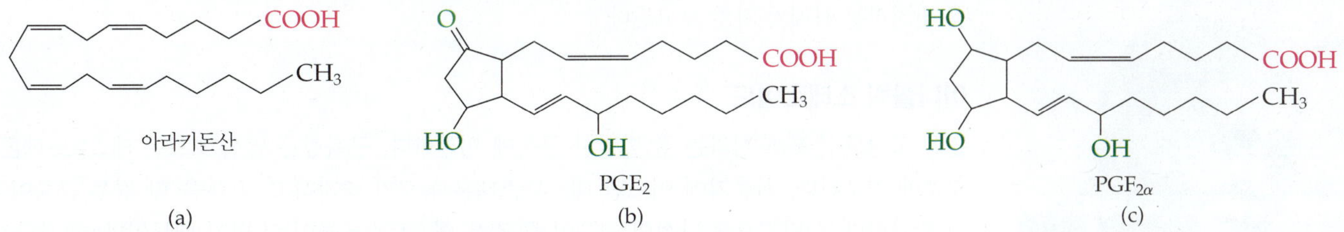

▲ **그림 15.12** (a) 프로스타글란딘은 탄소 20개를 가진 불포화 카르복실산인 아라키돈산에서 유래한다. (b) 프로스타글란딘 E_2(PGE_2), (c) 프로스타글란딘 $F_{2\alpha}$($PGF_{2\alpha}$)의 예이다.

스테로이드

스테로이드(steroid)는 특징적인 4개의 고리 골격 구조를 가진 화합물이다. 생물체에 널리 존재하지만, 모든 스테로이드가 호르몬인 것은 아니다(그림 15.13). 예를 들어 콜레스테롤은 모든 동물 조직에 존재하는 스테로이드 성분이며, 다른 모든 자연 생성 스테로이드의 합성 출발 물질이다. 뇌의 약 10%가 콜레스테롤로 이루어져 있으며, 이는 신경세포 막의 필수 구성 요소

▲ 스테로이드의 골격 구조

당뇨병

췌장은 '인슐린'이라는 호르몬을 생성하여 세포의 포도당 이용을 증가한다. '당뇨병'은 췌장이 인슐린을 충분히 만들지 못할 때(제1형) 또는 인슐린이 체내에서 제대로 사용되지 않을 때(제2형) 발생하며, 두 경우 모두 혈당 상승이 나타난다. 미국에서 당뇨병 진단자 중 90% 이상은 제2형으로, 강한 유전적 요인과 더불어 생활 습관과 밀접히 연관된다. 부적절한 식습관, 비만, 운동 부족 등이 제2형의 기여 요인으로 보인다. 임신성 당뇨병은 기저 질환이 없는 임산부의 2~10%에서 나타나는 제2형의 한 형태로, 대개 분만 후 소실되지만 일부에서는 지속된다. 미국에서 비만 증가와 보조를 맞추어 제2형 당뇨병은 소아와 청소년에서도 점차 흔해지고 있다.

제1형 당뇨병 환자는 보통 인슐린을 투여해야 하며, 인슐린은 경구 복용 시 소화계에서 분해되어 혈류에 도달하지 못하므로 주사해야 한다. 제2형 환자는 식이요법, 운동, 체중 감량으로 병을 조절할 수 있다. 이러한 조치로 충분하지 않을 때는 메트포르민(Glucophage®)과 같은 비구아나이드가 흔히 처방되며, 이는 간의 포도당 생산을 감소하여 작용한다. 메트포르민은 가장 널리 처방되는 약물 중에 하나로, 2014년 미국에서 6천만 건 이상의 신규·재조제 처방이 조제되었다. 또한 설포닐우레아 계열 약물(췌장의 인슐린 분비를 증가)도 제2형 치료에 사용된다. 때로는 이러한 경구약만으로는 혈당 조절이 충분치 않아 인슐린 투여가 필요하다. 새로운 약물들도 승인되었으나 아직 제네릭이 없고 비용이 상당한 경우가 많다. 2017년 미국에서 당뇨병의 경제적 부담은 3,270억 달러로 추정되었다.

$$\begin{array}{c} \quad\quad CH_3\;NH \quad\quad\quad NH \\ CH_3-N-C-NH-C-NH_2 \end{array}$$

(구조: $CH_3-N(CH_3)-C(=NH)-NH-C(=NH)-NH_2$)

메트포르민

당뇨병은 실명, 심혈관 질환, 신장 질환, 신경 손상 등 여러 합병증을 유발할 수 있으므로, 진단과 조절이 매우 중요하다. 2015년 기준 미국인 3,030만 명(인구의 9.4%)이 당뇨병을 앓고 있으나, 약 4분의 1은 이를 인지하지 못하고 있다. 또한 전당뇨 상태인 사람이 8,400만 명에 이르며, 치료하지 않을 경우 5년 내 제2형으로 진행하는 경우가 많다.

이다. 콜레스테롤은 동맥경화 병변의 침착물에서도 발견되며, 일부 유형의 담석의 주요 성분이기도 하다. 또 다른 천연 스테로이드인 코르티솔은 부신 호르몬이다(표 15.2). 프레드니손은 관절염 환자의 염증을 줄이고, 손상 치료에 사용되는 합성 스테로이드이다.

천연물과 합성물을 막론하고 많은 약물이 스테로이드 골격을 바탕으로 한다. 일부는 관절염, 기관지 천식, 피부염, 안과 감염의 치료에 쓰이는 항염증제이고, 일부는 피임약의 활성 성분인 성호르몬이다. 아나볼릭 스테로이드는 근육 증가를 위해 운동선수와 보디빌더가 사용하기도 하나, 심각한 건강 손상을 초래할 수 있으며 불임에 이르기도 한다.

우연성은 종종 신약 발견에 중요한 역할을 한다. 노예의 손자였던 미국의 화학자 Percy Julian(1899~1975)은 글리든페인트 회사에서 대두(콩)를 연구하던 중, 그 성과가 스테로이드계 신약의 개발로 이어졌다. 이처럼 전혀 다른 주제의 연구를 하던 화학자가 우연히 새로운 약을 발견하는 사례가 자주 보고된다.

▲ Percy Lavon Julian(미국, 1899~1975)은 다양한 스테로이드의 합성에 관여했으며, 실명을 유발할 수 있는 녹내장 치료제 피소스티그민의 합성에도 기여했다.

아나볼릭 스테로이드

많은 고강도 스포츠 성과는 잘 발달한 근육에 의존한다. 근육량은 남성 호르몬 **테스토스테론**의 수준에 좌우된다. 사춘기에 이르면 테스토스테론 농도가 증가하고, 운동을 할 경우 근육이 더 잘 발달한다. 일반적으로 남성의 근육이 큰 것은 테스토스테론이 더 많기 때문이다.

테스토스테론과 그 반합성 유도체(예를 들어 메탄드로스테놀론, 그림 15.13d)는 근육량을 빠르게 늘리려는 목적으로 일부 운동선수들이 사용하기도 한다. 근육량 증가에 쓰이는 이러한 스테로이드 호르몬을 **아나볼릭 스테로이드**(anabolic steroid)라고 하며, 체내 단백질(13.6절) — 나아가 근육 조직 — 의 합성(동화 작용)을 촉진한다.

아나볼릭 스테로이드의 유효성을 입증한 엄밀한 대조 연구는 없다. 일부 사람들에겐 효과가 있어 보일 수 있으나, 부작용이 매우 많다. 남성의 경우에서는 고환 위축 및 기능 저하, 발기부전, 여드름, 간 손상(간암으로 진행 가능), 부종, 콜레스테롤 수치 상승, 여성형 유방 등이 보고된다.

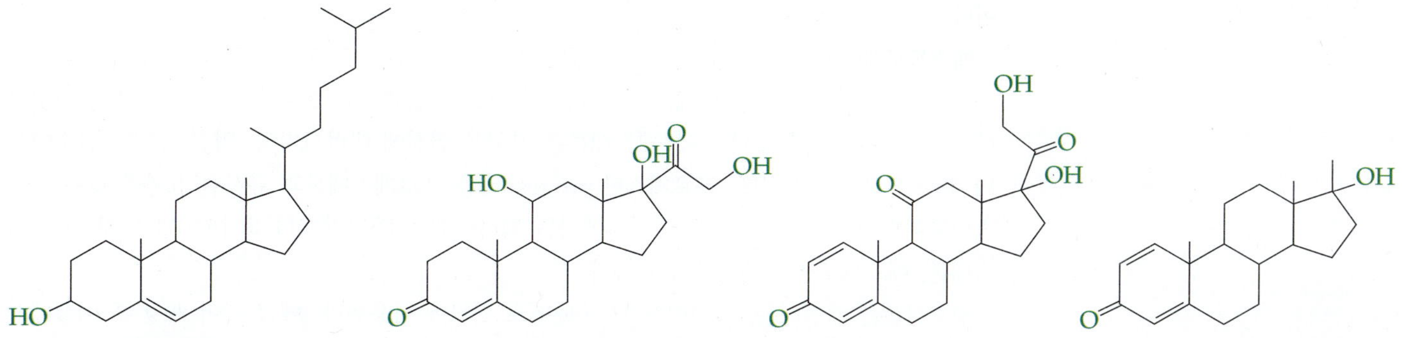

(a) 콜레스테롤 (b) 코르티솔 (c) 프레드니손 (d) 메탄드로스테놀론

▲ **그림 15.13** 네 가지 스테로이드의 구조식. (a) 콜레스테롤은 모든 동물 세포의 필수 성분이다. (b) 코르티솔은 신체적 혹은 심리적 스트레스에 반응하여 부신에서 분비되는 호르몬이다. (c) 프레드니손은 합성 항염증제이다. (d) 메탄드로스테놀론(Dianabol®)은 아나볼릭 스테로이드이다. 네 물질은 모두 동일한 기본 네 고리 구조를 갖는다.

아나볼릭 스테로이드는 남성 호르몬(안드로젠)으로 작용하여 여성의 남성화를 초래할 수 있으며, 여성들의 근육을 형성하는 데 도움을 주지만 탈모, 체모 증가, 저음화, 월경 불순 등이 나타날 수 있다.

운동 능력 향상을 위한 약물 사용은 불법이므로 화학자들은 혈액·소변 검사를 통해 불법 약물을 선별하는 중요한 역할을 맡고, 정교한 기기를 통해 미량의 약물도 검출할 수 있다. 약물 검사는 1968년 올림픽에서 처음 도입되었고, 현재는 프로 및 대학 스포츠에서도 표준 절차가 되고 있다.

불법 약물 사용은 공정한 경쟁의 정신을 훼손할 뿐 아니라 건강과 법적 문제에 중대한 위험을 초래한다.

성호르몬

성호르몬은 스테로이드이다(그림 15.14). 남성 호르몬과 여성 호르몬은 구조가 약간만 다르지만, 생리 작용은 현저히 다르다. 실제로 프로게스테론은 간단한 생화학 반응을 통해 테스토스테론으로 전환될 수 있다. 그러나 이렇게 구조가 유사한 화합물이라도 그 생리적 효과는 크게 다를 수 있다.

안드로젠(androgen)은 남성적 특성의 발현을 자극하거나 유지를 조절하는 모든 화합물을 말한다. 이러한 남성 성호르몬은 고환에서 분비된다. 남성에서는 뇌하수체 호르몬 FSH와 LH(표 15.2)가 정자와 안드로젠의 지속적 생산에 필요하며, 이들 호르몬은 생식 기관의 발달과 목소리·체모 분포와 같은 2차 성징을 담당한다. 가장 중요한 안드로젠은 테스토스테론

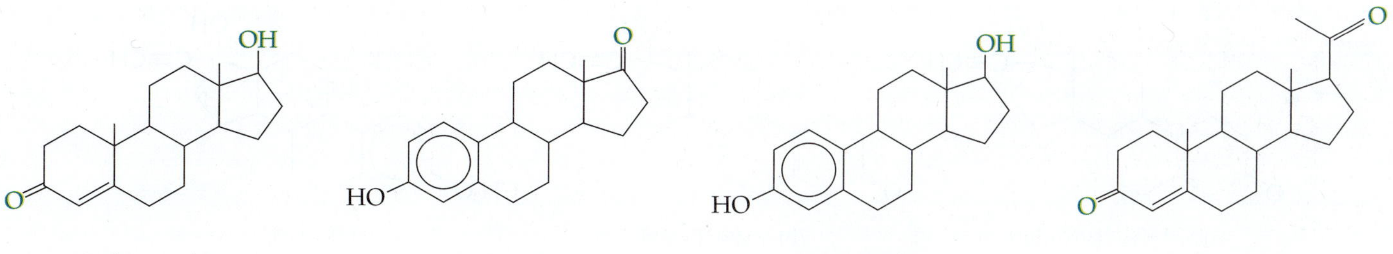

(a) 테스토스테론 (b) 에스트론 (c) 에스트라디올 (d) 프로게스테론

▲ **그림 15.14** 주요 성호르몬의 구조식. (a) 테스토스테론은 대표적인 남성 호르몬(안드로젠)이다. (b) 에스트론, (c) 에스트라디올은 여성 호르몬(에스트로젠)이다. (d) 프로게스테론은 여성에서 생성되며 임신 유지에 필수적이다.

이다.

에스트로젠(estrogen)은 월경 주기, 유방 발달, 그 밖의 여성 2차 성징 등 여성의 성기능을 조절하는 화합물이다. 주요 에스트로젠인 에스트라디올과 에스트론은 주로 난소에서 생성된다. 또 다른 여성 성호르몬 프로게스테론은 자궁을 임신에 대비시키고, 임신 중에는 난소에서의 추가 배란을 억제한다. **프로게스틴**(progestin)은 프로게스테론과 유사한 효과를 갖는 모든 스테로이드 호르몬을 의미한다. 여성에서는 뇌하수체의 FSH와 LH(표 15.2)가 난자, 프로게스테론, 에스트로젠의 생성에 필요하다.

성호르몬은 천연이든, 합성이든 모두 때때로 치료에 사용된다. 예를 들어 폐경 후 여성에게는 난소에서 더 이상 생성되지 않는 호르몬을 보충하기 위해 호르몬이 투여되곤 했다. 그러나 호르몬 대체 요법(HRT)은 건강 위험 증가가 이점을 상회한다는 우려로 대체로 중단되었다.

화학과 사회 혁명: 피임약

주사로 투여하면 프로게스테론은 효과적인 피임제로 작용한다. 이는 신체가 이미 임신한 것처럼 반응하도록 '속이는' 방식이다. 프로게스테론의 구조는 Adolf Butenandt(독일, 1903~1995)에 의해 1934년에 규명되었고, 그는 이 업적으로 1939년 노벨 화학상을 받았다. 이후 다른 화학자들은 경구 복용으로도 효과적인 피임제의 설계를 시도하기 시작했다.

1938년 Hans Inhoffen(독일, 1906~1992)은 분자에 에티닐기(—C≡CH)를 도입하여 최초의 경구 피임제인 에티스테론을 합성했다(에티닐기는 아세틸렌이라고 하는 에틴, HC≡CH에서 유래). 그러나 에티스테론은 효과를 내기 위해 대량을 복용해야 했기 때문에 널리 사용되지는 않았다. 1951년 Carl Djerassi(오스트리아·미국, 1923~2015)는 프로게스테론에서 메틸기 하나가 제거된 19-노르프로게스테론을 합성했다. 이 물질은 피임제로서 프로게스테론보다 4~8배 더 효과적이었으나, 주사 투여가 필요하다는 점이 단점이었다.

Djerassi는 이어서 효능을 높이는 메틸기 제거와 경구 투여를 가능하게 하는 에티닐기 도입을 결합하여, 소량 경구 복용만으로도 효과가 입증된 노르에틴드론(Norlutin®)을 합성했고(그림 15.15), 1956년에 특허를 획득했다. 거의 같은 시기 Frank Colton(미국, 1923~2003)은 또 다른 프로게스틴인 노르에시노드렐을 합성했고, 이에 대해 G. D. Searle이 1954년과 1955년에 특허를 받았다. 노르에시노드렐은 FDA가 1960년에 승인한 최초의 경구 피임약인 에노비드(Enovid®)에 사용되었다.

프로게스틴(노르에시노드렐, 노르에틴드론, 유사 화합물)은 프로게스테론의 작용을 모방한다. 메스트라놀(합성 에스트로젠)은 월경 주기를 조절하고, 프로게스틴은 가성 임신 상태를 형성한다. 여성은 실제 임신 중이거나 프로게스틴에 의해 유도된 거짓 임신 상태에서는 배란이나 임신도 일어나지 않는다.

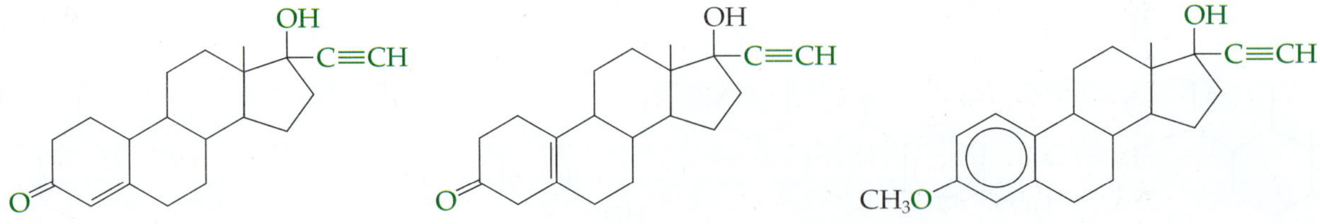

OH, C≡CH, O

(a) 노르에틴드론(Norlutin®)

OH, C≡CH, O

(b) 노르에시노드렐

OH, C≡CH, CH_3O

(c) 메스트라놀

▲ **그림 15.15** 일부 합성 성호르몬의 구조식. (a) 노르에틴드론(norethindrone), (b) 노르에시노드렐(norethynodrel), (c) 메스트라놀(mestranol)이다. 1960년에 G. D. Searle의 에노비드(노르에시노드렐 9.85 mg과 메스트라놀 150 mg 함유)는 FDA가 승인한 최초의 경구 피임약이 되었다. Djerassi의 노르에틴드론과 콜튼의 노르에시노드렐은 이중 결합의 위치만 서로 다르다.

응급 피임약

무방비 성관계 후 임신을 예방하기 위해 사용할 수 있는 응급 피임약(ECP)이 있다. 대표적인 제품으로 Plan B One-Step®과 ella®가 있다. Plan B One-Step은 레보노르게스트렐이라는 프로게스틴만을 함유하되, 일반 경구 피임약보다 더 높은 용량으로 제공되며 처방전 없이 구입 가능하다. 다른 프로게스틴과 마찬가지로, 신체가 이미 임신 상태라고 '인지'하도록 만들어 자궁내막 발달을 억제하고 배란과 수정을 억제한다. 또다른 선택은 프로게스테론 길항제인 울리프리스탈 아세테이트를 함유한 비호르몬제로, 처방전으로만 구할 수 있는 ella이다. 이는 최대 5일간 배란을 지연시키며, 그 사이에 정자는 생존하지 못한다.

레보노르게스트렐

울리프리스탈 아세테이트

또한 자궁내장치(IUD)인 Copper T 380A IUD(ParaGard®)도 응급 피임에 사용된다. 무방비 성관계 후 3~5일 이내에 삽입하면 임신 발생률을 99.9% 감소한다. 장치의 구리(II) 이온은 정자의 이동과 수정을 방해하며, 자궁내막에 염증 반응을 유발해 착상에 부적합한 환경을 만들 가능성이 크다.

▲ Copper (T) 380A IUD(ParaGard)

ECP는 미페프리스톤(Mifeprex® 또는 RU-486)과는 작용이 다르다. 미페프리스톤은 착상된 난자를 자궁에서 배출시켜 임신을 종료하는 약물이다. 따라서 ECP는 성관계 후 임신을 예방하는 데 사용되고, 미페프리스톤은 임신 초기의 원치 않는 임신을 종료하는 데 사용된다.

미페프리스톤

난자와 정자가 결합하는 순간에 인간의 생명이 시작된다고 믿는 사람들은 미페프리스톤의 사용을 낙태와 동일시하여 그 사용에 반대한다. 반면 다른 이들은 이 약을 또 하나의 피임 방법으로 보고, 외과적 낙태보다 더 안전하다고 여긴다.

피임약 복용의 위험성

경구 피임약의 부작용 대부분이 에스트로젠 성분과 관련되어 있으므로 피임약에 포함된 에스트로젠의 양은 수년 사이 크게 줄었고, 오늘날의 피임약에는 밀리그램의 일부에 불과한 소량만 들어 있다. 또한 프로게스틴만 소량 포함하고 에스트로젠은 전혀 포함하지 않는 '미니필(알이 작은 경구 피임약'도 시판 중이다. 미니필은 복합제(에스트로젠 + 프로게스틴)보다 효과는 약간 떨어지지만 부작용은 더 적다.

경구 피임약은 전 세계적으로 1억 명 이상, 미국에서 약 1,200만 명의 여성이 사용한다. 대부분의 여성은 부작용이 없거나 경미하다고 보고하지만, 일부는 고혈압, 여드름, 비정상적 출혈을 겪는다. 이들 약은 일부 여성에서 혈전 형성의 위험을 높이는데, 임신 또한 혈전 위험을 높인다. 혈전은 동맥을 막아 뇌졸중이나 심근경색으로 사망에 이를 수 있다. 피임약과 관련된 사망률은 10만 명당 약 3명으로, 분만과 관련된 사망률의 10분의 1 수준이다. 그러나 흡연자에게는 위험이 훨씬 높다. 40세 이상 여성이 하루 15개비를 피우면서 경구 피임약을 복용할 경우에 뇌졸중 또는 심근경색으로 인한 사망 위험은 5,000명당 1명에 이른다. FDA는 흡연하는 모든 여성, 특히 40세 이상 여성에게 다른 피임 방법을 사용할 것을 권고한다.

남성을 위한 피임약

피임의 책임을 왜 여성만 져야 할까? 남성용 피임약은 왜 없을까? 많은 남성이 위험과 책임을 나누길 원하지만, 현재 남성이 사용할 수 있는 효과적인 피임법은 콘돔과 정관절제술뿐이다. 여성이 더 큰 부담을 지는 데에는 생물학적 이유가 있다. 피임이 실패하면 임신하는 쪽은 여성이며, 여성에서 피임은 월 1회의 배란만을 차단하면 된다. 반면에 남성은 지속적으로 정자를 생성한다.

남성의 경우 FSH와 LH(표 15.2)는 정자와 테스토스테론의 지속적 생성을 위해 필요하다. 여러 연구팀이 안전하고, 효과적이며, 가역적인 남성 피임제 개발에 매진하고 있다. 한 접근법은 프로게스틴과 테스토스테론을 한 알약에 넣는 것이다. 이때 프로게스틴은 여성용 피임약에서와 유사하게 작용하여 정자 생성 속도와 생성량을 모두 억제하는 것으로 보인다. 이러한 남성용 경구 피임약이 일반에 보급되는 시점은 언제일까? 낙관적인 전망으로도 아직 몇 년은 더 필요하다고 추정된다.

자가평가문제

1. 호르몬을 분비하는 샘으로 이루어진 기관계는 무엇인가?
   - **a.** 내분비계 **b.** 림프계
   - **c.** 호흡계 **d.** 비뇨기계
2. 프로스타글란딘은 체내에서 무엇으로부터 합성되는가?
   - **a.** 아라키돈산 **b.** 아스코르브산
   - **c.** 콜레스테롤 **d.** 프로게스테론
3. 남성에게 사용하도록 FDA 승인을 받은 피임약(경구용)은 몇 개인가?
   - **a.** 없음 **b.** 1개 **c.** 3개 **d.** 5개
4. 다음 중 임신을 유지하는 호르몬은 무엇인가?
   - **a.** 에스트라디올 **b.** 에스트론
   - **c.** 프로게스테론 **d.** 프로락틴
5. 경구 피임약의 효과를 가능하게 하는 작용기는 무엇인가?
   - **a.** $CH_3CH_2—$
   - **b.** $CH_2=CH_2—$
   - **c.** $HC≡C—$
   - **d.** $CH_3CO—$

정답: 1.a, 2.a, 3.a, 4.c, 5.c

15.6 심장을 위한 약물

학습 목표 • 심장병 치료에 사용되는 네 가지 약물 유형의 작용을 설명한다.

심장은 우리가 사는 동안 매 순간 박동하는 근육이다. 심혈관계 질환은 미국 전체 사망의 4분의 1 이상, 전 세계 사망의 5분의 1 이상을 차지한다. 전 세계 처방약 상위 10개 중 4개가 심혈관 질환 치료제이며, 이러한 약물은 수명을 연장하고 삶의 질을 향상시킨다.

심장 및 혈관의 주요 질환은 다음과 같다.

- 허혈성(산소 결핍) 관상동맥 질환
- 심장 부정맥(비정상 심장 박동)
- 고혈압
- 울혈성 심부전

죽상경화증(동맥 내막에 지방성 침전물이 축적되는 현상)은 관상동맥 질환의 주된 원인이며, 이는 다시 심근경색(심장 마비)을 유발한다. 따라서 심장 치료 약물의 다수는 심장에 대한 혈액(및 산소) 공급을 늘리고, 심장 리듬을 정상화하며, 혈압을 낮추거나, 혈관 내 지질성 플라크의 축적을 억제하는 데 목적이 있다.

혈압 낮추기

혈압의 단위는 수은 기둥 밀리미터(mmHg)이다. 정상 혈압은 120/80 미만으로 정의된다. 미국심장협회의 최신 지침에 따르면 120/80 이상 130/80 미만은 상승된 범주에 해당한다. 고혈압은 이전보다 낮은 수준에서 시작하는 것으로 간주되며, 130/80 이상 140/90 미만은 1기 고혈압, 140/90 이상은 2기 고혈압으로 본다. 새로운 지침에 따르면 고혈압은 미국 성인의 거의 절반에 영향을 미치는 가장 흔한 심혈관 질환이다. 증상이 드문 탓에 많은 사람이 고혈압임을 인지하지 못하기도 한다. 혈압 강하제는 크게 다음과 같은 네 범주로 나뉜다.

- 이뇨제(예: 하이드로클로로티아지드, HCT)는 신장에서 수분 배설을 증가시켜 혈액량을 줄인다.
- 베타 차단제(예: 프로프라놀롤, 메토프롤롤, 15.7절)는 심박수를 늦추고 수축력을 감소시킨다.
- 칼슘 통로 차단제(예: 암로디핀)는 강력한 혈관 확장제로서 혈관 평활근의 이완을 유도한다.
- 안지오텐신 전환효소(ACE) 억제제(예: 리시노프릴)는 혈관 수축을 유발하는 효소의 작용을 감소한다.

연구에 따르면 혈압 강하제 중에 가장 오래되고 단순하며 비용이 낮은 이뇨제가 대부분의 사람에게서 가장 효과적일 수 있다. 다만 실제 치료에서는 이뇨제와 다른 약물을 병용 처방하는 경우가 흔하다.

심장 리듬 정상화

부정맥은 비정상적인 심장 박동을 말한다. 일부 부정맥은 증상이 없어 건강검진 중 우연히 발견되지만, 일부는 생명을 위협할 수 있다. 신경과 근육의 전기적 성질은 세포막을 통한 이온의 흐름에서 기인하며, 부정맥 치료제는 이 흐름을 조절한다. 작용 기전은 서로 다른 여러 종류의 약물이 있으나, 대체로 치료 용량과 유해 용량 사이의 안전역이 좁다는 공통점이 있다. 심장 리듬의 변화는 중대한 결과를 초래할 수 있다. **빈맥**(과도하게 빠른 박동)과 비정상 리듬은 비교적 흔하며, 불규칙 박동의 한 형태인 **심방 세동**은 매우 흔해 항공기를 비롯한 여러 공공장소에 세동제거기(제세동기)가 비치될 정도이다.

5 알약이 더 크면 약 성분이 더 많이 들어 있는가?

정제에는 활성 성분(실제 약물)뿐만 아니라 '부형제'라고 하는 여러 성분도 함께 들어 있다. 부형제에는 대개 탄수화물계 고분자인 결합제가 포함되어, 특히 유효 성분의 양이 적을 때 정제의 부피를 확보해준다. 결합제는 정제가 쉽게 부스러지지 않도록 서로 결속시키며, 색을 내는 역할을 하기도 한다. 동일한 약물이라도 용량이 다른 정제는 서로 구분할 수 있도록 색을 다르게 만드는 경우가 흔하다.

관상동맥 질환 치료

관상동맥 질환의 흔한 증상은 흉통인 **협심증**이다. 이는 대개 지질이 축적된 플라크(동맥경화)로 관상동맥이 부분적으로 좁아져 심장에 산소가 충분히 공급되지 않을 때 생긴다. 막힘이 완전히 진행되면 심근경색이 발생하여 심장 근육의 일부가 괴사한다. 의학적 치료는 보통 심장으로 가는 혈관을 확장해 혈류(및 산소) 공급을 늘리고, 심박수를 낮춰 심장의 부하와 산소 요구량을 줄이는 데 초점을 둔다. 이 과정에서 베타 차단제처럼 고혈압 치료에 쓰이는 약물들이 일부 그대로 활용된다.

또한 니트로글리세린과 아밀 나이트라이트($CH_3CH_2CH_2CH_2CH_2ONO$) 같은 여러 유기 니트로 화합물은 협심증 치료에 오랫동안 사용되어 왔다. 이들 약물은 질소 산화물(NO)을 방출하여 심장으로 가는 혈액과 산소 공급을 줄이고 있던 수축된 혈관을 이완시킨다.

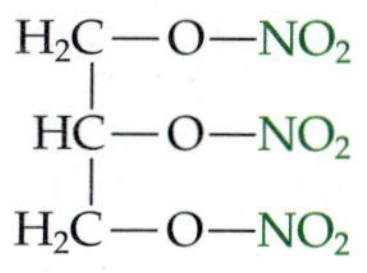

$$\begin{array}{l} H_2C-O-NO_2 \\ \;\;| \\ HC-O-NO_2 \\ \;\;| \\ H_2C-O-NO_2 \end{array}$$

니트로글리세린

심부전 치료에는 새로운 약들이 많이 쓰이고 있지만, 수세기 동안 사용된 약도 여전히 중요한 역할을 한다. 디기탈리스라는 식물은 고대 이집트와 로마에서도 사용되었는데, 이 식물에는 가수분해 시 탄수화물과 스테로이드를 내는 배당체 혼합물이 들어 있다. 그중 하나인 디곡

NO: 메신저 분자

스모그의 원인이 되는 대기 오염 물질로 악명 높은 일산화 질소(NO)는 1986년에 체내 세포들 사이에서 신호를 전달하는 '메신저 분자'로 작용한다는 사실이 밝혀졌다. 이전까지 알려진 메신저 분자들은 노르에피네프린·세로토닌(15.7절)처럼 더 복잡한 물질들이었고, 이들은 세포막의 특정 수용체에 맞물려 작용한다. 흔히 질산화 질소라고도 부르는 NO는 혈압 유지와 장기 기억 형성에 필수적이며, 체내 침입자에 대한 면역 반응을 돕고 음식 소화 과정에서 장 수축의 이완 단계를 매개한다.

NO는 질소가 풍부한 아미노산인 아르기닌(13.6절)으로부터 효소 촉매 반응으로 세포 내에서 생성된다. NO는 침입한 미생물을 죽이는데, 이는 철을 포함한 효소들을 불활성화하는 방식으로, 일산화 탄소가 헤모글로빈의 산소 운반 능력을 파괴하는 것과 유사한 기작으로 여겨진다.

NO의 생리적 역할을 밝혀낸 미국의 Louis Ignarro(1941~), Robert F. Furchgott(1916~2009), Ferid Murad(1936~)는 1998년 노벨 생리의학상을 받았다. 이 수상은 노벨상의 재원을 마련한 Alfred Nobel(스웨덴, 1833~1896)과도 뜻밖의 인연이 있다. 다이너마이트의 폭발 성분인 니트로글리세린은 심장병의 흉통(협심증)을 완화한다. 노벨은 말년에 니트로글리세린이 두통을 유발하고 가슴 통증을 덜어주지 못한다고 생각해 복용을 거부했지만, Murad는 니트로글리세린이 NO를 방출함으로써 작용한다는 것을 보여주었다.

NO는 또 음경으로의 혈류를 가능케 하는 혈관을 확장하여 발기를 유발한다. 이러한 NO의 역할에 대한 연구는 발기부전 치료제 실데나필(Viagra)의 개발로 이어졌다. 실데나필의 생리적 효과 중 하나는 혈중에서 소량의 NO 생성을 유도하는 것이다. 관련 연구는 쇼크 치료제와 신생아 고혈압 치료제 개발로도 이어졌다.

신을 가수분해하면 스테로이드인 디기톡시게닌이 생성되며, 이는 심장 수축의 리듬과 강도에 영향을 준다. 디곡신은 오늘날에도 심부전 환자 치료에 사용되고 있다.

자가평가문제

1. 다음 중 혈압을 낮추는 데 사용되지 않는 약물은 무엇인가?

a. 암페타민 **b.** 칼슘 통로 차단제
c. 이뇨제 **d.** 안지오텐신 전환효소 억제제(ACE 억제제)

2. 심장에 대한 약물 치료의 주된 목표에 해당하지 않는 것은 무엇인가?

a. 심박수 조절 **b.** 심장으로의 혈류 증가
c. 혈압 강하 **d.** 혈관 내 지질 플라크 침착 증가

3. 아밀 나이트라이트와 니트로글리세린은 혈관의 평활근을 이완시키는 물질을 방출함으로써 작용한다. 그 물질은 무엇인가?

a. 아미노산 **b.** 디지털리스
c. 질소 산화물(NO) **d.** 스테로이드

정답: 1. a, 2. d, 3. c

15.7 약물과 마음

학습 목표
- 뇌 아민인 노르에피네프린과 세로토닌이 정신에 미치는 영향과 여러 약물이 그 작용을 어떻게 변화시키는지 설명한다.
- 각성제, 억제제, 환각제의 예를 들고 이들이 정신에 미치는 영향을 설명한다.

향정신성 약물(psychotropic drug)은 인간의 정신에 영향을 미치는 약물이다. 인류가 처음 사용한 약물도 아마 정신을 변화시키는 물질이었을 것이다. 알코올 음료, 마리화나, 아편, 코카 잎, 페요테 등 여러 식물성 물질이 수천 년 동안 그 향정신 효과 때문에 사용되어 왔다. 일반적으로 특정 사회에서는 이들 중에 한두 가지만 사용되었다. 오늘날에는 수천 종의 향정신성 약

물이 손쉽게 구할 수 있으며, 일부는 여전히 식물에서 얻지만 많은 것이 합성품이다.

정신과 신체에 작용하는 약물을 명확히 구분하기는 어렵다. 대부분의 약물은 정신과 신체 모두에 어느 정도 영향을 미친다. 그럼에도 주로 신체에 작용하는 약물과 주로 정신에 영향을 미치는 약물을 구분해보는 일은 유용하다.

향정신성 약물은 보통 세 부류로 나눈다.

- **각성제**(stimulant drug): 코카인이나 암페타민처럼 경계심과 주의력을 높이고, 정신 작용을 빠르게 하며, 전반적으로 기분을 상승시킨다.
- **억제제**(depressant drug): 알코올, 대부분의 마취제, 오피오이드(아편제), 바르비튜레이트, 특정 진정제 등은 의식 수준과 외부 자극에 대한 반응 강도를 낮춘다. 일반적으로 정서적 반응을 둔화시킨다.
- **환각제**(hallucinogen drug): 리세르그산 디에틸아마이드(LSD)나 메스칼린처럼 주변 세계에 대한 지각을 질적으로 변화시킨다.

각 범주에 속하는 주요 약물 몇 가지를 살펴보기 전에 신경계의 화학에 대해 간단히 살펴보자.

신경계의 화학

신경계는 약 120억 개의 신경세포(뉴런)와 그 사이의 10^{13}개 연결로 이루어져 있다. 뇌는 대략 10조 비트 규모의 정보를 처리할 수 있다. 신경세포의 모양과 크기는 매우 다양하며, 한 유형이 그림 15.16에 제시되어 있다. 각 세포의 핵심 구성 요소는 세포체, 축삭, 가지돌기이다. 여기서는 자율신경계를 이루는 신경만 다룬다. 자율신경은 심장, 소화 기관, 폐와 같이 불수의적으로 작동하는 장기와 내분비샘에서 뇌와 척수로 또는 그 반대로 메시지를 전달한다.

신경세포의 축삭은 길이가 최대 60 cm에 이를 수 있지만, 기관에서 중추신경계로 이어지는 연속적인 단일 경로가 존재하는 것은 아니다. 신호는 액체로 채워진 미세한 간극인 **시냅스**(synapse, 그림 15.17)를 통해 전달되어야 한다. 뇌의 신경세포에서 나온 전기 신호가 시냅스전 신경세포의 축삭 말단에 도달하면, 미세 소포에 저장되어 있던 **신경전달물질**(neurotransmitter)이 시냅스로 방출된다. 시냅스후 세포의 수용체가 이 신경전달물질과 결합하면 그 수용 세포에 변화가 일어난다. 잠시 뒤 신경전달물질은 수용체 자리에서 떨어져 나와 수송체(transporter)에 의해 시냅스전 세포로 되돌려 운반(재흡수)된다.

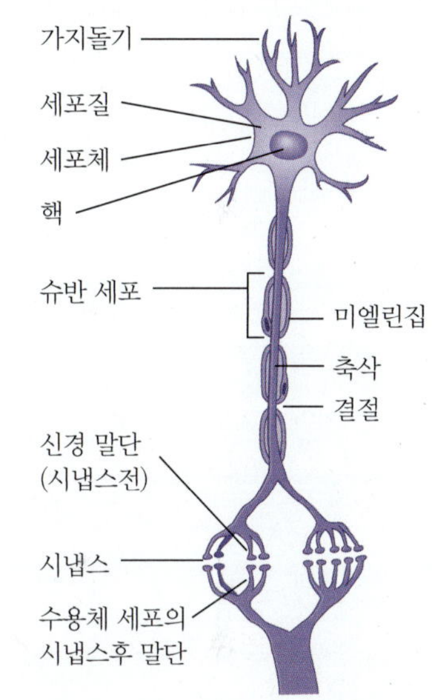

▲ **그림 15.16** 사람 신경세포의 모식도

신경전달물질은 매우 다양하다. 아미노산, 펩타이드, 단일치환 아민(모노아민) 등이 신경전달물질로 작용한다. 예를 들어 아미노산인 글루탐산의 카르복실산 음이온인 글루탐산염은 뇌에서 가장 흔한 신경전달물질이다. 50종이 넘는 펩타이드도 신경 전달 기능을 한다. 신호는 다른 신경세포, 근육, 부신 같은 내분비샘으로 전달된다. 각 신경전달물질은 수용 세포의 하나 이상 수용체 부위에 정확히 들어 맞는다. 예를 들어 시냅스전 세포에서 글루탐산염이 방출되면, 시냅스후 세포의 글루탐산 수용체가 이를 결합해 활성화된다. 신경전달물질은 우리가 어떻게 생각하고 느끼며 움직이는지를 큰 폭으로 좌우한다. 이들의 합성이나 재흡수에 문제가 생기면 심각한 이상이 나타날 수 있다. 많은 약물(그리고 일부 독성 물질)은 특정 신경전달물질의 작용을 모방하여 작동하며, 다른 약물은 수용체 부위를 차단해 신경전달물질이 작용하지 못하도록 한다.

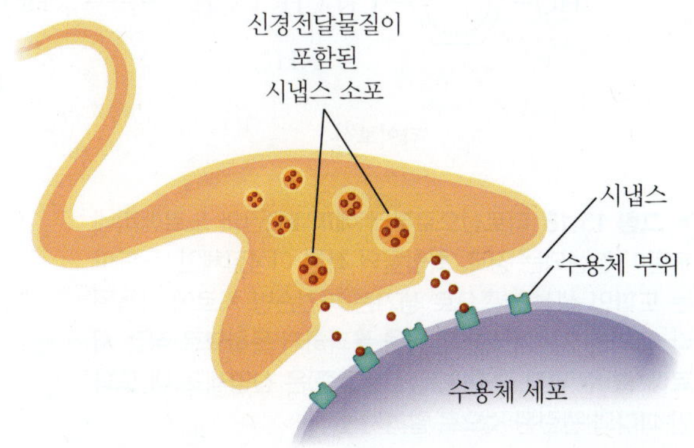

▲ **그림 15.17** 시냅스 모식도. 전기 신호가 시냅스전 신경세포의 축삭 말단에 도달하면 소포에 저장되어 있던 신경전달물질이 방출된다. 이 분자들은 시냅스 간극을 가로질러 시냅스후 신경세포로 확산되어, 표면의 특정 수용체 부위에 결합한다.

뇌 질환의 생화학적 이론

다른 장기와 마찬가지로 뇌도 질병을 겪을 수 있다. 정상적인 뇌 활동에는 많은 화학 물질이 관여하며, 이들 사이의 불균형이 문제를 일으킨다. 우리는 삶에서 기복을 겪는데, 그 원인은 복합적이지만 뇌에서 생성되는 여러 화합물이 관여할 가능성이 크다. 이러한 기복을 다루기 전에, 부신과 일부 중추신경계 세포에서 만들어지는 아민인 에피네프린에 대해 먼저 살펴보자(그림 15.18).

에피네프린은 사람이 스트레스를 받거나 공포를 느낄 때 부신에서 분비되며, 따라서 종종 **아드레날린**이라고 불린다. 소량으로도 혈압을 크게 높이며, 분비된 에피네프린은 신체를 '투쟁-도피' 반응에 대비시킨다. 다만 현대 사회에서는 문화적 억제 규범 때문에 실제로 싸우거나 도망치는 행동으로 이어지지 않는 경우가 많아, 아드레날린으로 야기된 '과충전'이 사용되지 못한다. 이러한 좌절감이 일부 정신 질환과 관련된다는 주장도 있다.

정신 질환의 생화학적 가설은 대개 약물 치료로 개선가능한 뇌 아민의 화학적 불균형을 전제로 한다. 그중 하나가 에피네프린과 구조적으로 가까운 노르에피네프린(NE)이다. NE는 뇌에서 생성되는 신경전달물질(그림 15.18)이다. 과량 분비되면 NE는 행복감(도취감)을 유발하고, 더 큰 과잉에서는 조증 상태까지 초래할 수 있다.

NE 및 관련 화합물은 몇 가지 범주로 나뉜다. **NE 작용제**(NE의 작용을 강화하거나 모방하는 약물)는 각성제로 분류된다. 반대로 **NE 길항제**(NE의 작용을 차단하는 약물)는 여러 생리 과정을 둔화시킨다(15.2절). 예를 들어 베타 차단제(그림 15.19)는 다양한 세포에서 에피네프린과 NE의 각성 효과를 줄인다. 프로프라놀롤(Inderal®)은 심박 수축력을 약간 낮춤으로써 부정맥, 협심증, 고혈압 치료에 쓰이지만 무기력감과 우울감을 유발할 수 있다. 메토프롤롤(Lopressor®)은 심장 세포에 선택적으로 작용하여 기관지 수용체에는 거의 영향이 없으므로 천식을 동반한 고혈압 환자도 사용할 수 있다.

또 다른 뇌 아민은 신경전달물질인 **세로토닌**이다. 세로토닌은 수면, 식욕, 기억, 학습, 감각지각, 기분, 성 행동, 체온 조절, 공격성 등에 관여한다. 세로토닌은 신경계를 억제하여 진정·안정 효과를 내고 만족감과 충족감을 일으킨다. 세로토닌의 주요 대사산물인 5-하이드록시인

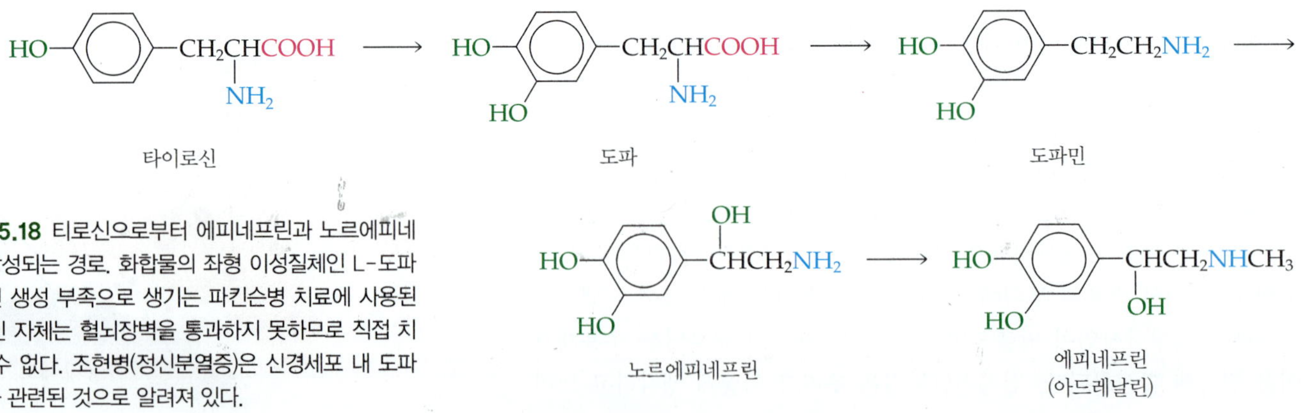

HO–⟨벤젠⟩–$CH_2CHCOOH$ (NH_2) ⟶ HO, HO–⟨벤젠⟩–$CH_2CHCOOH$ (NH_2) ⟶ HO, HO–⟨벤젠⟩–$CH_2CH_2NH_2$ ⟶

타이로신 / 도파 / 도파민

HO, HO–⟨벤젠⟩–$CHCH_2NH_2$ (OH) ⟶ HO, HO–⟨벤젠⟩–$CHCH_2NHCH_3$ (OH)

노르에피네프린 / 에피네프린 (아드레날린)

▶ **그림 15.18** 티로신으로부터 에피네프린과 노르에피네프린이 합성되는 경로. 화합물의 좌형 이성질체인 L-도파는 도파민 생성 부족으로 생기는 파킨슨병 치료에 사용된다. 도파민 자체는 혈뇌장벽을 통과하지 못하므로 직접 치료에 쓸 수 없다. 조현병(정신분열증)은 신경세포 내 도파민 과다와 관련된 것으로 알려져 있다.

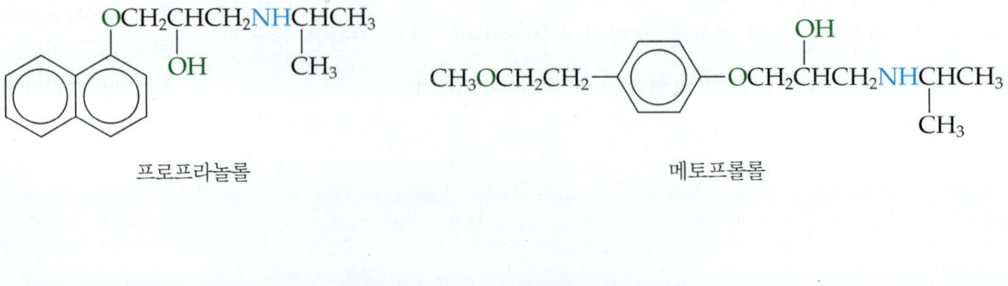

⟨나프탈렌⟩–$OCH_2CHCH_2NHCHCH_3$ (OH, CH_3)

프로프라놀롤

$CH_3OCH_2CH_2$–⟨벤젠⟩–$OCH_2CHCH_2NHCHCH_3$ (OH, CH_3)

메토프롤롤

▶ **그림 15.19** 프로프라놀롤과 메토프롤롤은 베타 차단제로, 고혈압 치료에 널리 쓰인다.

돌아세트산(5-HIAA)은 자살 시도 병력이 있는 중증 우울증 환자의 뇌척수액에서 비정상적으로 낮게 나타나는데, 이는 세로토닌 대사 이상이 우울증에 관여함을 시사한다. 일부 연구는 뇌 전두엽 시냅스에서의 세로토닌 흐름 감소가 우울증을 유발한다고 제안한다. 5-HIAA는 살인범 및 기타 폭력 범죄자에서 낮게 나타나는 반면에 강박장애 환자, 반사회성 성향자(소시오패스), 강한 죄책감 성향이 있는 사람들에서는 정상보다 높다.

세로토닌 작용제는 우울증·불안·강박장애 치료에 사용되며, 세로토닌 길항제는 편두통 치료와 항암 화학 요법으로 인한 오심 완화에 사용된다.

뇌 아민과 식단: 먹는 것을 느낀다

매사추세츠공과대학의 Richard Wurtman은 식단과 뇌의 세로토닌 수치 사이의 관련성을 입증했다. 그림 15.20에서 보듯이 세로토닌은 아미노산 트립토판으로부터 체내에서 합성된다. 탄수화물이 많은 식단은 세로토닌 수치를 높이고, 단백질이 많은 식단은 세로토닌 농도를 낮춘다.

노르에피네프린은 아미노산인 티로신으로부터 체내에서 합성된다. 그림 15.18에서 보듯이 이 합성은 복잡하며 여러 중간체를 거쳐 진행된다. 티로신은 식단의 구성 성분이기도 하므로, 우리의 정신 상태가 상당 부분 무엇을 먹는지에 좌우될 수 있다.

미국인 10명 중 거의 1명은 어떤 형태로든 정신 질환을 겪는다. 병원 입원 환자의 절반 이상이 정신적 문제로 입원한다. 뇌의 생화학이 더 충분히 이해된다면 약물 투여(또는 식단 조절)를 통해 정신 질환을 치료하거나(적어도) 완화할 수 있을 것이다.

마취제

마취제(anesthetic)는 감각이나 의식을 잃게 하는 물질이다. **전신 마취제**(general anesthetic)는 뇌에 작용하여 무의식 상태와 전반적인 통증 무감각을 유발하고, 국소 마취제는 신체의 일부 부위에서만 감각을 없앤다.

최초의 전신 마취제인 다이에틸 에테르($CH_3CH_2OCH_2CH_3$)는 1840년대에 외과 수술에 처음 사용되었다. 에테르 증기를 흡입하면 중추신경계 활성이 억제되어 무의식에 이른다. 유효 마취량과 치사량 사이에 비교적 넓은 안전역이 있어 자체로는 꽤 안전하지만, 높은 인화성과

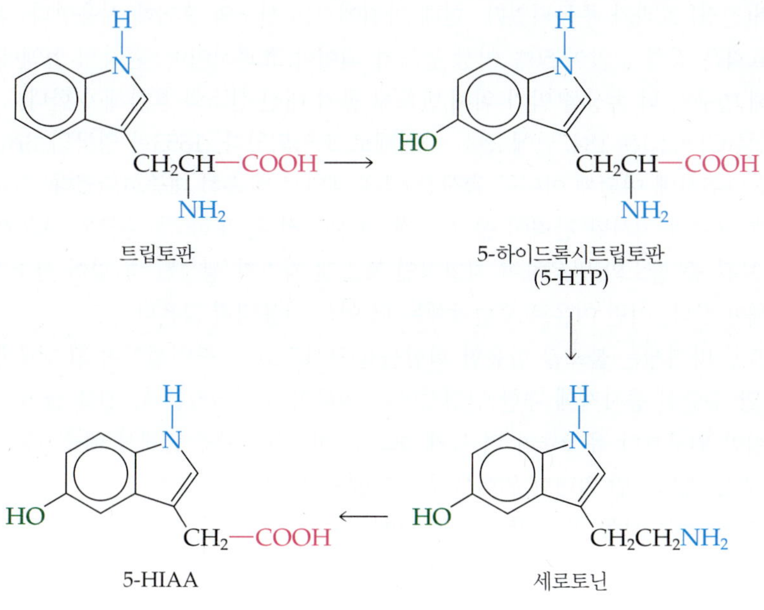

◀ **그림 15.20** 세로토닌은 아미노산 트립토판으로부터 뇌에서 생성된다. 합성 과정은 여러 단계를 거치며, 단순화를 위해 일부 단계는 생략했다. 5-HIAA는 세로토닌의 대사산물이다.

오른손과 왼손 분자

사람처럼 분자도 '오른손'과 '왼손'이 있을 수 있다. 그림 15.21은 아미노산 알라닌[$CH_3CH(NH_2)COOH$]의 두 가지 구조를 공-막대 모형으로 보여준다. 이 구조들은 **입체이성질체**(stereoisomer)로, 구조식은 같지만 원자나 원자단의 3차원 배치가 다른 경우다. 알라닌의 두 입체이성질체는 한 켤레의 장갑처럼 닮았지만 서로 다르다. 모형 하나를 거울 앞에 놓으면 거울상은 다른 모형과 정확히 일치한다. 이렇게 서로 포개어 일치시킬 수 없는 거울상 관계에 있는 분자를 **거울상이성질체**(enantiomer)라고 한다('반대'를 뜻하는 그리스어 *enantios*에서 유래).

거울상이성질체는 4개의 서로 다른 치환기가 결합된 탄소 원자인 **키랄 탄소**(chiral carbon)를 가진다. 예를 들어 알라닌의 중심 탄소에는 H, CH_3, COOH, NH_2 네 그룹이 결합되어 있다. 분자에 키랄 탄소가 하나 이상 있으면 보통 두 가지 이상 입체이성질체로 존재한다. 반대로 프로판($CH_3CH_2CH_3$)처럼 키랄 탄소가 없으면 입체이성질체 쌍을 이루지 않는다.

생물학적으로 중요한 유기 분자에서 입체이성질은 매우 흔하다. 단당류(13.2절)는 모두 오른손이며, 단백질을 이루는 20가지 아미노산 중 19가지는 왼손이다. 글리신(H_2NCH_2COOH)은 키랄 중심이 없어 관계가 존재하지 않는다.

오른손 장갑이 왼손에 맞지 않듯이 거울상이성질체는 효소에 서로 다르게 결합하여 다른 생리적 효과를 낸다. 두 거울상이성질체를 같은 양으로 섞은 혼합물을 라세미 혼합물(라세메이트)이라 한다. 예전에는 많은 약물이 라세미 혼합물로 판매되었지만, 이제는 한쪽 거울상이성질체만 효과적이고 다른 쪽은 효과가 없거나 심지어 독성이 있을 수 있다는 사실이 알려져 있다. 예를 들어 혈중 콜레스테롤을 낮추는 아토르바스타틴(Lipitor®)이 있다. 1989년 초기 연구는 유망하지만 두드러지지 않았다. 이후 왼손 이성질체만이 활성형임이 밝혀지면서, 오른손과 분리했을 때 훨씬 더 효과적임이 드러났다. 단일 거울상이성질체만을 성분으로 하는 약물 개발은 제약 산업에서 점점 더 중요해지고 있다.

신약 특허는 유효 기간이 한정되어 있다. 최근 라세미 약물의 특허가 만료되자 여러 제약사가 '키랄 전환'을 통해 단일 거울상이성질체 약을 내놓으며 효과나 안전성의 우수성을 주장하고 있다. 현재 FDA는 새로운 라세미 혼합물에 대해 각 거울상이성질체의 정보를 제출하도록 요구하고 있다.

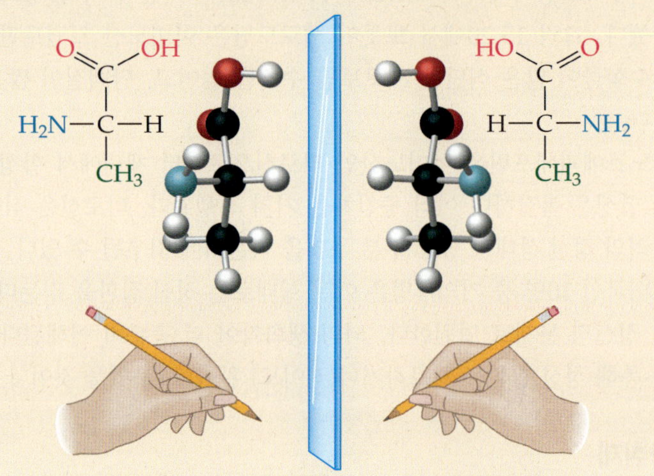

▲ **그림 15.21** D-알라닌과 L-알라닌의 공-막대 모형과 구조식. 두 분자는 서로 포개어 일치시킬 수 없는 거울상, 즉 '거울상이성질체'이다. 오른손과 왼손처럼 거울상이성질체는 서로 포개어 일치되지 않는다.

메스꺼움 같은 부작용은 단점이다.

아산화 질소(N_2O, 웃음 가스)는 1772년 Joseph Priestley(영국, 1733~1804)가 발견했으며, 곧 마취(진정) 효과가 주목되었다. 현대 마취에서는 산소와 혼합해 사용한다. 작용 발현은 빠르지만 효력은 강하지 않아 50% 이상 농도가 되어야 효과적이며, 환자의 혈액에 충분한 산소를 공급해 영구적 뇌 손상을 막기 위해 반드시 공기 대신 산소와 혼합해야 한다.

클로로포름($CHCl_3$)은 1847년에 전신 마취제로 도입되었다. 1853년 영국의 Britain 여왕이 클로로포름 마취하에 여덟째 아이를 출산한 일을 계기로 급속히 대중화되었다. 그러나 클로로포름은 유효 용량과 치사량 간격이 좁아 안전 여유가 작다. 또한 간 손상을 일으키며, 발암이 의심되며, 보관 중 산소와 반응하여 치명적인 포스겐 가스가 생성될 수 있어 산소로부터 차단하여 저장해야 한다. 이런 이유로 오늘날에는 더 이상 사용되지 않는다.

현대의 흡입 마취제는 불소를 함유한 화합물들(표 15.3)로, 불연성이며 환자에게 비교적 안전하다. 다만 수술실 종사자에 대한 안전성에는 의문이 제기되었는데, 예를 들어 여성 수술실 근무자는 일반 인구보다 유산률이 더 높게 보고된 바 있다. 수술실에서 배출되는 잔류(폐) 마취 가스를 포집·제거하면 이러한 위험을 최소화할 수 있다.

현대의 수술에서는 보통 여러 약물을 병용한다. 일반적으로 환자에게는 다음과 같은 약품이 투여된다.

표 15.3 흡입 마취제

일반명/화학명	화학식	상품명	도입 연도	현재 사용 여부
다이에틸 에테르(diethyl ether)	$CH_3CH_2OCH_2CH_3$	Ether	1842	×
아산화 질소(nitrous oxide)	N_2O	Nitrous oxide	1844	○
클로로포름(chloroform)	$CHCl_3$	Chloroform	1847	×
이소플루란(isoflurane)	$CHF_2OCHClCF_3$	Forane	1980	○
데스플루란(desflurane)	$CHF_2OCHFCF_3$	Suprane	1992	○
세보플루란(sevoflurane)	$CH_2FOCH(CF_3)_2$	Ultane	1995	○

- 불안을 감소하기 위한 벤조디아제핀계 진정제(예: Valium®, Versed®)
- 의식을 신속히 소실시키기 위한 정맥 마취제(예: 티오펜탈)
- 통증을 차단하기 위한 마약성 진통제(예: 펜타닐)
- 통증에 대한 무감각을 제공하고 무의식을 유지하기 위한 흡입 마취제(대개 산소와 아산화 질소를 병용하여 생명 유지에 필요한 호흡·순환을 보조함)
- 근육을 이완시켜 기관 삽관을 용이하게 하는 이완제(예: 판쿠로늄 브로마이드)

전신 마취제는 중추신경계 수용체에서 특정 신경전달물질의 흥분성 작용을 억제함으로써 시냅스에서의 신경 전달을 감소한다. 다만 마취제는 수용체에 비교적 약하게 결합하므로, 정확한 작용 기전을 규명하기는 어렵다.

국소 마취제

국소 마취제는 신체의 특정 부위를 통증에 둔감하게 만든다. 작용 기전은 신경세포막의 소듐 이온(Na^+)에 대한 투과성을 낮춰 신경 전도를 차단하는 것이다. 따라서 치과 치료나 소규모 수술 중에도 환자는 의식을 유지한다.

성공적으로 사용된 최초의 국소 마취제는 코카인으로, 1860년 코카나무 잎에서 처음 분리되었다(그림 15.22). 코카인의 구조는 1898년 Richard Willstätter(독일, 1872~1942)가 규명했다. 이후 과학자들은 유사한 성질을 지닌 합성 화합물을 개발하기 위해 많은 시도를 해왔다. 코카인은 강력한 각성제이기도 하며, 그 남용에 대해서는 이 장에서 별도로 다룬다.

국소 마취제는 약염기인 아민 계열이므로 보통 물에 잘 녹는 염산염 형태로 사용된다. 일부 국소 마취제(그림 15.23)는 아민-에스터(코카인, 프로카인, 클로로프로카인)이고, 다른 것들은 아민-아마이드(리도카인, 메피바카인, 프릴로카인, 부피바카인, 에티도카인)이다. 아민-에스터는 일부 사람에게 알레르기 반응을 일으킬 수 있지만, 아민-아마이드는 그렇지 않다. 또한 파라-아미노벤조산(PABA)의 에틸과 뷰틸 에스터는 외용 국소 마취제로, 대개 피크레이트염 형태의 연고로 만들어 피부에 도포하여 화상이나 개방성 상처의 통증을 완화하는 데 사용된다.

에스터의 알킬기에 두 번째 질소 원자를 도입하면 더 강력한 마취제가 만들어진다(표 15.4). 이들 중에 가장 잘 알려진 것은 1905년에 Alfred Einhorn(독일, 1865~1917)이 코카인의 구조를 연구하던 Willstätter와 함께 합성한 프로카인(Novocaine®)일 것이다. 프로카인은 효과가 나타나는 데 상당히 오랜 시간이 걸리고, 매우 빨리 소실되며, 알레르기 반응을 일으킨다. 따라서 치과에서는 더 이상 사용되지 않으며, 주로 아민-아마이드계 마취제로 대체되었다.

1940년대에 도입된 리도카인은 지금도 가장 널리 사용되는 국소 마취제이며, 작용 발현이 빠르다. 소량의 에피네프린과 병용하면 1시간 이상 효과가 지속된다.

▲ **그림 15.22** 코카나무 잎에는 국소 마취제이자 각성제인 알칼로이드 코카인이 함유되어 있다.

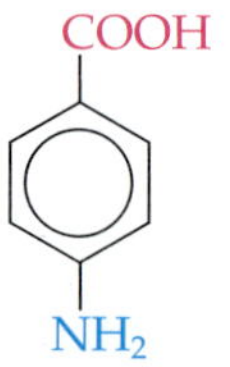

파라-아미노벤조산

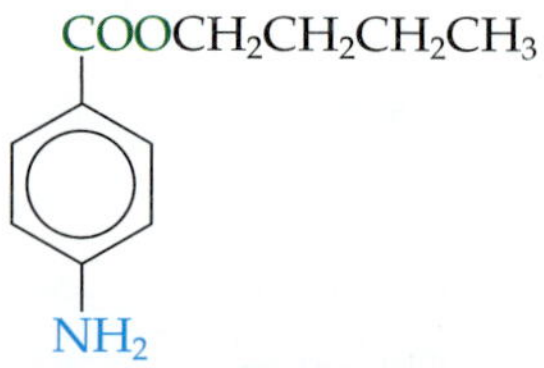

뷰틸 파라-아미노벤조에이트
(Butesin®)

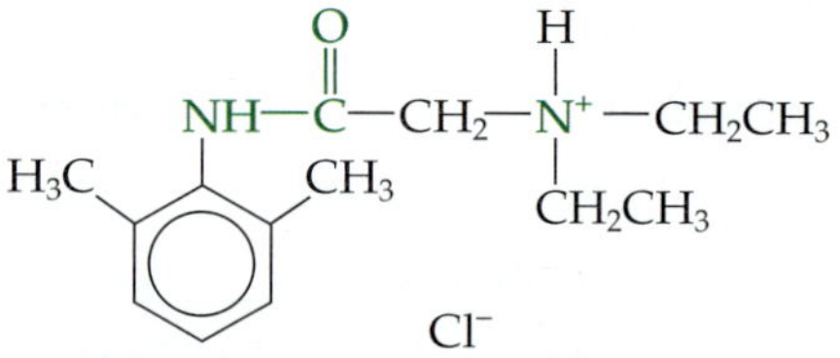

리도카인(Xylocaine®)

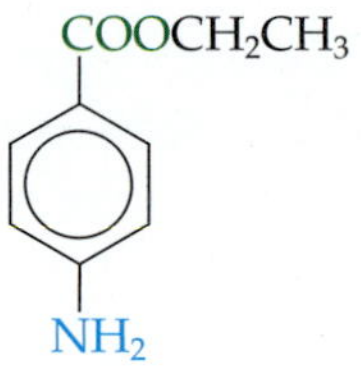

에틸 파라-아미노벤조에이트
(Benzocaine®)

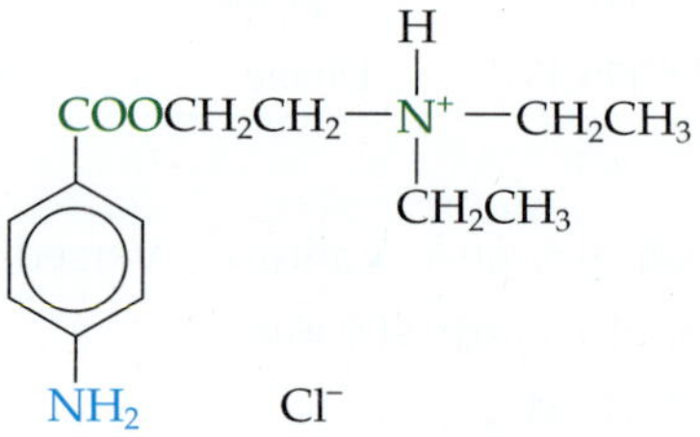

프로카인
(Novocaine®)

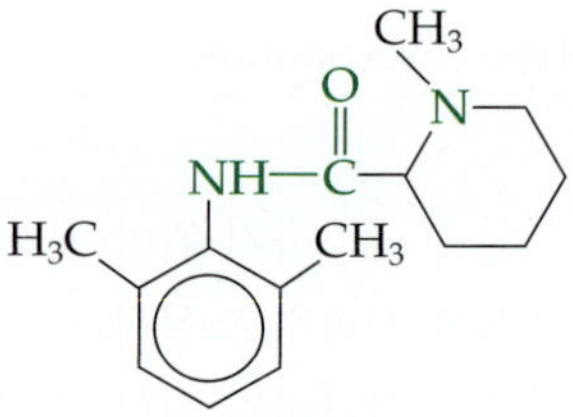

메피바카인

▲ **그림 15.23** 일부 국소 마취제. 이들은 종종 유리 염기보다 물에 더 잘 녹는 염화산염 또는 피크레이트 염의 형태로 사용된다.

Q 파라-아미노벤조산은 어디에서 유래했는가? 어느 것이 아마이드 작용기를 가지고 있는가? 어느 것이 에스터인가?

표 15.4 국소 마취제로 흔히 사용되는 물질

물질	작용 지속 시간
프로카인(Novocaine®)	짧음
리도카인(Xylocaine®)	중간(30~60분)
메피바카인(Carbocaine®)	빠름(6~10분)
부피바카인(Marcaine®)	보통(8~12분)
프릴로카인(Citanest®)	중간(30~90분)
클로로프로카인(Nesacaine®)	짧음(15~30분)
코카인	중간
에티도카인(Duranest®)	길다(120~180분)

해리성 마취제: 케타민과 PCP

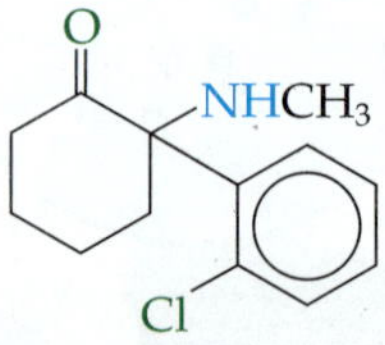

케타민

정맥 마취제인 케타민은 지각을 감각으로부터 분리하기 때문에 해리성 마취제라고 불린다. 감각과 연관된 뇌의 일부에서 의식으로 향하는 신호를 감소하거나 차단한다. 케타민은 거의 죽음에 가까운 경험을 한 사람들이 보고하는 것과 유사한 환각을 유발한다. 이들은 현장을 위에서 내려다보는 위치에서 구조자들을 지켜보았거나, 어두운 터널을 지나 밝은 빛을 향해 움직였다고 기억하는 듯하다.

케타민은 NMDA 수용체 길항제로 작용한다. N-메틸-D-아스파르트산(NMDA)은 신경전달물질인 글루탐산의 작용을 모방하는 아미노산 유도체다. 케타민이 체내 수용체에 결합해 작용하기 때문에, 신체가 이들 수용체에 맞는 자체 화학 물질을 만들어낸다고 추정된다. 이러한 화합물은 임사 체험과 같은 극한 상황에서만 합성되거나 방출될 수도 있다.

케타민은 수의학에서 널리 사용된다. 다른 대부분의 마취제에 비해 호흡을 훨씬 덜 억제하므로, 병력이 불분명한 사람이나 어린이, 건강 상태가 좋지 않은 사람에게 인간용 마취제로 사용되기도 한다.

페닐시클리딘(PCP)은 케타민과 밀접한 관련이 있다. PCP는 한때 동물용 진정제로, 또 잠시 동안은 사람을 위한 전신 마취제로 사용되었다. 이제는 불법 마약 시장에서 흔하게 볼 수 있다. 지방에 잘 녹고 물에는 거의 녹지 않는 PCP는 지방 조직에 저장되었다가 지방이 대사될 때 방출되며, 이는 사용자들이 흔히 겪는 '플래시백'을 설명해준다. 많은 사용자가 PCP로 '나쁜 환각'을 경험하고, 약 1,000명 중 1명꼴로 중증의 정신분열증(조현병) 형태가 나타난다. 고용량은 착각과 환각을 일으키며, 발작·혼수·사망을 초래할 수도 있다. 다만 PCP 사용자의 사망은 '환각' 중 발생한 사고나 자살로 인한 경우가 더 흔하다.

N

페닐시클리딘
(PCP)

중추신경 억제제

9장에서 자세히 논의된 에틸 알코올을 재고하는 것으로 진정제 약물에 대한 탐구를 시작할 것이다. 에틸 알코올은 세계에서 가장 많이 사용되고 남용되는 약물이기 때문이다.

자연에서는 과일 속 당이 공기 중 효모에 의해 종종 알코올로 발효되지만, 의도적인 에탄올 생산은 사람들이 농경을 시작하고 나서야 본격화된 것으로 보인다. 기원전 3700년경 이집트인은 과일을 발효해 포도주를 만들었고, 바빌로니아인은 보리로 맥주를 만들었다. 그 이후로 사람들은 줄곧 과일과 곡물을 발효했으나, 비교적 순수한 에탄올은 8~9세기에 증류를 발명한 이슬람 연금술사들이 처음 만들었다.

사람들은 술을 마시면 '각성'된다고 생각하는 경우가 많지만, 에탄올은 실제로 억제제이므로 신체 활동과 정신 활동을 모두 늦춘다. 미국 성인의 약 3분의 2가 술을 마시고, 약 3분의 1은 매년 적어도 하루는 다섯 잔 이상을 마신다. 미국에는 최소 1,500만 명의 알코올중독자가 있으며, 알코올중독으로 인한 비용은 연간 2,500억 달러를 넘는다. 현재 미국의 음주자 중에 약 30%는 과음한다. CDC에 따르면 과도한 음주로 미국에서는 매년 약 8만 8천 명이 사망하고, 미성년자 음주로 인해 매년 21세 미만이 약 5천 명 사망하는 것으로 나타났다. 15~24세 연령대의 주요 사망 원인 세 가지(자동차 사고, 살인, 자살) 모두에서 알코올이 중요한 요인이다.

일부에게 음주는 작은 긍정적 측면도 있다. 장수 연구에 따르면 알코올을 적당히(하루 한두 잔 이하) 섭취하는 사람은 비음주자보다 오래 사는 경향이 있다. 이는 알코올의 이완 효과 때문일 것이다. 그러나 더 많은 양을 마시면 건강 문제가 다수 발생할 수 있고, 수명은 10~12년까지 단축될 수 있다.

주류는 대체로 열량이 높다. 순수 에탄올은 약 7 kcal/g를 제공한다. 에탄올은 시간당 약 1온스(약 30 mL) 속도로 아세트알데하이드로 산화되며, 이보다 빠른 속도로 마셔 혈중 에탄올 농도가 올라가면 취한다.

에탄올의 산화에는 니코틴아마이드 아데닌 다이뉴클레오타이드의 산화형인 NAD^+가 소모되며, 환원형은 NADH로 나타낸다(H는 수소 원자).

$$\underset{\text{에탄올}}{CH_3CH_2OH} + NAD^+ \longrightarrow \underset{\text{아세트알데하이드}}{CH_3CHO} + NADH + H^+$$

NAD^+는 보통 지방의 산화에 쓰이므로, 술을 지나치게 마시면 지방이 대사되지 않고 (주로 복부에) 축적된다. 그 결과 많은 과음자에게 익숙한 '맥주 뱃살'이 생긴다.

에탄올이 어떻게 사람을 취하게 하는지는 여전히 다소 미스터리다. 연구에 따르면 에탄올은 두 가지 신경전달물질[충동성을 억제하는 감마-아미노부티르산(GABA)와 특정 신경세포를 흥분시키는 글루탐산]의 수용체를 교란한다. 장기간 음주는 GABA와 글루탐산의 균형을 바꾸어, 뇌의 근육 활동 제어를 흐트러뜨리고 비틀거리며 넘어지게 만든다. 에탄올은 또한 뇌의 도파민 수치를 높이는데, 도파민은 알코올 및 기타 약물의 쾌감과 관련된다. 수용체 교란에 대한 최근 설명 중에 하나는 에탄올이 단백질의 3차원 구조 유지를 돕는 일부 물 분자를 대체함으로써 수용체의 기능에 영향을 줄 수 있다는 것이다.

시간이 지나 과도한 음주가 지속되면 몇몇 뇌 화학물질의 농도가 변해 좋은 기분을 되찾거나 나쁜 기분을 피하려는 목적에서 에탄올을 갈망하게 된다. 서로 다른 가정에서 자란 쌍둥이에 대한 연구는 알코올중독에 유전적 요인이 틀림없이 존재함을 보여준다. 정서적·심리적·사회적·문화적 요인도 있다. 우리는 이 오래된 약물에 대해 여전히 배워야 할 것이 많다.

바르비투르산염

바르비투르산염은 중추신경 억제제 계열로 매우 다양한 특성을 보인다. 가벼운 진정에서 깊은 수면, 심지어 사망에 이르기까지 유도하는 데 사용될 수 있다. 바르비투르산염은 GABA 수용체에 작용하는 고리형(환형) 아마이드이며, 그 작용 기전은 몇 가지 점에서 알코올과 유사하다. 지금까지 2,500종이 넘는 바르비투르산염이 합성되었지만, 의학에서 널리 사용되는 것은 소수에 불과하다(그림 15.24).

- 펜토바르비탈(pentobarbital)은 단시간 작용 최면제로 사용된다. 현대의 진정제가 개발되기 전에는 불안을 가라앉히는 데 널리 쓰였다.
- 페노바르비탈(phenobarbital)은 장시간 작용 약물이다. 간질과 같은 발작 장애 환자를 위한 항경련제로 사용된다.
- 티오펜탈(thiopental)은 고리에서 산소 원자 1개 대신 황 원자 1개를 가진다는 점만 펜토바르비탈과 다르며, 마취제로 사용된다.

바르비투르산염은 한때 소량(수 mg)에서는 진정제로, 더 많은 용량(약 100 mg)에서는 수면 유도제로 쓰였다. 한동안 수면제로 널리 처방되었으나, 남용 가능성이 더 낮고 치명적일 가능성도 더 적은 벤조디아제핀류 같은 약물로 대체되었다.

바르비투르산염은 에틸 알코올과 함께 복용할 때 특히 위험하다. 이 조합은 두 가지 우울제의 효과를 합한 것보다 아마도 10배에 달하는 효과를 낸다. 과거에는 이 조합을 복용해 사고 또는 자살로 사망한 사례가 많았다.

두 화학 물질이 각자 단독일 때보다 더 큰 효과를 함께 낼 때 이를 **상승 효과**(synergistic effect)라고 한다. 상승 효과는 치명적일 수 있으며, 알코올-바르비투르산염 조합에만 국한되지 않는다. 적절한 의료적 감독 없이 두 가지 약물을 동시에 복용해서는 절대 안 된다.

바르비투르산염은 에탄올처럼 취하게 하며, 강한 중독성을 지닌다. 습관적 사용은 내성 발달로 이어져, 같은 정도의 취함을 얻으려면 점점 더 큰 용량이 필요해진다. 부작용은 숙취, 졸림, 현기증, 두통 등 알코올과 유사하다. 금단 증상은 흔히 심하며, 경련과 섬망을 포함하고, 금단 자체가 사망을 초래할 수도 있다.

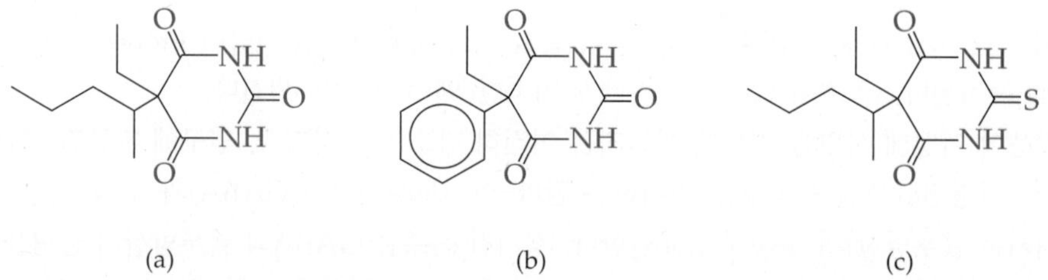

▶ 그림 15.24 일부 바르비투르산염 약물의 구조식. (a) 펜토바르비탈(Nembutal®), (b) 페노바르비탈(Luminal®), (c) 티오펜탈(Pentothal®)이다. 이 약물들은 바르비투르산염 유도체이며, 흔히 소듐염 형태로 사용된다. 예를 들어 티오펜탈은 펜토탈 소듐의 형태로 사용된다.

항불안제

현대 사회의 분주한 생활 리듬 때문에 일부 사람들은 화학 물질에서 휴식과 이완을 찾는다. 많은 사람이 에틸 알코올을 선택한다. 하루의 긴장을 '푸는' 저녁식사 전의 한 잔은 많은 사람의 생활 방식의 일부다. 스트레스와 불안으로부터의 해소 욕구는 항우울제의 높은 인기로 이어졌다. CDC에 따르면 12세 이상 미국인 8명 중 1명이 항우울제를 복용한다.

항불안제(항불안성 약물) 중에 한 부류가 **벤조디아제핀**으로, 7원자 이종고리를 특징으로 하는 화합물이다(그림 15.25). 대표적으로 고전적 항불안제인 디아제팜(Valium), 항불안제이자 항경련제인 클로나제팜, 불면증 치료에 쓰이는 로라제팜이 있다. 항불안제(때로는 **소량 진정제**라고도 함)는 사람을 무디고 둔감하게 만들어 기분을 나아지게 할 뿐, 불안을 일으키는 근본 문제를 해결하지는 못한다. 이 약물들은 GABA 수용체에 작용하여 인지 기능과 연관된 뇌 부위에서 뉴런 활동을 약화시키는 것으로 여겨진다.

최초의 항정신병 약물(때때로 **주요 진정제**라고도 함)은 **페노티아진**이라 불리는 화합물이었다. 1952년 미국에서 클로르프로마진(Thorazine®)이 정신증 환자에게 진정제로 투여되었다. 이 약물은 프랑스에서 항히스타민제로 시험되었고, 그곳의 의료진은 알레르기 치료를 받는 정신 건강 장애 환자들이 진정되는 것을 관찰했다. 클로르프로마진이 정신분열증의 증상 조절에 도움이 되는 것으로 밝혀지면서, 정신 질환 치료에 혁신을 가져왔다. 클로르프로마진은 항정신병제로 사용되는 여러 페노티아진 중에 하나이다.

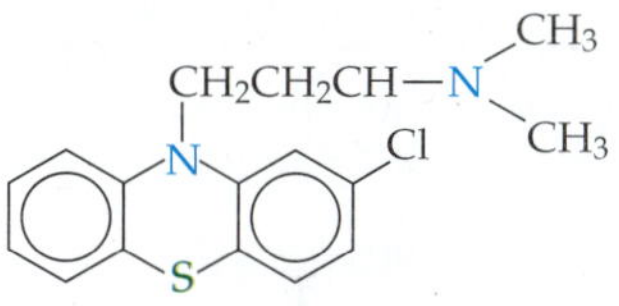

클로르프로마진
(Thorazine®)

페노티아진은 부분적으로 도파민 길항제로 작용한다. 이들은 도파민의 시냅스후 수용체를 차단하는데, 도파민은 작은 물체를 집는 것과 같은 세밀한 운동 조절, 기억과 감정, 뇌 세포의 흥분에 중요한 신경전달물질이다. 일부 연구자들은 조현병 환자가 도파민을 과도하게 생성한다고 생각하는 반면에 다른 이들은 도파민 수용체가 지나치게 많다고 본다. 어느 경우이든 도파민의 작용을 차단하면 조현병의 증상이 완화된다.

비정형 항정신병약이라 불리는 2세대 항정신병약에는 아리피프라졸(Abilify®), 리스페리돈(Risperdal®), 클로자핀(Clozaril®), 올란자핀(Zyprexa®)이 포함된다. 이 약물들은 도파민 수용체의 결합을 느슨하게 하여 더 많은 도파민이 신경세포에 도달하도록 하는 한 종류의 세로토닌 수용체에 작용하는 것으로 여겨진다. 아리피프라졸과 리스페리돈은 조현병, 양극성 장애의 급성 조증 삽화, 우울증 치료에 사용된다. 비정형 항정신병약 중에 가장 먼저 개발된 클로자핀은 실제로 조현병 치료에 가장 효과적인 약물로 입증되었지만, 백혈구 파괴와 같은 심각한 부작용 때문에 다른 항정신병약이 실패한 경우에만 사용된다. 올란자핀은 조현병과 급성 조증 삽화와 같은 정신병적 장애 치료 및 양극성 장애의 안정화에 사용된다.

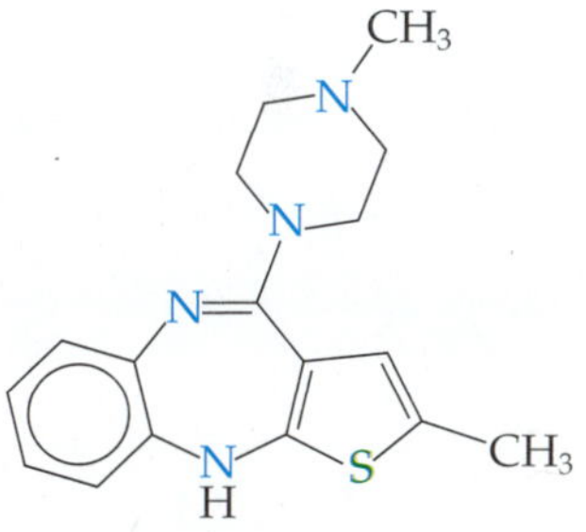

올란자핀(Zyprexa®)

항정신병약은 정신병원에 입원해야 하는 환자 수를 크게 줄이는 데 기여했다. 이 약물들이 조현병을 치유하는 것은 아니지만, 증상을 충분히 잘 조절하여 조현병 환자의 95%는 더 이상 입원이 필요하지 않게 한다. 다만, 복용을 중단하면 환자들은 재발한다.

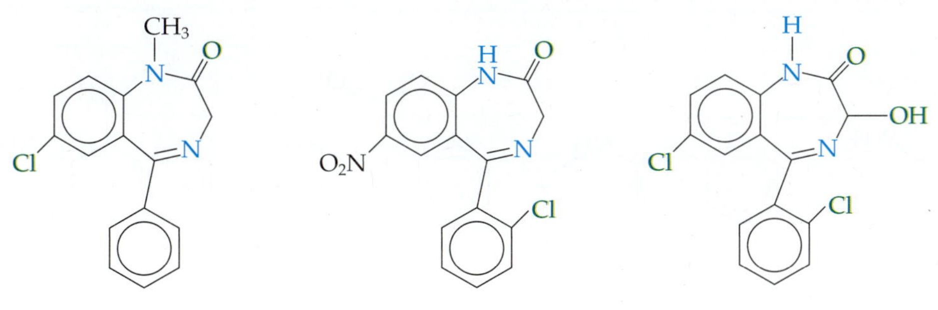

디아제팜　　클로나제팜　　로라제팜

그림 15.25 세 가지 벤조디아제핀: 디아제팜(Valium®), 클로나제팜(Klonopin®), 로라제팜(Ativan®)

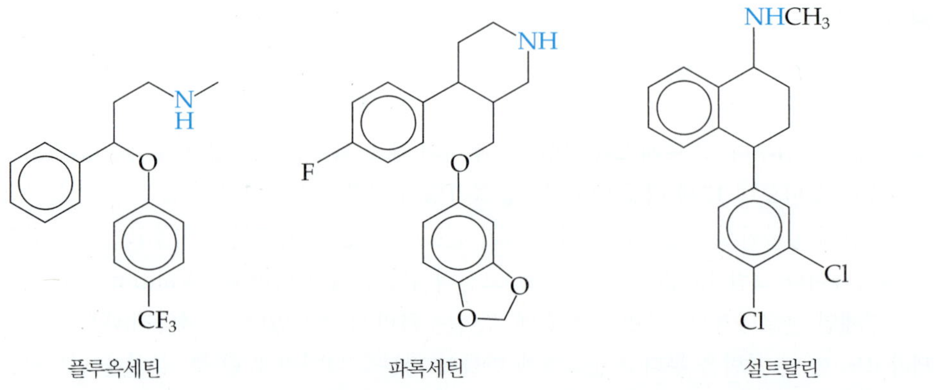

▶ **그림 15.26** 세 가지 선택적 세로토닌 재흡수 억제제(SSRI): 플루옥세틴(Prozac®), 파록세틴(Paxil®), 설트랄린(Zolof®)

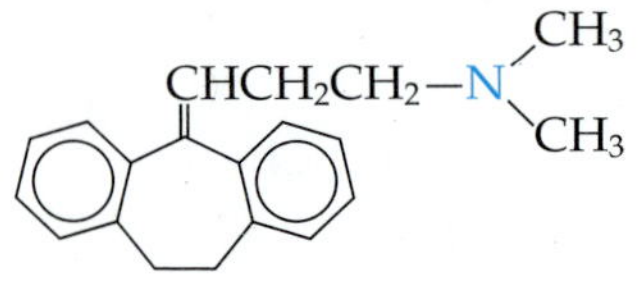

플루옥세틴 파록세틴 설트랄린

아미트리프틸린

가장 오래된 계열의 항우울제인 삼환계(3개의 고리 구조) 항우울제(예를 들어 아미트리프틸린)는 노르에피네프린과 세로토닌 같은 신경전달물질이 시냅스전 뉴런으로 '재흡수'되는 것을 차단한다. 이러한 항우울제는 심각한 부작용이 있어 대부분 더 새로운 약물들로 대체되었다.

오늘날 흔히 처방되는 항우울제에는 **선택적 세로토닌 재흡수 억제제**(SSRI)라 불리는 약물이 포함된다. 대표적인 세 가지는 그림 15.26에 나와 있다. 의사들은 공황장애와 같은 불안증후군, 강박장애(도박 문제와 과식을 포함), 월경전증후군(PMS) 등 매우 다양한 심리적 장애에 대처하도록 돕기 위해 이러한 약을 처방한다. 이 약들은 신경세포에 의한 세로토닌의 재흡수를 차단하여 세로토닌의 효과를 강화한다. 삼환계 항우울제보다 안전성이 더 높고, 내약성도 더 좋은 것으로 보인다.

각성제 약물

잘 알려진 각성제 중에는 β-페닐에틸아민과 관련된 다양한 합성 아민이 있다(그림 15.27). 이러한 약물은 **암페타민**(amphetamine)이라 불리며, 에피네프린과 노르에피네프린(그림 15.18)과 구조가 유사하다. 이들은 뇌에서 노르에피네프린, 세로토닌, 도파민의 수준을 증가시킴으로써 작용하는 것으로 보인다.

암페타민과 메스암페타민은 값이 싸고 널리 남용되어 왔다. 암페타민은 한때 다이어트 약으로 사용되었으나 장기적인 효과는 거의 없었다. 암페타민은 흥분, 안절부절, 떨림, 불면, 동공 확대, 맥박수와 혈압 상승, 환각, 정신병을 유발한다.

메스암페타민은 암페타민보다 훨씬 더 뚜렷한 심리적 효과를 보인다. 메스암페타민은 항히스타민제와 가정용 화학 물질로 손쉽게 제조된다. 미국 전역에서 불법 '메스 실험실'이 운영되어 왔다. 다른 아민계 약물과 마찬가지로 암페타민류는 흔히 염산염 형태로 유통된다. 메스암페타민의 유리염기형(산에 의해 중화되지 않은 염기성 아민 형태)은 염 형태보다 더 쉽게 기화되므로 흡연된다. 메스암페타민 사용의 장기적 영향으로는 심각한 정신병적 문제, 기억 상실, 발기부전, 심각한 치과적 문제가 포함된다.

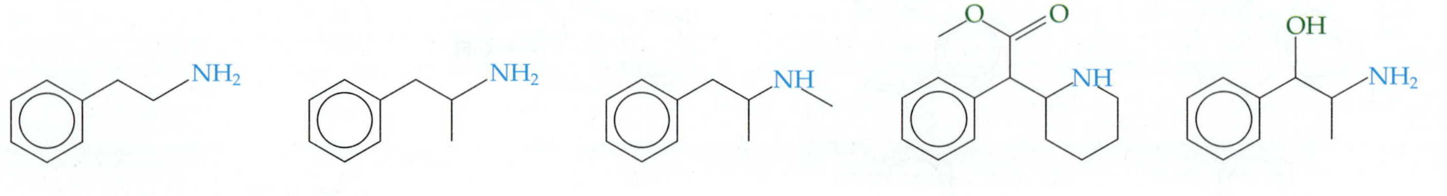

(a) (b) (c) (d) (e)

▲ **그림 15.27** (a) β-페닐에틸아민 및 관련 화합물, (b) 암페타민, (c) 메스암페타민, (d) 메틸페니데이트, (e) 페닐프로파놀아민

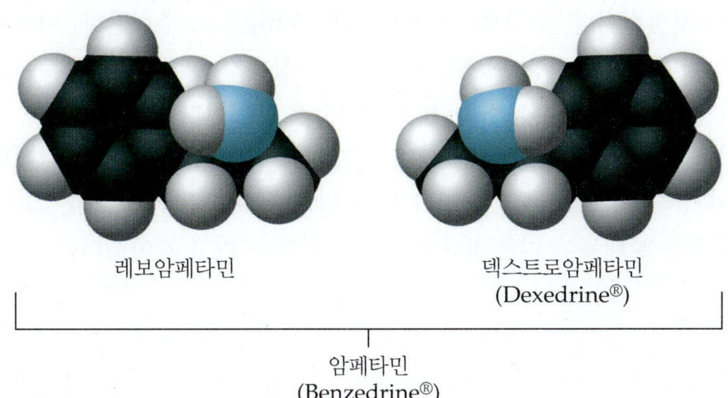

◀ Benzedrine®은 Dexedrine®과 거울상이성질체인 레보암페타민의 혼합물이다. 흔히 그렇듯이 두 이성질체는 생물학적 활성에서 큰 차이를 보인다.

어린이의 주의력결핍/과잉행동장애(ADHD) 치료에는 메틸페니데이트(Ritalin®) 또는 암페타민 혼합물이 사용된다. 이들 약물은 각성제이지만, 가만히 앉아 있지 못하는 아이들을 오히려 진정시키는 것으로 보인다. 이러한 사용은 "약물 남용으로 이어진다"라는 비판을 받았으며, "아이의 문제가 아니라 교사의 문제를 해결한다"라는 비판을 받아 왔다.

다른 많은 약물과 마찬가지로 암페타민은 서로 거울상이성질체로 존재한다. Benzedrine®은 두 이성질체를 동량으로 섞은 혼합물이다. 우선성(오른손형) 이성질체가 좌선성(왼손형) 이성질체보다 더 강한 각성제이다. 순수한 우선성 이성질체는 Dexedrine®이라는 상품명으로 판매된다.

코카인, 카페인, 니코틴

세 가지 식물 알칼로이드는 오랫동안 각성제로 사용되어 왔다. 처음에는 국소 마취제로 쓰였던 코카인은 강력한 각성제이기도 하다. 이 약물은 안데스산맥 동쪽 비탈에서 거의 독점적으로 자라는 관목의 잎에서 얻는다. 재배 지역과 그 주변에 사는 많은 토착민은 각성 효과를 얻기 위해 석회와 재를 섞은 코카나무 잎을 씹는다. 예전에는 코카인이 염 형태인 코카인 염산염으로 미국에 들어왔지만, 지금은 상당수가 유리 염기 형태의 부서진 덩어리, 즉 **크랙 코카인** 형태로 유입된다.

염산 코카인은 코의 점막을 통해 쉽게 흡수되며, 코카인을 '코로 들이마시는(흡인)' 사람들이 사용하는 형태이다. 코카인을 흡연하는 사람들은 불타는 담배의 온도에서 쉽게 기화되는 크랙을 사용한다. 코카인은 흡연 시 15초 안에 뇌에 도달한다. 이 약물은 신경세포에서 도파민이 방출된 뒤 그 재흡수를 막아, 높은 수준의 도파민이 뇌의 쾌락 중추를 자극하도록 작용한다. 과다사용 후에는 한 시간도 채 되지 않아 도파민이 고갈되어 사용자는 쾌락이 없는 상태에 놓이고 더 많은 코카인을 갈망하게 된다. 코카인의 사용은 지구력을 높이고 피로를 줄여 주지만, 그 효과는 오래가지 않는다. 자극 뒤에는 우울감이 뒤따른다.

코카인

커피, 차, 콜라류 탄산음료에는 자연적으로 가벼운 각성제인 카페인이 들어 있다. 카페인은 다른 많은 청량음료에도 첨가되며(표 15.5), 이른바 에너지 드링크가 주는 '기운을 올리기'의 원천이 되기도 한다. 카페인의 유효 용량은 약 200 mg으로, 진한 드립 커피 10온스 한 컵이나 차 3~5잔에 들어 있는 양이며, 많은 에너지 드링크에 들어 있는 양의 약 절반에 해당한다.

카페인은 중독성을 가질까? '아침에 찌뿌둥하고 까칠함' 증후군은 약한 중독성을 시사한다. 과도한 카페인 섭취의 잘 알려진 영향으로는 신경과민, 두통, 수면 문제 등이 있다. 전반적으로, 적정량의 카페인 섭취가 가져오는 위험성은 크지 않은 것으로 보인다.

카페인

또 다른 흔한 각성제는 니코틴이다. 이 약물은 담배를 피우거나 씹는 담배를 통해 섭취한다. 니코틴은 동물에 대해 독성이 매우 강하며, 농업에서는 접촉 살충제로 사용되어 왔다. 특히 주

표 15.5 청량음료의 카페인 함량

브랜드	카페인[a]
5-Hour Energy (2 oz)	138
Red Bull (8.2 oz)	80
Sun Drop	63
Mountain Dew	55
Mello Yello	53
Diet Coke	46
Dr Pepper	41
Diet Sunkist Orange	41
Pepsi-Cola	38
Diet Pepsi	36

[a] 12온스(약 355 mL) 1회 제공량당 밀리그램(mg)

출처: National Soft Drink Association; FDA.

사로 투여될 경우 치명적이다. 인간의 치사량은 약 50 mg으로 추정된다. 니코틴의 각성 효과는 비교적 일시적이며, 초기 반응 뒤에는 억제(우울) 상태가 뒤따른다. 대부분의 흡연자는 자주 흡연함으로써 혈류 내 니코틴 농도를 거의 일정하게 유지한다.

니코틴은 강력한 중독성을 지닌다. 1972년 필립모리스의 한 과학자가 "니코틴 없는 담배를 피워 담배 흡연자가 된 사람은 아무도 없다"라고 말한 메모를 생각해보자. 그는 회사에 "담배를 니코틴 1회 투여량을 내놓는 디스펜서로 생각해야 한다"라고 제안했다.

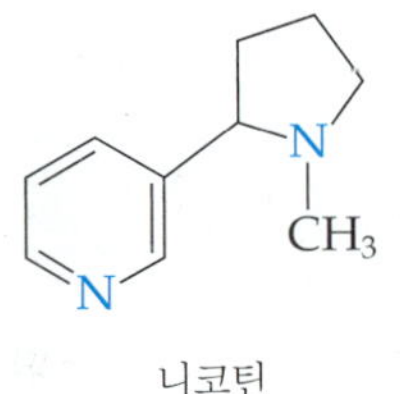

니코틴

환각성 약물

환각성 약물은 의식을 변화시키는 물질로서 감각 지각에 변화를 일으켜 사용자가 사물을 인식하는 방식을 질적으로 바꾸어 놓는다. 흔한 환각성 약물에는 실로시빈 버섯과 페요테 선인장에서 얻는 천연 물질, MDMA(엑스터시), 디메틸트립타민(DMT), PCP, 케타민 같은 합성 화학물질, LSD와 메스칼린 같은 반합성 약물이 포함된다. 마리화나는 때때로 약한 환각제로 간주된다.

리세르그산 디에틸아마이드(LSD)는 반합성 약물로, 강력한 환각제이다. 그 생리적 특성은 1943년 스위스의 화학자 Albert Hofmann(1906~2008)이 실수로 LSD를 섭취했을 때 우연히 발견되었다. 그는 자신이 겪은 증상이 LSD 때문임을 확인하기 위해, 이후 자신이 소량이라고 여긴 250 mg을 복용했다. Hofmann은 이어지는 몇 시간 동안 시각 장애와 정신분열증적 행동과 같은 증상을 겪으며 힘든 시간을 보냈다.

LSD는 자제력을 상실한 느낌을 일으킬 수 있으며, 때로는 극도의 공포감도 유발한다. LSD가 효과를 발휘하는 정확한 기작은 아직 알려지지 않았지만, 도파민 수용체에 작용하고 글루탐산염의 방출을 증가시켜 흥분을 일으키는 것으로 생각된다.

리세르그산은 호밀에 자라는 곰팡이인 맥각(ergot)에서 얻는다. 이 카르복실산은 그 디에틸아마이드 유도체로 전환된다.

LSD의 강력함은 그 비범한 효과를 경험하는 데 필요한 양이 아주 적다는 사실로 알 수 있다. 통상적인 용량은 아마도 약 10~100 μg 정도이다(Hofmann이 250 mg을 복용한 뒤 힘든 시간을 보낸 것도 무리가 아니다). 이 양이 얼마나 작은지 가늠해보자면 아스피린 정제 크기의 LSD 일부만으로도 최대 30,000회분의 복용량을 제공할 수 있다.

리세르그산 디에틸아마이드
(LSD)

다양한 식물이나 균류는 환각성 화합물을 만들어 낸다. 다음 두 가지 예를 보자.

- 트립타민 계열의 환각성 알칼로이드인 실로시빈은 *Psilocybe cubensis*를 포함한 여러 버섯 종에서 발견된다. 그 효과는 LSD와 유사하지만 지속 시간은 더 짧다.
- 메스칼린(3,4,5-트리메톡시페닐에틸아민)은 페닐에틸아민과 관련된 환각성 약물이다(그림 15.27 참조). 일부 아메리카 원주민 부족의 종교 의식에 사용되는 페요테 선인장(및 다른 종)에서 발견되며, 합성으로도 제조된다. 효과는 최대 12시간 지속된다.

메스칼린

마리화나

식물 *Cannabis sativa*(일반적으로 마리화나로 알려짐)는 오랫동안 유용하게 쓰여 왔다. 이 식물의 줄기는 밧줄을 만드는 데 쓰이는 질긴 섬유(대마)를 생산한다. 대마초는 부족 사회의 종교 의식에서 약물로 사용되어 왔고, 특히 인도에서 약용으로도 긴 역사를 지닌다. 미국에서는 마리화나가 가장 흔히 사용되는 불법 약물이다.

마리화나(marijuana)라는 용어는 식물의 잎과 꽃봉오리를 모아 만든 혼합물을 가리키며(그림 15.28), 이는 일반적으로 말린 뒤 흡연된다. 마리화나에는 여러 가지 활성 칸나비노이드가 있으며, 그중 주요 성분은 테트라하이드로칸나비놀(THC)이다.

마리화나 식물은 유전적 품종에 따라 THC의 효능이 상당히 달라진다. 미국 자생 야생종은 THC 함량이 보통 약 0.1%로 낮지만, 북미에서 판매되는 일부 마리화나는 THC 함량이 6%에 근접한다.

마리화나의 효과는 시료마다 THC의 양이 달라지기 때문에 측정하기가 어렵다. 마리화나를 흡연하면 맥박이 빨라지고 시간 감각이 왜곡되며 일부 복잡한 운동 기능이 저하된다. 그 밖의 가능한 효과로는 도취감(부유감), 불안감, 음식에 대한 즐거움 증가, 총명해졌다는 잘못된 인상이 있다. 연구에서는 '정신 확장' 효과가 나타나지 않았지만, 사용자는 때때로 환각을 경험하기도 한다. THC는 지용성이므로 체내에 저장된다. 스트레스나 다이어트로 인해 마지막 사용 후 오랜 시간이 지나서도 THC 검사에서 양성 반응이 나올 수 있다.

일시적 취기를 넘어 지속되는 정신병적 증상을 유발하는 등 마리화나의 장기적 영향은 불분명하다. 마리화나 사용자의 정신병적 문제 위험이 증가한다는 일부 근거가 있으며, 특히 가장 자주 사용한 사람들에서 그 증가폭(50~200%)이 가장 컸다. 마리화나를 많이 사용하는 사람은 종종 게으르고 수동적이며 정신적으로 둔해 보이지만, 그 원인이 마리화나라고 입증하기는 어렵다. 설령 그렇다 하더라도 그 피해는 과도한 음주로 인한 피해보다 덜 광범위하다.

사람이 마리화나를 피우면 THC는 폐에서 혈류로 빠르게 넘어가 뇌로 운반되며, 그곳에서 카나비노이드 수용체라 불리는 신경세포의 특정 부위에 결합한다. 뇌의 어떤 부위에는 이러한

테트라하이드로칸나비놀 (THC)

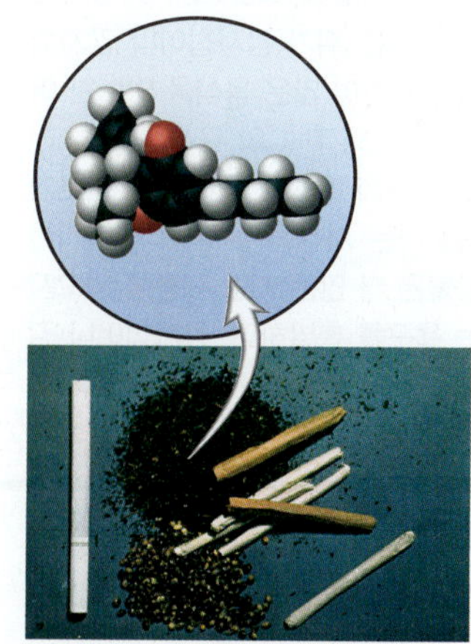

▲ **그림 15.28** 조제된 마리화나

클럽 마약: 레이브와 강간

클럽 마약은 '레이브'라 불리는 밤샘 댄스 파티에서 청소년과 젊은 성인들이 사용하는 물질을 말한다. 여기에 3,4-메틸렌디옥시메탐페타민(MDMA, 엑스터시), 감마-하이드록시부티르산(GHB, $HOCH_2CH_2CH_2COOH$), 플루니트라제팜(Rohypnol®), 케타민, 메탐페타민, LSD 등이 포함된다. 이러한 약물의 사용은 심각한 건강 문제를 일으킬 수 있으며, 특히 알코올과 함께 사용할 때 그 위험이 커진다.

특히 문제가 되는 것은 '데이트 강간 약물'로 알려진 물질들이다. 로힙놀, 케타민, GHB는 피해자를 저항할 수 없게 만들어 성폭력을 용이하게 하는 데 사용되어 왔다. 이 약물들의 영향하에 있을 때 일어난 일은 종종 기억나지 않는다. GHB의 유사체인 1,4-부탄디올($HOCH_2CH_2CH_2CH_2OH$)과 감마-부티로락톤(GBL)도 비슷한 효과를 나타낸다.

CH_3, O, N, N, F, O_2N

플루니트라제팜(Rohypnol®)

O, O, CH_3, NH, CH_3

MDMA(엑스터시)

O, O

감마-부티로락톤(GBL)

왜 중요할까?

캘리포니아대학 어바인의 연구자 Daniele Piomelli, Nicholas DiPatrizio와 동료들은 쥐가 감자칩이나 감자튀김처럼 지방이 많은 음식을 맛보면 아난다마이드와 THC와 유사한 다른 천연 화합물의 생성을 자극하는 신호가 발생한다는 사실을 밝혀냈다. 이러한 화합물은 더 많은 지방 식품을 먹고자 하는 욕구를 촉발하여, 감자칩이나 감자튀김을 더 먹고 싶은 충동을 억제하기 어렵게 만든다.

수용체가 많고, 다른 부위에는 거의 없거나 아예 없다. 쾌락, 기억, 사고, 집중, 판단, 감각 및 시간 지각에 관여하고 움직임을 조절하는 뇌 부위에는 이러한 수용체가 풍부하다. THC가 뇌에 들어가면 음식과 음료가 하는 것과 같은 방식으로 뇌의 보상 시스템을 활성화한다. 거의 모든 남용 약물과 마찬가지로 THC는 도파민의 방출을 자극하여 행복감을 일으킨다.

뇌의 운동 조절 중추에 수용체가 위치한다는 사실은 약물에 취한 사람에게서 보이는 협응력 상실을 설명한다. 뇌의 기억 및 인지 영역에 수용체가 존재한다는 사실은 마리화나 사용자가 시험에서 성적이 좋지 않은 이유를 설명한다. 호흡과 심장 박동이 조절되는 뇌간에는 수용체가 거의 없다는 점이 순수한 마리화나만으로 치사량에 이르기 어려운 이유일 가능성이 크다.

뇌는 또한 뇌의 카나비노이드 수용체에 결합하는 THC 유사 물질인 아난다마이드(anandamide)를 생성한다. 이 물질은 프로스타글란딘 합성의 전구체인 아라키돈산에서 유래한다.

O
N
H
OH

아난다마이드

마리화나는 몇 가지 정당한 의학적 용도가 있다. 녹내장 환자에게서 안압을 내려준다. 만약 치료하지 않으면 상승된 압력은 결국 실명을 초래한다. 마리화나는 또한 방사선 치료와 화학요법을 받는 암 환자를 괴롭히는 메스꺼움을 완화하고, 통증 완화에도 유용할 수 있다. FDA는 2018년 중반에 희귀 소아 간질 치료를 위해 칸나비디올(대마의 성분)의 사용을 승인했다.

마리화나의 법적 지위는 유동적이다. 2018년 초 현재 미국 연방정부는 여전히 어떤 목적이든 그것을 불법으로 분류했다. 주법은 큰 차이를 보이며 종종 연방법과 충돌한다. 9개 주에서는 기호용이 합법이고, 31개 주에서는 의료용이 합법이지만, 주별로 허용되는 마리화나의 종류와 의료적 사용 범주에는 많은 차이가 있다. 어떤 경우에는 의료용 마리화나의 판매가 알약 형태로만 제한된다.

자가평가문제

1. 우울증은 어떤 물질의 비정상적 대사로 인해 발생할 수 있는가?
- **a.** 아세틸콜린
- **b.** GABA
- **c.** 일산화 질소(NO)
- **d.** 세로토닌

2. 아산화 질소를 마취제로 사용할 때의 위험은 무엇인가?
- **a.** 산소(O_2)와 함께 사용하지 않으면 뇌 손상을 일으킬 수 있다.
- **b.** 회복 시간이 너무 길다.
- **c.** 마취가 지나치게 깊어진다.
- **d.** 가연성이다.

3. 세계에서 가장 많이 사용되고 남용되는 중추신경 억제제는 무엇인가?
- **a.** 암페타민류
- **b.** 코카인
- **c.** 에틸 알코올
- **d.** 마리화나

4. 불안 장애 치료에 흔히 사용되는 약물 계열은 무엇인가?
   a. 암페타민류 b. 벤조디아제핀 c. 오피오이드 d. 스테로이드

5. 덱스트로암페타민을 이루는 분자에 대한 설명으로 옳은 것은 무엇인가?
   a. 암페타민과는 $-CH_3$기 하나가 다르다.
   b. 왼손·오른손 거울상이성질체의 혼합물이다.
   c. 모두 왼손 이성질체이다.
   d. 모두 오른손 이성질체이다.

6. LSD가 작용하는 신경전달물질의 수용체는 무엇인가?
   a. 아세틸콜린 b. 도파민 c. GABA d. 세로토닌

7. 약물의 길항제와 작용제는 어떻게 작용하는가?
   a. 작용제는 약물의 작용을 모방하고, 길항제는 그 작용을 차단한다.
   b. 작용제와 길항제 모두 약물의 작용을 모방한다.
   c. 작용제와 길항제 모두 약물의 작용을 차단한다.
   d. 길항제는 약물의 작용을 모방하고, 작용제는 그 작용을 차단한다.

정답: 1. d, 2. a, 3. c, 4. b, 5. d, 6. d, 7. a

15.8 약물과 사회

학습 목표 • 약물 남용과 약물 오용을 구분한다.
• 신약이 어떻게 개발되어 시판에 이르는지 설명한다.

불법 약물은 막대한 문제를 야기한다. 이 시장은 은밀하게 운영되어 판매자들이 소득을 신고하거나 세금을 내지 않으므로, 불법 약물 사업은 엄청난 수익을 낳는다. 마약 거래상의 연간 수익은 5,000억 달러가 넘고, 그중 약 절반이 미국에서 나온다. 전 세계적으로 사람들은 식품보다 불법 약물에 더 많은 돈을 쓴다. 거액의 돈이 오가기 때문에 불법 마약은 범죄가 빈번하고 살인이 흔하며 부패한 정치인이 난무하는 위험한 사업이 되었다. **약물 남용**(drug abuse, 약물의 취하게 하는 효과를 목적으로 사용하는 것)은 남용자 개인뿐 아니라 사회 전반에 심각한 문제다.

불법 약물 사용자야말로 가장 큰 피해자이다. 길거리 약물은 돈이 들고, 대부분 중독성을 지닌다. 많은 중독자는 약값을 마련하려 절도를 저지르다 끝내 감옥에 간다. 한 연구에 따르면 유죄가 확정된 수감자의 16%가 약값을 마련하려 범죄를 저질렀다고 밝혔다. 직장에서는 모든 사고와 개인 상해의 50~80%가 약물과 관련되어 있다. 약물 사용자는 비사용자보다 결근이 두 배가 넘고, 산재 보상 청구 가능성은 다섯 배나 높다. 이들은 고용주의 수익을 갉아먹고, 일자리를 유지하는 데도 자주 어려움을 겪는다.

불법 약물은 판매자가 주장하는 것과 실제가 항상 일치하지 않는다. 구매자는 자신이 구매하는 제품의 정체와 품질에 대해 판매자의 정보에 의존할 수밖에 없다. 실제로 범죄 실험실 조사에서 분석 의뢰된 모든 약물(마리화나 제외)의 거의 3분의 2가 판매자의 설명과 다른 것으로 드러났다.

승인되고 시험을 거친 합법적 약물에서도 문제가 생길 수 있다. CDC에 따르면 2016년 약물 과다복용으로 64,000명 이상이 사망했다. 일반적 인식과 달리 대부분은 코카인이나 헤로인이 아니라, 불법 시장으로 전용된 옥시콘틴과 기타 진통제 때문이었다. 거의 3,000만 명의 미국인이 의학적 목적이 아닌 이유로 처방약을 사용했다고 밝혔다.

합법 약물과 관련된 다른 문제로는 의사의 잘못된 처방, 약국 조제 오류, 환자의 복용 실수 등이 있다. 일부 약물은 치료 중인 질환보다 더 나쁜 부작용을 일으키기도 한다. 일부 약물(처방약과 일반의약품 모두)은 이름이 매우 비슷해 쉽게 혼동된다. 예를 들어 바이러스에는 효과가 없는 페니실린으로 바이러스 감염을 치료하려 드는 식의 **약물 오용**(drug misuse)은 너무 흔하다. 페니실린과 기타 항생제의 남용은 오늘날 항생제 내성 박테리아의 출현을 초래했다.

6 브랜드 의약품과 제네릭 의약품의 차이는 무엇인가?

새로운 약이 개발되면 제조사는 일정기간 그 약을 생산할 수 있는 특허권을 가진다. 이는 제약회사가 약 개발과 시험에 투입된 높은 비용을 회수할 수 있게 해준다. 특허권이 만료되면 다른 회사들도 그 약의 제네릭을 판매할 수 있지만, 동일한 양의 유효 성분이 혈류로 흡수되고 브랜드 의약품과 동일한 활성을 보인다는 것을 입증해야 한다. 비활성 성분에는 차이가 있을 수 있다. 제네릭 의약품은 브랜드 의약품보다 훨씬 저렴하다.

신약의 설계와 승인

신약을 개발해 시장에 내놓는 과정은 비용도 크고 기간도 길다. 앞서 언급했듯 신약 설계와 합성에는 여러 접근이 있다. 하나는 기존 약물을 변형해 효과를 높이거나 표적 장기나 분자에 더 잘 도달하게 만드는 방법이다. 초기에는 변형이 다소 우연적이었지만, 최근에는 플루오로퀴놀론 사례처럼 약물 작용기전과 관련된 구조적 특징을 파악해 설계에 반영한다.

또 하나의 비교적 새로운 접근은 조합 화학으로, 여러 출발 물질을 가능한 모든 방식으로 반응시켜 다수의 화합물을 만든다. 이렇게 얻은 생성물의 생물학적 활성을 시험하고, 유망한 화합물들에 대해 안전성과 유효성 시험을 시작하여 FDA 승인을 목표로 한다.

약물의 예비 시험은 인간을 대상으로 하지 않고, 흔히 박테리아·조직 배양·동물 모델 등 다른 계에서 수행된다. 이때 약물은 질환 치료에 얼마나 효과적인지, 작용 부위에 도달하는 능력은 어느 정도인지, 무엇보다 안전성 등을 평가한다. 실험실 또는 동물 모델에서의 초기 시험 결과가 긍정적이면 사람을 대상으로 약물 효과를 확인하는 임상시험에 들어간다. 1상 시험은 소수의 건강한 지원자에게 실시하여 부작용 여부를 확인하고 용량과 투여 방법을 최적화한다. 2상 시험은 더 많은 사람을 대상으로 약물이 해당 질환에 효과적인지에 초점을 맞춘다. 약물이 효과적인 것으로 보이면 더 큰 집단을 대상으로 3상 시험을 시행한다. 2상과 3상에서 신규 약물은 위약 또는 해당 질환의 다른 치료법과 비교된다. FDA 승인을 받은 안전하고 유효한 약물은 시판 이후에도 안전성과 부작용을 지속적으로 모니터링한다.

신약을 평가하는 일반적인 방법은 한 환자 집단에는 신약을 투여하고, 이에 상응하는 '대조' 집단에는 위약(속임약)을 투여하는 것이다. 위약은 환자에게 약물 형태로 투여되는 불활성 물질을 말한다. 의학계에서 가장 널리 받아들여지는 유형인 이중맹검 연구에서는 환자도 의사도 누가 실제 약을 받고 누가 위약을 받는지 알지 못한다.

약물 시험과 관련해 흥미로운 현상이 **위약 효과**(placebo effect)이다. 어떤 사람이 특정 약을 투여받고 있다고 믿으면, 실제 약을 받지 않았더라도 긍정적 결과를 기대한 나머지 실제로 그런 결과를 경험하기도 한다. 위약의 심리적 효과는 매우 강력할 수 있다. 위약 효과란 원래 효과가 없어야 할 처치로부터 건강상 이득이 나타나는 것을 말한다.

또한 비교적 소수의 사람에게만 영향을 미치는 매우 희귀한 질환도 다수 존재한다(이들 중 상당수는 유전적 결함과 관련됨). 이러한 질환은 희귀 질환으로 분류되었고, 이를 치료할 **희귀 약물**(orphan drug) 개발을 장려하기 위한 다양한 방안이 추진되었다. 정부는 때때로 세제 혜택을 제공하거나, 특허 보호를 강화하거나, 아예 정부 운영 기관을 설립해 이 분야의 연구를 추진하는 방식으로 개입하기도 한다. 이런 약물도 여전히 안전성과 유효성 기준을 충족해야 하지만, 매우 희귀한 질환에 대한 임상시험의 경우에는 비교적 소규모 시험군을 허용하는 등 시험 절차에 변형이 적용되기도 했다. 1983년 '희귀의약품법(Orphan Drug Act)' 제정 이전에는 미국에서 희귀 질환 치료제로 승인된 약이 40개도 되지 않았다. 법 제정 후 30년 동안은 600개가 넘는 약물이 시판 승인을 받았고, 그 밖의 많은 약이 개발·시험 중이다.

앞으로의 전망

신약 개발에서는 몇 가지 흐름과 새로운 접근이 나타나고 있다. 하나는 이미 한 가지 용도로 승인된 약을 다른 질환에도 효과가 있는지 시험하는 방식이다. 최근 지카 바이러스에 대한 대응이 그 한 예이다. 백신 개발에 많은 노력이 투입되는 한편, 일부 연구실에서는 알려진 약물들이 바이러스에 사용할 수 있는지를 시험했다. 이 접근의 장점은 승인 약물의 안전성이 이미 확립되어 있어, 일부 임상시험을 반복할 필요가 없다는 점이다.

일반의약품(제네릭)에 대한 대중의 의존이 널리 확산되는 것과 더불어, 바이오시밀러도 점점 흔해지고 있다. **바이오시밀러**(biosimilar)는 질병의 진단·예방·치료(완치 포함)에 사용되는 생물학적 제제로, 대체로 크고 복잡한 분자이다. 이들은 안전성과 유효성 측면에서 기존의 FDA 승인 참조의약품과 임상적으로 의미 있는 차이가 없을 정도로 '높은 유사성'을 입증해야 한다.

면역 치료 접근은 개인의 면역계를 활용해 질병과 더 효과적으로 싸우도록 한다. 이는 전반적으로 면역계를 자극하는 방법일 수도 있고, 단일클론 항체나 기타 면역 단백질 같은 면역계 구성 요소를 투여하는 방법일 수도 있다.

유전자 치료는 결함이 있는 유전자를 대체하기 위해 건강한 유전자를 개인의 세포에 도입하는 것을 말한다. 이 접근을 활용하려는 시도가 일부 있었지만, 이런 유형의 치료는 아직 초기 단계에 머물러 있다. 여전히 고도로 실험적이고 위험하며 비용이 매우 많이 들고, 여러 윤리적 쟁점을 동반한다.

많은 약물이 더 길고 건강한 삶과 통증 완화 등 사회에 막대한 혜택을 가져왔지만, 때로는 중독, 위험한 부작용, 심지어 사망 같은 문제를 일으키기도 한다. 우리는 약물을 현명하게 사용해야 한다.

자가평가문제

1. 감기 치료에 항생제를 사용하는 것은 무엇이라고 할 수 있는가?

a. 적절한 치료　**b.** 약물 남용
c. 약물 오용　**d.** 위약 효과

2. 마약성 진통제 옥시코틴을 중독되기 위해 사용하는 것은 무엇 때문인가?

a. 적절한 오락　**b.** 약물 남용
c. 약물 오용　**d.** 합법적 취중

3. 위약이란 무엇인가?

a. 활성 약물의 알코올 용액　**b.** 실제 약처럼 보이는 불활성 물질
c. PCB　**d.** 백금/세슘/붕소 약물

4. 이중맹검 연구에서 일부 환자는 시험 중인 약을 투여받고, 다른 환자들은 무엇을 투여받았는가?

a. 침술　**b.** 동종요법 제제
c. 모르핀　**d.** 위약

5. 희귀 약물이란 무엇인가?

a. 출처를 알 수 없는 물질에서 유래한 약물
b. 백신이 존재하는 질병을 치료하는 데 사용되는 약물
c. 사용이 중단된 약물
d. 희귀 질환에 사용되는 약물

정답: 1. c, 2. b, 3. b, 4. d, 5. d

녹색 화학 친환경 의약품 생산

Joseph M. Fortunak

원칙 1~5, 8, 9

학습 목표 • 화학 합성의 E 인자를 개선할 수 있는 녹색 화학 원리를 식별한다.
• 전구약물이 약물 전달과 녹색 화학에 왜 중요한지 설명한다.

이 장은 새로운 의약품을 찾기 위한 원칙을 다룬다. 먼저 질병의 경로를 조사하고, 치료용 분자 표적을 선택한 다음, 그 표적에 작용해 유익을 주는 약물을 찾는다. 약물은 선택적이고 안전해야 하므로 최신 약물은 구조가 복잡하고 합성에 시간이 오래 걸리는 경향이 있다. 제약회사는 신약 연구보다 제조에 약 두 배의 비용을 쓰기 때문에, 폐기물과 비용을 줄이기 위해 녹색 화학을 도입할 강력한 동기가 있다. 4장과 9장의 녹색 화학 에세이는 유기 합성과 약물 제조를 논한다. 이제 박테리아 감염, 암, 통증 등에 약물이 어떻게 표적 작용하는지 배웠으니, 이러한 녹색 화학 원리가 어떻게 적용되는지 살펴보자.

1992년 네덜란드 델프트공과대학의 Roger Sheldon은 화학 생산을 위해 E 인자(환경 인자)라는 용어를 만들었다(8장 에세이 참조). E 인자는 제조된 제품 1 kg당 생성된 폐기물의 질량이다. 의약품 합성은 흔히 다량의 용매와 복잡한 시약을 사용한다. 제약 제조에서는 약물 1 kg당 100 kg이 넘는 폐기물이 생기는 것이 보통이며, 즉 E 인자가 100을 초과한다. 물 매질에서의 합성, 효소 공정, 생물학적 과정을 모방하는 촉매, 유해 시약이 없는 공정이 점점 더 널리 사용되어 약물 생산을 더 효율적이고 더 친환경적으로 만든다(원칙 5, 9).

"홀리 트리니티(The Holý Trinity)"는 Dr. Antonín Holý(프라하, 1936~2012)와 Drs. John C. Martin(미국 길리어드사이언스), Erik De Clerc(벨기에 레가 의학연구소)의 협업을 빗댄 말장난이다. 이 과학자들은 테노포비르 디소프록실 푸마르산염(TDF)과 테노포비르 알라페나미드 푸마르산염(TAF)을 포함해 바이러스 감염을 치료하는 새로운 계열의 약물을 개척했다. TDF는 전 세계적으로 HIV/AIDS 치료에 널리 사용된다. 2013년에는 HIV/AIDS 감염의 대부분이 발생하는 저·중소득국(LMIC)에서 600만 명이 넘는 사람들이 TDF를 복용했다.

TDF와 TAF의 합성과 사용은 녹색 화학의 원칙(1~5, 8~9)을 보여준다. HIV 역전사 효소는 바이러스 DNA를 합성할 때 실수로 테노포비르를 원료로 편입한다. 테노포비르가 바이러스 DNA에 편입되면 바이러스 복제가 멈춘다.

테노포비르는 그림과 같이 아데닌과 (R)-프로필렌 카보네이트(RPC)로부터 합성된다. 테노포비르는 활성 약물이지만, 매우 친수성(물을 좋아함)이기 때문에 지용성(지방 친화적) 세포막을 통과해 HIV 감염 세포로 들어가기 어렵다. 그래서 테노포비르는 지용성 '전구약물(prodrug)' 형태인 TDF로 전달된다. 전구약물은 흡수, 분포, 대사, 배설(ADME) 특성 중에 하나 이상을 향상하도록 약물을 가리고 보호한 형태이다. TDF는 지용성이므로 테노포비르보다 세포로 훨씬 잘 분포한다. TDF가 감염 세포 내에서 테노포비르로 가수분해되면 바이러스 복제를 저해하는 적절한 형태가 된다.

TDF는 1일 300 mg 용량에서 매우 우수한 약이다. 그러나 TDF는 여전히 혈장 내에서 빠르게 테노포비르로 절단된다. 혈장 속 테노포비르는 빠르게 배설되므로, 감염 세포로 들어가는 TDF의 비율은 낮다. TAF는 더 선택적인 전구약

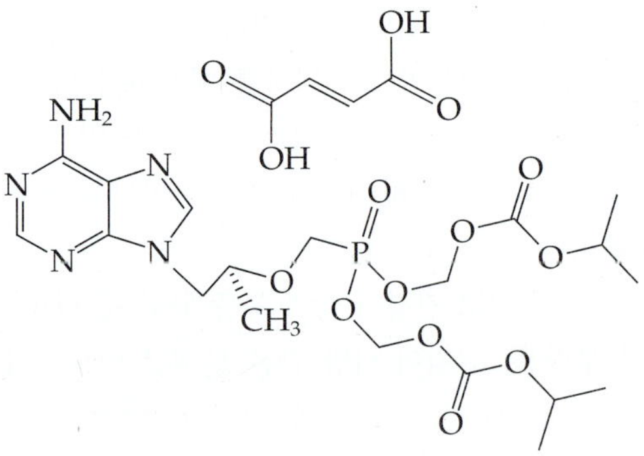

테노포비르 디소프록실 푸마르산염(TDF)

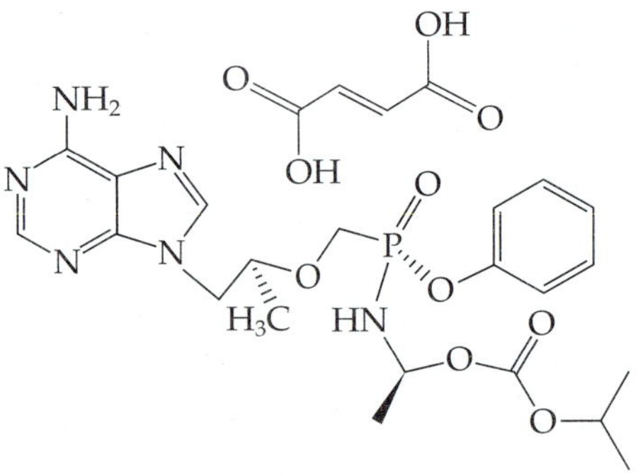

테노포비르 알라페나미드 푸마르산염(TAF)

테노포비르

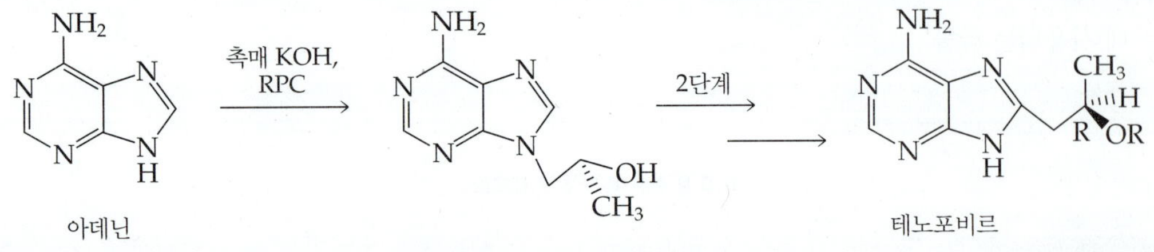

촉매 KOH, RPC

2단계

아데닌

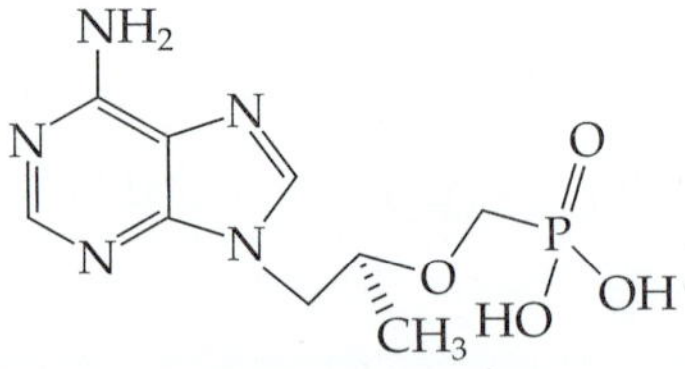

테노포비르

물 접근법을 적용한다. TAF의 전구약물 작용기는 세포 안으로 들어간 뒤에야 세포내 효소에 의해 제거된다. 이 때문에 TAF 1일 10 mg 용량이 TDF 1일 300 mg과 동등한 효과를 낸다. 혈장 내 순환 약물 농도가 낮아지는 만큼 TDF 대비 TAF의 독성 부작용이 줄어들 가능성도 있다.

연간 600만 명이 하루 300 mg의 TDF를 복용한다면 TDF의 연간 수요량은 657톤이다. 연간 600만 명이 하루 10 mg의 TAF를 복용한다면 수요는 21.9 톤에 불과하다. 따라서 TDF에서 TAF로 전환하면 폐기물 발생이 줄어들어 매우 친환경적이다. 이는 비용 절감과 저·중소득 시장에서 테노포비르의 접근성 향상에도 잠재적으로 매우 중요하다.

녹색 화학의 또 다른 예를 들어 테노포비르 합성에 쓰이는 RPC는 매우 저렴한 하이드록시아세톤의 카보네이트 유도체(그림)를 대장균(*E. coli*)과 알코올 탈수소효소, 포도당 탈수소효소(ADH, GDH)를 사용하여 수성 매질에서 생산한다. 이 RPC 합성은 원자 경제적이며, E-인자가 약 6이다. 종전의 RPC 제조법은 E 인자가 최대 45에 달했고, 더 유해한 시약과 용매를 사용했다.

약물 분자가 점점 더 복잡해지고 제조가 어려워질수록 녹색 화학의 중요성은 커지고 있다. 약물 제조에 흔한 높은 비용과 높은 E 인자는 녹색 화학적 접근을 개발하도록 유인한다. 제조 비용을 낮추면 HIV/AIDS, 말라리아, 결핵 같은 질병의 필수 의약품에 대한 전 세계적 접근성도 개선된다. 저·중소득 국가에서 HIV/AIDS 치료제를 복용하는 사람 수는 2003년 23만 5,000명에서 2013년 말 1,100만 명 이상으로 늘었다. 같은 기간 환자 1인당 치료 비용은 약 80% 감소했으며, 녹색 화학은 이 성과에 크게 기여했다.

수성 완충액, ADH 및 GDH를 함유한 대장균 / 포도당

하이드록시아세톤의 탄산염 유도체 → 중간 생성물(단독화되지 않음) → (R)-탄산 프로필렌(RPC)

요약

15.1절: **약물**은 통증을 완화하고, 질병을 치료하거나, 건강 또는 웰빙을 개선하는 물질이다. 약물은 천연에서 얻을 수도 있고, 반합성 또는 합성일 수도 있다. **화학 요법**은 화학 물질을 사용하여 질병을 치료하는 것이다.

15.2절: 아스피린은 **비스테로이드성 소염진통제(NSAID)**이다. **진통제**(통증 완화), **해열제**(발열 억제), **항염제**(염증 억제), **항응고제**(혈액 응고 억제) 작용을 한다. NSAID는 통증 신호를 뇌로 보내는 호르몬유사 지질인 **프로스타글란딘**의 생성을 억제한다. 이부프로펜과 나프록센은 NSAID이다. 아세트아미노펜은 진통제·해열제이지만 염증은 줄이지 못한다. 감기약에는 알레르겐에 의해 유발되는 증상을 완화하기 위해 **항히스타민제**가 흔히 포함된다(**알레르겐**은 히스타민 방출을 촉발한다). 감기를 완치하는 치료법은 없다.

마약성 진통제는 통증을 완화하고 혼미나 마취를 유발하지만 중독성이 있다. 아편에는 천연 마약성 진통제인 모르핀이 들어 있으며, 코데인과 헤로인은 모르핀으로부터 제조된다. 코데인은 통증 완화를 위해 아세트아미노펜과 함께 쓰이는 일이 많고, 기침 억제에도 사용된다. 헤로인은 모르핀보다 훨씬 더 강력하고 중독성이 높다. 모르핀 **작용제**는 모르핀과 유사한 작용을 하고, 모르핀 **길항제**는 모르핀 수용체를 차단한다. 신체는 극심한 통증에 반응해 **엔도르핀**이라는 모르핀 유사 물질을 생성한다. 운동은 뇌세포 성장을 촉진하는 물질인 **뉴로트로핀**(신경영양인자)의 생성을 증가한다.

15.3절: 설파제는 최초의 항균제로서, 박테리아 성장에 필수적인 화합물을 모방한다. **항생제**는 다른 미생물의 성장을 억제하는 수용성 물질로 곰팡이나 박테리아에서 유래한다. 페니실린은 박테리아가 뮤코단백질성 세포벽을 형성하는 것을 막는다. 테트라사이클린과 플루오로퀴놀론은 **광범위 항생제**로, 다양한 박테리아에 효과적이다. 항생제를 한동안 사용하면 항생제 내성 박테리아가 종종 나타난다.

항생제는 바이러스성 질병을 치료할 수 없다. 홍역, 볼거리, 천연두처럼 일부 바이러스성 질환은 백신으로 예방할 수 있으나 모든 바이러스성 질환에 백신이 있는 것은 아니다. 헤르페스와 **후천성면역결핍증(AIDS)**은 바이러스 감염이다. 바이러스는 핵산(DNA 또는 RNA)과 단백질로 이루어진다. AIDS 바이러스와 같은 **레트로바이러스**는 숙주 세포에서 DNA를 합성하는 RNA 바이러스이다. 일부 바이러스성 질환에는 항바이러스제가 사용된다.

15.4절: 많은 항암제는 **항대사제**로서 DNA 합성을 억제하여 암세포 성장을 늦춘다. 질소 머스터드 가스와 같은 알킬화제는 생체분자에 알킬기를 전달해 그들의 정상적인 작용을 차단한다.

15.5절: **호르몬**은 내분비샘에서 생성되어 신체의 다른 부위에 생리적 변화를 알리는 화학적 전달자이다. 프로스타글란딘은 호르몬 작용을 매개한다. 몇몇 호르몬은 특징적인 4고리 골격을 가진 **스테로이드**이다. 아나볼릭 스테로이드는 근육량을 늘리는 데 사용되지만 부작용이 있다. 콜레스테롤, 코르티솔, 성호르몬은 스테로이드이다. **안드로젠**은 남성적 특성을 조절하고, **에스트로젠**은 여성의 성기능을 조절한다. **프로게스틴**은 프로게스테론과 같은 효과를 지닌 스테로이드 호르몬이다. 피임약은 합성 에스트로젠 또는 프로게스틴을 함유하며 배란과 수정을 억제한다.

15.6절: 관상동맥 질환, 부정맥, 고혈압, 울혈성 심부전은 심혈관계 질

환이다. 고혈압에는 **이뇨제**, 베타 차단제, 칼슘 채널 차단제, ACE 억제제가 사용된다. 부정맥 치료제는 세포막을 가로지르는 이온 흐름을 변화시킨다. 관상동맥 질환 치료에는 유기 질산염 화합물이 포함된다.

15.7절: 향정신성 약물은 정신에 영향을 미친다. 코카인과 암페타민 같은 **각성제**, 알코올·마취제·아편제·바르비투르산염·진정제 같은 **억제제**, LSD 같은 **환각제**로 크게 나눌 수 있다.

뉴런(신경세포) 사이에는 **시냅스**라 불리는 미세한 틈이 있다. 신경전달 동안 **신경전달물질**이 시냅스로 방출되어 수용 세포에 변화를 일으킨다. 정신 질환은 노르에피네프린(NE)과 세로토닌 같은 뇌 아민과 관련된 것으로 여겨진다. NE 작용제는 NE의 작용을 강화하거나 모방하고, NE 길항제는 그 작용을 차단하거나 느리게 한다. 많은 화합물은 화학식은 같지만, 원자 배열이 다른 **입체이성질체**로 존재한다. 거울상과 서로 겹쳐지지 않는 입체이성질체를 **거울상이성질체**라 하며, 하나 이상의 **키랄 탄소**(네 가지 서로 다른 치환기가 결합된 탄소)를 가진다.

마취제는 감각 또는 인식의 결여를 일으키는 물질이다. **전신 마취제**는 의식을 잃게 하고 통증에 전반적으로 둔감하게 만든다. 국소 마취제는 신체 일부의 감각을 없앤다.

알코올은 전 세계적으로 가장 많이 사용되는 억제제이다. 펜토바르비탈과 티오펜탈 같은 바르비투르산염은 진정제 및 마취제로 쓰인다. 알코올과 바르비투르산염을 함께 복용하면 **상승 효과**가 일어나 한쪽의 작용이 다른 쪽의 작용을 강화한다. 진정제의 한 계열인 페노티아진류는 도파민 길항제로 작용하여 조현병 증상을 완화한다. SSRI는 세로토닌의 효과를 강화하는, 흔히 처방되는 항우울제이다.

암페타민은 에피네프린과 NE와 구조가 유사한 각성제다. 암페타민은 거울상이성질체로 존재하며, 그중 하나가 다른 하나보다 훨씬 더 강력하다. 메스암페타민은 암페타민보다 더 강력하다. 카페인과 니코틴은 널리 사용되는 합법적 각성제이다.

환각제는 감각 지각의 변화를 유도한다. 가장 잘 알려진 환각제는 LSD와 **마리화나**이며, 특정 버섯의 실로시빈, 페요테 선인장의 메스칼린은 천연 환각제다.

15.8절: 약물 남용(중독 효과를 목적으로 약물을 사용하는 것)은 남용자와 사회에 모두 심각한 문제이다. 합법 약물을 잘못 또는 실수로 사용하는 **약물 오용**도 문제이다. 신약은 **위약 효과**(의약품 형태로 투여된 불활성 물질이 심리적 이유로 환자에게 효과를 보이는 현상)를 피하기 위해 적절히 시험되어야 한다. 신약이 FDA 승인을 받으려면 엄격한 심사 과정을 거쳐야 하며, 여기에는 실험실·동물 모델에서의 초기 시험과 사람을 대상으로 한 여러 단계의 임상시험이 포함된다. **희귀 약물**은 소수의 환자에게 영향을 미치는 질환을 치료하며, **바이오시밀러**의 사용은 증가하고 있다.

녹색 화학: 현대 약물은 구조가 복잡하고 종종 효율이 낮은(높은 E 인자) 합성을 거친다. 녹색 화학은 폐기물 생성을 줄여 의약품 제조 비용을 낮추고 지속가능성을 높인다. 지속가능성과 효율 향상은 전 세계의 의약품 접근성도 높여 산업국뿐 아니라 저·중소득 국가에도 중요한 기여를 할 수 있다.

학습 목표	관련 문제
• 일반적인 약물을 천연물, 반합성, 합성으로 분류한다. (15.1)	1, 8, 11, 12
• 화학 요법을 정의하고 그 기원을 설명한다. (15.1)	13, 14
• 일반의약품(OTC), 진통제, 해열제, 항염증제를 열거하고 각 약물의 작용 기전을 설명한다. (15.2)	2, 15~18, 20, 60, 65, 71, 79, 81
• 몇 가지 대표적 마약성 진통제를 언급하고, 각 약물의 작용과 중독가능성을 설명한다. (15.2)	9, 19, 21, 22, 68, 73
• 흔한 항균제를 열거하고 각 약물의 작용을 설명한다. (15.3)	3, 23~25, 59, 61, 69, 80, 82, 85
• 항바이러스제의 주요 범주를 열거하고 각 범주의 작용 기전을 설명한다. (15.3)	26~28, 62
• 흔한 항암제의 주요 유형과 그 작용 기전을 설명한다. (15.4)	29~34, 86
• 호르몬, 프로스타글란딘, 스테로이드의 의의를 정의하고 각각의 기능을 설명한다. (15.5)	4, 5, 35, 38, 63, 78, 83, 84
• 성호르몬의 세 가지 유형을 나열하고, 각 호르몬의 작용과 피임약의 작동 원리를 설명한다. (15.5)	6, 36, 37, 39, 40, 77
• 심장병 치료에 사용되는 네 가지 약물 유형의 작용을 설명한다. (15.6)	41~46
• 뇌 아민인 노르에피네프린과 세로토닌이 정신에 미치는 영향과 여러 약물이 그 작용을 어떻게 변화시키는지 설명한다. (15.7)	48, 50, 54
• 각성제, 억제제, 환각제의 예를 들고 이들이 정신에 미치는 영향을 설명한다. (15.7)	7, 47, 49, 51~53, 64, 66, 67, 72, 74, 75
• 약물 남용과 약물 오용을 구분한다. (15.8)	56, 58
• 신약이 어떻게 개발되어 시판에 이르는지 설명한다. (15.8)	10, 55, 57, 70, 76
• 화학 합성의 E 인자를 개선할 수 있는 녹색 화학 원칙을 식별한다.	87, 88

개념문제

1. 천연 약물, 반합성 약물, 합성 약물의 차이는 무엇인가?
2. 항히스타민제, 진해제, 거담제의 차이는 무엇인가?
3. 항생제란 무엇인가?
4. 호르몬이란 무엇인가?
5. 프로스타글란딘이란 무엇인가? 프로스타글란딘은 호르몬과 어떻게 다른가?
6. 피임약은 어떻게 작용하는가?
7. 세계에서 가장 널리 사용되는 중추신경 억제제는 무엇인가?
8. 헤로인, 모르핀, 페니실린, 시스플라틴을 각각 천연, 반합성, 합성으로 분류하라.
9. 마약성 진통제란 무엇인가?
10. 위약 효과란 무엇인가?

연습문제

자연과 실험실의 약물

11. 천연 약물, 반합성 약물, 합성 약물의 예를 각각 하나씩 들어라.
12. 코데인, 플루오로퀴놀론, 키니네, 빈블라스틴, 탁솔, 6-머캅토퓨린을 각각 천연, 반합성, 합성으로 분류하라.
13. 화학 요법이란 무엇인가?
14. 사람들이 약물을 사용하는 이유를 네 가지 쓰라.

진통제

15. 아스피린의 화학명은 무엇인가?
16. 수술과 관련된 통증 완화에 아스피린 대신 아세트아미노펜을 사용하는 이유는 무엇인가?
17. COX-2 억제제란 무엇이며, 어떻게 작용하는가?
18. 다음 각 약물 종류는 어떤 역할을 하는가?
    - **a.** 진통제
    - **b.** 해열제
    - **c.** 항염증제
19. 다음 중 원래 기침 억제제로 시판되었던 것은 무엇인가?
    - **a.** 아세트아미노펜
    - **b.** 아스피린
    - **c.** 헤로인
    - **d.** 메타돈
20. 다음 중 NSAID로 간주되지 않는 것은 무엇인가?
    - **a.** 아세트아미노펜
    - **b.** 아스피린
    - **c.** 이부프로펜
    - **d.** 나프록센
21. 코데인은 구조상 모르핀과 어떻게 다른가?
22. 엔도르핀은 **(a)** 침술의 마취 효과, **(b)** 부상당한 군인에게 통증이 없는 현상과 어떤 관련이 있는가?

항균 및 항바이러스 약물

23. 테트라사이클린은 광범위 항생제이다. 이것은 무엇을 의미하는가?
24. 페니실린이란 무엇이며, 어떻게 박테리아를 죽이는가?
25. 퀴놀론계 항생제에 대한 설명으로 옳은 것은 무엇인가?
    - **a.** 항대사물질
    - **b.** 광범위
    - **c.** 베타-락탐
    - **d.** 매우 특정적인 좁은 범위
26. 항바이러스제가 바이러스성 질병을 치유하는가? 바이러스성 질병에 대처하는 가장 좋은 방법은 무엇인가?
27. 항레트로바이러스 약물의 세 가지 분류는 무엇이며, 각각 어떻게 작용하는가?
28. 다음 중 항바이러스제는 무엇인가?
    - **a.** 아시클로비르
    - **b.** 시프로플록사신
    - **c.** 페니실린
    - **d.** 설파닐아마이드

항암제

29. 다음 중 항대사물질이 아닌 것은 무엇인가?
    - **a.** 6-메르캅토퓨린
    - **b.** 사이클로포스파미드
    - **c.** 5-플루오로우라실
    - **d.** 메토트렉세이트
30. 항암제의 주요 분류 두 가지를 쓰라.
31. 항대사제와 알킬화제는 어떻게 작용하는가?
32. 시스플라틴은 어떻게 작용하는가?
33. 다음 구조식은 어떤 화합물을 나타내는가? 이 화합물은 항암제의 어떤 분류에 속하는가?

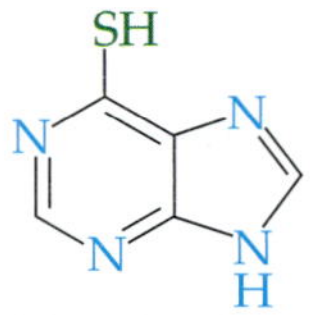

34. 다음 구조식은 어떤 화합물을 나타내는가? 이 화합물은 항암제의 어떤 분류에 속하는가?

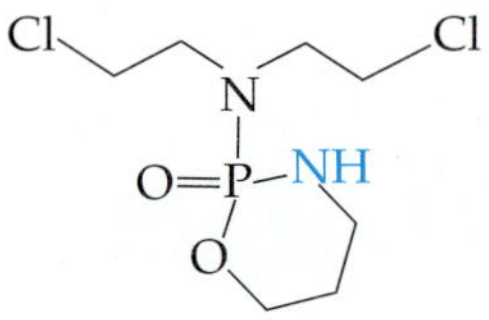

호르몬

35. 호르몬과 프로스타글란딘의 차이점 세 가지를 쓰라.

36. Carl Djerassi가 노르에틴드론을 합성할 때 프로게스테론에서 메틸기를 제거하고 에티닐기를 도입했다. 이러한 변화가 노르에틴드론을 더 좋은 약물로 만든 이유는 무엇인가?

37. 프로게스테론 분자(그림 15.14)의 세 가지 작용기를 확인하라.

38. 아나볼릭 스테로이드는 어디에 사용되는가? 그 사용과 관련된 위험은 무엇인가?

39. 응급 피임약이란 무엇이며, 어떻게 작용하는가?

40. 다음 중 스테로이드가 아닌 것은 무엇인가?
   a. 에스트라디올
   b. 엔케팔린
   c. 프로게스테론
   d. 테스토스테론

심장 질환 치료 약물

41. 이뇨제는 어떤 방식으로 혈압을 낮추는가?
   a. 신장이 더 많은 물을 배설하게 하여 혈액량을 줄인다.
   b. 심박수를 늦춘다.
   c. 혈관 확장제로 작용하여 혈관 주변 근육을 이완시킨다.
   d. 혈관을 수축시키는 효소를 억제한다.

42. 베타 차단제는 어떤 방식으로 혈압을 낮추는가?
   a. 신장이 더 많은 물을 배설하게 하여 혈액량을 줄인다.
   b. 심박수를 늦추고 심박의 힘을 약하게 한다.
   c. 혈관 확장제로 작용하여 혈관 주변 근육을 이완시킨다.
   d. 혈관을 수축시키는 효소를 억제한다.

43. 혈관을 확장시켜 흉통을 완화하고 발기부전 증상을 경감시키는 메신저 분자는 무엇인가?
   a. 이산화 탄소(CO_2)
   b. 암모니아(NH_3)
   c. 일산화 질소(NO)
   d. 이산화 황(SO_2)

44. 유기 니트로 화합물로 흔히 치료되는 것은 무엇인가?
   a. 협심증
   b. 발기부전
   c. 심장 부정맥
   d. 고혈압

45. 일반적으로 심장 질환 치료의 목표에 해당하지 않는 것은 무엇인가?
   a. 프로게스테론의 심장에 대한 효과 차단
   b. 혈압 낮추기
   c. 심장 리듬 정상화
   d. 혈관 내 지질 플라크 축적 방지

46. 고혈압 치료에 가장 효과적이면서 비용이 적게 드는 약물은 무엇인가?
   a. 안지오텐신 전환효소(ACE) 억제제
   b. 베타 차단제
   c. 칼슘 통로 차단제
   d. 이뇨제

약물과 마음

47. 향정신성 약물과 환각제의 차이는 무엇인가?

48. 시냅스란 무엇이며, 신경계에서 어떤 역할을 하는가?

49. 향정신성 약물의 분류로 간주되지 않는 것은 무엇인가?
   a. 항대사물질
   b. 우울제
   c. 환각제
   d. 각성제

50. 베타 차단제의 작용 기전은 무엇인가?
   a. 세로토닌의 흥분 작용을 감소시킨다.
   b. 약물의 작용을 제한하여 한 거울상 이성질체만 활성화되도록 한다.
   c. 마취제로 작용한다.
   d. 에피네프린과 노르에피네프린의 각성 작용을 감소한다.

51. 다음 중 국소 마취제로 사용된 것은 무엇인가?
   a. 케타민
   b. 리도카인
   c. 아산화 질소
   d. 티오펜탈

52. 다음 중 해리성 마취제는 무엇인가?
   a. 클로로포름
   b. 할로탄
   c. 케타민
   d. 메스칼린

53. 다음 각 마취제에 대해 인화성 이외의 단점을 한 가지씩 쓰라.
   a. 아산화 질소
   b. 할로탄
   c. 디에틸 에터

54. 작용제란 무엇인가? 길항제란 무엇인가?

약물과 사회

55. 한 약물이 추가 시험을 위한 FDA 승인을 받으려면 요건이 모두 충족되어야 한다. 다음 중 예외는 무엇인가?
    a. 인간 사용에 대한 안전성
    b. 낮은 비용
    c. 유효성
    d. 작용 부위에 도달하는 능력

56. 불법 약물 사용에 대한 설명으로 무엇인가?
    a. 구매자는 약물의 실제 성분과 농도를 알 방법이 거의 없다.
    b. 많은 사용자가 약값을 마련하기 위해 절도를 한다.
    c. 불법 약물 사용은 사용자에게만 영향을 미친다.
    d. 많은 사고와 개인 상해가 약물과 관련이 있다.

57. 새로운 탐색적 약물의 시험에는 이중맹검 절차가 포함된다. 이중맹검 연구에 대한 설명으로 옳은 것은 무엇인가?
    a. 모든 피시험자가 약물을 투여받는다.
    b. 일부는 약물을, 다른 일부는 위약을 투여받는다.
    c. 약물을 투여하는 의사는 누가 약물·위약을 받는지 안다.
    d. 환자들은 자신이 약물을 받는지 안다.

58. 약물 남용과 약물 오용의 차이는 무엇인가?

 심화문제

59. 플루오로퀴놀론계 약물의 구조와 기능에 관한 정보를 복습하라. 작용은 시프로플록사신과 유사하지만, 7번 위치에 큰 질소함유 고리가 없는 플루오로퀴놀론계 약물의 구조를 그려라.

60. 아세트아미노펜이 NSAID로 분류되지 않는 이유는 무엇인가?

61. 체중 140 lb 환자가 요로 감염으로 항생제 암피실린 치료를 받았다. 1일 용량은 40 mg/kg이며, 하루 3회로 나누어 투여한다. **(a)** 이 환자의 1일 총 용량은 몇 g인가? **(b)** 암피실린 캡슐 하나에는 유효 성분이 500 mg 들어 있다. 환자는 8시간마다 캡슐을 몇 개씩 복용해야 하는가?

62. 레트로바이러스에 대한 설명으로 옳은 것은 무엇인가?
    a. RNA를 뉴클레오타이드로 분해한다.
    b. DNA를 뉴클레오타이드로 분해한다.
    c. DNA 주형으로부터 RNA를 합성한다.
    d. RNA 주형으로부터 DNA를 합성한다.

63. 모든 스테로이드가 공유하는 구조적 특징은 무엇인가?

64. 일부 향정신성 약물은 최초 사용 후 오랜 시간이 지나서도 플래시백을 일으킬 수 있다. 그런 약물 두 가지를 들고, 왜 플래시백을 유발할 수 있는지 설명하라.

65. 디펜히드라민(베나드릴)의 화학식은 $C_{17}H_{21}NO$이다. 베나드릴은 수용성인가, 지용성인가? 이유를 설명하라.

66. 모든 바르비투르산염 분자에 공통적인 구조적 특징은 무엇인가? 개별 바르비투르산염 약물의 성질을 바꾸기 위해 이 구조는 어떻게 변형되는가?

67. 알코올은 다른 약물과 상호작용하여 약효를 크게 증강시키고, 심지어 사망에 이르게 할 수도 있다. 그런 약물 두 가지를 밝혀라.

68. 어떤 물질의 LD_{50}는 실험동물 집단의 50%를 치사시키는 용량(단위: mg/kg 체중)이다. 약물 A와 B의 LD_{50}가 각각 750 mg/kg, 45 mg/kg이라면 어느 쪽이 더 독성이 큰가? 이유를 설명하라.

69. 어린아이에게 투여했을 때 치아 변색을 일으키는 약물은 무엇인가?
    a. 사이클로스포린
    b. 페니실린
    c. 설파제
    d. 테트라사이클린

70. 희귀 약물이란 무엇인가?

71. 진해제, 충혈완화제, 거담제의 기능은 각각 무엇인가?

72. 암페타민의 최소치사량(MLD)이 5 mg/kg이라면 70 kg 성인의 MLD는 얼마인가? 동물의 독성 연구 결과를 언제나 사람에게 그대로 외삽법에 의해 추정할 수 있는가?

73. 15.2절에서 언급했듯이 모르핀 분자의 페놀성 —OH기를 메톡시($—OCH_3$)기로 치환하면 데인이 된다. 코데인 분자의 구조를 그려라.

74. 미국의 일부 주에서는 최근 의료 목적의 마리화나 사용을 합법화했다. 마리화나의 의학적 용도를 몇 가지 제시하라.

75. 약물에서의 시너지 효과란 무엇인가?

76. 제네릭 약물은 브랜드(상표) 약물과 어떻게 다른가?

77. 다음 항목을 사망 위험이 낮은 것에서 높은 것 순으로 배열하라.
    a. 임신과 출산
    b. 피임약 복용
    c. 흡연을 지속하면서 피임약 복용

78. 화합물 중 스테로이드로 분류되지 않는 것은 무엇인가?
    a. 콜레스테롤
    b. 프레드니손
    c. 프로게스테론
    d. 프로스타글란딘 E_2

79. NSAID는 염증에서 프로스타글란딘의 효과에 대항하기 위해 어떻게 작용하는가?

80. 다음 분자에서 파라-하이드록실기를 제거하면 **(a)** 물, **(b)** 지방에 대한 용해도가 어떻게 달라지겠는가?

81. 다음 구조식은 어떤 NSAID를 나타내는가? 이 약물은 어떤 방향족 탄화수소와 관련이 있는가? 포함된 산소함유 작용기 두 가지의 이름을 쓰라.

82. 클로람페니콜은 세균의 단백질 합성을 억제하는 광범위 항생제이다. 클로람페니콜(R = —H)을 **(a)** 팔미테이트 에스테르[R = $—CO(CH_2)_{14}CH_3$], **(b)** 석신산 소듐 유도체[R = $—COCH_2CH_2COONa$]로 바꾸면 용해도가 어떻게 달라지겠는가? 그 이유를 설명하라.

83. 다음 구조식은 어떤 종류의 약물을 나타내는가? 들어 있는 산소함유 작용기 세 종류의 이름을 쓰라.

84. 다음 메게스트롤 아세테이트는 일부 암 치료에 쓰인다. 이것은 어떤 종류의 약물인가?

a. 펜사이클리딘
b. 프로스타글란딘
c. 스테로이드
d. 테트라사이클린

85. 항생제에 대한 설명으로 옳은 것은 무엇인가?

a. 항생제는 박테리아에는 작용하지만 바이러스에는 작용하지 않으므로 세균 감염 치료에 사용해야 한다.
b. 항생제는 박테리아와 바이러스 모두에 작용하므로 세균·바이러스 감염 모두에 사용해야 한다.
c. 항생제는 바이러스에는 작용하지만 박테리아에는 작용하지 않으므로 바이러스 감염 치료에 사용해야 한다.
d. 항생제는 박테리아와 바이러스 모두에 작용하지 않으므로 둘 다 치료에 사용해서는 안 된다.

86. 항암제에 대한 설명으로 옳은 것은 무엇인가?

a. 암세포는 정상 세포보다 빨리 자라므로 암세포만 죽인다.
b. 암세포와 정상 세포 모두에 독성이 있어 둘 다 죽인다.
c. 장에서 자라는 세포가 대부분의 정상 세포보다 더 느리게 자라므로 종종 심한 부작용이 있다.
d. 암세포와 정상 세포를 모두 죽이지만, 정상 세포가 더 천천히 자라므로 정상 세포에 더 큰 영향을 준다.

87. TDF 합성의 E-인자가 약 70이고 TAF 합성의 E-인자가 약 85라면 환자 600만 명분을 제조할 때 TAF와 TDF의 연간 폐기물 발생량 차이는 얼마인가?

88. (R)-프로필렌 카보네이트(RPC)의 효소적 합성과 유기 용매를 쓰는 화학적 합성을 비교할 때, 각각에 적용되는 녹색 화학 원리는 무엇인가?

비판적 사고 문제

이 장에서 습득한 지식과 하나 이상의 FLaReS 원칙(1장)을 적용하여 다음 진술과 주장을 평가하라.

15.1 TV 광고가 소비자에게 우울증을 극복하기 위해 새 약을 사용하는 문제에 대해 '의사와 상의하라'고 권한다. 광고는 한 여성이 야외에서 아이들과 행복하게 노는 장면으로 끝난다.

15.2 한 간호사가 자신의 손을 환자의 몸 위로 움직여 환자의 에너지장을 감지할 수 있게 해 준다는 기법, 즉 '치료적 접촉'으로 환자를 도울 수 있다고 주장한다.

15.3 TV 광고에서 한 배우가 위산 생성을 억제하는 약을 복용한 뒤, 기름지고 매운 음식으로 구성된 푸짐한 식사를 한다.

15.4 TV 광고에서 한 배우가 항히스타민을 복용한 뒤, 평소의 알레르기 증상을 겪지 않고 풀과 꽃이 가득한 초원을 기쁘게 걸어간다.

15.5 많은 사람이 MMR 백신이 자폐증의 원인이라고 믿으며, Andrew Wakefield의 12명 아동 대상 연구를 인용한다. 그러나 자폐증은 대체로 아이가 백신을 맞는 시기에 진단되며, 그 연구는 예방접종을 받은 아이와 받지 않은 아이의 자폐증 발생률을 비교하지 않았다.

15.6 한 웹사이트가 적포도주가 심장에 좋다고 주장한다.

 협업 과제

파워포인트, 포스터, 기타 프레젠테이션을 준비하여 수업에서 공유하라. 과제 1, 2번은 4명으로 이루어진 조가 수행하는 것이 가장 적합하다.

1. 다음 복합제에 대해 성분과 그 함량 목록을 포함한 간략한 보고서를 작성하라.

Advil® Cold & Sinus, Aleve® Cold & Sinus, Dimetapp® Cold & Flu, Theraflu®, Excedrin PM®, Alka-Seltzer® Plus, DayQuil®, NyQuil®

해당 제품에 들어 있는 각 물질의 화학 구조, 의학적 용도, 독성, 부작용을 제시하라.

2. 혈압을 낮추는 네 가지 주요 약물 범주가 15.6절에 나와 있다. 나열된 각 범주에서 한 약물을 골라 그 화학 구조, 독성, 부작용을 제시하라.

3. 일반 아스피린 다섯 브랜드의 비용 분석을 수행하여 각 제품의 그램당 비용을 계산하라. 고함량(엑스트라 스트렝스) 아스피린 제제의 그램당 비용을 일반 아스피린의 그램당 비용과 비교하라.

4. 인터넷을 검색하여 약물 임상시험에 대해 조사하고 다음 질문에 답하라. **(a)** 위중한 환자가 위약 대조 임상시험에 참여하고 싶어 하지 않을 수 있는 이유는 무엇인가? **(b)** 이러한 임상시험에 참여하는 것의 장점과 단점은 무엇인가? **(c)** 시험약뿐 아니라 위약을 사용하는 것이 왜 중요한가? **(d)** 때때로 대조군이 위약 대신 해당 질환의 표준 치료를 받기도 한다. 왜 그런가?

5. 다음 질환 중 하나의 치료를 위한 신약에 대해 인터넷으로 정보를 찾아라.

a. 폐렴
b. 관절염
c. 암
d. 당뇨병

6. 인터넷이나 'Merck 인덱스'(또는 유사한 참고 자료)를 이용하여 코카인, 프로카인, 리도카인, 메피바카인, 부피바카인의 독성을 찾아라. 서로 다른 동물에서의 독성을 비교하고, 그 결과를 인간에게 외삽법을 추정하는 것이 항상 정확한가? 투여 방법이 관찰된 독성에 영향을 미치는가?

7. 한 가지 신경전달물질에 대해 간략한 보고서를 작성하라. 그 기능과 작용 부위를 설명하라.

8. 탈리도마이드에 대해 간략한 보고서를 작성하라. 그 구조, 원래의 의도된 용도, 발생한 문제, 제안된 새로운 용도를 포함하라. 문제의 원인이 되었던 탈리도마이드의 키랄 탄소 원자를 지적하라.

9. 표 15.1에 나열된 마약성 진통제, 항히스타민제, 항생제, 항암제, 항우울제 중 하나에 대해 간략한 보고서를 작성하라. 선택한 약물의 화학 구조, 의학적 용도, 독성, 부작용을 포함하라.

실험 과제 속쓰림 완화하기

준비물

- 시판된 씹어 먹는 제산제 3종(힌트: 색 있는 정제가 아닌 흰색 정제를 사용하고, 활성 성분이 서로 다른 브랜드를 고르자.)
- 투명한 작은 플라스틱 컵 4개
- 절구와 공이, 밀대, 주방용 망치(알약을 부수기 위한 것)
- 적양배추 잎(지시약 준비용)
- 양배추즙 지시약(아래의 준비 방법 참조)
- 식초
- 계량스푼(테이블스푼 1개, 티스푼 1개)

의사가 어떤 약을 다른 약보다 권하는 이유는 무엇일까? 일반의약품은 효과면에서 어떻게 다를까? 이 실험에서는 씹어 먹는 제산제 3종을 분석하여 어떤 활성 성분이 가장 효과적인지 알아본다.

의약품과 약물은 순수한 형태로 환자에게 투여되는 일이 거의 없다. 보통 활성 성분은 알약 형태로 만들거나 정맥주사로 투여할 수 있도록 다른(비활성) 성분과 함께 배합된다. 비활성 성분은 특정 용량의 약물이 언제, 어떤 방식으로 전달될지를 조절하는 데 도움을 준다. 활성 성분은 생물학적으로 작용하여 질병을 치료하거나 바람직하지 않은 증상을 개선하는 분자이다. 대개 한 질환을 치료하는 데는 서로 다른 여러 활성 성분이 사용될 수 있다.

이번 실험에서는 서로 다른 활성 성분의 효과를 비교하기 위해 시판된 씹어 먹는 제산제를 사용한다. 제산제는 속쓰림 증상을 완화하기 위해 복용하며, 거의 모든 활성 성분이 약염기를 이용해 위의 과도한 산을 중화하는 방식으로 작용한다. 가장 흔히 쓰이는 염기는 마그네슘, 알루미늄, 칼슘의 수산화물과 탄산염이다.

먼저 활성 성분이 서로 다른 제산제 3종을 준비하라. 많은 제산제는 활성 성분이 둘 이상이며, 서로 다른 수산화물과 탄산염의 조합으로 되어 있다.

투명한 작은 플라스틱 컵 4개를 준비하여 그중 3개에는 각 제산제의 이름을, 나머지 1개에는 '대조'라고 라벨을 붙여라. 대조 용액은 플라스틱 컵에 식초 1테이블스푼과 양배추즙 지시약 1티스푼을 넣어 준비한다. 이 대조 용액은 반응 색깔을 비교하는 기준으로 사용한다.

다음으로 첫 번째 브랜드의 제산제 2정을 절구와 공이, 주방용 망치 등으로 잘게 부수어 해당 라벨이 붙은 컵에 넣어라. 나머지 두 브랜드에 대해서도 동일하게 하라.

그런 다음 각 플라스틱 컵에 식초 1테이블스푼을 넣고, 바로 이어서 양배추즙 지시약 1티스푼을 넣어라. 식초와 지시약을 넣은 시간을 기록하라. 컵을 가볍게 흔들어 섞고 5~10분 동안 반응을 관찰하라. 각 용액의 색은 어떻게 보이는가? 색 변화는 무엇을 의미하는가? 결과에 따라 제산제 브랜드를 가장 효과적인 것부터 가장 덜 효과적인 것까지 순서대로 매겨라.

양배추즙 지시약 만드는 법: 적양배추 한 통에서 잎 6장을 떼어 잘게 썬다. 물 8컵을 끓인 뒤, 끓는 물에 잘게 썬 양배추 잎을 넣는다. 불을 줄여 30분간 약한 불로 끓인다(졸인다). 혼합물을 체에 밭쳐 큰 용기에 걸러 담고, 실온까지 식힌다. 이 즙이 지시약 용액이다.

전형적인 결과

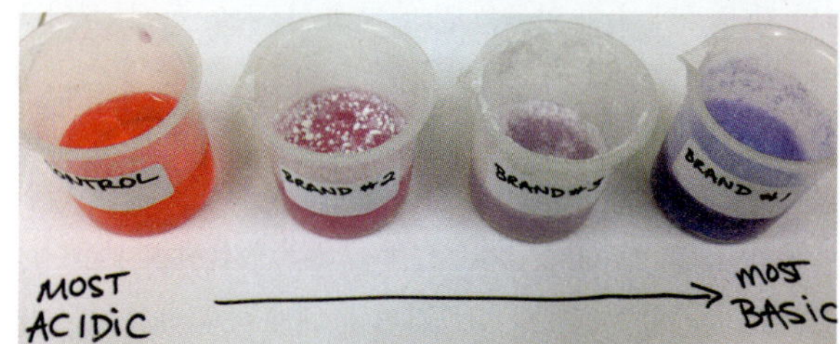

실험문제

1. 각 브랜드의 활성 성분에 대한 화학 반응식을 쓰고, 반응식을 정확히 평형 맞춰라.
2. 이 실험의 조건이 위의 조건을 잘 모사한다고 생각하는가? 이 실험 조건과 위(그리고 속쓰림과 관련된 조건) 사이에는 어떤 차이가 있을 수 있는가?
3. 제산제 정제에 관련된 다른 어떤 요인이 이 실험에 영향을 줄 수 있는가? 예를 들어 서로 다른 브랜드가 동일한 비활성 성분을 사용하는가?

가정용 화학 제품

16

16.1 비누로 씻기

16.2 합성 세제

16.3 세탁 보조제: 섬유유연제 및 표백제

16.4 다목적 세정제 및 특수 목적 세정제

16.5 용매, 페인트, 왁스

16.6 화장품: 개인 관리용 화학 제품

가장 많이 판매되는 가정용 화학 제품은 비누, 세제, 각종 특수 및 다목적 세정제 등 청소용품이다. 이 장에서는 우리에게 친숙한 다양한 제품을 살펴보고 그 원리에 대해 설명한다.

? 이 장과 관련된 궁금증

1. 비누는 셔츠와 손의 기름기를 어떻게 제거하는가?
2. 식기세척기에 손 세제를 사용할 수 없는 이유는 무엇인가?
3. 세탁기에 섬유유연제를 더 많이 넣으면 옷감이 더 부드러워지는가?
4. 1950년대 지어진 오래된 주택을 구매하는 경우 납 성분 페인트에 대해 걱정해야 하는가?
5. 걸쭉한 샴푸가 머리카락을 깨끗하게 하는 데 더 효과적인가?
6. 금발로 염색하고 싶다면 염색약을 머리에 바르고 병에 표시된 시간 동안 그대로 두어야 하는가?

집 안의 '화학 제품' 이 책의 한 가지 주제는 화학의 발전이 21세기에 들어 어떻게 우리의 삶을 광범위하게 개선하고, 수명을 연장하며, 건강과 삶의 질을 향상하고, 우리가 즐길 수 있는 유용한 제품을 위한 무수히 많은 새로운 재료를 제공했는가에 대한 것이다. 비누, 세제, 치약, 샴푸, 향수, 로션, 면도 크림, 냄새 제거제, 왁스, 페인트, 페인트 제거제, 표백제, 살충제, 얼룩 제거제, 용매, 소독제, 화장품, 헤어스프레이, 염색약 등 일반 가정에서 사용할 수 있는 화학 제품은 아마도 50만 가지쯤 될 것이다(그림 16.1).

14장에서는 식품의 화학 성분과 식품 생산에 사용되는 화학 물질에 대해 설명했다. 일부 농약은 집 주변, 특히 마당과 정원에서 사용되기도 한다. 10장에서는 의류, 가정용 가구, 구조용 재료, 장난감, 저장 용기에 사용되는 고분자에 대해 알아보았고, 12장에서는 난로와 자동차에서 연소하는 연료에 대해 알아보았다. 13장에서는 우리 몸의 화학 물질을, 15장에서는 약장에 들어 있는 의약품에 대해 알아보았다. 이 장에서는 청소용품, 개인 위생용품, 페인트 등 집 안 곳곳에 있는 다른 화학 물질을 살펴볼 것이다. 그중 몇 가지를 예로

▲ **그림 16.1** 현대 가정에는 다양한 화학 제품이 구비되어 있다.

들어 따라야 할 예방 조치에 대해 논의할 것이다. 병에 표시된 라벨을 전혀 읽지 않는 경우가 종종 있고, 가정용 화학 제품의 오용은 비극으로 이어질 수 있다. 가정용 화학 제품 중 가장 많은 양을 차지하는 세정제부터 시작하겠다.

16.1 비누로 씻기

학습 목표
- 비누의 구조를 설명하고, 비누가 어떻게 만들어지고 기름때를 어떻게 제거하는지를 설명한다.
- 비누의 장점과 단점에 관해 설명한다.
- 물 연화제의 작동 원리와 연화제로 사용되는 물질에 관해 설명한다.

비누의 사용과 청결에 대한 다양한 문화권의 태도는 흥미로운 역사를 가지고 있다. 개발도상국에서는 가까운 시냇가에서 돌로 두드려 옷을 세탁했다. 때로는 유럽의 비누풀이나 열대 아메리카의 비누열매와 같은 식물이 세정제로 사용되기도 했다. 비누풀과 비누열매의 잎에는 비누 거품을 생성하는 화합물인 **사포닌**(saponin)이 함유되어 있다.

타버린 식물의 재에는 탄산 포타슘과 탄산 소듐이 포함되어 있다. 이 두 화합물에 존재하는 탄산 이온은 물과 반응하여 그리스와 기름을 공격할 수 있는 알칼리성 용액을 형성한다. '알칼리'라는 단어는 '재'를 의미하는 아랍어에서 유래했다. 바빌로니아 사람들은 적어도 4,000년 전에 이 알칼리성 식물의 재를 동물성 지방과 함께 가열하여 간단한 비누를 만들어 세정제로 사용했다.

개인 청결

훌륭한 대중목욕탕이 있었던 로마인들은 아마 비누를 사용하지 않았을 것이다. 그들은 온몸에 기름을 바르고 한증탕에서 땀을 흘린 다음, 기름을 문질러서 씻어냈다. 깨끗한 물웅덩이에 몸을 담그면 깨끗하게 씻을 수 있었다.

중세 시대에는 신체의 청결을 중요시하는 문화가 있었지만, 그렇지 않은 문화도 있었다. 예를 들어 인구가 약 10만 명에 달했던 12세기 파리에는 공중목욕탕이 많았다. 반면 14세기부터 17세기까지 지속된 학문과 예술의 부흥기인 르네상스 시대에는 의외로 청결에 관한 관심이 높지 않았다. 영국의 Elizabeth 1세 여왕(1533~1603)은 한 달에 한 번 목욕했다고 하는데, 이 습관 때문에 많은 사람이 그녀가 지나치게 까다롭다고 생각했다. 귀족들 사이에서는 매일 물 한 그릇으로 손과 얼굴을 씻는 것이 일반적이었다. 하지만 그 당시에는 집에 깨끗한 온수가 나오는 수도꼭지가 없었고 비누나 샴푸도 쉽게 구할 수 없었다는 점을 기억하자. Elizabeth 시대 영국의 하층민들은 아마도 일 년에 몇 번만 목욕했을 것이고, 벽난로 옆의 커다란 나무 욕조에 우물이나 강에서 가져온 물을 데워 사용했을 것이다. 당시 적어도 상류층 사이에서 불쾌한 체취에 대한 일반적인 치료법은 향수를 자유롭게 사용하는 것이었다.

요즘에는 어떨까? 어쩌면 우리는 다른 방향으로 나아가고 있는지도 모르겠다. 비누, 세제, 바디워시, 샴푸, 린스, 냄새 제거제, 땀 억제제, 애프터셰이브, 콜론, 향수 등을 고려하면 샤워 중에 씻어내는 것보다 더 많은 것을 샤워 중이나 샤워 후에 사용하고 있는 것일 수도 있다.

비누는 수백 년 동안 알려져 왔지만, 처음에는 주로 의학적 목적으로 사용되었다. 오늘날에도 특히 아시아와 아프리카에서는 님 나무(*Azadirachta Indica*)와 같은 식물로 만든 비누를 피부 치료에 사용한다. 인도에서는 피부 발진, 건선, 습진, 여드름, 수두를 치료하는 비누를 만드는 데 님 오일의 80%를 사용한다.

질병을 일으키는 미생물이 감염과 질병을 일으킨다는 사실이 밝혀지면서 18세기에는 청결에 대한 관심이 높아졌고 공중 보건 관행이 개선되었다. 19세기 중반에는 비누가 세정제로 널리 사용되었다.

▲ 1492년 Columbus의 신대륙 항해를 지원한 카스티야의 Isabella 여왕(1451~1504)은 평생 목욕을 단 두 번밖에 하지 않았다고 전해진다.

비누 만들기: 비누와 글리세롤을 형성하는 지방과 잿물

비누 제조에 대한 최초의 기록은 로마의 학자 Pliny(23~79년)의 저서에서 발견되는데, 그는 페니키아인들이 염소 기름과 재를 이용해 비누를 합성했다고 기술했다. 이상하게 보일지 모르지만, 비누는 실제 지방으로 만들 수 있다! 거의 2,000년이 지난 19세기 미국의 개척자들은 고대인들이 사용했던 것과 비슷한 방식으로 비누를 만들었다. 그들은 큰 냄비에 나무 재를 채우고 재를 통해 물이 흘러내리도록 하여 재에 있는 염기성 화합물을 녹였다. 재가 담긴 냄비를 사용하면서 이러한 화합물의 혼합물에 대해 **잿물**이라는 용어가 생겨났다. 냄비의 내용물을 큰 천에 부어 젖은 재를 걸러낸 후, 잿물을 거대한 철제 주전자에 담긴 동물성 지방에 첨가했다. 이 혼합물을 장작불로 몇 시간 동안 가열한다. 비누가 표면으로 올라오고 식으면 굳어졌다. 반응의 부산물은 글리세롤이었고, 이는 냄비 바닥에 액체로 남아 있었다. 글리세롤과 비누 모두 반응하지 않은 알칼리를 포함하고 있었는데, 이 알칼리는 종종 pH가 10이 넘었기 때문에 피부에 강한 자극을 주었다. 할머니의 잿물 비누가 가혹하다는 것은 단순한 신화가 아니다.

비누를 만드는 일반적인 반응은 다음과 같다.

$$\text{지방} + \text{염기} \longrightarrow \text{비누} + \text{글리세롤}$$

수산화 소듐은 비누를 만들 때 사용하기에 가장 좋은 염기이다. 그림 16.2에 표시된 글리세롤 부산물(시중 제품 라벨에는 글리세린이라고도 함)은 많은 핸드크림과 로션에서 발견되는 유용하고 기름진 액체이다(16.6절 참조). 하나의 지방 분자와 3개의 NaOH 화학식 단위로 3개의 비누 분자가 형성된다는 점에 유의하자. 비누 분자는 지방의 공급원에 따라 탄소 사슬의 길이가 달라진다. 그림 16.2의 비누 분자는 쇠고기 지방으로 만든 스테아르산 소듐이라고 불린다.

그림 16.2의 비누 분자 구조를 자세히 살펴보면 **비누**(soap)가 긴 사슬 카복실산의 염임을 알 수 있다(9장). 비누의 또 다른 예로는 팜유로 만든 팔미트산 소듐이 있으며, 화학식은 $CH_3CH_2CH_2CH_2CH_2CH_2CH_2CH_2CH_2CH_2CH_2CH_2CH_2CH_2CH_2COO^{-}{-}Na^{+}$이다. 공간을 절약하기 위해 괄호 안에 CH_2 그룹을 함께 묶어 더 짧은 화학식인 $CH_3(CH_2)_{14}COO^{-}$

1 비누는 셔츠와 손의 기름기를 어떻게 제거하는가?

비누 분자의 긴 탄화수소 끝은 비극성이므로, 기름과 같은 비극성 분자를 끌어당긴다. 분자의 다른 쪽 끝은 이온성(보통 음전하)이므로 극성 물 분자의 +극에 끌린다. 비극성 물질 하나를 둘러싼 많은 비누 분자로 구성된 '미셀'이라고 하는 커다란 구형 덩어리는 무수히 많은 물 분자에 의해 배수구로 씻겨 내려간다.

전형적인 지방

O, O—CH₂ / O, O—CH / O, O—CH₂

+3 NaOH

비누(지방산염)

O, O⁻ Na⁺ / O, O⁻ Na⁺ / O, O⁻ Na⁺

+

글리세롤

OH OH OH

$CH_2—CH—CH_2$

◀ **그림 16.2** 비누는 동물성 지방이나 식물성 기름을 수산화 소듐과 반응시켜 만들 수 있다. 불포화 탄소 사슬을 가진 식물성 기름은 일반적으로 더 부드러운 비누를 생산한다. 탄소 사슬이 짧은 코코넛 오일은 물에 더 잘 녹는 비누를 만든다.

Na^+로 표시할 수 있다.

현대의 상업용 비누 제조에서는 지방과 기름의 분자를 과열된 증기로 지방산과 글리세롤로 분리하는 경우가 많다. 그런 다음 지방산을 중화시켜 비누를 만든다. 손 비누에는 일반적으로 염료, 향수, 크림, 오일, 탈취의 특성을 가진 화합물과 같은 첨가제가 포함되어 있다. 세탁비누에는 규소와 경석과 같은 연마제가 포함되어 있다. 일부 비누는 굳기 전에 공기를 불어 넣어 밀도를 낮춰 물에 뜨도록 한다.

포타슘 비누는 소듐 비누보다 부드럽고 미세한 거품을 낸다. 일부 액체 비누와 면도 크림에 단독으로 또는 소듐 비누와 함께 사용된다. 그러나 대부분의 손 세정용 액체에는 합성 **세제**(detergent)가 함유되어 있음에도 불구하고 라벨에는 '액체 손 비누'로 잘못 표기될 수 있으니 주의해야 한다.

비누의 작동 원리

먼지와 때가 피부, 의류, 기타 표면에 달라붙는 이유는 끈적끈적한 접착제처럼 작용하는 그리스 및 오일(몸에서 나오는 기름, 식용유, 윤활유 및 기타 유사한 물질)과 결합되어 있기 때문이다. 기름은 물과 섞이지 않기 때문에 물로만 씻는 것은 별 효과가 없다.

비누 분자는 이중적인 성질을 가지고 있으며, 이는 비누가 실제로 기름과 먼지를 제거하는 방법에 대한 단서이다. 분자의 한쪽 끝은 이온이므로 **친수성**(hydrophilic, 물을 끌어당기는)이다. 분자의 나머지 부분은 탄화수소 사슬이므로 비극성이며 **소수성**(hydrophobic, 물과 빈발하는)이다. 그림 16.3은 전형적인 비누를 보여준다. 친수성 '머리'는 물에 녹고, 소수성 '꼬리'는 기름과 같은 비극성 물질에 녹는다.

비누의 세정 작용은 그림 16.4에 설명되어 있다. 그림에 나타낸 것과 같은 구형의 분자 집합을 **미셀**(micelle)이라고 한다. 탄화수소 꼬리는 기름에 달라붙고, 이온 머리는 수용액에 남는다. 미셀의 형성은 기름을 매우 작은 방울로 분해하여 용액 전체에 분산시킨다. 방울들은 표면의 하전된 그룹(카복실 음이온)의 반발력 때문에 서로 합쳐지지 않는다. 기름과 물은 **에멀션**(emulsion)을 형성하고, 비누는 **유화제**(emulsifying agent) 역할을 한다. 기름이 더 이상 머리카락, 피부, 기타 '더러운' 표면에 '붙어' 있지 않기 때문에 먼지는 쉽게 제거되고 헹굼 물과

(a) $CH_3CH_2CH_2CH_2CH_2CH_2CH_2CH_2CH_2CH_2CH_2CH_2CH_2CH_2CH_2COO^- Na^+$

탄화수소 꼬리 이온 머리

(b) O, O^-, Na^+

(c)

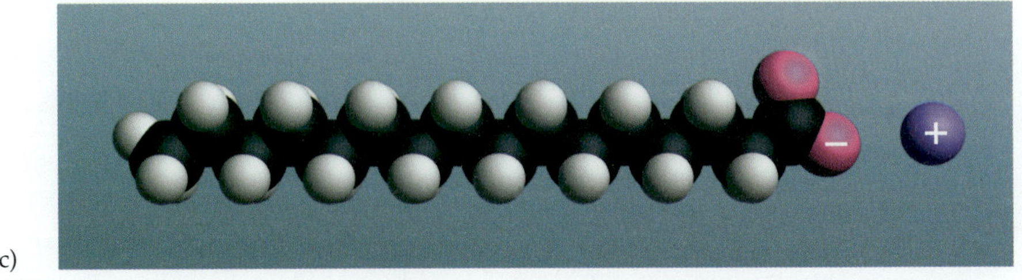

(d)

▶ **그림 16.3** 비누인 팔미트산 소듐. (a) 축소 구조식, (b) 구조식, (c) 공간-채움 모형, (d) 팔미트산 음이온의 도식적 표현

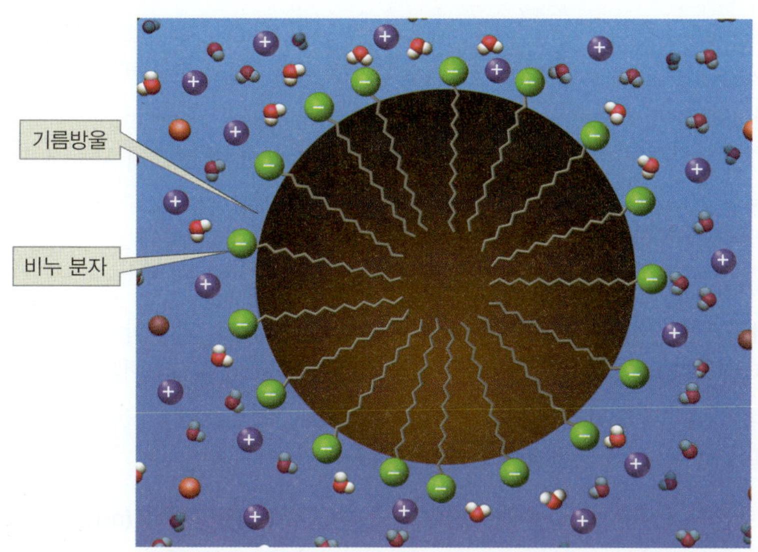

◀ **그림 16.4** 비누의 세정 작용은 비누 미셀의 그림으로 시각화할 수 있다. 작은 기름방울이 물에 떠 있는 것은 비누 분자의 소수성 탄화수소 꼬리는 기름에 잠겨 있는 반면에 친수성 이온 머리는 물속으로 뻗어 있기 때문이다. 물과 비누 분자의 이온 끝 사이의 인력이 기름방울을 물속으로 운반하여 배수구로 흘려 보낸다.

함께 배수구로 흘려보낼 수 있다. 비누를 포함하여 기름이나 그리스와 같은 비극성 물질의 현탁액을 물에 안정화시키는 모든 물질을 **표면활성제**(surface-active agent) 또는 **계면활성제**(surfactant)라고 한다.

비누의 단점과 장점

비누의 가장 큰 단점은 경수에서는 잘 작용하지 않는다는 것이다. 경수에는 칼슘, 마그네슘 및/또는 철 이온이 포함되어 있다. 비누 음이온은 이러한 금속 이온과 반응하여 끈적끈적한 불용성 덩어리를 형성한다(그림 16.5). 예를 들어 칼슘 이온이 물의 경도의 원인이고 비누가 테트라데카노산 소듐인 경우에 반응은 다음과 같다.

$$2\,CH_3(CH_2)_{12}COO^-\,Na^+(aq) + Ca^{2+}(aq) \longrightarrow$$
$$[CH_3(CH_2)_{12}COO]_2Ca(s) + 2\,Na^+\,(aq)$$

테트라데카노산 칼슘은 욕조 주변의 익숙한 고리처럼 보이는 불용성, 끈적끈적한 침전물이다. 기본적으로 탄화수소 꼬리 길이가 다른 모든 비누는 동일한 결과를 가져온다. 70여 년 전

◀ **그림 16.5** 경수와 연수의 거품 비교. 왼쪽부터 경수에 넣은 세제, 경수에 넣은 비누, 연수에 넣은 세제, 연수에 넣은 비누이다. 세제의 거품은 경수와 연수 모두에서 거의 비슷하다. 또한 경수에 비누를 사용하면 거품이 거의 나지 않으며 불용성 물질이 형성된다.

에는 갓 감은 머리는 끈적끈적한 상태로 남았고, 비누로 세탁한 옷은 '얼룩덜룩한 회색'을 띠었는데, 당시에는 비누가 유일한 세정 제품이었기 때문이다. 그 이후로 비누는 경수에서 끈적끈적한 불용성 물질을 형성하지 않는 합성 세제(16.2절)로 대부분 대체되었다.

비누에는 몇 가지 장점이 있다. 연수에서 탁월한 세정제이며, 비교적 무독성이며, 재생가능한 자원(동물성 지방 및 식물성 오일)에서 추출되며, 생분해된다.

연수기

욕조의 끈적끈적한 침전물 문제를 완화하고 비누의 거품 작용을 개선하기 위해 다양한 연수제 및 연수 장치를 사용할 수 있다. 연수기는 물에서 칼슘, 마그네슘, 철 이온을 제거하는 데 사용된다. 효과적인 연수제는 세척 소다, 즉 탄산 소듐($Na_2CO_3 \cdot 10\ H_2O$)이다. 탄산 이온은 물 분자와 반응하여 pH를 높여 지방산의 침전을 방지한다.

$$CO_3^{2-}(aq) + H_2O(l) \longrightarrow HCO_3^-(aq) + OH^-(aq)$$

탄산 이온은 또한 경수를 유발하는 이온과 반응하여 이온들을 불용성 염으로 제거한다.

$$Mg^{2+}(aq) + CO_3^{2-}(aq) \longrightarrow MgCO_3(s)$$
$$Ca^{2+}(aq) + CO_3^{2-}(aq) \longrightarrow CaCO_3(s)$$

흔히 인산 삼소듐(trisodium phosphate, TSP)이라고 불리는 인산 소듐(Na_3PO_4)은 또 다른 연수제이다. 인산 이온은 다음 반응식과 같이 마그네슘 이온과 같은 경수 이온과 침전물을 형성한다.

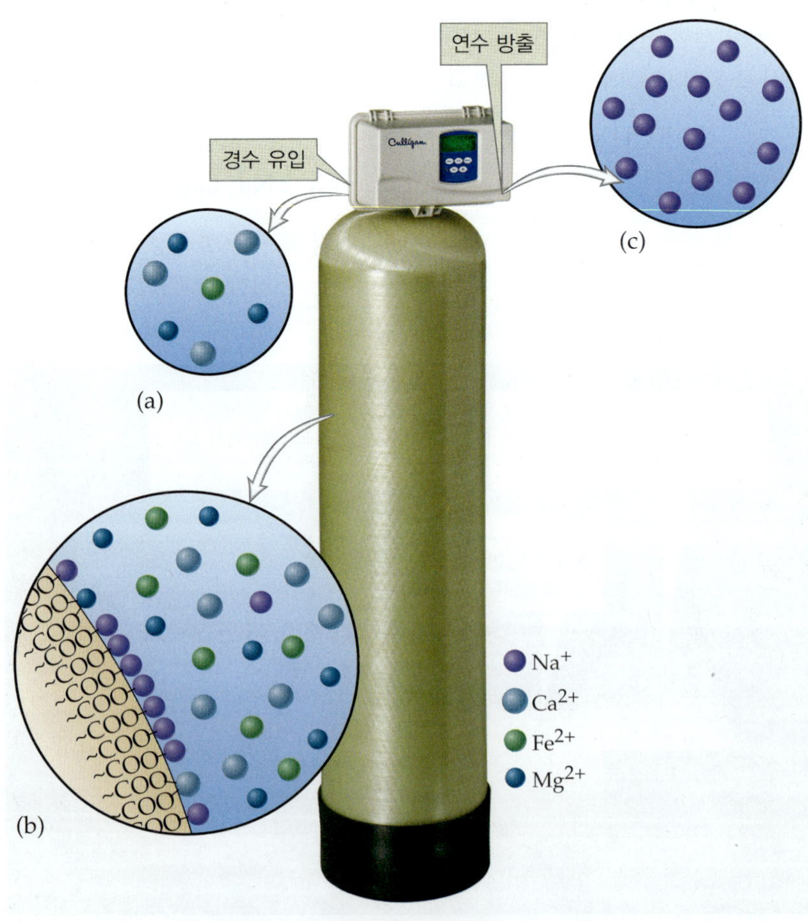

▶ **그림 16.6** 연수기는 이온 교환으로 작동한다. 연수기로 유입되는 경수에는 2가 양이온(Ca^{2+}, Mg^{2+}, Fe^{2+})이 포함되어 있다. 이러한 이온은 이온 교환 수지에 부착되고, Na^+(보라색) 이온이 방출된다. 연수기에서 나오는 물에는 대부분 Na^+ 이온이 포함되어 있다.

$$2\,PO_4^{3-}(aq) + 3\,Mg^{2+}(aq) \longrightarrow Mg_3(PO_4)_2(s)$$

연수 탱크는 가정과 기업에서 널리 사용된다. 이 탱크에는 일반적으로 **제올라이트**(zeolite)라고 하는 실리코알루민산 소듐으로 구성된 불용성 고분자 수지가 들어 있다. 이 수지는 칼슘, 마그네슘, 철 이온을 끌어당겨 표면에 붙잡아 두고 소듐 이온을 물로 방출하여 물을 연수로 만든다(그림 16.6).

이 과정을 **이온 교환**이라고 한다.

$$Ca^{2+}(aq) + Na_2Al_2Si_2O_8(s) \longrightarrow 2\,Na^{+}(aq) + CaAl_2Si_2O_8(s)$$

일정 기간 사용 후 수지는 경수 이온으로 포화 상태가 되어 소듐 이온을 대체하기 위해 염(NaCl)을 첨가하여 재생해야 한다. 수도꼭지에 부착하는 Brita®와 같은 정수 필터에는 보통 활성탄이 들어 있어 물의 맛을 나쁘게 만드는 용존 유기 물질을 흡수한다. 대부분의 경수 이온은 제거되지 않는다.

자가평가문제

1. 다음 중 비누가 아닌 것은 무엇인가?
a. 스테아린산 소듐 **b.** 팔미트산 소듐
c. 미리스트산 소듐 **d.** 인산 소듐

2. 다음 중 비누의 화학식은 무엇인가?
a. $CH_3(CH_2)_{12}CH_2OH$ **b.** $CH_3(CH_2)_{12}COOH$
c. $CH_3(CH_2)_{14}COONa$ **d.** $CH_3(CH_2)_{10}SO_3Na$

3. 다음 중 연수제로 작동하지 않는 것은 무엇인가?
a. 탄산 소듐 **b.** 염화 소듐
c. 인산 소듐 **d.** 제올라이트 소듐

4. 비누 분자의 탄화수소 부분에 대한 설명으로 옳은 것은 무엇인가?
a. 비극성 기름에 끌린다.
b. 비극성 기름에 반발한다.
c. 극성 물에 끌린다.
d. 극성 기름에 반발한다.

5. 비누 분자의 이온 머리에 대한 설명으로 옳은 것은 무엇인가?
a. 소수성이다. **b.** 친수성이다.
c. 극성 공유 결합이다. **d.** 산성이다.

6. 비누가 기름때를 제거할 때 생성하는 것은 무엇인가?
a. 산성 용액 **b.** 불용성 덩어리
c. 지방 입자 **d.** 미셀

7. 비누의 세정 작용에서 탄화수소 꼬리에 대한 설명으로 옳은 것은 무엇인가?
a. 기름진 먼지와 섞이고 이온성 머리는 물과 작용한다.
b. 물과 섞이고, 이온성 머리는 기름기 있는 먼지와 작용한다.
c. 불활성 상태로 유지되며 작용에 참여하지 않는다.
d. 이온성 머리에서 분리되어 기름기 있는 먼지에 용해된다.

8. 물을 단단하게 만드는 데 기여하지 않는 이온은 무엇인가?
a. Ca^{2+} **b.** Fe^{2+} **c.** Mg^{2+} **d.** Na^{+}

9. 경수에서 금속 이온이 비누 음이온과 결합할 때 비누는 무슨 작용을 하는가?
a. 연수에서와 거의 같이 세척 작용을 한다.
b. 완전히 녹지만 세척 작용은 하지 않는다.
c. 거품을 형성하지만 세척 작용은 하지 않는다.
d. 침전되고 세척 작용은 하지 않는다.

정답: 1. d, 2. c, 3. b, 4. a, 5. b, 6. d, 7. a, 8. d, 9. d

16.2 합성 세제

학습 목표
- 합성 세제의 구조, 장점, 단점을 나열한다.
- 계면활성제를 양쪽성, 음이온성, 양이온성, 비이온성으로 분류하고, 다양한 세제 제형에 어떻게 사용되는지 설명한다.

비누와 관련된 문제에 대한 기술적 접근 방식은 새로운 합성 세제의 개발이었다. 합성 세제 분자는 비누 분자와 비슷하게 이온성 머리와 긴 탄화수소 꼬리를 가지고 있어 세척 작용은 비누

(a) (b)

▶ **그림 16.7** ABS 세제는 자연에서 매우 천천히 분해된다. (a) 이 세제의 사용으로 콜롬비아의 보고타강과 같은 강에서 거품이 생겼다. (b) 또한 지하수 공급원의 오염된 물이 수도꼭지에서 흘러나오면서 거품을 일으켰다.

와 같지만, 경수에 포함된 이온의 영향에 저항할 수 있을 만큼 다른 점이 있다. 제2차 세계대전 중과 직후에는 비누 제조를 위한 원료가 부족하고 비쌌다. 합성 세제 산업은 전후에 급속도로 발전했다.

ABS 세제: 비생분해성

전쟁이 끝난 지 몇 년 만에 석유 제품으로 만든 값싼 합성 세제가 널리 보급되었다. ABS (alkylbenzenesulfonate) 세제는 프로필렌($CH_2{=}CHCH_3$), 벤젠(C_6H_6), 황산(H_2SO_4)으로 만들어졌다. 생성된 설폰산(RSO_3H)을 보통 탄산 소듐과 같은 염기로 중화하여 최종 생성물을 얻었다.

$SO_3^-\ Na^+$

세제 분자는 비누 분자와 매우 유사하다. 세제 분자 역시 긴 탄화수소 꼬리와 이온성 머리를 가지고 있지만, 이 경우에는 $-CO_2^-$가 아닌 $-SO_3^-$이다. 미셀은 여전히 비극성 기름방울 주위에 형성되고 이온성 머리는 극성 물 분자에 끌린다(그림 16.4). 중요한 차이점은 설폰산 세제는 경수에서 불용성 침전물을 형성하지 않는다는 것이다. 그림 16.5에서 볼 수 있듯이 합성 세제의 세정 작용은 경수의 영향을 거의 받지 않는다. 세제는 산성 물에서도 잘 작용한다.

ABS 세제 판매량이 급증했다. 10여 년 동안 거의 모든 사람이 만족했지만, 하수 처리장에는 거품이 쌓이기 시작했다. 강에는 거품이 높이 쌓였고, 일부 지역에서는 식수에 거품 덩어리가 나타나기도 했다(그림 16.7). 새로운 문제는 ABS 분자의 가지 달린 구조(구조를 자세히 보자)가 하수 처리장의 미생물에 의해 쉽게 분해되지 않아 지하수 공급이 위협받는다는 것이었다. 대중의 항의로 인해 법이 통과되고 업계는 공정을 변경했다. 생분해성 세제가 빠르게 시장에 출시되었고, 비생분해성 세제는 사용이 금지되었다.

LAS 세제: 생분해성

LAS(linear alkyl sulfonates)라고 불리는 생분해성 세제는 ABS 세제의 가지 달린 사슬이 아닌 탄소 원자의 선형 사슬을 가지고 있다.

$SO_3^-\ Na^+$

미생물은 한 번에 탄소 원자를 2개 분해하는 효소를 생성하여 LAS 분자를 분해할 수 있다

계면활성제는 세정제뿐만 아니라 수천 가지 제품에 사용된다. 초콜릿 제조 과정에서 식용 계면활성제인 레시틴을 소량 첨가하는 경우가 많다. 레시틴은 초콜릿이 혀 위에서 더 쉽게 분산되도록 도와준다. 그러면 초콜릿은 '더 초콜릿 같은' 맛을 낸다.

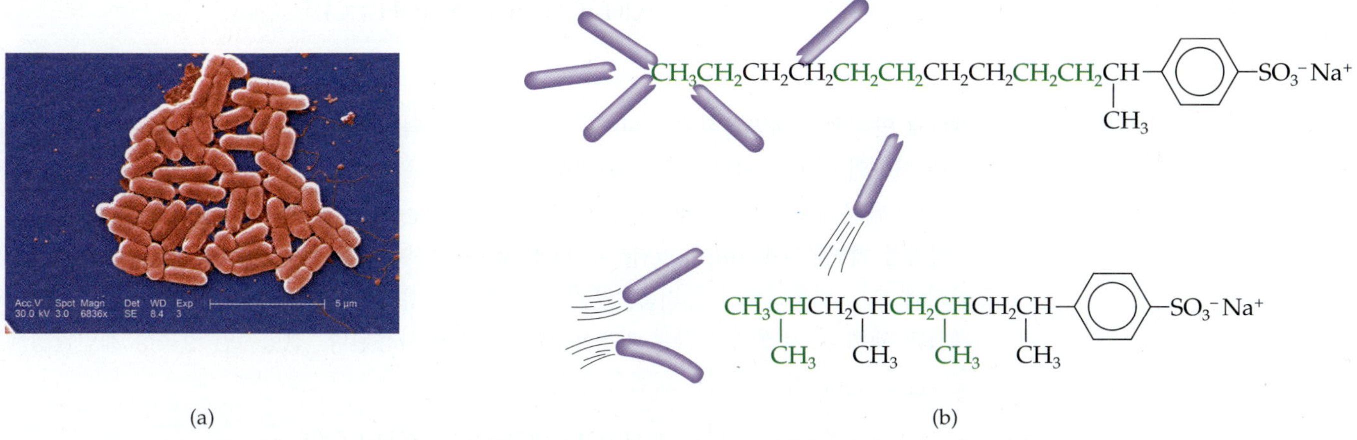

▲ **그림 16.8** 주사 전자 현미경으로 42,500배 확대한 대장균과 같은 미생물 (a)은 LAS 세제를 분해할 수 있다. 이들은 이러한 세제 (b)를 쉽게 대사하여 각 분자에서 한 번에 2개의 탄소 원자를 제거할 수 있다. ABS 분자의 가지 달린 사슬을 분해하는 데는 훨씬 더 오랜 시간이 걸린다.

(그림 16.8). ABS 분자의 가지 달린 사슬은 이 효소 작용을 차단하여 분해를 막았다. 이러한 방식으로 기술은 강에서 거품이 발생하는 문제를 해결했다.

전하를 기준으로 한 계면활성제의 분류

계면활성제는 일반적으로 긴 분자의 한쪽 끝에 있는 이온 전하에 따라 분류된다. 비누와 LAS 세제는 모두 **음이온성 계면활성제**(anionic surfactant)로, 분자의 한쪽 끝에 음전하를 띠고 있다. 음이온 계면활성제의 다른 일반적인 유형으로는 도데실 황산 소듐(상업용 제품 라벨에는 종종 라우릴 황산 소듐이라고 표기된)과 에톡시 황산 알코올(alcohol ethoxysulfates, AES)과 같은 알킬 황산염이 있다. 이온성 세제는 항상 반대 전하를 띠는 작은 이온, 즉 상대 이온(counter ion)과 결합한다. 대부분의 음이온성 계면활성제의 상대 이온은 Na^+이다.

$$CH_3(CH_2)_nOSO_3^-Na^+ \qquad CH_3(CH_2)_mO(CH_2CH_2O)_nSO_3^-Na^+$$

알킬 황산염 $n = 11 \sim 13$ 　　 에톡시 황산 알코올 $m = 6 \sim 13,\ n = 7 \sim 13$

음이온성 계면활성제는 세탁 및 손 설거지 세제, 가정용 세제, 샴푸와 같은 개인 세정 제품에 사용된다. 세정력이 뛰어나며 일반적으로 거품이 많이 난다.

이름에서 알 수 있듯이 **비이온성 계면활성제**(nonionic surfactant)에는 전하가 없다. 거품이 적고 물의 경도에 영향을 받지 않는다. 대부분의 토양에서 잘 작용하며 일반적으로 세탁 및 자동 식기세척기 제형에 사용된다. 가장 널리 사용되는 비이온성 계면활성제는 에톡시산 알코올(alcohol ethoxylates)이다.

$$CH_3(CH_2)_mO(CH_2CH_2O)_nH$$

에톡시산 알코올
$m = 6 \sim 13,\ n = 7 \sim 13$

양이온성 계면활성제(cationic surfactant)는 활성 부분에 양전하를 띠고 있다. 이러한 계면활성제는 특별히 좋은 세제는 아니지만, 살균 작용이 있다. 따라서 식품 및 유제품 산업에서 세정제 및 소독제로 사용되며 일부 가정용 세제의 살균 성분으로 사용된다. 가장 흔한 양이온성 계면활성제는 양전하를 띠는 질소 원자에 4개의 탄화수소기가 붙어 있다고 해서 4차 암모늄염(quaternary ammonium salt, quat)으로 불린다.

$$CH_3(CH_2)_nCH_2N^+(CH_3)_3Cl^-$$

4차 암모늄염

$n = 10\sim16$

때때로 양이온성 계면활성제는 비이온성 계면활성제와 함께 사용된다. 양이온성 계면활성제는 반대 전하의 이온이 서로 뭉쳐 용액에서 침전되어 두 가지 모두의 세정 작용을 파괴하는 경향이 있기 때문에, 음이온성 계면활성제와 함께 사용하는 경우는 거의 없다.

양쪽성 계면활성제(amphoteric surfactant)는 양전하와 음전하를 모두 가지고 있다. 산 및 염기와 모두 반응하며 부드러움, 거품, 안정성으로 유명하다. 유아용 샴푸와 같은 개인 세정 제품과 액체 손 세정제와 같은 가정용 세정 제품에 사용된다. 전형적인 양쪽성 계면활성제는 베타인(betaine)이라고 하는 화합물이다.

$$CH_3(CH_2)_nCH_2NH_2^+CH_2COO^-$$

베타인

$n = 10\sim16$

예제 16.1 계면활성제의 분류

다음 각 계면활성제를 음이온성, 양이온성, 비이온성, 양쪽성으로 분류하라.

a. $CH_3(CH_2)_{14}CH_2N^+(CH_3)_3\ Cl^-$
b. $CH_3(CH_2)_{13}O(CH_2CH_2O)_7SO_3^-Na^+$
c. $CH_3(CH_2)_{12}CH_2NH_2^+CH_2COO^-$
d. $CH_3(CH_2)_{12}CON(CH_2CH_2OH)_2$

풀이

a. 활성 부분의 N 원자는 양전하를 띠고 있어 양이온성 계면활성제가 된다(상대 이온은 Cl^-이다).
b. 활성 부분의 $—SO_3$기가 음전하를 띠고 있어 음이온성 계면활성제이다(상대 이온은 Na^+이다).
c. 이 물질은 양전하(원자 N)와 음전하($—COO^-$기)를 모두 가지고 있어 양쪽성 계면활성제이다.
d. 이 물질은 양전하도 음전하도 갖지 않으므로 비이온성 계면활성제이다.

› 복습문제 16.1A
다음 각 계면활성제를 음이온성, 양이온성, 비이온성, 양쪽성으로 분류하라.
a. $CH_3(CH_2)_8—C_6H_4—O(CH_2CH_2O)_9H$
b. $CH_3(CH_2)_{12}CH_2N^+(CH_3)_3Cl^-$

› 복습문제 16.1B
다음 각 계면활성제를 음이온성, 양이온성, 비이온성, 양쪽성으로 분류하라.
a. $CH_3(CH_2)_9—C_6H_4—SO_3^-\ Na^+$
b. $CH_3(CH_2)_{14}COO^-\ K^+$

왜 중요할까?

일반적인 권장량 이상의 식기세척기용 세제를 사용한다고 해서 식기가 더 깨끗해지지는 않는다. 식기 표면에 물을 강하게 휘젓는 것이 세척의 주요 메커니즘이다. 세제를 많이 사용하면 식기세척기에서 유리가 더 빨리 부식된다.

세탁 세제 제형

가정용과 상업용 세탁소에서 사용하는 세제 제품에는 일반적으로 다양한 성분이 포함되어 있다. 주성분은 계면활성제이지만 다른 첨가제에는 빌더, 증백제, 염료, 섬유유연제, 효소, 먼지의 재부착을 줄이는 기타 물질이 포함된다.

세정력을 높이기 위해 계면활성제에 첨가하는 모든 물질을 **빌더**(builder)라고 한다. 대부분의 빌더는 물의 경도를 낮추는 연수제이다. 시트르산 소듐($Na_3C_6H_5O_7$)과 삼인산 소듐($Na_5P_3O_{10}$), 육메타인산 소듐[$(NaPO_3)_6$] 같은 복합 인산염은 Ca^{2+}와 Mg^{2+} 이온을 수용성 복합체로 묶어두는데, 이를 격리라고 한다. 때로는 여러 종류의 빌더를 섞은 혼합물이 각 성분을 단독으로 사용하는 것보다 세척을 촉진하는 경우도 있다. 빌더의 주요 문제는 인산염에 의한 호수의 부영양화이다. 미국의 여러 주 및 지방 정부에서는 인산염이 포함된 세제의 판매를 금지하고 있다.

제올라이트(연수기에 관한 16.1장 참조)도 빌더로 사용할 수 있지만, 이 경우 경수의 칼슘과 마그네슘 이온이 침전되지 않고 제올라이트에 의해 현탁 상태로 유지된다(그림 16.9).

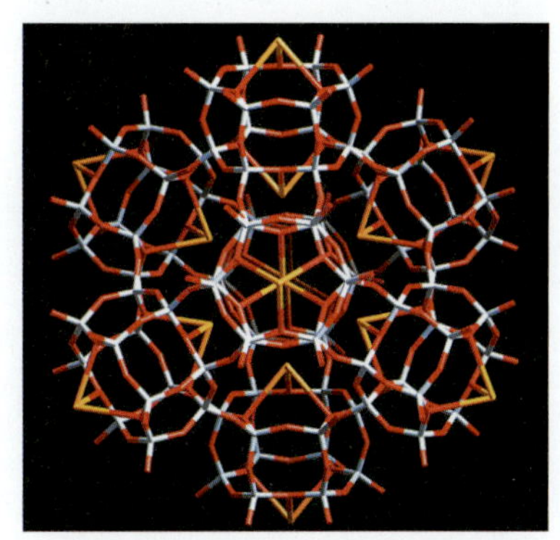

▲ **그림 16.9** 세제 제형에 사용되는 제올라이트는 Ca^{2+} 및 Mg^{2+}와 같은 양이온을 케이지 모양의 구조에 가두어 세척수에 이온을 현탁 상태로 유지할 수 있다.

거의 모든 세제에는 **형광 증백제**(optical brightener)라고 하는 형광 염료가 포함되어 있다. 흰색 옷을 여러 번 입으면 누렇고, 칙칙해 보이는 경우가 많다. 형광 증백제는 햇빛의 자외선을 흡수하여 그 에너지를 주로 청색광으로 재방출한다. 이 청색광은 누런색을 감추는 동시에 눈에 도달하는 가시광선의 양을 증가하여 옷이 '흰색보다 더 하얗게' 보이게 한다. 형광 증백제는 화장품, 종이, 비누, 플라스틱, 기타 제품에도 사용된다. 형광 증백제는 일부 사람들에게 피부 발진을 일으킬 수 있다. 많은 양이 수로로 유입되지만, 호수와 하천에 미치는 영향은 거의 알려지지 않았다. 이러한 화합물의 유일한 이점은 시각적인 효과뿐이다.

초기 세탁 세제는 분말 형태였지만, 최근에는 액체 세탁 세제가 시장의 대부분을 차지하고 있다. 과거보다 2~3배 더 농축된 세탁 세제를 흔히 '울트라' 세제라고 부른다. 액체 제품에는 에탄올, 아이소프로필알코올, 프로필렌 글리콜과 같은 용매가 포함되어 다른 성분의 분리를 방지하고 기름기 많은 오염물을 녹이는 데 도움이 될 수도 있다. 일부 액체 세탁 세제는 시트르산 소듐, 규산 소듐, 탄산 소듐, 제올라이트를 빌더로 사용하거나 표백제 및 착색제를 포함할 수 있다.

일부 액체 세탁 세제는 빌더가 없는 제형으로, 계면활성제는 많이 함유하고 있지만 빌더는 들어 있지 않다. LAS 계면활성제는 액체 세탁 세제에 사용되는 가장 저렴한 계면활성제이다. 빌더가 없는 제형은 일반적으로 소듐염 또는 트라이에탄올아민[$N(CH_2CH_2OH)_3$] 염의 형태이다.

$$CH_3(CH_2)_9CH(CH_3)-C_6H_4-SO_3^-\ HN^+(CH_2CH_2OH)_3$$

LAS의 트라이에탄올아민 염

빌더가 있는 제형에서 LAS 계면활성제는 보통 포타슘 염의 형태로 존재한다.

액체 제형에 널리 사용되는 다른 계면활성제로는 AES 화합물이 있는데, 이 화합물은 뜨거운 물보다 찬물에 더 잘 녹는 특이한 성질을 가지고 있어 특히 찬물 세탁에 특히 적합하다.

일부 세제에는 지방과 기름을 제거하는 데 도움을 주는 라이페이스(lipase, 지질에 작용하는 효소), 파스타 등의 전분 얼룩을 제거하는 데 도움을 주는 아밀레이스(amylase, 전분에 작용하는 효소), 혈액 등 단백질 얼룩을 제거하는 데 도움을 주는 프로테이스(protease, 단백질에 작용하는 효소)가 함유되어 있다.

캡슐형 세탁 세제 '포드(pod)'는 수용성 폴리비닐알코올(PVA)로 감싼 농축 세탁 세제의 작은 보따리로, 2013년에 처음 출시되었다. 비극적으로도 소셜 미디어를 통해 대중화된 청소년들의 씹어 먹는 유행으로 인해 식도 손상, 심각한 호흡 문제, 신장 및 혈압 문제, 의식 불명, 심하면 사망에 이르는 등 매우 심각한 생리학적 결과를 초래한다. 독극물 관리 센터에 보고된 1만 건 이상의 중독 사례와 최소 8명의 사망자가 세제 '포드'의 섭취로 인한 것으로 밝혀졌다.

2 식기세척기에 손 세제를 사용할 수 없는 이유는 무엇인가?

손 설거지용 액체에 함유된 계면활성제는 일반적으로 많은 거품을 생성한다. 식기세척기에서는 이러한 거품이 세척실을 가득 채워 세척에 필요한 물 분사를 방해한다. 유리 제품이나 플라스틱 또는 세라믹 식기의 거품을 제거하려면 헹굼 과정에 훨씬 더 많은 물이 필요하다. 자동 식기세척기용으로 특별히 설계된 제품을 사용해야 한다.

주방용 세제

구어체로는 '주방 비누'라고 불리지만, 손 설거지용 액체 세정제는 일반적으로 적어도 한 가지 이상의 LAS 세제를 주성분으로 함유하고 있다. 일부 제품은 지방산으로 만든 아마이드인 코카마이드(DEA)와 다이에탄올아민[$HN(CH_2CH_2OH)_2$]과 같은 비이온성 계면활성제를 사용한다. 식기세척액에는 기름기와 단백질 얼룩, 향료, 방부제, 용매, 표백제, 착색제를 제거하는 데 도움이 되는 효소도 포함될 수 있다.

$$CH_3(CH_2)_nCON(CH_2CH_2OH)_2$$

코카마이드 DEA

$n = 8\sim12$

자동 식기세척기용 세제는 식기세척액과는 완전히 다르다. 강알칼리성이며 손 설거지에는 절대 사용하면 안 된다. 여기에는 삼인산 소듐($Na_5P_3O_{10}$), 탄산 소듐, 메타규산 소듐(Na_2SiO_3), 황산 소듐, 염소, 산소 표백제, 소량의 계면활성제(일반적으로 비이온성 유형)만 함유되어 있다. 일부는 피부를 공격하는 강한 염기인 수산화 소듐을 함유하고 있다. 이들은 주로 강한 알칼리성, 열, 세척을 위한 기계의 격렬한 회전에 의존하여 세척한다. 자동 식기세척기로 반복해서 세척하는 식기류는 이러한 강알칼리에 의해 영구적으로 부식될 수 있으며, 이것이 섬세한 크리스탈 잔은 종종 손으로 세척하는 이유이다.

자가평가문제

1. 비누의 기능을 모방하는 데 사용되는 분자의 중요한 부분은 무엇인가?
- **a.** 긴 탄화수소 사슬의 벤젠 고리 및 비극성 말단
- **b.** 한쪽 끝에 —OH가 있는 긴 탄화수소 사슬
- **c.** 음이온 끝이 있는 긴 탄화수소 사슬
- **d.** 끝이 친수성인 긴 탄화수소 사슬

2. 다음 중 생분해되지 않는 것은 무엇인가?
- **a.** LAS 세제
- **b.** ABS 세제
- **c.** 도데실 황산 소듐
- **d.** 4차 암모늄 염

3. 다음 중 LAS 세제는 무엇인가?
- **a.** $CH_3(CH_2)_{10}CH_2N^+(CH_3)_3Cl^-$
- **b.** $CH_3(CH2)_{11}OSO_3^-Na^+$
- **c.** $CH_3(CH_2)_9CH(CH_3)C_6H_4SO_3^-Na^+$
- **d.** $CH_3(CH_2)_8O(OCH_2CH_2)_9H$

4. 경수 유발 이온이 탄산염 이온과 반응하여 형성하는 생성물은 무엇인가?
- **a.** $CaCO_3(s)$
- **b.** $Ca(OH)_2(s)$
- **c.** $Na_2CO_3(s)$
- **d.** 비누때

5. 이온 교환 수지가 물을 연화시킬 때 받아들이는 것은 무엇인가?
- **a.** Mg^{2+}
- **b.** Cl^-
- **c.** OH^-
- **d.** Na^+

6. 형광 증백제는 자외선을 무엇으로 변환하는가?
- **a.** 흑색광
- **b.** 청색광
- **c.** 열
- **d.** 황색광

7. 손 설거지용 세제에 사용되는 $CH_3(CH_2)_{10}CON(CH_2CH_2OH)_2$인 코카마이드 DEA는 어떤 종류의 계면활성제인가?
- **a.** 양쪽성
- **b.** 음이온성
- **c.** 양이온성
- **d.** 비이온성

8. 피부를 자극할 가능성이 가장 큰 것은 무엇인가?
- **a.** 자동 식기세척기용 세제
- **b.** 액체 손 세정 비누
- **c.** 액상 주방 세제
- **d.** 분말 세탁 세제

9. pH가 가장 높을 것 같은 세정제는 무엇인가?
- **a.** 손 설거지용 액상 주방 세제
- **b.** 액상 세탁 세제
- **c.** 자동 식기세척기용 세제
- **d.** LAS 세제

정답: 1. d, 2. b, 3. b, 4. a, 5. a, 6. b, 7. d, 8. a, 9. c

16.3 세탁 보조제: 섬유유연제 및 표백제

학습 목표 • 섬유유연제의 구조로부터 섬유유연제를 식별하고 그 작용을 설명한다.
• 세탁 표백제의 두 가지 유형을 말하고 그 작동 원리를 설명한다.

16.2절에서는 1개의 긴 탄화수소 사슬과 질소 원자에 결합한 3개의 작은 그룹(보통 메틸기)을 가진 4차 암모늄염 계면활성제에 대해 논의했다. 이에 대한 한 가지 예시는 옥타데실트라이메틸암모늄 염화물(octadecyltrimethylammonium chloride)이다. 이때 상대 이온인 염화 이온은 나타내지 않았다.

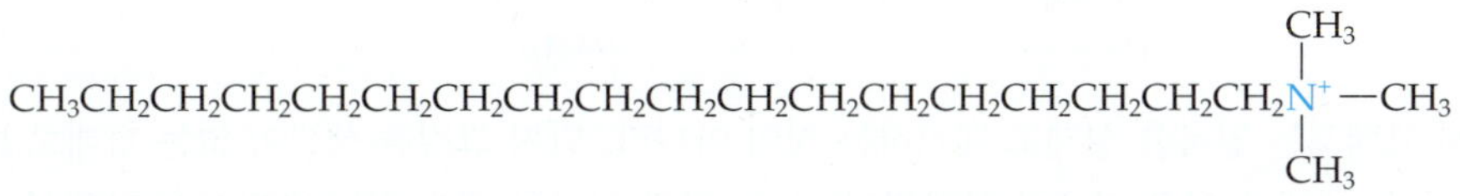

$$CH_3CH_2CH_2CH_2CH_2CH_2CH_2CH_2CH_2CH_2CH_2CH_2CH_2CH_2CH_2CH_2CH_2CH_2N^+(CH_3)_3$$

섬유유연제

섬유유연제로 사용되는 또 다른 종류의 4차 염은 질소 원자에 2개의 긴 탄소 사슬과 2개의 작은 그룹을 가진다. 이에 대한 한 예가 다이옥타데실다이메틸암모늄 염화물(dioctadecyl dimethylammonium chloride)이다. 이 화합물은 섬유에 강하게 흡착되어 표면에 분자 1개 두께의 얇은 막을 형성한다. 이 긴 탄화수소 사슬이 섬유를 윤활하여 섬유에 유연성과 부드러움을 증가한다.

3 세탁기에 섬유유연제를 더 많이 넣으면 옷감이 더 부드러워지는가?

매우 소량의 섬유유연제로도 세탁물에 부드러운 감촉을 부여할 수 있다. 과도하게 사용할 때 섬유 표면에 코팅이 형성되어 세탁물이 축축하거나 왁스 같은 느낌을 줄 수 있다.

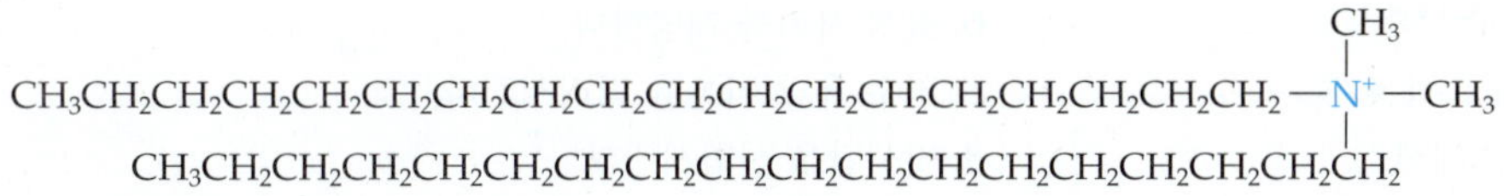

$$(CH_3CH_2CH_2CH_2CH_2CH_2CH_2CH_2CH_2CH_2CH_2CH_2CH_2CH_2CH_2CH_2CH_2CH_2)_2N^+(CH_3)_2$$

세탁용 표백제: 하얀 것을 더 하얗게

표백제(bleach)는 섬유에서 유색 얼룩을 제거하는 산화제이다(산화제, 8장). 세탁용 표백제에는 염소계 표백제와 산소계 표백제의 두 가지 주요 유형이 있다. 가장 흔한 액상 염소계 세탁용 표백제(예: Clorox® 및 Purex®)는 하이포아염소산 소듐(NaOCl)의 묽은 용액(보통 약 6%)이며, 주로 가격 면에서 차이가 난다. 하이포아염소산염 표백제는 염소를 빠르게 방출하며, 고농도의 염소는 섬유를 손상할 수 있다. 이 표백제는 면 의류 또는 수건에 가장 효과적으로 작용한다. 그러나 폴리에스터 섬유에는 잘 작용하지 않아, 원하는 미백 효과보다는 황변을 유발한다.

다른 염소계 표백제는 고체 분말 형태로도 사용가능하며, 이는 물속에서 염소를 서서히 방출하여 섬유 손상을 최소화한다. 트리클로르(trichlor) 또는 심클로센(symclosene)으로 알려진 트리클로로아이소시아누산(trichloroisocyanuric acid)은 시안우레산염 유형 표백제의 한 예이다.

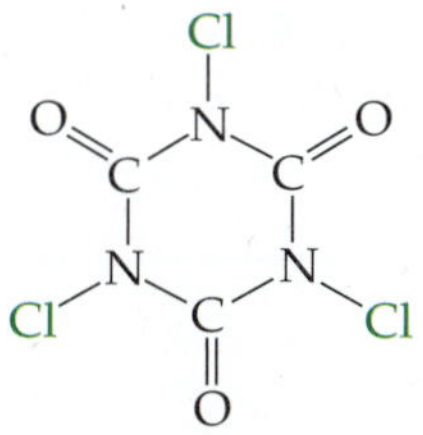

심클로센

산소계 표백제는 일반적으로 과탄산 소듐($2\ Na_2CO_3 \cdot 3\ H_2O_2$) 또는 메타붕산 소듐($NaBO_2 \cdot H_2O_2$)을 함유하고 있다. 화학식에서 알 수 있듯이, 이 화합물들은 Na_2CO_3 또는 $NaBO_2$와 과산화 수소(H_2O_2)의 복합체이다. 뜨거운 물 속에서 과산화 수소가 해리되어 강한 산화제 역할을 수행한다.

붕산염은 다소 독성을 가진다. 과붕산염 표백제는 염소계 표백제보다 활성이 낮아 동등한 표백 효과를 내기 위해서는 더 높은 온도, 더 높은 알칼리도, 더 높은 농도를 요구한다. 이들은 주로 흰색 폴리에스터-면 혼방 직물의 표백에 사용되는데, 이는 염소계 표백보다 산소계 표백을 사용할 때 섬유의 수명이 훨씬 길어지기 때문이다. 과붕산염 표백제보다 독성이 낮은 **과탄산염 표백제**가 급속히 주류 산소계 표백제로 자리 잡고 있다. 적절하게 사용될 경우에 산소계 표백제는 염소계 표백제보다 섬유를 더 하얗게 만든다.

표백제는 물질에 색을 띠게 하는 **발색단(chromophore)**이라 불리는 빛-흡수 화학 작용기에 작용하여 물질의 색을 변화시킨다. 대부분의 발색단은 표백제에 의해 공격받는 다수의 탄소-탄소 이중 결합을 가지고 있다. 발색단의 산화는 다음과 같이 쓸 수 있다.

$$-CH{=}CH-\overset{\overset{\displaystyle O}{\|}}{C}-CH_2- \xrightarrow{[O]} -\overset{\overset{\displaystyle O}{\|}}{C}-OH + HO-\overset{\overset{\displaystyle O}{\|}}{C}-\overset{\overset{\displaystyle O}{\|}}{C}-CH_2-$$

발색단 (색을 띤) 쪼개진 조각 (무색)

따라서 표백제는 얼룩을 실제로 제거하는 것이 아니라, 단지 그것을 색깔이 없는 형태로 변화시킬 뿐이다. 때때로 얼룩 전체가 산화되지 않아, 원래 얼룩의 매우 희미한 잔상이 남을 수 있다.

자가평가문제

1. 다음 중 섬유유연제로 사용할 수 있는 것은 무엇인가?
   a. $CH_3(CH_2)_{10}CON(CH_2CH_2OH)_2$
   b. $CH_3(CH_2)_{10}CH_2N^+(CH_3)_3Cl^-$
   c. $CH_3(CH_2)_{16}CH_2N^+(CH_3)_3Cl^-$
   d. $CH_3(CH_2)_{16}CH_2N^+(CH_3)_2CH_2(CH_2)_{16}CH_3Cl^-$

2. 대부분의 섬유유연제는 어떤 화합물 계열에 속하는가?
   a. 양쪽성 세제 **b.** 음이온성 세제
   c. 비이온성 세제 **d.** 4차 암모늄 염

3. 산소계 표백제에 대한 설명으로 옳은 것은 무엇인가?
   a. 뜨거운 물에 넣으면 과산화 수소를 방출한다.
   b. 산화제로 작용하기 위해 산소 분자를 방출한다.
   c. 붕산염 및 하이포아염소산염을 포함한다.
   d. 순하고 독성이 없는 화학 물질이다.

4. 염소계 가정용 표백제의 주성분(물 제외)은 무엇인가?
   a. NaOH **b.** Cl_2 **c.** NH_4Cl **d.** NaOCl

5. 표백제의 작용 과정은 무엇인가?
   a. 계면활성제의 작용을 촉진시킨다.
   b. 활성 자리를 개방한다.
   c. 경수 유발 이온을 격리시킨다.
   d. 발색단을 산화시킨다.

6. 분말 과붕소산염 표백제의 단점이 아닌 것은 무엇인가?
   a. 농축된 용액에서만 가장 잘 작용한다.
   b. 면 섬유에는 잘 맞지 않는다.
   c. 염소계 표백제보다 활성이 낮다.
   d. 더 높은 온도가 필요하다.

정답: 1. d, 2. d, 3. a, 4. d, 5. d, 6. b

16.4 다목적 세척제와 특수 목적 세척제

학습 목표 • 다목적 세척제와 특수 목적 세척제의 주요 성분(및 그 용도)을 나열한다.

다목적 세척제

벽, 바닥, 조리대, 가전제품, 기타 단단하고 내구성이 있는 표면에 사용가능한 다양한 다목적 세척제가 있다. 수용액으로 사용되는 제품들은 계면활성제, 탄산 소듐, 암모니아, 용매형 그리스 제거제, 소독제, 표백제, 탈취제, 기타 성분들을 포함할 수 있다. 이 제품 중 일부는 특정 작업에는 매우 효과적이지만, 다른 작업에는 그렇지 못할 수 있다. 이들은 일부 표면을 손상할 수 있으나, 다른 표면에 대해서는 특히 잘 작용한다. 가장 중요한 것은 부적절하게 사용할 경우 유해할 수 있다는 점이다. 따라서 제품 라벨을 읽는 것이 중요하다.

병에서 바로 꺼낸 가정용 암모니아 용액은 눌어붙은 기름때나 탄 음식물을 제거하는 데 효과적이다. 물에 희석한 이 용액은 거울, 창문, 기타 유리 표면을 깨끗하게 세척한다. 세제와 혼합

된 암모니아는 비닐 바닥재의 왁스를 빠르게 제거한다. 암모니아 증기는 강한 자극성이 있으므로, 이 제품들을 밀폐된 공간에서 사용해서는 안 된다. 암모니아는 아스팔트 타일, 목재 표면, 알루미늄에 얼룩이나 구멍이나 부식을 유발할 수 있으므로 이러한 재료에 사용해서는 안 된다.

베이킹 소다(탄산수소 소듐, $NaHCO_3$)는 포장 상자에서 바로 꺼내 사용하면 순한 연마 세정제이다. 어느 정도 음식 냄새를 흡수하므로 냉장고 내부를 청소하는 데 유용하다.

식초(아세트산)는 기름때를 제거한다. 하지만 식초는 주성분이 탄산 칼슘인 대리석과 반응하여 대리석을 용해해 표면에 흠집을 남기기 때문에 대리석에는 사용해서 안 된다.

$$\underset{\text{대리석}}{CaCO_3(s)} + 2\,\underset{\text{식초}}{CH_3COOH(aq)} \longrightarrow Ca^{2+}(aq) + 2\,CH_3COO^-(aq) + CO_2(g) + H_2O(l)$$

표면을 씻는 물리적, 화학적 과정에는 시간이 필요하다. 세척에서 흔히 간과되는 방법의 하나는 표면을 깨끗한 물이나 묽은 비눗물 용액에 담가두는 것이다. 묽은 비눗물 용액을 단순히 표면에 뿌리고 몇 분 동안 내버려 두기만 해도 놀랍도록 효과적이며, 저렴하고 오염이 없는 세척제가 될 수 있다.

▲ 식초는 대리석과 반응하여 표면에 구멍을 만든다. 이 과정에서 이산화 탄소 기체가 방출되어 거품을 형성한다.

특수 목적 세척제

시중에는 고도의 특수 목적 세척제가 많이 나와 있다. 금속의 경우는 크로뮴 세척제, 황동 세척제, 구리 세척제, 은 세척제가 있다. 석회 제거제, 녹 제거제, 그리스 제거제가 있고, 목재 표면 세척제, 비닐 바닥재, 세라믹 타일 전용 세척제도 있다. 거의 모든 가정에서 볼 수 있는 특수 목적 세척제 몇 가지를 살펴보자.

변기 세정제는 변기에 쌓인 '석회'를 녹이는 산이다. 잔류물은 주로 탄산 칼슘($CaCO_3$)으로, 경수에서 침전되며 철 화합물과 곰팡이 증식으로 인해 변색되는 경우가 많다. 탄산 칼슘은 산에 쉽게 용해된다. 고체 결정 세척제에는 일반적으로 황산수소 소듐($NaHSO_4$)이 포함되며 액체 세척제에는 염산(HCl), 구연산, 기타 산성 물질이 포함되어 있다.

$$\begin{array}{l} H_2C-COOH \\ \quad\ \ | \\ HO-C-COOH \\ \quad\ \ | \\ H_2C-COOH \end{array}$$

구연산

녹이 주된 변색 원인이라면 녹 제거 전용 제품이 가장 좋을 수 있다. 일반적으로 옥살산($H_2C_2O_4$) 또는 옥살산 이온($C_2O_4^{\ 2-}$)을 함유하여 철 이온과 착물을 형성한다.

대부분의 연마용 분말 세척제는 탄산 소듐, 탄산 칼슘, 실리카(SiO_2)와 같은 연마제를 함유하여 딱딱한 표면의 먼지를 긁어내고, 기름기를 녹이는 계면활성제를 함유하고 있다. 일부 제품에는 분말 표백제가 들어 있다. 연마제는 주로 도자기 욕조와 싱크대의 얼룩을 제거하는 데 사용된다. 이러한 연마성 세척제는 가전제품, 조리대 및 금속 조리기구의 마감재에 흠집을 낼 수 있다. 심지어 싱크대, 변기, 욕조의 표면에도 흠집이 생길 수 있다. 흠집에 먼지가 들어가면 나중에 청소하기가 더욱 어려워진다.

유리 세정제는 휘발성 액체로 잔여물을 남기지 않고 증발한다. 일반적인 유리 세정제는 단순히 물로 희석한 아이소프로필 알코올(소독용 알코올)이다. 대부분의 상업용 유리 세정제에는

세척제 혼합의 위험성

표백제를 다른 가정용 화학 물질과 혼합하는 것은 상당히 위험할 수 있다. 예를 들어 하이포아염소산 표백제를 염산과 혼합하면 유독한 염소 기체가 발생한다.

$$2\,HCl(aq) + ClO^-(aq) \longrightarrow Cl^-(aq) + H_2O(l) + Cl_2(g)$$

표백제를 염산이 들어 있는 변기 세정제와 혼합하는 것은 특히 위험하다. 대부분의 욕실은 작고 환기가 잘 되지 않기 때문에 이렇게 제한된 공간에서 염소가 발생하면 위험하다. 염소는 목과 호흡기 전체에 심각한 손상을 입힐 수 있다. 만약 공기 중 염소 농도가 매우 높으면 사망에 이를 수도 있다.

표백제를 암모니아와 혼합하는 것 또한 매우 위험하다. 생성되는 기체 중 두 가지는 클로라민(NH_2Cl)과 하이드라진(NH_2NH_2)이며, 둘 다 매우 독성이 강하다. 특별한 지침 없이는 표백제를 다른 화학 물질과 절대 혼합해서는 안 된다. 사실, 정확히 무엇을 해야 하는지 알지 못하면 어떤 화학 물질도 섞지 않는 것이 좋다.

나만의 유리 세정제를 만들 수 있다. 양동이에 약 0.8 L의 찬물을 넣는다. 거품이 있는 암모니아 용액 30 mL와 아이소프로필(소독용) 알코올 120 mL를 조심스럽게 넣는다. 잘 섞은 후 용액을 깨끗한 스프레이 병에 붓는다. 유명 브랜드 유리 세정제처럼 보이게 하려면 파란색 식용 색소 한 방울을 추가한다.

출처: *How to Clean and Care for Practically Anything*, Yonkers, NY: Consumer Reports Special Publications, 2002

세척력을 높이기 위해 암모니아 또는 식초가 함유되어 있다.

주방 배수구가 막히는 것은 보통 관이 기름때로 막혔기 때문이다. 배수구 세척제에는 종종 고체 형태 또는 농축된 액체 용액 형태의 수산화 소듐이 포함되어 있다. 고체 수산화 소듐은 관 내부의 물에 녹는데, 이 과정은 발열 과정이고, 이 열이 고체 또는 반고체 상태의 기름 대부분을 녹인다. 그런 다음 수산화 소듐은 일부 기름때와 반응하여 비누로 변하고, 이는 기름보다 제거하기 쉽다. 일부 제품에는 수산화 소듐 용액과 반응하여 수소 기체를 형성하는 알루미늄 금속 조각도 포함되어 있어 배수구의 막힌 부위에서 기포가 발생하여 휘저어주는 작용을 일으킨다.

욕조나 샤워기 배수구는 머리카락으로 막히는 경우가 많기 때문에 배수구 세척제에 들어 있는 수산화 소듐은 모든 염기성 물질과 마찬가지로 단백질 기반의 머리카락을 공격하여 이를 분해한다. 많은 액체 배수구 세척제에는 표백제(하이포아염소산 소듐, NaOCl)도 포함되어 있다. 최고의 배수구 세척제는 예방이다. 주방 싱크대에 기름을 붓지 말고 욕조 배수구에 머리카락이 들어가지 않도록 주의하자. 배수구가 막혔을 때 배관공이 사용하는 기기들이 화학적인 배수구 세척제보다 더 나은 선택인 경우가 많다.

오븐 세척제의 활성 성분은 수산화 소듐이다. 몇몇 인기 제품은 에어로졸 거품 형태로 분사된다. 오븐 벽의 기름때가 수산화 소듐과 반응하면 비누로 전환된다. 그런 다음 결과 혼합물을 젖은 스펀지로 씻어낼 수 있다. 수산화 소듐은 매우 부식성이 강하고 피부에 손상을 줄 수 있으므로 고무장갑을 착용해야 한다. 강한 염기는 실명을 유발할 수 있으므로 스프레이로부터 눈을 보호하기 위해 보안경을 착용하는 것도 적극적으로 권장된다.

손 소독제는 손을 씻을 물이 없을 때 유용하다. 대부분의 손 소독제에는 고농도의 알코올이 함유되어 있어 박테리아를 죽이고 사용 중에 빠르게 증발하여 손을 깨끗하고 건조하게 유지한다. 하지만 알코올은 가연성이므로 화기 주변에서는 주의해야 한다. 4차 암모늄염인 계면활성제는 추가적인 살균 효과를 제공하며, 점증제는 손 소독제를 손에 더 쉽게 펴 바를 수 있게 해준다.

직접 작업을 하는 사람들이나 정비공들은 종종 손의 기름과 때를 제거하기 위해 물 없는 손

항균제 트리클로산

트리클로산(triclosan)은 1970년대부터 최근까지 수술용 스크럽 제제에 사용되던 살균제이다.

트리클로산

의사들이 손 세척 절차를 엄격하게 따랐을 때, 포도상구균 박테리아는 일반적으로 이러한 제품을 사용하여 관리되었다. 그 후 수십 년 동안 많은 비누, 액체 비누, 샴푸, 치약 제조업체들이 제품에 트리클로산을 첨가하고 '항균' 또는 '항미생물'이라고 표시했다. 2000년까지 액체 비누의 약 75%와 고체 비누의 최소 25%에 트리클로산이 함유되었다. 손 소독제와 액체 비누의 인기가 급증하면서 2014년까지 곰팡이 제거 제품을 포함해 2000개 이상의 소비자 제품에 '항균제' 트리클로산이 함유되었다. 그러나 1974년부터 이 물질을 연구해온 미국식품의약국(FDA)은 광범위한 과학적 연구를 통해 트리클로산이 치약과 구강청결제 제품에서는 플라크를 줄이는 데 약간의 효과가 있을 뿐, 손 비누에는 일반 비누보다 더 효과적이지 않다는 결론을 내리고 트리클로산 사용을 금지했다. 2017년 9월에 FDA는 트리클로산이 이러한 제품에서 효과가 없을 뿐만 아니라 알레르기 민감화, 미생물 내성, 내분비 교란, 피부 발진 등 건강에 해로운 다른 영향을 미칠 수 있다는 이유로 '소비자 살균 세척제'에 트리클로산 함유를 금지했다. 손을 씻은 물은 하수구로 흘러 들어가기 때문에 폐수에서 트리클로산이 발견되리라는 것은 당연해 보이며, 연구 결과에서도 이러한 사실이 밝혀졌다. 미국식품의약국(FDA)과 미국환경보호국(EPA)은 "물과 함께 사용하는 항균제(트리클로산 포함)는 일반적으로 안전하다고 인정되지 않는다"라고 명시하고 있다. 현재 수술용 스크럽 제제에는 클로르헥시딘 글루코산염, 헥사클로로펜 또는 기타 항균 물질이 함유되어 있다.

세정제를 사용한다. 손 소독제와 마찬가지로 이러한 손 세정제는 물 없이도 작용한다. 사실 처음에는 물 없이 사용하는 것이 가장 효과적이다. 물 없는 손 세정제는 라놀린(16.5절)과 레몬 또는 오렌지 기름 그리고 혼합물을 크림 같은 에멀션으로 걸쭉하게 만드는 계면활성제를 함유하고 있다. 부석(화산재 가루)을 첨가하여 피부 주름과 접힌 부분의 먼지를 제거하는 데 도움을 주는 경우가 많다. 기름은 손에 묻은 기름때를 녹이는 용매 역할을 하고, 계면활성제는 기름과 때가 섞인 상태로 떠 있게 만들어 수건으로 닦아낼 수 있도록 해준다.

'친환경' 세척제와 '천연' 세척제

가정용으로 판매되는 많은 세척제는 '천연' 또는 '친환경'으로 기존 제품보다 '사용하기에 더 안전하다'라고 주장한다. 이러한 세척제에 대한 표준 정의나 미국 연방정부의 감독이 부족하기 때문에 소비자의 선택이 어렵다. 제조업체는 모든 성분을 나열할 필요가 없는데, 그렇게 하면 영업 비밀이 노출될 수 있기 때문이다. EPA 목록에는 84,000개의 화학 물질이 있으며, EPA는 제조업체에 독성에 대한 주의 사항만 제공하도록 요구하고 있다. 친환경이라고 주장하는 제품에도 유해 물질이 포함되어 있을 수 있다. 예를 들어 오렌지 껍질에서 추출한 리모넨(limonene)이라는 천연 화합물로 만든 용매는 가연성이며 피부와 눈에 자극을 줄 수 있다.

일반적으로 친환경 제품에는 식물에서 추출한 성분이 더 많이 함유되어 있다. 향이 나는 경우 보통 시트러스나 라벤더와 같은 천연 향을 사용한다. 옥수수나 콩에서 추출한 친환경 물질이 일반적이다. 유용한 예로 에틸락테이트($CH_3CHOHCOOCH_2CH_3$) 에스터가 있는데, 에스터의 원료가 되는 알코올(에탄올)과 카복실산(락트산) 모두 옥수수에서 생산할 수 있다. 에틸락테이트는 다양한 물질을 용해하고 휘발성이 낮기 때문에 대기 오염에 거의 영향을 미치지 않는다. 또한 환경에서 쉽게 분해된다.

자가평가문제

1. 독성 기체 방출로 인해 가장 위험한 세정제 혼합물은 무엇인가?
- **a.** 소독용 알코올과 암모니아
- **b.** 소독용 알코올과 식초
- **c.** 산성 변기 세정제와 표백제
- **d.** 표백제와 소독용 알코올

2. 가정용 암모니아를 안전하게 사용하기에 적절하지 않은 것은 무엇인가?
- **a.** 알루미늄 청소
- **b.** 그을린 기름기 제거
- **c.** 거울 닦기
- **d.** 왁스 제거

3. 식초를 안전하게 사용하기에 적절하지 않은 것은 무엇인가?
- **a.** 그리스 제거
- **b.** 무기 침전물 용해
- **c.** 대리석 표면 연마
- **d.** 비누 거품 제거

4. 베이킹 소다(탄산수소 소듐)를 안전하게 사용하기에 적절하지 않은 것은 무엇인가?
- **a.** 카펫 냄새 제거
- **b.** 냉장고 냄새 제거
- **c.** 산의 중화
- **d.** 표백제의 중화

5. 암모니아 용액과 식초를 혼합하면 생성되는 것은 무엇인가?
- **a.** 더 좋은 화장실 세척제
- **b.** 염 용액
- **c.** 금속 세척에 좋은 용액
- **d.** 석회 침전물에 효과적인 계면활성제

6. 하이포아염소산 표백제와 암모니아를 혼합하면 생성되는 것은 무엇인가?
- **a.** 하이포아염소산 암모늄
- **b.** 더 효과적인 세척제
- **c.** 계면활성제
- **d.** 독성 기체

7. 변기에 쌓인 석회($CaCO_3$) 침전물을 제거할 수 있는 것은 무엇인가?
- **a.** NaOCl
- **b.** NaCl
- **c.** HCl
- **d.** NaOH

8. 배수구를 막히지 않게 하는 가장 효과적인 방법은 무엇인가?
- **a.** 기름과 머리카락이 들어가지 않도록 한다.
- **b.** 그리스를 배수구에 버리기 전에 비누로 전환한다.
- **c.** 일주일에 한 번 NaOCl로 처리한다.
- **d.** 한 달에 두 번 NaOH로 처리한다.

정답: 1. c, 2. a, 3. c, 4. d, 5. b, 6. d, 7. c, 8. a

16.5 용매, 페인트, 왁스

학습 목표 • 용매와 페인트에 사용되는 화합물을 식별하고 그 용도를 설명한다.
• 구조를 통해 왁스를 식별한다.

가정에서 사용할 수 있는 수천 가지의 화학 물질 중 흔히 사용되는 세 가지 범주는 용매, 페인트, 왁스이다.

용매

용매는 가정에서 페인트, 니스, 접착제, 왁스, 기타 물질을 표면에서 제거하거나 페인트를 피부에 흘렸을 때 피부에서 제거하기 위해 사용된다. '테레빈유'는 소나무에서 얻은 액체의 혼합물이다. 미국과 캐나다에서는 석유 증류액 또는 '미네랄 스피릿'이라고 불리는 석유 용매로 대부분 대체되었다. 이러한 용매는 주로 7~14개의 탄화수소를 함유한 탄화수소의 혼합물로, 일부 다목적 세정제에 그리스 제거제로 첨가되기도 한다(그림 16.10). 이들은 그리스와 유성 페인트를 쉽게 용해하지만, 휘발유와 마찬가지로 인화성이 강하고 삼키면 치명적이다. 폐는 탄화수소 증기로 포화 상태가 되고 액체로 가득 차서 기능하지 못하게 된다. 따라서 이러한 용매는 적절한 환기 상태에서만 사용해야 하며 화기 주변에서는 절대로 사용하지 않아야 한다. 용매를 사용하기 전에 모든 주의 사항을 반드시 읽고 주의해야 한다. 휘발유는 세척에 사용해서는 안 된다. 여러 가지 면에서 너무 위험하다.

▲ **그림 16.10** 석유 증류액이 함유된 세정제에는 가연성 및 삼킬 경우의 위험성을 경고하는 표식이 있다.

가정용 용매와 관련된 골치 아픈 문제는 '기분이 좋아지기 위해' 연기를 흡입하는 행위이다. 용매 냄새 맡기의 인기는 주로 또래의 압력, 특히 젊은 청소년들 사이에서 나타나는 것으로 보인다. 장기간 냄새를 맡으면 중요한 장기, 특히 폐에 영구적인 손상을 입힐 수 있다. 돌이킬 수 없는 뇌 손상이 있을 수 있으며 용매의 냄새를 맡다가 심부전으로 사망한 경우도 있다.

페인트

페인트(paint)는 래커, 에나멜, 니스, 유성 도료, 다양한 아크릴 또는 라텍스 마감재 등 다양한 제품을 포괄하는 광범위한 용어이다. 이러한 재료 중 일부 또는 전부를 모든 가정에서 찾을 수 있다. 페인트는 안료, 바인더, 용매의 세 가지 기본 성분으로 구성된다. 안료는 물에 녹지 않고 일반적으로 불투명도를 제공하는 고체 물질로, 흰색 또는 유색일 수 있다. 바인더는 안료를 바를 표면에 고정하고, 용매는 바르기 쉽도록 적절한 농도를 만드는 데 도움을 준다.

페인트의 역사는 인류 문명의 시작과 함께 거슬러 올라간다. 2011년에 남아프리카 블롬보스 동굴의 전복 껍데기에서 기원전 10만 년 전의 것으로 추정되는 연마 도구와 분쇄된 붉은 황토색 안료가 발견되었고, 유럽과 아프리카에서는 선사시대 사람들의 동물과 문화 활동을 묘사한 동굴 벽화가 발견되었다. 중세 이후 예술가들은 분쇄한 광물을 천연 식물성 기름과 혼합하여 그림을 그리는 안료로 사용해왔다. 아주 최근까지만 해도 색소로 사용할 수 있는 안료는 비교적 적었다. 많은 안료가 철의 산화물이나 수산화물이었고, 이를 '오커(ochres)' 또는 '엄버(umbers)'라고 불렀다. 여기에는 황색과 적색 황토 그리고 구운 엄버와 생 엄버가 포함되었다. 녹색 안료는 크로뮴 산화물 또는 구리 화합물로 만들어졌다. 파란색은 더 구하기 어려웠는데, 청금석(광물) 분말이 가장 좋지만 가장 희귀한 파란색 안료의 공급원이었다. 붉은 색소인 알리자린(alizarin)은 매더라는 식물의 뿌리에서 얻거나 코치닐 곤충을 으깬 것에서 얻었다. 오늘날에도 이러한 유색 안료의 대부분은 미술용품 가게에서 구입할 수 있다.

벽이나 기타 표면을 칠하기 위해 1970년대까지 대부분의 페인트에서 '백색 납'[염기성 탄산

4 **1950년대 지어진 오래된 주택을 구매하는 경우 납 성분 페인트에 대해 걱정해야 하는가?**

그럴 수도 있고, 아닐 수도 있다. 오래된 주택의 벗겨진 페인트는 어린이나 성인이 실수로 흡입하거나 섭취할 때는 건강에 심각한 결과를 초래할 수 있다. 그러나 연방법에 따라 1978년 이전에 지어진 주택의 경우, 납 성분이 함유된 페인트가 사용되었는지를 확인하기 위해 페인트 분석을 의무화하고 있다. 주택을 구입할 때는 주택에 사용된 페인트에 대한 분석을 받아 납 성분이 없는지 확인해야 한다. 외관에 납 성분 페인트가 포함된 것으로 확인되면 재도장을 위해 외벽을 연마하거나 강철 또는 비닐 외장재로 교체하기 위해 오래된 외벽을 제거할 때 특별한 예방 조치를 해야 한다. 작업자는 반드시 보호복과 마스크를 착용하여 공기 중 입자를 흡입하지 않도록 해야 한다.

납, 2 $PbCO_3 \cdot Pb(OH)_2$]이 흰색 안료로 사용되었다. 1977년에 사용이 금지되었고, 주로 이산화 티타늄(TiO_2)으로 대체되었다. 이산화 티타늄은 뛰어난 안정성과 은폐력을 가진 선명한 흰색의 무독성 안료이다. 모든 일반 페인트는 이산화 티타늄이 안료로 사용된다. 유색 페인트의 경우 소량의 인공 유색 안료 또는 염료를 흰색 베이스 혼합물에 첨가하여 거의 무제한의 색조를 만들 수 있다.

바인더 또는 필름 형성제는 안료 입자를 하나로 묶어 페인트를 칠한 표면에 고정하는 물질이다. 가장 오래된 바인더는 물과 달걀노른자를 섞어 만들었다. 유성 페인트에서 바인더는 일반적으로 동유 또는 아마씨유이며, 세척에는 미네랄 스피릿이나 테레빈유가 필요하다. 수성 페인트에서 바인더는 라텍스 기반 또는 아크릴 고분자이다. 대부분의 실내용 페인트는 폴리비닐아세테이트를 바인더로 사용하며, 흘린 페인트는 물로 씻어낼 수 있다. 예술가들의 수채화 바인더에는 일반적으로 아카시아 나무에서 얻은 아라비아 고무가 포함되어 있다. 실외용 수성 페인트는 **수지**(resin)라고 하는 점성 아크릴 고분자를 바인더로 사용한다. 아크릴 라텍스 페인트는 비와 햇빛에 훨씬 더 강하다.

페인트의 용매는 페인트가 표면에 도포될 때까지 페인트를 액체로 유지한다. 용매는 알코올, 탄화수소, 에스터, 케톤(또는 이들의 일부 혼합물) 또는 물일 수 있다.

페인트에는 페인트를 더 빨리 건조하게 하는 건조제(또는 활성제), 곰팡이 성장을 방지하는 살균제, 페인트의 점도를 높이는 증점제, 페인트가 캔 내부에 피막을 형성하지 않도록 하는 피막 방지제, 혼합물을 안정시키고 안료 입자를 분리하는 계면활성제와 같은 첨가제가 포함될 수도 있다.

에나멜, 유성, 라텍스 등 페인트는 다양한 방식으로 굳는다. 유성 페인트에는 일반적으로 아마씨유를 사용하는데, 산화되면 단단한 표면을 형성한다. 래커는 용매에 고분자를 함유하고 있으며, 용매가 증발하면서 굳는다.

왁스

화학적으로 **왁스**(wax)는 긴 사슬을 가진 유기산(지방산)과 긴 사슬 알코올의 에스터이다. 왁스는 주로 식물과 동물에서 보호 코팅제로 생산된다. 탄화수소로 구성되어 생일 양초 등에 사용되는 파라핀 왁스와 이러한 화합물을 혼동해서는 안 된다.

그림 16.11에는 세 가지 전형적인 왁스가 나와 있다. 밀랍은 꿀벌이 벌집을 만드는 재료로 양초나 구두약과 같은 가정용품에 사용된다. 카르나우바 왁스는 브라질에서 발견되는 특정 야자나무의 잎에 형성되는 코팅제이다. 밀랍과 유사한 에스터의 혼합물로 자동차 왁스, 바닥 왁스, 가구 광택제뿐만 아니라 Chapstick™과 같은 립밤, 눈 화장품 등을 만드는 데 사용된다. 향유고래의 머리에서 추출하는 스페르마세티 왁스는 세틸팔미테이트가 주성분이다. 한때 화장품 및 기타 제품을 만드는 데 널리 사용되었던 향유고래는 거의 멸종 직전까지 사냥당하여 국제 조약에 의해 보호되고 있으므로 현재 공급이 부족한 상태이다.

양털의 기름인 **라놀린**(lanolin)도 왁스이다. 물과 안정된 에멀션을 형성하기 때문에 다양한 피부용 크림과 로션에 사용된다. 많은 천연 왁스가 실리콘과 같은 합성 고분자(10.5절)로 대체되었는데, 이는 대개 더 저렴하고 효과적이다.

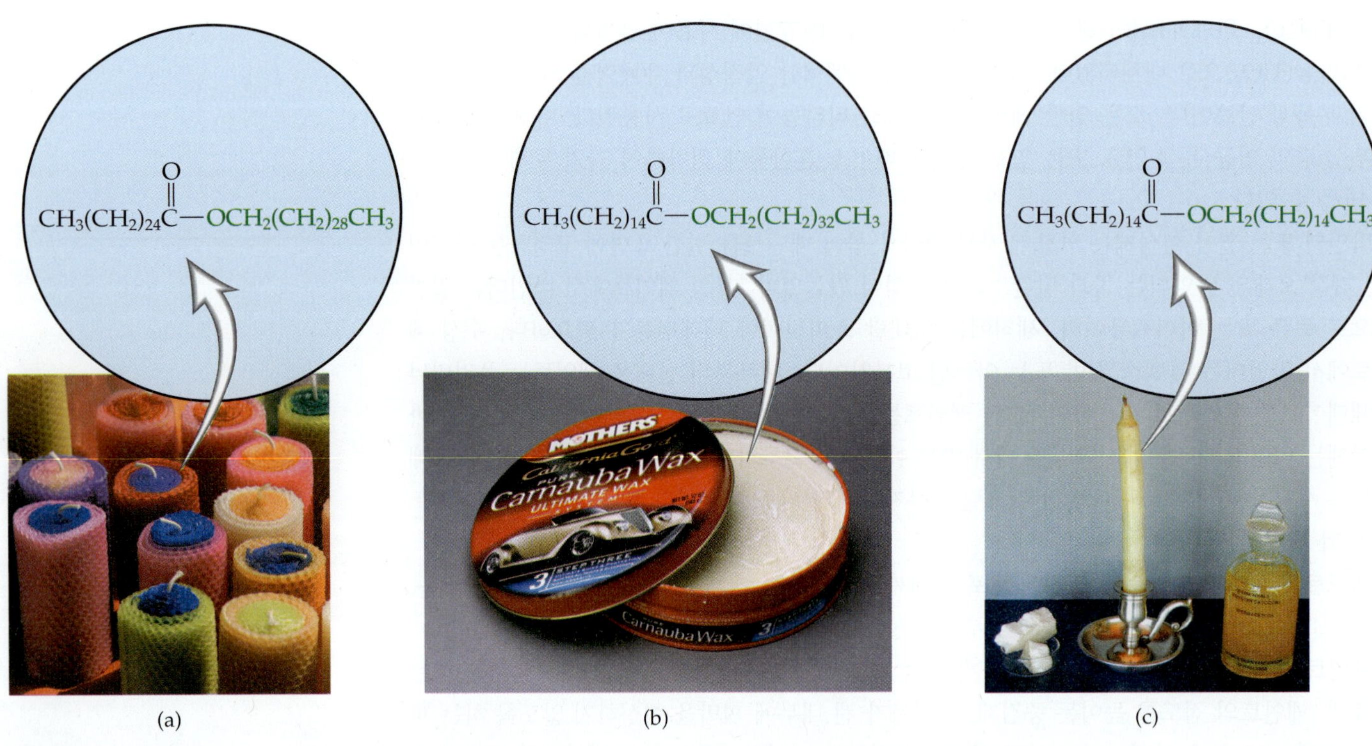

▲ **그림 16.11** 분자 모형은 (a) 밀랍, (b) 카르나우바 왁스, (c) 스페르마세티의 전형적인 성분인 에스터를 보여준다.

자가평가문제

1. 가정용 및 상업용 제품에서 유기 용매의 성질에 해당하지 않는 것은 무엇인가?

a. 일반적으로 니스 및 접착제를 제거하는 데 좋다.
b. 일반적으로 가연성이다.
c. 휘발성이며 증기를 흡입하면 심장과 뇌의 호흡과 기능에 영향을 미친다.
d. 섭취하면 독성이 다소 낮다.

2. 페인트의 세 가지 기본 구성 요소는 색소와 용매 그리고 나머지 하나는 무엇인가?

a. 빌더 **b.** 방부제 **c.** 바인더 **d.** 왁스

3. 왁스는 다음 중 무엇인가?

a. $CH_3(CH_2)_{14}COOCH_3$
b. $CH_3(CH_2)_{28}CH_2OH$
c. $CH_3(CH_2)_{28}COOCH_3$
d. $CH_3(CH_2)_{14}COOCH_2(CH_2)_{28}CH_3$

4. 왁스에 대한 설명으로 옳은 것은 무엇인가?

a. 긴 사슬 지방산이다.
b. 긴 사슬 알코올이다.
c. 2개의 긴 사슬을 가진 에스터이다.
d. 단백질이다.

5. 현대의 페인트 안료에 대한 설명으로 옳은 것은 무엇인가?

a. 검은색에는 PbS를 사용한다.
b. 파란색에는 구리 화합물을 사용한다.
c. $PbCO_3$는 TiO_2로 대체되었다.
d. 무기 성분을 포함하지 않는다.

정답: 1. d, 2. c, 3. d, 4. c, 5. c

16.6 화장품: 개인 관리용 화학 제품

학습 목표 • 피부, 머리카락, 치아의 화학적 성질을 설명한다.
• 다양한 화장품의 주요 성분과 그 용도를 파악한다.

오래전부터 사람들은 세정, 미용, 외모를 꾸미기 위한 목적으로 자연에서 얻은 재료를 사용해 왔다. 증거에 따르면 적어도 6000년 전에 이집트인은 안티모니 가루와 녹색 구리 광석인 공작

석(malachite)을 아이섀도로 사용했다. 이집트 파라오는 기원전 3500년경부터 향이 나는 머릿기름을 사용했다. 기원전 2세기 그리스 의사인 Galen은 콜드크림을 발명한 것으로 알려져 있다. 17세기에 패션에 민감한 유럽의 신사는 목욕을 거의 하지 않는다는 사실을 감추기 위해 화장품을 아낌없이 사용했다. 18세기 유럽의 여성과 일본 여성은 탄산 납($PbCO_3$)으로 얼굴을 하얗게 칠했고, 많은 사람이 납 중독으로 사망했다.

화장품의 사용은 길고 흥미로운 역사가 있지만, 과거의 사용량은 현대 산업 사회에서 사람들이 사용하는 화장품의 양과 종류에 미치지 못한다. 매년 우리는 헤어스프레이에서 매니큐어, 구강 청결제에서 발 파우더에 이르기까지 수십억 달러를 소비한다. 세계 100대 화장품 기업의 매출을 합치면 연간 1,900억 달러가 넘으며, 매년 5% 이상의 증가율로 증가하고 있다.

화장품이란 무엇인가? 1938년 미국 식품, 의약품 및 화장품법은 **화장품**(cosmetic)을 '세정, 미용, 매력 증진 또는 외모 변화를 위해 인체 또는 그 일부에 문지르거나, 붓거나, 뿌리거나, 분무하여 넣거나 다른 방법으로 바르기 위한 물품'으로 정의했다. 비누는 분명히 세정용으로 사용되지만, 법의 규제 대상에서 제외되어 있다. 또한 신체의 구조나 기능에 영향을 미치는 물질도 제외된다. 땀을 줄이는 제품인 땀 억제제는 비듬 방지 샴푸와 마찬가지로 법적으로 약물로 분류된다.

의약품과 화장품의 가장 큰 차이점은 의약품은 시판 전에 안전성과 유효성이 입증되어야 하지만, 화장품은 일반적으로 시판 전에 검사를 받을 필요가 없다는 점이다. 식품, 의약품, 화장품법에 따르면 제품이 의약품 성질을 가지고 있다면 반드시 의약품으로 허가를 받아야 한다. 그런데도 화장품 업계에서는 의약품 또는 의약품과 유사한 효능이 있는 것으로 추정되는 화장품을 지칭하기 위해 코스메슈티컬(cosmeceutical)이라는 용어를 사용한다.

화장품에는 8000여 가지 이상의 화합물이 사용되며, 수만 가지 조합으로 판매된다. 특정 유형의 화장품 브랜드는 대부분 동일한(또는 매우 유사한) 활성 성분을 함유하고 있다. 따라서 광고는 일반적으로 제품 자체보다는 이름, 용기, 향을 판매하는 데 초점을 맞추고 있다.

피부 크림과 로션

피부는 신체에서 가장 큰 기관으로 성인의 평균 면적은 약 18 ft^2이다. 피부는 신체를 둘러싸고 있어 유해 물질은 들어오지 못하게 하고 수분과 영양분은 밖으로 나가지 못하게 하는 장벽을 형성한다(그림 16.12). 피부의 바깥층인 **표피**는 바깥쪽의 죽은 세포(각질층)와 안쪽의 살아 있는 세포로 나뉘며, 이 세포들이 지속적으로 새로운 세포를 만들어 각질층의 세포를 대체하며 오래된 세포들은 떨어져 나간다.

각질층은 주로 **케라틴**(keratin)이라 불리는 질기고 섬유질인 단백질로 구성되어 있다. 케라틴의 수분 함량은 약 10%이다. 수분 함량이 10% 미만인 사람의 피부는 건조하고 각질이 일어난다. 10% 이상이면 해로운 미생물이 번식하기에 이상적인 조건이 된다. 피부는 피지샘의 기름진 분비물인 **피지**(sebum)에 의해 수분이 손실되지 않도록 보호된다. 태양과 바람에 노출되면 피부가 건조해지고

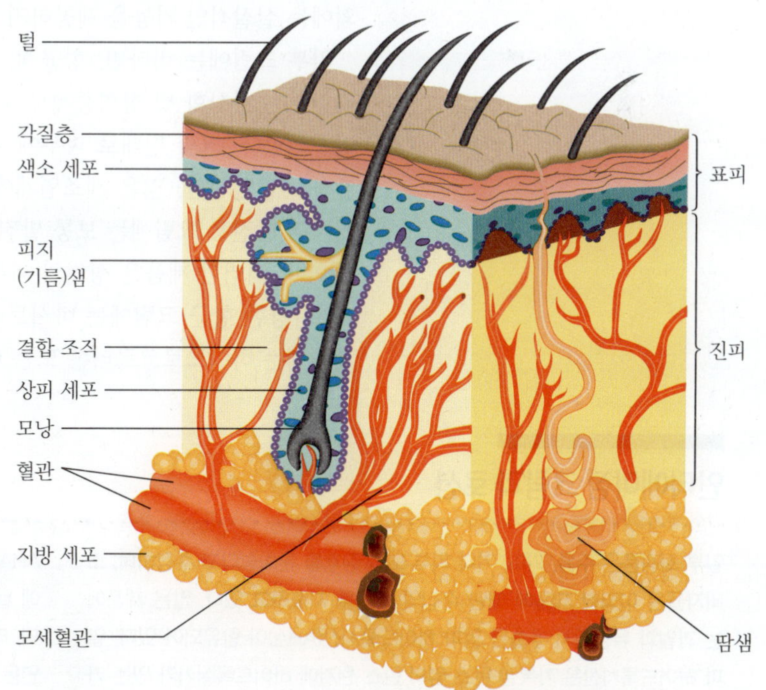

▲ **그림 16.12** 피부의 단면. 피부는 2개의 주요 층으로 이루어져 있다. 진피 1 $in.^2$에는 약 1 m의 혈관, 4 m의 신경, 100개의 땀샘, 여러 개의 기름샘, 300만 개 이상의 세포, 모낭의 활동 부위 등이 있다. 진피 위에 있는 표피는 지속적으로 분열하는 얇은 세포층으로 구성되어 있다. 이 세포는 각질층으로 올라가면서 죽는다. 화장품은 일반적으로 바깥층인 각질층에만 영향을 미친다.

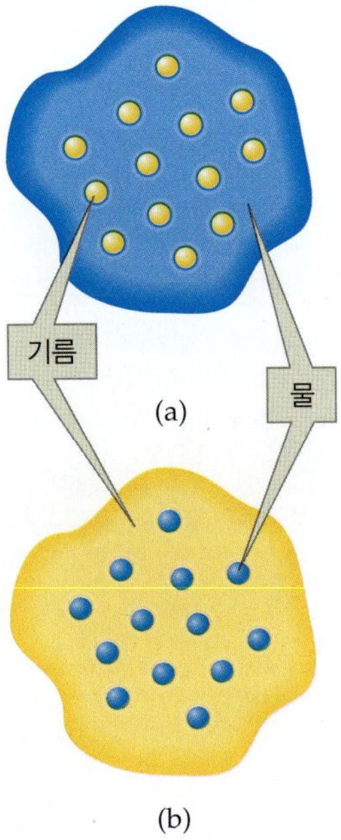

▲ **그림 16.13** (a) 로션은 물에 기름이 섞인 에멀션이다. (b) 크림은 기름에 물이 섞인 에멀션이다. 로션은 수분이 증발하면서 피부에서 열을 제거하기 때문에 시원하게 느껴진다. 크림은 기름진 느낌이 든다.

각질이 생길 수 있으며, 너무 자주 씻으면 천연 피부 기름이 제거된다.

화장품은 각질층의 죽은 세포에 바른다. 피부에 바르는 대부분의 제제는 로션이나 크림 형태이다. **로션**(lotion)은 작은 기름방울이 물에 분산된 에멀션이다. **크림**(cream)은 이와 반대로 작은 물방울이 기름에 분산되어 있으며(그림 16.13), 일반적으로 로션보다 점도가 훨씬 높다. 크림과 로션의 필수 성분은 물, 보호막을 형성하고 연화제 역할을 하는 기름 성분, 극성인 물을 비극성인 기름 성분(대개는 글리세릴스테아레이트)에 결합시키는 유화제이다. 유화제는 수분이 필요한 피부 아래층으로 수분을 운반하는 데 도움을 주며, 이는 로션이나 크림의 주요 기능일 수 있다. '보습제'라고 주장하는 제품에는 이 세 가지 성분이 모두 포함되어 있어야 한다.

기름 성분으로 사용되는 전형적인 물질 중에는 글리세롤, 미네랄 오일과 바셀린을 포함한 원유에서 추출한 알칸의 혼합물이 있다. 그 외에는 양털에서 얻은 라놀린, 알로에 베라 젤, 올리브 오일, 팜유와 같은 천연 지방과 오일이 있다. Vaseline®이나 미네랄 오일(베이비 오일)은 피부를 부드럽게 하지만 피부 속 수분을 회복시키지는 못한다. 알칸의 혼합물인 휘발유는 피부를 건조하게 하지만 탄소수가 더 많은 알칸인 미네랄 오일과 바셀린은 피부를 부드럽게 한다는 것이 이상하게 보일 수 있다. 그러나 휘발유는 얇고 자유롭게 흐르는 액체라는 점을 명심해야 한다. 휘발유는 천연 피부 기름을 녹여 제거한다. 탄소수가 많은 알칸은 점성이 높아 피부에 잘 남아 연화제 역할을 한다.

일부 화장품에는 피부의 수분 손실을 억제하는 **보습제**가 함유되어 있다. 이러한 보습제에는 글리세롤, 젖산, 요소가 포함된다. 글리세롤은 3개의 수산기를 가지고 있어 수소 결합을 통해 수분을 유지한다. 요소는 표피 표면 아래, 피부를 구성하는 세포의 바로 아래에서 물과 결합한다. 요소와 젖산은 또한 각질 제거제 역할을 하여 죽은 세포가 더 빨리 떨어져 나가도록 하여 새롭고 신선한 피부가 노출되도록 한다. 향수와 향료는 로션과 크림에서 제품 판매를 돕는 것 외에는 실질적인 기능을 제공하지 않는다.

일부 크림에는 비타민, 항균제, 기타 성분이 함유되어 있다. 스킨 로션과 크림에 함유된 비타민 E는 항산화 및 항염증제로서 상처, 긁힌 상처, 수술 절개 부위의 치유를 촉진하는 것으로 입증되었다. 크림 형태로 피부에 바르는 비타민 C는 과일과 채소를 통해 섭취할 때 만큼 몸에 유용하지 않지만, 많은 제조업체에서 피부 제품에 비타민 C의 효능을 주장하고 있다. 아기의 기저귀 발진용 크림에는 보통 발진을 치유하는 데 도움이 되는 무기물인 산화 아연이 함유되어 있으며, 이러한 제품은 성인의 피부 긁힘이나 가벼운 피부 상처를 치료하는 데도 사용할 수 있다. 다양한 항균 크림에는 바시트라신 아연이 활성 성분으로 함유되어 있으며, 가려움증 방지 제재에는 하이드로코르티손 또는 디펜히드라민 염산염이 함유되어 있을 수 있다(15장 참조).

안티에이징 크림과 로션

일부 화장품은 주름, 기미, 기타 피부 노화 징후를 완화한다고 주장하며, 소비자들은 이러한 제품에 매년 수십억 달러를 지출하고 있다. 많은 제품에는 과일과 유당에서 추출한 알파 하이드록시산(AHA)이 함유되어 있다. 알파 하이드록시산은 카복실 탄소 옆의 탄소 원자에 하이드록실기가 있는 카복실산이다. 글리콜산과 젖산이 대표적인 예이다. AHA 및 관련 물질은 각질 제거제 역할을 한다. 비교적 안전해 보이지만, 일부 사람들에게는 발적, 부기, 작열감, 물집, 출혈, 발진, 가려움증, 피부 변색 등을 유발할 수 있다. AHA 함유 제품을 사용하는 사람들은 햇빛에 더 민감하게 반응하여 피부암에 걸릴 위험이 더 커질 수 있다. 피부 주름의 가장 좋은 치료법은 예방인데, 태양에 과도하게 노출되는 것을 피하고 담배를 피우지 않는 것이다. 흡연은 피부의 조기 노화를 유발한다. 니코틴은 피부에 혈액을 공급하는 작은 혈관을 수축시킨다. 수년에 걸쳐 수축이 반복되면 피부가 탄력을 잃고 주름이 생기게 된다.

면도 크림

면도 크림은 스테아르산, 글리세롤, 물, 향료, 보존제와 코카마이드와 같은 발포제 등으로 구성된다. 긴 사슬 포화 지방산(14장 참조)인 스테아르산은 비누처럼 작용하여 피부와 모발에 매끄럽고 미끌미끌한 표면을 형성한다. 글리세롤은 수소 결합을 통해 물에 끌어당겨 보습제 역할을 한다. 수염에 수분을 공급하여 제모를 쉽게 한다. 또한 제품의 점도를 높여준다.

자외선 차단제

햇빛의 자외선은 **멜라닌**(melanin)의 생성을 유발하여 밝은 피부를 어둡게 만든다. 어두운 멜라닌은 피부의 더 깊은 층이 손상되지 않도록 보호한다. 과도한 자외선 노출은 피부의 조기 노화를 유발하고 피부암, 특히 편평세포암을 유발할 수 있다. 과도한 태닝은 흑색종을 포함한 피부암의 급증을 초래했다. 단파장 자외선(UV-B)은 에너지가 더 강하고 특히 해롭다.

자외선 차단제(sunscreen)는 자외선으로부터 물리적 또는 화학적 차단 효과를 제공한다. 물리적 자외선 차단제 또는 선블록은 자외선이 피부에 도달하는 것을 차단하는 불투명한 필름으로, UV-A와 UV-B를 모두 차단한다. 대부분은 흰색 산화 아연(ZnO) 또는 이산화 티타늄(TiO_2) 안료를 함유하여 태양빛을 반사한다. 가장 최근의 제형에는 나노 입자의 ZnO 또는 TiO_2가 포함되어 있어 이전 제형만큼 하얗게 보이지 않으므로 대부분 사용자가 자외선 차단제를 더 잘 받아들일 수 있게 되었다. 화학적 자외선 차단제는 자외선이 피부에 손상을 입히기 전에 자외선을 흡수한다. 대표적인 성분으로는 아보벤존, 옥시벤존, 호모살레이트, 옥틸 메톡시신나메이트, 옥티녹세이트 등이 있으며, 이들은 자외선 A(UV-A)를 차단한다. 최근 연구에 따르면 이들 자외선 흡수제는 피부에 과다하게 발랐을 경우에 체내 호르몬 변화를 일으킬 수 있다고 한다. 물론 문제는 더 많은 양을 발라야 자외선을 더 잘 차단할 수 있다는 것이다.

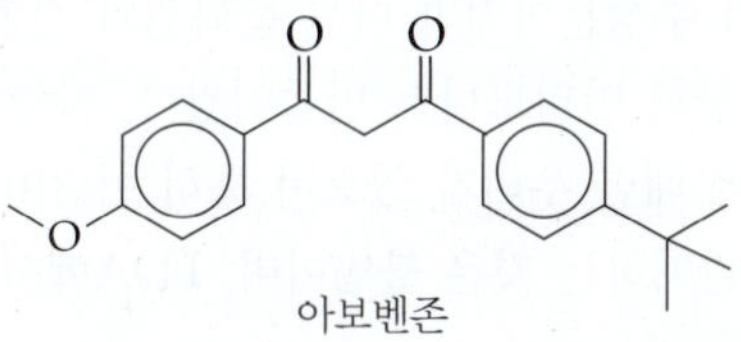

아보벤존

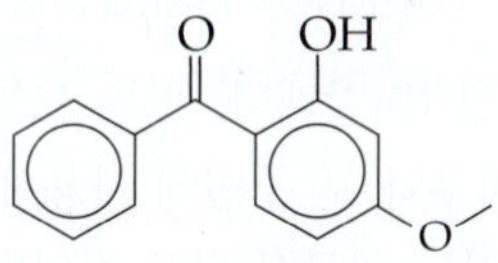

옥시벤존

$CH_3O-C_6H_4-CH{=}CHCOOCH_2CH(CH_2CH_3)CH_2CH_2CH_2CH_3$

옥틸 메톡시신나메이트(OMC)
(2-ethylhexyl-4'-methoxycinnamate)

자외선 차단 지수(sun protection factor, SPF)는 제품의 자외선 흡수 효과를 시간으로 표시한 등급이다. SPF 값은 2에서 45 이상까지 다양하다. 예를 들어 SPF 15는 무방비 상태의 피부보다 15배 더 오랫동안 화상을 입지 않고 햇볕에 노출될 수 있음을 나타낸다. 그러나 소비자는 이러한 보호를 위해 필요한 양이 일반적으로 사람들이 바르는 양보다 훨씬 많으며 크림이 쉽게 지워질 수 있다는 점에 유의해야 한다. SPF 지수와 관계없이 자주 덧바르는 것이 좋다. SPF 지수가 상당히 높은 자외선 차단제는 소비자에게 햇볕에 타지 않을 것이라는 잘못된 희망을 줄 수 있다. 일부 연구에 따르면 SPF 30과 SPF 45 제품 간 차단 효과는 상대적으로 거의 차이가 없는 것으로 나타났다. 스키를 타는 사람들과 겨울철 야외 활동을 즐기는 사람들은 태양 광선이 하얀 눈에서 쉽게 반사되기 때문에 겨울철에도 자외선 차단제를 사용하는 것이 좋다.

왜 중요할까?

피부의 멜라닌 유형이 중요한 이유는 무엇일까? 단순한 미용상의 문제가 아니다. 피부가 어두운 사람은 흑색종이나 기타 피부암에 걸릴 확률이 100배나 낮다. 멜라닌은 좋은 자외선 차단제이다. 사람이 얼마나 쉽게 햇볕에 타는지는 피부 속 멜라닌의 양과 종류에 따라 다르다. 피부에 주로 페오멜라닌이 있는 사람은 피부암에 걸릴 가능성이 더 크다.

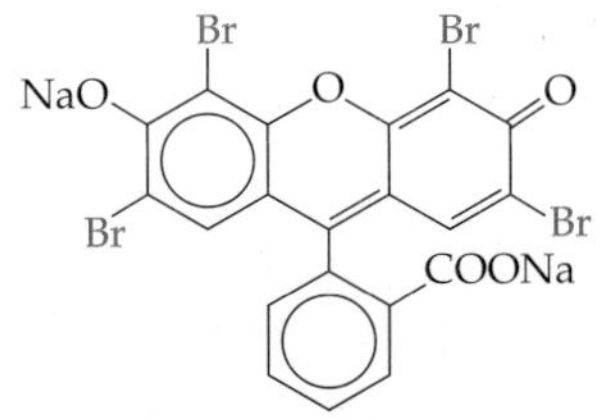

립스틱 및 립밤

테트라브로모플루오레세인

립스틱과 립밤은 성분과 기능면에서 스킨 크림과 매우 유사하다. 이들은 오일과 왁스로 만들어지며, 견고함을 제공하기 위해 왁스의 비율이 더 높다. 입술에는 보호 기름이 거의 없기 때문에 입술이 자주 건조해져 입술이 트는 경우가 많다. 립스틱과 립밤은 수분 손실을 방지하고 입술을 부드럽고 밝게 해주는 역할을 한다. 이러한 제품에 사용되는 오일은 피마자유, 참기름, 미네랄 오일인 경우가 많다. 흔히 사용되는 왁스로는 밀랍, 카르나우바 왁스, 멕시코 북부와 미국 남부 인접 지역에서 발견되는 유포르비아과의 관목에서 얻은 칸델릴라 왁스 등이 있다. 립스틱에 색상을 부여하는 것은 염료와 색소이다. 오일의 불쾌한 지방 냄새를 가리기 위해 향료가 첨가되고 산패를 지연시키기 위해 산화방지제가 사용된다. 청적색 화합물인 테트라브로모플루오레세인(tetrabromofluorescein)과 같은 브로모산 염료는 많은 립스틱의 색을 담당한다.

눈 화장

콜(kohl)이라 불리는 걸쭉하고 검은색의 약간 기름진 혼합물은 수천 년 동안 눈 주위에 사용되어 왔다. 이집트의 여왕과 귀족 여성들은 이러한 혼합물을 사용하여 눈매를 더욱 돋보이게 했다. 오늘날에도 콜은 남부 아시아, 특히 인도, 중동, 서부 아프리카, 아프리카의 소말리아 반도 지역에서 얼굴과 눈을 장식하는 데 널리 사용되는데, 이곳에서는 사회 및 종교의식(특히 이슬람 축제, 전통춤, 의학적 이유)으로 콜이 사용된다. 많은 사람은 콜이 시력을 보호하고 눈을 시원하게 하고 치유하는 효과가 있다고 믿는다. 물론 검은색 물질은 해로운 자외선을 포함한 태양의 복사선을 많이 흡수한다. 경기 날 눈 밑에 아이섀도를 바르는 21세기 미식축구 선수들도 이 성질을 활용한다.

그렇다면 콜이란 무엇일까? 서양에서는 탄소가 주성분이지만 다른 문화권의 전통적인 콜은 잘게 분쇄한 황화 납(II)(갈레나) 또는 드물게는 황화 안티모니로 만들어왔다. 당연히 납과 안티모니 화합물을 피부와 눈 주변에 사용하는 것에 대한 우려가 있으며 특히 어린이의 경우 더욱 그렇다. 미국에서는 외국산 콜을 수입하거나 판매하는 것은 불법이며, FDA에서 승인한 색소 첨가제 목록에도 포함되어 있지 않다.

시중에서 판매되는 마스카라와 아이라이너는 비누, 오일, 지방, 왁스를 기본으로 한다. 마스카라는 산화 철(III) 안료에 의해 갈색으로, 탄소(램프 블랙)에 의해 검은색을 나타낸다. 전형적인 구성은 왁스 40%, 비누 50%, 라놀린 5%, 착색 물질 5%이다. 눈썹연필의 성분은 거의 동일하지만 비율은 다르다. 소량의 방부제와 향료가 첨가될 수도 있다.

아이섀도 크림에는 일반적인 지방, 오일, 왁스가 함유된 바셀린을 기본 물질로 한다. 파우더 아이섀도와 페이스 파우더는 기본 물질로 탈크[수화 마그네슘 규산염, $Mg_3Si_4O_{10}(OH)_2$] 또는 옥수수 수염을 사용한다. 아이섀도는 산화 크로뮴(III)(Cr_2O_3)으로 녹색을 띠거나 울트라마린(다황화물 이온을 함유한 규산염 광물)으로 파란색을 띠거나 산화 아연 또는 이산화 티타늄 안료로 흰색을 띠기도 한다.

어떤 사람들은 눈 화장품 성분에 알레르기 반응을 보이기도 한다. 더 심각한 문제는 박테리아 오염으로 인한 눈 감염이다. 눈 화장품은 3개월 후에는 폐기하는 것이 좋다. 마스카라는 각막을 쉽게 긁을 수 있는 작은 막대 때문에 특히 우려된다.

다른 산업과 마찬가지로 화장품 회사들도 친환경 제품으로 전환하고 있다. 2017년 미국에서 천연 화장품의 매출은 140억 달러를 돌파하여 2007년의 두 배에 달했다. 재생가능한 식물, 동물 및 무기질 제품으로 만든 이러한 화장품은 환경에 더 좋을 수 있지만, 기존 화장품보다 효과가 더 좋다는 증거는 거의 없다. 실제로 천연 성분은 합성 성분보다 알레르기 반응을 일으킬 가능성이 더 클 수 있다. 천연이라고 해서 반드시 더 좋은 것은 아니다. 극단적인 예로 옻나무를 생각해보자.

냄새 제거제와 땀 억제제

시중에 판매되는 많은 제품이 '냄새 제거제'라고 불리지만, 사람들은 '땀 억제제'가 더 세련된 용어라고 생각한다. 실제로 **냄새 제거제**(deodorant)와 **땀 억제제**(antiperspirant)는 서로 다른 기능을 가지고 있다. 대부분의 시판 제품에는 이 두 가지 성분이 들어 있으며, 적절한 농도를 만들기 위한 성분과 향료도 포함되어 있다.

화학적 냄새 제거제는 냄새를 유발하는 박테리아를 죽이기 위한 살균제이다. 세균은 겨드랑이의 따뜻하고 습한 환경에서 땀 잔여물과 피지(천연 체내 기름)에 작용해 트랜스-3-메틸-2-핵세노산과 같은 악취를 유발하는 단쇄 지방산을 생성한다. 살균제는 일반적으로 스테아릴 알코올 또는 스테아르산 소듐과 같은 알코올이다. (트리클로산은 더 이상 사용되지 않는다. 16.4절 두 번째 에세이 박스 참조) 발 냄새를 없애는 분말 냄새 제거제에도 살균제가 포함되어 있다.

땀 억제제는 땀을 억제하며 FDA에서 의약품으로 분류한다. 활성 땀 억제제 성분에는 알루미늄과 지르코늄의 염화물과 수산화물의 착물이 포함된다. 알루미늄 클로로하이드레이트 [$Al_2(OH)_5Cl \cdot 2H_2O$] 또는 Al-Zr 착물(알루미늄 지르코늄 트리클로로하이드렉스 글리라고 한다)가 땀 억제제에 함유되어 있다. 알루미늄 염은 땀샘의 입구를 수축시키고 땀샘의 케라틴 섬유와 반응하여 젤과 같은 마개를 형성하는 순한 **수렴제**(astringent)로 작용한다. 이 두 가지 방법으로 땀 배출량을 제한한다.

겨드랑이용 상업 제품은 크림이나 로션 형태로 만들거나 알코올에 녹여 스프레이 형태로 사용할 수 있다. 롤온 방식은 1960년대에 발명되었지만, 최근에는 냄새 제거제 '스틱'이 시장점유율을 장악하고 있다. 남성용 제품은 일반적으로 여성용 제품에 비해 두 가지 주요 활성 성분의 함량이 더 높다. 땀은 자연스럽고 건강한 신체 과정이며, 이를 일상적으로 멈추는 것은 현명하지 않을 수 있다. 규칙적인 목욕과 옷 갈아입기로 땀 억제제는 대부분의 사람에게 불필요하지만, 현대 문화에서는 땀 억제제의 사용을 필요로 하는 것 같다.

치약: 입자와 향이 있는 비누

수 세기 전 사람들은 작은 막대기, 으깬 숯, 새 깃털, 고슴도치 깃털 등을 사용하여 이를 닦았다. 21세기 문화에서는 치실이 훨씬 더 보편적이지만, 사람들은 여전히 치아 사이에 낀 음식물 찌꺼기를 제거하기 위해 이쑤시개를 사용한다. 분말 치약은 19세기에 발명되어 적어도 20세기 중반까지 일반적으로 사용되었다. 치약과 젤은 더 최근에 개발되었으며, 최근에는 다양한 맛과 첨가제가 들어간 제품을 선택할 수 있다.

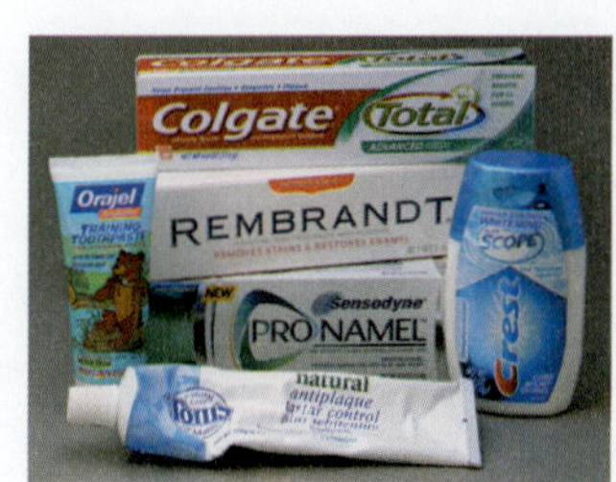

▲ 치약은 많은 상표와 다양한 제형으로 판매되고 있다. 일부 제품에는 베이킹 소다(탄산수소 소듐) 및/또는 과산화 수소가 성분으로 함유되어 있지만, 그 효과에 대한 증거는 미미하다. 치약의 유일한 필수 성분은 세제와 연마제이다.

치약의 필수 성분은 세제와 연마제이다. 연마제는 일반적인 치약 제형에서 최소 50%를 차지할 수 있다. 이상적인 연마제는 치아를 닦을 수 있을 만큼 단단해야 하지만 치아 법랑질을 손상할 만큼 딱딱하지 않아야 한다. 대부분 치약은 입자가 매우 작아서 손가락 사이나 입안에서 문지르면 거칠게 느껴지지 않는다. 치약에 자주 사용되는 연마제는 표 16.1에 나와 있다.

치약에 사용되는 전형적인 세제는 도데실 황산 소듐[라우릴 황산 소듐, $CH_3(CH_2)_{11}OSO_3^-$ Na^+]으로, 놀랍게도 대부분의 헤어 샴푸에서 발견되는 세제와 동일하다(이후의 '모발 화학' 참조). 치약에는 다양한 향, 색, 소르비톨, 글리세롤, 사카린과 같은 감미료가 들어 있다(14.5절). 스피어민트, 윈터그린, 페퍼민트 등이 대표적인 향이지만 최근에는 생강, 계피, 풍선껌(특히 어린이용), 레몬, 오렌지, 바닐라 등이 향료 옵션에 추가되고 있다. 일부 치약은 식용 색소

HO—⟨benzene ring⟩—C(=O)—OCH$_3$

메틸 파라-하이드록시벤조에이트
(메틸파라벤)

표 16.1 치약에 일반적으로 사용되는 연마제

이름	화학식
침전된 탄산 칼슘	$CaCO_3$
불용성 메타인산 소듐	$(NaPO_3)_n$
인산 수소 칼슘	$CaHPO_4$
인산 칼슘	$Ca_3(PO_4)_2$
파이로인산 칼슘	$Ca_2P_2O_7$
수화 알루미나	$Al_2O_3 \cdot nH_2O$
수화 실리카	$SiO_2 \cdot nH_2O$

나만의 치약을 만들 수 있다. 탄산수소 소듐(베이킹 소다) 180 mL(약 2/3컵)와 염화 소듐(식염) 60 mL(약 1/4컵)를 함께 저어준다. 이 건조한 혼합물에 글리세롤 15 mL(약 1큰술)를 추가한다. 걸쭉한 페이스트가 될 정도로 물을 넣고 저어준다. 페퍼민트 향료 몇 방울 또는 페퍼민트 추출물 한 방울을 추가하여 맛을 개선한다. 밀폐 용기에 보관한다.

로 색을 내거나 줄무늬를 넣거나 미세 운모를 함유하여 반짝이게 만들기도 한다. 셀룰로스 검과 폴리에틸렌 글리콜과 같은 증점제와 메틸 파라-하이드록시벤조에이트와 같은 방부제가 치약 제형에 중요한 역할을 한다. 이산화 티타늄은 치약 제형에서 상당한 비율을 차지하는 경우가 많으며, 주로 흰색 염료 역할을 하지만 순한 연마제 역할을 하기도 한다.

플루오린 화합물은 충치를 줄이기 위해 대부분 최신 치약, 심지어 가장 저렴한 일반 제품에도 첨가된다. 플루오린화 소듐(NaF)과 플루오로인산 소듐(Na_2PO_3F)이 가장 일반적으로 사용되는 플루오린함유 화합물이지만, 일부 제품에서는 여전히 플루오린화 주석(II)이 함유되어 있다. 치아의 법랑질은 주로 수산화 인회석[하이드록시아파타이트, $Ca_5(PO_4)_3OH$]으로 구성되어 있다. 치약(또는 불소화된 식수)의 플루오린은 법랑질의 일부를 수산화인회석보다 더 강하고 부식에 강한 플루오린화인회석[$Ca_5(PO_4)_3F$]으로 바꾼다.

충치는 주로 당분을 플라크로 전환하는 박테리아에 의해 발생한다. **플라크**는 치아를 제대로 닦지 않을 때 치아 표면에 남게 되는 수천 개의 박테리아, 작은 입자, 단백질, 점액으로 구성된 막이다. 이 박테리아는 당을 젖산과 같은 산으로 전환한다. 산은 치아 법랑질을 녹인다. 플라크를 제거하지 않으면 굳어 **치석**으로 변할 수 있다. 칫솔질과 치실 사용은 플라크를 제거하여 충치를 예방한다. 당분은 간식보다는 식사 시에만 섭취하고 식사 후 바로 칫솔질을 하면 충치를 최소화할 수 있다. 맥주의 젖산과 콜라 음료의 인산(H_3PO_4)과 같은 산도 이러한 음료를 다량 섭취하는 사람의 치아 법랑질을 침식할 수 있다.

매우 민감한 치아를 위한 특수 치약에는 질산 포타슘 또는 염화 스트론튬이 함유되어 있을 수 있다. 치석 제거 제품과 미백 치약에는 연마제 또는 과산화 수소가 더 많이 함유되어 있다. 베이킹 소다($NaHCO_3$)와 과산화 수소(H_2O_2)를 성분으로 하는 치약은 성인 치아 손실의 주요 원인인 잇몸 질환을 예방한다고 주장하지만, 그 효과에 대한 증거는 거의 없는 것으로 보인다.

인기 있는 치아 미백제에는 종종 과산화 수소가 표백제로 포함된다. 과산화 수소는 표백제가 얼룩진 옷에 작용하는 것과 거의 같은 방식으로 치아의 착색된 화합물에 작용한다. 그러나 과산화 수소의 작용은 느리다. 치약에 들어 있는 과산화 수소는 치아에 충분히 오랫동안 접촉하지 않아 큰 효과를 발휘하지 못한다. 대부분의 성공적인 치아 미백제는 30분 이상 사용해야 한다. 치과에서 사용하는 미백제는 반응 속도를 높이기 위해 자외선과 함께 고농도의 과산화 수소를 사용하는 경우가 많다. 치아 미백제 사용 시 주의가 필요하다. 너무 자주 사용하면 치아가 약해질 수 있다.

향수, 콜론, 애프터셰이브

향수(perfume)는 가장 오래되고 널리 사용되는 화장품 중 하나이다. 원래 모든 향수는 향기로

표 16.2 향수에 사용되는 꽃 향과 과일 향이 나는 화합물

이름	구조[a]	냄새(향)	분자식
시트랄(Citral)	O, H	레몬	$C_{10}H_{16}O$
이론(Irone)	O	이리스 뿌리	$C_{14}H_{22}O$
재스몬(Jasmone)	O	자스민	$C_{11}H_{16}O$
페닐아세트알데하이드 (Phenylacetaldehyde)	H, O	라일락, 히아신스	C_8H_8O
2-페닐에탄올 (2-Phenylethanol)	OH	장미	$C_8H_{10}O$

[a] 각 화합물은 10개 이상의 탄소 원자에 대해 1개의 산소 원자를 가지고 있음을 주목한다.

운 식물과 같은 천연 원료에서 추출되었다. 향수의 화학은 매우 복잡하지만, 화학자들은 향수의 많은 성분을 규명하고 실험실에서 합성하여 많은 합성 향수를 생산할 수 있게 되었다. 화학자들은 지금까지 중요하지만 때로는 소량인 많은 성분을 모두 파악할 수 없었기 때문에, 최고의 향수는 여전히 천연 재료로 만들어진 것이다.

좋은 향수에는 100가지 이상의 성분이 들어 있을 수 있다. 이 성분들은 휘발성의 차이에 따라 **노트**(note)라고 불리는 세 가지 범주로 나뉜다. 가장 휘발성이 높은 부분(가장 쉽게 증발하는 부분)은 **탑 노트**(top note)라고 한다. 상대적으로 작은 분자로 구성된 이 부분은 향수를 처음 뿌렸을 때 향을 담당한다. 일반적인 탑 노트에는 시트러스 및 생강 향과 라일락 또는 히아신스 냄새가 나는 페닐아세트알데히드(표 16.2)와 같은 화합물이 포함된다. 표 16.2의 향기 분자는 지용성이다. 피부 오일에 용해되어 몇 시간 동안 유지될 수 있다.

미들 노트(middle note, 또는 **핵심 노트**)는 휘발성이 중간 정도이다. 이 부분은 탑 노트 화합물의 대부분이 증발한 후에도 지속되는 향을 담당한다. 전형적인 미들 노트에는 라벤더와 장미 향, 장미 향이 나는 2-페닐에탄올과 같은 화합물이 포함된다. **엔드 노트**(end note, 또는 **베이스 노트**)는 휘발성이 낮은 부분으로, 분자가 큰 화합물로 이루어져 있으며 종종 사향 냄새를 풍긴다. 에센셜 오일은 샌달우드, 파출리 등 기분 좋은 향을 가진 식물에서 추출한 휘발성 유성 화합물로, 일반적으로 베이스 노트를 만드는 데 사용된다.

향은 희석 정도에 따라 달라진다. 화합물의 진한 용액은 불쾌한 냄새가 날 수 있지만, 희석된 용액에서는 기분 좋은 향이 날 수 있다. 이러한 화합물에는 사향(표 16.3)이 포함되며, 이는 종종 꽃이나 과일 향의 탑 노트와 미들 노트의 냄새를 완화하기 위해 향수에 첨가된다. 시벳톤이라는 화합물을 제공하는 사향고양이는 스컹크와 비슷한 동물이다. 사향고양이의 분비물은 스컹크와 마찬가지로 방어용 무기이다. 사향노루의 분비물은 아마도 사슴의 성 유인제 역할을 하는 페로몬일 것이다. 합성 시벳톤과 머스콘이 생산되고 있지만, 많은 고급 향수 제조사들은 여전히 천연 시벳톤을 선호한다. 오늘날 향수에 사용되는 거의 모든 머스콘은 합성이다.

표 16.3 향수에 섬세한 향을 더하기 위해 사용되는 불쾌한 화합물

화합물	구조	천연 공급원	분자식	분자량(u)
시벳톤(Civetone)	=O	사향고양이	$C_{17}H_{30}O$	250.42
머스콘(Muscone)	O, CH_3	사향노루	$C_{16}H_{30}O$	238.41
인돌(Indole)	NH	배설물	C_8H_7N	117.15

아로마테라피

아로마테라피는 건강과 행복을 증진하기 위한 목적으로 에센셜 오일을 사용하는 방법이다. 확실히 후각은 일상생활에서 매우 중요하다. 아로마테라피에는 비누, 목욕 첨가제, 샤워 젤, 양초, 실내 방향제, 오일 버너, 에센셜 오일이 함유된 화장품 등이 사용된다.

일반적으로 사용되는 에센셜 오일은 금잔화, 레몬, 오렌지, 자몽, 제라늄, 라벤더, 재스민, 베르가못에서 추출한 것이다. 에센셜 오일은 피부에 바르기 전에 스위트아몬드 오일, 살구씨 오일, 포도씨 오일과 같은 식물성 오일인 캐리어 오일로 희석된다.

미국 아로마테라피 시장은 연간 8억 달러 규모로 전 세계 매출의 대부분을 차지한다. 가정용 방향제는 미국 아로마테라피 매출의 거의 절반을 차지한다. 아로마테라피 지지자들의 주장을 평가하기는 어렵다. 이러한 오일에서 나오는 기분 좋은 향기는 신경계에 긍정적인 영향을 미치거나, 최소한 사람들에게 긍정적인 심리적 효과를 주는 것으로 알려져 있다. 향이 즐거운 경험을 떠올리게 할 때 생기는 기분 좋은 느낌처럼 단순한 것일 수도 있다. 에센셜 오일에서 발견되는 분자의 신경계에 대한 화학적 효과는 더 많은 연구가 필요하며, 사람의 코의 감도는 우리가 생각하는 것보다 더 복잡하다.

CH_3 CH_3 HO

α-안드로스테놀

OH

멘톨

인간에게도 성적 유인 물질이 있을까? 증거는 부족하지만, 일부 향수 제조업체는 제품에 α-안드로스테놀을 첨가한다. α-안드로스테놀은 사람의 머리카락과 소변에서 자연적으로 생성되는 스테로이드이다. 일부 연구에서는 이 성분이 여성에게 성적 유인 물질로 작용할 수 있다고 주장하지만, 이는 단순한 광고 전략일 가능성이 더 커 보인다. 설사 인간에게 성적 유인 물질이 있다고 해도, 그것이 인간의 행동에 큰 영향을 미칠지는 의문인데, 아마도 문화적 제약이 더 클 것이기 때문이다. 어쨌든 우리는 사향노루의 성적 유인 물질을 더 선호하는 것 같다.

향수는 일반적으로 에틸 알코올에 용해된 10~25%의 향기로운 화합물과 고정액으로 구성된다. **콜론**(cologne)은 에틸 알코올 또는 알코올-물의 혼합물로 희석한 향수이다. 콜론의 세기는 향수의 약 10분의 1 정도에 불과하며 일반적으로 향수 에센스가 1~2%만 함유되어 있다.

애프터셰이브 로션은 향수와 비슷하다. 대부분은 에탄올이 약 50~70%이고 나머지는 물, 향수, 식용 색소이다. 일부는 피부 진정 효과를 위해 멘톨이나 유칼립톨이 첨가되어 있다. 다른 제품에는 트고 갈라진 피부를 진정시키는 피부연화제가 함유되어 있다.

향수는 화장품 및 기타 소비재와 관련된 많은 알레르기 반응의 원인이다. **저자극성 화장품**(hypoallergenic cosmetic)은 일반 제품보다 알레르기 반응을 덜 유발하는 것으로 알려진 화

장품이다. 이 용어는 법적 의미는 없지만 이러한 화장품의 대부분은 향료를 포함하고 있지 않다.

모발 화학

피부와 마찬가지로 모발은 주로 섬유질 단백질인 케라틴으로 구성되어 있다. 모발의 케라틴은 피부의 케라틴보다 5~6배 더 많은 이황화 결합을 가지고 있다. 단백질 분자는 아미노산 사슬이 수소 결합, 염다리, 이황화 결합, 분산력 등 네 가지 힘에 의해 서로 결합되어 있다는 것을 기억하자(13.6절). 이 중 샴푸와 컨디셔너의 작용을 이해하는 데 중요한 것은 수소 결합과 염다리이다. 단백질 사슬 사이의 수소 결합은 물에 의해 파괴되고(그림 16.14), 염다리는 pH의 변화에 의해 파괴된다(그림 16.15). 이황화 결합은 모발을 영구적으로 곱슬하게 하거나 곧게 펴면 끊어지고 복원된다.

▲ 샴푸는 다양한 형태와 상표로 판매되고 있다. 모든 샴푸의 유일한 필수 성분은 세제이다.

샴푸

눈에 보이는 머리카락은 죽은 것이며, 뿌리만이 살아 있다. 머리카락 줄기는 피지에 의해 윤활된다. 머리카락을 감으면 이 기름과 기름에 붙어 있는 먼지가 제거된다. 머리카락을 감으면 케라틴은 물을 흡수하여 부드러워지고 탄력이 생긴다. 물은 수소 결합과 일부 염다리를 파괴한다. 산과 염기는 특히 염다리를 파괴하기 때문에 모발 관리에서 pH를 조절하는 것이 중요하다. 염다리의 수는 pH 4.1에서 최대화된다. 제2차 세계대전 이전에 샴푸에 사용되는 세정제는

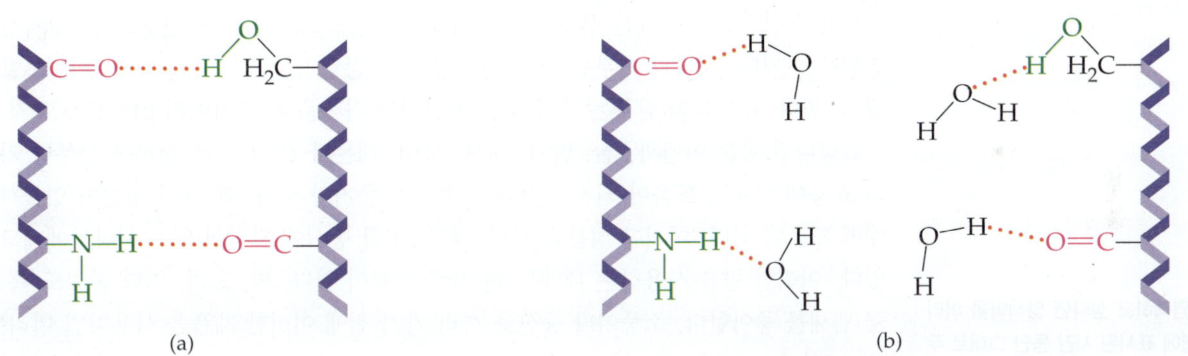

▲ **그림 16.14** (a) 머리카락 한 가닥에서, 인접한 단백질 사슬은 한 사슬의 카보닐기와 다른 사슬의 아마이드기를 연결하는 수소 결합에 의해 서로 결합되어 있다. (b) 머리카락이 젖었을 때, 이 그룹들은 서로가 아닌 물과 수소 결합하여 사슬 사이의 수소 결합을 방해한다.

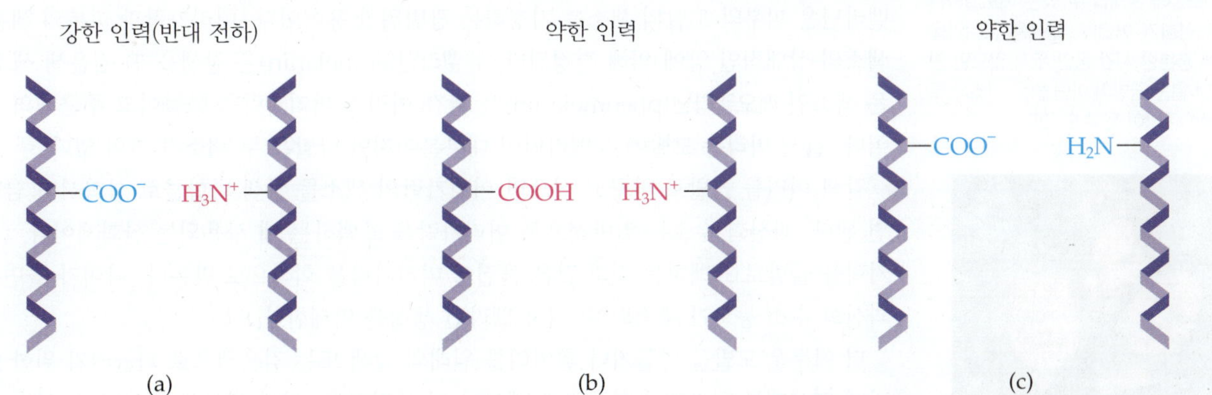

▲ **그림 16.15** (a) 한 단백질 사슬의 이온화된 카복실기와 다른 사슬의 이온화된 아미노 기능 사이의 강한 정전기적 힘이 사슬을 서로 붙잡아 준다. (b) pH 변화는 이 염다리를 파괴할 수 있다. pH가 낮아지면 카복실기는 양성자를 받아들이고 전하를 잃게 된다. (c) pH가 상승하면 아미노기에서 양성자가 제거되어 전하를 띠지 않게 된다. 두 경우 모두 단백질 사슬 사이의 힘은 상당히 약해진다.

5 걸쭉한 샴푸가 머리카락을 깨끗하게 하는 데 더 효과적인가?

샴푸는 미세한 실리카 또는 고분자를 이용하여 더 걸쭉하게 만든다. 걸쭉한 샴푸는 단순히 세제를 더 많이 넣는 것이 아니라 점증제를 더 많이 첨가한 것이다. 소비자들은 샤워 시 편리함을 위해 더 걸쭉한 샴푸를 원하는 것 같다. 더 묽은 샴푸는 손가락 사이로 흘러내릴 수 있기 때문이다.

비누였는데, 연한 물에서는 잘 작동하지만 경수에서는 머리카락에 윤기 없는 막을 남겼다. 사람들은 종종 식초나 레몬주스가 함유된 린스를 사용하여 이 막을 제거했다. 오늘날의 제품에는 이러한 린스가 필요하지 않다.

요즘의 샴푸는 세정제로 합성 세제를 사용하는데, 이는 샴푸의 유일한 필수 성분이며, 일반적으로 제형의 20~25%를 차지한다. 성인용 샴푸의 경우에 세제는 종종 도데실 황산 소듐(보통 제품 라벨에 라우릴 황산 소듐으로 표기), 라우릴 황산 암모늄, 라우레스 황산 소듐과 같은 음이온 타입이거나 세제를 혼합한 형태이다. 유아 및 어린이용 샴푸의 경우에 세제는 눈에 덜 자극적인 양쪽성 계면활성제(16.2절)인 경우가 많다.

가장 저렴한 샴푸와 가장 비싼 샴푸의 가격 차이가 큰 이유는 무엇일까? 차이는 첨가제 때문이다. 과일 또는 허브 향, 단백질 또는 비타민이 풍부하거나 지성, 건성, 염색한 모발용으로 특별히 만들어진 샴푸를 구입할 수 있다. 지성, 중성, 건성 모발용 샴푸는 주로 세제 농도에 따라 달라진다. 지성 모발용 샴푸는 더 진하고, 건성 모발용 샴푸는 더 묽다. 샴푸에 들어 있는 비타민은 아무런 용도가 없다. 염색한 모발용 샴푸에는 자외선 차단제가 함유되어 있는데, 자외선이 회색 또는 금발 모발을 더 진하게 만드는 분자를 파괴하기 때문이다. 머리카락을 헹군 후에도 자외선 차단제가 모발에 남아 있는지는 의문이다. 머리카락은 단백질이기 때문에, 단백질이 풍부한 샴푸는 모발에 탄력을 준다. 단백질(보통 케라틴 또는 콜라겐)은 모발을 코팅하고 말 그대로 갈라진 모발 끝을 서로 붙인다. 단백질은 컨디셔너에도 종종 첨가된다. 컨디셔너는 주로 긴 사슬 알코올 또는 긴 사슬 4급 암모늄염으로, 섬유유연제에 사용되는 화합물(16.3절)과 유사하며 모발 섬유를 코팅하는 것과 거의 같은 방식으로 작용한다.

모발의 단백질 사슬에는 산성기와 염기성기가 있으므로 샴푸의 산성 또는 염기성이 모발에 영향을 미친다. 모발과 피부는 모두 약산성이다. 강염기성 또는 강산성 샴푸는 모발을 손상시킬 수 있다. 대부분의 샴푸는 중성 또는 약산성에 가까운 4~7 사이의 pH 값을 가지고 있다.

그렇다면 향은 어떨까? 꿀, 딸기, 허브, 오이, 레몬과 같은 '천연' 성분은 샴푸나 기타 화장품의 효능에 아무런 도움이 되지 않는다는 충분한 증거가 있다. 왜 그런 성분이 있을까? 향은 판매에 도움이 되며, 이러한 성분은 자연스러운 생활 방식에 관심이 있는 사람들에게도 호소력이 있다. 이러한 향을 사용하는 데에는 한 가지 위험이 있다. 벌, 모기, 기타 곤충도 특정 과일 및 꽃 냄새를 좋아한다. 소풍이나 등산을 하러 가기 전에 이러한 제품을 사용하면 머리에 벌이 앉을 수 있다.

6 금발로 염색하고 싶다면 염색약을 머리에 바르고 병에 표시된 시간 동안 그대로 두어야 하는가?

머리카락에 있는 유멜라닌은 검은색 또는 짙은 갈색을 띠는데, 거의 무색 화합물로 쉽게 산화된다. 모발에 존재할 수 있는 페오멜라닌(붉은색)은 산화가 어렵다. 탈색용 염색약을 머리카락에 충분한 시간 동안 두지 않으면 원래 의도했던 옅은 금발이 아닌 붉은 색조가 뚜렷한 '딸기색' 금발이 될 수도 있다.

머리 염색

멜라닌은 피부와 모발의 색소를 지칭하는 광범위한 용어이다. 머리카락과 피부의 색은 두 가지 색소의 상대적인 양에 의해 결정된다. **유멜라닌**(eumelanin)은 갈색을 띤 검은색 색소이고, 붉은 색소인 **페오멜라닌**(pheomelanin)은 빨간 머리의 머리카락을 물들이고 주근깨의 주요 색소이다. 갈색 머리는 모발에 유멜라닌이 대부분이지만 금발은 두 색소가 거의 없다.

갈색 머리를 금발로 바꾸고 싶으면 머리카락의 색소를 무색 화합물로 산화시켜 금발로 만들면 된다. 과산화 수소는 일반적으로 머리카락을 표백하는 데 사용되는 산화제이다. (검은 머리카락을 금발로 표백하는 것과 같은 물질이 머리카락을 회색으로 만든다. 나이가 들면서 모낭의 과산화 수소 농도가 축적되어, 결국 멜라닌 생성을 억제한다.)

더 어두운 모발을 만들거나 흰머리를 원래의 갈색 또는 검은색으로 되돌리기 위한 염색은 모발에 염색제를 첨가해야 하므로 탈색보다 더 복잡하다. 염색 색상은 씻어낼 수 있는 수용성 염료와 같이 일시적인 것도 있고, 모발에 침투하여 오래 남는 영구적인 염료도 있다. 이러한 염료는 종종 수용성이며 무색의 전구체 형태로 사용되어 모발에 스며든 다음 과산화 수소에 의해

H_2N–⬡–NH_2
파라-페닐렌다이아민
(a)

H_2N–⬡–NH–⬡–SO_3H
파라-아미노다이페닐아민설폰산
(b)

H_2N, NH_2, OCH_3
MMPD
(c)

H_2N, NH_2, OCH_2CH_3
EMPD
(d)

▲ **그림 16.16** (a) 대부분 염색약은 파라-페닐렌다이아민의 유도체이다. 여기에는 (b) 파라-아미노다이페닐아민설폰산, (c) 파라-메톡시-메타-페닐렌다이아민(MMPD), (d) 파라-에톡시-메타-페닐렌다이아민(EMPD) 등이 포함된다.

산화되어 유색 화합물로 변한다. 영구 염색약은 머리카락 줄기의 죽은 바깥쪽 부분에만 영향을 미친다. 새로운 모발은 두피에서 자라면서 자연스러운 색을 띠게 된다.

영구적 염색약은 종종 파라-페닐렌다이아민이라는 방향족 아민의 유도체이다(그림 16.16). 이 분자에 치환체를 붙이면 다양한 색상을 얻을 수 있다. 파라-페닐렌다이아민(*para*-phenylenediamine) 분자는 검은색을 생성하고, 유도체인 파라-아미노다이페닐아민설폰산(*para*-aminodiphenylaminesulfonic acid)은 금발 염색에 사용된다. 중간 색상은 다른 유도체를 사용하여 얻을 수 있다. 한 가지 유도체인 파라-메톡시-메타-페닐렌다이아민(*para*-methoxy-*meta*-phenylenediamine, MMPD)은 쥐와 생쥐에게 먹였을 때 암을 발생시키는 것으로 나타났지만, 이를 염색약으로 사용하는 사람들에 대한 위험성은 아직 알려지지 않았다. 흥미로운 점은 MMPD의 대체 물질 중 하나가 동족체인 파라-에톡시-메타-페닐렌다이아민(*para*-ethoxy-*meta*-phenylenediamine, EMPD)이라는 것이다. 검사 결과 EMPD가 박테리아에 돌연변이를 일으킨다는 사실이 밝혀졌다. 이러한 돌연변이원은 종종 발암물질이기도 하다.

헤나(henna)는 로소니아 이너미스(*Lawsonia inermis*) 식물에서 추출한 천연 주황빛 갈색 염료로, 고대부터 인도 아대륙과 중동, 아프리카 소말리아 반도 지역에서 머리카락을 염색하고 피부와 손톱을 섬세하게 장식하는 데 사용되어 왔다.

그레시안 포뮬라(Grecian Formula)와 같이 서서히 색이 나타나는 염색약은 비교적 간단한 화학 원리를 사용한다. 무색의 아세트산 납[$Pb(CH_3COO)_2$]이 함유된 용액을 모발에 문지른다. 이 용액이 머리카락 줄기 속으로 침투하면서 Pb^{2+} 이온이 모발의 황 원자와 반응하여 검은색의 황화 납(II)(PbS)을 형성한다. 반복적으로 바르면 더 많은 황화 납이 생성되어 더 어두운 색을 띠게 된다. 납 화합물을 피부와 접촉하여 사용하는 것의 안전성에 의문이 제기되고 있다.

퍼머: 곱슬머리의 화학

곱슬머리의 화학은 흥미롭다. 모발은 단백질이며 인접한 단백질 사슬은 이황화 결합으로 서로 연결되어 있다. 퍼머 로션에는 티오글리콜산($HSCH_2COOH$)과 같은 환원제가 포함되어 있어 이황화물 결합을 끊어서(그림 16.17), 모발이 롤러에 말린 상태로 유지될 때 단백질 사슬이 분리될 수 있게 한다. 그런 다음 모발은 과산화 수소와 같은 순한 산화제로 처리된다. 이황화 결합이 새로운 위치에 형성되어 모발에 모양을 부여한다.

동일한 화학 과정은 자연적인 곱슬머리를 곧게 펴는 데 사용할 수 있다. 곱슬곱슬함의 변화는 이황화 결합이 환원된 후와 결합이 회복되기 전에 머리카락이 어떻게 배열되는지에 따라 달라진다.

▲ **그림 16.17** 퍼머는 단백질 사슬 사이의 이황화 결합을 끊은 다음 새로운 위치에 다시 형성함으로써 이루어진다.

헤어스프레이

머리카락은 **수지**(resin), 즉 모발에 끈적끈적한 막을 형성하는 고체 또는 반고체 유기 물질로 고정할 수 있다. 모발에 사용되는 일반적인 수지는 폴리비닐피롤리돈(PVP)과 그 공중합체이다.

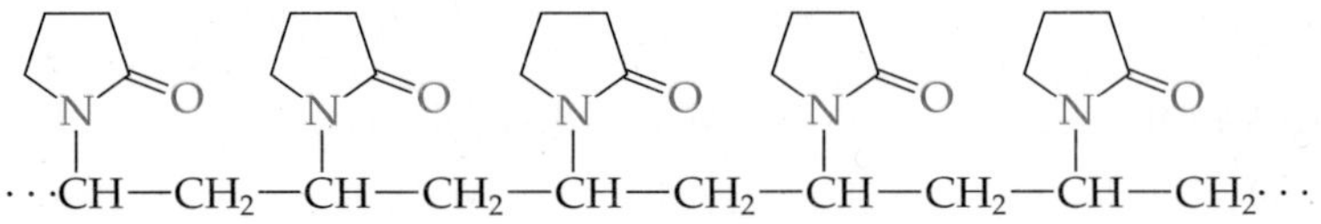

$$\cdots CH-CH_2-CH-CH_2-CH-CH_2-CH-CH_2-CH-CH_2 \cdots$$

수지를 용매에 녹인 후 혼합물을 모발에 분사하면 용매가 증발한다. 헤어스프레이의 추진제는 일반적으로 가연성인 부탄과 같은 휘발성 탄화수소이다.

고정 수지는 무스 형태로도 제공된다. **무스**(mousse)는 단순히 거품이다. 헤어스프레이와 마찬가지로 활성 성분은 PVP와 같은 수지이다. 염색제와 컨디셔너도 무스로 사용할 수 있다.

제모제

원치 않는 모발을 제거하는 화학 물질을 **제모제**(depilatory)라고 한다. 대부분은 황화 소듐 또는 티오글리콜 칼슘[$Ca(OOCCH_2SH)_2$]과 같은 수용성 황 화합물을 함유하고 있으며, 크림이나 로션 형태이다. 이러한 강염기성 혼합물은 모발의 일부 펩타이드 결합을 파괴하여 털을 제거한다. 피부도 단백질로 구성되어 있으므로 털을 공격하는 화학 물질은 피부도 손상시킬 수 있다는 점을 기억해야 한다.

모발 복원제

수년 동안 남성들은 탈모 부위에 머리카락이 자랄 수 있는 방법을 찾아왔다. 여성도 탈모로 고통받지만, 남성보다는 가발에 거부감이 없는 것처럼 보인다.

미녹시딜은 원래 고혈압 치료제로 소개되었다. 미녹시딜은 혈관을 확장하는 작용을 한다. 이 약을 복용한 사람들이 신체 여러 부위에 털이 나기 시작하자, 탈모가 시작되는 사람들의 두피에 사용되었다. 미녹시딜은 모낭이 있는 피부 어디에서나 잔털을 자라게 할 수 있다. Rogaine®이라는 상품명으로 판매되고 있지만, 최근에는 복제약도 판매되고 있다. 효과를 보려면 지속적으로 사용해야 하며 비용은 1년에 수백 달러 이상일 수 있다.

정보에 밝은 소비자

이 장에서 집에 있는 수많은 화학 제품에 대한 모든 것을 설명할 수는 없다. 그중 일부에 관한 내용이 책으로 출간되었으며, 더 알고 싶다면 도서관에 도움이 될 만한 책이 많이 있다. 인터넷에서도 많은 정보를 얻을 수 있지만 대부분은 광고성 정보에 불과하니 주의해서 읽어야 한다. 여기서 얻은 지식과 제품 라벨에 적힌 정보를 통해 더 현명한 소비자가 되고, 사고를 예방하는 데 도움을 받을 수 있다.

구매한 제품이 불만족스럽다면 해당 제품을 만든 회사에 알려야 한다. 화장품 업계는 매년 고객으로부터 수천 건의 불만을 접수한다. FDA에 불만을 제기할 수도 있다. 화장품의 부작용에 관한 많은 보고서가 매년 FDA에 제출된다. FDA는 유해성에 대한 증거 없이는 화장품을 금지할 수 없으며, 발암성 테스트는 복잡한 과정이고 몇 년이 걸리며 최소 50만 달러의 비용이 소요된다.

화장품의 대부분은 저렴한 재료로 만들어지지만, 광고가 많이 나오는 화장품은 가격대가 매우 높다. 그만한 가치가 있을까? 슈퍼마켓이나 약국에서 다양한 브랜드의 제품을 접할 때, 가장 비싼 제품이 반드시 다른 제품보다 더 좋은 것은 아니라는 사실을 기억하자. 이것은 화학의 영역을 넘어서는 판단이다. 저 유명한 상표가 붙은 멋진 작은 병 안에 들어 있는 100달러짜리 제품은 제조업체가 생산하는 데 5달러도 안 들었을 수 있다. 반면에 그 제품이 당신의 외모를 개선하거나 기분을 좋게 만든다면 가격은 중요하지 않을 수도 있다. 오직 여러분만이 결정할 수 있다.

자가평가문제

1. 스킨 크림과 로션에 들어 있는 성분이 아닌 것은 무엇인가?
- **a.** 단백질
- **b.** 무기질
- **c.** 글리세린
- **d.** 유화제

2. 새로운 화장품을 출시할 때 제조업체가 해야 하는 일은 무엇인가?
- **a.** 화장품이 의도된 용도에 안전하고 효과적임을 증명할 필요가 없다.
- **b.** FDA에 안전성을 테스트하기 위해 비용을 지불해야 한다.
- **c.** 성분이 의도된 용도에 안전하다는 증거를 FDA에 제공해야 한다.
- **d.** 제품이 의약 목적 화장품이 아님을 증명하는 신청서를 FDA에 제출해야 한다.

3. 태양광 화상을 가장 많이 일으키는 자외선의 유형은 무엇인가?
- **a.** UV-A
- **b.** UV-B
- **c.** UV-C
- **d.** UV-X

4. 머리카락이 '더러워지는' 이유는 무엇인가?
- **a.** 손에 기름이 묻고 손으로 머리카락을 만지기 때문이다.
- **b.** 먼지와 흙은 공기 중에 자연적으로 존재하며 머리카락에 쌓이기 때문이다.
- **c.** 단백질인 머리카락이 기름기 많은 먼지를 끌어당기기 때문이다.
- **d.** 모근 근처의 피지선이 공기 중의 먼지를 빨아들이는 기름을 분비하기 때문이다.

5. 설탕이 충치를 유발하는 이유는 무엇인가?
- **a.** 박테리아에 의해 치아 법랑질을 침식하는 산으로 바뀌기 때문이다.
- **b.** 치아 법랑질을 직접 공격하기 때문이다.
- **c.** 기계적으로 치아 법랑질을 마모시키기 때문이다.
- **d.** 위산 방출을 유발하기 때문이다.

6. 향수 성분 중 가장 작은 분자로 구성된 것은 무엇인가?
- **a.** 엔드 노트
- **b.** 미들 노트
- **c.** 베이스 노트
- **d.** 탑 노트

7. 애프터셰이브 로션에 들어 있지 않은 성분은 무엇인가?
- **a.** 에탄올
- **b.** 멘톨
- **c.** 물
- **d.** 단백질

8. 화장품의 저자극성 라벨이 의미하는 것은 무엇인가?
- **a.** 모든 것이 천연 성분이다.
- **b.** 피부과 의사의 시험을 거쳤다.
- **c.** 향수가 들어 있지 않다.
- **d.** 여전히 알레르기 반응을 일으킬 수 있는 물질이 포함되어 있을 수 있다.

9. 머리카락이 젖으면 어떤 유형의 힘이 방해되는가?
- **a.** 수소 결합
- **b.** 이황화 결합
- **c.** 염다리
- **d.** 펩타이드 결합

10. 콜에 대한 설명으로 옳은 것은 무엇인가?
- **a.** 단순히 분쇄된 석탄이다.
- **b.** 많은 문화권에서 얼굴 장식에 사용된다.
- **c.** 태양의 자외선 및 가시선을 잘 반사한다.
- **d.** 질병으로부터 눈을 보호하는 데 효과적이다.

11. 다음 중 샴푸의 필수 성분은 무엇인가?
- **a.** 컨디셔너
- **b.** 향기
- **c.** 세제
- **d.** 단백질

12. 퍼머할 때 파괴되는 화학적 힘은 무엇인가?
- **a.** 수소 결합
- **b.** 이황화 결합
- **c.** 염다리
- **d.** 펩타이드 결합

13. 피부에 멜라닌이 거의 없는 사람에 대한 설명으로 옳은 것은 무엇인가?
- **a.** 태양광 화상과 피부암에 더 취약하다.
- **b.** 보통 자연적으로 검은색 머리이다.
- **c.** 머리카락이 일찍 회색으로 변한다.
- **d.** 자외선 차단제를 거의 사용하지 않아도 된다.

정답: 1. a, 2. a, 3. b, 4. d, 5. a, 6. d, 7. d, 8. c, 9. a, 10. b, 11. c, 12. b, 13. a

녹색 화학 가정에서 녹색 화학 실천하기

Marty Mulvihill, University of California-Berkeley

원칙 1

학습 목표 • 친환경 생활용품을 선택할 때 녹색 화학 원칙을 어떻게 적용할 수 있는지 알아본다.

녹색 화학의 12가지 원칙은 화학자들이 화학 물질을 보다 안전하고 효율적으로 설계하고 사용하는 데 도움이 된다. 이러한 원칙은 가정에서 화학 제품을 사용하는 데도 도움이 될 수 있다. 집에 있는 제품을 직접 디자인할 기회는 많지 않지만, 어떤 제품을 구매하고 어떻게 사용하는지는 통제할 수 있다. 이 장에서 다루는 화학에 대한 이해와 이러한 원칙을 결합하여 어떻게 더 친환경적인 소비자가 될 수 있는지 알게 될 것이다. 다음 지침은 녹색 화학의 12가지 원칙을 활용하여 친환경 소비 습관을 기르는 방법의 예이다.

1. **필요한 만큼만 구매해서 사용한다.** 원칙 1은 불필요한 낭비를 피하는 데 도움이 된다. 필요한 제품만 구매하여 사용하면 가정에서 낭비를 피할 수 있다.
2. **더 안전한 제품을 선택한다.** 원칙 3, 4, 5는 모두 화학자들이 원하는 기능을 제공하면서도 가능한 가장 안전한 성분을 선택하도록 상기시켜 준다. 가정에서도 마찬가지이다. 전문가에게 문의하여 어떤 제품이 가장 안전한지 알아보자.
3. **자원 고갈을 최소화하는 제품을 선택한다.** 원칙 7은 재생가능한 원료 화학 물질을 사용하도록 권장하고, 원칙 6은 에너지 효율성을 촉진한다. 에너지 효율이 높거나 재생가능한 자원으로 만든 제품을 선택함으로써 자원 고갈을 최소화할 수 있다.
4. **재사용, 재활용이 가능하거나 쉽게 분해되는 재료를 선택한다.** 원칙 10은 화학자에게 환경적으로 분해되는 화학 물질을 설계하라고 말한다. 환경에서 쉽게 분해되는 제품을 찾는다. 재사용 또는 재활용이 가능한 포장재로 된 제품을 구매한다.
5. **최신 정보를 유지한다.** 원칙 11은 화학자가 실시간으로 반응을 지켜보아 위험과 낭비를 피할 수 있도록 장려한다. 소비자로서 우리는 제품 안전 및 규제에 대한 새로운 발전을 지켜보아 최상의 제품을 선택할 수 있다.
6. **사고를 예방한다.** 원칙 12는 화학자가 본질적으로 더 안전한 화학 물질을 사용하여 사고를 예방하기 위해 노력해야 한다는 것을 상기시킨다. 제품 라벨을 읽고, 적절한 보호 장비를 사용하고, 환기를 극대화하고, 가장 안전한 제품을 선택함으로써 사고를 예방할 수 있다.

요약

16.1절: 일부 식물에는 거품을 생성하는 **사포닌**이 함유되어 있다. 식물 재에는 물과 반응하여 수산화 이온을 형성하기 때문에 알칼리성인 K_2CO_3와 Na_2CO_3가 포함되어 있다. **비누**는 긴 사슬 카복실산의 염으로, 전통적으로 지방과 잿물($NaOH$)로 만들어지며 부산물로 글리세롤이 있다. 비누 분자는 **소수성** 탄화수소 꼬리(기름이나 그리스에 용해됨)와 **친수성** 이온 머리(물에 용해됨, 보통 COO^-)를 가지고 있다. 비누 분자는 비누 분자의 탄화수소 꼬리가 묻혀 있는 작은 구형 기름방울인 **미셀**을 형성하여 기름이나 그리스를 물에 분산한다. 이러한 방식으로 현탁액을 안정화시키는 제제를 **계면활성제**라고 한다. 비누는 경수(Ca^{2+}, Fe^{2+}, Mg^{2+} 이온이 포함된 물)에서 잘 작동하지 않는데, 이는 비누가 불용성 이온을 형성하기 때문이다. 연수기에는 경수 이온을 제거하고 Na^+ 이온으로 대체하는 이온 교환 수지가 포함되어 있다. 다른 연수제는 경수 이온을 인산염 또는 탄산염으로 침전시킬 수 있다.

16.2절: 합성 **세제**는 일반적으로 긴 탄화수소 꼬리와 극성 또는 이온성 머리를 가지고 있으며, 보통 구조에 SO_3^-가 포함되어 있다. ABS 세제는 분지 사슬 구조를 가지고 있으며 쉽게 생분해되지 않는다. LAS 세제는 미생물에 의해 분해될 수 있는 선형 탄소 원자 사슬을 가지고 있다. 비누, ABS 세제, LAS 세제는 활성 부분에 음전하를 띠는 **음이온성 계면활성제**이다. **비이온성 계면활성제**는 전하가 없다. 4급 암모늄염과 같은 **양이온성 계면활성제**는 양전하를 띠고 있다. **양쪽성 계면활성제**는 양전하와 음전하를 모두 가지고 있다. 세제 제형에는 세정력을 높이기 위해 인산 복합체와 같은 **빌더**가 포함되는 경우가 많다. 형광 염료인 **형광 증백제**는 흰색을 '더 하얗게' 보이게 하도록 세제에 첨가되는 경우가 많다. 표백제, 향료, 섬유유연제는 세탁 세제에 들어 있을 수 있다. 액체 식기세척 세제는 주로 계면활성제(LAS)를 활성 성분으로 함유하고 있다. 자동 식기세척기용 세제는 강알칼리성이므로 손 설거지에는 사용해서는 안 된다.

16.3절: 양이온성 계면활성제는 4차 암모늄염을 포함하며, 두 개의 긴 탄화수소 사슬을 가진 것들은 섬유유연제로 사용된다. **표백제**는 산화제이다. 하이포아염소산염 표백제는 염소를 방출한다. 산소 표백제는 일반적으로 과붕산염 또는 과탄산염을 함유한다. 표백제는 유색 발색단을 무색 조각으로 산화시키는 작용을 한다.

16.4절: 다목적 세척제에는 계면활성제, 암모니아, 소독제가 함유되어 있을 수 있다. 세척제를 올바르고 안전하게 사용하려면 라벨을 반드시 읽어야 한다. 가정용 암모니아, 탄산수소 소듐(베이킹 소다), 식초는 여러 용도로 사용할 수 있는 좋은 세척제이다. 특수용 세척제에는 산이 함유된 변기 세정제, 연마제가 함유된 연마 분말, 암모니아가 함유된 유리 세정제 등이 있다. 배수구 클리너에는 $NaOH$와 때때로 표백제가

포함되어 있다. 오븐 클리너의 활성 성분은 NaOH이다. 표백제는 다른 세제와 절대 함께 사용해서는 안 된다.

16.5절: 용매는 페인트 및 기타 물질을 제거하는 데 사용된다. 많은 유기 용매는 휘발성과 가연성이 있다. **페인트**에는 색소, 바인더, 용매가 포함되어 있다. 이산화 티타늄이 가장 일반적인 색소이다. 수성 페인트는 바인더로 고분자를 포함하고, 유성 페인트는 동유 또는 아마씨유를 사용한다. **왁스**는 긴 사슬 알코올과 지방산의 에스터이다. 밀랍과 카나우바 왁스가 일반적으로 사용되는 왁스이다. 양털에서 추출한 **라놀린**도 스킨 크림과 로션에 사용되는 왁스이다.

16.6절: **화장품**은 세정이나 미용을 위해 몸에 바르는 것이지만, 의약품처럼 안전성과 효과가 입증될 필요는 없다. 피부는 **케라틴**이라는 질긴 섬유질 단백질로 이루어진 외층을 가지고 있다. **피지**는 기름 분비물로서 피부가 수분을 잃지 않도록 보호한다. **로션**은 물에 기름방울이 섞인 에멀션이고, **크림**은 기름에 물방울이 섞인 에멀션이다. 이들 각각은 피부에 물리적 보호막을 형성하여 수분을 유지한다. 크림과 로션은 또한 피부를 부드럽게 하는데, 이를 피부 연화제라고 한다. 글리세롤과 보습제는 물과 결합하여 수분을 피부에 붙잡아 둔다. 자외선은 피부를 검게 만드는 **멜라닌** 색소의 생성을 촉진한다. **자외선 차단제**는 자외선(UV) 복사선을 차단하거나 흡수하며, 이 중 UV-B는 UV-A보다 더 해롭다. **자외선 차단 지수(SPF)**는 자외선 차단제의 자외선 흡수 물질이 얼마나 효과적인지를 나타낸다. 눈 화장과 립스틱은 주로 기름, 왁스, 색소가 혼합된 제품이다. 일부 전통적인 메이크업 성분은 위험하다. **냄새 제거제**는 체취를 가리고 냄새를 유발하는 박테리아를 죽인다. **땀 억제제**는 땀샘의 입구를 수축시켜 **수렴제** 역할을 하여 땀 분비를 억제한다. 치약에는 세제와 연마제뿐만 아니라 증점제, 향료, 종종 플루오린 화합물이 첨가된다. **향수**의 향은 휘발성이 가장 높은 **탑 노트**, 휘발성이 중간 정도인 **미들 노트**, 휘발성이 가장 낮은 **엔드 노트**의 세 가지 부분으로 이루어져 있다. **콜론**은 희석된 향수이다. **저자극성 화장품**은 일반 제품보다 알레르기 반응을 덜 일으킨다고 주장하지만, 이 용어는 법적 의미가 없으며 보통 향료가 들어 있지 않다. 샴푸는 물, 증점제, 향료가 혼합된 합성 LAS 세제이다. 검은색 머리카락에는 유멜라닌 색소가, 빨간색 머리카락에는 페오멜라닌 색소가 포함되어 있고, 금발 머리카락에는 두 색소가 거의 함유되어 있지 않다. 많은 염색약은 파라 페닐렌다이아민을 기반으로 한다. 머리카락은 과산화 수소로 탈색된다. 머리카락을 영구적으로 곱슬곱슬하게 하거나 곧게 펴는 것은 환원제를 사용하여 단백질 사슬 사이의 이황화 결합을 끊은 다음, 산화 중화제를 사용하여 다른 위치에서 결합을 다시 형성한다. 헤어스프레이에는 모발에 끈적끈적한 필름을 형성하는 유기 물질인 **수지**가 포함되어 있다. 이러한 수지는 **무스**와 같은 거품 형태로도 판매된다. 모발을 제거하는 화학 물질을 **제모제**라고 하며, 이러한 화학 물질은 피부를 손상시킬 수 있다.

녹색 화학: 녹색 화학의 원칙은 우리가 더 친환경적인 선택을 하는 데 도움이 될 수 있다. 화학적 성질을 이해하면 더 친환경적인 제품을 선택할 수 있다.

학습 목표	관련 문제
• 비누의 구조를 설명하고, 비누가 어떻게 만들어지고 기름때를 어떻게 제거하는지를 설명한다. (16.1)	1, 2, 17~23, 89, 90
• 비누의 장점과 단점에 관해 설명한다. (16.1)	3, 6
• 물 연화제의 작동 원리와 연화제로 사용되는 물질에 관해 설명한다. (16.1)	5, 13, 24~28, 30, 31
• 합성 세제의 구조, 장점, 단점을 나열한다. (16.2)	4, 29, 38~42, 91
• 계면활성제를 양쪽성, 음이온성, 양이온성, 비이온성으로 분류하고, 다양한 세제 제형에 어떻게 사용되는지 설명한다. (16.2)	7, 8, 33~35, 44, 45, 93, 97
• 섬유유연제의 구조로부터 섬유유연제를 식별하고 그 작용을 설명한다. (16.3)	46~48
• 세탁 표백제의 두 가지 유형을 말하고 그 작동 원리를 설명한다. (16.3)	49, 50
• 다목적 세척제와 특수 목적 세척제의 주요 성분(및 그 용도)을 나열한다. (16.4)	9~12, 51~57, 98, 99, 102, 103, 106, 108
• 용매와 페인트에 사용되는 화합물을 식별하고 그 용도를 설명한다. (16.5)	58~60
• 구조를 통해 왁스를 식별한다. (16.5)	61, 101, 108
• 피부, 머리카락, 치아의 화학적 성질을 설명한다. (16.6)	12, 65, 76, 77, 104, 105
• 다양한 화장품의 주요 성분과 그 용도를 파악한다. (16.6)	14~16, 36, 37, 62~75, 78~88, 94, 103
• 친환경 생활용품을 선택할 때 녹색 화학 원칙을 어떻게 적용할 수 있는지 알아본다.	107, 108

개념문제

1. 비누 분자가 표면의 기름때를 제거하는 방법을 비누 분자의 모양, 성질, 극성, 분자 간 상호작용을 고려하여 자세히 설명하라.
2. 세정제가 비누로 분류될 때, 세정 과정에서 물의 기능은 무엇인가? 분자 간 상호작용을 반드시 포함하여 설명하라.
3. 비누의 장점과 단점은 무엇인가?
4. 합성 세제의 장점과 단점은 무엇인가?
5. 비누가 '경수'에서 잘 작용하지 않는 이유와 그 과정을 설명하라. 물을 경수로 만드는 이온을 포함하여 설명하라.
6. 미셀이란 무엇인가?
7. 비누와 음이온 세제의 구조적 차이점은 무엇인가?
8. 양이온성 계면활성제는 비이온성 계면활성제와 함께 사용되는 경우가 많지만, 음이온성 계면활성제와 함께 사용되는 경우는 드물다. 왜 그런가?
9. 액체 식기세척제(손 설거지용)에는 어떤 성분이 사용되는가? 자동 식기세척기용 세제는 손 설거지용 세제와 어떻게 다른가?
10. 가정용 희석 암모니아의 몇 가지 용도를 나열하라. 암모니아를 사용할 때 어떤 안전 예방 조치를 따라야 하는가?
11. 암모니아 용액은 어떤 성질로 인해 유용한가? 단점은 무엇인가?
12. 베이킹 소다를 세정제로서 유용하게 만드는 두 가지 성질을 나열하라.
13. 연수 탱크는 어떻게 작동하는가?
14. 화장품의 법적 정의는 무엇인가? 비누도 화장품인가?
15. 냄새 제거제는 화장품으로 분류되는가, 의약품으로 분류되는가? 그 이유는 무엇인가?
16. 땀 억제제는 화장품으로 분류되는가, 의약품으로 분류되는가? 그 이유는 무엇인가?

연습문제

비누

17. 포타슘 비누는 소듐 비누와 어떻게 다른가? 도데실 황산 소듐과 도데실 황산 포타슘의 화학식 쓰라.
18. 세탁 비누에는 어떤 성분이 첨가되는가? 그 첨가제의 어떤 성질이 연마에 유용한가?
19. 잿물과 지방으로 비누를 만드는 반응식을 쓰라.
20. 트리팔미틴과 잿물(수산화 소듐)의 반응에 대한 반응식을 쓰라.
21. 다음 각 화합물의 구조식을 쓰라.
    a. 스테아린산 소듐
    b. 팔미트산 포타슘
22. 다음 각 화합물의 구조식을 쓰라.
    a. 스테아린산 포타슘
    b. 팔미트산 소듐
23. 다음 반응에서 형성되는 생성물의 화학식을 쓰라.

$$\begin{array}{l} CH_2O-\overset{\displaystyle O}{\overset{\|}{C}}(CH_2)_{10}CH_3 \\ | \\ CH-O-\overset{\displaystyle O}{\overset{\|}{C}}(CH_2)_{10}CH_3 \quad + \quad 3\,NaOH \longrightarrow \\ | \\ CH_2O-\overset{\displaystyle O}{\overset{\|}{C}}(CH_2)_{10}CH_3 \end{array}$$

물 연화제

24. 어떤 이온이 물을 '경수'로 만드는가?
25. 탄산염 이온이 경수에서 마그네슘 이온과 반응하여 불용성 침전물을 형성하는 과정을 나타내는 반응식을 쓰라.
26. 인산염 이온이 경수에서 칼슘 이온과 반응하여 불용성 침전물을 형성하는 과정을 나타내는 반응식을 쓰라.
27. 제올라이트 소듐을 사용하는 연수기가 물에서 칼슘 이온을 제거하는 방법을 나타내는 반응식을 쓰라.
28. 인산 소듐이 어떻게 물을 연수로 만드는지 설명하라. 그 반응이 어떻게 일어나는지를 나타내는 반응식을 쓰라.

빌더

29. 빌더(세제)란 무엇인가?
30. 인산 소듐은 세제의 세정 작용을 어떻게 돕는가?
31. 제올라이트는 세제의 세정 작용을 어떻게 돕는가?
32. 제올라이트는 빌더로서 탄산염에 비해 어떤 장점이 있는가?

세제: 구조 및 성질

33. 다음 각 계면활성제를 음이온성, 양이온성, 비이온성, 양쪽성 계면활성제로 분류하라.
    a. $CH_3(CH_2)_9CH_2CH_2OSO_3^-\ Na^+$
    b. $CH_3-C_6H_4-(CH)_{10}N^+(CH_3)_3Cl^-$

34. 양쪽성 계면활성제란 무엇인가? 어떤 종류의 제품에서 찾을 수 있는가?

35. 비이온성 계면활성제란 무엇인가? 어떤 종류의 제품에서 찾을 수 있는가?

36. 샴푸와 치약에서 가장 흔하게 발견되는 세제의 종류는 무엇인가?

37. 샴푸와 치약에 들어 있는 가장 일반적인 세제의 이름을 쓰라. 제품 라벨에서 볼 수 있는 '일반적인' 이름과 IUPAC 이름을 쓰라.

38. ABS와 LAS 세제의 구조적 차이점과 유사점은 무엇인가?

39~43번 문제는 다음 화합물 I, II, III을 참고하여 답하라. C_6H_4는 1,4-이치환 벤젠 고리를 나타낸다.

I. $CH_3(CH_2)_9CH(CH_3)—C_6H_4—SO_3^-Na^+$
II. $CH_3(CH_2)_{11}OSO_3^-Na^+$
III. $CH_3(CH_2)_{15}N^+(CH_3)_3Br^-$

39. 선형 알킬 설포네이트(LAS)는 무엇인가?

40. 알킬 황산염은 무엇인가?

41. 생분해되는/생분해되지 않는 것은 무엇인가?

42. 4차 암모늄염은 무엇인가?

43. 음이온성 계면활성제는 무엇인가? 양이온성 계면활성제는 무엇인가?

44. 암모니아로 닦으면 안 되는 표면에는 어떤 것들이 있는가? 왜 그런가?

45. 식초로 닦으면 안 되는 표면에는 어떤 것들이 있는가? 왜 그런가?

섬유유연제

46. 섬유유연제 역할을 하는 화합물의 예를 들라.

47. 섬유유연제는 어떻게 작동하는가?

48. 건조기에 섬유유연제 시트를 더 넣거나 세탁물에 액체 섬유유연제를 더 넣으면 안 되는 이유는 무엇인가?

표백제

49. 분말 표백제에서 발견되는 두 가지 중요한 화합물의 이름을 쓰라.

50. 모든 액체 표백제에서 발견되는 화합물의 이름과 화학식을 쓰라.

51. 과붕산염 표백제는 어떻게 작동하는가?

52. 과붕산염 표백제의 몇 가지 장단점을 나열하라.

53. 염소계 표백제는 어떻게 작동하는가?

54. 염소계 표백제의 몇 가지 장단점을 나열하라.

용매 및 페인트

55. 가정에서 용매를 사용할 때 주요 위험은 무엇인가?

56. 석유 증류물이 포함된 세척제의 위험성 두 가지를 나열하라.

57. 휘발유를 세척 용매로 사용해야 하는가? 그 이유는 무엇인가?

58. 대부분의 페인트에서 발견되는 흰색 염기성 안료의 이름과 화학식을 쓰라.

59. 세척용 용매 측면에서 라텍스 기반 페인트와 유성 페인트의 주요 차이점은 무엇인가? 각각에 적합한 용매의 이름을 쓰라.

60. 페인트에서 바인더의 용도는 무엇인가? 페인트에 사용되는 현대 및 고대 물질의 이름을 쓰라.

61. 왁스의 기본 구조를 설명하라.

피부용 화장품

62. 연화제란 무엇인가? 연화제로 흔히 사용되는 물질 세 가지를 나열하라.

63. 스킨 로션의 세 가지 주요 성분을 나열하라.

64. 스킨 로션이나 크림에 글리세릴스테아레이트와 같은 유화제가 중요한 이유는 무엇인가?

65. 피부가 거칠어지고 각질이 생기는 주된 이유는 무엇인가?

66. 많은 문화권에서 종교적, 사회적, 의학적 목적으로 사용되는 콜의 위험한 성분은 무엇인가?

67. 선스크린과 선블록의 차이점은 무엇인가?

68. 자외선 차단제에는 일반적으로 어떤 물질이 사용되는가?

69. 자외선 차단제로 사용되는 최소 두 가지 물질의 이름은 무엇인가?

립스틱과 립밤

70. 립밤과 립스틱의 주요 성분은 무엇인가? 해당 성분 중 하나의 구체적인 이름을 쓰라.

71. 립스틱 색소에는 어떤 재료가 사용되는가?

치약

72. 충치의 주요 원인은 무엇인가? 충치를 예방하는 가장 좋은 방법은 무엇인가?

73. 모노 플루오로 인산 소듐의 화학식은 무엇인가? 왜 치약에 들어가는가?

74. 치약에 들어 있는 **(a)** 글리세롤, **(b)** 플루오린화 소듐, **(c)** 도데실 황산 소듐의 용도는 무엇인가?

75. 치약에 들어 있는 **(a)** 질산 포타슘, **(b)** 과산화 수소, **(c)** 수화 실리카의 용도는 무엇인가?

76. 치아 에나멜의 화학식은 무엇인가? 화학명을 쓰라.

77. 플루오린은 어떻게 치아 법랑질을 강화하는가? 치아 법랑질을 플루오린으로 처리할 때 형성되는 물질의 이름과 화학식을 쓰라.

향수 및 콜론

78. 향수란 무엇인가? 콜론이란 무엇인가?

79. 사향이란 무엇인가? 향수에 사향이 첨가되는 이유는 무엇인가?

80. 일부 애프터셰이브 로션에서 멘톨의 기능은 무엇인가?

81. 땀 억제제 역할을 하는 화합물의 이름과 그 기능을 쓰라.

82. 냄새 제거제 역할을 하는 화합물의 이름과 그 기능을 쓰라.

모발 및 모발 관리

83. 일시적 염색약과 영구 염색약의 차이점은 무엇인가? 영구 염색약이 실제로 영구적이지 않은 이유는 무엇인가?

84. 레진이란 무엇인가? 레진은 모발 관리에 어떻게 사용되는가?

85. 직모를 곱슬하게 하거나 곱슬머리를 곧게 펴는 두 과정을 머리카락의 이황화 결합과 관련하여 간략히 설명하라.

86. 헤어 샴푸의 가장 중요한 화학 성분은 무엇인가? 일반적으로 사용되는 화합물의 이름과 화학식을 쓰라.

87. 검은색 머리에서 밝은색 머리로 염색하는 것과 흰색 머리를 더 어두운 색으로 바꾸는 염색의 차이점을 설명하라.

88. 일시적, 반영구적, 영구적 염색약의 작용 방식에 따른 차이점은 무엇인가?

심화문제

89. 화학식과 설명 또는 용도를 바르게 연결하라.

1. CH_3COOH	a. 식초의 성분
2. $Na_2Al_2Si_2O_8$	b. 순한 연마성 세정제
3. $NaHCO_3$	c. 표백제로 사용
4. NaOCl	d. 비누를 만드는 데 사용
5. NaOH	e. 물 연화제
6. Na_3PO_4	f. 제올라이트

90~93번 문제는 다음 구조 I~IV를 참고하라.

I. $CH_3(CH_2)_{15}N^+H_2CH_2COO^-$
II. $CH_3(CH_2)_{10}COO^-$
III. $CH_3(CH_2)_9CH(CH_3)-C_6H_4-SO_3^-\ Na^+$
IV. $CH_3(CH_2)_{11}-C_6H_4-N^+(CH_3)_3Cl^-$

90. 비누의 구조는 무엇인가?

91. 합성 세제의 구조는 무엇인가?

92. 아기용 샴푸의 구조는 무엇인가?

93. 양쪽성 계면활성제의 구조는 무엇인가?

94. 피부 크림의 성분인 아이소프로필 팔미테이트의 구조를 쓰라.

95. 물의 경도는 물 1 L당 탄산 칼슘 밀리그램으로 표시된다. 경도가 295 mg/L인 물 10.0 L를 연수로 만드는 데 필요한 탄산 소듐의 양을 계산하라. (힌트: 물에 얼마나 많은 Ca^{2+}이 존재하는가?)

96. 페닐 아세트알데하이드와 2-페닐 에탄올은 분자량이 비슷하지만, 페닐 아세트알데하이드는 향수의 탑 노트 성분이고 2-페닐 에탄올은 미들 노트 성분이다. 표 16.2를 참조하여 그 이유를 설명하라.

97. 인터넷에서 특정 산업용 세제 혼합물의 성분에 대한 정보를 검색하면 쿼트(quats)가 포함되어 있음을 알 수 있다. 이 세제 유형의 전체 이름(별칭이 아닌)은 무엇인가? 이 성분은 어떤 유형의 계면 활성제인가?

98. 수산화 소듐은 배수구 세척에서 여러 가지 기능을 한다. 이러한 기능 중 두 가지를 설명하라.

99. 형광 증백제는 직물에 닿는 빛(에너지)보다 더 많은 빛(에너지)을 반사하는 것처럼 보이게 한다. 형광 증백제는 에너지 절약의 법칙을 위반하는가?

100. 그림 16.11을 참조하여 카르나우바 왁스와 스페르마세티의 에스터가 어떻게 비슷하고 어떻게 다른지 설명하라.

101. 그림 16.11a와 9.8절을 복습하라. 밀랍의 에스터가 가수분해될 때 형성되는 **(a)** 카복실산과 **(b)** 알코올의 응축된 구조를 그려라.

102. 다음 각 변기 세정제에 의해 변기에 쌓인 탄산 칼슘이 용해되는 반응식을 쓰라.
   a. 염산
   b. 황산수소 소듐
   c. 구연산($HC_6H_7O_7$)

103. 자외선 차단제 라벨에 'SPF 30'이라고 표시되어 있고, 직사광선에 15분 정도 노출되었을 때 피부가 화상을 입는다면 이론적으로 얼마나 오래 햇볕에 노출된 후 크림을 다시 발라야 하는가? 계산보다 빨리 덧발라야 하는 이유는 무엇인가?

104. 피부의 주요 구성 성분은 주로 어떤 유기 화합물 범주에 속하는가?

105. 모발의 주성분은 주로 어떤 유기 화합물의 범주에 속하는가?

106. 휘발성 유기 화합물로 간주되지 않는 분자는 무엇인가?
   a. 헥산
   b. 에터
   c. 포름알데히드
   d. 물
   e. 아세톤

107. 세탁물 1개에 온수(65 ℃)를 사용할 때와 비교해서 냉수(가열되지 않은 수돗물)를 사용했을 때 얼마나 많은 에너지를 절약할 수 있는지 계산하라. 전형적인 최신 고효율 세탁기는 세탁물당 50~100 L의 물을 사용한다(구형 통돌이 세탁기는 170 L까지 사용). 수돗물이 10 ℃이고 세탁기가 75 L의 물을 사용한다고 가정하고 계산하라.

108. 생활용품에 포함된 다음 각 성분의 용도는 무엇인가?

a. NaOCl	b. $CH_3(CH_2)_{14}COONa$
c. ($Na_5P_3O_{10}$)	d. $CH_3(CH_2)_{14}COOCH_2(CH_2)_{28}CH_3$

 비판적 사고 문제

이 장에서 습득한 지식과 하나 이상의 FLaReS 원칙(1장)을 적용하여 다음 진술과 주장을 평가하라.

16.1 세탁 세제는 '옷을 50% 더 밝게, 50% 더 하얗게, [그리고] 100% 새롭고 개선된' 세제이다.

16.2 어떤 제품이 냄새 제거 스프레이라고 주장한다.

16.3 한 브랜드의 치약은 '천연'이라고 주장하는데, 실리카와 SLS(소듐 라우릴 설페이트)가 함유되어 있다.

16.4 한 화장품 광고에서는 "대부분의 무기질 화장품에는 유해할 수 있는 파라벤, 색소, 충전물과 같은 합성 방부제가 들어 있다. 우리 브랜드는 천연 성분인 옥시염화 비스무트를 사용한다"라고 한다.

16.5 새로운 스킨 크림은 "주름을 줄이고 노화와 태양 노출로 인한 손상을 예방하거나 되돌린다"라고 한다.

16.6 스킨 크림의 비타민은 "피부에 영양을 공급한다"라고 한다.

16.7 "인공적인 성분이 함유된 제품은 진정한 아로마테라피 효과를 제공하지 않는다."

16.8 "세탁 볼은 화학 물질이 들어 있지 않으면서도 세탁기에 넣어 세탁, 탈취, 살균, 표백, 부드러운 옷감으로 무한정 재사용할 수 있다."

16.9 한 냄새 제거제 광고에서 "여성의 연약한 피부를 위해 pH가 균형을 이룬다"라고 주장하며, 그 증거로 젖은 리트머스지를 손목에 올려놓아도 색이 변하지 않는다는 것을 제시한다.

16.10 캡슐형 세제(pod)를 씹어 삼키는 동영상을 만들어달라는 유튜브 영상이 올라왔는데, 결국 세제로 빨래를 해도 해가 없을 것 같다는 결론이 나온다.

 협업 과제

파워포인트, 포스터, 기타 프레젠테이션을 준비하여 수업에서 공유하라.

1. 르네상스 예술가들과 네덜란드 거장들이 사용한 색소의 종류, 색소의 획득 및 제조 방법, 색소의 위험성을 조사하라.
2. 남아시아 및 기타 문화권에서 사용되는 헤나와 그 중요성을 조사하라.
3. 서로 다른 세 가지 문화 및 역사적 시대의 얼굴 화장을 사회적 의미와 화학 성분을 포함하여 비교하라.
4. 동네 식료품점이나 할인점에 가서 다음 개인 관리 제품 중 하나 이상을 종류별로 10개 정도 골라 성분을 비교하고 공통점과 독특한 성분을 찾아보라. 온스당 가격을 비교하라.
   - **a.** 치약 또는 치약 젤
   - **b.** 샴푸
   - **c.** 냄새 제거제/땀 억제제
   - **d.** 핸드크림과 로션

실험 과제 행복한 손

준비물

- 소독용 알코올 2/3컵(보통 70% 아이소프로필 알코올)
- 일반 알로에 베라 젤 1/3컵(첨가제가 적을수록 좋다)
- 에센셜 오일 8~10방울(라벤더, 타임, 정향, 계피 잎, 페퍼민트, 카모마일 또는 오렌지 또는 바닐라 추출물 몇 방울 등), 선택 사항
- 액체 비누
- 믹싱볼
- 주걱/나무 숟가락
- 깔대기
- 펌프 또는 분무기가 달린 플라스틱병
- Glo Germ Mini 키트(박테리아 시각화용)
- UV 펜 라이트
- 친구

당신의 손은 얼마나 깨끗한가? 손 소독제가 비누와 물로 씻는 것보다 박테리아 더 많이 죽는가?

질병과 세균의 확산을 막기 위해 하루에 여러 번 손을 씻는 것이 중요하다. 이 실험에서는 손 세정제를 직접 만들어 액체 비누와 비교하여 항균 효능을 알아볼 것이다. 두 제품 모두 최근 FDA와 EPA에서 사용을 금지한 항균 화학 물질인 트리클로산이 함유되어 있지 않다.

1부: 직접 만든 손 소독제

먼저 재료를 준비하여 수제 손 소독제를 만들자. 작은 믹싱볼에 소독용 알코올(~70% 아이소프로필) 2/3컵을 붓는다.

다음으로 알로에 베라 1/3컵을 계량한다. 알코올 향을 줄이기 위해 에센셜 오일이나 과일 추출물 8~10방울을 추가할 수 있다. 주걱이나 나무 숟가락을 사용하여 재료를 섞는다. 용액을 펌프가 달린 용기에 붓거나 깔때기를 사용하여 흘리지 않도록 뚜껑을 닫는다(그림 1).

▲ 그림 1

2부: 손 세정 효과 실험

이 실험은 실험 조원과 함께 하는 것이 가장 효과적이다. 먼저 손바닥에 동전 크기의 Glo Germ 젤을 바른다. 로션을 바르듯 손에 문질러서 손과 손톱, 손가락 사이를 완전히 덮는다.

Glo Germ 젤을 바른 후 실험 조원에게 UV 펜 라이트를 손에 비추게 한다. 어두운 방이나 옷장에서 이 작업을 수행하면 더 쉽게 볼 수 있다. 무엇이 보이는가? 세균의 흔적이 보이는가(그림 2 참조)?

▲ 그림 2

비누와 물로 30초 동안 손을 잘 씻는다(그림 3). 이제 어두운 방으로 돌아가 그림 2와 같이 UV 펜 라이트를 손에 다시 비춘다.

▲ 그림 3

무엇이 보이는가? 자외선 아래에서 보인 반점의 수나 크기에 변화가 있는가?

역할을 바꿔서 실험 조원에게 Glo Germ 젤을 바르게 한다. 위와 같은 단계를 따르되, 이번에는 실험 조원에게 비누와 물 대신 손 소독제를 사용하여 손을 씻게 한다. 차이가 느껴지는가?

실험문제

1. 두 가지 다른 손 세정 방법을 사용한 후 누구의 손에 세균이 번식하는 면적이 줄어든 것 같은가?
2. 모든 비누와 손 소독제가 똑같이 만들어지는 것은 아니다. 이 실험을 확장하기 위해 어떤 다른 변수를 포함할 수 있는가?
3. 비누와 손 소독제의 작용 방식은 어떻게 다른가?

용어 사전

가소제(plasticizer) 플라스틱을 더 유연하게 만들기 위해 비닐 같은 플라스틱에 첨가하는 화학 물질

가수분해(hydrolysis) 물과의 반응. 문자 그대로 물에 의해 쪼개지는 것

가정(hypothesis) 실험에 의해 검증될 수 있는 이성적인 추측

가황(vulcanization) 황과 반응시켜 천연적으로 부드러운 고무를 단단하게 만드는 과정

각성제(stimulant drug) 경각심을 높이고 정신적 과정을 빠르게 하고 기분을 좋게 하는 약물

감마(γ)선[gamma(γ) rays] 방사성 물질에서 방출되는 X선과 비슷한 방사선. X선보다 더 높은 에너지와 투과력이 강하다.

강산(strong acid) 물에서 완전히 이온화되는 산. 강력한 양성자 주개

강염기(strong base) 물에서 완전히 해리하는 염기. 강력한 양성자 받개

강화식품[enrichment (food)] 식품 가공 동안에 없어진 영양분을 보충한 식품

거울상이성질체(enantiomers) 겹쳐지지 않는 거울상을 갖는 이성질체

결손효소(apoenzyme) 효소의 순수한 단백질 부분

결정(crystal) 뚜렷한 각을 가진 평면 표면을 가진 고체

결합(bond) 화학 결합 참조

결합 에너지(binding energy) 중성자와 양성자가 결합하여 핵을 이룰 때 질량을 에너지로 전환하여 얻은 에너지

결합 전자쌍(bonding pair, BP) 화학 결합을 구성하는 전자쌍

계면활성제[surface-active agent (surfactant)] 기름 같은 비극성 물질의 서스펜션을 물 안에서 안정화시키는 물질

고도(다중)불포화 지방(polyunsaturated fat) 2개 이상의 탄소-탄소 이중 결합을 가진 지방산을 가진 지방

고리형 탄화수소(cyclic hydrocarbon) 고리를 가진 탄화수소

고립 전자쌍(lone pair, LP) 원자의 최외각 전자 중 결합에 관여하지 않은 전자쌍. 비공유 전자쌍(NBP)이라고도 불린다.

고분자(polymer) 분자량이 큰 분자. 작은 단위의 반복으로 형성된 사슬

고체(solid) 모양과 부피를 유지하는 물질의 상태

공유 결합(covalent bond) 전자의 공유를 통해 형성되는 결합

공중합체(copolymer) 두 가지 이상의 다른 단위체가 결합하여 형성된 고분자

과학(science) 자연 법칙에 기초한 지식의 일부분

과학 모형(scientific model) 과학적 현상을 설명하기 위한 모형

과학 법칙(scientific law) 실험 자료의 요약. 종종 수학식으로 표현된다.

광범위 항생제(broad-spectrum antibiotic) 넓은 범위의 미생물에 효과적인 항생제

광자(photon) 에너지 입자의 단위

광전지(photovoltaic cell) 태양전지. 태양빛을 직접 전기 에너지로 전환하는 전지

광합성(photosynthesis) 녹색 식물이 이산화 탄소를 환원하여 태양 에너지를 화학 에너지로 전환하는 화학 과정

구조식(structural formula) 한 분자의 원자들이 배열되는 방법을 보여주는 화학식. 원자들이 결합되는 방법과 결합의 종류를 알 수 있다.

구형 단백질(globular protein) 대략 구형으로 접힌 단백질 또는 물속에서 달걀 모양으로 생긴 단백질

국소 마취제(local anesthetic) 환자가 의식이 있는 동안 몸의 일부분을 통증에 무감각하게 만드는 물질

균일(homogeneous) 전체에 걸쳐 같은. 모든 부분의 조성이 일정한 시료

극성 공유 결합(polar covalent bond) 반 이상의 음전하가 두 원자 중 하나에 밀집된 공유 결합

극성 분자(polar molecule) 쌍극자 모멘트를 갖는 분자

글리코겐(glycogen) 알파 결합과 가지를 가진 글루코스의 고분자

금속(metal) 주기율표에서 두껍고, 계단이 진 대각선의 왼쪽에 위치한 원소들

기름(식품)[oil (food)] 상온에서 액체인 글리세롤과 지방산으로 형성된 물질

기술(technology) 인간의 필요와 수요를 맞추기 위해 천연 물질을 변형시키는 모든 과정의 합

기아(starvation) 자발적이든 또는 비자발적이든 간에 몸에 영양이 공급되지 않는 것

기압(atm) 760 mmHg와 동일한 압력

기질(substrate) 효소의 활성 자리에 결합하는 물질. 효소의 활성 자리에 작용하는 물질

기체(gas) 모양이나 부피를 갖지 않는 물질의 상태

기체 반응의 법칙(law of combining volume) 모든 측정이 같은 온도와 압력에서 이루어졌을 때 기체 반응물과 생성물의 부피는 간단한 정수비가 성립한다.

기초 연구(basic research) 지식 자체만을 위한 연구

기초 입자(fundamental particle) 전자, 양성자, 중성자

길항제(antagonist) 수용체를 막아 작용제의 작용을 방해하는 약품

껍질(shell) 전자 에너지 준위. 원자 안에서 전자가 가질 수 있는 양자화된 에너지 수준

끓는점(boiling point) 액체에서 기체로 물질의 상태가 변하는 온도

냄새 제거제(deodorant) 몸 냄새를 가리기 위해 향수를 사용하는 제품. 일부 제품은 냄새를 나게 하는 박테리아를 죽여 몸 냄새를 제거한다고 주장한다.

녹는점(melting point) 물질이 고체에서 액체로 변하는 온도

뉴런(neuron) 신경세포

뉴로트로핀(neurotrophin) 운동을 하는 동안 생산되는 뇌세포의 성장을 촉진하는 물질

뉴클레오타이드(nucleotide) 이종 원자 고리 아민, 펜토오스 당, 인산이 결합한 화합물, 핵산의 단위체

다당류(polysaccharide) 전분이나 셀룰로스 같은 탄수화물. 가수분해하면 많은 단당류를 얻을 수 있다.

다원자 이온(polyatomic ion) 2개 이상의 결합된 원자로 이루어진 이온

다이옥신(dioxins) 염소 화합물을 연소할 때 생성되는 매우 독성이 강한 염화 고리 화합물. 한때 제초제의 불순물로 섞여 있었다.

단당류(monosaccharide) 더 간단한 당으로 가수분해되지 않는 탄수화물

단량체(monomer) 상대적으로 작은 분자량을 가진 물질. 단위체는 결합하여 고분자를 만든다.

단백질(protein) 아미노산 고분자

단일 결합(single bond) 두 원자 사이에 공유된 전자쌍

대기 역전(atmospheric inversion) 차갑고 움직이지 않는 공기 위에 따뜻한 공기가 있는 것

대사(metabolism) 유기체가 자라고, 유지되고, 에너지를 얻고 분해되기 위해 원형질에서 일어나는 모든 화학 반응의 합

대사길항물질(antimetabolite) 핵산의 합성을 방해하는 화합물

돌연변이유발물질(mutagen) 유전 물질을 파괴하지 않고 유전자의 변호를 초래하는 물질

동위원소(isotope) 같은 수의 양성자를 갖지만 중성자 수가 다른 원소

동족 계열(homologous series) 연속된 계열이 인접한 분자와 정해진 구조 단위만이 다른 일련의 화합물들

동화 작용(anabolism) 간단한 분자로부터 신체 조직을 만드는 것

들뜬 상태(excited state) 원자가 에너지를 받아 전자가 낮은 에너지 상태에서 높은 에너지 상태로 옮겨간 상태

등전자적(isoelectronic) 같은 수의 전자를 갖는

딜레이니 수정안(Delaney Amendment) 1958년 개정된 미국 식품, 약품, 화장품법 개정안은 실험동물에게 암을 유발하는 어떤 화학물질도 식품에서 자동적으로 금지한다.

땀억제제(antiperspirant) 땀샘 구멍을 수축시켜 땀을 막아주는 제제

라놀린(lanolin) 양모에서 얻는 천연 기름

락트산 한계(lactate threshold) 근육 조직의 락트산 농도 최고 한계. 이 농도보다 위에서는 근육이 너무 지쳐 수축할 수 없다.

레트로바이러스(retrovirus) 숙주 세포에서 DNA를 합성하는 RNA 바이러스

로션(lotion) 물에 분산된 지방과 기름의 미세방울의 에멀션

루이스(전자-점) 구조[Lewis(electron-dot) structure] 모든 원자의 최외각전자를 점으로 그린 분자 구조식

루이스(전자-점) 기호[Lewis(electron-dot) symbol] 원자의 최외각전자를 나타내는 점으로 둘러싸인 원소 기호

리터(L) 세제곱 데시미터와 같은 부피 단위

마리화나(marijuana) 대마의 잎, 꽃, 씨, 작은 줄기로 만들어진 약물

마약(narcotic) 마취 상태를 유도하는 진정, 진통제

마취제(anesthetic) 감각과 고통을 잃어버리게 하는 물질

마취제(general anesthetic) 뇌에 작용하여 통증에 무감각해질 뿐만 아니라 무의식을 유도하는 진정제

멜라닌(melanin) 피부와 머리카락의 색을 결정하는 검은 갈색을 띠는 색소

몰(mol) 6.02×10^{23}개의 화학식 단위를 함유한 화학 물질을 양

몰농도(molarity, M) 용액 1 L당 용질 1몰이 있는 용액의 농도

몰부피(molar volume) 특정한 조건에서 물질(보통 기체) 1몰이 차지하는 부피

몰질량(molar mass) 그램으로 표현된 물질의 화학식량

무게(weight) 물체에 대한 지구의 인력 측정

무기 화학(inorganic chemistry) 탄소를 제외한 모든 원소의 화합물에 대한 연구

무산소 운동(anaerobic exercise) 충분한 산소 없이 일어나는 근육 수축 운동

무스(mousse) 거품 또는 포말. 머리를 원하는 위치에 고정시키기 위해 사용되는 수지로 구성된 머리 관리 제품

물리적 변화(physical change) 물리적 상태의 변화

물리적 성질(physical property) 물질의 성분 변화 없이 보일 수 있는 물질의 성질

물질(matter) 모든 도구가 만들어진 재료. 질량과 부피를 가진 모든 것

물질(substance) 순물질 참조

(물질의) 비열[specific heat (of a substance)] 1 g의 물질을 1 ℃ 올리는 데 필요한 열량

(물질의) 증발열[heat of vaporization (of a substance)] 1 g의 물질을 증발이나 응축시키는 데 필요한 열량

묽은 용액(dilute solution) 용액의 단위 부피당 상대적으로 작은 용질이 있는 용액

미들 노트(middle note) 휘발성이 중간인 향수의 성분. 탑 노트 화합물이 증발되고 난 뒤에 남아 향기를 낸다.

미량 원소(micronutrient) 몸에서 매우 적은 양이 필요한 물질

미셀(micelle) 친수성 말단기가 바깥쪽으로 배열된 계면활성제 분자들의 구형 집합체

미터(m) 길이의 SI 단위. 야드보다 조금 더 길다.

밀도(density) 단위 부피당 질량

바닥 상태(ground state) 모든 전자가 가능한 가장 낮은 에너지 준위에 있는 원자들의 상태

바이오매스(biomass) 식물과 동물의 총 질량. 에너지 연구에서는 보통 연료로 사용되는 식물을 의미한다.

반감기(half-life) 시료 안에 있는 방사성 핵이 붕괴하여 반으로 되는 데 필요한 시간

반응물(reactant) 화학 변화가 일어날 때 출발 물질 또는 초기 물질. 반응물은 화학 반응식의 화살표 안에 쓴다.

발열 반응(exothermic) 환경으로 열을 방출하는 과정

방사능(radioactivity) 원자핵이 붕괴하면서 자발적으로 알파, 베타, 감마선을 배출하는 것

방사성 동위원소(radioisotope) 방사능이 있는 동위원소

방사성 붕괴(radioactive decay) 자발적으로 방사선을 배출하면서 불안정한 원자핵이 붕괴되는 것

방향족 화합물(aromatic compound) 벤젠같이 특별한 결합과 성질을 가진 화합물

배가시간(doubling time) 인구가 2배로 늘어나는 기간

배경 방사선(background radiation) 우주선과 공기, 물, 토양, 바위 등에 있는 천연 방사성 동위원소에서 나오는 늘 존재하는 방사선

배수 비율 법칙(law of multiple proportions) 원소들은 하나 이상의 비율로 결합하여 하나 이상의 화합물을 만든다(예: CO와 CO_2).

번역(translation) mRNA 분자의 코돈에 함유한 정보를 단백질 구조로 전환하는 과정

베타(β) 입자[beta(β) particle] 방사성 원자에 의해 방출되는 전자

변수(variable) 실험 동안 변화하는 요소

변환(transmutation) 한 원소를 다른 원소로 바꾸는 것

병풍 구조(pleated sheet) 병풍처럼 생긴 단백질의 2차 구조

보습제(humectant) 습기를 주는 작용제

보조인자(cofactor) 완전하게 기능하는 효소를 만들기 위해 결손효소와 결합하는 무기 성분

보조효소(coenzyme) 완전하게 기능하는 효소를 만들기 위해 결손효소와 결합하는 유기 분자(또는 비타민)

복제(replication) 복사 또는 중복. DNA가 자신을 재생산하는 과정

부가 중합(addition polymerization) 단위체 분자의 모든 원자가 고분자에 포함되는 중합반응

부껍질(subshell) 원자에 있는 전자 에너지 준위를 잘게 나눈 것

부준위(sublevel) 부껍질 참조

부피 백분율(percent by volume) (용질의 부피 ÷ 용액의 부피) ×

100%로 나타내는 용액의 농도

분리성 마취제(dissociative anesthetic) 죽었다가 살아난 경험과 비슷한 환각을 포함한 총체적인 인격 장애를 일으키는 물질

분산력(dispersion force) 전자의 움직임이 동시에 일어나 생기는 분자들 사이의 약하고 순간적인 인력

분자(molecule) 공유 결합으로 연결된 2개 이상의 원자들. 분자성 물질의 가장 작은 기본 단위

분자 동력학(kinetic-molecular theory) 물질의 세 가지 상태의 거동을 설명하기 위해 분자의 운동을 사용하는 모형

분자량(molecular mass) 원자 질량 단위로 표시된 물질 한 분자의 질량, 분자식에 표현된 원자 질량의 합

불포화 탄화수소(unsaturated hydrocarbon) 알켄 또는 알킨. 하나 이상의 이중 결합이나 삼중 결합을 갖는 탄화수소

불활성 기체(noble gas) 주기율표의 가장 오른쪽에 위치(8A 족)해 있는 반응성이 없는 기체

비공유 전자쌍(nonbonding pair, NBP) 원자들의 최외각 껍질에 있는 결합에 참여하지 않은 전자쌍. 고립 전자쌍이라고도 불린다(LP).

비극성 공유 결합(nonpolar covalent bond) 전자의 공유도가 같은 공유 결합

비금속(nonmetal) 주기율표에서 두껍고, 계단이 진 대각선의 오른쪽에 위치한 원소들

비누(soap) 사슬이 긴 카르복실산의 염(보통 소듐염)

비스테로이드성 소염제(nonsteroidal anti-inflammatory drug, NSAID) 코티존과 프레드니손 같은 강력한 스테로이드성 소염제와 구별되는 약한 소염제

비이온성 계면활성제(nonionic surfactant) 산소 원자가 물을 끌어당겨 물에 녹게 만드는 극성 머리와 탄화수소 꼬리로 이루어진 계면활성제. 이온 전하를 갖지 않는다.

비타민(vitamin) 좋은 건강을 유지하기 위해 필요한 만큼 몸이 생산하지 못하는 유기 화합물

빌더(builder) 세척력을 강화하기 위해 계면활성제에 첨가되는 물질

사포닌(saponin) 비누 같은 거품을 내는 천연 화합물

산(acid) 물에 첨가했을 때 과량의 하이드로늄 이온을 생성하는 물질. 양성자 주개

산 무수물(acidic anhydride) 비금속 산화물 같이 물을 첨가했을 때 산을 형성하는 물질

산소 부채(oxygen debt) 무산소 운동을 하는 동안 근육 세포가 요구하는 산소

산-염기 지시약(acid-base indicator) 산과 염기에서 색이 다른 물질

산화(oxidation) 산화수의 증가, 산소와의 결합, 수소의 상실, 전자를 잃는 것

산화 전극(anode) 산화가 일어나는 전극(역자 주: 전지에서는 anode가 음극, 전기분해 장치인 전해조에서는 anode가 양극)

산화제(oxidizing agent) 자신은 환원되면서 산화를 생기게 하는 물질

삼염기쌍(base triplet) 어떤 아미노산을 운반할지를 결정하는 tRNA에 있는 3개의 염기 순서

삼중 결합(triple bond) 두 원자 사이의 전자쌍 3개가 있는 것

삼중수소(tritium) 핵에 2개의 중성자와 1개의 양성자가 있는 수소의 동위원소(수소-3)

생물학적 산소 요구량(biochemical oxygen demand, BOD) 미생물이 물로부터 유기 물질을 제거하는 데 필요한 산소의 양

생성물(product) 화학 반응에 의해 생성된 물질. 생성물의 화학식은 화학 반응식의 화살표가 가르치는 방향에 쓴다.

생화학(biochemistry) 생체의 화학을 연구하는 것

석유(petroleum) 세계의 다양한 곳에 매장된 검고 기름기 있는 탄화수소의 혼합물

석유혈암(oil shale) 케로겐을 함유한 화석 암석. 높은 비용이 드는 증류를 통해 기름을 얻을 수 있다.

석탄(coal) 탄소가 풍부한 화석화된 검은 암석

선 스펙트럼(line spectrum) 원소에 의해 방출되는 색깔 있는 선의 모양

섭씨온도(Celsius scale) 물이 어는점을 0 ℃로 끓는점을 100 ℃로 정한 온도 척도

성 유인제(sex attractant) 같은 종의 반대 성을 가진 생물을 짝짓기를 위해 유인하는 물질이나 물질의 혼합물

셀룰로스(cellulose) 글루코스 단위가 베타 결합으로 연결된 고분자

셀룰로이드(celluloid) 셀룰로스 질산염. 천연 섬유소와 질산을 반응시킨 합성 물질

소수성(hydrophobic) 물에 끌리지 않는 것. 다른 비극성 분자에 끌린다.

소염제(anti-inflammatory) 염증을 막는 물질

속근 섬유(fast-twitch fiber) 무산소 운동에 적합한 강하고 큰 근육 섬유

수렴제(astringent) 땀샘 구멍을 수축시키는 물질. 따라서 땀의 양을 줄인다.

수소 결합(hydrogen bond) 한 분자에 공유 결합을 한 수소 원자가 이웃 분자의 비금속 원자에 동시에 끌리는 분자 상호의 힘. 수소가 공유 결합한 원자와 끌리는 원자 모두 N, O, F 같은 전기음성도가 큰 원자이다.

수소 폭탄(hydrogen bomb) 수소 동위원소의 핵융합에 기초한 폭탄

수용액(aqueous solution) 물이 용매인 용액

수정(quartz) 3차원으로 배열된 SiO_4 정사면체로 구성된 화합물

수지(resin) 보통 끈적끈적한 고체 또는 반고체성 유기 물질인 고분자 물질

순수 물질(pure substance) 물질이라고 해도 된다. 어떻게 만들거나 어떻게 발견되거나 항상 조성이 같다.

스테로이드(steroid) 하나의 사이클로펜탄과 3개의 사이클로헥산이 겹쳐진 4개의 고리를 갖는 분자

슬래그(slag) 석회석과 철광석에 있는 규산염 불순물이 반응하여 생긴 상대적으로 녹는점이 낮은 생성물

승화(sublimation) 고체를 액체 상태를 거치지 않고 직접 기체 상태로 전환하는 것

시냅스(synapse) 신경섬유 사이의 작은 공백

식이 무기질(dietary mineral) 바른 건강과 안녕을 위해 식품에 필요한 무기질

식품 기준 섭취량(Dietary Reference Intake, DRI) 식품과 다른 영양분 섭취의 기준량. EAR(평균요구열량), RDA(식품 섭취 권장량), AI(충분 섭취량), UL(상한 섭취량) 등이 있다.

식품 섭취 권장량(Recommended Daily Allowance, RDA) 균형 잡힌 식사를 위해 하루에 필요한 권장 영양 섭취량

식품 첨가물(food additive) 생산, 가공, 포장, 저장의 결과로 식품 안에 존재하는 기초식품 이외의 물질

신경전달물질(neurotransmitter) 한 신경세포에서 다음 신경세포로 시냅스를 가로질러 자극을 전달하는 화학 물질

실리콘(silicone) 규소와 산소 원자가 교차하는 사슬을 기본으로 가진 고분자

쌍극자(dipole) 양전하 끝과 음전하 끝을 가진 분자

쌍극자-쌍극자 힘(dipole-dipole force) 극성 공유 분자 사이에 존재하는 인력

아나볼릭 스테로이드(anabolic steroid) 몸의 단백질(근육)을 만드는 것을 돕는 약물

아마이드(amide) 탄소가 산소 원자에 이중 결합되어 있고 질소 원자에 단일 결합되어 있는 작용기 CON을 가진 유기 화합물

아미노기(amino group, $-NH_2$) 질소 원자가 2개의 수소 원자에 결합된 치환기

아미노산(amino acid) 아미노기와 카르복실산기를 모두 갖는 유기 화합물. 아미노산은 결합하여 단백질을 만든다.

아민(amine) 탄소, 수소, 질소 원소를 함유한 화합물. 암모니아의 수소 하나 또는 그 이상을 알킬기로 치환하여 유도된다.

아보가드로수(Avogadro's number) 12 g의 순수한 탄소-12에 들어 있는 원자의 수(6.022×10^{23})

아이오딘가(iodine number) 100 g의 지방이나 기름이 소비하는 아이오딘 그램 수

아플라톡신(aflatoxins) 저장된 땅콩이나 곡물에서 자라는 곰팡이에서 나오는 독소

안드로젠(androgen) 남성 성 호르몬

안티코돈(anticodon) mRNA의 코돈에 상보를 이루는 tRNA 분자에 있는 3개의 인접한 뉴클레오타이드 순서

알데하이드(RCHO) 카르보닐 탄소에 최소한 1개의 수소 원자를 가진 카르보닐기가 있는 유기 분자

알도오스(aldose) 알데하이드 작용기를 가진 단당류

알레르겐(allergen) 알레르기 반응을 유발하는 물질

알칸(alkane) 단일 결합만을 가진 탄화수소. 포화 탄화수소

알칼로이드(alkaloid) 식물에서 얻는 생리 활성이 있는 질소함유 유기 화합물

알칼리 금속(alkali metal) 주기율표에서 1A 족에 있는 금속

알칼리 토금속(alkaline earth metal) 주기율표에서 2A 족에 있는 원소

알칼리혈증(alkalosis) 혈액의 pH가 생명을 위협할 정도로 올라가는 생리학적 상태

알켄(alkene) 하나 이상의 이중 결합을 가진 탄화수소

알코올(ROH) 알킬기와 하이드록실기로 이루어진 화합물

알킨(alkyne) 하나 이상의 삼중 결합을 가진 탄화수소

알킬기(alkyl group, $-R$) 알칸으로부터 수소 하나가 제거된 원자단

알파 나선형(alpha helix) 나선형 배열을 가진 단백질 분자의 2차 구조

알파(α) 입자[alpha(α) particle] 양성자 2개와 중성자 2개가 함께 있는 것. 헬륨 핵

암페타민(amphetamine) β-페닐에틸아민과 관련된 각성제

액체(liquid) 용기의 모양을 갖고 빠르게 흐르며 상당히 일정한 부피를 유지하는 물질의 상태

약리학(pharmacology) 살아 있는 유기체의 약에 대한 반응을 연구하는 것

약물 남용(drug abuse) 도취 효과를 얻기 위해 약물을 사용하는 것

약물 오용(drug misuse) 의도된 목적 이외로 약을 사용하는 것

약산(weak acid) 물에서 조금 이온화하는 산. 약한 양성자 주개

약염기(weak base) 물에서 조금 이온화하는 염기. 약한 양성자 받개

양성자(proton) 원자핵 안에 양의 전하를 가진 단위. 산-염기 화학에서 수소 핵

양이온(cation) 양전하를 띤 이온

양이온성 계면활성제(cationic surfactant) 탄화수소 꼬리와 양전하를 가진 수용성 머리를 가진 계면활성제

양자(quantum) 특정한 크기를 가진 에너지 다발. 광자 하나의 에너지

양적 인자(stoichiometric factor) 화학식에 있는 계수를 통해 두 물질의 양을 관계 짓는 인자

양전자(positron, β^+) 전자의 질량을 가진 양전하로 하전된 입자

양쪽성 계면활성제(amphoteric surfactant) 탄화수소 꼬리와 양전하와 음전하를 모두 갖는 수용성 머리를 가진 계면활성제

양쪽성 이온(zwitterion) 양전하와 음전하를 동시에 가진 분자. 쌍극자 이온

에너지(energy) 일을 하는 능력

에너지 보존의 법칙(law of conservation of energy) 우주에 있는 에너지양은 일정하다. 에너지는 창조되지도 않고 파괴되지도 않으며 전환만이 가능하다.

에너지 준위(껍질)[energy levels(shells)] 원자 안에서 전자가 가질 수 있는 특정하고 양자화되어 있는 에너지 값

에멀션(emulsion) 물 안에 있는 지방이나 기름 극 미세 입자의 서스펜션

에스터(ester, RCOOR′) 카르복실산과 알코올로부터 유도된 화합물. 산의 —OH가 —OR기로 치환된 것

에스토로젠(estrogen) 여성 성 호르몬

에이전트 오렌지(Agent Orange) 베트남전에서 적군에 의해 재배되는 작물과 적의 은폐물을 제거하기 위해 광범위하게 사용되었던 2,4-D와 2,4,5-T의 조합

에터(ether, ROR′) 같은 산소 원자에 2개의 탄화수소가 결합한 분자

엔돌핀(endorphin) 아편과 같은 수용체에 결합하는 천연 펩타이드

엔드 노트(end note) 낮은 휘발성을 갖는 향수의 부분. 큰 분자로 구성되어 있다.

엔트로피(entropy) 에너지 상태들에 원소들의 분포도를 측정한 것

연금술(alchemy) 중세 시대 유럽에서 유행했던 화학, 요술, 종교의 신비로운 결합

연료(fuel) 상당한 양의 에너지를 방출하며 쉽게 연소되는 물질

연료 전지(fuel cell) 연료와 산소로부터 전기를 직접 만들어내는 장치

연쇄 반응(chain reaction) 한 반응의 생성물이 다른 반응을 일으키며 자동적으로 계속되는 반응

열(heat) 온도 차이로 생기는 에너지의 전이

열가소성 고분자(thermoplastic polymer) 열을 가해 모양을 바꿀 수 있는 고분자

열경화성 고분자(thermosetting polymer) 부느럽게 만들어 다시 성형할 수 없는 고분자

열역학 제1법칙(first law of thermodynamics) 에너지는 창조되지도 않고 파괴되지도 않는다.

열역학 제2법칙(second law of thermodynamics) 어떤 자발적인 과정에서도 우주의 엔트로피는 증가한다.

열용량(heat capacity) 물체나 물질의 온도를 1 ℃ 변화시키는 데 필요한 열량

열핵반응(thermonuclear reaction) 매우 높은 온도와 압력을 필요로 하는 핵융합 반응

염(salt) 산과 염기의 반응으로 생성되는 이온 화합물

염기(base) 물에 첨가했을 때 수산화 이온을 과량으로 방출하는 물질. 양성자 받개

염기성 무수물(basic anhydride) 금속 산화물 같이 물에 첨가했을 때 염기를 주는 물질

오비탈(orbital) 1개 또는 2개의 전자들에 의해 채워진 원자 안의 공간

오존층(ozone layer) 성층권에서 오존을 포함한 층으로 태양의 치명적인 자외선으로부터 살아 있는 생물을 보호한다.

옥탄가(octane rating) 아이소옥탄(옥탄가 100)과 헵탄(옥탄가 0)의 혼합물과 비교한 휘발유의 제폭 성질

온도(temperature) 열 강도의 측정 또는 시료의 입자가 얼마나 에너지가 강한가의 측정

왁스(wax) 긴 사슬 알코올과 긴 사슬 지방산의 에스터

완충용액(buffer) 용액의 pH를 일정하게 유지하기 위해 산이나 염기와 반응하는 혼합물

용매(solvent) 다른 물질(용질)을 녹여 용액을 이루는 물질. 보통 용질보다 양이 많다.

용액(solution) 두 가지 이상의 물질의 균일한 혼합물

용존 산소(dissolved oxygen) 물에 녹아 있는 산소. 물고기와 수중 생물이 사는 데 필요한 물의 능력 측정

용질(solute) 다른 물질(용매)에 녹아 용액을 이루는 물질. 보통 용매보다 양이 적다.

우선성 이성질체(dextro isomer) 오른손 위치에 있는 이성질체

우주선(cosmic rays) 우주로부터 틀어오는 고에너지 방사선

운동 에너지(kinetic energy) 운동의 에너지

운반 RNA(transfer RNA, tRNA) 안티코돈 뉴클레오타이드를 가진 작은 분자. 아미노산과 결합하는 RNA 분자

원소(element) 모든 원자가 같은 수의 양성자를 갖는 기본적인 물질

원자(atom) 원소의 특성을 가진 가장 작은 입자

원자로(nuclear reactor) 핵분열에 의해 에너지를 생산하는 발전소

원자 번호(atomic number, Z) 원소의 원자핵 안에 들어 있는 양성자 수

원자 이론(atomic theory) 모든 원소는 원자로 이루어졌다고 설명하여 배수비례의 법칙과 일정 성분비의 법칙을 설명하는 모형

원자 질량 단위(atomic mass unit, amu) 상대적 원자 질량. 탄소-12 원자의 1/12에 해당하는 질량

위약(placebo) 진짜 약처럼 보이지만 활성 성분이 없는 물질

위치 에너지(potential energy) 위치와 조성에 의해 결정되는 에너지

위험-이익 분석(risk-benefit analysis) 이익을 위험으로 나눠 얻는 기대 지수

유기 농업(organic farming) 합성 비료와 농약을 사용하지 않는 농업

유기 화학(organic chemistry) 탄소 화합물에 대한 연구

유도 방사능(induced radioactivity) 안정한 동위원소를 원소 입자로 충격을 가하여 방사성 동위원소로 만들어서 초래되는 방사능

유리 전이 온도(glass transition temperature, T_g) 이 온도보다 높은 온도에서 고분자는 부드럽고 질기다. 이 온도 아래에서 고분자는 깨지기 쉽다.

유산소 산화(aerobic oxidation) 산소의 존재하에 일어나는 산화 과정

유산소 운동(aerobic exercise) 산소의 존재하에 일어나는 근육 수축 운동

유전자(gene) 단백질을 만드는 데 필요한 정보를 담고 있는 핵산 분자의 일부분. 유전 정보의 가장 작은 부분

유충 호로몬(juvenile hormone) 유충의 성장 속도를 조절하는 호르몬. 곤충이 성숙하는 것을 막는다.

유효 숫자(significant figure) 확실하게 아는 측정값과 불확실한 한 자리를 포함한 수

음극선(cathode ray) 진공관 안에서 음극에서 방출되는 고속의 전자 흐름

음이온(anion) 음전하로 하전된 이온

음이온성 계면활성제(anionic surfactant) 탄화수소 꼬리와 음전하를 가진 수용성 머리를 가진 계면활성제

응고(freezing) 융해의 반대. 액체에서 고체로의 변화

응용 연구(applied research) 특정한 문제를 푸는 것에 목적을 둔 연구

응축(condensation) 증발의 반대. 기체 상태에서 액체 상태로의 변화

의약품(drug) 생물의 기능에 영향을 미치는 화학 물질로, 통증을 덜고 병을 치료하며 건강과 안녕을 증진한다.

이뇨제(diuretic) 소변을 증가시키는 물질

이당류(disaccharide) 가수분해했을 때 이당류 분자 1개당 2개의 단당류를 주는 당

이론(theory) 실험에 기초한 물질의 거동에 대한 자세한 설명. 새로운 자료가 입증되면 바뀔 수도 있다.

이상 기체 법칙(ideal gas law) 기체의 부피는 기체의 양과 켈빈온도에 비례하고 입력과는 반비례한다.

이성질체(isomer) 분자식은 같지만 서로 다른 구조식과 성질을 갖는 화합물

이온(ion) 전하를 띤 원자나 원자단

이온 결합(ionic bond) 전자가 금속으로부터 비금속으로 전달되었을 때 생기는 화학 결합. 반대 전하 사이의 정전기 인력

이종고리 화합물(heterocyclic compound) 하나 이상의 원자가 탄소가 아닌 고리 화합물

이중 결합(double bond) 2개의 공유 전자쌍

이화 작용(catabolism) 복잡한 화합물을 간단한 물질로 분해하는

대사 과정

이황화 결합(disulfide linkage) 2개의 황 원자를 통한 두 아미노산 사이의 공유 결합

일정 성분비 법칙(law of definite proportions) 한 화합물 안에 들어 있는 성분 원소들은 일정한 비를 갖는다.

임계질량(critical mass) 연쇄 반응이 중단되지 않고 일어날 수 있는 동위원소의 질량

입자성 물질(particulate matter, PM) 분자 크기보다 큰 고체와 액체 입자로 이루어진 오염물

입체이성질체(stereoisomer) 3차원 공간에서 원자나 원자단의 배열이 다른 같은 구조식을 갖는 이성질체

자유 라디칼(free radical) 쌍을 이루지 않은 전자를 갖고 있는 반응성이 큰 중성 화학종

작용기(functional group) 유기 분자에 특성을 주는 원자단이나 원자

작용제(agonist) 특정한 수용체에 잘 맞아 수용체를 활성화시키는 분자

저자극성 화장품(hypoallergenic cosmetics) 정상 제품보다 알레르기 반응이 더 작다고 주장되는 화장품

전극(electrode) 산화나 환원 반응이 일어나는 전기화학 전지에 담겨진 탄소봉이나 금속조각 같은 장치

전기분해(electrolysis) 전기에 의해 화학 반응이 일어나는 과정

전기음성도(electronegativity) 화합물 내의 화학 결합에서 공유된 전자에 대한 원자의 인력

전기화학 전지(electrochemical cell) 화학 반응에 의해 전기를 생산하는 장치

전령 RNA(messenger RNA, mRNA) 단백질에 대한 코돈을 함유한 RNA. 세포의 핵으로부터 리보솜으로 이동한다.

전리 방사선(ionizing radiation) 방사선이 물질을 통과하면서 이온을 생성하는 방사선

전분(starch) 알파 결합을 통해 결합된 글루코오스의 고분자. 복잡한 탄수화물

전사(transcription) 단백질 합성을 하는 동안 DNA가 mRNA의 합성을 지시하는 과정

전이 원소(transition element) 주기율표에서 가운데 위치하는 금속성 원자. 미국식 주기율표에서 B 족, IUPAC 식 주기율표에서 3 족에서 12 족 원소

전자(electron) 음전하를 가진 원자 내 입자

전자 구조(electron configuration) 공간에 원자의 전자를 배열하는 것

전자-점(루이스) 구조[electron-dot(Lewis) structure] 모든 원자의 원자가 전자를 점으로 나타내는 분자의 구조식

전자-점(루이스) 기호[electron-dot(Lewis) symbol] 원자의 최외각 전자를 나타내는 점으로 둘러싸인 원소의 기호

전자 포획(electron capture, EC) 첫 번째나 두 번째 껍질로부터 핵이 전자를 흡수하는 방사성 붕괴의 형태

전해질(electrolyte) 수용액에서 전기를 통하게 하는 물질

접촉개질법(catalytic reforming) 옥탄가가 낮은 알칸을 옥탄가 높은 방향족 화합물로 전환하는 과정

족(group) 주기율표의 세로줄. 원소들의 족

좌선성 이성질체(levo isomer) 왼손 위치에 있는 이성질체

주기(period) 주기율표의 가로줄

주기율표(periodic table) 가로줄과 세로줄로 이루어진 원소의 체계적 배열. 같은 세로줄에 있는 원소들은 비슷한 성질을 갖는다.

주울(joule, J) 에너지의 SI 단위(1 J = 0.239 cal)

주족원소(main group element) 미국식 주기율표에서 A 족 원소 또는 IUPAC식 주기율표에서는 1, 2, 13, 18 족 원소

준금속(metalloid) 성질이 금속과 비금속의 중간인 원소

중성자(neutron) 질량이 대략 1 u이고 전하가 없는 기본 입자

중수소(deuterium) 하나의 양성자와 하나의 중성자를 가진 수소의 동위원소(질량수 2 u)

중화(neutralization) 염과 물을 생산하는 산과 염기의 반응

증식(동위원소)[enrichment(isotope)] 한 원소의 동위원소의 비율을 다른 동위원소에 비해 증가시키는 과정

증식로(breeder reactor) 비분일성 동위원소를 분열성 동위원소로 바꾸는 핵반응로

지근 섬유(slow-twitch fiber) 유산소 운동에 적합한 근육 섬유

지방(fat) 글리세롤과 3개의 지방산의 반응으로 형성된 화합물. 트라이글리세라이드 또는 트라이아실글리세롤

지방단백질(lipoprotein) 트라이글리세라이드나 콜레스테롤 같은 지질과 결합된 단백질

지방산(fatty acid) 탄소 사슬의 길이가 4~20인 카르복실산

지방 저장소(fat depot) 몸 안에서 지방을 저장하는 장소

지방 조직(adipose tissue) 지방이 저장되는 연결 조직

지열 에너지(geothermal energy) 지구 내부의 열로부터 얻는 열

지질(lipid) 비극성 용매에는 녹고 물에는 녹지 않는 동물이나 식물

에서 얻는 물질

진정제(depressant drug) 신체적, 정신적 활동을 느리게 하는 약품

진통제(analgesic) 통증을 덜어주는 의약품

진한 용액(concentrated solution) 용액의 단위 부피당 상대적으로 많은 양의 용질을 가진 용액

질량(mass) 물질의 양의 측정

질량 백분율(percent by mass) (용질의 질량 ÷ 용액의 질량) × 100%로 나타내는 용액의 농도

질량 보존 법칙(law of conservation of mass) 물질은 화학 변화를 하는 동안에 창조되지도 않고 파괴되지도 않는다.

질량수(핵자 수)[mass number(nucleon number)] 원자의 핵 안에 있는 양성자 수와 중성자 수의 합

질량-에너지 식(mass-energy equation) 아인슈타인의 식 $E = mc^2$, E는 에너지, m은 질량, c는 빛의 속도

천연가스(natural gas) 지하에서 발견되는 주로 메테인으로 구성된 기체 혼합물

첨가 반응(addition reaction) 2개의 반응물에 있는 원자가 단일한 생성물에 모두 포함되는 반응

촉매(catalyst) 자신은 변하지 않으면서 화학 반응의 속도를 증가시키는 물질

최외각 전자(valence electron) 원자의 가장 바깥 껍질에 있는 전자

최외각 껍질 전자쌍 반발 이론(valence shell electron pair repulsion theory, VSEPR) 자의 모양을 결정하는 데 필요한 화학 결합 이론. 최외각 전자쌍은 가능한 서로 멀리 떨어지려고 반발한다.

추적자(tracer) 물리, 화학, 생물계에서 방사능의 움직임이나 위치를 추적하기 위해 사용하는 물질

축약 구조식(condensed structural formula) 수소 원자를 수소 원자가 결합한 탄소 원자 바로 옆에 쓰는 유기 화학식

축전지(배터리, battery) 일련의 화학전지

축합 중합(condensation polymerization) 고분자가 형성되면서 물(또는 다른 작은 분자)이 떨어져 나가기 때문에 출발 단위체의 모든 원자가 고분자에 포함되지 않는 반응

친수성(hydrophilic) 물 같은 극성 분자에 끌리는 것

카르보닐기(C=O) 산소 원자에 이중 결합하고 있는 탄소

카르복실기(COOH) 하나의 산소에는 이중 결합을 또 다른 산소에 단일 결합을 하고 있는 탄소 원자. 단일 결합 산소는 수소 원자와 결합을 한다. 카르복실산의 작용기

카르복실산(RCOOH) COOH 작용기를 가진 유기 화합물

칼로리(calorie, cal) 1 g의 물을 1 ℃ 올리는 데 필요한 열량

케라틴(keratin) 표피의 가장 바깥을 구성하는 질긴 섬유성 단백질

케로겐(kerogen) 유모 혈암에서 발견되는 복잡한 물질. 대략적 조성은 $(C_6H_8O)_n$이며 n은 큰 수이다.

케토오스(ketose) 케톤 작용기를 가진 단당류

케톤(ketone, RCOR′) 두 탄소 원자 사이에 카르보닐기를 가진 유기 화합물

켈빈(kelvin, K) 온도의 SI 단위. 켈빈온도 0는 절대온도 0°이다.

코돈(codon) 하나의 아미노산을 지정하는 mRNA에 있는 3개의 뉴클레오타이드 순서

콜론(cologne) 묽힌 향수

크림(cream) 기름에 있는 작은 물방울의 에멀션

키랄 탄소(chiral carbon) 4개의 다른 기를 가진 탄소 원자

킬로그램(kg) 질량의 SI 단위. 2.2 lb와 같은 양

킬로칼로리(kilocalorie) 1,000 cal와 같은 에너지 단위. 식품 1칼로리와 같다.

타르 모래(tar sand) 진한 탄화수소 물질인 역청을 함유한 모래

탄성체(elastomer) 고무 같은 성질을 갖는 합성 고분자

탄소-14 연대측정(carbon-14 dating) 탄소-14의 반감기에 기초하여 연대를 측정하는 기술

탄수화물(carbohydrate) 탄소, 수소, 산소로 구성된 화합물. 전분이나 당

탄화수소(hydrocarbon) 탄소와 수소만을 함유한 유기 화합물

탈모제(depilatory) 털을 제거하는 약품

탑 노트(top note) 가장 빨리 기화되는 향수의 부분. 상대적으로 작은 분자로 이루어져 있다. 향수를 사용했을 때처럼 나는 냄새의 성분

태양전지(solar cell) 태양빛을 전기로 전환하는 장치. 광전지

테트라사이클린(tetracycline) 4개의 겹친 고리를 갖는 항균제

트라이글리세라이드(triglyceride) 3개의 지방산을 가진 글리세롤 에스터. 트라이아실글리세롤이라고도 불린다.

페놀(phenol) 벤젠 고리에 OH기가 붙어 있는 화합물

페인트(paint) 색소, 고정제, 용매를 포함한 표면 피복제

펩타이드 결합(peptide bond) 펩타이드, 폴리펩타이드, 단백질 사슬에서 아미노산을 연결하는 아마이드 결합

포화 지방(saturated fat) 큰 포화 지방산이 글리세롤로 에스테르화된 지방

포화 탄화수소(saturated hydrocarbon) 알칸. 단일 결합만을 가진 탄소와 수소 화합물

폴리아마이드(polyamide) 아마이드 결합에 의해 구조 단위가 결합된 고분자

폴리에스터(polyester) 다이카르복실산과 다이알코올로 이루어진 고분자

폴리펩타이드(polypeptide) 보통 단백질보다 분자량이 작은 아미노산의 고분자

표백제(bleach) 섬유나 머리카락 또는 기타 물질로부터 원치 않는 색을 제거하는 데 쓰이는 물질

표준 상태의 온도와 압력(standard temperature and pressure, STP) 0 ℃, 1기압 조건

퓨린(purine) 핵산에서 발견되는 2개의 겹친 고리를 갖는 염기

프로게스킨(progestin) 프로게스테론의 작용을 흉내 내는 화합물

프로스타글란딘(prostaglandin) 혈압을 증가시키고 평활근을 수축시키며 기타 생리 과정에 관련된 아라키돈산으로부터 유도된 호르몬 같은 화합물

플라즈마(plasma) 완전한 원자나 분자가 아닌 분리된 전자와 핵으로 이루어진 기체와 비슷한 물질의 상태

피리미딘(pyrimidine) 핵산에서 발견되는 1개의 고리를 갖는 염기

피부보습제(skin moisturizer) 피부에 습기를 더해주고 피부에 습기를 유지시켜 주는 물질

피부보호지수(skin protection factor, SPF) 선 스크린이 자외선을 막아주는 능력을 나타내는 지수

피부연화제(emollient) 피부를 부드럽게 하기 위해 사용하는 기름이나 그리스

피지(sebum) 피부를 습기의 손실로부터 보호하기 위해 몸에서 분비하는 기름

필수 아미노산(essential amino acid) 인간의 몸이 만들지 못하기 때문에 식품에 꼭 포함되어야 하는 아미노산

한계 반응물(limiting reactant) 반응에서 먼저 소모되는 반응물. 이 반응물이 소모되면 다른 반응물이 아무리 많이 남아 있어도 반응은 멈춘다.

한점 이론(set-point theory) 각 사람마다 순환하는 지방산의 수준이 있어 이 점 아래에서는 계속 배가 고파져서 식이요법으로 체중 감량이 어렵다는 것을 설명한 이론

할로젠(halogen) 주기율표에서 7A 족에 있는 원소

항산화제(antioxidant) 쉽게 산화되어 다른 물질이 산화를 막아주는 화학 물질. 환원제

항생제(antibiotic) 미생물의 성장을 방해하는 곰팡이나 박테리아에서 얻는 수용성 물질

항응고제(anticoagulant) 혈액의 응고를 방해하는 물질

항콜린제(anticholinergic) 아세틸콜린을 신경전달물질로 사용하는 신경에 작용하는 약물

항히스타민제(antihistamine) 재채기, 가려운 눈, 콧물 등 알레르기 증상을 더는 물질

해열제(antipyretic) 열을 내려주는 물질

핵(nucleus) 원자의 중심에 위치한 밀도가 높고 양의 전하를 띤 물질. 양성자와 중성자로 구성된다.

핵분열(nuclear fission) 원자핵이 2개의 큰 조각으로 쪼개지는 것

핵산(nucleic acid) 뉴클레오타이드 고분자. DNA, RNA

핵융합(nuclear fusion) 2개의 작은 원자핵이 결합하여 하나의 큰 핵을 만드는 것

핵자(nucleon) 원자핵 안에 있는 양성자 또는 중성자

핵사 수(nucleon number, A) 한 원자 안에 있는 양성자와 중성자의 총 수

향수(perfume) 식물 추출물과 알코올에 녹는 다른 화학 물질로 이루어진 향기 나는 혼합물

향정신성 의약품(psychotropic drug) 마음에 영향을 미치는 약품

혈당(blood sugar) 혈액 안에 있는 글루코오스

형광 발광제(optical brightener) 태양으로부터 눈에 보이지 않는 형광 발광제를 흡수하여 파란색 가시광선을 내는 물질

호르몬(hormone) 내분비샘에 의해 혈액 안으로 분비되는 화학적 전령

혼합물(mixture) 다양한 조성을 가진 물질

화석연료(fossil fuel) 석탄, 석유, 천연가스

화장품(cosmetics) 1938년 미국 식품, 약품, 화장품 법에 의해 '세정, 미용, 매력의 증가, 외모의 변화를 위해 바르거나 부어지거나 뿌리거나 분사하거나 다른 방법으로 인간의 몸 전체나 부분에 도입되는 물건'으로 정의된 물질

화학(chemistry) 물질과 그 변화에 관한 연구

화학 결합(chemical bond) 원자와 이온을 화합물 안에 결합시키는 인력

화학 기호(chemical symbol) 원소를 나타내는 한 글자나 두 글자 약어

화학 반응식(chemical equation) 화학식과 계수로 반응 전과 후를 나타내는 것

화학식(formula) 성분 원소가 기호로 나타내도록 화학 물질을 나타낸 것

화학식량(formula mass) 화학 물질의 분자식에 나타난 원자질량의 합. 원자 질량 단위로 표현한다(u).

화학양론(stoichiometry) 반응물과 생성물 사이의 양적 관계

화학적 변화(chemical change) 화학 조성의 변화

화학적 성질(chemical property) 한 물질이 다른 물질과 반응하여 조성이 변하는 것을 나타내는 물질의 성질

화학 치료(chemotherapy) 병을 치료하거나 통제하기 위해 화학 물질을 사용하는 것

화합물(compound) 2개 이상의 원소가 정해진 비율로 결합한 순수한 물질

환각제(hallucinogenic grug) 실제가 아닌 시각과 감각을 주는 약물

환원(reduction) 산화수의 감소, 전자를 얻는 것, 산소를 잃는 것, 수소를 얻는 것

환원 전극(cathode) 환원이 일어나는 전극(cathode는 전지에서는 양극, 전해조에서는 음극)

환원제(reducing agent) 자신은 산화되면서 환원을 일으키는 물질

활성 자리(active site) (보통 효소나 촉매) 분자에서 반응이 일어나는 자리

활성화 에너지(activation energy) 화학 반응이 일어나기 전에 꼭 필요한 최소 에너지

회복제(restorative drug) 통증을 덜어주고 근육을 무리하게 사용하여 생기는 염증을 덜어주는 약

효소(enzyme) 생물학적 촉매

후천성면역결핍증(acquired immune deficiency syndrome, AIDS) 면역 체계를 약화시키는 레트로바이러스(HIV)에 의해 초래되는 질병

휘발유(gasoline) 탄소 수가 C_5에서 C_{12}인 탄화수소를 포함한 석유의 분율. 주로 알칸이고 자동차 연료로 쓰인다.

흡열 반응(endothermic) 환경으로부터 에너지를 흡수하는 과정

1차 구조(primary structure) 단백질이나 핵산의 뉴클레오타이드 순서

2성분 이온 화합물(binary compound) 2개의 원소로 이루어진 화합물

2차 구조(secondary structure) 단백질 폴리펩타이드 사슬의 배열(예: 나선이나 병풍 구조)

3차 구조(tertiary structure) 단백질이나 핵산에서 접히고, 굽고, 꼬이는 구조

4차 구조(quaternary structure) 특정한 모양을 가진 단백질 소단위의 배열

8전자 규칙(octet rule) 원자는 최외각 에너지 준위에 8전자를 갖는 배열을 좋아한다.

AIDS 후천성면역결핍증 참조

Ames 검사법(Ames test) 돌연변이를 일으키는 물질의 실험실 검사법. 돌연변이를 일으키는 물질은 대개 발암물질이기도 하다.

Avogadro의 법칙(Avogadro's law) 성분에 관계없이 같은 부피의 기체는 같은 온도와 같은 압력에서 같은 분자 수를 갖는다.

Boyle의 법칙(Boyle's law) 일정한 온도에 있는 주어진 양의 기체에서 부피는 압력에 반비례한다.

Charles의 법칙(Charles's law) 일정한 압력에서 주어진 양의 기체는 부피가 절대온도에 비례한다.

DNA(deoxyribonucleic acid) 세포의 핵에서 주로 발견되는 핵산의 형태

FLaReS 주장을 시험하기 위한 두문자어: falsifiability, logic, replicability, sufficiency

GRAS 목록 1958년에 미국 의회에 의해 제정된 일반적으로 안전하다고 생각되는 식품 첨가물 목록

PCR(polymerase chain reaction) DNA 조각의 많은 복제물을 재생산하는 과정

pH 하이드로늄 이온 농도에 음의 로그를 한 것

RNA(ribonucleic acid) 원형질과 세포의 다른 부분에서 발견되는 핵산의 형태

SI 단위(국제 단위계, System International unit) 세계의 과학자들에 의해 사용되는 측정 단위. 7개의 기본 단위와 이들의 배수 또는 약수로 이루어진다.

VSEPR 최외각 전자쌍 반발 이론 참조

X선 가시광선과 비슷한 방사선. 그러나 에너지와 투과력이 훨씬 높다.

정답(복습문제, 개념문제, 연습문제, 심화문제, 비판적 사고 문제, 실험문제)

홀수 번호 문제는 간략한 답을 제공하며, 본문을 복습하면 완전한 답을 얻을 수 있다. 숫자 문제는 반올림 및 소수점 사용으로 인해 답이 약간 다를 수 있다.

1장

1.1 **A.** **a.** DQ는 아마도 작을 것이다.
b. DQ는 아마도 클 것이다.
B. **a.** DQ는 불확실 할 것이다.
b. DQ는 아마도 클 것이다.

1.2 **A.** **a.** 1.00 kg **b.** 179 Ib

1.3 **A.** 물리적: **(b)**; 화학적: **(a)**, **(c)**
B. 물리적: **(a)**, **(c)**; 화학적: **(b)**

1.4 **A.** 원소: Hf, No, Fm; 화합물: CuO, NO, HF
B. 8

1.5 **A.** **a.** 7.24 kg **b.** 4.29 μm **c.** 7.91 ms
B. **a.** 3.8×10^{-9} s **b.** 7.54×10^{-3} m **c.** 2.9×10^{3} A

1.6 **A.** **a.** 7.45×10^{-9} m **b.** 5.25×10^{-6} s **c.** 1.415×10^{3} m
d. 2.06×10^{-3} m **e.** 6.19×10^{3} m
B. **a.** 5.7×10^{4} m **b.** 1.1×10^{-2} A

1.7 **A.** 500 cm^2 **B.** 1600 cm^3

1.8 **A.** **a.** 755 mm **b.** 0.2056 L **c.** 206,000 μg
B. **a.** 409,000 mg **b.** 2.45×10^{8} ns

1.9 **A.** 가라앉는다; 뜬다
B. 0.88 g/mL; 기름은 물위에 뜬다

1.10 **A.** 1.11 g/mL **B.** 마그네슘

1.11 **A.** 351 K **B.** 77 K

1.12 **A.** 1799 kcal **B.** 34 kcal

1. 과학은 검사가능하고, 재현가능하며, 설명 및 예측이 가능하고, 잠정적이다. 시험 가능성은 과학을 가장 잘 구분하는 요소이다.

3. 이러한 문제는 일반적으로 과학적 방법으로 처리하기에는 변수가 너무 많다.

5. 위험-이익 분석은 작업의 이익과 해당 작업의 위험을 비교한다.

7. 바람직성 지수인 DQ는 편익을 위험으로 나눈 값이다. DQ가 크다는 것은 편익에 비해 위험이 적다는 것을 의미한다. 위험과 편익을 정량화하기 어려운 경우가 많다.

9. SI에서 유래한 부피 단위는 리터(L)로 비교적 큰 양이다. 밀리리터(mL)와 마이크로리터(μL)가 더 자주 사용된다.

11. **a.** 적용 **b.** 적용 **c.** 기본

13. 사회적 편익은 매우 크다. 선별된 개인에 대한 위험도 크지만 처방을 통해 접근을 제한하여 관리한다. DQ가 높다.

15. **a.** 높은
b. 높음(그러나 시나리오 A보다 낮음), 보호 장비

17. **a.** 특히 문제의 원인을 알 수 없는 경우 DQ가 낮다. MRSA의 발생 위험이 치료의 가능한 이점보다 클 가능성이 높다. 독감은 항생제에 반응하지 않는 바이러스성 문제이며, DQ는 **(a)**보다 훨씬 낮다.

19. 100 g, 2 kg

21. **(a)**와 **(b)** 모두 합리적이다. **(c)** 100 kg, **(d)** 10 kg

23. 250 mL

25. 1.46×10^{9} km^3

27. 그렇다. 26.3 mm 직경의 관은 25.4 mm(1인치)보다 크다.

29. **a.** 물리적 **b.** 화학적 **c.** 화학적 **d.** 물리적

31. **a.** 물리적 **b.** 화학적 **c.** 물리적

33. **a.** 혼합물 **b.** 순물질 **c.** 순물질 **d.** 순물질

35. **a.** 불균질 **b.** 균질 **c.** 불균질 **d.** 균질

37. 물질; 성질은 변하지 않는다.

39. **a.** 화합물 **b.** 원소 **c.** 원소 **d.** 원소

41. **a.** 탄소 **b.** 마그네슘 **c.** 헬륨 **d.** 질소

43. f

45. **a.** 4.4 ns **b.** 8.5 cg **c.** 3.38 Mm

47. **a.** 55.2 L **b.** 0.325 g **c.** 0.27 m **d.** 2.7 cm
e. 0.078 ms

49. **a.** cm **b.** kg **c.** dL

51. **a.** 1.4×10^{6} mg
b. 1.4×10^{3} g
c. 1.4×10^{12} ng

53. d

55. **a.** 222 g (Lucara), 621 g (Cullinan)
b. 0.49 lb, 1.37 lb

57. 0.918 g/mL

59. 18.9 g

61. **a.** 344 mL **b.** 495 cm^3

63.

65. 예(총 하중은 145 lb)
67. 5.40 kg
69. −196 ℃
71. 38.5 kcal
73. **(a)**, **(b)**, **(c)**는 가설이다.
75. 52.6분(min)
77. b
79. 2.09 g 경화제
81. (1) d, (2) e, (3) b, (4) a, (5) d
83. 6.0×10^2 g
85. 양배추 < 감자 < 설탕(가장 무거움)
87. 5.23 g/cm^3
89. 6.73×10^{-6} cm
91. 0.908 mt
93. **a.** 1.3 g/cm^3 **b.** 5.44 g/cm^3 **c.** 0.688 g/cm^3
95. 유해 물질의 발생과 사용을 줄이거나 없애는 화학 제품 및 공정의 설계
97. a

실험문제

1. 모두 밀도가 조금씩 다르다.
2. 유리컵의 아래쪽에 있는 액체는 위쪽에 있는 액체보다 밀도가 높다. 상단에 있는 액체는 그룹에서 밀도가 가장 낮다.
3. 그렇다. 물과 알코올은 혼합 가능하므로 여러 액체가 함께 섞이게 된다. 식물성 기름과 시럽은 섞이지 않으므로 식물성 기름과 시럽이 분리된다(비혼화성).
4. 물과 알코올은 다시 분리되지 않지만, 식물성 기름과 시럽은 기름과 섞이지 않는 성질이 있어 다시 분리된다.
5. 밀도(질량/부피)를 사용하면 물질의 부피와 질량(또는 무게) 사이를 변환할 수 있다. 밀도는 무게와 무게의 분포가 중요한 무언가를 만들 때 중요하다. 예를 들어 알루미늄 호일로 만든 보트는 물 위에 뜰 수 있지만 같은 호일 조각을 구기면 가라앉는다.

2장

2.1 **A.** 수소 원자 3개마다 인 원자 1개
B. 질소 63.0 g

2.2 **A.** CaO 112 g
B. CO_2 87.9 g

2.3 **A.** 평균 Cl + I는 81.2, 실제 Br은 79.9 amu이다.
B. He/Ne/Ar

1. **a.** 원자: 물질은 불연속적인 입자로 이루어져 있다. 연속: 물질은 무한히 나눌 수 있다.
b. 그리스: 네 가지 원소, 원자 없음. 현대: 각 원소에는 고유한 종류의 원자가 있다.
3. 불연속: 사람들, 계산기, M&M 초코볼. 연속: 헝겊과 밀크 초콜릿은 무한히 나눌 수 있는 듯한 인상을 준다.
5. 모든 수소 원자의 무게는 같고, 모든 산소 원자의 무게는 같기 때문에 수소(H) 2개와 산소(O) 1개가 포함된 물질은 항상 H 대 O 질량비가 같게 된다.
7. 일정 성분비 법칙
9. 배수 비율 법칙
11. 상자 C에는 15개의 산소 원자가 있고, 초기 혼합물에는 14개만 있다.
13. 비슷한 성질을 가진 원소들을 열로 배치하면 원소 사이에 빈 공간이 생기는 경우가 있다. Mendeleev는 빈 공간의 위와 아래 그리고 공간의 양쪽 원소 사이를 보간하여 미처 발견하지 못한 원소의 성질을 예측했다.
15. **a.** 용기를 완전히 밀봉하면 반응과 관련된 모든 생명 과정이 관련된 원자를 보존하기 때문에 1~2주 후 용기의 무게는 실험을 시작할 때의 무게와 동일하다. 이러한 원자 중 일부는 기체, 일부는 고체, 일부는 액체 형태로 나타나지만 모두 용기 안에 유지된다.
b. 아니다, 쥐를 철제 용기 안에 넣으면 물질대사의 기체 생성물이 빠져나갈 것이다. 1~2주 후의 무게는 원래의 무게보다 줄어들 것이다.
17. **c.** 거품은 기체이며, 물질이고 질량을 가지며, 물을 떠난다.
19. O_2 36.6 g
21. 원소 비율로 보면 프로페인 88.20 g에는 72.06 g의 탄소(C)가 들어 있는데, 72.06 g의 탄소는 최대 264 g의 이산화 탄소를 생산할 수 있다.
23. b
25. **a.** 수소 54.8 g **b.** 산소 434 g
27. 탄소 3.8 kg
29. d
31. 화학 반응은 원자의 재배열을 수반한다는 Dalton의 이론에 따르면 다이아몬드 속 탄소 원자는 산소 원자와 결합해 새로운 화합물을 형성했을 것이다. 물 속의 수소와 산소 원자는 전기분해에 의해 분리되기는 하지만 파괴되지는 않았을 것이다.
33. a
35. c
37. SnO_2
39. 그렇다. Fe:O는 뷔스타이트의 경우 3.48:1, 적철광의 경우 2.33:1, 자철광의 경우 2.61이다. 3.48/2.61=1.333 또는 4:3, 3.48/2.33=1.49 또는 3:2.
41. 0.050 mol C, 3.0×10^{22} C 원자
43. 60.00 g 탄소-12, 60.05 g C
45. 그렇다. 세 샘플의 탄소와 수소 비율은 동일하다.
47. 모든 U 원자당 6개의 F 원자
49. 2.61 g SO_2

51. 0.5836 g를 0.4375로 나누면 1.334가 된다. 이렇게 하면 1.334 대 1의 N 대 O의 비율이 된다. 두 값에 3을 곱하면 4.002 대 3, 즉 4 대 3이 된다.

53. 질량 보존 법칙. 모든 원자는 풍선 안에 유지되었기 때문에 질량은 변하지 않았다.

55. **a.** Se 질량 = (32 + 125)/2 = 78.6

b. Se 질량 = (32.06 + 127.60)/2 = 79.83

57. **(c)**와 **(e)**는 위험하고, **(b)**는 희귀하고, 나머지는 둘 다 아니다.

59. 수은은 원소이고 파괴할 수 없다. 매립지에 축적되면 해당 지역의 지하수와 토양에 수은 함량이 높아질 수 있다.

실험문제

1. 두 반응 모두 '탄산'이 발생하고 혼합물에서 가스가 뿜어져 나온다. 이산화 탄소의 손실로 인해 봉투에 들어 있지 않은 혼합물의 무게는 줄어야 한다. 봉투에 들어 있던 혼합물은 같은 무게로 유지되어야 한다.

2. 이산화 탄소는 밀봉된 봉투 안에 포집되어야 하므로, 무게는 크게 변하지 않아야 한다.

3. 물질 보존의 법칙을 뒷받침해야 한다. Alka-Seltzer 반응에서 알약 안의 물질은 사라지지 않고 일부가 기체로 변해 빠져나간다. 봉투에서 했던 것처럼 그 기체를 가둘 수 있다면 질량이 보존된다는 것을 알 수 있다.

3장

3.1 **A.** 중성자 20개

B. 질량수 80, 브롬-80

3.2 **A.** ${}^{90}_{37}X$와 ${}^{88}_{37}X$, ${}^{88}_{38}X$와 ${}^{93}_{38}X$

B. 세 가지: Br, Rb, Sr

3.3 **A.** 32개의 전자

B. 3

3.4 **A.** **a.** (B) 2, 2,1

b. (Al) 2, 8, 3; 둘 다 같은 수의 외부 전자를 가진다.

B. **a.** (N) 2, 5

b. (S) 2, 8, 6. 아니다, 열에 따라 외부 전자의 수가 다르다.

3.5 **A.** **a.** (F) $1s^2\ 2s^2\ 2p^5$

b. (Cl) $1s^2\ 2s^2\ 2p^6\ 3s^2\ 3p^5$

B. **a.** (Ti) $1s^2\ 2s^2\ 2p^6\ 3s^2\ 3p^6\ 4s^2\ 3d^2$(그림 3.2 참조)

b. (Sn) $1s^2\ 2s^2\ 2p^6\ 3s^2\ 3p^6\ 4s^2\ 3d^{10}\ 4p^6\ 5s^2\ 4d^{10}\ 5p^2$

3.6 **A.** **a.** (Cs) $6s^1$ **b.** (Sb) $5s^2\ 4d^{10}\ 5p^3$ **c.** (Si) $3s^2\ 3p^2$

B. **a.** (Ga) $4s^2\ 4p^1$ **b.** (In) $5s^2\ 5p^1$

1. 전자

3. Goldstein은 Thomson이 조사한 입자와 반대 방향으로 이동하는 입자를 조사했다. Goldstein은 물질이 양전하를 띤 입자를 포함하고 있음을 보여주었다.

5. Rutherford는 원자의 거의 모든 질량이 중심에 있으며, '핵'은 작고 양전하를 띠고 있다고 판단했다.

7. Bohr는 전자가 무작위로 핵을 공전하는 것이 아니라, 일정한 거리와 에너지로 공전한다는 결론을 내렸다.

9. '양자'는 정해진 일정한 양의 에너지를 의미한다.

11. 첫 번째 단계에서 원자는 일정량(양자)의 에너지를 흡수하여 전자를 더 높은 에너지 준위로 보낸다. 두 번째 단계에서는 전자가 다시 낮은 에너지 준위로 떨어지면서 흡수한 에너지를 빛의 광자로 방출한다.

13. 19개의 전자

15. **a.** 5 **b.** 16 **c.** 29

17. **a.** 5 **b.** 16 **c.** 29

19. 스케치에는 핵에 양성자 16개와 중성자 17개, 첫 번째 주 껍질에는 전자 2개, 첫 번째 바깥쪽 두 번째 주 껍질에는 8개, 두 번째 바깥쪽 세 번째 주 껍질에는 6개가 표시되어 있어야 한다.

21. Os, 오스뮴, 190.23 amu

23. **a.** 아니다 **b.** 아니다 **c.** 그렇다 **d.** 염소 **e.** 아르곤

25. 원자 A와 원자 B

27. a

29. ${}^{37}_{17}Cl$, 염소

31.

원소	질량수	양성자 개수	중성자 개수
니켈	60	28	32
팔라듐	108	46	62
질소	14	7	7
아이오딘	127	53	74

33. 4

35. 28

37. +3

39. 두 번째

41. **a.** 8 **b.** 14 **c.** 28

43. **a.** 들뜬 상태 **b.** 옳지 않음 **c.** 들뜬 상태 **d.** 바닥 상태

45.

Li: 2,1	Be: 2,2	B: 2,3	C: 2,4	N: 2,5	O: 2,6	F: 2,7	Ne: 2,8
$1s^2\ 2s^1$	$1s^2\ 2s^2$	$1s^2\ 2s^2\ 2p^1$	$1s^2\ 2s^2\ 2p^2$	$1s^2\ 2s^2\ 2p^3$	$1s^2\ 2s^2\ 2p^4$	$1s^2\ 2s^2\ 2p^5$	$1s^2\ 2s^2\ 2p^6$
Na: 2,8,1	Mg: 2,8,2	Al: 2,8,3	Si: 2,8,4	P: 2,8,5	S: 2,8,6	Cl: 2,8,7	Ar: 2,8,8
$1s^2\ 2s^2\ 2p^6\ 3s^1$	$1s^2\ 2s^2\ 2p^6\ 3s^2$	$1s^2\ 2s^2\ 2p^6\ 3s^2\ 3p^1$	$1s^2\ 2s^2\ 2p^6\ 3s^2\ 3p^2$	$1s^2\ 2s^2\ 2p^6\ 3s^2\ 3p^3$	$1s^2\ 2s^2\ 2p^6\ 3s^2\ 3p^4$	$1s^2\ 2s^2\ 2p^6\ 3s^2\ 3p^5$	$1s^2\ 2s^2\ 2p^6\ 3s^2\ 3p^6$

47. 비슷한 점: 둘 다 바깥 껍질이 s^2p^2이다. 다른 점: 가장 바깥껍질은 Si의 경우 3, Ge의 경우 4이다.
  a. Kr **b.** Na **c.** Br **d.** Sc
49. **(a)**, **(b)**, **(c)**는 금속이고, **(d)**는 비금속이다.
51. Cs와 K
53. Fe와 Mo
55. **a.** 15 **b.** 인 **c.** 15 **d.** 6
  e. 0
57. **a.** Ne **b.** 아니다, 여전히 12개의 양성자를 가지고 있다.
59. **a.** Fe: $1s^2\ 2s^2\ 2p^6\ 3s^2\ 3p^6\ 4s^2\ 3d^6$
  b. Sn: $1s^2\ 2s^2\ 2p^6\ 3s^2\ 3p^6\ 4s^2\ 3d^{10}\ 4p^6\ 5s^2\ 4d^{10}\ 5p^2$
61. A는 아연(Zn), B는 갈륨(Ga)이다.
63. Q는 칼슘(Ca), R은 스트론튬(Sr)이다.
65. c
67. 반박한다. 산소가 이산화 탄소(CO_2)에서 나온다면 O-18이 없을 것이다.

실험문제

1. 다양한 답이 있을 수 있다. 회절 필름으로 보았을 때 많은 색상 목록이 있어야 한다.
2. 다양한 색의 양초에는 서로 다른 금속이 들어 있어 불꽃에 색을 부여한다.
3. 원자가 가열되면 전자는 에너지를 얻고 더 높은 에너지 준위로 전환된다. 에너지가 광자로 방출되면 색이 관찰된다.
4. 심지, 왁스, 왁스에 첨가된 염료 등 여러 가지 잠재적인 오염원이 있다. 또한 회절 격자 필름을 통해 보는 것은 주관적이다.
5. 전형적인 결과와 양초 성분에 관한 ColorFlame 웹사이트의 정보를 합친 것이다.

양초	불꽃색(육안 관찰)	방출 스펙트럼	검출한 원소
붉은색	붉은색	빨간색/노란색/초록색(파란색 가능)	리튬, 스트론튬, 칼슘
보라색	노란색과 보라색	주황색/초록색/파란색	포타슘
초록색	흰색과 조금의 파란색/노란색	빨간색/노란색/초록색/파란색	인, 구리, 아연
푸른색	초록색/파란색	노란색/초록색/파란색	구리, 셀레늄
주황색	노란색/강한 주황색	주황색	소듐

4장

4.1 **A.** **a.** :Kr: **b.** ·Ba· **c.** :I· **d.** :N· **e.** K· **f.** :I·
  B. **a.** $[:\!N\!:]^{3-}$ **b.** $[Mg]^{2+}$ **c.** $[K]^{+}$ **d.** $[:\!Br\!:]^{-}$
4.2 **A.** Li· + :F· ⟶ Li^+ + $:F:^-$
  B. Cs· + :F· ⟶ Cs^+ + $:F:^-$
4.3 **A.** ·Ca· + :O· ⟶ $[Ca]^{2+}$ $[:O:]^{2-}$
  B. 2 ·Al· + 3 :O· ⟶ 2 Al^{3+} + 3 $:O:^{2-}$
4.4 **A.** **a.** CaF_2 **b.** Li_2O
  B. $FeCl_2$와 $FeCl_3$
4.5 **A.** **a.** K_2O **b.** Ca_3N_2
  B. **a.** Mg_3P_2 **b.** AlP
4.6 **A.** **a.** 플루오린화 칼슘 **b.** 브로민화 구리(II)
  B. **a.** 황화 리튬 **b.** 황화 철(III)
4.8 **A.** **a.** :Br· + ·Br: ⟶ :Br:Br:
  b. :F· + ·Cl: ⟶ :F:Cl:
  B. **a.** :I· + ·I: ⟶ :I:I:
  b. H· + ·I: ⟶ H:I:
4.9 **A.** **a.** 극성 공유 결합 **b.** 이온 결합
  c. 비극성 공유 결합 **d.** 극성 공유 결합
  B. **a.** 극성 공유 결합 **b.** 극성 공유 결합
  c. 극성 공유 결합 **d.** 비극성 공유 결합
  C. b < a < d < c
4.10 **A.** **a.** 삼플루오린화 브로민 **b.** 오플루오린화 브로민
  c. 일산화 질소 **d.** 이산화 질소
  B. **a.** 일산화 탄소 **b.** 육플루오린화 황
  c. 삼산화 황 **d.** 오산화 이염소
4.11 **A.** **a.** CO_2 **b.** Cl_2O_7
  B. **a.** NI_3 **b.** S_2F_{10}
4.12 **a.** $CaCO_3$ **b.** K_3PO_4 **c.** $(NH_4)_2S$
4.13 **A.** **a.** 탄산 마그네슘 **b.** 인산 칼슘
  c. 아세트산 암모늄
  B. **a.** 황산 암모늄 **b.** 인산 이수소 포타슘
  c. 다이크로뮴산 구리(II)
4.14 **A.** **a.** H—S: (S에 H가 하나 더 결합) **b.** :F—O—F:
  B. **a.** H—C—Cl: (C에 H 두 개가 위아래로 결합) **b.** $[:O—C(=O)—O:]^{2-}$
4.15 **A.** **a.** 삼각 피라미드 **b.** 사면체
  B. **a.** PH_3에서 P **b.** H_2O에서 O
1. 소듐 금속은 반응성이 매우 높지만, NaCl에서처럼 소듐 이온은 반응성이 매우 낮다.
3. 염소 원자와 Cl_2 분자에서는 양성자와 전자 수가 각각 같은 반면에 염화 이온(Cl^-)은 양성자보다 전자가 하나 더 많다. 염소 분자

는 염소 원자보다 두 배 많은 양성자와 두 배 많은 전자를 가지고 있다. 염소 원자와 Cl_2 분자는 반응성이 매우 높고, Cl^- 이온은 반응성이 없으며 이온 결합을 형성하는 Na^+와 같은 양이온에 강하게 끌린다.

5. **a.** 1 **b.** 2 **c.** 3 **d.** 없음

7. 공유 결합: 공유된 전자, 이온 결합: 전자 이동

9. **a.** ·Ca· **b.** :Ṡ̤: **c.** ·Si·

11. **a.** Na·, Na^+ **b.** :Cl·, [:Cl:]$^-$

13. **a.** K^+ [:Br:]$^-$ **b.** 2 Na^+ [:O:]$^{2-}$

c. Mg^{2+} 2[:F:]$^-$ **d.** Al^{3+} 3[:Cl:]$^-$

15. **a.** T **b.** F **c.** T **d.** T

17. **a.** S^{2-} **b.** 포타슘 이온 **c.** 브로민화 이온

d. F^- **e.** 칼슘 이온 **f.** Fe^{3+}

19. **a.** 코발트(III) 이온 **b.** 코발트(VI) 이온

21. **a.** Mo^{2+} **b.** Mo^{4+} **c.** Mo^{6+}

23. **(a)**와 **(d)**, **(c)**와 **(h)**, **(e)**와 **(b)**, **(g)**와 **(f)**

25. Cr_2O_3, 산화 크로뮴(III) 그리고 CrO_3, 산화 크로뮴(VI)

27. **(a)**와 **(d)**, **(c)**와 **(h)**, **(e)**와 **(b)**, **(g)**와 **(f)**

29. **a.** 질산 은 **b.** Na_2CrO_4 **c.** 아황산 암모늄

d. $Sr(HCO_3)_2$ **e.** 과망간산 알루미늄 **f.** $Cu_3(PO_4)_2$

31. H:I:

33. H:P:H
H

35. :F:
:F:C:F:
:F:

37. 전자 1개. H는 원자가전자가 1개만 있고 단일 공유 결합을 형성하기 때문이다.

39. **a.** N_2O_4 **b.** $BrCl_3$ **c.** 이플루오린화 산소

d. NI_3 **e.** 사염화 탄소 **f.** 삼산화 이질소

41. **a.** H—Si—H (Si에 H 두 개 위아래 결합) **b.** :N—N: (각 N에 :F: 두 개 결합)

c. H—C—N: (C에 H 두 개, N에 H 두 개) **d.** H—C—H (C=O:)

e. :N—O: (N에 H 두 개, O에 H 한 개) **f.** H—O—P—O—H (P—O—H)

43. **a.** [:Cl—O:]$^-$ **b.** [H—O—P—O: (P에 :O: 위아래)]$^{2-}$

c. [:O—Br—O: (Br에 :O:)]$^-$

45. 0.5에서 2.0 사이

47. **a.** 극성 **b.** 극성 **c.** 극성

49. **a.** H—O **b.** N—F **c.** Cl—B

51. **a.** $Si^{\delta+}$—$O^{\delta-}$ **b.** F—F **c.** $F^{\delta-}$—$N^{\delta+}$

53. **a.** 이온 결합 **b.** 비극성 공유 결합

c. 이온 결합 **d.** 비극성 공유 결합

55. b < d < a < c

57. **(a)**와 **(d)**, **(c)**와 **(b)**, **(e)**와 **(f)**, **(g)**와 **(h)**

59. **a.** 사면체 **b.** 사면체 **c.** 굽은 모양 **d.** 굽은 모양

61. 비극성. 두 결합의 극성이 같으며 선형 분자에서는 상쇄된다.

63. **a.** 비극성 결합, 109°, 비극성 분자

b. 극성 결합, 120°, 극성 분자

c. 극성 결합, 109°, 극성 분자

d. 극성 결합, 109°, 비극성 분자

65. 2개의 극성 결합을 가지고 있지만 선형이 아니므로 결합 극성이 더해진다.

67. CH_2Cl_2는 극성이다. C—H 결합과 C—Cl 결합은 서로 다른 극성을 가지며, CH_4 또는 CCl_4에서와 같이 서로 상쇄되지 않는다.

69. **(a)**와 **(c)**

71. **a.** :Br—Al—Br: (Al에 :Br:) **b.** H—Be—H **c.** :Cl—B—Cl: (B에 :Cl:)

73. 라돈은 이미 8개의 원자가전자를 가지고 있기 때문에 더 많거나 더 적을 필요가 없다.

75. AlP, Mg_3P_2

77. H—C—C—O—H (각 C에 H 두 개) 그리고 H—C—O—C—H (각 C에 H 두 개)

79. **a.** X는 7A 족, Y는 6A 족, Z는 5A 족이다.

b. H—X:, H—Y—H, H—Z—H (Z에 H)

c. Na^+ + [:X:]$^-$, $2Na^+$ + [:Y:]$^{2-}$

81. 아이오딘화 포타슘은 이온 화합물이고 분자로 구성되어 있지 않으며, K^+ 이온과 I^- 이온이 행, 열, 단으로 배열된 형태로 이루어져 있다.

83. $[He:H]^+$, He: + H^+ ⟶ $[He:H]^+$

85. 탄소는 분자가 아닌 C 원자로 존재한다. 또한 메테인의 화학식은 CH_6가 아니라 CH_4이다. 마지막으로 메테인은 원자에 원자가 결합해 구성된다. 정답은 "… 탄소 원자 하나가 수소 원자 4개에 붙어 있다."

87. 구리(I): $1s^2\ 2s^2\ 2p^6\ 3s^2\ 3p^6\ 4s^1\ 3d^9$(강사: 고급 수업에서 학생들은 구리가 채우기 순서의 예외 중 하나라는 것을 알게 될 것이다. Cu의 마지막 두 부껍질은 실제로 $4s^1\ 3d^{10}$이므로 Cu(I) 이온은 $3d^{10}$으로 끝난다). 바나듐(II): $1s^2\ 2s^2\ 2p^6\ 3s^2\ 3p^6\ 3d^3$

89. 120°의 각도는 3개의 결합이 최대한 멀리 떨어져 있을 수 있는 각도이다. 결합을 이동하여 다른 결합과의 각도가 증가하면 다른 결합 중 하나는 120°보다 작은 각도를 갖게 된다.

91. 4A 족 원소는 이온을 전혀 형성하지 않는 대신 공유 결합을 형성하는 경향이 있으므로 **(d)**가 가장 좋은 대답이다.

93. 신약 분자는 생물학적 분자와 유사하고 체내 효소나 수용체와 결합하도록 설계된다.

95. 더 낮은 에너지 사용, 용매를 적게 사용(또는 전혀 사용하지 않음), 더 온화한 조건 사용.

실험문제

1. SO_2는 중앙 황 원자에 한 쌍의 고립 전자쌍이 있어 산소 분자를 밀어내고 120° 각도를 가진다. 물은 중앙 산소 원자에 두 쌍의 고립 전자쌍이 있어 수소 원자를 밀어내고 분자에 109.5°의 사면체 각도를 부여한다.

5장

5.1 **A.** $3\,H_2 + N_2 \longrightarrow 2\,NH_3$
B. $2\,Fe_2O_3 + 3\,C \longrightarrow 3\,CO_2 + 4\,Fe$

5.2 **A.** 1.66 L
B. 프로페인, 3.20 L(4.00 L의 산소는 0.80 L의 프로페인을 소비한다.)

5.3 **A.** **a.** 65.0 amu **b.** 76.1 amu
B. **a.** 60.1 amu **b.** 234.1 amu

5.4 **A.** 41.1% N
B. 질산 암모늄

5.5 **A.** **a.** 0.874 g C **b.** 1000 g H_2O **c.** 17.0 g $Ca(HSO_4)_2$
B. **a.** 0.0664 mol Fe **b.** 2.29 mol C_5H_{12} **c.** 0.000674 mol $Mg(NO_3)_2$

5.6 **A.** 분자: H_2S 2분자가 O_2 3분자와 반응하여 SO_2 2분자 및 H_2O 2분자를 형성한다. 몰: 2 mol H_2S가 3 mol O_2 반응하여 2 mol SO_2 및 2 mol H_2O를 형성한다. 질량: 68.2g H_2S는 96.0 g O_2와 반응하여 128.1 g SO_2 및 36.0 g H_2O를 형성한다.
B. **a.** 원자는 보존된다.
b. 분자는 보존되지 않는다.
c. 몰은 보존되지 않는다.
d. 질량은 보존된다.

5.7 **A.** **a.** 3.750 mol CO_2 **b.** 0.0354 mol CO_2
B. 프로페인 7.0 mol

5.8 **A.** 3.44 g O_2
B. **a.** 974 g CO_2 **b.** 1083 g CO_2

5.9 **A.** 0.00672 M
B. 1.10 M

5.10 **A.** **a.** 0.0909 M **b.** 0.0168 M
B. 0.00881 M

5.11 **A.** **a.** 337 g KOH **b.** 11.2 g KOH
B. 9.55 kg NaOH

5.12 **A.** 24.7 mL
B. 0.000630 g

5.13 **A.** 89.3% 에탄올
B. 30.7% 톨루엔

5.14 **A.** 2.06% H_2O_2
B. 49.4% NaOH

5.15 **A.** 11.3 g의 포도당을 충분한 물에 녹여 250 g의 용액을 만든다.
B. 11.1 g의 NaCl을 충분한 물에 녹여 1.25 kg의 용액을 만든다.

1. **a.** 물질의 가장 작은 반복 단위
b. 화합물의 원자량의 합
c. 6.022×10^{23} 화학식 단위의 물질을 포함하는 물질의 양
d. 정확히 12 g의 순수한 탄소-12에 들어 있는 원자 수 (6.022×10^{23})
e. 그램으로 표현되는 물질의 화학식량; 1몰의 질량
f. 지정된 조건에서 기체 1몰이 차지하는 부피

3. 한 줌, 한 꼬집은 대략 1 g(즉 1 g/mol), 한 통은 수 kg($>$ 1000 g/mol), 트럭 한 대 분량은 그보다 훨씬 많은 양이다!

5. **a.** 용액은 두 가지 이상의 물질이 균일하게 혼합된 균일 혼합물이다.
b. 용매는 용매를 분산시키는 물질로, 용액에서 일반적으로 가장 많은 양으로 존재한다.
c. 용질은 용매에 용해되어 용액을 형성하는 물질이다.
d. 수용액은 물이 용매인 용액이다.

7. **a.** 12 **b.** 3 **c.** 6

9. 6 N, 3 P, 27 H, 12 O

11. **a.** H_2O_2 2분자는 H_2O 2분자와 O_2 1분자를 생성한다.
b. H_2O_2 2몰이 H_2O 2몰과 O_2 1몰을 생성한다.
c. H_2O_2 68 g이 H_2O 36 g과 O_2 32 g을 생성한다.

13. **a.** $4\,Li + O_2 \rightarrow 2\,Li_2O$
b. $3\,Mg + Co_2O_3 \rightarrow 2\,Co + 3\,MgO$
c. $Zr + 2\,H_2S \rightarrow ZrS_2 + 2\,H_2$

15. **a.** $N_2 + 2\,O_2 \rightarrow N_2O_4$
b. $9\,C + 2\,O_3 \rightarrow 3\,C_3O_2$
c. $UO_3 + 6\,HF \rightarrow UF_6 + 3\,H_2O$

17. **a.** 이들은 같은 수의 분자를 포함한다.
b. Cl_2 분자가 질량이 가장 커서(70.9 amu), 염소 풍선이 가장 무겁다.

19. **a.** 103 L CO_2 **b.** 7.30 mL

21. 5:1

23. **a.** 6.02×10^{23}개의 P_4 분자 **b.** 2.41×10^{24}개의 P 원자

25. c

27. **a.** 159.6 g/mol **b.** 286.6 g/mol
c. 368.2 g/mol **d.** 74.1 g/mol

29. **a.** 535 g $AgNO_3$ **b.** 10.0 g $CaCl_2$
c. 404.4 g H_2S

31. **a.** 0.228 mol Sb_2S_3 **b.** 2.23 mol MoO_3
c. 7.44 mol $AlPO_4$

33. **a.** 17.1% **b.** 26.2%

35. **a.** 2.54 mol CO_2 **b.** 11.4 mol O_2

37. **a.** 1400 g NH_3 **b.** 200 g H_2

39. **a.** 1.09 M **b.** 0.602 M

41. **a.** 23.7 g HCl **b.** 12.7 g K_2CrO_4

43. **a.** 0.333 L **b.** 0.64 L

45. **a.** 3.68 % **b.** 50.5 %

47. NaCl 310 g을 물 3440 g에 용해한다.

49. 아세트산 40.0 mL에 물을 첨가하여 용액의 총 부피를 2.00 L로 만든다.

51. 두 번째 식은 양쪽의 총 전하가 다르므로 올바르지 않다.

53. **a.** $3\ FeO(s) + 2\ Al(s) \rightarrow 3\ Fe(l) + Al_2O_3(s)$
b. $K_2S(aq) + Cu(NO_3)_2(aq) \rightarrow 2\ KNO_3(aq) + CuS(s)$

55. **a.** 같다. **b.** 0.50 mol C_2H_2

57. 1.4×10^5 g CaO

59. 0.418 mol H_2O_2

61. **a.** 94.9% 에탄올 **b.** 0.258% 아세톤

63. **a.** 357 yg U **b.** 722 U 원자

65. 8.25 mL

67. 모든 바닷물의 컵 수는 6.10×10^{21}이고, 한 컵의 물에 들어 있는 H_2O 분자 수는 7.89×10^{24}이므로, 해당 진술은 타당하다.

69. 8.57×10^7 g 또는 8.57×10^4 kg $NaHCO_3$

71. 111 mol H_2O

73. 975달러

75. **a.** $C_6H_{12}O_6 \longrightarrow 2\ C_2H_6O + 2\ CO_2$;
$C_2H_4 + H_2O \longrightarrow C_2H_6O$
b. (1) 51.1%; (2) 100%
c. (1) CO_2는 부산물(폐기물); (2) 부산물 없음
d. (1) 지속가능; (2) 지속 불가능
e. 반응 (1)은 부산물을 생성하지만 지속가능하며 재생 불가능한 귀중한 석유를 소비하지 않는다.

77. **a.** 51.3% **b.** 52.6% **c.** 81.5%

실험문제

1. 원자는 보존되지만, 분자는 보존되지 않는다.

2. 이산화 탄소는 지구 생명체에 필수적인 요소이지만, 과다한 이산화 탄소는 지구 기후 변화에 기여한다. 화석 연료 연소는 환경에 상당한 영향을 미쳤으며, 탄소 발자국을 줄이지 못한다면 계속 환경에 피해를 초래할 것이다.

3. 물질 보존 법칙은 화학 반응 동안 물질이 생성되거나 소멸되지 않는다고 규정한다. 원자들은 다르게 결합될 수 있지만, 반응물의 원자 수와 질량은 생성물의 원자 수와 질량과 같아야 한다. 화학 반응식을 맞추는 것은 반응식이 현실을 정확히 반영하도록 보장한다.

6장

6.1 **A.** **a.** 분산력 **b.** 쌍극자-쌍극자
B. 수소 결합

6.2 **A.** 30 mL **B.** 400 mmHg

6.3 **A.** 1800 mL **B.** 503 mL

6.4 **A.** 21.5 L **B.** −259.7 ℃

6.5 **A.** 112 psi **B.** −95 ℃

6.6 **A.** 5.86 g/L **B.** 1.29 g/L, Xe보다 4.5배 낮음

6.7 **A.** 922 mL **B.** 426 mmHg

6.8 **A.** **a.** 0.0526기압 **b.** 9.99 L
B. 112 L

1. 고체와 액체 모두 입자가 서로 가깝기 때문에 압축이 어렵다(부피 고정). 액체는 입자가 자유롭게 움직이기 때문에 흐르고, 고체는 입자가 고정되어 있기 때문에 모양이 고정되어 있다.

3. 고체에서 액체로: 녹음. 액체에서 기체: 증발. 기체에서 액체로: 응축. 액체에서 고체: 얼림.

5. 이온 결합, NaCl. 쌍극자-쌍극자 힘, $H_2C{=}O$. 수소 결합, H_2O. 분산력, CCl_4.

7. 부피는 압력에 반비례하고 절대 온도에 정비례한다.

9. NaBr

11. F_2와 CF_4

13. b < a < c

15. 물: b와 d. 사염화 탄소: a와 c

17. 42.9 m^3

19. 1.7×10^5 L

21. 3.76 L

23. 226 mL

25. 1.07 L

27. 160 ℃

29. 0.31기압

31. 그렇다(최종 압력은 5.3기압이었을 것이다.)

33. **a.** 22.4 L **b.** 182 L **c.** 4.41 L

35. 5.86 g/L

37. **a.** 47.4몰 **b.** 66.5몰

39. 이상 기체 법칙은 $PV = nRT$이다. n이 상수인 경우:
a. 감소 **b.** 감소 **c.** 증가

41. **a.** 온도가 감소한다. **b.** 압력이 감소한다.

43. **a.** 0.172 L **b.** 1.04기압

45. 0.0208 mol Kr

47. 0.00415몰

49. 14.5 L

51. 6.5절의 목록을 참조

53. 1.24몰

55. 3.0 g He

57. 0.394 L

59. 44.0몰

61. 226 kg

63. **a.** 380 mmHg **b.** 38 mmHg **c.** 7.6 mmHg

65. b, c, d

67. 1.16 L

69. e

71. 드라이클리닝 산업에서 퍼클로로에틸렌과 커피의 카페인 제거를 위한 염화메틸렌

실험문제

3. 열은 풍선 내부의 공기 분자를 더 빠르게 움직이게 하고 풍선 내부 표면에 더 큰 힘을 가하여 풍선이 커지게 한다. 풍선을 냉각하면 분자가 느려지고 내부 표면에 가해지는 힘이 줄어들어 풍선이 수축한다.

4. 부피는 온도와 직접적인 관련이 있다.

5. 가열하면 압력이 상승하고 냉각하면 압력이 감소한다.

7장

7.1 **A.** **a.** $HI(aq) \longrightarrow H^+(aq) + I^-(aq)$
b. $Ca(OH)_2(s) \xrightarrow{H_2O} Ca^{2+}(aq) + 2\,OH^-(aq)$
B. $CH_3COOH(aq) \xrightarrow{H_2O} H^+(aq) + CH_3COO^-(aq)$

7.2 **A.** $HBr(aq) + H_2O \longrightarrow H_3O^+(aq) + Br^-(aq)$
B. $HClO_4 + CH_3OH \longrightarrow CH_3OH_2^+ + ClO_4^-$

7.3 **A.** H_2SeO_3 **B.** HNO_3

7.4 **A.** $Sr(OH)_2$ **B.** KOH

7.5 **A.** $NaOH(aq) + HC_2H_3O_2(aq) \longrightarrow NaC_2H_3O_2(aq) + H_2O$
B. $2\,HCl(aq) + Mg(OH)_2(aq) \longrightarrow MgCl_2(aq) + 2\,H_2O$

7.6 **A.** pH = 9 **B.** pH = 2

7.7 **A.** 1×10^{-2} M (0.01 M) **B.** 1×10^{-3} M (0.001 M)

7.8 **A.** c **B.** pH = 2.4

7.9 **A.** 비커 III: HNO_3, 비커 II: KOH
B. 5개의 OH^-, 6개의 NO_3^-

7.10 **A.** **a.** HSO_4^- **b.** H_2CO_3
B. **a.** CN^- **b.** NH_2^-

1. **a.** 산은 물에서 H^+이온을 생성하는 물질(또는 이온)이다(Arrhenius 정의). 예: HCl
b. 염기는 용액에서 OH^- 이온을 생성하는 물질(또는 이온)이다(Arrhenius 정의). 예: KOH.
c. 염은 산-염기 반응으로 생성된 이온 화합물이다. 예: K_2SO_4(H_2SO_4와 KOH로부터 생성).

3. 리트머스는 보라색으로 변하거나 변화가 없다. 철과 아연에는 영향이 없다.

5. 대부분의 수소 원자는 중성자를 가지지 않고, 핵에는 양성자만 존재한다. 산-염기 화학에서 양성자(H^+)는 전자를 잃은 수소 원자이다. 핵 양성자는 모든 원자 중심에 있는 양전하 입자이다.

7. 중화는 산을 염기에 첨가하거나 염기를 산에 첨가하여 용액이 중성이 될 때 발생한다. 즉 H^+와 OH^-의 양(농도)이 같아질 때 이다.

9. NaOH와 같은 강염기는 물에서 완전히 이온화하여 OH^-를 생성한다. 약염기는 물과 거의 반응하지 않으며, H^+를 물로부터 받아 OH^-를 생성한다.

11. 강산과 강염기는 부식성이 있으며, 신속히 씻어내지 않으면 화상을 일으킬 수 있다. 강염기는 처음에 피부에 닿으면 미끄럽게 느껴진다.

13. **a.** $HBr \rightarrow H^+(aq) + Br^-(aq)$
b. $CsOH \rightarrow Cs^+(aq) + OH^-(aq)$

15. HClO, 하이포아염소산

17. **a.** 염기 **b.** 산 **c.** 염기

19. **a.** $HCOOH(aq) + H_2O(l) \longrightarrow H_3O^+(aq) + HCOO^-(aq)$
b. $C_5H_5N(aq) + H_2O(l) \longrightarrow C_5H_5NH^+(aq) + OH^-(aq)$

21. $NH_3(aq) + H_2O \longrightarrow NH_4^+(aq) + OH^-(aq)$

23. **a.** 염산[HCl(g)는 염화 수소] **b.** $Sr(OH)_2$
c. 수산화 포타슘 **d.** H_3BO_3

25. **a.** 인산, 산 **b.** 수산화 세슘, 염기 **c.** 탄산, 산

27. **a.** HNO_2 **b.** H_3PO_3

29. **a.** H_2SeO_3, 산 **b.** $Sr(OH)_2$, 염기

31. 강산

33. 약염기

35. **a.** 강염기 **b.** 강산 **c.** 약산 **d.** 염

37. 0.10 M $HClO_4$(강산) > 0.10 M HClO(약산) > 0.20 M NH_3(약염기)

39. **a.** $AgOH + HCl \longrightarrow AgCl + H_2O$
b. $RbOH + HNO_3 \longrightarrow RbNO_3 + H_2O$

41. **a.** $H_2SO_3(aq) + Mg(OH)_2(aq) \longrightarrow 2\,H_2O(aq) + MgSO_3(aq)$

43. **a.** 산성 **b.** 염기성 **c.** 산성 **d.** 염기성

45. 8.0

47. 11.0

49. 1.0×10^{-6} M H^+

51. pH는 5에서 6 사이이다.

53. NH_3OH^+는 NH_2OH의 짝산이고, Cl^-는 HCl의 짝염기이다.

55. $Al(OH)_3(s) + 3\,HCl(aq) \longrightarrow AlCl_3(aq) + 3\,H_2O$
$Mg(OH)_2(s) + 2\,HCl(aq) \longrightarrow MgCl_2(aq) + 2\,H_2O$

57. 염기는 쓴맛이 내는 것으로 알려져 있으며, 비누는 염기성(pH > 7.0)일 가능성이 크다.

59. c

61. $CaCO_3(s) + 2\,HCl(aq) \longrightarrow CaCl_2(aq) + H_2CO_3(aq)$
[H_2CO_3 대신 $H_2O + CO_2$로 나타내어도 된다.]

63. $HS^- + H_2O \longrightarrow H_2S + OH^-$

65. $NaOH > NH_3 > NaCl > HC_2H_3O_2 > HNO_3$

67. HPO_4^{2-}(산) $+ H_2O \longrightarrow H_3O^+ + PO_4^{3-}$,
HPO_4^{2-}(염기) $+ H_2O \longrightarrow H_2PO_4^- + OH^-$

69. 3가 규칙, 4가 규칙

71. $NH_3 + NH_3 \rightarrow NH_4^+ + NH_2^-$

73. pH를 낮춘다.

75. 1000 L
77. 몬모릴로나이트 점토

실험문제

2. 레몬 주스, 식초, 오렌지 주스, 탄산수
3. 암모니아, 붕사, 베이킹 소다, 제산제, 샴푸
4. 암모니아, 베이킹 소다 용액, 제산제와 같은 염기성 용액을 몇 방울 첨가한다.
5. 물의 pH가 결과에 영향을 줄 수 있으며, 물질에 알 수 없는 첨가물이 포함되어 있을 가능성도 있어 결과에 영향을 줄 수 있다.

8장

8.1 **A. a.** 산화 **b.** 산화 **c.** 환원
B. a. 산화 **b.** 환원 **c.** 산화

8.2 **A. a.** 산화 **b.** 산화
B. a. 환원 **b.** 산화

8.3 **A. a.** 산화 **b.** 환원 **c.** 산화
B. a. 환원 **b.** 산화 **c.** 환원

8.4 **A. a.** +2 **b.** −3 **c.** 0
B. a. 0 **b.** −1 **c.** +5 **d.** +3

8.5 **A. a.** 산화 **b.** 환원 **c.** 산화
B. a. 환원 **b.** 산화 **c.** 환원

8.6 **A. a.** F_2, 산화제; Mg, 환원제 **b.** Fe_3O_4, 산화제; H_2, 환원제
c. Ce^{4+}, 산화제; Ni^{2+}, 환원제
B. a. O_2, 산화제; Se, 환원제 **b.** Br_2, 산화제; K, 환원제
c. O_2, 산화제; Fe, 환원제

8.7 **A.** 산화: $Co \longrightarrow Co^{3+} + 3e^-$, 환원: $S + 2e^- \longrightarrow S^{2-}$
B. 산화: $Mg \longrightarrow Mg^{2+} + 2e^-$,
환원: $Zn^{2+} + 2e^- \longrightarrow Zn$

8.8 **A.** $Zn + 2\,H^+ \longrightarrow Zn^{2+} + H_2$
B. $Pb + 2\,Ag(NH_3)_2{}^+ \longrightarrow Pb^{2+} + 2\,Ag + 4\,NH_3$

8.9 **A. a.** $2\,Zn + O_2 \longrightarrow 2\,ZnO$ **b.** $C + O_2 \longrightarrow CO_2$
B. a. $4\,Al + 3\,O_2 \longrightarrow 2\,Al_2O_3$ **b.** $4\,Li + O_2 \longrightarrow 2\,Li_2O$

1. 산화에서는 산화수가 증가하고, 환원에서는 감소한다.
3. 산화는 산화 전극에서, 환원은 환원 전극에서 일어난다. 산화는 전자의 손실을 포함하므로, 잃은 전자가 산화 전극에서 환원 전극으로 이동하여 환원되는 물질과 결합한다.
5. 두 전극 구획 사이의 다공성 판은 이온이 통과하도록 하여 전기 회로를 완성하고 용액을 전기적으로 중성으로 유지한다.
7. 아연은 산화 전극이며, 전지 반응에서 Zn^{2+}로 산화된다.
9. 방전 반응을 역으로 진행시키기 위해 전압을 가하여 충전한다. 충전 반응은 다음과 같다.

$$2\,PbSO_4 + 2\,H_2O \longrightarrow Pb + PbO_2 + 2\,H_2SO_4$$

11. 리튬은 밀도가 매우 낮고 다른 금속보다 높은 전압을 제공할 수 있다.
13. 은은 H_2S에 의해 산화되어 검은색 Ag_2S를 생성한다. 알루미늄 금속을 사용하여 Ag^+를 Ag로 환원할 수 있어 은의 손실이 없다.
15. 광합성에서 식물은 태양 에너지를 환원된 형태의 탄소에 화학 결합으로 저장한다. 우리는 이러한 화합물을 함유한 음식을 섭취하고, 광합성 반응을 역으로 진행하여 탄소 원자를 산화시키고 저장된 에너지를 방출한다. 이 에너지가 심장 박동을 포함한 인체 과정의 동력이 된다.
17. b
19. **a.** 산화, 0에서 +4 **b.** 산화, 0에서 +2
c. 산화, 0에서 +4 **d.** 산화, −1에서 0
e. 환원, 0에서 −4
21. **a.** $K \longrightarrow K^+ + e^-$ **b.** $Mg \longrightarrow Mg^{2+} + 2\,e^-$
c. $Fe \longrightarrow Fe^{2+} + 2\,e^-$, $Fe \longrightarrow Fe^{3+} + 3\,e^-$
23. **a.** Cu는 산화, O_2는 환원된다.
b. Mg은 산화되고, H^+는 환원된다.
c. H_2O_2의 O는 산화되고, Br_2는 환원된다.
d. $S_2O_3{}^{2-}$의 S는 산화되고, O_2는 환원된다.
25. **a.** H_2, 환원제; Cu^{2+}, 산화제
b. HCOH의 C, 환원제; O_2, 산화제
c. Mn, 환원제; Al_2O_3의 Al, 산화제
d. Cr^{2+}, 환원제; Sn^{4+}, 산화제
27. 구리 금속
29. $MnO_2(Mn^{4+})$, 산화제; Zn, 환원제
31. 산화 전극, 환원제; 환원 전극, 산화제
33. b
35. $Mg^{2+} + 2e^- \longrightarrow Mg$; $2\,K + Mg^{2+} \longrightarrow Mg + 2\,K^+$
37. **a.** $Mo^{6+} + 6\,e^- \longrightarrow Mo$, 환원; $H_2 \longrightarrow 2\,H^+ + 2\,e^-$, 산화
b. $Zr^{4+} + 2\,e^- \longrightarrow Zr^{2+}$, 환원; $Cd \longrightarrow Cd^{2+} + 2\,e^-$, 산화
39. **a.** 환원; 산화; $Cu^{2+} + Fe \longrightarrow Cu + Fe^{2+}$
b. 산화; 환원; $2\,H_2O_2 + 4\,Fe^{3+} \longrightarrow 2\,O_2 + 4\,H^+ + 4\,Fe^{2+}$
c. 환원; 산화; $WO_3 + 3\,C_2H_6O \longrightarrow W + 3\,H_2O + 3\,C_2H_4O$
41. **a.** 산화; 환원; $Pb^{4+} + Ti \longrightarrow Ti^{4+} + Pb$
b. 산화; 환원; $S + O_2 \longrightarrow S^{4+} + 2\,O^{2-}$ (또는 SO_2)
43. **a.** CH_3CHO의 C 원자는 산화되고, H_2O_2의 O 원자는 환원된다.
b. C 원자가 산화되고, Mn^{7+}가 환원된다.
45. 둘 다 환원된다.
47. H 원자의 증가로 인해 환원된다.
49. I^-는 산화되고, Cl_2는 환원된다.
51. 환원됨. H를 얻고 O를 잃는다.
53. 산화됨. H를 잃는다.
55. Fe^{3+}는 Fe^{2+}로 환원되므로, Fe^{3+}는 산화제이다. C는 0에서 +4 상태로 산화된다.
57. **a.** $N_2 + 2\,O_2 \longrightarrow 2\,NO_2$(다른 생성물도 가능함: N_2O, NO, N_2O_4)
b. $CS_2 + 3\,O_2 \longrightarrow CO_2 + 2\,SO_2$
c. $C_5H_{12} + 8\,O_2 \longrightarrow 5\,CO_2 + 6\,H_2O$
59. **a.** H는 −1이다.
b. O는 −1이다.
c. O의 산화수는 −1/2로, 분수 값이다. 전자는 반 개라는 것은 존재하지 않는다. (실제로 Cs가 O_2와 반응할 때 산소 분자는 전자를 하나 잃어 $O_2{}^-$을 형성한다.)

61. F > Cl > Br > I

63. 얇은 그리스나 오일 코팅은 산소가 금속에 닿는 것을 막아 산화를 최소화한다.

65. $2\ CO_2 + 2\ e^- \longrightarrow C_2O_4^{2-}$; CO_2가 환원된다.

67. 분당 7.5 L의 공기; 하루 약 2000 L의 산소

69. **a.** 산화

b. $6\ CO_2 + 24\ H^+ + 24\ e^- \longrightarrow 6\ H_2O + C_6H_{12}O_6$

71. +4, 0

73. 금속은 음이온을 형성하지 않기 때문에 오직 환원제로만 작용할 수 있다. 반응에서 금속은 0 상태에서 양이온 상태로 변한다. 비금속은 양이온 또는 음이온 형태를 모두 취할 수 있으므로 산화제 또는 환원제로 작용할 수 있다(19번 문제의 탄소 참조).

75. $H_2 + Cl_2 \longrightarrow 2\ HCl$; Cl_2는 산화제이다.

77. $2\ Al + 6\ H_2O \longrightarrow 2\ Al(OH)_3 + 3\ H_2$; Al은 환원제, H_2O는 산화제이다.

79. H_2O_2는 산화제와 환원제로 모두 작용한다. H_2O_2의 산소의 산화수는 −1이다. 하나의 산소 원자는 물(H_2O, 산화수 −2)을 형성한다. 다른 산소 원자는 산소 분자(O_2, 산화수 0)를 형성한다.

81. **a.** 환원: $NAD^+ + H^+ + 2\ e^- \longrightarrow NADH$;
산화: $CH_3CH_2OH \longrightarrow CH_3CHO + 2\ H^+ + 2\ e^-$.
전체적으로 $NAD^+ + CH_3CH_2OH \longrightarrow CH_3CHO + H^+ + NADH$.

b. 환원: $CH_3COCOOH + 2\ H^+ + 2\ e^- \longrightarrow CH_3CHOHCOOH$;
산화: $NADH \longrightarrow NAD^+ + H^+ + 2e^-$.
전체적으로 $CH_3COCOOH + NADH + H^+ \longrightarrow CH_3CHOHCOOH + NAD^+$.

83. **a.** propylene + Cl_2 + H_2O ⟶ propylene chlorohydrin + HCl; 2 propylene chlorohydrin + $Ca(OH)_2$ ⟶ 2 propylene oxide + 2 H_2O + $CaCl_2$; propylene + H_2O_2 (titanium silicalite 존재) ⟶ propylene oxide + H_2O

b. 기존 공정의 원자 효율: 25%. 대체 공정의 원자 효율 : 55%

c. 대체 공정은 두 가지 측면에서 모두 우수하다. 원자 효율이 높고, 유일한 폐기물은 물뿐이다.

85. 많은 산화 촉매는 구조 내에 유기 분자를 포함하고 있다. 이 유기 성분이 화학적으로 산화될 수 있어 촉매 효과가 감소할 수 있다.

실험문제

1. 아연; 구리보다 전자를 더 쉽게 잃는다.

2. 레몬 전지는 약 1 V, 약 2 mA를 생성한다.

3. 키위 전지는 1 V가 조금 넘는 전압, 약 2 mA를 생성한다.

4. 키위 전지가 더 높은 전압을 낼 가능성이 크다.

5. LED는 1개의 '셀'만으로는 켜지지 않았을 수 있다(전압이 낮기 때문). 하지만 2개의 셀을 연결하면 LED가 켜졌을 가능성이 있다(사용한 LED 종류에 따라 다름).

9장

9.1 **A. a.** 분자 C_6H_{14}; 완전한 구조식:

$$\begin{array}{ccccccccccccccc} & & H & & H & & H & & H & & H & & H & & \\ & & | & & | & & | & & | & & | & & | & & \\ H & - & C & - & C & - & C & - & C & - & C & - & C & - & H \\ & & | & & | & & | & & | & & | & & | & & \\ & & H & & H & & H & & H & & H & & H & & \end{array}$$

축약식: $CH_3CH_2CH_2CH_2CH_2CH_3$

b. 분자: C_8H_{18}; 완전한 구조식:

$$\begin{array}{ccccccccccccccccccc} & & H & & H & & H & & H & & H & & H & & H & & H & & \\ & & | & & | & & | & & | & & | & & | & & | & & | & & \\ H & - & C & - & C & - & C & - & C & - & C & - & C & - & C & - & C & - & H \\ & & | & & | & & | & & | & & | & & | & & | & & | & & \\ & & H & & H & & H & & H & & H & & H & & H & & H & & \end{array}$$

축약식: $CH_3CH_2CH_2CH_2CH_2CH_2CH_2CH_3$

B. a. 분자: C_5H_{12}; 완전한 구조식:

$$\begin{array}{ccccccccccccc} & & H & & H & & H & & H & & H & & \\ & & | & & | & & | & & | & & | & & \\ H & - & C & - & C & - & C & - & C & - & C & - & H \\ & & | & & | & & | & & | & & | & & \\ & & H & & H & & H & & H & & H & & \end{array}$$

축약식: $CH_3CH_2CH_2CH_2CH_3$

b. 분자: $C_{10}H_{22}$; 완전한 구조식:

$$\begin{array}{ccccccccccccccccccccccc} & & H & & H & & H & & H & & H & & H & & H & & H & & H & & H & & \\ & & | & & | & & | & & | & & | & & | & & | & & | & & | & & | & & \\ H & - & C & - & C & - & C & - & C & - & C & - & C & - & C & - & C & - & C & - & C & - & H \\ & & | & & | & & | & & | & & | & & | & & | & & | & & | & & | & & \\ & & H & & H & & H & & H & & H & & H & & H & & H & & H & & H & & \end{array}$$

축약식: $CH_3CH_2CH_2CH_2CH_2CH_2CH_2CH_2CH_2CH_3$

9.2 **A.**

$$\begin{array}{ccc} CH_2 & - & CH_2 \\ | & & | \\ CH_2 & - & CH_2 \end{array}$$

B. C—C 결합이 형성되어 고리를 만들면 C—H 결합이 2개 적어지므로 수소(H)가 2개 줄어든다.

9.3 **A. a.** C_6H_{12}; $CH_3CH{=}CHCH_2CH_2CH_3$

b. C_7H_{12}; $CH_3CH_2C{\equiv}CCH_2CH_2CH_3$

B. a. C_9H_{18}; $CH_3CH_2CH_2CH{=}CHCH_2CH_2CH_2CH_3$

b. C_5H_8; $CH_3C{\equiv}CCH_2CH_3$

9.4 **A.** 아니다. C=C 원자 중 1개에 수소(H) 원자가 2개 있으므로 규칙 2를 충족하지 못한다.

B. 오직 **(b)**;

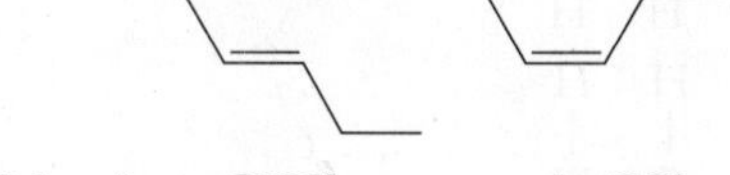

9.5 **A. a.** $CHCl_3$ **b.** CCl_4

B. a. CF_4 **b.** CH_2F_2

9.6 **A. a.**

$$\begin{array}{ccccccccccccc} & & H & & H & & H & & H & & & & \\ & & | & & | & & | & & | & & & & \\ H & - & C & - & C & - & C & - & C & - & O & - & H \\ & & | & & | & & | & & | & & & & \\ & & H & & H & & H & & H & & & & \end{array}$$

b.

$$\begin{array}{ccccccccccc} & & & & & & H & & & & \\ & & & & & & | & & & & \\ & & H & & H & & O & & H & & \\ & & | & & | & & | & & | & & \\ H & - & C & - & C & - & C & - & C & - & H \\ & & | & & | & & | & & | & & \\ & & H & & H & & H & & H & & \end{array}$$

B. a.

b.

9.7 **A. a.** 알코올(alcohol) **b.** 에터(ether) **c.** 에터(ether)
B. a. 페놀(phenol) **b.** 에터(ether) **c.** 싸이올(thiol)

9.8 **A. a.** $CH_3OCH_2CH_2CH_2CH_3$
b. $CH_3CH_2OC(CH_3)_3$
B. a. $CH_3OCH_2CH_2CH_2CH_2CH_3$
b. $CH_3CH_2CH_2OCH_2CH_2CH_2CH_2CH_2CH_3$

9.9 **A. a.** 케톤 **b.** 알데하이드
B. a. 알데하이드 **b.** 케톤

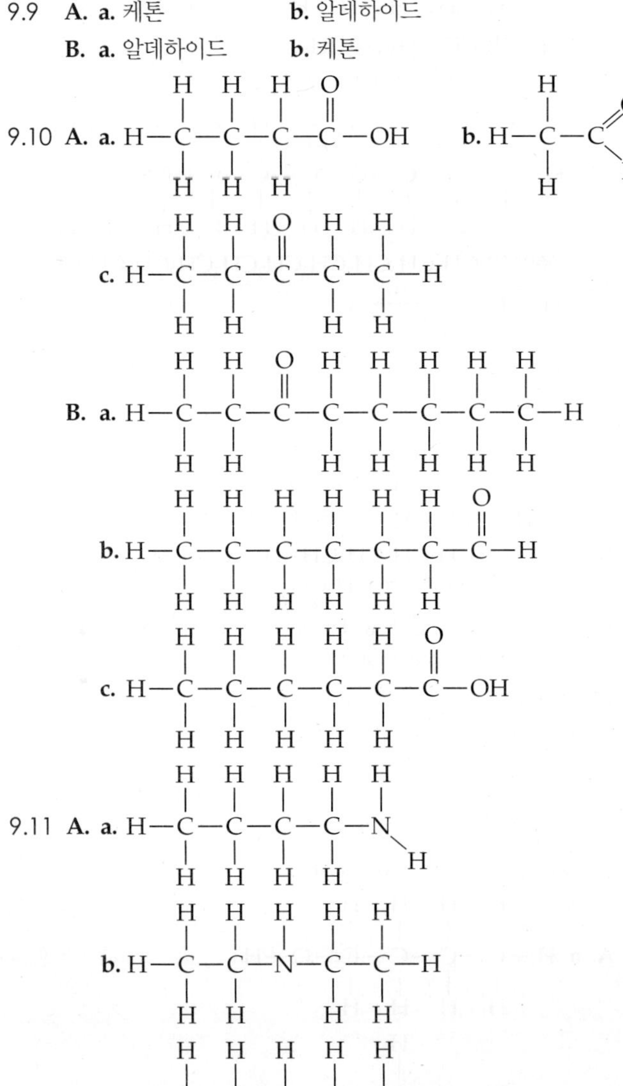

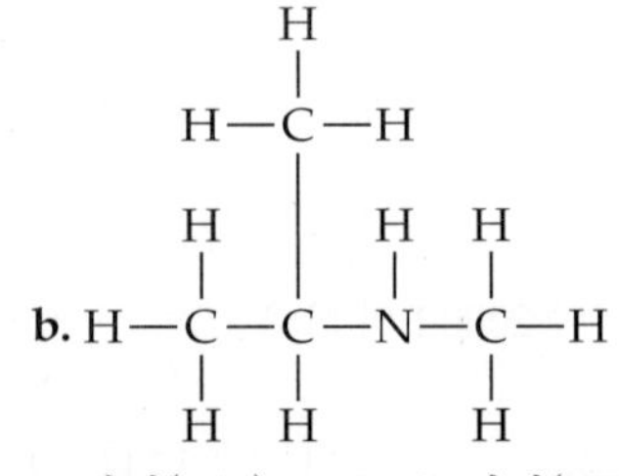

9.12 **A. a.** 아민(NH) **b.** 아민(NH)
B. a. 아민(N) **b.** 아마이드(CONH)

9.13 **A.** a **B.** b

1. 유기: 결합은 일반적으로 공유 결합이며, 녹는점과 끓는점이 낮고, 수용성은 거의 없다. 무기: 결합은 보통 이온 결합이며, 녹는점과 끓는점이 비교적 높고, 수용성인 경우가 많다.

3. 탄소 원자는 결합하여 긴 사슬을 형성할 수 있고, 다중 결합이나 고리를 형성할 수 있다.

5. 이성질체는 화학식은 같지만 구조가 다른 물질이다. 구조 이성질체는 서로 다른 구조식을 가지며, 기하 이성질체는 이중결합에 있는 그룹들의 배열이 다르다.

7. 벤젠의 육각 고리는 6개의 전자가 비국소화 되어 있어 다른 불포화 화합물과는 다른 안정성을 가진다.

9. 1~4 ℃: 기체; 5~16 ℃: 액체; 16~17 ℃ 이상: 고체

11. a. 에탄올(ethanol) **b.** 2-프로탄올(2-propanol)
c. 메탄올(methanol)

13. 역사적 용도: 마취제; 현대적 용도: 용매

15. a. 알코올(alcohol) **b.** 케톤(ketone)
c. 에테르(ester) **d.** 에터(ether)
e. 카르복실산(carboxylic acid) **f.** 알데하이드(aldehyde)
g. 싸이올(thiol) **h.** 아마이드(amide)
i. 아민(amine)

17. **(a)**와 **(d)**는 유기체이다.

19. c

21. a. 6 **b.** 9 **c.** 5 **d.** 5

23. a. 부테인(butane) **b.** 1-부텐(1-butene)
c. 아세틸렌(에틴)[acetylene(ethyne)]

25. a. C_5H_{12}; $CH_3CH_2CH_2CH_2CH_3$
b. $C_{10}H_{22}$; $CH_3CH_2CH_2CH_2CH_2CH_2CH_2CH_2CH_2CH_3$

27. a. 불포화, 알카인 **b.** 포화, 알케인

29. a. 이성질체 **b.** 동일한 화합물

31. c

33. d

35. a

37. d

39. b

41. a. 메틸(methyl) **b.** *sec*-부틸(*sec*-butyl)

43. 작용기는 말단 탄소에서 프로필기, 중심 탄소에서 아이소프로필기와 결합한다. 두 그룹 모두 화학식은 C_3H_7이다.

45. a. 에탄올(ethanol) **b.** 프로탄올(propanol)
c. CH_3OH

d. $\overset{OH}{\overset{|}{CH_3CHCH_2CH_2CH_2CH_2CH_3}}$

47. a. (OH, CH_3) **b.** (OH, I)

49. a. $CH_3CH_2CH_2OCH_2CH_2CH_3$
b. $CH_3CH_2CH_2CH_2OCH_2CH_3$

51. d

53. a. $CH_3CH_2\overset{O}{\overset{\|}{C}}CH_3$ **b.** $H\overset{O}{\overset{\|}{C}}H$
c. 부탄올 **d.** 3-헵타논

55. a

57. a. 프로판산(propanoic acid)
b. 펜타노산(pentanoic acid)
c. HCOOH
d. (벤젠 고리)—COOH

59. a. $CH_3\overset{O}{\overset{\|}{C}}OCH_3$ **b.** $CH_3CH_2O\overset{O}{\overset{\|}{C}}CH_2CH_2CH_3$
c. 에틸 프로피오네이트(propionate)

61. a. CH_3NH_2 **b.** $CH_3\overset{CH_3}{\overset{|}{C}}HNH_2$
c. 디에틸아민(diethylamine) **d.** 아닐린(aniline)

63. a

65. a. $CH_3CH_2C{\equiv}CCH_3 + 2\,H_2 \longrightarrow CH_3CH_2CH_2CH_2CH_3$
b. $CH_3CH{=}C(CH_3)CH_2CH_2CH_2CH_3 + H_2 \longrightarrow CH_3CH_2CH(CH_3)CH_2CH_2CH_2CH_3$

67. a. $CH_3CH_2CH_2CH_2OH$ **b.** $CH_3CH_2CH(OH)CH_2CH_3$
c. $CH_3CH(OH)CH(CH_3)_2$ **d.** $C_6H_5CH_2OH$

69. $2\,CH_3OH + 3\,O_2 \rightarrow 2\,CO_2 + 4\,H_2O$; 1.06 kg

71. a. 쌍극자-쌍극자(및 분산) 힘
b. 수소 결합(및 분산) 힘. 수소 결합은 대부분의 쌍극자-쌍극자 힘보다 훨씬 강하기 때문에 에탄올 분자는 다이메틸 에터보다 높은 액체 상태를 유지한다.

73. a. 헥세인(hexane)
b. 펜테인(pentane)
c. 헵테인(heptane)
d. 옥탄가. 곧은 사슬 구조의 화합물(직쇄형 화합물)은 가지형 이성질체보다 끓는점이 높다.

75. d

77. b

79. 4가지 용매 대신 하나의 용매; 덜 위험한 용매; 용매 사용 감소(여러 용매 대신 하나의 용매 사용; 덜 위험한 용매; 사용량 적은 용매 활용).

81. 마이크로파 가열이 핫 플레이트 또는 기타 가열 방법보다 더 효율적이기 때문에 에너지 소비가 적다.

실험문제

2. 동물성 지방은 상온에서 고체 상태이므로 포화 지방산 비율이 높고, 오일보다 불포화도가 낮을 것으로 예상된다.

3. 트랜스 이중 결합은 포화 지방과 유사한 구조를 갖고 있어, 두 물질은 서로 밀집하여 배열될 수 있으므로 고체 상태를 형성한다. 반면 시스 이중 결합은 지방산 사슬에 꺾임(굽은 부분)을 만들어, 분자들이 가까이 쌓이지 못하므로 유동적인(액체) 상태를 보인다.

10장

10.1 **A.** $CH_2{=}CH{-}CN$ **B.** $CH_2{=}CH{-}Br$

10.2 **A.** $\left[CH_2\underset{F}{\underset{|}{C}}H{-}CH_2\underset{F}{\underset{|}{C}}H{-}CH_2\underset{F}{\underset{|}{C}}H{-}CH_2\underset{F}{\underset{|}{C}}H\right]$

B. $+CH_2CH(OCOCH_3)CH_2CH(OCOCH_3)CH_2CH(OCOCH_3)CH_2CH(OCOCH_3)+$

10.3 **A.** **a.** $+OCH_2COOCH_2COOCH_2COOCH_2CO+$
b. $+OCH_2(C{=}O)+_n$

B.

a. $\left[NH(CH_2)_3CONH(CH_2)_3CONH(CH_2)_3CONH(CH_2)_3CO\right]$

b. $\left[NH(CH_2)_3CO\right]_n$

1. 폴리에틸렌에서 각 탄소 원자에는 2개의 수소 원자가 결합되어 있다. PVC의 단량체는 염화 비닐($H_2C{=}CHCl$)이며, PVC에서 1개의 탄소마다 수소 원자 1개와 염소 원자 1개가 번갈아 결합되어 있다. 용도는 장난감, 비닐봉지, 쓰레기통 등이다.

3. 모든 단량체 원자가 고분자에 포함되는 중합 반응으로, 이중 결합을 통해 이루어진다.

5. 스타이렌

7. 질산으로 처리한 천연 셀룰로스로 만든 반합성 소재이다.

9. 합성 섬유는 가격이 저렴하며 다양한 성질을 가지고 있다.

11. 많은 응용 분야에서 플라스틱은 종류별로 분리하고 녹여 새로운 물체로 성형해야 한다.

13. 고분자는 여러 개의 작은 반복 단위가 서로 결합된 것으로 구성되며, 이 단위들을 단량체라고 한다.

15. LDPE는 분자가 고도로 분절된 분자 구조를 가지고 있으며, 느슨하게 배열된 비정질 구조를 형성하고 있다. 이러한 구조는 LDPE를 부드럽고 유연하게 만든다.

17. HDPE는 대부분 선형 분자로 이루어져 있어 서로 가깝게 밀집될 수 있는 구조를 가진 반면에 LDPE 분자는 많은 곁사슬을 가진다. HDPE(예: 우유 주전자)는 부드럽고 유연한 LDPE(예: 샌드위치 봉지)에 비해 더 단단하고 고온에서도 형태가 유지된다.

19. a. $H_2C{=}CH_2$ **b.** $H_2C{=}CHC_6H_5$

21. a. 폴리아크릴로나이트릴 사슬: 주사슬의 탄소마다 $C\equiv N$ 기가 결합되어 있다 (5개의 $-C\equiv N$ 곁가지).

b. $-\!\!\!\vdash CH_2CF_2CH_2CF_2CH_2CF_2CH_2CF_2 \dashv\!\!\!-$

23. a. $-\!\!\!\vdash CH_2CH(CH_2CH_2CH_3)CH_2CH(CH_2CH_2CH_3)CH_2CH(CH_2CH_2CH_3) \dashv\!\!\!-$

b. $-[CH_2-C(C\equiv N)(C(=O)CH_2CH_3)]_n-$

25. $H_2C=C(CH_3)-CH=CH_2$

27. 고무의 분자는 나선 모양(코일)으로 감겨 있는 구조를 가진다. 고무를 늘리면 나선형 분자들이 펴지지만, 힘을 풀면 다시 분자가 감긴 형태로 되돌아간다.

29. SBR은 스타이렌과 부타디엔을 공중합체하여 만들어진다.

31. $-\!\!\!\vdash CO(CH_2)_6CONH(CH_2)_8NHCO(CH_2)_6CONH(CH_2)_8NH \dashv\!\!\!-$

33. $-\!\!\!\vdash OCH_2COOCH_2COOCH_2COOCH_2CO \dashv\!\!\!-$

35. 원자 < 원소 < 화합물 < 고분자

37. 고분자의 성질이 단단하고 딱딱하며 깨지기 쉬운 상태에서 고무처럼 탄력 있고 질긴 상태로 변하는 온도를 유리 전이 온도(T_g)라고 한다. 자동차 타이어와 같은 고부 재료는 T_g가 낮아야 하고 유리 대체 재료는 T_g가 높아야 한다.

39. 단량체는 고분자보다 녹는점이 훨씬 낮으며, 이는 고분자에서의 분자 간 인력이 단량체보다 훨씬 강하기 때문이다. 많은 단량체를 가열하면 끓을 수 있지만(액체 → 기체), 고분자는 충분히 가열해도 끓지 않고 분해된다.

41. 가소제의 분자는 볼 베어링처럼 작용하여 고분자 분자들을 분리하고 서로 미끄러지듯 움직이게 한다. 따라서 고분자의 유리 전이 온도가 낮아진다.

43. 프탈레이트

45. d

47. a. 단량체 **b.** 반복 단위 **c.** 고분자, 부가 중합

49. $CH_2{=}CCl_2$ 및 $CH_2{=}CHCl$

51. $n\ HC(H)=C(C\equiv N)-C(=O)-O-[CH_2]_7CH_3 \longrightarrow -[CH_2-C(C\equiv N)(C(=O)-O-[CH_2]_7CH_3)]_n-$

53. $\{-CH_2-C(CH_3)_2-CH_2-C(CH_3)_2-CH_2-C(CH_3)_2-CH_2-C(CH_3)_2-\}$

55. $CH_3CH(OH)CH_2C(=O)OH$

57. CH_3기는 직쇄 사슬의 일부가 아니며, CH기에 결합된 다음 CH_2가 CH기에 연속적으로 결합하는 방식으로 사슬이 형성된다.

59. 골프공은 엘라스토머로 만들어진다.

61. 1-부탄올은 분자의 한쪽 끝에만 OH기가 있기 때문에 테레프탈산의 양쪽 끝에 첫 번째 에스터가 형성된 후에는 반응이 계속 될 수 없다. 최종 생성물은 부탄올-테레프탈산-부탄올의 삼량체, 즉 $CH_3(CH_2)_3OC(O)C_6H_5C(O)O(CH_2)_3CH_3$로 제한된다. 결국 고분자를 형성할 수 없다.

63. $-[O-Si(CH(CH_3)_2)_2-O-Si(CH(CH_3)_2)_2-O-Si(CH(CH_3)_2)_2-O-Si(CH(CH_3)_2)_2]-$

65. $-[NHCH_2CONHCH_2CONHCH_2CONHCHCO]_n-$

67. b, c, d

69. LDPE에서는 곁사슬이 다른 주사슬과 결합하지 않기 때문에 주사슬들이 밀접하게 배열되는 것을 방해하여 고분자의 강도를 약화시킨다. 가황 고무에서는 황 사슬이 2개의 서로 다른 사슬을 연결하여 서로를 고정함으로써 고무에 강도와 탄성을 더한다.

71. b

73. a, b, d, e

75. a와 c

실험문제

1. 공은 튀어오른다. 그 높이는 대략 12~36인치 정도로 다양하다.

2. 화학 반응이 일어나며, 고분자는 원래의 출발 물질과 다른 성질을 가진다.

3. 섞는 각 성분의 양에 따라 끈적거리거나 미끌거리거나 신축성 있는 물질을 만들 수 있다. 예를 들어 옥수수 전분을 더 많이 넣으면 혼합물을 구부리고 늘릴 수 있다. 붕사를 적게 넣으면 끈적한 혼합물을 얻을 수 있다. 미끌거리는 물질을 만들려면 접착제를 더 추가하면 된다.

4. 아니다, 이 공은 생분해 되지 않는다. PVA는 일반적으로 석유에서 추출되는 탄소 기반 단량체로 만들어졌다.

11장

11.1 **A. a.** ${}^{214}_{83}\text{Bi} \rightarrow {}^{210}_{81}\text{Tl} + {}^{4}_{2}\text{He}$ **b.** ${}^{94}_{41}\text{Nb} \rightarrow {}^{94}_{42}\text{Mo} + {}^{0}_{-1}\text{e}$

c. ${}^{68}_{31}\text{Ga} \rightarrow {}^{68}_{30}\text{Zn} + {}^{0}_{+1}\text{e}$ **d.** ${}^{37}_{18}\text{Ar} + {}^{0}_{-1}\text{e} \rightarrow {}^{37}_{17}\text{Cl}$

B. a. ${}^{42}_{18}\text{Ar} \rightarrow {}^{42}_{19}\text{K} + {}^{0}_{-1}\text{e}$ **b.** ${}^{228}_{90}\text{Th} \rightarrow {}^{224}_{88}\text{Ra} + {}^{4}_{2}\text{He}$

c. ${}^{44}_{22}\text{Ti} + {}^{0}_{-1}\text{e} \rightarrow {}^{44}_{21}\text{Sc}$ **d.** ${}^{26}_{13}\text{Al} \rightarrow {}^{26}_{12}\text{Mg} + {}^{0}_{+1}\text{e}$

11.2 **A.** 6.25% **B.** 500 Bq; 4 Bq

11.3 **a.** 그렇다(3 Bq 남음)

b. 없음(4.0×10^{10} Bq 남아 있으며, 1큐리 이상으로 매우 많은 양의 방사성 물질이다.)

11.4 **A.** 11,460 y **B.** 49 y

11.5 **A.** 중성자(${}^{1}_{0}\text{n}$) **B.** 토륨-232(${}^{232}_{90}\text{Th}$)

11.6 **A.** 실리콘-30(${}^{30}_{14}\text{Si}$) **B.** 니켈-64(${}^{64}_{28}\text{Ni}$)

11.7 **A.** 더 높은 경우; 기체는 흡입될 수 있으며 체내에서 붕괴된다.

B. 사람이 물을 마신 경우; 체내에서 방사능 붕괴가 일어난다.

1. d와 e

3. **i.** b **ii.** a **iii.** c

5. **a.** 질량수는 4만큼, 원자 번호는 2만큼 감소한다.
b. 질량수와 원자 번호는 모두 변하지 않는다.
c. 질량수와 원자 번호가 모두 1만큼 감소한다.

7. 틀림; 두 번째 반감기 동안에는 그 반감기 시작 시점의 방사성 물질의 절반(50%)이 붕괴되어, 원래 방사성 시료의 25%가 남는다.

9. 0.625 μg의 F-20

11. **a.** 알파 입자 **b.** 감마선

13. 결손 질량은 핵을 결합하는 에너지로 나타난다.

15. 알파 입자는 투과력은 약하지만, 조직을 이온화하는 능력은 매우 높다.

17. c

19. d

21. **a.** $^{250}_{98}\text{Cf} \longrightarrow {}^{4}_{2}\text{He} + {}^{246}_{96}\text{Cm}$ **b.** $^{210}_{83}\text{Bi} \longrightarrow {}^{210}_{84}\text{Po} + {}^{0}_{-1}\text{e}$
c. $^{117}_{53}\text{I} \longrightarrow {}^{0}_{+1}\text{e} + {}^{117}_{52}\text{Te}$

23. **a.** $^{179}_{79}\text{Au} \longrightarrow {}^{175}_{77}\text{Ir} + {}^{4}_{2}\text{He}$ **b.** $^{12}_{6}\text{C} + {}^{2}_{1}\text{H} \longrightarrow {}^{13}_{6}\text{C} + {}^{1}_{1}\text{H}$
c. $^{154}_{62}\text{Sm} + {}^{1}_{0}\text{n} \longrightarrow 2\,{}^{1}_{0}\text{n} + {}^{153}_{62}\text{Sm}$

25. $^{235}_{93}\text{Np}$

27. 100,000년

29. b (5.00초는 4000 반감기 이상이다.)

31. 156시간

33. 25일

35. $^{48}_{20}\text{Ca} + {}^{247}_{97}\text{Bk} \longrightarrow {}^{293}_{117}\text{X} + 2\,{}^{1}_{0}\text{n}$; 2개의 중성자가 방출되었다.
$^{48}_{20}\text{Ca} + {}^{247}_{97}\text{Bk} \longrightarrow {}^{294}_{117}\text{X} + {}^{1}_{0}\text{n}$; 중성자 1개가 방출되었다.

37. **a.** $^{64}_{28}\text{Ni} + {}^{238}_{92}\text{U} \longrightarrow {}^{302}_{120}\text{X}$ **b.** $^{58}_{26}\text{Fe} + {}^{244}_{94}\text{Pu} \longrightarrow {}^{302}_{120}\text{X}$
c. $^{54}_{24}\text{Cr} + {}^{248}_{96}\text{Cm} \longrightarrow {}^{302}_{120}\text{X}$

39. 알파 입자

41. d

43. c

45. a

47. a

49. 핵분열은 매우 무거운 핵이 쪼개지는 것보다 더 가벼운 생성물 핵이 더 안정적이기 때문에(핵 하나당 결합 에너지가 더 많으며, Fe-56에 더 가깝다) 에너지를 방출한다. 핵융합은 더 무거운 생성물 핵이 가벼운 반응물 핵보다 더 안정적이기 때문에 에너지를 방출한다(그림 11.8 참조).

51. 이들은 기체 확산에 의해 분리되었다. 더 가벼운 $^{235}UF_6$ 분자는 더 무거운 $^{235}UF_6$ 분자보다 다공성 막을 통해 매우 약간 빠르게 확산된다. 수천 번의 확산 단계를 거친 후 최종 제품은 $^{235}UF_6$가 훨씬 더 풍부해진다.

53. U-235 폭탄은 속이 빈 임계 이하 '총알'을 임계 이하 목표물에 발사하여 임계 질량을 생성했다. Pu-239 폭탄은 폭발물을 사용하여 속이 빈 Pu-239 구체를 하나의 임계 질량으로 분쇄했다.

55. 분열을 거친 원래의 우라늄(U)-235는 2개의 작은 핵을 형성하는데, 이 두 핵도 방사능을 가지고 있다.

57. 발전소는 약 3%의 핵분열성 U-235가 포함된 연료를 사용하는 반면에 폭탄은 90%(약)의 순수 U-235가 필요한다. 발전소는 U-235의 농도가 낮기 때문에 폭발할 수 없다(녹아내릴 수는 있지만). 그 외에도 많은 차이점이 있다.

59. b

61. 납-206

63. $^{223}_{88}\text{Ra} \longrightarrow {}^{219}_{86}\text{Rn} + {}^{4}_{2}\text{He}$
$^{223}_{88}\text{Ra} \longrightarrow {}^{209}_{82}\text{Pb} + {}^{14}_{6}\text{C}$

65. 중성자

67. 반감기 7~8회(반감기 7회 1.6%, 8회 0.8%)

69. 수요일 오전 2시(38시간)

71. **a.** 87.5%가 붕괴했다.
b. 36억 년이 지나면 U-238은 절반 이상이 남아 있어 검출하기 어렵지 않고, C-14(반감기 5700년)는 측정할 수 없는 아주 작은 흔적만 남게 된다. 또한 탄소는 대부분 유기 물질에서 발견된다. 달에는 생명이 많지 않다.

73. b

75. 처음 방사성 동위 원소의 양, 반감기(반감기가 짧을수록 위험), 방출되는 방사선의 종류와 에너지(다른 인자도 중요)

실험문제

1. 정답은 약 1000년이다(다를 수 있다).

2. 3000~4000세 사이

3. 곡선은 거의 동일하게 보이지만 각 열의 양은 더 많아질 것이다. 또한 더 적은 수의 사탕으로 시작하기 때문에 예측한 모양과 더 많은 변이가 있을 수 있다. (사탕이 1000개일 경우에 정확히 500개 대신 510개를 '붕괴'시켜도 모양이 크게 달라지지 않지만, 사탕이 100개일 경우에 50개 대신 60개를 붕괴시키면 모양에 더 큰 영향을 미친다.)

4. 사탕 조각의 반감기는 한 번일 수도 있고 여러 번일 수도 있으며, 이는 무작위이다.

12장

12.1 **A.** 39,000 J
B. 형광등 46,800 J; 백열등 216,000 J; 78.3% 절감 효과
C. 1.24달러 절약

12.2 **A.** 183 kJ
B. 290.2 kJ

1. 온도는 움직이는 분자의 평균 운동 에너지와 관련이 있다. 열은 화학 반응의 반응물에서 생성물 사이를 이동하는 운동 에너지의 총량이다.

3. 온도가 높아지면 움직이는 분자의 운동 속도가 빨라져 반응을 일으키는 충돌이 더 자주 일어난다.

5. 순수한 산소는 공기보다 약 5배 많은 산소(O_2) 분자를 가지고 있기 때문에 목재와 산소(O_2) 분자 사이의 효과적인 (반응 생성) 충돌이 훨씬 더 빠른 속도로 발생한다.

7. 원자로에 사용되는 물질은 약 3%의 U-235(실제 핵분열성 연료)이다. 핵폭탄이 작동하려면 순도 90% 이상의 U-235 또는 Pu-239가 필요하다.

9. 줄(joule)과 칼로리, 4.18 J = 1칼로리

11. 5.4×10^3 kJ

13. 폭포 꼭대기의 물은 최대 위치 에너지를 가진다. 물이 떨어지면 위치 에너지는 감소하고 같은 양만큼 운동 에너지는 증가한다.

15. 목재

17. 탄화수소 + 산소 가스 ⟶ 이산화 탄소 + 물

19. $C_3H_8 + 5\,O_2 \longrightarrow 3\,CO_2 + 4\,H_2O$

21. $2\,C_3H_8 + 7\,O_2 \longrightarrow 6\,CO + 8\,H_2O$

23. $2\,C_8H_{18} + 25\,O_2 \longrightarrow 16\,CO_2 + 18\,H_2O$

25. a. H—C(H)(H)—H :Ö=Ö: :Ö=C=Ö: H—Ö—H

b. 1652 kJ **c.** 998 kJ

d. 1596 kJ **e.** 1868 kJ

f. −816 kJ; 반응은 발열 반응으로 열이 방출된다. (참고: 결합 에너지 값이 근사치이기 때문에, 27번 문제와 결과가 같지 않다.)

27. 1.97×10^4 kJ

29. 4.43 kJ

31. 1.20×10^3 kJ

33. 우주의 에너지 양은 일정하며 에너지가 보존된다.

35. 엔트로피는 계 내 에너지의 분포 정도를 나타내는 척도이다. 화석연료가 연소될 때 엔트로피가 증가하는 이유는 소수의 큰 분자(연료)가 많은 수의 작은 분자들로 변하면서 에너지가 너 넓게 분산되기 때문이다.

37. 대기 중의 질소

39. 장점: 풍부하며 보다 사용하기 편리한 액체 및 기체 연료로 전환 가능하다. 단점: 산성비를 유발하는 황산화물을 생성하고 공기 중에 비산재와 석탄에 포함된 미량의 수은이 떠다니며, 채굴이 위험하고, 사용하기 불편하다.

41. 311년

43. 57년

45. 석유는 동물성 유기물이 분해되어 생성된 것, 석탄은 식물성 유기물이 분해되어 생성된 것으로 여겨진다.

47. 분별 증류에서는 원유가 기화되어 긴 컬럼을 따라 상승한다. 물질의 분자량이 증가함에 따라 끓는점이 높아지므로 끓는점이 낮은 물질은 더 높은 곳으로, 끓는점이 높은 물질은 아래 쪽에 응축되어 분리된다.

49. 포장 재료는 대부분 암석이며, 아스팔트(원유를 증류하고 남은 것)를 바인더로 사용한다. 많은 양의 원유를 사용하기 때문에 많은 양의 아스팔트를 아주 저렴하게 구할 수 있다.

51. 20.0%

53. ${}^{238}_{92}U + {}^{1}_{0}n \rightarrow {}^{239}_{92}U \rightarrow {}^{239}_{93}Np + {}^{0}_{-1}e;\ {}^{239}_{93}Np \rightarrow {}^{0}_{-1}e + {}^{239}_{94}Pu$
U-238은 중성자 하나를 흡수하여 U-239가 된다. U-239는 베타 붕괴를 통해 빠르게 Np-239를 형성하고 Np-239 역시 베타 붕괴에 의해 Pu-239를 생성한다.

55. 증식 원자로는 사용하는 연료와 동일한 연료를 만들지 않는다. 증식 원자로의 연료는 약 3%의 U-235(실제 연료)와 97%의 사용 불가능한 U-238의 혼합물이다. U-235가 핵분열 동안 방출된 여분의 중성자들은 U-238 원자에 흡수되어 (사용가능한 연료) Pu-239로 붕괴되는 U-239를 생성한다. 풍부한 U-238이 U-235보다 더 많은 중성자를 흡수하지만, 사용되는 양보다 더 많은 연료가 생성된다. 이는 에너지 보존 법칙이다.

57. 핵융합로는 바닷물에서 쉽게 구할 수 있는 수소-2(중수소)를 연료로 사용할 수 있다. 이 연료는 방사능을 띠지 않으며, 주요 생성물인 헬륨 역시 방사성이 없다. 플라즈마는 양전하를 띤 원자핵과 전자로 이루어진 뜨거운 기체 혼합물이다.

59. ${}^{232}_{90}Th + {}^{1}_{0}n \rightarrow {}^{233}_{90}Th \rightarrow {}^{233}_{91}Pa + {}^{0}_{-1}e;\ {}^{233}_{91}Pa \rightarrow {}^{0}_{-1}e + {}^{233}_{92}U$

61. 2.2×10^7 mol CH_4

63. 4.6×10^7 mol C

65. 태양 전지는 태양 에너지를 직접 전기로 변환하는 반도체 소자이다.

67. 13 m^2

69. 장점: 매우 낮은 운영 비용(유지 관리), 바람은 무료, 초기 비용은 몇 년 안에 회수된다. 단점: 매우 높은 초기 비용, 모든 지역에 바람이 충분하지 않고, 바람이 지속적으로 불지 않으며, 매년 수천 마리의 새(조류)를 죽인다.

71. 연료 전지는 반응물이 공급되는 한 멈추지 않으며, 부산물은 유해 폐기물이 아니다. (H_2—O_2 전지는 물을 생산한다.)

73. 장점: 매우 낮은 운영 비용(유지 보수), 지속적인 전기 공급, 심각한 폐기물 없다. 단점: 높은 초기 비용, 좋은 부지는 이미 대부분 차지한 상태, 저수지의 토사가 쌓임, 댐이 물고기의 이동을 막는다.

75. 장점: 배기가스 배출 없고 전력망에 연결할 수 있다. 단점: 가솔린 자동차보다 비싸고, 리튬 배터리를 주기적으로 교체해야 하며, 주행 거리가 짧고, 충전소가 적으며, 충전에 시간이 많이 소요된다.

77. a. $C + 2\,H_2 \longrightarrow CH_4$ **b.** $C + H_2O \longrightarrow CO + H_2$

79. 흡열 반응; 용해 과정에서 질산암모늄이 물로부터 열을 흡수하여 온도가 내려간다.

81. b

83. a. 흡열 반응; 물이 끓기 위해 가열기로부터 열을 흡수하고 있다.

b. 흡열 반응; 기화열이 증기로 바뀌기 위해서는 물에 흡수되어야 한다. (즉 물이 수증기로 변하기 위해서는 '기화열'을 흡수해야 한다.)

85. a. 102 W

b. (102 W)(1마력/745 W) = 0.14마력 = 1인력

87. 551 kW

89. 수소: 1.33×10^5 kJ/kg; 이소부텐, 4.62×10^4 kJ/kg

91. 6.91톤의 메탄(CH_4)

93. a. $S + O_2 \longrightarrow SO_2$ **b.** 5000 t

95. a. 질량 기준으로 탄소가 75%인 CH_4는 이산화 탄소를 가장 적게 생성한다. C_4H_{10}은 탄소가 83%이고, 탄소는 당연히 100% 탄소이다.

b. 메탄(CH_4). 열 1 kJ당 탄소는 0.11 g CO_2, CH_4는 0.055 g, C_4H_{10}은 0.061 g을 생성한다.

97. 차량 연료로서 휘발유에 대한 필요성은 매우 크다.

실험문제

1. 사탕이 녹는 것은 물리적 변화이고, 과산화 수소가 반응하는 것은 화학적 변화이다.
2. 물과 사탕; 혼합물을 식히고 열을 사탕에 흡수하여 녹였다.
3. 효모와 과산화 수소; 반응의 결과로 열이 방출되었다.
4. 산소; 타고 있던 부목이 불꽃을 일으켜야 했다.
5. 아니다; 그것은 물리적 변화일 뿐 산소가 생성되지 않았다.

13장

13.1 **A.** 만노스는 C-2와 C-4 탄소에서의 입체배치가 갈락토스와 다르다.
B. 만노스는 알도스이고, 과당은 케토스이다.

13.2 **A. a.** H-P-N-A
b. 히스티딜프로릴아스파릴알라닌
B. a. Thr-Gly-Ala-Ala-Leu
b. T-G-A-A-L

13.3 **A.** 3 **B.** 24

13.4 **A.** 당: 리보스; 염기: 우라실; RNA
B. 둘 다 아님; 우라실은 RNA에만, 디옥시리보스는 DNA에만 존재한다.

1. 광합성은 태양 에너지를 탄수화물로 전환하며, 이는 식물에 에너지를 제공한다. 식물은 식물이나 다른 동물을 먹는 동물들에게 에너지를 제공한다.
3. 모든 세포; 근육, 피부, 머리카락, 손톱
5. 단백질은 폴리아마이드이다.
7. 수소 결합
9. DNA는 이중 나선이고, RNA는 일부 고리를 가진 단일 나선이다.
11. 1: 분리와 증폭; 2: 유전자를 플라스미드에 접합; 3: 플라스미드를 숙주 세포에 삽입; 4: 플라스미드가 자신을 복제하여 사본을 만든다.
13. c
15. c
17. a, c
19. **a.** 다당류 **b.** 다당류 **c.** 단당류 **d.** 이당류
21. 알데히드와 알코올(하이드록실) 작용기
23. a
25. 에너지를 제공한다.
27. 기름의 대부분은 지방보다 더 불포화되어(C—C 이중 결합이 더 많아) 있다. 실온에서 지방의 대부분은 고체이고, 유지는 액체이다.
29. **a.** 포화 **b.** 고도불포화 **c.** 단일불포화 **d.** 포화
31. 옥수수 기름(오른쪽); 이는 불포화이고, 라드는 포화이다.
33. 트랜스 지방은 이중 결합의 탄소 사슬 두 부분이 트랜스 배치를 이루는 것이다. 이는 고도불포화 유지에 수소를 첨가하여 만든다.
35. d
37. d
39. d
41. **a.** $H_2NCH_2(C{=}O)NHCH[(CH_2)_3NHC(NH_2){=}NH]COOH$
b. $H_2NCHCH_3(C{=}O)NHCH(CH_2SH)COOH$
43. 라이신과 메티오닌
43. c
45. 수소 결합, 이온 결합, 이황화 결합, 분산력
47. c
49. b
51. a
53. b
55. 필수 아미노산 중 하나
57. a
59. **a.** DNA **b.** RNA **c.** RNA
61. **a.** 구아닌 **b.** 티민 **c.** 시토신 **d.** 아데닌
63. 각 가닥은 새 DNA 분자의 절반이 된다.
65. b
67. b
69. **a.** mRNA **b.** tRNA
71. c
73. d
75. c
77. d
79. b
81. **a.** Ala-Ser-Cys-Phe-Gly-Gly
b. A-S-C-F-G-G
83. **a.** 퓨린 **b.** RNA
85. c
87. d
89. b
91. b

실험문제

1. 그렇다. 서로 결합하는 투명한 가닥들을 볼 수 있다.
2. 점성이 있어 덩어리를 집어 올리기 어렵지만, 해낼 수 있다.
3. DNA는 고유하므로, 범죄 현장 수사관은 현장에서 시료를 수집한다. 피해자와 일치하지 않는 DNA를 찾으면 가능 용의자의 시료와 비교한다. 용의자가 현장에 DNA를 남겼다면 그 용의자는 범죄와 확실히 연관된다.
4. Watson-Crick의 DNA 구조가 중요했던 이유는 세포가 어떻게 분열 후에도 기능을 지속하는지, 유전 정보가 어떻게 다음 세대로 전달되는지, 단백질이 어떻게 요구 사양대로 구축되는지를 설명하는 데 도움을 주었기 때문이다. 이 발견 덕분에 많은 중대한 발전이 가능해졌다.

14장

14.1 **A.** 약 45% 지방
B. 하루 최대 권장 지방 섭취량의 75%; 단 150 g 더; 어렵다.

14.2 **A.** 4.8파운드 **B.** 7.4파운드

14.3 **A.** 70마일 **B.** 2700 kcal

14.4 **A.** 16.3 **B.** 174파운드

1. 지용성; 과잉분은 저장·축적되고, 과잉의 수용성 비타민은 배설된다.

3. 더 많은 식이 에너지(칼로리); 탄수화물, 주로 전분 섭취 증가

5. 비타민 E; 비타민 C

7. 밀도; 생체전기 임피던스 분석. 정확한 밀도 측정에는 큰 수조가 필요하다. 임피던스는 골밀도, 체수분 함량 등에도 좌우된다.

9. 급격한 체중 증가; 심장병, 뇌졸중, 제2형 당뇨병으로 이어진다.

11. FDA; 회사는 그 첨가제가 안전하다는 것을 입증해야 한다.

13. 탄수화물과 지방에는 탄소·수소·산소만 들어 있다. 단백질에는 그 원소들에 더해 질소와 황이 포함된다.

15. 운동선수는 일반적으로 더 많은 식이 에너지가 필요하며, 바람직하게는 전분 형태가 좋다. 또한 더 많은 물과 전해질이 필요하다.

17. 적정 단백질은 모든 필수 아미노산을 충분한 양으로 제공한다. 고기, 달걀, 우유 등.

19. **a.** 아이오딘화물 이온 **b.** 철(II) 이온
c. 칼슘 이온 **d.** 소듐 이온

21. c

23. 뼈 구조를 위해 칼슘과 인의 흡수를 촉진한다. 아니다; 과잉은 바람직하지 않은 칼슘 침착을 초래할 수 있다.

25. 리보플라빈과 시아노코발아민; 수용성이며 체내에 저장될 수 없다.

27. 아스코르브산 = 비타민 C; 시아노코발아민 = 비타민 B_{12}; 칼시페롤 = 비타민 D; 레티놀 = 비타민 A; 토코페롤 = 비타민 E

29. 이뇨제는 소변 형성과 수분 손실을 촉진한다. ADH는 과도한 수분 손실을 막는다.

31. b

33. d

35. **a.** 부패를 지연시킨다.
b. 시각적 매력을 위한 착색제
c. 감미료

37. b

39. a

41. d

43. **a.** 렙틴은 체내 지방의 양을 시상하부에 알려 준다.
b. 그렐린은 위에서 생성되는 식욕 자극 물질이다.

45. 저탄수화물 식이는 글리코겐과 수분을 빠르게 고갈시킨다. 탄수화물을 섭취하는 즉시 글리코겐이 회복되고 체중이 돌아온다. 완전 단식은 지방이 아니라 단백질의 대사를 유발한다. 체중이 다시 늘 때는 지방으로 늘어난다.

47. 2시간

49. 약 20 km

51. 26.8

53. **a.** 무산소성 **b.** 유산소성

55. 유산소 산화에는 산소가 필요하며, 미오글로빈이 높은 근육 조직은 그 산소를 제공한다.

57. 액토미오신은 근육 수축에 필요한 에너지를 제공하기 위해 ATP의 가수분해를 촉매한다. 촉매 활성이 높다는 것은 에너지가 빠르게 분배된다는 뜻이다. 짧고 강렬한 활동에 적합하다.

59. 그렇다. 곡류(밀, 보리)와 콩이 들어 있다.

61. 베타-카로틴은 비타민 A의 전구체이며 필요에 따라 지방에 저장될 수 있다.

63. **a.** 20 mL **b.** 1200 mL

65. 포화 지방 10 g

67. 0.82 g/mL; 지방형

69. 수크랄로스에서는 자당의 OH 3개가 염소 원자로 치환되어 있다.

71. 아니다. 운동으로 근육을 키운다.

73. 산소 4.5 L

75. c

77. **a.** 3 **b.** 1 **c.** 2

79. **a.** 혐기성 소화로 폐기물을 연료로 전환할 수 있다.
b. 일부 화학 물질은 FSCW에서 대체 용도로 추출할 수 있다(예: 오렌지 껍질의 리모넨).
c. FSCW를 활용하면 폐기물이 매립지로 가지 않아 돈을 아낀다(비용 절감).
d. 일부 FSCW에는 추출가능한 고부가 가치의 화학 물질이 있어 사업 기회를 창출한다.

실험문제

1. 아니다

2. 위산에 녹아 몸이 사용할 수 있는 철 이온을 제공한다.

3. 쇠고기, 간, 닭고기, 햄, 정어리 등 여러 가지

15장

1. 천연 약물은 보통 식물이나 동물에서 물리적 과정을 통해 추출된다. 반합성 약물은 천연 약물을 변형하여 치료 효능을 개선한 것이다. 합성 약물은 실험실에서 합성된다.

3. 박테리아를 죽이거나 성장을 늦추는 약물; 원래는 생물에서 유래한 제제로 한정되었다.

5. 호르몬 작용의 매개체. 프로스타글란딘은 생성된 부위 근처에서 작용하고, 호르몬은 몸 전체에서 작용한다.

7. 에틸 알코올

9. 혼수와 진통을 유발하는 약물

11. 천연: 모르핀. 반합성: 헤로인. 합성: 하이드로코돈

13. 화학요법은 암을 치료하기 위해 약물을 사용하는 것이다.

15. 아세틸살리실산

17. COX-2 억제제는 비스테로이드성 소염진통제(NSAID)이다. 염증이 일어나는 조직에 존재하는 COX-2 효소의 촉매 작용을 감소시킨다.

19. c

21. 모르핀의 페놀성 수산기(—OH)는 코데인에서는 메톡시기(—OCH_3)로 치환되어 있다.

23. 테트라사이클린류는 매우 다양한 박테리아에 효과적이다.

25. b

27. 뉴클레오시드 유사체는 바이러스 DNA에서 뉴클레오시드를 유

사체로 치환하여 레트로바이러스를 무력화한다. 비뉴클레오시드 역전사효소 억제제는 역전사효소가 더 많은 바이러스를 만들지 못하게 막는다. 프로테이스 억제제는 프로테이스 효소를 차단하여 새로운 세포가 감염되지 못하게 한다.

29. b

31. 항대사제는 대사적으로 필수적인 물질과 매우 유사하여 그 물질이 관여하는 반응을 방해한다. 알킬화제는 생물학적으로 중요한 화합물에 알킬기를 전달하여 화합물의 통상적 작용을 차단한다.

33. 6-메르캅토퓨린; 항대사제이다.

35. 프로스타글란딘은 생성된 부위 근처에서 작용하고, 조직에 따라 서로 다른 효과를 낼 수 있으며, 빠르게 대사된다. 호르몬은 내분비샘에서 만들어지고, 서로 다른 부위에서 같은 효과를 나타내며, 서서히 대사된다.

37. 케톤 2개와 알켄 1개

39. 응급피임약은 성관계 후에 작용한다. 플랜 B는 몸이 이미 임신했다고 '생각'하게 만든다. RU-486은 자궁이 착상된 난자를 배출하도록 유도한다.

41. a

43. c

45. a

47. 향정신성 약물은 인간의 정신에 영향을 미치는 약물이고, 환각제는 주변에 대한 지각을 변화시키는 향정신성 약물의 한 범주이다.

49. a

51. b

53. **a.** N_2O는 강력하지 않다.
b. 수술실 종사자에 대한 안전성이 문제로 제기된다.
c. 메스꺼움을 유발한다.

55. b

57. b

59.

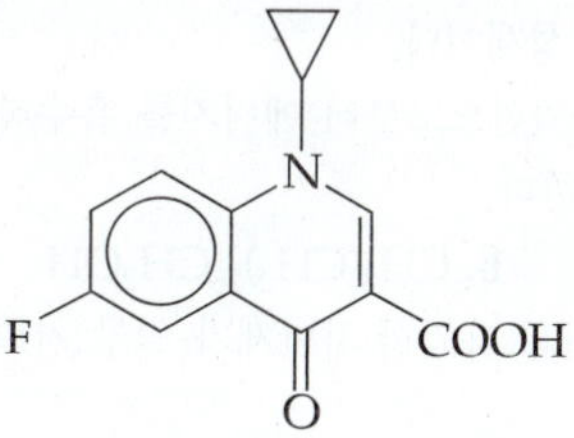

N, F, COOH, O

61. **a.** 2.5 g
b. 1회 복용량당 1.7캡슐(실제: 하루 두 번 2캡슐, 한 번에 1캡슐)

63. 6원자 고리 3개와 5원자 고리 1개가 융합(방 3개와 욕실 1개)

65. 지용성. 17개의 탄소와 21개의 수소 중에 산소 1개와 질소 1개만 있어, 구조 대부분이 지방처럼 비극성이다.

67. 바르비투르산계 약물과 아세트아미노펜

69. d

71. 진해제는 기침을 줄이고, 비충혈 제거제는 비강 점막의 부종을 줄이며, 거담제는 점액을 묽게 하여 배출을 돕는다.

73.

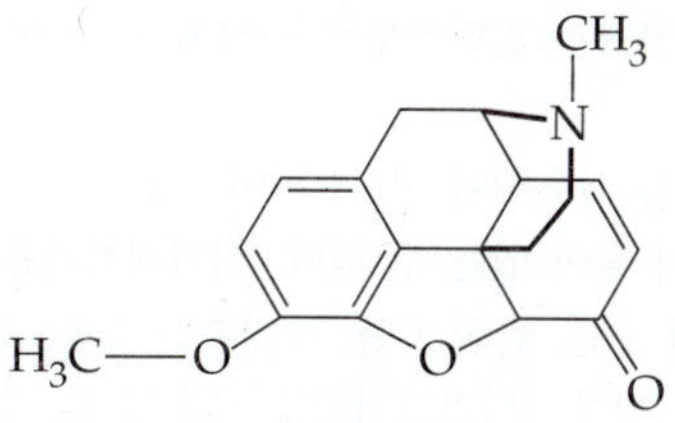

CH_3, N, $H_3C—O$, O, O

75. 한 약물이 다른 약물의 효과를 증폭시킨다.

77. b < a < c

79. NSAID는 프로스타글란딘 형성을 촉매하는 효소(사이클로옥시게나제, COX)를 억제한다.

81. 벤젠계에 관련. 케톤과 카르복실산

83. PGE_2; 케톤, 알코올, 카르복실산

85. a

87. TAF는 TDF가 내는 폐기의 약 4% 수준의 폐기를 발생시킨다.

실험문제

1. 브랜드 1:

$$Al(OH)_3(s) + 3\ CH_3COOH(aq) \longrightarrow Al(OOCCH_3)_3(aq) + 3\ H_2O(l)$$

$$MgCO_3(s) + 2\ CH_3COOH(aq) \longrightarrow Mg(OOCCH_3)_2(aq) + H_2O(l) + CO_2(g)$$

브랜드 2:

$$CaCO_3(s) + 2\ CH_3COOH(aq) \longrightarrow Ca(OOCCH_3)_2(aq) + H_2O(l) + CO_2(g)$$

$$Mg(OH)_2(s) + 2\ CH_3COOH(aq) \longrightarrow Mg(OOCCH_3)_2(aq) + 2\ H_2O(l)$$

브랜드 3:

$$CaCO_3(s) + 2\ CH_3COOH(aq) \longrightarrow Ca(OOCCH_3)_2(aq) + H_2O(l) + CO_2(g)$$

2. 이 실험에는 식초(아세트산)를 사용했다. 위 속의 과도한 가스는 보통 염산이므로, 이것이 한 가지 차이점이다. 위 내용물도 또 다른 변수로, 다른 성분들이 유효 성분의 작용을 방해하거나 강화할 수 있다.

3. 정제는 서로 다른 충전제와 비활성 성분으로 제조되므로 용해 속도가 서로 다를 수 있다.

16장

16.1 **A. a.** 비이온성 **b.** 양이온성
B. a. 음이온성 **b.** 음이온성

1. 비극성 분자는 비극성 분자끼리 서로 끌어당긴다(분산력 작용). 비누 분자의 비극성 탄화수소 꼬리 부분은 비극성의 기름때 분자에 끌려 구형의 미셀을 형성하며, 극성 머리 부분은 표면에 위치한다. 이 극성 말단은 주위의 극성 물 분자에 끌려 배수로로 씻겨 내려간다.

3. 장점: 무독성, 생분해성, 재생 가능한 자원에서 추출한다. 단점: 경수에서는 작동하지 않으며 불용성 칼슘 염을 남긴다.

5. 칼슘, 마그네슘 또는 철분 이온은 팔미트산소듐과 같은 비누와 반응하여 불용성 침전물인 팔미트산칼슘(칼슘팔미트산염)을 형성한다. 비누는 용액 상태에서만 효과적으로 작용한다.

7. 비누 분자의 이온성 말단은 $—COO^-$(카복실산 음이온)이고, 음

이온성 세제의 이온성 말단은 일단적으로 $-SO_3^-$(설폰산 음이온)을 갖는다.

9. 최소 한가지 LAS 세제를 사용해야 한다. 비이온성 계면활성제, 효소, 향료, 기타 성분이 들어 있을 수 있다. 식기세척기용 세제는 강염기성으로 삼인산 소듐, 탄산 소듐, 메타슈산 소듐, 소량의 계면활성제가 함유되어 있다. (식기세척기를 사용해 본 적이 없는 분들은 왜 식기세척기에 손세정제를 사용하면 안 되는지 금방 알거다!)

11. 약염기성인 암모니아는 기름기나 탄 음식, 유리, 기타 딱딱한 표면에 효과적이다. 하지만 증기는 자극적이며 암모니아는 아스팔트 타일, 목재 또는 알루미늄을 변색시키거나 부식시킬 수 있다.

13. 이온 교환 과정에서 경수 내의 칼슘·마그네슘·철 이온이 제올라이트 내 음이온 자리에 끌려 들어가며, 제올라이트의 소듐 이온을 대체해 소듐 이온을 물로 방출한다.

15. 화장품; 땀에서 화학 물질을 만들어 악취 화합물을 형성하는 박테리아를 파괴한다.

17. $CH_3(CH_2)_{10}CH_2OSO_3^-\ Na^+$, $CH_3(CH_2)_{10}CH_2OSO_3^-\ K^+$

19. $NaOH$ + 지방 $\longrightarrow$ 소듐 비누 + 글리세롤

21. **a.** $CH_3(CH_2)_{15}COO^-\ Na^+$ **b.** $CH_3(CH_2)_{14}COO^-\ K^+$

23. $3\ CH_3(CH_2)_{10}COO^-\ Na^+ + CH_2(OH)CH(OH)CH_2OH$

25. $Mg^{2+} + CO_3^{2-} \longrightarrow MgCO_3$

27. $2\ Na$-제올라이트 $+ Ca^{2+} \longrightarrow Ca$-제올라이트 $+ 2\ Na^+$

29. 세정력을 높이기 위해 기질에 첨가하는 물질

31. 칼슘과 마그네슘 이온은 '비누 찌꺼기'로 침전되지 않고 제올라이트에 의해 현탁 상태로 유지된다.

33. **a.** 음이온성 **b.** 양이온성

35. 비이온성 계면활성제는 전하를 띠지 않으며, 세탁 및 자동 식기세척기 세제에 사용된다.

37. 일반명: 라우릴 황산 소듐(sodium lauryl sulfate). IUPAC 이름: 소듐 도데실 황산염(sodium dodecyl sulfate).

39. I

41. III

43. I과 II는 음이온성, III은 양이온성이다.

45. 탄산 칼슘이자 염기성인 대리석. 식초와 반응하여 표면이 부식된다(표면에 구멍이 생긴다).

47. 섬유에 윤활 역할을 하는 얇은 막을 형성하여 유연성과 부드러움을 증가시킨다.

49. 과탄산 소듐, 과붕산 소듐

51. 과붕소산염 표백제는 뜨거운 물에서 강력한 산화제인 이산화 수소(H_2O_2)를 방출한다.

53. 이 제품에는 $NaOCl$이 함유되어 있으며, 이는 뜨거운 물에서 염소를 방출하여 색을 내는 분자를 산화시킨다.

55. 인화성 및 독성

57. 아니다. 너무 가연성이 높다.

59. 라텍스 페인트는 비누와 물로 닦아낼 수 있다. 유성 페인트는 미네랄 스피릿이나 테레빈유와 같은 유기 용매가 필요하다.

61. 왁스는 긴 사슬(장쇄)의 카르복실산과 긴 사슬(장쇄)의 알코올로 이루어진 에터이다.

63. 물; 피부를 보호하고 부드럽게 하는 기름진 물질; 이 둘을 결합하는 유화제

65. 수분 손실

67. 선크림은 유해한 자외선을 흡수하고 선블록은 자외선을 반사한다.

69. 아보벤존(Avobenzone); 옥시벤존(oxybenzone); 옥틸 메톡시신나메이트(octyl methoxycinnamate)

71. 브로모산 염료와 같은 염료 및 산화철과 같은 색소(안료)

73. Na_2PO_3F; 불소 이온을 공급하여 에나멜(치아의 법랑질)을 강화한다.

75. **a.** 치아 민감도 감소 **b.** 미백제(표백제)
c. 치아 청결(세척)에 도움이 되는 연마제

77. 불소는 치아 법랑질의 하이드록시아파타이트와 반응하여 더 강하고 부식에 대한 저항성이 높은 플루오로아파타이트 $[Ca_5(PO_4)_3F]$로 전환한다.

79. 머스크는 베이스 노트(무겁고 낮은 휘발성)로 사용되며 꽃향기나 과일 향이 나는 탑 노트와 미들 노트의 냄새를 완화한다.

81. 알루미늄 클로로하이드레이트는 땀샘의 구멍을 수축시킨다.

83. 임시 염색약은 수용성이므로 씻어낼 수 있지만 영구 염색약은 머리카락이 잘리거나 빠질 때까지 지속된다.

85. 환원제를 사용하여 머리카락 내의 이황화 결합을 끊은 뒤, 머리카락을 롤에 감고, 그 후 산화제를 사용하여 이황화 결합을 다시 형성하여 롤의 형태로 머리 모양을 고정한다.

87. 머리 색깔을 밝게 하려면 색소를 산화하여 탈색해야 한다. 백발을 더 어두운 색으로 바꾸려면 모발의 황 원자와 반응하여 검은 황화 납(II) 황화물을 형성하는 아세트산 납을 사용할 수 있다.

89. 1 = a; 2 = f; 3 = b; 4 = c; 5 = d; 6 = e

91. I, III, IV

93. I

95. 3.12 g Na_2CO_3

97. 4차 암모늄염; 양이온 계면활성제이다.

99. 아니다. 눈에 보이지 않는 자외선으로부터 에너지를 흡수하여 그 에너지를 가시광선으로 방출한다.

101. **a.** $CH_3(CH_2)_{24}COOH$ **b.** $CH_3(CH_2)_{28}CH_2OH$

103. 7.5시간; 땀, 수영, 옷으로 인해 자외선 차단제가 일부 지워질 수 있다.

105. 단백질

107. 1.7×10^4 kJ

실험문제

1. 손을 씻을 때는 비누와 물이 가장 효과적이다.

2. 세탁 시간, 비누/세정제 사용량, 오염물의 양, 그 밖의 여러 요인들이 영향을 준다.

3. 비누는 계면활성제로서 기름때를 작은 전하를 띤 미셀로 바꾸어 물이 쉽게 씻어내도록 한다. 손 소독제는 알코올을 이용해 세균을 죽이지만, 기름이나 먼지를 제거하는 데는 그만큼 효과적이지 않다.

사진 및 텍스트 출처

사진 출처

Cover The coastline at Big Sur in California: Mint Images/Getty Images **Chapter 1** Opener: Steve Proehl/Getty Images; Page 1 (top): Iaremenko Sergii/Shutterstock; Page 1 (bottom): Zoonar GmbH/Alamy Stock Photo; Page 2: Shanghai Daily/AP Images; Page 3 (top): Universal Art Archive/Alamy Stock Photo; Page 3 (bottom): Bonninstudio/Alamy Stock Photo; Page 5: icollection/Alamy Stock Photo; Page 7: iofoto/Shutterstock; Page 10: Bettmann/Getty Images; Page 11: Karen Tam/AP Images; Figure 1.4: NASA; Figure 1.5 (left): Westend61/Getty Images; Figure 1.5 (right): Tom Boschler/Pearson Education, Inc.; Figure 1.7 (left to right): United States Mint, photomatz/Shutterstock, Grzegorz Raniewicz/Shutterstock, HDesert/Alamy Stock Photo; Page 17: Jim West/Alamy Stock Photo; Figure 1.8: Richard Megna/Fundamental Photographs; Figure 1.9: Eric Schrader/Pearson Education, Inc.; Figure 1.10 (left): Niderlander/Shutterstock; Figure 1.10 (right): emf images/Fotolia; Page 31: Elevance Renewable Science, Inc.; Page 35: McCreary, Terry; Page 36 (left): Buquet Christophe/Shutterstock; Page 36 (center): Reimschuessel/Newscom; Page 36 (right): World History Archive/Newscom; Page 38 (left): Yana Kabangu/Shutterstock; Page 38 (right): David A. Aguilar; Page 40: Wm. Baker/GhostWorx Images/Alamy Stock Photo. **Chapter 2** Opener: maximimages.com/Alamy Stock Photo; Page 41 (top): MS Mikel/Shutterstock; Page 41 (bottom): Wilson Ho; Figure 2.1: John Muggenborg/Alamy Stock Photo; Figure 2.3: Konradlew/Getty Images; Figure 2.3 (inset): Susumu Nishinaga/Science Source; Page 44: DEA/E. LESSING/Getty Images; Figure 2.6a: Manamana/Shutterstock; Figure 2.6b: Katharina Wittfeld/Shutterstock; Figure 2.6c: Richard Megna/Fundamental Photographs; Page 47: World History/TopFoto/The Image Works; Page 49: Matt Meadows/Getty Images; Page 55: Science Source; Page 57 (top): IBM Research/Science Source; Page 57 (left to right): I. Pilon/Shutterstock, Scanrail/Fotolia, Patryk Kosmider/Fotolia, tagstiles.com/Fotolia; Page 58 (left to right): I. Pilon/Shutterstock, Rawpixel.com/Shutterstock, LesPalenik/Shutterstock, Skaljac/Shutterstock; Page 59: Libby Welch/Alamy Stock Photo; Page 63: Richard Megna/Fundamental Photographs. **Chapter 3** Opener: Jeff Hunter/Getty Images; Page 65 (top): Goritza/Shutterstock; Page 65 (bottom): Friedberg/Fotolia; Page 66: GL Archive/Alamy Stock Photo; Figure 3.2b: Richard Megna/Fundamental Photographs; Page 70 (top): Otto Glasser/National Library of Medicine; Page 70 (bottom): INTERFOTO/Alamy Stock Photo; Page 72: ZUMA Press, Inc./Alamy Stock Photo; Figure 3.9 (left, right): Richard Megna/Fundamental Photographs; Figure 3.9 (center): SPL/Science Source; Figure 3.10: ktsdesign/Shutterstock; Figure 3.11: Wabash Instrument Corp/Fundamental Photographs; Page 79: Martí sans/Alamy Stock Photo; Page 81: Elenathewise/Fotolia; Page 84: Rick Pickford; Page 89 (top): Richard Megna/Fundamental Photographs; Page 89 (center): Africa Studio/Shutterstock; Page 89 (bottom): Gary Retherford/Science Source; Page 96: Andrey_Kuzmin/Shutterstock. **Chapter 4** Opener: HERA FOOD/Alamy Stock Photo; Page 97 Fotocrisis/Shutterstock; Page 98: Andreas Argirakis/Alamy Stock Photo; Page 100: Science History Images/Alamy Stock Photo; Figure 4.1: Richard Megna/Fundamental Photographs; Figure 4.2c: Charles D Winters/Science Source; Figure 4.3: Richard Megna/Fundamental Photographs; Page 105: Aleksandar Varbenov/Alamy Stock Photo; Page 124: Scott Abbott; Page 139: Marilyn Duerst. **Chapter 5** Opener: Dmitri Ma/Shutterstock; Page 140 (top): Casther/Shutterstock; Page 140 (bottom): Elizaveta Galitckaia/Shutterstock; Page 144: Norenko Andrey/Shutterstock; Page 146: Pictorial Press Ltd/Alamy Stock Photo; Page 149: Winai Tepsuttinun/Shutterstock; Page 153: Jim Gibson/Alamy Stock Photo; Page 157: Eric Schrader/Pearson; Page 158: Alistair Scott/Alamy Stock Photo; Page 159, 160: Nathan Eldridge/Pearson Education, Inc.; Page 168: JIANG HONGYAN/Shutterstock, Fitria Ramli/Shutterstock. **Chapter 6** Opener: posteriori/Shutterstock; Page 169 (top): CK Foto/Shutterstock; Page 169 (bottom): Jonathan Daniel/Allsport/Getty Images; Page 170: Hercules Milas/Alamy Stock Photo; Page 171: fullempty/Alamy Stock Photo; Page 172: kviktor/Shutterstock; Page 172: holly.w/Stockimo/Alamy Stock Photo; Figure 6.4: Richard Megna/Fundamental Photographs; Figure 6.11a: Tony Freeman/PhotoEdit; Figure 6.11b: George Mattei/Science Source; Figure 6.11c: Liv friis-larsen/Shutterstock; Figure 6.17: Richard Megna/Fundamental Photographs; Figure 6.18: Scanrail1/Shutterstock; Page 192: PJF Military Collection/Alamy Stock Photo; Page 195: amalia19/Shutterstock. **Chapter 7** Opener: SolStock/Getty Images; Page 196 (top): grey_and/Shutterstock; Page 196 (bottom): Zigzag Mountain Art/Shutterstock; Figure 7.1: Eric Schrader/Pearson Education, Inc.; Page 198 (top): Tyler Boyes/Shutterstock; Page 198 (center): Denise Kappa/Shutterstock; Page 198 (bottom): Richard Megna/Fundamental Photographs; Figure 7.2: Eric Schrader/Pearson Education, Inc.; Page 199: Science and Society/SuperStock; Page 200: Andriy Popov/123RF; Page 204: BlueHorse_pl/Shutterstock; Figure 7.7: Richard Megna/Fundamental Photographs; Page 210: Richard Megna/Fundamental Photographs; Figure 7.9: Creative Digital Visions/Pearson Education, Inc., Inc.; Page 215 (top): Terry Putman/Shutterstock; Page 215 (bottom): Michael P Gadomski/Science Source; Page 223: Farsad Behzad Ghafarian/Shutterstock. **Chapter 8** Opener: Scharfsinn/Shutterstock; Page 224 (top): PHENPHAYOM/Shutterstock; Page 224 (bottom): Car Culture/Getty Images; Figure 8.1: Paul Silverman/Fundamental Photographs; Page 231: Kara/Fotolia; Figure 8.4: Peticolas/Megna/Fundamental Photographs; Page 235: Pelikh Alexey/Shutterstock; Page 237 (top): Spencer Grant/PhotoEdit; Page 237 (bottom): Marianne de Jong/Shutterstock; Page 239: krishnacreations/Fotolia; Page 241: Walter Drake; Page 242: sirtravelalot/Shutterstock; Page 243: Spacex/Newscom; Page 245 (top): Richard Megna/Fundamental Photographs; Page 245 (bottom): Eric Schrader/Pearson Education, Inc.; Page 246: Paul Reid/Shutterstock; Figure 8.9: Eric Schrader/Pearson Education, Inc.; Figure 8.10: L Lauzuma/Shutterstock; Page 253 (left): sciencephotos/Alamy Stock Photo; Page 253 (right): photowind/Shutterstock; Page 254: Sherri R. Camp/Shutterstock; Page 255: Jacob Kearns/Shutterstock. **Chapter 9** Opener: Mr.Weerayut Chaiwanna/Shutterstock; Page 259: PattayaPhotography/Shutterstock; Page 264: Vladimir Breytberg/Shutterstock; Figure 9.6b: Richard Megna/Fundamental Photographs; Page 268: rommma/123RF; Page 269: JPC-PROD/shutterstock; Figure 9.9: Clive Freeman/The Royal Institution/Science Source; Page 274, 278, 279: Eric Schrader/Pearson Education, Inc. Inc.; Page 280: Southern Illinois University/Science Source; Page 286 (top): Henrik Larsson/Shutterstock; Page 286 (bottom): Eric Schrader/Pearson Education, Inc. **Chapter 10** Opener: Jelle vd Wolf/Shutterstock; Page 303 (top): Good Shop Background/Shutterstock; Page 303 (bottom): BALDUCCI/SINTESI/SIPA/Newscom; Page 304: Brian Nolan/Shutterstock; Figure 10.1b, 10.2: Richard Megna/Fundamental Photographs; Page 310 (top): Dennis MacDonald/PhotoEdit; Page 310 (bottom left): Koksharov Dmitry/Shutterstock; Page 310 (bottom center): James Edward Bates/MCT/Newscom; Page 310 (bottom right): Inara Prusakova/Shutterstock; Page 311: Michele Cozzolino/Shutterstock; Page 312: Global Warming Images/Alamy Stock Photo; Page 313: Freerk Brouwer/Shutterstock; Page 315: Lenscap/Alamy Stock Photo; Page 316 (top): Maridav/Shutterstock; Page 316 (bottom): IMAGENFX/Shutterstock; Page 318: glenda/Shutterstock; Page 320 (bottom): Mar Photographics/Alamy Stock Photo; Page 321: Crisferra/Shutterstock; Page 323: Amoco Fabrics & Fibers/Propex; Page 324: Tommy Trenchard/Alamy Stock Photo; Page 325: Beth Hall/Alamy Stock Photo; Page 334: Daftly Domestic. **Chapter 11** Opener: Media for Medical SARL/Alamy Stock Photo; Page 335 (top): Triff/Shutterstock; Page 335 (bottom): SergeyIT/Shutterstock; Figure 11.2: Nora D. Volkow/National Institute of Health; Page 347: Tim Graham/Alamy Stock Photo; Page 348: Library of Congress, Washington, D.C (Photoduplication); Page 349 (top): Omikron/Science Source; Page 349 (bottom): Khlungcenter/Shutterstock; Page 351: Simon Fraser/Science Source; Page 355: Science Source/Science Source; Page 357 (top): Pictorial Press Ltd/Alamy Stock Photo; Page 357 (bottom): PF-(bygone1)/Alamy Stock Photo; Page 359: Argonne National Laboratory/Science Source; Page 360: Lawrence Berkeley National Laboratory; Figure 11.12: United States Air Force; Figure 11.13: JIJI PRESS/AFP/Getty Images; Figure 11.14: DigitalGlobe/ScapeWare3d Contributor/Getty Images; Page 366: Steve Allen/Shutterstock; Page 373: ACORN 1/Alamy Stock Photo. **Chapter 12** Opener: Marilyn Duerst; Page 374 (top): Ruslan Ivantsov/Shutterstock; Page 374 (bottom): Steve Hamblin/Alamy Stock Photo; Page 377: Galyna Andrushko/Shutterstock; Figure 12.3 (left): Madlen/Shutterstock; Figure 12.3 (right): Gary Cook/Alamy Stock Photo; Figure 12.4: Marilyn Duerst; Figure 12.5: S_E/Fotolia; Figure 12.6: H.Catherine/W. Skinner; Figure 12.7: Benoit Daoust/Shutterstock; Page 381: nikkytok/Shutterstock; Page 382 (top): Lee Prince/Shutterstock; Page 382 (bottom): tawat thanumtieng/Shutterstock; Page 383: BIOPHOTO ASSOCIATES/Getty Images; Page 384 (left): Haider Azim/Alamy Stock Photo; Page 384 (right): maxstock/Alamy Stock Photo; Page 386: Puwalski/Shutterstock; Page 388: Joan Albert Lluch/Fotolia; Page 389: Byjeng/Shutterstock; Page 390: Arturo Limon/Shutterstock; Page 391: John Cancalosi/Alamy Stock Photo; Page 392 (left): vvoe/Shutterstock; Page 392 (right): Arne Dedert/Newscom; Page 397 (left): Stephen St. John/Getty Images; Page 397 (right): Turtle Rock Scientific/Science Source. **Chapter 13** Opener: Paopano/Shutterstock; Page 398: trancedrumer/Shutterstock; Page 400: IrinaK/Shutterstock; Page 403: Jacques Descloitres/MODIS Rapid Response Team/NASA/GSFC; Page 404 (top): Sergei Butorin/Shutterstock; Page 404 (bottom): Dr. Ray Clark FRPS & Mervyn de Calcina-Goff FRPS/Science Source; Page 405: Carl Mydans/The LIFE Picture Collection/Getty Images; Page 408: Jose Gil/Shutterstock; Page 410: BrazilPhotos.com/Alamy Stock Photo; Page 413: Monica Schroeder/Science Source; Page 416: NOAA; Figure 13.11: NASA Ozone Watch; Page 420: U.S. Geological Survey/Science Source. **Chapter 14** Opener: Nito/Shutterstock; Page 431 (top): Gaak/Shutterstock; Page 431 (bottom): Mcarter/Shutterstock; Figure 14.1b: Paul D. Van Hoy II/Getty Images; Page 433: Kokoulina/Shutterstock; Page 434: Oleksandr Kalinichenko/Shutterstock; Page 441: Top Photo Corporation/Shutterstock; Page 442: US Environmental Protection Agency (EPA); Page 443: Design Pics Inc/Alamy Stock Photo; Page 444: PETER PARKS/AFP/Getty Images; Page 448 (top): Sven Torfinn/Panos Pictures; Page 448 (bottom): National Institute of Dental Research. **Chapter 15** Opener: Casey Reed/NASA; Page 459 (top): seeyou/Shutterstock; Page 459 (botttom): videowokart/123RF; Page 462: U.S. Consumer Product Safety Commission; Figure 15.1: Greenshoots Communications/Alamy Stock Photo; Figure 15.2: Richard Megna/Fundamental Photographs; Page 466: Mark Phillips/Alamy Stock Photo; Page 467: PÃ©ter Gudella/123RF; Figure 15.3: D and D Photo Sudbury/Shutterstock; Figure 15.4: Richard Megna/Fundamental Photographs; Page

469: Carolyn Franks/123RF; Page 474: U.S. Department of the Interior Museum; Page 475 (top): BanksPhotos/Getty Images; Page 475 (bottom): John Kaprielian/Getty Images; Figure 15.12: Larry Lee Photography/Getty Images; Figure 15.14: UK Atomic Energy Authority/EUROfusion; Figure 15.15b: Beautiful landscape/Shutterstock; Page 488 (top): zgsxycll/123RF; Page 488 (bottom): Martin Bond/Science Source; Page 489: Frank Fennema/123RF; Figure 15.18: Steve Allen/Science Source; Page 500 (left): Gift of Curiosity; Page 500 (right): Kathy L. Ceceri. **Chapter 16** Opener: TCreativeMedia/Shutterstock; Page 501 (top): NaniP/Shutterstock; Page 501 (bottom): Ed Walls Photography/Shutterstock; Page 505: Eric Schrader/Pearson Education, Inc.; Figure 16.7a: Biophoto Associates/Science Source; Figure 16.7b: CNRI/Science Source; Figure 16.9: Richard Megna/Fundamental Photographs; Page 508: Alex Treadway/Alamy Stock Photo; Figure 16.10: Yakov Oskanov/123RF; Figure 16.11 (left): Marilyn Duerst; Figure 16.11 (right): Baiba Opule/123RF; Page 509: Marianna Day Massey/Newscom; Page 511: Nicolaas Weber/Shutterstock; Figure 16.14: Eric Schrader/Pearson Education, Inc.; Figure 16.16a: Martin M Rotker/Getty Images; Figure 16.16b: Sebastian Kaulitzki/Shutterstock; Page 514, 515: Eric Schrader/Pearson Education, Inc.; Figure 16.18a: Richard Megna/Fundamental Photographs; Page 526: Swapan/Fotolia; Page 530: A. Barrington Brown/Science Source; Page 532: Andrew Syred/Science Source; Page 536: Tono Balaguer/Shutterstock; Page 540: UCLA Henry Samueli School of Engineering and Applied Science; Page 543: Eric Schrader/Pearson Education, Inc.; Page 547: Beret Marie Olsen. **Chapter 17** Opener: Aleksandr Markin/Shutterstock; Page 548 (top): Ivonne Wierink/Shutterstock; Page 548 (bottom): Rido/Shutterstock; Figure 17.1: USDA; Figure 17.2: chatuphot/Shutterstock; Figure 17.3a: Clinical Photography, Central Manchester University Hospitals NHS Foundation Trust, UK/Science Source; Figure 17.3b: DoubleVision/Science Source; Page 557: Corbin O'Grady Studio/Science Source; Figure 17.4: Christopher Edwin Nuzzaco/Shutterstock; Page 561: Charles Taylor/Shutterstock; Page 564: Gvictoria/Shutterstock; Figure 17.11: Andy Crump, TDR, World Health Organization/Science Source; Figure 17.12: David Madison/Getty Images; Page 575: Python Pictures/Everett Collection; Page 576: ROBYN BECK/AFP/Getty Images; Figure 17.14: ESB Professional/Shutterstock; Figure 17.15: Kathy Willens/ASSOCIATED PRESS; Figure 17.16: Jose Luis Calvo/Shuttestock; Figure 17.17: Greg M. Cooper/ASSOCIATED PRESS; Figure 17.18: ammentorp/123RF; Page 580 (left): granata68/Shutterstock; Page 580 (right): Egor Rodynchenko/Shutterstock; Page 580 (bottom left): Green Leaf/Shutterstock; Page 580 (bottom center): Maksim Toome/Shutterstock; Page 580 (bottom right): Curly Pat/Shutterstock. **Chapter 18** Opener: unpict/Fotolia; Page 587 (top): Diana Taliun/Shutterstock; Page 588 (top): mce12/Getty Images; Page 588 (center): Jeff Rotman/Science Source; Page 588 (bottom): Vasiliy Vishnevskiy/123RF; Page 590: Mike Kemp/RubberBall/Alamy Stock Photo; Figure 18.4: Nigel Cattlin/Alamy Stock Photo; Page 593: Library of Congress; Page 608: Walter Oleksy/Alamy Stock Photo; Page 610: Mark Harmel/Alamy Stock Photo; Figure 18.22: Ildi Papp/Shutterstock; Figure 18.28: U.S. Drug Enforcement Administration; Page 627: Monkey Business Images/Shutterstock; Page 637: Amy Cannon/Beyond Benign. **Chapter 19** Opener: Daxiao Productions/Shutterstock; Page 638 (top): m.pilot/Shutterstock; Page 638 (bottom): KPG_Payless/Shutterstock; Page 639: montian noowong/123RF; Figure 19.3: Eric Schrader/Pearson Education, Inc.; Figure 19.4: Rick Dalton - Ag/Alamy Stock Photo; Figure 19.6: Eric Schrader/Pearson Education, Inc.; Figure 19.7: Torychemistry/Shutterstock; Page 644: Sarah Cuttle/Dorling Kindersley Limited; Page 645: wrangel/123RF; Figure 19.9: Randy Olson/National Geographic/Getty Images; Figure 19.12: danymages/Shutterstock; Page 650: Jonathan Pearson/Alamy Stock Photo; Figure 19.13: USDA; Page 654: Yellowj/Shutterstock; Page 660: Paul Looyen/123RF; Page 666: Kate Anderson. **Chapter 20** Opener: Erin Lester/Getty Images; Page 667 (top): Patryk Kosmider/Shutterstock; Page 667 (bottom): YuriyZhuravov/Shutterstock; Figure 20.1: Richard Megna/Fundamental Photographs; Page 669: Classic Image/Alamy Stock Photo; Figure 20.5: Richard Megna/Fundamental Photographs; Figure 20.7a: Inc/Shutterstock; Figure 20.7b: Richard Megna/Fundamental Photographs; Figure 20.8a: Janice Haney Carr/CDC; Page 676: Eric Schrader/Pearson Education, Inc.; Figure 20.9: Alfred Pasieka/Science Source; Page 679: Eric Schrader/Pearson Education, Inc.; Figure 20.10: Richard Megna/Fundamental Photographs; Figure 20.11a: ChandraPhoto/Shutterstock; Figure 20.11b: Eric Schrader/Pearson Education, Inc.; Figure 20.11c: Prof. Genevieve Anderson; Page 689, 692: Eric Schrader/Pearson Education, Inc.; Page 694: Tanya Little/Shutterstock; Page 702 (left): David Smart/Shutterstock; Page 702 (top right): Phil Masturzo/Newscom; Page 702 (bottom right): Fernando Madeira/Fotolia. **Chapter 21** Opener: Studio Porto Sabbia/Fotolia; Page 703 (top): wolfman57/Shutterstock; Page 703 (bottom): hivaka/Fotolia; Figure 21.1: Gerard Sauze/Fotolia; Page 705 (top): Sufi/Shutterstock; Page 705 (bottom): Stu Smucker/age fotostock/Getty Images; Page 709: Kevin Wolf/Associated Press; Page 716 (left): Picsfive/Shutterstock; Page 716 (right): New York Public Library/Science Source; Page 720: US Food and Drug Administration FDA; Page 729: Kate Anderson.

텍스트 출처

Chapter 1 page 3 "Better Living Through Chemistry" Du Pont Ads. Darren Brouwer, BETTER LIVING THROUGH CHEMISTRY? Why chemists need to be humanists. Article. (A Cardus Project). page 30 1.10 Critical Thinking: Lett, James, "A Field Guide to Critical Thinking," *The Skeptical Inquirer*, Winter 1990, pp. 153–160. page 35 "Pure shampoo, with nothing artificial added." 20+ Best Organic Shampoos That Are Actually Non-Toxic. SKINCARE OX. page 37 "the face that launched a thousand ships" Christopher Marlowe. *The Tragical History of Doctor Faustus.* (J. M. Dent and Company, 1897). **Chapter 4** page 137 "Some of these hydrocarbons are very light, like methane gas—just a single carbon molecule attached to three hydrogen molecules." Lisa Marshall and Matthew Spiegelman: Fried Ice: Should we torch oil spills off Alaska with napalm? (Discover Magazine, November 08, 2003 page 02: http://discovermagazine.com/2003/nov/fried-ices) Kalmbach Media Co. page 138 "separates the positive and negative charges in the hydrocarbon fuel molecules, increasing their polarity and allowing them to react more readily with oxygen." Robert E. Hinchee and Robert F. Olfenbuttel: In Situ Bioreclamation: Applications and Investigations for Hydrocarbon and Contaminated Site Remediation. (Elsevier, 2013). page 138 "Fifty years ago, the hydrogen bond angle in water was 108? and you rarely heard of anyone with cancer. Today, it's only 104? and, as a result, cancer is an epidemic!" Orac: Your Friday Dose of Woo: Just what your water needs–more electrons! (August 25, 2006). **Chapter 5** page 168 "What goes in must come out." Seyi Hopewell: *Why Must I Marry This Bruvva?* (Xlibris Corporation, 2011). **Chapter 6** page 177 "Like dissolves like." Steven S. Zumdahl & Susan A. Zumdahl: Chemistry (Cengage Learning, 2013). **Chapter 8** page 229 "the charge an atom would have in a formula if all the bonds were entirely ionic." Kaplan Test Prep, MCAT Organic Chemistry Review 2018–2019: Online + Book (Simon and Schuster, 2017). **Chapter 10** page 327 Slogan: "Yes, this new product is greener!" London Court of International Arbitration (LCIA). page 333 "plastic bags are . . . an environmentally responsible choice." Olivia Legan: City Council poised to vote on plastic bag ban. (October 19, 2010) The Samohi. http://www.thesamohi.com/news/city-council-poised-to-vote-on-plastic-bag-ban. **Chapter 11** page 365 "May you live in interesting times" Tereze Glück: *May You Live in Interesting Times* (University of Iowa Press, 1995). **Chapter 12** page 391 Figure 12.9 Population timeline from 1800-2050 Source: United Nations, World Population Prospects: The 2012 Revision. New York: 2012. **Chapter 13** page 398 "I saw the blackness of space, and then the bright blue Earth. And then it looked as if someone had taken a royal blue crayon and traced along Earth's horizon. And then I realized that blue line, that really thin royal blue line, was Earth's atmosphere, and that was all there was of it. And it's so clear from that perspective how fragile our existence is." Sally Ride, Sher, Lynn. 2014. *Sally Ride: America's First Woman in Space.* New York: Simon & Schuster. page 415 "to use proven methods of controlling indoor air pollution. These methods include eliminating or controlling pollutant sources, increasing outdoor air ventilation, and using proven methods of air cleaning." U.S. Environmental Protection Agency, "Ozone Generators That are Sold as Air Cleaners." page 416 Figure 13.11 The ozone hole (purple) over Antarctica Ozone Hole, September 16, 2013: NASA; http://earthobservatory.nasa.gov/IOTD/view.php?id=82235. page 423 "We have met the enemy, and he is us." Walt Kelly: *Pogo* (Simon and Schuster, 1972). page 429 "There are more molecules in one breath of air than there are breaths in Earth's entire atmosphere." C. Donald Ahrens: *Meteorology Today: An Introduction to Weather, Climate, and the Environment* (Cengage Learning, 2012). **Chapter 14** page 437 Figure 14.2 Where Is Earth's Water? Data from Igor Shiklomanov's chapter "World fresh water resources" in *Water in Crisis: A Guide to the World's Fresh Water Resources.* page 438 Figure 14.3 The water (hydrological) cycle Source: USGS: http://water.usgs.gove/edu/watercyclessummary.html. page 457 "The water we drink in the present day may be some of the same water that flowed in the time of the dinosaurs." UNESCO: Free flow: Reaching Water Security through Cooperation (UNESCO, 2013). page 457 "oxygenated and structured water has smaller molecules that penetrate more quickly into the cells, and therefore hydrate your body faster and more efficiently." Denice D. Cook M.D.: *Choose Life: Optimizing Your Health and Functioning Toward 100 Years and Beyond* (Author House, 2010). **Chapter 15** page 467 "The forms of energy available for useful work are continually decreasing; energy spontaneously tends to distribute itself among the objects in the universe." Frank B. Salisbury: *"Units, Symbols, and Terminology for Plant Physiology: A Reference for Presentation of Research Results in the Plant Sciences."* (Oxford University Press, 1996). page 467 "Heat always flows from a hot object to a cooler one" George I. Sackheim: *Practical Physics for Nurses.* (Saunders, 1957). page 470 Table 15.3 Estimated U.S. and World Reserves of Economically Recoverable Fuels and Annual Consumption of Fossil Fuels Source: U.S. Energy Information Administration, April 2014 report; Data are as of January 1, 2013, for the year ending December 31, 2012. page 472 Table 15.4 Table: Major Components of Various Types of Coal (Minor Components Include Volatile Materials and Sulfur) Source: Data from Diessel, C. F. K. Coal-Bearing Depositional Systems. New York: Springer-Verlag, 1992. page 482 Table 15.6 Electricity Generation Using Nuclear Power Plants (Selected Countries) International Atomic Energy Agency, PRIS Database. Vienna: 2010. page 492 Table 15.7 Table: Total Primary Energy Consumption Per Capita, (quadrillion BTU's in 2011) Source: U.S. Energy Information Administration. **Chapter 17** page 561 "This statement has not been evaluated... treat, cure, or prevent any disease." Source: Dietary Supplement Health and Education Act of 1994. **Chapter 18** page 624 "leads to drug abuse" and "solves the teacher's problem, not the kid's." Quinn McGavin: Stimulant, depressant, and psychotropic drugs. Prezi, Inc. (July 2018). page 625 Table 18.5 Caffeine in Soft Drinks Source: National Soft Drink Association, FDA. page 625 "no one has ever become a cigarette smoker by smoking cigarettes without nicotine", "think of the cigarette as a dispenser for a dose unit of nicotine." Source: Philip Morris quoted in Internal Report for Philip Morris (1972), written by William L Dunn, Jr, cited in Douglas, op. cit., at 3. **Chapter 19** page 646 Table 19.3 Approximate Acute Toxicity of Insecticidal Preparations Administered Orally to Rats. Sources: O'Neill, Maryadele J., Patricia E. Heckelman, Cherie B. Koch, Kristin J. Roman, and Catherine M. Kenny, The Merck Index, 14th ed. (Whitehouse Station, NJ: Merck & Co., 2006), and the Extension Toxicology Network. page 654 "a weed is a plant whose virtues have not yet been discovered." Ralph Waldo Emerson, *The Later Lectures of Ralph Waldo Emerson*, 1843–1871, Volume 2 Edited by: Ronald A. Bosco, Joel Myerson. (University of Georgia Press, 2010). page 657 Figure 19.15 Energy use in modern agriculture and food production. Data from Center for Sustainable Systems, University of Michigan. 2013. "U.S. Food System Factsheet." Pub. No. CSS01-06. October 2013. page 665 "Try out tobacco 'sun tea' as a nontoxic pesticide." "This special tea can help you eliminate most garden pests without any unwanted toxicity." Kathy Van Mullekom: Homemade Tobacco 'Tea' Wards Off Pests (Daily Press. May 08, 2005). **Chapter 20** page 681 "antibacterial agents [including triclosan] to be used with water are not generally recognized as safe." U.S. Food and Drug Administration (September 02, 2016). page 685 "articles intended to be rubbed, poured, sprinkled or sprayed on, introduced into, or otherwise applied to the human body or any part thereof, for cleansing, beautifying, promoting attractiveness or altering the appearance." U.S. Federal Food, Drug, and Cosmetic Act of 1938. page 701 "reduces wrinkles and prevents or reverses damage caused by aging and sun exposure." Mayo Clinic Staff: Wrinkle creams: Your guide to younger looking skin. Mayo Foundation for Medical Education and Research (MFMER). page 701 "pH-balanced for a woman's tender skin" Lindsey Gremont: Easy Homemade Deodorant for Sensitive Skin. Homemade Mommy (January 14, 2014). **Chapter 21** page 703 "the dose makes the poison." Paracelsus Qouted in *Hugh D. Crone: The Man who Defied Medicine : His Real Contribution to Medicine and Science*. Albarello Press, 2004.

* 사진 및 텍스트 출처의 쪽수는 원서를 기준으로 한 것이다.

찾아보기

가교 336
가설 4
가소제 347
가황 336
각성제 565
감마 붕괴 362
감마선 75
강산 222
강염기 222
거대분자 326
거울상이성질체 568
건전지 254
결정 109
결합 다중도 118
결합 에너지 379
결합 전자쌍 117
결합 차수 118
결사슬기 331
계 403
계면활성제 595
고도(다중)불포화 지방 456
고리 탄화수소 287
고립 전자쌍 117
고밀도 폴리에틸렌 329
고분자 326
고체 16
곡물 알코올 298
골격 구조 287
공유 결합 117
공유 화합물 122
공중합체 330
과학 2
과학 모형 6
과학 법칙 5
과학 이론 5
과학적 표기법 20
광범위 항생제 549
광변색 유리 255
광자 85
광전지 429
광합성 268, 401
구상 단백질 469
구조 이성질체 284
국소 마취제 569
궤도 함수 88
균일 혼합물 17
그래핀 329
극성 공유 결합 120
극성 분자 137
글리코젠 454
금속 95
기름 455
기술 2
기아 519
기질 470
기체 16
기체 반응 법칙 155
기초 연구 11
기하 이성질체 290
길항제 545
껍질 86
끓는점 183
나노튜브 329
나일론 6 339
나일론 66 339
냄새 제거제 615
녹는점 183
녹색 화학 3
논리성 32
농축 383
뉴클레오타이드 474
니코틴 575
다당류 450
다원자 이온 125
단당류 448
단량체 326
단백질 465
단일 결합 117
당뇨병 558
동료평가 32
동역학 406
동위원소 79
동족 계열 283
동족성 계열 284
동화 작용 447
들뜬 상태 85
등전자 105
디옥시리보핵산 474
땀 억제제 615
라놀린 609
레이저유도 분해 분광법 88
레트로바이러스 550
로션 612
루이스 구조 128
루이스 기호 106
리보핵산 474
마리화나 577
마약성 진통제 542
마이크로섬유 345
마취제 567
맨해튼 계획 382
메신저 분자 564
메탄올 298
메틸 알코올 298
멜라닌 613
목재 알코올 298
몰 52, 157
몰농도 167
몰부피 199
몰질량 53, 160
무게 12

무기 화합물 281
무산소 운동 527
무스 622
물리적 변화 13
물리적 성질 13
물질 12
물질대사 447
묽은 용액 167
뮤코단백질 548
미들 노트 617
미셀 594
미터 22
밀도 26
바닥 상태 85
바르비투르산염 572
바이오매스 430
바이오시밀러 581
반감기 366
반응물 151
반응 엔탈피 403
반응열 403
반증가능성 32
발열 반응 403
방사능 75
방사선 치료 373
방사성 낙진 385
방사성 동위원소 358
방사성 붕괴 358
방향족 화합물 282, 292
배경 방사선 358
배수 비율 법칙 49
배터리 255
벅민스터풀러렌 329
번역 480
베크렐 367
베타 붕괴 362
베타 입자 75
변색 259
변성 232
변성 알코올 299
변수 6
변환 370
보조인자 471
복제 478
부가 중합 331
부껍질 88
부식 258
부피 백분율 169
분산력 187
분자 18
분자간 힘 181
분자내 힘 181
분자량 158
분자 운동론 192
분자 화합물 122
불균일 혼합물 17
불포화 탄화수소 288
불활성 기체 94
블로우 성형 335
비극성 공유 결합 121
비금속 95
비누 593
비스테로이드성 소염진통제 540
비이온성 계면활성제 599
비타민 504
비판적 사고 31
빌더 601
사출 성형 335
사포닌 592
산 214
산성 무수물 219
산성비 233
산-염기 지시약 213
산화 242
산화수 246
산화 전극 71, 253
산화제 250, 261
살리실산염 311
삼중 결합 118
삼중수소 79
상동성 284
상승 효과 572
색소 첨가물 517
생성물 151
생화학 446
석유 417
석탄 413
선 스펙트럼 84
섬유유연제 603
섭씨 29
성호르몬 559
세제 594
세포 446
세포막 446
셀룰로스 453
셀룰로이드 326
소수성 594
속근 섬유 528
수력 에너지 430
수렴제 615
수소 결합 187
수압 파쇄 416
수용성 비타민 506
수용액 166
순물질 16
스타이렌 331
스테로이드 557
습윤제 513
승화 183
시냅스 565
식이 기준 섭취량 501
식이 무기질 501
신경영양인자 545
신경전달물질 565
실리콘 342
싸이올 302
쌍극자 137, 185
쌍극자-쌍극자 힘 186
쌍성 이온 464
아나볼릭 스테로이드 558
아로마테라피 618
아마이드기 313
아미노기 312
아미노산 462
아민 312
아보가드로수 52, 157
아이오딘가 456
아포효소 471
안드로젠 559
알데하이드 304
알도스 448
알레르겐 542
알카인 288
알칼로이드 315
알칼리 금속 93
알칼리증 231
알칼리 토금속 94
알케인 282
알켄 288
알코올 298
알킬기 296
알킬화제 554
알파 붕괴 361
알파 입자 75

암페타민 574
압축 성형 334
압출 성형 335
액체 16
약물 537
약물 남용 579
약물 오용 580
약산 222
약염기 222
양성자 78
양성자 받개 216
양성자 주개 216
양이온 71
양이온성 계면활성제 599
양자 84
양전자 363
양쪽성 222
양쪽성 계면활성제 600
억제제 565
얼림 183
에너지 28
에너지 보존 법칙 407
에너지와 제2법칙 407
에너지 준위 84
에멀션 460, 594
에스터 309
에스트로젠 560
에탄올 298
에터 302
에틸렌 산화물 302
에틸 알코올 298
엔도르핀 545
엔드 노트 617
엔트로피 408
연금술 2
연료 410
연료 전지 257, 433
연쇄 반응 381, 516
연수기 596
열 29
열가소성 고분자 330
열경화성 고분자 330
열경화성 수지 341
열역학 제1법칙 407
열핵반응 386
염 94, 211, 215
염기 215
염기성 무수물 220
염색체 478
염화불화탄소 295
영양강화 514
오존 263
옥탄가 419
온도 29
왁스 609
완충 용액 229
용매 166, 190, 608
용액 166, 190
용질 166, 190
우주선 358
운동 에너지 402
운반 RNA 480
원소 17
원자 18, 45
원자가껍질 전자쌍 반발 이론 133
원자가전자 93, 104
원자로 423
원자론 49
원자 번호 79
원자 산소 263
원자 질량 단위 53
위약 효과 580
위치 에너지 402
위험 7
위험-이익 분석 7
유기 화학 280
유기 화합물 280
유리 전이 온도 345
유산소 운동 527
유전자 478
유화제 594
유효 숫자 24
음극선 71
음이온 71
음이온성 계면활성제 599
응급 피임약 561
응용 연구 11
응축 183
이뇨제 522
이당류 449
이상 기체 법칙 201
이성분(2원소) 이온 결합 화합물 113
이성질체 284
이온 71
이온 결합 109
이온화 방사선 359
이익 7
이전자 규칙 112
이종고리 화합물 314
이중 결합 118
이화 작용 447
이황화 결합 470
일정 성분비 법칙 47
임계 질량 383
입체이성질체 568
자외선 차단제 613
자외선 차단 지수 613
자유 라디칼 130, 515
작용기 296
작용제 545
재조합 DNA 484
재현성 32
재활용 347
저밀도 폴리에틸렌 329
저자극성 화장품 618
진극 71, 253
전기분해 71, 257
전기음성도 120
전기화학 전지 252
전령 RNA 480
전분 453
전사 480
전사 성형 334
전성 95
전신 마취제 567
전이 85
전이 원소 92
전자 72
전자단 133
전자 배치 86
전자분산 분광법 88
전자 포획 363
전해질 71, 218, 509
제모제 622
제한 반응물 473
조효소 471
족 92
주기 92
주기율표 58, 92
주변 403
주사슬 331
주족 원소 92
준금속 95
줄 30

중성자 78
중수소 79
중추신경 억제제 571
중합 326
중합효소 연쇄 반응 483
중화 215
증발 183
증식로 426
증착 183
지근 섬유 528
지단백질 458
지방 455
지방산 455
지방 저장소 457
지방 조직 457
지방족 화합물 282
지속가능한 화학 3
지수 표기법 20
지열 에너지 431
지용성 비타민 504
지질 455
진통제 540
진한 용액 167
질량 12
질량 백분율 170
질량 보존 법칙 46
질량수 80
질량-에너지 방정식 379
짝산-짝염기 쌍 229
천연가스 416
첨가 반응 289
체질량 지수 525
초 23
초임계 유체 203
촉매 266
촉매 개질 419
추적자 372
축약 구조식 283
축합 중합 338
충분성 32
치환기 293
친수성 594
카보닐기 304
카복실기 307
카복실산 307
카페인 575
칼로리 30
케라틴 611
케토스 449
케톤 304
켈빈 29
코카인 575
콜 614
콜론 618
크림 612
키랄 탄소 568
킬로그램 22
킬로칼로리 30
탄성체 336
탄소-14 연대 측정 368
탄수화물 448
탄화수소 282
탑 노트 617
통합 기체 법칙 201
투과력 376
트라이글리세라이드 455
팔전자 규칙 112
페놀 301
페인트 608
펩타이드 결합 464
포화 지방 456
포화 탄화수소 283
폭발 260
폴리아마이드 339
폴리아세틸렌 334
폴리에스터 340
폴리에틸렌 327
폴리펩타이드 465
표면활성제 595
표백제 265, 603
표준 온도와 압력 199
표준 환원 전위 269
풍력 에너지 431
퓨린 474
프로게스틴 560
프로스타글란딘 540
플라스틱 346
피리미딘 474
피지 611
필수 아미노산 473
할로젠 94
합성 가스 421
항균제 514
항대사제 553
항바이러스제 550
항불안제 573
항산화제 266
항생제 546
항암제 555
항염증제 540
항응고 540
항히스타민제 542
해리성 마취제 570
해양 에너지 432
해열제 540
핵 77
핵분열 380
핵산 474
핵심부 전자 104
핵융합 379
핵자 80
핵자 수 80
향수 616
향정신성 약물 564
혈당 453
형광 증백제 601
호르몬 556
혼성체 292
혼합물 16
화석연료 410
화장품 611
화학 2
화학 기호 18
화학 결합 103
화학량론 163
화학량론 인자 164
화학 반응식 150
화학식량 157
화학 요법 539
화학적 변화 13
화학적 성질 13
화합물 17
환각제 565
환원 242
환원 전극 71, 253
환원제 250
활성 부위 470
활성화 에너지 266
효소 470
후천성면역결핍증후군 549
흡열 반응 403
희귀 약물 580
ABS 세제 598
Arrhenius 이론 214

Avogadro의 법칙 199
Bohr의 모형 82
Boyle의 법칙 193
Brønsted-Lowry 산-염기 이론 216
Charles의 법칙 196
Gay-Lussac의 법칙 198
Goldstein의 실험 72
GRAS 목록 514
LAS 세제 598
Millikan의 기름방울 실험 73
NE 길항제 566
NE 작용제 566
Rutherford의 실험 77
SI 단위 19
Thomson의 실험 71
VSEPR 이론 133
X선 74
α-나선 468
β-병풍 구조 468
1차 구조 467
2차 구조 467
3차 구조 467
4차 구조 467

acid 214
acid-base indicator 213
acidc anhydride 219
acquired immune deficiency syndrome (AIDS) 549
activation energy 266
active site 470
addition polymerization 331
addition reaction 289
adipose tissue 457
agonist 545
alchemy 2
alcohol 298
aldehyde 304
aldoses 448
aliphatic compound 282
alkali metal 93
alkaline earth metal 94
alkaloid 315
alkalosis 231
alkanes 282
alkene 288
alkyl group 296
alkyne 288
allergen 542
alpha(α) helix 468
alpha decay 361
alpha particle 75
amide group 313
amine 312
amino acid 462
amino group 312
amphetamine 574
amphiprotic 222
amphoteric surfactant 600
anabolic steroid 558
anabolism 447
anaerobic exercise 527
analgesic 540
androgen 559
anesthetic 567
anion 71
anionic surfactant 599
anode 71, 253
antagonist 545
antibiotic 546
anticoagulant 540
antihistamine 542
anti-inflammatory 540
antimetabolite 553
antimicrobial 514
antioxidant 266
antiperspirant 615
antipyretic 540
apoenzyme 471
applied research 11
aqueous solution(aq) 166
aromatic compound 282, 292
astringent 615
atom 18
atomic mass unit(amu) 53
atomic number 79
atomic theory 49
Avogadro's law 199
Avogadro's number 52, 157
backbone 331
background radiation 358
base 215
basic anhydride 220
basic research 11
battery 255
becquerel(Bq) 367
benefit 7
beta(β) pleated sheet 468
beta decay 362
beta particle 75
binary(two-element) ionic compound 113
binding energy 379
biochemistry 446
biomass 430
biosimilar 581
bleach 265, 603
blood sugar 453
blow molding 335
body mass index(BMI) 525
boiling point 183
bonding pair 117
bond multiplicity 118
bond order 118
Boyle's law 193
breeder reactor 426
broad-spectrum antibiotics 549
buckminsterfullerene 329
buffer solution 229
builder 601
calorie(cal) 30
carbohydrate 448
carbon-14 dating 368
carbonyl group 304
carboxyl group 307
carboxylic acid 307
catabolism 447
catalyst 266
catalytic reforming 419
cathode 71, 253
cathode ray 71
cation 71
cationic surfactant 599
cell 433, 446
cell membrane 446
celluloid 326
cellulose 453
celsius(℃) 29
CFCs 295
chain reaction 516
Charles's law 196
chemical bond 103
chemical equation 150
chemical property 13
chemical symbol 18

chemistry 2
chemotherapy 539
chiral carbon 568
chromosome 478
coal 413
coenzyme 471
cofactor 471
cologne 618
combined gas law 201
compound 17
compression molding 334
concentrated solution 167
condensation 183
condensation polymerization 339
condensed structural formula 283
conjugate acid-base pair 229
constitutional isomer 284
copolymer 330
core electron 104
cosmetic 611
cosmic ray 358
covalent bond 117
covalent compound 122
cream 612
critical mass 383
critical thinking 31
cross-link 336
crystal 109
cyclic hydrocarbon 287
denature 232
density(d) 26
deodorant 615
deoxyribonucleic acid(DNA) 474
depilatory 622
deposition 183
depressant drug 565
detergent 594
deuterium 79
dietary mineral 501
dietary reference intake(DRI) 501
dilute solution 167
dipole 137
dipole-dipole force 186
disaccharide 449
dispersion force 187
disulfide linkage 470
diuretic 522
double bond 118
drug 537
drug abuse 579
drug misuse 580
duet rule 112
ECP 561
elastomer 336
electrochemical cell 252
electrode 71, 253
electrolysis 71
electrolyte 71, 509
electron 72
electron capture 363
electron configuration 86
electron-dispersive spectroscopy(EDS) 88
electronegativity 120
electron set 133
element 17
emulsifying agent 594
emulsion 460, 594
enantiomer 568
end note 617
endorphin 545
endothermic 403
energy 28
energy level 84
enriching 383
enrichment 514
enthalpy of reaction 403
entropy 408
enzymes 470
essential amino acids 473
ester 309
estrogen 560
ether 302
excited state 85
exothermic 403
exponential notation 20
extrusion molding 335
falsifiability 32
fast-twitch fiber 528
fat 455
fat depot 457
fatty acid 455
first law of thermodynamics 407
FLaReS 32
formula mass 157
fossil fuels 410
free radical 130, 515
freezing 183
fuel 410
fuel cell 257
functional group 296
gamma decay 362
gamma ray 75
gas 16
Gay-Lussac's law 198
gene 478
general anesthetic 567
geometric isomer 290
geothermal energy 431
glass transition temperature(T_g) 345
globular protein 469
glycogen 454
graphene 329
green chemistry 3
ground state 85
group 92
half-life 366
hallucinogen drug 565
halogen 94
heat 29
heat of reaction 403
heterocyclic compound 314
heterogeneous mixture 17
high-density polyethylene(HDPE) 329
homogeneous mixture 17
homologous series 284
homology 284
hormone 556
humectant 513
hybrid 292
hydraulic fracturing 416
hydrocarbon 282
hydrogen bond 187
hydrophilic 594
hydrophobic 594
hypoallergenic cosmetic 618
hypotheses 4
ideal gas law 201
injection molding 335
intermolecular force 181
intramolecular force 181
iodine number 456
ion 71
ionic bond 109
ionizing radiation 359

isoelectronic 105
isomer 284
isotope 79
joule(J) 30
kelvin(K) 29
keratin 611
ketone 304
ketose 449
kilocalorie(kcal) 30
kilogram(kg) 22
kinetic energy 402
kinetic-molecular theory 192
kinetics 406
kohl 614
lanolin 609
laser-induced breakdown spectroscopy (LIBS) 88
law of combining volumes 155
law of conservation of energy 407
law of conservation of mass 46
law of definite proportions 47
law of multiple proportions 49
Lewis structure 128
Lewis symbol 106
limiting reactant 473
line spectrum 84
lipid 455
lipoprotein 458
liquid 16
logical 32
lone pair 117
lotion 612
low-density polyethylene(LDPE) 329
macromolecules 326
main-group element 92
malleable 95
Manhattan Project 382
marijuana 577
mass 12
mass-energy equation 379
mass number 80
matter 12
melanin 613
melting point 183
messenger RNA(mRNA) 480
metabolism 447
metal 95
metalloid 95
meter(m) 22
micelle 594
microfiber 345
middle note 617
mixture 16
molarity(M) 167
molar mass 53, 160
molar volume 199
mole 52
molecular compound 122
molecular mass 158
molecule 18
mole(mol) 157
monomer 326
monosaccharide 448
mousse 622
mucoprotein 548
nanotube 329
narcotics 542
natural gas 416
neurotransmitter 565
neurotrophin 545
neutralization 215
neutron 78
Newlands의 옥타브 법칙 57
noble gas 94
nonionic surfactant 599
nonmetal 95
nonpolar covalent bond 121
nonsteroidal anti-inflammatory drugs (NSAID) 540
nuclear fission 380
nuclear fusion 379
nuclear reactor 423
nucleic acid 474
nucleon 80
nucleon number 80
nucleotide 474
nucleus 77
nylon 66 339
octane rating 419
octet rule 112
oil 455
optical brightener 601
orbital 88
organic chemistry 280
orphan drug 580
oxidation 242
oxidation number 246
oxidizing agent 250
paint 608
peer-review 32
pendant group 331
peptide bond 464
percent by mass 170
percent by volume 169
perfume 616
period 92
petroleum 417
phenol 301
photon 85
photosynthesis 268, 401
photovoltaic cell 429
physical property 13
placebo effect 580
plasticizer 347
polar covalent bond 120
polar molecule 137
polyamide 339
polyatomic ion 125
polyester 340
polymer 326
polymerase chain reaction(PCR) 483
polymerization 326
polypeptide 465
polysaccharide 450
polyunsaturated fat 456
positron 363
potential energy 402
primary structure 467
product 151
progestin 560
prostaglandin 540
protein 465
proton 78
psychotropic drug 564
PTFE 332
purine 474
pyrimidine 474
quantum 84
quaternary structure 467
radiation therapy 373
radioactive decay 358
radioactive fallout 385
radioactivity 75
radioisotope 358

reactant 151
recombinant DNA 484
reducing agent 250
reduction 242
replicability 32
replication 478
retrovirus 550
ribonucleic acid(RNA) 474
risk 7
risk-benefit analysis 7
salt 94, 211, 215
saponin 592
saturated fat 456
saturated hydrocarbon 283
science 2
scientific law 5
scientific model 6
scientific notation 20
scientific theory 5
sebum 611
secondary structure 467
second(s) 23
shell 86
significant figure 24
silicon 342
single bond 117
skeletal structures 287
slow-twitch fiber 528
soap 593
solid 16
solute 190
solution 166, 190
solvent 190
standard temperature and pressure(STP) 199
starch 453
starvation 519
stereoisomer 568
steroid 557
stimulant drug 565
stoichiometric factor 164
stoichiometry 163
strong acid 222
strong base 222
styrene 331
sublimation 183
subshell 88
substance 16
substituent 293
substrate 470
sufficiency 32
sun protection factor(SPF) 613
sunscreen 613
surface-active agent 595
surfactant 595
surrounding 403
sustainable chemistry 3
synapse 565
synergistic effect 572
synthesis gas 421
system 403
Système International unit 19
technology 2
temperature 29
tertiary structure 467
thermonuclear reaction 386
thermoplastic polymer 330
thermosetting polymer 330
thermosetting resin 341
thiol 302
top note 617
tracer 372
transcription 480
transfer molding 335
transfer RNA(tRNA) 480
transition 85
transition element 92
translation 480
transmutation 370
triglyceride 455
triple bond 118
tritium 79
unsaturated hydrocarbon 288
valence electron 93, 104
valence shell electron pair repulsion theory 133
vaporization 183
variable 6
vitamin 504
VSEPR(Valence Shell Electron Pair Repulsion) 282
vulcanization 336
wax 609
weak acid 222
weak base 222
weight 12
X-ray 74
zwitterion 464

일부 유기 작용기

Name of Class	Functional Group	General Formlua of Class
Alkane	None	R—H
Alkene	$-\overset{\vert}{C}=\overset{\vert}{C}-$	$R-\overset{R'}{\overset{\vert}{C}}=\overset{R''}{\overset{\vert}{C}}-R'''$
Alkyne	$-C\equiv C-$	$R-C\equiv C-R'$
Alcohol	$-\underset{\vert}{\overset{\vert}{C}}-O-$	$R-O-H$
Ether	$-\underset{\vert}{\overset{\vert}{C}}-O-\underset{\vert}{\overset{\vert}{C}}-$	$R-O-R'$
Aldehyde	$-\overset{O}{\overset{\Vert}{C}}-H$	$R-\overset{O}{\overset{\Vert}{C}}-H$
Ketone	$-\overset{O}{\overset{\Vert}{C}}-$	$R-\overset{O}{\overset{\Vert}{C}}-R'$
Amine	$-\underset{\vert}{\overset{\vert}{C}}-\overset{\vert}{N}-$	$R-\overset{H}{\overset{\vert}{N}}-H$
		$R-\overset{H}{\overset{\vert}{N}}-R'$
		$R-\overset{R'}{\overset{\vert}{N}}-R''$
Carboxylic acid	$-\overset{O}{\overset{\Vert}{C}}-O-H$	$R-\overset{O}{\overset{\Vert}{C}}-O-H$
Ester	$-\overset{O}{\overset{\Vert}{C}}-O-\underset{\vert}{\overset{\vert}{C}}-$	$R-\overset{O}{\overset{\Vert}{C}}-O-R'$
Amide	$-\overset{O}{\overset{\Vert}{C}}-\underset{\vert}{N}-$	$R-\overset{O}{\overset{\Vert}{C}}-\underset{H}{\underset{\vert}{N}}-H$
		$R-\overset{O}{\overset{\Vert}{C}}-\underset{H}{\underset{\vert}{N}}-R'$
		$R-\overset{O}{\overset{\Vert}{C}}-\underset{R''}{\underset{\vert}{N}}-R'$